Konstruktiver Ingenieurbau und

Konrad Zilch · Claus Jürgen Diederichs
Rolf Katzenbach · Klaus J. Beckmann (Hrsg.)

Konstruktiver Ingenieurbau und Hochbau

Herausgeber

Konrad Zilch
Lehrstuhl für Massivbau
Technische Universität München
München, Deutschland

Claus Jürgen Diederichs
DSB + IG-Bau Gbr
Eichenau, Deutschland

Rolf Katzenbach
Institut und Versuchsanstalt für Geotechnik
Technische Universität Darmstadt
Darmstadt, Deutschland

Klaus J. Beckmann
Berlin, Deutschland

Der Inhalt der vorliegenden Ausgabe ist Teil des Werkes „Handbuch für Bauingenieure", 2. Auflage

ISBN 978-3-642-41839-6
DOI 10.1007/978-3-642-41840-2

ISBN 978-3-642-41840-2 (eBook)

Die Deutsche Nationalbibliothek verzeichnet diese Publikation in der Deutschen Nationalbibliografie; detaillierte bibliografische Daten sind im Internet über http://dnb.d-nb.de abrufbar.

Springer Vieweg
© Springer-Verlag Berlin Heidelberg 2013

Gedruckt auf säurefreiem und chlorfrei gebleichtem Papier

Springer Vieweg ist eine Marke von Springer DE.
Springer DE ist Teil der Fachverlagsgruppe Springer Science+Business Media.
www.springer-vieweg.de

Vorwort des Verlages

Teilausgaben großer Werke dienen der Lehre und Praxis. Studierende können für ihre Vertiefungsrichtung die richtige Selektion wählen und erhalten ebenso wie Praktiker die fachliche Bündelung der Themen, die in ihrer Fachrichtung relevant sind.

Die nun vorliegende Ausgabe des „Handbuchs für Bauingenieure", 2. Auflage, erscheint in 6 Teilausgaben mit durchlaufenden Seitennummern. Das Sachverzeichnis verweist entsprechend dieser Logik auch auf Begriffe aus anderen Teilbänden. Damit wird der Zusammenhang des Werkes gewahrt.

Der Verlag bietet mit diesen Teilausgaben eine einzeln erhältliche Fassung aller Kapitel des Standardwerkes für Bauingenieure an.

Übersicht der Teilbände:
1) Grundlagen des Bauingenieurwesens (Seiten 1 – 378)
2) Bauwirtschaft und Baubetrieb (Seiten 379 – 965)
3) Konstruktiver Ingenieurbau und Hochbau (Seiten 966 – 1490)
4) Geotechnik (Seiten 1491 – 1738)
5) Wasserbau, Siedlungswasserwirtschaft, Abfalltechnik (Seiten 1739 – 2030)
6) Raumordnung und Städtebau, Öffentliches Baurecht (Seiten 2031 – 2096) und Verkehrssysteme und Verkehrsanlagen (Seiten 2097 – 2303).

Berlin/Heidelberg, im November 2013

Inhaltsverzeichnis

Autorenverzeichnis

Arslan, Ulvi, Prof. Dr.-Ing., TU Darmstadt, Institut für Werkstoffe und Mechanik im Bauwesen, *Abschn. 4.1*, arslan@iwmb.tu-darmstadt.de

Bandmann, Manfred, Prof. Dipl.-Ing., Gröbenzell, *Abschn. 2.5.4*, manfred.bandmann@online.de

Bauer, Konrad, Abteilungspräsident a.D., Bundesanstalt für Straßenwesen/Zentralabteilung, Bergisch Gladbach, *Abschn. 6.5*, kkubauer@t-online.de

Beckedahl, Hartmut Johannes, Prof. Dr.-Ing., Bergische Universität Wuppertal, Lehr- und Forschungsgebiet Straßenentwurf und Straßenbau, *Abschn. 7.3.2*, beckedahl@uni-wuppertal.de

Beckmann, Klaus J., Univ.-Prof. Dr.-Ing., Deutsches Institut für Urbanistik gGmbH, Berlin, *Abschn. 7.1 und 7.3.1*, kj.beckmann@difu.de

Bockreis, Anke, Dr.-Ing., TU Darmstadt, Institut WAR, Fachgebiet Abfalltechnik, *Abschn. 5.6*, a.bockreis@iwar.tu-darmstadt.de

Böttcher, Peter, Prof. Dr.-Ing., HTW des Saarlandes, Baubetrieb und Baumanagement Saarbrücken, *Abschn. 2.5.3*, boettcher@htw-saarland.de

Brameshuber, Wolfgang, Prof. Dr.-Ing., RWTH Aachen, Institut für Bauforschung, *Abschn. 3.6.1*, brameshuber@ibac.rwth-aachen.de

Büsing, Michael, Dipl.-Ing., Fughafen Hannover-Langenhagen GmbH, *Abschn. 7.5*, m.buesing@hannover-airport.de

Cangahuala Janampa, Ana, Dr.-Ing., TU Darmstadt, Institut WAR, Fachgebiet, Wasserversorgung und Grundwasserschutz, *Abschn. 5.4*, a.cangahuala@iwar.tu-darmstadt.de

Corsten, Bernhard, Dipl.-Ing., Fachhochschule Koblenz/FB Bauingenieurwesen, *Abschn. 2.6.4*, b.corsten@web.de

Dichtl, Norbert, Prof. Dr.-Ing., TU Braunschweig, Institut für Siedlungswasserwirtschaft, *Abschn. 5.5*, n.dichtl@tu-braunschweig.de

Diederichs, Claus Jürgen, Prof. Dr.-Ing., FRICS, DSB + IQ-Bau, Sachverständige Bau + Institut für Baumanagement, Eichenau b. München, *Abschn. 2.1 bis 2.4*, cjd@dsb-diederichs.de

Dreßen, Tobias, Dipl.-Ing., RWTH Aachen, Lehrstuhl und Institut für Massivbau, *Abschn. 3.2.2*, tdressen@imb.rwth-aachen.de

Eligehausen, Rolf, Prof. Dr.-Ing., Universität Stuttgart, Institut für Werkstoffe im Bauwesen, *Abschn. 3.9*, eligehausen@iwb.uni-stuttgart.de

Franke, Horst, Prof. , HFK Rechtsanwälte LLP, Frankfurt am Main, *Abschn. 2.4,*
franke@hfk.de

Freitag, Claudia, Dipl.-Ing., TU Darmstadt, Institut für Werkstoffe und Mechanik
im Bauwesen, *Abschn. 3.8,* freitag@iwmb.tu-darmstadt.de

Fuchs, Werner, Dr.-Ing., Universität Stuttgart, Institut für Werkstoffe im Bauwesen,
Abschn. 3.9, fuchs@iwb.uni-stuttgart.de

Giere, Johannes, Dr.-Ing., Prof. Dr.-Ing. E. Vees und Partner Baugrundinstitut GmbH,
Leinfelden-Echterdingen, *Abschn. 4.4*

Grebe, Wilhelm, Prof. Dr.-Ing., Flughafendirektor i.R., Isernhagen, *Abschn. 7.5,*
dr.grebe@arcor.de

Gutwald, Jörg, Dipl.-Ing., TU Darmstadt, Institut und Versuchsanstalt für Geotechnik,
Abschn. 4.4, gutwald@geotechnik.tu-darmstadt.de

Hager, Martin, Prof. Dr.-Ing. †, Bonn, *Abschn. 7.4*

Hanswille, Gerhard, Prof. Dr.-Ing., Bergische Universität Wuppertal, Fachgebiet
Stahlbau und Verbundkonstruktionen, *Abschn. 3.5,* hanswill@uni-wuppertal.de

Hauer, Bruno, Dr. rer. nat., Verein Deutscher Zementwerke e.V., Düsseldorf,
Abschn. 3.2.2

Hegger, Josef, Univ.-Prof. Dr.-Ing., RWTH Aachen, Lehrstuhl und Institut für Massivbau,
Abschn. 3.2.2, heg@imb.rwth-aachen.de

Hegner, Hans-Dieter, Ministerialrat, Dipl.-Ing., Bundesministerium für Verkehr,
Bau und Stadtentwicklung, Berlin, *Abschn, 3.2.1,* hans.hegner@bmvbs.bund.de

Helmus, Manfred, Univ.-Prof. Dr.-Ing., Bergische Universität Wuppertal,
Lehr- und Forschungsgebiet Baubetrieb und Bauwirtschaft, *Abschn. 2.5.1 und 2.5.2,*
helmus@uni-wuppertal.de

Hohnecker, Eberhard, Prof. Dr.-Ing., KIT Karlsruhe, Lehrstuhl Eisenbahnwesen Karlsruhe,
Abschn. 7.2, eisenbahn@ise.kit.edu

Jager, Johannes, Prof. Dr., TU Darmstadt, Institut WAR, Fachgebiet Wasserversorgung
und Grundwasserschutz, *Abschn. 5.6,* j.jager@iwar.tu-darmstadt.de

Kahmen, Heribert, Univ.-Prof. (em.) Dr.-Ing., TU Wien, Insititut für Geodäsie und
Geophysik, *Abschn. 1.2,* heribert.kahmen@tuwien-ac-at

Katzenbach, Rolf, Prof. Dr.-Ing., TU Darmstadt, Institut und Versuchsansalt für
Geotechnik, *Abschn. 3.10, 4.4 und 4.5,* katzenbach@geotechnik.tu-darmstadt.de

Köhl, Werner W., Prof. Dr.-Ing., ehem. Leiter des Instituts f. Städtebau und Landesplanung
der Universität Karlsruhe (TH), Freier Stadtplaner ARL, FGSV, RSAI/GfR, SRL,
Reutlingen, *Abschn. 6.1 und 6.2,* werner-koehl@t-online.de

Könke, Carsten, Prof. Dr.-Ing., Bauhaus-Universität Weimar,
Institut für Strukturmechanik, *Abschn. 1.5,* carsten.koenke@uni-weimar.de

Krätzig, Wilfried B., Prof. Dr.-Ing. habil. Dr.-Ing. E.h., Ruhr-Universität Bochum, Lehrstuhl für Statik und Dynamik, *Abschn. 1.5*, wilfried.kraetzig@rub.de

Krautzberger, Michael, Prof. Dr., Deutsche Akademie für Städtebau und Landesplanung, Präsident, Bonn/Berlin, *Abschn. 6.3*, michael.krautzberger@gmx.de

Kreuzinger, Heinrich, Univ.-Prof. i.R., Dr.-Ing., TU München, *Abschn. 3.7*, rh.kreuzinger@t-online.de

Maidl, Bernhard, Prof. Dr.-Ing., Maidl Tunnelconsultants GmbH & Co. KG, Duisburg, *Abschn. 4.6*, office@maidl-tc.de

Maidl, Ulrich, Dr.-Ing., Maidl Tunnelconsultants GmbH & Co. KG, Duisburg, *Abschn. 4.6*, u.maidl@maidl-tc.de

Meißner, Udo F., Prof. Dr.-Ing., habil., TU Darmstadt, Institut für Numerische Methoden und Informatik im Bauwesen, *Abschn. 1.1*, sekretariat@iib.tu-darmstadt.de

Meng, Birgit, Prof. Dr. rer. nat., Bundesanstalt für Materialforschung und -prüfung, Berlin, *Abschn. 3.1*, birgit.meng@bam.de

Meskouris, Konstantin, Prof. Dr.-Ing. habil., RWTH Aachen, Lehrstuhl für Baustatik und Baudynamik, *Abschn. 1.5*, meskouris@lbb.rwth-aachen.de

Moormann, Christian, Prof. Dr.-Ing. habil., Universität Stuttgart, Institut für Geotechnik, *Abschn. 3.10*, info@igs.uni-stuttgart.de

Petryna, Yuri, S., Prof. Dr.-Ing. habil., TU Berlin, Lehrstuhl für Statik und Dynamik, *Abschn. 1.5*, yuriy.petryna@tu-berlin.de

Petzschmann, Eberhard, Prof. Dr.-Ing., BTU Cottbus, Lehrstuhl für Baubetrieb und Bauwirtschaft, *Abschn. 2.6.1–2.6.3, 2.6.5, 2.6.6*, petzschmann@yahoo.de

Plank, Johann, Prof. Dr. rer. nat., TU München, Lehrstuhl für Bauchemie, Garching, *Abschn. 1.4*, johann.plank@bauchemie.ch.tum.de

Pulsfort, Matthias, Prof. Dr.-Ing., Bergische Universität Wuppertal, Lehr- und Forschungsgebiet Geotechnik, *Abschn. 4.3*, pulsfort@uni-wuppertal.de

Rackwitz, Rüdiger, Prof. Dr.-Ing. habil., TU München, Lehrstuhl für Massivbau, *Abschn. 1.6*, rackwitz@mb.bv.tum.de

Rank, Ernst, Prof. Dr. rer. nat., TU München, Lehrstuhl für Computation in Engineering, *Abschn. 1.1*, rank@bv.tum.de

Rößler, Günther, Dipl.-Ing., RWTH Aachen, Institut für Bauforschung, *Abschn. 3.1*, roessler@ibac.rwth-aachen.de

Rüppel, Uwe, Prof. Dr.-Ing., TU Darmstadt, Institut für Numerische Methoden und Informatik im Bauwesen, *Abschn. 1.1*, rueppel@iib.tu-darmstadt.de

Savidis, Stavros, Univ.-Prof. Dr.-Ing., TU Berlin, FG Grundbau und Bodenmechanik – DEGEBO, *Abschn. 4.2*, savidis@tu-berlin.de

Schermer, Detleff, Dr.-Ing., TU München, Lehrstuhl für Massivbau, *Abschn. 3.6.2,*
schermer@mytum.de

Schießl, Peter, Prof. Dr.-Ing. Dr.-Ing. E.h., Ingenieurbüro Schießl Gehlen Sodeikat GmbH
München, *Abschn. 3.1,* schiessl@ib-schiessl.de

Schlotterbeck, Karlheinz, Prof., Vorsitzender Richter a. D., *Abschn. 6.4,*
karlheinz.schlotterbeck0220@orange.fr

Schmidt, Peter, Prof. Dr.-Ing., Universität Siegen, Arbeitsgruppe Baukonstruktion,
Ingenieurholzbau und Bauphysik, *Abschn. 1.3,* schmidt@bauwesen.uni-siegen.de

Schneider, Ralf, Dr.-Ing., Prof. Feix Ingenieure GmbH, München, *Abschn. 3.3,*
ralf.schneider@feix-ing.de

Scholbeck, Rudolf, Prof. Dipl.-Ing., Unterhaching, *Abschn. 2.5.4,* scholbeck@aol.com

Schröder, Petra, Dipl.-Ing., Deutsches Institut für Bautechnik, Berlin, *Abschn. 3.1,*
psh@dibt.de

Schultz, Gert A., Prof. (em.) Dr.-Ing., Ruhr-Universität Bochum,
Lehrstuhl für Hydrologie, Wasserwirtschaft und Umwelttechnik, *Abschn. 5.2,*
gert_schultz@yahoo.de

Schumann, Andreas, Prof. Dr. rer. nat., Ruhr-Universität Bochum,
Lehrstuhl für Hydrologie, Wasserwirtschaft und Umwelttechnik, *Abschn. 5.2,*
andreas.schumann@rub.de

Schwamborn, Bernd, Dr.-Ing., Aachen, *Abschn. 3.1,* b.schwamborn@t-online.de

Sedlacek, Gerhard, Prof. Dr.-Ing., RWTH Aachen, Lehrstuhl für Stahlbau und
Leichtmetallbau, *Abschn, 3.4,* sed@stb.rwth-aachen.de

Spengler, Annette, Dr.-Ing., TU München, Centrum Baustoffe und Materialprüfung,
Abschn. 3.1, spengler@cbm.bv.tum.de

Stein, Dietrich, Prof. Dr.-Ing., Prof. Dr.-Ing. Stein & Partner GmbH, Bochum,
Abschn. 2.6.7 und 7.6, dietrich.stein@stein.de

Straube, Edeltraud, Univ.-Prof. Dr.-Ing., Universität Duisburg-Essen, Institut für
Straßenbau und Verkehrswesen, *Abschn. 7.3.2,* edeltraud-straube@uni-due.de

Strobl, Theodor, Prof. (em.) Dr.-Ing., TU München, Lehrstuhl für Wasserbau und
Wasserwirtschaft, *Abschn. 5.3,* t.strobl@bv.tum.de

Urban, Wilhelm, Prof. Dipl.-Ing. Dr. nat. techn., TU Darmstadt, Institut WAR, Fachgebiet
Wasserversorgung und Grundwasserschutz, *Abschn. 5.4,* w.urban@iwar.tu-darmstadt.de

Valentin, Franz, Univ.-Prof. Dr.-Ing., TU München, Lehrstuhl für Hydraulik und
Gewässerkunde, *Abschn. 5.1,* valentin@bv.tum.de

Vrettos, Christos, Univ.-Prof. Dr.-Ing. habil., TU Kaiserslautern,
Fachgebiet Bodenmechanik und Grundbau, *Abschn. 4.2,* vrettos@rhrk.uni-kl.de

Wagner, Isabel M., Dipl.-Ing., TU Darmstadt, Institut und Versuchsanstalt für Geotechnik, *Abschn. 4.5*, wagner@geotechnik.tu-darmstadt.de

Wallner, Bernd, Dr.-Ing., TU München, Centrum Baustoffe und Materialprüfung, *Abschn. 3.1*, wallner@cmb.bv.tum.de

Weigel, Michael, Dipl.-Ing., KIT Karlsruhe, Lehrstuhl Eisenbahnwesen Karlsruhe, *Abschn 7.2*, michael-weigel@kit.edu

Wiens, Udo, Dr.-Ing., Deutscher Ausschuss für Stahlbeton e.V., Berlin, *Abschn. 3.2.2*, udo.wiens@dafstb.de

Wörner, Johann-Dietrich, Prof. Dr.-Ing., TU Darmstadt, Institut für Werkstoffe und Mechanik im Bauwesen, *Abschn. 3.8*, jan.woerner@dlr.de

Zilch, Konrad, Prof. Dr.-Ing. Dr.-Ing. E.h., TU München, em. Ordinarius für Massivbau, *Abschn. 1.6, 3.3 und 3.10*, konrad.zilch@tum.de

Zunic, Franz, Dr.-Ing., TU München, Lehrstuhl für Wasserbau und Wasserwirtschaft, *Abschn. 5.3*, f.zunic@bv.tum.de

3 Konstruktiver Ingenieurbau und Hochbau

Inhalt

3.1   Baustoffe

Peter Schießl, Birgit Meng, Günther Rößler, Petra Schröder, Bernd Schwamborn, Annette Spengler, Bernd Wallner

3.1.1   Holz und Holzwerkstoffe für tragende Bauteile

3.1.1.1 Holzstruktur

Holz besteht aus Zellen unterschiedlichster Art, Größe und Form. Gleichartige Zellen sind zu Verbänden, den sog. „Geweben", zusammengefasst. Im Hinblick auf ihre Funktion können drei Gewebearten unterschieden werden: Festigungsgewebe, Leitgewebe und Speichergewebe. Beim entwicklungsgeschichtlich älteren und daher einfacher aufgebauten *Nadelholz* übernehmen manche Zellen gleichzeitig mehrere Funktionen. Das auf einer höheren Entwicklungsstufe stehende *Laubholz* ist durch eine größere Vielfalt an Zellarten, die jeweils nur eine Funktion ausüben, gekennzeichnet. Bei Nadelhölzern besteht das Festigungsgewebe aus den Tracheiden, die auch das Wasser leiten, bei Laubhölzern aus den Libriformfasern und den Fasertracheiden. Im Laubholz wird das Wasser v. a. durch die Gefäße geleitet, die

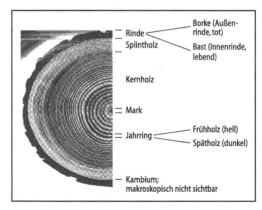

Abb. 3.1-1 Querschnitt durch einen Nadelholzstamm (Douglasie) [Grosser 1985]

im Querschnitt auch als Poren bezeichnet werden. Sie besitzen im Vergleich zu anderen Zellen einen sehr viel größeren Durchmesser und große Gefäße sind häufig schon mit bloßem Auge zu erkennen. Die Holzzellen verlaufen ganz überwiegend in Stammrichtung. Die wenigen quer dazu verlaufenden Zellen bilden die Holzstrahlen.

Im Stammquerschnitt von Hölzern aus Klimagebieten mit winterlicher Vegetationspause sind die Zuwachszonen als *Jahrringe* meist gut zu erkennen (Abb. 3.1-1). Sie bestehen aus dem hellen Frühholzbereich und dem dunkleren Spätholzbereich und sind im Verlauf eines Jahres gewachsen. Bei laubabwerfenden Bäumen subtropischer und tropischer Gebiete bilden sich die Zuwachszonen in Abhängigkeit von Trocken- und Regenzeiten. Bei Hölzern aus immergrünen Tropenwäldern mit ununterbrochenem Wachstum sind die Zuwachszonen häufig nicht zu erkennen.

Die Zellen eines Stammes werden im Kambium gebildet, das die Rindenzellen nach außen und die Holzzellen nach innen abscheidet. Die äußeren toten Rindenzellen werden „Borke", die inneren lebenden Rindenzellen „Bast" genannt. Der Anfang eines Jahrringes besteht aus Zellen, die im Frühjahr gebildet werden und in erster Linie dem raschen Wassertransport dienen. Die sich im Sommer bildenden Spätholzzellen sorgen v. a. für die Festigkeit (Abb. 3.1-2 und 3.1-3). Bei Nadelhölzern werden im Frühholz weitlumige, dünnwandige Zellen und im Spätholz englumige, dickwandige Zellen gebildet. Dieser ausgeprägte Unterschied in der Zellwanddicke verursacht die für Nadelholz typischen Farb- und Härteunterschiede innerhalb der Jahrringe. Das Mark dient dem jungen Spross v. a. zur Speicherung, ist im älteren Baum abgestorben und hat meist nur einen Durchmesser von wenigen Millimetern. Bei Laubhölzern werden aufgrund der Anordnung und Größe der Gefäße innerhalb des Jahrings drei Gruppen unterschieden: ringporige Hölzer mit besonders weiten Gefäßen im Frühholz (z. B. Eiche), zerstreutporige Hölzer mit einer recht gleichmäßigen Gefäßverteilung über den Jahrring (z. B. Buche) und als Zwischenstadium die halbringporigen Hölzer (z. B. Kirsche). Die große Mehrzahl der tropischen Nutzhölzer weist eine zerstreutporige Struktur auf.

Mit zunehmendem Alter verkernt der innere Bereich des Stammes. Während das außen liegende *Splintholz* als lebender Teil des Baumes Leit- und Speicherfunktionen ausübt, enthält das *Kernholz*

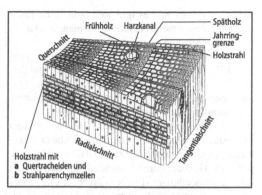

Abb. 3.1-2 2 Räumliche Darstellung eines Nadelholzes (Kiefer) [Giordano 1971]

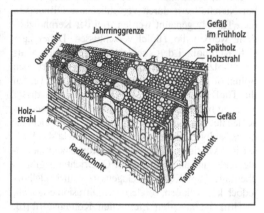

Abb. 3.1-3 Räumliche Darstellung eines Laubholzes (Esche) [Giordano 1971]

i. d. R. keine lebenden Zellen mehr, und sein Wassergehalt ist meistens wesentlich niedriger. Das Kernholz ist bei manchen Arten gefärbt (z. B. Kiefer, Lärche, Eiche, Nussbaum) und enthält oft fungizide und insektizide Stoffe, welche die Dauerhaftigkeit des Holzes wesentlich verlängern. Neben den Baumarten mit regelmäßiger Farbkernbildung gibt es solche, die nur unter bestimmten Voraussetzungen Farbkerne bilden (z. B. Rotkern der Rotbuche, Braunkern der Esche). Bäume mit hellem Kernholz werden auch „Reifholzbäume" genannt (z. B. Fichte, Tanne, Rotbuche ohne Farbkern). Bei ihnen unterscheidet sich das Kernholz vom Splintholz nur durch den geringeren Wassergehalt. Bei Bäumen mit verzögerter Kernholzbildung, auch „Splintholzbäume" genannt, bestehen zwischen Splint- und Kernholz keine Farb- und Feuchteunterschiede; die Verkernungsmerkmale sind nur mikroskopisch erkennbar.

Die radial verlaufenden Holzstrahlen haben einen spindelförmigen Querschnitt (s. Abb. 3.1-2) und dienen der Stoffleitung und -speicherung. Darüber hinaus leisten sie auch einen Beitrag zur Festigkeit quer zur Stammrichtung. Im Vergleich zu Laubholz sind die *Holzstrahlen* bei Nadelholz sehr fein ausgebildet und makroskopisch kaum erkennbar. Eiche und Rotbuche zeigen besonders breite und das Holzbild stark prägende Holzstrahlen. Während die meisten einheimischen Nadelhölzer (Fichte, Lärche, Kiefer) längs und quer (immer im Holzstrahl) verlaufende Harzkanäle haben, fehlen sie bei der Tanne völlig.

Der *Stoffaustausch* zwischen den Zellen erfolgt bei Nadelhölzern durch verschließbare Öffnungen, die „Tüpfel" genannt werden. Bei der Kernholzbildung werden die Tüpfel verschlossen. Daher lässt sich Kernholz i. d. R. schlechter imprägnieren als Splintholz. Auch bei der Trocknung saftfrischen Splintholzes bis unter 30 M.-% Holzfeuchte werden die Tüpfel verschlossen. Bei Fichtenholz ist dieser Vorgang besonders stark ausgeprägt, woraus sich die schlechte Imprägnierbarkeit getrockneter Fichtenholzes ableitet. Bei den Laubhölzern fließt das Wasser in Axialrichtung ohne Tüpfel von einem Gefäßelement zum anderen, nur in Querrichtung gibt es ebenfalls Tüpfel, die im Gegensatz zum Nadelholz jedoch kein Fließen, sondern nur Diffusion erlauben.

Holz ist aus den Elementen Kohlenstoff (rd. 50 M.-%), Sauerstoff (rd. 43 M.-%), Wasserstoff (rd. 6 M.-%) und Stickstoff (rd. 1 M.-%) aufgebaut, wobei zwischen den Holzarten nur sehr geringfügige Unterschiede bestehen. Im Gegensatz dazu gibt es große Unterschiede im Aufbau der *Zellwände*, woraus sich die verschiedenen physikalischen Eigenschaften der Hölzer ableiten. Die Hauptbestandteile der Holzsubstanz sind Zellulose, Polyosen (Hemizellulosen) und Lignin. Diese makromolekularen Verbindungen stellen einen Anteil von 97 bis 99 M.-%. Der Rest besteht aus extrahierbaren und anorganischen Stoffen.

Zellulose besteht aus einer großen Anzahl von Glucose-Einheiten (Polysacchariden) und bildet die Gerüstsubstanz der Zellwand. Sie hat einen Anteil von 40 bis 60 M.-% und beeinflusst besonders die Zugfestigkeit. Die *Polyosen* haben einen Anteil von 15 bis 25 M.-% und sind wie die Zellu-

lose aus Zuckereinheiten aufgebaut, wobei die Ketten jedoch wesentlich kürzer und verzweigt sind. Sie sorgen für die Verbindung zwischen den Polysacchariden und dem Lignin. *Lignin* ist mit einem Anteil von 15 bis 35 M.-% der dritte wesentliche Bestandteil des Holzes. Lignin ist ein Gemisch aromatischer Verbindungen, das nach abgeschlossenem Wachstum der Zellen das Gerüst aus Zellulose und Polyosen vollständig umhüllt und durchdringt und dadurch die Verholzung bewirkt. Seine Aufgabe ist die Versteifung der Zellwand. Es sorgt v. a. für die Druckfestigkeit des Holzes. Die *Extraktstoffe* sind holzartenspezifische Gemische sowohl nieder- als auch hochmolekularer organischer Verbindungen. Sie sind für Farbe, Geruch, Oberflächenbeschaffenheit und Dauerhaftigkeit bzw. Schädlingsresistenz ursächlich. Ihr Anteil in europäischen Hölzern beträgt 1 bis 3 M.-%. Die mit Lösemitteln extrahierbaren Stoffe können bei tropischen Hölzern einen wesentlich größeren Anteil (bis zu 15 M.-%) haben, worauf die erhöhte Schädlingsresistenz zurückzuführen ist. Stärke, Pektine und Eiweiße kommen zwar nur in geringen Mengen vor, können dafür aber einen entscheidenden Einfluss auf die Entwicklung von Schädlingen wie Insekts und Pilze haben.

3.1.1.2 Holzarten

Als *Bauholz* werden in Deutschland vorwiegend die einheimischen Nadelhölzer Fichte, Tanne, Kiefer, Lärche und Douglasie, aber auch Southern Pine und Western Hemlock verwendet. Sie sind wegen ihrer verhältnismäßig geringen Rohdichte gut zu bearbeiten und weisen eine gute Formstabilität auf. Die einheimischen Laubhölzer Buche und Eiche sind dagegen wegen ihrer höheren Rohdichte schwerer zu bearbeiten und weniger formstabil. Für Außenbauteile, an die hohe Anforderungen hinsichtlich Dauerhaftigkeit, Tragfähigkeit oder Gebrauchstauglichkeit gestellt werden, können außer Eiche auch tropische Hölzer wie Azobé, Greenheart, Afzelia, Merbau, Angelique, Teak und Keruing verwendet werden.

3.1.1.3 Holzqualitäten

Vollholz ist gewachsenes Holz. Es wird als Baurundholz und Schnittholz verwendet. Holzwerkstoffe werden in 3.1.1.5 beschrieben.

Als „Baurundholz" werden entrindete und entästete Stammabschnitte ohne weitere Bearbeitung bezeichnet. Wegen des ungestörten Faserverlaufs ist die Tragfähigkeit, bezogen auf die Querschnittsfläche, größer als bei einem gesägten Querschnitt. Ein weiterer Vorteil besteht in den geringeren Kosten. Nachteilig wirken sich der über die Länge abnehmende Querschnitt und die gekrümmte Oberfläche aus, die für dauerhafte und hochfeste Anschlüsse nicht geeignet sind. Verwendet wird *Baurundholz* z. B. für Pfosten und Lehrgerüste.

Im Allgemeinen wird Vollholz als *Schnittholz* verwendet. Es wird im Sägewerk mittels Gatter-, Band- und Kreissägen meist aus dem entrindeten Stamm gewonnen. Unterschieden werden die Schnittholzarten Latte, Brett, Bohle und Kantholz.

Praktiziert werden drei Verfahren, Holz in eine Festigkeitsklasse einzuordnen:

A Bestimmung ausgewählter Werte,
B Sortierung nach optischen Merkmalen,
C Sortierung nach mechanischen Kennwerten und optischen Merkmalen.

Unter A wird wie folgt vorgegangen: An repräsentativen Proben einer Holzgrundgesamtheit, die vor allem gekennzeichnet ist durch die Holzart, das Wuchsgebiet und die Ausprägung der Sortiermerkmale (Äste, ...) werden die charakteristischen Kennwerte Biegefestigkeit, E-Modul parallel zur Faser und Rohdichte an Proben in Bauteilgröße nach EN 408:2004 bestimmt. Alle anderen charakteristischen Kennwerte, die für die Berechnung von Holzbauwerken benötigt werden (s. DIN 1052:2004, Tabelle F.5 und F.7), werden anhand dieser ausgewählten Kennwerte nach EN 384:1996 berechnet. Beispiel: Zugfestigkeit parallel zur Faser = 0,6 × Biegefestigkeit. Eine Holzgrundgesamtheit kann einer Festigkeitsklasse, die nach der Biegefestigkeit benannt ist, zugeordnet werden, wenn das 5-%-Quantil von Biegefestigkeit und Rohdichte die entsprechenden Werte dieser Klasse erreichen und der Mittelwert des E-Moduls parallel zur Faser 95% des Wertes dieser Festigkeitsklasse übersteigt.

Für Brettschichtholz (s. Abschn. 3.1.1.5) werden die charakteristischen Werte entsprechend DIN EN 1194:1999 anhand folgender Kennwerte der Lamellen berechnet: Zugfestigkeit in Faserrichtung (alle Festigkeitskennwerte), E-Modul in Faserrichtung (alle Steifigkeitskennwerte), Rohdichte. Beispiel:

Zugfestigkeit parallel zur Faser = 5 + 0,8 × Zugfestigkeit der Lamelle parallel zur Faser.

Weit verbreitet ist Verfahren B, bei dem ein Holzbauteil allein aufgrund optischer Merkmale einer Festigkeitsklasse zugeordnet wird. Diese Merkmale wie Ästigkeit, Faserneigung, Jahrringbreite, Risse, Krümmung, Baumkantenanteil sowie Anteil von Holzverfärbungen und Druckholz (am lebenden Baum durch Druck überbeanspruchtes Holz) sind hinsichtlich ihres zulässigen Umfangs in einer Sortierklasse in DIN 4074-1:2003 beschrieben. Den Zusammenhang zwischen Sortierklasse und Festigkeitsklasse stellt die Tabelle F.6 in DIN 1052:2004 her.

Verfahren C wird mit Sortiermaschinen durchgeführt. Hierbei können auch andere als optische Eigenschaften zur Beurteilung herangezogen werden. Die meisten der heute industriell eingesetzten Sortiermaschinen sind so genannte Biegemaschinen, in denen über eine kurze Stützweite (0,5 bis 1,2 m) durch Dreipunktbiegung ein mittlerer Elastizitätsmodul bestimmt wird. Darüber hinaus wird derzeit versucht, den E-Modul ohne mechanische Beanspruchung, z. B. mittels Schwingungsmessung, Mikrowellen- oder Ultraschalltechnik zu bestimmen. Zweckmäßig im Sinne einer noch besseren Korrelation zwischen Sortierung und Festigkeit ist es, den E-Modul mit anderen Sortiermerkmalen zu kombinieren, wobei in erster Linie die Ästigkeit in Frage kommt. Astdurchmesser und Ästigkeit können automatisch berechnet werden, indem die gesamte Holzoberfläche kontinuierlich von Video-Kameras erfasst wird und die Bilder mittels Bildanalyseverfahren ausgewertet werden. Die nächst wichtigere Eigenschaft ist die Rohdichte, die mit Hilfe von Mikrowellen oder weicher Gammastrahlung bestimmt werden kann, wobei die Holzfeuchte zu berücksichtigen ist. Auch Äste können mit Durchstrahlungstechniken ermittelt werden, weil ihre Rohdichte im Mittel 2,5-fach höher ist als die des umgebenden Holzes.

Die maschinelle Sortierung bietet den Vorteil, das Holz präziser den Festigkeitsklassen zuordnen zu können. Allerdings ist sie auch kostenintensiv und nur bei hoher Auslastung wirtschaftlich. So muss z. B. die Zuverlässigkeit einer Sortiermaschine durch zahlreiche Festigkeitsprüfungen an sortierten Holzteilen nachgewiesen werden. Grundsätzliche Anforderungen an die maschinelle Sortierung von Vollholz nach Festigkeit sind in der Normenreihe DIN EN 14081:2006 formuliert.

3.1.1.4 Holzeigenschaften

Feuchte des Holzes

Holz hat aufgrund seiner mikroskopischen Kapillarporosität eine sehr große innere Oberfläche. Es kann daher Feuchtigkeit aus der Umgebung aufnehmen oder an sie abgeben. Die *Holzfeuchte* wird auf das wasserfreie (darrtrockene) Holz bezogen und in Massenprozent (M.-%) ausgedrückt. Beim Austrocknen des geschlagenen Holzes wird zunächst nur das sog. „freie" Wasser in den Zellhohlräumen abgegeben. Erst anschließend verdunstet das „gebundene" Wasser aus den wassergesättigten Zellwänden.

Die *Grenzfeuchte* zwischen diesen beiden Austrocknungsbereichen bezeichnet man als „Fasersättigungsfeuchte". Bei den europäischen Hölzern kann man mit Fasersättigung bei Holzfeuchten zwischen 23 und 35 M.-% und im Mittel von 30 M.-% rechnen. An der unteren Grenze liegen Nadelhölzer mit hohem Harzgehalt und ringporige Laubhölzer, an der oberen Nadelhölzer ohne Kern und zerstreutporige Laubhölzer. Vom Fasersättigungspunkt bis hinab zu einer Holzfeuchte von etwa 15 M.-% ist das Wasser in den Kapillaren der Zellwände gebunden. Von 15 bis 6 M.-% ist es durch Adsorption und unterhalb von 6 M.-% durch Chemisorption an die Zellulosemoleküle gebunden.

In Abhängigkeit vom Umgebungsklima stellt sich eine *Gleichgewichtsfeuchte* im Holz ein. Sie beträgt z.B. bei Fichte in einem Klima mit 20°C und 65% relativer Luftfeuchte 12 M.-%. Bei 100% relativer Luftfeuchte sind die Zellwände gesättigt. In Abhängigkeit von der Holzfeuchte ändern sich praktisch alle Holzeigenschaften. Während mit steigender Holzfeuchte das Volumen zunimmt, verringern sich z.B. die Festigkeit und das Wärmedämmvermögen.

Schwinden, Quellen

Wegen der Ausrichtung der Holzfasern sind das Schwinden und das Quellen in den drei anatomischen Hauptrichtungen sehr unterschiedlich. Die *hygrische Längenänderung* verhält sich bei Nadelholz etwa wie 1:10:20 (Abb. 3.1-4). Unterhalb der Fasersättigung hängen das Schwinden und das Quellen linear von der Holzfeuchte ab. Oberhalb der Fasersättigung haben wechselnde Holzfeuchten keinen Einfluss auf das Schwinden und Quellen. Bei der Beurteilung von Schwind- und Quellwerten ist darauf zu achten, dass auf unterschiedliche Ausgangsmaße Bezug genommen wird: Während das Quellmaß üblicherweise auf die Länge im darrtrockenen Zustand bezogen wird, bezieht man das Schwinden auf den wassergesättigten Zustand.

Um die hygrischen Längenänderungen im Verlauf der Nutzungsdauer, das sog. „Arbeiten", möglichst gering zu halten, sollte Holz mit dem Feuchtegehalt eingebaut werden, der der Gleichgewichtsfeuchte beim mittleren Nutzungsklima entspricht. Infolge Schwindens können sich z.B. Anschlüsse lockern; durch Quellen können erhebliche Drücke aufgebaut werden, die u. U. zu großen Zwängungsbeanspruchungen führen.

Durch ungleiche Anteile von radialem und tangentialem Schwinden im Querschnitt kann sich Schnittholz erheblich verziehen (Abb. 3.1-5). Die

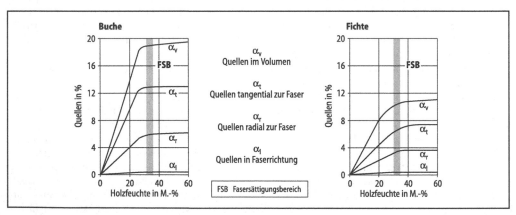

Abb. 3.1-4 Abhängigkeit des Quellens von der Holzfeuchte [Kollmann 1951]

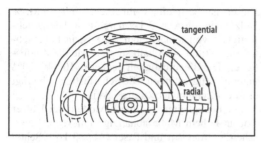

Abb. 3.1-5 Verformungserscheinungen

Volumen- und Formstabilität bei wechselnden klimatischen Umgebungsbedingungen, das sog. „Stehvermögen", ist v. a. vom Unterschied zwischen radialer und tangentialer hygrischer Längenänderung und von der Geschwindigkeit der Feuchtigkeitsaufnahme und -abgabe abhängig. Das Stehvermögen wird mit zunehmender hygrischer Längenänderung und Anisotropie sowie zunehmender Geschwindigkeit der Holzfeuchteänderung reduziert.

Dichte, Rohdichte

Die Dichte ist bei fast allen Hölzern praktisch gleich, da sie sich hinsichtlich ihres Grundstoffes kaum unterscheiden. Sie beträgt etwa 1500 kg/m³ für sehr harzreiches Holz und 1600 kg/m³ für stark verkerntes Holz. Unterschiede in der Rohdichte zwischen den Hölzern ergeben sich bei gleicher Holzfeuchte fast ausschließlich durch den Porenraum bzw. die Zellwanddicke. Die *Rohdichte* ist die wichtigste Eigenschaft des Holzes, weil alle anderen physikalischen Eigenschaften von ihr abhängen. Die Holzart hat den größten Einfluss auf die Rohdichte. Im darrtrockenen Zustand liegen die Extremwerte bei 0,13 g/cm³ (Balsaholz) und 1,23 g/cm³ (Pockholz). Da auch das Wachstum eine wesentliche Rolle spielt, ist die Rohdichte stark von der Lage im Stamm abhängig und kann bei Bauholz um ±35% vom Mittelwert abweichen. Auch Standort und Umweltbedingungen wirken sich auf die Rohdichte aus. Mittelwerte der Rohdichten gebräuchlicher Hölzer können DIN 68364:2003 (bei Raumklima) entnommen werden.

Thermische Eigenschaften

Der *Wärmedehnungskoeffizient* ist v. a. vom Winkel zur Faser abhängig. In Faserrichtung ist er praktisch unabhängig von der Rohdichte und damit auch von der Holzart und mit 3 bis $8 \cdot 10^{-6}$ K^{-1} nur etwa halb so groß wie bei anorganischen Baustoffen, so dass der Einfluss von Temperaturdehnungen nach DIN 1052:2004 i. d. R. vernachlässigt werden darf. Quer zur Faser ist er dagegen sehr stark von der Rohdichte abhängig. Am größten ist er in Tangentialrichtung (etwa 30 bis $60 \cdot 10^{-6}$ K^{-1}) und etwas niedriger in Radialrichtung.

Die *Wärmeleitfähigkeit* wird v. a. durch die Rohdichte und die Holzfeuchte bestimmt. Sie ist in Faserrichtung etwa doppelt so groß wie quer dazu. Nach [Kollmann 1951] kann sie mit Hilfe der Rohdichte und unter Berücksichtigung der Holzfeuchte berechnet werden.

Die *spezifische Wärmekapazität* wird am stärksten von der Holzfeuchte und kaum von der Rohdichte beeinflusst. Bei einer mittleren Holzfeuchte von 12 M.-% ergibt sich für alle Hölzer eine im Vergleich zu anderen Baustoffen deutlich höhere spezifische Wärmekapazität von 1,6 kJ/(kg·K).

Festigkeiten und elastisches Verhalten

Bedingt durch die Röhrenbündelstruktur ist Holz v. a. für die Aufnahme von Kräften in Faserrichtung geeignet. Bei fehlerfreiem Holz wird die höchste Festigkeit unter Zugbeanspruchung erreicht. Unter Druckbeanspruchung in Faserrichtung versagt Holz durch Ausknicken der Faserbündel sowie ggf. durch Aufreißen des Verbunds zwischen den Gefäßen. Bei weiterer Belastung bildet sich eine Gleitebene schräg zu den Fasern (Abb. 3.1-6) aus. Von großer Bedeutung ist das im Vergleich zu anderen klassischen Werkstoffen wie Stahl und Beton wesentlich günstigere Verhältnis von Festigkeit zu Eigengewicht. Bei Zugbeanspruchung verhält sich Holz bei mittlerer Holzfeuchte bis kurz vor dem Bruch

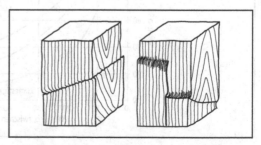

Abb. 3.1-6 Probekörper nach der Druckfestigkeitsprüfung [König 1972]

elastisch. Das elastische Verhalten des Holzes wird meist mit dem E-Modul in Faserrichtung erfasst. Aus Gründen der besseren Handhabbarkeit wird er i. Allg. im Biegeversuch ermittelt.

Die *Zugfestigkeit* der trockenen, fehlerfreien Holzfaser liegt mit 300 bis 600 MPa, bezogen auf die Fläche der Zellwand, im Bereich der Zugfestigkeit von Stahl. Die in der Praxis ansetzbaren Festigkeiten sind jedoch viel geringer, da die aufnehmbare Kraft auf den Gesamtquerschnitt einschließlich der Poren bezogen werden muss und die beschriebenen Inhomogenitäten und Fehler zu berücksichtigen sind.

Zwischen der Rohdichte und den Festigkeiten der Hölzer besteht ein linearer Zusammenhang.

Dieser ist beispielhaft für Fichte mit 15 M.-% Holzfeuchte in Abb. 3.1-7 dargestellt. Die Druckfestigkeit von fehlerfreiem Holz ist in Faserrichtung im Mittel etwa halb so groß wie die Zugfestigkeit. Die Biegefestigkeit liegt etwa 10% bis 20% unter der Zugfestigkeit. Die Scherfestigkeit beträgt etwa ein Zehntel der Zugfestigkeit.

Die Festigkeiten und die E-Moduln der Hölzer sind in hohem Maße abhängig vom Winkel zwischen Kraftangriff und Faser (Abb. 3.1-8). Schon bei geringer Abweichung der Last- von der Faserrichtung nimmt v. a. die *Zugfestigkeit* stark ab. Unter einem Faser-Last-Winkel von 45° beträgt sie bereits weniger als 20% und unter 90° weniger als 10%. Hierbei ist zu beachten, dass die Festigkeiten

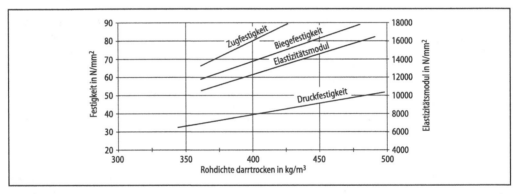

Abb. 3.1-7 Abhängigkeit der Festigkeiten und des E-Moduls von Fichtenholz mit einer Feuchte von 15 M.-% von der Rohdichte im darrtrockenen Zustand [Würgler/Strässler 1976]

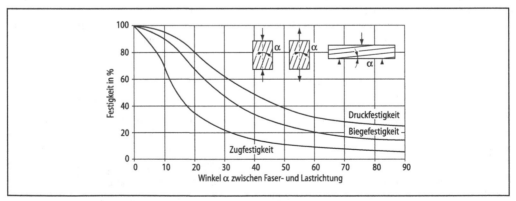

Abb. 3.1-8 Abhängigkeit der Festigkeiten des Holzes vom Winkel zwischen Beanspruchungs- und Faserrichtung [Würgler/Strässler 1976]

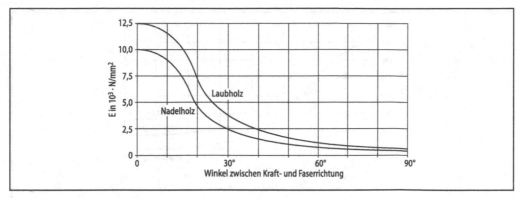

Abb. 3.1-9 Abhängigkeit des E-Moduls vom Winkel zwischen Kraft- und Faserrichtung [Wesche 1988]

an fehlerfreien Proben ermittelt wurden. In der Praxis liegt die Zugfestigkeit quer zur Faser aufgrund von Rissen und Ästen nahe Null.

Eine deutlich geringere Abhängigkeit vom Faser-Last-Winkel weist die *Druckfestigkeit* auf: Sie beträgt bei 45° immerhin noch über 40%. Die Druckfestigkeit quer zur Faser ist dabei als Spannung bei 1% Stauchung definiert. Die Kopplung an die Stauchung ist erforderlich, weil sich die Röhrenbündel soweit zusammendrücken lassen, bis die Höchstspannung bei Porenfreiheit erreicht wird.

Die *Biegefestigkeit* liegt wegen des kombinierten Beanspruchungszustands (teils Zug teils Druck) und einer geringeren Druck- als Zugfestigkeit des Holzes zwischen der Zug- und der Druckfestigkeitskurve nahe bei letzterer.

Für beliebige Faser-Last-Winkel kann die Druckfestigkeit z.B. nach DIN 1052:2004 berechnet werden. In [Hankinson 1921] wird sowohl für die Festigkeiten als auch für den E-Modul die Abhängigkeit vom Faser-Last-Winkel in Formeln angegeben. Abbildung 3.1-9 basiert auf diesen Formeln. Quer zur Faser ist die Verformung wesentlich größer als in Faserrichtung, wobei die Vorholzlänge (nicht beanspruchter Teil eines quer belasteten Bauteils) und der Jahrringverlauf einen wesentlichen Einfluss haben.

Auch die *Holzfeuchte* hat einen bedeutenden Einfluss auf die Festigkeiten (Abb. 3.1-10). Zur besseren Vergleichbarkeit sind die Festigkeiten in Faserrichtung in diesem Bild bei einer Holzfeuchte

von 12 M.-% jeweils zu 100% gesetzt. Bei 0% Holzfeuchte sind Druck- und Biegezugfestigkeit am größten. Mit steigender Holzfeuchte quellen und erweichen die Holzfasern zunehmend, wodurch die Festigkeiten abnehmen. Am stärksten ist hiervon die Druckfestigkeit betroffen, da die angelagerten Wassermoleküle v.a. den Verbund der Holzfasern untereinander mindern. Oberhalb der Fasersättigung ändern sich die Festigkeiten praktisch nicht mehr, da die Feuchtigkeit nur noch als freies Wasser aufgenommen wird. Je besser die Holzqualität ist, desto größer ist die Abhängigkeit von der Holzfeuchte. Der Einfluss der Holzfeuchte auf den E-Modul (ermittelt im Biegeversuch) ist verhältnismäßig gering und entspricht oberhalb einer Holzfeuchte von 6 M.-% dem Einfluss auf die Zugfestigkeit. Aus Abb. 3.1-11 ist der große Einfluss der Holzfeuchte auf das Druckspannungs-Dehnungsverhalten (hier in Faserrichtung) ersichtlich. Je geringer die Holzfeuchte ist, desto ausgeprägter ist der Hookesche Bereich. Darrtrockenes Holz ist praktisch voll elastisch.

Mit zunehmender *Temperatur* verringert sich die Festigkeit von Holz. Bei fehlerfreiem europäischen Nadelholz ist je 10 K mit einer Abnahme von 5% bei der Druck- und der Biegefestigkeit und 1% bei der Zugfestigkeit zu rechnen (Ausgangspunkt: 20°C; Holzfeuchte: 10 bis 15 M.-%). Von Bedeutung ist der Temperatureinfluss z.B. bei Dachkonstruktionen und im Brandfall außerhalb des Brandbereichs. Die Temperatur beeinflusst den E-Modul ähnlich wie die Festigkeiten.

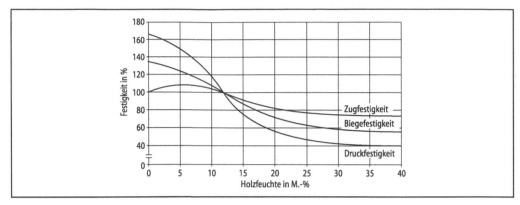

Abb. 3.1-10 Abhängigkeit der Festigkeiten in Faserrichtung von der Holzfeuchte [Kollmann 1951]; Ausgleichskurven, bezogen auf eine Holzfeuchte von 12 M.-%

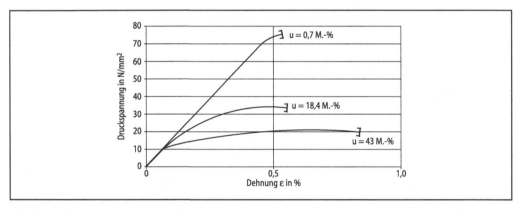

Abb. 3.1-11 Spannungs-Dehnungs-Linien von Fichtenholz bei verschiedenen Holzfeuchten u [Wesche 1988]

Die *Dauerstandfestigkeit* von Vollholz ist mit weniger als 60% der Kurzzeitfestigkeit relativ gering. Bei fehlerfreier trockener Fichte beträgt sie sogar nur 50%.

Die *Dauerschwingfestigkeit* kann bei 10^6 Lastspielen abgeschätzt werden. Bezogen auf die Kurzzeitfestigkeit im statischen Versuch, beträgt die Wechselbiegefestigkeit 25% bis 40%. Mit Ausnahme der Holzfeuchte, die einen doppelt so großen Einfluss auf die Dauerschwingfestigkeit ausübt, wird sie von den anderen Einflussfaktoren in gleicher Weise beeinflusst wie die statische Festigkeit.

Fehlerfreies, darrtrockenes Holz verhält sich unter Zugbeanspruchung rein elastisch. Mit zuneh-

mender Holzfeuchte kriecht Holz jedoch zunehmend. Bei häufigen Wechseln zwischen trockener und feuchter Beanspruchung kann Holz noch wesentlich stärker kriechen als bei gleich bleibender Feuchte. Ähnlich wie die Holzfeuchte wirkt sich auch zunehmende Temperatur auf das *Kriechen* aus. Allgemein ist in Faserrichtung mit Kriechzahlen zwischen 0,2 und 2,0 zu rechnen. Quer dazu sind Werte bis 3,0 anzusetzen.

Härte

Die Härte von Holz kann anhand des Verfahrens nach Brinell (DIN EN ISO 6506-1:2006) charakterisiert werden. Sie wird durch Eindrücken einer

Stahlkugel in die Holzoberfläche bestimmt. Die Härte kann als Spannungswert – berechnet aus der Eindruckkraft, bezogen auf die Eindruckoberfläche – ausgedrückt werden. Die Härte sehr weicher Hölzer (z. B. Weymouthkiefer) unterscheidet sich von der sehr harter Hölzer (z. B. Pockholz) etwa um den Faktor 10. In Faserrichtung ist die Härte etwa doppelt so groß wie quer dazu. Rohdichte und Holzfeuchte sind weitere wesentliche Einflussfaktoren.

Dauerhaftigkeit
Der *Verschleißwiderstand* spielt z. B. bei Böden eine wichtige Rolle. Er wächst mit steigender Rohdichte und Härte sowie abnehmender Holzfeuchte. Darüber hinaus ist er bei stehenden Jahresringen größer als bei liegenden. Oberflächenschutzsysteme (z. B. Imprägnierungen) können den Verschleißwiderstand erheblich verbessern.

Einige Holzarten sind gegenüber *chemischen Substanzen* verhältnismäßig widerstandsfähig. Dies gilt v. a. für die Beanspruchung durch Laugen und Säuren mit pH-Werten zwischen 3 und 10. Holz wird daher in zunehmendem Maße beim Bau von Lagerhallen mit korrosivem Klima (chemische Industrie, Salzlager für den Straßen-Winterdienst usw.) verwendet.

Holz entzündet sich bei *Temperaturen* zwischen 330°C und 470°C selbst. Dünne Querschnitte können sich unter lang andauernder Einwirkung hoher Temperaturen sogar schon bei weniger als 200°C selbst entzünden. Ist eine äußere Zündquelle vorhanden, brennt Holz aber schon ab etwa 225°C. Ab 250°C bis 300°C bildet sich auf der Holzoberfläche eine Holzkohleschicht. Durch die gegenüber unbeanspruchtem Holz um 80% geringere Wärmeleitfähigkeit der Holzkohleschicht wird die Geschwindigkeit der Schädigung erheblich verzögert. Dadurch können entsprechend konstruierte Bauteile in recht hohe Feuerwiderstandsklassen eingeordnet werden (s. DIN 4102-4:1994). Die Widerstandsfähigkeit des Holzes wächst mit

– größer werdender Rohdichte,
– zunehmender Feuchte,
– wachsendem Verhältnis von Volumen zu Oberfläche,
– abnehmendem Harzgehalt,
– kleiner werdender Anzahl und Größe von Rissen.

Die Abbrandgeschwindigkeiten sind in Faserrichtung etwa doppelt so groß wie quer zur Faser.

3.1.1.5 Holzwerkstoffe

Allgemeines
Holzwerkstoffe haben in den letzten Jahren stark an Bedeutung gewonnen. Im Vergleich zu Vollholz ermöglichen sie nicht nur eine wesentlich wirtschaftlichere Ausnutzung des Rohstoffes Holz, sondern erlauben auch andere Formgebungen. Dadurch ergibt sich eine Fülle neuer Anwendungsmöglichkeiten. So können z. B. sehr große dreidimensionale Dachschalen gebaut werden, die aus großen vorgefertigten Teilen bestehen. Darüber hinaus sind sie auch eine Basis der rasanten Entwicklung im Geschosswohnungsbau, wo ebenfalls vorgefertigte Großtafeln eingesetzt werden. In vielen Fällen weisen die Holzwerkstoffe gegenüber Vollholz bessere technische Eigenschaften auf. Bauaufgaben, die bisher anderen Stoffen vorbehalten waren, können mit den neuen Materialien problemlos wirtschaftlich bewältigt werden. Zum Teil sind die im Folgenden genannten Holzwerkstoffe noch nicht genormt, sondern können nur auf der Basis einer allgemeinen bauaufsichtlichen Zulassung oder einer Zustimmung im Einzelfall genutzt werden.

Brettholz
Brettschichtholz (BSH) ist aus Brettern bis etwa 40 mm (meist 33 mm) Dicke, 400 mm (meist 220 mm) Breite und rd. 2,50 m Länge zusammengeleimt. An den Kopfenden sind die Bretter durch Keilzinkung miteinander verbunden. Nach DIN 1052:2004 müssen Nadelhölzer verwendet werden (in Deutschland wird am häufigsten Fichtenholz eingesetzt). Ein wesentliches Argument für die Verwendung sind Querschnitts- und Trägerformen mit Abmessungen, welche die mit Vollholz erreichbaren mehrfach übertreffen. So wurden Träger mit einer Höhe von 2,30 m und über 100 m Spannweite ebenso realisiert wie dreidimensional gekrümmte Strukturen. Da Holzfehler im zusammengesetzten Querschnitt verteilt werden, können bei gleicher Sortierklasse der Brettlamellen höhere Spannungen als bei Vollholz zugelassen werden (s. DIN 1052:2004, Tabelle F.9). Verwendet wird BSH v. a. für Binder und Sparren.

Multiplan-Platten bestehen aus drei bis fünf Lagen kreuzweise verleimter Nadelholzbretter. Die äußere Lage ist etwa 7 mm dick, die Dicke der inneren Lagen variiert zwischen 7 und 27 mm. Es werden Platten mit einer Breite bis 2 m und einer Länge bis 20 m bei Dicken bis 40 mm hergestellt. Die mechanischen Eigenschaften sind mit denen von Baufurniersperrholz und Furnierschichtholz vergleichbar.

Unter *Systembauteilen* versteht man z. B. Holzblocktafeln, die aus kreuzweise verleimten Brettlagen zusammengesetzt sind und im genormten Rastermaß des Vielfachen von 12,5 cm zur Verfügung stehen. Durch ihre große Holzmasse weisen sie eine hohe Wärme- und Schalldämmung, Feuerwiderstandsdauer und Festigkeit auf, weshalb sie für Wandscheiben im Wohnungsbau und für gewerbliche Objekte dienen können.

Lagenholz

Furnierschichtholz wird aus etwa 3 mm dicken Nadelholz-Schälfurnierblättern mit Phenolharz verleimt. Die Längsstöße der Furniere sind entweder geschäftet oder überlappt. Die Furniere sind bei einigen Fabrikaten ausschließlich faserparallel angeordnet. Es gibt aber auch Ausführungen, bei denen ein kleiner Anteil von Furnierlagen quer zur Plattenrichtung liegt; sie bieten bei flächigen Anwendungen und insbesondere Feuchtebeanspruchung wegen der geringeren hygrischen Längenänderung Vorteile. Aus Furnierschichtholz werden Platten bis 24 m Länge, 1,8 m Breite und rd. 9 cm Dicke hergestellt. Anwendung findet Furnierschichtholz sowohl bei balkenförmigen als auch plattenförmigen Bauteilen. Balken werden als Streifen aus den Rohplatten gesägt und wie Brettschichtholz verwendet. Zur Bildung größerer Querschnittshöhen kann es entweder lagenweise oder auch mit Vollholz z. B. zu π-Platten verleimt werden.

Furnierstreifenholz, auch PSL (Parallel Strand Lumber) genannt, wird aus rd. 2 m langen, 13 mm breiten und 3 mm dicken Nadelholz-Furnierstreifen hergestellt. Die Streifen werden allseitig mit Phenolharz beleimt und längenversetzt flächen- sowie faserparallel zu endlosen Balken mit Querschnitten bis etwa 30 cm × 50 cm verarbeitet. Die auf 20 m abgelängten Stücke können anschließend zu beliebigen Querschnitten zerteilt werden. PSL zeichnet sich durch hohe Biege- und Schubfestigkeit aus.

Sperrholz

Sperrholz wird nach dem Aufbau, der Form, der Dauerhaftigkeit und dem Aussehen sowie dem Zustand der Oberfläche klassifiziert, s. EN 313-1:1996. Hinsichtlich seiner Feuchtebeständigkeit unterscheidet die Normreihe EN 636:1997 hinsichtlich der Verwendungen im Trocken-, Feucht- und Außenbereich.

Furniersperrholz besteht aus drei bis sieben Lagen 0,1 bis 6 mm dicker Furniere, die abwechselnd rechtwinklig zueinander verklebt sind. Hierdurch wird erreicht, dass Schwinden und Quellen sowie die Festigkeiten in den beiden Hauptrichtungen (Faserrichtungen) nahezu gleich sind. Die hygrischen Längenänderungen werden auf Werte parallel zur Faser reduziert. Sperrholz eignet sich daher v. a. für flächige Elemente.

Baufurniersperrholz wird für Decken-, Dach- und Wandscheiben verwendet. Baufurniersperrholz aus Buchenfurnier weist eine besonders hohe Druckfestigkeit senkrecht zur Plattenebene und Schubfestigkeit senkrecht zur und in Plattenebene auf.

Betonschalungssperrholz zeichnet sich durch besonders hochwertige Oberflächen aus, um das Ausschalen und Reinigen sowie die Haltbarkeit bzw. Verschleißfestigkeit zu verbessern. Hierfür werden z. B. mit Phenolharz getränkte Glasfasermatten und in Fertigteilwerken sogar Metalle verwendet.

Großflächenschalungsplatten gibt es mit 35 m^2 Fläche bei 30 mm Dicke.

Mittellagensperrholz besteht aus einer Mittellage 7 bis 30 mm breiter miteinander verleimter Vollholzleisten und zwei einige Millimeter dicken Furnierdecklagen. Für Bauzwecke ist es in DIN 68705-4:1981 genormt. Bei *Stäbchensperrholz* werden für die Mittellage 7 mm dicke Schälfurnierstreifen verwendet. Die senkrecht zur Plattenebene stehenden Jahrringe führen zu einer sehr geringen hygrischen Längenänderung in Plattenebene.

Für *Kunstharzpressholz* (KPH) werden 8 bis 36 mit Phenolharz getränkte Buchenfurnierlagen unter hohem Druck und hoher Temperatur zusammengepresst. Die Rohdichte liegt zwischen 800 und 1500 kg/m^3. Die Furniere werden je nach den gewünschten Eigenschaften lagenweise entweder faserparallel, kreuzweise oder sternförmig verleimt. Weitestgehende Richtungsunabhängigkeit der Eigenschaften in der Plattenebene kann durch Verleimung mit 15°-Versatz erreicht werden (Sternholz). KPH zeichnet sich durch sehr hohe Festigkeiten, hohe Abrieb- und Verschleißfestigkeit, gute Dauerhaftigkeit und Temperaturbeständigkeit aus,

s. DIN 7707-2:1979. Anwendung findet es im Industriebodenbereich sowie im Kläranlagenbau.

Spanholz

Unter *Spanplatten* versteht man i. Allg. Platten aus kurzen Spänen von wenigen Zentimetern Länge. Als Bindemittel werden meist Kunstharz, seltener Zement, Gips und Magnesit verwendet. Die Späne bestehen aus Holz, aus dem kein Bauholz mehr gewonnen werden kann, d. h. Abfall- oder Altholz. Es werden aber auch andere holzartige Faserstoffe verwendet. In der Mittellage können bis zu 20% durch Altpapier ohne Festigkeitsverlust ersetzt werden. Über die Rohstoffwahl und das Herstellverfahren lassen sich die Eigenschaften der Spanplatten in einem weiten Bereich variieren. Durch Gips als Bindemittel werden sehr geringe Schwindwerte erreicht. Allgemein wird der Feuerwiderstand durch mineralische Bindemittel deutlich erhöht.

Man unterscheidet Flachpressplatten (Marktanteil: rd. 95%) und Strangpressplatten. In *Flachpressplatten* sind die Späne parallel zur Plattenebene orientiert. In Plattenebene weisen sie in allen Richtungen gleiche Eigenschaften auf. Die mechanischen Eigenschaften sind schlechter als die von Vollholz in Faserrichtung. Mit abnehmender Verbundlänge der Späne werden die Festigkeiten geringer. Spanplatten sind sehr kostengünstig herzustellen und werden daher am meisten von allen Holzwerkstoffen produziert. Anwendung finden sie in allen Bereichen mit geringen Anforderungen an die Festigkeit, z. B. im Holztafelbau als aussteifende Beplankung. Anforderungen an Spanplatten für tragende Bauteile sind in DIN EN 312:2003 enthalten. Bei *Strangpressplatten* liegen die Späne, bedingt durch den kontinuierlichen Pressvorgang in einem Formkanal, rechtwinklig zur Plattenebene. Angewendet wird das Verfahren vor allem für so genannte Röhrenplatten, die wegen der geringen Biegefestigkeit nur mit Beplankung z. B. für Türen und Wandverkleidungen verwendet werden.

OSB-Platten (OSB Oriented Strand Board) sind in DIN EN 300:1997 definiert. Sie werden aus 60 bis 75 mm langen und 0,6 mm dicken rechteckigen Flachspänen in drei Lagen hergestellt. Die Flachspäne gewinnt man durch Brechen von Schälfurnieren (vorwiegend Kiefer). In den Deckschichten sind die Späne in der Hauptbeanspruchungsrichtung (Plattenlängsrichtung) ausgerichtet, in der Mittellage quer dazu. Die mit wenigen Prozent Phenolharz verleimten Platten sind 6 bis 25 mm dick, bis 5,0 m lang und bis 2,5 m breit. Die zulässigen Spannungen liegen zwischen Baufurnier-Sperrholz und Flachpress-Spanplatten. Verwendet werden OSB-Platten als mittragende Beplankung für Elemente in Holztafelbauweise, Dachschalungen sowie Fußboden- und Wandbeläge.

Langspanholz, auch LSL (Laminated Strand Lumber) genannt, besteht aus bis zu 30 cm langen, bis 4 cm breiten und 0,9 cm dicken Spänen des schnell wachsenden nordamerikanischen Aspenholzes (Pappelart). Die Späne werden allseitig beleimt und faser- sowie flächenparallel, aber längenversetzt mit einem Polyurethan-Kleber unter Druck verleimt. Die Herstellung umfasst sowohl balken- als auch plattenförmige Bauteile. Die Plattengrößen reichen bis 2,3 m × 10,7 m bei einer Dicke bis 14 cm. Kleinere Querschnitte werden als Streifen aus Platten gesägt. Anwendung finden die großformatigen Platten im Dach- und Fassadenbereich. Ebenso werden zusammengesetzte Querschnitte aus Voll- und Langspanholz (z. B. Plattenbalken) produziert. Derzeit gibt es drei bauaufsichtliche Zulassungen.

Holzwolle-Leichtbauplatten werden aus Holzwolle mit mindestens 80 mm Spanlänge und einem mineralischen Bindemittel (Zement, Gips oder Magnesit) hergestellt. Bei Magnesitbindung bleibt Holzwolle zäh, während sie bei Verwendung von Zement und Gips versprödet. Holzwolle-Leichtbauplatten sind nach DIN 4102-4:1994 schwer entflammbar; sie finden als Wärmeschutz, Zwischenwände und Bekleidungen Verwendung.

Faserholz

Zur Herstellung von *Faserplatten* wird Nadelholz minderwertiger Qualität einschließlich der Rinde verwertet. Das Holz wird als Hackschnitzel ggf. unter Zumischung anderer pflanzlicher Faserstoffe in Wasserdampf aufgeschlossen und durch profilierte Mahlscheiben zerfasert. Die Art des Bindemittels und der Zusätze sowie der Grad der Verdichtung bestimmen die Eigenschaften. Entsprechend der Rohdichte werden poröse, mitteldichte und dichte (harte) Faserplatten unterschieden. Hergestellt werden die Platten entweder im Nassverfahren ohne zusätzliches Bindemittel oder im Trockenverfahren mit zusätzlichem Bindemittel. Poröse und dichte (harte)

Platten werden generell im Nassverfahren hergestellt. Der Verbund der Fasern beruht dabei auf der eigenen Klebkraft der Fasern sowie deren Verfilzung. Mittelharte Faserplatten werden entweder im Nassverfahren oder im Trockenverfahren hergestellt. Durch die regellose Anordnung der Fasern sind die mechanischen Eigenschaften der Holzfaserplatten in allen Richtungen etwa gleich. Im konstruktiven Ingenieurbau finden Hartfaserplatten z. B. Anwendung im Steg von I-Trägern.

Kombinationsbauteile

Träger werden immer häufiger aus verschiedenen Werkstoffen zusammengesetzt. Angeboten werden I-Träger mit Gurten aus sehr druck- und zugfestem Furnierschicht- oder Vollholz und Stegen aus sehr schubfesten OSB-Platten oder auch Holzfaserplatten. Darüber hinaus sind auch I- und Doppel-I-Träger mit Vollholzgurten und Stegen aus 0,5 mm dicken Blechen bekannt. Die Stege sind durch Nuten in die Gurte eingebunden. Die Lieferlängen der Kombination Furnierschichtholz/OSB reichen bis 22 m.

3.1.1.6 Holzschädlinge, Holzschutz

Unter bestimmten Randbedingungen kann Holz von pflanzlichen und tierischen Holzschädlingen befallen werden. Die größten Schäden werden durch Pilze verursacht. Ganz allgemein fördern Holzfeuchten über 20 M.-% und Temperaturen oberhalb üblicher Raumtemperatur den Befall. *Pilze* schädigen Holz durch chemischen Abbau, *tierische Schädlinge* durch Zernagen. Infolge des biologischen Angriffs können die Festigkeiten bis auf Null abnehmen. Manche Pilze und Insekten beschränken sich auf Nadel- oder Laubholz oder sogar nur auf bestimmte Holzarten, andere bevorzugen zwar bestimmte Hölzer, sind aber auch auf bzw. in anderen anzutreffen. In erster Linie wird das Splintholz befallen; bestimmte Pilze können aber auch Kernholz abbauen. Einige Tropenhölzer enthalten Kerninhaltsstoffe, die gegen Pilzbefall weitgehend schützen. Die eindeutige Identifizierung pflanzlicher und tierischer Holzschädlinge sollte grundsätzlich Fachleuten vorbehalten bleiben.

Pilze entwickeln sich aus Sporen. Unter günstigen Bedingungen keimen sie, und es bildet sich eine Keimhyphe, von der weitere Hyphen abgehen, die sich schließlich zu einem Pilzgeflecht, dem Myzel,

verdichten. Schließlich entstehen die Fruchtkörper mit dem sporenbildenden Gewebe. Die Hyphenspitzen sondern Enzyme ab, die die Holzsubstanz abbauen. Pilze, die überwiegend Zellulose abbauen und das braune Lignin übrig lassen, werden „Braunfäulepilze" genannt; sie treten vornehmlich bei Nadelhölzern auf. Das befallene Holz reißt infolge des Austrocknens und starken Schwindens längs und quer in rechteckige Stücke auf, wodurch der typische Würfelbruch entsteht. Mit zunehmendem Befall wird das Holz immer spröder. Im Endstadium lässt es sich zwischen den Fingern zerreiben. „Weißfäule" wird durch Pilze hervorgerufen, die sowohl Zellulose als auch Lignin abbauen. Sie ist bevorzugt bei Laubhölzern anzutreffen und hellt das Holz vielfach auf. Das Holz schrumpft ohne Risse; es wird weich und faserig.

Der häufigste, gefährlichste und am schwierigsten zu bekämpfende holzzerstörende Pilz ist der *Echte Hausschwamm* (serpula lacrimans), der zu den Braunfäulepilzen gehört und auch Laubholz nicht verschont. Zu finden ist er im bodennahen Bereich von Altbauten sowie nach unsachgemäßen Umbauten und Instandsetzungen von Altbauten. In Neubauten tritt er dagegen äußerst selten auf. Er benötigt zu seiner Entstehung nur feuchtes Holz, wobei er mit geringerer Holzfeuchte auskommt als andere Gebäudepilze. Darüber hinaus passt er sich den Umweltbedingungen weitgehend an und wächst unter bestimmten Bedingungen auch auf trockenem Holz weiter. Wie alle Pilze überlebt er auch lange Trockenzeiten in der so genannten Trockenstarre. Als einziger pflanzlicher Holzzerstörer muss er entsprechend den Bauordnungen einiger Bundesländer unverzüglich bekämpft werden.

Beim Hausschwamm bildet sich ein weißer, watteartiger Myzelrasen, der sich später zu Häuten zusammenzieht, aus denen sich kräftige, bis bleistiftdicke Myzelstränge bilden, die bis zu 8 mm pro Tag wachsen können. Der Fruchtkörper hat die Form eines Fladens mit einem Durchmesser bis zu einem Meter, ist innen rostbraun und hat einen weißen Zuwachsrand. Wegen seines hochentwickelten Oberflächenmyzels bzw. Strangmyzels kann er sich meterweit über holzfreie Stoffe ausbreiten und sogar Mauerwerk durchwachsen. Er ist zwar, wie alle Pilze, auf einen äußeren Feuchtigkeitszutritt angewiesen, kann die Feuchtigkeit aber über eine Entfernung von einigen Metern heranschaffen. Zu seiner

Bekämpfung sind daher zuerst einmal sämtliche Feuchtigkeitsquellen auszuschalten.

Weitere gefährliche und häufig auftretende Gebäudepilze sind der *Braune Kellerschwamm* (coniophora puteana), auch „Brauner Warzenschwamm" genannt, und der *Weiße Porenschwamm* (poria vailantii). Diese beiden Pilze befallen ebenfalls vorwiegend Nadelholz – seltener Laubholz – und verursachen Braunfäule. Sie sind sowohl in Alt- als auch in Neubauten bis ins Dachgeschoss anzutreffen. Der Braune Kellerschwamm ist der am schnellsten wachsende Bauholzpilz; er führt zu ebenso großen Zerstörungen wie der Echte Hausschwamm. Der Weiße Porenschwamm hat eine ähnlich große Zerstörungskraft. Während er eine Holzfeuchte von 40 M.-% braucht, benötigt der Braune Kellerschwamm eine Holzfeuchte von über 50 M.-%.

Zu den Pilzen, die das Holz lediglich verfärben, aber nicht abbauen, gehören Bläuepilze und Schimmelpilze. Beide Pilzgruppen benötigen Holzfeuchten oberhalb der Fasersättigung. *Bläuepilze* befallen insbesondere Nadelholz, und zwar vornehmlich Kiefer, aber auch Laubholz (z. B. Buche) und verschiedene Tropenhölzer. Bei Kernhölzern wird ausschließlich das Splintholz befallen, da nur dort für die Pilze verwertbare Zellinhaltsstoffe vorkommen. Bläuepilze bauen i. Allg. die Zellwände nicht ab und verursachen deshalb auch keine Festigkeitsverluste des Holzes. Die im Querschnitt gut sichtbare Verblauung wird von dunkel gefärbten Pilzhyphen hervorgerufen, die sich bevorzugt in den nährstoffreichen Holzstrahlen ausbreiten und durch das Holz schimmern. Aufgrund der Lichtbrechung erscheint das Holz blau bis grauschwarz. Man unterscheidet Stammholzbläue (bereits am stehenden Baum), Schnittholzbläue und Anstrichbläue (Pilze können Anstrichfilme durchwachsen), die jeweils von bestimmten Pilzarten hervorgerufen werden.

Schimmelpilze verfärben ebenfalls das Holz, wachsen aber mit ihrem grünen bis blaugrünen oder schwärzlichen Rasen nur auf der Oberfläche des Holzes, ohne tiefer als 0,5 mm in das Innere einzudringen. Da sie nur von den Holzinhaltsstoffen angeschnittener Zellen und eventuell vorhandenen Verunreinigungen leben, ohne die Zellwände anzugreifen, verursachen sie ebenfalls keine Festigkeitsverluste des Holzes. Weil sehr feuchte, unbewegte Luft ihr Wachstum begünstigt, sind sie ein Indikator für die potentielle Gefährdung durch holzzerstörende Pilze.

Holzschäden durch Tiere werden v. a. von *Insekten* – insbesondere Käfern – verursacht. Insekten durchlaufen vier Entwicklungsstadien: Ei – Larve – Puppe – Vollinsekt (Imago). Geschädigt wird das Holz ausschließlich durch die *Larven*, deren Stadium mehrere Jahre dauern kann. Der in Mitteleuropa verbreiteteste und gefährlichste Käfer ist der *Hausbockkäfer* (hylotrupes bajulus). Er befällt ausschließlich Nadelholz, und zwar v. a. das eiweißreiche Splintholz. Dieser Käfer kommt am häufigsten in Dachstühlen vor, da er Temperaturen um 30°C braucht. Weil er auch Holzfeuchten um 30 M.-% benötigt, ist er in feuchten Gebieten (Flusstäler, Küstenbereiche) häufiger anzutreffen. Der Befall ist lediglich an 5 bis 10 mm großen, ovalen Löchern im Holz zu erkennen, durch die die Käfer das Holz verlassen. Der weibliche Käfer ist 10 bis 25 mm lang, die Larve bis zu 30 mm. Unter der papierdünnen Holzoberfläche ist das Splintholz häufig weitgehend zerfressen. Die Befallswahrscheinlichkeit ist bei zehn bis 30 Jahre alten Gebäuden am größten und bei sehr altem Holz (> 100 Jahre) wegen der Alterung und der Umwandlung der Eiweißstoffe sehr gering. Als einziger tierischer Holzzerstörer muss er entsprechend den Bauordnungen einiger Bundesländer unverzüglich bekämpft werden.

Ein weiterer, weit verbreiteter und sehr schädlicher Holzzerstörer ist der *Gewöhnliche Nagekäfer* (anobium punktatum), volkstümlich auch „Holzwurm" genannt. Er bevorzugt Raumtemperatur und Holzfeuchten zwischen 20 und 25 M.-%. Er befällt vorwiegend die hellen Frühholzschichten einheimischer Hölzer.

Der *Braune Splintholzkäfer* ist in den letzten Jahrzehnten für die Holzverarbeiter der mit Abstand gefährlichste Holzschädling geworden, da er – aus den Tropen kommend – trockene (15 bis 16 M.-% Holzfeuchte) und warme (um 20°C) Bedingungen bevorzugt. Er ist ein typischer Laubholzschädling.

In salzhaltigem Meerwasser verbautes Holz ist durch verschiedene *Meerestiere* gefährdet. Zu ihnen gehören v. a. die Holzbohrmuschel und die Bohrassel. Insbesondere erstere kann Holz in wenigen Jahren fast völlig zerstören.

Die für tragende Bauteile erforderlichen vorbeugenden und bekämpfenden Holzschutzmaßnahmen sind in DIN 68800-1:1974 aufgeführt. *Vorbeugender*

Holzschutz kann durch bauliche Maßnahmen (DIN 68800-2:1996 oder Behandlung mit chemischen Holzschutzmitteln (DIN 68800-3:1990 und DIN 68800-5:1978) gewährleistet werden. Bauliche Maßnahmen wie das Fernhalten von Niederschlag bzw. dessen schnelle Ableitung und das Abschirmen gegenüber Feuchtigkeit aus dem Boden oder aus angrenzenden Bauteilen können mit Ausführungsdetails z.B. [Natterer u.a. 1996] entnommen werden.

In DIN 68800-3:1990 sind allen vorkommenden Anwendungsbereichen fünf *Gefährdungsklassen* zugeordnet. In allen Klassen kann Holz ohne chemischen Holzschutz verwendet werden, wenn man es der erforderlichen Resistenzklasse entsprechend DIN EN 350-2:1994 zuordnen kann und zusätzliche Randbedingungen erfüllt werden. Die erforderliche *Holzschutzmittel-Wirkungsgruppe* (z.B. Iv: Vorbeugend gegen Insekten) ist ebenfalls von der Gefährdungsklasse abhängig (s. DIN 68800-3:1990). Für Holzwerkstoffe sind in DIN 68800-2:1996 den Anwendungsbereichen die erforderlichen Holzwerkstoffklassen zugeordnet.

Vorbeugende Holzschutzmittel für tragende Bauteile müssen ein *Prüfzeichen* des Deutschen Instituts für Bautechnik (DIBt) haben. Es stellt sicher, dass die Wirksamkeit und die gesundheitliche Unbedenklichkeit nachgewiesen wurden. Im Prüfbescheid sind neben den Anwendungsbereichen und ggf. Anwendungsbeschränkungen auch das erforderliche Einbringverfahren (z.B. Kesseldrucktränkung) und die Einbringmenge genannt. Nach DIBt-Verzeichnis können die Holzschutzmittel drei Gruppen zugeordnet werden: wasserlösliche Mittel (z.B. Salze), ölige Mittel (z.B. Teeröl) und sonstige Mittel (z.B. Pasten).

Bekämpfende Holzschutzmittel können z.B. dem RAL-Holzschutzmittel-Verzeichnis entnommen werden. Manchmal kommt es zu Unverträglichkeiten von Holzschutzmitteln mit anderen Baustoffen, z.B. Verfärbung bei Putz, Korrosion von Metall und Glas sowie Auflösen von Kunststoffen. Insekten lassen sich auch mit Heißluft oder Gas erfolgreich bekämpfen, wobei zu beachten ist, dass diese Maßnahmen nicht vorbeugend wirken. Obwohl verschiedenen Literaturstellen zu entnehmen ist, dass auch der Echte Hausschwamm mittels Heißluft abgetötet werden kann, ist dies derzeit nach DIN 68800-4:1992 nur in Ausnahmefällen zulässig. Die Bekämpfung bzw. vorbeugende Maß-

nahmen gegen Pilz- und Insektenbefall sollten immer von einer Fachfirma ausgeführt werden.

3.1.2 Bindemittel

3.1.2.1 Allgemeines

Bindemittel sind Stoffe, die gröbere oder feinere Körper – „Gesteinskörnung" genannt – fest untereinander verkitten. Sie werden nur selten als reine Bindemittelleime ohne Gesteinskörnung verwendet, da sie i.Allg. zu teuer sind und in dieser reinen Form z.T. ungünstige technologische Eigenschaften haben können.

Als Bindemittel kommen sowohl organische als auch anorganische Stoffe in Betracht. Die wichtigsten organischen Bindemittel sind Teer, Bitumen und Kunstharze. Im Folgenden werden ausschließlich *anorganische Bindemittel* behandelt, insbesondere Gipse, Kalke und Zemente als wichtigste Typen. Latent-hydraulische und puzzolanische Stoffe sind weitere wichtige Bindemittelkomponenten. Die wichtigsten Unterschiede in der chemischen Zusammensetzung der genannten Stoffe sind in Abb. 3.1-12 dargestellt.

Grundsätzlich unterscheidet man zwei Hauptgruppen von anorganischen Bindemitteln:

– *Luftbindemittel*, die nur an der Luft erhärten und im erhärteten Zustand wasserlöslich sind, und
– *hydraulische Bindemittel*, die an der Luft und unter Wasser erhärten und im erhärteten Zustand wasserbeständig sind.

3.1.2.2 Gipse

Definition und Herstellung
Bindemittel auf Gipsbasis (Sulfatbindemittel) sind nicht hydraulisch, d.h., sie sind *nicht wasserbeständig*. Man unterscheidet Gipsbinder und Anhydritbinder.

Baugipse entstehen durch Temperaturbehandlung von Rohgips ($CaSO_4 \cdot 2H_2O$, Dihydrat). Beim Brennen wird das gebundene Kristallwasser ganz oder teilweise ausgetrieben. Mit steigender Brenntemperatur entstehen aus $CaSO_4 \cdot 2H_2O$ zunächst Halbhydrat $CaSO_4 \cdot \frac{1}{2}H_2O$, danach verschiedene Modifikationen von Anhydrit $CaSO_4$. Als Rohstoffe dienen Naturgips, aber auch gipsreiche Neben-

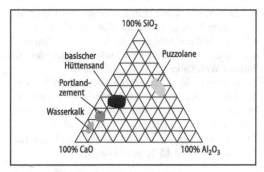

Abb. 3.1-12 Einordnung der wichtigsten anorganischen Bindemittel bzw. Bindemittelkomponeneten im Dreistoffsystem CaO-SiO$_2$-Al$_2$O$_3$ [Wesche 1993]

produkte aus der chemischen Industrie (Chemiegipse) oder der Kraftwerkindustrie (REA-Gips aus Rauchgasentschwefelungsanlagen).

Durch den reversiblen Prozess der Bindung von Wasser erlangt der zuvor gebrannte – d.h. dehydratisierte – Gips unter Bildung eines kristallinen Gefüges mehr oder weniger große Festigkeit.

Zur Erzielung bestimmter Eigenschaften des Baugipses können werkseitig Zusätze von bis zu maximal 50 M.-% zugegeben werden. Dabei handelt es sich einerseits um Stellmittel – Stoffe, die gezielt die Konsistenz, Haftung oder Versteifungszeit verändern – oder Füllstoffe (z.B. Sand) sog. Gips-Trockenmörtel. Gipse und Gips-Trockenmörtel sind in DIN EN 13279 Teil 1 geregelt.

Anhydritbinder werden aus Naturanhydrit oder aus synthetischem Anhydrit, der als Nebenprodukt in der chemischen Industrie anfällt, hergestellt. Die Zugabe sog. „Anreger" dient zur Beschleunigung des Reaktionsvorgangs. Als Anreger dienen basische Stoffe (z.B. Baukalk) oder salzartige Stoffe (z.B. leicht lösliche Sulfate) oder eine Kombination aus beiden (gemischte Anreger).

Sorten

Die in Deutschland gängigsten Sorten von Baugipsen können wie folgt unterschieden werden:

– ohne werkseitig beigegebene Zusätze: Stuckgips und Putzgips,
– mit werkseitig beigegebenen Zusätzen: Fertigputzgips, Haftputzgips, Maschinenputzgips, Ansetzgips, Fugengips, Spachtelgips.

Bei Anhydritbindern unterscheidet DIN 4208 zwischen Produkten aus Naturanhydrit (Kennzeichnung „NAT") und synthetischem Anhydrit (Kennzeichnung „SYN").

Verwendung

Baugipse werden vorwiegend als Bindemittel für die Herstellung von Innenputzen, Gipsbauplatten für den Innenausbau (Decken-, Wandbau- und Gipskartonplatten) sowie Stuckarbeiten (Stuckgips) verwendet. Anhydritbinder dienen ebenfalls ausschließlich für den Innenausbau, insbesondere für Putze, Estriche und Bauteile (Steine, Fertigteile).

Verarbeitung

Nach dem Anmachen der Baugipse bzw. Anhydritbinder mit Wasser entsteht als Erhärtungprodukt wieder kristallisiertes Dihydrat CaSO$_4 \cdot 2H_2O$ (Gips). Dabei entscheidet die mineralogische Zusammensetzung, aber auch die Art und Dosierung von eventuell zugegebenen Anregern oder Verzögerern, über die Reaktionsgeschwindigkeit. Prinzipiell reagiert das Halbhydrat schneller als der bei hoher Temperatur entstandene Anhydrit.

3.1.2.3 Kalke

Definition, Herstellung und Eigenschaften

Als „Baukalke" dürfen ausschließlich Bindemittel bezeichnet werden, welche der DIN EN 459 Teil 1 entsprechen. *Baukalk* wird vorwiegend als pulverförmiges Kalkhydrat geliefert. Kalkteig und Stückkalk haben nur noch untergeordnete Bedeutung.

Weißkalke, vielfach auch „Luftkalke" genannt, zeichnen sich durch sehr große Feinheit, niedrige Schüttdichte, hohe Ergiebigkeit, große Wirtschaftlichkeit und gute Verarbeitbarkeit (Geschmeidigkeit und Wasserrückhaltevermögen) aus. Sie werden aus möglichst reinem Kalkstein (CaCO$_3$) unterhalb der Sintergrenze bei rd. 1000°C gebrannt. Diese Luftbindemittel sind im erhärteten Zustand nicht wasserbeständig.

Mit der Aufnahme von Kohlendioxid aus der Luft (Karbonatisierung) erhärtet der Luftkalk. Die *Karbonatisierung* findet wegen der geringen CO$_2$-Konzentration der Luft (0,03 Vol.-%) nur langsam statt. Sie läuft umso schneller ab, je poriger der Mörtel ist und je mehr CO$_2$ zur Verfügung steht. Luftkalkputze dürfen daher nicht gegen Luft abgesperrt werden (z. B. durch dichte Oberputze, Tapeten, Spachtelmassen). Unter günstigen Umständen (dauernde Berührung mit Luft) ist eine vollständige Karbonatisierung von Putzen mit 1 bis 2 cm Dicke in einigen Monaten möglich; bei Mauermörtel kann dies wegen der geringen Fugendicke und relativ großen Fugentiefe viele Jahre dauern.

Hydraulische Kalke haben wegen des begrenzten Gehalts an reaktionsfähigen kieselsauren Bestandteilen ein begrenztes hydraulisches Erhärtungsvermögen. Es überwiegen jedoch die charakteristischen Kalkeigenschaften. Diese hydraulischen Bindemittel erhärten nach einer bestimmten Zeit der Luftlagerung auch unter Wasser. Bei Luftlagerung reagiert der Anteil an Calciumhydroxid mit Luftkohlensäure zu $CaCO_3$. Calciumsilikate, -aluminate und -ferrite bilden mit dem Anmachwasser Hydrate, die die weitere Verfestigung hervorrufen. Diese Calciumverbindungen sorgen dafür, dass die hydraulischen Kalke schneller erhärten und höhere Druckfestigkeiten als Luftkalke erreichen. Die Luftlagerung vor der Wasserlagerung ist notwendig, damit der Erhärtungsanteil der Karbonatisierung genutzt und wirksam werden kann und weil die Hydratation in einem Calcitgerüst wirkungsvoller ist als in einer wässerigen Dispersion.

Hochhydraulischer Kalk zeichnet sich wegen des höheren Gehalts an reaktionsfähigen kieselsauren Bestandteilen neben der Carbonaterhärtung durch ein ausgeprägtes hydraulisches Erhärtungsvermögen aus. Er ist nach Luftlagerung bis zu drei Tagen auch unter Wasser beständig.

Die Verarbeitungseigenschaften von hochhydraulischen Kalken liegen zwischen denen der Luftkalke und der Zemente. *Trasskalk* hat aufgrund der Feinheit des Trasses und des LP-Zusatzes (LP Luftporenbildner) ein hohes Wasserrückhaltevermögen, ein großes Verformungsvermögen und damit eine geringe Rissempfindlichkeit sowie eine erhöhte Widerstandsfähigkeit gegen Auslaugung von CaO und gegen Frost-Tau-Wechsel.

Sorten

Weiß- und Dolomitkalke werden nach DIN EN 459 Teil 1 nach ihrer chemischen Zusammensetzung ((CaO+MgO)-Anteil) klassifiziert. Je nach Klassifizierung beträgt der (CaO+MgO)-Gehalt für Weißkalke ≥70 M.-% und für Dolomitkalke ≥80 M.-%. Entsprechend dieser Klassifizierung werden Weiß-

und Dolomitkalke mit dem Kurzzeichen CL und DL sowie dem Mindestgehalt an (CaO+MgO) bezeichnet. Weißkalke unterscheiden sich von Dolomitkalken durch ihren geringeren Dolomitanteil, der im Fall der Weißkalke ≤5 M.-% sein muss.

Hydraulische Kalke (HL) werden nach ihrer Mindestdruckfestigkeit (in N/mm^2) im Alter von 28 Tagen klassifiziert. Die Mindestdruckfestigkeit sollte für HL 2 zwischen 2 und 7 N/mm^2, für HL 3,5 zwischen 3,5 und 10 N/mm^2 sowie für HL 5 zwischen 5 und 15 N/mm^2 liegen.

Verwendung

Baukalke dienen als Bindemittel für Mauermörtel für niedrige Beanspruchung und Putzmörtel ohne längere Feuchtigkeitseinwirkung. Auch bei der Herstellung von Kalksandsteinen und Porenbeton werden Baukalke verwendet.

Hydraulische Kalke werden in Mauer- und Putzmörtel verarbeitet, wenn höhere, aber begrenzte Festigkeit sowie Widerstandsfähigkeit gegen Feuchtigkeitseinwirkung gefordert werden.

Hochhydraulische Kalke wählt man für Mauer- bzw. Putzmörtel, wenn die Festigkeit der Luftkalke und anderer hydraulisch erhärtender Kalke nicht ausreicht oder eine schnellere Erhärtung gefordert wird. Sie sind in gleicher Weise wie Kalkzementmörtel zu verarbeiten. Sie dienen als Bindemittel für Mauermörtel im Schornsteinbau und Außenputze für ungünstige Witterungsverhältnisse. *Trasskalk* wird u. a. für Mauer- und Fugenmörtel bei schlagregenbeanspruchtem Mauerwerk, in der Denkmalpflege, für Bodenverfestigungen und Fahrbahnunterbau verwendet.

3.1.2.4 Zemente

Definition, Einteilung und Herstellung

Zemente sind feingemahlene hydraulische Bindemittel, die sowohl an Luft als auch (ohne vorherige Luftlagerung) unter Wasser erhärten können. Anschließend sind sie auch unter Wasser beständig. Sie bestehen im Wesentlichen aus Verbindungen von CaO mit den sog. „Hydraulefaktoren" SiO_2, Al_2O_3 und Fe_2O_3.

Portlandzement unterscheidet sich von hydraulisch erhärtenden Kalken v. a. durch den niedrigeren Kalkgehalt, die gezielte chemische und vor allen Dingen auch mineralogische Zusammensetzung und die dadurch gleichmäßigeren Eigenschaften. Die Rohstoffe werden bis zum Sintern gebrannt, wobei sich neue Mineralphasen bilden. Das Produkt des Brennprozesses nennt man „Klinker". Die Klinkermineralien haben hydraulische Eigenschaften: Sie reagieren mit Wasser unter Bildung von Hydraten und Calciumhydroxid Ca(OH)$_2$.

Die Zementindustrie siedelt sich aus wirtschaftlichen Gründen (Transportkosten) i. d. R. in unmittelbarer Nähe von Rohstofflagerstätten an. Die Rohstoffe werden gemahlen, gemischt und anschließend im Drehrohrofen bei 1400°C bis 1500°C gebrannt. Mit der chemischen Zusammensetzung des Rohmehles ist bei reinem Portlandzement näherungsweise auch die mineralogische Zusammensetzung definiert. Da der Art und dem Anteil der Mineralphasen ein entscheidender Einfluss auf die Eigenschaften des Zements zukommt, ist eine exakte Abstimmung des Rohstoffgemisches von besonderer Bedeutung. Sämtliches CaO muss in Calciumsilikaten, -aluminaten und -ferriten (Hydraulefaktoren) gebunden werden. Verbleibendes freies CaO könnte im verfestigten Zementstein (bzw. Mörtel oder Beton) Kalktreiben auslösen. Der entstehende Klinker wird in Kugelmühlen unter Zugabe von Calciumsulfat (Gips, Anhydrit) als Erstarrungsregler gemahlen und schließlich in Silos homogenisiert und gelagert.

Hydratation

Der Zement erstarrt und erhärtet infolge der chemischen Reaktion zwischen Zementkorn und Wasser. Diese Hydratation beginnt sofort nach dem Anmachen mit Wasser. Dabei entsteht Zementgel, welches aus feinsten, submikroskopischen, kolloidalen Reaktionsprodukten besteht. Der anfangs plastische Zementleim geht mit fortschreitender Zeit in den erhärteten Zementstein über. Nach einer Ruhephase von einer bis mehreren Stunden kristallisieren infolge der schnellen Hydratation von Tricalciumsilikat (C$_3$S) und der langsameren Reaktion des Dicalciumsilikats (C$_2$S) Calciumsilikathydrate (CSH) in Form von Nadeln oder Leisten. Die sehr feinen Kristalle verwachsen miteinander und bilden ein Netzwerk. Hierauf beruht die Festigkeitsentwicklung des Zements.

Das bei der Reaktion der Calciumsilikate darüber hinaus in Form hexagonaler Kristalle entstehende Calciumhydroxid Ca(OH)$_2$ ist für die Festigkeit belanglos, stellt aber eine hohe Alkalität des Porenwassers im Zementstein sicher. Dieses alkalische Milieu schützt den Betonstahl vor Korrosion (pH-Wert ist über 12,6).

Der Zement bindet, bezogen auf das Zementgewicht, etwa 25 M.-% Wasser chemisch (d. h., es wird in das Kristallgitter der Minerale fest eingebaut). Außer diesem chemisch gebundenen Wasser bindet der Zement noch etwa 10 bis 15 M.-% Wasser durch Adsorption. Die Summe aus chemisch gebundenem Wasser und Gelwasser, die dem Zement zur vollständigen Hydratation zur Verfügung stehen muss, beträgt etwa 35 bis 40 M.-% (das entspricht einem Wasserzementwert von 0,35 bis 0,40).

Die Hydratation ist, wie alle chemischen Reaktionen, von der Temperatur abhängig. So verläuft die Hydratation i. Allg. in der Wärme schneller und in der Kälte langsamer. Tiefe Temperaturen können die Reaktion völlig unterbrechen. Wasserentzug (Austrocknung) bringt die Hydratation ebenfalls zum Stillstand. Die Hydratation des Zements verläuft exotherm, d. h., beim Erstarren und Erhärten wird entsprechend dem Reaktionsfortschritt Wärme, die sog. „Hydratationswärme", frei.

Je feiner ein Zement gemahlen ist, desto größer ist seine Oberfläche und desto schneller ist seine Reaktion mit dem Anmachwasser, was sich wiederum in der Festigkeitsentwicklung ausdrückt. Wenn die Mahlfeinheit zu groß ist, hat der Zement einen größeren Bedarf an Anmachwasser, was die Festigkeit mindert. Außerdem ist unter diesen Umständen mit schnellerem und stärkerem Schwinden zu rechnen.

Erstarren und Erhärten

Die fortschreitende Verfestigung des Zements nach dem Anmachen mit Wasser geht über ein anfängliches Ansteifen und das Erstarren bis zum Erhärten. Aus betontechnologischen Gründen ist es sehr wichtig, den Verlauf der Verfestigung definiert erfassen zu können. Ein Zement muss ausreichend lange verarbeitbar sein, muss sich aber auch ausreichend schnell verfestigen (Entschalen, Belastbarkeit).

Wenn feingemahlener reiner Portlandzementklinker mit Wasser gemischt wird, reagiert das Klinkermineral Tricalciumaluminat (C$_3$A) unverzüglich mit Wasser und bewirkt dabei ein unerwünschtes zu frühes Erstarren des Zementleims („Löffelbinder"). Aus diesem Grund wird bei der

Zementherstellung vor oder während dem Mahlen des Zementklinkers Gips oder Anhydrit als Abbinderegler zugesetzt. Wenn dem fertigen, mit der passenden Menge Abbinderegler versehenen, Portlandzement Wasser zugegeben wird, reagieren diese Sulfatträger mit dem Tricalciumaluminat unter Bildung von Ettringit (Trisulfat). Mit dieser Reaktion wird das zu frühe Erstarren des Zementleims verhindert. Später wandelt sich Ettringit ohne schädliche Nebenwirkungen in Monosulfat um.

Bezogen auf die Gefügeentwicklung während des Verfestigungsprozesses unterscheidet man drei Hydratationsstufen. Nach dem Mischen mit Wasser steift der Zementleim mit der Bildung von Ettringit und CSH-Phasen langsam an. Eine erste merkliche Verfestigung wird „Erstarrungsbeginn" genannt. Mit „Erstarren" wird der Übergang des Zementleims vom plastischen in den festen Zustand bezeichnet. Die Erstarrungszeiten (Beginn und Ende) werden nach DIN EN 196 Teil 3 mit dem Eindringversuch (Vicat-Nadel) bestimmt. Mit dem Erstarrungsbeginn endet die erste Hydratationsstufe. Während der weiteren Reaktion bilden sich die Calciumsilikathydrate zunächst langfaserig (2. Hydratationsstufe) und dann kurzfaserig (3. Hydratationsstufe) aus.

Die mineralogische Zusammensetzung bestimmt die physikalischen und chemischen Eigenschaften des Zements. Dazu gehören z. B. die Geschwindigkeit der Reaktion mit Wasser und die Wärme, die dabei freigesetzt wird. Hinzu kommt,

dass durch die Hydratation verschiedener Minerale unterschiedliche Reaktionsprodukte und damit auch unterschiedliche Gefüge entstehen. Die Folgen sind gut zu erkennen, wenn die Festigkeitsentwicklung durch Hydratation der reinen Klinkerminerale verglichen wird (Abb. 3.1-13). Ausschließlich die Calciumsilikate liefern früh hohe Druckfestigkeiten. Der entscheidende Unterschied zwischen C_3S und C_2S liegt in der Geschwindigkeit der Hydratation und der Gefügeentwicklung.

Sorten und Verwendung

Normalzemente sind im Hinblick auf ihre Zusammensetzung, Anforderungen und Konformitätskriterien in DIN EN 197 Teil 1 geregelt. Normalzemente nach DIN EN 197 Teil 1 werden auch nur als *Zemente* bezeichnet. DIN EN 197 Teil 1 unterscheidet zwischen sechs Arten von Zementen:

– CEM I   Portlandzement
– CEM II   Portlandkompositzement
– CEM III   Hochofenzement
– CEM IV   Puzzolanzement
– CEM V   Kompositzement.

In Abhängigkeit von der 28-Tage-Druckfestigkeit wird unterschieden zwischen den Festigkeitsklassen 32,5; 42,5 und 52,5. Diese drei Klassen werden nach ihrer Anfangsfestigkeit nochmals unterteilt in üblich erhärtende (mit Kennbuchstabe N) und schnell erhärtende Zemente (mit Kennbuchstabe R). In Abb. 3.1-14 sind die Anforderungen an die

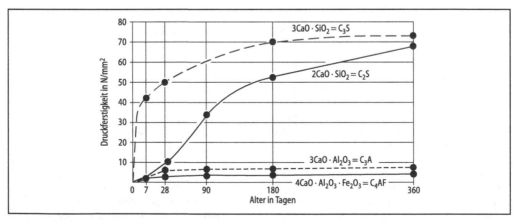

Abb. 3.1-13 Druckfestigkeitsentwicklung der Klinkermineralien [Bouge 1955]

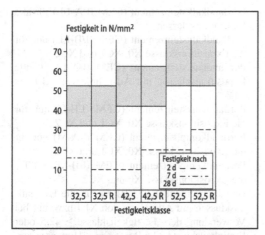

Abb. 3.1-14 Anforderungen an die Festigkeit von Zement nach DIN 1164

Festigkeit von Zement nach DIN EN 197 Teil 1 dargestellt.

Darüber hinaus regelt DIN EN 197 Teil 1 auch Normalzemente mit niedriger Hydratationswärme (Kurzeichen LH). Diese Zemente entwickeln in den ersten sieben Tagen der Hydratation höchstens 270 J/g Zement. In der Regel sind LH-Zemente hüttensandreiche Hochofenzemente (CEM III/B).

Hochofenzemente mit niedriger Anfangsfestigkeit (Kurzeichen L) werden nach DIN EN 197 Teil 4 geregelt. Die europäische Norm legt Anforderungen an drei verschiedene Hochofenzementprodukte mit niedriger Anfangsfestigkeit und ihre Bestandteile sowie die entsprechenden Definitionen fest. Diese Hochofenzemente weisen im Vergleich zu den Hochofenzementen nach DIN EN 197 Teil 1 in Abhängigkeit der Festigkeitsklasse geringere Anfangsfestigkeiten auf. Hochofenzemente mit niedriger Anfangsfestigkeit können auch als Hochofenzemente mit niedriger Hydratationswärme eingestuft werden.

Zemente mit besonderen Eigenschaften sind national gemäß DIN 1164 geregelt. Für diese Zemente gelten weiterhin die Anforderungen und Eigenschaften von Normalzementen und deren Bestandteilen nach DIN EN 197 Teil 1.

Im Teil 10 der DIN 1164 sind Normalzemente mit hohem Sulfatwiderstand (Kurzeichen HS) bzw. niedrigem wirksamen Alkaligehalt (Kurzei-

chen NA) genormt. Folgende Zemente können als HS-Zemente eingestuft werden:

– CEM I
Portlandzemente mit einem maximalen C_3A-Gehalt von 3,0 M.-% und einem maximalen Al_2O_3-Gehalt von 5,0 M.-%

– CEM III/C oder CEM III/B
Hochofenzemente mit einem Hüttensandgehalt zwischen 66 M.-% und 95 M.-%. Hüttensand enthält kein C_3A. Hochofenzemente sind daher C_3A-ärmer als Portlandzemente. Gegenüber sulfathaltigen Wässern und Böden verhalten sie sich besser als Portlandzemente, da die nachträgliche Bildung von Ettringit im erhärteten Zementstein, die zu Treiberscheinungen führt, verhindert wird.

Folgende Zemente können als NA-Zemente eingestuft werden:

– CEM I
Zemente mit einem maximalen Na_2O-Aquivalent von 0,60 M.-%.

– CEM II/B-S
Portlandhüttenzemente mit einem Hüttensandgehalt zwischen 21 M.-% und 35 M.-% sowie einem Na_2O-Aquivalent von 0,70 M.-%.

– CEM III/A
Hochofenzemente mit einem maximalen Hüttensandgehalt von 49 M.-% und einem Na_2O-Aquivalent von 0,95 M.-% oder einem Hüttensandgehalt größer als 50 M.-% und einem maximalen Na_2O-Aquivalent von 1,10 M.-%.

– CEM III/B
Hochofenzemente mit einem Hüttensandgehalt zwischen 66 M.-% und 80 M.-% und einem Na_2O-Aquivalent von 2,00 M.-%.

– CEM III/C
Hochofenzemente mit einem Hüttensandgehalt zwischen 81 M.-% und 95 M.-% und einem Na_2O-Aquivalent von 2,00 M. %.

Im Teil 11 der DIN 1164 sind Zemente mit verkürztem Erstarren (Kurzeichen FE) bzw. schnellem Erstarren (SE) und im Teil 12 sind Zemente mit hohem Anteil an organischen Bestandteilen (Kurzeichen HO) genormt.

Sonderzemente nach DIN EN 14216 sind Zemente mit sehr niedriger Hydratationswärme von maximal 220 J/g. Sie werden als Hochofenzemente VLH III, Puzzolanzement VLH IV oder Kompositzement VLH V in der Festigkeitsklasse 22,5 hergestellt.

Tonerdezement (Kurzzeichen CAC) nach DIN EN 14647 besteht vorwiegend aus Monocalciumaluminat (CaO · Al$_2$O$_3$). Diese Europäische Norm enthält Anforderungen an die mechanischen, physikalischen und chemischen Eigenschaften sowie Festlegungen bezüglich der Konformitätskriterien und die zugehörigen Regeln an Tonerdezemente. Nach dieser Norm werden Tonerdezemente in der Festigkeitsklasse 16 (16 N/mm^2 nach 6 h) oder 40 (nach 24 h) hergestellt. In Deutschland ist für die Verwendung von Tonerdezement in tragenden Bauteilen bzw. bauaufsichtlich relevanten Bereichen eine allgemeine bauaufsichtliche Zulassung erforderlich.

Die Anwendungsbereiche für Normalzemente zur Herstellung von Beton sind den Tabellen F.3.1 bis F.3.4 der DIN 1045 Teil 2 festgelegt. Danach können die aufgeführten Normalzemente wie folgt verwendet werden:

– Portlandzement (CEM I) für alle Expositionsklassen
– Portlandhüttenzement (CEM II/A; B-S) für alle Expositionsklassen
– Portlandsilicastaubzement (CEM II/A-D) für alle Expositionsklassen
– Portlandpuzzolanzement (CEM II/A; B-P und CEM II/A; B-Q) für alle Expositionsklasse mit Ausnahme von XF2 und XF4
– Portlandflugaschezement (CEM II/A; B-V) für alle Expositionsklassen
– Portlandflugaschezement (CEM II/A-W) nur für die Expositionsklasse X0, XC1 und XC2
– Portlandflugaschezement (CEM II/B-W) nur für die Expositionsklasse X0 und XC2
– Portlandschieferzement (CEM II/A; B-T) für alle Expositionsklassen

– Portlandkalksteinzement (CEM II/A-LL) für alle Expositionsklassen
– Portlandkalksteinzement (CEM II/B-LL) nur für die Expositionsklasse X0, XC1 und XC2
– Portlandkalksteinzement (CEM II/A-L) für alle Expositionsklassen mit Ausnahme von XF1 bis XF4
– Portlandkalksteinzement (CEM II/B-L) nur für die Expositionsklasse X0, XC1 und XC2
– Portlandkompositzement (CEM II/A-M) nur für die Expositionsklasse X0, XC1 und XC2
– Portlandkompositzement (CEM II/B-M) nur für die Expositionsklasse X0 und XC2
– Hochofenzement (CEM III/A) für alle Expositionsklassen mit Ausnahme von XF4 bzw. nur bei Verwendung der Festigkeitsklasse $\geq$ 42,5 oder Festigkeitsklasse 32,5 R mit einem Hüttensandanteil $\leq$ 50 M.-%
– Hochofenzement (CEM III/B) für alle Expositionsklassen mit Ausnahme von XF4 bzw. nur für bestimmte Anwendungsfälle freigegeben
– Hochofenzement (CEM III/C) nur für die Expositionsklasse X0, XC2, XD1, XS2, XA1 bis XA3
– Puzzolanzement (CEM IV/A;B) nur für die Expositionsklasse X0 und XC2
– Kompositzement (CEM V) nur für die Expositionsklasse X0 und XC2

In den letzten Jahren wurde die Verwendung von Portlandkompositzement CEM II/B-M (S-LL)-AZ mit Hüttensand und Kalkstein und CEM II/B-M (V-LL)-AZ mit Flugasche und Kalkstein in so genannten Anwendungszulassungen geregelt. In der Zulassung ist neben den freigegeben Expositionsklassen auch die Zusammensetzung der Zemente angegeben. Nachstehend ist eine typische Zementzusammensetzung für einen Portlandkompositzement CEM II/B-M (S-LL)-AZ und CEM II/B-M (V-LL)-AZ aufgeführt:

CEM II/B-M (S-LL)-AZ	Nach Zulassung			**Nach DIN EN 197 Teil 1**		
Portlandzementklinker	65	bis	79 M.-%	65	bis	79 M.-%
Hüttensand S	6	bis	20 M.-%	21	bis	35 M.-%
Kalkstein LL	6	bis	15 M.-%			

CEM II/B-M (V-LL)-AZ	Nach Zulassung			**Nach DIN EN 197 Teil 1**		
Portlandzementklinker	70	bis	79 M.-%	65	bis	79 M.-%
Flugasche V	6	bis	15 M.-%	21	bis	35 M.-%
Kalkstein LL	6	bis	15 M.-%			

Gemäß der allgemeinen bauaufsichtlichen Zulassung dürfen die Portlandkompositzemente (CEM II/B-M (S-LL)-AZ bzw. CEM II/B-M (V-LL)-AZ) neben den in Tabelle F.3.2 aufgeführten Expositionsklassen X0, XC1 und XC2 zusätzlich in den Expositionsklassen XC3, XC4, XD1 bis XD3, XS1 bis XS3, XF1 bis XF4, XA1 bis XA3 und XM1 bis XM3 verwendet werden. Darüber hinaus dürfen sie für die Herstellung von Bohrpfählen nach DIN EN 1536 in Verbindung mit dem DIN-Fachbericht 129 und für die Herstellung von flüssigkeitsdichtem Beton (FD-Beton) nach der DAfStb-Richtlinie „Betonbau beim Umgang mit wassergefährdenen Stoffen" verwendet werden. Die Verwendung der Portlandkompositzemente für die Herstellung von Einpressmörtel nach DIN EN 447 ist nicht erlaubt.

Puzzolanzemente (CEM IV) oder Kompositzemente (CEM V) werden in Deutschland für tragende Bauteile aus Beton nach DIN 1045 Teil 2 nicht verwendet.

3.1.2.5 Latent-hydraulische Stoffe und Puzzolane

Eigenschaften und Herstellung

Latent-hydraulische Stoffe haben die Fähigkeit, selbständig mit Wasser zu reagieren. Dies geschieht jedoch in einem weitaus geringeren Maß als bei einem hydraulischen Bindemittel. Deshalb werden keine technisch nutzbaren Festigkeiten erreicht.

Die *Hydraulizität* – das Reaktionsvermögen mit Wasser – eines latent-hydraulischen Stoffes wird bestimmt durch seine physikalischen, chemischen und mineralogischen Eigenschaften. Die wichtigsten Kennwerte sind Glasgehalt und Mahlfeinheit. Wesentlichen Einfluss auf die Hydraulizität hat jedoch auch der CaO-Gehalt. Latent-hydraulische Stoffe haben einen mittleren CaO-Gehalt, wenn man sie mit Puzzolanen und Zementen vergleicht (s. Abb. 3.1-12). Darauf basiert die eigene Reaktionsfähigkeit nach dem Anmachen mit Wasser. Zusätzliches, von außen zugeführtes CaO beschleunigt diese Reaktion. Der „Anreger" CaO bzw. $Ca(OH)_2$ kann wiederum durch Mischung des latent-hydraulischen Materials mit Portlandzement (s. 3.1.2.4) oder Kalk (s. 3.1.2.3) zugeführt werden.

Das meistverwendete latent-hydraulische Material ist *Hüttensand*. Er wird durch schnelles Abkühlen und feines Zerteilen (i. d. R. mit Hilfe von Was-

serdüsen) von feuerflüssigen Hochofenschlacken, wie sie bei der Roheisenherstellung als Nebenprodukte anfallen, hergestellt. Bei dieser sog. „Granulation" entsteht ein Sand mit sehr hohem Glasanteil, der zum latent-hydraulisch reaktionsfähigen Hüttensandmehl aufgemahlen bzw. direkt als Zementbestandteil zusammen mit Zementklinker feingemahlen (Hochofenzemente) wird.

Puzzolane sind Stoffe, die reaktionsfähige Kieselsäure (SiO_2) enthalten und CaO-arm (<10 M.-%) sind (s. Abb. 3.1-12). Die Puzzolanität – die Fähigkeit zur puzzolanischen Reaktion – hängt vom mineralogischen Zustand eines Materials ab. Gut kristallisiertes SiO_2 (Quarz) ist weitestgehend inert, während amorphes SiO_2 reaktionsfähig ist. Die Reaktionsfähigkeit wächst aus physikalischen Gründen mit sinkender Korngröße (steigender spezifischer Oberfläche).

Die puzzolanische Reaktion liefert als Reaktionsprodukte festigkeitsbildende CSH-Phasen (wie die hydraulische Reaktion). Puzzolane reagieren in Anwesenheit von Feuchtigkeit mit Calciumhydroxid $Ca(OH)_2$. Als CaO-Spender kommen sowohl Kalke als auch Zemente in Betracht. Demzufolge haben Puzzolane kein eigenes Erhärtungsvermögen, liefern aber in Kombination mit CaO-Spendern durchaus einen festigkeitssteigernden Beitrag, da zusätzliche CSH-Phasen gebildet werden. Mischungen von Puzzolanen mit Kalk nennt man „Puzzolankalke", solche mit Zement „Puzzolanzemente".

Puzzolane können auf natürlichem oder künstlichem Wege entstehen. Ein gängiger Weg zum Erhalt eines Stoffes mit einem hohen Gehalt reaktionsfähiger Kieselsäure ist das plötzliche Abkühlen von SiO_2-reichen Schmelzen von hohen Temperaturen (hoher Glasgehalt). In der Natur findet man deshalb Puzzolane vorwiegend unter den vulkanischen Gesteinen (Tuffe, Laven). Sie können außerdem durch sedimentäre Ablagerung von Kieselalgen gebildet werden (Kieselgur, Molererde). Künstliche Puzzolane entstehen als Nebenprodukte z. B. in Kohlekraftwerken (Flugasche aus den Filtern zur Abluftreinigung).

Anwendungsbereiche

Latent-hydraulische und puzzolanische Stoffe sind wichtige *Bindemittelkomponenten*, die sowohl in Kalken (hydraulische und hochhydraulische Kalke) als auch in Zementen Anwendung finden.

Für die Verwendung latent-hydraulischer und puzzolanischer Stoffe in großem Maßstab als Zementbestandteil sprechen verschiedene Gründe wirtschaftlicher, technologischer und ökologischer Natur:

- Energieeinsparung (Zementproduktion erfordert hohe Brenntemperatur),
- weniger Schadgasemission (da weniger Portlandzementklinker produziert werden muss),
- Rohstoffeinsparung (viele dieser Zementbestandteile sind industrielle Nebenprodukte),
- Deponieeinsparung (Verwertung industrieller Nebenprodukte) und
- gezielte Verbesserung bestimmter Zementeigenschaften für bestimmte Anwendungsfälle.

Grundsätzlich können alle latent-hydraulischen und puzzolanischen Stoffe, die als Zementbestandteil verwendet werden, auch als Betonzusatzstoffe dienen.

3.1.3 Beton

3.1.3.1 Allgemeines

DIN 1045 Teil 2 regelt Festlegungen, Eigenschaften, Herstellung und die Konformität von Beton für Tragwerke aus Beton, Stahlbeton und Spannbeton. DIN 1045 Teil 2 ist das nationale Anwendungsdokument zur europäischen Betonnorm DIN EN 206 Teil 1. Grundsätzlich bietet Beton als Baustoff sehr günstige Eigenschaften aufgrund seiner nahezu unbegrenzten Gestaltungsmöglichkeiten, seiner sehr flexibel einstellbaren technologischen Eigenschaften, seiner hohen Dauerhaftigkeit und seiner Wirtschaftlichkeit. Die Nachteile des Baustoffs Beton sind im relativ hohen Gewicht zu sehen, im unvermeidlichen Kriechen und Schwinden, in der relativ geringen Zugfestigkeit und der relativ aufwendigen Demontierbarkeit. Die folgenden Erläuterungen beziehen sich im Wesentlichen auf Normalbeton; Sonderbetone werden in 3.1.3.9 behandelt.

3.1.3.2 Zusammensetzung und Klassifizierung

Mörtel und Beton sind *Strukturbegriffe*, die an den Korndurchmesser der Gesteinskörnung (früher: Zuschlag) gebunden sind. Eine Mischung von Bindemittel und Gesteinskörnung mit einem Korndurchmesser von bis zu 4 mm wird als „Mörtel", eine mit einem Korndurchmesser von mehr als 4 mm als „Beton" bezeichnet. Das weitaus wichtigste Bindemittel für Betone ist Zement. Beton mit Zement als Bindemittel wird deshalb im allgemeinen Sprachgebrauch als „Beton" (nicht als Zementbeton) bezeichnet.

Beton ist prinzipiell als 5-Stoffgemisch zu betrachten. Er besteht entsprechend Abb. 3.1-15 aus Zement, Wasser, Gesteinskörnung, Zusatzstoffen und Zusatzmittel. Dabei sind die drei erstgenannten Stoffe immer enthalten, während die beiden letztgenannten Stoffe optional sind: Sie dienen im Wesentlichen der technologischen und wirtschaftlichen Optimierung der Betone. Die Unterscheidung zwischen Zusatzstoffen und Zusatzmitteln erfolgt über die Zugabemenge. An Zusatzmittel werden maximal 5 M.-%, bezogen auf den Zementgehalt, zugegeben. Diese werden beim Mischungsentwurf und der Stoffraumrechnung mengenmäßig nicht berücksichtigt, während Zusatzstoffe (>5 M.-%) berücksichtigt werden müssen.

Normalbeton ist Beton mit geschlossenem Gefüge und einer Festbetonrohdichte von mehr als 2000 kg/m^3, höchstens 2600 kg/m^3 (meist zwischen 2200 und 2500 kg/m^3). Wenn keine Verwechslung mit Leicht- (Rohdichte <2000 kg/m^3) oder Schwerbeton (Rohdichte >2600 kg/m^3) möglich ist, wird er nur als „Beton" bezeichnet. Beton kann jedoch nicht nur anhand seiner Rohdichte, sondern auch unter anderen Gesichtspunkten eingeteilt werden, z. B. nach

- dem Erhärtungszustand: Frischbeton, Festbeton;
- der Druckfestigkeit: Druckfestigkeitsklasse C8/10 bis C100/115 für Normal- und Schwerbetone bzw. LC8/9 bis LC80/88 für Leichtbetone;
- der verwendeten Zementart: Portlandzementbeton, Hochofenzementbeton;
- der verwendeten Gesteinskörnung: Kiessandbeton, (Naturstein-)Splittbeton, Grobbeton, Feinbeton (Zementmörtel);
- der Konsistenz: steif, plastisch, weich, flüssig;
- der Art des Transports, des Einbringens und des Verdichtens: Pump-, Spritz-, Schütt-, Prepakt-, Colcrete-, Rüttelgrob-, Unterwasser-, Stampf-, Rüttel-, Schock-, Schleuder-, Walz-, Vakuumbeton und selbstverdichtender Beton;

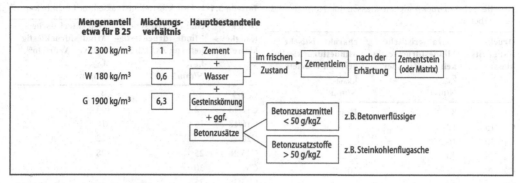

Abb. 3.1-15 Betonbestandteile und -zusammensetzung

– dem Ort und der Art der Herstellung: Baustellenbeton, Transportbeton (werk- oder fahrzeuggemischt), Ortbeton, Betonwaren und Betonwerkstein (im Betonsteinwerk hergestellt), Betonfertigteile.

Betonklassen
Generell wird Beton nach seiner Druckfestigkeit klassifiziert. Die Festigkeitsklasse eines Betons ist zugleich einer der Ausgangswerte für den statischen Nachweis einer Betonkonstruktion [Reinhardt 2007]. In Tabelle 3.1-1 sind die Druckfestigkeitsklassen für Normal- und Schwerbeton und in Tabelle 3.1-2 die Druckfestigkeitsklassen für Leichtbeton nach DIN EN 206 Teil 1 in Verbindung mit DIN 1045 Teil 2 angegeben. Für die Klassifizierung darf die charakteristische Festigkeit von Zylindern mit 150 mm Durchmesser und 300 mm Länge nach 28 Tagen ($f_{ck,cyl}$) oder die charakteristische Festigkeit von Würfeln mit 150 mm Kantenlänge nach 28 Tagen ($f_{ck,cube}$) verwendet werden.

Die charakteristischen Festigkeiten beziehen sich auf die Prüfung im Alter von 28 Tagen nach einer Lagerung im Feuchtraum oder unter Wasser. In Deutschland ist es jedoch üblich die Probekörper nach dem nationalen Anhang NA der DIN EN 12390 Teil 2 zu lagern. Das bedeutet die Probekörper werden 7 Tage feucht (unter Wasser oder in einer Feuchtkammer mit (20 ± 2)°C und > 95% relative Luftfeuchtigkeit) und 21 Tage im Normalklima 20°C/65% relative Luftfeuchtigkeit gelagert. Dementsprechend sind die ermittelten Druckfestigkeiten wie folgt umzurechnen:

– Normalbeton bis C50/60
  $f_{ck,EN} = 0{,}92\,f_{ck,DIN}$
– Hochfester Beton ab C55/67
  $f_{ck,EN} = 0{,}95\,f_{ck,DIN}$

Leichtbetone können auch nach der Rohdichte klassifiziert werden (Tabelle 3.1-3).

DIN EN 206 Teil 1 in Verbindung mit DIN 1045 Teil 2 unterscheidet zwischen drei Betongruppen: Beton nach Eigenschaften, Beton nach Zusammensetzung und Standardbeton.

Beton nach Eigenschaft bedeutet, dass der Besteller die geforderten Eigenschaften und zusätzliche Eigenschaften des Betons dem Hersteller gegenüber festlegt und dass der Hersteller für die Lieferung des Betons verantwortlich ist, der die Eigenschaften und Anforderungen erfüllt. Bei der Bestellung des Betons werden folgende Festlegungen getroffen:

– Bezug auf DIN 1045 Teil 2;
– Druckfestigkeitsklasse;
– Expositionsklasse des Bauteils oder Bauwerks;
– Nennwert des Größtkorns der Gesteinskörnung;
– Art der Verwendung des Betons (unbewehrter Beton, Stahlbeton oder Spannbeton) oder Klasse des Chloridgehaltes;
– Rohdichteklasse oder Zielwert der Rohdichte (gilt zusätzlich für Leichtbeton);
– Zielwerte der Rohdichte (gilt zusätzlich für Schwerbeton);
– Konsistenzklasse oder, in besonderen Fällen, Zielwert der Konsistenz (gilt zusätzlich für Transportbeton oder Baustellenbeton).

Tabelle 3.1-1 Druckfestigkeitsklassen für Normal- und Schwerbeton

Druck-festigkeits-klasse	charakteristische Mindestdruckfestigkeit von Zylinder $f_{ck,cyl}$ N/mm²	charakteristische Mindestdruckfestigkeit von Würfeln $f_{ck,cube}$ N/mm²
C8/10	8	10
C12/15	12	15
C16/20	16	20
C20/25	20	25
C25/30	25	30
C30/37	30	37
C35/45	35	45
C40/50	40	50
C45/55	45	55
C50/60	50	60
C55/67	55	67
C60/75	60	75
C70/85	70	85
C80/95	80	95
C90/105	90	105
C100/115	100	115

Tabelle 3.1-2 Druckfestigkeitsklassen für Leichtbeton

Druck-festigkeits-klasse	charakteristische Mindestdruckfestigkeit von Zylinder $f_{ck,cyl}$ N/mm²	charakteristische Mindestdruckfestigkeit von Würfeln[a] $f_{ck,cube}$ N/mm²
LC8/9	8	9
C12/13	12	13
C16/18	16	18
C20/22	20	22
C25/28	25	28
C30/33	30	33
C35/38	35	38
C40/44	40	44
C45/50	45	50
C50/55	50	55
C55/60	55	60
C60/66	60	66
C70/77	70	77
C80/88	80	88

a) Es dürfen andere Werte verwendet werden, wenn das Verhältnis zwischen diesen Werten und der Referenzfestigkeit von Zylindern mit genügender Genauigkeit festgelegt und dokumentiert worden ist.

Tabelle 3.1-3 Klasseneinteilung von Leichtbeton nach der Rohdichte

Rohdichteklasse	D1,0	D1,2	D1,4	D1,6	D1,8	D2,0
Rohdichtebereich kg/m³	≥ 800 und ≤ 1000	> 800 und ≤ 1200	> 1200 und ≤ 1400	> 1400 und ≤ 1600	> 1600 und ≤ 1800	> 1800 und ≤ 2000

Darüber hinaus können zusätzliche Anforderungen festgelegt werden und entsprechende Prüfverfahren vereinbart werden:

– besondere Arten oder Klassen von Zement (z. B. Zement mit niedriger Hydratationswärme);
– besondere Arten oder Klassen von Gesteinskörnungen;
– erforderliche Eigenschaft für den Widerstand gegen Frosteinwirkung (z. B. Luftgehalt);
– Frischbetontemperatur;
– Festigkeitsentwicklung;
– Ansteifverhalten;
– Wassereindringwiderstand;
– Abriebwiderstand;
– Spaltzugfestigkeit;

– andere technische Anforderungen (z. B. bezüglich des Erzielens einer besonderen Oberflächenbeschaffenheit oder bezüglich besonderer Einbringverfahren).

*Beton nach Zusammensetzung bede*utet, dass der Besteller die Zusammensetzung des Betons und die zu verwendeten Ausgangsstoffe festlegt. Der Hersteller ist für die Bereitstellung des Betons mit der festgelegten Zusammensetzung verantwortlich. Bei der Bestellung des Betons werden folgenden Anforderungen festgelegt:

– Bezug auf DIN 1045 Teil 2;
– Zementgehalt;
– Zementart und Festigkeitsklasse des Zements;

- Wasserzementwert oder Konsistenz durch Angabe der Klasse oder, in besonderen Fällen, des Zielwerts;
- Wasserzementwert oder Konsistenz durch Angabe der Klasse oder, in besonderen Fällen, des Zielwerts;
- Art, Kategorie und maximaler Chloridgehalt der Gesteinkörnung; bei Leichtbeton oder Schwerbeton die Höchst- oder Mindestrohdichte;
- Nennwert des Größtkorns der Gesteinskörnung und gegebenenfalls Beschränkungen der Sieblinie;
- Art und Menge der Zusatzmittel oder Zusatzstoffe, falls verwendet;
- falls Zusatzmittel oder Zusatzstoffe verwendet werden, die Herkunft dieser Ausgangsstoffe und des Zements, stellvertretend für Eigenschaften, die nicht definiert werden können.

Zusätzlich können folgende Anforderungen festgelegt werden:

- Herkunft einiger oder aller Betonausgangsstoffe stellvertretend für Eigenschaften die nicht anders definiert werden können;
- zusätzliche Anforderungen an die Gesteinskörnung;
- Anforderungen an die Frischbetontemperatur bei Lieferung;
- andere technische Anforderungen.

Der Besteller eines Betons nach Zusammensetzung trägt eine große Verantwortung für die Eigenschaften des Betons. Er wird einen solchen Beton nur bestellen, wenn er die Zusammenhänge zwischen Zusammensetzung und Eigenschaften aus eigener Erfahrung kennt.

Standardbeton ist ein Normalbeton bis zur Druckfestigkeitsklasse C16/20. Er darf verwendet werden für unbewehrte und bewehrte Betonbauwerke und ist auf die Verwendung in den Expositionsklassen X0, XC1 und XC2 begrenzt. Darüber hinaus darf Standardbeton nur mit natürlichen Gesteinskörnungen hergestellt werden. Die Zugabe von Zusatzstoffen und Zusatzmittel ist nicht erlaubt. Ferner ist in Abhängigkeit von der Festigkeitsklasse und dem Konsistenzbereich der Mindestzementgehalt der Betonrezeptur vorgegeben. Die Wahl des Zements richtet sich nach der Expositionsklasse. Aus den genannten Gegebenheiten ist Standardbeton wie folgt festzulegen:

- Druckfestigkeitsklasse;
- Expositionsklasse;
- Nennwert des Größtkorns der Gesteinskörnung;
- Konsistenzbezeichnung;
- falls erforderlich die Festigkeitsentwicklung.

Für Standardbeton entfällt die Güteüberwachung am Ort der Herstellung.

3.1.3.3 Betonausgangsstoffe
Im Folgenden werden die in Abb. 3.1-15 bereits aufgeführten Betonausgangsstoffe einzeln behandelt.

Zemente
Das breite Spektrum an Zementarten wurde bereits in 3.1.2.4 beschrieben. Für die Herstellung von Beton nach DIN 1045 Teil 2 in Verbindung mit DIN EN 206 Teil 1 müssen die verwendeten Zemente entweder genormt oder bauaufsichtlich zugelassen und für den vorgesehenen Anwendungsfall geeignet sein.

Zugabewasser
DIN EN 1008 legt Anforderungen an Zugabewasser für Beton fest. Danach ist jedes in der Natur vorkommende Wasser geeignet, soweit es nicht Bestandteile enthält, die das Erhärten oder andere Eigenschaften des Betons ungünstig beeinflussen (z. B. Sulfat) oder den Korrosionsschutz der Bewehrung beeinträchtigen (z. B. Chlorid). Ungeeignet sind demnach z. B. Industriewässer, die Öle, Fette, Zucker, Huminsäure, Kalisalze oder größere Anteile an SO_3, freiem MgO und Chloriden enthalten. Da jeder Zement anders reagieren kann, ist im Zweifelsfall eine Eignungsprüfung, ggf. auch mit einem Vergleichsbeton, nötig. Für die Prüfung und Beurteilung von Wasser unbekannter Zusammensetzung und Wirkung als Zugabewasser gilt die genannte Norm.

Diese Norm regelt auch die Wiederverwendung von Restwasser als Zugabewasser, das auf dem Gelände der Betonproduktion anfällt und nach entsprechender Aufbereitung wieder verwendet werden kann. Restwasser darf für die Herstellung von hochfestem Beton und für LP-Betone nicht verwendet werden.

Gesteinskörnungen
Mit Gesteinskörnung wird eine Mischung von ungebrochenen oder gebrochenen Körnern bezeichnet, die durch Zementleim zum Beton verkittet wird. Die

Gesteinskörnung bildet mit 70 bis 80 Vol.-% mengenmäßig den Hauptbestandteil des Betons. Zur Herstellung von Beton nach DIN EN 206 Teil 1 in Verbindung mit DIN 1045 Teil 2 als geeignet gelten:

- Gesteinskörnungen nach DIN EN 12620;
- leichte Gesteinskörnungen nach DIN EN 13055 Teil 1;
- rezyklierte Gesteinskörnungen nach DIN 4226 Teil 100.

Gesteinkörnungen nach DIN EN 12620 haben eine Kornrohdichte größer als 2000 kg/m^3. Dabei werden Gesteinskörnungen mit einer Kornrohdichte zwischen 2000 kg/m^3 und 3000 kg/m^3 (früher: normale Gesteinskörnung) und Gesteinskörnungen mit einer Kornrohdichte von mindestens 3000 kg/m^3 (früher: schwere Gesteinskörnung) berücksichtigt.

Beispiele für natürlich gekörnte Gesteinskörnungen mit einer Kornrohdichte zwischen 2000 kg/m^3 und 3000 kg/m^3 sind Flusssand, Flusskies, Grubensand und Grubenkies. Sie werden durch Baggern oder Saugen gewonnen, gewaschen und zu Korngruppen aufbereitet. Die mineralogische Zusammensetzung wechselt stark, so dass Bezeichnungen wie „Rheinkies" oder „Mainkies" kein Gütemerkmal sind. Beispiele für mechanisch zerkleinerte Gesteinskörnungen sind Brechsand, Splitt und Schotter. Sie werden aus natürlichem Gestein oder aus künstlichem Gestein (Schlacken) gebrochen (z. T. mehrfach), gewaschen und zu Korngruppen aufbereitet. Darüber hinaus können Gesteinskörnungen aus aufbereitetem Betonabbruch hergestellt werden (Betonsplitt). Gesteinskörnungen mit einer Kornrohdichte von mindestens 3000 kg/m^3 dienen zur Herstellung von Schwerbetonen z. B. als Strahlenschutzbeton (Reaktor- und Krankenhausbau). Beispiele für natürliche schwere Gesteinkörnungen (i. d. R. mechanisch zerkleinert) sind Schwerspat (Baryt, $BaSO_4$), Magnetit und Hämatit. Beispiele für künstlich hergestellte schwere Gesteinkörnungen sind Stahlschrot, Stahlspäne, Schwermetallschlacken.

Leichte Gesteinskörnungen (Gesteinskörnungen mit porigem Gefüge) nach DIN EN 13055 Teil 1 dienen zur Herstellung von Leichtbeton und weisen eine Kornrohdichte von maximal 2000 kg/m^3 auf. Beispiele für natürlich gekörnte leichte Gesteinskörnungen sind Naturbims, Lavakies und Lavasand. Beispiele für mechanisch zerkleinerte natürliche

leichte Gesteinskörnungen sind Schaumlava, Tuffe und Holzfasern. Künstlich hergestellte leichte Gesteinskörnungen sind Blähton, Ziegelsplitt und Schaumkunststoffe.

Gesteinskörnungen nach DIN EN 12620 und leichte Gesteinskörnungen nach DIN EN 13055 Teil 1 müssen je nach Verwendungszweck und Aufgabe hinsichtlich Kornzusammensetzung, Reinheit, Festigkeit, Kornform, Widerstand gegen Frost und Abnutzung nach DIN EN 206-1 in Verbindung mit DIN 1045 Teil 2 besonderen Anforderungen genügen. Die Gesteinskörnungen dürfen nicht unter der Einwirkung von Wasser erweichen, sich nicht zersetzen, mit den Zementbestandteilen keine schädlichen Verbindungen eingehen und den Korrosionsschutz der Bewehrung nicht beeinträchtigen.

Rezyklierte Gesteinskörnungen nach DIN 4226 Teil 100 stammen aus der Aufbereitung bereits verwendeter Baustoffe. Die Anforderungen an rezyklierte Gesteinskörnungen richten sich nach dem Verwendungszweck. Hierbei gelten grundsätzlich die gleichen Anforderungen wie in DIN EN 12620. Darüber hinaus gibt es zusätzliche Anforderungen, die sich aus der Herkunft des Materials ergeben. Beispiele für rezyklierte Gesteinskörnungen mit einer Kornrohdichte von mindestens 2000 kg/m^3 sind Betonsplitte und Betonbrechsande. Rezyklierte Gesteinskörnungen mit einer Mindestkornrohdichte von 1800 kg/m^3 bzw. 1500 kg/m^3 sind Mauerwerkssplitt und Mauerwerksbrechsande bzw. Mischsplitt und Mischbrechsande.

Die Verwendung von rezyklierten Gesteinskörnungen für Beton und Mörtel ist in der DAfStb-Richtlinie Beton mit rezyklierter Gesteinskörnung geregelt. Danach dürfen für Beton nach DIN EN 206 Teil 1 in Verbindung mit DIN 1045 Teil 2 entsprechend der Richtlinie nur rezyklierte Gesteinskörnungen des Typs I und II verwendet werden. In Tabelle 3.1-4 ist die Zusammensetzung verschiedener rezyklierter Gesteinskörnungen aufgelistet.

Eine betontechnologisch sehr wichtige Eigenschaft der Gesteinskörnung ist ihre Kornzusammensetzung (Sieblinie). Eine günstige Sieblinie gewährleistet gute Betonqualität durch die Erfüllung folgender Aufgaben:

- Der Kornaufbau soll ein dichtes Korngerüst ergeben, damit der Zementleimgehalt zum Ausfüllen der Zwischenräume gering ist.

Tabelle 3.1-4 Zusammensetzung verschiedener rezyklierter Gesteinskörnungen

Rezyklierte Gesteinskörnungen (Liefertypen)	Bestandteile in M.-%					
	Beton, Gesteinskörnung[1]	Klinker, Ziegel	Kalksandstein	Andere Bestandteile[2]	Asphalt	Fremdbestandteile[2]
Betonsplitt/Betonbrechsand (Typ 1)	≥90	≤10		≤2	≤1	≤0,2
Bauwerkssplitt/Bauwerksbrechsand (Typ 2)	≥70	≤30		≤3	≤1	≤0,5
Mauerwerkssplitt/Mauerwerksbrechsand (Typ 3)	≤20	≥80	≤5	≤5	≤1	≤0,5
Mischsplitt/Mischbrechsand (Typ 4)	≥80			≤20		≤1,0

[1] nach DIN 4226-100
[2] z. B. porosierte Ziegel, Leichtbeton, Porenbeton
[3] z. B. Glas, Keramik

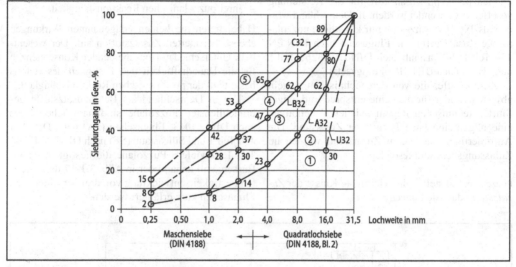

Abb. 3.1-16 Regelsieblinie für Zuschlaggemische 0/32 mm nach DIN 1045

– Die Oberfläche soll möglichst klein, die Gesteinskörnung also möglichst grob sein, um die zur Umhüllung benötigte Zementleimmenge gering halten zu können.

Die günstigsten Bedingungen werden durch die Regelsieblinien z. B. der DIN 1045 Teil 2 gegeben. Dort existieren Regelsieblinien für Maximalkorngrößen von 8, 16 und 32 mm (Abb. 3.1-16). Man unterscheidet zwischen den stetigen Sieblinien A, B und C und der unstetigen Sieblinie U (Ausfall-körnung). Ein Korngemisch mit unstetiger Sieblinie kann gegenüber einem Korngemisch mit stetiger Sieblinie einen geringeren Wasseranspruch haben. Darüber hinaus können Betone mit Ausfallkörnung von üblichen Betonen abweichende Frisch- und Festbetoneigenschaften aufweisen.

Betonzusatzstoffe

Betonzusatzstoffe sind fein aufgeteilte mineralische Stoffe, z. T. auch mit organischen Bestandteilen, die (im Gegensatz zur Verwendung als Ze-

mentbestandteil, s. 3.1.2.5) dem Beton im Beton-
mischer zugegeben werden. Ziel der Zugabe ist die
Beeinflussung bestimmter Betoneigenschaften.
Beim Mischungsentwurf sind Zusatzstoffe prinzipiell in die Stoffraumrechnung einzubeziehen.

Zu den organischen Zusatzstoffen gehören z. B.
Kunststoffdispersionen. In DIN EN 206 Teil 1 in
Verbindung mit DIN 1045 Teil 2 wird bei den anorganischen Zusatzstoffen zwischen nahezu inakti-
ven Zusatzstoffen (Typ I) und puzzolanischen oder
latent-hydraulischen Zusatzstoffen (Typ II) unterschieden. Während Typ I-Zusatzstoffe nicht mit
Zement und Wasser reagieren, sind Typ II-Zusatzstoffe reaktionsfähig und liefern einen gewissen
Beitrag zur Betonfestigkeit. Gesteinsmehle nach
DIN EN 12620 und Pigmente nach DIN EN 12787
können als Typ I-Zusatzstoff für die Herstellung
von Beton verwendet werden. In Deutschland werden als Typ II-Zusatzstoffe nur künstliche puzzolanische Zusatzstoffe wie Flugasche nach DIN EN
450 Teil 1, Silikastaub nach DIN EN 13263 Teil 1
oder Trass nach DIN 51034 eingesetzt.

Zusatzstoffe, die von den technischen Regeln
abweichen oder für die keine entsprechend einge-
führten technischen Regeln existieren, benötigen
eine allgemeine bauaufsichtliche Zulassung. Die
Anforderungen an diesen Zusatzstoff werden im
Zulassungsbescheid festgelegt.

Puzzolane. Sie stellen die wichtigste Klasse der *Zusatzstoffe* dar. Sie können

– die Verarbeitbarkeit bei gleichem Wassergehalt
  verbessern und das Bluten vermindern,
– die Wasserdichtheit und die chemische Widerstandsfähigkeit durch eine Verfeinerung der Porenstruktur erhöhen,
– die Hydratationswärme, das Schwindmaß und
  damit die Reißneigung verringern,
– die Entstehung von Ausblühungen durch
  $Ca(OH)_2$-Bindung verhindern.

Diese Wirkung von Puzzolanen in Betonen und Mörteln beruht auf folgenden drei prinzipiellen Mechanismen:

– der rheologischen Wirkung im Frischbeton (vgl.
  3.1.3.6),
– dem im wesentlichen physikalischen Füllereffekt,
– ihrer puzzolanischen Reaktionsfähigkeit.

Dabei treten die beiden erstgenannten Wirkungen
ebenso bei inerten Zusatzstoffen auf. Der wesentliche Unterschied mit entscheidenden Konsequenzen
für die Dauerhaftigkeit und Festigkeit des Betons
basiert auf der puzzolanischen Reaktionsfähigkeit.

Die in Deutschland als Betonzusatzstoffe gebräuchlichsten Puzzolane sind natürlicher Trass
nach DIN 51043, Flugaschen (FA) nach DIN EN
450 Teil 1 und Silicastaub (SF) nach DIN EN 13263
Teil 1. Inwiefern Puzzolane die Festigkeit beeinflussen, soll anhand der in Abb. 3.1-17 dargestellten Festigkeitsentwicklung von drei verschiedenen
Flugaschen kurz erläutert werden.

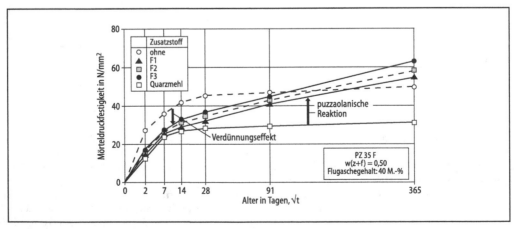

Abb. 3.1-17 Einfluss von Steinkohlenflugasche auf die Festigkeitsentwicklung

Durch den Austausch im Verhältnis 1:1 gegen Zement ist die Festigkeit der zusatzstoffhaltigen Mischungen in jungem Alter im Vergleich zur Referenzmischung deutlich niedriger. Dieser „Verdünnungseffekt" ist für FA und Quarzmehl etwa gleich, d. h., es liegt bis zum Alter von etwa sieben Tagen kein signifikanter Festigkeitsbeitrag durch eine Reaktion der FA vor. Zwischen sieben und 14 Tagen bewirkt die FA im Vergleich zu Quarzmehl eine stärkere Festigkeitssteigerung, was auf den Beginn der puzzolanischen Reaktion der FA zurückzuführen ist. Durch die puzzolanische Reaktion kommt es im höheren Alter (ein Jahr) zu einer weiteren Porenverdichtung, so dass die flugaschehaltigen Mischungen eine höhere Druckfestigkeit aufweisen als die entsprechenden Vergleichsmischungen.

Die Wirkung von reaktiven Zusatzstoffen in Beton nach DIN EN 206 Teil 1 in Verbindung mit DIN 1045 Teil 2 wird pauschal durch einen so genannten k-Wert berücksichtigt.

Aufgrund von vorliegenden Untersuchungsergebnissen wurde der k-Wert von Flugasche nach DIN EN 450 Teil 1 zu 0,4 und der von Silikastaub zu 1,0 festgelegt. Das bedeutet, dass gemäß DIN EN 206 Teil 1 in Verbindung mit DIN 1045 Teil 2 statt des w/z-Wertes der äquivalente w/z-Wert

$$(w/z)_{eq} = \frac{w}{z+0,4 \cdot f + 1,0 \cdot s}. \qquad (3.1.1)$$

beim Nachweis des maximal zulässigen w/z-Wertes zugrunde gelegt werden kann. Die auf den Wasserzementwert maximal anrechenbare Menge an Flugasche f ist in Abhängigkeit vom verwendeten Zement begrenzt und kann bis zu $f/z \leq 0,33$ (für CEM I) betragen. Die anrechenbare Höchstmenge an Silikastaub ist auf $s/z \leq 0,11$ begrenzt.

Pigmente. Die Pigmente zum Einfärben von Beton sind, wie bereits erwähnt, inaktive Zusatzstoffe, die zur Herstellung von Beton nach DIN EN 206 Teil 1 in Verbindung mit DIN 1045 Teil 2 verwendet werden können. Sie müssen beständig und wasserunlöslich sein, dürfen die betontechnologischen Eigenschaften nicht nachteilig beeinflussen, müssen licht- und wetterstabil und ggf. bei größeren thermischen Belastungen auch hitzestabil sein und höchste Konstanz in Farbton und Farbstärke aufweisen. Die teil-

weise verwendeten organischen Pigmente erfüllen diese Bedingungen meist nicht. Daher kommen vorwiegend anorganische Pigmente aus Metalloxiden, Metallsalzen oder Kohlenstoffpigmente zur Anwendung. In DIN EN 12878 sind die Anforderungen an Pigmente geregelt. Für die Farben werden folgende Oxide verwendet:

- rot, gelb, braun, schwarz: Eisenoxide;
- weiß: Titanoxid;
- grün: Chromoxid;
- blau: Cobaltblau.

Kunstoffzusätze. Sie können aus verschiedenen Kunststoffen bestehen, dürfen aber durch die Alkalien des Zements nicht verseifen. Sie können folgende Betoneigenschaften vergrößern:

- Zugfestigkeit,
- Haftfestigkeit,
- Schlagfestigkeit,
- Kriechen,
- chemische Widerstandsfähigkeit

bzw. verringern:

- Druckfestigkeit,
- Elastizitätsmodul,
- Rückprall bei Spritzbeton,
- Reißneigung.

Betonzusatzmittel

Betonzusatzmittel gibt man flüssig oder pulverförmig dem Beton zu, um durch chemische und/oder physikalische Wirkung die natürlichen Eigenschaften von Beton oder Mörtel besonderen Anforderungen anzupassen bzw. günstig zu beeinflussen. Die Wirkungsweise der Zusatzmittel ist vielseitig; sie beruht u. a. auf elektrochemischen Vorgängen, wobei organische Stoffe hydrophob (z. B. bei Luftporenbildnern) oder hydrophil (z. B. bei Betonverflüssigern) wirken. In Abb. 3.1-18 ist eine Übersicht über verschiedene Betonzusatzmittel gegeben.

Es ist zu berücksichtigen, dass gelegentlich eine Eigenschaft auf Kosten einer anderen verbessert wird. So können z. B. die Raumbeständigkeit, das Erstarren, der Frostwiderstand, die Wasseraufnahme oder die Wasserdichtheit negativ beeinflusst werden.

Die Anforderungen an Betonzusatzmittel für die Verwendung in Beton, Stahlbeton und Spannbeton sind in der Normen der Serie DIN EN 934

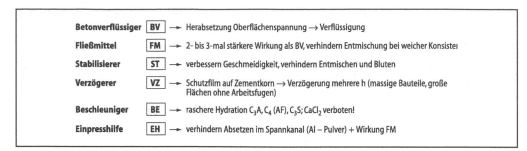

Abb. 3.1-18 Betonzusatzmittel mit Wirkung auf den Frischbeton

geregelt. Die Verwendung dieser Betonzusatzmittel sind in DIN 1045 Teil 2 und DIN 447 geregelt. Die Verwendung von Spritzbetonbeschleuniger nach DIN EN 934 Teil 5 ist bis zur Neufassung der DIN 18551 noch nicht geregelt, sie benötigen für ihre Verwendung vorläufig eine allgemeine bauaufsichtliche Zulassung.

Bestimmte Wirkungsgruppen wie z. B. Schaumbildner (zur Herstellung von Schaumbeton), Abdichtungsmittel (Zugabe erfolgt bei der Betonherstellung in Pulverform) und Korrosionsinhibitoren sind in der Normenserie DIN EN 934 nicht geregelt. Solche Betonzusatzmittel benötigen für das Produkt und deren Verwendung in Beton, Stahlbeton und Spannbeton nach DIN 1045 Teil 2 eine allgemeine bauaufsichtliche Zulassung.

Beim Einsatz von Betonzusatzmitteln ist i. d. R. eine Erstprüfung für den herzustellenden Beton erforderlich.

Neue Normen für Betonzusatzmittel und Zemente

DIN 447: Einpressmörtel für Spannglieder, Anforderungen für üblichen Einpressmörtel

DIN EN 934 Teil 1: Zusatzmittel für Beton, Mörtel und Einpressmörtel – Teil 1: Gemeinsame Anforderungen (04/2008)

DIN EN 934 Teil 5: Zusatzmittel für Beton, Mörtel und Einpressmörtel – Zusatzmittel für Spritzbeton – Begriffe, Anforderungen, Konformität, Kennzeichnung und Beschriftung (02/2008)

DIN EN 1536: Ausführung von besonderen geotechnischen Arbeiten (Spezialtiefbau) – Bohrpfähle (06/1999)

DIN-Fachbericht 129: Anwendungsdokument zu DIN EN 1536:1999-06, Ausführung von besonderen geotechnischen Arbeiten (Spezialtiefbau) – Bohrpfähle (02/2005)

Fasern

Für die Herstellung von Faserbeton werden überwiegend Fasern aus Stahl, alkaliresistentem Glas, Kunststoff oder Kohlenstoff eingesetzt. Fasern weisen im Vergleich zu ihren Querschnittsabmessungen eine große Länge auf. Ihre wichtigste Eigenschaft ist die Zugfestigkeit. Sie verleihen dem Beton die erforderliche Verformbarkeit bei Zug- und Biegebeanspruchung (Duktilität). In Verbindung mit konventioneller schlaffer oder vorgespannter Bewehrung werden Fasern häufig dazu genutzt die Breite von Rissen zu beschränken. Darüber hinaus verbessern sie die Schlagfestigkeit von Beton. Die Zugabe von Kunststofffasern vermindert die Schrumpfrissbildung und führen zu einer Verbesserung des Brandverhaltens.

Stahlfasern bzw. Polymerfasern sind in DIN EN 14889 Teil 1 bzw. Teil 2 geregelt und können für die Herstellung von Beton als Zusatzstoff verwendet werden. In Deutschland benötigen Polymerfasern einen eigenen Verwendbarkeitsnachweis in Form einer allgemeinen bauaufsichtlichen Zulassung. Lose Stahlfasern dürfen als Zusatzstoff zur Herstellung von Beton nach DIN 1045 Teil 2 verwendet werden. Geklebte Stahlfasern oder Stahlfasern, die in einer Dosierverpackung dem Beton zugegeben werden, benötigen für die Verwendung in Beton eine allgemeine bauaufsichtliche Zulassung. Für die Herstellung von Spannbeton ist die Zugabe von verzinkten Stahlfasern ausgeschlossen.

3.1.3.4 Betonzusammensetzung

Die Betonzusammensetzung wird so konzipiert, dass die im jeweiligen Anwendungsfall geforderten Verarbeitungs- und Festbetoneigenschaften (Festigkeit und Dauerhaftigkeit) gewährleistet sind. DIN EN 206 Teil 1 in Verbindung mit DIN 1045 Teil 2 regelt die Anforderungen an die Betonzusammensetzung für Tragwerke aus Beton, Stahlbeton und Spannbeton.

Die Betonzusammensetzung muss auf die Anwendung abgestimmt werden. Um eine ausreichende Dauerhaftigkeit des Bauteils zu gewährleisten, darf je nach Expositionsklasse der maximale Wasserzementwert nicht überschritten werden bzw. der Mindestzementgehalt muss eingehalten werden. Eine weitere wichtige Einflussgröße auf die Dauerhaftigkeit ist die Zementart.

In DIN EN 206-1 in Verbindung mit DIN 1045 Teil 2 wurden daher Expositionsklassen- und Feuchtigkeitsklassen in Abhängigkeit von den Umweltbedingungen festgelegt. In Tabelle 3.1-5 sind die Expositionsklassen und Feuchtigkeitsklassen nach DIN EN 206 Teil 1 in Verbindung mit DIN 1045 Teil 2 aufgeführt. Häufig wird die zu wählende Betonzusammensetzung für ein dauerhaftes Bauwerk stärker durch die Umweltbedingungen als durch statisch konstruktive Vorgaben beeinflusst [Zementtaschenbuch 2008].

In den Tabellen 3.1-6 und 3.1-7 sind die Grenzwerte für die Zusammensetzung und die Eigenschaften von Beton für die jeweiligen Expositionsklassen aufgeführt. Darüber hinaus sind die freigegebenen Anwendungsbereiche der Zemente zur Herstellung von Beton nach DIN 1045 Teil 2 in Abhängigkeit von den jeweiligen Expositionsklassen zu beachten.

Neben dem geforderten Wasserzementwert müssen auch der Mindestzementgehalt und der Mehlkorngehalt des Betons eingehalten werden. Der Zementgehalt stellt einerseits die Hohlraumausfüllung zwischen der Gesteinskörnung und andererseits die Verarbeitung des Betons sicher. Die Zementzugabemenge ist jedoch nach oben hin durch folgende Eigenschaften bzw. wirtschaftliche Aspekte begrenzt:

- das Schwindmaß,
- die Hydratationswärme und
- die Kosten.

Tabelle 3.1-5 Expositionsklassen nach DIN EN 206 Teil 1 in Verbindung mit DIN 1045 Teil 2 [Zementtaschenbuch 2008]

Klasse	Bezeichnung
Expositionsklassen (Bewehrungskorrosion)	
karbonatisierungsinduzierte Korrosion	XC1 bis XC4
chloridinduzierte Korrosion	XD1 bis XD3
chloridinduzierte Korrosion aus Meerwasser	XS1 bis XS3
Expositionsklassen (Betonangriff)	
kein Angriffsrisiko	X0
chemischer Angriff	XA1 bis XA3
Frost-Tauwechsel-Angriff (ohne/mit Taumittel)	XF1 bis XF4
Verschleißangriff	XM1 bis XM3
Feuchtigkeitsklassen (Alkali-Kieselsäure-Reaktion)	WO, WF, WA, WS

Damit Beton gut verarbeitbar ist, ein geschlossenes Gefüge erhält und kein Wasser absondert, muss er eine vom Größtkorn der Gesteinskörnung abhängige Menge Mehlkorn enthalten. Als Mehlkorn sind alle Partikel mit Größen <0,125 mm definiert. Das bedeutet, dass der gesamte Zement – i.d.R. die gesamte Menge an Zement- und Zusatzstoffen – sowie Feinanteile des Sandes dem Mehlkorn zuzurechnen sind. In Tabelle 3.1-8 sind die höchstzulässigen Mehlkorngehalte für Beton mit einem Größtkorn der Gesteinskörnung von 16 mm bis 63 mm in Abhängigkeit von der Betonfestigkeit und Expositionsklasse nach DIN EN 206 Teil 1 in Verbindung mit DIN 1045 Teil 2 angegeben.

3.1.3.5 Betonherstellung

Mischen

Die Wirksamkeit des Mischvorgangs hat Einfluss auf Wasserbedarf, Verdichtbarkeit und Hydratation. Es soll eine gute und gleichmäßige Verteilung der Betonausgangsstoffe gewährleistet werden. Das Mischen der Ausgangsstoffe muss nach DIN EN 206 Teil 1 in Verbindung mit DIN 1045 Teil 2 in einem mechanischen Mischer erfolgen und so lange dauern, bis die Mischung gleichförmig erscheint. Im Allgemeinen gilt Leichtbeton bei einer Mindestmischzeit von 90 s, Normalbeton

Tabelle 3.1-6 Grenzwerte für die Zusammensetzung und Eigenschaft von Beton – Teil 1

Nr.	Expositionsklassen	kein Korrosions- oder Angriffsrisiko	Bewehrungskorrosion										
			durch Karbonatisierung verursachte Korrosion				durch Chloride verursachte Korrosion					
							Chloride außer Meerwasser			Chloride aus Meerwasser		
		$X0^a$	XC1	XC2	XC3	XC4	XD1	XD2	XD3	XS1	XS2	XS3
1	Höchstzulässiger w/z	–	0,75		0,65	0,60	0,55	0,50	0,45	siehe XD1	siehe XD2	siehe XD3
2	Mindestdruckfestigkeitsklasse^b	C8/10	C16/20		C20/25	C25/30	C30/37^d	C35/45^{de}	C35/45	siehe XD1	siehe XD2	siehe XD3
3	Mindestzementgehalt^c in kg/m³	–	240		260	280	300	320	320	siehe XD1	siehe XD2	siehe XD3
4	Mindestzementgehalt^c bei Anrechnung von Zusatzstoffen in kg/m³	–	240		240	270	270	270	270	siehe XD1	siehe XD2	siehe XD3
5	Mindestluftgehalt in %	–	–	–	–	–	–	–	–	siehe XD1	siehe XD2	siehe XD3
6	Andere Anforderungen	–	–	–	–	–	–	–	–	siehe XD1	siehe XD2	siehe XD3

a Nur für Beton ohne Bewehrung oder eingebettetes Metall.
b Gilt nicht für Leichtbeton.
c Bei einem Größtkorn der Gesteinskörnung von 63 mm darf der Zementgehalt um 30 kg/m³ reduziert werden.
d Bei Verwendung von Luftporenbeton, z. B. aufgrund gleichzeitiger Anforderung aus der Expositionsklasse XF, eine Festigkeitsklasse niedriger.
e Bei langsam und sehr langsam erhärtenden Betonen ($r < 0{,}30$) eine Festigkeitsklasse niedriger. Die Druckfestigkeit zur Einteilung in die geforderte Druckfestigkeitsklasse ist auch in diesem Fall an Probekörpern im Alter von 28 Tagen zu bestimmen.

Tabelle 3.1-7 Grenzwerte für die Zusammensetzung und Eigenschaft von Beton – Teil 2

Nr.	Expositionsklassen	Betonkorrosion							Verschleißbeanspruchung[h]		
		Frostangriff				Aggressive chemische Umgebung					
		XF1	XF2	XF3	XF4	XA1	XA2	XA3	XM1	XM2	XM3
1	Höchstzulässiger w/z	0,60	0,55[g]	0,55	0,50[g]	0,60	0,50	0,45	0,55	0,55	0,45
2	Mindestdruckfestigkeitsklasse[b]	C25/30	C25/30	C25/30	C30/37	C25/30	C35/45[de]	C35/45[d]	C30/37[d]	C30/37[d]	C35/45[d]
3	Mindestzementgehalt[c] in kg/m³	280	300	300	320	280	320	320	300[i]	300[i]	320[i]
4	Mindestzementgehalt[c] bei Anrechnung von Zusatzstoffen in kg/m³	270	270[g]	270	270[g]	270	270	270	270	270	270
5	Mindestluftgehalt in %	–	f	f	f[j]	–	–	–	–	–	–
6	Andere Anforderungen Gesteinskörnungen für die Expositionsklasse XF1 bis XF4	F$_4$ MS$_{25}$	MS$_{25}$ F$_2$		MS$_{18}$	–	–	–	–	Oberflächenbehandlung des Betons[k]	Einstreuen von Hartstoffen nach DIN 1100

b, c, d und e siehe Fußnoten in Tabelle 3.1-6

f Der mittlere Luftgehalt im Frischbeton unmittelbar vor dem Einbau muss bei einem Größtkorn der Gesteinskörnung von 8 mm ≥ 5,5 Vol.-%, 16 mm mm ≥ 4,5 Vol.-%, 32 mm ≥ 4,0 Vol.-% und 63 mm ≥ 3,5 Vol.-% betragen. Einzelwerte dürfen diese Anforderungen um höchstens 0,5 Vol.-% unterschreiten.

g Die Anrechnung auf den Mindestzementgehalt und den Wasserzementwert ist nur bei Verwendung von Flugasche zulässig. Weitere Zusatzstoffe des Typs II dürfen zugesetzt, aber nicht auf den Zementgehalt oder den w/z-Wert angerechnet werden. Bei gleichzeitiger Zugabe von Flugasche und Silikatstaub ist eine Anrechnung auch für die Flugasche ausgeschlossen.

h Es dürfen nur Gesteinskörnungen nach DIN EN 12620 verwendet werden.

i Höchstzementgehalt 360 kg/m³, jedoch nicht bei hochfesten Betonen.

j Erdfeuchter Beton mit w/z ≤ 0,40 darf ohne Luftporen hergestellt werden.

k Z. B. Vakuumieren und Flügelglätten des Betons.

l Schutzmaßnahmen siehe Abschnitt 5.3.2 der DIN 1045 Teil 2.

Tabelle 3.1-8 Höchstzulässiger Mehlkorngehalt für Beton mit einem Größtkorn der Gesteinskörnung von 16 mm bis 63 mm

Zementgehalt	Höchstzulässiger Mehlkorngehalt
bis zur Betonfestigkeitsklasse C50/60 u. LC 50/55 bei den Expositionsklassen XF und XM	
≤ 300 kg/m³	400 kg/m³
≥ 350 kg/m³	450 kg/m³
ab der Betonfestigkeitsklasse C55/76 und LC55/60 bei allen Expositionsklassen	
≤ 400 kg/m³	500 kg/m³
450	550 kg/m³
≥ 500 kg/m³	600 kg/m³

bei einer Mindestmischzeit von 30 s als gleichmäßig durchmischt. In Mischerfahrzeugen wird der zweckmäßig gemischte Beton während der Fahrt ständig bewegt oder mit stehender Trommel zur Verwendungsstelle gefahren.

Maschinenmischung. Sie erfolgt chargenweise in Freifall- oder Zwangsmischern oder kontinuierlich in Durchlaufmischern. Die Mischart muss auf das Mischgut abgestimmt sein.

Mischfahrzeug. Mischfahrzeuge dienen zum Transportieren und Mischen von Beton weicher und plastischer Konsistenz in Freifallmischern, der im Transportbetonwerk entweder nur dosiert oder auch gemischt wurde.

Transport, Einbau und Verdichtung

Heute wird – bis auf Ausnahmen (sehr große Baustellen) – der gesamte Baustellenbeton als Transportbeton geliefert und eingebaut, und zwar chargenweise in Behältern oder kontinuierlich über Förderbänder oder durch Rohrleitungen.

Beim Einbringen des Frischbetons müssen Entmischungen vermieden werden, da sie und Nesterbildung die Festigkeit, die Wasserdichtheit, das Aussehen (Sichtbeton) und den Korrosionsschutz der Bewehrung beeinträchtigen.

Da der Frischbeton nach dem Mischen einen mehr oder weniger hohen Anteil an Luft enthält, der die Festbetoneigenschaften sehr nachteilig beeinflussen würde, muss er möglichst vollkommen verdichtet werden (Abb. 3.1-19). Dazu dienen verschiedene Verdichtungsverfahren, deren Wirkung sehr unterschiedlich ist, so dass ihre Anwendung auf die Verdichtbarkeit des Betons eingestellt werden muss. Außer in Sonderfällen wird Beton durch *Rütteln* mit Innenrütteln, Außenrütteln, Oberflächenrütteln, Schalungsrüttlern oder Rütteltisch verdichtet.

Beim Rütteln werden die statischen Kräfte aufgehoben: Der Beton verhält sich ähnlich wie eine Flüssigkeit, und die schweren Teile sinken nach unten und nehmen eine dichtere Lagerung ein. Besonders bei weichen Betonen ist darauf zu achten, dass durch das Rütteln wegen des großen Dichteunterschieds von Zuschlagkorn und Zementleim keine Entmischungen auftreten. Beim Rütteln soll sich auf der Oberfläche eine geschlossene Schicht

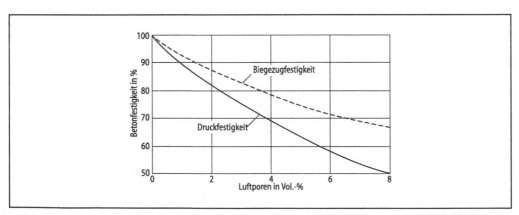

Abb. 3.1-19 Einfluss der Verdichtung auf die Festigkeit

zähen Mörtels bilden; wässriger Zementleim weist auf Entmischung hin.

Nachbehandlung

Eine ausreichende Nachbehandlung ist nicht nur für den Schutz vor Wasserverlust im grünen und jungen Beton (Frühschwinden, Rissbildung) von Bedeutung. Wegen der Abhängigkeit der Hydratation von Temperatur und Feuchtigkeit muss der Beton auch während der ersten Zeit des Erhärtens gegen schädigende Einflüsse wie Hitze, Wind (Austrocknen), Kälte, strömendes Wasser (Auswaschen), chemische Angriffe und Erschütterungen geschützt werden. Mit Rücksicht auf das Schwinden und insbesondere den Korrosionsschutz der Bewehrung ist er möglichst sieben bis 15 Tage lang dauernd feucht zu halten.

Nach dem *Reifegradkonzept* wird die Nachbehandlungsdauer in Abhängigkeit der Festigkeitsentwicklung angegeben. Die Festigkeitsentwicklung wird über das Festigkeitsverhältnis $f_{cm,2}/f_{cm,28}$ abgeschätzt. In Tabelle 3.1-9 sind Mindestnachbehandlungsdauern in Abhängigkeit von der Expositionsklasse aufgeführt. Der Verhältniswert r ist umso geringer, je langsamer der Beton hydratisiert.

Näherungsweise kann der Reifegrad aber auch über die zeitliche Entwicklung der Betondruckfestigkeit abgeschätzt werden. Entsprechend fordert die DIN 1045 Teil 3, dass der Beton so lange nachbehandelt werden muss, bis die Druckfestigkeit in der oberflächennahen Schicht einen bestimmten Prozentsatz der charakteristischen Druckfestigkeit des verwendeten Betons hat. Dieser Prozentsatz hängt von der jeweiligen Expositionsklasse ab, der das

Tabelle 3.1-9 Mindestdauer der Nachbehandlung von Beton nach DIN 1045 Teil 3

Oberflächentemperatur ϑ in °C[e]		Mindestdauer der Nachbehandlung in Tagen[a] Festigkeitsentwicklung des Betons $r = f_{cm2}/f_{cm28}$[d]			
		schnell $r \geq 0{,}50$	mittel $r \geq 0{,}30$	langsam $r \geq 0{,}15$	sehr langsam $< 0{,}15$
alle außer X0, CX1 und XM	$\vartheta \geq 25$	1	2	2	3
	$25 > \vartheta \geq 15$	1	2	4	5
	$15 > \vartheta \geq 10$	2	4	7	10
	$10 > \vartheta \geq 5$[b]	3	6	10	15
XC2, XC3, XC4 und XF1	Frischbetontemperatur ϑ_{fb} in °C zum Zeitpunkt des Betoneinbaus				
	$\vartheta_{fb} \geq 15$	1	2	4	–
	$10 \leq \vartheta_{fb} < 15$	2	4	7	–
	$5 \leq \vartheta_{fb} < 10$	4	8	14	–

[a] Bei mehr als 5 h Verarbeitungszeit ist die Nachbehandlung angemessen zu verlängern.

[b] Bei Temperaturen unter 5°C ist die Nachbehandlungsdauer um die Zeit zu verlängern, während der die Temperatur unter 5°C lag.

[c] Die Festigkeitsentwicklung des Betons wird durch das Verhältnis der Mittelwerte der Druckfestigkeiten nach 2 Tagen und nach 28 Tagen (ermittelt nach DIN EN 12390 Teil 3) beschrieben, das bei der Eignungsprüfung oder auf der Grundlage eines bekannten Verhältnisses von Beton vergleichbarer Zusammensetzung (d. h. gleicher Zement, gleicher w/z-Wert) ermittelt wurde. Wird bei besonderen Anwendungen die Druckfestigkeit zu einem späteren Zeitpunkt als 28 Tage bestimmt, ist für die Ermittlung der Nachbehandlungsdauer der Schätzwert des Festigkeitsverhältnisses entsprechend aus dem Verhältnis der mittleren Druckfestigkeit nach 2 Tagen ($f_{cm,2}$) zur mittleren Druckfestigkeit zum Zeitpunkt der Bestimmung der Druckfestigkeit zu ermitteln oder die Festigkeitsentwicklungskurve bei 20°C zwischen 2 Tagen und dem Zeitpunkt der Bestimmung der Druckfestigkeit anzugeben.

[d] Zwischenwerte dürfen eingeschaltet werden.

[e] Anstelle der Oberflächentemperatur des Betons darf die Lufttemperatur angesetzt werden.

Bauteil ausgesetzt ist. Für die Expositionsklasse X0, XC1 und XM (unbewehrter Beton oder Innenbauteile) beträgt er 50% und für die Expositionsklasse XM (Verschleißbeanspruchung) 70%. Damit wird sichergestellt, dass der Beton ausreichend vor Witterungseinflüssen, insbesondere Austrocknung, geschützt wird.

Besonders wichtig ist eine sorgfältige Nachbehandlung

- bei Betonen, die relativ langsam erhärten (z. B. bei Zement mit hohem Hüttensandgehalt, bei Flugasche als Zusatzstoff, bei niedrigen Außentemperaturen),
- bei Betonen, die an der Oberfläche besonders stark beansprucht werden (z. B. Beton, der hohen Widerstand gegen Frost, chemischen Angriff und Verschleiß haben soll),
- bei wasserundurchlässigem Beton,
- bei Sichtbeton und
- bei dünnen Schichten (z. B. Estrichen).

Für die Nachbehandlung kommen z. B. Feuchthalten durch Besprühen und/oder feuchte Tücher in Betracht. Einen Schutz gegen Austrocknen bieten auch Schutzdächer und Abdeckungen mit Gewebebahnen, Schilf- oder Strohmatten, Kunststofffolien und Nachbehandlungsfilme, die nach leichtem Abtrocknen des Betons aufgesprüht werden.

3.1.3.6 Frischbetoneigenschaften

Die Verarbeitbarkeit ist eine komplexe, physikalisch nicht genau definierbare rheologische Eigenschaft, die die Begriffe Mischbarkeit, Transportierbarkeit (Widerstand gegen Entmischen beim Transport) und Verdichtbarkeit umschließt. Sie ist v. a. eine Funktion des Wasser-, Zement- und Mehlkorngehalts, der Zementart, der Kornzusammensetzung und der Kornform der Gesteinskörnung. Der Beton wird bei Konstanthalten der jeweils anderen Einflüsse weicher mit

- größerem Wasser- bzw. Zementleimgehalt,
- kleinerem Zementgehalt,
- größerem Wasser-Zement-Wert,
- gröberem Zement,
- kleinerem Mehlkorngehalt,
- sandärmerer Kornzusammensetzung und
- rundlicherer Kornform.

Physikalisch eindeutige Kennwerte für die Verarbeitbarkeit kann man nur in rheologischen Untersuchungen erhalten. Sie liegen für Zementleim und Zementmörtel in großem Umfang vor, sind jedoch nicht ohne weiteres auf den Frischbeton zu übertragen, da hier nicht nur das Fließvermögen der Matrix, sondern in großem Maße die innere Reibung durch die Gesteinskörnung maßgebend ist. Die *Konsistenz* quantifiziert die Verarbeitbarkeit des Frischbetons. Beschreibend kann man folgende Konsistenzbereiche unterscheiden:

- sehr steif,
- steif,
- plastisch,
- weich,
- sehr weich,
- fließfähig,
- sehr fließfähig.

Je nach Land werden folgende Konsistenzprüfverfahren bevorzugt:

- Setzmaß,
- Setzzeit (Vébé),
- Verdichtungsmaß,
- Ausbreitmaß.

Konsistenzbereiche

In der Praxis muss die angestrebte Konsistenz den jeweiligen Verhältnissen vor Ort angepasst sein. Auf Baustellen bieten normalerweise weiche Betone oder sehr weiche Betone die günstigsten Voraussetzungen. In Tabelle 3.1-10 sind die Konsistenzbereiche des Frischbetons nach DIN 1045 Teil 2 aufgeführt.

Prüfung der Konsistenz

Die im deutschsprachigen Raum gebräuchlichsten Prüfverfahren zur Bestimmung der Konsistenz sind der Ausbreitversuch und der Verdichtungsversuch. Das Ausbreitmaß eignet sich nicht für steifen Beton, während das Verdichtungsmaß für den Fließbeton ungeeignet ist. Darüber hinaus ist der Trichterversuch (Setzmaß bzw. Slump-Test) von Bedeutung.

Entformt man einen Beton unmittelbar nach dem Herstellen, so hat er bereits einen gewissen Widerstand gegen Belastung. Man nennt diesen jungen Beton auch „grünen Beton" und charakterisiert den Widerstand entsprechend über die sog.

Tabelle 3.1-10 Konsistenzbereiche des Frischbetons nach DIN 1045 Teil 2

Konsistenzbereich	Ausbreitmaßklassen		Verdichtungsmaßklassen	
	Klasse	Ausbreitmaß a in mm	Klasse	Verdichtungsmaß
sehr steif	–	–	C0	≥ 1,46
steif	F1	≤ 340	C1	1,45-1,26
plastisch	F2	350-410	C2	1,25-1,11
weich	F3	420-480	C3	1,10-1,04
sehr weich	F4	490-550	C4[1]	< 1,04
fließfähig	F5	560-620		
sehr fließfähig	F6	≥ 630		

[1] Gilt nur für Leichtbetone

„Grünstandfestigkeit". Diese ist insbesondere für die Erzeugung von Betonsteinprodukten von Bedeutung, bei denen die Schalung möglichst effizient genutzt werden soll.

Ausbreitmaß. Die Bestimmung des Ausbreitmaßes erfolgt gemäß DIN EN 12350 Teil 5 und wird auf einem feucht abgewischten Ausbreittisch durchgeführt. Auf ihm wird ein kegelstumpfförmiger, oben offener Trichter gesetzt, in den der Frischbeton in zwei Schichten eingefüllt und durch leichte Stöße mit einem Holzstab verdichtet wird. Die Oberfläche des Frischbetons wird eben abgestrichen und der Trichter hochgezogen. Der zurückbleibende Frischbetonkegel (oder -kuchen) wird durch 15 Schockstöße (Heben und Fallenlassen des Ausbreittisches) zum Ausbreiten gebracht. Als Bewertungskriterium dient der Durchmesser des Betonkuchens (in cm), der als Ausbreitmaß bezeichnet wird.

Verdichtungsmaß. Die Bestimmung des Verdichtungsmaßes erfolgt gemäß DIN EN 12350 Teil 4 und wird mit Hilfe eines 400 mm hohen, oben offenen Blechkastens durchgeführt. In ihn wird der Frischbeton lose eingefüllt und die Oberfläche eben abgestrichen. Danach folgt seine Verdichtung auf einem Rütteltisch oder mit einem Innenrüttler. Zur Bewertung wird das Verdichtungsmaß herangezogen, das sich aus dem Quotienten der Einfüllhöhen vor (400 mm) und nach dem Verdichten berechnet.

Setzmaß. Die Bestimmung des Setzmaßes (Slump-Test) erfolgt nach DIN EN 12350 Teil 2. Ähnlich wie im Ausbreitversuch wird ein Kegelstumpf mit Frischbeton gefüllt (drei Schichten mit jeweiligem Stampfen). 5 bis 10 s nach dem Abziehen der Blechform wird die Höhe des Betonkegels gemessen. Das Setzmaß ergibt sich dann aus der Differenz zwischen der Höhe des Betonkegels vor und nach dem Abziehen des Trichters. Darüber hinaus besteht die Möglichkeit das Setzmaß mittels Vébé-Prüfung gemäß DIN EN 12350 Teil 3 zu bestimmen.

3.1.3.7 Festbetoneigenschaften

Junger Beton
Etwa zwei bis vier Stunden nach Wasserzugabe beginnt der Beton zu erstarren, wenn dieser Zeitraum nicht durch die Zugabe eines Zusatzmittels oder Temperatureinflüsse verlängert bzw. verkürzt wird. Die *Erstarrungsphase* erstreckt sich über mehrere Stunden und geht dann in die Erhärtung über. Letztere verläuft in den ersten Stunden sehr langsam, danach dann schneller. In Abb. 3.1-20 ist die Entwicklung der Zugfestigkeit und der Verformungsfähigkeit (Betonbruchdehnung) dargestellt. Der Wendepunkt und damit das Maximum der Erhärtungsgeschwindigkeit liegen etwa zwischen sechs und zwölf Stunden.

Abbildung 3.1-20 zeigt, dass der Wendepunkt der Erhärtungskurve mit einem Minimum der spannungsabhängigen Verformung zusammenfällt [Bergström/Byfors 1980]. Bis zu diesem Zeitpunkt ist der Beton sehr verformbar, und Verformungsbehinderungen werden nur geringfügig in Spannungen umgesetzt. Im Bereich des Wendepunkts, also beim Übergang vom plastischen in den viskoelastischen Zustand, ist die Verformungsfähigkeit

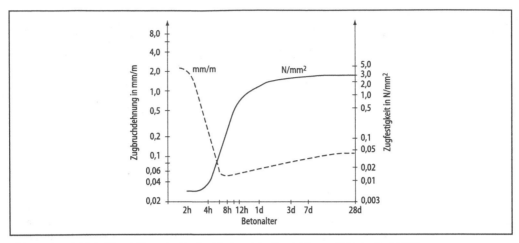

Abb. 3.1-20 Zeitliche Entwicklung der Zugfestigkeit und der Bruchdehnung [Weigler/Karl 1989]

am geringsten. Dieser Zeitpunkt ist ein zeitlich definierter Grenzzustand, der als *Erstarrungsende* angesehen werden kann.

Zwischen dem Abschluss des Einbringens (grüner Beton) bis zum Wendepunkt der Erhärtungskurve bzw. Minimum der Verformungskurve bezeichnet man den Beton als „jungen Beton". Trocknet das auf der Oberfläche des jungen Betons abgesonderte Wasser innerhalb kurzer Zeit ab, kann *Frühschwinden* auftreten. Es beträgt mit maximal etwa 4 mm/m viel mehr als das Zehnfache der minimalen Bruchdehnung des jungen Betons. Darüber hinaus kann sich dem Frühschwinden durch Austrocknen eine Verkürzung infolge sinkender Außentemperatur überlagern.

Die auftretenden Zwängungsspannungen sind nicht sehr groß, da der E-Modul noch sehr klein ist und die Spannungen in kurzer Zeit durch Relaxation um über 50% abgebaut werden können. Außerdem fällt der wesentliche Teil der Verkürzung in die ersten Stunden, in denen die Verformungsfähigkeit des Betons noch sehr groß ist. Trotzdem können beim Zusammentreffen mehrerer Ursachen die Zugspannungen größer als die nur geringe Zugfestigkeit werden und Risse auftreten, die wegen des weiteren Ablaufs der Verformung sehr breit werden können. Daher müssen Nachbehandlungsmaßnahmen – insbesondere bei Sonne und Wind – so früh wie möglich beginnen.

Hydratationswärmeentwicklung

Die Hydratation von Zement ist ein *exothermer Vorgang*. Die pro Zeiteinheit freigesetzte Wärme steht in direktem Zusammenhang mit der Reaktionsgeschwindigkeit. Sie hängt u. a. von der Zusammensetzung des Zements ab (Phasenzusammensetzung des Klinkers, Zumahlstoffe usw.). Die Geschwindigkeit der Wärmeentwicklung wird außerdem von der Temperatur, der Mahlfeinheit und dem w/z-Wert entscheidend beeinflusst. Zemente mit einer hohen Hydratationswärme entwickeln bereits im Laufe eines Tages 50%, im Gegensatz dazu Zemente mit einer niedrigeren Hydratationswärme lediglich 15% ihrer gesamten Wärmemenge.

Zur Verringerung der Hydratationswärme sind in erster Linie Betone aus Zementen mit niedriger Hydratationswärme (LH) bei möglichst geringem Zementgehalt herzustellen. Die Verwendung von puzzolanischen Zusatzstoffen oder niedrige Bindemittelgehalte sind ebenso wie das Kühlen des frischen und eingebauten Betons Maßnahmen, die *Rissgefahr* durch Herabsetzen des Temperaturmaximums zu reduzieren. Beim Betonieren im Winter kann die Hydratationswärme dazu beitragen, dass der Beton auch bei niedrigen Außentemperaturen ausreichend erhärtet und gefrierbeständig wird.

Wie sich verformungsbehinderter junger Beton unter Zwangsbeanspruchung beim Abfließen der Hydratationswärme verhält, zeigt Abb. 3.1-21 sche-

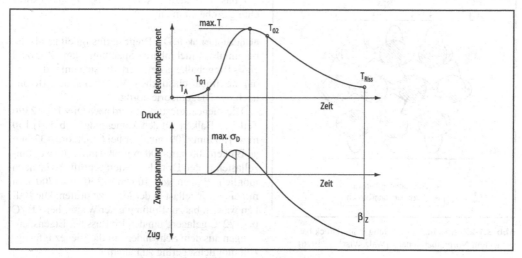

Abb. 3.1-21 Temperatur- und Spannungs-Zeit-Verlauf [Breitenbücher 1989]

matisch. Die Erwärmung löst erst dann Druckspannungen aus, wenn der E-Modul des Betons so groß ist, dass der Beton entgegen der Wärmedehnung einen messbaren Widerstand leistet (Temperatur T_{01}). Mit zunehmender Temperatur steigen auch die Druckspannungen im Beton und erreichen wegen der *Relaxation* vor dem Temperaturmaximum ihren Höchstwert. Da der E-Modul des jungen Betons klein und die Relaxation des jungen Betons sehr hoch ist, erreichen die Druckspannungen im Beton nur geringe Werte. Mit einsetzender Abkühlung verkürzt sich der Beton, die Druckspannungen nehmen ab und werden bei einer bestimmten Temperatur T_{02} zu Null. Wegen der Relaxation der Druckspannungen im vorangegangenen Zeitabschnitt ist $T_{02}>T_{01}$. Eine weitere Abkühlung hat Zugspannungen zur Folge, die bei einer kritischen Temperatur T_{Riss} die Zugfestigkeit des Betons überschreiten und einen Trennriss verursachen [Breitenbücher 1989].

Festigkeit
Die bautechnisch gut messbaren Betonfestigkeiten sind die Druckfestigkeit sowie als Zugfestigkeit die Biegezug- und die Spaltzugfestigkeit.

Druckfestigkeit. Zur Ermittlung der Druckfestigkeit an Betonprüfkörpern wird der Beton mit gleichmäßigem

Druck einachsig belastet. Im Inneren des Betons entsteht aufgrund der unterschiedlichen Verformungseigenschaften von Zuschlag und Matrix ein ungleichmäßiger, räumlicher Spannungszustand. Bei Normalbeton wird der verformungsfähigere Zementstein mit niedrigerem E-Modul stärker als die Gesteinskörner verformt. Dabei konzentriert sich der Kraftfluss über den Gesteinskörnern (Abb. 3.1-22).

Die Kraftumlenkung erzeugt im Zementstein Zugspannungen, und zwar vorwiegend in der Verbundzone zwischen Zementstein und Gesteinskörnung. Sie führen nach Bildung zahlreicher Einzelrisse durch großflächiges Aufreißen des Zementsteins, ggf. auch der Gesteinskörner, schließlich zum Bruch. Das *Bruchverhalten* von Leichtbeton unterscheidet sich von den für Normal- und Schwerbeton beschriebenen Vorgängen, da der E-Modul des Zementsteins größer sein kann als derjenige der leichten Gesteinskörnern. Daher erfolgt der Kraftfluss im Leichtbeton bevorzugt innerhalb der Zementsteinschichten. Die zahlreichen Einzelrisse verlaufen nicht mehr vorzugsweise durch den Zementstein, sondern auch durch die leichte Gesteinskörnung [Walz 1964].

Zugfestigkeit. Die Betonzugfestigkeit kann durch die Beziehung

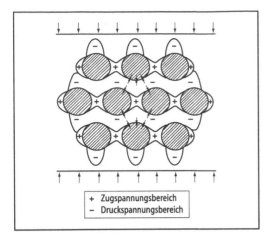

+ Zugspannungsbereich
− Druckspannungsbereich

Abb. 3.1-22 Spannungsverteilung in auf Druck beanspruchtem Normalbeton nach [Walz/Wischers 1976]

$$f_t = c \cdot f_{c,cube}^{2/3} \qquad (3.1.2)$$

mit

$c=0,25$ für zentrische Zugfestigkeit und
$c=0,45$ für Biegezug

erfasst werden. Die zentrische Zugfestigkeit üblicher Betone liegt etwa zwischen 1,5 N/mm² und 4 N/mm². Sie beträgt demnach nur etwa 4% bis 20% der Druckfestigkeit f_{ck}.

Näherungsweise kann die mittlere Zugfestigkeit f_{ctm} von Normalbeton nach DIN 1045 Teil 1 wie folgt aus der Druckfestigkeit berechnet werden:

bis zur Festigkeitsklasse C50/60

$$f_{ctm} = 0,30 \cdot f_{ck}^{2/3} \qquad (3.1.3)$$

ab Festigkeitsklasse C55/67

$$f_{ctm} = 2,12 \cdot \ln(1+(f_{ck}+8)/10) \qquad (3.1.4)$$

Anders als bei der Druckbeanspruchung ist die Bestimmung der Festigkeit und des Spannungs-Dehnungs-Verhaltens bei Zugbeanspruchung – v. a. bei zentrischem Zug – mit einer Reihe versuchstechnischer Probleme verbunden. Daher werden vielfach andere Versuchsmethoden – insbesondere der Biegezug- und der Spaltzugversuch – angewandt,

um das Verhalten des Betons bei Zugbeanspruchung zu bestimmen.

Biegezugfestigkeit. Die Biegezugfestigkeit ist als die maximal aufnehmbare Spannung am Zugrand eines Biegebalkens definiert, die sich unter der Annahme linear-elastischen Verhaltens des Betons nach der Biegetheorie ergibt.

Die Biegezugfestigkeit wird nach DIN EN 12390 Teil 5 an Balken mit den Abmessungen (b×h×l) 150 mm×150 mm×700 mm oder bei Größtkorn >32 mm an Balken 200 mm×200 mm×900 mm mit zwei Einzellasten in den Drittelspunkten geprüft. Es ist auch möglich, Balken von 100 mm×150 mm×700 mm mit einer Einzellast in der Mitte zu prüfen. Die Balken werden bis zur Prüfung unter Wasser bei +15°C bis +22°C gelagert, um den Einfluss der Eigenspannungen aus dem Schwinden auf die Biegezugfestigkeit möglichst gering zu halten.

Die Belastung mit einer Einzellast in der Balkenmitte ergibt etwa 10% bis 30% höhere Werte als mit Einzellasten in den Drittelspunkten, da bei der Einzellast nur an der Stelle des Maximalmoments der Bruch auftreten kann, während bei zwei Einzellasten das Maximalmoment zwischen diesen Lasten konstant ist und der Balken in diesem Bereich dort bricht, wo örtlich die geringste Festigkeit vorhanden ist.

Spaltzugfestigkeit. Die Spaltzugfestigkeit wird vorzugsweise an Zylindern, aber auch an Würfeln oder Prismen bestimmt. Zur Lasteinleitung sind nach DIN EN 12390 Teil 6 10 mm breite und 4 mm dicke Zwischenstreifen aus Hartfaserplatten nach DIN EN 316 vorgeschrieben, die die Last gleichmäßiger einleiten. Im Einleitungsbereich treten dadurch bis zu einer Tiefe von etwa 0,05·d Druckspannungen senkrecht zur Lastebene auf, so dass die Zugspannungen auf den inneren Bereich von etwa (0,85 bis 0,90)·d beschränkt sind. In der Probe wird somit ein zweiachsiger Spannungszustand erzeugt: Druck in Richtung der Linienbelastung und Zug in der dazu senkrechten Richtung. Die Spaltzugfestigkeit berechnet sich zu

$$f_{ct} = \frac{2 \cdot F}{\pi \cdot l \cdot d} \qquad (3.1.5)$$

mit F Last, l Länge und d Durchmesser des Zylinders.

Tabelle 3.1-11 Richtwerte für die Festigkeitsentwicklung von Beton aus verschiedenen Zemente bei 20 °C-Lagerung

Festigkeitsklasse des Zements nach DIN EN 197-1	Betondruckfestigkeit in % der 28-Tage-Werte nach			
	3 Tagen	7 Tagen	90 Tagen	180 Tagen
52,5 N; 42,5 R	70 bis 80	80 bis 90	100 bis 105	105 bis 110
42,5 N, 32,5 R	50 bis 60	65 bis 80	105 bis 115	110 bis 120
32,5 N	30 bis 40	50 bis 65	110 bis 125	115 bis 130

Da der Bruch im Zugspannungsbereich – also in Scheibenmitte – beginnt, ist die Prüfung relativ unempfindlich gegenüber Lagerungseinflüssen und Strukturänderungen im Bereich der Oberfläche [Wesche 1996].

Festigkeitsentwicklung

Die Festigkeitsentwicklung eines Betons wird vornehmlich durch die Eigenschaften des Zements, die Zusammensetzung des Betons und die Umweltbedingungen, denen der Beton während der Herstellung und Erhärtung ausgesetzt ist, beeinflusst. Als grober Anhalt für die Festigkeitsentwicklung des Betons kann Tabelle 3.1-11 dienen.

Selbst bei Zementen gleicher Art und Festigkeitsklasse können unter Normbedingungen starke Schwankungen im Erhärtungsverlauf auftreten. Ohne diesen genau zu kennen, kann man mit dem oberen Grenzwert der Tabelle rechnen, wenn man bereits in jungem Alter auf die Festigkeitsklasse schließen will. Der untere Grenzwert wird verwendet, wenn im höheren Alter auf die Festigkeitsklasse zurückgerechnet oder die Nacherhärtung, d. h. die Zunahme der Druckfestigkeit, über 28 Tage hinaus vorausgesagt werden soll.

Da die Betondruckfestigkeit annähernd linear von der Zementnormdruckfestigkeit abhängt, kann die Einflussgröße Zementnormdruckfestigkeit f_{CEM} aus dem Einflusskoeffizienten herausgezogen und f_{cm}/f_{CEM} anstelle von f_{cm} gesetzt werden. In Abb. 3.1-23 ist dies für die Ordinate eines Festigkeits-ω-Diagramms geschehen. Setzt man in dieses Verhältnis die im Versuch nach DIN EN 196 Teil 1 ermittelte Zementdruckfestigkeit oder ohne diese Prüfung die Zementfestigkeitsklasse ein, so erhält man die Betondruckfestigkeit für Würfel mit 200 mm Kantenlänge. Die Druckfestigkeit muss dann entsprechend auf einen Zylinder mit einem Durchmesser von 150 mm oder einem Würfel mit 150 mm Kantenlänge umgerechnet werden. Dabei kann man beim Ver-

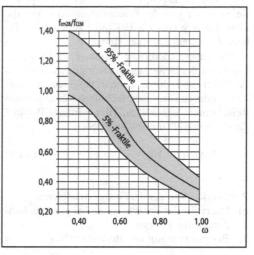

Abb. 3.1-23 Beziehung zwischen der Betondruckfestigkeit $\beta_{b\,28}$, der Zementnormdruckfestigkeit $\beta_{z\,28}$ und dem w/z-Wert w für Betone ohne Luftporenbildner [Walz/Wischers 1976]

suchswert die mittlere Kurve benutzen, während man beim Klassenwert mit dem angegebenen Streubereich rechnen muss.

Die zeitliche Entwicklung der Betondruckfestigkeit kann gemäß CEB-FIB Model Code MC 90 auch analytisch bestimmt werden:

$$f_{cm}(t) = \beta_{cc}(t) \cdot f_{cm} \qquad (3.1.6)$$

mit

$$\beta_{cc}(t) = \exp\left\{ s \left[1 - \left(\frac{28}{t/t_1} \right)^{1/2} \right] \right\} \qquad (3.1.7)$$

$f_{cm}(t)$ mittlere Druckfestigkeit nach einem Betonalter von t; f_{cm} mittlere Zylinderdruckfestigkeit im

Tabelle 3.1-12 Beiwert s der Zemente nach DIN EN 197 Teil 1

Festigkeitsklasse	32,5 N	32,5 R 42,5 N	42,5 R 52,5 N
Beiwert s	0,38	0,25	0,20

Alter von 28 Tagen; t_1 Bezugsalter = 1 Tag; s = Beiwert, der von der Zementart abhängt. Für die Zemente nach DIN EN 197 Teil 1 gelten die in Tabelle 3.1-12 angegebenen Beiwerte.

Wie andere chemische Vorgänge wird auch die Erhärtung des Betons durch niedrige Temperaturen verzögert und durch höhere beschleunigt. Der Temperatureinfluss lässt sich nach verschiedenen Reifeformeln abschätzen. Hier wird als Beispiel die *Reifeformel von Saul* angegeben:

$$R = \Sigma\ \Delta t_i \cdot (T_i + 10) \qquad (3.1.8)$$

mit

R   „Reife", von der die Festigkeit abhängt,
Δt_i Intervalle der Erhärtungszeit bei gleicher Temperatur (in d oder h),
T_i Betontemperatur im Intervall (in °C).

Der Formel ist zu entnehmen, dass bei –10°C die Reife Null ist; die Erhärtung hört auf. Die Reifeformel von Saul gilt nicht mehr für höheres Betonalter und nur beschränkt bei starker Temperaturbehandlung. In Abb. 3.1-24 ist der Einfluss der Temperatur

in Abhängigkeit vom Alter graphisch dargestellt. Wie zu erkennen ist, ergeben sich Widersprüche zur Reifeformel, wenn während der Erhärtung stark veränderliche Temperaturen herrschen.

Festigkeitsklassen

Wie bereits in Abschn. 3.1.3.2 beschrieben, werden Betone (Normal- und Schwerbetone) in Deutschland gemäß DIN EN 206 Teil 1 in Verbindung mit DIN 1045 Teil 2 in 16 Festigkeitsklassen gemäß Tabelle 3.1-1 aufgeteilt. Die charakteristischen Druckfestigkeit f_{ck} liegt bei 5% der Grundgesamtheit aller möglichen Festigkeitsmesswerte.

Die *Konformität* kann dann bestätigt werden, wenn die Prüfergebnisse beide Kriterien nach Tabelle 3.1-13 entweder für Erstherstellung oder für stetige Herstellung erfüllen.

Wenn die Übereinstimmung auf Grundlage einer Betonfamilie beurteilt wird, ist Kriterium 1 auf den Referenzbeton unter Berücksichtigung aller transformierten Prüfergebnisse der Familie anzuwenden; Kriterium 2 ist auf die ursprünglichen Prüfergebnisse anzuwenden.

Zum Nachweis, dass jeder einzelne Beton zur Familie gehört, ist Kriterium 3 in Tabelle 3.1-14 nachzuweisen. Jeder Beton, der dieses Kriterium nicht erfüllt, ist aus der Betonfamilie zu entfernen, und seine Konformität ist gesondert nachzuweisen.

Zu Beginn ist die Standardabweichung aus mindestens 35 aufeinander folgenden Prüfergebnissen zu berechnen, die in einem Zeitraum entnommen sind, der länger als drei Monate ist und der unmittel-

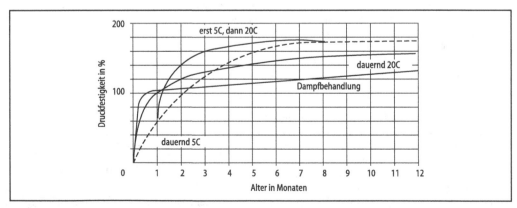

Abb. 3.1-24 Einfluss der Temperatur auf die Festigkeitsentwicklung von Beton [Walz 1964]

Tabelle 3.1-13 Konformitätskriterien für die Druckfestigkeit

Herstellung	Anzahl n der Ergebnisse in der Reihe	Kriterium 1 Mittelwert von n Ergebnissen (f_{cm})	Kriterium 2 Jedes einzelne Prüfergebnis (f_{ci})
–	–	N/mm²	N/mm²
Erstherstellung	3	$\geq f_{ck} + 4$	$\geq f_{ck} - 4$
		Hochfester Beton: $\geq f_{ck} + 5$	Hochfester Beton: $\geq f_{ck} - 5$
Stetige Herstellung	Mindestens 15	$\geq f_{ck} + 1{,}48\,\sigma$ $\sigma \geq 3$ N/mm²	$\geq f_{ck} - 4$
		Hochfester Beton: $\geq f_{ck} + 1{,}48\,\sigma$ $\sigma \geq 5$ N/mm²	Hochfester Beton: $\geq 0{,}9\,f_{ck}$

Tabelle 3.1-14 Bestätigungskriterium für einen Beton aus einer Betonfamilie

Anzahl n der Prüfergebnisse für die Druckfestigkeit eines einzelnen Betons	Kriterium 3 Mittelwert von n Ergebnisse (f_{cm}) für einen einzelnen Beton der Betonfamilie
–	N/mm²
2	$\geq f_{ck} - 1$
3	$\geq f_{ck} + 1$
4	$\geq f_{ck} + 2$
5	$\geq f_{ck} + 2{,}5$
6 bis 14	$\geq f_{ck} + 3{,}0$
≥ 15	$\geq f_{ck} + 1{,}48\,\sigma$

bar vor dem Herstellungszeitraum liegt, innerhalb dessen die Konformität nachzuprüfen ist. Dieser Wert ist als Schätzwert der Standardabweichung (σ) der Gesamtheit anzunehmen. Die Gültigkeit des übernommenen Wertes ist während der folgenden Herstellung zu beurteilen. Zwei Verfahren sind für die Schätzung des Wertes für σ zulässig, wobei die Wahl des Verfahrens im Voraus zu treffen ist:

– Verfahren 1: Der Anfangswert der Standardabweichung darf für den folgenden Zeitraum angewendet werden, innerhalb dessen die Konformität zu überprüfen ist, vorausgesetzt, dass die Standardabweichung der letzten 15 Ergebnisse (s_{15}) nicht signifikant von der angenommenen Standardabweichung abweicht. Dies wird unter folgender Voraussetzung als gültig angesehen:

$$0{,}63 \cdot \sigma \leq s_{15} \leq 1{,}37 \cdot \sigma. \qquad (3.1.9)$$

Falls der Wert s_{15} außerhalb dieser Grenzen liegt, muss ein neuer Schätzwert σ aus den letzten 35 verfügbaren Prüfergebnissen ermittelt werden.

– Verfahren 2: Der neue Wert für s darf nach einem kontinuierlichen Verfahren geschätzt werden, und dieser Wert ist zu übernehmen. Die Empfindlichkeit des Verfahrens muss mindestens derjenigen des Verfahrens 1 entsprechen. Der neue Schätzwert für σ ist für die nächste Nachweisperiode anzuwenden.

Güteüberwachung

Nach DIN EN 206 Teil 1 muss der Hersteller eine *Produktionslenkung* durchführen, die alle notwendigen Maßnahmen umfasst, um die Qualität des Betons in Übereinstimmung mit den festgelegten Anforderungen zu sichern und zu steuern. Sie schließt Baustoffauswahl, Betonentwurf, Betonherstellung, Überwachung und Prüfung von Ausstattung, Rohstoffen, Herstellverfahren, Frischbeton und Festbeton und ggf. Transport ein.

Die Produktionslenkung wird von einer anerkannten Überwachungsstelle oder dem Auftraggeber bewertet und überwacht. Hierzu stehen in Abhängigkeit von der beabsichtigten Verwendung des Betons *vier Bewertungssysteme* zur Verfügung, bei denen die maßgebenden Eigenschaften des Betons vor Ort oder im Herstellungswerk überprüft werden.

Verformungseigenschaften

Spannungs-Dehnungs-Beziehungen. Bei Einwirkung einer äußeren Belastung setzen innere zwischenmolekulare Kräfte der Verformung des Betons Widerstand entgegen. Der Zusammenhang zwischen Spannung und der von ihr in Beanspruchungsrichtung ausgelösten Dehnung wird durch die *Spannungs-Dehnungs-Linie* beschrieben. Die inneren Bindungskräfte des Betons vermögen es nicht, nach der äußeren Krafteinwirkung die ursprüngliche Form wieder herzustellen, d. h., neben elastischen Vorgängen spielen bei der Belastung auch viskose oder plastische Vorgänge eine Rolle. Der Beton wird daher als „viskoelastischer Stoff" bezeichnet.

Wird der Beton einachsig ohne Querdehnungsbehinderung belastet, folgt der Beton dem *Hookeschen Gesetz* näherungsweise bei kurzzeitig einwirkender Druckbeanspruchung bis ca. 40% seiner Druckfestigkeit und bei kurzzeitig einwirkender Zugbeanspruchung bis zu etwa 70% seiner Zugfestigkeit. Bei höheren Spannungen steigt die Dehnung überproportional, bei einer Entlastung ist nur ein Teil der Verformung reversibel, d. h. elastisch. Mit steigender Spannung nimmt der plastische Verformungsanteil zu. Nach dem Erreichen der aufnehmbaren Höchstspannung, der Druck- bzw. der Zugfestigkeit, nimmt die aufnehmbare Spannung mit steigender Dehnung ab (Abb. 3.1-25).

Bei einer Spannung über ca. 70% bis 90% der Festigkeit, die etwa mit der Dauerstandfestigkeit übereinstimmt, wird das Gefüge instabil: Die Risse in der Verbundzone werden durch Risse im Zementstein verbunden, das Volumen, das bisher durch die Längsstauchung kleiner wurde, wächst durch die größere Querdehnung wieder an, bei konstanter Verformungsgeschwindigkeit wird die Steigung der Spannungs-Dehnungs-Linie zu Null. Darüber hinaus ist die Energie, die bei der Rissbildung frei wird, größer als diejenige, die für die Rissbildung benötigt wird.

Der Verlauf der Spannungs-Dehnungs-Linie ist von zahlreichen Parametern abhängig (z. B. Betonzusammensetzung, Druckfestigkeit, Alter, Hydratationsgrad, Belastungs- oder Verformungsgeschwindigkeit, Temperatur, Feuchtigkeit), so dass es keine Linie gibt, die für alle Anwendungsfälle gilt. Für die Bemessung von Stahlbeton geht man deshalb von mittleren Werten aus. In DIN 1045 Teil 1 wird daher ein Parabel-Rechteck-Diagramm als idealisierte Spannungs-Dehnungs-Linie gewählt mit einer maximalen Betondehnung max. ε_{c2u} von 3,5‰ sowie einer Dehnung ε_{c2} von 2‰ und dem Grenzzustand der Tragfähigkeit f_{cd} im Parabelscheitel, wobei sich f_{cd} wie folgt berechnen lässt:

$$f_{cd} = \alpha \cdot f_{ck} / \gamma_c \qquad (3.1.10)$$

mit

γ_c Teilsicherheitsbeiwert für Beton;

α Abminderungsbeiwert zur Berücksichtigung von Langzeitwirkungen auf die Druckfestigkeit sowie zur Umrechnung zwischen Zylinderdruckfestigkeit und einaxialer Druckfestigkeit des Betons;

f_{ck} charakteristische Druckfestigkeit am Zylinder nach 28 Tagen.

E-Modul. Der E-Modul von Beton ist üblicherweise als Sekantenmodul bei einer Spannung von etwa 30% der Festigkeit definiert. Der E-Modul sollte für Konstruktionsbetone möglichst hoch sein, da eine hohe Festigkeit bei kleinen Verformungen angestrebt wird, während er bei Betonstraßen und Massenbeton möglichst klein sein soll, um hohe Spannungen bei Dehnungsbehinderung zu vermeiden. Aus diesem Grund ist es besonders wichtig, den E-Modul gezielt zu beeinflussen. Ein kleiner Beton-E-Modul kann bei relativ hoher Betonzugfestigkeit z. B. durch Gesteinskörnungen mit niedrigem E-Modul oder bituminierte Zemente erreicht werden.

Bei gleicher Druckfestigkeit ist der E-Modul von der Betonzusammensetzung, v. a. vom E-Modul der Matrix E_m und der Gesteinskörnung E_g sowie vom Zementsteingehalt V_m abhängig. So liegt

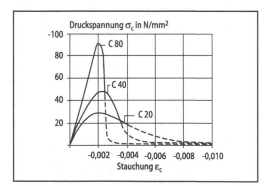

Abb. 3.1-25 Spannungs-Dehnungs-Diagramme für druckbeanspruchte Betone verschiedener Festigkeitsklassen nach CEB-FIP MC 1990 [CEB 1991]

der E-Modul des Zementsteins E_{m28} zwischen 6000 und 30000 N/mm^2; er ist insbesondere vom w/z-Wert, d. h. vom Zementsteinporenraum, abhängig. Darüber hinaus wird E_{m28} durch die Hydratationsgeschwindigkeit beeinflusst: Bei Zementen mit schneller Anfangserhärtung ist dieser E-Modul etwas höher als bei solchen mit langsamer Anfangserhärtung. Ebenfalls schwankt der E-Modul der Gesteinskörnung E_g für *normale* Gesteinskörnungen – aber auch für leichte Gesteinskörnungen – in weiten Grenzen.

Querdehnung. Zur Beschreibung mehraxialer Spannungs- und Dehnungszustände ist es notwendig, das Hookesche Gesetz um die Querdehnungszahl μ, die das elastische Materialverhalten neben dem E-Modul beschreibt, zu erweitern. Die Querdehnungszahl ist der Quotient aus elastischer Querdehnung ε_q und elastischer Längsdehnung ε_l, da im elastischen Bereich das Verhältnis von Längs- und Querdehnung konstant ist. Sie hängt im Wesentlichen von der Spannungshöhe sowie der Betonzusammensetzung, vom Betonalter und vom Feuchtezustand des Betons ab. Im Bereich der Gebrauchsspannungen schwanken die Werte zwischen 0,15 und 0,25.

Kriechen. Als „Kriechen" werden i. Allg. zusammenfassend die bleibenden und/oder zeitabhängigen Formänderungen von Beton unter Dauerlast bezeichnet. Im Wesentlichen werden die Kriechvorgänge auf die Bewegung und Umlagerung von Wasser im Zementstein und damit verbundene Gleitvorgänge zurückgeführt. Durch die äußere Belastung werden die Wassermoleküle im Zementstein zum Platzwechsel gezwungen. Dazu kommen Gleit- und Verdichtungsvorgänge zwischen den Gelpartikeln. Diese Vorgänge können durch Änderung des Feuchtegehalts (z. B. gleichzeitige Trocknung) beschleunigt werden.

Für die Kriechverformung ε_k wird i. Allg. keine absolute Größe angegeben und für die Verformungsberechnung verwendet. Zur Vereinfachung der rechnerischen Behandlung wird ε_k häufig auf die gleichzeitig auftretende Verformung ε_{el} bezogen. Diesen zeitabhängigen Quotienten nennt man Kriechzahl

$$\varphi_t = \frac{\varepsilon_k}{\varepsilon_{el}}. \qquad (3.1.11)$$

Zur Bestimmung der Kriechdehnung werden von der Gesamtdehnung das Schwinden und die elastische Dehnung abgezogen:

$$\varepsilon_k = \varepsilon_{ges} - \varepsilon_s - \varepsilon_{el}. \qquad (3.1.12)$$

Die Größtwerte des Kriechens treten – besonders bei dicken Bauteilen – erst nach mehrjähriger Belastung auf. Die Größe des Kriechens hängt im Wesentlichen von der Belastungsdauer, den Umweltbedingungen, dem Zementsteinvolumen und dem Erhärtungszustand (Reifegrad) bei der Belastung sowie von der Bauteildicke bzw. Prüfkörperabmessung ab.

Zur genaueren Erfassung des Kriechvorgangs ist es sinnvoll, die anteiligen Verformungsgrößen anzugeben. Das Kriechen ε_k setzt sich aus einem Fließanteil ε_f und einem verzögert elastischen Anteil ε_{vel} zusammen.

Schwinden und Quellen. Beton verändert sein Volumen bei einer Änderung des Feuchtegehalts. Trocknet der Beton aus, so bezeichnet man diesen Vorgang, der mit einer Volumenabnahme verbunden ist, auch als „Schwinden". Bei einer Feuchtigkeitsaufnahme hingegen vergrößert der Beton sein Volumen; dieser Vorgang wird auch als „Quellen" bezeichnet.

Nur bei dauernder Wasserlagerung tritt ein Quellen ohne vorherige Austrocknung auf. Erheblich größer ist das Quellen nach vorausgehender Austrocknung; das Quellen beträgt etwa 40% bis 80% der vorhergehenden Schwindverformungen. Für baupraktische Belange sind die Auswirkungen des Quellens i. d. R. vernachlässigbar.

Schwinden ist bei wiederholtem Austrocknen deutlich geringer als bei erstmaligem Austrocknen, da nur ein kleiner Teil des Schwindens reversibel ist. Da das Schwinden des Betons durch das Schwinden des Zementsteins ε_{sm} entsteht, hängt das Schwindmaß maßgeblich vom Zementsteingehalt V_m ab. Normale Gesteinskörnung schwindet i. Allg. nicht. Nach [Pickett 1956] gilt

$$\varepsilon_{sb} = \varepsilon_{sm} \cdot V_m^n. \qquad (3.1.13)$$

Der Exponent n ergibt sich aus der Behinderung des Zementsteinschwindens durch den Zuschlag und wird daher in Abhängigkeit von den E-Moduln und Querdehnungszahlen von Beton und Zuschlag angegeben. Er kann für normalen Kiessand mit 1,5 angenommen werden. Das Schwinden ist also bei gleicher Matrix, gleichem Zuschlag und gleichem Austrocknungsverlauf zunächst dem Matrixvolumen proportional, das *Schwindmaß* wird aber darüber hinaus durch den nicht schwindenden Zuschlag behindert und dadurch verringert.

Darüber hinaus wird das Schwinden von der Bauteildicke beeinflusst. Das *Endschwindmaß* wird bei dünneren Bauteilen schon nach ein bis zwei Jahren, bei dickeren Bauteilen erst nach einer wesentlich längeren Zeit, erreicht. Es ergibt sich für die betrachtete Richtung aus dem Verhältnis der unter den vorhandenen Umweltbedingungen größten Schwindverkürzung Δl zur ursprünglichen Länge l_0.

$$\varepsilon_{s,\infty} = \frac{\Delta l}{l_0}. \qquad (3.1.14)$$

Das Endschwindmaß ist folglich abhängig von der Betonzusammensetzung, den Umweltbedingungen und der wirksamen Bauteildicke. Für ein 30 cm dickes Bauteil, das nach zwei Seiten austrocknet, beträgt es für ein trockenes Innenbauteil ca. $45 \cdot 10^{-5}$ und für ein Außenbauteil etwa $30 \cdot 10^{-5}$.

Wärmedehnung. Die *Wärmedehnzahl* α_t ist das Verhältnis der Wärmedehnung ε_t zur Temperaturänderung Δt.

$$\alpha_t = \frac{\varepsilon_t}{\Delta t}. \qquad (3.1.15)$$

Die Wärmedehnzahl α_t von Beton ist im Wesentlichen abhängig vom

– Wärmedehnkoeffizienten des Zementsteins α_m, der zwischen $8 \cdot 10^{-6}$ und $23 \cdot 10^{-6}$ K^{-1} liegt und besonders vom Feuchtegehalt bestimmt wird,
– Wärmedehnkoeffizienten der Gesteinskörnung α_g, der zwischen $4 \cdot 10^{-6}$ und $12 \cdot 10^{-6}$ K^{-1} je nach Art der Gesteinskörnung liegt,
– Zementstein- bzw. Gesteinskörnungsgehalt V_m bzw. V_g.

Der *Wärmedehnkoeffizient* des Betons schwankt dadurch zwischen $5 \cdot 10^{-6}$ und $14 \cdot 10^{-6}$ K^{-1}, wobei Art der Gesteinskörnung und die Menge den größten Einfluss haben. Den größten Wert erreicht man mit Quarzit bei lufttrockenem Beton mit einem niedrigen Gesteinskörnungsgehalt, den kleinsten

mit Kalkstein als Gesteinskörnung bei wassergesättigtem Beton mit hohem Gesteinskörnungsgehalt. Bei Schwerbeton mit Baryt als Gesteinskörnung kann der Wärmedehnkoeffizient bis auf $20 \cdot 10^{-6}$ K steigen.

Eine der Voraussetzungen für die Anwendung des Verbundbaustoffs *Stahlbeton* ist die gleiche Größe der Wärmedehnkoeffizienten von Beton und Stahl. Die Wärmeleitfähigkeit des Stahles ist jedoch rd. 30 mal größer als die von Beton, d. h., die Temperatur und die Dehnung des Stahls ändern sich schneller als die des Betons, was bei schnell ablaufenden Temperaturänderungen (z. B. bei Bränden) zu hohen Zwängungsspannungen führen kann. Auch bei Verbindung von Stahl und Beton außerhalb der Stahlbetonkonstruktion (z. B. bei Brückengeländern) kann dies zu Schäden führen, denen man durch Verschieblichkeit des Geländers und Aussparungen zwischen Geländerpfosten und Beton begegnen muss.

Umweltverträglichkeit

Als Aspekte der Umweltverträglichkeit von mineralischen Baustoffen kommen im Wesentlichen das Auswaschen von Salzen, Laugen und Schwermetallen sowie die radioaktive Strahlung in Betracht.

Schwermetalle. Schwermetalle, die in Spuren sowohl im Zement als auch in Zumahl- bzw. Zusatzstoffen (Hüttensand, Flugasche) vorkommen, können bei dauerndem Kontakt von Beton mit Wasser (z. B. Gründungen im Grundwasser) aus dem Festbeton ausgewaschen werden. Allerdings sind die Schwermetalle z. T. fest in die Mineralphasen des Zementsteins eingebunden und damit inmobilisiert. Die löslichen Anteile müssen durch den relativ dichten Beton diffundieren und können nur über die Betonoberflächen an den Baugrund bzw. das Grundwasser abgegeben werden. Zusammenfassend ist festzustellen, dass Betone üblicher Zusammensetzung bezüglich der Auslaugung von Schwermetallen unkritisch sind.

Chromatproblematik. Zemente enthalten Spuren von Chromat (Chrom (VI)). Nach derzeitigem Erkenntnisstand ist nicht auszuschließen, dass das Chromat die Ursache von Hautsensibilisierungen beim häufigen Umgang mit Frischbeton und Mörtel ist (Maurerekzem). Zur Vermeidung solcher Ekzeme, die in Fällen extremer Empfindlichkeit bis zur Berufsunfähigkeit führen können, ist bei berufsbedingt häufigem Umgang mit Frischmörtel und Frischbeton das Tragen von Schutzhandschuhen empfehlenswert. Im Festbeton wird das Chromat in die Zementsteinmatrix eingebunden und stellt i. d. R. kein Gesundheits- und Umweltrisiko dar. Wegen diesem Risiko sind in Deutschland ausschließlich chromat-reduzierte Zemente im Markt.

Radioaktivität. Jedes Baumaterial natürlicher oder künstlicher Art hat eine natürliche Radioaktivität, die im Wesentlichen aus den Radionukliden der Uran/Radium- und Thorium-Zerfallsreihen sowie aus Kalium-40 resultiert. In beiden Zerfallsreihen entsteht auch das Edelgas Radon. Diese natürliche Radioaktivität der Baumaterialien liefert einen Beitrag zur Strahlendosis beim Aufenthalt in Gebäuden.

Der weitaus überwiegende Teil der Strahlenexposition in Häusern wird durch die Inhalation der radioaktiven Edelgase Radon-222 und Radon-220 (auch Thoron genannt) bzw. ihrer Folgeprodukte hervorgerufen. Bezüglich der Radonexhalation aus Baustoffen ist aber nachgewiesen, dass alle Außenwandstoffe (Beton, Mauerwerk) um Größenordnungen mehr Radon aus dem Boden abschirmen als sie an die Innenräume abgeben. Wenn erhöhte Radonkonzentrationen insbesondere in Kellerräumen auftreten, sind die angrenzenden Böden die Quellen. Wirkungsvollste Maßnahme ist der Luftaustausch durch Lüften.

3.1.3.8 Recycling

Aufgrund von Abriss- und Aushubtätigkeiten fallen jedes Jahr große Mengen von *Baureststoffen* an. Von den im Jahr 2004 in Deutschland angefallenen rd. 201 Mio. t mineralischer Bauabfälle entfielen rd. 128 Mio. t auf Bodenaushub und rd. 72 Mio. t auf Bauschutt, Straßenabbruch, Baustellenabfälle und Bauabfälle auf Gipsbasis [KWT Bau]. Von den rd. 72 Mio. t mineralischer Bauabfälle wurden rd. 50 Mio. t recycelt, was einer Recyclingquote von 68,5% entspricht. Nur in besonderen Fällen (z. B. beim Abbruch von Betonstraßen oder Flugplätzen) besteht das Abbruchgut aus weitgehend „sauberem" und einheitlichem Material. Je sortenreiner ein Stoff gewonnen und/oder aufbereitet werden kann, desto größer sind die Möglichkeiten einer hochwertigen

Verwertung. Häufig sind im Bauschutt neben Beton und Mauersteinen Mauermörtel, Estriche, Putze und keramische Erzeugnisse wie Dachpfannen und Fliesen enthalten. Hinzu kommen Nebenbestandteile wie Metalle, Asphalt, Holz, Kunststoffe, Glas, Gips und Dämmstoffe, die je nach Verwendungszweck als Verunreinigungen anzusehen sind. Von den hergestellten 50 Mio. t Recycling-Baustoffen wurden rd. 33 Mio. t im Straßenbau und rd. 12 Mio. t im Erdbau eingesetzt. Der Anteil der Recycling-Baustoffe für die Verwendung als Gesteinskörnung nach DIN 4226 Teil 100 lag bei 2,4 Mio. t. Zukünftig ist mit einer weiteren Zunahme an Bauschutt zu rechnen. Schätzungen zufolge wird bis zum Jahr 2020 allein die jährliche Betonabbruchmenge auf etwa 100 Mio. t steigen [Rahlwes 1991].

Um als Baustoff bzw. als Sekundärrohstoff zur Herstellung von Baustoffen geeignet zu sein, muss recyceltes Material drei grundsätzlichen Anforderungen genügen:

- Der Baustoff muss die für den jeweiligen Verwendungszweck gültigen Anforderungen und Regeln erfüllen.
- Der Baustoff muss umweltverträglich sein, d. h., von ihm darf keine Gefährdung für die Schutzgüter Boden, Wasser oder Luft ausgehen (z. B. Auslaugung von Schwermetallen).
- Die Verwendung des Baustoffs muss wirtschaftlich sein (im Vergleich zu herkömmlichen (primären) Rohstoffen).

Betonsplitt- und Bauwerkssplittbeton
Die Eigenschaften des aufbereiteten Bauschutts variieren naturgemäß mit der Zusammensetzung. Daher ist die Eingrenzung der Haupt- und Nebenbestandteile eine wichtige Voraussetzung für genügend gleichmäßige und damit kalkulierbare Eigenschaften. Anforderungen und Eigenschaften an rezyklierte Gesteinskörnungen sind gemäß DIN 4226 Teil 100 geregelt. Die Verwendung für die Herstellung von Beton nach DIN EN 206 Teil 1 und DIN 1045 Teil 2 regelt die DAfStb-Richtlinie [DAfStb 2004].

Die DAfStb-Richtlinie gilt für die sortenreine Verwendung von rezyklierter Gesteinskörnung der Typen 1 und 2 nach DIN 4226 Teil 100 zur Herstellung und Verarbeitung von Beton nach DIN EN 206 Teil 1 in Verbindung mit DIN 1045 Teil 2 bis zu einer Druckfestigkeitsklasse C30/37.

Die Verwendung von rezyklierter Gesteinskörnung für Spannbeton und Leichtbeton nach DIN 1045 ist nicht zulässig.

3.1.3.9 Sonderbetone

Leichtbeton
Leichtbetone werden nach DIN EN 206 Teil 1 in Verbindung mit DIN 1045 Teil 2 geregelt, s. a. Abschn. 3.1.3.2. Folgende Arten von Leichtbetonen werden jedoch nicht nach DIN EN 206 Teil 1 in Verbindung mit DIN 1045 Teil 2 geregelt:

– Porenbeton
– Schaumbeton
– Beton mit haufwerksporigem Gefüge (Beton ohne Feinbestandteile)
– leichter Leichtbeton mit ρ_R=300...800 kg/m³, β>5 N/mm² und λ<0,30 W/(m·K)
– Beton mit porosiertem Zementstein.

Porenbeton. Porenbeton ist hinsichtlich der Porenstruktur und der mineralischen Matrix eine besondere Art des Leichtbetons. Dem Mörtel wird ein Treibmittel, z. B. Aluminiumpulver, zugegeben, das mit dem alkalischen Wasser reagiert. Durch die Reaktion entsteht Wasserstoff, der den Mörtel aufbläht und dabei Makroporen mit einem Durchmesser von 0,5 mm bis 1,5 mm bildet. Die Rohdichte liegt zwischen 300 und 1000 kg/m³ und die Druckfestigkeit zwischen 2,5 N/mm² und 10,0 N/mm².

Schaumbeton. Der Porenraum entsteht durch Zugabe eines Schaumbildners während des Mischvorgangs oder Einmischen eines möglichst stabilen Schaumes (Matrixporigkeit).

Haufwerksporige Leichtbetone. Haufwerksporige Leichtbetone bestehen aus leichten Gesteinskörnungen nach DIN EN 13055 Teil 1, die mit Zementleim bzw. -mörtel umhüllt und punktweise verbunden bzw. *verklebt* sind. Diese Betone weisen Rohdichten zwischen 500 kg/m³ und 2000 kg/m³ auf mit Festigkeiten bis LC8/9. Entsprechend den Rohdichteunterschieden variieren auch die Wärmedämmfähigkeiten. Im Bereich der Rohdichte von 600 kg/m³ bis 800 kg/m³ liegt die Wärmeleitfähigkeit bei 0,15 W/m · K bis 0,24 W/m · K.

Faserbeton
Faserbeton ist ein Beton, dem bei der Herstellung Fasern – vorzugsweise Stahl-, Glas- oder Kunststofffasern – beigemischt werden. Die Fasern sind im Zementstein bzw. im Mörtel eingebettet und wirken dort als Bewehrung. Eine in die Matrix eingebaute Bewehrung aus zugfesten und dehnbaren Fasern hemmt das Öffnen von Rissen. Unter bestimmten Vorraussetzungen verbinden die Fasern nach Rissbildung die Rissufer zugfest miteinander und ermöglichen auch bei größerer Dehnung noch eine Übertragung von nennenswerten Zugkräften. Durch Beimischen von Fasern lassen sich bestimmte Eigenschaften des Betons wie Grünfestigkeit, Zugfestigkeit, Schlagfestigkeit, Sprödigkeit, Verformungsverhalten und Reißneigung verbessern. Daher werden bei besonderen Anforderungen, bei denen die erhöhten Betonkosten gegenüber anderen Baustoffen und Bauverfahren noch akzeptiert werden, in eng begrenzten Anwendungsbereichen Mörteln und Betonen Fasern zugemischt (z. B. bei Spritzbeton, beim Schutzraum- und Tresorbau, bei Rammpfählen, Hangsicherungen, Betonsteinerzeugnissen und Betonfertigteilen sowie Industriefußböden).

Die Fasern bewirken v. a., dass die Bildung und Ausbreitung von Rissen behindert wird. Je nach ihren Eigenschaften beeinflussen sie die Eigenschaften des Betons unterschiedlich.

Kunststofffasern. Kunststofffasern weisen i. d. R. einen kleinen E-Modul und geringe Zugfestigkeit bei sehr großer Bruchdehnung auf. Daher wirken sie nur im grünen und jungen Beton. Kunststofffasern sind gemäß DIN EN 14889 Teil 2 geregelt.

Glasfasern. Glasfasern, die einen mittleren E-Modul, eine große bis sehr große Zugfestigkeit und mittlere Bruchdehnung aufweisen, eignen sich besonders gut als Zugabe bei weichen Mörteln für dünnwandige Bauteile, v. a. bei stark strukturierten Oberflächen. Zu beachten ist, dass die Alkalien des Zements die Korrosion von Glasfasern bewirken. Hier kommen insbesondere alkaliresistente Glasfasern zum Einsatz.

Stahlfasern. Stahlfasern bewähren sich besonders bei Spritzbeton und dynamisch beanspruchten Bauteilen, da sie sowohl einen großen E-Modul als auch eine große Bruchdehnung und eine mittlere bis hohe Zugfestigkeit aufweisen. Bei Verwendung von Stahlfasern ist mit Korrosion an der Betonoberfläche zu rechnen, die durch Deckschichten oder Anstriche verhindert werden muss. Stahlfasern sind in DIN EN 14889 Teil 1 geregelt.

Spritzbeton

Bei diesem *Betonierverfahren* wird der Beton im Spritzverfahren flächenhaft aufgetragen und dadurch gleichmäßig verdichtet. Man unterscheidet zwischen Trocken- und Nassspritzverfahren. Die Anforderungen an Spritzbeton sind in DIN 18551 geregelt.

Beim *Trockenverfahren* wird das Betontrockengemisch, bestehend aus Zement, Gesteinskörnung und ggf. pulverförmigen Zusätzen, vorgemischt und als Trockengemisch der Förderleitung zugeführt, wo es im Druckluftstrom befördert wird (Dünnluftstromverfahren). Das Zugabewasser wird, ggf. mit flüssigen Betonzusatzmitteln, an der Spritzdüse beigemengt.

Beim *Nassspritzverfahren* wird das Gemisch aus Zement, Gesteinskörnung, Zugabewasser und ggf. Zusätzen in die Förderleitung gegeben.

Spritzmörtel und Spritzbeton werden vorwiegend im Stollen- und Tunnelbau zur Festigung des anstehenden Gesteins hinter Beton- und Mauerwerk verarbeitet oder als alleinige Schale bis zu 30 cm Dicke. Sie dienen zum Bau von Schalen und Behältern (nur einseitige Schalung erforderlich, die keinem Schalungsdruck ausgesetzt ist), zu Verstärkungs- und Sanierungsarbeiten an Bauteilen sowie bei Baugruben und Böschungen. Eine Verwendung ist jedoch nur sinnvoll, wenn die verfahrensbedingten Mehrkosten durch Lohneinsparung für aufwendige Schalungen ausgeglichen werden [Wesche 1993].

Eine besondere Art des Spritzbetons ist der *Faserspritzbeton*. Er wird sowohl im Trocken- als auch im Nassverfahren aufgetragen. Das Trocken- oder Nassgemisch enthält zusätzlich 1 bis 2 Vol.-% Stahlfasern von 0,3 bis 0,5 mm Durchmesser und 15 bis 30 mm Länge. Die Stahlfasern richten sich entsprechend der Auftragsfläche vorwiegend senkrecht zur Spritzrichtung aus. Anwendung findet Faserspritzbeton überall dort, wo die Zugfestigkeit und das Arbeitsvermögen des normalen Spritzbetons nicht ausreichen oder eine geringere Dicke wirtschaftlicher ist.

Vakuumbeton

In der Regel enthält Frischbeton mehr Wasser als zur vollständigen Hydratation erforderlich. Das Bestreben, den Kapillarporenanteil gering zu halten, führte u. a. zur Entwicklung des Vakuumverfahrens. Bei ihm wird ein plastischer bis weicher Beton mit einem Ausbreitmaß a = 38...44 cm, der eine sehr gute Kornzusammensetzung (A32) und geringen Mehlkorngehalt haben sollte, hergestellt. Aus dem in die Schalung eingebrachten Beton wird während und nach dem Verdichten mit Hilfe einer Vakuumpumpe und aufgelegter Saugmatten bzw. Spezialschalungen ein Teil des Überschusswassers abgesaugt, wodurch der Beton gleichzeitig weiter verdichtet wird.

Der w/z-Wert kann bei diesem Verfahren um bis zu 20% reduziert werden, womit eine Festigkeitserhöhung verbunden ist, die schon nach zwei Tagen die 28-Tage-Festigkeit erreicht. Das Vakuumverfahren wird besonders dort angewandt, wo es um verschleißfeste und widerstandsfähige waagerechte Oberflächen geht (z. B. Parkhäuser und Tiefgaragen).

3.1.3.10 Hochleistungsbetone

Ultrahochfester Beton

Ultrahochfester Beton (UHFB) ist eine Weiterentwicklung des hochfesten Betons. Als ultrahochfeste Betone werden Betone mit Druckfestigkeiten zwischen 150 N/mm² und 300 N/mm² bezeichnet. Neben der hohen Festigkeit zeichnet sich UHFB auch durch ein dichtes Gefüge aus. Sowohl die Gesamtporosität als auch die für die Dauerhaftigkeit besonders wichtige Kapillarporosität sind sehr gering. Hierdurch sind die Transportvorgänge im Vergleich zu normal- und hochfesten Betonen stark verlangsamt.

Durch die Senkung des Wasserzementwertes, Verwendung von Silikastaub und Optimierung der Packungsdichte bis in den Mikrobereich können Druckfestigkeiten bis etwa 200 N/mm² erreicht werden. Häufig wird UHFB mit einem Größtkorn von 1 mm oder weniger hergestellt, wodurch sich ein homogeneres und potentiell festeres Gefüge ergibt als bei grobkörnigerem Beton. Noch höhere Druckfestigkeiten lassen sich durch die Wärmebehandlung, das Mischen im Vakuum und die Druckverfestigung erzielen. Aus diesem Grund werden Bauteile aus UHFB meist im Fertigteilwerk hergestellt.

Selbstverdichtender Beton

Selbstverdichtender Beton (SVB) ist Beton, der nur unter dem Einfluss der Schwerkraft entmischungsfrei und ohne an Bewehrungshindernissen zu blockieren nahezu bis zum Niveauausgleich fließt, dabei entlüftet und alle Bewehrungszwischenräume sowie die Schalung vollständig ausfüllt. Die Verwendung von SVB wird in Deutschland durch die DAfStb-Richtlinie „Selbstverdichtender Beton" geregelt.

SVB weist im Vergleich zu Normalbetonen ein erhöhtes Leimvolumen auf, in dem die Gesteinskörnungen sozusagen schwimmen können. Der Zementleim (bzw. die Mehlkornsuspension) muss so zusammengesetzt sein, dass er sowohl eine ausreichende Fließfähigkeit als auch eine erhöhte, die Entmischung hemmende Viskosität aufweist. SVB können als Mehlkorntyp oder Stabilisierertyp hergestellt werden. Beim Mehlkorntyp liegen die Mehlkorngehalte i. d. R. über den in DIN 1045 Teil 2 festgelegten oberen Grenzen (Tabelle 3.1-8). Im Allgemeinen werden Leimgehalte von mehr als 250 l/m^3 erreicht. Um eine ausreichende Viskosität zu erzielen, werden beim Stabilisierertyp weniger Mehlkorn und als Zusatzmittel Stabilisierer verwendet. Daneben gibt es auch Mischtypen.

3.1.4 Stahl

3.1.4.1 Allgemeines

Neben Beton ist Stahl der wichtigste *Konstruktionswerkstoff*. Seine häufige Verwendung ist der Tatsache zuzuschreiben, dass das Verhältnis von Festigkeit zu Gewicht bei Stahl günstiger ist als bei Beton und er somit v. a. dort Verwendung findet, wo das Eigengewicht entscheidend ist. Außerdem ist die Zugfestigkeit von Stahl wesentlich höher als diejenige von Beton. Nach Informationen des International Iron and Steel Institutes lag die weltweite Roh-Stahlproduktion im Jahr 2007 bei 1343,5 Mio Tonnen.

Im Bauwesen werden i. d. R. *unlegierte Profilstähle* mit genormten Bezeichnungen und Abmessungen verwendet (z. B. Formstahl, Stabstahl, Winkelprofil, I-Profil). Sie werden mittels spezieller Fügeverfahren – v. a. Schweißen – zu Konstruktionen zusammengefügt.

Für die Verwendung von Stahl im Bauwesen sind die *Festigkeitseigenschaften* und das *Form-*

änderungsverhalten maßgebend, die den Beanspruchungen des Bauwerks durch (äußere) Lasten entgegenwirken. Die Zugfestigkeiten üblicher Stahlsorten reichen entsprechend ihres Einsatzgebietes von 300 N/mm^2 für einfache Baustähle bis nahe 2000 N/mm^2 für Spannstähle. Wegen dieser Sortenvielfalt werden Stähle mit Kurznamen gekennzeichnet, aus denen grundsätzlich die Stahlgruppe und die Festigkeit bzw. die Streckgrenze ersichtlich sind. So werden allgemeine Stähle für den Stahlbau mit dem Kurzzeichen S und der Mindeststreckgrenze in N/mm^2 gekennzeichnet (z. B. S 235). Teilweise findet man auch noch die alten Bezeichnungen nach DIN 17100, wobei allgemeine Baustähle mit dem Kurzzeichen St und die Mindestzugfestigkeit in kp/mm^2 angegeben wird (z. B. St 37, der dem S 235 entspricht).

3.1.4.2 Schmelzen und Vergießen

Eisen kommt in der Natur nicht als reines Eisen, sondern i. Allg. in Form von Oxiden vor, die in Eisenerzen innig mit Gestein, der sog. „Gangart" verwachsen sind. In der Aufbereitung wird zunächst der Anteil der Gangart auf wenige Massenprozente (M.-%) verringert. Im Hochofen muss dann das Eisenoxid völlig von der Gangart getrennt und in reines Eisen reduziert werden. Hierzu wird der Hochofen von oben lagenweise mit *Eisenerzkonzentrat*, Koks und prozessregulierenden Zuschlägen beschickt. Im oberen Bereich wird das absackende Eisenoxid durch das bei der Verbrennung des Kokses entstehende Kohlenmonoxidgas infolge der größeren Sauerstoffaffinität reduziert. Im unteren Bereich wirkt bei höheren Temperaturen der Kohlenstoff direkt als Reduktionsmittel. Eisen und Gangart schmelzen hier auf und sammeln sich im Hochofengestell. Die flüssige Hochofenschlacke, die sich aus der Gangart und den Zuschlägen bildet, lässt sich leicht vom Roheisen trennen, da sie wegen des Dichteunterschieds (2600 zu 7800 kg/m^3) auf dem Roheisen schwimmt.

Das gewonnene flüssige *Roheisen* enthält hohe Gehalte an Kohlenstoff und weiteren Begleitelementen aus dem Erzkonzentrat (Phosphor, Mangan, Silizium) und dem Koks (Kohlenstoff, Schwefel). Diese machen das erstarrte Roheisen hart und spröde, so dass es nicht verformt werden kann und somit als Konstruktionswerkstoff unbrauchbar ist.

Aus diesem Grund werden die versprödend wirkenden Eisenbegleiter aus dem Eisen entfernt.

Der Kohlenstoff wird dem Eisen durch Oxidation entzogen. Der zugeführte Sauerstoff überführt den Kohlenstoff in CO oder CO_2, die als Gas aus dem flüssigen Eisen entweichen. Die anderen Eisenbegleiter werden in Oxide umgewandelt, die sich als Schlacke auf der Schmelze sammeln. In der Vergangenheit wurden bei der Stahlerzeugung zur Kohlenstoffoxidation Frischverfahren wie das Thomas- und das Siemens-Martin-Verfahren durchgeführt. Heute wird der Großteil des aus Roheisen erzeugten Stahls im *Sauerstoffblasverfahren* hergestellt, bei dem der Sauerstoff mittels einer Lanze von oben durch die Schlackeschicht in das flüssige Roheisen geblasen wird.

Durch das Frischen kommt der Stahl mit erheblichen Mengen Sauerstoff in Berührung und kann im flüssigen Zustand große Gasmengen aufnehmen. Da hohe Sauerstoffgehalte den Stahl ab 0,03 M.-% jedoch alterungsempfindlich und ab 0,07 M.-% rotbrüchig machen, muss der Sauerstoff der Stahlschmelze wieder entzogen werden; d. h., die Stahlschmelze muss desoxidiert werden.

Je nach Grad der Desoxidation unterscheidet man bei den Vergießungsarten zwischen unberuhigtem (U), beruhigtem (R) und besonders beruhigtem (RR) Stahl. Die Vergießungsarten beschreiben das unterschiedliche Erstarrungsverhalten der Stahlschmelze. Beim *unberuhigten Vergießen* wird der Stahl zum Erstarren in Blöcke gegossen. Außen entsteht zunächst relativ reiner Stahl, während die im Kern befindliche Restschmelze mit Verunreinigungen angereichert ist. Bei weiterer Abkühlung sinkt die Löslichkeit des Sauerstoffs; er scheidet sich aus und reagiert mit dem vorhandenen Restkohlenstoff der Stahlschmelze zu CO. Letzteres steigt in Form von Blasen auf, bringt so die Schmelze in Bewegung und reißt vorhandene Verunreinigungen zur Mitte und nach oben hin mit. Dadurch kommt es im Kern und am Kopf des Stahlblocks zu unerwünschten Anhäufungen von Kohlenstoff, Phosphor und Schwefel, die als „Seigerungen" (Entmischungen) bezeichnet werden.

Beim *beruhigten Vergießen* (R) wird der Schmelze Silizium zugegeben, mit dem der Sauerstoff als SiO_2 chemisch gebunden wird. Da die CO-Bildung unterbleibt, erstarrt die Schmelze ruhig. Gleichartige, wenn auch schwächere Wirkung

hat die Zugabe von Mangan. Ein Teil des SiO_2 wird mit der Schlacke entfernt. Wegen der fehlenden Badbewegung bleiben die Verunreinigungen und ein Großteil des verbleibenden SiO_2 wesentlich gleichmäßiger über den Stahlquerschnitt verteilt. Allerdings entsteht auch keine ausgeprägte verunreinigungsarme Randzone, so dass die Qualität der Stahloberfläche nicht so gut ist wie bei unberuhigt vergossenen Stählen. Da der Stahlguss beim Abkühlen schrumpft (bis zu 3 Vol.-%), bildet sich am Kopf des Blockes ein Hohlraum, der vor dem Walzen abgetrennt werden muss, um Dopplungen (Werkstofftrennungen) zu vermeiden.

Bei der dritten Vergießungsart erhält man durch zusätzliche Zugabe von Aluminium zu Silizium und Mangan *besonders beruhigten Stahl* (RR). Das Aluminium hat eine hohe Affinität zu Sauerstoff und reagiert mit dem restlichen Sauerstoff zu Tonerde (Al_2O_3). Die feinverteilten Tonerdeeinschlüsse wirken bei der Erstarrung als Kristallisationskeime, so dass sich ein reiner, feinkörniger und zäher Stahl ausbildet, der sich gut verformen und schweißen lässt. Da das Aluminium auch Stickstoff abbindet, erhöht sich die Alterungsbeständigkeit des Stahls.

In den Industrienationen hat der *Strangguss* den Blockguss inzwischen zu über 90% ersetzt. Während beim Blockguss der flüssige Stahl in eine unten geschlossene Kokille gefüllt wird, dort als Block erstarrt und in vielen weiteren Schritten umgeformt werden muss, wird er beim Stranggruss in eine oben und unten geöffnete Durchlaufform gegossen. Die Querschnittsform eines Stranges wird durch das herzustellende Fertigerzeugnis und den dazu notwendigen Verarbeitungsweg bestimmt. Das Stranggussverfahren eignet sich nicht für unberuhigte Stähle, da im Strang ein Entweichen der Gase nicht möglich ist.

Neben der klassischen Stahlherstellung im Hochofen wird Stahl auch im *Elektroverfahren* hergestellt. Hierbei wird als Rohstoff nicht oxidisches Eisenerz, sondern Stahlschrott verwendet. Wegen dieser Möglichkeit des Recyclings gewinnt das Verfahren immer mehr an Bedeutung. Beim Schrott muss unterschieden werden zwischen Eigenschrott, der in der Produktion oder der Weiterverarbeitung anfällt, und Altschrott (z. B. von Autos). Im Gegensatz zu Altschrott ist die Zusammensetzung von Eigenschrott bekannt, entsprechend kann er problemlos wieder eingesetzt werden. Altschrott ist durch Begleitelemente wie Kupfer und Zinn aus Überzügen verunreinigt. Der aufbereitete (zerkleinerte), vorgewärmte und getrocknete Schrott wird im Elektroofen mittels elektrischer Energie durch einen Lichtbogen zwischen Schrott und Graphitelektroden zum Schmelzen gebracht. Verunreinigungen infolge von Brennstoffgasen können nicht entstehen und der Lichtbogen verringert den Sauerstoffgehalt im Stahl.

3.1.4.3 Gefüge, Härten, Anlassen, Glühen

Beim Abkühlen aus der Schmelze kristallisiert das Eisen, d. h., die Atome ordnen sich in regelmäßiger räumlicher Anordnung zu Kristallen. Bei weiterer langsamer Abkühlung wandeln sich diese Kristalle um. Die Umwandlungstemperaturen und die dabei auftretenden Kristallmodifikationen, die sog. „Phasen", sind maßgeblich von der chemischen Zusammensetzung des Eisens abhängig (Abb. 3.1-26). Bei Stahl trifft dies in erster Linie für den Kohlenstoffgehalt zu. Das Gefüge des Stahls setzt sich aus vielen Kristallen zusammen, die zur besseren Unterscheidung von den atomaren Kristallen als „Körner" bezeichnet werden und z. B. bei Zink auf der Oberfläche sichtbar sind.

Das *Gefüge* ist von unterschiedlichen Faktoren abhängig: der chemischen Zusammensetzung des Eisens, der Wärmebehandlung und der Art der Verarbeitung, die der Stahl bis zu seiner endgültigen Gestaltung erhält. Die Größe der „Körner" wird hauptsächlich durch die Abkühlungsgeschwindigkeit bestimmt; so haben die Körner bei langsamer Abkühlung Zeit zu wachsen, und es bildet sich Grobkorn. Bei schneller Abkühlung bilden sich sehr viele kleine „Körner" aus, es kommt zur Feinkornbildung.

Das Gefüge des Stahls lässt sich an geschliffenen und geätzten Proben mit „einfacher" Vergrößerung erkennen. Die Korngrößen liegen bei sehr feinkörnigem Gefüge unterhalb von 0,01 mm und bei grobkörnigem bei maximal 0,5 mm; sie sind bei überhitztem Stahl sogar mit bloßem Auge zu erkennen.

Bei der Betrachtung von langsam abgekühltem Stahl unter dem Mikroskop erkennt man helle und dunkle Körner (vgl. Abb. 3.1-26). Die hellen Körner sind kohlenstofffrei und bestehen im Wesentlichen aus reinem Eisen (Fe); sie werden als „Fer-

rit" bezeichnet. Die dunkleren Körner zeigen unter weiterer Vergrößerung ein streifiges Aussehen und werden als „Perlit" bezeichnet. Die dunklen Streifen im Perlit bestehen aus Eisenkarbid (Fe_3C), das härter ist und auch „Zementit" genannt wird. Dieses ist in das weichere kohlenstofffreie Ferrit (Fe) eingebettet (helle Streifen).

Der Kohlenstoff ist also in den dunklen Streifen des Perlits, im harten Zementit enthalten. Der Kohlenstoffgehalt des Zementits beträgt 6,7%. Da der Anteil des Zementits an den Perlitkörnern stets gleich ist, ergibt sich für die Perlitkörner ein Kohlenstoffgehalt von 0,8%, so dass sich der Kohlenstoffgehalt des Stahls aus dem Gefügebild abschätzen lässt.

Die Gefügebilder in Abb. 3.1-26 entstehen nur bei langsamer Abkühlung. Das bei hoher Temperatur entstehende γ-Mischkristall wird als „Austenit" bezeichnet und kann viel Kohlenstoff aufnehmen. Bei tieferen Temperaturen ist das γ-Mischkristall nicht mehr beständig und bildet sich in das α-Mischkristall (Ferrit) um, das jedoch nur wenig Kohlenstoff aufnehmen kann. Der freiwerdende Kohlenstoff führt dann zur Bildung von Zementit (Fe_3C). Dieser Vorgang wird als „Perlitbildung" bezeichnet. Da die notwendigen Kohlenstofftransportvorgänge im Wesentlichen auf Diffusion beruhen und die Modifikation vom γ- zum α-Mischkristall bereits im erstarrten Gitter stattfindet, braucht dieser Prozess Zeit, d. h. eine geringe Abkühlungsgeschwindigkeit.

Die Umwandlungsvorgänge für eine unendlich langsame Abkühlung sind im eisenreichen Abschnitt des Eisen-Kohlenstoff-Diagramms in Abb. 3.1-26 dargestellt. Bei einem C-Gehalt von 0,8% wird Austenit bei 723°C vollständig in Perlit umgebaut, und der Stahl hat ein 100% perlitisches Gefüge. Wenn sich der C-Gehalt unter 0,8% befindet, so liegt bei hohen Temperaturen zunächst wiederum nur Austenit vor. In Abhängigkeit vom Kohlenstoffgehalt findet bei Abkühlung auf der Linie G-S teilweise eine Umwandlung des Austenits in Ferrit statt. Bei 723°C vollzieht sich dann die Umwandlung des verbliebenen Austenit-Mischkristalls in Perlit, so dass in Abhängigkeit vom Kohlenstoffgehalt ein Mischgefüge aus Perlitkörnern und Ferritkörnern vorliegt.

Erfolgt die Abkühlung jedoch plötzlich, haben die Kristalle nicht mehr genügend Zeit, sich zu mo-

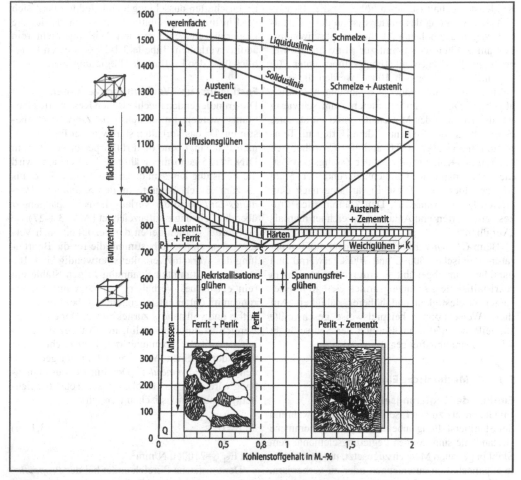

Abb. 3.1-26 Eisen-Kohlenstoff-Teildiagramm [Werkstoff-Handbuch Stahl und Eisen 1962]

difizieren. Wenn die Abkühlung stattfindet, bevor die Umwandlung des C-reichen γ-Mischkristalls begonnen hat, wird dieser Zustand, der eigentlich nur bei hohen Temperaturen bestehen möchte, bei Zimmertemperatur festgehalten. Es stellt sich dann nicht mehr Stahl mit fleckenweise verteiltem Kohlenstoff in Perlitkörnern ein, sondern ein Stahl, in dem der Kohlenstoff gleichmäßig verteilt ist. Beim schnellen Abkühlen klappen die Eisenatome des flächenzentrierten γ-Mischkristalls schlagartig in das raumzentrierte α-Mischkristall um. Das dort befindliche Kohlenstoffatom hat bei schneller Abkühlung nicht

genügend Zeit, seinen Platz zu verlassen und nimmt zwangsweise einen Zwischengitterplatz ein, in den es wegen seiner Größe nicht passt, wodurch das Gitter verspannt wird. Diese Form des α-Mischkristalls wird „Martensit" genannt. Martensitischer Stahl erhält mit zunehmender Abkühlungsgeschwindigkeit höhere Festigkeiten. Gleichzeitig nimmt die plastische Verformbarkeit ab; sie ist geringer als die eines Stahls gleicher chemischer Zusammensetzung, der langsam abgekühlt worden ist.

Man nennt den Vorgang des plötzlichen Abkühlens „Härten" – der Stahl ist gehärtet. Je höher der

Kohlenstoffgehalt ist, desto höher ist die Härtbarkeit. Die Wirkung des Härtens ist an der Oberfläche wegen der höheren Abkühlungsgeschwindigkeit am größten und nimmt zur Mitte hin ab. Bei erneutem Erwärmen auf Temperaturen unter 700 °C und sogar bereits ab 100°C werden die beim Härten aufgebauten inneren Spannungen deutlich abgebaut. Da es beim gehärteten Stahl schwierig ist, die Bildung des Martensits exakt zu steuern, erwärmt man den Stahl nach dem Härten auf Temperaturen zwischen 100°C und 300°C, wobei sich ein Teil des Kohlenstoffs aus der Zwangslage löst, die Eigenspannungen abnehmen und der Stahl wieder zäher wird. Diese Erwärmung nach dem Härten heißt „Anlassen". Den kombinierten Prozess aus Härten und Anlassen bezeichnet man als „Vergüten".

Beim *Glühen* wird der Stahl erneut auf Temperaturen zwischen 500°C und 700°C erwärmt und dann langsam abgekühlt. Hierdurch ergibt sich ein rekristallisiertes, spannungsarmes Gefüge mit geringer Zugfestigkeit und höherer Zähigkeit. Auf diese Weise können beispielsweise geschweißte Bauteile bei 650°C im Bereich der Schweißnaht wieder spannungsfrei geglüht werden.

3.1.4.4 Mechanische Eigenschaften

Einfluss der Legierungselemente

Im Gegensatz zu den Eisenbegleitern, die während der Stahlherstellung unbeabsichtigt aufgenommene Bestandteile sind, werden Legierungselemente dem Stahl in genauen Mengen zugesetzt, um gewünschte Eigenschaften zu erzeugen oder zu verbessern. Für bestimmte Legierungselemente gelten Stahlsorten bereits als legiert, wenn der Gehalt des Legierungselements 0,05M.-% übersteigt. Die Vielfalt der Legierungselemente erlaubt Eigenschaftsänderungen des Stahls in großem Umfang. Die Kenntnis darüber ist für die Erzielung bestimmter

Eigenschaften ausschlaggebend. Jedoch lässt sich der Einfluss nur qualitativ vorhersagen, da sich die Legierungselemente in ihrer Wirkung nicht rein additiv verhalten. Tabelle 3.1-15 gibt einen Überblick über den Einfluss der Legierungselemente.

Festigkeits- und Verformungsverhalten

Die grundlegenden mechanischen Kennwerte eines Stahls werden im einachsigen Zugversuch bestimmt. Da das Verhalten stark von der Probengeometrie abhängt, sind die Prüfkörperformen z. B. in DIN 50125 genormt. Während des Versuchs wird die Belastung langsam quasistatisch gesteigert, bis es zum Bruch kommt. In der *Spannungs-Dehnungs-Linie* wird der Verlauf der Nennspannung σ über die Dehnung ε aufgezeichnet (Abb. 3.1-27).

Hierbei werden neben der Festigkeit auch Verformungskennwerte bestimmt, die für die Beurteilung des Werkstoffverhaltens notwendig sind. Bis zu einer bestimmten Spannung zeigen Stähle ein rein elastisches Verhalten, bei dem nur Verzerrungen im Gitter entstehen, die sich bei Entlastung sofort und vollständig zurückbilden. Der elastische Bereich ist durch einen linearen Anstieg der Dehnung ε mit der Spannung σ gekennzeichnet und wird durch einen Verhältnisfaktor ausgedrückt, den *Elastizitätsmodul* E. Der lineare Zusammenhang wird auch als „Hookesches Gesetz" bezeichnet (gilt nur im elastischen Bereich):

$$E = \sigma / \varepsilon \qquad (3.1.16)$$

mit $E_{Stahl} = 210000$ N/mm^2.

Der elastische Bereich endet bei der *Proportionalitätsgrenze*, also bei dem Punkt, bis zu dem Spannung und Dehnung proportional sind. Daran schließt sich eine mehr oder weniger gekrümmte Linie an, die von einem zunehmenden Anteil plastischer Verformung geprägt ist. Da dieser Übergangspunkt messtechnisch schwer zu erfassen ist,

Tabelle 3.1-15 Einfluss der Legierungselemente und Eisenbegleiter

	C	P, S	Si	Al	Cr	Mn	Ni	
Festigkeit	++			+	+	+	+	
Kaltverformbarkeit	–		–	–				
Schweißbarkeit	– –					–		+ Verbesserung
Härtbarkeit	++		+			+		++ deutliche Verbesserung
Korrosionsbeständigkeit					++		+	– Verschlechterung
								– – deutliche Verschlechterung

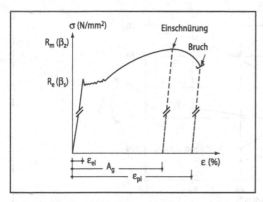

Abb. 3.1-27 Spannungs-Dehnungs-Linie von unbehandeltem Stahl

verwendet man für die *Streckgrenze* den Spannungswert, bei dem die Spannung erstmals konstant bleibt oder abfällt. Bei Werkstoffen, die keine deutliche Streckgrenze aufweisen, wird als Ersatz die technische Streckgrenze $R_{p0,2}$ festgelegt, die als die Spannung definiert ist, bei der der Stahl eine bleibende Dehnung von 0,2% aufweist. Die maximal aufnehmbare Spannung ist die *Zugfestigkeit* R_m. Sie ergibt sich aus Höchstlast F_m und Anfangsquerschnitt S_0 mit

$$R_m = F_m/S_0. \qquad (3.1.17)$$

Bis zur Höchstlast sind die Dehnungen gleichmäßig über die gesamte Probenlänge verteilt. Bei weiterer Belastung jedoch schnürt der Stahl mit örtlich großen Dehnungen an einer Stelle ein, wodurch der tatsächliche Querschnitt abnimmt und die wahre Spannung wächst, bis der Stahl bricht. Die bleibende Längenänderung nach dem Bruch wird als „Bruchdehnung" bezeichnet. Da unmittelbar an die Bruchstelle angrenzende Bereiche besonders viel bleibende Dehnung bei der Einschnürung erfahren, muss die Bezugslänge angegeben werden. Gebräuchliche Messlängen sind der 5- bzw. 10-fache Probendurchmesser; sie werden mit A_5 und A_{10} bezeichnet.

Ein weiterer Verformungskennwert ist die *Gleichmaßdehnung* A_g. Sie ist definiert als die nichtproportionale Dehnung bei Höchstkraft F_m. Sie wird also zu dem Zeitpunkt bestimmt, an dem

die maximale gleichmäßige Dehnung über die gesamte Probenlänge vorhanden ist:

$$A_g = \Delta L_m/L_0. \qquad (3.1.18)$$

Das Verformungsverhalten von Stahl lässt sich durch Legierungen, Wärmebehandlungen und Kaltverformungen entscheidend beeinflussen. Grundsätzlich gilt für alle drei Verfahren, dass eine Festigkeitssteigerung immer mit einer Verringerung des Verformungsvermögens einhergeht. *Legierungen* können die Eigenschaften der Stähle vielfältig beeinflussen. Der Einfluss des C-Gehalts auf die mechanischen Eigenschaften von Stahl ist besonders ausgeprägt und steht hier stellvertretend für andere Legierungen. Die Zugfestigkeit steigt bei einem Kohlenstoffgehalt von etwa 0,8% auf rd. 900 N/mm² und ist damit dreimal so hoch wie bei reinem Eisen. Dabei sinken jedoch Brucheinschürung und A_5 deutlich (Abb. 3.1-28).

Bei der *Kaltverformung* erfolgt eine rein mechanische Formänderung unterhalb der Rekristalisationstemperatur (etwa 450°C), und zwar meist bei Raumtemperatur. Die aufgebauten Gitterversetzungen und Eigenspannungen steigern die Festigkeit, wobei die Zähigkeit sinkt. Kaltverformte Stähle weisen keine ausgeprägte Streckgrenze mehr auf. Deshalb gilt hier die *technische Streckgrenze* $R_{p0,2}$ (Abb. 3.1-29).

Mittels *Wärmebehandlung* können ebenfalls bestimmte Werkstoffeigenschaften im festen Zustand geändert werden, ohne dabei die chemische Zusammensetzung zu ändern (s. Abb. 3.1-29, vgl. 3.1.4.3).

Neben der bewusst geplanten Wärmebehandlung beeinflussen Temperaturen während der Nutzung die Stahleigenschaften (die üblichen atmosphärischen Temperaturschwankungen tun dies nur unwesentlich). Bei hohen Temperaturen (z.B. im Brandfall) ist zu unterscheiden zwischen den Stahleigenschaften während und nach der Tempeatureinwirkung. Die Festigkeitsminderung nach der Temperatureinwirkung hängt stark von der Vorbehandlung des Stahls ab, da die Temperaturen im Brandfall ähnlich denen des Glühens und Anlassens sein können. Besonders bei kaltverformten Stählen kann bereits eine geringe Erwärmung die aufgebrachten mechanischen Kristallspannungen aufheben, wodurch es zu Festigkeitsverlusten kommt.

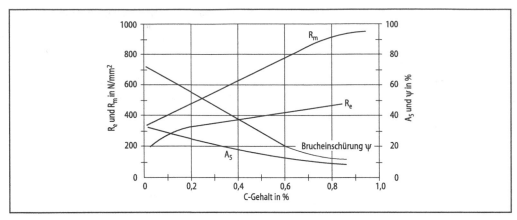

Abb. 3.1-28 Festigkeit und Verformungsverhalten von Stahl in Abhängigkeit vom C-Gehalt

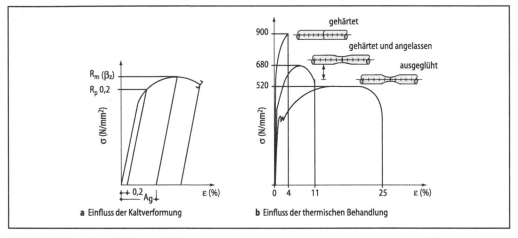

Abb. 3.1-29 Spannungs-Dehnungs-Linien

Bei sehr niedrigen Temperaturen (z. B. im Flüssiggas-Behälterbau) nehmen die Streckgrenze, die Zugfestigkeit und auch die Dauerfestigkeit zu. Die Dehnungswerte nehmen dabei bis etwa −150°C geringfügig ab [Rostasy u. a. 1982]. Werden die Temperaturen weiter gesenkt, fallen die Dehnungswerte jedoch sehr stark ab und der Stahl wird spröde.

Festigkeiten unter schwingender Beanspruchung

Schwingende Beanspruchungen sind zeitlich veränderliche Beanspruchungen, die sich regelmäßig wiederholen. Durch unterschiedliche Beanspruchungshöhen und -wechsel, die zusätzlich in ihrem zeitlichen Verlauf variieren, stellt sich das Gebiet der Schwingungsfestigkeiten als ein sehr komplexes dar. Nach vielen Spannungszyklen kommt es im Stahl an Gitterversetzungen zu Mikrorissbildungen, die in einen verformungslosen *Ermüdungsbruch* übergehen können. Diese Ermüdungsbrüche können bei Spannungen deutlich unterhalb der Streckgrenze auftreten. Da diese aber üblicherweise zur Bemessung herangezogen wird, muss für dynamisch beanspruchte Bauteile unbedingt

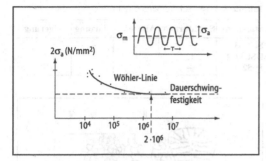

Abb. 3.1-30 Darstellung der Schwingfestigkeit im Wöhler-Diagramm

auch ein Nachweis für die *Ermüdungsfestigkeit* erbracht werden.

Im Labor wird der *Nachweis der Schwingfestigkeit* von Stählen mittels einer sinusförmigen Beanspruchung simuliert. Diese ist gemäß Abb. 3.1-30 gekennzeichnet durch einen Mittelwert σ_m und den Spannungsausschlag oder die Amplitude σ_a mit der Periodendauer T. Bei der Prüfung der Schwingfestigkeit werden verschiedene Proben mit gleicher Mittelspannung und variierenden Spannungsausschlägen geprüft, dabei wird die Zahl der Schwingspiele bis zum Bruch festgehalten. Trägt man für eine gewählte Mittelspannung den jeweiligen Spannungsausschlag über die bis zum Bruch erzielte Schwingspielzahl auf, so erhält man das in Abb. 3.1-30 gezeigte *Wöhler-Diagramm*.

Bei kleinen Spannungsausschlägen kann die Lebensdauer sehr lang werden. Unterhalb eines bestimmten Spannungsausschlages tritt kein Bruch mehr auf. Dies ist der Bereich der *Dauerschwingfestigkeit*. Für Stahl gilt die Spannungsamplitude von Prüfkörpern, die eine Anzahl von $2 \cdot 10^6$ Schwingspielen ohne Bruch ertragen, als Dauerschwingfestigkeit bei der vorgegebenen Mittelspannung. Größere Spannungsamplituden führen zu kürzerer Lebensdauer. Erheblichen Einfluss haben zudem der Spannungshorizont und das Verhältnis zwischen Mittelspannung und Spannungsausschlag. Je nach Lage des Spannungshorizonts unterscheidet man Zug- oder Druckschwellbeanspruchung, bei der die Probe nur auf Zug oder Druck beansprucht wird, oder Wechselbeanspruchung, bei der die Probe auf Zug und Druck beansprucht wird. Die Dauerschwingfestigkeit hängt neben den Stahleigenschaften auch von

der Oberflächengeometrie ab. Kerben (z.B. Rippen bei Betonstählen) mindern die Dauerschwingfestigkeit erheblich. Selbst die Oberflächengüte wirkt sich aus, so erzielen polierte Stähle höhere Dauerschwingfestigkeiten als Stähle mit Walzhaut.

3.1.4.5 Schweißen

Schweißen ist das Verbinden von metallischen Bauteilen unter Wärmeanwendung oder Druck durch Aufschmelzung der Werkstoffe im Kontaktbereich allein oder unter Hinzugabe eines Schmelzwerkstoffs, um eine unlösbare Verbindung zu schaffen. Grundsätzlich gibt es zwei Gruppen von Schweißverfahren, das Schmelzschweißen (E, M) und das Pressschweißen (RP, RA). Beim Schmelzschweißen wird die Lücke der zu verschweißenden Bauteile durch örtliches Aufschmelzen oberhalb der Liquiduslinie geschlossen. Beim Pressschweißen werden die Flächen der zu verschweißenden Bauteile bis zum Teigigwerden unterhalb der Soliduslinie erwärmt und dann durch Druck verbunden.

Beim *Punktschweißverfahren* (RP) werden aufeinanderliegende Bauteile unter Druck mit Schweißpunkten verbunden. Strom und Kraft werden durch Elektroden aufgebracht. Das Verfahren wird z.B. bei Gitterschweißautomaten zur Fertigung von Betonstahlmatten angewendet.

Im *Abbrennstumpfschweiß-Verfahren* (RA) werden gedrungene Bauteile unter Strom gesetzt und die Stirnflächen unter leichtem Berühren erwärmt. Dabei kommt es unter Lichtbogenbildung zum örtlichen Abbrennen sowie durch schlagartiges Stauchen zum Verschweißen der Teile.

Beim *Lichtbogenhandschweißen* (E) brennt der Lichtbogen sichtbar zwischen einer abschmelzenden umhüllten Stabelektrode, die gleichzeitig Schweißzusatzstoff liefert, und dem Bauteil ab. Gegen die Atmosphäre wird das Schweißgut durch Stoffe abgeschirmt, die von der Ummantelung der Stabelektrode gebildet werden. E-Schweißen ist für Baustähle jeder Art und auch für schweißgeeignete Betonstähle in der Werkstatt und auf der Baustelle üblich, da nur eine einfache apparative Ausstattung nötig ist.

Beim *Metallschutzgasschweißen* (M) brennt der Lichtbogen sichtbar zwischen der abschmelzenden Drahtelektrode und dem Bauteil. Elektrode, Lichtbogen und Schweißbad werden gegen die Atmo-

sphäre durch ein eigens zugeführtes inertes oder ak-
tives Schutzgas abgeschirmt. Das Metallschutzgasschweißen wird nach der Art des Schutzgases in
Metall-Inertgasschweißen (MIG) und Metall-Aktiv-
gasschweißen (MAG) unterschieden. Im Unterschied zum E-Schweißen sind MIG und MAG Hoch-
leistungsschweißverfahren, die für hohe Schweiß-
geschwindigkeiten geeignet sind.

Die *Schweißbarkeit* eines Bauteils ist gegeben,
wenn die Verbindung durch Schweißen mit einem
geeigneten Schweißverfahren bei Beachtung eines
geeigneten Fertigungsablaufs erreicht werden kann.
Die geschweißte Konstruktion muss die für das
Bauteil geltenden Anforderungen erfüllen. Die we-
sentlichste Voraussetzung ist eine dauerhafte Verbindung mit ausreichender Verformbarkeit nach
dem Schweißen, um Trennbrüche zu vermeiden.
Unter dem Begriff „Schweißbarkeit" werden die
Schweißeignung des Werkstoffs, die Schweißmöglichkeit der Fertigung und die Schweißsicherheit
der Konstruktion zusammengefasst.

Die *Schweißeignung* ist eine Stoffeigenschaft und
gegeben, wenn chemische, metallurgische und physikalische Eigenschaften des Stahls eine Schweißung entsprechend den Anforderungen grundsätzlich
ermöglichen. Im Allgemeinen bedeutet dies, dass
das nach dem Schweißen entstehende Gefüge noch
ausreichend verformbar sein muss. Je mehr der Stahl
bei der Festlegung der Schweißverbindungsart und
deren Ausführung beachtet werden muss, desto
schlechter ist die Schweißeignung des Stahls.

Die *Schweißmöglichkeit* gibt an, ob die jeweili-
lige Verbindung mit den gewählten Fertigungsbe-
dingungen hergestellt werden kann. Sie betrifft
Vorbereitung, Ausführung und Nachbehandlung
der Schweißarbeiten.

Die *Schweißsicherheit* lässt sich nicht allein aus
der Stoffeigenschaft Schweißeignung begründen,
sondern ist eine konstruktive Eigenschaft, die der
Stahlhersteller nicht beeinflussen kann. Sie ist
vielmehr durch den Verarbeiter beeinflussbar und
hängt von der konstruktiven Gestaltung wie Blechdicke, Nahtanordnung und Nahtart ab. Auch der
Beanspruchungszustand des Bauteils beeinflusst
die Schweißsicherheit.

Grundsätzlich sind fast alle Konstruktionen aus
fast allen Stahlgüten schweißbar, wenn die metallurgischen Zusammenhänge und Fragen der Schweiß-
möglichkeiten beachtet werden. Es ist wichtig zu

Tabelle 3.1-16 Schweißeignung nach DIN 8528

Stahlsorte	Sprödbruch	Alterung	Härtung	Seigerung
St 37-3	−	−	−	−
USt 37-2	++	+	−	+
St 52-3	−	−	+	−

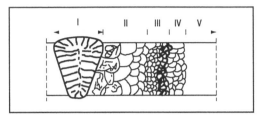

Abb. 3.1-31 Wärmeeinflusszone beim Schweißen

bedenken, dass sich alle drei Einflussgrößen gegenseitig beeinflussen und dass jede einzelne Einflussgröße die Schweißbarkeit minimierend beeinflusst.

Tabelle 3.1-16 gibt an, wie der Herstellungsprozess die Schweißeignung von Baustählen beeinflusst. So spielen Seigerungen nur für unberuhigten
Stahl eine Rolle. Die Neigung zum unbeabsichtig-
ten Härten ist nur für hochfesten S 355 (früher
St 52) zu beachten. Die Schweißeignung ist so vielfältig, da es an der Schweißstelle beim Schweißen
zu mehreren Beanspruchungen und Veränderungen
kommt. Der Werkstoff wird örtlich zum *Schweißgut*
aufgeschmolzen, welches aus Grundwerkstoff und
ggf. Schweißzusatzstoff besteht. Dabei werden im
Schweißgut hohe Temperaturen (bis 2000°C) mit
extrem hohen Aufheiz- und Abkühlungsraten erreicht. Hierdurch gewinnt die Temperatur auch in
benachbarten Bereichen Einfluss. Den Bereich, in
dem es durch das Schweißen zu Gefügeänderungen
kommen kann, bezeichnet man als „Wärmeeinflusszone" (Abb. 3.1-31). Im Schweißgut oberhalb der
Soliduslinie I liegen Verhältnisse vor, wie sie bereits
vom Erstarren der Schmelze bekannt sind. Verunreinigungen können die Zähigkeit verringern.

Aufgrund der hohen Gaslöslichkeit des flüssigen
Schweißgutes können die Gase nur unvollständig
ausgeschieden werden. Sie verursachen Mikroseige-
rungen, Poren und atomare Lösungen, die bei Wasserstoff und Stickstoff gefährlich sind. Aus diesem
Grund werden atmosphärische Gase möglichst vom
Schweißgut ferngehalten (z. B. mit Hilfe von Schutz-

gasen). Aufgrund der hohen Temperaturen entsteht im schmelznahen Bereich II grobkörniges Gefüge mit geringer Zähigkeit. Im Bereich III kommt es zur Perlitumwandlung. Da Perlit einen C-Gehalt von 0,8% aufweist, besteht bei rascher Abkühlung die Gefahr der Versprödung auch für niedriggekohlte Baustähle. Im Bereich IV wird der Stahl angelassen, was zum Abbau von Eigenspannungen führt. Im Bereich V mit Temperaturen zwischen 200°C und 400°C werden kaltverformte Stähle künstlich gealtert und können verspröden. Bei hohen Abkühlungsgeschwindigkeiten können sich in der Schweißnaht Risse bilden. Im weiteren Bereich der Wärmeeinflusszone kann es zu Formänderungen (Verzug) oder Eigenspannungen kommen.

Das zentrale Problem bei Stahlschweißungen ist jedoch die *Neigung zum Aufhärten* in den schweißnahnahen Bereichen. Je größer der Kohlenstoffgehalt ist, desto spröder wird der entstehende Martensit. In schweißgeeigneten Stählen ist der Kohlenstoffgehalt daher auf etwa 0,25% begrenzt. Jedoch beeinflussen auch andere Elemente wie Mn, Cr oder Ni die Aufhärtungen und Gefügeänderungen in der Wärmeeinflusszone. Die gemeinsame Wirkung wird über das Kohlenstoffäquivalent abgeschätzt, d. h., die anderen Elemente werden in ihrem Einfluss auf die Aufhärtungsneigung und Gefügeänderung mit Kohlenstoff verglichen. Die Wichtung der einzelnen Elemente hängt von der zu spezifizierenden Eigenschaft ab. Für die Schweißeignung gilt

$$C_{\ddot{a}} = C + \frac{Mn}{6} + \frac{Cr + Mo + V}{5} + \frac{Ni + Cu}{15}. \quad (3.1.19)$$

Stähle mit $C_{\ddot{a}}<0,45\%$ sind erfahrungsgemäß herkömmlich schweißbar. Bei höheren Kohlenstoffaquivalenten sind besondere Maßnahmen zu treffen (z. B. Vor- und Nachwärmen), wodurch die Abkühlungsgeschwindigkeit und damit die Gefahr der Martensitbildung sinken. Die Wärmezufuhr darf allerdings bei behandelten und v. a. auch bei kaltverformten Stählen nicht zu groß sein, da es sonst zu Entfestigungen kommt.

3.1.4.6 Genormte Baustähle

Im Rahmen der europäischen Harmonisierung wurde auch das Bezeichnungssystem der Stähle in DIN EN 10027 neu geregelt. Dabei wurde das bewährte deutsche *Werkstoffnummernsystem* unverändert in den Teil 2 des europäischen Normenwerks übernommen, bei dem für jede Stahlsorte eine Nummer in Anlehnung an die chemische Zusammensetzung vergeben wird. Die Werkstoffnummer setzt sich aus der Werkstoffhauptgruppe 1 für Stahl, der zweistelligen Stahlgruppennummer, welche die Stähle in Sorten einteilt, und der zweistelligen Zählnummer, die nach der chemischen Zusammensetzung gebildet wird, zusammen (z. B. 1.01 12: Stahl, Allg. Baustähle, S235JR). Das Bezeichnungssystem für Kurznamen hat sich jedoch geändert und ist in zwei Hauptgruppen gegliedert, bei denen die erste Kurznamen mit Hinweisen auf die Verwendung und die mechanischen Eigenschaften und die zweite Kurznamen mit Hinweisen auf die chemische Zusammensetzung verwendet.

Allgemeine Baustähle sind in DIN EN 10025 genormt, die im Rahmen der europäischen Harmonisierung DIN 17100 ersetzt hat. Die Norm umfasst warmgewalzte Stähle, die z. B. im Hoch-, Tief- und Brückenbau verwendet werden. Die Kurznamen geben die Mindeststreckgrenze in N/mm² an, im Gegensatz zur zurückgezogenen DIN 17100, welche die Zugfestigkeit angab. Ein vorangestelltes S bezeichnet Baustahl und ein E Maschinenbaustahl. Zur Abschätzung der Sprödbruchsicherheit und der Schweißeignung werden die Stähle in Gütegruppen von JR bis K2 mit zunehmender Schweißeignung eingeteilt. Die Desoxidationsart kann durch eine nachgestellte Kennzeichnung G1 bis G4 angegeben werden. Eine Übersicht über vergleichbare Stahlbezeichnungen gibt Tabelle 3.1-17.

Feinkornbaustähle sind schweißgeeignete Baustähle mit höheren Streckgrenzen, sie sind auch in DIN EN 10025 genormt. Der Ansatz, die Festigkeit über die Kohlenstoffzugabe zu steigern, endet beim S 355 aufgrund des dazu notwendigen Kohlenstoffgehalts von 0,22%, der an der Grenze der Schweißbarkeit liegt. Weitere Festigkeitssteigerungen werden durch ein feinkörniges Gefüge erzielt. Die Bezeichnung erfolgt mit einem vorangestellten S für Stahl und der Angabe der Streckgrenze in N/mm². Die Gütegruppenbezeichnung N, M, NL oder ML wird nachgestellt.

Wetterfeste Stähle sind ebenfalls in DIN EN 10025 in den Stahlsorten S 235 und S 355 genormt und stimmen in den mechanischen Eigenschaften

Tabelle 3.1-17 Liste vergleichbarer früherer Stahlbezeichnungen von Stählen der DIN EN 10025

Bezeichnungen gemäß

DIN EN 10027 Teil 1	DIN EN 10027 Teil 2	DIN 17100 (zurückgezogen)
S235JR	1.0037	St 37-2
S235JRG1	1.0036	USt 37-2
S235JRG2	1,0038	RSt 37-2
S235J0	1.0114	St 37-3 U
S235J2G3	1.0116	St 37-3 N
S355J0	1.0553	St 52-3 U
S355J2G3	1.0570	St 52-3 N

weitgehend mit denen der entsprechenden allgemeinen Baustähle überein. Die Bezeichnung erfolgt mit der zusätzlich nachgestellten Kennung W. Geringe Legierungszusätze (v. a. Phosphor und Kupfer) bewirken, dass sich unter atmosphärischen Bedingungen dichte und gut haftende Rostschichten bilden. Sie minimieren die Abtragungsraten, obwohl der Stahl korrodiert erscheint. Die korrosionshemmende Schicht ist jedoch nur bei wechselndem Zutritt von Sauerstoff und Wasser stabil, der im Bereich von Spalten, Schraubenverbindungen oder im Erdreich evtl. nicht gegeben ist. Außerdem sind W-Stähle bei Chlorideinwirkung nicht beständig. Die jeweilige Abrostung, die sich über die geplante Lebenszeit ergibt, ist im statischen Nachweis ggf. durch Dickenzuschläge zu berücksichtigen.

3.1.4.7 Korrosionsbeständige Stähle

Sogenannte „nichtrostende Stähle", die im Bauwesen Verwendung finden, sind legierte Stähle und häufig unter Werknamen wie „V2A" oder „Nirosta" bekannt. Sie sind in DIN EN 10088 genormt. Hier wurden die Bezeichnungen der Kurznamen und Werkstoffnummern aus der bis dahin gültigen DIN 17440 übernommen. Wichtigste Eigenschaft ist die höhere Beständigkeit gegen Korrosion. Durch Zusatz bestimmter Legierungselemente wie Chrom und Nickel in erheblich höheren (i. d. R. Chrom > 12%) Mengen als bei wetterfesten Stählen bildet sich ein dichter, fest haftender, sehr dünner Oxidfilm aus, wodurch der Stahl passiviert wird. Bei einer mechanischen Beschädigung erneuert sich die passivierende Oxidschicht selbständig. Aufgrund der Korrosionsbeständigkeit kann also auf besondere Oberflächenschutzsysteme verzichtet werden, zudem braucht ein Dickenverlust infolge Korrosion nicht berücksichtigt zu werden.

Allerdings ist zu beachten, dass die Korrosionsbeständigkeit stark von den Umgebungsbedingungen abhängt. So sind bei chloridhaltigen Schwitzwässern in Schwimmbädern nur Cr-Ni-Mo-Edelstähle beständig. Eine Übersicht über die Einteilung der Stähle in Abhängigkeit von der Umgebung ist in Tabelle 3.1-18 gegeben.

Die überwiegende Zahl der nichtrostenden Stähle ist schweißbar, jedoch ist zu beachten, dass Cr und Mo die Schweißeignung negativ beeinflussen (vgl. Gl. (3.1.19)). Verbindungen zwischen

Tabelle 3.1-18 Einteilung nach Festigkeitsklassen und Widerstandsklassen gegen Korrosion nach [DIBT 1998]

Korrosionsklasse	Legierungstyp und Werkstoff-Nr.		Festigkeitsklasse					Korrosionsbelastung und typische Anwendung
			S 235	S 275	S 355	S 460	S 690	
I gering	Cr	1.4003	x	x		x		Innenräume
	Cr	1.4016	x					
II mäßig	CrNi	1.4301	x	x	x	x		zugängliche Konstruktion ohne nennenswerte Gehalte an Cl und SO$_2$
	CrNiTi	1.4541	x	x	x	x		
	CrNiN	1.4318			x	x		
	CrNiMo	1.4567	x	x	x	x		
III mittel	CrNiMo	1.4401	x	x	x	x		unzugängliche Konstruktion mit mäßiger Belastung von Cl und SO$_2$
	CrNiMo	1.4404	x	x	x	x	x	
	CrNiMoTi	1.4571	x	x	x	x	x	
	CrNiMoN	1.4439		x				
IV stark	NiCrMoCu	1.4539	x	x	x			Konstruktion mit hoher Korrosionsbelastung durch Cl und SO$_2$, z. B. Bauteile in Meerwasser und Schwimmhallen
	CrNiMoN	1.4462			x	x		
	CrNiMnMoNbN	1.4565				x		
	NiCrMoCuN	1.4529		x	x	x	x	
	CrNiMoCuN	1.4547		x	x		x	

nichtrostenden und allgemeinen Baustählen sind möglich, wobei die allgemeinen Baustähle und die Schweißstelle jedoch unter korrosiven Bedingungen vor Korrosion zu schützen sind. Die Bezeichnung erfolgt durch eine vorangestellte Kennzeichnung X für „korrosionsbeständig", die Angabe des Kohlenstoffgehalts in hundertstel Prozent, die Angabe der Legierungselemente und die Massenangabe der Legierungselemente in Prozent (z. B. X 5 Cr Ni 18 9 für nichtrostenden Stahl mit 0,05% Kohlenstoff, 18% Chrom und 9% Nickel) oder durch Angabe der Werkstoffnummer.

3.1.4.8 Betonstähle

Betonstähle sind in DIN 488 und DIN EN 10080 genormt. Sie werden nach der Streckgrenze und der Verarbeitungsform unterschieden und kommen in Form von Stabstählen, Matten und Bewehrungsdrähten zum Einsatz. Da Betonstähle als Massenprodukt über den Handel vertrieben werden, erfolgt die Kennung über Walzkennzeichen in der Rippenanordnung, aus denen das Herstellwerk ermittelt werden kann. *Stabstähle* werden in ø 6 bis 40 mm hergestellt und weisen zwei oder drei Rippenreihen auf. *Betonstahlmatten* sind werkseitig vorgefertigte Bewehrungen aus einander kreuzenden, kaltverformten, gerippten Stählen mit drei Rippenreihen, die an den Kreuzungspunkten durch Schweißen scherfest miteinander verbunden sind. *Betonstahlmatten* werden über den Stahlquerschnitt in mm² je m bezeichnet (z. B. Q 221 mit ø 6,5 alle 150 mm). *Bewehrungsdrähte* werden als BSt 500 G, glatt und BSt 500 P, profiliert hergestellt mit den gleichen Eigenschaften wie BSt 500 M.

3.1.4.9 Korrosion und Korrosionsschutz

In trockener Atmosphäre werden auch un- oder niedriglegierte Baustähle nur von einer dünnen Oxidschicht überzogen, die keinen Einfluss auf das metallische Aussehen hat. Unter normalen atmosphärischen Bedingungen stellt sich jedoch ein fortlaufender Korrosionsprozess ein, dessen Korrosionsgeschwindigkeit von der Feuchte und Reinheit der Luft abhängig ist. Stahlbauteile, die eines statischen Nachweises bzw. einer bauaufsichtlichen Zulassung bedürfen, müssen daher mit einem Kor-

rosionsschutz versehen werden. Dieser muss auf die zu erwartende Korrosionsbelastung und die geplante Nutzungsdauer abgestimmt sein. Die Dauerhaftigkeit des Korrosionsschutzes ist im Wesentlichen von der Art der Untergrundvorbehandlung und der Schichtdicke abhängig. Geeignete *Korrosionsschutzsysteme* bestehen aus ein bis vier organischen Beschichtungen, Metallüberzügen (Verzinken) oder Metallüberzügen plus Beschichtungen (Duplex).

Betonstahl ist in Beton eingebettet und im ordnungsgemäß hergestellten Beton ohne vorgenannte Korrosionsschutzsysteme vor Korrosion geschützt. Auf Grund des hohen pH-Wertes des Betons von i. d. R. über 13 bildet sich ein sehr dichter, festhaftender Oxidfilm analog zu den korrosionsbeständigen Stählen. Dieser Vorgang wird als „Passivierung" bezeichnet. Zur Aufrechterhaltung des alkalischen Milieus an der Stahloberfläche muss die Betondeckung ausreichend dick und dicht sein. Die Mindestbetondeckung nach Norm muss daher Vorgaben in Abhängigkeit von den Umgebungsbedingungen einhalten. Bei der Einwirkung von Chloriden (z. B. aus Tausalzen oder Meerwasser), die in den Beton eindringen, kann der Passivfilm jedoch auch bei ausreichender Alkalität durchbrochen werden und Korrosion stattfinden. Das Eindringen von Chloriden muss deshalb vermieden werden, z. B. durch die Erhöhung der Betondeckung, die Verwendung höherer Betonqualitäten oder durch außenliegende, dichte Schutzschichten.

3.1.5 Nichteisenmetalle (NE-Metalle)

Man unterscheidet

– schwere NE-Metalle wie Blei, Kupfer, Nickel, Zinn und Zink sowie
– leichte NE-Metalle wie Aluminium und Magnesium.

3.1.5.1 Blei

Dichte 11,3 g/cm³, Schmelztemperatur 327°C, Wärmedehnzahl $29,1 \cdot 10^{-6}$ K^{-1}. Blei absorbiert Schallwellen, Röntgen- und radioaktive Strahlen. Antimonzusatz (Sb) erhöht die Festigkeit; Rohrblei mit 0,2% bis 1,25% Sb, Hartblei mit 5% bis 13% Sb. An der Luft überzieht sich Blei mit einer

Schutzschicht aus Bleikarbonat, bei SO_2-Einwirkung entsteht schwer lösliches Bleisulfat. Weiches Wasser unter $8°dH$ und Alkalien greifen Blei an. Bleibleche für Dacheindeckungen nicht unter 2,0 mm Dicke wählen. Bleifolien und Bleibleche zwischen zwei Bitumendachbahnen für Abdichtungen verwenden.

3.1.5.2 Kupfer

Dichte 8,9 g/cm³, Schmelztemperatur 1083°C, Wärmedehnzahl $17 \cdot 10^{-6}\,K^{-1}$, Zugfestigkeit 200 bis 400 N/mm² bei abnehmenden Bruchdehnungen A_5 von 40% bis 2%. Festigkeitssteigerungen infolge Kaltverformung gehen bei Erwärmen über die Weichglühtemperatur wieder verloren. Aushärtbare Legierungen erhalten ihre Festigkeit nach dem Weichglühen bei Auslagerung unter der Weichglühtemperatur. Kupfer ist beständig im basischen Milieu und gegen Sulfate; an der Luft entsteht eine dichte Patinaschicht. Chloride und Kohlensäure greifen Kupfer an. Bleche 0,6 bis 2,0 mm (z. B. für Dacheindeckungen) und Bänder 0,1 bis 0,2 mm (z. B. als Kupferriffelband für Abdichtungen) sollen vollflächig aufliegen und werden in Falztechnik oder auch mit Heißbitumen verklebt verlegt. Rohre werden für Brauchwasser-, Heizungs-, Öl- und Gasleitungen verwendet. Bei der Wasserinstallation gilt die Fließregel: erst der unedlere Stoff (Stahl), dann der edlere (Kupfer). Bei Warmwasserinstallation mit Zirkulationspumpe ist keine Mischinstallation erlaubt. Bei Heizungen ist keine Fließrichtung zu beachten. Bei tiefen Temperaturen (Kältetechnik) versprödet Kupfer nicht. Der Zusammenbau von Kupfer mit Edelstahl gilt als unbedenklich, ebenso der von Armaturen aus Kupferlegierungen mit verzinkten Stahlrohren.

Kupfer-Zinn-Legierung mit 2% bis 20% Sn (Zinnbronze) ist hart, verschleißfest, hat hohen Korrosionswiderstand und gute Federeigenschaften. Sie wird für Armaturen, Pumpen und Ventile verwendet. Bei Kupfer-Zink-Legierungen mit 5% bis 45% Zn (Messing) steigt die Festigkeit und sinkt der Korrosionswiderstand mit dem Zn-Anteil.

3.1.5.3 Nickel

Dichte 8,9 g/cm³, Schmelztemperatur 1453°C; Legierungselement bei z. B. Chrom-Nickel-Stählen mit erhöhtem Korrosionswiderstand. Monelmetall mit ca. 67% Ni ist sehr fest und wetterbeständig und wird z. B. für Glasdachrahmen verwendet.

3.1.5.4 Zinn

Dichte 7,3 g/cm³, Schmelztemperatur 232°C, sehr weich und beständig an der Luft. Zinn findet für korrosionsschützende Überzüge (Weißblech) gegen schwache Säuren und Laugen Verwendung. Unlegiertes Zinn zerfällt bei −13°C (Zinnpest).

3.1.5.5 Zink

Dichte 7,2 g/cm³, Schmelztemperatur 419°C, Wärmedehnzahl $2 \cdot 10^{-6}\,K^{-1}$. Bei Normaltemperatur ist Zink spröde und empfindlich gegen Säuren und Basen. An der Luft bildet es eine wasserunlösliche Schutzschicht. Anstriche auf frischem Zink haften schlecht, daher Oberfläche erst bewittern oder abbeizen. Titanzink D-Zn mit 0,1% bis 0,2% Titan hat geringere Wärmedehnzahl $20 \cdot 10^{-6}\,K^{-1}$, verbesserte Dauerstandfestigkeit und ist nicht so spröde wie Zink. Bleche und Bänder (z. B. für Abdeckungen und Dacheindeckungen) so verlegen, dass Bewegungen aus Temperaturänderungen möglich sind, Wasser abgeleitet wird und Ablagerungen fortgespült werden. Kondensatbildung vermeiden bzw. für baldiges Abtrocknen sorgen. In Fließrichtung Zink nie nach Kupfer anordnen.

Verzinken als Korrosionsschutz

Feuerverzinken von Stahlbauteilen im Tauchbad, von Bändern im Durchlaufverfahren. An der Stahloberfläche bilden sich Eisen-Zink-Legierungen. Zinkblumen an der Oberfläche sind reines Zink. Verzinkte Stahlteile sind beständig auch im alkalischen Beton. Korrosion ist jedoch möglich an der Trennfläche Beton/Luft. Von Spannstählen muss ein Mindestabstand (2 cm) eingehalten werden.

3.1.5.6 Aluminium

Dichte 2,7 g/cm³, Schmelztemperatur 660°C, Wärmedehnzahl $24 \cdot 10^{-6}\,K^{-1}$, Zugfestigkeit bis 80 N/mm², E-Modul $70 \cdot 10^3$ N/mm², d.h. ein Drittel des E-Moduls von Stahl. An der Luft bildet sich eine Deckschicht aus Al_2O_3. Alkalien, Sulfate und Chloride greifen Al an. Die Herstellung erfordert 12 bis

14 kWh je kg Al, das Schmelzen nur 5% dieser Energie. Recycling ist daher sehr wirtschaftlich.

Aluminiumlegierungen: Durch Zugabe von Si, Mg, Mn, Zn und Cu bis zu 6% entstehen *Knetlegierungen*, die sich für spanlose Formgebung wie Walzen, Strangpressen, Ziehen und Schmieden eignen. *Gusslegierungen* enthalten 5% bis über 20% Legierungsbestandteile.

Dichte, Schmelztemperatur, Wärmedehnzahl und E-Modul sind weitgehend unabhängig von der Legierungszusammensetzung. Die Legierungsatome bewirken in der Aluminiummatrix Gitterdeformationen, die das Gleiten der Versetzungen behindern und deshalb die Festigkeit erhöhen. Kaltverformung bewirkt eine Erhöhung der Versetzungsdichte und somit ebenfalls eine Festigkeitssteigerung. Wärmebehandlung kann eine vorausgegangene Festigkeitssteigerung rückgängig machen. Aushärtbare Legierungen lassen sich durch Lösungsglühen, Abschrecken und Auslagern bei Raumtemperatur oder bei erhöhter Temperatur erheblich in ihrer Festigkeit steigern. Die Dehnbarkeit nimmt dabei, im Unterschied zum Verhalten bei Festigkeitssteigerung durch Kaltverformung, kaum ab.

Nichtaushärtbare Legierungen (AlMg, AlMgMn) sind leichter verformbar, haben geringere Festigkeit und können durch Kaltverformen verfestigt werden. Aushärtbare Legierungen (Mg, Si, Zn, Cu) haben höheren Korrosionswiderstand und müssen nach einer Wärmebehandlung erneut ausgehärtet werden. Bei höherer Temperatur sinken Zugfestigkeit, Schwingfestigkeit, Dehngrenze und Härte der Al-Legierungen früher und stärker als bei Stahl. Der Anwendungsbereich ist deshalb in verschiedenen Bemessungsrichtlinien auf +60°C begrenzt. Bei tiefen Temperaturen tritt keine Versprödung auf, was im Behälterbau oft von entscheidender Bedeutung ist. Den Korrosionswiderstand kann man durch Erzeugen einer künstlichen Oxidschicht (Eloxal) deutlich steigern. Im Meerwasser verhält sich Al günstiger als Stahl, die Korrosionsrate nimmt mit der Zeit ab. Die Zugfestigkeit reicht bis 420 N/mm² für schweißbare und bis 700 N/mm² für nichtschweißbare Legierungen. Das geringe Gewicht und der gute Korrosionswiderstand bestimmen die Verwendung der Aluminiumlegierungen.

Kennwerte, insbesondere für Mindestwerte der Festigkeit, finden sich z. B. für Bleche und Bänder in DIN 4113 mit Streckgrenzen von 80 bis 275 N/

mm² und Zugfestigkeiten von 190 bis 350N/mm² für sechs Standardlegierungen. Bezeichnet werden Al-Legierungen nach DIN EN 573-1 über ein numerisches Bezeichnungssystem mit einer vierstelligen Nummer, deren Ziffern die Legierung beschreiben (z. B. ENAW-7050). Diese Kennzeichnung kann ergänzt werden um die Angabe von bis zu vier Legierungselementen in fallender Reihenfolge des Nenngehalts (z. B. ENAW-7050[AlZn6CuMgZr]).

3.1.6 Bauglas

3.1.6.1 Zusammensetzung, Beständigkeit, Eigenschaften

Glas besteht aus ca. 72% SiO_2, 15% Na_2O, 8,5% CaO, 3,5% MgO, 1,5% Al_2O_3 und Spuren anderer Oxide. In die unregelmäßige Netzstruktur aus Si und O sind die anderen Elemente eingelagert. Bei längerer Einwirkung insbesondere eines dünnen Kondenswasserfilmes auf die Glasoberfläche werden Na, Ca und Mg aus dem Netzwerk gelöst und die Glasoberfläche korrodiert.

Dichte 2500 kg/m³, Mohshärte 5 bis 6, E-Modul $73 \cdot 10^3$ N/mm², Druckfestigkeit 700 bis 900N/mm², Biegefestigkeit 45N/mm², Ausdehnungskoeffizient $9 \cdot 10^{-6}$ K^{-1}, Temperaturwechselbeständigkeit 30 bis 40 K, Erweichungstemperatur ca. 600°C.

3.1.6.2 Glasarten

– *Floatglas*, 2 bis 25 mm dick, auf Zinnbad hergestellt, hat plane Oberflächen.
– *Gussglas*, auch Ornamentglas, hat durch Walzen eine Oberflächenstruktur, die das Licht streut und eine klare Durchsicht behindert.
– *Drahtglas* ist Gussglas, in dem ein punktgeschweißtes Drahtnetz eingebettet ist.
– *Borosilikatglas* enthält 7% bis 15% Boroxid, hat einen niedrigeren Ausdehnungskoeffizienten, deshalb bessere Temperaturwechselbeständigkeit und ist gegen Säuren und Laugen beständiger als übliches Kalk-Natron-Glas.

Sicherheitsgläser

Einscheibensicherheitsglas (ESG), thermisch vorgespannt, wird in seinen Endabmessungen auf über 650°C erhitzt und mit kalter Luft abgeschreckt. Die Glasoberflächen haben dadurch eine Druckvorspannung, das Glas eine erhöhte Biegefestigkeit und bessere Verformbarkeit; Temperaturwechselbeständigkeit 200 K. Bei Zerstörung krümeliger Bruch. *Teilvorgespanntes Glas* (TVG) wird nach dem Erhitzen weniger schnell abgekühlt und hat beim Bruch radiale Risse. Die Biegefestigkeit ist höher als bei Floatglas, die Temperaturwechselbeständigkeit 100 K. Bei *chemisch vorgespanntem Glas* werden in einer Salzschmelze an der Glasoberfläche die Na-Ionen durch größere Ionen ersetzt. Die Druckvorspannung erfasst nur eine sehr dünne Schicht der Oberflächen, die Biegefestigkeit ist wesentlich gesteigert. Die Scheibe kann geschnitten werden. Das Bruchbild entspricht dem von Floatglas.

Verbundsicherheitsglas (VSG) besteht aus mindestens zwei Glasscheiben, die mit einer Folie oder Kunstharz fest miteinander verbunden sind. Beim Bruch bleiben die Splitter am Kleber haften. Bei Verwendung von TVG für die einzelnen Scheiben erreicht man höhere Festigkeit als mit Floatglas. Begehbare VSG-Platten müssen aus mindestens drei Glasplatten bestehen. Bei Zerstörung der obersten rutschfesten Verschleißscheibe ist eine Resttragfähigkeit nachzuweisen. Die Eigenschaften der einzelnen Glasplatten und der Zwischenschichten entscheiden im Verbund mit der Rahmen- und Haltekonstruktion, ob das VSG durchwurf-, durchbruch-, durchschuss- oder sprengwirkungshemmend ist. Mit Drahteinlage in der Zwischenschicht kann die VSG-Scheibe beheizt und/oder an eine Alarmanlage angeschlossen werden.

Mehrscheibenglas mit Luftzwischenraum besteht aus zwei oder drei Floatglasscheiben, die durch hermetisch abgeschlossene und entfeuchtete Zwischenräume voneinander getrennt sind. Zusammensetzung, Einfärbung und Beschichtung der Scheiben steuern Durchgang, Absorption und Reflexion der Strahlung bestimmter Wellenlänge. Schwere Gase im Scheibenzwischenraum mindern die Wärmeleitfähigkeit. Bei $2 \times$ Floatglas $+ 12$ mm Luft ist der Wärmedurchgangskoeffizient k_v der Verglasung 3,0 W/(m²·K), bei Beschichtung $+ 15$ mm Krypton ist $k_v = 1,1$ W/(m²·K).

Bei *Schallschutzglas* ist die der Schallquelle zugewandte Seite dicker (mindestens 6 mm), der Scheibenzwischenraum größer und die Verbindung der beiden Scheiben schalltechnisch entkoppelt.

Brandschutzverglasungen (G) sind undurchlässig für Flammen und Gase und können z. B. aus Drahtglas oder VSG aus ESG mit Spezialfolie bestehen. *Brandschutzverglasung* (F) hemmt zusätzlich den Durchgang von Hitzestrahlung infolge Absorption und/oder Aufschäumen des Materials im Scheibenzwischenraum.

3.1.6.3 Bauen mit Glas

Mit Druck senkrecht zur Kontaktfläche und Reibung in der Ebene der Kontaktfläche sowie Klebung werden Kräfte übertragen. Verkanten und Kontakt des spröden Glases mit harten Auflagern müssen vermieden werden, Lastab- und -einleitungsbereiche ausreichend dimensioniert sein. Das Tragvermögen von Klebeverbindungen ist temperaturabhängig. Spannungen und Tragvermögen der dünnen Platten sind abhängig von Auflagerung und Verformungen. Bei vierseitig gelagerten Platten entsteht mit zunehmender Durchbiegung eine Membranwirkung mit erhöhter Tragfähigkeit. Glasschwerter (lange, schmale Tafeln) werden wie Scheiben in ihrer Ebene beansprucht und bestehen wegen der hohen Spannungen an den Kanten aus Sicherheitsglas. Mit zusammengesetzten Glasquerschnitten, Kombinationen mit zugfesten Stoffen (z. B. Seilen) und durch Vorspannen werden weit gespannte Tragkonstruktionen möglich, vgl. [Schittich u. a. 1998].

3.1.6.4 Schaumglas

Mit Kohlenstoff aufgeschäumtes, weitgehend alkaliresistentes Glas; Platten und Formteile aus dem Block geschnitten. Wasser- und wasserdampfdicht, Rohdichte 105 bis 165 kg/m³, Wärmeleitfähigkeit $\lambda_R = 0,040 - 0,055$ W/(m·K); Ausdehnungskoeffizient $8,5 \cdot 10^{-6}$ K^{-1}. Unkaschiert: unbrennbar Baustoffklasse A1, Verlegung in Bitumen; kaschiert: normalentflammbar Baustoffklasse B 2, Verlegung trocken oder im Frischbetonbett. Schaumglas darf bei entsprechendem Zulassungsbescheid als Wärmedämmung berücksichtigt werden, auch wenn sie außerhalb der Abdichtung angeordnet ist.

3.1.6.5 Glasfasern

Im Vergleich zu massivem Glas erhöhte Zugfestigkeit. Eine Schlichte an der Faseroberfläche verbessert die Verarbeitbarkeit und den Verbund zur

Kunststoff- oder Zementmatrix. Glasfasern mit hohem Zirkongehalt haben erhöhte Alkaliresistenz. Cem-Fil AR Glasfasern: Dichte 2,7 g/cm³, Durchmesser 12 bis 20 μm, Zugfestigkeit 1,5 bis 2,5·10³ N/mm², Elastizitätsmodul 70 bis 80·10³ N/mm², Bruchdehnung 25‰.

3.1.7 Bitumen, Asphalt

Bitumen ist ein bei der Aufbereitung geeigneter Erdöle gewonnenes schwerflüchtiges dunkelfarbiges Gemisch verschiedener organischer Substanzen, deren elasto-viskoses Verhalten sich mit der Temperatur ändert. Die für Bitumen typischen Eigenschaften beruhen auf dem kolloidalen System, in dem eine disperse Phase (Asphaltene) in einer zusammenhängenden (kohärenten) Phase aus hochsiedenden Ölen (Maltene) in stabiler Verteilung vorliegt. Die Asphaltene sind keine einheitliche Stoffgruppe; sie sind die höhermolekularen Anteile im Bitumen und lassen sich durch geeignete Lösemittel ausfällen.

Bitumen darf nicht mit Steinkohlenteerpech (bisher „Teer" genannt) verwechselt werden. Zwischen Bitumen und Steinkohlenteerpech bestehen deutliche Unterschiede sowohl in stofflicher Hinsicht als auch im Gebrauchsverhalten (Geruch, thermoviskoses Verhalten, Alterung, toxikologisches Verhalten u. a.).

Bitumen weist je nach Sorte eine Dichte von 0,92 bis 1,07 g/cm³, einen Wärmeausdehnungskoeffizienten von 0,0006 K^{-1} und eine Wärmeleitfähigkeit von 0,16 W/(m·K) auf. Die Viskosität des Bitumens ist temperaturabhängig (thermoviskos), die Steifigkeit hängt von der Belastungszeit ab (elasto-viskos). Bitumen ist in der Lage, aufgezwungene Spannungen durch viskose Verformungen abzubauen (Relaxation). Die Haftfestigkeit gegenüber trockenen und entstaubten Gesteinskörnungen ist gut. In Wasser zeigt sich Bitumen unlöslich. Zwangsläufig löst sich Bitumen in Kohlenwasserstoffen gleicher Herkunft (Öl, Benzin, Diesel) sowie in bestimmten chemischen Lösemitteln. Die das Bitumen bildenden Kohlenwasserstoffe sind sehr reaktionsträge gegenüber chemischen Substanzen. Durch die Einflüsse von Luftsauerstoff, UV-Strahlung (Licht) und Wärme erfährt Bitumen eine destillative und oxidative Verhärtung.

Verarbeitungsformen des Bitumens sind Straßenbaubitumen, polymermodifizierte Bitumen, Bitumenlösungen und -emulsionen. Bitumen und seine Verarbeitungsformen werden zur Herstellung von Asphalt und Estrichen, Dach- und Dichtungsbahnen, Bautenschutzmitteln, Fugenvergussmassen und Rohrschutzmassen verwendet. Weitere Anwendungsbereiche finden sich in der Papierindustrie zum Imprägnieren, Kaschieren und Beschichten, in der Gummiindustrie als Weichmacher sowie in der Kabel-, Elektro- und Lackindustrie. Zu den Bitumen im weitesten Sinne sind auch die in geologischen Zeiträumen aus Erdölen gebildeten Bitumenanteile von Naturasphalt zu rechnen.

Asphalt ist ein natürlich vorkommendes oder technisch hergestelltes Gemisch aus Bitumen oder bitumenhaltigen Bindemitteln und Gesteinskörnungen sowie ggf. weiteren Zuschlägen und/oder Zusätzen.

Grundsätzlich lässt sich Asphalt in die Arten Walzasphalt und Gussasphalt unterteilen. Im *Gussasphalt* sind die Hohlräume im Gesteinskörnungsgemisch mit Bitumen voll ausgefüllt. Gussasphalt bedarf keiner Verdichtung und wird verstrichen. Seine Standfestigkeit hängt im Wesentlichen von der Steifigkeit des Mörtels (Bitumen-Füller-Gemisch) ab. Beim *Walzasphalt* ist für die Standfestigkeit das Korngerüst von wesentlicher Bedeutung, der Mörtel hat lediglich verklebende Wirkung. Die Einbautemperatur liegt bei Gussasphalt mit 200°C bis 230°C höher als bei Walzasphalt (130°C bis 190°C).

Neben der Standfestigkeit spielen die Verarbeitbarkeit und Verdichtbarkeit bei der Asphaltkonzeption eine wesentliche Rolle. Deckschichten im Asphaltstraßenbau weisen ein hohes Maß an Verschleißfestigkeit, Ebenheit und Griffigkeit auf. Bei Hohlraumgehalten unter 3 Vol.-% ist Asphalt wasserundurchlässig.

Neben den vorgeschriebenen Dichtungsaufgaben als Brückenbelag kommt dem Gussasphalt als Estrich und als Bestandteil wasserdichter Beläge in Nassräumen, in Tiefgaragen, auf Parkdecks und begrünten Dächern wesentliche Bedeutung zu. Walzasphalt wird im Straßenbau als Asphaltbeton, Asphaltbinder, Splittmastixasphalt, Offenporiger Asphalt, Asphalttrag- und Asphalttragdeckschicht verwendet. Weitere Anwendungsbereiche sind der Flugplatzbau, Wasserbau und Deponiebau.

3.1.8 Kunststoffe

3.1.8.1 Allgemeines, Bildungsreaktionen, Klassierung

Kunststoffe werden synthetisch aus verschiedenen niedermolekularen organischen Verbindungen *(Monomere)* gebildet. Sie bestehen in ihren wesentlichen Komponenten aus makromolekularen organischen Ketten *(Polymere)*. Der molekulare Aufbau, d. h. Gestalt, Größe, Anzahl und Art der Kettensegmente, beeinflusst die Werkstoffeigenschaften der *homogenen* und *isotropen* Kunststoffe entscheidend, sofern keine Verstärkungen oder Füllungen vorhanden sind. Das Kohlenstoffatom (Kurzzeichen C) stellt bei der überwiegenden Zahl der Kunststoffe das Verbindungsglied der Kettensegmente dar, s. auch [Vieweg/Braun 1975, Saechtling/Zebrowski 1986; Wesche 1988] und – hinsichtlich Schutz und Instandsetzung von Baustoffen und Bauteilen – [Sasse 1994].

Bei den Bildungsreaktionen werden drei Grundtypen unterschieden:

– Bei der *Polymerisation* liegen als Ausgangsprodukte ungesättigte Monomere vor. Deren Doppelbindungen werden durch Energiezufuhr aufgebrochen, und dadurch wird die Kettenbildung ausgelöst. Als Beispiele seien genannt: aus Ethylen (C_2H_4) wird Polyethylen (PE), aus Vinylchlorid (C_2H_3Cl) wird Polyvinylchlorid (PVC). Bei zahlreichen Kunststoffen sind an den C-Atomen der Hauptkette kurze C-Ketten oder C-

Ringe angebunden (z. B. Polystyrol (PS), Polypropylen (PP)).

– Bei der *Polyaddition* werden die Makromoleküle verschiedener Monomere mit reaktionsfähigen Endgruppen durch intramolekulare Umlagerung von H-Atomen und Verkettung der freiwerdenden Valenzen gebildet. Ein Abscheiden von Spaltprodukten erfolgt nicht.

– Bei der *Polykondensation* gelten ähnliche Randbedingungen wie bei der Polyaddition, es werden jedoch niedermolekulare Anteile abgetrennt (Kondensat).

Die Klassierung der Kunststoffe erfolgt mit Hilfe der Temperaturfunktion des Schubmoduls (Abb. 3.1-32). Der Bereich der *Glasübergangstemperatur* T_g stellt den Übergang vom energie-elastischen Verhalten (Glaszustand) zum entropie-elastischen Verhalten dar.

Duromere (1) fassen engmaschig vernetzte Polymere zusammen. Der Schubmodul nimmt zwar bei über T_g steigender Temperatur deutlich ab, die flüssige Phase wird jedoch nicht erreicht. Dies ist bei *Thermoplasten* sehr wohl der Fall, wobei im Unterschied zu den *amorphen Thermoplasten* (3) – hier erfolgt ein rascher Übergang in die flüssige Phase – bei den *teilkristallinen Thermoplasten* (2) der Abfall langsamer erfolgt, da zunächst die kristallinen Strukturen zerstört werden müssen. Bei *Elastomeren* (4) liegt der Glasübergang i. d. R. unterhalb des Gebrauchstemperaturbereichs, so dass bei Ge-

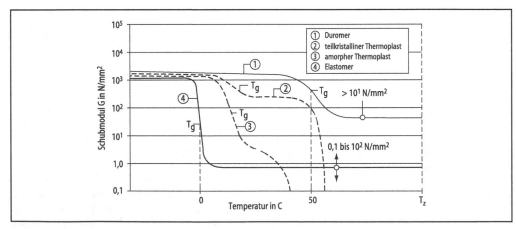

Abb. 3.1-32 Klassierung hochpolymerer Werkstoffe durch die Temperaturfunktion des Schubmoduls

brauch Entropieelastizität vorliegt. Wie Duromere zersetzen sich Elastomere bei Erreichen der Zersetzungstemperatur (T_Z), ohne in die flüssige Phase überzugehen.

3.1.8.2 Kunststoffe als Konstruktionswerkstoffe

Um die Tragfähigkeit und Steifigkeit zu erhöhen, werden in Kunststoffe häufig Fasern eingelegt; es entstehen sog. „faserverstärkte Kunststoffe" (FK). Weit verbreitet sind *glasfaserverstärkte Kunststoffbauteile* (GFK). Werkmäßig hergestellte Serienbauteile wie Silos, Tanks, schalenförmige Dachkonstruktionen, Großrohre, Kühltürme, Fassadenplatten und Betonschalungen bestehen vielfach aus Polyesterharz, das durch Glasfaserzugabe verstärkt wurde. Der Glasfasergehalt beträgt je nach Erfordernis rd. 20 bis 70 M.-%. Je nach Orientierung der Fasern ergeben sich Werkstoffe mit anisotropen mechanischen Kennwerten. Die Fasern werden nach Bedarf als Einzelfasern (Rovings), als Matten (ungerichtet) oder als Gewebe (gerichtet) eingelegt.

In jüngster Zeit baut man auch verstärkt Elemente aus Hochleistungsverbundwerkstoff (HLV-Elemente) zur Verstärkung von bestehenden Bauwerken ein. Bei diesen Elementen kann es sich um Stäbe (Einzelstäbe oder Spannglieder zur z.T. externen Vorspannung) oder um Laschen bzw. Lamellen (zum Aufkleben auf vorhandene Konstruktionen) handeln. Als Fasern werden im Bauwesen Kohlenstoff-, Aramid- oder Glasfasern verwendet. Die Matrix besteht meist aus ungesättigtem Polyesterharz (UP) oder Epoxidharz (EP). Die stark unterschiedlichen Stoffkennwerte von Fasern und Matrix bedingen eine weitgehende Aufgabenteilung der Stoffeigenschaften auf die Komponenten je nach Anteil im unidirektionalen Verbundwerkstoff: Die Faser bestimmt im Wesentlichen die mechanischen Eigenschaften und die Wärmedehnung, die Matrix die Übertragung der interlaminaren Scherkräfte, den Diffusionswiderstand und die Chemikalienbeständigkeit.

Im Folgenden werden Kunststoffe bzw. Kunststoffbauteile aufgezählt, die für die Standsicherheit oder Funktionsfähigkeit einer Konstruktion entscheidende Bedeutung haben können:

– Kleber,
– Kunststoffdichtungsbahnen,
– Dichtungsmassen und
– Baulager.

3.1.8.3 Kunststoffe für Schutz und Instandsetzung von Baustoffen und Bauteilen

Kunststoffe als Imprägnier- bzw. Beschichtungsstoffe

Schutzbehandlungen kapillarporiger Baustoffe, die das Porensystem nicht verstopfen und keinen oberflächlichen Film bilden, nennt man „Imprägnierungen". Verhindert oder erschwert eine Imprägnierung die Benetzung der Baustoffoberfläche mit Wasser und hebt sie die kapillare Saugkraft gegenüber Wasser auf, so spricht man von einer „hydrophobierenden Imprägnierung" oder „Hydrophobierung". *Hydrophobiermittel* wirken durch physikalische Oberflächenkräfte, die den Randwinkel des benetzenden Wassers vergrößern und somit kapillares Saugen unterbinden.

Bei den Wirkstoffen handelt es sich zumeist um *siliziumorganische Verbindungen* (Silane, Siloxane). Da für den Erfolg einer Hydrophobierungsmaßnahme die Eindringtiefe (Penetration) von entscheidender Bedeutung ist, muss der Wahl des Anteils und der Art des Lösemittels besondere Aufmerksamkeit geschenkt werden. In der Vergangenheit lag der Anteil an organischem Lösemittel bei vielen marktüblichen Produkten über 90 M.-%. Im Zuge eines gewachsenen Umweltbewusstseins werden inzwischen von vielen Herstellern auch in Wasser gelöste Hydrophobierungen angeboten (Mikroemulsionen).

Bei der Mehrzahl der *einkomponentigen Beschichtungsstoffe*, die zum Oberflächenschutz oder zur Instandsetzung von Betonbauteilen dienen, handelt es sich um physikalisch trocknende Systeme, d.h., die molekulare Identität der Bindemittel wird im Zuge des Filmbildungsprozesses nicht verändert. Die Größe der vorliegenden Partikel (Molekülknäuel) entscheidet letztlich über die Eingruppierung als Lösung (zumeist in organischem Lösemittel) oder als Dispersion (zumeist in Wasser dispergiert). Zur Beschichtung von Betonflächen werden i. Allg. reine Acrylate oder Acrylat-Copolymere – entweder in Wasser dispergiert oder in Lösemittel gelöst – verwendet, da diese Stoffe eine hohe Verseifungsbeständigkeit aufweisen (Hydrolyse von Estern in Anwesenheit von Hydroxylionen). Von Art und Anteil des Polymers und der Pigmente, Hilfsstoffe und Zusatzstoffe werden wichtige Beschichtungseigenschaften wie Alterungsbeständigkeit, Diffusionseigenschaften, chemische Widerstandsfähigkeit und Rissüberbrückungsverhalten bestimmt.

Bei den *zweikomponentigen Beschichtungssystemen* handelt es sich um reaktive Systeme, und zwar entweder um

- Epoxidharz- bzw. Polyurethansysteme, in beiden Fällen erfolgt nach dem Anmischen der Komponenten eine Polyaddition, oder
- um reaktive Acrylharze, hier kommt es auf der Baustoffoberfläche zu einer radikalischen Polymerisation, für die als Starter meist Peroxidpulver verwendet wird.

Die Produkte aus diesen Gruppen lassen sich in ihren Eigenschaften in sehr weiten Bereichen gezielt einstellen, so dass hieraus Versiegelungen, Beschichtungen mit hohen chemischen und/oder mechanischen Widerständen, gummielastische (rissüberbrückende) Beschichtungen und auch schnell reagierende Spritzabdichtungen („Flüssigfolien") hergestellt werden können.

Kunststoffhaltige Mörtel und Betone (PC, PCC)

Kunstharzmörtel (auch Reaktionsharzmörtel, PC) werden mit flüssigen polymeren Bindemitteln anstelle von Zementleim als Bindemittel hergestellt. Sie unterscheiden sich von den üblichen zementgebundenen Betonen v. a. durch ihre sehr hohe chemische Beständigkeit, die wesentlich höhere Zugfestigkeit, ihren kleinen Elastizitätsmodul, das Fehlen eines Kapillarporensystems und ihre sehr rasche Festigkeitsentwicklung. Im Allgemeinen werden als Bindemittel reaktive Stoffe (Epoxidharze, ungesättigte Polyesterharze oder Methacrylatharze) verwendet. Das Hauptanwendungsgebiet von Kunstharzmörteln liegt im Bereich Industrieböden, und zwar befahrener und chemisch bzw. mechanisch sehr stark belasteter Flächen.

Kunststoffhaltiger Zementmörtel und Zementbeton (kunststoffmodifizierter Mörtel oder Beton, PCC Polymer Cement Concrete) wird in großem Umfang zur Reparatur von geschädigtem Beton eingesetzt. Da diese Stoffe selten allein verwendet werden, spricht man auch von „Betonersatzsystemen".

Sie bestehen aus einem Korrosionsschutzanstrich (zementgebunden oder Epoxidharz zur Beschichtung freigelegter Bewehrungsstähle), aus einer Haftbrücke (zementgebunden oder Epoxidharz) zur Verbesserung des Verbunds zum vorhandenen Altbeton, aus dem eigentlichen kunststoffhaltigen Mörtel und einem Feinspachtel (zur Homogenisierung der Mörteloberfläche). Das Angebot umfasst händisch verarbeitbare und spritzbare Systeme. Hinsichtlich der Zementgehalte und w/z-Werte werden Mindest- und Maximalwerte vorgegeben. Zur Modifizierung der Zementmörtel dienen in Deutschland Acrylat, Styrol-Acrylat, Styrol-Butadien, Epoxidharz und Vinylacetat-Ethylen. Der Kunststoffanteil im Mörtel liegt i. d. R. zwischen 5% und 10%, bezogen auf die Zementmasse. Grundsätzlich wird von Instandsetzungsmörteln dauerhafte Widerstandsfähigkeit gegen Umwelteinflüsse und Abnutzung durch Gebrauch gefordert, zudem dauerhaft ausreichende Haftung zum Altbeton und keine negative Beeinträchtigung des Korrosionsschutzes der Bewehrung.

Kunststoffe zum Füllen von Rissen (EP, PUR)

Risse in Massivbauteilen müssen mit geeigneten Materialien *kraftschlüssig* oder *abdichtend* gefüllt werden, wenn die Dauerhaftigkeit der Standsicherheit oder Gebrauchstauglichkeit beeinträchtigt ist. Thermische und/oder hygrische Formänderungen der Bauteile führen an Rissen immer zu – wenn auch z. T. sehr kleinen – Rissbreitenänderungen, auch wenn die eigentliche Ursache für die Rissentstehung entfallen ist (Überbelastung, Schwinden, Kriechen, Stützensenkung o. ä.). Falls geeignete Beschichtungssysteme zur Überbrückung der Risse nicht tauglich sind, wird entweder kraftschlüssig verpresst oder abdichtend injiziert. In den letzten Jahren wurden auch *Feinstzemente* entwickelt, die als Zementleim oder Zementsuspension zur kraftschlüssigen Füllung in Risse injiziert werden können. Inzwischen werden auch in verstärktem Umfang sog. Acrylatgele zur abdichtenden Injektion verwendet. Der nach Reaktion der Komponenten entstehende Gelkörper bindet Wasser physikalisch. Der Einsatz im Stahlbetonbau wird von einigen Regelwerken noch nicht empfohlen, da der Einfluss der austauschfähigen Salze auf eine mögliche Korrosion der Bewehrung noch nicht hinreichend geklärt ist.

Voraussetzung für eine erfolgreiche *kraftschlüssige* Verpressung (Wiederherstellen der monolithischen Wirksamkeit eines Bauteils) ist, dass die Rissursache vor Durchführung der Maßnahme beseitigt wurde oder nicht mehr besteht. Andernfalls käme es, bei gelungener Verpressung, an einer benachbarten Stelle erneut zum Aufreißen. Im Allgemeinen werden niedrigviskose, ungefüllte und lösemittelfreie Epoxidharze verwendet. Die Viskosität darf nur langsam zunehmen, damit eine Penetration auch in feinste Risse möglich ist. Voraussetzung für eine wirksame Maßnahme ist eine ausreichende Adhäsionsfestigkeit zwischen Rissflanke und Füllstoff. Dies ist bei nassen oder verschmutzten (kontaminierten) Rissflanken häufig ein Problem.

Zur abdichtenden Verpressung, i. d. R. gegen drückendes Wasser, dienen schnell reagierende, wasserbeständige Polyurethanharze. Die ausgehärteten Harze sind schaumartig und elastisch.

Abkürzungen zu 3.1

ACI	American Concrete Institute
ASTM	American Society for Testing and Materials
BSH	Brettschichtholz
CEB	Comité Euro-International du Béton
CEM	Zementart nach den Normen der Reihe DIN EN 197
DAfStb	Deutscher Ausschuss für Stahlbeton
DBV	Deutscher Beton-Verein
DIBt	Deutsches Institut für Bautechnik
ESG	Einscheibensicherheitsglas
FA	Flugasche
FSB	Fasersättigungsbereich
GFK	glasfaserverstärkte Kunststoffe
HLV	Hochleistungsverbundwerkstoffe
HÜS	Hüttensand
KPH	Kunstharzpressholz
LH	niedrige Hydratationswärme
LP	Luftporenbildner
LSL	Laminated Strand Lumber (Langspanholz)
OSB	Oriented Strand Board
PCC	Polymer Cement Concrete (kunststoffmodifizierter Beton)
PSL	Parallel Strand Lumber (Furnierstreifenholz)
REA	Rauchgasentschwefelungsanlage
SVB	selbstverdichtender Beton
UHFB	ultrahochfester Beton
TVG	teilvorgespanntes Glas
VLH	sehr niedrige Hydratationswärme
VSG	Verbundsicherheitsglas

Literaturverzeichnis Kap. 3.1

Bauberatung Zement des Bundesverbands der deutschen Zementindustrie (1990) Beton-Herstellung nach Norm. 8. Aufl. Beton-Verlag, Düsseldorf

Bergstroem SG, Byfors J (1980) Properties of concrete at early ages. Materiaux et Constructions (RILEM) 13 (1980) 75, S 265–274

Bilitewski B, Gewiese A u. a. (1995) Vermeidung und Verwertung von Reststoffen in der Bauwirtschaft. Beiheft zu Müll und Abfall, Nr. 30 Schmidt, Berlin

Bouge RH (1955) The chemistry of portland cement. 2nd ed. Reinhold, New York

Breitenbücher R (1989) Zwangsspannungen und Rißbildung infolge Hydratationswärme. Dissertation, Fakultät für Bauingenieur- und Vermessungswesen, Technische Universität München

CEB – Comité Euro-International du Béton (1991) CEB-FIP Model Code 1990, Final Draft. Lausanne (CEB Bulletin d'Information No 203, 204, 205)

Deutscher Stahlbau-Verband (Hrsg) (1996) Stahlbau-Handbuch. Bd I, Teil B, S 411–543 Stahlbau-Verlag, Köln

DIBt (1998) Allgemeine bauaufsichtliche Zulassung 3-30.3-6: Bauteile und Verbindungselemente aus nichtrostenden Stählen (Stand 25.09.1998)

Giordano G (1971) Tecnologia del legno la materia prima. Bd 1. Unione Pipografico-Editrice Torinese, Turin (Italien)

Grosser D (1985) Pflanzliche und tierische Bau- und Werkholz-Schädlinge. DRW-Verlag, Leinfelden-Echterdingen

Hankinson RL (1921) Investigation of crushing strength of spruce at varying angle of grain. In: Air Service Information Circular, ed. III. No 259. Washington, DC (USA)

Härdtl R (1995) Veränderung des Betongefüges durch die Wirkung von Steinkohlenflugasche und ihr Einfluß auf die Betoneigenschaften. Beuth-Verlag, Berlin (H 448 des Deutschen Ausschusses für Stahlbeton)

Hilsdorf KH, Reinhardt HW (1997) Beton. In: Betonkalender 1997. Teil I. 86. Jhg. Ernst & Sohn, Berlin

Kollmann F (1951) Technologie des Holzes und der Holzwerkstoffe. Bd 1. 2. Aufl. Springer, Berlin

König E (1972) Holz-Lexikon. 2. Aufl. DRW-Verlag, Stuttgart

Kosteas D (Hrsg) (1998) Stahlbau Spezial: Aluminium in der Praxis. Ernst & Sohn, Berlin

KWT Bau (2007) 5. Monitoring-Bericht Bauabfälle (Erhebung 2004)

Natterer J u. a. (1996) Holzbau-Atlas. 2. Aufl. Edition Detail, München

Peters KH (1994) Blast furnace ironmaking philosophy at Thyssen Stahl including the new blast furnace Schwelgern 2 and high coal injection rates. Thyssen Stahl, Duisburg

Pickett G (1956) Effect of aggregate on shrinkage of concrete and hypothesis concerning shrinkage. J of the American Concrete Institute (ACI) 53, No 1, pp. 581–591

Rahlwes K (1991) Recycling von Stahlbeton- und Stahlverbundkonstruktionen – Ansätze zu einer umweltökologischen Bewertung. In: Deutscher Beton-Verein (Hrsg) Vorträge auf dem Deutschen Betontag 1991. DBV, Wiesbaden, S 215–247

Reinhardt HW (2007) Beton. In: Beton-Kalender 2007 Teil 1. Ernst & Sohn S 355–478

Rostasy FS u. a. (1982) Verhalten von Spann- und Bewehrungsstahl bei tiefen Temperaturen. In: Betonwerk + Fertigteil-Technik, S 74–83, S 163–170

Saechtling H, Zebrowski W (1986) Kunststofftaschenbuch. Hanser-Verlag, München

Sasse HR (1994) Schutz und Instandsetzung von Betonbauteilen unter Verwendung von Kunststoffen – Sachstandsbericht. Beuth-Verlag, Berlin

Schittich Chr u.a. (1998) Glasbau-Atlas. Birkhäuser-Verlag, Basel (Schweiz)

Vieweg R, Braun D (1975) Kunststoff-Handbuch. Bd 1: Grundlagen. Hanser-Verlag, München

Walz K (1964) Grundlagen der Betontechnologie. Beton-Verlag, Düsseldorf

Walz K, Wischers G (1976) Über Aufgaben und Stand der Betontechnologie. Teil 1: Aufbau und Herstellung des Betons. Teil 2: Gefüge und Festigkeit des erhärteten Betons. Teil 3: Formänderungen, Dichtigkeit und Beständigkeit des erhärteten Betons. In: Beton 26 (1976) Nr 10, S 403–408; Nr 11, S 442–444; Nr 12, S 476–480

Weigler H, Karl S (1989) Beton: Arten, Herstellung, Eigenschaften. Ernst & Sohn, Berlin

Werkstoff-Handbuch Stahl und Eisen (1962), Stahl-Eisen-Verlag, Düsseldorf

Wesche K (1988) Baustoffe für tragende Bauteile. Bd 4: Holz und Kunststoffe. 2. Aufl. Bauverlag, Wiesbaden

Wesche K (1993) Baustoffe für tragende Bauteile. Bd 2: Beton, Mauerwerk. 3. Aufl. Bauverlag, Wiesbaden

Wesche K (1996) Baustoffe für tragende Bauteile. Bd 1: Grundlagen. 3. Aufl. Bauverlag, Wiesbaden

Würgler V, Strässler H (1976) Dokumentation Holz. Bd-III: Materialtechnische Grundlagen. Bd VII: Holzschutz und Oberflächenbehandlung. Hrsg: Schweizerische Arbeitsgemeinschaft für das Holz. Lignum, Zürich (Loseblatt-Ausgabe)

Zement-Taschenbuch (2008) 51. Aufl. Verlag Bau+Technik, Düsseldorf

Normen, Richtlinien

DAfStb-Richtlinie Beton nach DIN EN 206-1 und DIN 1045-2 mit rezyklierter Gesteinskörnung nach DIN 4226-100: Teil 1: Anforderungen an den Beton für die Bemessung nach DIN 1045-1 (12/2004)

DAStb-Richtlinie Vorbeugende Maßnahmen gegen schädigende Alkalireaktionen im Beton (Alkali-Richtlinie) (02/2007)

DAfStb-Richtlinie Beton nach DIN EN 206-1 und DIN 1045-2 mit rezyklierten Gesteinskörnungen nach DIN 4226-100 – Teil 1: Anforderungen an den Beton für die Bemessung nach DIN 1045-1 (12/2004)

DAfStb-Richtlinie Selbstverdichtender Beton (SVB-Richtlinie) (11/2003)

DIN 488 Teil 2: Betonstahl; Betonstabstahl; Maße und Gewichte (06/1986)

DIN 1045 Teil 1: Tragwerke aus Beton, Stahlbeton und Spannbeton; Bemessung und Konstruktion (06/2008)

DIN 1045 Teil 2: Tragwerke aus Beton, Stahlbeton und Spannbeton; Beton (08/2008)

DIN 1045 Teil 3: Tragwerke aus Beton, Stahlbeton und Spannbeton; Bauausführung (08/2008)

DIN 1052 Teil 1: Holzbauwerke; Berechnung und Ausführung (04/1988)

DIN 1052 Teil 2: Holzbauwerke; Mechanische Verbindungen (04/1988)

DIN 1053 Teil 1: Mauerwerk; Berechnung und Ausführung (11/1996)

DIN 1164 Teil 10: Zement mit besonderen Eigenschaften; Zusammensetzung, Anforderungen und Übereinstimmungsnachweis von Normalzement mit besonderen Eigenschaften (08/2004)

DIN 1164 Teil 10 Ber. 1: Berichtigungen zu DIN 1164-10:2004-08 (01/2005)

DIN 1164 Teil 11: Zement mit besonderen Eigenschaften; Zusammensetzung, Anforderungen und Übereinstimmungsnachweis von Zement mit verkürztem Erstarren (11/2003)

DIN 1164 Teil 12: Zement mit besonderen Eigenschaften; Zusammensetzung, Anforderungen und Übereinstimmungsnachweis von Zement mit einem erhöhten Anteil an organischen Bestandteilen (06/2005)

DIN 4074 Teil 1: Sortierung von Nadelholz nach der Tragfähigkeit; Nadelschnittholz (09/1989)

DIN 4102 Teil 4: Brandverhalten von Baustoffen und Bauteilen; Zusammenstellung und Anwendung klassifizierter Baustoffe, Bauteile und Sonderbauteile (03/1994)

DIN V 4108 Teil 4: Wärmeschutz und Energie-Einsparung in Gebäuden; wärme- und feuchteschutztechnische Kennwerte (10/1998)

DIN 4113 Teil 1: Aluminiumkonstruktionen unter vorwiegend ruhender Belastung; Berechnung und bauliche Durchbildung (05/1980)

DIN 4208: Anhydritbinder (04/1997)

DIN 4226 Teil 100: Gesteinskörnungen für Beton und Mörtel; Rezyklierte Gesteinskörnungen (02/2002)

DIN 4232: Wände aus Leichtbeton mit haufwerksporigem Gefüge; Bemessung und Ausführung (09/1987)

DIN 8528 Teil 2: Schweißbarkeit; Schweißeignung der allgemeinen Baustähle zum Schmelzschweißen (03/1975)

DIN 17100: Allgemeine Baustähle (01/1984) / *zurückgezogen*

DIN 17440: Nichtrostende Stähle – Technische Lieferbedingungen für Blech, Warmband und gewalzte Stäbe für Druckbehälter, gezogenen Draht und Schmiedestücke (09/1996)

DIN 18551: Spritzbeton – Anforderungen, Herstellung, Bemessung und Konformität (01/2005)

DIN V 18998: Beurteilung des Korrosionsverhaltens von Zusatzmitteln nach Normen der Reihe DIN EN 934 (11/2002)

DIN V 18998/A1: Beurteilung des Korrosionsverhaltens von Zusatzmitteln nach Normen der Reihe DIN EN 934 (05/2003)

DIN 50125: Prüfung metallischer Werkstoffe; Zugproben (01/1994)

DIN 51043: Traß; Anforderungen, Prüfungen (08/1979)

DIN 52182: Prüfung von Holz; Bestimmung der Rohdichte (09/1976)

DIN 68364: Kennwerte von Holzarten; Festigkeit, Elastizität, Resistenz (11/1979)

DIN 68705 Teil 2: Sperrholz; Sperrholz für allgemeine Zwecke (07/1981)

DIN 68705 Teil 4: Sperrholz; Bau-Stabsperrholz, Bau-Stäbchensperrholz (07/1981)

DIN 68800 Teil 1: Holzschutz im Hochbau; Allgemeines (05/1974)

DIN 68800 Teil 2: Holzschutz; Vorbeugende Maßnahmen im Hochbau (05/1996)

DIN 68800 Teil 3: Holzschutz; Vorbeugender chemischer Holzschutz (04/1990)

DIN 68800 Teil 4: Holzschutz; Bekämpfungsmaßnahmen gegen holzzerstörende Pilze und Insekten (11/1992)

DIN 68800 Teil 5: Holzschutz im Hochbau; Vorbeugender chemischer Schutz von Holzwerkstoffen (05/1978)

DIN EN-196 Teil 3: Prüfverfahren für Zement; Bestimmung der Erstarrungszeiten und der Raumbeständigkeit (05/2005)

DIN EN 197 Teil 1: Zement; Zusammensetzung, Anforderungen und Konformitätskriterien von Normalzement (08/2004)

DIN EN 197 Teil 1 Ber. 1: Berichtigungen zu DIN EN 197-1:2004-04 (11/2004)

DIN EN 197 Teil 4: Zement; Zusammensetzung, Anforderungen und Konformitätskriterien von Hochofenzement mit niedriger Anfangsfestigkeit (08/2004)

DIN EN 206 Teil 1: Beton; Leistungsbeschreibung, Eigenschaften, Herstellung und Konformität (07/2001)

DIN EN 206 Teil 1/A1: Beton; Festlegung, Eigenschaften, Herstellung und Konformität; (10/2004)

DIN EN 206 Teil 1/A2: Beton; Festlegung, Eigenschaften, Herstellung und Konformität; (09/2005)

DIN EN 300: Platten aus langen, schlanken, ausgerichteten Spänen (OSB) – Definitionen, Klassifizierung und Anforderungen (06/1997)

DIN EN 312 Teil 7: Spanplatten, Anforderungen; Anforderungen an hochbelastbare Platten für tragende Zwecke zur Verwendung im Feuchtbereich (06/1997)

DIN EN 934 Teil 2: Zusatzmittel für Beton, Mörtel und Einpressmörtel; Betonzusatzmittel – Definitionen und Anforderungen, Konformität, Kennzeichnung und Beschriftung (02/2002)

DIN EN 934 Teil 2/A1: Zusatzmittel für Beton, Mörtel und Einpressmörtel; Betonzusatzmittel – Definitionen, Anforderungen, Konformität, Kennzeichnung und Beschriftung (06/2005)

DIN EN 934 Teil 2/A2: Zusatzmittel für Beton, Mörtel und Einpressmörtel; Betonzusatzmittel – Definitionen, Anforderungen, Konformität, Kennzeichnung und Beschriftung (03/2006)

DIN EN 934 Teil 4: Zusatzmittel für Beton, Mörtel und Einpressmörtel; Zusatzmittel für Einpressmörtel für Spannglieder; Definitionen, Anforderungen, Konformität, Kennzeichnung und Beschriftung (02/2002)

DIN EN 934 Teil 4/A1: Zusatzmittel für Beton, Mörtel und Einpressmörtel – Zusatzmittel für Einpressmörtel für Spannglieder; Definitionen, Anforderungen, Konformität, Kennzeichnung und Beschriftung (06/2005)

DIN EN 934 Teil 6: Zusatzmittel für Beton, Mörtel und Einpressmörtel; Probenahme, Konformitätskontrolle und Bewertung der Konformität (03/2006)

DIN EN 450 Teil 1: Flugasche für Beton; Definition, Anforderungen und Konformitätskriterien; (2005-05)

DIN EN 459 Teil 1: Baukalk; Definitionen, Anforderungen und Konformitätskriterien (02/2002)

DIN V ENV 1995 Teil 1-1, Eurocode 5: Entwurf, Berechnung und Bemessung von Holzbauwerken; Allgemeine Bemessungsregeln, Bemessungsregeln für den Hochbau (06/1994)

DIN EN 1008: Zugabewasser für Beton – Festlegung für die Probenahme, Prüfung und Beurteilung der Eignung von Wasser, einschließlich bei der Betonherstellung anfallendem Wasser, als Zugabewasser für Beton (10/2002)

DIN EN 10025: Warmgewalzte Erzeugnisse aus unlegierten Baustählen; Technische Lieferbedingungen (03/1994)

DIN EN 10027 Teil 1: Bezeichnungssysteme für Stähle; Kurznamen, Hauptsymbole (09/1992)

DIN EN 10027 Teil 2: Bezeichnungssysteme für Stähle; Nummernsystem (09/1992)

DIN V ENV 10080: Betonbewehrungsstahl – Schweißgeeigneter gerippter Betonstahl B-500 – Technische Lieferbedingungen für Stäbe, Ringe und geschweißte Matten (08/1995)

DIN EN 10088: Nichtrostende Stähle. Teil 1: Verzeichnis der nichtrostenden Stähle (08/1995)

DIN EN 10113: Warmgewalzte Erzeugnisse aus schweißgeeigneten Feinkornbaustählen (04/ 1993)

DIN EN 10155: Wetterfeste Baustähle; Technische Lieferbedingungen (08/1993)

DIN EN 12382: Entwurf: Prüfung von Beton; Bestimmung der Konsistenz; Setzmaß (07/1996)

DIN EN 12620: Gesteinskörnungen für Beton (04/2003)

DIN EN 12620 Ber. 1: Berichtigungen zu DIN EN 12620:2003-04 (12/2004)

DIN EN 12878: Pigmente zum Einfärben von zement- und kalkgebundenen Baustoffen; Anforderungen und Prüfung (05/2005)

DIN EN 12350 Teil 2: Prüfung von Frischbeton; Setzmaß (03/2000)

DIN EN 12350 Teil 3: Prüfung von Frischbeton; Vébé-Prüfung (03/2000)

DIN EN 12350 Teil 4: Prüfung von Frischbeton; Verdichtungsmaß (06/2000)

DIN EN 12350 Teil 5: Prüfung von Frischbeton; Ausbreitmaß (06/2000)

DIN EN 12390 Teil 2: Prüfung von Festbeton; Herstellung und Lagerung von Probekörpern für Festigkeitsprüfungen (06/2001)

DIN EN 12390 Teil 5: Prüfung von Festbeton; Biegezugfestigkeit von Probekörpern (02/2001)

DIN EN 12390 Teil 5 Ber. 1: Prüfung von Festbeton; Biegezugfestigkeit von Probekörpern (05/2006)

DIN EN 13279 Teil 1: Gipsbinder und Gips-Trockenmörtel; Begriffe und Anforderungen (09/2005)

DIN EN 13263 Teil 1: Silikastaub für Beton; Definitionen, Anforderungen und Konformitätskriterien (10/2005)

DIN EN 13055 Teil 1: Leichte Gesteinskörnungen; Leichte Gesteinskörnungen für Beton, Mörtel und Einpressmörtel (08/2002)

DIN EN 13055 Teil 1 Ber. 1: Berichtigungen zu DIN EN 13055-1:2002-08 (12/2004)

DIN EN 14216: Zement – Zusammensetzung, Anforderungen und Konformitätskriterien von Sonderzement mit sehr niedriger Hydratationswärme (08/2004)

DIN EN 14647: Tonerdezement – Zusammensetzung, Anforderungen und Konformitätskriterien (01/2006)

DIN EN 14889 Teil 1: Fasern für Beton; Stahlfasern – Begriffe, Festlegungen und Konformität (11/2006)

DIN EN 14889 Teil 2: Fasern für Beton; Polymerfasern – Begriffe, Festlegungen und Konformität (11/2006)

DIN EN ISO-6506 Teil 1: Metallische Werkstoffe – Härteprüfung nach Brinell; Prüfverfahren (10/1999)

3.2 Grundlagen für Nachhaltiges Bauen

3.2.1 Instrumente und Bewertungssysteme in Deutschland

Hans-Dieter Hegner

3.2.1.1 Einleitung

Die Bewertung des Beitrages von Einzelbauwerken zu einer nachhaltigen Entwicklung führt zur Forderung nach einem Gesamtsystem zur Beschreibung und Beurteilung von Gebäuden einschließlich des Grundstücks. Ansätze für ein solches System – selbst Normungsbemühungen – gibt es, aber eine standardisierte Regel lässt auf sich warten. Ungeachtet dessen bieten sich im internationalen Bereich Zertifizierungssysteme an, um die Nachhaltigkeit von Gebäuden festzustellen.

Vielfach wird unter nachhaltigem Bauen insbesondere energieeffizientes Bauen verstanden. Dies ist nicht generell falsch. Aber Energieeffizienz ist nur ein Teil der Nachhaltigkeit, der jedoch mittlerweile gut geregelt ist. Mit der Umsetzung der EG-Richtlinie 2002/91/EG über die Gesamtenergieeffizienz von Gebäuden in nationales Recht wurde in Deutschland das Energieeinsparrecht (Energieeinspargesetz, Energieeinsparverordnung) 2007 umfassend novelliert. Dabei wurde die Energieausweispraxis in Deutschland gesetzlich eingeführt [Hegner 2008b]. In Umsetzung der sog. „Meseberg-Beschlüsse" der Bundesregierung zum Klimaschutz wurde die EnEV verschärft und ist in der aktuellen Fassung seit 1. Oktober 2009 in Kraft.

Nachhaltigkeitsbetrachtungen zeichnen sich durch eine Analyse über den gesamten Lebenszyklus und eine umfassende Einbeziehung von ökologischen, ökonomischen und sozio-kulturellen Aspekten aus. Neben den Energiebilanzen müssen deshalb insbesondere auch die Stoffströme und finanzielle Auswirkungen untersucht werden. Die Entwicklung, Erprobung und Anwendung von Systemen zur Beschreibung, Bewertung und Zertifizierung der Nachhaltigkeit von Gebäuden ist dabei an eine Reihe von Voraussetzungen gebunden. Insbesondere der Übergang zu einem überwiegend auf quantitativen Bewertungen basierenden Bewertungs- und Zertifizierungssystem stellt eine große Herausforderung dar. Mit einem nicht unerheblichen Aufwand sind methodische Grundlagen zu entwickeln, Daten für die ökologische und ökonomische Bewertung zur Verfügung zu stellen und Bewertungsmaßstäbe zu erarbeiten. Parallel hierzu sind Investoren und Planer mit geeigneten Hilfsmitteln zur Formulierung von Zielen, zur Untersuchung von Varianten sowie zum Informationsaustausch auszurüsten. Der Beitrag gibt eine Übersicht zu den geplanten Anforderungen und Instrumenten des Bundes beim nachhaltigen Bauen.

3.2.1.2 Rahmenbedingungen und Trends in Europa

Ausgewählte Direktiven und Forschungsvorhaben der EU

Die Bundesrepublik Deutschland als Teil der Europäischen Union gestaltet den Prozess der stärkeren Ausrichtung der europäischen Bau-, Wohnungs- und Immobilienwirtschaft an den Prinzipen einer nachhaltigen Entwicklung aktiv mit. Deutschland setzt Regelungen der Europäischen Union und der Europäisch en Kommission in nationales Recht um und ergänzt diese durch landeseigene Initiativen und Programme.

In Europa wurde die Rolle und Verantwortung der Baubranche für die sozial- und umweltverträgliche Gestaltung der gebauten Umwelt, die Erhaltung und die Schaffung von Arbeitsplätzen und die Schonung von Ressourcen einerseits sowie die Bedeutung der Modernisierung der vorhandenen Gebäudebestände für Energieeinsparung, Ressourcenschonung und Umweltschutz andererseits erkannt. So wird z. B. bei der Weiterentwicklung der Europäischen Bauproduktenrichtlinie [EU 1989], die u. a. bereits Anforderungen an Hygiene, Gesundheit und Umweltschutz bei der Herstellung und Anwendung von Bauprodukten enthält, derzeit diskutiert, ob und inwieweit zusätzlich Anforderungen an den Klimaschutz und die Nachhaltigkeit (hier insbesondere im Zusammenhang mit der nachhaltigen Nutzung von Ressourcen) aufgenommen werden sollen. Mit der im Jahr 2002 in Kraft getretenen „Energy Performance of Buildings Directive" der EU [EU 2002] werden Anforderungen an die Weiterentwicklung der Beschreibung und Bewertung der energetischen Qualität von Gebäude, an die flächendeckende Einführung von Energieausweisen für Neu- und Bestandsbauten sowie an die systematische Wartung

und Instandhaltung haustechnischer Anlagen formuliert. Über durch die EU geförderte Forschungsprogramme wurden und werden unter deutscher Beteiligung verfügbare Methoden und Hilfsmittel für die Beurteilung der Umweltverträglichkeit und Nachhaltigkeit von Bauwerken – siehe hierzu die verfügbaren Informationen zu PRESCO unter http://www.etn-presco.net – analysiert und verglichen sowie mit LEnSE Grundlagen für die Entwicklung eines EU-einheitlichen Labels für nachhaltige Wohnbauten – siehe hierzu die verfügbaren Informationen unter http://www.lensebuildings.com – erarbeitet und zur Diskussion gestellt.

Ausgewählte Strategien und Normungsprojekte

Um der Bedeutung der Bau-, Wohnungs- und Immobilienwirtschaft Rechnung zu tragen, möchte die EU den Bereich „sustainable construction" in den kommenden Jahren zu einem „lead market" [EU 2007] entwickeln. Die EU folgt damit der bereits im Jahr 2004 formulierten „Thematic Strategy on the Urban Environment" [EU 2004]. Diese sieht neben einer stärkeren Betonung der nachhaltigen Siedlungsentwicklung und des nachhaltigen Bauens u. a. vor, den Energieausweis in Richtung eines Dokumentes zur Beschreibung und Bewertung der Nachhaltigkeit von Gebäuden weiterzuentwickeln. Hierzu sollen z. B. zusätzliche Aspekte, wie Innenraumluftqualität, Komfort, Umweltverträglichkeit von Bauprodukten, Risiken für die Umwelt, Lebenszykluskosten, in die Methoden zur Bewertung der Nachhaltigkeit von Gebäuden integriert werden.

Die Entwicklung harmonisierter methodischer Grundlagen für die Bewertung der Nachhaltigkeit erfolgt in Europa im Rahmen der Standardisierungsaktivitäten von CEN TC 350 unter Beachtung der Ergebnisse der internationalen Normung bei ISO TC 59 SC17. Der innerhalb von CEN TC 350 im Frühjahr 2008 erreichte Stand der Diskussion kann wie folgt charakterisiert werden:

– Die Beurteilung der Nachhaltigkeit von Gebäuden soll auf Basis der Beschreibung und Bewertung der ökonomischen, ökologischen und sozialen Aspekte bei gleichzeitiger Beachtung der technischen und funktionalen Qualität der Gebäude erfolgen.

– Betrachtungs- und Bewertungsgegenstand (object of assessment) ist das Gebäude einschließlich Grundstück, es wird davon ausgegangen, dass eine Standortbewertung und -entscheidung in einem vorgelagerten Prozess bereits erfolgt ist.
– Die Bewertung soll überwiegend auf quantitativen Methoden basieren, d. h. dass sich die Beurteilung der Umweltqualität des Gebäudes u. a. auf die Ergebnisse einer Ökobilanz, die Beurteilung der ökonomischen Aspekte überwiegend auf die Ergebnisse einer Lebenszykluskostenrechnung abstützen soll.
– In die Bewertung der sozialen Qualität sollen Fragen der Gesundheit, Behaglichkeit und Sicherheit der Nutzer, Besucher und Anwohner einbezogen werden.
– Fragen der Festlegung von Bewertungsmaßstäben (Referenz-, Grenz- und Zielwerten) und Bewertungsabläufen sollen jeweils national geklärt werden.

Deutschland beteiligt sich aktiv am internationalen und europäischen Normungsprozess und verwendet die jeweils erreichten Ergebnisse als Ausgangsbasis nationaler Entwicklungen.

3.2.1.3 Ausgangspositionen und erste Erfahrungen in Deutschland

Akteure und Aktivitäten

Deutschland widmet sich seit über einem Jahrzehnt der Umsetzung von Prinzipien einer nachhaltigen Entwicklung in allen Wirtschafts- und Lebensbereichen. Dabei wurden die Bau-, Wohnungs- und Immobilienwirtschaft bzw. das Bedürfnisfeld „Bauen und Wohnen" in Verbindung mit einer nachhaltigen Siedlungsentwicklung als Handlungsfelder von herausgehobener Bedeutung identifiziert. Durch die Baustoffindustrie, die Bau-, Wohnungs- und Immobilienwirtschaft, die Forschung, die Finanz- und Versicherungswirtschaft, die Politik und öffentliche Verwaltung sowie die Verbände und Vertreter aller Interessengruppen werden seither erhebliche Anstrengungen unternommen. Diese dienen der Entwicklung und Umsetzung eines energiesparenden, ressourcenschonenden, umwelt- und gesundheitsgerechten sowie kostengünstigen und wirtschaftlich erfolgreichen Planens, Bauens und Betreibens von Gebäuden bei gleichzeitiger Beachtung der funktionalen, technischen, gestalterischen und städtebaulichen Qualität. Aktivitäten richten sich sowohl auf die Entwicklung, Erprobung und Anwendung neuer Produkte, Technologien und Bauweisen, weiterentwickelter Entwurfs- und Planungsprinzipien sowie von Hilfsmitteln für die Planung, Bewertung und Optimierung, von methodischen Grundlagen für die Beurteilung der ökonomischen, ökologischen und sozialen Vorteilhaftigkeit sowie von Konzepten für die Aus- und Weiterbildung.

Nationale Gesetzgebung auf dem Gebiet der Energieeffizienz im Gebäudesektor

Mit dem Inkrafttreten der neuen Energieeinsparverordnung zum 1. Oktober 2009 setzt die Bundesregierung ein Kernstück ihrer „Meseberg-Beschlüsse" vom August 2007 um. Mit ihren energie- und klimapolitischen Maßnahmen knüpft die Bundesregierung an das umfangreiche Konzept der Europäischen Kommission für mehr Klimaschutz und speziell an den Aktionsplan für Energieeffizienz (2007 bis 2012) an. In diesem Aktionsplan hat sich die Europäische Union die Zielvorgabe gesetzt, den Energiebedarf so zu steuern und zu verringern sowie Energieverbrauch und -versorgung gezielt so zu beeinflussen, dass bis zum Jahr 2020 insgesamt 20% des jährlichen Energieverbrauchs eingespart werden können. Das entspricht einer jährlichen Energieeinsparung von rund 1,5% bis zum Jahr 2020.

Doch nicht nur energie- und klimapolitische Zielstellungen der Bundesregierung zwingen zum Handeln, sondern auch die wirtschaftliche und soziale Lage im Land. Im Mieterland Deutschland steigen die Betriebskosten deutlich schneller als die Nettokaltmiete. Nach Angaben des Statistischen Bundesamtes stieg die Nettokaltmiete in den letzten sieben Jahren um ca. 7%. Im gleichen Zeitraum stiegen die Betriebskosten um ca. 50%. Die EnEV 2007 ging im Anforderungsniveau noch auf die Wärmepreisstandards der 90er-Jahre zurück. Dem Anforderungsniveau der EnEV 2007 lag ein Wärmepreis von 2,7 ct./kWh aus dem Jahre 1998 zugrunde.

Der zentrale Punkt der EnEV 2009 ist deshalb die Verschärfung der Anforderungen. Die energetischen Anforderungen an den Jahres-Primärenergiebedarf und an die Wärmedämmung energetisch relevanter Außenbauteile bei der Errichtung von

Neubauten sowohl im Wohngebäude- als auch im Nichtwohngebäudebereich werden mit der EnEV 2009 um jeweils rund 30% erhöht. Bei größeren Änderungen im Gebäudebestand wird eine Verschärfung der energetischen Anforderungen um durchschnittlich 30% vorgesehen.

Neben der Senkung der Höchstwerte für den Primärenergiebedarf von Neubauten wird nunmehr auch die bereits bei den Nichtwohngebäuden bekannte Systematik des Referenzgebäude-Verfahrens auf die Wohngebäude übertragen. Die Referenzwerte bilden sozusagen ein virtuelles Gebäude in der gleichen Geometrie und Nutzung, um die Höchstwerte des Primärenergiebedarfs für das Einzelgebäude zu bestimmen. Das heißt, dass der einzuhaltende Grenzwert durch die Vorgabe von U-Werten für Bauteile und von Anlagenkonfigurationen bestimmt wird. Wie das reale zu errichtende Gebäude diesen Grenzwert einhält, ist Sache des Bauherrn und seines Planers. Damit besteht – wie auch bisher schon in der EnEV – Flexibilität bei der Auswahl des Weges, mit dem die Anforderungen erreicht werden. Die einzelnen Energiesparmaßnahmen dürfen vom Referenzansatz abweichen; es zählt ausschließlich die Einhaltung der Primärenergieanforderungen. Die EnEV 2009 bleibt ein technologieoffener Ansatz.

Da bei Maßnahmen im Bestand – wie bisher auch in der EnEV – ein Nachweis für das Gesamtgebäude erbracht werden kann und dieser sich auf den Neubaugrenzwert abstützt (Primärenergiebedarf darf um bis zu 40% überschritten werden), spielt die Neubauforderung auch in den Bestand hinein. Aber auch bei Ansatz der Bauteilmaßnahmen (die insbesondere bei Einzelmaßnahmen angewendet werden) wurde mit der EnEV 2009 eine durchschnittliche Verschärfung der energetischen Anforderungen an Außenbauteile um etwa 30% erreicht.

Die Modernisierungsmaßnahmen sind i. d. R. freiwillig und stehen in Zusammenhang mit ohnehin geplanten Verbesserungen. Nachrüstungsverpflichtungen dagegen schreiben eine Modernisierung vor und sind an Fristen gebunden. Die EnEV 2009 weitet die Nachrüstverpflichtungen aus. Die Pflicht zur Dämmung bisher ungedämmter oberster Geschossdecken wird unter bestimmten Zumutbarkeitsvoraussetzungen auf begehbare oberste Geschossdecken ausgedehnt. Soweit eine Dämm-

pflicht besteht, werden die Anforderungen an die Dämmqualität erhöht. Für Klimaanlagen wird eine generelle Pflicht zum Nachrüsten von selbsttätig wirkenden Einrichtungen der Be- und Entfeuchtung vorgesehen. Nachtstromspeicherheizungen mit einem Alter von mindestens 30 Jahren sollen langfristig und stufenweise unter Beachtung des Wirtschaftlichkeitsgebots außer Betrieb genommen werden. Die Umstellung auf andere Energieträger ist ein wichtiges Mittel zur Steigerung der Energieeffizienz. Aus diesen Gründen wurde die Pflicht zur Außerbetriebnahme elektrischer Speicherheizsysteme auch durch eine Regelung ergänzt, die über die Einführung einer Aufwandszahl für Heizsysteme den Einbau ineffizienter Heizsysteme allgemein untersagt. Es sind längere Übergangsfristen bis zum Einsetzen der Pflicht zur Außerbetriebnahme vorgesehen.

Zur Stärkung der hoheitlichen Überwachung werden die Bezirksschornsteinfegermeister gesetzlich mit der öffentlichen Aufgabe betraut, im Rahmen der Feuerstättenschau bestimmte Prüfungen vorzunehmen, Fristen zur Nacherfüllung zu setzen und im Falle der Nichterfüllung die zuständige Behörde zu unterrichten. Zur Stärkung des Vollzugs werden weiterhin private Nachweise in Form von Unternehmer- und Eigentümererklärungen insbesondere bei der Durchführung bestimmter Arbeiten im Gebäudebestand eingeführt. Gekoppelt wird dies mit einer behördlichen Stichprobenkontrolle zu solchen privaten Nachweisen. Auf diese Weise soll bundesweit ein effektiverer Vollzug der Energieeinsparverordnung ermöglicht werden, ohne gleichzeitig aufwändige bürokratische Verfahren einzuführen.

Runder Tisch und Leitfaden „Nachhaltiges Bauen"

Im Jahre 2001 wurde im Ergebnis einer gemeinsamen Initiative von Bauwirtschaft und Bauministerium der Runde Tisch „Nachhaltiges Bauen" beim Bundesministerium für Verkehr, Bau- und Stadtentwicklung eingerichtet. Dieser Runde Tisch hat u. a. die Aufgaben der Beratung der Bundesregierung und des BMVBS zu allen Fragen des nachhaltigen Bauens, der Bildung einer Diskussionsplattform für alle relevanten Akteursgruppen, der Erarbeitung von Positionen zur internationalen und europäischen Gesetzgebung und Normung, der Erarbeitung von Grundlagen für ein nationales Bewertungssystem sowie der Vorstellung und Diskussion aktueller Forschungsergebnisse. Diese sind u. a. zugänglich unter *www.nachhaltigesbauen.de*. Derzeit konzentrieren sich die Arbeiten am Runden Tisch auf die Formulierung konkreter Kriterien und Anforderungen für die Bewertung der Nachhaltigkeit von Gebäuden. Diese sind – basierend auf einer ersten Fassung aus dem Jahr 2001 [BMVBS 2001] – Gegenstand eines aktualisierten und um die Aspekte des Planens und Bauens im Bestand erweiterten Leitfadens „Nachhaltiges Bauen" des BMVBS.

Zur Arbeit des Runden Tisches liegen in Deutschland positive Erfahrungen vor. Es wurde deutlich, dass ein Instrument zur Meinungsbildung und zum Meinungsaustausch dringend erforderlich war und ist, um die unterschiedlichen Motive und Interessenlagen der Akteursgruppen kennen zu lernen und einzubeziehen. Hier hat zwischenzeitlich eine erhebliche Erweiterung stattgefunden. Ursprünglich engagierten sich vorzugsweise die Baustoffindustrie und die Bauwirtschaft. Die Baustoffindustrie hatte ein Interesse, frühzeitig die Konsequenzen des nachhaltigen Bauens für die Produktion und den Vertrieb von Bauprodukten zu erkennen und mit zu gestalten; die Bauwirtschaft verfolgte – unterstützt durch das Bauministerium – eine Strategie der Integration der Nachhaltigkeitsthematik in eine allgemeine Diskussion und Kampagne zur Verbesserung der Bauqualität. Seit einiger Zeit bringen nun auch Finanzierer, Versicherer, Rating-Agenturen und namhafte Unternehmen aus dem Bereich Consulting ihre Standpunkte und Interessen ein. Diese sind vorzugsweise auf die Entwicklung und Ausgestaltung eines einheitlichen Systems zur Beschreibung, Bewertung und Zertifizierung der Nachhaltigkeit von Gebäuden gerichtet.

System sich ergänzender Planungs- und Bewertungshilfsmittel

Die Entwicklung, Erprobung und Einführung eines Systems zur Zertifizierung der Nachhaltigkeit von Gebäuden als alleinige Maßnahme reicht nicht aus. Zwar unterstützt ein glaubwürdiges Label Marketing und Marktdurchdringung sowie die kompakte Formulierung von Anforderungen an nachhaltige Gebäude seitens der öffentlichen Hand und der Investoren. Planer und Bauunternehmen benötigen darüber hinaus jedoch Grundlagen und Hilfsmittel,

um die im Zertifikat geforderten Ziele auch mit planerischen und baulichen Mitteln zu erreichen. Zusätzlich werden bei einem quantitativen Ansatz für die Bewertung und Zertifizierung von Gebäuden Daten für die Ökobilanzierung von Bauprodukten, Bauprozessen und Bauwerken, für die Ermittlung der Lebenszykluskosten sowie für die Abschätzung der Nutzungs- bzw. Verweildauer von Bauteilen in Bauwerken benötigt.

In Deutschland wurde ein System sich ergänzender Planungs- und Bewertungshilfsmittel entwickelt und realisiert (s. Tabelle 3.2-1). Unterschiedliche Hilfsmittel zur Bauteil- und Bauwerksoptimierung sowie zur Zertifizierung greifen auf identische Datengrundlagen (qualitative Informationen (z. B. Gesundheitsrisiken bei Verarbeitung und Nutzung) zu Bauprodukten, Ökobilanzdaten, Lebensdauern, Kostenkennwerte) zu und können über definierte Schnittstellen Informationen austauschen. So wird es möglich, entwurfsbegleitend produkt- und herstellerneutrale Daten aus der Planung allmählich durch produktkonkrete Informationen aus der Angebotsphase zu ersetzen.

Durch eine Integration wesentlicher Anforderungen der Zertifizierung in den Planungsprozess soll sichergestellt werden, dass wesentliche Informationen bereits in der Planung erzeugt und nicht – i. d. R. mit Mehrkosten verbunden – im Rahmen der eigentlichen Zertifizierung erarbeitet werden müssen.

Einen Überblick zu den Instrumenten des nachhaltigen Bauens, den Datenbanken und Informationssystemen, zur Politik der Bundesregierung und zu guten Beispielen ermöglicht das Internetportal des Bundes: www.nachhaltigesbauen.de.

3.2.1.4 Nationales System zur Bewertung und Zertifizierung nachhaltiger Gebäude „Deutsches Gütesiegel Nachhaltiges Bauen"

Deutschland orientiert sich bei seinen momentanen Arbeiten zur Entwicklung, Erprobung und Einführung eines nationalen Systems zur Beschreibung, Bewertung und Zertifizierung nachhaltiger Gebäude am Stand der internationalen und europäischen Normung von ISO TC 59 SC 14, ISO SC TC 59 SC 17 sowie CEN TC 350. Es wird das Ziel verfolgt, die Nachhaltigkeit von Gebäuden durch Einbezie-

Tabelle 3.2-1 Überblick über das Gesamtsystem von Planungs- und Bewertungshilfsmitteln

Datengrundlagen	**Daten für die Ökobilanzierung von Bauprodukten und -prozessen** Als Voraussetzung für die Ökobilanzierung von Gebäuden und baulichen Anlagen wurde eine nationale Datenbank „*Ökobaudat*" mit Angaben zur Ökobilanz relevanter Bauprodukte und -prozesse aufgebaut, die ständig aktualisiert und erweitert wird. Aktuelle Anstrengungen sind auf die Ökobilanzierung haustechnischer Anlagen gerichtet. **Daten für die Nutzungsdauer von Bauteilen** Angaben zur Nutzungsdauer von Bauteilen sind eine Voraussetzung sowohl für die Ökobilanzierung als auch für die Lebenszykluskostenrechnung. Auf der Basis von Forschungsergebnissen wurde eine Datenbank aufgebaut.
Benchmarks	**Formulierung von Referenz-, Grenz- und Zielwerten** Für folgende Bereiche werden Benchmarks ermittelt und u. a. für die Entwicklung von Bewertungsmaßstäben verwendet: – Ökobilanzdaten für (Referenz-)Gebäude, – Nutzungskosten/Lebenszykluskosten, – Angaben zur Bewertung der Flächeneffizienz, – Angaben zur Bewertung des Gesamtenergieverbrauchs in der Nutzung.
Planungs- und Bewertungshilfsmittel	**Bauprodukt- und Gefahrstoffinformationssysteme** Bauproduktsysteme stellen über frei im Netz verfügbare Informationen umwelt- und gesundheitsrelevante Daten zu Bauproduktgruppen zur Verfügung und unterstützen so die Entscheidungsfindung im Planungsprozess, Gefahrstoffinformationssysteme weisen auf Umwelt- und Gesundheitsrisiken bei der Verarbeitung und Nutzung von Bauprodukten hin (Beispiele: WECOBIS, WINGIS). **Elementkataloge und Hilfsmittel zur Konstruktionsoptimierung** Unter Nutzung der in Deutschland zur Kostenermittlung verbreiteten Element-Methode werden für Bauteile (z. B. Wände mit vollständigem Schichtenaufbau) Ergebnisse der Ökobilanzierung und der Kostenermittlung zur Verfügung gestellt. Die Hilfsmittel zur Erstellung der Element-Kataloge können zusätzlich zur Konstruktionsoptimierung nach ökonomischen und ökologischen Gesichtspunkten genutzt werden (Beispiele: SIRADOS; bauloop). **Komplexe Planungs- und Bewertungshilfsmittel zur Gebäudeoptimierung** Zur Unterstützung der Planung sowie als Grundlage für eine Zertifizierung werden komplexe Hilfsmittel verwendet, die basierend auf einer einmaligen Beschreibung der Baukonstruktion die Baukosten, die Nutzungskosten, den Energieaufwand in der Nutzungsphase sowie die Ökobilanz für den vollständigen Lebenszyklus ermitteln und die Basis für eine Gebäudeoptimierung bilden (Beispiel: LEGEP).
Hilfsmittel für Ausschreibung	**Ökologische Zusatzanforderungen für Ausschreibungstexte** In Form von Textbausteinen werden ökologische Zusatzanforderungen für eine Integration in die Leistungsbeschreibung entwickelt und zur Verfügung gestellt.
Hilfsmittel für Planer	**Handlungsanleitung und -empfehlung** In Form einer netzgestützten Handlungsanleitung werden Planer auf Teilschritte in der Planung hingewiesen, die für Nachhaltigkeitsaspekte eine hohe Bedeutung haben. Sie werden dann durch Hinweise auf Normen, Leitfäden, Literatur und Fallbeispiele mit ziel- und problemgerechten Informationen versorgt.
Dokumente	**Gebäudepass/Hausakte** Über einen Gebäudepass/eine Hausakte werden während des Lebenszyklus relevante Informationen zum Gebäude beschrieben, verwaltet und aktualisiert.

hung ökologischer, ökonomischer und sozialer Aspekte in all ihren Dimensionen zu beurteilen. Diese Beurteilung soll sich auf quantitative Methoden der Ökobilanzierung und Lebenszykluskostenrechnung stützen und somit auf wissenschaftlich anerkannten Methoden basieren. Das aktuelle Bewertungssystem Nachhaltiges Bauen (BNB) basiert auf einem im Auftrage des BMVBS an der Technischen Universität Darmstadt und der Universität Karlsruhe entwickelten Konzept [Graubner et al. 2007b] und wurde mit der Deutschen Gesellschaft für nachhaltiges Bauen (DGNB) intensiv abgestimmt und mit den dort entwickelten Ansätzen kombiniert.

Die Vielzahl bereits verfügbarer Methoden und Hilfsmittel zur Bewertung und Zertifizierung der Umwelt- und Gesundheitsverträglichkeit bzw. der Nachhaltigkeit von Gebäuden wurde bereits mehrfach beschrieben und analysiert [Cole 2006, FW-PRDC 2005]. Dabei wird deutlich, dass sich diese bisher mehrheitlich auf die Verwendung von Kriterien aus den Bereichen Standortqualität, Energieeffizienz, Klimaschutz, Ressourcenschonung und Gesundheit konzentrieren und damit zur Beschreibung der Umwelt- und Gesundheitsverträglichkeit von „green buildings" beitragen. Eine überwiegend qualitative Bewertung, die sich in Punktesystemen ausdrückt, sich jedoch auch häufig auf die Ergebnisse von vorausgegangenen Berechnungen zur energetischen Qualität stützt, ist weit verbreitet. Systeme, die zusätzlich auch ökonomische Aspekte berücksichtigen und die Ergebnisse einer Ökobilanzierung und Lebenszykluskostenrechnung einbeziehen sind dagegen noch sehr selten.

Das BNB-Bewertungssystem sieht vor, neben den ökologischen und sozio-kulturellen Qualitäten des Gebäudes auch ökonomische Aspekte einzubeziehen und so den Ansatz „green building" in Richtung „sustainable building" zu erweitern. Es wird von einer gleichberechtigten Bedeutung ökologischer, ökonomischer und sozialer Aspekte ausgegangen, die auch bei der Wichtung der drei Dimensionen der Nachhaltigkeitsbewertung berücksichtigt werden. Es erfolgt eine zusätzlich zur Bewertung der Nachhaltigkeit des Gebäudes erfolgende Beschreibung der Qualität des Standortes und der Qualität der Prozesse der Planung, Errichtung und Bewirtschaftung. In Tabelle 3.2-2 wird ein Überblick zu den im System verwendeten Kriterien gegeben (Stand Oktober 2009).

In die Festlegung von Kriterien sowie die Erarbeitung von Messvorschriften und Bewertungsmaßstäben fließen die nationalen, sich i. d. R. auch an Verpflichtungen auf europäischer bzw. internationaler Ebene orientierenden Zielstellungen Deutschlands ein. Dies sind u. a.:

– die Reduzierung der täglichen Zunahme der Verkehrs- und Siedlungsfläche auf 30 ha/d in Deutschland u. a. durch einen Vorrang der Innen-

vor der Außenentwicklung – zu berücksichtigen bei der Beurteilung der Flächeninanspruchnahme infolge der Grundstücksart und -größe,
– die Verbesserung der energetischen Qualität durch Verschärfung der Anforderungen an den zulässigen Primärenergiebedarf von Neubauten um 30% bis 2009 gegenüber 2007 sowie um weitere 30% bis 2012 – zu berücksichtigen bei der Beurteilung der Inanspruchnahme nicht erneuerbarer Ressourcen,
– die Erhöhung des Anteils erneuerbarer Energie an der Wärmeversorgung von Gebäuden von ca. 6% im Jahr 2006 auf 14% im Jahr 2020 – zu berücksichtigen bei der Beurteilung der Nutzung erneuerbarer Ressourcen,
– die stärkere Orientierung von Investitions- und Vergabeentscheidungen an der Höhe der Lebenszykluskosten mit dem Ziel, diese zu reduzieren – zu berücksichtigen bei der Beurteilung der ökonomischen Qualität,
– die Verbesserung der Innenraumluftqualität – zu berücksichtigen bei der Beurteilung der Gesundheitsverträglichkeit von Gebäuden im Rahmen der sozio-kulturellen Qualität.

Ziel des BNB-Bewertungssystems ist die Vergabe einer „Gebäudenote" und die zusätzliche Beschreibung der Standortmerkmale. Die Gebäudenote wird (wie bei der Stiftung Warentest auch) durch Teilnoten gebildet. Es gibt 5 Teilnoten für:

– ökologische Qualität,
– ökonomische Qualität,
– soziokulturelle und funktionale Qualität,
– technische Qualität des Bauwerks,
– Prozessqualität.

Die Teilnoten werden durch die Auswertung verschiedener Einzelkriterien beschrieben. Die Zahl dieser Einzelkriterien ist für Büro- und Verwaltungsgebäude festgelegt. Allerdings wurde im Prozess der Systemerstellung deutlich, dass nicht für alle Kriterien hinreichend gute Nachweismethoden zur Verfügung standen. Einige Kriterien bleiben vorerst „ausgeschaltet" und müssen mit entsprechenden Forschungsaktivitäten erst „zum Leben erweckt" werden.

Ziel war es u. a., alle bauordnungsrechtlichen Anforderungen und sonstigen öffentlich-rechtlichen

Tabelle 3.2-2 Überblick zum deutschen Zertifizierungsansatz, Version 2008

Hauptkriterien-gruppe	Kriteriengruppe	Nr.	Kriterium	Wichtung
Gebäudenote:				
Ökologische Qualität	Wirkungen auf die globale und lokale Umwelt	1	Treibhauspotenzial (GWP)	22,5%
		2	Ozonschichtzerstörungspotenzial (ODP)	
		3	Ozonbildungspotenzial (POCP)	
		4	Versauerungspotenzial (AP)	
		5	Überdüngungspotenzial (EP)	
		6	Risiken für die lokale Umwelt	
		7	Sonstige Wirkungen auf die lokale Umwelt	
		8	Sonstige Wirkungen auf die globale Umwelt	
		9	Mikroklima	
	Ressourcen-inanspruchnahme und Abfallaufkommen	10	Primärenergiebedarf nicht erneuerbar (PE$_{ne}$)	
		11	Primärenergiebedarf gesamt, Anteil PE erneuerbar	
		12	Sonstiger Verbrauch nicht erneuerbarer Ressourcen	
		13	Abfall nach Abfallkategorien	
		14	Frischwasserverbrauch Nutzungsphase	
		15	Flächeninanspruchnahme	
Ökonomische Qualität	Lebenszykluskosten	16	gebäudebezogene Kosten im Lebenszyklus	22,5 %
	Wertentwicklung	17	Wertstabilität	
Soziokulturelle und Funktionale Qualität	Gesundheit, Behaglichkeit und Nutzerzufriedenheit	18	Thermischer Komfort im Winter	22,5%
		19	Thermischer Komfort im Sommer	
		20	Innenraumluftqualität	
		21	Akustischer Komfort	
		22	Visueller Komfort	
		23	Einflussnahme des Nutzers	
		24	Gebäudebezogene Außenraumqualität	
		25	Sicherheit und Störfallrisiken	
	Funktionalität	26	Barrierefreiheit	
		27	Flächeneffizienz	
		28	Umnutzungsfähigkeit	
		29	öffentliche Zugänglichkeit	
		30	Fahrradkomfort	
	Gestalterische Qualität	31	Sicherung der gestalterischen und städtebaulichen Qualität im Wettbewerb	
		32	Kunst am Bau	

Tabelle 3.2-2 (Fortsetzung)

Hauptkriterien-gruppe	Kriteriengruppe	Nr.	Kriterium	Wichtung
Technische Qualität	**Qualität der technischen Ausführung**	33	Brandschutz	22,5%
		34	Schallschutz	
		35	thermische und feuchteschutztechnische Qualität der Gebäudehülle	
		36	Backupfähigkeit der TGA	
		37	Bedienbarkeit der TGA	
		38	Ausstattungsqualität der TGA	
		39	Dauerhaftigkeit/Anpassung der gewählten Bauprodukte, Systeme und Konstruktionen an die geplante Nutzungsdauer	
		40	Reinigungs- und Instandhaltungsfreundlichkeit der Baukonstruktion	
		41	Widerstandsfähigkeit gegen Hagel, Sturm und Hochwasser	
		42	Rückbaubarkeit, Recyclingfreundlichkeit	
Prozessqualität	**Qualität der Planung**	43	Qualität der Projektvorbereitung	10%
		44	Integrale Planung	
		45	Nachweis der Optimierung und Komplexität der Herangehensweise in der Planung	
		46	Sicherung der Nachhaltigkeitsaspekte in Ausschreibung und Vergabe	
		47	Schaffung von Vorraussetzungen für eine optimale Nutzung und Bewirtschaftung	
		48	Baustelle/Bauprozess	
		49	Qualität der ausführenden Firmen/Präqualifikation	
	Qualität der Bauausführung	50	Qualitätssicherung der Bauausführung	
		51	geordnete Inbetriebnahme	
	Qualität der Bewirtschaftung	52	Controlling	
		53	Management	
		54	systematische Inspektion, Wartung und Instandhaltung	
		55	Qualifikation des Betriebspersonals	
Standortnote:				
Standortqualität		56	Risiken am Mikrostandort	100%
		57	Verhältnisse am Mikrostandort	
		58	Image und Zustand von Standort und Quartier	
		59	Verkehrsanbindung	
		60	Nähe zu nutzungsrelevanten Objekten und Einrichtungen	
		61	anliegende Medien/Erschließung	
		62	Planungsrechtliche Situation	
		63	Erweiterungsmöglichkeiten/Reserven	

Hinweis: Die grau hinterlegten Kriterien können noch nicht verwendet werden, da sie noch nicht methodisch festgelegt werden konnten; zum Teil ergibt sich hier noch Forschungsbedarf. Die Bewirtschaftungsqualität spielt bei der Bewertung des Neubaus keine Rolle.

Regelungen verpflichtend einzubeziehen. Im ökologischen Bereich wird zusätzlich zu den im Zuge der Planung ohnehin abzuliefernden Nachweisen eine Ökobilanz verlangt. Bei den ökonomischen Qualitäten sind nicht nur Investitionskosten, sondern die Lebenszykluskosten zu ermitteln. Die zusätzlichen Anforderungen an Nachweispflichten sind gering, wenn im normalen Planungsprozess bereits übergreifende Überlegungen und Dokumentationen zur Nachhaltigkeit realisiert wurden. Die Ausrichtung der Planung auf Übererfüllung und die erhebliche Qualitätskontrolle sind das eigentliche Merkmal der Zertifizierung.

Das BNB-Bewertungssystem ist zurzeit nur für Büro- und Verwaltungsgebäude ausgelegt und wurde an derartigen Gebäuden erprobt. Ende August 2008 lag das System in einer ersten Version (sog. Betaversion) vor. Eine vorgezogene Ersterprobung wurde in Vorbereitung der Weltkonferenz für Nachhaltiges Bauen Ende September in Melbourne/Australien durchgeführt. Testobjekt war die neu errichtete Kreisverwaltung der Stadt Eberswalde. Das Gebäude wurde im Rahmen eines Wettbewerbs geplant und städtebaulich erfolgreich integriert. Der Bau des energieoptimierten Gebäudes verlief unter wissenschaftlicher Begleitung. Der erste Zertifizierungsdurchgang ergab einen Erfüllungsgrad von 89% (Goldstandard). Auf der Weltkonferenz in Melbourne erhielt die Bundesrepublik Deutschland für dieses und zwei weitere Projekte sowie für das ausgestellte Zertifizierungssystem den *„World Sustainable Building Award 2008"*.

Aufgrund einer Vereinbarung mit der DGNB wurden danach private und öffentliche Gebäude ausgewählt, an denen in zwei Testphasen Ende 2008 und Anfang 2009 die Zertifizierungsversion 2008 getestet wurden. Die Teilnehmer aus der ersten Pilotphase haben auf der internationalen Baufachmesse BAU 2009 in München die ersten Plaketten erhalten (s. Tabelle 3.2-3). Einbezogen wurden hochrangige Leistungen in der Architektur- und Ingenieurbaukunst des Bundes, der Länder, der Kommunen und von privaten Bauherren. Mit den Ergebnissen wurde die Version „Neubau von Büro- und Verwaltungsgebäuden Version 2008" in eine Version 2009 überführt. Sie steht nunmehr für den operativen Betrieb zur Verfügung. Dabei soll das System als freiwilliges Marktsystem eingesetzt werden.

In der Pilotphase wurden auch Ziele und Referenzen getestet. Dabei geht es darum, das System so auszulegen, dass man mit einer Erfüllung bzw. knappen Übererfüllung von deutschen Standards das untere Ende von „Bronze" erreicht. Damit werden zwei Botschaften transportiert:

1. deutsche Standards sind auch im internationalen Maßstab auf allen Gebieten relativ hoch und
2. der Wert einer Zertifizierungsplakette liegt in der hohen Qualitätssicherung durch das Zertifizierungssystem.

Darüber hinaus wurde auch die Gewichtung der Einzelkriterien zueinander (Spreizung max. 1:3), die Festlegung von Mindestanforderungen bei jedem Kriterium (Nichteinhaltung bedeutet Nichtzertifizierung) und die Festlegung von Mindestanforderungen an einzelne Kriteriengruppen (bei Erreichung des Gold-Standards müssen die Teilaspekte mindestens Silber-Standard aufweisen) untersucht. Das System „Neubau von Büro- und Verwaltungsgebäuden Version 2009" steht marktbereit zur Verfügung. BMVBS hat die entsprechende Datenbank mit den Steckbriefen Anfang Dezember 2009 im Internet veröffentlicht (unter www.nachhaltigesbauen.de). Ein „update" erfolgte im Januar 2011.

Dieses Bewertungssystem kann als Planungshilfe oder Leitfaden für das Planen und Ausführen, als Arbeitsmittel für die Qualitätssicherung oder als Qualitätssicherungssysteme mit einer Zertifizierung verbunden werden. BMVBS hat es bei der Novelle des Leitfadens „Nachhaltiges Bauen" Anfang 2011 verwendet. BMVBS hat den Leitfaden per Erlass verbindlich für den Bundesbau eingeführt. Praktisch werden so alle Bundesgebäude (intern) gelabelt. Den Ländern und Kommunen wird diese Methode angeboten. DGNB hat begonnen, für den gewerblichen Bereich ein Zertifizierungsverfahren anzubieten. Die Anwendung von Bewertungssystemen für die Nachhaltigkeit von Gebäuden und baulichen Anlagen ist prinzipiell weiter freiwillig. Auch das Anbieten derartiger Systeme erfolgt freiwillig nach Marktprinzipien.

BMVBS prüft auf Anfrage Bewertungssysteme und empfiehlt sie zur Anwendung nach erfolgreicher Prüfung für die Planungs- und Baupraxis. Dabei müssen wichtige Anforderungen eingehal-

Tabelle 3.2-3 Objekte der ersten Probezertifizierung

Siegel in	Projekt	Kurzbeschreibung	Auditoren (Namen der eingebundenen Auditoren, der Federführende ist unterstrichen)
Gold	Umweltbundesamt Dessau	35.000 m² BGF, Fertigstellung 2005	Herr Dr. Günther Löhnert (Planungsbüro Solidar) Herr Prof. Thomas Lützkendorf (Uni Karlsruhe) Herr Holger König (Büro Ascona) Herr Prof. Alexander Rudolphi (GfÖB)
Gold	Kreisverwaltung Barnim	21.600 m² BGF, Fertigstellung 2007	Herr Dr. Günther Löhnert (Planungsbüro Solidar) Herr Prof. Thomas Lützkendorf (Uni Karlsruhe) Herr Holger König (Büro Ascona)
Gold	Neues Regionshaus Hannover	8.400 m² BGF, PPP-Projekt, EnOB-Projekt, Fertigstellung 2007	Frau Dr. Kati Herzog (Fa. Bilfinger Berger) Herr Dr. Günther Löhnert (Planungsbüro Solidar) Herr Prof. Thomas Lützkendorf (Uni Karlsruhe) Herr Holger König (Büro Ascona)
Gold	Etrium Köln	3.500 m² Fertigstellung 2008	Herr Hoffmann (ifes)
Gold	OWP 11 Stuttgart	11.941 m² Fertigstellung 2003	Herr Hoinka (Drees & Sommer)
Silber	Projekt Laim 290 München	10.760 m² BGF, Fertigstellung 2008	Herr Ralf Bode (Union Investment AG)
Silber	Projekt Atmos München	45.000 m² BGF, Fertigstellung 2008	Herr Thomas Rühle (Intep)
Silber	ZUB Kassel	1.800 m² Fertigstellung 2003	Frau Eßig (TU München)
Silber	Hauptverwaltung Vileda Weinheim	7.004 m² Fertigstellung 2008	Herr Dülger (EGS-Plan)
Silber	Institutsgebäude der Fakultät Bauingenieurwesen der TU Darmstadt	4777 m² BGF, Fertigstellung 2004	Herr Prof. C-A. Graubner, TU Darmstadt
Silber	Karolinen Karree München	12.800 m² Fertigstellung 2008	Herr Rudolphi (gföb)
Bronze	Justizzentrum Chemnitz	25.000 m² BGF, PPP-Projekt, Fertigstellung Ende 2008	Herr Nicolas Kerz (IEMB Berlin) Herr Prof. C-A. Graubner, TU Darmstadt Frau Dr. Kati Herzog (Fa. Bilfinger Berger)
Bronze	Super C Aachen	7.546 m² Fertigstellung 2008	Herr Kuhnhenne (RWTH Aachen)
Bronze	Saegeling Medizintechnik Heidenau, Sachsen	570 m² Fertigstellung 2009	Herr Fest (GPAC)
Bronze	Züblin Z-Zwo Stuttgart	8.500 m² Fertigstellung 2002	Herr Mahler (EGS) Herr Schweig (Züblin)
Bronze	Medtronic Meerbusch	14.000 m² Fertigstellung 2008	Herr Brembach (DIL Deutsche Baumanagement GmbH) Herr Wünschmann (CSD)

Bewertungsmaßstab:
– für jedes Nachhaltigkeitskriterium werden 10 Punkte vergeben
– dabei sind 5 Punkte der Referenzwert für derzeitige Qualität („main stream"), der Zielwert mit 10 Punkten ist in die Zukunft geplant und verlangt eine Übererfüllung (z. B. bereits EnEV-Standard 2012)
– bei einer derartigen Übererfüllung aller Kriterien wäre ein Erfüllungsgrad von 100% möglich
– die Plaketten haben folgende Erfüllungsgrade: Gold >80%, Silber 65 bis 80% und Bronze 50 bis 65%
– Insgesamt ist das System (auch im internationalen Vergleich) hinsichtlich der Anforderungen sehr anspruchsvoll.

ten werden. Es werden nur Systeme anerkannt, die eine Gesamtbeschreibung des Gebäudes vornehmen. Das System muss gewährleisten, dass jede Kriteriengruppe mit konkreten Einzelkriterien beschrieben wird. Diese Kriterien müssen auf nachvollziehbaren und eindeutigen Erhebungs- und Bewertungsmethoden aufbauen und eindeutige Messvorschriften beinhalten. Die Kriterien werden nach Relevanz und Praktikabilität vom Systemersteller festgelegt. Bei jedem Kriterium ist eine Mindestqualität vorzugeben, die zwingend eingehalten werden muss. Die Vorgabe der Mindestqualität muss insbesondere bei Neubauvorhaben die Einhaltung aller gesetzlichen Anforderungen einschließen.

Die Empfehlung des BMVBS („vom BMVBS anerkanntes und für die Praxis empfohlenes Bewertungssystem für nachhaltige Gebäude") wird auf der Grundlage von Grundsätzen und Richtlinien ausgesprochen, die im Bundesanzeiger veröffentlicht wurden.

Diese Anerkennungspraxis soll in der weiteren operativen Tätigkeit auch bei anderen gewerblichen Gebäudekategorien angewandt werden (z. B. Hotels, Handelsbauten). Die DGNB hat auch hier bereits erste Testversionen entwickelt. BMVBS schließt ein derartiges Verfahren nur bei Gebäuden mit erheblichem öffentlichem Interesse aus. Bei Gebäuden und baulichen Anlagen, die ausschließlich von den Trägern öffentlicher Belange betrieben werden, sollen diese auch selbst Bewertungssysteme entwickeln. Das betrifft den Wohnungsbau, Gebäude der sozialen Infrastruktur (Schulen, Kitas), Infrastrukturbauten (Tunnel, Brücken) und Stadtquartiere. Zum Thema Wohnungsbau arbeitet bereits eine Arbeitsgruppe beim BMVBS gemeinsam mit Vertretern und Spitzenverbänden der Wohnungswirtschaft. Mit den Ländern bestehen weitere Arbeitsgruppen (z. B. zu Bildungsbauten).

Insgesamt stehen damit in Deutschland nunmehr umfangreiche Planungs- und Bewertungshilfsmittel zur Verfügung. Dem nachhaltigen Bauen und Planen ist damit besser als bisher der Weg bereitet!

3.2.1.5 Zusammenfassung und Ausblick
Vor dem Hintergrund der Erfahrungen in Deutschland kann festgestellt werden, dass die Einrichtung eines Runden Tisches „Nachhaltiges Bauen" unter Einbeziehung aller relevanten Akteursgruppen eine wesentliche Voraussetzung für die Erarbeitung eines nationalen Konsens zu Fragen der Integration von Nachhaltigkeitsaspekten in die Bau-, Wohnungs- und Immobilienwirtschaft ist. Es gelingt so einerseits, über Forschungsprojekte entsprechende Vorarbeiten zu initiieren und zu koordinieren und andererseits gemeinsame Positionen bei der Entwicklung eines nationalen Bewertungs- und Zertifizierungssystems zu erarbeiten. Dieses System ist jedoch eingebettet in ein Paket sich gegenseitig ergänzender Informations-, Planungs- und Bewertungshilfsmittel, welches auf einer einheitlichen Datenbasis aufbaut und sich am Stand der internationalen und europäischen Normung orientiert.

Das neu entwickelte Bewertungssystem Nachhaltiges Bauen des Bundes steht für die Begleitung von Planungsaufgaben zur Verfügung. BMVBS hat es für Bundesgebäude mit dem Leitfaden nachhaltiges Bauen verbindlich über die Bundesbauverwaltung eingeführt und kann somit auch Vorbildwirkung entfalten. Die DGNB als privater Systemanbieter bietet entsprechende Bewertungssysteme am Markt an. Die Erweiterung auf weitere Gebäudekategorien erfolgt durch BMVBS und entsprechende Systemanbieter. Diese können sich ihr System vom BMVBS anerkennen lassen. Bei Gebäuden und baulichen Anlagen, die von erheblichem öffentlichem Interesse sind, werden Bewertungssysteme in Arbeitsgruppen der Träger öffentlicher Belange beim BMVBS entwickelt und umgesetzt.

3.2.2 Nachhaltiges Bauen mit Beton

Udo Wiens, Bruno Hauer, Josef Hegger, Tobias Dreßen

3.2.2.1 Nachhaltigkeit im Bauwesen – Allgemeines

Nachhaltiges Bauen wird heute von vielen Akteuren im Bauwesen eingefordert und weiterentwickelt. Wie in Abschn. 3.2.1 ausgeführt, entwickelt das Bundesministerium für Verkehr, Bau und Stadtentwicklung (BMVBS) ein Zertifizierungssystem zum nachhaltigen Bauen, um die eigenen Bauten damit bewerten zu können. Zu den Hauptkriterien der Bewertung der Nachhaltigkeit gehören die

– ökologische,
– ökonomische,

– soziokulturelle und funktionale sowie die
– technische

Qualität eines Gebäudes, ergänzt um die Prozessqualität und die Standortqualität, s. Abschn. 3.2.1.
Über die Bundesbauten und über Deutschland hinaus will die Deutsche Gesellschaft für Nachhaltiges Bauen (DGNB) Bauwerke auf ihre Nachhaltigkeit bewerten, wie es durch ausländische Zertifizierungssysteme schon praktiziert wird. Detaillierte
Ausführungen über das Zertifizierungssystem des
Bundes und erste Ergebnisse von Pilotzertifizierungen finden sich in Abschn. 3.2.1. Internationale
Normungsgremien auf ISO- und auf CEN-Ebene
arbeiten derzeit an der Ausgestaltung der Grundlagen für das nachhaltige Bauen.

Letztlich wird das nachhaltige Bauen aber durch
die einzelnen Bauweisen konkret umgesetzt werden
müssen. Die Betonbauweise nimmt innerhalb des gesamten Bauwesens vor allem aufgrund der eingesetzten Mengen an Material, der großen Breite der Anwendungen und der in der Leistungsfähigkeit der
Bauweise begründeten Entwicklungspotenziale eine
herausragende technische und wirtschaftliche Stellung ein. So wurden im Jahr 2008 in Deutschland
rund 41 Mio m³ Transportbeton hergestellt, hinzu
kommen in gleicher Größenordnung Betonfertigteile
und Betonwaren. Anwendungsbeispiele lassen sich
in Wohn- und Bürobauten mit Fundamenten, Decken,
Wänden, Stützen, Treppen und Balkonen ebenso finden wie im Industriebau (Industriefußböden, Schornsteine), im landwirtschaftlichen Bauen (Ställe, Gülle- und Biogasbehälter) oder bei Infrastrukturmaßnahmen (Straßenbeläge, Schwellen und feste Fahrbahn bei Eisenbahnstrecken, Schleusen und Dämme
im Wasserbau, Tunnel, Masten). Die Anwendungsmöglichkeiten werden zudem durch die Entwicklungen in der Betontechnik, z. B. hochfeste Betone,
erweitert. Diese exemplarisch ausgewählten Zahlen
und Beispiele verdeutlichen, dass eine nachhaltige
Entwicklung insbesondere im Betonbau umgesetzt
werden muss, wenn sie im Bauwesen allgemein auf
breiter Ebene Wirkung entfalten soll.

3.2.2.2 Nachhaltig Bauen mit Beton – Übersicht

Um das nachhaltige Bauen mit Beton zu fördern
und in der Praxis zu verankern, müssen Grundsätze zur Berücksichtigung von Nachhaltigkeitsas

pekten bei der Planung, Ausführung, Nutzung und
dem Rückbau von Betonbauwerken ausgearbeitet
werden. Hierzu müssen

– Nachhaltigkeitsaspekte in bestehende Planungs-
  und Ausführungsgrundsätze integriert werden,
– bereits bestehende Bewertungsverfahren zum
  nachhaltigen Bauen auf die Bedürfnisse und
  Randbedingungen des Betonbaus zugeschnitten
  werden,
– den am Bau beteiligten Partnern Vorschläge für
  technische Lösungen insbesondere unter Berücksichtigung der Schnittstellen einzelner Lebenswegphasen zur Verfügung gestellt werden,
– Planungswerkzeuge und neue Informations- und
  Kommunikationstools akteursbezogen entwickelt
  werden, die den Transfer relevanter Informationen
  entlang des Lebensweges sicherstellen.

Abgeleitet aus diesen Vorgaben arbeitet der Deutsche Ausschuss für Stahlbeton (DAfStb) im Rahmen eines durch das Bundesministerium für Bildung und Forschung (BMBF) und von verschiedenen Verbands- und Industriepartnern geförderten
Verbundforschungsprogramms (Laufzeit bis Oktober 2009) an der Erstellung einer DAfStb-Richtlinie „Grundsätze des nachhaltigen Bauens mit Beton" (GrunaBau). In dieser zentralen Richtlinie
sollen die wesentlichen am Betonbau Beteiligten
eine Unterstützung für die Umsetzung nachhaltigen Bauens in der täglichen Berufspraxis finden.
Der Weg dazu führt von der Darstellung der grundlegenden Nachhaltigkeitsaspekte über die Hinweise zum Informationsfluss zwischen den Beteiligten
bis hin zu Empfehlungen zur technischen Umsetzung. Die GrunaBau erhält dadurch einen für den
Betonbau bisher noch nicht erreichten Konkretisierungsgrad mit beträchtlicher Breitenwirkung
und liefert somit einen wichtigen Baustein zum
nachhaltigen Bauen in Ergänzung zu dem System
der Planungs- und Bewertungshilfsmittel, die zur
Zertifizierung der Nachhaltigkeit von Gebäuden
im Rahmen des BMVBS-Systems herangezogen
werden können, s. Abschn. 3.2.1.

Durch die Bündelung der gesamten Interessen
der am Betonbau Beteiligten im DAfStb (Tragwerkplaner, Baustoffhersteller, Bauindustrie, Behörden,
private und öffentliche Bauherren) wird die Umsetzung der Leitlinien in die Normung und die Praxis
sichergestellt. Im Rahmen von Vorstudien [Rein-

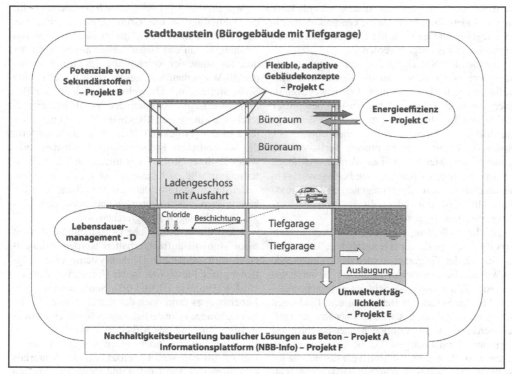

Abb. 3.2-1 Darstellung der Forschungsschwerpunkte anhand des im Forschungsvorhaben entwickelten fiktiven Gebäudes „Der Stadtbaustein"

hardt et al. 2001] und Fachgesprächen innerhalb des DAfStb wurde das Forschungsprogramm strukturiert und auf insgesamt 5 spezifische Schwerpunkte für den Betonbau fokussiert:

Projekt A: Nachhaltigkeitsbeurteilung baulicher Lösungen aus Beton
Projekt B: Potenziale des Sekundärstoffeinsatzes im Betonbau
Projekt C: Ressourcen- und energieeffiziente, adaptive Gebäudekonzepte im Geschossbau
Projekt D: Lebensdauermanagementsystem
Projekt E: Effiziente Sicherstellung der Umweltverträglichkeit
Projekt F: Informationsplattform.

Zur Überprüfung der Forschungsansätze aus den einzelnen Teilvorhaben wurde eine Projektionsfläche entwickelt, die alle gemeinsamen Arbeitsrichtungen und Zielsetzungen beschreibt und überprüf-

bar macht: der „Stadtbaustein". Ein möglicher konkreter Gebäudetyp mit einer festgelegten Nutzung in einer bestimmten Lebensphase, der sich hinter dem Stadtbaustein verbirgt, ist z.B. das Bürogebäude mit einer Tragstruktur aus Beton und einer integrierten Tiefgarage (s. **Abb. 3.2-1**). Bereits bei der Baustoffwahl besteht die Möglichkeit, den Ressourceneinsatz zu optimieren. Unter Verwendung von Silikastaub, Hüttensand oder Flugasche in der Zement- bzw. in der Betonproduktion, die als Sekundärstoffe in verschiedenen Prozessen anfallen, lassen sich z.B. Hochleistungsbetone herstellen, wodurch Primärstoffressourcen eingespart werden können (Projekte B und C). Diese innovativen Werkstoffe werden mit flexiblen, adaptiven Gebäudekonzepten gekoppelt (Arbeitspakete C1 und C2), die u.a. den Einsatz von vorgespannten Fertigteilen mit für die Gebäudetechnik optimierten Querschnitten zum Ziel haben. Durch intelligente Weiterentwicklung bestehender

Konstruktionsprinzipien und Anschlussdetails kann die Gebäudetechnik besser in die Gesamtkonstruktion integriert und dadurch die Energieeffizienz des Bürogebäudes gesteigert werden.

Gerade die Nutzungsphase übt einen oftmals dominierenden Einfluss auf die Kosten und Umweltwirkungen des gesamten Lebensweges aus. Energetische Aspekte sind hierbei von besonderer Bedeutung. Im Optimierungsprozess mit der Tragkonstruktion können massive Innenbauteile aus Beton das energetisch ungünstige Verhalten von transparenten Metall-Glas-Fassadenkonstruktionen erheblich kompensieren und dazu beitragen, dass in diesen Gebäuden auf die primärenergetisch ungünstige Kühltechnik ganz oder teilweise verzichtet werden kann (Arbeitspaket C3).

Die Instandhaltung stellt einen weiteren wesentlichen Gesichtspunkt für das nachhaltige Bauen dar. Im Bereich der Tiefgarage werden durch einfahrende PKW Tausalze eingeschleppt, die zur Bewehrungskorrosion führen und große Schäden verursachen können. Für den Schutz des Betons vor dem Eindringen der Tausalze müssen zusätzliche Maßnahmen ergriffen werden (z. B. das Aufbringen einer Beschichtung oder eines Asphaltbelages). Da die Lebensdauer von Betonbauwerken größer ist als die der Beschichtungsmaßnahmen, müssen Instandhaltungskonzepte entwickelt und optimiert werden, die eine Bewehrungskorrosion über die Lebensdauer des Betonbauwerkes wirksam verhindern (Projekt D). Fester Bestandteil solcher Instandhaltungskonzepte ist die regelmäßige Zustandserfassung, die ggf. durch den Einsatz von Monitoring-Systemen unterstützt werden kann. Eine weitere Optimierungsmöglichkeit entsteht zwischen dem Nutzen der Instandhaltungsmaßnahme im Hinblick auf eine Verlängerung der Lebensdauer und den hierfür anfallenden Kosten. Zur Lebensdauerabschätzung sind probabilistische Verfahren weiterzuentwickeln, die sowohl bei der Planung hilfreich sind als auch zur Abschätzung der Restlebensdauer von bestehenden Bauwerken verwendet werden können. Eine Erhöhung der Dauerhaftigkeit des Betonbauwerkes kann z. B. durch den bereits im Zusammenhang mit den Projekten B und C erwähnten Einsatz von dichten Hochleistungsbetonen unter Verwendung von Sekundärstoffen erzielt werden. Die im Projekt D entwickelten Prinzipien lassen sich auch auf andere Betonbauwerke, wie Brücken oder andere Infrastrukturbauwerke mit herausragender Bedeutung, übertragen.

Wie in Abb. 3.2-1 schematisch angedeutet, wird die Tiefgarage in das Grundwasser gebaut. Aus dem Beton können umweltrelevante Stoffe durch Auslaugung an das Grundwasser abgegeben werden. Im Sinne der Reinhaltung des Grundwassers gemäß Wasserhaushaltsgesetz stellt die effiziente Sicherstellung der Umweltverträglichkeit der Betonbauwerke im Rahmen der Nachhaltigkeitsbetrachtung ein wesentliches in die Zukunft gerichtetes Ziel dar (Projekt E). Hier gilt es insbesondere, die wesentlichen Freisetzungsmechanismen umweltrelevanter Stoffe zu ermitteln und deren Verteilung in situ, d. h. anhand von Pilotprojekten, festzustellen und mit den bisher vorliegenden Erkenntnissen aus Laboruntersuchungen und Vergleichsrechnungen abzugleichen.

Kann die ursprüngliche Gebäudenutzung nicht mehr sinnvoll aufrechterhalten werden, ermöglichen weit gespannte Deckensysteme eine möglichst große Flexibilität in der Umnutzung des Gebäudes (Projekte C1 und C2). Sollte am Ende des Lebensweges dann doch der Rückbau bzw. Abriss des Gebäudes erforderlich sein, können eine hochwertige Nutzung des Altbetons einschließlich des Betonbrechsandes noch einen möglichst hohen Nutzen im nächsten Lebenszyklus des Materials erbringen und dort Kosten und Umweltwirkungen mindern (Projekt B).

Eine Klammer um alle Projektschwerpunkte bilden die Projekte A und F. Mit ihrer Hilfe sollen die einzelnen in den Projekten getroffenen Maßnahmen hinsichtlich ihres Beitrages zur Nachhaltigkeit beurteilt werden. Hierzu wurden zunächst in einem wissenschaftlichen Diskurs die Kriterien für das Bewertungsverfahren in Projekt A festgelegt. Die verschiedenen vorhandenen Werkzeuge zur Beurteilung der Nachhaltigkeit wurden in der weiteren Projektbearbeitung auf den Betonbau abgestimmt und ergänzt. Die Erarbeitung der Bewertungskriterien und -werkzeuge geschah dabei nicht losgelöst von der Arbeit der anderen Projektschwerpunkte, sondern erfolgte vielmehr im Wechselspiel mit den Anforderungen und Erfahrungen aus allen Projektschwerpunkten.

Das im Aufbau befindliche Online-Informationssystem (Projekt F) gibt den professionellen Nutzern gezielte Zugriffsmöglichkeiten auf Einzelinformationen und Dokumente, die im Zuge von Informations- und Entscheidungsprozessen im

Hinblick auf Nachhaltigkeitsfragen im Betonbau relevant sind.

Im Zusammenspiel aller Projekte wird schließlich die GrunaBau erstellt, die auf den Betonbau zugeschnittene Prinzipien für das nachhaltige Bauen enthält. Mit der Richtlinie wird das Konzept der nachhaltigen Entwicklung auf einzelne Bauwerke oder Gruppen von Bauwerken des Hoch- und Ingenieurbaus übertragen, deren Tragstruktur oder bauliche Elemente aus unbewehrtem Beton, Stahlbeton und Spannbeton bestehen. Die Richtlinie wird weiterhin die Grundlagen der Nachweisführung enthalten, mit deren Hilfe die Nachhaltigkeit eines Bauwerkes, eines Bauwerkteils oder baulicher Elemente aus Beton quantifiziert werden kann.

Eine detaillierte Darstellung über erste Forschungsergebnisse ist in [Schlussberichte 2007, Schießl et al. 2007] enthalten. Im folgenden Abschnitt wird anhand einer vergleichenden Ökobilanz für die Tragstruktur des Stadtbausteins auf anschauliche Weise dargestellt, wie sich die ökologischen Wirkungen verändern, wenn das Tragsystem derart gewählt wird, dass eine flexible Grundrissgestaltung ermöglicht wird.

3.2.2.3 Bewertung der Flexibilität anhand der Ökobilanz der Tragstruktur des Stadtbausteins

Allgemeines

Die Tragstruktur eines adaptiven Gebäudes muss unterschiedliche Raumaufteilungen und damit auch variable Leitungsführungen der Gebäudetechnik ermöglichen. Vor allem die Deckenkonstruktionen sind wegen des großen Baustoffbedarfs von erheblicher Bedeutung für die Nachhaltigkeitsbetrachtung im Geschossbau, da hier sowohl große Chancen zur Steigerung der Ressourceneffizienz liegen als auch wesentliche Potenziale hinsichtlich der Planungen für die flexible Nutzung eines Gebäudes vorhanden sind.

Die Lebensdauer des Ausbaus, der Gebäudetechnik und zum Teil auch der Fassade ist i. Allg.. deutlich geringer als die der Tragstruktur [Kaltenbrunner 1999]. Häufig werden Gebäude im städtischen Raum vor Ablauf ihrer technischen Lebensdauer abgerissen oder aufwändig umgebaut, da sie eine Nutzungsänderung nicht zulassen, die Umsetzung technischer Neuerungen nicht ermög-

lichen oder architektonischen Ansprüchen nicht mehr genügen. Ziel muss es daher sein, durch geeignete Maßnahmen die Lebensdauer der Tragstruktur effizienter und länger auszunutzen.

Ökobilanzen für Beton

Um die mit den Bauwerken verbundenen potenziellen umweltrelevanten Wirkungen beziffern zu können, sind diese über ökobilanzielle Betrachtungen zu bestimmen. Idealerweise wird in einer Ökobilanz der gesamte Lebensweg eines Bauwerks betrachtet. Dazu werden aber u. a. Daten für die mit der Baustoffherstellung verbundenen wesentlichen Umweltwirkungen benötigt, die in sog. Baustoffprofilen oder auch in Umweltproduktdeklarationen nach ISO 21930 zusammengefasst sind. Diese gehen als Modul in die Analyse der Bauwerkserstellung oder der Bauwerkserhaltung ein. In ihnen sind der mit der Baustoffherstellung einhergehende Primärenergiebedarf und wichtige emissionsbedingte potenzielle Umweltwirkungen enthalten, wie etwa der Beitrag zum globalen Treibhauseffekt, der im Wesentlichen auf Kohlendioxidemissionen beruht. Dabei werden nicht nur der Energiebedarf und die Emissionen unmittelbar bei der Baustoffherstellung im Werk betrachtet, sondern auch die Vorketten wie die Erzeugung des in der Baustoffherstellung benötigten Stroms und die erforderlichen Transporte berücksichtigt.

Um – wie im Folgenden beschrieben – verschiedene Konstruktionsvarianten in einem klar umrissenen Anwendungsfall miteinander vergleichen zu können, ist es i. Allg. sinnvoll, Baustoffprofile zu verwenden, die eine durchschnittliche Situation der Baustoffherstellung widerspiegeln. So ist in [Zement-Taschenbuch 2008] das Baustoffprofil Zement für das Bezugsjahr 2006 dargestellt. Die Gehalte der Bestandteile des zugrunde liegenden mittleren Zement entsprechen den über die gesamte deutsche Zementproduktion dieses Jahres gemittelten Anteilen des Portlandzementklinkers und anderer verwendeter Stoffe. Es werden die Zementherstellung inklusive der damit verbunden Vorketten bis zur Auslieferung des Zements am Werktor betrachtet. Darauf aufbauend wurden unter Nutzung des Baustoffprofils Zement Baustoffprofile für Transportbeton entwickelt. Die Druckfestigkeitsklassen C20/25, C25/30 und C30/37 stellen mengenmäßig die wichtigsten Klassen für die

Druckfestigkeit dar. Die Betone sind wie der Zement so zusammengesetzt, dass sie eine mittlere Zusammensetzung solcher Betone widerspiegeln (s. Tabelle 3.2-4) [Zement-Taschenbuch 2008]. In den in Tabelle 3.2-5 dargestellten Baustoffprofilen sind die mit der Baustoffherstellung verbundenen Aufwendungen bis zur Auslieferung des Bauprodukts am Werktor berücksichtigt. Weitere Baustoffprofile wurden im Projekt für höherfeste Betone entwickelt, weitere ergänzende Baustoffprofile werden vorbereitet. Mit Hilfe dieser Daten können unterschiedliche Konstruktionsvarianten analysiert werden.

Mit zunehmender Druckfestigkeitsklasse des Betons nehmen die potenziellen ökologischen Wirkungen zu. Diese Tendenz hat ihre wesentliche Ursache in den mit der Festigkeitsklasse zunehmenden Zementgehalten. Die Abnahme des Gehalts an Gesteinskörnungen hat demgegenüber eine untergeordnete Bedeutung. Insgesamt haben die potenziellen Umweltwirkungen der Betonherstellung im Laufe des letzten Jahrzehnts von 1996 bis 2006 deutlich abgenommen, was insbesondere auch auf den erhöhten Einsatz von Zementen mit mehreren Hauptbestandteilen zurückzuführen ist.

Während Tabelle 3.2-4 von Betonen ausgeht, die einem mittleren Zement einer der deutschen Produktion gemäßen Zusammensetzung der Zementhauptbestandteile entsprechen, zeigt Abb. 3.2-2 eine mögliche Variation der Baustoffprofile für Beton, falls statt des deutschen Durchschnittszements ein Portlandzement CEM I oder ein Hochofenzement CEM III/A verwendet wird. Dargestellt sind die relativen Unterschiede zwischen den Betonvarianten mit den unterschiedlichen Zementarten im Hinblick auf die betrachteten Ökobilanzindikatoren. Diese relativen Unterschiede stellen sich für die Betondruckfestigkeitsklassen C20/25 bis C50/60 sehr ähnlich dar und wurden entsprechend für die Darstellung über diese Betondruckfestigkeitsklassen gemittelt.

Bei allen Indikatoren weist der Beton mit Portlandzement (CEM I) den höchsten Wert auf und derjenige mit Hochofenzement (CEM III/A) den niedrigsten. Es zeigen sich ähnlich große Unterschiede in den Wirkungskategorien Treibhauspotenzial (GWP), Versauerungspotenzial (AP), Eutrophierungspotenzial (EP) und Ozonbildungspotenzial (POCP). Die Unterschiede beim Bedarf an nicht erneuerbarer Primärenergie (PE n. e.) sind nicht sehr groß, beim Ozonabbaupotenzial (ODP) noch geringer, um schließlich beim Indikator „Primärenergie erneuerbar (PE e.)" fast ganz zu verschwinden.

Tabelle 3.2-4 Zusammensetzung der dem Baustoffprofil Transportbeton zugrundeliegenden Betone

Ausgangsstoffe		C20/25	C25/30	C30/37
Gesteinskörnung	kg/m³	1880	1820	1790
Zement	kg/m³	260	290	320
Wasser	kg/m³	170	176	170
Flugasche	kg/m³	40	60	80
Betonverflüssiger	kg/m³	1,30	1,16	1,28

Tabelle 3.2-5 Baustoffprofil Transportbeton: Primärenergiebedarf und Wirkungsabschätzung der Herstellung von 1 m³ Transportbeton für drei Betondruckfestigkeitsklassen (Bezugsjahr 2006) [Zement-Taschenbuch 2008]

Auswertung Primärenergie		C20/25	C25/30	C30/37
Primärenergie nicht erneuerbar	MJ/m³	1024	1108	1196
Primärenergie erneuerbar	MJ/m³	19	21	22
Treibhauspotenzial (GWP)	CO_2-Äq.	196	217	237
Ozonabbaupotenzial (ODP)	R11-Äq.	$0,53 \cdot 10^{-5}$	$0,58 \cdot 10^{-5}$	$0,63 \cdot 10^{-5}$
Versauerungspotenzial (AP)	SO_2-Äq.	0,36	0,38	0,42
Eutrophierungspotenzial (EP)	PO_4-Äq.	0,050	0,054	0,058
Photooxidantienpotenzial (POCP)	C_2H_4-Äq.	0,036	0,039	0,043

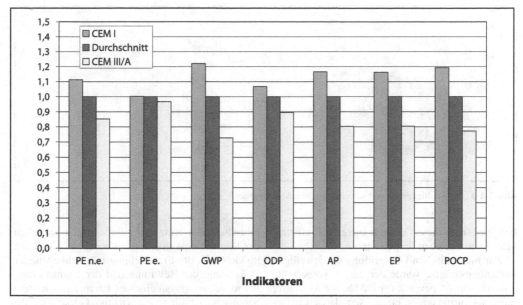

Abb. 3.2-2 Ökobilanzielle Indikatoren für die Herstellung eines Betons mit einem Portlandzement CEM I und mit einem Hochofenzement CEM III/A im Vergleich zur Herstellung des Betons mit einem Zement – für die deutsche Zementproduktion – mittleren Gehalts der verschiedenen Zementbestandteile

Die Gebäudestruktur

Zur Entwicklung von Gebäudekonzepten, die ein möglichst hohes Maß an Veränderbarkeit und Anpassungsfähigkeit mitbringen, sind flexible Gebäudestrukturen grundlegende Voraussetzung. Entgegen der Betrachtung einzelner Fachdisziplinen mit ihren unterschiedlichen Verfahrensweisen und Lösungsansätzen werden die jeweiligen Einflussgrößen in einer integralen Planung von Architekt, Tragwerksplaner und Gebäudetechniker identifiziert und in einem gemeinsamen Lösungsprofil beschrieben. Um ein möglichst breites Anwendungsfeld der zu konstruierenden Bauteile abzudecken, gilt es, gemeinsam eine intelligente Tragstruktur zu entwickeln, deren einzelne Strukturelemente variabel und anpassungsfähig einsetzbar sind.

Adaptive Gebäudestrukturen müssen flexibel auf die Einteilung der Nutzungseinheiten und auf sich ändernde Anforderungen sowie auf weiter- bzw. neu entwickelte Technik reagieren können. Die technischen Ausbaugewerke sind dementsprechend so zu integrieren, dass sie in technischer, ökonomischer und ökologischer Hinsicht an Nut-

zungsänderungen angepasst werden können. Anpassungsfähigkeit beinhaltet auch, dass technische Anlagen und deren Teile mit vertretbarem Aufwand rückgebaut, gewartet, instand gesetzt und umgebaut werden können. Nachhaltige Gebäude sind nutzergerecht zu gestalten, d. h., Behaglichkeit, ein gesundes Raumklima und eine technische Ausstattung, die leicht bedien- und gut regulierbar ist, müssen sichergestellt sein.

Neben den wirtschaftlichen und sozialen Gesichtspunkten, die sich aufgrund der demographischen Entwicklung und des zu beobachtenden Strukturwandels ergeben, spielt ein ökologischer Aspekt eine wesentliche Rolle. Die zu beobachtende zukünftige Knappheit an fossilen Brennstoffen und die im Sinne der Nachhaltigkeit geforderte Ressourcenschonung führen dazu, dass Energieversorgung und Energieeffizienz der Gebäude weiter an Bedeutung gewinnen werden. Aufgrund der Entwicklungserwartungen zukünftiger gesellschaftlicher und wirtschaftlicher Prozesse sowie anstehender Veränderungen in der Arbeitswelt müssen nachhaltige Gebäudekonzepte sowohl flexibel gestaltet werden und als auch dazu

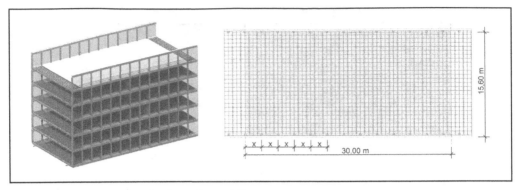

Abb. 3.2-3 Der Stadtbaustein – Geschossaufbau und Abmessungen

beitragen, dass diese Gebäude energetisch effizient gebaut und betrieben werden können.

Zur methodischen Überprüfung der jeweiligen Forschungsansätze wurde der bereits vorgestellte „Stadtbaustein" gewählt (vgl. Abb. 3.2-3). Dieser dient als Bezugsgröße einer exemplarischen Gebäudeeinheit und ermöglicht eine klare Definition der Problemstellungen.

Zur Sicherstellung der Flexibilität innerhalb des Gebäudekonzeptes sind die möglichen Nutzungen und Nutzungskombinationen sowie ihre räumliche und technische Ausformulierung gezielt zu be-schreiben. Die Nutzungsanforderungen bezüglich der Raumabmessungen, der Raumhöhe, der Lage im Gebäude, der Erschließungsmöglichkeiten, der Belichtung, der Belüftung und der Temperierung sowie der bauphysikalischen Parameter wie dem Schallschutz bilden eine wichtige Grundlage. Mit den definierten Annahmen ergibt sich ein theoretisches Fallbeispiel, anhand dessen konkrete Anforderungen abgeleitet und die möglichen Lösungsansätze für bauliche Strukturen entwickelt werden. Die sich hieraus ergebenden Randbedingungen des Stadtbausteins nach Abb. 3.2-3 sind:

Geschosse:	Gebäude bis 22,00 m (Hochhaus)
	→ 6 Geschosse
Geschosshöhe:	lichtes Raummaß von 2,75 m bis 3,00 m (Büro- und Wohnnutzung)
	→ H = 3,50 m
Stützenstellung:	variabel (abhängig von Raster x, ein weit verbreitetes Fassadenraster ist 1,25–1,50 m)
	Aufgrund zukünftiger Bedarfsänderungen in Bezug auf die Größe des Arbeitsplatzes (neue Medien) können sich diese Bezugsgrößen in der Zukunft ändern.
Gebäudetiefe:	Anordnung einer Mittelgarage im Untergeschoss
	→ 15,60 m lichte Gebäudetiefe.
	Weitere Anforderungen bestehen bzgl. der natürlichen Belichtung und Belüftung.
Szenarien des	ca. 450 m² Nutzfläche, Nutzung Wohnen/Büro
Stadtbausteins:	Anforderungen nach heutigem Stand an Heizung/Kühlung, Sanitär, Lüftung, Elektro

3.2.2.4 Tragsysteme
Tragsysteme am Stadtbaustein
Das Tragsystem ist ein wesentlicher Einflussfaktor auf die Flexibilität eines Gebäudes. Tragsysteme, die eine beliebige Raumaufteilung und Leitungsführung zulassen, befriedigen unterschiedliche Nutzerprofile und können damit zur effizienten Ausnutzung der Lebensdauer eines Gebäudes bei-

tragen. Die Demontierbarkeit erweitert die Flexibilität eines Tragsystems, da einzelne Elemente ersetzt, entfernt oder hinzugefügt werden können. Neben der Funktionalität können dafür auch ästhetische Gründe ausschlaggebend sein. Im Geschossbau werden die Tragsysteme heute meist aus dem Entwurf abgeleitet. Dementsprechend entwickelten sich für Bürogebäude typische Tragsysteme. Im Wesentlichen lassen sich gemäß Abb. 3.2-4 drei Systeme unterscheiden: die Unterzugdecke, die Flachdecke auf Stützen sowie die freitragende Platte über die gesamte Gebäudebreite.

Durch die Anordnung von Unterzügen (Abb. 3.2-4a und b) kann i. Allg. die erforderliche Deckendicke und damit der Materialaufwand reduziert werden. Weiterhin lassen sich Unterzugdecken leicht mit Fertigteilen oder Teilfertigteilen herstellen. Nachteilig wirken sich die Unterzüge vor allem auf die Grundrissgestaltung und die Leitungsführung aus. Meist ist bei dieser Konstruktionsart eine Abhangdecke erforderlich, in der die Leitungen verlegt werden. Zur Realisierung geringer Geschosshöhen können Öffnungen in den Unterzügen vorgesehen werden. Dies erfordert zum einen eine genaue Planung der Leitungsführung zu einem frühen Zeitpunkt und schränkt zum anderen die Flexibilität gegenüber sich ändernden Anforderungen an die Techniksysteme, wie etwa Heizung oder Lüftung, deutlich ein. Bei einem Nutzerwechsel können zudem neue Anforderungen entstehen, die mit den vorgesehenen Öffnungen nicht zu realisieren sind.

Eine größere Flexibilität sowohl bei der Grundrissaufteilung als auch bei der Leitungsführung bietet die Flachdecke auf Stützen (Abb. 3.2-4c). Der Wegfall der Unterzüge führt jedoch i. d. R. zu größeren erforderlichen Deckendicken bei gleichem Stützenraster. Die Ausführung in Fertigteilbauweise ist bei diesem Tragsystem erschwert und bei größeren Spannweiten wird häufig der Durchstanzwiderstand zum begrenzenden Faktor.

Die freitragende Platte über die gesamte Gebäudebreite (Abb. 3.2-4d) erfordert die größte Deckenhöhe. Solche Tragsysteme können meist nur durch eine Vorspannung und/oder hohe T-, U- oder TT-Platten realisiert werden, die vorzugsweise als Fertigteile auf die Baustelle geliefert und dort verlegt werden. Diese Art des Tragsystems ermöglicht andererseits die größtmögliche Flexibilität in der

Grundrissgestaltung, da keinerlei tragende Bauteile zwischen den Gebäudefassaden vorhanden sind. Die maximale Stützweite ist jedoch begrenzt, wenn die Geschosshöhe nicht zu groß werden soll. Des Weiteren sind spätere Änderungen im Tragwerk, z. B. größere Öffnungen, nur begrenzt möglich.

Neue Konzepte im Bürobau verfolgen das Ziel einer möglichst freien Raumaufteilung mit wenigen vertikalen Traggliedern, um unterschiedliche Bürotypen (Zellen-, Kombi-, Großraumbüro, Business-Club) wahlweise zu ermöglichen. Meist wird dabei in Gebäudelängsrichtung mittig ein Versorgungskanal vorgesehen, von dem aus die jeweiligen Nutzungseinheiten mit der erforderlichen Gebäudetechnik bedient werden [Hovestadt et al. 1996, Lochner/Bauer 2004]. Dies erfolgt dabei entweder von oben über abgehängte Decken oder von unten über Hohl- oder Doppelböden.

Während sich für Bürogebäude die vorgenannten typischen Tragsysteme durchgesetzt haben, sind die bisherigen Tragsysteme im Wohnungsbau kaum kategorisierbar. Wohnungsgrößen und Raumaufteilung werden bei der Planung individuell entsprechend den jeweiligen Anforderungen festgeschrieben, wobei eine Neuaufteilung von Räumen oder ganzen Wohnungen nur selten in Erwägung gezogen wird. In der Regel sind die Stützweiten im Wohnungsbau begrenzt und der Anteil an tragenden Innenwänden hoch. Dies resultiert nicht zuletzt aus den Anforderungen des Schallschutzes, die sich durch schwere Wände am leichtesten erfüllen lassen. So ist z. B. zur Erfüllung der Schallschutzanforderungen an eine Wohnungstrennwand eine 24 cm dicke Wand mit einer Rohdichte von $\rho \approx 1.800$ kg/m³ erforderlich [DIN 4109 1989].

Deckensystem für flexible Nutzung

In jedem mehrgeschossigen Gebäude stellen die Decken einen wesentlichen Teil der Bauleistungen dar. Die Decken erfüllen tragende und aussteifende Funktionen, bilden den oberen und unteren Raumabschluss und müssen somit statischen, bauphysikalischen, nutzungsbedingten und ästhetischen Anforderungen genügen. Die Decken können vorgespannt oder schlaff bewehrt, aus Normal-, Leicht- oder hochfestem Beton hergestellt und (wahlweise oder planmäßig) mit einer Ortbetonschicht versehen werden. Neue Entwicklungen von Deckentragsystemen zielen vor allem auf die Optimierung einzelner As-

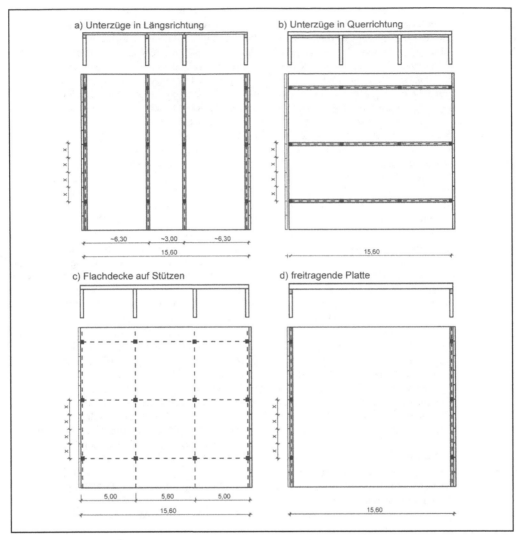

Abb. 3.2-4 Tragsysteme in Bürogebäuden am Beispiel des Stadtbausteins

pekte. Dies sind z. B. der Einsatz von Hohlkörpern zur Reduzierung des Eigengewichts [Fastabend 2003], die Integration von Wärmedämmschichten, das Aufbringen von Rippen auf Elementdecken für größere Montagestützweiten [Rojek/Keller 2003] oder der Einbau von Leitungen auf Trägermatten zur Bauteilaktivierung [Furche et al. 2004]. Zusätzlich existieren Bestrebungen, durch variable Lei-

tungsführung innerhalb des Deckenquerschnitts eine flexible Raumaufteilung zu ermöglichen [VBI-Firmenschrift 2005, Maack 2003].

Ein erster Lösungsansatz für eine Deckenkonstruktion wurde im Rahmen des BMBF-Verbundforschungsvorhabens entwickelt. Abbildung 3.2-5 zeigt schematisch den möglichen Aufbau einer „intelligenten Decke". Die umgedrehte Fertigteilstegplatte

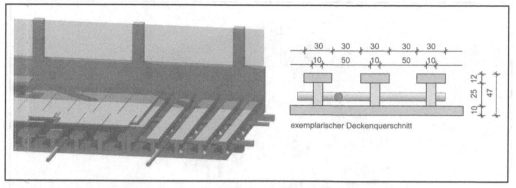

exemplarischer Deckenquerschnitt

Abb. 3.2-5 Deckenkonstruktion mit integrierter Leitungsführung und Abmessungen der Deckenkonstruktion am Beispiel des Stadtbausteins

mit einer Höhe von nur 47 cm hat eine glatte Deckenuntersicht und bietet zwischen den Stegen Platz für die Integration von Gebäudetechnikleitungen. Um eine flexible Leitungsführung zu ermöglichen, sind Öffnungen in den Stegen vorgesehen. Trotz des geringen Eigengewichts ist das Deckensystem bei einer Spannweite von 15,60 m zur Begrenzung der Verformung vorzuspannen. Um die großen Vorspannkräfte einleiten zu können und die Tragfähigkeit der Betondruckzone sicherzustellen, muss eine hohe Betonfestigkeitsklasse verwendet werden ($\geq$ C50/60). Auf diese Weise kann der Druckgurt auf eine Breite von 30 cm im Abstand von 60 cm reduziert werden, so dass ausreichend Platz zwischen den Stegen vorhanden ist. Wegen der Öffnungen sowie der Schubübertragung zur unteren Platte ist in den Stegen eine hohe Querkraftbewehrung anzuordnen. In diesem Bereich ist auch der Einsatz von ultrahochfestem Beton und/oder Stahleinbauteilen denkbar.

Die Installation der Gebäudetechnik kann hier von oben erfolgen. Kleinere Änderungen und Wartungsarbeiten an der Gebäudetechnik erfolgen durch Revisionsöffnungen. Auf den Rippen der Stegplatte lassen sich z. B. Anhydritplatten verlegen, auf denen dann alle gängigen Bodenbeläge aufgebracht werden können. Zur Erfüllung der Schallschutzanforderungen sind geeignete Schalldämmschichten zu verwenden. Eine abgehängte Decke ist bei einem solchen Deckenaufbau nicht erforderlich.

Die Räume können auf der Grundfläche variabel angeordnet werden (Abb. 3.2-6). So ist es möglich, bei Nutzungswechseln auf die sich ändernden An-

forderungen an die Gebäudetechnik zu reagieren. Zur horizontalen Flexibilität kommt auf diese Weise eine vertikale Installationsflexibilität hinzu. Es besteht unter den einzelnen Etagen bezüglich der Gebäudetechnikleitungen keine Abhängigkeit.

Die Tragstruktur ermöglicht zum einen die Veränderung innerhalb von Gebäuden hinsichtlich einer reinen Wohn- oder Büronutzung, des Weiteren die Veränderung innerhalb von Gebäuden hinsichtlich einer Mischnutzung Wohnen/Büro und zum dritten das Offenhalten der Planung/Erstellung hinsichtlich einer kurzfristigen Nutzungsfestschreibung.

3.2.2.5 Exemplarische Gebäudebewertung

Beschreibung der Nutzungsszenarien
Innerhalb des Nutzungszeitraums wurden für den Stadtbaustein zum Vergleich von Tragstrukturen für flexible Nutzung mit Standardlösungen drei Nutzungsszenarien definiert (Abb. 3.2-7).

Bei Gebäuden mit Büronutzung ist ein Nutzerwechsel häufig mit einer Neuaufteilung der Räume und daher mit Umbaumaßnahmen verbunden. Moderne Bürogebäude bieten heute die Möglichkeit, auf solche Nutzerwechsel zu reagieren. Anders verhält es sich dagegen bei einem Wechsel von einem Büro- zu einem Wohngebäude. Hier ist bei einer Standardlösung i. Allg. ein Abriss unvermeidbar. Eine flexible Gebäudestruktur bietet dagegen die Möglichkeit, auch auf die Umnutzung von einer Büro- zur Wohnnutzung zu reagieren. Die hohe Lebensdauer von Betonkonstruktionen kann so effektiv ausgenutzt werden.

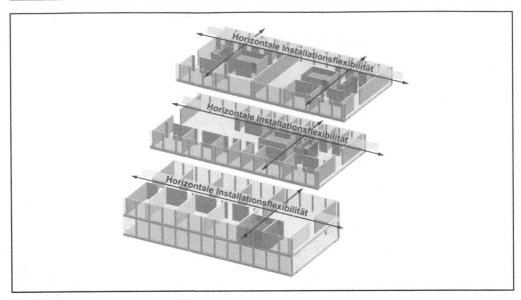

Abb. 3.2-6 Horizontale und vertikale Installationsflexibilität

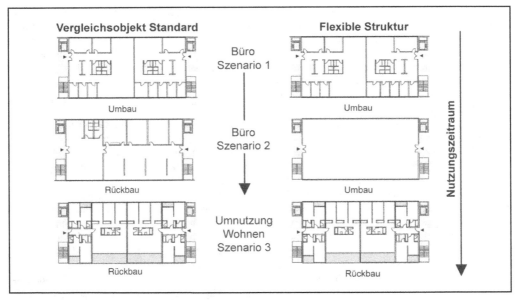

Abb. 3.2-7 Nutzungsszenarien des Stadtbausteins

Für das „Vergleichsobjekt Standard" wird als Tragstruktur für die Büronutzung eine Flachdecke mit $h = 26$ cm auf zwei Außen- und zwei Innenstützenreihen vorgesehen. Für die Wohnnutzung werden die Wohnungstrennwände als massive, tragende unbewehrte Wände ausgeführt, die Dicke der Decke beträgt 24 cm. Das Deckensystem der „flexiblen Struktur" spannt über die gesamte Gebäudetiefe von 15,60 m. Die Treppenhauswände werden für sämtliche Varianten in Stahlbeton ausgeführt. Die Fassade sowie die leichten Trennwände bleiben bei der Massenermittlung zunächst unberücksichtigt. Es gelten die Abmessungen und Randbedingungen des Stadtbausteins ab Oberkante Kellerdecke.

Bewertungsindikatoren

Im Projekt A des Verbundforschungsvorhabens werden die Instrumente der Nachhaltigkeitsbewertung bereitgestellt [Graubner/Hock 2007a]. Zur Bewertung der ökologischen und ökonomischen Dimension der Nachhaltigkeit sind die Methoden der Ökobilanz und der Lebenszykluskostenrechnung bereits allgemein anerkannt. Es werden hier zunächst nur die Umweltauswirkungen betrachtet, da hierfür eine geeignete Datenbasis vorliegt, die für den Beton im Forschungsvorhaben zusammengestellt wurde [Hauer 2008]. In Tabelle 3.2-6 sind die im Projekt A für den Betonbau identifizierten Indikatoren den ökologischen Zielen zugeordnet.

Im ersten Schritt beschränkt sich die Untersuchung auf die Ökobilanz der Tragstruktur. Der Ausbau, die Fassade sowie die Gebäudetechnik bleiben unberücksichtigt. In der weiteren Betrachtung innerhalb des Verbundforschungsvorhabens wird dann der gesamte Lebenszyklus der Gebäude analysiert und um die Lebenszykluskostenrechnung ergänzt. Die Methode der Ökobilanz, die im Folgenden beispielhaft auf die Tragstruktur angewendet wird, ist in [Graubner/Hock 2007a] ausführlich beschrieben.

Bewertung der Tragstruktur

Abbildung 3.2-8 zeigt die ermittelten Beton- und Stahlmengen. Um einen Vergleich der drei Tragsysteme zu erhalten, wurden die Mengen und Wirkungskategorien prozentual aufgetragen, wobei die Flachdecke auf Stützen (Standard Büro) zu 100% gesetzt wurde. Mit abnehmendem Betonverbrauch steigt die Menge an erforderlichem Stahl. Die Standardtragstruktur für den Wohnungsbau mit dem ho-

Tabelle 3.2-6 Ökologische Ziele und zugehörige Indikatoren

Ökologische Ziele	Indikatoren
Schutz des Klimas	Treibhauspotenzial
Schutz der Ozonschicht	Ozonabbaupotenzial
Geringe Belastung von Erde, Wasser, Luft	Versauerungspotenzial Überdüngungspotenzial Sommersmogpotential (Ozonbildungspotenzial)
Schonung der energetischen Ressourcen	Primärenergie (erneuerbar/nicht erneuerbar)

hen Anteil tragender Wände führt zu einem hohen Beton- und geringen Stahlverbrauch. Die Flexible Struktur mit einem Minimum an vertikalen Traggliedern weist dagegen einen etwa doppelt so hohen Stahlverbrauch auf. Gleichzeitig wird etwa 40% weniger, jedoch höherfester Beton benötigt.

Die Abb. 3.2-9 und 3.2-10 zeigen die Ergebnisse der ökologischen Bewertung der Tragstruktur. Gegenüber den heute üblichen Standardtragwerken für den Büro- und Wohnungsbau ergeben sich für die flexible Struktur mit Ausnahme der erneuerbaren Primärenergie um etwa 10–40% größere Umweltauswirkungen. Der Anteil erneuerbarer Primärenergie liegt nur bei etwa 5% der Gesamtprimärenergie. Die Umweltauswirkungen der drei untersuchten Tragsysteme liegen im Bereich von ±20%.

Es ist leicht vorstellbar, dass die höheren Umweltauswirkungen bei der Erstellung des Tragwerks durch Einsparungen bei Umbauten kompensiert werden. Es wird deutlich, dass die Decken bei allen Wirkungskategorien den größten Teil ausmachen (Abb. 3.2-10). Besonders deutlich wird dies bei den im Bürobau üblichen Skelett-Tragwerken. Dies zeigt, dass die Deckentragsysteme bezüglich der ökologischen Bewertung wie auch bei der Planung von Tragstrukturen für flexible Nutzung von besonderer Bedeutung sind.

Bei allen Tragwerkstypen dominiert der Anteil des Betons mit etwa 50–90% der Gesamtauswirkungen je nach Indikator.

3.2.2.6 Grundsätze des Nachhaltigen Bauens mit Beton – GrunaBau

Begleitend zu den zuvor beschriebenen Forschungsaktivitäten wird innerhalb des Deutschen Ausschusses für Stahlbeton an den Grundsätzen

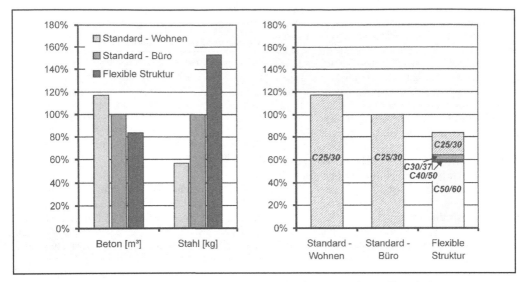

Abb. 3.2-8 Massen für die drei Tragstrukturen, getrennt für Stahl und Beton, sowie Verteilung der Betongüte

des nachhaltigen Bauens mit Beton gearbeitet. Das Leitpapier befindet sich noch in der Konzeptionsphase. Die Gliederung der GrunaBau sieht derzeit folgende sechs Abschnitte vor:

1 Anwendungsbereich
2 Bezugsdokumente – normative Verweisungen
3 Begriffe
4 Grundlagen der Nachhaltigkeitsbeurteilung
5 Durchführung der Nachhaltigkeitsbeurteilung – Lebenszyklusmanagement
6 Technische Empfehlungen.

Die GrunaBau enthält Prinzipien für das nachhaltige Bauen mit Beton. Diese übertragen das Konzept der nachhaltigen Entwicklung auf einzelne Bauwerke oder Gruppen von Bauwerken des Hoch- und Ingenieurbaus, deren Tragstruktur oder bauliche Elemente aus unbewehrtem Beton, Stahlbeton und Spannbeton bestehen. Sie legt die Grundlagen der Nachweisführung fest und gibt technische Empfehlungen, mit Hilfe derer die Nachhaltigkeit eines Bauwerkes, Bauwerkteils oder baulicher Elemente aus Beton quantifiziert werden kann.

Im vierten Abschnitt der GrunaBau sind die Grundlagen der Nachhaltigkeitsbeurteilung enthalten. Bestandteil dieses Abschnittes sind Angaben

zum Lebenszyklusmodell und zu den Systemgrenzen sowie die Auflistung der für den Betonbau relevanten Kriterien der Nachhaltigkeitsbeurteilung. Zu den betrachteten Aspekten der Nachhaltigkeit gehören die Kriterien zur ökologischen Qualität, zur ökonomischen Qualität, zur soziokulturellen und zur funktionalen Qualität sowie Kriterien für die technische Qualität. Für den Aspekt der ökologischen Wirkung wurden z. B. die folgenden – für den Betonbau wesentlichen – Indikatoren festgelegt:

– Treibhauspotenzial (GWP),
– Ozonabbaupotenzial (ODP),
– Versauerungspotenzial (AP),
– Überdüngungspotenzial (EP),
– Sommersmogpotenzial (PCOP),
– Verbrauch an erneuerbarer/nicht erneuerbarer Primärenergie (PE e./PE n. e.).

Des Weiteren enthält die GrunaBau in diesem Abschnitt die verschiedenen Methoden und Instrumente, die für die unterschiedlichen Aspekte der Nachhaltigkeit angewendet werden. So erfolgt z. B. die Ökobilanz auf Basis der ISO 14040. Die Lebenszykluskosten werden in Anlehnung an die ISO 15686-1 ermittelt. Besonders wichtig für die Reproduzierbarkeit der Ergebnisse der Nachhaltigkeitsbe-

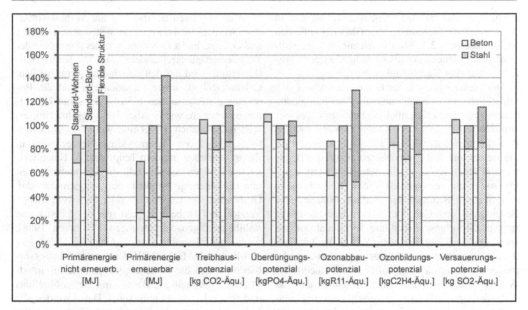

Abb. 3.2-9 Ökologische Indikatoren der drei Tragstrukturen, getrennt für Stahl und Beton

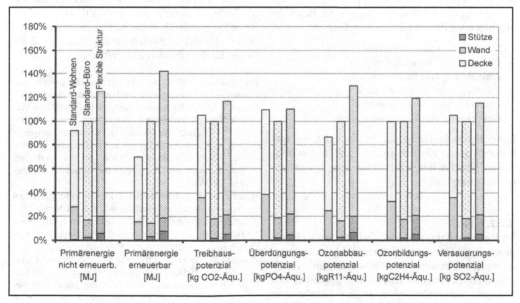

Abb. 3.2-10 Ökologische Indikatoren der drei Tragstrukturen, getrennt für die unterschiedlichen Bauteile

wertung ist eine stabile Datenbasis, wie sie z. B. in der Datenbank Ökobau.dat des BMVBS enthalten ist, s. Abschn. 3.2.1. Ebenso wichtig ist eine vollständige Dokumentation aller durchgeführten Schritte innerhalb der Nachhaltigkeitsbewertung.

Der fünfte Abschnitt der GrunaBau widmet sich schließlich der Durchführung der Nachhaltigkeitsbeurteilung, deren Kernstück die Festlegung des sog. Anforderungsprofils in der Konzeptionsphase ist. Im Anforderungsprofil werden alle Anforderungen für die Bewertung festgelegt. Hierzu gehören z. B. die verschiedenen Kriterien, die betrachtet werden sollen, sowie die verwendeten Nachweisverfahren. In den weiteren Schritten der Planung, Nutzung und Beseitigung des Gebäudes wird dieses Anforderungsprofil fortgeschrieben und dem Bauablauf entsprechend verfeinert. In jedem Schritt der Nachhaltigkeitsbewertung sind Anpassungen bzw. Änderungen des Anforderungsprofils zu dokumentieren. Wichtig ist in diesem Zusammenhang auch, dass das Anforderungsprofil über die verschiedenen Schnittstellen der am Bau Beteiligten fortgeschrieben wird.

Der sechste Abschnitt der GrunaBau sieht schließlich vereinfachte technische Empfehlungen für die Umsetzung des nachhaltigen Bauens mit Beton für die folgenden Phasen des Lebenszyklus vor:

– Herstellung von Baustoffen,
– Planung von Betonbauwerken,
– Ausführung von Betonbauwerken,
– Nutzung von Betonbauwerken einschließlich Instandhaltung und Umnutzung,
– Beseitigung von Betonbauwerken.

Somit liefert die GrunaBau die Methoden und Instrumente sowie die technischen Empfehlungen für das nachhaltige Bauen mit Beton über den gesamten Lebenszyklus.

3.2.2.7 Fazit

Im Rahmen dieses Abschnitts wurde die Ökobilanz unterschiedlicher Tragstrukturen des Stadtbausteins exemplarisch ermittelt. Die Ressourcen- und Abfalleinsparungen flexibler Tragsysteme gegenüber den heutigen Standardtragsystemen im Geschossbau können im Falle von Umnutzungen die höheren Umweltauswirkungen bei der Erstellung ausgleichen und bei Betrachtung des gesamten Lebenszyklus in der Summe zu geringeren Auswirkungen führen.

In der weiteren Bearbeitung des Verbundvorhabens werden die Tragsysteme systematisch variiert und ergänzt. Es ist zu klären, wie der Anschluss der Tragelemente untereinander erfolgt. Die ökologische Bewertung wird auf den Stadtbaustein mit Ausbau, Gebäudetechnik sowie Fassaden etc. und die Betrachtung des gesamten Lebenszyklus mit Umnutzungsszenarien, wie in Abb. 3.2-7 beschrieben, erweitert. Zusätzlich erfolgt eine ökonomische Bewertung anhand der Lebenszykluskostenrechnung in Zusammenarbeit mit dem Teilprojekt A. Einen weiteren wichtigen Aspekt stellt die Demontierbarkeit und Erweiterungsfähigkeit der Tragstruktur dar. Grundvoraussetzung dafür sind der weitgehende Verzicht auf Ortbetonverguss und der Einsatz von stahlbaumäßigen Verbindungen [Walraven 1988], wodurch der Bauablauf beschleunigt wird.

Mit dem DAfStb/BMBF-Verbundforschungsvorhaben werden die Forschungsergebnisse in Grundsätze des nachhaltigen Bauens mit Beton überführt und anwendergerecht aufbereitet. Dabei werden alle Lebensphasen von der Baustoffherstellung, der Planung und der Erstellung von Bauwerken aus Beton über die Nutzungsphase bis zum Rückbau betrachtet. Diese „Grundsätze zum nachhaltigen Bauen mit Beton" (GrunaBau) sollen helfen, die immer deutlicher artikulierten Forderungen nachhaltigen Bauens in der Betonbauweise zu erfüllen.

Die Schlussberichte des Verbundforschungsvorhabens wurden in der Schriftenreihe des DAfStb veröffentlicht:

Bleyer T et al.: Der Stadtbaustein im DafStb/BMBF-Verbundforschungsvorhaben „Nachhaltig Bauen mit Beton" – Dossier zu Nachhaltigkeitsuntersuchungen – Schlussbericht zum TP A im Verbundforschungsvorhaben „Nachhaltig Bauen mit Beton". Berlin: Beuth – In: Schriftenreihe des Deutschen Ausschusses für Stahlbeton, Nr. 588

Hauer B et al.: Potenziale des Sekundärstoffeinsatzes im Betonbau – Schlussbericht zum TB B im Verbundforschungsvorhaben „Nachhaltig Bauen mit Beton". Berlin: Beuth – In: Schriftenreihe des Deutschen Ausschusses für Stahlbeton, Nr. 584 (Beitrag 1)

Brameshuber W et al.: Effiziente Sicherstellung der Umweltverträglichkeit – Schlussbericht zum TP E im Verbundforschungsvorhaben „Nachhaltig Bauen mit Beton". Berlin: Beuth – In: Schriftenreihe des Deutschen Ausschusses für Stahlbeton, Nr. 584 (Beitrag 2)

Hegger J et al.: Ressourcen- und energieeffiziente, adaptive Gebäudekonzepte im Geschossbau – Schlussbericht zum TP C im Verbundforschungsvorhaben „Nachhaltig

Bauen mit Beton". Berlin: Beuth – In: Schriftenreihe des Deutschen Ausschusses für Stahlbeton, Nr. 585

Schießl P, Gehlen Ch et al.: Lebenszyklusmanagementsystem zur Nachhaltigkeitsbeurteilung – Schlussbericht zum TP D im Verbundforschungsvorhaben „Nachhaltig Bauen mit Beton". Berlin: Beuth – In: Schriftenreihe des Deutschen Ausschusses für Stahlbeton, Nr. 586

Reinhardt H-W et al.: Online-Informationssystem „NBB-Info" – Schlussbericht zum TP F im Verbundforschungsvorhaben „Nachhaltig Bauen mit Beton". Berlin: Beuth – In: Schriftenreihe des Deutschen Ausschusses für Stahlbeton, Nr. 587

Literaturverzeichnis Kap. 3.2

BMVBW (2001) Bundesministerium für Verkehr, Bau- und Wohnungswesen: Leitfaden Nachhaltiges Bauen. Eigenverlag (auch englisch verfügbar: Guideline Sustainable Building) www.bbr.bund.de/cln_007/nn_158320/EN/Publications/SpecialPublication/2006__2001/Guideline SustainableBuilding.html

Cole R (Ed) (2006) Building Environmental Assessment – Changing the Culture of Practice. Building Research and Information, Special Issue 34 (2006)

DIN 4109 (1989) Schallschutz im Hochbau. Beiblatt 2: Hinweise für Planung und Ausführung, Vorschläge für einen erhöhten Schallschutz, Empfehlungen für den Schallschutz im eigenen Wohn- und Arbeitsbereich. Berlin, Beuth

EU (1989) European Commission. The Construction Products Directive 89/106/EEC, Brussels 1989. http://ec.europa.eu/enterprise/construction/internal/cpd/cpd.htm

EU (2002) Energy Performance of Buildings Directive 2002/91/EC of the European Parliament and of the Council. Brussels

EU (2004) Commission of the European Communities. Towards a thematic strategy on the urban environment. COM (2004) 60 f

EU (2007) Commission of the European Communities. A Lead Market Initiative for Europe. COM (2007) 860

Fastabend M, Dewald S, Schücker B (2003) Hohlkörperdecken als Fertigteilelementplatten. Beton- und Stahlbetonbau 98 (2003) 11, S 645–653

Furche J, Seeburg A, Kübler R (2004) Betonkerntemperierung in Elementdecken. Betonwerk + Fertigteiltechnik 70 (2004) 12, S 38–46

FWPRDC (2005) Forest and Wood Products Research and Development Corporation. Technical Evaluation of Environmental Assessment Rating Tools. Project No. PN05.1019; 2005 Australia

Graubner C-A, Hock C (2007a) Bewertungshintergrund zur Nachhaltigkeitsbeurteilung – Teilprojekt A1. DAfStb-Schriftenreihe 572. Berlin, Beuth, S 5–48

Graubner C-A, Lützkendorf Th, Schneider C, Zak J (2007b) Grundlagen für die Entwicklung eines Zertifizierungssystems zur Beurteilung der Nachhaltigkeit von Gebäuden. Darmstadt, Karlsruhe

Hauer, B (2008) Potentiale des Sekundärstoffeinsatzes im Betonbau – Projekt B. Beitrag auf dem Projekttreffen zum DAfStb/BMBF-Verbundforschungsvorhaben „Nachhaltig Bauen mit Beton", Berlin 2008

Hegger J, Will N, Dreßen T, Schneider HN, Brunk MF, Zilch K (2007) Ressourcen- und energieeffiziente, adaptive Gebäudekonzepte im Geschossbau. Teilprojekt C1: Gebäudekonzepte für flexible Nutzung. DAfStb-Schriftenreihe 572. Berlin, Beuth, S 275–325

Hegner H-D, Lützkendorf Th (2008a) From energy certificate to sustainability report – Sustainable building in Germany. Vortrag auf der Weltkonferenz für Nachhaltiges Bauen, September 2008, Melbourne (Australien)

Hegner H-D (2008b) Energieausweise für die Praxis – Handbuch für Energieberater, Planer und Immobilienwirtschaft. Bundesanzeiger Verlag Köln/Fraunhofer IRB Verlag Stuttgart

Hovestadt L et al. (1996) Das Kooperative Gebäude. Studie zum Neubauvorhaben der GMD in Darmstadt. Forschungsbericht Institut für industrielle Bauproduktion, Universität Karlsruhe

Kaltenbrunner R (1999) Neues Wohnen, variabel und stahlhart. Archithese (1999) 4

Lochner I, Bauer B (2004) Verwaltungsgebäude der Kassenärztlichen Vereinigung Bayerns KVB, München. Beton- und Stahlbetonbau 99 (2004) 8, S 675–681

Maack P (2003) Die Entwicklung einer neuen massiven Vollmontagedecke für Wohnungsbauten. Betonwerk International (2003) 5, S 130–135

Reinhardt H-W et al. (2001) Sachstandbericht Nachhaltig Bauen mit Beton. DAfStb-Schriftenreihe 521. Beuth, Berlin

Rojek R, Keller T (2004) Stegverbundplatten. Betonwerk + Fertigteiltechnik 70 (2004) 6, S 34–43

VBI-Firmenschrift (2005) Leidingsvloer, voor leidingen in kanaalplaatvloeren. Huissen

Schießl P, Thielen G, Hauer B, Wiens U (2007) Das Verbundforschungsvorhaben „Nachhaltig Bauen mit Beton" – Wesentliche Ergebnisse der ersten Projektphase. beton (2007) 10, S 442 ff

Schlussberichte (2007) Schlussberichte zur ersten Phase des DAfStb/BMBF-Verbundforschungsvorhabens „Nachhaltig Bauen mit Beton". DAfStb-Schriftenreihe 572. Beuth, Berlin (s. a. www.nbb-forschung.de)

Walraven J (1988) Verbindungen im Betonfertigteilbau unter Berücksichtigung „stahlbaumäßiger" Ausführung. Betonwerk + Fertigteiltechnik 54 (1988) 6

Zement-Taschenbuch (2008) 51. Ausgabe. Verlag Bau+Technik, Düsseldorf

3.3   Massivbau

Konrad Zilch, Ralf Schneider

3.3.1 Einführung

Der Massivbau als Sammelbegriff für Stahl- und Spannbetonbau stellt eines der klassischen und zentralen Gebiete des Bauingenieurwesens mit erheblichem Anteil am gesamten Bauvolumen dar. Nach einer etwa 150-jährigen Entwicklung seit den ersten Anfängen in der 2. Hälfte des 19. Jahrhunderts hat er heute in der Ausführung ebenso wie in der theoretischen Beherrschung ein hohes Niveau erreicht (s. [fip 1998; fib 2010]).

Durch das Zusammenfügen von Stahl und Beton im Verbundbaustoff Stahlbeton lassen sich die spezifischen Eigenschaften der beiden Werkstoffe ideal nutzen. Die kennzeichnenden Merkmale des Betons sind seine relativ hohe Druckfestigkeit, seine Widerstandsfähigkeit gegen Umwelteinflüsse und seine unproblematische Verarbeitung. Seine freie Formbarkeit auf der Baustelle ermöglicht es, Bauten fast jeder Form und Größe als monolithische Gebilde auszuführen. Die geringe Zugfestigkeit wird durch stählerne Bewehrung ausgeglichen, die die beim Reißen des Betons freiwerdenden Zugspannungen aufnimmt, während Druckspannungen im Wesentlichen vom Beton abgetragen werden.

Man erhält so einen preiswerten, robusten Verbundbaustoff mit sehr günstigen mechanischen Eigenschaften, der bei sachgemäßer Ausführung eine hohe Korrosionsbeständigkeit aufweist, da der Stahl im Beton vor Umwelteinflüssen weitgehend geschützt ist und die hohe Alkalität des Betons die Korrosionsmechanismen des Stahls behindert.

Das Verhalten von Stahlbetontragwerken wird bereits unter geringen Spannungen durch das nichtlineare Materialverhalten, insbesondere die geringe Zugfestigkeit des Betons, bestimmt. Voraussetzung für die Beherrschung des Materials ist die Kenntnis der komplexen mechanischen Zusammenhänge. Daher werden zunächst ergänzend zu 3.1 bemessungsrelevante Materialeigenschaften und -modelle der Einzelkomponenten Stahl und Beton sowie am einfachen Modell des Zugstabs die Wirkungsweise des Verbundbaustoffs Stahlbeton erläutert. Hierauf aufbauend wird das Verhalten des Stahlbetons auf Querschnittsebene betrach-

tet, das zur Beschreibung statisch bestimmter Systeme, in denen Schnittgrößen allein durch das Gleichgewicht ermittelt werden können, ausreicht. Durch Integration des nichtlinearen Querschnittsverhaltens über die Systemlänge werden Verformungen berechnet, die die Grundlage für die Erfüllung der Verträglichkeitsbedingungen und damit die Beschreibung des Tragverhaltens in statisch unbestimmten Systemen liefern. Eine ausführlichere Darstellung der Inhalte dieses Abschnitts findet sich in [Zilch/Zehetmaier 2010].

Nachweiskonzept im Massivbau

Nachzuweisen sind die Grenzzustände der Tragfähigkeit, der Gebrauchstauglichkeit und der Dauerhaftigkeit. Dies erfolgt durch explizite Berechnung, daneben aber auch in erheblichem Umfang durch die Einhaltung konstruktiver Regeln, die die Voraussetzung für die Gültigkeit der Rechenmodelle schaffen. Grundlage der Bemessung ist zur Zeit DIN 1045-1 (2008) für Tragwerke des üblichen Hochbaus und für Brücken DIN Fachbericht 102 mit im Wesentlichen analogen Regelungen. In Zukunft gilt der Eurocode 2 [DIN EN 1992] mit den zugehörigen nationalen Anhängen. Der technische Inhalt ist im Grundsatz identisch und über den deutschen nationalen Anhang weitgehend der DIN 1045-1 gleichgestellt. Es sei auch hier darauf hingewiesen, dass im Eurocode für Druckkräfte eine andere Vorzeichendefinition benutzt wird.

Grenzzustand der Tragfähigkeit (GZT)

Wesentliche Forderung im GZT ist die Erfüllung des statischen Gleichgewichts, ggf. unter Ausnutzung plastischer Umlagerungen im Querschnitt bzw. System. Die Betrachtung konzentriert sich daher auf Kräfte (bzw. Schnittgrößen). Die Nachweise werden nach DIN 1045 Teil 1 nach dem Konzept der Teilsicherheitsbeiwerte geführt, bei dem der Bemessungswert der Einwirkungen (Index Sd; in DIN 1045-1 wird hiervon abweichend die Bezeichnung Ed benutzt) mit dem Bemessungswert des Widerstands (Index Rd) verglichen wird. Dieser Vergleich wird traditionell mit Schnittgrößen geführt, z.B. $M_{Sd} \leq M_{Rd}$. Die Bemessungswerte der aufnehmbaren Schnittgrößen ergeben sich mit den Bemessungswerten der Materialfestigkeiten, die mit mechanischen Modellen in Schnittgrößen transformiert werden. Der Nachweis kann im Rahmen plastischer oder nichtlinearer Berechnungsverfahren jedoch auch auf der Ebene der Einwirkungen geführt werden ($q_{Sd} \leq q_{Rd}$), was die Berücksichtigung von Umlagerungen im System erlaubt.

Geometrische Größen werden i. Allg. mit ihren Nennwerten angesetzt, da der Einfluss ihrer Streuungen auf die Sicherheit der Konstruktion bei üblichen Querschnittsabmessungen gering und durch die Teilsicherheitsbeiwerte der Festigkeiten abgedeckt ist. Bei Bauteilen mit sehr kleinen Querschnittsabmessungen (z. B. dünnen Schalen) kann er dagegen erheblich sein [fib 1999]. Daher ist die Einhaltung vorgegebener Mindestabmessungen ebenso wie die Kontrolle (Güteüberwachung) der Baustoffe und Bauausführung im Rahmen des Sicherheitskonzeptes zwingend erforderlich.

Zu den Grenzzuständen der Tragfähigkeit gehört ferner die Ermüdung, s. 3.3.14.

Grenzzustand der Gebrauchstauglichkeit (GZG)
Nachweise der Gebrauchstauglichkeit umfassen im Massivbau die Begrenzung von Spannungen, Rissbreiten und Verformungen. Sie werden zum Erreichen der geforderten Zuverlässigkeit i. Allg. unter Verwendung von charakteristischen Werten der Materialeigenschaften für Einwirkungskombinationen mit definierter Auftretenshäufigkeit geführt. Die Sicherstellung der Verträglichkeit ist hierbei ein wesentlicher Aspekt. Im Vordergrund stehen daher Verformungen.

Vor allem die Rissbreiten- und Spannungsbegrenzung dienen auch der Sicherstellung der „Dauerhaftigkeit". Die Unterscheidung zwischen echten Gebrauchstauglichkeitsnachweisen und (versteckten) Dauerhaftigkeitsnachweisen ist entscheidend für die Verbindlichkeit des Nachweises, da erstere nur im Hinblick auf die Nutzung durch den Bauherrn formuliert werden können (normative Empfehlungen stellen nur Richtwerte dar), letztere im Interesse einer langfristigen Tragfähigkeit dagegen zwingend einzuhalten sind.

Dauerhaftigkeit
Unter Dauerhaftigkeit versteht man die Erhaltung der zur Gebrauchstauglichkeit und Tragfähigkeit erforderlichen Eigenschaften über die geplante Lebensdauer (i. Allg. 50 bis 100 Jahre) des Bauwerks unter den chemischen und physikalischen Einflüssen der Umwelt, die durch die Einordnung in die in DIN 1045 Teil 1 definierten Expositionsklassen beschrieben werden. Mögliche Grenzzustände der Dauerhaftigkeit sind die Korrosion der Bewehrung und die Zerstörung des Betongefüges durch chemischen oder mechanischen Angriff.

Die Dauerhaftigkeit hängt in erster Linie von der richtigen Wahl der Baustoffe ab (im Massivbau v. a. niedriger Wasser/Zement-Wert, geeignete Zementart, Zugabe von Zusatzmitteln und -stoffen usw.). DIN 1045 Teil 1 erfasst dies durch eine Mindestbetonfestigkeitsklasse als Summenparameter; in Sonderfällen können jedoch weitergehende Überlegungen erforderlich sein (vgl. 3.1). Daneben ist eine geeignete konstruktive Durchbildung (Entwässerung horizontaler Flächen, Vermeidung direkter Beregnung und wechselnder Durchfeuchtung etc.) wichtig (s.3.2).

Der Korrosionsschutz der Bewehrung wird in Stahl- und Spannbetonbauwerken durch die Alkalität des Betons sichergestellt, die zur Bildung einer schützenden Passivschicht aus Korrosionsprodukten auf der Stahloberfläche führt. Durch das Eindringen von Kohlendioxid in den Beton kommt es jedoch zu einer von der Bauteiloberfläche in das Innere fortschreitenden Umwandlung des alkalischen Kalziumhydroxids in neutrales Kalziumkarbonat (*Karbonatisierung*) und somit zu einer Aufhebung des Korrosionsschutzes.

Die Geschwindigkeit der Karbonatisierung hängt von der Diffusionsdichtigkeit des Betons, der zur Verfügung stehenden Wassermenge und der umzuwandelnden Menge an Kalziumhydroxid, also im wesentlichen der Zementmenge, ab. Allerdings ist die Karbonatisierung keine notwendige Bedingung für den Beginn der Korrosion. Bei Vorhandensein von Chloriden und Sauerstoff kann es auch im alkalischen Milieu zu einem lokalen Durchbrechen der Passivschicht kommen. [Nürnberger u. a. 1988].

Im Bereich von Rissen geht die Schutzwirkung der Betondeckung teilweise verloren. Mit zunehmender Rissbreite wird die Karbonatisierung der Rissufer und das Eindringen von Chloriden zur Bewehrung beschleunigt. Die Korrosion erfolgt nun entweder durch *Eigenkorrosion* im Riss, bei der Anode und Kathode im Riss liegen, oder durch die Bildung von *Makroelementen*, bei der nur die Anode im Riss liegt, die kathodische Reaktion jedoch in den ungerissenen Bereichen zwischen den Rissen erfolgt. Im Fall der Makroelementbildung ist der

Einfluss der Betondeckung auf den Korrosionsfortschritt weit größer als der Einfluss der Rissbreite.

Die Sicherstellung der Dauerhaftigkeit erfolgt heute i. d. R. nicht durch rechnerische Nachweise, sondern durch die Einhaltung mehr oder weniger empirischer Konstruktionsregeln. Diese ergeben sich aus den wesentlichen Einflussparametern Rissbreite, Betondeckung und Diffusionsdichtigkeit. Letztere ist in erster Linie eine Funktion des Wasser/Zement-Wertes und somit wegen der starken Korrelation zwischen w/z-Wert und Betondruckfestigkeit indirekt von der Festigkeitsklasse abhängig. Für eine gegebene Umweltklasse wird daher die Einhaltung einer Mindestbetondeckung, einer maximalen Rissbreite und einer Mindestbetonfestigkeitsklasse gefordert.

Die unter Baustellenbedingungen erreichbare Betondeckung weist erhebliche Streuungen auf, weshalb die Mindestbetondeckung als 5%- bzw. 10%-Fraktilwert definiert wird. Den anzustrebenden Mittelwert, das sog. „Nennmaß der Betondeckung", erhält man durch Addition eines Vorhaltemaßes Δc, das aus der Standardabweichung der Betondeckung folgt und aus Baustellenmessungen zu ca. 10 bis 15 mm ermittelt wurde [Dillmann 1996] (s. hierzu die DBV-Merkblätter „Betondeckung und Bewehrung" und „Abstandhalter"). Neben dem Korrosionsschutz können auch der Brandschutz (s. 3.3.13) und das Verbundverhalten (s. 3.3.5.1) maßgebend für die Wahl der Betondeckung werden.

3.3.2 Beton

Die Eigenschaften des Betons werden hier nur insoweit behandelt, als sie für die Bemessung der Bauteile von Bedeutung sind. Zu Fragen der Herstellung wird auf 3.1 und zu baubetriebliche Aspekten auf 2.6 verwiesen. Ausführlichere Darstellungen siehe z. B. [Hilsdorf/Reinhardt 2000]; eine an Vollständigkeit kaum zu übertreffende Sammlung von Material- und Bemessungsmodellen bietet der Model Code 1990 des CEB-FIP (CEB 1993a), im Folgenden kurz MC 90 genannt, sowie das zugehörige Textbuch des fib [fib 1999; fib 2010].

Man klassifiziert erhärteten Beton heute nach seiner Dichte in Leicht- ($\gamma \leq 2100$ kg/m^3), Normal- und Schwerbeton ($\gamma \geq 2800$ kg/m^3) oder nach seiner Festigkeit in normalfesten und hochfesten Beton.

Gemeinsames Kennzeichen aller Betone ist ihr Aufbau aus einem Gerüst von Zuschlägen, das durch eine Matrix aus Zementstein verbunden wird. Das Zusammenwirken von Matrix und Zuschlag zeigt jedoch bei den verschiedenen Betonen charakteristische Unterschiede, die bei der Bemessung berücksichtigt werden müssen.

Zur Beschreibung des Betons haben sich in der Literatur drei Betrachtungsebenen entwickelt [Wittmann 1983]: Während sich die *Mikromodelle* vor allem mit Struktur und Eigenschaften des Zementsteins befassen, beschreiben *Mesomodelle* das Zusammenwirken von Zuschlag und Matrix unter Berücksichtigung von Poren und mikroskopischen Rissen. In der Ingenieurpraxis beschränkt man sich auf die Betrachtung von *Makromodellen*, in denen der inhomogene Baustoff durch die integrale Betrachtung eines größeren Volumens zum Kontinuum *homogenisiert* wird.

3.3.2.1 Mechanische Eigenschaften der Mesostruktur

Das Verhalten des Betons wird auf der Mesoebene von den deutlich unterschiedlichen mechanischen Eigenschaften der beiden Komponenten Matrix und Zuschlag bestimmt. Eine Modellvorstellung ist in Abb. 3.3-1 gegeben; Näheres hierzu s. Abschn. 3.1. Bei Steigerung der Belastung entstehen Mikrorisse in der Kontaktzone zwischen Zuschlag und Matrix.

Während die Mikrorisse zunächst im Körper noch gleichmäßig verteilt und nicht einheitlich gerichtet sind, kommt es bei Steigerung der Last in einem räumlich begrenzten Bereich, der sog. „Rissprozesszone", zu einer fortschreitenden Vereinigung

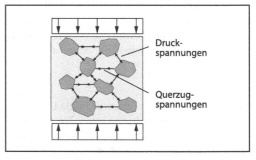

Abb. 3.3-1 Modellvorstellung für den Spannungsverlauf im Korngerüst

der Mikrorisse, bis dort schließlich ein durchgehender, mit bloßem Auge sichtbarer *Makroriss* entsteht, der zum Bruch des Körpers und einem Abfall der Spannungen bei Steigerung der Dehnung führt. Man bezeichnet diesen Vorgang als *Lokalisierung*, da die Dehnungen im Körper nun nicht mehr gleichmäßig verteilt sind, sondern lokal stark zunehmen, während die übrigen Bereiche nach dem Überschreiten der Festigkeit entlastet werden (Abb. 3.3-2). Der Übergang von Mikro- zu Makrorissen erfolgt bei normalfestem Beton kontinuierlich. Bis zur vollständigen Trennung der Rissufer werden diese durch den Riss überbrückende Zuschläge verbügelt, was die Übertragung geringer Zugspannungen auch nach Beginn der Makrorissbildung erlaubt [Duda 1991].

Ein abweichendes Verhalten zeigen hochfeste Betone [König/Grimm 2000]. Bei steigender Festigkeit des Zementsteines und der Kontaktzone (z. B. durch Zugabe von Mikrosilika und Reduzierung des w/z-Wertes) wird die Mikrorissbildung zunehmend unterbunden; der Beton bleibt auch unter höheren Spannungen nahezu elastisch. Erreicht die Festigkeit des Zementsteines die der Zuschläge, so erfolgt das Versagen, ausgehend von kleineren Fehlstellen, sehr spröde, u. U. sogar explosionsartig. Die Risse laufen nicht mehr in der Kontaktfläche um die Zuschläge, sondern durch die Zuschläge hindurch, so dass eine Zugkraftübertragung im Riss und das damit verbundene langsame, duktile Versagen nicht eintritt. Ein solches Verhalten stellt sich je nach Qualität der verwendeten Zuschläge bei Betondruckfestigkeiten ab ca. 60 bis 80 MPa ein; Leicht-

beton zeigt wegen der geringen Festigkeit der Zuschläge ein ähnlich sprödes Versagen.

Zur Erhöhung der Duktilität können kurze Fasern (l = 30…50 mm) aus Stahl oder Kunststoff zugegeben werden, die die Rissufer verbinden und die Übertragung von Zugspannungen ermöglichen. Bei hochfesten Betonen bilden Kunststofffasern darüber hinaus ähnlich wie die Kontaktfläche Matrix/Zuschlag bei normalfesten Betonen Schwachstellen im Gefüge, die eine Mikrorissbildung initiieren und somit einen ähnlichen Versagensmechanismus hervorrufen können [König/Kützing 1998].

Rissverzahnung

Die im Beton entstehenden Makrorisse sind i. Allg. rau, wobei zwischen der lokalen Mikrorauigkeit, die durch den Verlauf der Makrorisse um die Zuschläge entsteht, sowie der globalen Makrorauigkeit aus dem unebenen Verlauf der Risse zu unterscheiden ist. Dies ermöglicht eine Verzahnung der Rissufer und somit die Übertragung von Schubspannungen über den Riss, solange die Rissöffnung verglichen mit der Größe der Zuschläge klein bleibt. Im Modell kann die Verzahnung als Eindringen der als starr angenommenen Zuschläge in die starr-plastische Zementsteinmatrix beschrieben werden [Walraven 1980]. So entsteht im Riss abhängig von der Rissöffnung w und Rissuferverschiebung s eine Vielzahl von Kontaktflächen, in denen jeweils Normalspannungen und Reibung wirken, deren Integral die makroskopischen Spannungen τ_{cr}, σ_{cr} ergibt. Die Abhängigkeit von w, s ist stark nichtlinear (Abb. 3.3-3). Eine Übertragung von Schubspannungen τ_{cr} im Riss führt immer auch zu einer Normalspannung $\sigma_{cr} < 0$, d. h., eine Rissuferverzahnung ist nur möglich, wenn die Öffnung des Risses durch äußere Normalkräfte oder Bewehrung behindert ist.

Da mit steigender Festigkeit des Betons die Risse zunehmend durch die Zuschläge verlaufen, nimmt die Mikrorauigkeit bei hochfestem Beton stark ab [Walraven/Stroband 1993]. Der Anteil der Makrorauigkeit an der Verzahnung nimmt zu.

3.3.2.2 Mechanische Eigenschaften der Makrostruktur

Im Allgemeinen wird Beton als makroskopisch homogenes, im unbelasteten Zustand isotropes Material beschrieben, was nur sinnvoll ist, wenn das

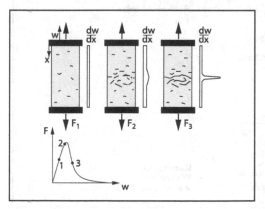

Abb. 3.3-2 Lokalisierung der Rissbildung unter Zugbeanspruchung

betrachtete Bauteil wesentlich größer ist als die verwendeten Zuschläge. Die Anwendung der gängigen Bemessungsmodelle ist daher an Mindestabmessungen von etwa dem Fünffachen Größtkorndurchmesser für die Bauteile gekoppelt.

Zugbeanspruchung

Die σ-ε-Beziehung von Beton unter Zugbeanspruchung zeigt den in Abb. 3.3-4 dargestellten charakteristischen Verlauf. Bis zu einer Spannung von ca. 80% der Zugfestigkeit verläuft die Kurve geradlinig, bei höheren Spannungen kommt es zu einer verstärkten Bildung von Mikrorissen und schließlich zum Zugversagen. Erhöht man nach Überschreiten der Festigkeit die Dehnung, so fällt die Spannung steil ab und geht schließlich mit Bildung eines sichtbaren Trennrisses gegen Null.

Der Verlauf der Kurve im Nachbruchbereich (d. h. nach Überschreiten der Festigkeit) ist keine reine Materialeigenschaft, sondern stark von der Probekörperlänge abhängig (Maßstabeffekt). Er wird für größere Körper deutlich steiler, da für die σ-w-Beziehung eines Zugstabs mit einem Riss

$$w = \frac{\sigma}{E_c} \cdot l + w_{cr} \qquad (3.3.1)$$

gilt wobei w_{cr} die lokalisierte Verlängerung der Rissprozesszone ist (Abb. 3.3-2); in der gemittelten σ-ε–Beziehung wird diese mit $\varepsilon_{cr} = w_{cr}/l$ über die Länge verschmiert.

Die zur Erzeugung eines Trennrisses der Fläche „l" erforderliche Energie (d. h. die schraffierte Fläche in Abb. 3.3-4) wird als *Bruchenergie* G_f bezeichnet. Aus ihr leitet sich die charakteristische Länge

$$l_{ch} = \frac{E_c \cdot G_f}{f_{ct}^2} \qquad (3.3.2)$$

ab, die das Verhältnis zwischen der bei Rissbeginn gespeicherten elastischen Energie je Volumeneinheit $0{,}5 \cdot f_{ct}^2/E_c$ und der im Verlauf der Rissbildung freigesetzten Energie wiedergibt. Sie ist als Materialkonstante ein Maß für die Duktilität eines Baustoffs und liegt bei Beton zwischen 200 und 400 mm. Wegen der zunehmenden Sprödigkeit hochfester Betone nimmt l_{ch} mit steigender Festigkeit ab.

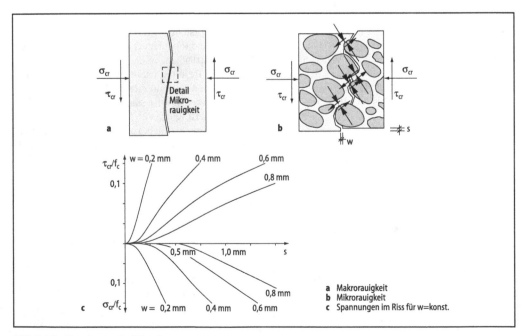

Abb. 3.3-3 Verzahnung der Rissufer

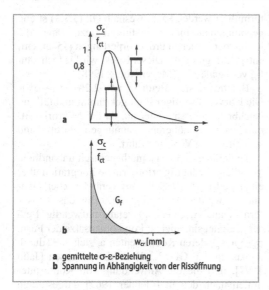

a gemittelte σ-ε-Beziehung
b Spannung in Abhängigkeit von der Rissöffnung

Abb. 3.3-4 Last-Verformungs-Kurven unterschiedlicher Probekörper unter Zugbeanspruchung

Zur Beschreibung der allmählichen Lokalisierung eignet sich insbesondere das sog. *fictitious crack-model* [Hillerborg et al. 1976]. Dabei wird die gesamte, aus der verstärkten Mikrorissbildung und -vereinigung in der Rissprozesszone auftretende Längenänderung als Öffnung eines fiktiven Einzelrisses interpretiert (d. h., die Ausdehnung der Rissprozesszone wird zu Null gesetzt). Zur Umsetzung s. z. B. [Rots 1988].

Die Zugfestigkeit liegt bei heute üblichen Betonen zwischen 2 und 5 MPa. Zur Bestimmung s. 3.1 sowie DIN EN 12390. Aufgrund des Maßstabeffekts und der Überlagerung von Eigenspannungen aus ungleichmäßigem Schwinden etc. ist die Festigkeit von der Probekörpergeometrie, dem Spannungszustand und den Lagerungsbedingungen abhängig, was die Einhaltung definierter Prüfungsbedingungen und die Anwendung von Korrekturfaktoren erfordert.

Druckbeanspruchung

Unter einachsialer Druckbeanspruchung zeigt Beton die in Abb. 3.3-5 dargestellte typische σ-ε-Beziehung, die sich grob in drei Bereiche unterteilen lässt: Bei geringen Spannungen bis ca. $0,4\,f_c$ ist das Verhalten nahezu linear, Be- und Entlastung

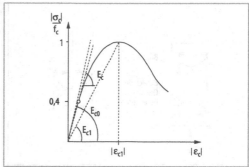

Abb. 3.3-5 Last-Verformungs-Kurve unter Druckbeanspruchung

verursachen hier nur geringfügige Änderungen im Gefüge des Betons. Bei höheren Spannungen nehmen die Dehnungen überproportional zu, was auf die verstärkte Mikrorissbildung zurückzuführen ist, die ab ca. $0,8\,f_c$ zur Auflösung des Betongefüges und schließlich zum Bruch führt. Nach Überschreiten der Druckfestigkeit fällt die Spannung mit zunehmender Dehnung wieder ab, wobei auch hier ein deutlicher Maßstabeffekt zu beobachten ist. Spannungs-Dehnungs-Beziehungen können daher im Nachbruchbereich nur in Abhängigkeit von der untersuchten Probekörpergröße angegeben werden [van Mier 1986].

Die experimentelle Bestimmung des Verhaltens unter Druckspannungen erfolgt durch zentrische Druckversuche. Die gebräuchlichen Probekörper sind dabei Zylinder (∅/h=150 mm/300 mm) und Würfel (h=150 mm bzw. 200 mm). Die Bruchspannung der Zylinder liegt bei ca. 85% bis 92% der an Würfeln (h=200 mm) gemessenen, wobei die niedrigeren Werte für normalfeste, die höheren Werte für hochfeste Betone gelten. Der Unterschied zwischen Würfel- und Zylinderfestigkeit beruht auf dem geometrisch bedingt anderen Spannungszustand (Abb. 3.3-6). Da die Querdehnung des Betons durch die Belastungsplatten behindert wird, entsteht in der Querrichtung an den Lasteinleitungsstellen eine Druckspannung, die mit zunehmender Entfernung von den Lastplatten abklingt und bei den relativ schlanken Zylindern in der Mitte der Probekörperhöhe nahezu bedeutungslos ist, bei den gedrungenen Würfeln jedoch zu einer Steigerung der Tragfähigkeit führt. Da die

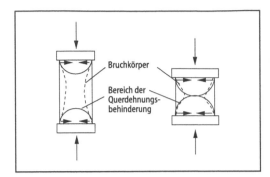

Abb. 3.3-6 Einfluss der Querdehnungsbehinderung und Bruchbild im Druckversuch bei unterschiedlichen Probekörperformen

Querdehnungsbehinderung in Bauteilen i. Allg. nicht vorausgesetzt werden kann, entspricht die Zylinderfestigkeit eher dem Bauteilverhalten.

Die Druckfestigkeit f_c der heute üblichen Betone liegt zwischen 20 und 60 MPa, bei dem in den letzten Jahren auch in der Praxis an Bedeutung gewinnenden hochfesten Betonen werden unter Baustellenbedingungen Werte bis 120 MPa erreicht. Die z. Z. erforschten Ultrahochfesten Betone ergeben Druckfestigkeiten von bis zu 300 N/mm² [Schmidt et al. 2008]. Das entspricht dem zehn- bis 20-fachen der Zugfestigkeit.

Im Allgemeinen wird das Verformungsverhalten wie folgt beschrieben:

$$\frac{\sigma_c}{f_c} = -\frac{\dfrac{E_{c0}}{E_{c1}}\dfrac{\varepsilon_c}{\varepsilon_{c1}} - \left(\dfrac{\varepsilon_c}{\varepsilon_{c1}}\right)^2}{1 + \left(\dfrac{E_{c0}}{E_{c1}} - 2\right)\dfrac{\varepsilon_c}{\varepsilon_{c1}}}. \qquad (3.3.3)$$

Dabei ist E_{c0} der tangentiale E-Modul im Nullpunkt, E_{c1} der Sekantenmodul und $\varepsilon_{c1} = -f_c/E_{c1}$ die Dehnung im Spannungsmaximum; f_c ist definitionsgemäß positiv, σ_c, ε_c bei Druck negativ. Es sind also zur Beschreibung mindestens f_c, E_{c0}, ε_{c1} erforderlich. Die Dehnung ε_{c1} ist im Bereich der üblichen Festigkeiten relativ konstant und liegt bei etwa $\varepsilon_{c1} = -2,2$‰.

Wie bereits erwähnt, ist der Kurvenverlauf im Nachbruchbereich das Resultat einer Schadenslokalisierung, so dass keine objektive (d. h. von der Probekörpergröße unabhängige) σ-ε-Beziehung mehr

formuliert werden kann, weshalb Gl. (3.3.3) streng genommen nur für eine bestimmte Bezugslänge, die i. Allg. den üblichen Probekörperlängen (15–30 cm) entspricht, gültig ist. Dieser Effekt wird jedoch häufig vernachlässigt [Meyer/König 1998].

Bei hochfesten Betonen ist $-2,2$‰ $> \varepsilon_{c1} > -3$‰. Die Kurve ist weniger stark gekrümmt und fällt im Nachbruchbereich steiler ab, da die Mikrorissbildung erst bei höheren Spannungen einsetzt und schneller zum Versagen führt.

Gleichung (3.3.3) ist mathematisch unhandlich. Vor allem die häufig erforderliche Integration über einer gedrückten Fläche mit veränderlicher Dehnung, etwa der Druckzone eines Balkens, ist, sofern sie analytisch erfolgt, relativ aufwendig. Besser geeignet sind hierfür Polynomansätze der Form $\sigma_c = \sum a_i\,\varepsilon_c^i$, deren Koeffizienten a_i sich z. B. durch Anpassung an Gl. (3.3.3) gewinnen lassen [Jahn 1997], und die die Anwendung von Konturintegralen nach den in [Fleßner 1962] dargestellten Prinzipien erlauben.

Im Bereich geringer Beanspruchungen ($|\sigma_c| \leq 0{,}5f_c$) lässt sich das Verhalten durch eine lineare Beziehung der Form $\sigma_c = E_c \cdot \varepsilon_c$ approximieren. Üblicherweise wählt man dabei für E_c den Sekantenmodul bei $0{,}4f_c$, der sich aus Gl. (3.3.3) zu ca. 0,9 E_{c0} ergibt. Die Querdehnzahl des Betons wird in diesem Bereich i. Allg. mit $\nu \approx 0{,}2$ angegeben. Mit einsetzender Mikrorissbildung nimmt ν durch die fortschreitende Gefügeauflockerung erheblich zu bis hin zur Volumenvergrößerung ($\nu > 0{,}5$) nach Erreichen der Druckfestigkeit.

Mehraxiale Beanspruchungen

Für zweiaxiale Beanspruchungen ($\sigma_1 \neq 0$, $\sigma_2 \neq 0$, $\sigma_3 = 0$) wurde an Betonscheiben (20cm×20cm× 5cm) die in Abb. 3.3-7 dargestellte Versagenskurve ermittelt, die alle Spannungskombinationen beschreibt, die zum Versagen führten, während die innerhalb der Kurve gelegenen Kombinationen ertragen werden konnten [Kupfer 1973]. Unter Druckbeanspruchung in zwei Richtungen ergibt sich eine signifikante Erhöhung der Festigkeit auf maximal 1,25 f_c für $\sigma_1 = 0{,}5\,\sigma_2$ und etwa 1,15 f_c für $\sigma_1 = \sigma_2$. Im Zug-Druck-Bereich dagegen fällt die aufnehmbare Druckspannung bei vorhandenem Querzug erheblich ab. Dies entspricht dem nach Abb. 3.3-1 zu erwartenden Verhalten, da die in Querrichtung vorhandenen Spannungen die zum Versagen führenden

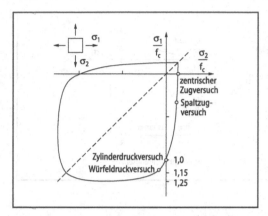

Abb. 3.3-7 Versagenskurve unter zweiaxialer Beanspruchung

Querzugspannungen entweder kompensieren oder verstärken. Der Würfeldruckversuch liegt aufgrund der Querdehnungsbehinderung im Druck-Druck-Bereich, was die gegenüber dem Zylinderdruckversuch erhöhte Festigkeit erklärt.

In der praktischen Anwendung kommt häufig das Mohr-Coulombsche Bruchkriterium (bzw. das daraus abgeleitete Druck-Prager-Kriterium) zum Einsatz, das das Gleiten und somit einen Bruch postuliert, sobald in einer beliebig gerichteten Schnittebene die dort wirkenden Spannungen die Grenzbedingung

$$\tau = c - \sigma \cdot \tan \phi \qquad (3.3.4)$$

erfüllen. Für einen zweiaxialen Spannungszustand lässt sich Gl. (3.3.4) anschaulich in der σ-τ-Ebene darstellen (Abb. 3.3-8). Da der Mohrsche Spannungskreis die Spannungen in allen möglichen Schnittebenen enthält, ist ein Spannungszustand möglich, wenn der zugehörige Mohrsche Kreis vollständig innerhalb der Grenzgeraden liegt; Gleiten tritt ein, wenn der Spannungskreis die Grenzbedingung tangiert. Die Orientierung der Gleitebene kann aus dem Mohrschen Spannungskreis abgelesen werden.

Im Zug-Zug-Bereich ergibt Gl. (3.3.4) unrealistisch hohe Festigkeiten; daher wird das Überschreiten der einaxialen Zugfestigkeit durch die größte Hauptspannung als zusätzliche Grenzbedingung eingeführt (Modifiziertes Mohr-Coulomb-Kriteri-

um, [Nielsen 1984]). Zu wirklichkeitsnäheren Bruchkriterien und zum Verformungsverhalten s. [Hofstetter/Mang 1995; CEB 1996].

Bemessungskennwerte

Die Beschreibung der mechanischen Eigenschaften des Betons erfordert eine Vielzahl von Parametern, die dem Ingenieur zum Zeitpunkt der Planung i. d. R. nicht bekannt sind. Es ist daher sinnvoll, für die Bemessungspraxis einfache Kenngrößen zu definieren, die das Verhalten zwar nicht exakt, aber für die Bemessung hinreichend genau beschreiben. Hierfür nutzt man die in Versuchen beobachteten Korrelationen zwischen den Eigenschaften, um das Material durch einen Parameter zu beschreiben und alle anderen näherungsweise daraus abzuleiten.

Man klassifiziert Beton nach DIN 1045 Teil 1 durch die charakteristische Zylinderdruckfestigkeit f_c (z. B. C 35/45: f_c=35MPa). Alle anderen Eigenschaften werden i. Allg. unter Verwendung empirisch ermittelter Beziehungen aus f_c abgeleitet. Diese gelten nur innerhalb des ihnen zugrunde liegenden Erfahrungsbereichs und erlauben keine Extrapolation. So überschätzt die in MC 90 angegebene, an normalfesten Betonen ermittelte Beziehung

$$f_{ctm} = f_{ct}^* \left(\frac{f_{cm} - \Delta f_c}{f_c^*} \right)^{2/3} \qquad (3.3.5)$$

mit f_c^*=10 MPa, f_{ct}^*=1,4 MPa, Δf_c=8 MPa die Zugfestigkeit hochfester Betone [Remmel 1994]. Für diese gilt nach DIN 1045 Teil 1:

$$f_{ctm} = 2,12 \cdot \ln(1 + f_{cm}/f_c^*). \qquad (3.3.6)$$

Der Elastizitätsmodul (Tangentenmodul) darf wie folgt abgeschätzt werden:

$$E_{c0m} = 9500 \cdot f_{cm}^{1/3}. \qquad (3.3.7)$$

Da E_{c0m} stark durch die verwendeten Zuschläge beeinflusst wird, sollte Gl. (3.3.7) nur als Anhaltswert verstanden und bei anspruchsvollen Bauwerken in jedem Fall durch Versuche überprüft werden.

Zur Vereinfachung wird weiterhin eine idealisierte σ-ϵ-Beziehung eingeführt, das *Parabel-Rechteck-Diagramm* (Abb. 3.3-9):

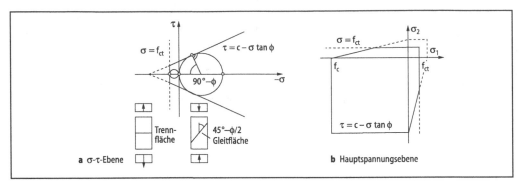

Abb. 3.3-8 Modifiziertes Mohr-Coulomb-Kriterium

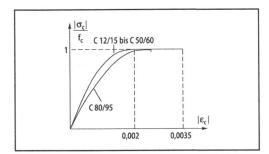

Abb. 3.3-9 Parabel-Rechteck-Diagramm

$$\frac{\sigma_c}{f_c} = \begin{cases} -1 + \left(1 - \dfrac{\varepsilon_c}{\varepsilon_{c2}}\right)^n & \varepsilon_c \geq \varepsilon_{c2}, \\ -1 & \varepsilon_{c2} \geq \varepsilon_c \geq \varepsilon_{c2u}, \end{cases} \qquad (3.3.8)$$

Mit $\varepsilon_{c2}=-2\text{‰}$, $\varepsilon_{c2u}=-3,5\text{‰}$ und n=2 ist die Form bei normalfestem Beton von der Betonfestigkeit unabhängig, was die Anwendung vereinfacht. Das reale Materialverhalten, besonders die Steifigkeit und die zunehmende Sprödigkeit bei steigender Festigkeit, werden jedoch nicht wiedergegeben. Gleichung (3.3.8) sollte daher nicht als Spannungs-Dehnungs-Linie verstanden werden, sondern als rechnerische Spannungsverteilung am Querschnitt im Grenzzustand der Tragfähigkeit unter Berücksichtigung von Langzeiteffekten [Grasser 1968]. Für hochfeste Betone lassen sich geeignete Beziehungen durch verallgemeinerte Parabeln mit nicht ganzzahligen Exponenten (1<n<2) und variablen Stauchungen $\varepsilon_{c2}<-2\text{‰}$ und $\varepsilon_{c2u}>-3,5\text{‰}$ definieren [Quast 1981]; entsprechende Werte wurden in DIN

1045 Teil 1 aufgenommen. Der wesentliche Vorteil des Parabel-Rechteck-Diagramms, die Unabhängigkeit von der Betonfestigkeitsklasse, geht so jedoch verloren.

Neben den rein mechanischen Eigenschaften der Baustoffe ist zur Bemessung noch die Kenntnis ihrer stochastischen Streuungen erforderlich. Die charakteristischen Werte (5 bzw. 95%-Quantilen, Index k) lassen sich in Ermangelung genauerer Werte aus den Mittelwerten (Index m) wie folgt abschätzen:

$$\begin{aligned} f_{ck} &= f_{cm} - \Delta f_c \quad (\Delta f_c = 8\ \text{MPa}), \\ f_{ctk,sup} &= 1,3\,f_{ctm} \quad f_{ctk,inf} = 0,7\,f_{ctm} . \end{aligned} \qquad (3.3.9)$$

Die Standardabweichung der Betondruckfestigkeit wird demnach unabhängig von der Festigkeitsklasse mit etwa 5 MPa angenommen, was zumindest für Betone üblicher Festigkeit ($f_{cm}> 30\text{MPa}$) durch die Auswertung auf der Baustelle entnommener Stichproben bestätigt wird (Rüsch et al. 1969). Dies impliziert einen mit zunehmendem Mittelwert abnehmenden Variationskoeffizienten V, da die Herstellung von Betonen mit höherer Festigkeit von vornherein mehr Sorgfalt erfordert.

Die an genormten Probekörpern bestimmten Festigkeiten erlauben keinen direkten Rückschluss auf die Festigkeit im Bauwerk, da deren Streuungen von Unsicherheiten beim Einbringen und Verdichten des Betons sowie anderen Erhärtungsbedingungen auf der Baustelle überlagert werden [Lewandowski 1971]. Diese müssen im Rahmen des Sicherheitskonzeptes berücksichtigt werden.

3.3.2.3 Zeitabhängiges Verhalten

Beobachtet man das Verhalten von Versuchskörpern über längere Zeit, so stellt man eine signifikante Erhöhung der Verformungen fest. Man trennt die Langzeitverformungen gedanklich in die beiden Anteile *Kriechen* und *Schwinden*.

Kriechen

Kriechen bezeichnet die (um das Schwinden bereinigte) Zunahme der Dehnungen mit fortschreitender Belastungsdauer unter konstanter Spannung. Da jede reale Belastung eine gewisse Lasteinwirkungsdauer hat, beruht die Trennung in Kurz- und Langzeitverformung auf einer reinen Konvention, wobei der Term *kurzzeitig* im Verhältnis zur Dauer der Versuchsdurchführung (etwa 1 bis 2 Minuten nach DIN EN 12390) zu sehen ist.

Die zugrunde liegenden Mechanismen sind komplex und vom Spannungsniveau abhängig. Bei geringen Spannungen kommt es lediglich zu einer Umlagerung des nach der Hydratation im Beton verbleibenden Wassers sowie zu Teilchenumlagerungen innerhalb der Zementsteinmatrix. Die Kriechverformungen sind proportional zur angreifenden Spannung (*lineares Kriechen*) und nach einer Entlastung teilweise reversibel (*Rückkriechen*). Formal kann die Kriechdehnung in Grund- und Trocknungskriechen aufgespalten werden; ersteres bezeichnet die Kriechverformungen eines versiegelten Probekörpers ohne Feuchteaustausch mit der Umgebung, letzteres den durch das Austrocknen hervorgerufenen Anteil (s. auch [Hilsdorf/Reinhardt 2000; Bazant 1988]).

Ab ca. $0,4 f_c$ nimmt das Kriechen unter Druckbeanspruchung durch die Mikrorissbildung stark zu (*nichtlineares Kriechen*). Da dieser Effekt eine fortschreitende Zerstörung des Betongefüges bedeutet, kann auch bei Spannungen unterhalb der Kurzzeitfestigkeit ein Bruch eintreten. Die Festigkeit des Betons ist daher eine von der Belastungsdauer abhängige Größe [Rüsch u. a. 1968] (Abb. 3.3-10).

Bei Betonkörpern unter hoher Dauerlast wirken zwei gegenläufige Effekte: Während die Mikrorissbildung zu einer zunehmenden Schädigung des Betongefüges führt, verfestigt sich der Beton durch die fortschreitende Hydratation weiter. Zusammengenommen führt dies zunächst zu einem Abfall der Festigkeit bis zu einem Minimum und schließlich wieder zu einem Anstieg. Der Körper versagt, so-

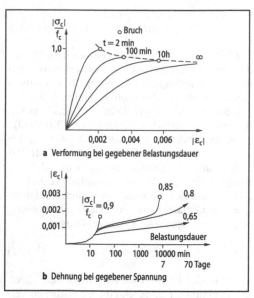

Abb. 3.3-10 Einfluss hoher Dauerspannungen

bald die Festigkeit unter die einwirkende Spannung fällt. Somit definiert das Minimum der Kurve die Dauerstandfestigkeit des Betons, die (theoretisch) unendlich lang ertragen werden kann [Rüsch 1960]. Sie unterliegt im Versuch starken Schwankungen zwischen 0,65 und 0,85 der Kurzzeitfestigkeit [Rüsch u. a. 1968]. Die Zeitdauer bis zum Erreichen des Minimums (kritische Standzeit) hängt von der Geschwindigkeit des Hydratationsfortschritts und damit vom Betonalter t_0 bei Belastungsbeginn ab. Für $t_0=7$ Tage liegt sie etwa bei einem Tag, für $t_0=28$ Tage bei ca. 3 Tagen [Hilsdorf/Reinhardt 2000].

Unter Zugbeanspruchung lässt sich ein ähnlicher Abfall der Festigkeit mit der Belastungsdauer beobachten; die Dauerstandfestigkeit liegt hier bei etwa 0,6...0,7 der Kurzzeitzugfestigkeit [Reinhardt/Cornelissen 1985].

Die Kriechdehnung $\varepsilon_{cc}(t)$ wird i. d. R. über die Kriechzahl ϕ als Vielfaches der elastischen Kurzzeitdehnung ε_{el} berechnet. Dabei liegt es wegen der teilweisen Reversibilität nahe, die Kriechdehnung in einen verzögert elastischen, d. h. reversiblen, und einen irreversiblen Fließanteil aufzuspalten (Summationsansatz):

$$\varepsilon_{cc}(t,t_0) = \varepsilon_{v,el}(t,t_0) + \varepsilon_{fl}(t,t_0)$$
$$= \varepsilon_{el}(\phi_{v,el}\,(t,t_0) + \phi_{fl}\,(t,t_0))\,. \qquad (3.3.10)$$

Die klassischen Summationsansätze setzen voraus, dass der zeitliche Verlauf der Fließverformung und der vom Belastungsalter t_0 abhängige Absolutwert durch die gleiche Funktion beschrieben werden, d. h. $\phi_{fl}(t,\,t_0) = \phi_{fl}(t) \cdot \phi_{fl}(t_0)$. Dies steht jedoch im Widerspruch zu Versuchsbeobachtungen [CEB 1990].

Daher werden in der neueren Literatur und den aktuellen Normen (EC 2, DIN 1045 Teil 1, MC 90) Produktansätze verwendet, die auf die formale Trennung der einzelnen Verformungsanteile verzichten. Die Einflussfaktoren werden hier durch multiplikative Verknüpfung erfasst. Für eine zum Zeitpunkt t_0 aufgebrachte Spannung σ_c=konst gilt dann

$$\varepsilon_{cc}(t) = \varepsilon_{el}\,\phi(t,\,t_0) = \varepsilon_{el}\,\phi_0\,\beta(t{-}t_0)\,, \qquad (3.3.11)$$

wobei ϕ_0 den Endwert der Kriechzahl bezeichnet. Die Funktion $\beta(t{-}t_0)$ beschreibt den zeitlichen Verlauf der Kriechverformung; sie nimmt für $t{=}t_0$ den Wert 0 und für $t \to \infty$ den Wert 1 an. Die Endkriechzahl ϕ_0 ist von der relativen Luftfeuchtigkeit der Umgebung, der Bauteilgröße und -form sowie dem Alter des Betons bei Belastungsbeginn abhängig, da die Kriechfähigkeit mit zunehmendem Alter abnimmt. Der Produktansatz beschreibt den Beton demnach als alterndes viskoelastisches Material. Der Einfluss der Dichtigkeit des Betongefüges auf die Diffusionsvorgänge wird aus Gründen der Einfachheit meist nur über die Betondruckfestigkeit erfasst. Üblicherweise liegt die Endkriechzahl bei ϕ_0 =1,0...4,0, die Kriechverformung beträgt also i. Allg. ein Mehrfaches der Kurzzeitverformung.

Das Kriechmodell der DIN 1045 Teil 1 wurde aus MC 90 weitgehend übernommen, jedoch zur Erfassung hochfester Betone um einige Korrekturfaktoren erweitert. Es verzichtet auf eine formale Trennung von Grund- und Trocknungskriechen, was eine Näherung darstellt, da die zeitliche Entwicklung des Trocknungskriechens durch die Wasserdiffusion von der Bauteilgröße abhängen muss, die des Grundkriechens dagegen nicht. Eine Trennung der Anteil führt jedoch zu erheblich komplexeren Formulierungen [Bazant/Baweja 1995].

Durch Zusammenfassen der Kurz- und Langzeitverformung erhält man mit der Komplianzfunktion $J(t,t_0)$ die gesamte spannungsinduzierte Dehnung

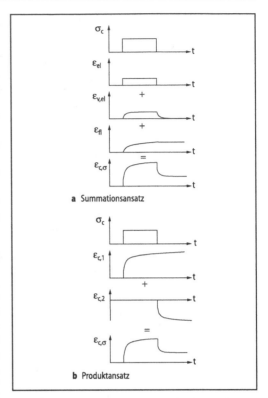

a Summationsansatz

b Produktansatz

Abb. 3.3-11 Kriechverlauf bei veränderlicher Spannung

$$\varepsilon_{c\sigma}(t) = \varepsilon_{el}\,(1{+}\phi\,(t,t_0)) = \sigma_c\,J(t,t_0). \qquad (3.3.12)$$

Bei einer zeitlichen Änderung der Spannung wird zur Ermittlung der Kriechverformungen i. Allg. die Gültigkeit des Superpositionsgesetzes vorausgesetzt. Der prinzipielle Unterschied zwischen Produkt- und Summationsansatz ist in Abb. 3.3-11 dargestellt.

Eine grundsätzliche Vereinfachung der Produktansätze folgt aus der Tatsache, dass die für eine konstante Spannung ermittelte Komplianzfunktion unabhängig von vorhergehenden Belastungen zu allen Zeitpunkten als gültig angesehen wird. In einigen Fällen führt dies zu unrealistischen Ergebnissen [CEB 1990]. Diese Schwäche wird jedoch wegen der einfachen Handhabung in Kauf genommen.

Für höhere Spannungen ist die lineare Beziehung zwischen Kurzzeitverformung und Kriechverformung nicht mehr gültig, ab ca. 0,4 f_c, d. h. mit Beginn der Mikrorissbildung im Kurzzeitversuch, steigt die Kriechzahl deutlich an [Stöckl 1981]. Näherungsweise kann man bei Belastungen unterhalb der Dauerstandfestigkeit die Endkriechzahl mit dem Faktor

$$e^{1,5 \cdot (|\sigma_c|/f_c - 0,4)} \qquad (3.3.13)$$

erhöhen. Das Superpositionsprinzip ist jedoch nicht mehr anwendbar [Shen 1992].

Für numerische Untersuchungen kann es vorteilhaft sein, das Kriechverhalten durch einfache rheologische Modelle – d. h. Kombinationen von Feder- und Dämpferelementen – zu approximieren. Solche Modelle können zur Berücksichtigung nichtlinearer Effekte um Reibelemente, viskoplastische Elemente usw. ergänzt werden (siehe z. B. [Bazant 1988]).

Schwinden

Die an spannungslosen Probekörpern beobachtete Volumenverringerung wird als *Schwinden* bezeichnet. Sie beruht auf einer Austrocknung des Betons, also der Verdunstung des nichtgebundenen Wassers (Trocknungsschwinden), und auf volumenreduzierenden chemischen Prozessen bei der Hydratation (autogenes Schwinden). Beide Prozesse laufen zeitlich versetzt ab, da das Trocknungsschwinden von der Diffusion des Wassers zur Bauteiloberfläche und damit von der Probekörpergröße, seiner Dichtigkeit und den Lagerungsbedingungen abhängt. Die Verformungen aus dem Trocknungsschwinden sind über den Querschnitt ungleichförmig verteilt und können beträchtliche Eigenspannungen bis hin zur Rissbildung an der Körperoberfläche verursachen. Bei einer Erhöhung des Feuchtegehalts in einer Probe (z. B. Wasserlagerung) lässt sich eine Volumenvergrößerung (*Quellen*) beobachten, die allerdings deutlich geringer ist als die Schwindverformung.

Die Beschreibung des Schwindens bzw. Quellens erfolgt analog zum Kriechen durch einen Endwert $\varepsilon_{s\infty}$ und eine Funktion des zeitlichen Verlaufes $\beta_s(t-t_s)$. Im Modell der DIN 1045 Teil1 werden für die Anteile Trocknungsschwinden (Index d) und autogenes Schwinden (Index a) getrennte Ansätze gemacht; dies ist insbesondere bei hochfesten Betonen erforderlich, da diese aufgrund des geringeren Wassergehaltes und der hohen Diffusionsdichtigkeit ein geringes Trocknungsschwinden aufweisen:

$$\varepsilon_{cs}(t,t_s) = \varepsilon_{cas\infty}\,\beta_{as}(t) + \varepsilon_{cds\infty}\beta_{ds}(t-t_s). \qquad (3.3.14)$$

Dabei ist t_s der Zeitpunkt des Beginns des Trocknungsschwindens durch eine Änderung der Umweltbedingungen (Ende der Feuchtlagerung). Die Einflüsse auf die Schwindverformungen sind im Wesentlichen dieselben wie beim Kriechen: Luftfeuchtigkeit, Dichtigkeit und Bauteilgröße. Typische Werte des Endschwindmaßes liegen im Bereich von –0,2‰ bis –0,6‰.

Ergänzend sei darauf hingewiesen, dass die Trennung in Schwinden und Kriechen nur eine rechentechnische Vereinfachung darstellt, da man in Versuchen eine deutliche Interaktion zwischen den Phänomenen beobachtet. Auch berücksichtigen die vereinfachten Ansätze die sehr komplexen Diffusionsvorgänge nur summarisch über die Probekörpergröße. Die aus dem Vergleich der Kriech- und Schwindvorhersagen nach DIN 1045 Teil 1 mit Versuchsergebnissen ermittelten Variationskoeffizienten V betragen etwa 25% für das Kriechen und 30% für das Schwinden. In vielen Fällen ist es daher sinnvoll, obere und untere Fraktilwerte der Verformungen zu ermitteln.

3.3.3 Betonstahl

Zur Herstellung sowie zu den chemischen und mechanischen Eigenschaften der Betonstähle wird auf 3.1 sowie auf [fib 1999; fib 2010] verwiesen.

3.3.3.1 Bemessungskennwerte

Bei der Untersuchung von Tragwerken wird das Verformungsverhalten des Stahls meist mit vereinfachten, ideal elastisch-ideal plastischen bzw. verfestigenden Modellen beschrieben; letztere berücksichtigen einen Anstieg der Spannung im Fließbereich bis zur Zugfestigkeit f_t (Abb. 3.3-12). Als Bemessungskennwerte des Stahls sind demnach E_s, f_y, f_t, ε_{su} erforderlich. Die charakteristischen Werte von Fließgrenze und Festigkeit werden als 5%-Fraktilen definiert, die Bruchdehnung als 10%-Fraktile. Der E-Modul streut nur geringfügig und kann mit E_s=200000 MPa angenommen werden. Heute kommen fast ausschließlich Stähle mit charakteristischen Fließspannungen von f_{yk}=500 MPa und einer charakteristischen Zugfestigkeit von f_{tk}=550 MPa zum Einsatz. Rechnerisch darf nach DIN 1045 Teil 1 jedoch nur eine Zugfes-

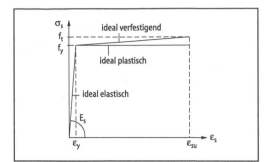

Abb. 3.3-12 Idealisierung des Verformungsverhaltens von Betonstahl

tigkeit von f_{tk}*=525 MPa bei einer Dehnung von ε_{su}=25‰ ausgenutzt werden.

Neben der Festigkeit kommt durch den zunehmenden Einsatz plastischer Berechnungsverfahren der Duktilität, d. h. der Fähigkeit, nach Erreichen der Fließgrenze die Dehnung ohne Abfall der Spannung zu vergrößern, wachsende Bedeutung zu. Die hierfür wesentlichen Parameter sind ε_{su} sowie das Verhältnis f_t/f_y, vgl. 3.3.5.2. DIN 1045 Teil 1 unterscheidet daher zwischen normalduktilen und hochduktilen Betonstählen (Kategorien A und B). Ein als hochduktil eingestufter Stahl muss mindestens ε_{suk}=50‰ sowie eine Verfestigung von $(f_t/f_y)_k$=1,08 besitzen, ein normalduktiler ε_{suk}=25‰ und $(f_t/f_y)_k$= 1,05. Dabei ist zu beachten, dass $(f_t/f_y)_k$ der charakteristische Wert des Verhältnisses von f_t und f_y ist, nicht das Verhältnis der charakteristischen Werte. Für Sonderanwendungen mit sehr hohen Duktilitätsanforderungen (z. B. für Bauten in Erdbebengebieten) definiert DIN EN 10080 zusätzlich einen Stahl mit ε_{suk}=80‰ und $(f_t/f_y)_k$=1,15 (Kategorie C).

Die für Betonstähle der Klassen A und B geforderte Duktilität lässt sich auch durch andere Kombinationen von ε_{suk} und $(f_t/f_y)_k$ erreichen, da z. B. eine Unterschreitung der Mindestwerte für $(f_t/f_y)_k$ durch eine Übererfüllung der Anforderungen an ε_{suk} erfüllt werden kann (s. [CEB 1998]).

Die stochastischen Streuungen der Materialeigenschaften des Stahls sind wegen der hoch entwickelten und unter kontrollierten Bedingungen ablaufenden Produktionsverfahren erheblich geringer als die des Betons. Der Variationskoeffizient der Festigkeiten liegt unter Annahme einer logarithmischen Normalverteilung nur bei ca. 5%.

3.3.3.2 Arten und Formen

Betonstähle werden in Form von Stäben oder Matten verwendet. Sie sind national in DIN 488 bzw. durch allgemeine bauaufsichtliche Zulassungen geregelt. Auf europäischer Ebene wird DIN 488 in Zukunft durch EN 10080 ersetzt.

Oberflächenprofilierung

Zur Verbesserung des Verbunds zwischen Stahl und Beton kommen heute nahezu ausschließlich gerippte Betonstähle zur Anwendung (Abb. 3.3-13). Der Grad der Profilierung wird durch die *bezogene Rippenfläche* f_R charakterisiert. Mindestwerte für f_R liegen je nach Stabdurchmesser zwischen 3,9 und 5,6% (DIN 488). Da die Ausbildung der Rippen (Höhe, Breite, Abstand, Ausrundungen) durch die Kerbwirkung am Übergang zum Stabkern einen wesentlichen Einfluss auf die Dauerschwingfestigkeit des Bewehrungsstabes hat sind entsprechende Anforderungen nach DIN 488 Teil 2 einzuhalten.

Um die bei kaltverformten Stäben mit geringem Durchmesser herstellungsbedingt reduzierte Duktilität auszugleichen, wurden in den letzten Jahren Bewehrungsstähle mit Tiefrippung entwickelt (s. Abb. 3.3-13b). Die Verbesserung der Duktilität beruht auf dem weicheren Verbundverhalten (s. 3.3.5), aber auch auf der Verminderung der erforderlichen Kaltverformung beim Einprägen der Tiefrippen und

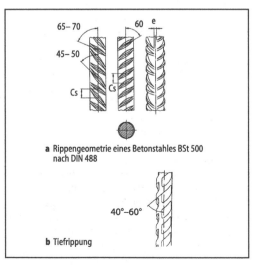

a Rippengeometrie eines Betonstahles BSt 500 nach DIN 488

b Tiefrippung

Abb. 3.3-13 Oberflächenprofilierung

der daraus resultierenden geringeren Aufhärtung [Schwarzkopf/Schaefer 1997].

Stabstähle

Die Durchmesser der Stäbe liegen zwischen 6 und 40 mm nach DIN 488 Teil 2 (Regellänge: 12 bis 15 m). Daneben existieren Betonstähle, deren Anwendung durch allgemeine bauaufsichtliche Zulassungen geregelt ist, u. a. GEWI-Stähle mit Gewinderippen und Durchmessern 12 bis 50 mm oder verzinkte und nichtrostende Bewehrungsstähle (s. [Bertram 2002]). Da in den normativ geregelten Bemessungsmodellen zahlreiche Materialeigenschaften implizit vorausgesetzt werden, müssen auch Stähle mit bauaufsichtlicher Zulassung die in der jeweiligen Norm zugrunde liegenden Mindestanforderungen erfüllen.

Betonstahlmatten

Betonstahlmatten bestehen nach DIN 488 Teil 4 aus kaltverformten, gerippten Stäben mit Durchmessern von 4 bis 14 mm, die kreuzweise verschweißt werden. Zu unterscheiden ist grundsätzlich zwischen Lagermatten und Listenmatten. Lagermatten weisen feste Stabdurchmesser und -abstände nach einem nicht genormten, aber allgemein verbreiteten Programm auf. Bei Listenmatten dagegen werden Stabdurchmesser und -abstände vom Konstrukteur objektbezogen festgelegt; sie erlauben eine optimale Anpassung an die individuellen Erfordernisse eines Bauwerks, erfordern jedoch auch einen erhöhten Planungsaufwand.

Die Kaltverformung führt zu einer Aufhärtung und somit zu einem Verlust an Duktilität, weshalb Matten i. d. R. als normalduktil einzustufen sind, sofern nicht durch allgemeine bauaufsichtliche Zulassungen eine andere Einstufung erfolgt.

3.3.4 Spannstahl

3.3.4.1 Arten und Formen

Spannstähle werden als glatte oder profilierte Stäbe, Gewindestäbe und Litzen hergestellt, wobei letztere die größten Marktanteile besitzen. Spannstähle sind bisher in Deutschland durch allgemeine bauaufsichtliche Zulassungen erfasst, die alle bemessungsrelevanten Angaben enthalten müssen. Im Rahmen der europäischen Normung werden die Spannstahlzulassungen in Zukunft durch EN 10138 ersetzt. Die beim Vorspannen gegen den erhärteten Beton erforderlichen Verankerungskomponenten sind wegen ihrer auf dem Markt befindlichen Vielfalt als Spannverfahren in allgemeinen bauaufsichtlichen Zulassungen, z. T. bereits in europäischen technischen Zulassungen mit zugehörigen nationalen Anwendungszulassungen, geregelt.

3.3.4.2 Mechanische Eigenschaften

Das mechanische Verhalten der Spannstähle unterscheidet sich nicht grundsätzlich von dem der Betonstähle. Allerdings ist das Vorspannen nur sinnvoll, wenn dabei Stahlspannungen erreicht werden, die erheblich über den im Betonstahl möglichen liegen (vgl. 3.3.11). Ihre Klassifizierung erfolgt durch die charakteristischen Werte der 0,2%-Dehngrenze $f_{p0,2k}$ und der Festigkeit f_{pk}. Der heute häufig verwendete Spannstahl St 1570/1770 besitzt demnach eine charakteristische Festigkeit von $f_{pk}=1770$ MPa und $f_{p0,02k} = 1570$ MPa. Das entspricht etwa dem dreifachen Wert der Betonstähle.

Das Verformungsverhalten entspricht qualitativ dem des Betonstahles, allerdings liegt der rechnerische E-Modul von Litzen etwas niedriger bei 190000 bis 200000 MPa. Für die Bemessung werden ebenfalls bilineare Näherungen mit der 0,1%-Dehngrenze $f_{p0,1k}$ als technischer Fließgrenze verwendet (für St 1570/1770 ist $f_{p0,1k} \approx 1500$ MPa).

Spannstähle zeigen unter hohen Dauerlasten ähnlich wie Beton zeitabhängige Verformungen. Diese werden jedoch nicht als *Kriechen*, sondern als *Relaxation* bezeichnet, da für Spannglieder in vorgespannten Bauteilen im wesentlichen ε_p=konst gilt. Es handelt sich hierbei um ein hochgradig nichtlineares Phänomen, d. h., die Relaxationsverluste steigen mit zunehmender Spannung überproportional an. Der Anteil ρ_t der Verluste an der ursprünglichen Spannung ist vom Spannstahl, der Art des Spannglieds, der Temperatur, dem Spannungsniveau und der Einwirkungsdauer der Spannungen abhängig. Zahlenwerte sind der Zulassung zu entnehmen.

3.3.5 Verbundbaustoff Stahlbeton

3.3.5.1 Verbundverhalten des Stahls

Das mechanische Zusammenspiel von Stahl und Beton wird durch den *Verbund* bestimmt, also durch

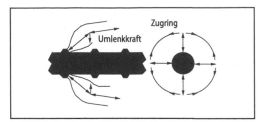

Abb. 3.3-14 Kräfteverlauf vor einer Rippe

die Übertragung von Spannungen zwischen Beton und Stahl. Diese beruht auf drei Mechanismen, nämlich der Adhäsion, also der chemischen Bindung zwischen Beton und Stahloberfläche, der mechanischen Verzahnung durch die Rippen und der Reibung. Die Aktivierung dieser Mechanismen ist mit einer Verzerrung in Form einer zwischen der Bewehrung und dem umgebenden Beton auftretenden Relativverschiebung (*Schlupf*) s verbunden.

Die Adhäsion verhält sich sehr steif, kann jedoch nur geringe Spannungen übertragen und fällt bei zunehmendem Schlupf völlig aus. Der Verbund ist somit bei geringen Beanspruchungen nahezu völlig starr. Nach dem Ausfall der Adhäsion tritt im Bereich zwischen den Rippen eine Reibung zwischen Stahloberfläche und Beton auf, die vom Schlupf nahezu unabhängig ist. Der Hauptanteil wird jedoch durch die mechanische Verzahnung übertragen. Vor den Rippen werden durch den Schlupf hohe lokale Druckspannungen im Beton erzeugt. Da hier ein dreiachsialer Druckspannungszustand vorliegt, kann σ_c auf ein Vielfaches der einachsialen Festigkeit ansteigen. Die Umlenkung der Druckspannungstrajektorien erzeugt Zugspannungen im umgebenden Beton, die ringförmig um die Bewehrung verlaufen (Abb. 3.3-14).

Das Versagen des Verbunds kann durch das Abscheren der Betonkonsolen zwischen den Rippen und das Aufspalten des Zugringes erfolgen (Abb. 3.3-15). Welche der beiden Versagensarten maßgebend wird, ist dabei v. a. von der Umschnürung, also von der Betondeckung des Bewehrungsstabes (je geringer die Betondeckung, desto eher kommt es zur Sprengrissbildung) und der vorhandenen Querbewehrung, abhängig. Eine zusätzlich vorhandene äußere Zugspannung senkrecht zur Bewehrungsrichtung kann die Sprengrissbildung wesentlich beschleunigen, eine äußere Druckspannung dagegen die Verbundwirkung verbessern.

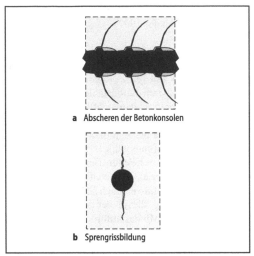

Abb. 3.3-15 Mechanismen des Verbundversagens

Die einzelnen Traganteile sind experimentell und bei der rechnerischen Untersuchung von Bauwerken nur schwer zu trennen. Man betrachtet sie daher meist in integraler Form als in der Kontaktfläche wirkende Schub- oder Verbundspannung. Der Zusammenhang zwischen Verbundspannung und Schlupf wird als *Verbund-Schlupf-Beziehung* bezeichnet [Rehm 1961; Martin/Noakowski 1981; Eligehausen et al. 1983; Noakowski 1985]. Diese stellt kein Stoffgesetz im eigentlichen Sinn dar, sondern ein Ersatzmodell für die komplexen Vorgänge im Beton in der unmittelbaren Umgebung der Bewehrung; sie ist daher immer mit erheblichen Unsicherheiten behaftet.

Der ansteigende Ast wird i. Allg. durch eine Potenzfunktion beschrieben ($\alpha < 1$):

$$\tau_b = \tau_{b,max} \, (s/s_1)^\alpha \quad s \leq s_1. \tag{3.3.15}$$

Der prinzipielle Verlauf ist für die beiden Versagensarten *Abscheren* und *Sprengen des Betons* in Abb. 3.3-16 dargestellt. Die Sprengrissbildung führt zu einem wesentlich spröderen Versagen; beim Versagen durch Abscheren bleibt zwischen den Betonkonsolen und dem umgebenden Beton eine Reibung wirksam, die auch nach Überschreiten der Verbundfestigkeit die Übertragung von Spannungen ermöglicht.

Gleichung (3.3.15) gilt zunächst nur für ungestörte Bereiche, die von Oberflächen oder Rissen

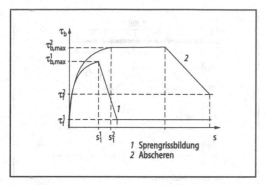

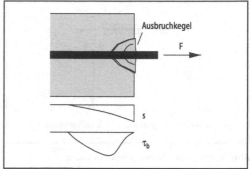

Abb. 3.3-16 Rechnerische Verbund-Schlupf-Beziehung nach MC 90

Abb. 3.3-17 Störung des Verbundes durch Bildung eines Ausbruchkegels

weit genug entfernt sind. Tritt der Stab aus dem Beton aus, so ist die Ausbildung des in Abb. 3.3-14 dargestellten Spannungsverlaufes wegen der fehlenden Abstützung der Druckstreben am Rissufer nicht mehr möglich. Die Einleitung der Verbundspannungen in den Beton muss dort über Zugspannungen erfolgen, die bei höheren Verbundspannungen durch Überschreitung der Zugfestigkeit die Bildung eines Ausbruchkegels und somit einen Abfall der dort übertragbaren Verbundspannungen verursachen (Abb. 3.3-17).

Daher muss in der τ_b-s-Beziehung auch noch der Abstand x zum nächsten Riss berücksichtigt werden. Dies kann z. B. nach MC 90 durch eine lineare Abminderung in rissnahen Bereichen geschehen:

$$\tau_b = \tau_{b,0} \frac{x}{5\emptyset} \quad \text{für} \quad x \leq 5\emptyset. \tag{3.3.16}$$

Wegen der sehr hohen Druckspannungen im Beton zeigt der Verbund ausgeprägte Kriechverformungen [Rohling 1987]. Im Allgemeinen unterstellt man hier lineares Kriechen, das bei konstant gehaltener Verbundspannung den Schlupf um den Faktor ϕ_b auf $s(t)=s_0(1+\phi_b)$ vergrößert bzw. bei konstant gehaltenem Schlupf die Verbundspannung entsprechend verkleinert.

Neben offensichtlichen Faktoren wie der Betondruckfestigkeit, der bezogenen Rippenfläche und den Betonspannungen senkrecht zur Stabachse wirkt sich auch die Lage des Stabes beim Betonieren auf das Verbundverhalten aus. Während des Verdichtens des Frischbetons kommt es zu einem Absetzen der schweren Bestandteile; die leichten Be-

standteile (überschüssiges Wasser, Luft) dagegen wandern nach oben und sammeln sich unter horizontal liegenden Bewehrungsstäben. Unter diesen Stäben weist der Beton demnach eine hohe Porosität auf, die zu einer Abminderung der übertragbaren Verbundspannungen um bis zu 50% führt. Dieser Effekt ist desto ausgeprägter, je weiter ein Stab von der Unterkante des Frischbetons entfernt liegt. Bei vertikal in der Schalung stehenden Stäben ist die Abminderung zusätzlich von der Beanspruchungsrichtung abhängig. Wird der Stab nach unten, d. h. in Betonierrichtung gezogen, so ist wegen der Porosität des vor den Rippen liegenden Betons eine ähnliche Abminderung wie bei horizontalen Stäben zu beobachten. Vereinfacht unterscheidet man hier zwischen Stäben im guten und mäßigen Verbund.

3.3.5.2 Rissbildung in Stahlbetonbauteilen

Bei ungerissenen, ungeschädigten Stahlbetonbauteilen liegen Beton und Stahl wegen der in diesem Zustand geringen Verbundspannungen und der hohen Verbundsteifigkeit im ideellen, ungestörten Verbund, d. h., die Dehnung des Stahls ist überall gleich der Dehnung des ihn umgebenden Betons.

Bei Steigerung der Last geht das Bauteil in den Zustand der *Einzelrissbildung* über. An der Stelle, an der die Spannung die Zugfestigkeit des Betons zuerst überschreitet, entsteht ein Riss, an dessen Ufern die Spannung und damit auch die Dehnung des Betons auf Null abfällt. Im einfachen Fall des zentrisch gezogenen Stabes müssen aus Gleichgewichtsgründen die freiwerdenden Betonzugspannungen we-

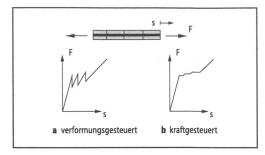

Abb. 3.3-18 Kraft-Verformungs-Beziehung

nigstens teilweise durch eine lokale Erhöhung der Stahlspannung aufgenommen werden. Dabei führt die Erhöhung der Stahldehnung und der Abfall der Betondehnung zu einer unterschiedlichen Verlängerung von Stahl und Beton im Bereich des Risses und damit zu Schlupf und einer Verbundspannung.

Hier sind grundsätzlich Kraft- und Verformungssteuerung zu unterscheiden (Abb. 3.3-18). Im Fall der Kraftsteuerung wird die gesamte im Verbundquerschnitt vorhandene Kraft konstant gehalten, die Betonzugspannungen müssen ganz von der Bewehrung aufgenommen werden. Im Kraft-Verformungs-Diagramm ergibt sich bei Bildung eines Risses wegen der sprunghaft auftretenden Verlängerung des Bauteiles ein Sprung nach rechts. Im Fall einer Verformungssteuerung wird dagegen die gesamte *Verformung* konstant gehalten. Da die Bauteilsteifigkeit durch den Riss schlagartig abnimmt, fällt die Zugkraft ab. Mit zunehmender Länge des Stabes – d. h. einer zunehmenden Zahl von Rissen – wird die Linie geglättet; der Unterschied zwischen Kraft- und Verformungssteuerung verschwindet.

Mit zunehmendem Abstand vom Riss nehmen die Betonspannungen durch den Verbund wieder zu, bis sie die Verhältnisse des ungerissenen Zustands erreichen. Während der Rissbildungsphase verbleiben zwischen den Rissen also immer Bereiche im ungestörten Verbund, Verbundspannungen wirken nur in der Nähe der Risse.

Bei weiterer Laststeigerung entstehen zwischen den vorhandenen Rissen neue Risse, bis die Rissabstände so klein geworden sind, dass zwischen den Rissen keine Bereiche mehr im ungestörten Verbund verbleiben und auf ganzer Länge Verbundspannungen wirken. Die in den Beton eingeleiteten Zugspannungen erreichen die Zugfestig-

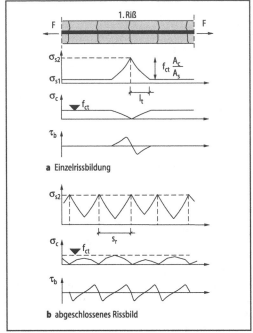

Abb. 3.3-19 Spannungsverlauf

keit nicht mehr, so dass auch bei einer Steigerung der äußeren Last keine neuen Risse mehr entstehen können. Dieser Zustand wird als *abgeschlossenes Rissbild* bezeichnet. Die Zunahme der Zugkraft zwischen Beginn und Abschluss der Rissbildung hängt von der Streuung von f_{ct} im Bauteil ab und wird meist mit 30% angenommen.

Die Verbundlänge, die erforderlich ist, um in den Beton Spannungen in Höhe der Zugfestigkeit einzuleiten, wird als Eintragungslänge l_t bezeichnet. Wenn zwischen zwei Rissen kein neuer mehr erzeugt werden soll, muss der Rissabstand bei abgeschlossenem Rissbild kleiner sein als die zweifache Eintragungslänge. Umgekehrt kann ein Riss aber nur entstanden sein, wenn vorher der Abstand der benachbarten Risse mindestens gleich der doppelten Eintragungslänge war. Man erhält somit als obere und untere Schranke des Rissabstandes $l_t \leq s_r \leq 2l_t$.

Der prinzipielle Verlauf der Spannungen zwischen den Rissen ist in Abb. 3.3-19 dargestellt. Die maximalen Beanspruchungen der Bewehrung tre-

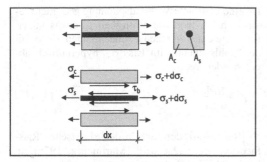

Abb. 3.3-20 Verbundgleichgewicht am Zugstab

ten direkt im Riss auf, weshalb im Rahmen der Bemessung der Zustand im Riss betrachtet werden muss. Bei der Ermittlung von Verformungen werden dagegen Dehnungen über die Bauteillänge integriert; sie gehen daher nur mit ihrem über die Rissabstände gemittelten Wert ε_{sm} ein. Die Abminderungen gegenüber der Dehnung des nackten Stahls wird als „Mitwirkung des Betons zwischen den Rissen" bezeichnet (engl.: *tension stiffening*).

Differentialgleichung des Verbunds

Zur Ermittlung der Spannungen zwischen den Rissen wird ein differentielles Element eines Zugstabes betrachtet (Abb. 3.3-20). Es wird vereinfacht davon ausgegangen, dass die Betonspannungen überall gleichförmig über den Querschnitt verteilt sind, d. h., der Betonquerschnitt bleibt eben.

Aus dem Gleichgewicht am Element ergibt sich

$$\tau_b \, U_s \, \mathrm{d}x = \mathrm{d}\sigma_s \, A_s = -\mathrm{d}\sigma_c \, A_c . \qquad (3.3.17)$$

Dabei sind A_s und U_s Fläche und Umfang eines Stabes. Der Schlupf ergibt sich an jeder Stelle aus der Differenz der Verschiebung von Stahl und Beton $s = u_s - u_c$. Unter Annahme eines linear-elastischen Stoffgesetzes für Stahl und Beton erhält man damit die Beziehung

$$\frac{\mathrm{d}s}{\mathrm{d}x} = \frac{\mathrm{d}u_s}{\mathrm{d}x} - \frac{\mathrm{d}u_c}{\mathrm{d}x} = \varepsilon_s - \varepsilon_c = \frac{\sigma_s}{E_s} - \frac{\sigma_c}{E_c} . \qquad (3.3.18)$$

Leitet man diese Beziehung nach x ab und setzt (3.3.17) ein, so ergibt sich

$$\frac{\mathrm{d}^2}{\mathrm{d}x^2} s = \tau_b(s) \left(\frac{U_s}{E_s A_s} + \frac{U_s}{E_c A_c} \right). \qquad (3.3.19)$$

Dieser Zusammenhang ist als Differentialgleichung des verschieblichen Verbunds bekannt (zur Lösung s. insbesondere [Krips 1984]). Im Folgenden werden Lösungen für Einzelrissbildung und abgeschlossenes Rissbild dargestellt.

Es sei darauf hingewiesen, dass die Annahme einer gleichförmigen Spannungsverteilung und damit einer konstanten Rissbreite über den Querschnitt eine starke Vereinfachung der Realität darstellt. Aufgrund der zwangsläufig auftretenden Verwölbung des Betonquerschnitts nehmen die Rissbreiten vom Rand zur Bewehrung ab [Schießl 1976].

Einzelrissbildung

Setzt man für die τ_b-s-Beziehung (3.3.15) ein und wählt die Randbedingungen am Beginn der Verbundstörung (x=0) entsprechend dem Zustand bei Einzelrissbildung, also $s(0)=0$; $\mathrm{d}s/\mathrm{d}x(0)= \varepsilon_s(0) - \varepsilon_c(0)=0$, so ist die Differentialgleichung analytisch lösbar. Mit dem Ansatz $s(x)=C \cdot x^n$ erhält man

$$C = \left(\frac{\tau_{b,\max}}{s_1^\alpha} \left(\frac{U_s}{E_s A_s} + \frac{U_s}{E_c A_c} \right) \frac{(1-\alpha)^2}{2+2\alpha} \right)^{\frac{1}{1-\alpha}},$$

$$n = \frac{2}{1-\alpha} . \qquad (3.3.20)$$

Daraus lässt sich wiederum die Eintragungslänge ermitteln als die Strecke, nach der die Zugspannung im Beton zu Null wird:

$$\sigma_c(l_t) = f_{ct} - \int_0^{l_t} \tau_b \frac{U_s}{A_c} \mathrm{d}x = 0. \qquad (3.3.21)$$

Man erhält

$$l_t = \left(\frac{f_{ct} \, s_1^\alpha}{\tau_{b,\max} \dfrac{U_s}{A_c} \cdot \dfrac{1-\alpha}{1+\alpha} C^\alpha} \right)^{\frac{1-\alpha}{1+\alpha}} . \qquad (3.3.22)$$

Die Breite des Risses lässt sich aus dem Schlupf mit $w=2s(l_t)$ bestimmen. Aus dem Ergebnis folgt auch der Verlauf der Stahlspannung, Verbundspannung usw.

Abgeschlossenes Rissbild

Für das abgeschlossene Rissbild ist die analytische Lösung der Differentialgleichung wegen der dann vorliegenden Randbedingungen ds(0)/dx >0 schwierig. Man behilft sich hier meist mit Näherungsverfahren und einigen ingenieurmäßigen Annahmen.

Zunächst wird die Verbund-Schlupf-Beziehung durch ein starr-plastisches Modell idealisiert. Die plastische (d. h. konstante) Verbundspannung wird dabei mit dem zwischen zwei Rissen zu erwartenden Mittelwert abgeschätzt. Unter Annahme eines ungefähr linearen Verlaufes für den Schlupf $s(x)=w/2 \cdot x/l_t$ erhält man

$$\bar{\tau}_b = \frac{1}{l_t}\int_0^{l_t} \tau_b \, dx = \left(\frac{w}{2s_1}\right)^\alpha \frac{\tau_{b,max}}{1+\alpha}. \qquad (3.3.23)$$

Dies ist ein oberer Grenzwert für die mittlere Verbundspannung, da ein linearer Ansatz für s einer zwischen den Rissen konstanten Stahlspannung entspricht, also sehr hohen Lastniveaus, bei denen die verbundinduzierten Betonzugspannungen vernachlässigbar sind.

Mit $\bar{\tau}_b$ kann die Eintragungslänge ermittelt werden, wenn man berücksichtigt, dass definitionsgemäß am Ende der Eintragungslänge die Zugfestigkeit im Beton erreicht wird:

$$\bar{\tau}_b l_t U_s = f_{ct} A_c \Rightarrow$$
$$l_t = \frac{A_c}{A_s} \cdot \frac{f_{ct}}{\bar{\tau}_b} \cdot \frac{A_s}{U_s} = \frac{1}{\rho} \cdot \frac{f_{ct}}{\bar{\tau}_b} \frac{\varnothing}{4}. \qquad (3.3.24)$$

Entscheidend für die Eintragungslänge ist nicht der Absolutwert der Verbundspannung, sondern deren Verhältnis zur Zugfestigkeit. Obwohl $\bar{\tau}_b$ u. a. von der Rissbreite w abhängt, wird hierfür in MC 90 und DIN 1045 Teil 1 ein konstanter Wert $\bar{\tau}_{bk}/f_{ctm}=1,8$ (charakteristischer Wert) angesetzt. Dies ist als vertretbare Näherung zu sehen, da wegen $\alpha \ll 1$ die Abhängigkeit von w deutlich unterproportional ist.

Für sehr hohe Bewehrungsgrade $\rho=A_s/A_c$ geht die Eintragungslänge und damit der Rissabstand nach Gl. (3.3.24) gegen Null, was aufgrund der Lastausbreitung vom Stahl in den Beton nicht möglich ist. In [Martin u. a. 1979] wird dies durch einen konstanten additiven Term, der etwa der Betondeckung entspricht, berücksichtigt.

Für die idealisierte τ_b-s-Beziehung ergibt sich ein zwischen den Rissen linearer Verlauf der Betonzugspannungen. Die mittlere Betonzugspannung ergibt sich dann, bezogen auf die maximale Spannung zwischen zwei Rissen, zu $\sigma_{cm}=\frac{1}{2}\sigma_{c,max}$.

Da eine konstante Verbundspannung aber nicht realistisch ist, liegt die Völligkeit β_t etwas höher. Rao leitete aus Versuchsbeobachtungen einen mit der Stahlspannung im Riss σ_{s2} hyperbolisch abnehmenden Verlauf

$$\beta_t \approx \frac{f_{ct}A_c}{\sigma_{s2}A_s} \qquad (3.3.25)$$

ab [Rao 1966], der auch in den klassischen Risstheorien verwendet wird [Martin u. a. 1979]. In DIN 1045 Teil 1 wurde konstant $\beta_t=0,6$ gesetzt, das entspricht etwa einem parabolischen Verlauf der Betonzugspannungen zwischen den Rissen [König/Fehling 1988].

Die mittlere Stahlspannung ergibt sich dann aus der Überlegung, dass $F=\sigma_c A_c+\sigma_s A_s$ in jedem Schnitt und somit auch für die Mittelwerte gelten muss, zu

$$\sigma_{sm}A_s + \sigma_{cm}A_c = \sigma_{s2}A_s$$
$$\Rightarrow \sigma_{sm} = \sigma_{s2} - \frac{A_c}{A_s}\sigma_{cm}. \qquad (3.3.26)$$

Die maximale Betonzugspannung zwischen den Rissen $\sigma_{c,max}$ ist vom Rissabstand abhängig. Ist $s_r=2l$ (oberer Grenzwert), so wird f_{ct} definitionsgemäß gerade erreicht, für $s_r=l_t$ (unterer Grenzwert) nur ca. 0,5 f_{ct}. Der für das mittlere Verformungsverhalten entscheidende mittlere Rissabstand liegt etwa bei $s_{rm}=\frac{2}{3}s_{r,max}$. Damit ist bei mittlerem Rissabstand und Bezug auf f_{ct} anstelle von $\sigma_{c,max}$ die Völligkeit $\beta_t \approx \frac{2}{3}0,6=0,4$. Die mittlere Stahlspannung ist dann

$$\sigma_{sm} = \sigma_{s2} - \beta_t \frac{A_c}{A_s}f_{ct}. \qquad (3.3.27)$$

Bei bekannten mittleren Spannungen bzw. Dehnungen $\varepsilon_{sm}, \varepsilon_{cm}$ und bekanntem Rissabstand s_r ergibt sich die Rissbreite zu

$$w = s_r \cdot (\varepsilon_{sm} - \varepsilon_{cm}). \qquad (3.3.28)$$

Unter Dauerlast wird σ_{cm} durch das Kriechen des Betons und des Verbunds abgebaut [Rohling 1987], wobei als Näherungswert ein Verhältnis von $\sigma_{max,\infty}/\sigma_{max,0} \approx \frac{2}{3}$ angenommen werden kann. Zur Ermittlung der mittleren Stahlspannung unter Dauerlast muss daher der Völligkeitsbeiwert auf $\beta_t=\frac{2}{3} \cdot 0,4 \approx 0,25$ reduziert werden.

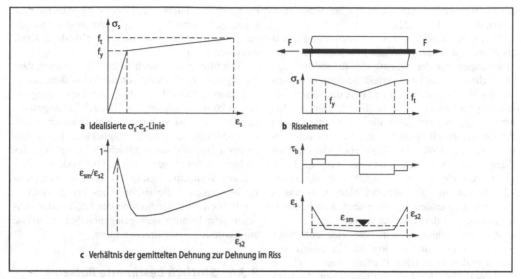

a idealisierte σ_s-ε_s-Linie

b Risselement

c Verhältnis der gemittelten Dehnung zur Dehnung im Riss

Abb. 3.3-21 Verringerung der Dehnfähigkeit im Fließbereich

Grundsätzlich sind diese Zusammenhänge auch für den Zustand der Bildung von Einzelrissen gültig. Allerdings ist entsprechend den dann herrschenden Randbedingungen als Einflussbereich für die Rissbreite die Länge des gestörten Bereichs, also die doppelte Eintragungslänge, und $\beta_t = 0,6$ zu setzen.

Erreicht oder übersteigt die Stahlspannung σ_{s2} die Fließgrenze, so sind die abgeleiteten Beziehungen, die ein elastisches Verhalten des Stahls voraussetzen, nicht mehr gültig. Man beobachtet wegen der im Riss stark zunehmenden Stahldehnungen eine allmähliche Auflösung des Verbunds und eine Abnahme der mittleren Betonzugspannungen. Da oberhalb der Fließgrenze die σ-ε-Linie des Stahls jedoch flacher verläuft als im elastischen Zustand, führt eine geringe Abminderung der Stahlspannung zwischen den Rissen zu einer deutlichen Reduktion der mittleren Stahldehnung. Die plastischen Dehnungen lokalisieren sich in einem kurzen Bereich am Riss. Das Verhältnis zwischen ε_{sm} und ε_{s2} kann daher je nach Verfestigung des Stahls im plastischen Bereich weit geringer ausfallen als vor Beginn des Fließens (Abb. 3.3-21), was auf die Verformungsfähigkeit plastischer Gelenke (vgl. 3.3.7.1) einen erheblichen Einfluss hat [Alvarez 1998; Eligehausen u. a. 1998].

Bei Biegebalken und hohen Bauteilen sind die Zugspannungen – anders als bisher angenommen – nicht mehr gleichförmig über den Querschnitt verteilt. Zur Veranschaulichung des Problems wird wieder ein zentrisch gezogenes Bauteil betrachtet,

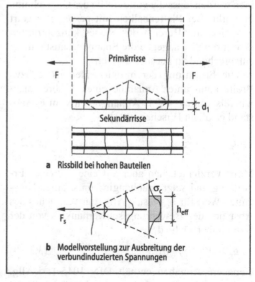

a Rissbild bei hohen Bauteilen

b Modellvorstellung zur Ausbreitung der verbundinduzierten Spannungen

Abb. 3.3-22 Mitwirkende Zugzone

dessen Bewehrung nun allerdings am Rand konzentriert ist (Abb. 3.3-22).

Hier treten zwei Typen von Rissen auf, die man als *Primär-* und *Sekundärrisse* bezeichnet. Sind die Spannungen vor der Bildung des Risses über den Querschnitt gleichmäßig verteilt, so entsteht ein Primärriss, der über die gesamte Höhe durchläuft. Bei Bildung der Sekundärrisse ist die Spannungsverteilung im Querschnitt durch die zuvor entstandenen Primärrisse bereits gestört, und die über den Verbund auf der Höhe der Bewehrung eingeleiteten Zugspannungen breiten sich in der in Abb. 3.3-22b skizzierten Weise aus. Da weite Teile des Querschnitts nahezu spannungsfrei bleiben, verlaufen die nun entstehenden Risse nur über einen begrenzten Bereich auf der Höhe der Bewehrung.

Zur Vereinfachung wird die glockenförmige Spannungsverteilung analog zur Erfassung der mittragenden Breite bei Plattenbalken durch ein flächengleiches Rechteck mit gleichem Spitzenwert ersetzt, dessen Höhe als *mitwirkende Höhe* h_{eff} bezeichnet wird; die zugehörige Fläche ist dann $A_{ct,eff}$. Die für den Zugstab abgeleiteten Beziehungen sind innerhalb der mitwirkenden Fläche näherungsweise wieder gültig. In der Breitenrichtung des Bauteils erfolgt die Spannungsausbreitung in ähnlicher Weise. Ist die Bewehrung über die Breite gleichmäßig verteilt, so kann angenommen werden, dass die volle Breite des Querschnitts mitwirkt. Bei Plattenbalken mit gezogenem Gurt und einer im Bereich des Steges konzentrierten Bewehrung ist dagegen die Spannungsausbreitung entsprechend zu berücksichtigen.

Die Ermittlung der mitwirkenden Höhe bzw. Breite kann unter Annahme eines Ausbreitungswinkels von ca. 45° in Abhängigkeit vom Rissabstand erfolgen [Fischer 1992]:

$$h_{eff} = d_1 + \frac{s_r}{2}. \qquad (3.3.29)$$

Meist verzichtet man aber auf eine „genaue" Ermittlung und setzt unabhängig von s_r einen konstanten Wert für h_{eff} fest, i. Allg. ein Vielfaches des Abstands des Bewehrungsschwerpunktes von der Bauteiloberfläche d_1:

$$h_{eff} = (2 \ldots 5) \cdot d_1. \qquad (3.3.30)$$

Genauere Angaben enthält DIN 1045-1; i. Allg. kann $h_{eff} = 2,5 \, d_1$ gesetzt werden. Eine Obergrenze

für h_{eff} erhält man aus der Überlegung, dass die risserzeugende Kraft $F_{cr} = A_{ct,eff} \, f_{ct}$ maximal die im ungerissenen Zustand im Beton vorhandene Kraft erreichen kann.

Abschließend sei noch darauf hingewiesen, dass die abgeleiteten Beziehungen die Rissbildung nur in der unmittelbaren Umgebung der Bewehrung erfassen können. Bei dem in Abb. 3.3-22 dargestellten Zugstab lässt sich dies leicht erkennen, wenn man bedenkt, dass die Verträglichkeit der Verformungen eine im Mittel gleiche Verlängerung des Stabes in jeder Höhe erfordert. Dies bedeutet, dass – unter Vernachlässigung der elastischen Betonverformungen – die Breite eines Primärrisses in der Bauteilmitte der Summe der Breite aller zwischen den Primärrissen gelegenen Sekundärrisse am Bauteilrand entsprechen muss.

3.3.6 Statisch bestimmte Balken

3.3.6.1 Beobachtungen im Versuch

Das Verhalten auf Querschnittsebene sowie statisch bestimmter Konstruktionen wird anhand eines Einfeldträgers erläutert (Abb. 3.3-23). Die Bewehrung besteht aus einer Biegezugbewehrung mit dem Querschnitt A_{s1} sowie umlaufenden, geschlossenen und im Abstand s verlegten Bügeln der Querschnittsfläche A_{sw} (Summe aus beiden Schenkeln). Sie entspricht damit der heute üblichen Konstruktionspraxis. Die Belastung wird durch zwei Einzellasten in den Drittelspunkten aufgebracht, es entsteht ein querkraftfreier Bereich mit konstantem Moment im mittleren Drittel sowie zwei Bereiche mit konstanter Querkraft und linear veränderlichem Moment.

Wird eine Belastung aufgebracht und gesteigert, so bleibt das Bauteil zunächst ungerissen. Die ersten Risse entstehen i. d. R. im Bereich des maximalen Moments. Die Verformungen nehmen nun bei steigender Belastung überproportional zu (Abb. 3.3-24). Bei Steigerung der Belastung schreitet die Rissbildung in Richtung der Auflager fort. Ist das Bauteil auf ganzer Länge gerissen, so ändert sich das Rissbild nur noch geringfügig.

Das Rissbild zeigt starke Unregelmäßigkeit, da es von zufälligen lokalen Schwankungen der Betonzugfestigkeit abhängt. Eine Vorhersage des Rissverlaufs ist daher nicht möglich. Jedoch lassen sich einige Gesetzmäßigkeiten beobachten:

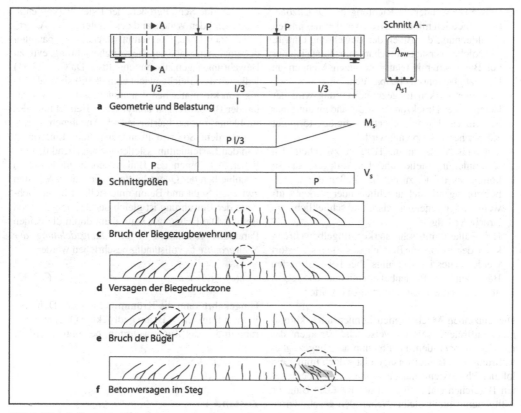

Abb. 3.3-23 Balkenversuch

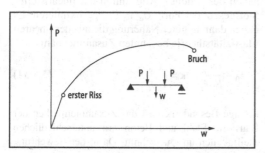

Abb. 3.3-24 Gemessene Verformungen am Versuchsbalken

– Im Bereich des konstanten Moments verlaufen die Risse etwa senkrecht zur Balkenachse.
– Im durch Querkraft beanspruchten Bereich zeigen die Risse einen mit etwa 40° bis 45° gegen die Balkenachse geneigten Verlauf.

– Die Rissabstände schwanken nach Abschluss der Rissbildung zwischen relativ engen Grenzen. Sie sind am Querschnittsrand im Bereich der Biegezugbewehrung kleiner als in Balkenmitte, wo sich die Risse zu Sammelrissen vereinigen. Dies folgt aus dem begrenzten Einflussbereich der Bewehrung (vgl. Abb. 3.3-22).

Bei Erreichen der Traglast nehmen die Verformungen stark zu, ohne dass die Last wesentlich gesteigert werden kann (duktiles Versagen); u. U. fällt die Last bei Steigerung der Verformung auch ab (sprödes Versagen). Es können folgende Versagensbilder beobachtet werden (Abb. 3.3-23c bis f):

– An einer beliebigen Stelle des mittleren Balkendrittels erreicht die Bewehrung die Fließgrenze. Die Rissbreite nimmt dort stark zu, und die

Rissspitze wandert in Richtung der Druckzone, bis schließlich mit dem Erreichen der maximalen Stahldehnung der Bruch der Bewehrung eintritt. Ein solcher Versagensmechanismus lässt sich nur bei Bauteilen mit relativ geringen Mengen an Biegezugbewehrung beobachten.

– Bei einer starken Biegezugbewehrung wird der Beton in der Druckzone zerstört, indem auf einer begrenzten Länge ein etwa dreiecksförmiger Körper herausgesprengt wird.

– Tritt das Versagen im Bereich zwischen den Lasteinleitungsstellen und den Auflagern auf, so kommt es i.d.R. zu einem Fließen der Bügelbewehrung mit sich anschließender starker Aufweitung der geneigten Risse und schließlich zum Bruch der Bügel.

– Bei Balken mit sehr starker Bügelbewehrung kann der Beton im Bereich des Steges zerstört werden. Dies ist allerdings eher bei profilierten Bauteilen (z.B. Plattenbalken mit dünnen Stegen) als bei Rechteckquerschnitten zu erwarten.

Die einzelnen Mechanismen können auch kombiniert auftreten, beispielsweise als Versagen der Druckzone nach dem Fließbeginn der Biegezugbewehrung. Das Bauteilversagen ist jedoch immer ein lokales Phänomen, findet also in räumlich begrenzten Bereichen statt, während der Rest des Bauteils weitgehend intakt bleibt. Neben den geschilderten können noch sekundäre Versagensmechanismen (Verankerungsversagen usw.) auftreten.

3.3.6.2 Biegebeanspruchung

Grundlagen

Das mittlere Drittel des in Abb. 3.3-23 dargestellten Balkens wird nur durch ein Biegemoment $M_S = Pl/3$ beansprucht ($N_S = V_S = 0$). Das Gleichgewicht in einem Schnitt senkrecht zur Stabachse erfordert Spannungen in Balkenlängsrichtung, die die folgenden allgemeinen Gleichgewichtsbedingungen erfüllen:

$$M_S = M_R = \int_{A_c} z\, \sigma_c\, dA + \sum z_{si} A_{si}\, \sigma_{si}\, ,$$

$$N_S = N_R = \int_{A_c} \sigma_c\, dA + \sum A_{si}\, \sigma_{si}\, . \tag{3.3.31}$$

Der Index S (von engl. *Stress*; in DIN 1045-1 Index E für Einwirkung) bezeichnet aus den Einwirkungen resultierende Schnittgrößen, der Index R (von engl. *resistance*) den Widerstand des Bauteiles; $z_{si}, A_{si}, \sigma_{si}$ bezeichnen Lage, Querschnittsfläche und Spannung der einzelnen Stäbe der Biegezugbewehrung, evtl. zu Bewehrungslagen zusammengefasst. Da Gl. (3.3.31) lediglich das Gleichgewicht enthält, gilt sie unabhängig von kinematischen Annahmen und dem Verhalten der Baustoffe. Zur analytischen Betrachtung des Problems müssen hierfür jedoch Annahmen getroffen werden. So wird in ausreichender Entfernung von den Lasteinleitungsstellen entsprechend den üblichen Annahmen der Balkentheorie zunächst ein Ebenbleiben der Querschnitte sowie starrer Verbund zwischen Stahl und Beton unterstellt, d.h. die Dehnung der Bewehrung ist gleich der des umgebenden Betons. Die Dehnung ε kann dann durch die beiden Parameter *Krümmung* κ und *Längsdehnung der Schwerachse* ε_0 vollständig beschrieben werden:

$$\varepsilon(z) = \varepsilon_0 + \kappa\, z. \tag{3.3.32}$$

Umgekehrt kann die Krümmung aus der Dehnung in zwei Punkten, z.B. am gedrückten Querschnittsrand und in der Zugbewehrung, bestimmt werden:

$$\kappa = \frac{\varepsilon_{s1} - \varepsilon_{c2}}{d}. \tag{3.3.33}$$

Zustand I

Bis zum Beginn der Rissbildung lässt sich das Verhalten des Betons i. Allg. durch ein linearisiertes Stoffgesetz der Form $\sigma_c = \varepsilon_c\, E_c$ approximieren. Es gelten dann in guter Näherung die aus der linearen Elastizitätstheorie bekannten Zusammenhänge:

$$\varepsilon_0 = \frac{N_S}{E_c A_i}, \quad \kappa = \frac{M_S}{E_c I_i}. \tag{3.3.34}$$

Einzige Besonderheit ist das Zusammenwirken der Baustoffe Stahl und Beton mit unterschiedlichen Steifigkeiten im Querschnitt. Da in der Bewehrung bei gleicher Dehnung höhere Spannungen entstehen, verhalten sich bewehrte Bauteile auch im ungerissenen Zustand etwas steifer als unbewehrte. Dies kann durch *ideelle Querschnittswerte* (Index i) erfasst werden. Bei der Ermittlung von A_i, I_i, W_i werden die Bewehrungsflächen im Verhältnis der E-Moduln $\alpha = E_s/E_c$ gewichtet (Abb. 3.3-25). Der Schwerpunkt des ideellen Querschnittes M_i fällt bei unsymmetrischer

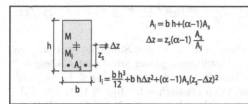

Abb. 3.3-25 Ideelle Querschnittswerte eines Rechteckquerschnittes

Bewehrung nicht mit dem des Betonquerschnitts M zusammen. Gleichung (3.3.34) gilt daher streng genommen nur, wenn als Bezugsachse für die Wirkung der Normalkraft M_i gewählt wird.

Allerdings ist der Unterschied zwischen den ideellen Werten und denen des reinen Betonquerschnitts und damit die Wirkung der Bewehrung im Zustand I i. Allg. vernachlässigbar. Dies ist offensichtlich, da die Dehnung des Stahls hier die Zugbruchdehnung des Betons von ca. 0,1‰ nicht übersteigen kann und sich somit Stahlspannungen von maximal $\sigma_s = E_s/E_c \cdot f_{ct} \approx 20 \,\text{MPa}$ ergeben, also nur ein Bruchteil der Fließspannung.

Die Grenze des ungerissenen Bereichs ergibt sich durch das Erreichen der Zugfestigkeit am Querschnittsrand. Allerdings dürfen hierbei nicht nur die aus den Schnittgrößen resultierenden Spannungen betrachtet werden, da diese immer von Eigenspannungszuständen infolge ungleichmäßigen Schwindens usw. überlagert werden. Die Größe der entstehenden Eigenspannungen ist von den Abmessungen des Bauteils, den Erhärtungsbedingungen usw. abhängig und kaum quantifizierbar; sie werden daher meist durch eine Minderung der Zugfestigkeit (Materialeigenschaft) zur nutzbaren Zugfestigkeit im Bauwerk (Bauteileigenschaft) berücksichtigt:

$$\sigma_{c,max} = \frac{N_{cr}}{A_i} + \frac{M_{cr}}{W_i} = f_{ct,eff}. \tag{3.3.35}$$

N_{cr}, M_{cr} werden als „Rissschnittgrößen" bezeichnet.

Reiner Zustand II

Mit dem Überschreiten der Zugfestigkeit fallen die Betonzugspannungen in den gerissenen Bereichen auf Null ab. Zur Erfüllung der Gleichgewichtsbedingung stehen nun im wesentlichen Betondruckspannungen und Stahlzugspannungen zur Verfügung; der an der Lastabtragung beteiligte Querschnitt reduziert sich auf Druckzone und Bewehrung (Abb. 3.3-26). Die Spannungen in der Bewehrung und im Beton am gedrückten Querschnittsrand nehmen stark zu. Die Aktivierung der Bewehrung erfolgt also erst mit der Rissbildung, die damit ein fundamentaler Bestandteil der Stahlbetonbauweise ist.

Der zu einer Beanspruchung gehörende Dehnungszustand muss i. Allg. iterativ ermittelt werden. Dies kann in der Handrechnung durch eine Variation der Dehnungen ε_{s1}, ε_{c2} geschehen. Hierfür werden die Betondruck- und Zugspannungen zu Resultierenden F_c, F_{s1} zusammengefasst. Die Gleichgewichtsbedingung vereinfacht sich dann zu

$$\begin{aligned} M_S &= -F_c(z_{so}-a) + F_{s1}(z_{su}-d_1), \\ N_S &= F_c + F_{s1}. \end{aligned} \tag{3.3.36}$$

Wählt man als Bezugspunkt für das Momentengleichgewicht die Achse der Zugbewehrung, so ergibt sich stattdessen mit dem inneren Hebelarm z

$$M_S - N_S z_{s1} = -F_c z, \quad N_S = F_c + F_{s1} \tag{3.3.37}$$

oder

$$F_{s1} = \frac{M_S - N_S z_{s1}}{z} + N_S. \tag{3.3.38}$$

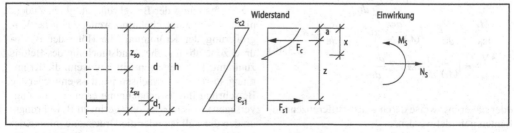

Abb. 3.3-26 Spannungen und resultierende Kräfte im Zustand II

Für den häufigen Fall der reinen Biegung ist $F_{s1}=$ $-F_c=M_S/z$.

Computerorientierte Verfahren bestimmen in jedem Iterationsschritt i für einen geschätzten Verzerrungszustand $\varepsilon^i=(\varepsilon_0{}^i, \kappa^i)^T$ nach Gl. (3.3.31) den zugehörigen Schnittgrößenvektor $\sigma^i=(N_R{}^i, M_R{}^i)^T$. Falls dieser mit den angreifenden Schnittgrößen $P=(N_S, M_S)^T$ nicht im Gleichgewicht steht, verbleibt ein Ungleichgewichtsvektor $R^i=P-\sigma^i$, aus dem ein verbesserter Dehnungszustand ε^{i+1} ermittelt werden muss. Beim Newton-Raphson-Verfahren geschieht dies durch eine Taylor-Reihenentwicklung des Schnittgrößenvektors nach den Verzerrungen:

$$\begin{pmatrix} N \\ M \end{pmatrix}^{i+1} = \begin{pmatrix} N \\ M \end{pmatrix}^i$$
$$+ \begin{pmatrix} \dfrac{\partial}{\partial \varepsilon_0} N & \dfrac{\partial}{\partial \kappa} N \\ \dfrac{\partial}{\partial \varepsilon_0} M & \dfrac{\partial}{\partial \kappa} M \end{pmatrix} \begin{pmatrix} \Delta \varepsilon_0 \\ \Delta \kappa \end{pmatrix}^i, \qquad (3.3.39)$$
$$\sigma^{i+1} = \sigma^i + E^i \Delta \varepsilon^i.$$

Legt man diese linearisierte Form der Schnittgrößen-Verzerrungs-Beziehung der Gleichgewichtsfindung zugrunde, so ergibt sich $\varepsilon^{i+1}=\varepsilon^i + \Delta \varepsilon^i$; $\Delta \varepsilon$ erhält man durch Invertieren von Gl. (3.3.39), indem man $\sigma^{i+1}=P$ setzt. Durch wiederholtes Anwenden dieser Iterationsvorschrift nähert man sich im Idealfall dem richtigen Verzerrungszustand an. In der Praxis können wegen der starken Nichtlinearität des Problems Konvergenzschwierigkeiten auftreten, die ggf. Modifikationen des Verfahrens erfordern.

Die partiellen Ableitungen der Schnittgrößen nach den Verzerrungen in Gl. (3.3.39) können durch eine Integration der Tangentenmoduln $d\sigma/d\varepsilon$ über den Querschnitt

$$\frac{\partial M_R}{\partial \kappa} = \int_{(A_c)} \frac{d\sigma_c}{d\varepsilon} z^2 dA + \sum \frac{d\sigma_s}{d\varepsilon} z_{si}^2 A_{si},$$
$$\frac{\partial M_R}{\partial \varepsilon_0} = \frac{\partial N_R}{\partial \kappa} = \int_{(A_c)} \frac{d\sigma_c}{d\varepsilon} z dA + \sum \frac{d\sigma_s}{d\varepsilon} z_{si} A_{si},$$
$$\frac{\partial N_R}{\partial \varepsilon_0} = \int_{(A_c)} \frac{d\sigma_c}{d\varepsilon} dA + \sum \frac{d\sigma_s}{d\varepsilon} A_{si} \qquad (3.3.40)$$

oder näherungsweise durch einen Differenzenquotienten gebildet werden, z. B.

$$\frac{\partial}{\partial \kappa} M_R = \frac{M(\varepsilon_0, \kappa + \delta) - M(\varepsilon_0, \kappa)}{\delta}. \qquad (3.3.41)$$

Für ein linear-elastisches Stoffgesetz entsprechen die Hauptdiagonalglieder von E unter Bezug auf die Hauptachsen des Systems (z=0 im Schwerpunkt) den elastischen Steifigkeit $E_c A_i$ bzw. $E_c I_i$; die Koppelglieder auf den Nebendiagonalen verschwinden.

Die exakte Erfüllung des Gleichgewichtes ist i. Allg. nicht möglich. Daher wird die Iteration abgebrochen, wenn die Restkräfte unter eine zu definierende Schranke fallen (z. B. $\|R^i\| < \delta \cdot \|P\|$).

Für den Fall der Biegung um zwei Achsen ($M_{Sy}\neq 0$, $M_{Sz} \neq 0$) lässt sich das Verfahren mit den drei unbekannte Verformungsgrößen $\varepsilon_0, \kappa_y, \kappa_z$ verallgemeinern.

Als Ergebnis erhält man eine Beziehung zwischen den einwirkenden Momenten und den Krümmungen des Bauteils (M-κ-Beziehung) und den Längsdehnungen der Schwerachse (Abb. 3.3-27). Sie ist wesentlich durch Rissmoment, Fließmoment und Bruchmoment gekennzeichnet, zwischen denen die Kurven näherungsweise geradlinig verlaufen. Daher begnügt man sich zur Vermeidung einer Iteration häufig mit der Bestimmung von Riss-, Fließ- und Bruchmoment sowie den zugehörigen Krümmungen. Dazwischen kann dann näherungsweise linear interpoliert werden.

Mit dem Aufreißen des Querschnitts wandert die Nulllinie in Richtung des gedrückten Querschnittsrandes. So entsteht auch unter reiner Biegung eine Längsdehnung in der Schwerachse des Querschnitts. Die aus der elastischen Stabstatik bekannte Entkopplung von Normalkraft und Moment bzw. Krümmung und Längsdehnung geht verloren.

Nach dem Erreichen der Fließgrenze in der Bewehrung ist eine Steigerung des Moments durch die Verfestigung der Bewehrung möglich. Zudem nimmt der innere Hebelarm z weiter zu, da bei Vergrößerung der Krümmung die Höhe der Betondruckzone ab- und die Randstauchung des Betons zunimmt. Das Versagen tritt ein, wenn die Krümmung so weit angewachsen ist, dass entweder die Bewehrung ihre Bruchdehnung erreicht hat (Zugversagen), was nur bei sehr geringen Bewehrungsgraden der Fall ist, oder die Druckzone infolge der Reduzierung ihrer Höhe nicht mehr in der Lage ist,

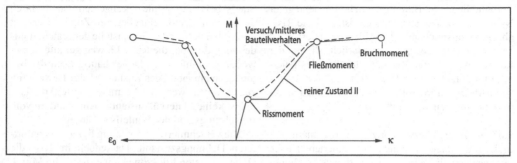

Abb. 3.3-27 Momenten-Krümmungs-Beziehung nach Rechnung und Versuch (Ns = 0)

der Stahlzugkraft das Gleichgewicht zu halten (Druckversagen).

Die in Abb. 3.3-27 dargestellten Beziehungen gelten für die Erstbelastung. Da bei einer Entlastung die Risse nicht vollständig geschlossen werden und irreversible Dehnungsanteile in Beton und Bewehrung verbleiben, geht die Krümmung auch bei vollständiger Entlastung nicht auf Null zurück. Bei Wiederbelastung folgt die Kurve der Entlastungslinie bis zur Einmündung in die Erstbelastungskurve. Die aus einer Beanspruchung resultierende Verformung ist daher nicht eindeutig, sondern pfadabhängig, d. h. abhängig von den vorher durchlaufenen Beanspruchungen.

Mittleres Verhalten im Zustand II

Beim Vergleich mit den Versuchsergebnissen (Abb. 3.3-27) zeigt sich, dass die auf diese Weise rechnerisch ermittelten Riss-, Fließ- und Bruchmomente das beobachtete Verhalten im Rahmen der Streuungen der Materialeigenschaften zwar gut wiedergeben, die zugehörigen Krümmungen die Steifigkeit des Bauteils jedoch z. T. erheblich unterschätzen. Die Gründe hierfür sind offensichtlich: Bisher wurden gleichförmige Spannungen entlang der Balkenachse vorausgesetzt; das beobachtete Rissbild zeigt dagegen erwartungsgemäß Risse in endlichen Abständen. Während in den Rissen die Betonzugspannungen gegen Null gehen, werden in den Bereichen zwischen den Rissen durch den Verbund der Bewehrung und die Ausstrahlung der in der Druckzone wirksamen Spannungen Zugspannungen in den Beton eingeleitet. Das Verhalten eines gerissenen Stahlbetonbalkens unter Biegung wird also durch ein komplexes, nichtlineares Scheibenproblem be-

schrieben. Ein solches im Rahmen der Bemessung zu lösen, übersteigt den vertretbaren Aufwand jedoch erheblich. Daher ist es sinnvoll, die Gültigkeit der bisher getroffenen Annahmen in ggf. modifizierter Form für die Berechnung zu prüfen.

Kinematik. Den prinzipiellen Verlauf der Spannungen zwischen den Rissen eines Biegebauteils zeigt Abb. 3.3-28. Es ist offensichtlich, dass ebene Dehnungsverteilungen die Wirklichkeit an einzelnen Stellen kaum wiedergeben können. Betrachtet man allerdings einen längeren Abschnitt eines Biegebauteils mit (näherungsweise) konstanter Momentenbeanspruchung, so erzwingt die Kompatibilität *im Mittel* über die Risse hinweg trotzdem ein Ebenbleiben der Querschnitte.

Bei der Betrachtung mittlerer Verzerrungszustände erscheint die Anwendung der Bernoullischen Hypothese daher vertretbar. Sie beschreibt das Verhalten des gerissenen Betons umso besser, je kleiner die Rissabstände im Bauteil sind. Für den theoretischen Fall verschwindender Rissabstände gilt sie streng, für Stahlbetonbauteile mit im

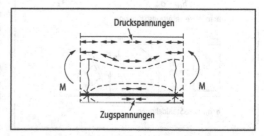

Abb. 3.3-28 Verlauf der Betonspannungen zwischen zwei Rissen (qualitativ)

Verbund liegender Bewehrung in hinreichend guter Näherung, solange sichergestellt ist, dass die Rissabstände ausreichend klein bleiben. Hierfür ist eine Mindestbewehrung erforderlich, die in der Lage sein muss, die Rissschnittgrößen des Querschnitts aufzunehmen. Dies wird in den normativen Mindestanforderungen an die bauliche Durchbildung geregelt.

Stoffgesetze. Bei Verwendung einer Kinematik mit in der Balkenlängsrichtung „verschmierten" Rissen liegt es nahe, die Wirkung des Verbunds durch modifizierte, über die Risse gemittelte Stoffgesetze (Abb. 3.3-29) zu berücksichtigen, etwa durch Ansatz einer mittleren Betonzugspannung im Bereich der mitwirkenden Zugzone. Dies erfordert allerdings die Formulierung unterschiedlicher Stoffgesetze für den Beton innerhalb und außerhalb von h_{eff}. Auch ist zu beachten, dass bei Ansatz einer konstanten Betonzugspannung σ_{cm} die Fließgrenze der Bewehrung künstlich erhöht wird, da die Zugtragfähigkeit des Betons zwar im Mittel, nicht jedoch im Riss selbst vorhanden ist. Daher werden die Betonzugspannungen bei Erreichen der Fließspannung in der Bewehrung i. Allg. zu Null gesetzt [Kollegger 1988]. Zur Berücksichtigung der verminderten Dehnfähigkeit der eingebetteten Bewehrung sollte dann die Bruchdehnung der Bewehrung zusätzlich reduziert werden (vgl. Abb. 3.3-21).

Die andere Möglichkeit besteht in der Modifikation der Spannungs-Dehnungs-Beziehung des

Stahls, bei der die Linie des „nackten" Stahls durch die eines im Beton eingebetteten Zugstabs ersetzt wird. Man verwendet also anstelle der realen Stahldehnung die über die Risse hinweg gemittelte ε_{sm}, wobei der Einfachheit halber häufig auch die Betonzugspannungen des Zustands I der Bewehrung zugeschlagen werden. Die modifizierte Arbeitslinie ist keine Materialkonstante mehr, sondern vom Bewehrungsgrad des Bauteils abhängig.

Die verschmierte Betrachtung liefert einen mittleren Dehnungszustand. Da jedoch im Riss die Höhe der Betondruckzone kleiner ist als im Mittel, werden der innere Hebelarm im Riss und die Beanspruchungen in der Druckzone unterschätzt. Bei der Ermittlung des Bruchmoments wird daher i. d. R. der reine Zustand II unter Vernachlässigung der Mitwirkung des Betons auf Zug und unter Annahme einer ebenen Verteilung der Dehnungen im Rissquerschnitt betrachtet. Wenngleich die letzte Annahme mechanisch streng genommen nicht gerechtfertigt ist, liefert dieses Vorgehen eine sehr gute Abschätzung der wirklichen Verhältnisse.

Der Dehnungszustand unter einem gegebenen Moment ist bei gerissenen Bauteilen stark von der vorhandenen Bewehrung und gleichzeitig wirkenden Normalkräften abhängig.

Einfluss des Bewehrungsgrades. Abbildung 3.3-30a zeigt Momenten-Krümmungs-Beziehungen unter reiner Biegung für verschiedene Bewehrungsgrade $\rho = A_s/bd$. Die Bewehrung ist hier nur auf der Zugseite angeordnet.

Im ungerissenen Zustand ist der Einfluss gering. Im gerissenen Zustand steigt die Steifigkeit dagegen mit dem Bewehrungsgrad erheblich an, ebenso Fließ- und Bruchmoment. Der Unterschied zwischen dem mittleren Verhalten und dem reinen Zustand II nimmt mit steigendem Bewehrungsgrad ab, da der Rissabstand kleiner wird und die mittleren Betonzugspannungen für das Gleichgewicht zunehmend an Bedeutung verlieren.

Besonders ausgeprägt ist der Einfluss auf die Krümmung im Bruchzustand. Bei kleinen Bewehrungsgraden ist sie relativ gering. Zwar erreicht hier die Bewehrung im Riss ihre Bruchdehnung, wegen des bei geringen Bewehrungsgraden sehr stark ausgeprägten Tension-stiffening-Effekts wird die mittlere Stahldehnung und damit die mittlere Krümmung im Vergleich zum Rissquerschnitt je-

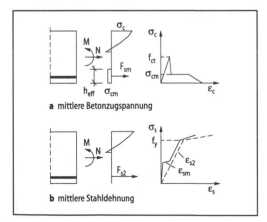

a mittlere Betonzugspannung

b mittlere Stahldehnung

Abb. 3.3-29 Möglichkeiten zur Berücksichtigung der Mitwirkung des Betons zwischen den Rissen

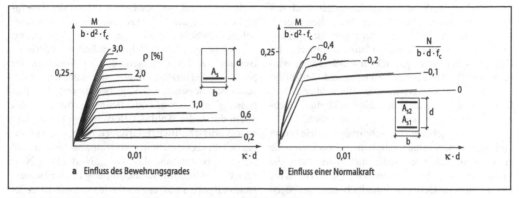

a Einfluss des Bewehrungsgrades   b Einfluss einer Normalkraft

Abb. 3.3-30 M-k-Beziehungen (reiner Zustand II und mittleres Verhalten)

doch stark reduziert. Mit zunehmendem Bewehrungsgrad nimmt das Verhältnis $\varepsilon_{sm}/\varepsilon_{s2}$ zu, bis κ_m bei $\rho \approx 0,4\%...0,6\%$ sein Maximum erreicht. Dieser Punkt markiert den Übergang vom Zugversagen zum Druckversagen.

Bei hohen Bewehrungsgraden tritt Versagen in der Druckzone auf, bevor die Bewehrung im Riss ihre Bruchdehnung erreicht. Die Bruchkrümmung nimmt entsprechend der im Vergleich zur Bewehrung geringen Duktilität des Betons mit steigendem Bewehrungsgrad ab. Bei sehr hohen Bewehrungsgraden kommt es bereits vor dem Fließbeginn in der Bewehrung zum Versagen der Druckzone. Diese Bewehrungsgrade sind als kritisch zu beurteilen, da ihre plastische Verformungsfähigkeit gleich Null ist (nahezu sprödes Versagen). Für Druckversagen lässt sich κ_u im Wesentlichen auf die Höhe der Druckzone x und die Bruchdehnung des Betons zurückführen:

$$\kappa_u \approx \frac{\varepsilon_{cu}}{x}. \tag{3.3.42}$$

Bei sehr gering bewerten (unterbewehrten) Querschnitten kann die Bewehrung im gerissenen Zustand das bei Rissbildung vorhandene Moment nicht aufnehmen, so dass es beim Aufreißen zum schlagartigen Versagen kommt.

Einfluss einer Normalkraft. Abbildung 3.3-30b zeigt Momenten-Krümmungs-Beziehungen für verschiedene Normalkräfte und $\rho_1 = \rho_2 = 1\%$. Durch Normalkräfte wird das Rissmoment erhöht (N<0) bzw. ver-

ringert (N>0), vgl. Gl. (3.3.35). Der Abfall der Steifigkeit bei Rissbildung nimmt mit zunehmender Drucknormalkraft ab, da die im Zustand I unter Zugspannungen stehende Fläche und somit die Querschnittsverminderung bei Rissbildung kleiner wird.

Für den Fall des Zugversagens führt eine Vergrößerung der Drucknormalkraft zu einer Zunahme der Fließ- und Bruchmomente und damit der Querschnittstragfähigkeit. Die Krümmung im Bruchzustand wird durch eine Vergrößerung der Drucknormalkraft ähnlich beeinflusst wie durch eine Erhöhung des Bewehrungsgrades.

Tragfähigkeit im GZT

Bei der Bemessung im Grenzzustand der Tragfähigkeit ist nachzuweisen, dass der Querschnitt unter Ansatz der Bemessungswerte der Festigkeiten

$$f_{cd} = \alpha \frac{f_{ck}}{\gamma_c}, \quad f_{yd} = \frac{f_{yk}}{\gamma_s} \tag{3.3.43}$$

die Bemessungswerte der einwirkenden Schnittgrößen N_{Sd}, M_{Sd} aufnehmen kann. Die Verteilung der Betondruckspannungen wird nach dem Parabel-Rechteck-Diagramm (PRD) angenommen. Eine Mitwirkung des Betons auf Zug darf im GZT nicht in Ansatz gebracht werden, da sie wegen möglicher Eigenspannungszustände oder Vorschädigungen nicht mit ausreichender Sicherheit vorausgesetzt werden kann.

Der Grenzzustand ist dabei durch das Erreichen einer Grenzdehnung in der Bewehrung oder im Beton definiert. Weder die Grenzdehnungen noch das PRD geben das wirkliche Materialverhalten wieder, sondern stellen starke Idealisierungen dar, was zusätzliche Einschränkungen erforderlich macht. Im Fall eines zentrisch gedrückten Querschnitts wird nach dem PRD die Bruchstauchung und die Völligkeit der Spannungsverteilung im Beton überschätzt. Daher ist in solchen Fällen eine zusätzliche Dehnungsbeschränkung auf $\varepsilon_c > \varepsilon_{c2}$ erforderlich.

Alle bei gegebener Querschnittsgeometrie (Form und Bewehrungsgrad) möglichen Bruchzustände erhält man, indem entweder die Beton- oder die Stahldehnung gleich dem Grenzwert gesetzt und die jeweils andere Dehnung innerhalb der zulässigen Grenzen variiert wird. Die Querschnittsintegration liefert die Grenzkurve aller aufnehmbaren Schnittgrößenkombinationen N_{Sd}, M_{Sd}, die sich in Form eines Interaktionsdiagramms darstellen lässt (Abb. 3.3-31). Der unbewehrte Querschnitt kann demnach nur Biegemomente aufnehmen, wenn gleichzeitig Drucknormalkräfte wirken, d.h. die um die Exzentrizität $e=M_{Sd}/N_{Sd}$ verschobene Normalkraft innerhalb des Querschnitts angreift. Für den einseitig bewehrten Querschnitt ist die Kurve unsymmetrisch. Eine begrenzte Aufnahme von Zugnormalkräften ist nur bei gleichzeitiger Wirkung von Biegemomenten möglich.

Für symmetrische Bewehrung ist die Kurve symmetrisch zur Achse $M_{Sd}=0$. Das maximale Moment ergibt sich bei einer Normalkraft von $N_{Sd}\approx -0{,}4f_{cd}A_c$. Für größere Druckkräfte wird die Fließgrenze der Bewehrung nicht mehr erreicht.

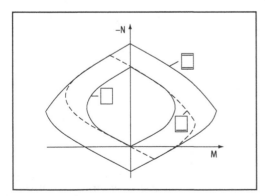

Abb. 3.3-31 Interaktionsdiagramme für symmetrisch bewehrte, einseitig bewehrte und unbewehrte Querschnitte (C 30/37, p=1% je Lage)

In der Regel sind im Grenzzustand der Tragfähigkeit nicht die bei gegebener Bewehrung aufnehmbaren Schnittgrößen gesucht, sondern die zur Aufnahme gegebener Schnittgrößen erforderliche Bewehrung. Im Unterschied zum Vorgehen im Stahl- und Holzbau liegen die äußeren Querschnittsabmessungen i. Allg. bereits fest. Die Anpassung an die wirkende Beanspruchung erfolgt allein durch die Wahl der Bewehrung. Dabei liegt es aus wirtschaftlichen Gründen nahe, die Tragfähigkeit des Querschnitts voll auszuschöpfen und A_s so zu bestimmen, dass $(M_{Sd}, N_{Sd})=(M_{Rd}, N_{Rd})$ erfüllt ist. Unter dieser Bedingung ist die Bemessungsaufgabe zwar eindeutig lösbar, erfordert jedoch meist ein iteratives Vorgehen.

Hierfür ist es sinnvoll, bei der Gleichgewichtsfindung den Bezugspunkt für $\sum M$ in die Achse der Zugbewehrung zu verlegen. Das wirkende Moment ist dann

$$M_{Sds} = M_{Sd} - N_{Sd}\, z_{s1} \tag{3.3.44}$$

Für den nur auf der Biegezugseite bewehrten Querschnitt folgt dann die resultierende Betondruckkraft $F_{cd}=-M_{Sds}/z$. Ihre Größe und Lage kann bei rechteckigen Druckzonen mit den von der Randstauchung abhängigen Hilfswerten α_R, k_a ermittelt werden:

$$F_{cd}=-\alpha_R\, x\, b\, f_{cd}, \quad a = k_a\, x \,. \tag{3.3.45}$$

Die Höhe der Druckzone folgt dabei aus der ebenen Dehnungsverteilung:

$$\xi = \frac{x}{d} = \frac{\varepsilon_{c2}}{\varepsilon_{c2}-\varepsilon_{s1}} \,. \tag{3.3.46}$$

Damit lässt sich die Gleichgewichtsbedingung in die folgende dimensionslose Form bringen:

$$M_{Sds} = -F_{cd}z = \alpha_R f_{cd}\, bx(d-k_a x),$$
$$\mu_{Sds} = \frac{M_{Sds}}{bd^2 f_{cd}} = \alpha_R \xi(1-k_a\xi). \tag{3.3.47}$$

Hierin sind $\varepsilon_{s1}, \varepsilon_{c2}$ unbekannt. Da aber im GZT definitionsgemäß entweder $\varepsilon_{s1}=\varepsilon_{su}$ oder $\varepsilon_{c2}=\varepsilon_{c2u}$ gilt, enthält Gl. (3.3.47) nur noch eine Unbekannte.

Im Momentengleichgewicht taucht die Kraft F_{s1d} nicht auf; sie kann nach der Ermittlung von F_{cd} aus dem Gleichgewicht der Normalkräfte $N_{Sd}=F_{cd}+F_{s1d}$

bestimmt werden. Die Bewehrungsmenge ergibt sich dann zu

$$A_{s1} = \frac{F_{s1d}}{\sigma_{s1}} = \frac{-F_{cd} + N_{Sd}}{\sigma_{s1}}$$

$$= \frac{\omega \, bdf_{cd} + N_{Sd}}{\sigma_{s1}}$$

(3.3.48)

mit

$$\omega = -\frac{F_{cd}}{bdf_{cd}} = \frac{\mu_{Sds}}{\zeta}, \quad \zeta = \frac{z}{d}.$$

(3.3.49)

Die Bewehrung erreicht dabei i. Allg. die Fließgrenze ($\sigma_{s1} \geq f_{yd}$).

Wegen der dimensionslosen Darstellung gilt die für eine bezogene Beanspruchung μ_{Sds} gewonnene Lösung für Rechteckquerschnitte mit beliebigen Abmessungen und Betonfestigkeiten, sofern die Funktionen α_R, k_a sich nicht ändern. Dies ist bei normalfesten Betonen der Fall, weshalb hier die Lösung der Bemessungsaufgabe in Diagrammform einzig für den Eingangsparameter μ_{Sds} dargestellt werden kann (Abb. 3.3-32). Bei hochfesten Betonen ist eine Darstellung unabhängig von der Betonfestigkeit wegen der sich ändernden Form des PRD nicht mehr möglich; hier sind für jede Festigkeitsklasse eigene Bemessungshilfsmittel erforderlich [Zilch/Rogge 2000; Zilch/Zehetmaier 2010].

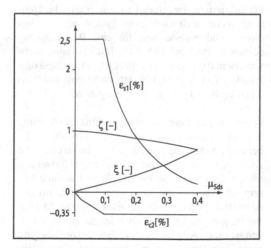

Abb. 3.3-32 Allgemeines Bemessungsdiagramm für normalfesten Beton

Für den Fall des Betonversagens kann es sinnvoll sein, die Druckzone mit einer Druckbewehrung A_{s2} zu verstärken. Dies gilt insbesondere dann, wenn für den aus Gl. (3.3.47) resultierenden Dehnungszustand die Fließgrenze der Bewehrung nicht erreicht wird, da in diesem Fall

– die im Vergleich zum Beton teure Bewehrung nicht optimal ausgenutzt wird (die Summe aus Druckbewehrung und Zugbewehrung ist kleiner als die erforderliche Zugbewehrung bei Verzicht auf die Druckbewehrung) und
– das Versagen ohne vorheriges Fließen der Bewehrung, d. h. ohne Ankündigung des Versagens durch Bildung breiter Risse, erfolgt.

Für diesen Fall erweitert sich Gl. (3.3.47) um den Momentenanteil der Druckbewehrung $F_{s2d}(d-d_2)$ und ist mit den zwei Unbekannten ε_{s1} und A_{s2} ohne Einführung einer Zusatzbedingung nicht mehr eindeutig lösbar. Fordert man lediglich das Erreichen der Fließgrenze in der Zugbewehrung, so liegt mit $\varepsilon_{s1} = f_{yd}/E_s$ der Dehnungszustand vollständig fest; aus diesem folgt der Traganteil des Betons $F_{cd} \, z$ und somit

$$F_{s2d} = \frac{M_{Sds} - |F_{cd}| z}{d - d_2}.$$

(3.3.50)

Bei statisch unbestimmten Systemen können weitere Begrenzungen für den Dehnungszustand nötig werden.

In einem weiten Bereich von μ_{Sds} erreicht die Randstauchung des Betons den Grenzwert von ε_{c2u}. Für diese Fälle ist es möglich, die Spannungsverteilung nach dem Parabel-Rechteck-Diagramm durch einen Spannungsblock mit einer konstanten Spannung $\sigma_c = f_{cd}$ zu ersetzen. Begrenzt man den Wirkungsbereich auf $0,8x$, so stimmt seine Resultierende bei rechteckigen Druckzonen nach Lage und Größe mit der des PRD überein. Die Bestimmungsgleichung für die Nulllinienlage vereinfacht sich dann zu einer quadratischen Gleichung

$$-F_{cd} \, z = f_{cd} \, 0,8x \, b(d - 0,4x) = M_{Sds}$$

(3.3.51)

mit der Lösung

$$\xi = 1,25\left(1 - \sqrt{1 - 2\mu_{Sds}}\right).$$

(3.3.52)

Obwohl sie streng genommen nur für den Bereich des Betonversagens gilt, ist sie auch für Beanspruchungen mit Stahlversagen eine sehr gute Näherung, da in diesem Fall die bezogene Druckzonenhöhe ξ klein ist und sich ein Fehler bei der Völligkeit der Druckspannungen nur geringfügig auf den inneren Hebelarm z auswirkt. Wesentliche Vorteile ergeben sich aus der Anwendung des Spannungsblocks aber erst bei komplizierteren Querschnittsformen, z. B. bei Biegung um zwei Achsen. Hier kann die Druckzone auch bei Rechteckquerschnitten komplexe Formen annehmen, was die Ermittlung der Resultierenden F_{cd} bei Anwendung des PRD erschwert.

Nachweise im GZG

Wegen der Begrenzung der Spannungen im Beton auf Werte weit unterhalb der Festigkeit kann $\sigma_c = E_c \cdot \varepsilon_c$ gesetzt werden. Hierfür können geschlossene Lösungen für die Spannungsverteilung im Zustand II abgeleitet werden. Für ein lineares Stoffgesetz und eine ebene Dehnungsverteilung ist die Spannungsverteilung dreiecksförmig und $z = d - x/3$. Die Randspannung infolge des auf die Stahlachse bezogenen Moments M_s ergibt sich für Querschnitte ohne Druckbewehrung zu

$$\sigma_{c2} = \frac{2F_c}{bx} = -\frac{2M_s}{zbx} = -\frac{2M_s}{bx(d-x/3)}. \qquad (3.3.53)$$

Die Stahldehnung ist dann

$$\varepsilon_s = \varepsilon_{c2} \frac{x-d}{x} = \frac{\sigma_{c2}}{E_c} \frac{x-d}{x} = \frac{F_s}{E_s A_{s1}}. \qquad (3.3.54)$$

Das Gleichgewicht der Normalkräfte $N = F_c + F_s$ liefert schließlich die Bestimmungsgleichung für die Druckzonenhöhe:

$$N = -\frac{M_s}{d-x/3} + \frac{E_s A_{s1}}{E_c bx} \cdot \frac{2M_s}{d-x/3} \cdot \frac{d-x}{x}. \qquad (3.3.55)$$

Mit den bezogenen Größen

$$\eta = \frac{Nd}{M_s} \quad \omega = \frac{E_s A_{s1}}{E_c bd} \quad \xi = \frac{x}{d}$$

ergibt sich die dimensionslose Darstellung

$$\frac{1}{1-\xi/3}\left(-1 + \frac{2\omega(1-\xi)}{\xi^2}\right) = \eta. \qquad (3.3.56)$$

Für den allgemeinen Fall erhält man durch einfaches Umformen eine kubische Bestimmungsgleichung für ξ, die analytisch oder numerisch gelöst werden kann. Für die praktische Anwendung findet sich eine Darstellung der Lösung in Diagrammform z. B. in [Grasser u. a. 1996].

Für den häufigen Fall der reinen Biegung ohne Normalkraft vereinfacht sich Gl. (3.3.56) zu einer quadratischen Gleichung mit der Lösung

$$\xi = \omega\left(-1 + \sqrt{1 + \frac{2}{\omega}}\right). \qquad (3.3.57)$$

Die effektive Biegesteifigkeit (reiner Zustand II) ergibt sich zu

$$E_c I_{II} = \frac{M}{\kappa} = E_s A_s z(d-x). \qquad (3.3.58)$$

Häufig wird der innere Hebelarm im GZG aus der Bemessung im GZT übernommen oder pauschal mit $z \approx (0{,}8...0{,}9)$ d abgeschätzt. Dies ist bei Stahlbetonbauteilen mit üblichen Bewehrungsgraden zur Ermittlung der Stahlspannungen gerechtfertigt, erlaubt jedoch keine Ermittlung der Betonspannungen, da x nicht bekannt ist.

Begrenzung der Stahlspannungen. Die Betonstahlspannungen sind im GZG so zu begrenzen, dass keine plastischen Verformungen entstehen. Da die Plastifizierung irreversibel ist (die plastische Dehnung bleibt auch nach einer Entlastung), ist dies eine Grundvoraussetzung für eine Beschränkung der Rissbreite. Nach DIN 1045 Teil 1 ist daher nachzuweisen, dass unter der seltenen Einwirkungskombination $\sigma_s < 0{,}8 f_{yk}$ ist. Bei statisch bestimmten Bauteilen wird dies i. Allg. nicht maßgebend.

Begrenzung der Betonspannungen. Eine Begrenzung der Betondruckspannung im GZG wird durch die bei einer Spannung von ca. $0{,}4 f_c$ einsetzende und ab ca. $(0{,}6...0{,}8) f_c$ bereits zu einer fortschreitenden Auflösung des Betongefüges führende Mikrorissbildung erforderlich. Diese erreicht im Bereich $(0{,}4...0{,}6) f_c$ einen stabilen Zustand. Mit der Vereinigung zu Makrorissen oder gar einem Versagen ist hier i. Allg. nicht zu rechnen, wohl aber mit einer überproportionalen Zunahme der Kriechdehnungen.

DIN 1045 Teil 1 fordert daher in Fällen, in denen die Gebrauchstauglichkeit oder Tragfähigkeit durch Kriechverformungen beeinträchtigt wird, eine generelle Beschränkung der quasi-ständigen Betondruckspannungen auf 0,45 f_{ck}. Diese Forderung ist mitunter sehr restriktiv, da die Auswirkung der nichtlinearen Kriechverformungen auf das Bauteilverhalten von der Art der Beanspruchung und der Querschnittsgeometrie abhängen. Unter reiner Biegung führt das erhöhte Kriechen bei gedrungenen Querschnitten zu einer Umlagerung der Druckspannungen von den stärker beanspruchten Randbereichen in das Bauteilinnere und somit zu einer Abnahme der Randspannungen (vgl. 3.3.10.2). Die Auswirkungen auf die Querschnittssteifigkeit bleiben dann gering [Zilch/Fritsche 1999], weshalb die Beschränkung bei solchen Bauteilen weniger streng gehandhabt werden kann. Bei im wesentlichen zentrisch gedrückten Bauteilen oder Bauteilen mit ausgeprägten Druckgurten ist diese Umlagerung dagegen nicht möglich.

Bei Spannungen über 0,6 f_{ck} ist mit der Bildung von Makrorissen parallel zur Hauptdruckspannungsrichtung zu rechnen, die zu einer Reduktion des Korrosionsschutzes der in den betroffenen Bereichen liegenden Bewehrung führt. Für Bauteile unter aggressiven Umweltbedingungen ist daher nach DIN 1045 Teil 1 eine Begrenzung der seltenen Betonspannungen auf 0,6 f_{ck} erforderlich, sofern der verminderte Korrosionsschutz nicht durch eine erhöhte Betondeckung ausgeglichen wird. Alternativ zur Spannungsbegrenzung kann die Öffnung der Längsrisse durch eine (senkrecht zum Riss verlaufende) Umschnürungsbewehrung verhindert werden. Wegen der ab ca. 0,4 f_{ck} abnehmenden Steifigkeit des Betons liegt eine Spannungsermittlung unter Annahme linearen Verhaltens für die Betonspannungen auf der sicheren Seite. Wirklichkeitsnahe σ_c-ε_c-Beziehungen liefern günstigere Ergebnisse.

Eine Begrenzung der Betonzugspannungen ist für Stahlbetonbauteile in DIN 1045 Teil 1 normativ nicht geregelt; sie kann bei Bauteilen mit strengen Anforderungen an die Verformungen zur Begrenzung der Rissbildung jedoch sinnvoll sein. Grenzwerte sollten unter Berücksichtigung der Dauerzugfestigkeit fallspezifisch festgelegt werden. Da eine Rissbildung aufgrund von Eigenspannungen aber kaum sicher ausgeschlossen werden

kann, sollte sie nicht als Ersatz für eine Begrenzung der Rissbreite angesehen werden.

Begrenzung der Rissbreite. Die Rissbildung in nicht vorgespannten Stahlbetonbauteilen ist Bestandteil der Bauweise und i. Allg. kaum zu vermeiden. Die Breite der Risse muss jedoch aus verschiedenen Gründen begrenzt werden (vgl. DBV-Merkblatt „Begrenzung der Rissbildung"):

Zur Sicherstellung des Korrosionsschutzes der Bewehrung und damit der Dauerhaftigkeit sind die Rissbreiten bei Stahlbetonbauteilen auf 0,3 mm (0,4 mm bei Innenbauteilen) zu beschränken (vgl. 3.3.1.1). Da dies dem langfristigen Erhalt der Tragfähigkeit dient, sind diese Grenzwerte verbindlich. Die Karbonatisierung der Rissufer ist ein langfristiger Prozess, eine kurzzeitige Überschreitung der zulässigen Rissbreiten erscheint daher unbedenklich, sofern sich die Risse bei Rückgang der Belastung weitgehend wieder schließen. Die Nachweise der Rissbreitenbegrenzung können daher unter der quasi-ständigen Lastkombination mit dem zeitlichen Mittelwert der Rissbreite geführt werden, wenn gleichzeitig eine Begrenzung der Stahlspannung unter der seltenen Kombination sichergestellt wird.

Werden z. B. besondere Anforderungen an die Wasserdichtigkeit des Bauwerks gestellt (z. B. weiße Wannen), so ist eine relativ strenge Beschränkung der Rissbreite erforderlich. Dabei ist zu unterscheiden zwischen durchlaufenden Trennrissen ($w_k \leq 0,1...0,2$ mm) und Biegerissen, bei denen die Dichtigkeit durch die ungerissene Druckzone sichergestellt werden kann. Hinweise enthält die WU-Richtlinie des DAfStb. Da es sich hierbei i. d. R. um reine Gebrauchsnachweise handelt, enthalten die Richtlinien nur Empfehlungen. Die zulässige Rissbreite muss im Einzelfall aufgrund der spezifischen Umstände zwischen dem Tragwerkplaner und dem Bauherrn auch aus haftungsrechtlichen Gründen vereinbart werden.

Gleiches gilt für die Beschränkung der Rissbreite aus ästhetischen Gründen. Da Risse trotz ihrer Unvermeidlichkeit subjektiv als Mangel empfunden werden, sollte zur Wahrung eines ansprechenden Erscheinungsbildes nach DIN 1045 Teil 1 eine Breite $w_k \leq 0,4$ mm angestrebt werden. Auch wenn solche Risse mit dem bloßen Auge i. Allg. kaum wahrnehmbar sind, kommt es durch

Schmutzablagerungen an den Rissufern zu einem Nachzeichnen und Hervorheben der Risse.

Oft vergessen wird die Tatsache, dass viele der üblichen Nachweise und empirischen Beziehungen im Grenzzustand der Tragfähigkeit implizit eine Beschränkung der Rissbreite voraussetzen, v. a. zur Übertragung von Schubspannungen über Risse. Auch wenn eine Rissbreitenbeschränkung im Grenzzustand der Gebrauchstauglichkeit die Tragfähigkeit nicht direkt erfasst, kann sie doch zum Erreichen des angenommenen Tragmechanismus beitragen.

Die Begrenzung der Rissbreite kann auf die in 3.3.5.2 geschilderten Grundlagen zurückgeführt werden, wenn anstelle des Balkens ein Zugstab betrachtet wird, dessen Höhe gleich der effektiven Höhe nach Abb. 3.3-22 ist. Der für den Nachweis maßgebende obere Fraktilwert der Rissbreite ergibt sich nach DIN 1045 Teil 1 für den maximal möglichen Rissabstand $s_{r,max}=2l_t$ unter Verwendung charakteristischer Werte der Verbundspannung.

Die Vorhersagegenauigkeit der Rissbreitenberechnung ist wegen der stark streuenden Eingangsgrößen und der vereinfachten Modelle relativ gering. Die berechnete Rissbreite sollte daher nicht als Prognose der im Bauwerk wirklich zu erwartenden Rissbreite verstanden werden, sondern eher als Rechengröße zur Ableitung objektiver Konstruktionsregeln.

Die wesentlichen Einflussfaktoren für w_k sind Stabdurchmesser $\varnothing_s$ und Bewehrungsgrad ρ_{eff} im Wirkungsbereich der Bewehrung. Löst man w_k nach dem Stabdurchmesser auf, so ergibt sich der bei gegebener Bewehrungsmenge zulässige Stabdurchmesser zu (Abb. 3.3-33)

$$\varnothing_s = \frac{3,6w_k\,\rho_{eff}E_s}{\sigma_{s2}-\beta_t f_{ct}\left(\dfrac{1}{\rho_{eff}}+\dfrac{E_s}{E_c}\right)} \qquad (3.3.59)$$

Hieraus lassen sich vereinfachte Verfahren zur Begrenzung der Rissbreite durch eine Begrenzung des Stabdurchmessers ableiten, indem zunächst unabhängig von ρ_{eff} der kleinste zu einer Stahlspannung σ_s gehörende Stabdurchmesser $\varnothing_s$ als Grenzwert angesetzt wird. Entsprechende Tabellen enthält DIN 1045 Teil 1. Da die Vernachlässigung von ρ_{eff} u. U. sehr konservativ ist, erlaubt DIN 1045 Teil 1 eine entsprechende Modifikation des Grenzdurchmessers.

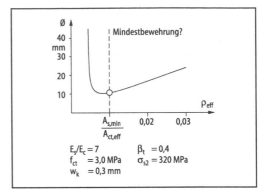

Abb. 3.3-33 Zusammenhang zwischen Bewehrungsgrad und zulässigem Stabdurchmesser

Für Platten mit einlagiger Bewehrung ist durch Einführung der Bewehrungsmenge je Längeneinheit $a_s=\varnothing_s^2\pi/(4s)$ analog zur Begrenzung der Stabdurchmesser eine Rückführung der Rissbreitenbeschränkung auf eine Beschränkung der Stababstände s möglich. Diese sind in DIN 1045 Teil 1 ebenfalls tabelliert.

Durch den begrenzten Einflussbereich der Bewehrung kann es in größerem Abstand von der Bewehrung zur Bildung von breiten Sammelrissen kommen. Im Stegbereich hoher Balken sollte daher zusätzlich eine konstruktive Mindestbewehrung angeordnet werden.

3.3.6.3 Querkraft

Im Bereich zwischen den Auflagern und den Lasteinleitungsstellen treten im Balken nach Abb. 3.3-23 neben den Biegemomenten auch Querkräfte $V_S=P$ auf. Im ungerissenen Zustand entsteht hieraus zunächst ein zweiachsialer Spannungszustand aus Normalspannungen σ infolge Biegung und Schubspannungen τ. Vernachlässigt man die Wirkung der Schubverzerrungen, so bleiben die Querschnitte auch hier eben; die Bestimmung der Schubspannungen kann dann am differentiellen Element aus dem Gleichgewicht der Kräfte in Längsrichtung erfolgen. Die Spannungen σ_z verschwinden in ausreichender Entfernung von den Lasteinleitungsstellen. Spannungen in der Schubbewehrung treten somit nur infolge der Querdehnung aus den σ_x auf; diese sind vernachlässigbar klein.

Die Hauptspannungen verlaufen geneigt gegen die Trägerrichtung, wobei der Neigungswinkel vom Verhältnis der Schnittgrößen M_S, N_S, V_S abhängig ist. Allgemein verlaufen die Druckspannungstrajektorien bei Drucknormalkräften eher in Richtung der Balkenachse, bei Zugnormalkräften eher senkrecht dazu.

Bei Überschreitung der Zugfestigkeit kommt es zur Rissbildung. Der Ort der maximalen Hauptzugspannung und damit der Rissentstehung ist vom Verhältnis der wirkenden Schnittgrößen und von der Querschnittsgeometrie abhängig. Im Allgemeinen entstehen Risse auch bei gleichzeitiger Wirkung von Querkraft und Moment als Biegerisse am Querschnittsrand und nur bei Bauteilen mit breiten Zug- und Druckgurten sowie schmalen Stegen evtl. im Bereich des Steges. Im Gegensatz zu rein biegebeanspruchten Bereichen verlaufen die Risse nicht senkrecht zur Balkenachse, sondern wie die Hauptspannungen im Zustand I geneigt. Sie folgen den Hauptspannungstrajektorien jedoch nicht exakt, da es bereits bei Beginn der Rissbildung zu Umlagerungen der Spannungen kommt. Für Bauteile ohne Normalkräfte ist der Neigungswinkel der Risse etwa $\beta \approx 40° \ldots 45°$, mit Druckkräften kleiner und mit Zug-

kräften größer. Hierbei ist auch die Reihenfolge der Belastung zu beachten. Wird das Bauteil z. B. vor dem Aufbringen der äußeren Last durch Zwang infolge Schwinden beansprucht, so entstehen die Risse wegen der beim Aufreißen fehlenden Querkraft senkrecht zur Bauteilachse. Über diese ersten Risse hinweg können sich unter Belastung weitere geneigte Risse bilden. Zwischen den Rissen verbleiben intakte „Betonzähne", die eine kammartige Struktur bilden.

Eine Aufnahme der freiwerdenden Betonzugspannungen durch die Bewehrung ist zunächst nicht möglich, da diese i. Allg. nicht in Richtung der Hauptspannungstrajektorien verläuft. Eine freie Öffnung der Risse wird jedoch durch die ungerissene Druckzone behindert. Nimmt man an, dass sich die zwischen den Rissen gelegenen Betonzähne als Starrkörper verschieben, so erhält man die in Abb. 3.3-34a skizzierte Kinematik. Dabei lässt sich folgendes feststellen:

– Infolge der Rotation der Zähne bei Rissöffnung ändert sich die Höhe des Balkens. Die Bügel werden gedehnt, und es entsteht eine Bügelspannung σ_{sw}.

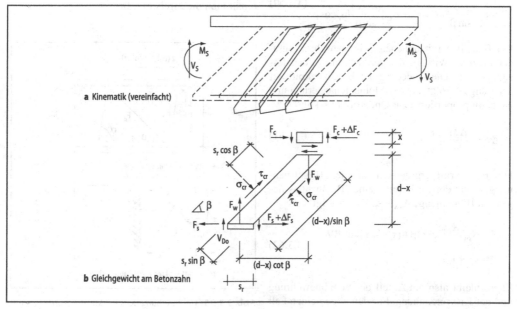

a Kinematik (vereinfacht)

b Gleichgewicht am Betonzahn

Abb. 3.3-34 Abtragung der Querkraft im gerissenen Zustand

– Die Biegezugbewehrung und die Bügel erhalten
im Riss zwischen zwei Zähnen einen Knick, der
aufgrund der endlichen Biegesteifigkeit der Be-
wehrung in Wirklichkeit nicht auftreten kann.
Aus der Verdübelung entsteht somit ein Wider-
stand gegen die Rissöffnung.
– Bei Öffnung der Risse entsteht gleichzeitig eine
gegenseitige Parallelverschiebung der Rissufer.
Diese wird jedoch durch die Verzahnung der
Rissufer behindert; es entstehen Schub- und
(Druck-) Normalspannungen im Riss.
– Die freie Verdrehung der Zähne gegen die
Druckzone kann sich nicht einstellen, da beide
biegesteif verbunden sind.

Somit stehen auch im gerissenen Beton Mechanismen zur Querkraftübertragung zur Verfügung (Abb.
3.3-34b). Die Vertikalanteile der Tragmechanismen
Rissverzahnung, Dübelwirkung, Schubübertragung
in der Druckzone und der Bügelkraft müssen der angreifenden Querkraft das Gleichgewicht halten. Aus
dem Momentengleichgewicht an einem von der
Druckzone abgetrennten Betonzahn folgt (bei Vernachlässigung der Einspannung in die Druckzone):

$$\Delta F_s (d-x) = F_w (d-x) \cot \beta + V_{Do} s_r$$
$$+ \tau_{cr} \frac{(d-x)}{\sin \beta} b s_r \sin \beta - |\sigma_{cr}| \frac{(d-x)}{\sin \beta} b s_r \cos \beta. \qquad (3.3.60)$$

Bei Bauteilen mit üblichen Schubbewehrungsgra-
den kann die Wirkung der Verdübelung vernachlässigt werden. Die Änderung der Biegezugkraft auf
der Länge s_r folgt aus der Momentenänderung und
ist damit proportional zur Querkraft ($z \approx$ konst):

$$\Delta F_s = \frac{\Delta M}{z} = \frac{V s_r}{z}. \qquad (3.3.61)$$

Die Bügelkraft ergibt sich aus den Bügelspannungen und der im Bereich eines Betonzahns liegenden Bügelmenge $A_{sw}/s \; s_r$. Damit folgt

$$V = \sigma_{sw} \frac{A_{sw}}{s} z \cot \beta + (\tau_{cr} - |\sigma_{cr}| \cot \beta) b z \qquad (3.3.62)$$
$$= V_w + V_c.$$

Es verbleibt also ein Anteil der Schubbewehrung
und der Rissverzahnung. Für den allgemeinen Fall
einer mit dem Winkel α gegen die Balkenachse ge-

neigten Bügelbewehrung ergibt sich der Traganteil
der Bewehrung durch eine analoge Betrachtung
bei unverändertem V_c zu

$$V_w = \sigma_{sw} \frac{A_{sw}}{s} z \, (\cot \beta + \cot \alpha) \sin \alpha \, . \qquad (3.3.63)$$

Die Ermittlung der Spannungen in den Bügeln und
aus der Rissverzahnung erfordert zusätzlich die Berücksichtigung von Kompatibilitätsbedingungen und
Stoffgesetzen für Beton, Stahl, Verbund und Rissverzahnung [Kupfer u. a. 1983]. Eine empirische Abschätzung ist auch aufgrund der in Versuchen gemessenen Bügelspannungen möglich [Leonhardt/Walter
1962]. Der Traganteil der Rissreibung zusammen mit
den übrigen, oben vernachlässigten Traganteilen ist
demnach für verschiedene Lastniveaus nahezu konstant. Die Bügelspannungen bleiben bei kleinem V_S
zunächst gering, erst wenn V_S den Widerstand der
Rissverzahnung übersteigt, nimmt der Traganteil der
Bewehrung nennenswert zu.

Die Modellierung des Tragverhaltens unter
Querkraft kann auch durch Betrachtung eines (fiktiven) Stabwerks erfolgen, in dem die Druckspannungen des Betons und die Zugspannungen der
Bewehrung zu diskreten Streben zusammengefasst
werden (Abb. 3.3-35a). Für den allgemeinen Fall
erhält man die Strebenkräfte

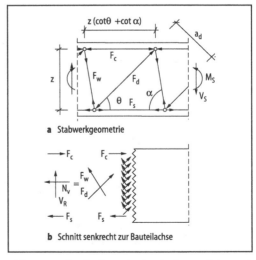

a Stabwerkgeometrie

b Schnitt senkrecht zur Bauteilachse

Abb. 3.3-35 Beschreibung der Querkrafttragverhaltens mit
Stabwerken

$$F_w = \frac{V_S}{\sin\alpha} \quad F_d = \frac{V_S}{\sin\theta}. \tag{3.3.64}$$

Mit der Breite der Druckstrebe

$$a_d = z\,(\cot\theta + \cot\alpha)\,\sin\theta \tag{3.3.65}$$

und der im Bereich einer Zugstrebe liegenden Bügelmenge

$$A_w = \frac{A_{sw}}{s}z(\cot\theta + \cot\alpha) \tag{3.3.66}$$

erhält man die Spannungen

$$\sigma_s = \frac{V_S}{z\,\dfrac{A_{sw}}{s}} \cdot \frac{1}{\sin\alpha(\cot\theta + \cot\alpha)}, \tag{3.3.67}$$

$$|\sigma_c| = \frac{V_S}{zb} \cdot \frac{1}{\sin^2\theta(\cot\theta + \cot\alpha)}. \tag{3.3.68}$$

Einzige Unbekannte in dem sonst statisch bestimmten Modell ist der Druckstrebenwinkel θ. Über ihn lässt sich ein direkter Zusammenhang zwischen dem Stabwerkmodell und dem Modell mit Rissverzahnung herstellen. Da beide Modelle für die gleiche Querkraft die gleiche Bügelspannung liefern müssen, erhält man durch Vergleich von Gl. (3.3.67) und Gl. (3.3.62) für den Druckstrebenwinkel die Beziehung ($\alpha=90°$)

$$\cot\theta = \frac{\cot\beta}{1 - V_c/V_S}. \tag{3.3.69}$$

Die aktivierbare Rissverzahnung V_c erlaubt also je nach angreifender Querkraft V_S eine Abweichung des Druckstrebenwinkels vom Risswinkel.

Die Auswirkung der Querkraft auf die Biegezug- und -druckzone erhält man durch Betrachtung eines Schnittes senkrecht zur Bauteilachse (Abb. 3.3-35b). Die horizontalen Komponenten der Bügel- und Druckstrebenkräfte ergeben eine fiktive Normalkraft

$$\begin{aligned} N_V &= \cos\theta\,F_d - \cos\alpha\,F_w \\ &= V(\cot\theta - \cot\alpha). \end{aligned} \tag{3.3.70}$$

Da der Angriffspunkt von N_V in der Mitte der Schubzone liegt, muss die Kraft zur Hälfte von Druckzone und Zugbewehrung aufgenommen werden. Man erhält also die Kräfte

$$\begin{aligned} F_c &= -\frac{M_s}{z} + \frac{V}{2}(\cot\theta - \cot\alpha), \\ F_s &= \frac{M_s}{z} + N + \frac{V}{2}(\cot\theta - \cot\alpha). \end{aligned} \tag{3.3.71}$$

Die Beanspruchung der Biegedruckzone wird verringert, die der Zugzone um die gleiche Kraft vergrößert. Da die Steifigkeit der Druckzone i. Allg. wesentlich größer ist als die der Zugbewehrung, resultiert daraus eine zusätzliche Krümmung des Bauteils. Diese wird i. d. R. jedoch vernachlässigt.

Die Ermittlung der aus V resultierenden Schubverzerrung des Balkens im gerissenen Zustand ist aufgrund des komplexen Tragverhaltens schwierig. Sie kann anhand der Dehnungen von Beton und Bügelbewehrung unter Verwendung der Kinematik des Stabwerkmodells qualitativ abgeschätzt werden, wobei allerdings der durch die Rissuferverschiebung auftretende Verformungsanteil vernachlässigt wird. Der Abfall der Schubsteifigkeit im Vergleich zum Zustand I ist von der Bügelmenge abhängig und wegen der erforderlichen Spannungsumlagerungen zur Aktivierung der Tragmechanismen i. Allg. größer als der Abfall der Biegesteifigkeit.

Tragfähigkeit im GZT

Die Nachweise im GZT können auf der Grundlage eines Modells mit Rissreibung oder eines Stabwerkmodells erfolgen. Die Bemessung mit Stabwerkmodellen erfordert die Festlegung eines Druckstrebenwinkels θ. Unter Voraussetzung einer unbeschränkten Rissverzahnung und einer unbegrenzten Duktilität der Materialien kann θ frei gewählt werden; da mit kleineren Winkeln die erforderliche Schubbewehrung und die Tragfähigkeit der Druckstreben abnehmen, liegt es nahe, θ so klein zu wählen, dass die Tragfähigkeit der Druckstrebe eben noch ausreicht. Für eine gegebene Bewehrungsmenge folgt der zur Aufnahme einer Querkraft V_{Sd} erforderliche Druckstrebenwinkel aus Gl. (3.3.67), wobei entsprechend den Annahmen der Plastizitätstheorie ein Fließen der Bewehrung vorausgesetzt wird ($\alpha=90°$):

$$\cot\theta = \frac{V_{Sd}}{z\,\dfrac{A_{sw}}{s}f_{yd}}. \tag{3.3.72}$$

Die maximale Querkraft erhält man durch Einsetzen in Gl. (3.3.68), wenn man σ_c gleich der Druckstrebenfestigkeit $\alpha_c\,f_{cd}$ (s.u.) setzt. Nach einigen Umformungen erhält man für die maximal aufnehmbare Querkraft bei gegebenem Bewehrungsgrad eine Kreisgleichung (Plastizitätskreis)

$$\upsilon_{ud}^2 = \omega_w - \omega_w^2 \qquad (3.3.73)$$

mit den bezogenen Größen

$$\omega_w = \frac{\dfrac{A_{sw}}{s}f_{yd}}{b\alpha_c f_{cd}}, \quad \upsilon_{ud} = \frac{V_{Rd}}{bz\,\alpha_c f_{cd}}. \qquad (3.3.74)$$

Abbildung 3.3-36 zeigt den Plastizitätskreis im υ_{ud}-ω_w-Diagramm. Ein fester Winkel θ entspricht einer Ursprungsgeraden mit der Neigung $\tan\theta$, die Winkelhalbierende ($\theta = 45°$) stellt den klassischen Bemessungsansatz mit rissparallelen Druckstreben nach Mörsch dar, der für ein Bauteil ohne Rissverzahnung anzunehmen wäre.

Das Maximum von υ_{ud} tritt hier ($\alpha=90°$) bei $\theta=45°$ auf; für diesen Winkel wird die Druckstrebentragfähigkeit maximal, bei kleineren und größeren Winkeln nimmt sie ab. Im Rahmen der Bemessung sind Winkel $\theta>45°$ daher i. Allg. nicht sinnvoll, da hier die Bügelbewehrung größer ist als für $\theta<45°$. Lediglich die Beanspruchung in der Biegezugbewehrung wird hierdurch verringert, vgl. Gl. (3.3.99).

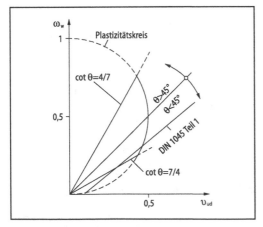

Abb. 3.3-36 Zusammenhang zwischen bezogener Querkraft und Bewehrungsgrad: Plastizitätskreis; DIN 1045 Teil 1

Die genannten Voraussetzungen – unbegrenzte Rissverzahnung und Duktilität – gelten für Stahlbetonbauteile jedoch nicht. Daher muss für θ eine pauschale Begrenzung eingeführt werden, z. B. $1<\cot\theta<2,5$ nach den in EC 2 empfohlenen Grenzwerten. Hierdurch wird der Plastizitätskreis unten und oben abgeschnitten.

Das Modell in DIN 1045 Teil 1, das auch im deutschen nationalen Anhang zum EC 2 eingeführt wird, kombiniert Stabwerkmodell und Rissverzahnung, indem es aus der aktivierbaren Rissverzahnung nach Gl. (3.3.69) einen unteren Grenzwert θ_{grenz} des Druckstrebenwinkels ermittelt. Innerhalb des Bereichs $\cot\theta_{grenz}>\cot\theta>1$ kann der Druckstrebenwinkel für die Nachweise am Stabwerkmodell im Sinne der Plastizitätstheorie frei gewählt werden.

Rissverzahnung und Rissneigung werden dabei mit halbempirischen Ansätzen berechnet:

$$V_{Rd,c} = 0,24 f_{ck}^{1/3}\left(1+1,2\frac{N_{Sd}}{A_c f_{cd}}\right)bz, \qquad (3.3.75)$$

$$\cot\beta = 1,2 - 1,4\frac{N_{Sd}}{A_c f_{cd}}. \qquad (3.3.76)$$

Für Leichtbetone ist $V_{Rd,c}$ wegen der eingeschränkten Rissverzahnung zu mindern. Dabei wird der Effekt der bei Wirkung einer Drucknormalkraft flacher werdenden Risswinkel sowie der verbesserten Rissverzahnung qualitativ berücksichtigt. Das Ergebnis für $\theta=\theta_{grenz}$ zeigt Abb. 3.3-36; eine begrenzte Rissverzahnung erlaubt keine Ausnutzung der vollplastischen Tragfähigkeit. Die Ausnutzung der Rissverzahnung impliziert eine Begrenzung der Schubrissbreite, was große plastische Stahldehnungen und somit die Ausnutzung der Verfestigung ausschließt; daher ist bei der Bemessung der Schubbewehrung $\sigma_s=f_{yd}$ zu setzen.

Für kleine υ liegt die Gerade nach DIN 1045 Teil 1 außerhalb des Plastizitätskreises; hier wäre demnach die Tragfähigkeit der Druckstrebe überschritten, was für entsprechend kleine Bewehrungsgrade jedoch den im Versuch beobachteten Versagensmechanismen widerspricht. In diesem Bereich können die vereinfachten Ansätze das Bauteilverhalten nicht widergeben, was für die praktische Anwendung aber ohne große Bedeutung ist, da dieser Bereich durch die konstruktive Mindestbügelbewehrung abgedeckt wird.

Druckstrebenfestigkeit. In die Druckstreben werden durch den Verbund mit der den Riss kreuzenden Schubbewehrung Querzugspannungen eingeleitet, die nach Abb. 3.3-7 die Festigkeit auf $\alpha_c\, f_{cd}$ abmindern. Die Größe des Abminderungsfaktors α_c ist vom Rissabstand, der Rissbreite, dem Verbundverhalten der Bügelbewehrung usw. abhängig. In experimentellen Untersuchungen an Stahlbetonscheiben unter Druck- und Querzugbelastung wurde $\alpha_c\approx0{,}8\ldots$ 0,85 ermittelt, solange die Dehnung der kreuzenden Bewehrung im Bereich der Fließdehnung bleibt [Kolleger/Mehlhorn 1990]. Bei sehr großen Stahldehnungen ($\varepsilon_s >10\%_0$) ergibt sich eine stärkere Abminderung, die baupraktisch allerdings kaum relevant ist, da solche Verzerrungszustände in Balkenstegen i. Allg. nicht auftreten [Roos 1995].

Eine gleichzeitige Aktivierung der Rissverzahnung ($\beta\neq\theta$) führt zu einer weiteren Abnahme der Druckstrebenfestigkeit. In [Schlaich/Schäfer 2001] wird daher für rissparallele Druckspannungsfelder eine Abminderung der Druckstrebenfestigkeit auf $0{,}8f_{cd}$ und für Druckspannungsfelder mit kreuzenden Rissen auf $0{,}6f_{cd}$ vorgeschlagen.

In DIN 1045 Teil 1 wurde pauschal $\alpha_c=0{,}75$ gesetzt, da die mögliche Abweichung zwischen Riss- und Druckstrebenwinkel im Modell durch die Rissverzahnung begrenzt ist.

Interaktion Querkraft – Biegung. Nach Gl. (3.3.71) treten infolge Querkraft auch Beanspruchungen in der Biegedruckzone und der Biegezugbewehrung auf. Die Auswirkungen auf die Betondruckzone können auf der sicheren Seite liegend vernachlässigt werden. Die Erhöhung der Stahlzugkraft lässt sich mit Hilfe des Versatzmaßes $a_l=z/2(\cot\theta-\cot\alpha)$ beschreiben. Setzt man $V_{Sd}=dM_{Sds}/dx$ in Gl. (3.3.71) ein, so erhält man

$$F_s=\frac{M_{Sds}(x)+\dfrac{dM_{Sds}}{dx}\dfrac{z}{2}(\cot\theta-\cot\alpha)}{z}+N_{Sd}$$
$$\approx\frac{M_{Sds}(x+a_l)}{z}+N_{Sd}\,. \tag{3.3.77}$$

Die tatsächlich aufzunehmende Zugkraft ergibt sich also aus dem Biegemoment, das um a_l neben der betrachteten Stelle angreift. Grafisch erhält man die Zugkraftlinie durch das Verschieben der M/z-Linie um das Versatzmaß (s. Abb. 3.3-43).

Bei Bauteilen mit geneigtem Druck- oder Zuggurt entsteht in den Gurten ein Anteil senkrecht zur Balkenachse, der bei der Bemessung berücksichtigt werden muss bzw. darf. Dieser Anteil wirkt günstig, wenn der Verlauf der Gurte dem Momentenverlauf angepasst ist, wenn also der innere Hebelarm bei steigendem Moment zunimmt (Abb. 3.3-37), da hier die gesamte Querkraft V_{0d} mit der schuberzeugenden Querkraft V_{Sd} und den in gleicher Richtung wirkenden Vertikalanteilen von F_s, F_c im Gleichgewicht stehen muss, d. h. in Abb. 3.3-37a

$$V_{0d}=V_{Sd}+\sin(\phi_c)|F_c|+\sin(\phi_s)\,F_s \tag{3.3.78}$$

und in Abb. 3.3-37b

$$V_{0d}=V_{Sd}-\sin(\phi_c)|F_c|-\sin(\phi_s)\,F_s\,. \tag{3.3.79}$$

Nachweise im GZG

Die Stahlspannungen bleiben nach Bildung der Schubrisse zunächst klein. Auf einen Nachweis der Rissbreitenbeschränkung kann daher i. Allg. verzichtet werden, sofern eine konstruktive Mindestbewehrung vorhanden ist.

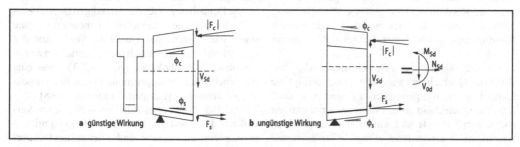

Abb. 3.3-37 Auswirkung geneigter Gurte bei der Querkraftbemessung

3.3.6.4 Torsion

Ein Torsionsmoment T_S verursacht im Querschnitt Schubspannungen, die die Gleichgewichtsbedingung

$$T_S = T_R = \int_A (y\,\tau_{xz} - z\,\tau_{xy})\,dA \qquad (3.3.80)$$

erfüllen müssen. Im Allgemeinen entstehen infolge T_S auch Normalspannungen aus der behinderten Verwölbung des Querschnitts; diese sind jedoch bei kompakten Querschnitten in ausreichendem Abstand von Lasteinleitungsstellen vernachlässigbar gering. Zur Bestimmung der Schubspannungen im ungerissenen Zustand siehe z. B. [Musschelischwili 1971; Gruttmann u. a. 1998].

Am Bauteil resultiert aus Torsion eine Verdrehung ϑ, die im ungerissenen Zustand mit dem Torsionsmoment über die Torsionssteifigkeit $G_c\,I_{Ti}$ verknüpft ist:

$$\frac{d\vartheta}{dx} = \frac{T_R}{G_c I_{Ti}}. \qquad (3.3.81)$$

Die gemeinsame Wirkung von Bewehrung und Beton kann durch einen ideellen Querschnittswert I_{Ti} berücksichtigt werden. Dabei bleiben senkrecht zur Bauteilachse stehende Bügel im ungerissenen Zustand spannungsfrei. Der Anteil der Längsbewehrung ist i. Allg. vernachlässigbar.

Die aus den Schubspannungen resultierenden Hauptspannungen verlaufen unter reiner Torsion mit 45° Neigung gegen die Achse wendelförmig um das Bauteil, entsprechend auch die bei Überschreiten der Betonzugfestigkeit entstehenden Risse. Das Risstorsionsmoment T_{cr} folgt für reine Torsion und elastisches Verhalten aus $\sigma_I = \tau_{max} = T_{cr}/W_T = f_{ct,eff}$ (W_T und I_T siehe z. B. [Grasser 1997]). Da jedoch (analog zur Biegezugfestigkeit) mit Beginn der Rissbildung eine gewisse Plastifizierung einsetzt, liegen die experimentell beobachteten Rissmomente etwas höher [Lampert/Thürlimann 1968].

Da Bügel- und Längsbewehrung i. Allg. am Rand des Querschnitts angeordnet sind, erfolgt die Lastabtragung im gerissenen Zustand v. a. dort, d. h., der Querschnitt besteht dann aus einer aktiven (bewehrten) Schale und einem nahezu passiven Betonkern [Leonhardt/Schelling 1974; Lampert/Thürlimann 1968]. Daher wird bei der Betrachtung

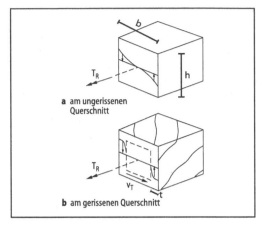

Abb. 3.3-38 Verlauf der Schubspannungen

der Torsion im gerissenen Zustand i. d. R. das Ersatzmodell des fiktiven Hohlkastens mit der Wanddicke t zugrunde gelegt (Abb. 3.3-38).

In den Wänden des Hohlkastens ergibt sich der Schubfluss unter Annahme eines konstanten Verlaufes über die Wanddicke nach der Bredtschen Formel:

$$\upsilon_T = \frac{T}{2A_k}. \qquad (3.3.82)$$

Der Term A_k bezeichnet darin die von der Mittellinie der Hohlkastenwände umschlossene Fläche; U_k ist im Folgenden der Umfang des Hohlkastens. Für Rechteckquerschnitte ist $A_k = (b-t)(h-t)$ und $U_k = 2(b+h-2t)$. Die Schubbeanspruchung in den Wänden entspricht der eines Balkensteges infolge Querkraft, es gelten im Wesentlichen die gleichen Aussagen über das Tragverhalten.

Die Betrachtung eines dünnwandigen Querschnitts stellt für übliche Querschnittsabmessungen eine starke Idealisierung dar. Durch die Verdrehung des Querschnitts verwinden sich die Seitenflächen zu hyperbolischen Paraboloiden (Abb. 3.3-39), was eine zusätzliche Biegebeanspruchung in den Betondruckstreben verursacht [Lampert/Thürlimann 1968].

Das T-ϑ'-Diagramm zeigt einen ähnlichen Verlauf wie die M-κ-Beziehung unter Biegung mit ungerissenem, gerissenem und Fließzustand. Allerdings fällt die Steifigkeit mit Beginn der Rissbil-

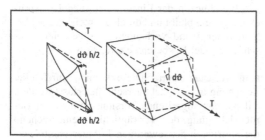

Abb. 3.3-39 Verwindung der Seitenflächen zu hyperbolischen Paraboloiden

dung wegen der Reduzierung des mitwirkenden Querschnitts und der erforderlichen Spannungsumlagerung deutlich stärker ab. Die qualitative Abschätzung kann wie für die Querkraftbeanspruchung mit Stabwerkmodellen erfolgen. Die innere und äußere Arbeit am freigeschnittenen differentiellen Element unter dem Torsionsmoment T ist

$$-W_i = \frac{1}{2}\left(U_k t \frac{\sigma_c^2}{E_c} + A_{sl} \frac{\sigma_{sl}^2}{E_s} + U_k \frac{A_{sw}}{s} \cdot \frac{\sigma_{sw}^2}{E_s}\right) dx,$$

$$W_a = \frac{1}{2} T\vartheta' dx. \tag{3.3.83}$$

Der Anteil in den Druckstreben ist i. Allg. vernachlässigbar, die Druckstrebenneigung lässt sich näherungsweise durch eine Minimierung der inneren Arbeit bestimmen. Damit erhält man die Torsionssteifigkeit

$$G_c I_{T,II} = \frac{T}{\vartheta'} = \frac{2A_k^2}{U_k} E_s \sqrt{\frac{A_{sl}}{U_k} \cdot \frac{A_{sw}}{s}}. \tag{3.3.84}$$

Die Drehachse des Querschnitts (d. h. der Schubmittelpunkt) wandert bei Rissbildung in Richtung der steiferen Querschnittsteile, also bei gleichzeitiger Biegung und Torsion in die wesentlich steifere Biegedruckzone.

Tragfähigkeit im GZT

Die Bemessung der Hohlkastenwände kann analog zur Querkraftbemessung durchgeführt werden. Man erhält nach Abb. 3.3-40a,b mit den Gln. (3.3.67) und (3.3.68)

$$|\sigma_c| = \frac{T_{Sd}}{2A_k t} \cdot \frac{1 + \cot^2\theta}{\cot\theta + \cot\alpha}. \tag{3.3.85}$$

$$\frac{A_{sw}}{s} = \frac{1}{f_{yd}} \frac{T_{Sd}}{2A_k} \cdot \frac{1}{\sin\alpha(\cot\theta + \cot\alpha)}. \tag{3.3.86}$$

Zusätzlich ist die in Balkenlängsrichtung wirkende Komponente der Druckstreben nach Gl. (3.3.70) in den einzelnen Wänden durch eine Längsbewehrung aufzunehmen:

$$\frac{A_{sl}}{U_k} = \frac{1}{f_{yd}} \cdot \frac{T_{Sd}}{2A_k} (\cot\theta - \cot\alpha). \tag{3.3.87}$$

Da die Torsionsbeanspruchung anders als die Querkraft nicht an das Biegemoment gekoppelt ist,

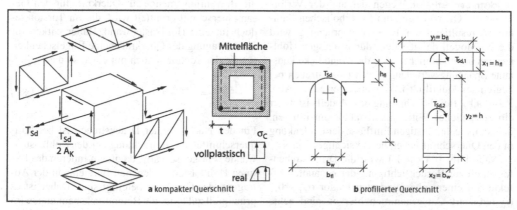

Abb. 3.3-40 Bemessung für Torsion

muss die Längsbewehrung gesondert ermittelt und
zur Biegebewehrung addiert werden.

Wie bei der Querkraft wirkt sich eine wendel-
förmige Neigung der Bügel $\alpha < 90°$ günstig auf die
Beanspruchungen der Streben aus. Wegen des einfacheren Einbaus und der Verwechslungsgefahr auf
der Baustelle ist ein orthogonales Bewehrungsnetz
aus Bügeln und Längsstäben jedoch vorteilhaft.

Hinsichtlich der Neigung der Druckstrebe θ
gelten grundsätzlich die bei der Querkraft gemachten Aussagen. Eine explizite Berücksichtigung der
Rissverzahnung ist allerdings schwieriger, weshalb
θ nach DIN 1045 Teil 1 i. Allg. auf der sicheren
Seite liegend zu 45° gesetzt wird. Hierfür ergibt
sich bei $\alpha = 90°$ auch das Minimum der Gesamtbe-
wehrung aus A_{sw} und A_{sl}.

Die ideelle Wanddicke t ist bei kompakten Querschnitten unter Annahme ideal plastischen Verhaltens frei wählbar. Wegen der größeren Kernfläche
A_k nimmt A_s mit t ab; ein unterer Grenzwert für t
ergibt sich aus der Beanspruchung der Druckstrebe
σ_c. Zusätzlich ist jedoch die Umlenkung der
Druckstrebenkräfte in den Eckpunkten des Querschnitts zu berücksichtigen, die nur für die innerhalb der Bügel gelegenen Teile der Strebe durch die
Abstützung auf Bügeln und Längsbewehrung (die
daher zumindest teilweise in den Ecken anzuordnen
ist) erfolgen kann, für die außerhalb gelegenen dagegen durch Betonzugspannungen. Dies begrenzt t
zusätzlich nach unten. Nach DIN 1045 Teil 1 wird
die Wanddicke t daher so festgelegt, dass die Längsbewehrung in der Schwerlinie der Wand liegt.

Druckstrebenfestigkeit. Wegen der aus der Verformung der Oberflächen zum hyperbolischen Para-
boloid resultierenden Biegebeanspruchung wird
die im Modell des ideellen, dünnwandigen Hohlkastens angenommene, über die Wanddicke konstante Spannungsverteilung in den Druckstreben bei
begrenzter Duktilität i. Allg. nicht erreicht (Abb.
3.3-40a,b). Bei Beibehaltung des Modells ist daher
ein zusätzlicher Wirksamkeitsfaktor einzuführen,
der auch die ungünstigen Einflüsse der Umlenkung
in den Querschnittsecken berücksichtigen muss.

Nach DIN 1045 Teil 1 wird die Druckstrebenfestigkeit zur Berücksichtigung der genannten Effekte mit einem abgeminderten Faktor $\alpha_{c,red} = 0,7$
α_c reduziert. Ausgenommen hiervon sind echte
Hohlkästen, da bei den in diesem Fall i. d. R. gerin-

gen Wanddicken der Einfluss der Biegebeanspruchung gering bleibt und durch die meist auf beiden
Seiten der Wand vorhandenen Bügel eine Umschnürung der Eckbereiche erreicht wird.

Profilierte Querschnitte. Diese können durch eine
Zerlegung in Rechteckquerschnitte erfasst werden,
auf die das angreifende Torsionsmoment zur Berücksichtigung der Verträglichkeit entsprechend
der Steifigkeit des jeweiligen Teilquerschnitts verteilt wird (Abb. 3.3-40b). Meist ist eine Abschätzung mit der Steifigkeit nach Zustand I ausreichend
genau, man erhält also mit $I_{T,i} = \eta x_i^3 y_i$ für den Teil-
querschnitt i näherungsweise die Beanspruchung

$$T_{Sd,i} = T_{Sd} \frac{x_i^3 y_i}{\sum_j x_j^3 y_j}, \qquad (3.3.88)$$

wobei x_i, y_i die Seitenlängen der Teilquerschnitte
sind ($x_i \le y_i$).

Interaktion Torsion–Querkraft. Unter kombinierter
Beanspruchung aus Querkraft und Torsion ist der
Schubfluss je Steg des gedachten Hohlkastens
$\frac{T_{Sd}}{2A_k} \pm \frac{V_{Sd}}{2z}$, woraus sich die erforderliche Bügelbewehrung ergibt. Prinzipiell kann die Bewehrung
für Torsion und Querkraft auch getrennt ermittelt
und nachträglich addiert werden, was allerdings
voraussetzt, dass in beiden Fällen die Neigung der
Druckstrebe gleich angesetzt wird. Bei der Addition der Bügelmengen ist zu berücksichtigen, dass
die Bewehrungsmenge für Querkraft für den Gesamtquerschnitt ermittelt wird, die für Torsion jedoch für eine Hohlkastenwand. Daher wirken für
die Abtragung der Querkraft beide Bügelschenkel,
für die der Torsion jedoch nur einer, so dass gilt

$$\frac{A_{sw,tot}}{s} = \frac{A_{sw,V}}{s} + 2 \frac{A_{sw,T}}{s}. \qquad (3.3.89)$$

Für den Nachweis der Druckstreben ist bei Voll-
querschnitten die Betrachtung nur der Hohlkastenwände sehr konservativ, da die im Inneren des fiktiven Hohlkastens gelegenen Bereiche an der Abtragung der Querkraft beteiligt sind. Daher ist es
prinzipiell zulässig, die Betondruckspannungen innerhalb des Querschnitts entsprechend Abb. 3.3-41

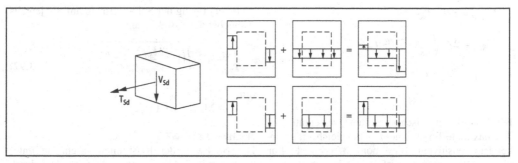

Abb. 3.3-41 Mögliche Verteilungen der Druckstrebenkräfte im Querschnitt

zu verteilen. Alternativ hierzu kann der Nachweis durch folgende, quadratische Interaktionsbedingung geführt werden:

$$\left(\frac{V_{Sd}}{V_{Rd,\max}}\right)^2 + \left(\frac{T_{Sd}}{T_{Rd,\max}}\right)^2 \le 1. \qquad (3.3.90)$$

Dabei sind $V_{Rd,\max}$ und $T_{Rd,\max}$ die durch die Druckstrebe maximal aufnehmbaren Schnittgrößen unter reiner Querkraft bzw. Torsion für den gewählten Winkel θ. Bei echten Hohlkastenquerschnitten ergibt sich dagegen eine lineare Interaktionsbeziehung.

Interaktion Torsion–Biegung. Unter gleichzeitiger Wirkung von Biegung und Torsion werden die Hohlkastenwände neben dem Schubfluss aus Torsion durch Biegedruck- und -zugkräfte beansprucht. Für einen stark idealisierten Querschnitt mit in den Ecken konzentrierter Längsbewehrung ist die Interaktion der aufnehmbaren Biege- und Torsionsmomente in Abb. 3.3-42 dargestellt. Das Versagen des Betons auf Druck wird zunächst nicht betrachtet.

Aus einer vollplastischen Betrachtung folgt bei Fließen der Bügel der Druckstrebenwinkel unter einem Torsionsmoment T_{Sd} zu

$$\cot\theta = \frac{T_{Sd}}{2A_k} \cdot \frac{s}{A_{sw} f_{yd}}. \qquad (3.3.91)$$

Daraus folgt die je Bewehrungslage aufzunehmende Normalkraftkomponente der Druckstrebenkraft zu

$$N_T = \left(\frac{T_{Sd}}{2A_k}\right)^2 \frac{U_k}{2} \cdot \frac{s}{A_{sw} f_{yd}}. \qquad (3.3.92)$$

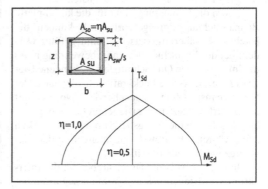

Abb. 3.3-42 Interaktionsdiagramm für Torsion und Biegung

und die Gesamtkraft in den Bewehrungslagen

$$N_o = -\frac{M_{Sd}}{z} + N_T, \; N_u = \frac{M_{Sd}}{z} + N_T. \qquad (3.3.93)$$

Das Erreichen des Grenzzustands folgt aus dem Fließbeginn der oberen oder unteren Bewehrung, d. h. $N_o = f_{yd} A_{so}$ oder $N_u = f_{yd} A_{su}$. Damit lässt sich die Grenzbedingung dimensionslos schreiben:

$$1 \ge -\frac{M_{Sd}}{M_{Rd0}} \cdot \frac{1}{\eta} + \left(\frac{T_{Sd}}{T_{Rd0}}\right)^2,$$

$$1 \ge \frac{M_{Sd}}{M_{Rd0}} + \eta \left(\frac{T_{Sd}}{T_{Rd0}}\right)^2. \qquad (3.3.94)$$

Die aufnehmbaren Schnittgrößen bei reiner Biegung oder Torsion sind

$$M_{Rd0} = z\, A_{su}\, f_{yd}$$

$$T_{Rd0} = 2 A_k \sqrt{\frac{A_{sw}}{s} \cdot \frac{2 A_{so}}{U_k}}\, f_{yd}\,,$$

$$\eta = \frac{A_{so}}{A_{su}} \le 1.$$

Für den unsymmetrisch bewehrten Querschnitt wird das maximale Torsionsmoment bei gleichzeitig wirkendem positivem Biegemoment erreicht. Für kleinere Biegemomente erfolgt das Versagen durch ein Fließen der oberen Bewehrung, obwohl infolge Biegung Druckbeanspruchungen entstehen.

Sofern die Bemessung nicht für die kombinierte Beanspruchung durchgeführt wird, können die Nachweise näherungsweise getrennt geführt werden; bei der Ermittlung der Längsbewehrung muss die im jeweiligen Querschnittsteil vorhandene Biegezug- bzw. Biegedruckkraft mit der aus der Schubbeanspruchung entstehenden Normalkraft überlagert werden. In der Biegedruckzone wird daher i. Allg. keine Längsbewehrung erforderlich sein, während die Bewehrungsmengen in der Biegezugzone zu addieren sind.

Beim Nachweis der Druckstreben ist die Interaktion von Biegedruck und Torsionsschub zu berücksichtigen. Da bei großen Biegedruckkräften keine Zugkraft in der Längsbewehrung entstehen kann, folgt aus $N_T = M/z$ der Druckstrebenwinkel in der Biegedruckzone

$$\cot\theta = \frac{2 M_{Sd}}{T_{Sd}} \tag{3.3.95}$$

und die Druckstrebenspannung

$$|\sigma_c| = \frac{T_{Sd}}{2 A_k t} \left(\frac{2 M_{Sd}}{T_{Sd}} + \frac{T_{Sd}}{2 M_{Sd}} \right) \Rightarrow$$

$$\frac{T_{Sd}}{A_k t\, |\sigma_c|} = 2 \sqrt{\left(1 - \frac{M_{Sd}}{z b t\, |\sigma_c|}\right) \frac{M_{Sd}}{z b t\, |\sigma_c|}}\,. \tag{3.3.96}$$

Durch Begrenzung von σ_c auf die Festigkeit erhält man die Grenzbedingung für den Druckstrebennachweis. Allerdings sind die effektiven Festigkeiten mit $\alpha_{c,red}\, f_{cd}$ für Torsion und f_{cd} für Biegung unterschiedlich. Um einen glatten Übergang zu ermöglichen, bietet sich ein (mechanisch nicht ganz

sauberer) Bezug der Schnittgrößen auf die jeweils maßgebende Festigkeit an:

$$\frac{T_{Sd}}{T_{Rd0}} \le 2 \sqrt{\left(1 - \frac{M_{Sd}}{M_{Rd0}}\right) \frac{M_{Sd}}{M_{Rd0}}} \tag{3.3.97}$$

mit $T_{Rd0} = A_k\, t\, \alpha_{c,red}\, f_{cd}\,,$
       $M_{Rd0} = z\, b\, t\, f_{cd}\,.$

Nachweise im GZG
Der Nachweis der Rissbreitenbegrenzung unter Torsion wird i. Allg. nicht explizit, sondern durch Einhaltung von Konstruktionsregeln, d. h. eine Begrenzung des Stababstands geführt. Eine Verteilung der Längsbewehrung über den Umfang erweist sich als günstig. Nach DIN 1045 Teil 1 ist bei Einhaltung der Regeln für die bauliche Durchbildung kein weiterer Nachweis erforderlich.

3.3.6.5 Verhalten an Lasteinleitungsstellen

Die oben geschilderten Modelle gelten zunächst nur für ungestörte Bereiche, die man wegen des Ebenbleibens der Querschnitte nach der Bernoulli-Hypothese als B-Bereiche bezeichnet. An Lasteinleitungsstellen bzw. Auflagern, den sog. „D-Bereichen" (Diskontinuitäten), sind einige zusätzliche Besonderheiten zu berücksichtigen. Die technische Balkenbiegetheorie idealisiert das Bauteil als in der Breiten- und Höhenrichtung ausdehnungslosen Stab, was dazu führt, dass eingeleitete Lasten sich wegen der nicht erfassten Spannungsausbreitung senkrecht zur Stabachse unmittelbar in einer Änderung der Schnittgrößen auswirken. Für die lokale Bemessung ist diese Idealisierung aber nicht sinnvoll.

Ähnliche Abweichungen von der Balkenbiegetheorie ergeben sich an geometrischen Singularitäten wie sprunghaften Querschnittsänderungen. Zur Untersuchung eignet sich v. a. die Methode der Stabwerkmodelle (s. 3.3.8.3).

Direkte Lasteinleitung
Bei direkter Lasteinleitung bzw. Stützung werden Lasten bzw. Auflagerkräfte durch Druckspannungen am Bauteilrand eingeleitet. Da den Biege- und Schubspannungen des Balkens hier eine Spannung $\sigma_z < 0$ senkrecht zur Balkenachse überlagert wird, bilden sich die Risse und Druckstreben fächerförmig aus (Abb. 3.3-43).

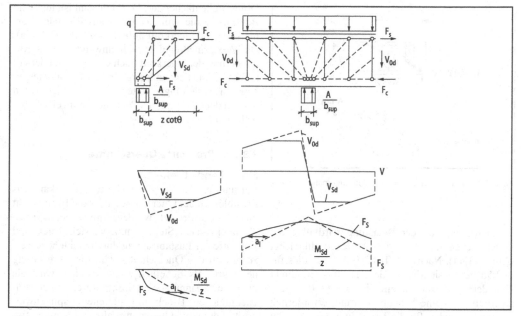

Abb. 3.3-43 End- und Zwischenauflager eines Durchlaufträgers

Am Auflager eines durch Gleichlast beanspruchten Balkens wandert daher ein Teil der Last direkt in das Auflager, ohne eine Beanspruchung in der Schubbewehrung zu erzeugen. Bildet man an einem parallel zur Druckstrebe abgeschnittenen Trägerende das Gleichgewicht, so erhält man für die mit Bügeln zu übertragende Querkraft

$$V_{Sd} = A - q\left(z\cot\theta + \frac{b_{sup}}{2}\right), \qquad (3.3.98)$$

also die in einem Schnitt im Abstand $x=z\cot\theta$ neben dem Auflagerrand wirkende. Die Bemessung der Bügel muss somit nicht für den Maximalwert der Querkraft direkt über dem Auflager erfolgen. Dies gilt jedoch nicht für den Nachweis der Druckstrebenbeanspruchung.

Die am Auflager zu verankernde Zugkraft in der Längsbewehrung ergibt sich aus dem Momentengleichgewicht um die Auflagermitte bei kurzen Auflagern ($b_{sup} \approx 0$) und einer senkrecht zur Balkenachse stehenden Schubbewehrung zu

$$F_s = q\frac{z\cot^2\theta}{2} + V_{Sd}\frac{\cot\theta}{2} = \frac{A}{2}\cot\theta. \qquad (3.3.99)$$

Man erhält das gleiche Ergebnis mit der Versatzmaßregel.

An den Zwischenauflagern von Durchlaufträgern bewirkt die steilere Druckstrebenneigung eine Abnahme des Versatzmaßes a_l, so dass die Zugkraft in der Bewehrung weniger stark ansteigt als das Moment. In der Auflagermitte liefert das Momentengleichgewicht

$$F_s z = M_{Sd} - \frac{A}{b_{sup}} \cdot \frac{b_{sup}^2}{8} = M_{Sd} - \frac{A b_{sup}}{8}. \qquad (3.3.100)$$

Bei Auflagern mit endlicher Breite bewirkt der rückdrehende Anteil der Auflagerpressung also eine Ausrundung des Verlaufes von F_s.

Eine monolithische Verbindung des Balkens mit dem unterstützenden Bauteil ermöglicht zusätzlich eine Vergrößerung des inneren Hebelarms z durch Ausstrahlung der Betondruckkraft in die Unterstützung. Der Maximalwert der Kraft F_s ergibt sich dann am Auflagerrand, so dass die Bemessung für das dort wirkende Moment erfolgen kann.

Bei konzentrierten Einzellasten in der Nähe der Auflager überlagern sich die Fächer von Last und

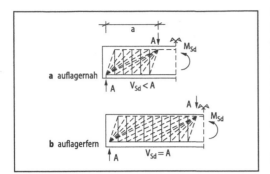

Abb. 3.3-44 Tragwirkung bei einer auflagernahen Einzellast

Auflager; ein Teil der Belastung wird über die Druckstreben direkt in das Auflager eingeleitet (Abb. 3.3-44). Nach DIN 1045 Teil 1 darf dies für $a < 2{,}5d$ berücksichtigt werden. Da für eine direkt über dem Auflager angreifende Last ($a = 0$) offensichtlich gar keine Schubbewehrung erforderlich ist, liegt es nahe, für die Ermittlung von A_{sw} die Querkraft aus der Einzellast linear abzumindern:

$$V_{Sd} = V_{0d} \frac{a}{2{,}5d}. \qquad (3.3.101)$$

Indirekte Lasteinleitung
Die Krafteinleitung erfolgt durch Zugkräfte; für diese ist eine Aufhängebewehrung erforderlich. Da ein Teil der Kraft durch den Verbund über die Bauteilhöhe verteilt eingeleitet wird, bildet sich kein

Druckstrebenfächer aus. Da θ konstant ist, muss die Bewehrung die volle Zugkraft aus Biegung, Normalkraft und Querkraft aufnehmen (Abb. 3.3-45a). Die Versatzmaßregel ist nicht anwendbar. Eine Abminderung der Querkraft nach Gl. (3.3.98) oder Gl. (3.3.101) ist nicht zulässig. Indirekte Lagerungen bzw. Lasteinleitungen treten z. B. bei Trägerrosten auf, bei denen Haupt- und Nebenträger in einer Ebene liegen (Abb. 3.3-45b).

3.3.6.6 Profilierte Querschnitte

Mitwirkende Breite
Bei stark profilierten Querschnittsformen kann das Ebenbleiben der Querschnitte über die Breite nicht mehr vorausgesetzt werden; mit zunehmendem Abstand von den Stegen entziehen sich Druck- und Zuggurte der Lastabtragung durch nichtebene Verzerrungen des Querschnitts. Um die Berechnung der Gurte als Scheiben zu vermeiden, wird die unebene Spannungsverteilung durch einen flächengleichen Block mit gleichem Spitzenwert ersetzt, der reale Querschnitt also durch einen fiktiven Ersatzquerschnitt mit der mitwirkenden Breite b_{eff}, der unter Annahme einer ebenen Dehnungsverteilung die gleichen maximalen Spannungen wie der sich verzerrende reale Querschnitt liefert. Die Breite b_{eff} hängt v. a. vom statischen System, der Lastanordnung und der Querschnittsgeometrie ab.

Das einfache Modell in Abb. 3.3-46 gibt nicht die exakte Lösung des Scheibenproblems [Girkmann 1959] wieder, ist jedoch zum Verständnis

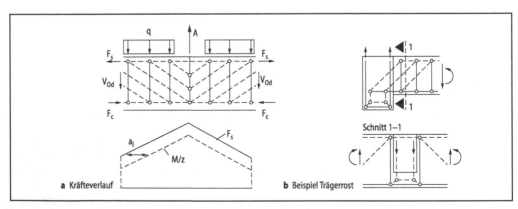

Abb. 3.3-45 Indirektes Auflager

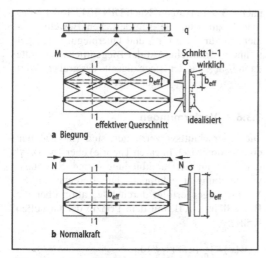

Abb. 3.3-46 Mitwirkende Breite eines Zweifeldträgers

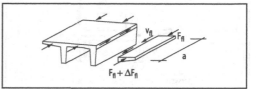

Abb. 3.3-47 Anschluss eines Gurtes

hilfreich. Die ungleichförmige Spannungsverteilung beruht demnach auf der Ausstrahlung der Spannungen in die Platte ausgehend vom Steg, der durch Schubspannungen die Biegezug- und -druckkräfte in die Gurte einleitet. Entscheidend für die Spannungsverteilung in der Platte ist demnach der Abstand der betrachteten Stelle von den Punkten der Krafteinleitung in die Flansche, d. h. bei Biegebeanspruchung von den Momentennullpunkten. Bei vorgespannten Bauteilen müssen als Einleitungsstellen der Normalkraft die Verankerungen der Spannglieder angesehen werden. In Abb. 3.3-46 wirkt demnach im Stützbereich die Normalkraft aus Vorspannung bereits auf den gesamten Querschnitt, das Biegemoment dagegen nicht. Dies ist insbesondere im GZG zu beachten.

Eine hohe Genauigkeit bei der Ermittlung von b_{eff} ist i. d. R. nicht angemessen, da die in der Literatur angegebenen Ansätze unter Annahme elastischen Materialverhaltens abgeleitet wurden und im GZT nur als Abschätzung angesehen werden können; i. Allg. nimmt b_{eff} durch Rissbildung und Plastifizierung zu. Der Einfluss auf das Bemessungsergebnis ist i. d. R. ohnehin gering.

Gurtanschluss

Zur Aktivierung von Längsspannungen in den Gurten müssen am Anschluss zum Steg Schubkräfte übertragen werden. Aus dem Gleichgewicht folgt nach Abb. 3.3-47

$$\int_{(a)} v_{fl}\, dx = \Delta F_{fl}. \qquad (3.3.102)$$

F_{fl} ergibt sich dabei aus der gesamten Gurtkraft (i. Allg. Biegedruck- oder Zugkraft) im Verhältnis der abgetrennten (mitwirkenden) Gurtfläche zur gesamten Gurtfläche. Nach elastischer Rechnung wäre v_{fl} etwa affin zur Querkraft. Eine baupraktisch sinnvolle, in Bereichen konstante Querbewehrungsmenge lässt sich durch Ausnutzung plastischer Umlagerungen erreichen, wenn dort v_{fl} konstant angenommen, d. h. gemittelt wird. Die Länge, über die v_{fl} gemittelt werden darf, ist wegen der eingeschränkten Duktilität nach DIN 1045 Teil 1 auf den halben Abstand zwischen Momentennullpunkt und -maximum beschränkt.

Da die in den Gurten aktivierbare Längskraft von der Schubtragfähigkeit im Anschluss abhängt wirkt sich diese auch auf b_{eff} aus. Umgekehrt kann es zur Vermeidung hoher Anschlussbewehrungen sinnvoll sein, b_{eff} und damit F_{fl} im GZT gegenüber dem elastischen Wert abzumindern. Zur Wahrung der Gebrauchstauglichkeit sollte hiervon aber nur eingeschränkt Gebrauch gemacht werden.

Krafteinleitung

Bei der Untersuchung der Lasteinleitung in den Querschnitt begnügt man sich i. d. R. mit der getrennten Betrachtung von Längs- und Querrichtung. Für die Berechnung in der Längsrichtung werden die Auflagerreaktionen der Querrichtung auf das Längssystem aufgebracht, in Abb. 3.3-48 getrennt auf jeden der beiden Stege.

Bei einstegigen Plattenbalken folgen die Schnittgrößen der Längsrichtung unmittelbar aus dem Gleichgewicht. Bei mehrstetigen Plattenbalken und Hohlkastenquerschnitten ist die Verteilung der

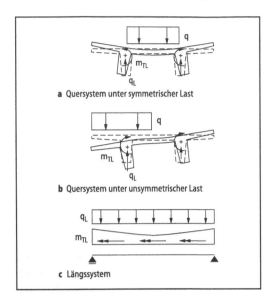

a Quersystem unter symmetrischer Last

b Quersystem unter unsymmetrischer Last

c Längssystem

Abb. 3.3-48 Plattenbalken

Schnittgrößen in der Platte in Querrichtung und auf die Stege in Längsrichtung durch statisch unbestimmte Rechnung über die Verträglichkeit der Verformungen in Längs- und Querrichtung zu ermitteln (Abb. 3.3-48). Symmetrische Lasten erzeugen in den Stegen Torsion infolge der Verformung der Platte. Unsymmetrische Lasten werden durch St.-Venantsche Torsion der Teilquerschnitte und gegensinnige Querkräfte in den Stegen abgetragen (Wölbkrafttorsion).

Lediglich bei Vernachlässigung der St.-Venantschen Torsionssteifigkeit der Stege wird das Quersystem statisch bestimmt; die Kräfte verteilen sich nach dem Hebelgesetz auf die Stege. Diese Näherung ist im üblichen Hochbau zulässig. Im Brückenbau sind genauere Untersuchungen erforderlich (s. [Holst 1998]). Zur Aufnahme der Torsionsmomente ist i. Allg. eine Verbindung der Stege mit Querträgern (meist nur im Auflagerbereich) erforderlich, die die gegenseitige achsiale Verdrehung behindern.

Nachweise

Die Bemessung der Gurte kann für die Schubbeanspruchung $v_{Sd,fl}$, die Biegebeanspruchung $m_{Sd,q}$ in Querrichtung und die Spannung in Längsrichtung

nach 3.3.9.1 erfolgen. Nach DIN 1045 Teil 1 ist es jedoch zulässig, die erforderlichen Bewehrungsmengen für Schub $a_{s,v}$ und Querbiegung $a_{s,m}$ getrennt zu ermitteln. Auf der Biegedruckseite sollte dann $1/_2 a_{s,v}$, auf der Biegezugseite der größere Wert von $1/_2 a_{s,v}$ und $a_{s,m}$ angeordnet werden.

3.3.6.7 Verformungen

Die Querschnittsverzerrungen sind (im Rahmen einer geometrisch linearen Theorie) über $-w''=\kappa-\gamma'$ und $u'=\varepsilon_0$ an die Durchbiegung w und die Längsverschiebung u gekoppelt. Die Berechnung der Verformungen erfolgt durch Integration über die Bauteillänge, z. B. mit dem Prinzip der virtuellen Kräfte:

$$w(x)=\int_0^{x_i}(\kappa\overline{M}+\gamma\,\overline{V})\mathrm{d}x,$$
$$u(x)=\int_0^{x_i}\varepsilon_0\overline{N}\mathrm{d}x. \tag{3.3.103}$$

Dies gilt unabhängig vom linearen oder nichtlinearen Materialverhalten, da die virtuellen Schnittgrößen nur geometrische Wichtungsfunktionen für den Einfluss einer Verzerrung auf die gesuchte Verformung sind. Zu beachten ist, dass bei gerissenen Bauteilen auch unter reiner Biegebeanspruchung eine Verlängerung der geometrischen Schwerachse des Bauteils auftritt.

In der Praxis wird der Anteil der Schubverformung i. Allg. vernachlässigt ($\kappa=-w''$). Dies ist wegen des starken Abfalls der Schubsteifigkeit im Zustand II nicht unbedingt gerechtfertigt. Bei gedrungenen Balken sollte γ daher zumindest qualitativ erfasst werden, z. B. über eine reduzierte elastische Schubsteifigkeit, s. [Grasser/Thielen 1991]. Die zeitabhängige Zunahme der Verformungen muss in jedem Fall berücksichtigt werden (s. 3.3.10). Die Länge der als gerissen anzunehmenden Bereiche muss neben der bei der Durchbiegungsberechnung angesetzten Last evtl. auch vorhergehende höhere Lasten (i. Allg. die seltene Einwirkungskombination) berücksichtigen.

Bei der Auswertung von Gl. (3.3.103) sind zunächst die aus den wirkenden Schnittgrößen resultierenden Verzerrungen (unter Berücksichtigung der Mitwirkung des Betons zwischen den Rissen) in einer ausreichenden Anzahl von Punkten entlang der Stabachse und die virtuellen Schnittgrößen für die gesuchte Verformung zu bestimmen. Die Integration erfolgt numerisch, z. B. mit der Simpson-Regel.

Die numerische Genauigkeit hängt von der Zahl der verwendeten Stützstellen ab. Bei nur einer Stützstelle und Annahme eines zum Moment affinen Verlaufs der Krümmung ergibt sich in Abb. 3.3-49

$$w \approx \frac{5}{12} \cdot \frac{l}{4} \kappa_{max} \, l = \frac{5}{48} l^2 \kappa_{max}. \qquad (3.3.104)$$

Da der angenäherte Verlauf völliger ist als der wirkliche, wird die Verformung überschätzt. Im Allgemeinen nähert man sich dem (numerisch) richtigen Ergebnis bei einer Erhöhung der Zahl der Stützstellen von oben an.

Die Integration der Verzerrungen bewirkt eine Mittelung des Bauteilverhaltens über die Länge. Da lokale Störungen auf diese Weise ausgeglichen werden, können Verformungen für die Nachweise im GZG und GZT meist unter Ansatz der stochastischen Mittelwerte der Materialeigenschaften berechnet werden.

Hinsichtlich der Zuverlässigkeit einer Durchbiegungsberechnung ist zu bedenken, dass die hierfür maßgebenden Materialparameter (Elastizitätsmodul und Zugfestigkeit des Betons) i. Allg. nicht experimentell bestimmt, sondern lediglich aus der Druckfestigkeit abgeleitet werden, vgl. Gl. (3.3.5)–(3.3.7). Die Vorhersagegenauigkeit ist daher begrenzt.

Begrenzung im GZG

Zu unterscheiden sind *Durchbiegung* (Verformung, bezogen auf die unverformte, spannungslose Lage des Bauteils) und *Durchhang* (Stich der Biegelinie, bezogen auf die ideale Systemlinie, z. B. die Verbindungslinie der Auflager). Durchhang und Durchbiegung unterscheiden sich um das Maß der Überhöhung beim Betonieren.

Die Gebrauchstauglichkeit von Bauwerken kann durch Verformungen erheblich eingeschränkt werden (Abb. 3.3-50). Die Forderung nach einer Begrenzung der Durchbiegung folgt i. Allg. aus der Begrenzung der durch die Verformung verursachten Schäden an der tragenden und nichttragenden Konstruktion. Daneben sind aber auch die Auswirkungen auf das subjektive Wohlbefinden von Personen, das einwandfreie Funktionieren installierter

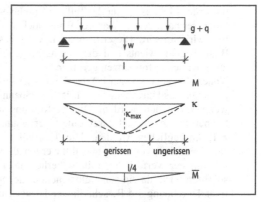

Abb. 3.3-49 Berechnung der Durchbiegung eines Einfeldträgers

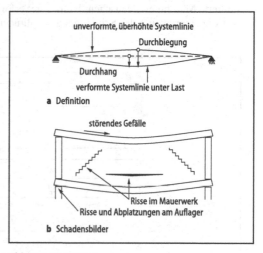

Abb. 3.3-50 Verformung

Maschinen, die Entwässerung von flachen Dächern etc. zu berücksichtigen. Wegen der Vielfalt der möglichen Schäden ist die Festlegung allgemein gültiger Grenzwerte nicht möglich. In DIN 1045 Teil 1 werden in Anlehnung an ISO 4356 folgende Grenzen angegeben:

– Zur Vermeidung von Schäden in Trennwänden darf die Durchbiegung 1/500 der Spannweite nicht überschreiten. Entscheidend ist hier aber auch die konstruktive Ausbildung und der Zeitpunkt des Einbaus, da nur der Teil der Durchbiegung, der nach dem Einbau der Wand noch auftritt, wirksam wird. Dieser ist um den Anteil des Bauteileigengewichts und die bereits eingetretenen Kriechverformungen geringer.

– Andere Schäden können i. Allg. durch eine Begrenzung des Durchhangs auf 1/250 der Spannweite vermieden werden. Die Verformungen können in diesem Fall durch eine Überhöhung z. T. ausgeglichen werden. Die Überhöhung sollte jedoch so vorsichtig gewählt werden, dass sie von der Verformung mit Sicherheit überschritten wird, da ein sonst entstehender negativer Durchhang i. d. R. schädlicher ist als ein positiver.

Unter periodischen Einwirkungen (z. B. durch installierte Maschinen, Menschen, Fahrzeuge) erfordert die Begrenzung der Schwingungsamplituden neben einer ausreichenden Dämpfung v. a. einen ausreichenden Abstand zwischen Eigen- (ω) und Erregerfrequenz (Ω), (vgl. 1.5 und [CEB 1991a]). Da i. Allg. $\Omega < \omega$ angestrebt wird, entspricht dies einer Mindestanforderung an die Steifigkeit und ist demnach an die Beschränkung der Durchbiegung unter ruhender Last gekoppelt.

3.3.7 Statisch unbestimmte Balken

3.3.7.1 Bauteilverhalten

Im Gegensatz zu statisch bestimmten Balken können Schnittgrößen aus Gleichgewichtsbedingungen nicht eindeutig bestimmt werden. Daher ist zusätzlich die Beachtung von Verträglichkeitsbedingungen erforderlich. Diese fordern für den in Abb. 3.3-51 dargestellten Träger ein Verschwinden der Verdrehung an den Einspannstellen:

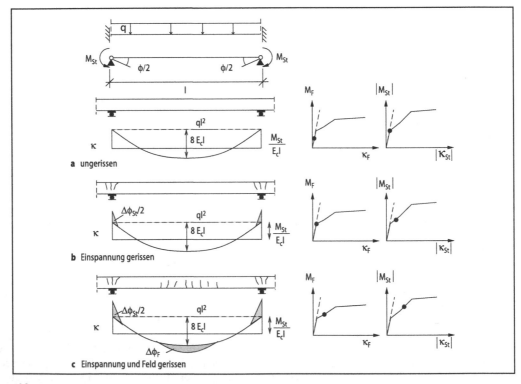

Abb. 3.3-51 Krümmungen und Verträglichkeit der Verformungen

$$\phi = \int_0^l \kappa \overline{M} dx = \int_0^l \kappa dx = 0. \qquad (3.3.105)$$

Solange der Träger ungerissen bleibt gilt dabei überall $\kappa = M/E_c I$, wenn der Einfluss ggf. unterschiedlicher ideeller Querschnittswerte bei ungleicher Bewehrung im Feld- und Stützbereich vernachlässigt wird. Die Krümmung ist dann parabelförmig, und es folgt:

$$\phi = \frac{M_{St}}{E_c I} l + \frac{2}{3} \cdot \frac{q l^2}{8 E_c I} l = 0 \Rightarrow M_{St} = -\frac{q l^2}{12}. \qquad (3.3.106)$$

Die ersten Risse entstehen an der Einspannung. Da κ im gerissenen Zustand größer ist als nach elastischer Rechnung entsteht eine zusätzliche Winkelverdrehung $\Delta\phi_{St} < 0$, die dem Integral über dem Krümmungszuwachs entspricht (neg. schraffierte Fläche in Abb. 3.3-51 b):

$$\phi = \frac{M_{St}}{E_c I} l + \frac{2}{3} \cdot \frac{q l^2}{8 E_c I} l + \Delta\phi_{St} = 0,$$
$$M_{St} = -\frac{q l^2}{12} - \frac{E_c I}{l} \Delta\phi_{St}. \qquad (3.3.107)$$

Die Verträglichkeit kann demnach nur gewährleistet werden, wenn $|M_{St}|$ kleiner ist als der aus einer elastischen Rechnung folgende Wert $q l^2/12$. Das Feldmoment folgt dann allein aus dem Gleichgewicht zu $M_F = M_{St} + q l^2/8$. Zum gleichen Ergebnis kommt man, wenn die aus der Lasterhöhung gegenüber der Erstrisslast resultierenden Schnittgrößen durch eine statisch unbestimmte Rechnung bestimmt werden, bei der den gerissenen Stützbereichen die reduzierte Steifigkeit im Zustand II zugewiesen wird.

Bei weiterer Laststeigerung entstehen auch im Feldbereich Risse, die durch die vergrößerte Krümmung einen zusätzlichen Drehwinkel $\Delta\phi_F > 0$ verursachen. Die Steifigkeit fällt auch dort auf den Wert im Zustand II ab. Die weitere Entwicklung der Schnittgrößenverteilung ist wesentlich von der vorhandenen Bewehrung abhängig. Für $A_{s,St} \gg A_{s,F}$ ist die Steifigkeit im Stützbereich im Zustand II wesentlich größer, was zu einem Anstieg der Stützmomente über den elastisch berechneten Wert führen kann.

Mit dem Erreichen des Fließmomentes $M_{St,y}$ im Stützbereich nehmen dort die Krümmungen ohne eine (wesentliche) Zunahme des Stützmoments sehr stark zu. Eine weitere Lasterhöhung muss nun allein durch eine Vergrößerung des Feldmoments aufgenommen werden; das Bauteil wirkt nun wie ein Einfeldträger mit einem Randmoment $M_{St,y}$. Da sich die plastischen Krümmungen auf einen relativ kurzen Bereich konzentrieren, werden sie i. Allg. zur Verdrehung eines (fiktiven) plastischen Gelenks zusammengefasst. Die Zunahme der Krümmung im Feld bei Steigerung der Feldmomente verursacht eine Verdrehung des plastischen Gelenks; durch den entstehenden Knick ist die Verträglichkeit der Verformungen nicht mehr gewährleistet.

Der Grenzzustand der Tragfähigkeit ist erreicht, wenn mit der Bildung eines weiteren Fließgelenks in Feldmitte eine kinematische Kette entsteht. Anders ausgedrückt bedeutet dies, dass die Schnittgrößenverteilung im GZT durch die im Bauteil vorhandene Bewehrung bestimmt wird, da sich eine entsprechende Momentenlinie durch Fließgelenkbildung automatisch einstellt; dies entspricht dem statischen Grenzwertsatz der Plastizitätstheorie. Voraussetzung für die vollständige Aktivierung des Feldmoments ist eine ausreichende Duktilität (Rotationsfähigkeit) der Stützbereiche, die in der Lage sein müssen, die hierfür erforderliche plastische Verdrehung aufzunehmen.

Die Abweichung der tatsächlichen Biegemomente M von den nach E-Theorie berechneten M_{el} wird als Momentenumlagerung bezeichnet. Der Umlagerungsfaktor ist definiert als $\delta = M_{St}/M_{St,el}$. Das Ausmaß der Umlagerung in den einzelnen Laststufen ist von zahlreichen Parametern abhängig, v. a. den Bewehrungsmengen A_{St}, A_F, der Querschnittsform (Rechteck, Plattenbalken) und der Belastung (Form der Momentenlinie). Den qualitativen Verlauf für einen beidseitig eingespannten Träger unter Gleichlast mit Rechteckquerschnitt und gleicher Bewehrung im Feld und an der Stütze zeigt Abb. 3.3-52. Da bei gleicher Bewehrung auch die Steifigkeit im Zustand II im Feld- und Stützbereich gleich ist, verläuft die Linie im voll gerissenen Zustand parallel zur elastischen. Im Allgemeinen ist die Bewehrungsmenge im Stützbereich jedoch größer als im Feld; wegen der dann größeren Steifigkeit der Stützbereiche nähert sich die Schnittgrößenverteilung nach Abschluss der Rissbildung wieder der elastischen an.

Bei unsymmetrischen Querschnitten (Plattenbalken mit $W_o \gg W_u$) beginnt die Rissbildung u. U.

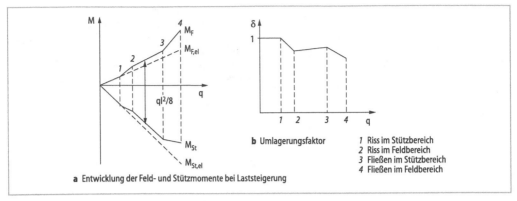

a Entwicklung der Feld- und Stützmomente bei Laststeigerung

b Umlagerungsfaktor

1 Riss im Stützbereich
2 Riss im Feldbereich
3 Fließen im Stützbereich
4 Fließen im Feldbereich

Abb. 3.3-52 Momentenumlagerung am beidseitig eingespannten Träger

im Feld. In diesem Fall werden die Schnittgrößen zunächst vom Feld zur Stütze umgelagert. Ebenso kann bei $A_{s,St} \gg A_{s,F}$ das erste Fließgelenk im Feld entstehen. Dieser Fall ist bei Balken mit Gleichlast und üblicher Bewehrungsanordnung von geringer praktischer Bedeutung und wird daher nicht weiter behandelt. Es sei aber darauf hingewiesen, dass die folgenden Erläuterungen hierfür nicht unmittelbar anwendbar sind, da in einem solchen Gelenk V=0 ist und somit die Rotationsfähigkeit kleiner ausfällt.

Einfluss der Schubverzerrung
Bei Zweifeldträgern und den Randfeldern von Durchlaufträgern wird v. a. bei gedrungenen Balken das Stützmoment und damit die Durchlaufwirkung reduziert. Bei profilierten Querschnitten mit dünnen Stegen ist der Einfluss der Schubverzerrung bereits bei größeren Schlankheiten erkennbar, ebenso bei gerissenen Stahlbetonbauteilen wegen der i.Allg. relativ geringen Schubsteifigkeit.

In der Praxis wird dieser Effekt meist vernachlässigt, was im Rahmen des statischen Grenzwertsatzes der Plastizitätstheorie gerechtfertigt ist. Bei hochausgenutzten Tragwerken kann eine Berücksichtigung der Abnahme der Stützmomente bzw. der Rotation in den plastischen Gelenken sinnvoll sein.

Rotationsfähigkeit plastischer Gelenke
Die mögliche Rotation eines Fließgelenks ergibt sich aus dem Integral über den plastischen Krümmungsanteilen im Bereich des Gelenks (Abb. 3.3-53) [CEB 1998; Eligehausen u. a. 1997]. Die Länge l_{pl} wird

durch das Erreichen der Fließgrenze in der Bewehrung im Schnitt 1 und des Bruchmoments im Schnitt 2 bestimmt. Sie hängt damit v. a. vom Verhältnis zwischen dem Fließ- und Bruchmoment des Querschnitts sowie der Querkraft ab, also der Steigung der Momentenlinie im Bereich des Gelenkes, wobei die Ausrundung der Zugkraftlinie über direkten Auflagern (Abb. 3.3-43) zu beachten ist. Die üblicherweise angegebenen Rotationsfähigkeiten sind daher auf indirekte Auflager nicht ohne weiteres übertragbar.

Die maximale plastische Krümmung wird von der Duktilität der Bewehrung und des Betons, dem Verbundverhalten und dem Bewehrungsgrad beeinflusst (Abb. 3.3-30). Für Stahlversagen ergibt sie sich über die Risse gemittelt zu $\kappa_{um} = \varepsilon_{su,m}/(d-x)$, für Betonversagen zu $\kappa_{um} = |\varepsilon_{cu,m}|/x$. Somit ist die bezogene Druckzonenhöhe ein geeigneter Summenparameter für die Duktilität (Abb. 3.3-54). Für sehr klei-

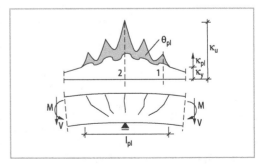

Abb. 3.3-53 Ermittlung der möglichen Rotation θ_{pl}

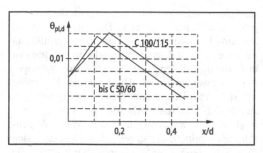

Abb. 3.3-54 Bemessungswerte der zulässigen Rotation eines plastischen Gelenks für hochduktile Bewehrungs-stähle nach DIN 1045 Teil 1 ($\lambda = 3$)

ne Werte ρ bzw. x/d nimmt θ_{pl} wegen der zunehmenden versteifenden Mitwirkung des Betons zwischen den Rissen ab. Für große x/d versagt die Druckzone vor Fließbeginn der Bewehrung. Die Rotationsfähigkeit ist dann gleich Null. Der Einfluss der Querkraft wird durch die Schubschlankheit $\lambda = M_{Sd}/(V_{Sd}d)$ erfasst, indem der Grundwert mit dem Faktor $\sqrt{\lambda/3}$ multipliziert wird.

3.3.7.2 Schnittgrößenermittlung

Nichtlineare Schnittgrößenermittlung
Wirklichkeitsnahe Berechnungen unter Berücksichtigung von Rissbildung und Plastifizierung erfolgen heute i.d.R. unter Verwendung der Methode der Finiten Elemente (zu den Grundlagen s. 1.5). Die Knotenkräfte des Elements ergeben sich hier jedoch als nichtlineare Funktion der Knotenverschiebungen:

$$s^e = s^e(v^e) = \int l_e \, \mathbf{H}^{eT} \, \sigma(v^e) \, dx + s^{oe} \qquad (3.3.108)$$

mit dem Elementlastvektor s^{oe} und den Ansatzpolynomen für die Elementverzerrungen $\mathbf{H}^e$. Die Ermittlung des Schnittgrößenvektors σ erfolgt für den aus den Knotenverschiebungen v^e resultierenden Verzerrungszustand nach Gl. (3.3.31).

Eine Lösung für die Systemgleichgewichtsbedingung $\mathbf{P} = \mathbf{a}^T \cdot \mathbf{s}$ mit der Transformationsmatrix $\mathbf{a}$ und dem Vektor der äußeren Knotenkräfte $\mathbf{P}$ kann i.Allg. nur iterativ gewonnen werden. Hierfür werden meist analog zu Gl. (3.3.39) die Knotenkräfte nach den Verschiebungen in eine Taylorreihe um einen geschätzten Verformungszustand $\mathbf{V}^{(i)}$ am Be-

ginn des Iterationsschrittes entwickelt: $s^{e\,(i+1)} = k_t^{e(i)} \, \Delta v^e + s^{e\,(i)}$. $k_t^{e(i)}$ heißt dabei tangentiale Steifigkeitsmatrix und folgt analog zur elastischen Rechnung aus

$$k_t^{e(i)} = \int l_e \, \mathbf{H}^{eT} \, \mathbf{E}^{(i)} \, \mathbf{H}^e \, dx \qquad (3.3.109)$$

mit der tangentialen Querschnittssteifigkeit $\mathbf{E}^{(i)}$ nach Gl. (3.3.39). Die Integration muss wegen der Veränderlichkeit von $\mathbf{E}$ im Element i. Allg. numerisch durchgeführt werden (Gauß-Quadratur), siehe z.B. [Bathe 1986].

Die Elementsteifigkeitsmatrizen können wie in der Elastizitätstheorie zur Systemmatrix $\mathbf{K}_t^{(i)}$ kombiniert werden. Die Lösung der linearisierten Gleichgewichtsbedingung $\mathbf{K}_t^{(i)} \Delta \mathbf{V} = \mathbf{P} - \mathbf{a}^T \cdot \mathbf{s}^{(i)}$ liefert einen verbesserten Verformungszustand $\mathbf{V}^{(i+1)} = \mathbf{V}^{(i)} + \Delta \mathbf{V}$. Die Iteration wird abgebrochen, wenn der Verformungszuwachs $\Delta \mathbf{V}$ hinreichend klein oder die globale Gleichgewichtsbedingung hinreichend genau erfüllt ist.

Im Allgemeinen kann bei Stabtragwerken mit dem einfachen Newton-Raphson-Algorithmus Konvergenz erzielt werden; zur Vermeidung von Divergenzen und zur Reduzierung der Rechenzeit empfiehlt sich jedoch eine Modifikation durch Linesearch-Algorithmen oder Sekanten-Verfahren (Quasi-Newtonsche Methoden) siehe z.B. [CEB 1996]. Eine schrittweise (inkrementelle) Steigerung der Last erweist sich i.d.R. als vorteilhaft. Zu Einzelheiten der nichtlinearen Berechnungen siehe z.B. [Hofstetter/Mang 1995; Stempniewski/Eibl 1996].

Bei der Wahl der Elementansätze zur nichtlinearen Berechnung von Stahlbetontragwerken ist insbesondere die Kopplung von Biegung und Normalkraft zu berücksichtigen. Bei den gängigen, schubstarren Stabelementen mit zwei Knoten wird κ linear interpoliert, ε_0 dagegen konstant. Somit kann sich die zur Krümmung zugehörige Längsdehnung nicht frei einstellen, es entstehen fiktive, im Element veränderliche Normalkräfte. Als vorteilhaft erweisen sich daher Elementtypen, die für Verzerrungsgrößen κ und ε_0 Ansatzpolynome gleicher Ordnung verwenden [Zilch 1993].

Das Verhalten plastischer Gelenke kann mit schubstarren Elementen nicht zutreffend erfasst werden, da der Einfluss der Querkraft nicht berücksichtigt wird. Hierfür sind ggf. Modifikationen erforderlich.

Elastische Schnittgrößenermittlung

Da die nichtlineare Berechnung von Stahlbetontragwerken i. Allg. für die praktische Anwendung
zu aufwändig und fehleranfällig ist, werden
Schnittgrößen in der Praxis heute meist auf Basis
der linearen Elastizitätstheorie ermittelt. Dies entspricht einer Approximation durch die Tangenten-
steifigkeit im Ursprung und ist somit v. a. auf niedrigen Laststufen, insbesondere solange der Beton
ungerissen bleibt, zutreffend oder zumindest eine
gute Annäherung an die Realität.

Für höhere Lasten weicht die Näherung zunehmend von der Wirklichkeit ab, ist für die praktische
Arbeit i. d. R. jedoch hinreichend genau, wenn die
Schnittgrößen nicht von der Gesamtsteifigkeit,
sondern nur von der örtlichen Verteilung der Steifigkeiten im System abhängen. Unter Zwangbean-
spruchung und bei einer Berechnung nach Theorie
II. Ordnung liefert sie jedoch keine sinnvollen Ergebnisse.

3.3.7.3 Nachweiskonzepte

Nachweis im GZT

Nichtlineare Berechnung. Der konsequenteste Nachweis im GZT ist die Ermittlung der Systemtraglast
durch eine nichtlineare Systemberechnung; der
Nachweis ist erbracht, sofern sichergestellt wird,
dass für den Bemessungswert der Einwirkungen in
jeder denkbaren Anordnung ein Gleichgewichtszustand gefunden werden kann. Lediglich Schnittgrößen, denen im Rahmen der gewählten Modellbildung keine Verformungen zugewiesen werden
(z. B. Querkraft bei schubstarren Elementen), müssen für die im Traglastzustand vorliegenden Schnittgrößen gesondert nachgewiesen werden.

Da die Verteilung der Schnittgrößen jedoch wesentlich von der vorhandenen Bewehrung abhängt,
die zu bestimmen der eigentliche Zweck der Bemessung ist, kann diese nur noch iterativ erfolgen.
Die Iteration lässt sich evtl. umgehen, wenn die Bewehrung zunächst im GZG für die Schnittgrößen
nach der Elastizitätstheorie bestimmt und damit
schließlich die Tragfähigkeit mit einer nichtlinearen Berechnung nachgewiesen wird.

Die Berücksichtigung der Unsicherheiten der
Materialseite ist im Rahmen des Teilsicherheits-
konzeptes schwierig. Da das globale Verhalten des
Tragwerks am besten durch die Mittelwerte be-

schrieben wird, werden diese i. Allg. für die Schnittgrößenermittlung angesetzt. Die Querschnittsbemessung lässt sich aber von der Traglastermittlung
nicht trennen, so dass die ermittelte Systemtraglast
mit einem globalen Sicherheitsbeiwerte γ_R abgemindert werden muss [Eibl/Schmidt-Hurtienne
1995]. Um für Beton- und Stahlversagen gleiche γ_R
zu erhalten, wird nach DIN 1045 Teil 1 die Systemtraglast mit *Rechenwerten* der Materialeigenschaften ermittelt, die so festgelegt sind, dass sich
für reines Beton- oder Stahlversagen mit γ_R=1,3 die
gleichen Traglasten ergeben wie unter Verwendung
der Bemessungswerte, d. h. für die Betondruckfestig-
keit $f_{cR}/\gamma_R \approx f_{cd}$ und die Fließgrenze der Bewehrung
$f_{yR}/\gamma_R \approx f_{yd}$ [König et al. 1997].

Die globale Abminderung der Tragfähigkeit impliziert jedoch auf Querschnittsebene eine Abminderung der Schnittgrößen bei festgehaltener Verzerrung und damit auch der E-Moduln. Für stark
verformungsbeeinflusste Grenzzustände nach Theorie II. Ordnung liegt die Methode daher evtl. weit
auf der sicheren Seite [König/Quast 2000]. Für solche Fälle bietet es sich an, von vornherein mit den
Bemessungswerten der Materialeigenschaften zu
rechnen oder für die mit den Mittelwerten berechneten in den kritischen Schnitten eine Bemessung
unter Verwendung von Bemessungswerten durchzuführen. Die zweite Möglichkeit ist nicht konsis-
tent, da bei Schnittgrößenermittlung und Querschnittsbemessung unterschiedliche Dehnungszustände vorausgesetzt werden; sie liefert aber i. Allg.
sinnvolle Ergebnisse.

Elastische Schnittgrößenermittlung. Die Querschnittsbemessung wird für die elastisch berechneten
Schnittgrößen nach 3.3.6 durchgeführt, die Betrachtung von System (Schnittgrößenermittlung) und
Querschnitt (Bemessung) also entkoppelt. Dies bedeutet, dass das Verhalten des Querschnitts die Verteilung der Schnittgrößen nicht beeinflusst und
mögliche Umlagerungen durch Fließgelenkbildung
nicht erfasst werden können. Die globale Tragfähigkeit des Systems ist somit definiert durch die lokale
Tragfähigkeit des schwächsten Querschnitts.

Wegen des starken Näherungscharakters der Elastizitätstheorie erlaubt sie nur im Rahmen des statischen Grenzwertsatzes der Plastizitätstheorie eine
sichere Bemessung, da sie einen möglichen Gleichgewichtszustand liefert. Zum Erreichen der vollen

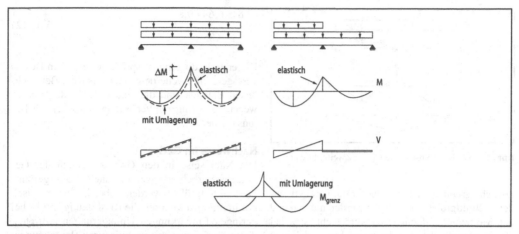

Abb. 3.3-55 Momentenumlagerung beim Zweifeldträger

Tragfähigkeit ist eine (relativ geringe) Mindestduktilität erforderlich; nach DIN 1045 Teil 1 ist daher die Druckzonenhöhe in den Bemessungsschnitten auf x/d≤0,45(x/d≤ 0,35 ab C 55/67) zu begrenzen.

Plastische Nachweisverfahren. Die Ausnutzung der Umlagerung durch Fließgelenkbildung bei der Bemessung im GZT bietet

– konstruktive Vorteile durch Entlastung hochbeanspruchter Bereiche (Vermeidung von Bewehrungskonzentrationen) sowie
– wirtschaftliche Vorteile aus einer günstigeren Momentengrenzlinie (Abb. 3.3-55).

Plastische Nachweisverfahren gehen daher direkt von der zum Versagen führenden Fließgelenkkette im Grenzzustand der Tragfähigkeit aus. Das Auffinden des maßgebenden Mechanismus bereitet bei Stabtragwerken i. Allg. keine Probleme, wenn die ersten Fließgelenke über den Stützen eingeführt und die Schnittgrößen im Feld aus den Gleichgewichtsbedingungen bestimmt werden (z. B. Einhängen einer Parabel mit dem Stich $ql^2/8$, Abb. 3.3-56). Man erhält so unmittelbar den Zusammenhang zwischen der Tragfähigkeit der Stützbereiche $M_{Rd,\,St}$ und Feldbereiche $M_{Rd,F}$ und der Traglast.

Das Verhältnis $M_{Rd,\,St}/M_{Rd,\,F}$ ist bei ideal-plastischen Baustoffen beliebig, bei Stahlbetontragwerken mit eingeschränkter Duktilität aber durch die Rotationsfähigkeit begrenzt. Diese ist daher prinzipiell nachzuweisen. In Abb. 3.3-57 gilt bei Vernachlässigung der Schubverzerrungen:

$$\theta = \int_{(2l)} \overline{M} \cdot \kappa \cdot dx. \qquad (3.3.110)$$

Die erforderliche Rotation θ ist mit der möglichen $\theta_{pl,\,d}$ nach Abb. 3.3-54 zu vergleichen. Die Krümmung darf bei Ermittlung der erforderlichen Rotation mit den Mittelwerten der Baustoffeigenschaften berechnet werden; im plastischen Gelenk sind dagegen Bemessungswerte anzusetzen.

Vor allem bei hohen Bewehrungsgraden und schmalen Druckzonen, z. B. bei durchlaufenden Plattenbalken mit schmaler Druckzone über einer Innenstütze, bleiben so die möglichen Schnittgrößenumlagerungen begrenzt. Zu beachten ist auch, dass bei einer Umlagerung der Momente aus Gleich-

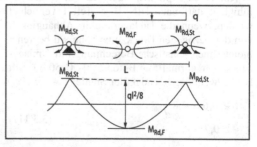

Abb. 3.3-56 Plastische Traglastermittlung bzw. Bemessung

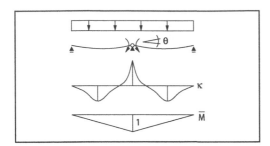

Abb. 3.3-57 Rotationsnachweis beim Zweifeldträger

$$\delta \geq 0{,}64 + 0{,}8\frac{x}{d}$$
$$\geq 0{,}85 \qquad\qquad (3.3.112)$$

Die erste Bedingung entspricht jeweils dem Betonversagen, die zweite dem Stahlversagen. Bei hochfesten Betonen sind die zulässigen Umlagerungen wegen der geringeren Verformungsfähigkeit des Betons kleiner.

Nachweise im GZG

Die Nachweise in den Grenzzuständen der Gebrauchstauglichkeit werden nach 3.3.6 geführt. Die Schnittgrößen werden dabei i. Allg. elastisch ermittelt, obwohl durch die Rissbildung bereits bei geringen Einwirkungen Umlagerungen auftreten, deren Verfolgung mit nichtlinearen Berechnungsmethoden möglich und zulässig ist. Die Anwendung plastischer Verfahren ist dagegen wegen der hier vorausgesetzten Plastifizierungen im GZG nicht zulässig.

Da bei einer Bemessung unter Ausnutzung plastischer Umlagerungen die Schnittgrößen nicht proportional zu den äußeren Lasten sind, werden einzelne Bereiche im GZG relativ hoch ausgenutzt (z. B. Stützbereich in Abb. 3.3-55). Die Nachweise im GZG werden dort häufig bemessungsrelevant, und zwar umso eher, je größer die angenommene Umlagerung $(1 - \delta)$ im GZT ist.

Nach DIN 1045 Teil 1 sind die Spannungen in Beton und Bewehrung für $\delta < 0{,}85$ daher grundsätzlich zu überprüfen. Dies begrenzt zusätzlich zur Rotationsfähigkeit die ausnutzbare Umlagerung und stellt Mindestanforderungen an die Bewehrungsführung (z. B. die Länge der Stützbewehrung) dar.

Zwangsschnittgrößen

Zwangsschnittgrößen entstehen durch eingeprägte Verformungen und sind abhängig von der Steifigkeit des Systems. Daher besteht für Bauteile mit nichtlinearem Verhalten ein fundamentaler Unterschied zu Schnittgrößen infolge Lasten.

Das Prinzip lässt sich am Beispiel des Zugstabes erläutern (Abb. 3.3-58). Der erste Riss entsteht unabhängig vom Bewehrungsgehalt des Bauteils, sobald die Dehnung $\Delta s/l$ des Bauteiles die Rissdehnung f_{ct}/E_c des Betons überschreitet. Im Riss wird ein Teil der Zwangsverformung abgebaut, die Zugkraft reduziert sich um den Anteil $w/\Delta s$.

gewichtsgründen auch die Querkräfte und evtl. andere Schnittgrößen umgelagert werden müssen und der Momentennullpunkt sich verschiebt, was bei der Anordnung der Bewehrung zu berücksichtigen ist. Da bei der Ermittlung der Fließmomente Bemessungswerte der Festigkeiten angesetzt werden, die wirklichen Festigkeiten i. Allg. jedoch weit höher liegen, tritt die Fließgelenkbildung bei den angenommenen Bemessungslasten evtl. noch nicht auf (*Überfestigkeit*). Um ein vorzeitiges Versagen durch spröde Mechanismen (z. B. Querkraft) unter den evtl. ungünstigeren Schnittgrößen ohne Umlagerung auszuschließen, sind ggf. Grenzwertbetrachtungen erforderlich.

Die Ausnutzung der Verfestigung, d. h. der Zunahme vom Fließ- zum Bruchmoment in den plastischen Gelenken, ist im Sinne der Plastizitätstheorie nicht konsequent, da zum Erreichen der Bruchmomente im Feld eine wesentlich größere plastische Rotation erforderlich ist als zum Erreichen der Fließmomente, was bei Berechnung des Rotationsbedarfs mit Mittelwerten der Materialeigenschaften aber nicht erfasst wird. Im Allgemeinen ist dies aber tolerierbar.

Auf einen expliziten Nachweis der Rotationsfähigkeit darf nach DIN 1045 Teil 1 verzichtet werden, wenn die Umlagerung in Abhängigkeit von der bezogenen Druckzonenhöhe x/d begrenzt bleibt (linear-elastische Berechnung mit Umlagerung). Für normalfeste Betone (bis C 50/60) gilt bei Verwendung hochduktiler Stähle

$$\delta \geq 0{,}64 + 0{,}8\frac{x}{d}$$
$$\geq 0{,}7 \qquad\qquad (3.3.111)$$

und bei Verwendung normalduktiler Stähle

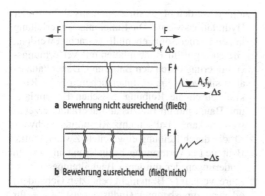

a Bewehrung nicht ausreichend (fließt)

b Bewehrung ausreichend (fließt nicht)

Abb. 3.3-58 Verhalten unter Zwangsbeanspruchung

Beginnt der Stahl im Riss zu fließen, so fällt die Zugkraft auf $f_y A_s$ ab, so dass die elastischen Dehnungen des Betons in den ungerissenen Bereichen ebenfalls abnehmen und im Bauteil kein weiterer Riss entstehen kann, da die Zugfestigkeit des Betons nicht mehr erreicht wird. Daher wird fast der gesamte Zwang Δs in einem einzigen, sehr breiten Riss abgebaut.

Kann die Bewehrung die Zugkraft dagegen aufnehmen ohne zu plastifizieren, so steigt bei einer weiteren Steigerung von Δs die Zugkraft wieder an, bis der nächste Riss entsteht. Dabei kann sie die Rissschnittgröße nicht bzw. nur im Rahmen der Schwankung der Betonzugfestigkeit innerhalb des Bauteils überschreiten, solange das Bauteil im Zustand der Einzelrissbildung bleibt. Bei gleichzeitiger Wirkung von Last- und Zwangsbeanspruchungen gelten diese Aussagen sinngemäß. Die Zwangsschnittgröße kann dann maximal die Differenz zwischen Last- und Rissschnittgröße betragen.

Die explizite Berücksichtigung von Zwängungen ist daher bei Nachweisen im GZG für Tragwerke des üblichen Hochbaus i. d. R. nicht erforderlich, sofern die vorhandene Bewehrung zur Aufnahme der Rissschnittgrößen ausreicht. Diese ergeben sich aus

$$\frac{N_{cr}}{A_i} + \frac{M_{cr}}{W_i} = f_{ct,eff}. \tag{3.3.113}$$

Die erforderliche Mindestbewehrung lässt sich in der folgenden Form schreiben:

$$A_{s,min} = \frac{k_c f_{ct,eff} A_{ct}}{\sigma_s}. \tag{3.3.114}$$

A_{ct} ist die im ungerissenen Zustand unter Zugspannungen stehende Fläche. Der Faktor k_c lässt sich aus einer Gleichgewichtsbetrachtung gewinnen. Bei zentrisch gezogenen Bauteilen ist die Rissschnittgröße offensichtlich $N_{cr} = f_{ct,eff} A_{ct}$ und somit $k_c = 1,0$. Für einen Rechteckquerschnitt unter reiner Biegung ist $M_{cr} = f_{ct,eff} b h^2/6$; die Stahlzugkraft im gerissenen Zustand ist mit dem geschätzten inneren Hebelarm $z \approx 0,8h$ und $A_{ct} = b h/2$ gleich

$$F_s = A_s \sigma_s = \frac{f_{ct,eff} b h^2}{6 \cdot 0,8h} = 0,4 f_{ct,eff} A_{ct}. \tag{3.3.115}$$

Damit ist $k_c = 0,4$. Die aufzunehmende Kraft ist also kleiner als die Biegezugkraft des ungerissenen Querschnitts $1/2 A_{ct} f_{ct,eff}$, was auf die Zunahme des inneren Hebelarms von $2/3$ h bei linearer Spannungsverteilung auf $0,8$ h zurückzuführen ist. Für kombinierte Beanspruchungen aus Zug und Biegung liegt der Wert bei $0,4 < k_c < 1,0$ und für Biegung mit Längsdruck bei $0 < k_c < 0,4$; s. auch Gl. (3.3.201).

Bei gleichzeitiger Wirkung von Eigenspannungen (infolge ungleichmäßigen Schwindens, ungleichmäßiger Temperaturspannungen aus Abfließen der Hydratationswärme) ergibt sich die Gesamtspannung aus der Summe von Eigenspannung und äußerem Zwang und muss am Rand f_{ct} ergeben (Abb. 3.3-59). Demnach verbleibt für den äußeren Zwang nur eine abgeminderte Zugfestigkeit k f_{ct}. Da aus den Eigenspannungen definitionsgemäß keine Schnittgröße resultiert, reduzieren sich die Rissschnittgrößen N_{cr}, M_{cr} entsprechend. Die Größe der Eigenspannungen ist von der Bauteildicke abhän-

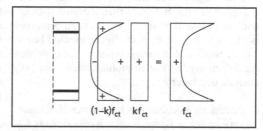

Abb. 3.3-59 Eigenspannung, Spannung aus äußerem Zwang und resultierende Spannung

gig; i. Allg. ist 0,5<k<1,0. Eigenspannungen werden jedoch mit der Zeit durch Kriechen abgebaut. Die Abminderung sollte daher nur ausgenutzt werden, wenn die gleichzeitige Wirkung von Zwang und Eigenspannung vorausgesetzt werden kann, d. h. wenn beide die gleiche Ursache haben (z. B. behindertes Schwinden).

Treten die ersten Risse, etwa bei Zwang infolge abfließender Hydratationswärme, schon vor dem Erreichen der endgültigen Festigkeit auf, so kann die Zugfestigkeit entsprechend reduziert werden. Allgemein sollte jedoch bedacht werden, dass die in der üblichen Bemessung angesetzten Festigkeiten untere Grenzwerte darstellen, die in den realen Bauwerken z. T. erheblich überschritten werden und bei der Ermittlung der Mindestbewehrung auf der unsicheren Seite liegen. Daher schreibt DIN 1045 Teil 1 einen Mindestwert von 3 MPa vor.

Die Stahlspannung σ_s folgt i. d. R. aus der Beschränkung der Rissbreite; unter reiner Zwangsbeanspruchung sollte der Ermittlung der Rissbreite der Zustand der Einzelrissbildung zugrunde gelegt werden. Bei massigen Bauteilen mit Zwang aus abfließender Hydratationswärme und Schwinden führt dies jedoch zu unwirtschaftlichen Ergebnissen. Hier macht man sich die Bildung von Sekundärrissen (Abb. 3.3-22) zunutze, indem die Begrenzung der Rissbreite nur für die Randzonen mit der zur Sekundärrissbildung erforderlichen Kraft $f_{ct,eff} \cdot A_{c,eff}$ nachgewiesen wird. Dabei ist k = 1 zu setzen, da nach Abb. 3.3-59 die Abminderung der Rissschnittgröße durch Eigenspannungen zwar für den Gesamtquerschnitt, nicht aber für die Randzonen gilt. Um eine Sekundärrissbildung sicherzustellen, muss ein Fließen der Bewehrung bei Primärrissbildung vermieden werden, d. h. die Mindestbewehrung muss zusätzlich Gl. (3.3.114) mit $\sigma_s = f_{yk}$ erfüllen.

Die Frage, ob eine Mindestbewehrung zur Begrenzung der Rissbreite überhaupt erforderlich ist, und für welche Beanspruchung diese zu bemessen ist, kann in der Norm nicht allgemeingültig beantwortet werden. Für einige typische Fälle werden die folgenden Ansätze empfohlen, diese sind evtl. auch zu überlagern:

– Platten im Hochbau mit behinderter Horizontalverformung, z. B. durch statisch unbestimmte Anbindung an mehrere Kerne, sowie Wände, die auf bereits erhärtete Bauteile (z. B. Fundamente) be-

toniert werden: $A_{s,min}$ für Zwang aus abfließender Hydratationswärme. Die Einleitung/Weiterleitung in den Kernen sollte ebenfalls betrachtet werden.
– Gleiches gilt für Bodenplatten mit Verformungsbehinderung durch den Baugrund. Dabei kann es aber sinnvoll sein, zu untersuchen, ob die Risskraft durch die Reibung zwischen Bodenplatte und Baugrund im Bauzustand überhaupt erzeugt werden kann. Falls nicht: Rissbreitennachweis für die durch Reibung eingeleitete Zwangskraft.
– Bauteile mit Verformungsbehinderung und großen Änderungen der mittleren Bauteiltemperatur im Jahresverlauf (z. B. in nicht beheizten Gebäuden) oder nutzungsbedingt (Industriebau): $A_{s,min}$ für zentrischen Zwang mit voller Zugfestigkeit und k = 1.
– Durchlaufende/eingespannte Balken oder Platten mit hohen Temperaturgradienten (z. B. Bauteile in der Gebäudehülle) oder mit erheblicher Stützensenkung (z. B. weicher Baugrund): $A_{s,min}$ für Biegezwang mit voller Zugfestigkeit und k = 1.
– Platten/Balken mit rechnerisch nicht berücksichtigten Tragwirkungen/Lagerungen, z. B. durch monolithische und damit biegesteife Verbindung mit Stützen oder Wänden am Endauflager: in DIN 1045-1 durch konstruktive Regeln berücksichtigt.

Der planende Ingenieur hat einen erheblichen Ermessensspielraum, indem er aufgrund von Erfahrungen und ingenieurmäßigen Betrachtungen entscheiden muss. Da die Mindestbewehrung v. a. für flächige Bauteile häufig maßgebend ist, wird vielfach versucht, Zwangsbeanspruchungen wegzudiskutieren. Man sollte jedoch bedenken, dass ein großer Teil der in der Praxis auftretenden Schäden auf die Fehleinschätzung von Zwängungen zurückzuführen ist. Fallweise kann eine Vermeidung von Zwängungen durch die Wahl des Tragsystems (Ausbildung von Gelenken oder Fugen) sinnvoll sein; hier sollten Kosten und Nutzen aber kritisch abgewogen werden.

In Sonderfällen kann der Verformungszuwachs bei Einzelrissbildung nicht ausreichen. Dann ist eine explizite Berechnung (nichtlinear oder mit abgeminderter elastischer Steifigkeit) der Zwangsschnittgröße oder eine ingenieurmäßige Abschätzung erforderlich. Dies gilt z. B. auch für örtlich (z. B. durch Öffnungen) geschwächte Bereiche in zwangsbeanspruchten Bauteilen, die durch die Rissschnittgrößen der angrenzenden, ungeschwächten Bereiche beansprucht werden.

Im GZT werden Zwangsschnittgrößen bei Beginn der Plastifizierung weiter abgebaut, da das System in einen statisch bestimmten und schließlich kinematischen Zustand übergeht. Eingeprägte Verformungen wirken sich auf die Rotation in den plastischen Gelenken aus; i. Allg. ist der resultierende Drehwinkel jedoch vernachlässigbar. Im üblichen Hochbau dürfen Zwangsschnittgrößen daher bei der Bemessung im GZT vernachlässigt werden. Sie sollten jedoch bei der konstruktiven Durchbildung berücksichtigt werden.

3.3.7.4 Membraneffekte

Bedingt durch die Verschiebung der Nulllinie entsteht in gerissenen Stahlbetonbauteilen auch unter reiner Biegebeanspruchung eine Dehnung in der Schwerachse und somit eine Verlängerung des Bauteils. Bei in Längsrichtung statisch unbestimmt gelagerten Bauteilen (d. h. bei zwei unverschieblichen Auflagern) werden hierdurch Drucknormalkräfte (Membrankräfte) aktiviert. Diese können v. a. bei gering bewehrten Bauteilen eine erhebliche Traglaststeigerung hervorrufen (Bogentragwirkung).

Ihre Ausnutzung in der Bemessung ist jedoch problematisch, da die in der Berechnung unterstellten völlig starren Auflager in der Praxis nicht vorkommen und die Aufnahme der Membrankräfte nicht sichergestellt werden kann. Zudem überlagert sich der materiellen Nichtlinearität eine geometrische. Die Länge eines Stabelements im verformten Zustand ergibt sich zu (Abb. 3.3-60)

$$dx(1+\varepsilon_0) = \sqrt{(dx+du)^2 + dw^2} \, ; \qquad (3.3.116)$$

für kleine Dehnungen $((du/dx)^2 \approx 0)$ folgt

$$\varepsilon_0 = \sqrt{(1+u')^2 + w'^2} - 1 \approx u' + \frac{1}{2} w'^2 . \qquad (3.3.117)$$

Mit zunehmender Verformung entsteht also infolge w′ eine im Rahmen geometrisch linearer Theorien vernachlässigte Zugdehnung der Schwerachse, die die Bauteilverlängerung teilweise kompensiert. Ebenso vergrößern sich die Biegemomente durch Gleichgewichtsbildung am verformten System nach Theorie II. Ordnung. Eine nichtlineare

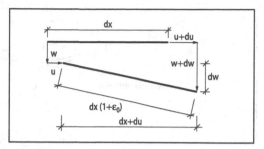

Abb. 3.3-60 Differentielles Element im unverformten und verformten Zustand

Berechnung unter Berücksichtigung von Membrankräften muss also auch diese Effekte sowie das Kriechen und evtl. vorhandene Zugspannungen aus dem behinderten Schwinden berücksichtigen. Modellbildung und Definition der Auflagerbedingungen erfordern erheblich mehr Aufmerksamkeit als bei Anwendung der E-Theorie.

3.3.7.5 Torsion in statisch unbestimmten Tragwerken

Treten in statisch unbestimmten Systemen Torsionsbeanspruchungen auf (Abb. 3.3-61a), so wird das Tragverhalten wesentlich vom deutlichen Abfall der Torsionssteifigkeit bei Rissbildung beeinflusst. Eine elastische Schnittgrößenermittlung mit den vollen Torsions- und Biegesteifigkeiten liefert i. Allg. unrealistische Ergebnisse. Für die Torsionssteifigkeit sind daher abgeminderte Werte anzusetzen, siehe z. B. [Grasser/Thielen 1991].

In der Praxis hat dies und die Tatsache, dass die Aufnahme großer Torsionsmomente u. U. mit erheblichen konstruktiven Problemen verbunden ist, zu folgender Vereinfachung geführt: Bei *Verträglichkeitstorsion*, d. h. Torsionsmomenten, die zum Erhalt des *Gleichgewichts* nicht erforderlich sind und nur aus der *Verträglichkeit der Verformungen* resultieren, darf auf eine Bemessung für T verzichtet werden und bei der Schnittgrößenermittlung eine freie Verdrillbarkeit der Stäbe um ihre Achse angenommen werden, was zwangsläufig mit einer Erhöhung anderer Schnittgröße, z. B. des Biegemoments in Feldmitte in Abb. 3.3-61a, verbunden ist. Zur Vermeidung breiter Risse und anderer unerwünschter Tragwirkungen ist dann jedoch eine

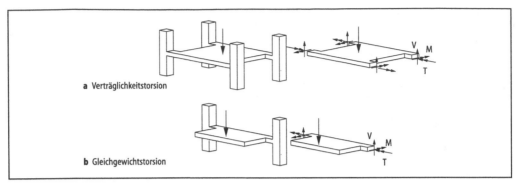

Abb. 3.3-61 Torsionsbeanspruchung

konstruktive Mindestbewehrung anzuordnen. Bei *Gleichgewichtstorsion*, die zum Erhalt des statischen Gleichgewichts erforderlich ist, muss eine entsprechende Bemessung dagegen durchgeführt werden (Abb. 3.3-61b).

3.3.8 Scheiben

3.3.8.1 Differentielles Scheibenelement

Am Element wirken die Schnittgrößen n_x, n_y, n_{xy}, die sich in die Hauptrichtungen ξ, η mit $n_{\xi\eta}=0$ transformieren lassen. Diese fallen i. Allg. nicht mit der Richtung der Bewehrung x, y zusammen. Zur Bestimmung des zugehörigen Verzerrungszustands ε_x, ε_y, ε_{xy} siehe [Vecchio/Collins 1986, Kaufmann 1998].

Vereinfacht kann angenommen werden, dass im gerissenen Zustand im Beton ein einachsialer Druck-

spannungszustand (Druckspannungsfeld) vorliegt. Aus dem Gleichgewicht an den zwei Elementen in Abb. 3.3-62 folgt dann

$$f_{sx} = a_{sx}\sigma_{sx} = n_x + |n_{xy}|\tan\theta, \qquad (3.3.118)$$

$$f_{sy} = a_{sy}\sigma_{sy} = n_y + |n_{xy}|\cot\theta, \qquad (3.3.119)$$

$$f_c = \sigma_c h = -|n_{xy}|(\tan\theta + \cot\theta). \qquad (3.3.120)$$

Dabei ist h die Scheibendicke, a_{sx}, a_{sy} die Bewehrung je Länge in beiden Richtungen. Hinsichtlich des Druckfeldwinkels θ gelten die Aussagen aus 3.3.6.3 sinngemäß.

3.3.8.2 Tragfähigkeit im GZT

Unter Annahme ideal-plastischen Materialverhaltens kann θ für die Bemessung frei gewählt wer-

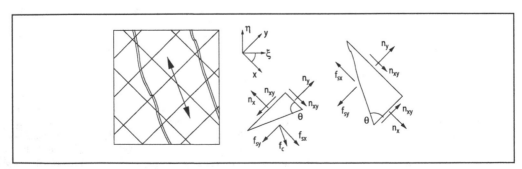

Abb. 3.3-62 Ermittlung der Bemessungsschnittgrößen in einer Scheibe

den. Bei ausgenutzter Bewehrung in x-Richtung ergibt sich dann der Druckfeldwinkel nach Gl. (3.3.118) zu

$$\tan\theta = \frac{a_{sx}f_{yd}-n_x}{|n_{xy}|}. \qquad (3.3.121)$$

Eingesetzt in (3.3.119) erhält man die Interaktionsbeziehung für das Fließen der Bewehrung

$$(a_{sx}f_{yd}-n_x)(a_{sy}f_{yd}-n_y)-|n_{xy}|^2 \geq 0. \qquad (3.3.122)$$

Ebenso erhält man unter Annahme kleiner Bewehrungsgrade für die Beanspruchung des Druckfeldes ($\sigma_c = \alpha_c f_{cd}$, vgl. 3.3.6.3)

$$(\alpha_c f_{cd} h + n_x)(\alpha_c f_{cd} h + n_y)-|n_{xy}|^2 \geq 0. \qquad (3.3.123)$$

Im Spannungsraum beschreiben die beiden Beziehungen das Innere zweier Kegelflächen.

Da ein beliebiger Druckstrebenwinkel aufgrund der eingeschränkten Rissuferverzahnung nicht möglich ist, empfiehlt sich eine Beschränkung analog zur Querkraftbemessung. Bei Zug- oder geringen Druckbeanspruchungen n_x, n_y kann vereinfacht $\theta = 45°$ gesetzt werden. Hierfür ergibt sich auch das Minimum der Bewehrung $a_{sx}+a_{sy}$ und der Betonspannung. Für hohe Druckbeanspruchungen $-n_x$, $-n_y > |n_{xy}|$ erhält man eine realistische Abschätzung des Winkels unter der Annahme, dass die Zugkraft in der zugehörigen Bewehrung verschwindet. Für $n_x < -|n_{xy}|$ folgt dann aus a_{sx} $\sigma_{sx}=0$ der Winkel $\tan\theta = -n_x/|n_{xy}|$. Insgesamt erhält man so die vier in Abb. 3.3-63 dargestellten Fälle. Diese können auch für die Nachweise im GZG verwendet werden.

3.3.8.3 Schnittgrößenermittlung

Elastische Berechnung

Die Ermittlung der Schnittgrößen kann nach der Elastizitätstheorie erfolgen (s. 1.5). Eine Bemessung für die so ermittelten Schnittgrößen liefert im Sinne der Plastizitätstheorie ein sicheres Ergebnis, erfasst das Tragverhalten im GZT jedoch nur in sehr grober Näherung. Zudem sind die resultierenden Bewehrungsführungen aus baupraktischer Sicht oft wenig sinnvoll.

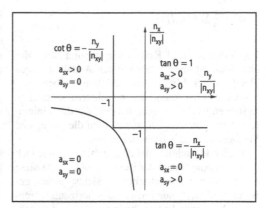

Abb. 3.3-63 Erforderliche Scheibenbewehrung

Stabwerkmodelle

Ausgehend vom statischen Grenzwertsatz der Plastizitätstheorie werden bei der Bemessung mit Stabwerkmodellen die Hauptdruckspannungen des Betons und die Stahlzugkräfte zu einem fachwerkartigen System von diskreten Druck- und Zugstreben zusammengefasst, die in den Knoten gelenkig gekoppelt werden [Schlaich/Schäfer 2001; Muttoni u. a. 1996].

Stabwerkgeometrie. Die Geometrie des Stabwerks ist im Sinne der Plastizitätstheorie (d. h. für idealplastische Materialien) zunächst frei wählbar, sofern Gleichgewicht möglich ist. Wegen der eingeschränkten Fließfähigkeit und Rissuferverzahnung bei Stahlbetonbauteilen müssen die erforderlichen Plastifizierungen durch eine geeignete Wahl des Stabwerks und eine qualitative Sicherstellung der Verträglichkeit der Verformungen begrenzt werden.

Hierfür sind v. a. die Winkel zwischen Bewehrung und Druckstreben in den Knoten zu begrenzen ($30° < \theta < 60°$). Einen ersten Anhaltspunkt für einen sinnvollen Strebenverlauf bieten die Hauptspannungstrajektorien aus einer Berechnung nach der Elastizitätstheorie. Ein objektives Kriterium zur Beurteilung der Qualität eines Modells ist die bis zum Erreichen des Fließzustands zu leistende (elastische) Verformungsarbeit, wobei wegen der i. Allg. geringen Betondruckspannungen nur die Arbeit der Zugstreben berücksichtigt wird:

$$W_v = \frac{1}{2} \Sigma N_j \varepsilon_j l_j \, .$$

(3.3.124)

Darin sind N_j, ε_j, l_j Kraft, Dehnung und Länge der einzelnen Streben, wobei unter Annahme eines gleichzeitigen Fließbeginns in allen Streben $\varepsilon_j = \varepsilon_y$ gesetzt werden kann. Unter mehreren möglichen Systemen ist das am geeignetsten, das die minimale Arbeit leistet und demnach auch die geringsten Verformungen des Bauteiles erfordert.

Lage und Richtung der Zugstreben liegen jedoch durch die Anordnung der Bewehrung fest. Da diese i. d. R. unter baupraktischen Gesichtspunkten gewählt wird (z. B. nur vertikal und horizontal) ergeben sich zusätzliche Randbedingungen für die Stabwerkgeometrie (Abb. 3.3-64). Beispiele enthalten [Schlaich/Schäfer 2001; Zilch/Zehetmaier 2010].

Die Methode der Stabwerkmodelle führt nie zu eindeutigen Lösungen und bietet erhebliche Freiheiten bei der Bemessung. Das gewählte Stabwerk kann kinematisch sein, solange sichergestellt ist, dass im realen Tragwerk ein Kollaps durch die aussteifende Wirkung des rechnerisch nicht berücksichtigten Betons verhindert wird. Sind mehrere Lastfälle zu untersuchen, so kann die Betrachtung verschiedener Modelle erforderlich werden.

Berechnung. Die Ermittlung der Kräfte in den Zug- und Druckstreben erfolgt mit den elementaren Mitteln der Statik (Knotengleichgewicht, Ritterschnitt). Bei statisch unbestimmten Modellen führt dies nicht zu eindeutigen Lösungen; wegen der vorausgesetzten Plastifizierung kann die Aufteilung der Kräfte auf die Streben im Rahmen des

Gleichgewichts frei erfolgen. In der Praxis geschieht dies durch die Zerlegung in mehrere statisch bestimmte Teilsysteme, denen ein Teil der Last zugewiesen wird. Für die Bemessung werden die Strebenkräfte der Teilsysteme überlagert. Bei der Aufteilung der Last sollte die Steifigkeit der Teilsysteme zur Vermeidung extremer Plastifizierungen qualitativ berücksichtigt werden.

Nachweise im GZT. Bei der Bewehrungsermittlung kann die Stahlmenge i. Allg. mit der Fließspannung bestimmt werden:

$$A_s = \frac{F_s}{f_{yd}} \, .$$

(3.3.125)

Da die Druckstreben zwischen den Knoten den in Abb. 3.3-65 dargestellten flaschenförmigen Verlauf annehmen, erfolgt der Nachweis der Betondruckspannungen in den Knoten ($|\sigma_c| = $ max). Zur Aufnahme der Umlenkkräfte zwischen den Knoten ist jedoch meist eine orthogonale Netzbewehrung anzuordnen.

Abbildung 3.3-66 zeigt einige typische Knotenformen, auf die sich nahezu alle praktisch vorkommenden Knoten zurückführen lassen (s. auch [Schlaich/Schäfer 2001]). Die Abmessungen der Druckstreben b_c in den Knoten folgen aus den geometrischen Verhältnissen der Knoten mit den Neigungen der Streben θ.

Die effektive Druckfestigkeit des Betons ist vom Spannungszustand im Knoten abhängig. Liegt ein zwei- oder dreiachsiger Druckspannungszustand vor, so steigt die Druckfestigkeit an z. B. bei

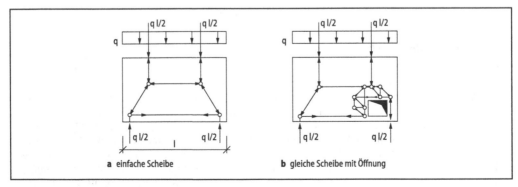

Abb. 3.3-64 Beispiel für die Anwendung von Stabwerkmodellen

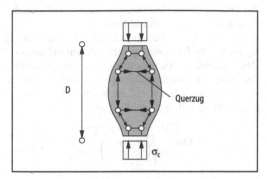

Abb. 3.3-65 Druckstrebenform zwischen den Knoten

Knoten a, wenn die angreifenden Zugkräfte Z_1, Z_2 sehr klein sind, d. h., wenn F_1 eine Druckbeanspruchung ist. Beim Nachweis der Betondruckspannungen kann die Festigkeit auf 1,1 f_{cd} erhöht werden (vgl. Abb. 3.3-7).

Unter Querzugspannungen fällt die effektive Festigkeit dagegen auf α_c f_{cd} ab. Beispiele hierfür sind die Knoten a) für den Fall großer Zugkräfte Z_1, Z_2 ($F_1>0$) sowie Knoten c, da senkrecht zur Ebene der Umlenkung Spaltzugkräfte im Beton wirken; der Nachweis von Knoten c wird jedoch meist durch einen Mindestwert für den Biegerollendurchmesser der Bewehrung und eine konstruktive Bewehrung senkrecht zu Krümmungsebene erbracht. Wird die Zugkraft Z über Verbund verankert, so gehört Knoten b ebenfalls in diese Kategorie, da durch die Rippenpressung Spaltzugkräfte entstehen.

Die erforderliche Verankerungslänge l_b eines Stabes im Knoten ergibt sich aus dem Gleichgewicht zwischen Stabkraft und Verbundspannungen. Bei einem mit der Fließgrenze ausgenutzten Stab ist

$$f_{bd}\varnothing\pi l_b = f_{yd}\frac{\varnothing^2\pi}{4} \Rightarrow l_b = \frac{\varnothing}{4}\cdot\frac{f_{yd}}{f_{bd}}. \quad (3.3.126)$$

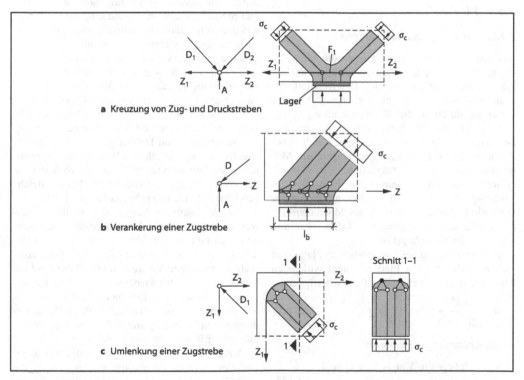

a Kreuzung von Zug- und Druckstreben

b Verankerung einer Zugstrebe

c Umlenkung einer Zugstrebe

Abb. 3.3-66 Typische Knotenbereiche

Dabei ist f_{bd} der Bemessungswert der Verbundfestigkeit, d. h. der über die Verankerungslänge gemittelten Verbundspannungen. Bei nicht voll ausgenutzten Stäben oder Haken bzw. Querstäben am Stabende kann l_b abgemindert werden. Bei Knoten b beginnt die vorhandene Verankerungslänge am Schnittpunkt von Bewehrung und Druckstrebe, also etwa an der Auflagervorderkante. Da die Auflagerpressungen einen Querdruck auf die Bewehrung erzeugen, reduziert sich l_b wegen der Verbesserung des Verbunds nach DIN 1045 Teil 1 um $^1/_3$.

Nachweise im GZG. Da sich die Methode der Stabwerkmodelle aus der Plastizitätstheorie ableitet, ist sie für Nachweise im GZG prinzipiell ungeeignet. Sollte sie in Ausnahmefällen trotzdem zur Anwendung kommen, ist bei der Entwicklung der Stabwerkgeometrie besondere Sorgfalt erforderlich und eine Anpassung der Streben am Trajektorienverlauf nach elastischer Rechnung sinnvoll.

3.3.9 Platten

3.3.9.1 Biegung und Normalkraft

Am differentiellen Element wirken die Momente m_x, m_y, m_{xy}, im verallgemeinerten Fall zusätzlich die Membrankräfte n_x, n_y, n_{xy}. Der Dehnungszustand wird bei Annahme einer ebenen Dehnungsverteilung durch die drei Krümmungen $\kappa_x, \kappa_y, \kappa_{xy}$ und die drei Mittelflächendehnungen $\varepsilon_{x0}, \varepsilon_{y0}, \varepsilon_{xy0}$ beschrieben. Die Momente definieren sich dabei durch die hervorgerufenen Spannungen; ein Moment m_x bzw. m_y erzeugt Spannungen σ_x bzw. σ_y, erfordert also eine Bewehrung in der x- bzw. y-Richtung. Wegen der gelegentlich abweichenden Definition über die Richtung des Momentenvektors ist bei der Anwendung von Tafelwerken und Programmen Vorsicht geboten.

Bei einer elastischen (ungerissenen) Platte sind die am differentiellen Plattenelement wirkenden Momente durch die elastische Plattensteifigkeit

$$B = \frac{Eh^3}{12\left(1-v^2\right)} \qquad (3.3.127)$$

an die Krümmungen gekoppelt:

$$m_x = B\left(\kappa_x + v\,\kappa_y\right),\ m_y = B\left(v\,\kappa_x + \kappa_y\right),$$
$$m_{xy} = B\left(1-v\right)\kappa_{xy}. \qquad (3.3.128)$$

Der Traganteil der Bewehrung ist dabei im Zustand I praktisch immer vernachlässigbar.

Aus m_x, m_y, m_{xy} lassen sich Hauptmomente m_I, m_{II} analog zu den Hauptspannungen am Scheibenelement ableiten. Sie gehorchen dabei den gleichen Transformationsbedingungen (beide sind Tensoren II. Stufe) und können am Mohrschen Kreis graphisch dargestellt werden. Es gilt:

$$m_{I,II} = \frac{m_x + m_y}{2} \pm \sqrt{\left(\frac{m_x - m_y}{2}\right)^2 + m_{xy}^2}\ . \qquad (3.3.129)$$

Die ersten Risse entstehen, wenn die größte Hauptzugspannung die Zugfestigkeit erreicht:

$$f_{ct,eff} = \frac{6\max\{|m_I|, |m_{II}|\}}{h^2}. \qquad (3.3.130)$$

Mit Beginn der Rissbildung müssen die Momente wie beim Balken im Wesentlichen durch Betondruck- und Stahlzugkräfte aufgenommen werden. Die Steifigkeit fällt ab. Da sie im Zustand II v. a. von der vorhandenen Bewehrung abhängt und diese in x- und y-Richtung i. Allg. nicht gleich ist, geht die Isotropie verloren. Insbesondere die Drillsteifigkeit nimmt wegen der von der Bewehrungsrichtung abweichenden Beanspruchung stark ab [Schießl 1996]. Es ergibt sich wie beim Balken eine Verschiebung der Spannungsnulllinie in Richtung der Druckzone und folglich eine Kopplung von Krümmung und Dehnungen in der Mittelfläche. Der zu einer gegebenen Beanspruchung gehörende Verformungszustand kann durch Variation der Verzerrungsgrößen und Kontrolle des Gleichgewichts gefunden werden [Kollegger 1991].

Für die praktische Anwendung ist dies zu aufwendig. Eine einfache Lösung erhält man, wenn man die Platte in zwei Scheiben an Ober- und Unterseite mit einer dazwischen liegenden Schubzone zerlegt. Im Folgenden werden nur Platten mit orthogonalen Bewehrungsnetzen behandelt; für allgemeine Bewehrungsführungen wird auf das Schrifttum verwiesen [Baumann 1972]. Die Koordinatenrichtungen x, y sollen dabei mit den Richtungen der Bewehrung zusammenfallen.

Aus den Momenten m_x, m_y, m_{xy} entstehen an der Unterseite die Scheibenkräfte $n_{x,u}$, $n_{y,u}$, $n_{xy,u}$, die nach Gl. (3.3.118) in der Bewehrung die Kräfte

$$f_{sx,u} = n_{x,u} + |n_{xy,u}| \tan\theta_u$$

$$= \frac{m_x}{z} + \frac{|m_{xy}|}{z} \tan\theta_u \qquad (3.3.131)$$

hervorrufen. Multipliziert man beide Seiten mit dem Hebelarm z, so erhält man bei analoger Betrachtung der y-Richtung die Bemessungsmomente:

$$m_{x,u} = f_{sx,u} z = m_x + |m_{xy}| \tan\theta_u ,$$
$$m_{y,u} = m_y + |m_{xy}| \cot\theta_u . \qquad (3.3.132)$$

Ebenso ist die Plattenoberseite zu betrachten:

$$m_{x,o} = -m_x + |m_{xy}| \tan\theta_o ,$$
$$m_{y,o} = -m_y + |m_{xy}| \cot\theta_o . \qquad (3.3.133)$$

Die so ermittelten Momente können zur Bestimmung der Bewehrungsmengen oder zur Ermittlung der Stahlspannungen verwendet werden. Hinsichtlich der Druckstrebenneigung gelten die in 3.3.8.1 gemachten Aussagen sinngemäß. Durch geeignete Wahl von θ_o, θ_u können einzelne Bewehrungskräfte bei hinreichend kleinen Drillmomenten zu Null gesetzt werden, und auf die entsprechende Bewehrung kann verzichtet werden.

Tragfähigkeit im GZT

Die Bemessung für die Bewehrung an Ober- und Unterseite erfolgt unter Verwendung der transformierten Schnittgrößen nach den Gl. (3.3.132) und (3.3.133) wie bei Stabtragwerken. Eine Berücksichtigung zweiachsialer Spannungszustände in der Druckzone von Platten erfolgt wegen der meist geringen Ausnutzung der Druckzone i. Allg. nicht, obwohl eine Abminderung von f_{cd} auf $\alpha_c\, f_{cd}$ bei Druckzonen, die in Querrichtung gerissen sind, sinnvoll wäre.

Aus den Bemessungsmomenten lässt sich folgende Fließbedingung für die Bewehrung an Plattenunter- und -oberseite ableiten:

$$(m_{Rdx} - m_{Sdx})(m_{Rdy} - m_{Sdy}) - m_{xy}^2 \geq 0, \quad (3.3.134)$$

$$(m'_{Rdx} + m_{Sdx})(m'_{Rdy} + m_{Sdy}) - m_{xy}^2 \geq 0. \quad (3.3.135)$$

m_{Rdx} bzw. m'_{Rdx} sind die Fließmomente bei Beanspruchung durch positive bzw. negative Momente m_x.

Die Beanspruchungen der Betondruckzone werden mit den Gl. (3.3.132) und (3.3.133) nur näherungsweise erfasst. Für eine reine Drillbeanspruchung m_{xy} erhält man je Seite eine Betondruckkraft von $f_c = -2|m_{xy}|/z$ (tan θ=1), bei einer reinen Biegebeanspruchung m_x nur $f_c = -m_x/z$. Da mit zunehmender Betondruckkraft der innere Hebelarm z abnehmen muss, stellt die Verwendung eines gleichen Hebelarms für alle Beanspruchungen eine starke Vereinfachung dar; der resultierende Fehler ist jedoch bei üblichen Bewehrungsgraden vernachlässigbar.

Für den allgemeinen Fall eines gleichzeitigen Auftretens von Momenten und Normalkräften kann analog vorgegangen werden, wenn die Scheibenkräfte um die Normalkräfte erweitert werden:

$$n_{x,u} = \frac{m_x + n_x z_s}{z} \approx \frac{m_x}{z} + \frac{n_x}{2} \qquad (3.3.136)$$

(andere Richtungen analog). Die Bemessung erfolgt direkt für die Scheiben mit den Dicken h_o, h_u an Ober- und Unterseite. Der Hebelarm z wird vorab geschätzt ($z = h - \frac{1}{2}(h_o + h_u) \approx 0{,}75\,h$) und iterativ so verbessert, dass die Betondruckfestigkeit gerade ausgenutzt ist. Die Scheibendicken h_o, h_u können jedoch i. d. R. nicht kleiner werden als der doppelte Abstand der Bewehrung von der Betonoberfläche.

3.3.9.2 Querkraft

Platten werden wegen der Schwierigkeiten beim Einbau aus wirtschaftlichen Gründen meist nicht mit einer Schubbewehrung zur Aufnahme der Querkraft versehen. Im gerissenen Zustand stehen zur Übertragung der Querkraft die Tragmechanismen Rissverzahnung, Dübelwirkung und Schubübertragung in der Druckzone zur Verfügung [Reineck 1991].

Der Anteil der Druckzone v_D ist von der Einspannung des Zahnes in die Druckzone abhängig, die jedoch i. Allg. bereits vor Erreichen der Bruchlast versagt (horizontale Verlängerung des Risses unterhalb der Druckzone). Eine Vergrößerung der Druckzone – etwa durch eine äußere Drucknormalkraft – führt zu einem Anstieg von v_D. Der Hauptanteil wird jedoch durch die Rissverzahnung v_{cr} übertragen, die wegen der fehlenden Schubbewehrung nicht mit der nach Gl. (3.3.75) gleichgesetzt werden kann. v_{cr} ist von der Rissöffnung abhängig. Da diese bei gleicher Krümmung mit der

Bauteilgröße zunimmt, ergibt sich ein unterproportionaler Anstieg der aufnehmbaren Querkraft mit der Bauteilhöhe (Maßstabeffekt). Die Bewehrung trägt neben der Dübelwirkung v. a. durch die Begrenzung der Rissbreite zur Schubtragfähigkeit bei. Ihre Konzentration am Querschnittsrand verstärkt den Maßstabeffekt. Das Versagen wird i. d. R. durch eine horizontale Verlängerung des Risses entlang der Bewehrung (Versagen der Dübelwirkung) eingeleitet.

Für die Querkrafttragfähigkeit ohne Schubbewehrung muss die Betonzugfestigkeit ausgenutzt werden. Dies ist bei Flächentragwerken weniger problematisch als bei Balken, da solche Bauteile die Möglichkeit besitzen, bei Überschreitung der Tragfähigkeit an einzelnen lokalen Fehlstellen die Schnittgrößen auf alternativen Lastpfaden um diese Bereiche herum zu leiten. Eine nur *lokal* verminderte Zugfestigkeit wirkt sich auf das *globale* Tragverhalten des Bauteils kaum aus. Die Zugfestigkeit wird so von der Material- zur Systemeigenschaft. Voraussetzung hierfür ist die zweiachsige Lastabtragung, für die auch bei einachsig gespannten Platten eine Querbewehrung von 20% der Hauptbewehrung anzuordnen ist.

Bemessung im GZT

Die Ableitung analytischer Modelle ist wegen der Komplexität der an der Querkraftabtragung beteiligten Mechanismen äußerst schwierig und bisher nur ansatzweise gelöst [Bazant/Kim 1984; Reineck 1991; Fischer 1997]. Im Rahmen der Bemessung kommen daher empirische, an Versuchen kalibrierte Formeln zur Anwendung. Die in DIN 1045 Teil 1 übernommene Beziehung

$$\upsilon_{Rd,ct} = \left(0{,}15/\gamma_c \kappa \left(100\rho\, f_{ck}\right)^{1/3} - 0{,}12\frac{N_{Sd}}{A_c}\right) d$$

(3.3.137)

wurde ausgehend von der Beziehung in MC 90 in [Hegger u. a. 1999] abgeleitet. Darin erfasst $\kappa = 1 + \sqrt{0{,}2/d} \leq 2$ (d in m) den Maßstabeffekt. Für kleine Bewehrungsgrade wird ein unterer Grenzwert der Schubtragfähigkeit definiert:

$$V_{Rd,ct,\min} = \left(\frac{\kappa_1}{\gamma_c}\sqrt{\kappa^3 f_{ck}} - 0{,}12\frac{N_{Sd}}{A_c}\right) \cdot d.$$

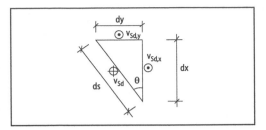

Abb. 3.3-67 Querkräfte am Plattenelement

Darin ist κ_1 ein zusätzlicher Maßstabfaktor zwischen 0,0525 für d ≤ 600 mm und 0,0375 für d ≥ 800 mm.

Bei nicht ausreichender Querkrafttragfähigkeit kann diese durch eine Schubbewehrung erhöht werden. Für die Bemessung gilt 3.3.6.3. Bei dünnen Platten ist die Verankerung der Bügel in der Druckzone jedoch problematisch; daher müssen schubbewehrte Platten eine Mindestdicke von 20 cm nach DIN 1045 Teil 1 besitzen. In vielen Fällen ist eine Vergrößerung der Plattendicke oder der Biegebewehrung zur Erhöhung der Tragfähigkeit sinnvoller als eine Schubbewehrung.

Die einwirkende Querkraft kann nicht ohne Weiteres den Schnittgrößen $v_{Sd,x}$ bzw. $v_{Sd,y}$ gleichgesetzt werden. Am differentiellen Plattenelement folgt aus dem vertikalen Gleichgewicht (Abb. 3.3-67):

$$\begin{aligned}v_{Sd}\,ds &= v_{Sd,x}\,dx + v_{Sd,y}\,dy \Rightarrow \\ v_{Sd} &= v_{Sd,x}\cos\theta + v_{Sd,y}\sin\theta.\end{aligned}$$

(3.3.138)

Durch Quadrieren und einige trigonometrische Umformungen erhält man daraus:

$$v_{Sd}^2 = v_{Sd,x}^2 + v_{Sd,y}^2 - \underbrace{\left(v_{Sd,y}\cos\theta - v_{Sd,x}\sin\theta\right)^2}_{\frac{dv_{Sd}}{d\theta}}.$$

(3.3.139)

Als Maximalwert erhält man somit für $dv_{Sd}/d\theta = 0$ die Bemessungsquerkraft $v_{Sd} = \sqrt{v_{Sd,x}^2 + v_{Sd,y}^2}$. Da deren Wirkungsrichtung i. Allg. nicht mit der Richtung der Bewehrung übereinstimmt, muss in Gl. (3.3.137) ein effektiver Bewehrungsgrad in der betrachteten Richtung eingesetzt werden, der sich nach MC 90 ergibt zu:

$$\rho = \rho_x \cos^4\theta + \rho_y \sin^4\theta.$$

(3.3.140)

Abweichend hiervon dürfen die Nachweise nach DIN 1045-1 in den beiden Richtungen getrennt geführt werden. Eine ggf. erforderliche Schubbewehrung ist ebenfalls getrennt zu ermitteln und zu addieren.

3.3.9.3 Schnittgrößenermittlung

Wirklichkeitsnahe, nichtlineare Berechnungen sind mit der FE-Methode nach den in 3.3.7.2 geschilderten Prinzipien unter Verwendung zweiachsiger Stoffgesetze für Beton prinzipiell möglich, für die praktische Anwendung z. Z. jedoch noch nicht geeignet. Daher kommen geeignete Idealisierungen zur Anwendung.

Grundlage hierfür ist die elementare Gleichgewichtsbedingung der Platte:

$$q = -\frac{\partial^2 m_x}{\partial x^2} - 2\frac{\partial^2 m_{xy}}{\partial x \partial y} - \frac{\partial^2 m_y}{\partial y^2}. \qquad (3.3.141)$$

Elastische Schnittgrößenermittlung
Durch Einsetzen von Gl. (3.3.128) in Gl. (3.3.141) erhält man die elastische Plattengleichung

$$-\frac{q}{B} = \frac{\partial^4 w}{\partial x^4} + 2\frac{\partial^4 w}{\partial x^2 \partial y^2} + \frac{\partial^4 w}{\partial y^4}. \qquad (3.3.142)$$

Zur Lösung stehen für Standardfälle zahlreiche Tafelwerke zur Verfügung [Czerny 1999]; für allgemeine Fälle ist die (elastische) FE-Methode Stand der Technik (s. 1.5).

Die Querdehnzahl kann im Rahmen des Grenzwertsatzes der Plastizitätstheorie im GZT zwischen dem elastischen Wert $v \approx 0{,}2$ und dem für die gerissene Zugzone zutreffenden Wert $v \approx 0$ angenommen werden. Im GZG sollte wegen der i. Allg. geringen Rissbildung $v \approx 0{,}2$ gesetzt werden.

Plastische Nachweisverfahren
Statische Verfahren. Durch Vernachlässigung der Drillmomente und der Querdehnung erhält man aus Gl. (3.3.141) die Differentialgleichung der elastischen, drillweichen Platte:

$$-\frac{q}{B} = \frac{\partial^4 w}{\partial x^4} + \frac{\partial^4 w}{\partial y^4}. \qquad (3.3.143)$$

Die beiden verbleibenden Terme können als Traganteile zweier in x- und y-Richtung gespannter torsionsweicher Balkenscharen interpretiert werden (Abb. 3.3-68a). Fordert man eine gleiche Durchbiegung im Kreuzungspunkt zweier Balken, so erhält man die klassische Streifenmethode nach Markus.

Bei der Hillerborgschen Streifenmethode erfolgt dagegen eine willkürliche Aufteilung der Einwirkungen auf die beide Tragrichtungen ohne Berücksichtigung der Kompatibilität. Dies erlaubt die Behandlung komplizierter Plattengeometrie in einer Handrechnung (Abb. 3.3-68b). Die völlige Vernachlässigung der Drillmomente und der Verträglichkeit kann das Verhalten im GZG wesentlich beeinträchtigen. Da Platten im ungerissenen Zustand immer drillsteif sind, ist zur Ausbildung der angenommenen Tragwirkung eine erhebliche Schnittgrößenumlagerung durch Rissbildung erforderlich. Zur Begrenzung der Rissbreite ist eine konstruktive Drillbewehrung anzuordnen.

Da in drillweichen Platten keine abhebenden Eckkräfte entstehen, liefert eine Berechnung nach

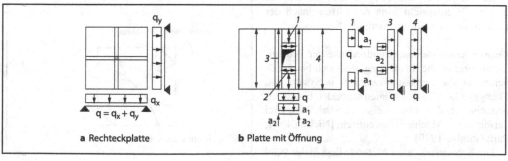

a Rechteckplatte **b** Platte mit Öffnung

Abb. 3.3-68 Streifenmethode

Gl. (3.3.143) eine zwar nicht realistische, aber auf der sicheren Seite liegende Lösung für Platten, bei denen ein Abheben der Ecken nicht behindert wird.

Wegen $m_{xy}=0$ liegt die Streifenlösung i. Allg. auf der sicheren Seite. Verfeinerte Methoden verwenden statisch zulässige Ansätze für die Momente m_x, m_y, m_{xy}, die in allen Punkten der Platte die Gleichgewichtsbedingung (3.3.141) und die Randbedingungen erfüllen müssen und die Fließbedingungen nicht verletzen [Nielsen 1984; Marti 1981].

Für den einfachen Fall einer Quadratplatte unter Gleichlast mit $m_{Rdx}=m_{Rdy}=m_R$ und $m'_{Rdx}=m'_{Rdy}=m'_R$ liefern die Ansätze

$$m_x = m_R\left(1-4\frac{x^2}{l^2}\right), m_y = m_R\left(1-4\frac{y^2}{l^2}\right),$$
$$m_{xy} = -m_R 4\frac{xy}{l^2} \qquad (3.3.144)$$

in Gl. (3.3.141) die Traglast $q=24\ m_R/l^2$. Durch Einsetzen in die Fließbedingung verifiziert man außerdem, dass mit $m_R=m'_R$ Gl. (3.3.134) überall erfüllt, Gl. (3.3.135) in den Ecken gerade erfüllt und nirgends verletzt ist. Die Auflagerkräfte ergeben sich zu

$$v_x = \frac{\partial m_x}{\partial x} + 2\frac{\partial m_{xy}}{\partial y} = 8\frac{m_R}{l}. \qquad (3.3.145)$$

Die abhebende Eckkraft ist $R=2\ m_{xy}=2\ m_R$.

Reduziert man die Menge der oberen Bewehrung so weit, dass $m'_R=m_R/2$, so wäre Gl. (3.3.135) in den Ecken oben verletzt. Zur Einhaltung der Fließbedingung sind die Drillmomente m_{xy} ebenfalls zu halbieren ($m_{xy}=-m_R 2xy/l^2$). Die Traglast reduziert sich dann auf $q=20m_R/l^2$. Bei fehlender oberer Bewehrung muss $m_{xy}=0$ sein; die Traglast $q=16m_R/l^2$ entspricht dann der Lösung nach der Hillerborgschen Streifenmethode.

Kinematische Verfahren. Grundgedanke der Bruchlinientheorie ist die Vorstellung, dass sich bei Annäherung an die Traglast sukzessive ein System von Fließgelenk- oder Bruchlinien ausbildet, bis ein kinematischer, d. h. ohne weitere Lasterhöhung frei verformbarer Mechanismus entsteht [Nielsen 1984; Park/Gamble 1979].

Die Schwierigkeit der Methode liegt in der Wahl des Fließgelenkmechanismus, da nach dem kinema-

tischen Grenzwertsatz der Plastizitätstheorie ein kinematisch zulässiger Mechanismus lediglich eine obere Schranke für die wirkliche Traglast liefert und ein beliebiger Gelenkmechanismus die Einhaltung der Fließbedingung in den dazwischen liegenden Plattensegmenten nicht unbedingt sicherstellt. Das Ergebnis liegt somit für alle anderen als den maßgebenden Mechanismus auf der unsicheren Seite.

Für eine Quadratplatte liegt aus Symmetriegründen ein Mechanismus nach Abb. 3.3-69a nahe. Nach dem Prinzip der virtuellen Verschiebungen erhält man mit δw in Plattenmitte die äußere Arbeit

$$\delta W_a = \int_{(A)} q\delta w\, dA = q\,\delta w\,\frac{l^2}{3} \qquad (3.3.146)$$

sowie mit der Gelenkverdrehung $\delta\phi = 2\ \sqrt{2}\ \delta w/l$ die geleistete innere Arbeit durch Integration entlang der Fließgelenklinie:

$$-\delta W_i = \int_{(l)} m_R\,\delta\phi\, dl = 8\delta w\, m_R. \qquad (3.3.147)$$

Aus $W_i=-W_a$ folgt $q=24m_R/l^2$. Dies entspricht für $m_R=m'_R$ dem Ergebnis nach der statischen Methode; die gewählte Bruchlinienfigur ist somit die maßgebende.

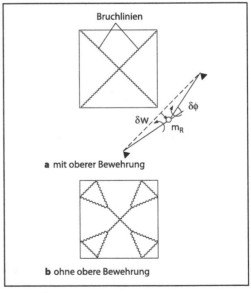

Bruchlinien

a mit oberer Bewehrung

b ohne obere Bewehrung

Abb. 3.3-69 Bruchlinienverlauf

Bei fehlender oberer Bewehrung ergibt sich für den untersuchten Fließgelenkmechanismus die gleiche Traglast, da die oben liegende Bewehrung keinen Beitrag zur Energiedissipation liefert. In den Plattenecken ist jedoch die Fließbedingung verletzt. Der in Abb. 3.3-69b dargestellte Mechanismus liefert eine kleinere Traglast.

Für allgemeine Plattengeometrien kann die Suche des maßgebenden Mechanismus als mathematisches Optimierungsproblem q=min prinzipiell gelöst werden, erweist sich jedoch als schwierig. Eine Zusammenstellung von Lösungen enthält [Johansen 1972].

Rotationsfähigkeit. Der Nachweis der Rotationsfähigkeit ist für zweiachsig gespannte Platten kaum zu führen, da die Rotation in den Fließgelenken ohne aufwendige nichtlineare Rechnung nicht ermittelt werden kann. Daher wird bei der plastischen Berechnung ohne expliziten Nachweis nach DIN 1045 Teil 1 die Rotationsfähigkeit durch eine konservative Begrenzung der Druckzonenhöhe in den Fließgelenken auf $x/d \leq 0{,}25$ und die ausschließliche Verwendung hochduktiler Stähle sichergestellt. Die Anwendung wird damit stark eingeschränkt, da die bei Platten im Hochbau übliche Mattenbewehrung als normalduktil einzustufen ist.

Membraneffekte
Die unter 3.3.7.4 geschilderten Membraneffekte treten hier auch als innere Membranspannungszustände auf, da die um die gerissenen Bereiche liegenden ungerissenen Abschnitte deren Verlängerung behindern und als Zugring wirken [Park/Gamble 1979]. Hinsichtlich der Ausnutzung bei der Bemessung gelten die Aussagen aus 3.3.7.4.

3.3.9.4 Punktförmig gestützte Platten

Platten, die ohne Unterzüge unmittelbar auf Stützen aufgelagert werden (Flachdecken), erfordern einen geringeren Schalungsaufwand und eine geringere Bauhöhe als konventionelle Decken mit Unterzügen. Zudem ist die glatte Deckenuntersicht für die Führung von haustechnischen Installationen vorteilhaft. Der Stahlbedarf ist i. Allg. höher als bei konventionellen Platten. Dies wird jedoch durch geringere Lohnkosten kompensiert. Die Ermittlung der Schnittgrößen kann mit FEM oder in einfachen Fällen anhand der Streifenmethode [Grasser/Thielen 1991] erfolgen.

Durchstanzen
Im Bereich der punktförmigen Auflager (oder analog unter konzentrierten Einzellasten) lässt sich bei Überschreiten der Tragfähigkeit ein Durchstanzen, d. h. das Herausbrechen eines kegelförmigen, um die Last annähernd rotationssymmetrischen Bruchkörpers, beobachten (Abb. 3.3-70). Die Neigung der Kegelfläche gegen die Platte liegt i. Allg. bei ca. 25° bis 30°. Außerhalb der Kegelfläche bricht die Platte in sektorenförmige Elemente. Es handelt sich um ein komplexes, kombiniertes Biege-/Schubversagen.

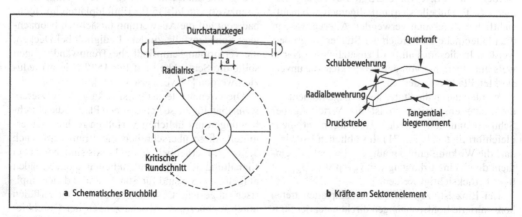

Abb. 3.3-70 Durchstanzen

Ein relativ vollständiges Modell wurde in [Kin-
nunen/Nylander 1960] durch Gleichgewichts- und
Verträglichkeitsbetrachtungen am Sektorenele-
ment entwickelt. In der Bemessungspraxis greift
man jedoch auf einfachere Modelle zurück, die
den Nachweis auf einen Schubnachweis entlang
eines fiktiven kritischen Rundschnitts zurückführen. Wegen des starken Näherungscharakters und
der Entkopplung von der Biegebeanspruchung ist
eine ausreichende Biegetragfähigkeit Voraussetzung für die Gültigkeit des Bemessungsmodells.
Diese wird nach DIN 1045 Teil 1 durch die Bemessung für Mindestmomente sichergestellt.

Die wirksame Querkraft aus der Punktlast bzw.
Auflagerkraft V_{Sd} ergibt sich aus $v_{Sd} = V_{Sd}/U_{crit}$,
wobei U_{crit} der Umfang des kritischen Rundschnittes ist. Dieser ist nach DIN 1045 Teil 1 im
Abstand 1,5 d vom Stützenanschnitt anzunehmen.
Bei nicht rotationssymmetrischen Fällen muss der
kritische Rundschnitt angepasst werden, insbesondere bei einer Lasteinleitung am Plattenrand.

Der Nachweis $v_{Sd} \leq v_{Rd}$ entlang des kritischen
Rundschnittes erfolgt für Bauteile ohne Durchstanzbewehrung analog zu Gl. (3.3.137) unter Berücksichtigung der günstigen Wirkung der Rotati-
onssymmetrie:

$$v_{Rd,ct} = (0,21/\gamma_c \,\kappa\, (100\,\rho\,f_{ck})^{1/3} - 0,12\,\sigma_{cd})\,d.$$

$$(3.3.148)$$

Bei nicht ausreichender Tragfähigkeit kann diese
mit Durchstanzbewehrung erhöht werden. Hierfür
werden heute i. d. R. vorgefertigte Bewehrungselemente (z. B. Dübelleisten) mit allgemeiner bauaufsichtlicher Zulassung verwendet. Alternativ kann
die Plattendicke im Bereich der Stützen vergrößert
werden. In diesem Fall wird zusätzlich ein Nachweis am Übergang von der verstärkten zur unver-
stärkten Platte erforderlich.

Werden durch die Stütze auch Biegemomente in
die Platte eingeleitet, so ist die Verteilung der
Schubspannungen um den Umfang nicht mehr
gleichförmig (Abb. 3.3-71). Im üblichen Hochbau
darf die Wirkung unplanmäßiger Momente verein-
facht durch eine Erhöhung von $v_{Sd} = \beta\,V_{Sd}/U_{crit}$ mit
$\beta > 1$ berücksichtigt werden.

Bei Einzelstützen auf Fundamentplatten treten
konzentrierte Sohlspannungen direkt unter der Stütze auf, die die in der Platte zu übertragenden Kräfte

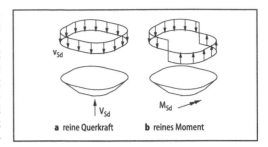

a reine Querkraft   b reines Moment

Abb. 3.3-71 Querkräfte am Plattenelement

reduzieren. Zur Berücksichtigung von Unsicherheiten in der tatsächlichen Verteilung der Boden-
pressung und des tatsächlich maßgebenden Nach-
weisschnitts darf nach DIN 1045 Teil 1 jedoch nur
die Hälfte der Resultierenden aus den Bodenpres-
sungen innerhalb des kritischen Rundschnitts abgezogen werden. Alternativ kann der Nachweis in
einem Rundschnitt im Abstand 1,0 d vom Stützenanschnitt geführt werden mit einer um den Faktor
$u_{crit,r=1,5d}\,/\,u_{crit,r=1,0d}$ erhöhten Tragfähigkeit.

3.3.9.5 Durchbiegungen

Die Berechnung der Durchbiegungen von Stahlbetonplatten ist in der Praxis angesichts des hohen
Rechenaufwands und der großen Unsicherheiten
in den Eingangsparametern vielfach nicht gerechtfertigt. Daher wird die Begrenzung i. Allg. indirekt
durch eine Beschränkung der Biegeschlankheit l/d
nachgewiesen. Der in DIN 1045 Teil 1 empfohlene
Grenzwert von l/d=35 für Einfeldplatten im Hochbau geht auf die Auswertung tatsächlich beobach-
teter Schadensfälle zurück. Lediglich bei Decken,
die verformungsempfindliche Trennwände tragen
sollte die Schlankheit auf l/d=150/l (l in m) reduziert werden [Mayer/Rüsch 1967].

Die Grenzwerte lassen sich kaum verifizieren,
wenn man für die so bemessenen Platten die Durchbiegungen mit üblichen Verfahren rechnerisch ermittelt; diese überschreiten die Grenzwerte nach
3.3.6.7 z. T. erheblich. In der Praxis sind jedoch bei
Einhaltung der Grenzschlankheiten kaum Schäden
aufgetreten. Sie sind für Standardfälle daher empirisch abgesichert, sollten aber in Sonderfällen
durch rechnerische Abschätzungen der Durchbiegung ersetzt werden.

3.3.10 Einfluss zeitabhängiger Verformungen

3.3.10.1 Grundlagen

Wegen der Schwierigkeiten bei der Erfassung nichtlinearer Kriecheffekte und der i. Allg. geringen, dauerhaft vorhandenden Betonspannungen ($|\sigma_c|<0,4f_c$) wird üblicherweise die Linearität des Kriechens vorausgesetzt. Die Dehnung unter sprunghaft veränderlichen Spannungen kann damit unter Anwendung des Superpositionsprinzips mit Gl. (3.3.12) durch

$$\varepsilon_c(t) = \sigma_{c,0}\, J(t, t_0) + \sum \Delta\sigma_{c,j}\, J(t, t_j) + \varepsilon_{cs}(t) \tag{3.3.149}$$

beschrieben werden; durch einen Grenzübergang erhält man daraus

$$\varepsilon_c(t)=\sigma_{c,0}J(t,t_0)+\int_{t_0}^{t}\frac{\partial\sigma_c}{\partial\tau}J(t,\tau)\,d\tau+\varepsilon_{cs}(t). \tag{3.3.150}$$

Für den allgemeinen Fall $\sigma_c \neq$ konst ist keine geschlossene Lösung der Integralgleichung möglich; numerische Lösungen können durch zeitliche Diskretisierung auf der Grundlage von Gl. (3.3.149) gewonnen werden [Bazant 1988].

Für praktische Anwendungen kann das Integral in Gl. (3.3.150) mit dem *Relaxationsbeiwert* χ näherungsweise ersetzt werden durch [Trost 1967]:

$$\varepsilon_c(t)=\sigma_c(t_0)\frac{1+\phi}{E_c}+(\sigma_c(t)-\sigma_c(t_0))\frac{1+\chi\phi}{E_c}$$
$$+\varepsilon_{cs}(t) \tag{3.3.151}$$

mit $\phi=\phi(t,t_0)$. Da der Relaxationsbeiwert χ den Verlauf von σ_c im Zeitraum $[t_0, t]$ beschreibt, ergibt er sich formal aus der Lösung der Integralgleichung. Er hängt v. a. vom Alter des Betons bei Belastungsbeginn t_0 und dem zeitlichen Verlauf der Spannungsänderung ab und ist üblicherweise $0,5\leq\chi\leq1,0$. Meist liefert $\chi=0,8$ hinreichend genaue Ergebnisse; genauere Angaben enthält [CEB 1993b].

Durch Umformen der Kriechfunktion erhält man die Relaxationsfunktion

$$R(t,t_0)=E_c\left(1-\frac{\phi(t,t_0)}{1+\chi\phi(t,t_0)}\right), \tag{3.3.152}$$

die den Spannungsabbau unter konstanter Dehnung beschreibt:

$$\sigma_c(t)=\varepsilon_c R(t,t_0)-\varepsilon_{cs}(t)\frac{E_c}{1+\chi\phi}. \tag{3.3.153}$$

Bei veränderlicher Dehnung gilt mit Gl. (3.3.151)

$$\sigma_c(t)=(\varepsilon_c(t)-\varepsilon_{cs}(t))\frac{E_c}{1+\chi\phi}$$
$$+\varepsilon_c(t_0)E_c\left(1-\frac{\phi+1}{1+\chi\phi}\right). \tag{3.3.154}$$

Setzt man näherungsweise $\chi=1$, so gilt mit dem effektiven E-Modul $E_{c,\text{eff}}=E_c/(1+\phi)$:

$$\sigma_c(t)=(\varepsilon_c(t)-\varepsilon_{cs}(t))\,E_{c,\text{eff}}. \tag{3.3.155}$$

3.3.10.2 Querschnitt

Der Dehnungszustand kann unter Verwendung von Gl. (3.3.154) nach Gl. (3.3.39) ermittelt werden. Hierbei ist es sinnvoll, die aus dem Kriechen infolge des vorab zu bestimmenden Verformungszustands zum Zeitpunkt t_0 sowie dem Schwinden resultierenden Schnittgrößenanteile dem Lastvektor **P** zuzuschlagen.

Vereinfacht kann jedoch eine geradlinige Spannungsverteilung in der Druckzone angenommen werden (was allerdings wegen der Verschiebung der Nulllinie für $t>t_0$ auch bei linearem Kriechverhalten nur eine Näherung darstellt). Aus der Dehnungsverteilung am gerissenen Querschnitt folgt (Abb. 3.3-72)

$$\varepsilon_s=-(\varepsilon_{c2}-\varepsilon_{cs})\frac{d-x}{x}+\varepsilon_{cs} \tag{3.3.156}$$

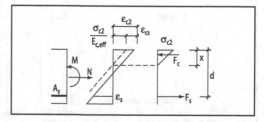

Abb. 3.3-72 Spannungsverteilung im Zustand II unter Berücksichtigung von Kriechen und Schwinden

und mit den Gln. (3.3.53) und (3.3.155) sowie $N=F_c+F_s$ für den Querschnitt mit nur einer Bewehrungslage die Bestimmungsgleichung für die Druckzonenhöhe

$$\frac{1}{1-\xi/3}\left(-1+\frac{2\omega(1-\xi)}{\xi^2}\right)=\eta^* \qquad (3.3.157)$$

mit

$$\eta^*=\frac{(N-\varepsilon_{cs}E_sA_s)d}{M_s},\ \omega=\frac{E_sA_s}{E_{c,eff}bd}. \qquad (3.3.158)$$

Die Verkrümmung folgt aus $\kappa=(\varepsilon_s-\varepsilon_{c2})/d$.

Die durch die Bewehrung behinderte Schwinddehnung des Betons wirkt wie eine zusätzliche Normalkraft N_{cs} auf Höhe der Bewehrung. Mit dieser Erkenntnis lässt sich auch der ungerissene Zustand I erfassen. Mit $N_{cs}=A_s\,E_s\,\varepsilon_{cs}$ ergibt sich das Moment $M_{cs}=A_s\,E_s\,\varepsilon_{cs}\,z_s$ und daraus eine Verkrümmung infolge Schwinden:

$$\kappa_{cs}=\frac{A_sE_s\varepsilon_{cs}z_s}{E_{c,eff}I_i}. \qquad (3.3.159)$$

Für den gerissenen Querschnitt ist eine additive Aufteilung in Lastverkrümmung und Schwindverkrümmung infolge der Verschiebung der Nulllinienlage durch das Schwinden streng genommen nicht möglich. Näherungsweise gilt Gl. (3.3.159) mit der Steifigkeit I_{II} im Zustand II anstelle von I_i jedoch auch hier, wenn ξ infolge der äußeren Last berechnet und z_s auf die Nulllinie bezogen wird.

Im Allgemeinen führen die zeitabhängigen Verformungen bei gerissenen Querschnitten zu einer deutlichen Zunahme der Druckzonenhöhe x. Aus $z\approx d-x/3$ folgt damit eine (meist geringe) Zunahme der Biegezug- und -druckkraft, die zu einem Anstieg der Stahlspannungen führt. Die Betondruckspannungen nehmen wegen der Vergrößerung von x dagegen deutlich ab. Die Verformungzunahme fällt bei gerissenen Querschnitten geringer aus als bei ungerissenen, da bei gerissenen das Kriechen nur auf der Biegedruckseite stattfindet, bei ungerissenen dagegen auf Zug- und Druckseite.

Ergänzte Querschnitte
Bei Fertigteilen, die zum Zeitpunkt t_1 durch Ortbeton ergänzt werden, entstehen durch unterschiedliches Schwinden der Betone ebenfalls Eigenspannungen und Verkrümmungen. Die Berechnung zum Zeitpunkt $t>t_1$ erfolgt wie vorherstehend mit der Schwindnormalkraft $N_{cs}=\Delta\varepsilon_{cs}\,A_o\,E_{c,eff,o}$, wobei $\Delta\varepsilon_{cs}$ die Differenz zwischen dem Schwinden des Ortbetons und der Zunahme des Schwindens im Fertigteil im Zeitraum $[t_1,t]$ ist (Abb. 3.3-73).

Spannungen, die vor dem Aufbringen und Erhärten des Ortbetons im Fertigteil wirken (z.B. aus Eigengewicht Fertigteil und Ortbeton) werden durch das Kriechen z.T. in den Ortbeton umgelagert. Bei ungerissenen Querschnitten kann die Berechnung analog zum Schwinden erfolgen. Der Verzerrungszustand des Querschnitts wird nach dem Ergänzen zunächst gedanklich festgehalten; dabei reduzieren sich die Schnittgrößen im Fertigteil (N_F, M_F) um

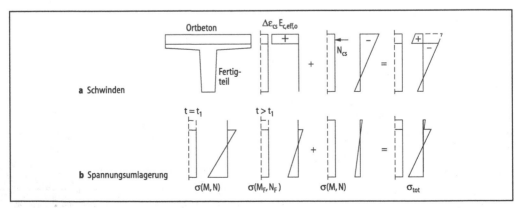

Abb. 3.3-73 Fertigteil mit Ortbetonergänzung

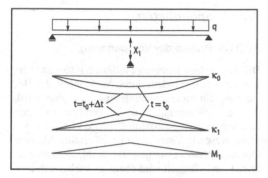

Abb. 3.3-74 Kriechen eines Zweifeldträgers

$$\begin{pmatrix} \Delta N \\ \Delta M \end{pmatrix} = -\frac{\phi(t,t_0)-\phi(t_1,t_0)}{1+\chi\phi\,(t,t_1)}\begin{pmatrix} N \\ M \end{pmatrix}. \qquad (3.3.160)$$

Die verbleibenden Ungleichgewichtskräfte (Δ N, Δ M) werden auf den Gesamtquerschnitt aufgebracht. Dabei sind die alters- und evtl. festigkeitsbedingt unterschiedlichen effektiven E-Moduln der beiden Betone zu berücksichtigen.

3.3.10.3 Systemumlagerung

Ein Überblick über baupraktische Verfahren zur Berechnung der Schnittgrößenumlagerung in Systemen findet sich in [Rüsch/Jungwirth 1976]. Beispielhaft wird der in Abb. 3.3-74 dargestellte Zweifeldträger durch Freischneiden der Innenstütze mit dem Kraftgrößenverfahren unter Voraussetzung eines ungerissenen Querschnitts untersucht. Zum Zeitpunkt t=t_0 gilt aufgrund der Kompatibilität $\delta_{1q}+X_1\,\delta_{11}$=0. Für t=$t_0+\Delta$ t vergrößert sich die Durchbiegung infolge q auf $\delta_{1q}\,(1+\phi_q)$, infolge der anfänglichen Stützkraft auf $X_1\delta_{11}(1+\phi_1)$. Zusätzlich tritt eine Verformung δ_{1cs} infolge der Schwindverkrümmung auf. Aus der Kompatibilität

$$\delta_{1q}(1+\phi_q)+\delta_{1cs}+X_1\,\delta_{11}(1+\phi_1)$$
$$+\Delta X_1\,\delta_{11}\,(1+\chi\,\phi_1)=0 \qquad (3.3.161)$$

folgt die Änderung der Auflagerkraft Δ X_1:

$$\Delta X_1 = -\frac{\delta_{1q}\phi_q + X_1\delta_{11}\phi_1+\delta_{1cs}}{\delta_{11}(1+\chi\phi_1)}. \qquad (3.3.162)$$

Für ein vollkommen homogenes System gilt ϕ_q=ϕ_1; im Zähler verbleibt wegen $\delta_{1q}+X_1\delta_{11}$=0 lediglich

der Anteil aus der Schwindverkrümmung. Ist dieser zusätzlich gleich Null, so tritt keine Änderung der Schnittgrößen ein, da die Verformung des Bauwerks mit der Zeit nur affin vergrößert wird.

In der Praxis sind die genannten Voraussetzungen i. Allg. nicht erfüllt, da durch die Rissbildung und das ungleiche Langzeitverhalten von Stahl und Beton die Homogenität der Struktur verlorengeht. Bei monolithisch hergestellten Stahlbetontragwerken kann auf eine Berücksichtigung der zeitabhängigen Umlagerung durch Lasten hervorgerufener Schnittgrößen meist jedoch verzichtet werden, da sie im Rahmen der übrigen Unsicherheiten bedeutungslos ist.

Durch Zwang hervorgerufene Schnittgrößen können durch Kriechen erheblich abgebaut werden. Für eine plötzliche Fundamentsetzung Δs unter dem Mittelauflager entsteht für t=t_0 eine Zwangskraft von X_1=$\Delta s/\delta_{11}$. Aufgrund der Relaxation gilt jedoch

$$\Delta s = X_1\delta_{11}(1+\phi)+\Delta X_1\delta_{11}(1+\chi\phi),$$

$$\Delta X_1 = -X_1\frac{\phi}{1+\chi\phi}. \qquad (3.3.163)$$

Für $\phi(t,t_0)$=2 und χ=0,8 beträgt die Zwangskraft nur noch $X_1(t)$=0,23 $X_1(t_0)$.

Bei horizontaler Festhaltung der beiden Randauflager entsteht infolge der Schwindverkürzung eine zentrische Normalkraft im Bauteil, für die eine Mindestbewehrung nach Gl. (3.3.114) vorgesehen werden sollte. Zu berücksichtigen ist die Zwangsschnittgröße auch bei der Bemessung der Lager oder der unterstützenden Bauteile. Da sie nicht schlagartig auftritt und so durch das Kriechen bereits während ihrer Entstehung wieder abgebaut wird, bleibt sie weit unter dem Wert, der sich bei elastischem Materialverhalten einstellen würde:

$$\varepsilon_c(t)=0\Rightarrow\sigma_c(t)=-\frac{\varepsilon_{cs}(t)E_c}{1+\chi\phi(t,t_0)}. \qquad (3.3.164)$$

3.3.10.4 Systemwechsel

Bei der abschnittsweisen Herstellung von Ortbetonbauwerken oder der nachträglichen Verbindung von Fertigteilen ändert sich das statische System während der Bauzeit. Zur Veranschaulichung der Umlagerung von Schnittgrößen aus Lasten, die vor

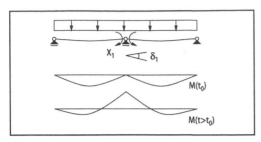

Abb. 3.3-75 Änderung des statischen Systems durch Verbinden zweier Einfeldträger

dem Verbinden aufgebracht wurden, wird ein aus zwei nachträglich verbundenen Fertigteilen zusammengesetzter Zweifeldträger untersucht (Abb. 3.3-75). Zum Zeitpunkt t_0 des Einbaus werden die Träger durch ihr Eigengewicht belastet. Über dem Mittelauflager entsteht eine gegenseitige Verdrehung infolge Kurzzeitverformung δ_{10}, die bei gelenkig verbundenen Einfeldträgern zum Zeitpunkt t durch das Kriechen auf $\delta_{10}(1+\phi(t, t_0))$ steigen würde. Werden die beiden Einfeldträger jedoch in $t=t_1$ über der Stütze miteinander verbunden, so wird die Verbindungsstelle in diesem Zustand „eingefroren", der gegenseitige Verdrehwinkel $\delta_{10}(1+\phi(t_1, t_0))$ ändert sich nicht mehr. Daher muss ein Stützmoment ΔX_1 aktiviert werden, dass der Kriechverformung entgegenwirkt:

$$\delta_{10}(1+\phi(t,t_0))+\Delta X_1\delta_{11}(1+\chi\phi(t,t_1))$$
$$=\delta_{10}(1+\phi(t_1,t_0)) \qquad (3.3.165)$$
$$\Rightarrow \Delta X_1 = -\frac{\delta_{10}}{\delta_{11}}\cdot\frac{\phi(t,t_0)-\phi(t_1,t_0)}{1+\chi\phi(t,t_1)}.$$

Dabei ist δ_{10}/δ_{11} das Stützmoment eines monolithisch hergestellten Tragwerks.

Gleichung (3.3.165) lässt sich so verallgemeinern, dass der tatsächliche Spannungszustand zwischen dem des Bauzustands M_B (ohne Kriechen) und dem eines (fiktiven) monolithisch hergestellten Tragwerks M_E interpoliert wird; näherungsweise gilt ($t_1 \approx t_0$):

$$M = M_B + (M_E - M_B)\frac{\phi}{1+\chi\phi}. \qquad (3.3.166)$$

Zur genaueren Berechnung s. [Trost/Wolff 1970].

3.3.11 Spannbeton

3.3.11.1 Prinzip der Vorspannung

Die Rissbildung kann stark reduziert oder ganz vermieden werden, indem durch Vorspannen der Bewehrung ein Eigenspannungszustand erzeugt wird, der die Zugspannungen aus äußeren Einwirkungen kompensiert. Vorgespannte Bauteile verhalten sich somit wesentlich steifer und ermöglichen kleinere Querschnittsabmessungen als Stahlbetonbauteile. Die Dauerhaftigkeit wird ebenfalls verbessert.

Am Gesamtquerschnitt aus Spannstahl und Beton erzeugt die Vorspannkraft P zunächst keine Schnittgrößen, am Betonquerschnitt dagegen i. Allg. Normalkraft, Querkraft und Biegemoment N_p, V_p, M_p (Abb. 3.3-76). Mit der Spanngliedneigung $\tan\theta_p = dz_p/dx$ und der Lage z_p, bezogen auf den Schwerpunkt des Betonquerschnitts, ist

$$N_p = -P\cos\theta_p, \qquad V_p = -P\sin\theta_p,$$
$$M_p = -P\cos\theta_p\, z_p. \qquad (3.3.167)$$

Im Allgemeinen kann $\cos\theta_p = 1$, $\sin\theta_p = \theta_p$ gesetzt werden.

Man erhält N_p, M_p, V_p auch durch Betrachtung der vom Spannglied auf den Beton wirkenden Verankerungs- und Umlenkkräfte. Die Umlenkkraft ergibt sich aus der Krümmung der Spannglieder:

$$p = P\frac{1}{r_p} \approx P\frac{d^2 z_p}{dx^2}. \qquad (3.3.168)$$

Die Ankerkräfte und -momente ergeben sich analog zu Gl. (3.3.167). Verlaufen die Spannglieder affin zum Moment, so stehen die Umlenkkräfte mit einem Teil der Last im Gleichgewicht und erzeugen im Bauteil keine Schnittgrößen außer einer Normalkraft.

Die Höhe der Vorspannung wird i. d. R. durch die Nachweise im GZG bestimmt. Eine Bestimmung der Vorspannung aus dem GZT ist meist nicht sinnvoll, da eine vorgespannte Bewehrung hier keinen wesentlichen Vorteil bietet und eine Bemessung mit Betonstahl wirtschaftlicher ist. Zu Technologie und Anwendung des Spannbetons s. [Kupfer/Hochreiter 1993].

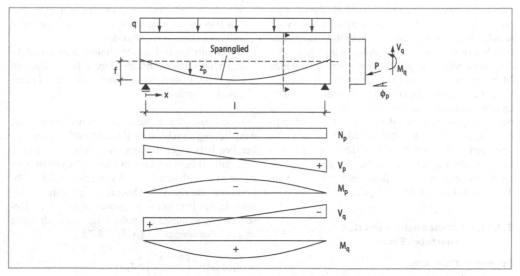

Abb. 3.3-76 Schnittgrößen am Betonquerschnitt eines Einfeldträgers

3.3.11.2 Vorspannen im Spannbett

Das Vorspannen von Fertigteilen erfolgt überwiegend im Spannbett. Dabei werden die Spannglieder (i. Allg. sieben drahtige Litzen) im Fertigteilwerk zunächst in der noch leeren Schalung zwischen zwei massiven Verankerungsblöcken (Spannbett) vorgespannt und anschließend Bewehrung und Beton eingebracht. Sobald der Beton eine ausreichende Festigkeit erreicht hat, wird die Verankerung der Spannglieder gelöst. Eine Verkürzung der Spannglieder ist nur möglich, bis die durch den Verbund im Beton entstehenden Druckspannungen der abnehmenden Spannstahlkraft das Gleichgewicht halten (Abb. 3.3-77). Die Gesamtdehnung des Spanngliedes setzt sich zusammen aus der Vordehnung im Spannbett und einer Zusatzdehnung $\Delta\varepsilon_p$.

Beton und Spannstahl wirken hier von Anfang an als Verbundquerschnitt (Vorspannung mit sofortigem Verbund). In ausreichender Entfernung von den Einleitungsbereichen gilt daher im ungerissenen Zustand $\varepsilon_c(z_p) = \Delta\varepsilon_p$. Das Zusammenwirken von Spannstahl und Beton lässt sich im Zustand I mit den ideellen Querschnittswerten (s. Abb. 3.3-25) erfassen. Die Spannung im Beton unter der Spanngliedkraft im Spannbett P_0 und den äußeren Schnittgrößen M, N ist

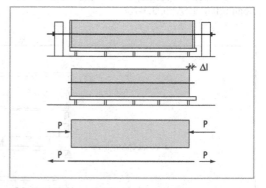

Abb. 3.3-77 Vorspannung im Spannbett

$$\sigma_c = \frac{N - P_0}{A_i} + \frac{M - P_0 z_p}{I_i} z. \tag{3.3.169}$$

Die Spannungsänderung im Spannglied gegenüber dem Spannbettzustand ($\varepsilon_c = 0$) ist

$$\Delta\sigma_p = \sigma_c(z_p) \frac{E_p}{E_c}. \tag{3.3.170}$$

Die Spannglieder verlaufen im Bauteil i. d. R. geradlinig, da eine Umlenkung der vorgespannten, aber noch nicht einbetonierten Spannglieder aufwendig ist. Werden in Abb. 3.3-77 die für die Momente in Feldmitte bemessenen Spannglieder vollständig bis zum Auflager durchgeführt, so entsteht dort bei stark exzentrischer Anordnung ein großes negatives Moment aus Vorspannung, dem keine Momente aus äußeren Einwirkungen entgegenwirken. Dies kann für die Druckspannungen an der Unterseite und die Zugspannungen an der Oberseite bemessungsrelevant werden. Um dies zu vermeiden, kann ein Teil der Spannglieder an den Auflagern durch Überschieben eines Hüllrohrs verbundlos gemacht (abisoliert) werden, so dass die Vorspannkraft erst in einer definierten Entfernung vom Trägerende in das Bauteil eingeleitet wird.

3.3.11.3 Vorspannen gegen den erhärteten Beton

Spanngliedführung
Bei Ortbetonbauwerken werden die Spannglieder aus baupraktischen Gründen erst nach dem Erhärten des Betons vorgespannt. Dabei können die Spannglieder (Abb. 3.3-78)

– innerhalb des Betonquerschnitts in Hüllrohren aus Blech oder Kunststoff (*interne Spannglieder* mit oder ohne Verbund) oder
– außerhalb des Betonquerschnitts, aber innerhalb der Querschnittsumhüllenden, z.B. im Inneren von Hohlkastenquerschnitten (*externe Spannglieder*), verlaufen.

Interne Spannglieder stehen auf ganzer Länge mit dem Betonquerschnitt in Kontakt und können daher fast beliebigen Raumkurven folgen, was eine sehr gute Anpassung an den Momentenverlauf und somit eine optimale Tragwirkung ermöglicht. Üblich sind Parabeln 2. Ordnung, ggf. mit dazwischenliegenden geraden Abschnitten. Zur Beschreibung genügen dann die Lage der Endpunkte und der *Parabelstich* f (Abb. 3.3-76):

$$z_p(x) = 4f\left(\frac{x}{l} - \frac{x^2}{l^2}\right) + z_{p0}. \tag{3.3.171}$$

Wegen z_p''=konst ergibt sich eine konstante Umlenkkraft.

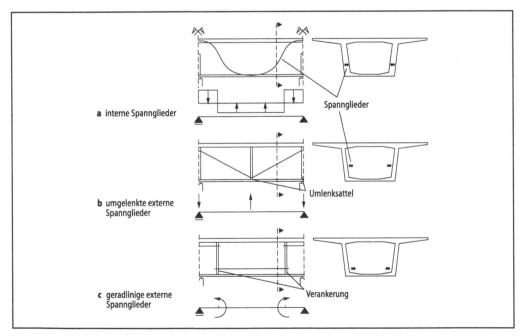

Abb. 3.3-78 Innenfeld eines Brückenträgers; Umlenkkräfte (Längsschnitt überhöht)

Externe Spannglieder dagegen verlaufen abschnittsweise geradlinig und erfordern an den Eckpunkten des Polygonzugs aufwendige Umlenk- bzw. Verankerungskonstruktionen. Sie erlauben jedoch eine Reduktion der Abmessungen des Betonquerschnittes, der keine Spannglieder aufnehmen muss, und bieten die im Hinblick auf die Korrosionsempfindlichkeit des Spannstahls wichtige Möglichkeit, Spannglieder auf Schäden zu inspizieren und ggf. auszutauschen.

Vorspannen statisch bestimmter Tragwerke
Das Anspannen erfolgt mit hydraulischen Pressen, die sich gegen den Betonkörper abstützen. Der Zeitpunkt für das Aufbringen der Vorspannung auf den Beton folgt aus technischen und wirtschaftlichen Überlegungen. Zum einen muss die Festigkeit des Betons bereits hoch genug sein, um die Kräfte v.a. im Verankerungsbereich aufnehmen zu können. Andererseits verbietet der Bauablauf meist lange Erhärtungszeiten. Häufig wird ein Teil der Vorspannkraft bereits sehr früh, i. Allg. nach zwei bis drei Tagen, aufgebracht, um durch das Erzeugen kleiner Druckspannungen die Rissbildung infolge der Eigenspannungen aus Schwinden und Abfließen der Hydratationswärme zu unterdrücken.

Beim Spannen des ersten Spannglieds auf die Kraft $P_1=1$ entsteht auf Höhe des Spannglieds eine Betondehnung ε_{cp}. Aus ihrem Integral folgt (unter der Voraussetzung $\cos\theta_p \approx 1$) die Verkürzung des Betons in der Spanngliedachse [Kupfer 1994]:

$$\delta_{c,11} = \int_{(l)} \left(\frac{1}{E_c A_c} + \frac{z_{p1}^2}{E_c I_c} \right) dx . \qquad (3.3.172)$$

Die Verlängerung des Spannglieds ist

$$\delta_{p,11} = \frac{l}{E_p A_{p1}} . \qquad (3.3.173)$$

Meist verursacht das Anspannen eine Hebung des Bauteils aus der Schalung, so dass das Eigengewicht (bei nachfedernder Schalung ein Teil davon) aktiviert wird. Hieraus resultiert eine Verlängerung des Betons auf Höhe der Spanngliedachse:

$$\delta_{c,1g} = - \int_{(l)} \left(\frac{N_g}{E_c A_c} + \frac{M_g z_{p1}}{E_c I_c} \right) dx . \qquad (3.3.174)$$

Aus diesen drei Größen ergibt sich der Spannweg, d. h. die Verschiebung zwischen Spannglied und Beton an der Presse

$$a = P_1 \left(\delta_{p,11} + \delta_{c,11} \right) + \delta_{c,1g} . \qquad (3.3.175)$$

Die Auswertung der Integrale kann i. Allg. mit den δ_{ik}-Tafeln erfolgen (vgl. 1.5). Bei der Ermittlung der Querschnittswerte ist die Fläche der nicht verpressten Hüllrohre abzuziehen (*Nettoquerschnitt*). Der Unterschied zum *Bruttoquerschnitt*, d. h. dem Querschnitt inklusive Hüllrohrfläche ist jedoch meist vernachlässigbar.

Für eine nach dem Anspannen aufgebrachte äußere Last q ergibt sich die Änderung der Spannstahlspannung aus der Bedingung, dass an den Verankerungsstellen keine Verschiebung auftreten kann:

$$\Delta P \left(\delta_{p,11} + \delta_{c,11} \right) + \delta_{c,1q} = 0 . \qquad (3.3.176)$$

Das Anspannen mehrerer Spannglieder in einem Bauteil erfolgt i. d. R. nacheinander, was einen Abbau der Spannung in den vorher gespannten Spanngliedern verursacht. Die Verkürzung des Spannglieds 1 beim Anspannen von 2 auf die Kraft $P_2=1$ ist

$$\delta_{c,12} = \int_{(l)} \left(\frac{1}{E_c A_c} + \frac{z_{p1} z_{p2}}{E_c I_c} \right) dx . \qquad (3.3.177)$$

Die Kraft im ersten Spannglied reduziert sich um

$$\Delta P_1 = -P_2 \frac{\delta_{c,12}}{\delta_{p,11} + \delta_{c,11}} . \qquad (3.3.178)$$

Um nach Beendigung des Anspannens aller Spannglieder eine Kraft P im Spannglied zu erreichen, muss die Pressenkraft um die Verlustanteile der danach vorgespannten erhöht werden.

Reibung und Ankerschlupf
Durch die Relativverschiebung zwischen Spannglied und Beton sowie die Umlenkkräfte tritt Reibung auf, die sich mit dem Reibungsbeiwert μ durch die Differentialgleichung der Seilreibung beschreiben lässt:

$$dP = -ds \mu P \left| \frac{1}{r} \right| \Rightarrow P = P_0 \exp\left(-\mu \int_0^x \left| \frac{1}{r} \right| ds \right) . \quad (3.3.179)$$

Dabei ist P_0 die durch die Presse aufgebrachte Kraft, x der Abstand vom Spannende (Abb. 3.3-79a). Das Integral der Krümmung entspricht dem Umlenkwinkel zwischen zwei Punkten. Daneben ist noch ein durch die ungewollte Abweichung des Hüllrohres aus seiner idealen Lage verursachter Anteil k zu berücksichtigen:

$$\frac{1}{r} = \frac{1}{r_p} + k \approx \frac{d^2 z_p}{dx^2} + k. \qquad (3.3.180)$$

Werte für μ, k sind der Zulassung des Spannverfahrens zu entnehmen. Die unter Vernachlässigung der Reibung abgeleiteten Beziehungen (3.3.172) bis (3.3.178) gelten näherungsweise, wenn für P_i der Mittelwert der Kraft über die Spanngliedlänge gesetzt wird. Der Vergleich zwischen Pressenkraft und Spannweg erlaubt Aussagen darüber, ob die in der Berechnung angesetzte Vorspannung planmäßig erreicht wurde.

Die Verankerung von Litzenspanngliedern erfolgt nach dem Spannen i. Allg. mit Keilen (Abb. 3.3-80). Zum Herstellen eines kraftschlüssigen Kontakts ist ein Keilschlupf Δl_{sl} im Millimeterbereich erforderlich. Durch die Verkürzung des Spannglieds wird die aufgebrachte Vorspannung vermindert. Im Bereich der Verankerung wechselt die Reibung auf einer Länge l_{sl}, an deren Ende die Vorspannung vor und nach dem Verankern gleich ist, ihre Richtung (vgl. Abb. 3.3-79b). Die Summe der dort auftretenden Dehnungsänderungen muss dem Keilschlupf Δl_{sl} entsprechen.

Wird die Exponentialfunktion in Gl. (3.3.179) linearisiert ($e^x \approx 1+x$), so entspricht die zu integrierende Fläche einem Dreieck:

$$\Delta l_{sl} = \int_0^{l_{sl}} \frac{\Delta P(x)}{E_p A_p} dx \approx \frac{1}{2} \cdot \frac{\Delta P}{E_p A_p} l_{sl}. \qquad (3.3.181)$$

Für eine konstante Spanngliedkrümmung erhält man dann den Schnittpunkt des Spannkraftverlaufs vor und nach dem Verankern

$$P_0 \left(1 - \mu \left|\frac{1}{r}\right| l_{sl}\right) = (P_0 - \Delta P)\left(1 + \mu \left|\frac{1}{r}\right| l_{sl}\right)$$

und damit

$$l_{sl} = \sqrt{\frac{E_p A_p \Delta l_{sl}}{P_0 \mu \left|\frac{1}{r}\right|}}. \qquad (3.3.182)$$

Nachträglicher Verbund

Der Korrosionsschutz der Spannglieder in den Hüllrohren kann durch Verpressen mit Zementmörtel hergestellt werden. Dabei entsteht ein kraftschlüssiger Verbund zwischen Spannglied und Beton (Vorspannung mit nachträglichem Verbund). Alle nach Herstellen des Verbunds aufgebrachten Beanspruchungen wirken auf den Verbundquerschnitt. Die Berechnung erfolgt hierfür zweckmäßig mit ideellen Querschnittswerten, soweit der Querschnitt im Zustand I verbleibt.

Das Verpressen erfolgt auf der Baustelle. Zur Vermeidung von Korrosionsschäden vor dem Verpressen muss die Verweildauer der Spannglieder im unverpressten Hüllrohr gering gehalten, das

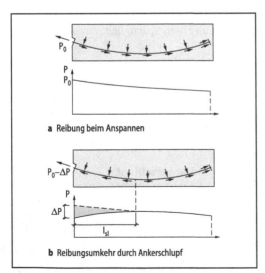

Abb. 3.3-79 Spannen gegen den erhärteten Beton

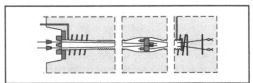

Abb. 3.3-80 Litzenspannglied mit Plattenverankerung, beweglicher Kopplung und Innenverankerung (Verbundanker)

Hüllrohr vor dem Einbau des Spannglieds gereinigt und ein fehlerfreies Verpressen ohne Hohlräume sichergestellt werden. Mangelhaft verpresste Hüllrohre waren in der Vergangenheit Ursache von Korrosionsschäden.

Verbundlose Vorspannung

Beim Verpressen mit Fett oder ähnlichen Materialien bleibt das Spannglied verbundlos (Vorspannung ohne Verbund). Das Verpressen erfolgt im Herstellwerk. Zur Anwendung s. [Eibl u. a. 1995].

Das Zusammenwirken von Stahl und Beton muss auch im Endzustand durch Systembetrachtungen analog zu den Gl. (3.3.172) bis (3.3.178) untersucht werden; für die elektronische Berechnung kann das System wie in Abb. 3.3-81 abgebildet werden. Die Integration der Betondehnungen über die Bauteillänge entspricht einer Mittelwertbildung. Die Spannungsänderung bei Änderung der äußeren Einwirkung fällt somit weit geringer aus als die eines bei gleichem Verlauf im Verbund liegenden Spannglieds an den höchstbeanspruchten Stellen. Verbundlose Spannglieder sind demnach bei der Querschnittsbemessung weniger effektiv, aber auch weniger ermüdungsgefährdet, v. a. beim Übergang in den Zustand II. Der höhere Betonstahlbedarf wird durch den Wegfall des aufwendigen Verpressvorgangs und die verbesserte Dauerhaftigkeit z. T. kompensiert.

Bei der Ermittlung des Spannungszuwachses im GZT ist die Berücksichtigung der Rissbildung aus Gründen der Wirtschaftlichkeit sinnvoll. Dabei ist jedoch zu beachten, dass der Zuwachs mit zunehmender Verformung steigt. Die Berücksichtigung der Mitwirkung des Betons zwischen den Rissen sowie eines oberen Grenzwertes der Betonzugfestigkeit (d. h. einer möglichst geringen Rissbildung) ist daher meist erforderlich. Nach DIN1045Teil 1 ist für die Erhöhung $\Delta\sigma_p$ ein Sicherheitsbeiwert $\gamma_p \neq 1$ zu berücksichtigen. In den Umlenkpunkten ist die Verschiebung zwischen Spannglied und Beton durch die Reibung behindert; eine volle Festhaltung kann im GZT i. Allg. jedoch nicht angenommen werden. In der Praxis verzichtet man häufig auf die Berücksichtigung des Spannungszuwachses. Anker- und Umlenkkräfte können dann als äußere Lasten auf das Tragwerk angesetzt werden. Dies entspricht der Betrachtung als Stahlbetonbauteil mit Längskraft.

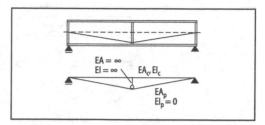

Abb. 3.3-81 Modellierung bei verbundloser Vorspannung

3.3.11.4 Statisch unbestimmte Wirkung

Der durch die Vorspannung induzierte Eigenspannungszustand erzeugt i. Allg. eine Verformung des Bauteils, die bei statisch unbestimmt gelagerten Systemen zu zusätzlichen Schnittgrößen führt. Diese werden als *statisch unbestimmte Wirkung* (Index ind) der Vorspannung bezeichnet. Im Gegensatz zur bisher betrachteten *statisch bestimmten Wirkung* (Index dir) des Eigenspannungszustands am Querschnitt erzeugt sie auch am Gesamtquerschnitt Schnittgrößen. Diese lassen sich über die Spanngliedführung nahezu beliebig verändern. Man kann sie daher gezielt zur Umlagerung von Vorspannmomenten im Tragwerk nutzen, im Beispiel des Zweifeldträgers typischerweise vom Feld in die Stütze. Die Bestimmung kann auf zwei Arten erfolgen (Abb. 3.3-82).

Bei der Berücksichtigung als Vorverformung werden die Krümmungen und Dehnungen

$$\kappa_p = -\frac{Pz_p}{E_c I_c} \quad \varepsilon_{0p} = -\frac{P}{E_c A_c} \quad (3.3.183)$$

infolge des statisch bestimmten Anteils der Vorspannung als spannungslose Verformungen auf das System aufgebracht. Die resultierenden Schnittgrößen (statisch unbestimmte Wirkung) können mit den üblichen Verfahren der Baustatik berechnet werden.

Alternativ können die Verankerungs- und Umlenkkräfte der Spannglieder als äußere Lasten auf das statisch unbestimmte System aufgebracht werden, woraus sich die gesamte Schnittgrößen aus Vorspannung ohne die Trennung in den statisch bestimmten und unbestimmten Anteil ergeben, die dann nachträglich vorgenommen werden muss. Nachteilig ist hier die bei nicht durch mathematische Funktionen

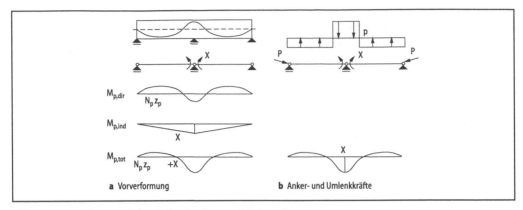

Abb. 3.3-82 Bestimmung der statisch unbestimmten Schnittgrößen

definierten Spanngliedführungen aufwendige Ermittlung der Umlenkkräfte. Das Verfahren lässt sich jedoch problemlos auf Flächentragwerke anwenden.

Im Allgemeinen wird unter der statisch unbestimmten Wirkung nur die aus behinderter Biegeverformung entstehende Schnittgröße verstanden. Bei behinderter Längsverformung können jedoch auch statisch unbestimmte Normalkräfte entstehen. Im Brückenbau tritt dieser Fall i. d. R. nicht auf, da durch spezielle Lager eine in Längsrichtung statisch bestimmte Lagerung erreicht werden kann. In monolithischen Tragwerken des Hochbaus ist dies meist nicht der Fall. Bei statisch unbestimmter Anordnung vertikaler Aussteifungselemente können in diesen erhebliche Zwangsschnittgrößen entstehen, so dass nur ein Teil der Vorspannung in das vorzuspannende Bauteil eingeleitet wird. Aus Vorspannung resultierende Verformungen müssen daher genau verfolgt werden. In Extremfällen empfiehlt es sich, auf die Berücksichtigung der Normalkraft infolge Vorspannung ganz zu verzichten. Die Wirkung der Umlenkkräfte kann jedoch unabhängig hiervon vorausgesetzt werden [Wicke/Maier 1998].

3.3.11.5 Zeitabhängige Verluste

Das zeitabhängige Verformungsverhalten von Beton und Spannstahl verursacht einen mit der Zeit fortschreitenden Abbau der Vorspannung um ca. 10% bis 20%. Zur Vereinfachung der Berechnung werden Spannglieder mit ungefähr gleichem z_p zu einem *Strang* zusammengefasst.

Statisch bestimmte Systeme

Zum Zeitpunkt $t=t_0$ sei die Spannung im Spanngliedstrang i gleich $\sigma_{p0,i}$ und die Spannung im Beton auf Höhe $z_{p,i}$ des Stranges aus der Vorspannung und der äußeren, ständig wirkenden Einwirkung $\sigma_{cp0,i}$. Zum Zeitpunkt t hat sich die Betonspannung infolge der Spannkraftverluste $\Delta\sigma_{p,j}$ um

$$\Delta\sigma_{cp,i} = -\sum_{j=1}^{n}\Delta\,\sigma_{p,j}A_{p,j}\left(\frac{1}{A_c}+\frac{z_{p,i}z_{p,j}}{I_c}\right) \quad (3.3.184)$$

geändert. Die Dehnungsänderung im Beton ist

$$\Delta\varepsilon_{cp,i} = \sigma_{cp0,i}\frac{\phi}{E_c}+\Delta\sigma_{cp,i}\frac{1+\chi\phi}{E_c}+\varepsilon_{cs}. \quad (3.3.185)$$

Die wirksame Schwinddehnung ε_{cs} ist dabei die zwischen dem Vorspannen und dem betrachteten Zeitpunkt auftretende Zunahme.

Bei Vorspannung im Verbund ist die Änderung der Betondehnung gleich der Änderung der Spannstahldehnung $\Delta\varepsilon_{p,i}=\Delta\varepsilon_{cp,i}$. Zusammen mit den Relaxationsverlusten $\Delta\sigma_{pr}$ folgt

$$\Delta\sigma_{p,i} = \Delta\sigma_{pr,i}+\Delta\varepsilon_{p,i}, E_p. \quad (3.3.186)$$

Durch Einsetzen und Umformen erhält man ein lineares Gleichungssystem zur Bestimmung der Spannungsverluste. So gilt bei zweisträngiger Vorspannung

$$\begin{pmatrix} 1+\alpha_{11} & \alpha_{12} \\ \alpha_{21} & 1+\alpha_{22} \end{pmatrix} \begin{pmatrix} \Delta\sigma_{p1} \\ \Delta\sigma_{p2} \end{pmatrix}$$

$$= \begin{pmatrix} \Delta\sigma_{pr,1} + \sigma_{cp0,1}\phi\dfrac{E_p}{E_c} + \varepsilon_{cs}E_p \\[2mm] \Delta\sigma_{pr,2} + \sigma_{cp0,2}\phi\dfrac{E_p}{E_c} + \varepsilon_{cs}E_p \end{pmatrix} \qquad (3.3.187)$$

mit

$$\alpha_{ij} = \frac{E_p A_{p,j}}{E_c A_c}\left(1 + \frac{A_c}{I_c} z_{p,i} z_{p,j}\right)(1 + \chi\phi). \qquad (3.3.188)$$

Bei einsträngiger Vorspannung erhält man die in DIN 1045 Teil 1 angegebene Gleichung

$$\Delta\sigma_p = \frac{\Delta\sigma_{pr} + \varepsilon_{cs}E_p + \dfrac{E_p}{E_c}\phi\sigma_{cp0}}{1 + \dfrac{E_p A_p}{E_c A_c}\left(1 + \dfrac{A_c z_p^2}{I_c}\right)(1 + \chi\phi)}. \qquad (3.3.189)$$

Bei verbundloser Vorspannung können die Verluste in analoger Weise ermittelt werden, wobei allerdings die Kompatibilität systembezogen eingeführt werden muss, vgl. die Gln. (3.3.172) bis (3.3.177). Man erhält zu die Gln. (3.3.187) und (3.3.189) analoge Bestimmungsgleichungen, wobei allerdings

$$\alpha_{ij} = \frac{E_p A_{p,j}}{E_c l}\int_0^l\left(\frac{1}{A_c} + \frac{z_{p,i} z_{p,j}}{I_c}\right)(1 + \chi\phi)\,dx,$$

$$\sigma_{cp0,i} = \sum_{j=1}^{n}\frac{P_{0,j}}{l}\int_0^l\left(\frac{1}{A_c} + \frac{z_{p,i} z_{p,j}}{I_c}\right)dx \qquad (3.3.190)$$

$$+ \frac{1}{l}\int_0^l\left(\frac{N_g}{A_c} + \frac{M_g}{I_c}z_{p,i}\right)dx$$

zu setzen ist. Das entspricht den Mittelwerten entlang der Spanngliedachse.

Statisch unbestimmte Systeme
Hier ist die statisch Überzählige zusätzlich als Unbekannte in die Berechnung einzuführen [Mehlhorn 1998]. Die Berücksichtigung der Momentenwirkung eines Stranges kann näherungsweise durch einen effektiven Hebelarm

$$z_{p,j}^{*} = \frac{M_{p,j,dir} + M_{p,j,ind}}{P_j} \quad \text{für } z_{p,j} \text{ in Gl. } (3.3.188)$$

bzw. (3.3.190) erfolgen.

3.3.11.6 Verankerung der Spannglieder

An den Verankerungs- und Umlenkstellen werden große Kräfte konzentriert in den Beton eingeleitet. Zur Aufnahme der hinter den Ankerplatten auftretenden hohen Druckspannungen sind i. Allg. Wendeln entsprechend der Zulassung des Spannverfahrens anzuordnen, die durch die Umschnürungswirkung einen dreiachsialen Druckspannungszustand erzeugen. Die aus der Kraftausbreitung resultierenden Spaltzugkräfte sind durch Bewehrung aufzunehmen. Zur Bestimmung werden i. Allg. Stabwerkmodelle verwendet (Abb. 3.3-83). Beim Anspannen mehrerer Spannglieder sind auch Zwischenzustände zu betrachten. Die durch die Verbundverankerung bei Vorspannung im Spannbett entstehenden Spaltzugkräfte sind ebenfalls durch Bewehrung aufzunehmen. Hinweise enthält [Kupfer 1994].

In abschnittsweise hergestellten Bauwerken werden die Spannglieder nach jedem Bauabschnitt am Rand des zuletzt fertiggestellten Abschnittes gekoppelt und im Bauzustand vorübergehend verankert. Da das Anspannen nach dem Erhärten des nächsten Bauabschnitts wie die Einleitung einer Einzelkraft im Bauteilinneren an der Koppelfuge wirkt, verbleibt auch im Endzustand eine Störung der Dehnungsverteilung. Eine Kopplung aller Spannglieder in einem Querschnitt sollte daher vermieden werden.

Wegen der eingeschränkten Wirkung der Vorspannung werden Koppelfugen i. Allg. in Bereichen geringer Beanspruchungen angeordnet (Momentennullpunkte unter ständiger Last). Es ist je-

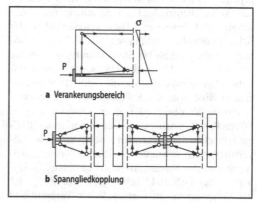

Abb. 3.3-83 Stabwerkmodelle

doch zu beachten, dass durch veränderliche Lasten und gleichzeitige Wirkung von Zwang auch dort Momente auftreten können. Daher ist eine angemessene Betonstahlbewehrung vorzusehen. Die Mindestbewehrung nach 3.3.11.8 ist hierfür i. d. R. ausreichend.

3.3.11.7 Nachweise

Vorgespannte Bauteile werden durch eine äußere Einwirkung und eine Vorspannung, die Schnittgrößen etwa gleicher Größenordnung, aber entgegengesetzten Vorzeichens erzeugen, beansprucht (Abb. 3.3-76). Daher kann neben der maximalen äußeren Einwirkung auch die minimale, v. a. in Bauzuständen, maßgebend werden.

Für die Höhe der Vorspannung und die Exzentrizität der Spannglieder ergeben sich hierdurch Grenzen, v. a. beim Vorspannen im Spannbett, da der Vorspannung zunächst nur das i. Allg. geringe Eigengewicht der Fertigteile entgegenwirkt. Beim Vorspannen gegen den erhärteten Beton kann es erforderlich werden, die Vorspannung schrittweise mit dem Baufortschritt (d. h. der Zunahme der äußeren Einwirkungen) bzw. dem Ablassen des Lehrgerüstes aufzubringen. Die durch das Vorspannen hervorgerufenen Krümmungen können zu erheblichen Umlagerungen der Kräfte im Lehrgerüst führen; diese sind rechnerisch nachzuweisen.

Daneben führt die Differenz etwa gleich großer Zahlen zu einer starken numerischen Empfindlichkeit der resultierenden Gesamtschnittgrößen aus Vorspannung und äußerer Einwirkung, d. h., eine geringe Änderung des Vorspannmoments kann einen Vorzeichenwechsel der Spannung am Querschnittsrand erzeugen. Dies erfordert bei der Schnittgrößenberechnung v. a. im GZG eine höhere Genauigkeit als bei Stahlbetontragwerken. Da hiermit wegen der in der Baupraxis unvermeidlichen Unsicherheiten nur ein Teil des Problems erfasst wird, sind die Schnittgrößen aus der Vorspannung als obere oder untere charakteristische Werte $P_k = r P_m$ anzusetzen. Der Variationskoeffizient ist wegen der streuenden Kriech- und Schwindverformungen sowie der unsicheren Reibungsbeiwerte von den Spannkraftverlusten abhängig. Daher ist nach DIN 1045 Teil 1 $r_{inf} = 0,9$ bzw. $r_{sup} = 1,1$ bei Vorspannung im nachträglichen Verbund und wegen der fehlenden bzw. geringen Reibungsver-

luste $r_{inf} = 0,95$ bzw. $r_{sup} = 1,05$ bei Spanngliedern mit sofortigem bzw. ohne Verbund.

Bei den Nachweisen werden die statisch unbestimmten Schnittgrößen auf der Seite der Einwirkungen berücksichtigt, die statisch bestimmten dagegen i. Allg. als Widerstand. Im GZT kann die statisch unbestimmte Wirkung durch Fließgelenkbildung abgebaut werden. Hiervon wird wegen der infolge der großen Normalkräfte i. d. R. geringen Rotationsfähigkeit rechnerisch kein Gebrauch gemacht.

Nachweise im GZG

Da das Vorspannen der Bewehrung auch wesentlich der Verbesserung der Gebrauchstauglichkeit dient, besitzen diese Nachweise eine größere Bedeutung als bei Stahlbetonbauteilen. Hinzu kommen die erhöhten Anforderungen an die Dauerhaftigkeit wegen der größeren Korrosionsempfindlichkeit der Spannstähle. Ständig oder häufig offene Risse müssen v. a. in chloridhaltiger Umgebung und bei wechselnder Durchfeuchtung vermieden werden. Ausgenommen sind hiervon Spannglieder ohne Verbund, da deren Korrosionsschutz unabhängig vom umgebenden Beton sichergestellt wird. Für diese gelten die Anforderungen an Stahlbetonbauteile. Nach DIN 1045 Teil 1 sind i. Allg. folgende Nachweise zu führen:

Dekompression. Unter einer in Abhängigkeit von den Umgebungsbedingungen zu wählenden Einwirkungskombination (quasi-ständige, häufige oder seltene) ist nachzuweisen, dass die Spannglieder im überdrückten Beton liegen, d. h. nicht vom Riss gekreuzt werden (*Dekompression*). Zur Vermeidung von Unklarheiten hinsichtlich des Ansatzes für den gezogenen Beton (gerissen oder ungerissen) ist nach DIN 1045 Teil 1 im Endzustand eine volle Überdrückung des Querschnitts gefordert, obwohl dies für den Korrosionsschutz nicht erforderlich ist. Unter Annahme einer linearen σ-ε-Beziehung für den gedrückten Beton kann aus

$$\sigma_{Rand} = \frac{N + N_p}{A_c} + \frac{M + M_p}{I_c} z_{Rand} \leq 0 \qquad (3.3.191)$$

die erforderliche Vorspannung ermittelt werden.

Bei Beanspruchung durch Zwang ist zu beachten, dass der durch die Rissbildung verursachte Steifigkeitsabfall hier nicht eintritt. Eingeprägte

Verformungen müssen daher in jedem Fall bei der Schnittgrößenermittlung berücksichtigt werden.

Begrenzung der Rissbreite. Da eine gelegentliche Überschreitung der Dekompressionslast durch die Wahl der Einwirkungskombination zugelassen wird, ist zusätzlich eine Beschränkung der Rissbreite auf $w_k=0{,}2$ mm nachzuweisen, sofern unter der hierfür maßgebenden Einwirkungskombination Zugspannungen entstehen. Für die Ermittlung des Dehnungszustands kann die Druckzonenhöhe nach Gl. (3.3.56) bestimmt werden, wenn die aus der Vorspannung resultierenden Schnittgrößen P_0, M_{p0} als äußere Einwirkungen und die Spannglieder wie eine schlaffe Bewehrung berücksichtigt werden.

Im Allgemeinen liegt im Bauteil neben den Spanngliedern eine Bewehrung aus Betonstahl. Wegen der geringeren Profilierung der Oberfläche und der v.a. bei Litzenbündeln weit größeren Durchmesser ist der Verbund des Spannstahls erheblich weicher als der des Betonstahls. Die Annahme eines starren Verbunds liefert keine realistische Abschätzung der Stahlspannungen. Für die Nachweise der Rissbreitenbegrenzung ist eine genauere Betrachtung erforderlich.

Im Zustand der *Einzelrissbildung* ergeben sich unterschiedliche Verbundstörlängen l_{ts}, l_{tp} (Abb.

3.3-84). Am Ende der Verbundstörlänge befinden sich Beton- und Spannstahl im nahezu starren Verbund. Dazwischen müssen sie die gleiche Verlängerung erfahren. Vereinfacht wird ein affiner Verlauf der Spannungen σ_s, $\Delta\sigma_p$ entlang von l_{ts} bzw. l_{tp} vorausgesetzt:

$$l_{ts}\frac{\sigma_{s2}-\sigma_{s1}}{E_s}=l_{tp}\frac{\Delta\sigma_{p2}-\Delta\sigma_{p1}}{E_p}. \qquad (3.3.192)$$

Das entspricht Gleichheit der unterlegten Flächen in Abb. 3.3-84. Mit dem Gleichgewicht entlang der Verbundstörlänge

$$\tau_{sm}\,\varnothing_s\,\pi l_{ts}=(\sigma_{s2}-\sigma_{s1})\frac{\varnothing_s^2\,\pi}{4},$$

$$\tau_{pm}\,\varnothing_p\,\pi l_{tp}=(\Delta\sigma_{p2}-\Delta\sigma_{p1})\frac{\varnothing_p^2\,\pi}{4} \qquad (3.3.193)$$

und Gl. (3.3.192) folgt

$$\frac{(\sigma_{s2}-\sigma_{s1})^2}{E_s\tau_{sm}}\cdot\frac{\varnothing_s}{4}=\frac{(\Delta\sigma_{p2}-\Delta\sigma_{p1})^2}{E_p\tau_{pm}}\cdot\frac{\varnothing_p}{4}. \qquad (3.3.194)$$

Vereinfacht wird angenommen $E_p\approx E_s$ und $\sigma_{s1}=\Delta\sigma_{p1}\approx0$:

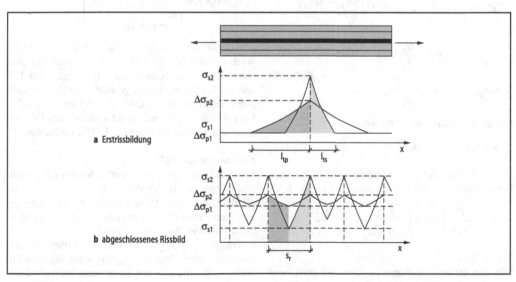

Abb. 3.3-84 Spannungen zwischen den Rissen

$$\frac{\Delta\sigma_{p2}^2}{\sigma_{s2}^2} = \frac{\tau_{pm}}{\tau_{sm}} \cdot \frac{\varnothing_s}{\varnothing_p} = \xi_1^2 \,. \qquad (3.3.195)$$

Bei Einzelrissbildung ist die angreifende Kraft (einschl. der auf der Einwirkungsseite berücksichtigten Vorspannung) gleich der Rissschnittgröße:

$$f_{ct}\,A_{ci} = \sigma_{s2}\,A_s + \Delta\sigma_{p2}\,A_p = \sigma_{s2}\,(A_s + \xi_1\,A_p)\,.$$

Die Stahlspannungen im Riss sind also:

$$\sigma_{s2} = \frac{f_{ct}A_{ci}}{A_s + \xi_1 A_p}, \quad \Delta\sigma_{p2} = \frac{\xi_1 f_{ct}A_{ci}}{A_s + \xi_1 A_p}\,.$$
$$(3.3.196)$$

Der maximale Rissabstand ergibt sich aus (n_s, n_p Anzahl der Bewehrungsstäbe bzw. Spannglieder)

$$f_{ct}A_c = \frac{s_r}{2}\left(\tau_{sm} n_s \varnothing_s \pi + \tau_{pm} n_p \varnothing_p \pi\right)$$
$$\Rightarrow s_r = \frac{\varnothing_s f_{ct}A_c}{2\tau_{sm}\left(A_s + \xi_1^2 A_p\right)}\,. \qquad (3.3.197)$$

Bei *abgeschlossenem Rissbild* treten auf ganzer Länge Verbundspannungen auf. Unter Annahme im Mittel eben bleibender Querschnitte gilt $\varepsilon_{sm} = \Delta\varepsilon_{pm}$:

$$\frac{\sigma_{s2} - \beta_t(\sigma_{s2} - \sigma_{s1})}{E_s} = \frac{\Delta\sigma_{p2} - \beta_t(\Delta\sigma_{p2} - \Delta\sigma_{p1})}{E_p}\,.$$
Mit
$$\sigma_{s2} - \sigma_{s1} = \frac{s_r}{2} \cdot \frac{U_s}{A_s}\tau_{sm}\,,$$
$$\Delta\sigma_{p2} - \Delta\sigma_{p1} = \frac{s_r}{2} \cdot \frac{U_p}{A_p}\tau_{pm} \qquad (3.3.198)$$

und dem Gleichgewicht im Riss

$$F - P_0 = \sigma_{s2}\,A_s + \Delta\sigma_{p2}\,A_p\,, \qquad (3.3.199)$$

wobei P_0 die (fiktive) Spannbettkraft ist, die sich bei spannungslosem Betonquerschnitt ergibt, folgt

$$\sigma_{s2} = \frac{F - P_0}{A_s + A_p} + \beta_t\left(\frac{f_{ct}A_c}{A_s + \xi_1^2 A_p} - \frac{f_{ct}A_c}{A_s + A_p}\right)\,.$$
$$(3.3.200)$$

Mit der Betonstahlspannung, Gl. (3.3.200), und dem Rissabstand, Gl. (3.3.197), können die Nach-

weise der Rissbreitenbegrenzung analog zum Stahlbeton geführt werden.

Die am Zugstab abgeleiteten Beziehungen können für andere Bauteile verallgemeinert werden. Liegen Beton- und Spannstahl näherungsweise in einer Lage, so kann die Kraft $F_s + \Delta P$ zunächst unter Annahme starren Verbundes berechnet werden. Die Aufteilung erfolgt dann wie für den Zugstab der Höhe h_{eff} (Abb. 3.3-22). Für andere Fälle können analoge Beziehungen über die ebene Verteilung der mittleren Dehnungen abgeleitet werden. Es ist zu beachten, dass die Rissabstände bei weit auseinander liegenden Bewehrungslagen durch Sammelrissbildung unterschiedliche sein können [Alvarez 1998].

Im Zustand der Einzelrissbildung kann bei ausreichend großer Vorspannung das Gleichgewicht im gerissenen Zustand auch ohne Bewehrung hergestellt werden. Da die Rissbreite bei gegebener Krümmung etwa proportional zur Risstiefe ist, kann von einer ausreichenden Begrenzung ausgegangen werden, wenn die Risstiefe auf den kleineren Wert von $h/2$ und 0,5 m begrenzt wird [König/Fehling 1989]. Für den Rechteckquerschnitt ergibt sich daraus eine Spannung in der Schwerachse $\sigma_c = -P/A_c = -\max\{h; 1\} \cdot f_{ct,eff}$ (h in m). Bei der Ermittlung der Mindestbewehrung nach Gl. (3.3.114) kann daher nach DIN 1045 Teil 1

$$k_c = 0{,}4\left(1 + \frac{\sigma_c}{1{,}5\frac{h}{\min(h;1\text{m})}f_{ct,eff}}\right) \qquad (3.3.201)$$

gesetzt werden. Das entspricht einer linearen Interpolation zwischen $k_c = 0$ für den vorstehend genannten Fall mit einer zusätzlichen Sicherheit 1,5 und $k_c = 0{,}4$ für $\sigma_c = 0$. Die Mindestbewehrung darf ganz entfallen, wenn unter der seltenen Einwirkungskombination am Querschnittsrand Druckspannungen von mindestens -1 MPa verbleiben.

Nachweise im GZT

Der Nachweis am Querschnitt erfolgt analog zum Stahlbeton mit der Vordehnung ε_{p0} in den Spanngliedern, die unter Berücksichtigung der zum jeweiligen Zeitpunkt eingetretenen Verluste als charakteristischer Wert anzusetzen ist.

Die Anwendung der üblichen Hilfsmittel bei der Biegebemessung ist möglich, wenn die statisch bestimmte Wirkung mit einer zunächst zu schätzenden Spannstahlspannung (i. Allg. der Fließspannung) als zusätzliche Einwirkung angesetzt wird. Ergebnis ist die erforderliche Betonstahlbewehrung. Alternativ kann die Bemessung zunächst für eine reine Spannstahlbewehrung erfolgen. Die Differenz zur vorhandenen Spannstahlmenge, die sich i.d.R. aus dem GZG ergibt, ist durch eine gleichwertige Betonstahlbewehrung abzudecken.

Beim Nachweis für Querkraft bzw. Durchstanzen darf der geneigte Anteil der Spanngliedkraft V_p berücksichtigt werden.

3.3.11.8 Robustheit

Wichtiger Bestandteil der Sicherheitskonzepte im Massivbau ist die Vorankündigung des Versagens durch die Bildung breiter Risse bei Annäherung an die Tragfähigkeit. Diese ist bei ausgewogener Bewehrung im Stahlbetonbau i.Allg. sichergestellt. Vorgespannte Bauteile bleiben unter den häufig auftretenden Lasten i.d.R. weitgehend ungerissen. Ihr äußeres Erscheinungsbild lässt dann keine Aussage über den Zustand der Bewehrung zu. In seltenen, aber denkbaren Fällen kann durch fortschreitende Korrosion der Spannglieder die Vorspannung so weit abgebaut werden, dass eine geringfügige Erhöhung der äußeren Last eine Überschreitung der Zugfestigkeit herbeiführt. Reicht der im Querschnitt vorhandene Betonstahl und der noch nicht korrodierte Spannstahl zur Aufnahme der Schnittgrößen nicht aus, so kommt es zum schlagartigen Versagen. Durch eine ausreichende Betonstahlbewehrung lässt sich dies vermeiden.

Die zum Aufreißen führende Belastung eines nur auf Biegung beanspruchten Bauwerks folgt mit der zum Zeitpunkt t noch vorhandenen Vorspannkraft der nicht korrodierten Spannglieder P(t) aus [König u.a. 1994]

$$f_{ct} = -\frac{P(t)}{A_c} + \frac{M_S - P(t)z_p}{W_c}. \qquad (3.3.202)$$

Bei statisch bestimmten Tragwerken muss das gesamte Moment M_S nach der Rissbildung von Beton- und Spannstahl aufgenommen werden. Es gilt (Abb. 3.3-85)

$$M_S = \left(f_{ct} + P(t) \left(\frac{1}{A_c} + \frac{z_p}{W_c} \right) \right) W_c$$
$$= (P(t) + \Delta P)(z_p + z_c) + F_s(z_c + z_s). \qquad (3.3.203)$$

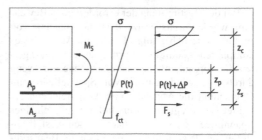

Abb. 3.3-85 Spannungsverteilung vor und nach dem Aufreißen

Dabei ist ΔP die Zunahme der Spannstahlkraft im Riss. Daraus folgt

$$f_{ct}W_c - P(t)\left(z_c - \frac{W_c}{A_c}\right) =$$
$$\Delta P(z_p + z_c) + F_s(z_c + z_s). \qquad (3.3.204)$$

Für den Fall des Rechteckquerschnitts ist $W_c/A_c = h/6$, und mit $z_c \approx h/3$ ergibt sich eine Abminderung des durch F_s, ΔP aufzunehmenden Moments um P(t)·h/6. Für den Grenzfall des Zweipunktquerschnitts ist dagegen $W_c/A_c = z_c$, so dass die Vorspannung P(t) keinen Beitrag zur Aufnahme des freiwerdenden Moments liefert. Bei den meisten Querschnittsformen im Spannbetonbau ist der Anteil von P(t) ebenfalls vernachlässigbar.

Zur Sicherstellung der Robustheit ist daher eine Mindestbewehrung A_s anzuordnen, die bei voller Ausnutzung bis zur Fließgrenze in der Lage ist, die Rissschnittgröße $f_{ctm}·W_c$ aufzunehmen. Die Berücksichtigung von Sicherheitsbeiwerten ist wegen der geringen Auftretenswahrscheinlichkeit nicht erforderlich. Auf diese Mindestbewehrung darf der nicht korrodierte Spannstahl mit der Differenz zwischen Vorspannung und Fließspannung angerechnet werden. Der ungeschädigte Spannstahlquerschnitt lässt sich aus Gl. (3.3.202) bestimmen, wenn das Moment M_S, das mit hoher Wahrscheinlichkeit auftritt (z.B. das Moment aus der häufigen Lastkombination), bekannt ist. Es sollte jedoch berücksichtigt werden, dass bei Ausfall eines Spannglieds eine Schädigung der unmittelbar benachbarten wegen der mehr oder weniger identischen korrosionsfördernden Bedingungen wahrscheinlich ist. Nach DIN 1045 Teil 1, Absatz 13.1.1 darf pauschal ein Drittel der Spannglieder angerechnet werden.

Bei der Bestimmung der erforderlichen Bewehrung wurde vorausgesetzt, dass die Abnahme von A_p kontinuierlich erfolgt. Da A_p mit Ausfall eines kompletten Spannglieds sprunghaft abnimmt, gelten die vorgenannten Zusammenhänge nur, wenn durch eine Mindestanzahl von Spanngliedern im Querschnitt die Abnahme von A_p hinreichend geglättet ist. Liegt im Grenzfall nur ein einziges Spannglied vor, so muss nach dessen Ausfall anstelle des Rissmoments die gesamte Beanspruchung vom verbleibenden Betonstahl aufgenommen werden.

Bei statisch unbestimmten Systemen kann ein Teil des freiwerdenden Rissmoments in andere Tragwerkbereiche umgelagert werden. Je nach Lage des betrachteten Querschnitts im System ergibt sich hieraus eine Abminderung der erforderlichen Mindestbewehrung, sofern die Rotationsfähigkeit nachgewiesen werden kann. Dieses Vorgehen ist jedoch aufwendig; auf der sicheren Seite liegend kann daher eine Mindestbewehrung analog zu statisch bestimmten Systemen angeordnet werden.

Neben der Schadensbegrenzung gewinnt zunehmend die Schadens*vermeidung* an Bedeutung. Grundgedanke ist der Versuch, die die Standsicherheit der Konstruktion gefährdende Korrosion von Spanngliedern rechtzeitig zu erkennen und vor dem Eintreten irreversibler Schäden Sanierungsmaßnahmen zu ergreifen. Dies setzt voraus, dass bereits bei der Planung Möglichkeiten zur Kontrolle und ggf. zum Austausch geschädigter Spannglieder vorgesehen werden, was bei verbundlosen Spanngliedern prinzipiell möglich ist. Allerdings ist die Kontrollierbarkeit allein keine hinreichende Voraussetzung zur Erkennung von Spanngliedausfällen, diese wird erst durch eine Kontrolle in angemessenen Intervallen mit ausreichend genauen Methoden sichergestellt. Da mit einer Korrosion der Spannglieder aber frühestens einige Jahrzehnte nach der Fertigstellung des Bauwerks gerechnet werden muss, sind hierfür langfristige Inspektionspläne erforderlich.

3.3.12 Stabilität und Theorie II. Ordnung

Bei druckbeanspruchten Bauteilen sowie schlanken Biegeträgern entstehen durch die Verformung zusätzliche Beanspruchungen, die durch eine Gleichgewichtsbetrachtung am verformten System (Theorie II. Ordnung) erfasst werden müssen. Dies ist bei Erweiterung von Gl. (3.3.109) um die entsprechenden Terme durch nichtlineare Berechnung möglich. Für viele praktische Fälle können jedoch vereinfachte, ausreichend genaue Verfahren abgeleitet werden.

3.3.12.1 Einzelstützen

An dem gelenkig gelagerten Stab in Abb. 3.3-86 ergibt sich nach Theorie I. Ordnung ein parabelförmiges Moment mit dem Maximalwert M_0. Das zusätzliche Moment nach Theorie II. Ordnung ergibt sich am verformten System zu $\Delta M = e \, |N|$. Gesucht ist der Zustand des Gleichgewichts zwischen dem angreifenden Moment $M_S = M_0 + \Delta M$ und dem Bauteilwiderstand M_R. Dabei wird nur der baupraktisch relevante Fall $N < 0$ betrachtet.

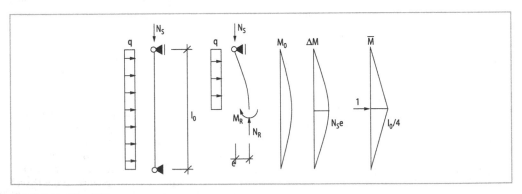

Abb. 3.3-86 Einzelstütze

Elastische Näherungslösung

Die Verformung aus M_0 ergibt sich mit dem Prinzip der virtuellen Kräfte unter Annahme ungerissener Querschnitte zu

$$e_0 = \frac{5}{48} \cdot \frac{l_0^2}{EI} M_0. \tag{3.3.205}$$

Der Verlauf kann in guter Näherung durch eine quadratische Parabel approximiert werden. Infolge der Verformung entsteht dann ein ebenfalls parabelförmiges Moment $\Delta M_1 = |N| \, e_0$. Die Verformung hieraus ist

$$e_1 = \frac{5}{48} \cdot \frac{l_0^2}{EI} |N| e_0. \tag{3.3.206}$$

Durch wiederholte Verformungsberechnung erhält man schließlich die Gesamtverformung als geometrische Reihe

$$e = e_0 \sum_{i=0}^{\infty} \left(\frac{5}{48} \cdot \frac{l_0^2}{EI} |N| \right)^i = \frac{e_0}{1 - \frac{5}{48} \cdot \frac{l_0^2}{EI} |N|} \tag{3.3.207}$$

sowie den Verformungszuwachs

$$\Delta e = \frac{e_0}{1 - \frac{5}{48} \cdot \frac{l_0^2}{EI} |N|} - e_0 = \frac{e_0}{\frac{48}{5} \cdot \frac{EI}{l_0^2 |N|} - 1}. \tag{3.3.208}$$

Für $N \rightarrow N_{crit} = -48/5 \; EI/l_0^2$ geht $e \rightarrow \infty$; dies entspricht der Knicklast des Systems, die von der exakten Eulerschen Knicklast $N_{crit} = -\pi^2 \, EI/l_0^2$ nur geringfügig abweicht. Die Schnittgrößen nach Theorie II. Ordnung können somit näherungsweise mit einem Erhöhungsfaktor aus denen nach Theorie I. Ordnung ermittelt werden:

$$M_{II} = M_0 + |N| e = M_0 \frac{1}{1 - \frac{N}{N_{crit}}}. \tag{3.3.209}$$

Der Vergrößerungsfaktor gilt streng genommen nur für einen parabelförmigen (bzw. zur Knickfigur affinen) Verlauf von M_0, kann für andere Fälle jedoch als Näherung angesehen werden.

Der Einfluss der Verformungen ist v. a. von der Knicksicherheit N_{crit}/N abhängig, die indirekt proportional zu $v_{Sd} \cdot \lambda^2$ mit den bezogenen Größen $\lambda = l_0 \cdot \sqrt{A_c / I_c}$ und $v_{Sd} = N_{Sd}/(A_c \, f_{cd})$ ist. Zur Abgrenzung schlanker (d. h. nach Theorie II. Ordnung zu betrachtender) Stützen gilt nach DIN 1045 Teil 1 daher die Grenzschlankheit

$$\lambda_{crit} = \max \left(\frac{16}{\sqrt{|v_{Sd}|}} ; 25 \right). \tag{3.3.210}$$

Stahlbeton

Durch Rissbildung und nichtlineares Verhalten des Betons auf Druck nehmen die Krümmungen mit dem Moment überproportional zu. Die Verformungen e ergeben sich durch Integration von κ. Abbildung 3.3-87 zeigt den Verlauf des inneren Moments M_R in Stützenmitte für den linearen und den nichtlinearen Fall in Abhängigkeit von der Verformung e. Im Schnittpunkt mit der Linie des äußeren Moments M_S herrscht Gleichgewicht ($M_R = M_S$). Das zugehörige Moment ist bei Berücksichtigung der Nichtlinearität größer, sie ist daher aus Gründen der Sicherheit erforderlich.

Je nach Größe von N und M_0 erhält man entweder zwei, einen oder keinen Schnittpunkt (es sei darauf hingewiesen, dass neben der M_S-Linie we-

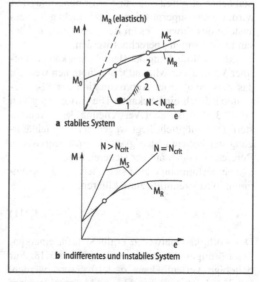

Abb. 3.3-87 Abhängigkeit des äußeren und inneren Momentes von der Auslenkung

gen der Abhängigkeit der M-κ-Beziehung von der Normalkraft auch die M_R-Linie von N abhängt). Im letzten Fall ist die Knicklast des Systems überschritten, ein Gleichgewicht nicht mehr möglich.

Liegen zwei Gleichgewichtszustände vor, so ist der erste stabil, bei einer Verminderung der Auslenkung ist immer $M_R < M_S$, so dass das System in den Gleichgewichtszustand zurückwandert, ebenso wie bei einer Erhöhung der Auslenkung, da dann $M_R > M_S$ ist. Punkt 2 stellt dagegen ein labiles Gleichgewicht dar, da jede infinitesimale Änderung der Auslenkung entweder zurück nach Punkt 1 oder zum Kollaps führt (vgl. Kugelanalogie in Abb. 3.3-87). Im Fall eines einzigen Schnittpunkts ist die Systemtraglast gerade erreicht; da die Steigung der beiden Kurven in diesem Punkt gleich ist, handelt es sich um ein indifferentes Gleichgewicht, d. h. ein Stabilitätsversagen, das bei nichtlinearem Materialverhalten folglich auch bei Stützen mit Momenten nach Theorie I. Ordnung auftreten kann. Für $M_0 = 0$ entspricht M_S einer Ursprungsgeraden; es liegt ein echtes (elastisches) Knickproblem vor.

Die Ermittlung der M_R-Linie ist aufwändig. Eine iterative Lösung ist wie im linearen Fall möglich, wenn in jedem Iterationsschritt die zum Gesamtmoment gehörende Krümmung entlang der Stabachse ermittelt und zur Verformung integriert wird. Da das Superpositionsprinzip nicht gilt, muss anstelle des Zuwachses im Iterationsschritt die gesamte Verformung berechnet werden.

Zur Vereinfachung der Berechnung kann ein affiner Verlauf von M_{II} und κ angenommen werden; das entspricht einer Approximation der M-κ-Beziehung durch eine Sekante. Die Anwendung von Gl. (3.3.209) ist unter Verwendung der Sekantensteifigkeit möglich, liegt wegen der Vernachlässigung der höheren Steifigkeit in den ungerissenen Bereichen jedoch auf der sicheren Seite.

Die Verformung e lässt sich allein auf die Krümmung in Stützenmitte zurückführen:

$$e = \alpha \, l_0^2 \, \kappa \, . \qquad (3.3.211)$$

Der Völligkeitsbeiwert α ergibt sich für einen parabelförmigen Momentenverlauf zu $\alpha = 5/48$. Für beliebige Verläufe kann $\alpha \approx 1/10$ gesetzt werden. Der Vergleich zwischen M_R und M_S kann dann auf der Ebene einer M-κ-Beziehung geführt werden, d. h. die

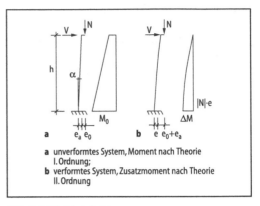

a unverformtes System, Moment nach Theorie I. Ordnung;
b verformtes System, Zusatzmoment nach Theorie II. Ordnung

Abb. 3.3-88 Modellstütze

Betrachtung auf einen Querschnittsnachweis zurückgeführt werden.

Bemessung
Für die Bemessung, d. h. die Bestimmung der Bewehrung, ist eine Modifikation des Verfahrens erforderlich, da die M-κ-Beziehung vorab nicht bekannt ist. Das Modellstützenverfahren in DIN 1045 Teil 1 legt formal eine Kragstütze der Länge $h = l_0/2$ zugrunde (Abb. 3.3-88). Die Rückführung anderer Lagerungsbedingungen auf den Grundfall erfolgt durch die Ersatzlänge l_0, die i. Allg. der elastischen Knicklänge entspricht (s. aber [Quast 1986]). Hilfsmittel zur Bestimmung enthält [Kordina/ Quast 1979].

Die Bemessung erfolgt an der Einspannung der Modellstütze oder allgemeiner im mittleren Drittel der Ersatzlänge. Das Moment dort ist

$$M_{II} = M_0 + \Delta M = V\,h + |N| \cdot (e_0 + e_a + e) \, . \qquad (3.3.212)$$

Krümmung. Zur Verformungsberechnung wird eine obere Abschätzung der Krümmung κ verwendet. Da die M_R-Linie nach Erreichen des Fließmoments im Nachweisschnitt nicht mehr wesentlich ansteigt, muss der Schnittpunkt mit M_S immer links davon liegen. Fließmoment und Fließkrümmung stellen damit obere Grenzwerte dar.

Stützen werden i. Allg. symmetrisch bewehrt ($A_{s1} = A_{s2}$). Vor allem bei hohen Bewehrungsgraden bewirkt das Fließen der Druckbewehrung einen ähnlichen Steifigkeitsabfall wie das Fließen der

Zugbewehrung. Im Grenzfall des gleichzeitigen Fließens ist x/h=0,5; die zugehörige Normalkraft N_{bal} entspricht der Betondruckkraft, da sich die Bewehrungskräfte aufheben (F_{s1}=–F_{s2}), d. h.

$$N_{bal} = -\alpha_R b \frac{h}{2} f_{cd} \approx -0,4bhf_{cd}. \qquad (3.3.213)$$

Die zugehörige Krümmung ist unabhängig vom Bewehrungsgrad:

$$\kappa = \frac{2\varepsilon_{yd}}{z_{s1}+z_{s2}} \approx \frac{2\varepsilon_{yd}}{0,9d}. \qquad (3.3.214)$$

Bei kleineren Normalkräften ($|N_{Sd}|<|N_{bal}|$) nimmt die Fließkrümmung etwas ab, da die Stauchungen auf der Druckseite abnehmen; Gl. (3.3.214) kann jedoch als gute Näherung angesehen werden. Für $|N_{Sd}|>|N_{bal}|$ kann κ zwischen Gl. (3.3.214) und einer reinen Normalkraftbeanspruchung (N_{Sd}=N_{ud}, κ=0) interpoliert, d. h. mit

$$K_2 = \frac{N_{ud}-N_{Sd}}{N_{ud}-N_{bal}} \leq 1 \qquad (3.3.215)$$

abgemindert werden (Abb. 3.3-89). Da N_{ud} von der Bewehrung abhängt, ist bei der Bemessung i. Allg. ein iteratives Vorgehen erforderlich, das jedoch auf der sicheren Seite liegend mit K_2=1 vermieden werden kann.

Bei Querschnitten mit um den Umfang verteilter Bewehrung existiert kein scharfer Knick der M-κ-Linie. Obige Abschätzung stellt dann nur eine sehr grobe Näherung dar. Für sehr schlanke Stützen und kleine planmäßige Ausmitten liegt der Schnittpunkt M_R=M_S weit vor dem Fließmoment des Querschnitts. Gleichung (3.3.214) ist hier anwendbar, da sie einen möglichen Gleichgewichtszustand darstellt, liegt aber u. U. erheblich auf der sicheren Seite.

Imperfektionen. Zur Berücksichtigung struktureller und materialbedingter Imperfektionen wie Vorkrümmungen, Eigenspannungszustände oder ungleichmäßige Verteilungen der Steifigkeiten im Querschnitt ist eine ungewollte Ausmitte e_a zu berücksichtigen, die nach DIN 1045 Teil 1 einer Schiefstellung der Modellstütze

$$\alpha_{al} = \frac{1}{100\sqrt{l}} \qquad (3.3.216)$$

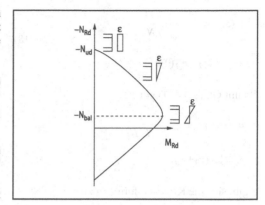

Abb. 3.3-89 Ermittlung der Fließkrümmung

mit l = Länge der Stütze entspricht. Der Verlauf der Imperfektion ist bei Anwendung von Gl. (3.3.212) ohne Bedeutung, da nur der Bemessungsquerschnitt betrachtet und der Völligkeitsbeiwert der Krümmung unabhängig vom Momentenverlauf angesetzt wird. Bei nichtlinearer Rechnung kann e_a affin zur Knickfigur angesetzt werden.

Kriechverformungen. Die Kriechverformungen führen bei Stahlbetondruckgliedern zu einer Zunahme von M_{II} für t>t_0. Zur Berechnung wird ein infinitesimales Zeitintervall betrachtet, in dem sich der Zuwachs der Kriechverformung unter Annahme ungerissener Querschnitte näherungsweise aus der elastischen Verformung e_{el} zu de_c=$d\phi$ e_{el} ergibt [Dischinger 1937]. (Das zugrunde liegende Kriechmodell stimmt nicht mit den Ausführungen in 3.3.10.1 überein, kann jedoch als geeignete Näherung angesehen werden.) Da die Kriechverformung wie eine zusätzliche Anfangsausmitte wirkt, ergibt sich hieraus nach Gl. (3.3.208) eine elastische Verformung

$$de_{el} = de_c \frac{1}{N_{crit}/N-1} = d\phi e_{el} \frac{1}{N_{crit}/N-1},$$

$$\frac{de_{el}}{e_{el}} = \frac{1}{N_{crit}/N-1}d\phi. \qquad (3.3.217)$$

Integration beider Seiten und Anpassung an die Anfangsbedingungen liefert die Lösung

$$\ln(e_{el}) + C = \frac{\phi}{N_{crit} / N - 1}$$

$$\Rightarrow e_{el}(t) = e_{el}(0) e^{\frac{\phi}{N_{crit}/N-1}}.$$

(3.3.218)

Da mit Gl. (3.3.207) gilt

$$e_{el}(0) = (e_0 + e_a) \frac{1}{1 - N / N_{crit}},$$

$$e_{el}(t) = (e_0 + e_a + e_c) \frac{1}{1 - N / N_{crit}}.$$

ergibt sich die Kriechverformung zu

$$e_c = (e_0 + e_a)(e^{\frac{\phi}{N_{crit}/N-1}} - 1).$$

(3.3.219)

Bei der Ableitung wird lineares Verhalten vorausgesetzt; zur Berücksichtigung des nichtlinearen Verhaltens s. [Kordina/Warner 1975]. Nach DIN 1045-1 darf das Kriechen vereinfacht durch eine Vergrößerung der Krümmung nach Gl. (3.3.214) mit dem Faktor $k_\phi = 1 + \beta \cdot \phi_{eff}$ berücksichtigt werden. Dabei ist $\beta = 0,35 + f_{ck} / 200 - \lambda / 150$ ein Anpassungsfaktor. Da nur die ständig wirkenden Schnittgrößen M_{perm} ein Kriechen bewirken, darf die Kriechzahl ϕ zur effektiven Kriechzahl $\phi_{eff} = \phi \cdot M_{perm} / M_{Sd}$ abgemindert werden. Die Verwendung der Momente nach Theorie I. Ordnung liegt stets auf der sicheren Seite. In vielen praktischen Fällen kann auf eine Berücksichtigung der Kriechverformungen verzichtet werden, da die quasi-ständigen Momente sehr klein sind (z. B. bei dominierender Windeinwirkung) und die Kriechverformungen nicht affin zu den Knickfiguren verlaufen.

Nachweise. Die Bemessung erfolgt an der Einspannstelle mit den üblichen Hilfsmitteln. Die Bewehrung ist grundsätzlich ungestaffelt durchzuführen, da bei der Ermittlung von e eine konstante Steifigkeit entlang der Stütze vorausgesetzt wird. Ansonsten ist in Gl. (3.3.211) ein erhöhter Faktor $\alpha = {}^1/_8$ anzusetzen.

Es ist zu beachten, dass bei der Querschnittsbemessung für $|N_{Sd}| < |N_{bal}|$ die Drucknormalkraft günstig wirkt. Andererseits führt eine größere Normalkraft nach Gl. (3.3.212) zu größeren Biegemomenten M_{II}, so dass aufgrund der gegenläufigen Effekte oft nicht a priori erkennbar ist, ob eine Er-

höhung der Normalkraft sich ungünstig auf die Bemessung auswirkt. Vor allem bei gedrungenen Stützen sind daher auch Einwirkungskombinationen mit minimaler Normalkraft zu untersuchen.

Biegung um zwei Achsen

Bei einem möglichen Ausweichen in den zwei Hauptrichtungen ist eine getrennte Betrachtung wegen der Kopplung der Steifigkeiten i. Allg. nicht möglich (s. [Grasser/Galgoul 1986; Grzeschkowitz u. a. 1992]). Nach DIN 1045 Teil 1 sind getrennte Nachweise nur zulässig, wenn die Momente nach Theorie I. Ordnung überwiegend in einer Richtung wirken. Bei großen Ausmitten in Richtung der starken Achse ist zur Vermeidung des „Seitwärtsknickens" in Richtung der schwachen Achse zusätzlich ein reduzierter Querschnitt anzusetzen. Allgemein erfolgt die Bemessung zweckmäßig programmgesteuert.

3.3.12.2 Rahmen

Grundsätzlich sind ausgesteifte und nicht ausgesteifte Rahmen zu unterscheiden (s. hierzu auch 3.2).

Ausgesteifte Rahmen

Die Horizontallasten (v. a. Wind, Abtriebslasten aus Imperfektionen) werden überwiegend durch einzelne, sehr steife Tragelemente (Treppenhauskerne, durchlaufende Wandscheiben) aufgenommen. Der Beitrag einzelner Stützen ist vernachlässigbar (Abb. 3.3-90a).

Bei Annahme starrer Deckenscheiben existieren im Grundriss Verschiebungen in x- und y-Richtung sowie eine Verdrehung um den Schubmittelpunkt. Sofern die Größe der Verschiebungen bzw. Verdrehung klein bleibt (d. h. die zugeordnete Steifigkeit ausreichend groß ist), kann eine Bemessung der Aussteifungselement nach Theorie I. Ordnung unter Berücksichtigung einer Schiefstellung der Pendelstützen (Imperfektion) erfolgen. Zur Ermittlung der erforderlichen Steifigkeit wird ein Kragstab mit der Gebäudehöhe h_{tot} und der Ersatzsteifigkeit $E_c I_c$, die sich aus der Summe der Steifigkeiten aller Aussteifungselemente in der betrachteten Richtung ergibt, mit angeschlossenen Pendelstützen betrachtet [König/Liphardt 2003]. Man erhält einen Momentenzuwachs unter 10%, sofern mit der gesamten Vertikallast $\sum F$ für die Labilitätszahl α gilt

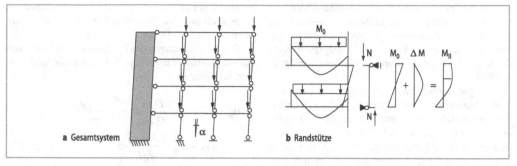

Abb. 3.3-90 Ausgesteifter Rahmen, Modellbildung

$$\alpha = h_{tot}\sqrt{\frac{\Sigma F}{E_c I_c}} < \min\{0,6; 0,2+0,1m\}, \quad (3.3.220)$$

wobei m die Zahl der Stockwerke ist. Hierbei werden ungerissene Querschnitte vorausgesetzt; für gerissene Querschnitte kann in Überschlagsrechnungen eine abgeminderte Steifigkeit angesetzt werden.

Eine entsprechende Bedingung lässt sich für die Torsionssteifigkeiten $E_c I_\omega$, $G_c I_T$ ableiten. Ein expliziter Nachweis ist jedoch nicht erforderlich, wenn eine ausreichende Steifigkeit durch die Anordnung der Wandscheiben im Grundriss offensichtlich ist.

Die Imperfektionen sind bei Rahmen als Schiefstellung der Stützen mit dem Winkel $\alpha_{a1} = \dfrac{1}{100\sqrt{l}}$ bzw. äquivalente Horizontalkräfte zu berücksichtigen, wobei l die Gebäudehöhe ist (DIN 1045 Teil 1). Da jedoch eine gleichmäßige Schiefstellung aller n Stützen mit dem Maximalwert unwahrscheinlich ist, ist eine Abminderung mit dem Faktor $a_n = \sqrt{(1+1/n)/2}$ zulässig.

Einzelne Stützen können vereinfacht als Pendelstützen bemessen werden; eine Berücksichtigung der Einspannung in die Riegel ist durch Abminderung der Ersatzlänge möglich (s. [Kordina/Quast 2000]). Biegemomente aus der Knotenverdrehung der Riegel nach Theorie I. Ordnung sind jedoch v. a. bei Randstützen immer zu berücksichtigen.

Bei Pendelstützen mit Randmomenten fallen die Momentenmaxima nach Theorie I. und II. Ordnung nicht zusammen (Abb. 3.3-90b). Für die Überlagerung darf daher aus den Endmomenten ein Ersatzmoment

$$M_e = \max\{0,6 M_{02} + 0,4 M_{01};\ 0,4 M_{02}\} \quad (3.3.221)$$

ermittelt werden. In diesem Fall ist zu beachten, dass das maximale Gesamtmoment auch an den Stützenenden auftreten kann (z. B. für $\Delta M_{II}=0$).

Nicht ausgesteifte Rahmen

Die Abtragung der Horizontallasten erfolgt durch die einzelnen Stützen und deren Einspannung in die Riegel. In Einzelfällen kann die Verformung des Tragwerks so klein sein, dass der Einfluss der Knotenverschiebung auf die Schnittgrößen vernachlässigt werden kann (unverschiebliche Rahmen). Meist ist jedoch eine Betrachtung des Systems nach Theorie II. Ordnung erforderlich. Diese erfolgt am sinnvollsten durch nichtlineare Berechnung des Systems oder elastische Rechnung mit abgeminderten Ersatzsteifigkeiten. Für einfache Fälle kann ein vereinfachter Nachweis geführt werden, bei dem der Einfluss der Verformungen durch eine Vergrößerung der Horizontallasten erfasst wird [Fey 1966; Kordina/Quast 2000].

Die Bemessung regelmäßiger Rahmen lässt sich näherungsweise auf Einzelstützen zurückführen. Zur Ermittlung der Ersatzlänge s. [Kordina/Quast 2000].

3.3.12.3 Kippen

Das seitliche Ausweichen der Druckzone schlanker Biegeträger (Kippen) ist v. a. bei weit gespannten Fertigteilbindern von Bedeutung. Typischerweise besitzen diese einen T- oder I-förmigen Querschnitt, deren Druckgurt- und Stegbreite zur Gewichtsersparnis beim Transport möglichst gering gehalten sind. Für die überschlägige Berechnung solcher Bauteile wurden Näherungsverfahren entwickelt.

Am gabelgelagerten Biegeträger mit einer seitlichen Verformung v und einer Verdrehung θ entstehen zusätzlich Querbiegemomente M_z und Torsionsmomente T (Abb. 3.3-91). Mit sinus- bzw. cosinusförmigen Verschiebungsansätzen für θ, v erhält man aus dem Gleichgewicht am halbierten System folgende Maximalwerte der Schnittgrößen:

$$T_{Sd} = \int_0^{l_{0t}/2} v(x)q\,dx \approx \frac{q l_{0t}}{\pi} v_{tot} \,,$$

$$M_{sd,y} = \frac{q l_{0t}^2}{8} \cos\theta_{tot} \approx \frac{q l_{0t}^2}{8} \,,$$

$$M_{Sd,z} = \frac{q l_{0t}^2}{8} \sin\theta_{tot} \approx \frac{q l_{0t}^2}{8} \theta_{tot} .$$

$$(3.3.222)$$

Dabei wird vereinfachend angenommen, dass die Last q im Schubmittelpunkt M des Querschnitts angreift. Diese Annahme liegt bei üblichen Stahlbetonquerschnitten geringfügig auf der unsicheren

Seite, da bei einem Lastangriff an der Balkenoberseite auch aus der Verdrehung θ um M ein Torsionsmoment resultiert.

Die Verformungen des Systems ergeben sich für parallelgurtige Träger aus Schnittgrößen und Imperfektionen zu

$$\theta_{tot} = \theta_a + \int_0^{l_{0t}/2} \frac{T(x)}{G_c I_T} dx \approx \theta_a + \frac{T_{Sd} l_{0t}}{\pi G_c I_T} \,,$$

$$v_{tot} = v_a + \iint_0^{l_{0t}/2} \frac{M_z(x)}{E_c I_z} dx^2 \qquad (3.3.223)$$

$$\approx v_a + \frac{M_{Sd,z} l_{0t}^2}{\pi^2 E_c I_z} .$$

Für $\theta_a = v_a = 0$ erhält man das ideelle Kippmoment:

$$M_{crit} = \frac{\pi^2}{\sqrt{8}} \frac{\sqrt{E_c I_z \cdot G_c I_T}}{l_{0t}} . \qquad (3.3.224)$$

Hiermit lassen sich analog zu Gl. (3.3.209) Erhöhungsfaktoren für die Schnittgrößen nach Theorie I. Ordnung (einschl. Imperfektionen) ableiten:

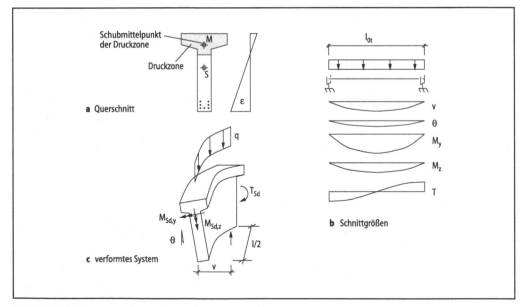

Abb. 3.3-91 Kippen

$$T_{Sd} = \frac{T_{Sd0} + M_{Sd0,z} \dfrac{M_{Sd,y}}{M_{crit}} \sqrt{\dfrac{G_c I_T}{E_c I_Z}}}{1 - \left(\dfrac{M_{Sd,y}}{M_{crit}}\right)^2},$$

$$M_{Sd,z} = \frac{M_{Sd0,z} + T_{Sd0} \dfrac{M_{Sd,y}}{M_{crit}} \sqrt{\dfrac{E_c I_Z}{G_c I_T}}}{1 - \left(\dfrac{M_{Sd,y}}{M_{crit}}\right)^2}.$$

(3.3.225)

Der Nachweis der Tragfähigkeit kann durch eine Bemessung des Trägers für zweiachsige Biegung geführt werden. Da Dachbinder i. Allg. keine wirksame Torsionsbewehrung besitzen, müssen die Torsionsmomente am Auflager durch Betonzugspannungen aufgenommen werden; das Torsionsrissmoment $T_{cr}=f_{ct}\cdot W_T$ darf also nicht überschritten werden. T_{Sd} muss auch von der Gabellagerung aufgenommen werden. Falls hieraus nennenswerte Verdrehungen entstehen, müssen diese in der Berechnung der Kippmomente berücksichtigt werden [Streit/Gottschalk 1986].

Die Querbiege- und Torsionssteifigkeit kann vereinfacht mit dem Wert an der höchstbeanspruchten Stelle angesetzt werden [König/Pauli 1992]. Da die maximalen Torsionsmomente am meist ungerissenen Auflager auftreten, ist die Berücksichtigung der entlang der Achse veränderlichen Steifigkeiten v. a. bei $G_c I_T$ aus wirtschaftlicher Sicht jedoch sinnvoll. Dies kann durch allgemeine Lösung der Differentialgleichung mit veränderlicher Steifigkeit [Mehlhorn u. a. 1991; Röder 1997] oder Verwendung konstanter Ersatzsteifigkeiten geschehen [Kraus/Ehret 1992]. Dabei werden $G_c I_T$, $E_c I_Z$ i. d. R. parabelförmig zwischen den Werten in Feldmitte und am Auflager interpoliert. In den gerissenen Bereichen wird für $G_c I_T$, $E_c I_Z$ i. Allg. nur die Betondruckzone angesetzt, die sich für das Biegemoment $M_{Sd,y}$ ergibt. Um das nichtlineare Verhalten zu berücksichtigen können für $E_c, G_c = E_c/[2(1+\nu)]$ mittlere Sekantenmoduln in der Druckzone verwendet werden.

Da meist keine planmäßigen Querbiege- und Torsionsmomente auftreten, hängt das Ergebnis v. a. von den Imperfektionen ab. Systematische Untersuchungen hierzu liegen nicht vor. In den zitierten Veröffentlichungen werden $\theta_a \approx 1/200$ und

$v_a \approx l_{0t}/500$ empfohlen, ggf. verdoppelt zur Berücksichtigung von Kriechverformungen.

Um den relativ aufwendigen expliziten Nachweis der Kippsicherheit zu vermeiden, ist nach DIN 1045 Teil 1 ein überschlägiger Nachweis durch Beschränkungen der Querschnittsgeometrie zulässig. Die Kippstabilität kann als gesichert angesehen werden, wenn die Breite des Druckgurtes b, die Trägerhöhe h und der Abstand der Gabellager l_{0t} die folgende Bedingung erfüllen [König/Pauli 1992]:

$$b \geq \sqrt[4]{\left(\frac{l_{0t}}{50}\right)^3 \cdot h}.$$

(3.3.226)

3.3.13 Brandschutz

3.3.13.1 Anforderungen

Der Brandfall stellt im Sinne unserer Lastannahmen eine außergewöhnliche Einwirkung dar; dennoch lässt sich ein erheblicher Teil der katastrophalen Schadensfälle hierauf zurückführen. Brandschutznachweise sind daher v. a. im Hoch- und Industriebau wichtiger Bestandteil der Bemessung. Man unterscheidet abwehrenden (Löschmaßnahmen) und vorbeugenden Brandschutz; letzterer umfasst organisatorische Maßnahmen zur Branderkennung (Meldeanlagen) und Bekämpfung im Entstehungsstadium (Sprinkleranlagen), sowie den eigentlichen baulichen Brandschutz [Kordina/Kersken-Bradley 1996].

Bauwerke müssen so entworfen werden, dass eine ausreichende Tragfähigkeit (R-Kriterium nach EC 2-1-2) erhalten und der Brand örtlich begrenzt bleibt, was durch die Anordnung von Brandwänden und anderen trennenden Bauteilen (Decken) erreicht wird, die das Bauwerk in einzelne Brandabschnitte unterteilen, zwischen denen ein Übergreifen des Feuers zu verhindern ist. Die Trennbauteile müssen daher die Ausbreitung von Flammen und heißen Gasen verhindern (E-Kriterium) sowie eine ausreichende Wärmedämmung gewährleisten, um eine Entzündung an der brandabgewandten Seite zu verhindern (I-Kriterium).

Die Forderungen lassen sich i. Allg. nur für eine bestimmte Branddauer erfüllen, z. B. REI 30 für eine 30-minütige Widerstandsdauer. Diese muss eine Evakuierung und Brandbekämpfungsmaßnahmen

ermöglichen. Anforderungen sind in den Landesbauordnungen geregelt, s. hierzu [Kordina/Meyer-
Ottens 1999].

Tragende Bauteile werden heute noch nach DIN
4102 mit dem Buchstaben F, der nachgestellten Feuerwiderstandsdauer in Minuten und den Buchstaben
A, B für die Brennbarkeit der Baustoffe gekennzeichnet. Die Feuerwiderstandsklassen reichen je
nach Art und Nutzung des Gebäudes für die einzelnen Bauteile von feuerhemmend (F30–B) bis feuer-
beständig aus nichtbrennbaren Baustoffen (F90–A).

3.3.13.2 Verhalten und Bemessung im Brandfall

Materialverhalten

Die in 3.3.2 bis 3.3.4 angegebenen, von der Temperatur weitgehend unabhängigen Materialeigenschaften gelten nur innerhalb des üblichen Tempe-
raturbereichs. Unter den wesentlich erhöhten Temperaturen im Brandfall (bis über 1000°C) nehmen
Festigkeit und Steifigkeit ab ca. 200°C bis 300°C
signifikant ab (Abb. 3.3-92). Zusätzlich treten erhebliche thermische Dehnungen auf. Angaben
hierzu, zur spezifischen Wärme und zur thermischen Leitfähigkeit des Betons enthält EC 2-1-2
sowie [Kordina/Meyer-Ottens 1999].

Durch das Verdampfen des Porenwassers entstehen Spannungen in den Porenräumen, die zu
explosiven Abplatzungen ganzer Betonschichten
führen können. Sie können jedoch durch die Einhaltung von Mindestabmessungen verhindert werden. Bei hochfesten Betonen sind wegen des i. Allg.
sehr dichten Gefüges und der fehlenden Kanäle zur

Entspannung des Überdrucks zusätzliche Maßnahmen erforderlich [König/Grimm 2000]. Durch Zugabe von Kunststofffasern, die im Brandfall verdampfen und ein künstliches Porensystem schaffen,
kann das Problem entschärft werden. Eine flächen-
hafte Schutzbewehrung kann das Abfallen der ab-
gesprengten Schichten verhindern.

Querschnittsverhalten

Unter Brandeinwirkung erwärmt sich der Querschnitt ausgehend von beflammten Oberflächen.
Es stellt sich ein instationärer Zustand ein, d. h.,
die Temperaturverteilung im Bauteil ist eine Funktion der Zeit. Die Erwärmung verläuft umso
schneller, je kleiner der Querschnitt und je größer
die beflammte Oberfläche ist; man unterscheidet
einseitig (z. B. Deckenplatten, Wände) und mehr-
seitig (z. B. Innenstützen) beflammte Querschnitte.
Wegen ihrer großen Masse und thermischen Träg-
heit erwärmen sich Stahlbetonquerschnitte i. Allg.
relativ langsam.

Die Tragfähigkeit kann durch Brandversuche
oder Rechnung ermittelt werden. Der rechnerische
Nachweis erfordert eine Kopplung von thermischer
und mechanischer Analyse, d. h., als Ausgangspunkt
für die Bemessung ist zunächst die Temperaturverteilung im Bauteil zu bestimmen. Die Brandeinwirkung wird i. d. R. durch eine genormte Einheitstem-
peratur-Zeit-Kurve beschrieben. Diagramme für die
Temperaturverteilung in üblichen Bauteilen enthält
[CEB 1991b, Kordina/Meyer-Ottens 1999].

Bei bekannter Temperaturverteilung können die
zu einem Verzerrungszustand gehörenden Schnittgrößen bestimmt werden, indem von den Gesamt-

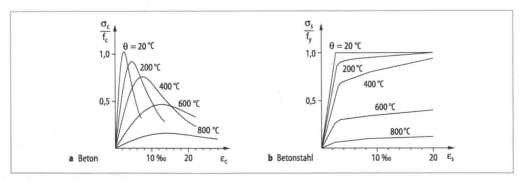

Abb. 3.3-92 Spannungs-Dehnungs-Beziehungen bei verschiedenen Temperaturen, normiert auf die Festigkeit bei 20 °C

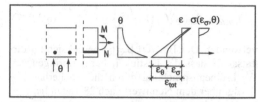

Abb. 3.3-93 Querschnitt unter Brandbeanspruchung

dehnungen zunächst der thermische Anteil ε_θ subtrahiert wird. Aus den verbleibenden Dehnungen ε_σ folgen mit den rechnerischen, temperaturabhängigen σ-ε-Beziehungen die Spannungen und durch Querschnittsintegration die Schnittgrößen (Abb. 3.3-93). Vereinfachte Verfahren zur Bestimmung der Querschnittstragfähigkeit sind in EC 2-1-2 enthalten. Deren Anwendung ist in Deutschland nur in Verbindung mit einem nationalen Anhang zulässig.

Bei üblichen Bauteilen resultiert der Abfall der Tragfähigkeit v. a. aus der Erwärmung der Bewehrung. Die kritische Temperatur θ_{crit} im Schwerpunkt der Bewehrung folgt aus der Forderung, dass diese mit der für außergewöhnliche Einwirkungskombinationen geforderten 1,0-fachen Sicherheit in der Lage sein muss, die wirkenden Schnittgrößen aufzunehmen, was etwa bei $f_{yk}(\theta_{crit})/f_{yk}=0,5...0,6$ oder $\theta_{crit}=500°C$ der Fall ist. Hieraus können Mindestabmessungen und Mindestachsabstände der Bewehrungsschwerpunkts von der Oberfläche abgeleitet werden. Entsprechende Bauteilkataloge für übliche Querschnitte und verschiedene Feuerwiderstandsklassen sind in EC 2-1-2 und DIN 4102 Teil 4 in Verbindung mit Teil 22 enthalten. In vielen Fällen sind die aus anderen Gründen gewählten Abmessungen für den Nachweis bereits ausreichend.

Bei großen Betondeckungen (c>50 mm) besteht die Gefahr des Abplatzens der außerhalb der Bewehrung gelegenen Schichten. Sie sind daher durch eine Schutzbewehrung zu sichern.

Bei Stützen ist der Einfluss der Steifigkeitsabnahme für die Schnittgrößen nach Theorie II. Ordnung zu berücksichtigen. In den Bauteilkatalogen ist daher als zusätzlicher Parameter die Ausnutzung N_{Sd}/N_{Rd} bei der Kaltbemessung enthalten. Wegen der engen Anwendungsgrenzen der Kataloge ist vielfach eine explizite Heißbemessung mit ingenieurmäßigen Verfahren erforderlich, s. [VPI 2008; Hosser 2010; Richter 2010].

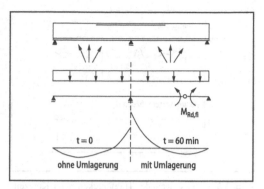

Abb. 3.3-94 Schnittgrößenumlagerung eines von unten beflammten Zweifeldträgers

Systemverhalten

Da z. B. Deckenplatten i. Allg. nur einseitig mit der Brandtemperatur beaufschlagt werden und sich demzufolge auch nur die auf einer Seite liegende Bewehrung erwärmt, existieren bei Durchlaufträgern Tragreserven, die im Rahmen einer plastischen Schnittgrößenumlagerung ausgenutzt werden können (Abb. 3.3-94). Die Bauteilkataloge in EC 2-1-2 und DIN 4102 Teil 4 berücksichtigen dies durch eine Abminderung der erforderlichen Achsabstände der Bewehrung. Dabei ist allerdings zu beachten, dass sich die Momentennullpunkte zur Feldmitte hin verschieben, die Stützbewehrung also entsprechend verlängert werden muss.

Durch die thermische Dehnung entstehen Zwangsschnittgrößen, die i. d. R. durch die Anordnung von Dehnfugen zu begrenzen sind [Kordina/Meyer-Ottens 1999]. Es ist zu beachten, dass die Fugen die Anforderungen an den Raumabschluss ebenso erfüllen müssen wie das Bauteil selbst.

3.3.14 Ermüdung

Unter wechselnden Lasten kann ein Bauteil durch Ermüdung auch bei Spannungen weit unterhalb der rechnerischen Kurzzeitfestigkeit versagen. Die Ermüdung stellt somit einen Grenzzustand der Tragfähigkeit dar. Während die üblichen Nachweise der Tragfähigkeit für ein einmaliges Eintreten mit dem Bemessungswert der Beanspruchung geführt werden, ist für die Ermüdung die Integration

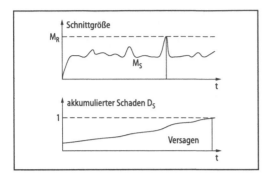

Abb. 3.3-95 Nachweis der Tragfähigkeit unter Kurzzeit-beanspruchung und Ermüdung

der Lasten über die Lebensdauer des Bauwerks er-forderlich, da das Versagen durch die Akkumulati-on der Schädigungswirkung aller Einwirkungen ausgelöst wird (Abb. 3.3-95).

Folgen für die Bemessung ergeben sich bei Bauwerken bzw. -teilen mit hohem Anteil an wech-selnder Beanspruchung, z. B. Brücken, Kranbahnen. Bei üblichen Hochbauten wird die Ermüdung we-gen der geringen Anteile veränderlicher Lasten i. Allg. nicht bemessungsrelevant.

Ausführliche Darlegungen zum Ermüdungs-nachweis finden sich z. B. in [Zilch/Zehetmaier/Gläser 2004 und Zilch/Zehetmaier 2010].

3.3.14.1 Baustoffverhalten

Beton

Die Ermittlung der Ermüdungsfestigkeit erfolgt i. d. R. im Einstufenversuch unter sinusförmiger Be-anspruchung; gemessen wird die Zahl der Lastwech-sel bis zum Versagen. Ein Überblick über experimen-tell gewonnene Erkenntnisse findet sich in [König/Danielewicz 1994]. Eine zyklische Beanspruchung führt zu einer fortschreitenden Mikrorissbildung und Gefügezerstörung. Die Schädigungswirkung eines Lastzyklus ist dabei von der erreichten Oberspan-nung $\sigma_{c,max}$ und der Schwingbreite $\Delta\sigma_c$ (bzw. der Unterspannung $\sigma_{c,min}$) abhängig. Bei Bezug dieser Werte auf die Kurzzeitfestigkeit ist die Ermüdungs-festigkeit bei Normalbetonen unabhängig von der Betonfestigkeitsklasse, bei hochfesten Betonen nimmt sie wegen der größeren Sprödigkeit ab. Daher wird als Bezugswert eine modifizierte Festigkeit

$$f_{cd,fat} = \beta_{cc}(t_0)f_{cd}\left(1 - \frac{f_{ck}}{250}\right) \quad (3.3.227)$$

verwendet. Der Beiwert $\beta_{cc}(t_0)$ berücksichtigt die Tatsache, dass die Festigkeit bei Aufbringen der Wechselbeanspruchung durch die Nacherhärtung i. Allg. über dem Nennwert nach 28 Tagen liegt.

Die bei gegebener Ober- und Unterspannung ertragbare Lastwechselzahl unter Druckschwellbe-anspruchung kann durch die folgende, zweipara-metrige Wöhler-Linie beschrieben werden:

$$\log N = 14 \cdot \frac{1 - \dfrac{|\sigma_{c,max}|}{f_{cd,fat}}}{\sqrt{1 - \dfrac{\sigma_{c,min}}{\sigma_{c,max}}}}. \quad (3.3.228)$$

Für gegebene Lastspielzahlen N lassen sich aus Gl. (3.3.228) Grenzbedingungen für die Ober- und Unterspannungen ableiten (Goodman-Diagramm), z. B. für N=1·10^7 (Abb. 3.3-96):

$$\frac{|\sigma_{c,max}|}{f_{cd,fat}} \le 0,5 + 0,45\frac{|\sigma_{c,min}|}{f_{cd,fat}} < 0,9. \quad (3.3.229)$$

Betonstahl

Unter zyklischer Beanspruchung weiten sich an-fänglich vorhandene Anrisse aus, bis der verblei-bende Restquerschnitt spröde versagt. Bei geripp-ten Stäben entwickeln sich die Anrisse i. Allg. vom Übergang einer Rippe zum Stabkern aus. Bei nack-ten Stäben tritt das Versagen an der schwächsten Stelle der Probekörperlänge ein. Diese liegt bei einbetonierten Stäben nur mit geringer Wahr-scheinlichkeit an der Stelle maximaler Spannungen (d. h. im Riss), so dass tendenziell höhere Ermü-dungsfestigkeiten zu erwarten wären. Diese wer-den jedoch weitgehend kompensiert durch zusätz-liche Reibbeanspruchungen, die im Riss aus dem Schlupf entstehen. Die Ermüdungsfestigkeit ist da-her im einbetonierten Zustand nachzuweisen. Festigkeitsmindernd wirken Schweißungen (z. B. bei Betonstahlmatten), starke Stabkrümmungen sowie i. Allg. mechanische Kopplungen (vgl. bau-aufsichtliche Zulassung).

Der Einfluss der Oberspannung bei gegebener Schwingbreite ist gering, solange die Fließgrenze nicht erreicht wird. Zur Beschreibung genügt daher

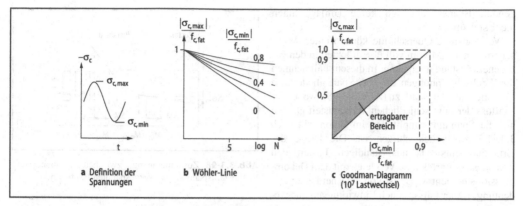

Abb. 3.3-96 Beton

eine einparametrige, i. Allg. aus zwei Geraden zusammengesetzte Wöhler-Linie (Abb. 3.3-97). Die
Parameter N^*, $\Delta\sigma_{Rsk}$, k_1, k_2 enthält DIN 1045 Teil 1.

Spannstahl

Das Verhalten entspricht qualitativ dem des Betonstahls. Von größerer Bedeutung ist hier jedoch
der Einfluss von Korrosionsnarben sowie der Reibung zwischen einzelnen Drähten bzw. Litzen und
zwischen Spannglied und Hüllrohr (Reibermü-
dung). Kunststoffhüllrohre bewirken deutlich höhere Ermüdungsfestigkeiten als Stahlhüllrohre. In
Spanngliedkopplungen und -verankerungen ist die
Festigkeit im Vergleich zur freien Länge erheblich
reduziert.

3.3.14.2 Bauteilverhalten

Das Biegetragverhalten kann mit den Modellen
nach 3.3.6.2 beschrieben werden. Zugspannungen
dürfen wegen möglicher Vorschädigungen nach
DIN 1045 Teil 1 nicht berücksichtigt werden. Da
die Spannungen i. Allg. deutlich unter der Festig-
keit bleiben, kann eine lineare σ_c-ε_c-Beziehung
verwendet werden. Für den Nachweis der Druck-
zone liegt dies auf der sicheren Seite, da unter
Biegung Spannungsumlagerungen innerhalb der
Druckzone möglich sind.

Der Nachweis der Querkraftbeanspruchung
schubbewehrter Bauteile kann mit Stabwerkmodellen nach Gl. 3.3.6.3 erfolgen. Bei der Festlegung des Druckstrebenwinkels θ_{fat} ist die Abnah-

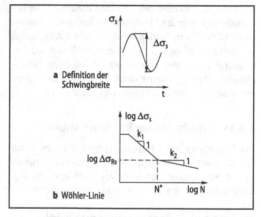

Abb. 3.3-97 Betonstahl

me der Rissverzahnung unter Wechsellasten zu
berücksichtigen; vereinfacht kann

$$\cot\theta_{fat} = \sqrt{\cot\theta_{GZT}} \qquad (3.3.230)$$

gesetzt werden. Für Bauteile ohne Schubbewehrung
kann der Nachweis über rechnerische Schubspannungen analog zu Gl. (3.3.229) geführt werden.

Die Schnittgrößen können in statisch unbestimmten System i. d. R. nach der Elastizitätstheorie, ggf. mit den abgeminderten Steifigkeiten im
Zustand II, ermittelt werden, da sich das endgültige Rissbild bereits nach wenigen Lastwechseln
einstellt [Frey/Thürlimann 1983] und für die fol-

genden Beanspruchungen keine Umlagerungen mehr stattfinden.

Vorgespannte Querschnitte können unter Wechselmomenten ΔM vom voll überdrückten in den gerissenen Zustand übergehen. In diesem Fall nehmen die Wechselspannungen $\Delta\sigma_s$, bei Spanngliedern im Verbund auch $\Delta\sigma_p$ stark zu (Abb. 3.3-98), wobei der Einfluss der unterschiedlichen Verbundsteifigkeiten auf die Spannungsamplituden im Betonstahl nach 3.3.11.7 zu berücksichtigen ist. Die Größe des Grundmoments M_0 aus ständigen Lasten und Zwangsschnittgrößen im Vergleich mit dem Dekompressionsmoment M_{Deko} ist von entscheidender Bedeutung. Daher müssen auch Einwirkungen, die wegen geringer Lastwechselzahlen an sich nicht ermüdungsrelevant sind, z. B. im Tagesverlauf wechselnde Temperaturverkrümmungen, sowie evtl. deren zeitliche Korrelation mit ΔM im Grundmoment berücksichtigt werden. Falls das Dekompressionsmoment nicht überschritten wird, besteht i. Allg. keine Ermüdungsgefahr. Ansonsten empfiehlt sich die Anordnung einer ausreichend dimensionierten Betonstahlbewehrung, die zu einer Reduktion der Spannungsamplituden in den Spanngliedern führt.

3.3.14.3 Nachweis der Betriebsfestigkeit

Im Gegensatz zum Einstufenversuch treten unter Betriebslasten Spannungswechsel mit unterschiedlichen Schwingbreiten auf. Der Nachweis der Betriebsfestigkeit kann wie folgt geführt werden:

Nachweis über Beanspruchungskollektiv
Für ein gegebenes Verkehrslastmodell wird unter Berücksichtigung dynamischer Effekte der Zeitverlauf von Schnittgrößen und Spannungen ermittelt. Mit geeigneten Zählverfahren, z. B. der Rainflow-Methode [Clormann/Seeger 1986] wird die reale Spannungsgeschichte in einzelne Klassen gleicher Schwingbreite (Stahl) bzw. gleicher Ober- und Unterspannung (Beton) zerlegt; diese werden gezählt und im Histogramm mit der jeweiligen Häufigkeit dargestellt (Beanspruchungskollektiv).

Bei der Ermittlung der Schadenswirkung D_S des Kollektivs wird aus Gründen der Einfachheit die Hypothese von Palmgren-Miner angewandt (lineare Schadensakkumulation). Die Schadenswirkung einer Klasse von Schwingspielen wird als Verhältnis der auftretenden Lastspielzahl n_i zur

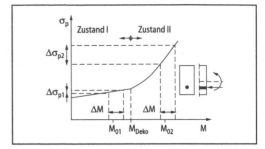

Abb. 3.3-98 Zusammenhang zwischen Moment und Spannstahlspannung bei vorgespannten Bauteilen

maximal aufnehmbaren N_i gemäß der jeweiligen Wöhler-Linie definiert. Durch Summierung aller i Klassen ergibt sich die Gesamtschädigung

$$D_S = \sum_i \frac{n(\Delta\sigma_i)}{N(\Delta\sigma_i)}. \qquad (3.3.231)$$

Der Grenzzustand der Ermüdung ist erreicht, sobald $D_S=1$ ist. Wird dieser Wert innerhalb der geforderten Lebensdauer des Bauwerks nicht erreicht, so ist der Nachweis erfüllt.

Nachweis mit Betriebslastfaktoren
Das Vorgehen kann durch Einführung eines äquivalenten Einstufenkollektivs vereinfacht werden, das die folgende Bedingung erfüllt:

$$\frac{n_{equ}}{N(\Delta\sigma_{equ})} = \sum_i \frac{n(\Delta\sigma_i)}{N(\Delta\sigma_i)}. \qquad (3.3.232)$$

Die äquivalenten Spannungsschwingbreiten rufen bei n_{equ} Lastspielen die gleiche Schädigungswirkung hervor wie das gegebene Beanspruchungskollektiv [Bagayoko 1999]. Betriebslastfaktoren zur Ermittlung von $\Delta\sigma_{equ}$ bei Brücken enthält DIN Fachbericht 102.

Nachweis der Dauerfestigkeit
Der Nachweis kann auf der sicheren Seite liegend durch einen Vergleich oberer Grenzwerte der Schwingbreiten (bzw. der Ober-/Unterspannungen) mit der Dauerschwingfestigkeit, d. h. einer Schwingbreite, die unendlich oft ertragen werden kann, geführt werden. Da weder die tatsächliche Lastwech-

selzahl noch die Verteilung der Spannungsamplituden berücksichtigt wird, ist der Nachweis i. Allg. sehr konservativ. Bei fehlender echter Dauerfestigkeit wird als technischer Wert derjenige angesetzt, der zu einer Lastwechselzahl gehört, die über der insgesamt am Bauwerk zu erwartenden liegt.

Nach DIN 1045 Teil 1 gilt hier für ungeschweißten Betonstahl $\Delta\sigma_s \leq 70$ MPa; für Beton unter Druckbeanspruchungen gilt Gl. (3.3.229). Die auftretenden Beanspruchungen sind unter der häufigen Einwirkungskombination, jeweils in der maßgebenden Stellung für Ober- und Unterspannungen, zu ermitteln. Sie sind streng genommen keine Obergrenzen, da eine Überschreitung möglich ist. Diese stellen jedoch meist nur einen geringen Anteil der auftretenden Lastwechsel dar.

Abkürzungen zu 3.3

GZT   Grenzzustand der Tragfähigkeit
GZG   Grenzzustand der Gebrauchstauglichkeit
PRD   Parabel-Rechteck-Diagramm
DAfStb Deutscher Ausschuss für Stahlbeton
DBV   Deutscher Beton-Verein

Literaturverzeichnis Kap. 3.3

Alvarez M (1998) Einfluss des Verbundverhaltens auf das Verformungsvermögen von Stahlbeton. Bericht Nr. 236, Institut für Baustatik und Konstruktion, ETH Zürich. Birkhäuser, Basel

Bagayoko L (1999) Betriebsfestigkeit von Eisenbahnbrücken in Stahlbeton- und Spannbetonbauweise. Diss. TU München

Bathe K-J (1986) Finite-Elemente-Methoden. Springer-Verlag, Berlin/Heidelberg/New York

Baumann T (1972) Tragwirkung orthogonaler Bewehrungsnetze beliebiger Richtung in Flächentragwerken aus Stahlbeton. Ernst & Sohn, Berlin. DAfStb H 217

Bazant ZP, Kim J-K (1984) Size Effect in Shear Failure of Longitudinally Reinforced Beams. ACI Journal 81 (1984) pp 456–468

Bazant ZP (ed) (1988) Mathematical Modeling of Creep and Shrinkage of Concrete. Wiley & Sons, New York

Bazant ZP, Baweja S (1995) Justification and refinement of model B3 for concrete creep and shrinkage. Materials and Structures 28 (1995) pp 415–430, 488–495

Bertram D (2002) Betonstahl, Verbindungselemente, Spannstahl. In: Betonkalender 2002. Ernst & Sohn, Berlin

CEB (Hrsg) (1990) Evaluation of the Time Dependent Behavior of Concrete. Comité Euro-International du Béton, Lausanne (Bulletin d'information No. 199)

CEB (Hrsg) (1991a) Vibration Problems in Structures. Comité Euro-International du Béton, Lausanne (Bulletin d'information No. 209)

CEB (Hrsg) (1991b) Fire Design of Concrete Structures in accordance with CEB-FIP Model Code 90. Comité Euro-International du Béton, Lausanne (Bulletin d'information No. 208)

CEB (Hrsg) (1993a) CEB-FIP Model Code 1990. Thomas Telford, London

CEB (Hrsg) (1993b) Structural Effects of time-dependent behaviour of concrete. Comité Euro-International du Béton, Lausanne (Bulletin d'information No. 215)

CEB (Hrsg) (1996) RC Elements under Cyclic Loading. Comité Euro-International du Béton, Lausanne (Bulletin d'information No. 230)

CEB (Hrsg) (1998) Ductility of Reinforced Concrete Structures. Comité Euro-International du Béton, Lausanne (Bulletin d'information No. 242)

Clormann UH, Seeger T (1986) Rainflow HCM: Ein Zählverfahren für Betriebsfestigkeitsnachweise auf werkstoffmechanischer Grundlage. Stahlbau 55 (1986) S 65–71

Czerny F (1999) Tafeln für Rechteckplatten. In: Betonkalender 1999. Ernst & Sohn, Berlin

Dillmann R (1996) Betondeckung – Planung als erster Schritt zur Qualität. Beton- und Stahlbetonbau 91 (1996) S 13–17

Dischinger F (1937) Untersuchungen über die Knicksicherheit, die elastische Verformung und das Kriechen des Betons bei Bogenbrücken. Der Bauingenieur 18 (1937) S 487–520

Duda H (1991) Bruchmechanisches Verhalten von Beton unter monotoner und zyklischer Zugbeanspruchung. DAfStb H 419. Beuth, Berlin

Eibl J u. a. (1995) Vorspannung ohne Verbund – Technik und Anwendung. In: Betonkalender 1995. Ernst & Sohn, Berlin

Eibl J, Schmidt-Hurtienne B (1995) Grundlagen für ein neues Sicherheitskonzept. Bautechnik 72 (1995) S 501–506

Eligehausen R u. a. (1983) Local Bond-Slip Relationships of Deformed Bars under Generalized Excitations. Earthquake Engineering Research Center, University of California, Berkeley/California

Eligehausen R u. a. (1997) Grenzen der Anwendung nichtlinearer Rechenverfahren bei Stabtragwerken und einachsig gespannten Platten. DAfStb H 484. Beuth, Berlin

Eligehausen R, Ozbold J, Mayer U (1998) Mitwirkung des Betons zwischen den Rissen bei nichtelastischen Stahldehnungen – Optimierung des Verbundes. Beton- und Stahlbetonbau 93 (1998) S 29–35

Fey T (1966) Vereinfachte Berechnung von Rahmensystemen des Stahlbetonbaus nach der Theorie 2. Ordnung. Bauingenieur 41 (1966) S 231–238 fib (1999) Structural Concrete – Textbook on Behaviour, Design and Performance. Updated Knowledge of the CEB/FIP Model Code 1990 Vol. 1–3. Fédération internationale du Béton, Lausanne (fib bulletin 1–3)

fib (2010) Structural Concrete – Textbook on Behaviour, Design and Performance. Second edition, Vol. 1–4. Fédération internationale du Béton, Lausanne (fib bulletin 51–54)

fip (1998) Challenges for Concrete in the Next Millenium. Balkema, Rotterdam

Fischer A (1992) Modelluntersuchungen zur Ermittlung des Rissabstandes dicker Bauteile aus Stahlbeton. Diss. TH Darmstadt. VDI Verlag, Düsseldorf (Fortschrittsberichte Reihe 4, NR 118)

Fischer J (1997) Versagensmodell für schubschlanke Balken. DAfStb H 480. Beuth, Berlin

Fleßner H (1962) Ein Beitrag zur Ermittlung von Querschnittswerten mit Hilfe elektronischer Rechenanlagen. Der Bauingenieur 37 (1962) S 146–149

Frey R, Thürlimann B (1983) Ermüdungsversuche an Stahlbetonbalken mit und ohne Schubbewehrung. Bericht Nr. 7801–1, Institut für Baustatik der ETH Zürich. Birkhäuser, Basel

Girkmann K (1959) Flächentragwerke. Springer, Wien

Grasser E (1968) Darstellung und kritische Analyse der Grundlagen für eine wirklichkeitsnahe Bemessung von Stahlbetonquerschnitten bei einachsigen Spannungszuständen. Diss. TU München

Grasser E, Kordina K, Quast U (1979) Bemessung von Beton- und Stahlbetonbauteilen. 2. Aufl. DAfStb Heft 220. Ernst & Sohn, Berlin

Grasser E, Galgoul NS (1986) Praktisches Verfahren zur Bemessung schlanker Stahlbetonstützen unter Berücksichtigung zweiachsiger Biegung. Beton- und Stahlbetonbau 81 (1986) 7, S 173–177

Grasser E, Thielen G (1991) Hilfsmittel zur Berechnung der Schnittgrößen und Formänderungen von Stahlbetontragwerken. 3. Aufl. Heft 240 des DAfStb. Beuth, Berlin

Grasser E u. a. (1996) Bemessung von Stahlbeton- und Spannbetonbauteilen nach EC 2 für Biegung, Längskraft, Querkraft und Torsion. In: Betonkalender 1996. Ernst & Sohn, Berlin

Grasser E (1997) Bemessung für Biegung, Längskraft, Schub und Torsion nach DIN 1045. In: Betonkalender 1997. Ernst & Sohn, Berlin

Gruttmann K, Wagner W, Sauer R (1998) Zur Berechnung von Wölbfunktion und Torsionskennwerten beliebiger Stabquerschnitte mit der Methode der finiten Elemente. Bauingenieur 73 (1998) S 138–143

Grzeschkowitz R u. a. (1992) Experimentelle Untersuchung des Trag- und Verformungsverhaltens schlanker Stahlbetonstützen mit zweiachsiger Ausmitte. DAfStb H 423. Beuth, Berlin

Hegger J u. a. (1999) Überprüfung und Vereinheitlichung der Bemessungsansätze für querkraftbeanspruchte Stahlbeton- und Spannbetonbauteile aus normalfestem und hochfestem Beton nach DIN 1045 Teil 1. Abschlussbericht RWTH Aachen

Hillerborg A, Modéer M, Petersson P-E (1976) Analysis of crack formation and crack growth in concrete by means of fracture mechanics and finite elements. Cement and Concrete Research 6 (1976) pp 773–782

Hilsdorf HK, Reinhardt H-W (2000) Beton. In: Betonkalender 2000. Ernst & Sohn, Berlin

Hofstetter G, Mang H (1995) Computational Mechanics of Reinforced and Prestressed Concrete Structures. Vieweg, Wiesbaden

Holst KH (1998) Brücken aus Stahlbeton und Spannbeton. 4. Aufl. Ernst & Sohn, Berlin

Hosser D (2010) Grundlagen und Hintergründe der Heißbemessung. In: Eurocode 2 für Deutschland: Gemeinschaftstagung. Ernst & Sohn, Berlin / Beuth, Berlin

Jahn T (1997) Die Approximation des nichtlinearen Spannungs-Stauchungs-Verhaltens von Beton durch Polynome. Beton- und Stahlbetonbau 92 (1997) S 156–160

Johansen KW (1972) Yield-line formulae for slabs. Cement and Concrete Association, London

Kaufmann W (1998) Strength and Deformations of Structural Concrete Subjected to In-Plane Shear and Normal Force. Bericht Nr. 234, Institut für Baustatik und Konstruktion, ETH Zürich. Birkhäuser, Basel

Kinnunen S, Nylander H (1960) Punching of Concrete slabs without shear reinforcement. Transactions of the Royal Institute of Technology, Nr 158. Stockholm

Kollegger J (1988) Ein Materialmodell für die Berechnung von Stahlbetonflächentragwerken. Diss. Uni GH Kassel

Kollegger J, Mehlhorn G (1990) Experimentelle Untersuchungen zur Bestimmung der Druckfestigkeit des gerissenen Stahlbetons bei einer Querzugbeanspruchung. DAfStb H 413. Beuth, Berlin

Kollegger J (1991) Algorithmus zur Bemessung von Flächentragwerkelementen unter Normalkraft- und Momentenbeanspruchung. Beton- und Stahlbetonbau 86 (1991) S 114–119

König G, Fehling E (1988) Zur Rissbreitenbeschränkung im Stahlbetonbau. Beton- und Stahlbetonbau 83 (1988) S 161–167, 199–204

König G, Fehling E (1989) Zur Rissbreitenbeschränkung bei voll oder beschränkt vorgespannten Betonbrücken. Beton- und Stahlbetonbau 84 (1989) S 161–166, 204–207, 238–241

König G, Liphardt S (2003) Hochhäuser aus Stahlbeton. In: Betonkalender 2003, Ernst & Sohn, Berlin

König G, Pauli W (1992) Nachweis der Kippstabilität von schlanken Fertigteilträgern aus Stahlbeton und Spannbeton. Beton- und Stahlbetonbau 87 (1992) S 109–112, 149–151

König G, Danielewicz I (1994) Ermüdungsfestigkeit von Stahlbeton- und Spannbetonbauteilen mit Erläuterungen zu den Nachweisen gemäß CEB-FIP Model Code 1990. DAfStb H 439. Beuth, Berlin

König G u. a. (1994) Untersuchung des Ankündigungsverhaltens der Spannbetontragwerke. Beton- und Stahlbetonbau 89 (1994) S 45–49, 76–79

König G u. a. (1997) Consistent safety format. In: Comité Euro-International du Béton (ed) Non-linear Analysis. Lausanne (Bulletin d'information No. 239)

König G, Kützing L (1998) Mit einem Fasercocktail zur Duktilität von Druckgliedern aus Hochleistungsbeton. Bautechnik 75 (1998) S 62– 66

König G, Grimm R (2000) Hochleistungsbeton. In: Betonkalender 2000, Ernst & Sohn, Berlin

König G, Quast U (2000) fib Comission 2: safety and performance concepts. Structural Concrete – Journal of the fib 1 (2000) pp 51–52

Kordina K, Warner RF (1975) Über den Einfluss des Kriechens auf die Ausbiegung schlanker Stahlbetonstützen. DAfStb H 250. Ernst & Sohn, Berlin

Kordina K, Quast U (1979) Bemessung von Beton- und Stahlbetonbauteilen nach DIN 1045: Nachweis der Knicksicherheit. DAfStb H 220. Ernst & Sohn, Berlin

Kordina K u. a. (1992) Bemessungshilfsmittel zu Eurocode 2 Teil 1. DAfStb H 425. Beuth, Berlin

Kordina K, Kersken-Bradley M (1996) Brandschutz. In: Mehlhorn G (Hrsg) Der Ingenieurbau – Bauphysik; Brandschutz. Ernst & Sohn, Berlin

Kordina K, Meyer-Ottens C (1999) Beton Brandschutz Handbuch. Verlag Bau+Technik, Düsseldorf

Kordina K, Quast U (2000) Bemessung von schlanken Bauteilen für den durch Tragwerksverformungen beeinflussten Grenzzustand der Tragfähigkeit. In: Betonkalender 2000, Ernst & Sohn, Berlin

Kraus D, Ehret K-H (1992) Berechnung kippgefährdeter Stahlbeton- und Spannbetonträger nach der Theorie II. Ordnung. Beton- und Stahlbetonbau 87 (1992) S 113– 118

Krips M (1984) Rissbreitenbeschränkung im Stahlbeton und Spannbeton. Diss. TH Darmstadt

Kupfer HB (1973) Das Verhalten des Betons unter mehrachsiger Kurzzeitbeanspruchung unter besonderer Berücksichtigung der zweiachsialen Beanspruchung. DAfStb H 229. Ernst & Sohn, Berlin

Kupfer H, Mang R, Karavesyrouglou M (1983) Bruchzustand der Schubzone von Stahlbeton- und Spannbetonträgern – Eine Analyse unter Berücksichtigung der Rissverzahnung. Bauingenieur 58 (1983) S 143–149

Kupfer H, Hochreiter H (1993) Anwendung des Spannbetons. In: Betonkalender 1993. Ernst & Sohn, Berlin

Kupfer H (1994) Bemessung von Spannbetonbauteilen nach DIN 4227. In: Betonkalender 1994. Ernst & Sohn, Berlin

Lampert P, Thürlimann B (1968) Torsionsversuche an Stahlbetonbalken. Bericht Nr. 6506-2, Institut für Baustatik der ETH Zürich. Birkhäuser, Basel

Leonhardt F, Walther R (1961) Beiträge zur Behandlung der Schubprobleme im Stahlbetonbau. Beton- und Stahlbetonbau 56 (1961) H 12, 57 (1962) H 2, 3, 6, 7, 8

Leonhardt F, Schelling G (1974) Torsionsversuche an Stahlbetonbalken. DAfStb H 239. Ernst & Sohn, Berlin

Lewandowski R (1971) Beurteilung von Bauwerksfestigkeiten an Hand von Betongütewürfeln und Bohrproben. Diss. TU Braunschweig

Marti P (1981) Gleichgewichtslösungen für Flachdecken. Schweizer Ingenieur und Architekt (1981) S 799–809

Martin H, Schieß P, Schwarzkopf M (1979) Ableitung eines allgemeingültigen Berechnungsverfahrens für die Rissbreiten aus Lastbeanspruchung auf der Grundlage von theoretischen Erkenntnissen und Versuchsergebnissen. Forschungsbericht, Institut für Betonstahl und Stahlbetonbau eV, München

Martin H, Noakowski P (1981) Verbundverhalten von Betonstählen – Untersuchungen auf der Grundlage von Ausziehversuchen. DAfStb H 319. Ernst & Sohn, Berlin

Mayer H, Rüsch H (1967) Bauschäden als Folge der Durchbiegung von Stahlbeton-Bauteilen. DAfStb H 193. Ernst & Sohn, Berlin

Mehlhorn G u. a. (1991) Zur Kippstabilität vorgespannter und nicht vorgespannter, parallelgurtiger Stahlbetonträger mit einfach symmetrischem Querschnitt. Beton- und Stahlbetonbau 86 (1991) S 25–32, 59–64

Mehlhorn G (1998) Bemessung im Betonbau. In: Mehlhorn G (Hrsg) Der Ingenieurbau – Bemessung. Ernst & Sohn, Berlin

Meyer J, König G (1998) Verformungsfähigkeit der Beton-Biegedruckzone – Spannungs-Dehnungs-Linien für die nichtlineare Berechnung. Beton- und Stahlbetonbau 93 (1998) S 189–194, 224–228

Musschelischwili NI (1971) Einige Grundaufgaben zur mathematischen Elastizitätstheorie. Hanser, München

Muttoni A, Schwartz J, Thürlimann B (1996) Bemessung von Betontragwerken mit Spannungsfeldern. Birkhäuser, Basel

Nielsen MP (1984) Limit analysis and concrete plasticity. Prentice-Hall, Englewood Cliffs, NJ

Noakowski P (1985) Verbundorientierte, kontinuierliche Theorie der Rissbreite. Beton- und Stahlbetonbau 80 (1985) S 185–190, 215– 221

Nürnberger U u. a. (1988) Korrosion von Stahl in Beton. Beuth, Berlin. DAfStb H 393

Park R, Gamble WL (1979) Reinforced Concrete Slabs. John Wiley & Sons, New York

Quast U (1981) Zur Mitwirkung des Betons in der Zugzone. Beton- und Stahlbetonbau 76 (1981) S 247–250

Quast U (1986) Ist die elasto-statisch ermittelte Knicklänge ein vernünftiges Stabilitätsmaß für verschiebliche

Stahlbetontragwerke? Beton- und Stahlbetonbau 81 (1986) S 236–240

Rao PS (1966) Die Grundlagen zur Berechnung der bei statisch unbestimmten Stahlbetonkonstruktionen im plastischen Bereich auftretenden Umlagerungen der Schnittgrößen. DAfStb H 177. Ernst & Sohn, Berlin

Rehm G (1961) Über die Grundlagen des Verbundes zwischen Stahl und Beton. DAfStb H 138. Ernst & Sohn, Berlin

Reineck K-H (1991) Ein mechanisches Modell für Stahlbetonbauteile ohne Stegbewehrung. Bauingenieur 66 (1991) S 157–165

Reinhardt HW, Cornelissen HAW (1985) Zeitstandversuche in Beton. In: Baustoffe '85. Bauverlag, Wiesbaden

Remmel G (1994) Zum Zug- und Schubtragverhalten von Bauteilen aus hochfestem Beton. DAfStb H 444. Beuth, Berlin

Richter E (2010) Beispiele zur Heißbemessung. In: Eurocode 2 für Deutschland: Gemeinschaftstagung. Ernst & Sohn, Berlin / Beuth, Berlin

Röder F-K (1997) Ein Näherungsverfahren zur Beurteilung der Kippstabilität von Satteldachbindern aus Stahlbeton oder Spannbeton. Beton- und Stahlbetonbau 92 (1997) S 301– 307, 341–347

Rohling A (1987) Zum Einfluss des Verbundkriechens auf die Rissbreitenentwicklung sowie auf die Mitwirkung des Betons auf Zug zwischen den Rissen. Diss. TU Braunschweig

Roos W (1995) Zur Druckfestigkeit des gerissenen Stahlbetons in scheibenförmigen Bauteilen bei gleichzeitig wirkender Querzugbelastung. Diss. TU München

Rots JG (1988) Computational Modeling of Concrete Fracture. Diss. TU Delft

Rüsch H (1960) Research Towards a General Flexural Theory for Structural Concrete. In: Proceedings of the American Concrete Institute 57 (1960) pp 1–28

Rüsch H u. a. (1968) Festigkeit und Verformung von unbewehrtem Beton unter konstanter Dauerlast. DAfStb H 198. Ernst & Sohn, Berlin

Rüsch H, Sell R, Rackwitz R (1969) Statistische Analyse der Betonfestigkeit. DAfStb H 206. Ernst & Sohn, Berlin

Rüsch H, Jungwirth D (1976) Stahlbeton – Spannbeton, Band 2: Berücksichtigung der Einflüsse von Kriechen und Schwinden auf das Verhalten der Tragwerke. Werner-Verlag, Düsseldorf

Schießl P (1976) Zur Frage der zulässigen Rissbreite und der erforderlichen Betondeckung im Stahlbetonbau unter besonderer Berücksichtigung der Karbonatisierung des Betons. DAfStb H 255. Ernst & Sohn, Berlin

Schießl P (1996) Drillsteifigkeit von Fertigplatten mit statisch mitwirkender Ortbetonschicht. Beton- und Stahlbetonbau 91 (1996) S 62–67, 86–89

Schlaich J, Schäfer K (2001) Konstruieren im Stahlbetonbau. In: Betonkalender 2001, Ernst & Sohn, Berlin

Schmidt M u. a. (2008) Sachstandsbericht „Ultrahochfester Beton". DAfStb H 561. Beuth, Berlin

Schwarzkopf M, Schaefer F-J (1997) Neuer Betonstahl mit Tiefrippung – Herstellung und Verarbeitung. Betonwerk + Fertigteiltechnik (1997) S 56–60

Shen JH (1992) Lineare und nichtlineare Theorie des Kriechens und der Relaxation von Beton unter Druckbeanspruchungen. DAfStb H 432. Beuth, Berlin

Stempniewski L, Eibl J (1996) Finite Elemente im Stahlbetonbau. In: Betonkalender 1996, Ernst & Sohn, Berlin

Stöckl S (1981) Versuche zum Einfluss der Belastungshöhe auf das Kriechen des Betons. DAfStb H 324. Ernst & Sohn, Berlin

Streit W, Gottschalk H (1986) Überschlägige Bemessung von Kipphalterungen für Stahlbeton- und Spannbetonbinder. In: Bauingenieur 61 (1986) S 555–559

Trost H (1967) Auswirkungen des Superpositionsprinzips auf Kriech- und Relaxationprobleme bei Beton und Spannbeton. Beton- und Stahlbetonbau 10 (1967) S 230–238, 261– 269

Trost H, Wolff H-J (1970) Zur wirklichkeitsnahen Ermittlung der Beanspruchungen in abschnittsweise hergestellten Spannbetontragwerken. Bauingenieur 45 (1970) S 155– 170

van Mier JGM (1986) Fracture of Concrete under Complex Stress. Heron (Delft) 31 (1986) No 3

Vecchio FJ, Collins MP (1986) The Modified Compression Field Theorie for Reinforced Concrete. ACI Journal 83 (1986) pp 219–231

VPI (2008) Brandschutzseminar Heißbemessung. Tagungsband. Bundesvereinigung der Prüfingenieure für Bautechnik e.V., Berlin

Walraven JC (1980) Aggregate interlock: A theoretical and experimental analysis. Diss TH Delft, Delft University Press

Walraven JC, Stroband J (1993) Shear friction in high strength concrete. ACI Special Publication 149 (1993) 17, pp 311–330

Wicke M, Maier K (1998) Die freie Spanngliedlage. Bauingenieur 73 (1998) S 162–169

Wittmann F (ed) (1983) Fracture Mechanics of Concrete. Elsevier, Amsterdam

Zilch K (1993) Geometrisch und physikalisch nichtlineare Verfahren zur Berechnung von Stabtragwerken des Stahlbetonbaus. In: Baustatik – Baupraxis 5 (1993) TU München

Zilch K, Fritsche T (1999) Einfluss des Kriechens auf Beton- und Stahlspannungsumlagerungen im Grenzzustand der Gebrauchstauglichkeit für vorwiegend auf Biegung beanspruchte Stahlbetonbauteile. Fraunhofer IRB Verlag, Stuttgart

Zilch K, Rogge A (2000) Grundlagen der Bemessung von Beton-, Stahlbeton und Spannbetonbauteilen nach DIN 1045 Teil 1. In: Betonkalender 2000, Ernst & Sohn, Berlin

Zilch K, Zehetmaier G, Gläser C (2004) Ermüdungsnachweis für Massivbrücken. In: Betonkalender 2004. Ernst & Sohn, Berlin

Zilch K, Zehetmaier G (2010) Bemessung im konstruktiven Betonbau. 2. Aufl. Springer, Berlin/Heidelberg/ New York

Normen, Merkblätter

DIN 488: Betonstahl (Entwurf 11/2006)

DIN 1045 Teil 1: Beton, Stahlbeton und Spannbeton, Bemessung und Konstruktion (08/2008)

DIN 1048: Prüfverfahren für Beton (06/1991)

DIN 4102: Brandverhalten von Baustoffen und Bauteilen
- Teil 4: Zusammenstellung und Anwendung klassifizierter Baustoffe, Bauteile und Sonderbauteile (03/1994)
- Teil 22: Anwendungsnorm zu DIN 4102-4 auf der Bemessungsbasis von Teilsicherheitsbeiwerten (11/2004)

DIN EN 1992: Eurocode 2, Bemessung und Konstruktion von Stahlbeton- und Spannbetontragwerken
- Teil 1-1: Allgemeine Bemessungsregeln und Regeln für den Hochbau (10/2005, 2010)
- Nationaler Anhang zu Teil 1-1 (2010)
- Teil 1-2: Allgemeine Regeln – Tragwerksbemessung für den Brandfall (10/2006)
- Nationaler Anhang zu Teil 1-2 (Entwurf 2010)
- Teil 2: Betonbrücken – Bemessungs- und Konstruktionsregeln (02/2007)
- Nationaler Anhang zu Teil 2 (Entwurf 2009)

DIN EN 10080: Stahl für die Bewehrung von Beton – Schweißgeeigneter Betonstahl – Allgemeines (08/2005)

DIN EN 10138: Spannstähle (10/2000)

DIN EN 12390: Prüfung von Festbeton
- Teil 3: Druckfestigkeit von Probekörpern
- Teil 5: Biegezugfestigkeit von Probekörpern
- Teil 6: Spaltzugfestigkeit von Probekörpern

ISO 4356: Grundlagen für die Beschreibung von Tragwerken; Formänderungen von Gebäuden (durch äußere Einflüsse) in Bezug auf die zulässige Grenze hinsichtlich der Benutzbarkeit (11/2007)

DAfStb-Richtlinie Wasserundurchlässige Bauwerke aus Beton (WU-Richtlinie) (11/2003)

DIN Fachbericht 102; Betonbrücken (03/2009)

DBV-Merkblatt Abstandhalter (07/2002)

DBV-Merkblatt Begrenzung der Rissbildung im Stahlbeton- und Spannbetonbau (01/2006)

DBV-Merkblatt Betondeckung und Bewehrung (07/2002)

3.4 Stahlbau

Gerhard Sedlacek

Dieses Kapitel geht besonders auf die Bemessungsregeln im Stahlbau und ihre Hintergründe ein. Dabei wird besonders auf die europäisch einheitlichen Regeln in den Eurocodes, vor allem auf EN 1993-Eurocode 3 für den Stahlbau und die dort in Bezug genommenen nationalen Festlegungen im Nationalen Anhang DIN-NA-EN 1993 eingegangen.

3.4.1 Allgemeines, Normen und Genehmigungsverfahren

3.4.1.1 Allgemeines

Die Verwendung von Stahl im Bauwesen umfasst praktisch alle Bauweisen. *Stahlbau* im eigentlichen Sinne besteht da, wo bestimmte Stahlprodukte wie Stahlprofile, Stahlbleche oder Seile als vorherrschende Tragelemente zum Einsatz kommen, wobei Verbundwirkungen z. B. mit Stahl- und Spannbeton, Holz, Glas oder Kunststoffen als Verbundbauweisen oder Mischbauweisen mit eingeschlossen sind.

Wie alle Bauweisen unterliegt der Stahlbau neben den privatrechtlichen Vorschriften einer Reihe von öffentlichen Baubestimmungen [Bossenmayer 1999], die im Hinblick auf die Standsicherheit und das Brandverhalten baulicher Anlagen gelten. Das *Bauaufsichtsrecht* zielt darauf ab, bauliche Anlagen so zu errichten, zu ändern und instand zu halten, dass die öffentliche Sicherheit oder Ordnung – insbesondere Leben und Gesundheit – nicht gefährdet werden. Dazu bestehen in Deutschland *Landesbauordnungen*, die die allgemeinen Anforderungen an Bauwerke und Bauprodukte definieren und auf technische Baubestimmungen, nämlich durch öffentliche Bekanntmachung eingeführte technische Regeln für Bauprodukte sowie für den Entwurf und die Bemessung baulicher Anlagen und Bauprodukte, hinweisen.

Dabei sind „Bauprodukte" Baustoffe, Bauteile und Anlagen, die hergestellt werden, um dauerhaft in Gebäude oder sonstige Anlagen eingebaut zu werden, sowie aus Baustoffen und Bauteilen vorgefertigte Anlagen, die hergestellt werden, um mit dem Erdboden verbunden zu werden, (z. B. Fertighallen oder Silos). Sie dürfen aus Gründen der öffentlichen Sicherheit i. d. R. nur eingesetzt werden, wenn sie das deutsche Ü-Zeichen oder das europäische CE-Zeichen tragen. Voraussetzung dafür ist der Nachweis der Konformität mit den dem Bauprodukt zugrundeliegenden Regeln nach unterschiedlich strengen Verfahren (sechs Verfahren nach Systemen 1+ bis 4), die alle die werkseigene *Produktionskontrolle des Herstellers* (Eigenüberwachung) und darüber hinaus je nach Produktbedeutung strengere Kontrollen durch externe Prüf-, Überwachungs- oder Zertifizierungsstellen (PÜZ-Stellen) enthalten. Für alle Stahlbauprodukte gilt System 2+ [Bossenmayer 1999].

Bauprodukte nach geltenden deutschen Vorschriften sind in der Baregelliste A des Deutschen Instituts für Bautechnik (DIBt) bekannt gemacht; für den Metallbau gilt Kapitel 4 der Baregelliste A Teil 1. Sie gilt für Bauprodukte nach bekannt gemachten technischen Regeln, nach allgemeinen bauaufsichtlichen Zulassungen des DIBt oder nach allgemeinen bauaufsichtlichen Prüfzeugnissen einer anerkannten Prüfstelle. Für Bauprodukte nach europäischen Vorschriften gilt die Baregelliste B.

Neben den Bauprodukten gibt es den Begriff „Bauarten", im Sinne der Landesbauordnungen entstanden durch Zusammenfügen von Bauprodukten zu baulichen Anlagen oder Teilen davon, (z. B. eine konventionell errichtete Halle). Bauarten, die den technischen Baubestimmungen entsprechen, bedürfen keines besonderen Anwendbarkeitsnachweises. Bauarten, die von technischen Baubestimmungen wesentlich abweichen oder für die es allgemein anerkannte Regeln der Technik nicht gibt (nicht geregelte Bauarten) dürfen nur verwendet werden, wenn für sie eine bauaufsichtliche Zulassung des DIBt oder eine Zustimmung im Einzelfall der zuständigen obersten Bauaufsichtsbehörde erteilt ist.

Bauarten bedürfen keiner Kennzeichnung mit dem Ü-Zeichen oder CE-Zeichen; es genügt die schriftliche Bestätigung der Übereinstimmung mit den zugrundeliegenden technischen Regeln, Zulassungen, Prüfzeugnissen oder Zustimmungen im Einzelfall.

3.4.1.2 Technische Baubestimmungen

Technische Baubestimmungen sind
- in der Baregelliste A bekannt gemachte technische Regeln für Bauprodukte,
- in der Liste der Technischen Baubestimmungen aufgenommene technische Regeln, insbesondere über Lastannahmen, die Berechnung, Bemessung und Ausführung von Bauprodukten und baulichen Anlagen.

Bei Bekanntmachung durch die oberste Baurechtsbehörde als Technische Baubestimmungen erhalten Technische Regeln den Charakter von Rechtsnormen.

Von den in der Baregelliste A bekannt gemachten Technischen Regeln für geregelte Bauarten (z. B. Bemessungsregeln) kann abgewichen werden, da sie ihrem Charakter entsprechend nur eine Möglichkeit zeigen, die Anforderungen der Bauordnung im Hinblick auf die Abwehr von Gefahren zu erfüllen. Auch andere Wege sind erlaubt. Dabei ist nachzuweisen, dass die Ausführung insgesamt trotz der Abweichung den baurechtlichen Anforderungen gerecht wird.

Bei wesentlichen Abweichungen sind Anwendbarkeitsnachweise in Form einer allgemeinen bauaufsichtlichen Zulassung oder einer Zustimmung im Einzelfall für die Bauart erforderlich. Durch diese Öffnung für Abweichungen wird der innovativen Dynamik des Bauwesens Rechnung getragen.

Die Liste der Technischen Baubestimmungen hat folgende Gliederung:

1. Technische Regeln zu Lastannahmen,
2. Technische Regeln zur Bemessung und Ausführung,
3. Technische Regeln zum Brandschutz,
4. Technische Regeln zum Wärme- und zum Schallschutz,
5. Technische Regeln zum Bautenschutz,
6. Technische Regeln zum Gesundheitsschutz,
7. Technische Regeln als Planungsgrundlagen, Anlagen zu den Technischen Regeln.

3.4.1.3 Europäische Normen zur Bemessung und Ausführung im Stahlbau

Die europäischen vereinheitlichten Normen zur Bemessung und Ausführung im Stahlbau sind für die Bemessung als EN 1993 und für die Ausführung als EN 1090 veröffentlicht worden. Die EN 1993-Reihe für den Stahlbau umfasst die Grundnorm EN 1993-1 mit den Teilen

3.4.2   Werkstoffeigenschaften und Grenzzustände

3.4.2.1 Herstellungsmethoden, Erzeugnisse, Bezeichnungen

Anforderungen an Baustähle

Stähle durchlaufen bei der Herstellung in Abhängigkeit von ihrer chemischen Zusammensetzung und Wärmebehandlung im Festkörper verschiedene Phasenumwandlungen, verändern ihre Mikrostruktur, und es entstehen charakteristische Gefüge mit spezifischen physikalischen und chemischen Eigenschaften. Ein Stahl kann durch eine definierte Zusammensetzung, (z.B. den C-Gehalt), und durch eine gezielte Einstellung des Gefüges – das ist der bei mikroskopischer Vergrößerung erkennbare innere Aufbau des Werkstoffs – für unterschiedliche Anwendungsgebiete maßgeschneidert werden: Er kann beispielsweise sehr weich für beste Umformbarkeit oder hart für hohen Verschleißwiderstand eingestellt werden.

Die Werkstoffwahl für Stahlbauten orientiert sich i.d.R. an folgenden Anforderungen, zu denen es bestimmte Werkstoffeigenschaften gibt:

1. *Festigkeitsanforderungen*, z.B. charakteristische Werte der Streckgrenze f_y und Zugfestigkeit f_u (in Verbindung mit der Dehnung ε_u bei Bruch).

2. Anforderung an die Verarbeitbarkeit, z.B. Schweißeignung (beeinflusst durch chemische Zusammensetzung, z.B. das Kohlenstoffäquivalent und Nachbehandlung), Kaltumformbarkeit (abhängig von δ_5) oder Verzinkbarkeit (abhängig vom Siliziumgehalt).

3. Anforderung bei *verschiedenen Temperaturen*, z.B. Warmfestigkeits- oder Kriechverhalten (bei Warm- und Heißbetrieb), Festigkeitsverhalten im Brandfall oder Bruchverhalten bei niedrigen Temperaturen.

4. Verhalten bei *Korrosionsangriff*, z.B. Stahl mit normalem Korrosionsverhalten ohne oder mit Korrosionsschutz durch Beschichtung oder Überzug, wetterfester Stahl, nichtrostender Stahl.

Im Sonderfall können noch weitere Anforderungen, z.B. hinsichtlich des Verschleißwiderstands oder der Magnetisierbarkeit, dazukommen.

Herstellungsmethoden

Es gibt heute mehrere Stahlerzeugungsrouten [Bleck 1999]. Die *konventionelle Hochofen-Konverter-Route* arbeitet mit flüssigem Roheisen, das im Konverter gefrischt wird (Abb. 3.4-1); die *Schrott-Lichtbogenroute* verwendet feste Einsatzprodukte, also Schrott oder Eisenschwamm als Ergebnis direkter Reduktionsverfahren (s. hierzu 3.1).

Bei historischen genieteten Stahlkonstruktionen [Petersen 1994] wird noch Schweißeisen (*Puddeleisen*) angetroffen, bei dem das Frischen des Roheisens aus dem Hochofen mit 3%–4% Kohlenstoffgehalt auf für Schmieden und Walzen geeignete Gehalte von ca. 0,1% C handwerklich im Flammofen (Puddelofen) erfolgte.

Mit der Erfindung des Blas-Frischverfahrens des Roheisens mit Luft (Windfrischverfahren) in der *Bessemer-Birne* und der Verbesserung dieses Verfahrens zum Frischen von auch phosphorhaltigem Roheisen nach dem *Thomas-Verfahren* wurde ab ca. 1900 das industrielle Frischverfahren zur Herstellung von wesentlichen homogeneren und wirtschaftlichen *Flussstählen* eingeleitet. Günstigere Qualitäten als mit diesem Konverterverfahren wurden mit dem aus dem Puddelverfahren entwickelten Herdfrischverfahren (SM (Siemens-Martin)-Verfahren) wegen des längeren und kontrollierteren Frischvorgangs erzielt. Dabei kann auch Schrott verarbeitet werden. Beide Verfahren

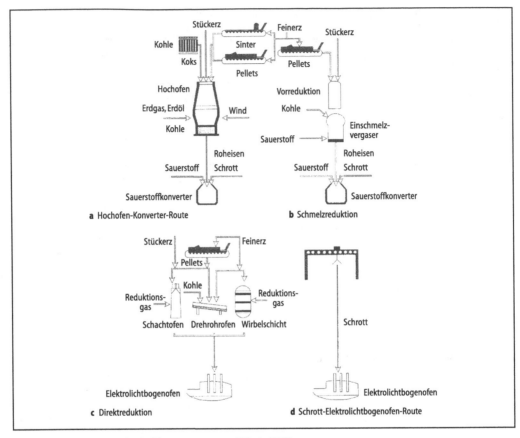

Abb. 3.4-1 Unterschiedliche Stahlerzeugungsrouten [Bleck 1999]

bildeten die Grundlage der Massenbaustähle. Zur Unterscheidung von Altstahlproben nach dem Herstellungsverfahren s. [Langenberg 1995].

Heute ist das Thomas-Verfahren vollständig und das Siemens-Martin-Verfahren zum größten Teil durch das *Sauerstoff-Konverterverfahren* ersetzt, bei dem technisch reiner Sauerstoff auf (LD-Verfahren) oder/und durch das Schmelzbad geblasen wird. Dabei wird etwa 20 % Schrott zugegeben. Mit diesen modernen Verfahren werden besonders hochwertige Stahlgüten erzielt mit niedrigen Gehalten an Spuren- und Begleitelementen.

Auf der *Schrott-Lichtbogen-Route* wird der Rohstoff Schrott zur Stahlerzeugung genutzt. Früher wurde diese Route vornehmlich für Edelstahl,

heute durch UHP-Lichtbogen in Ministahlwerken und großen Anlagen für Massenstähle eingesetzt. Angesichts der Einsparung der aufwendigen Erz- und Kohlevorbereitung sowie der metallurgischen Reduktionsarbeit ist sie ein kostengünstiger und umweltfreundlicher Produktionsweg, mit dem bereits mehr als 30% des Stahls weltweit hergestellt wird.

Nach dem Frischen wird der flüssige Stahl mit Aluminium beruhigt (desoxydiert) und in Kokillen zu Blöcken oder heute meist im Stranggießverfahren endproduktnah in Brammen oder Rohprofile vergossen, um so bei der Warmumformung die Zahl der Walzstiche für das Endprodukt zu senken.

**Verbesserung der Festigkeits-
und Zähigkeitseigenschaften**

Die Streckgrenzenbereiche schweißgeeigneter Baustähle gehen aus Abb. 3.4-2 hervor [Zimnik/Freier/Seifert 1991]. Verbesserte Festigkeits- und Zähigkeitseigenschaften können durch Kornverfeinerung und Vergleichmäßigung des Gefüges erzeugt werden, die durch

a) Legierungsbestandteile,
b) geeignete thermische Behandlung, (z.B. Normalisieren, Vergüten) oder durch thermomechanische Behandlung (TM)

bewirkt werden.

Der klassische S355N normalgeglüht nach EN 10025-2 erhält z.B. seine Festigkeit durch C-Gehalte bis 0,22% und zusätzliche 1,6% Mn und 0,55% Si, während der Feinkornstahl S355M nach EN 10025-3 seine Festigkeit und Zähigkeit durch eine Abstimmung der eng definierten Legierungszusammensetzung (speziell der kornfeinernden Elemente V, Ti, Nb) mit tiefen Kohlenstoff-Äquivalenten mit einer temperaturgesteuerten Warmumfor-

mung und Abkühlung erhält (Abb. 3.4-3). Kennzeichnend ist für die Walzung der TM-Stähle die Herabsetzung der Endwalztemperatur soweit, dass keine Rekristallisation des Austenits mehr erfolgt oder sogar der bereits umgewandelte Ferrit durch Umformung direkt verfestigt wird. Dabei werden Wärmebehandlungsprozesse, die sonst hintereinander erfolgen, in einen Vorgang integriert [Dahl/Hesse/Krabiell 1991].

Ein niedriger Kohlenstoffgehalt von 0,08% bis 0,12% C führt bei den Feinkornbaustählen zu einer verbesserten Zähigkeit in der Wärmeeinflusszone WEZ und ermöglicht Schweißen von größeren Blechdicken auf der Baustelle ohne Vorwärmen.

Quer- und Dickeneigenschaften

Bedingt durch den Umformvorgang besitzen Bleche in Walzrichtung ein günstigeres Dehnungsvermögen als in Quer- und Dickenrichtung, da die Auswalzung nichtmetallischer Begleiter, v.a. von Mangansulfiden, zu zeilenförmigen Einschlüssen führen kann. Bei Zwängungen in Dickenrichtung können sog. Terrassenbrüche auftreten.

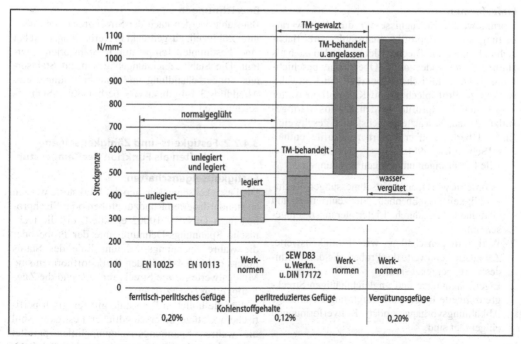

Abb. 3.4-2 Streckgrenzenbereiche schweißgeeigneter Baustähle [Zimnik 1991]

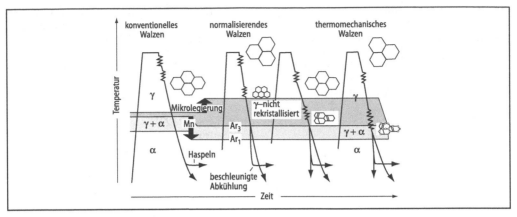

Abb. 3.4-3 Warmwalzverfahren zur thermomechanischen Behandlung [Dahl/Hagen u. a. 1991]

Die Terrassenbruchgefahr kann durch besondere Entschwefelungsverfahren, die zu Z-Güten der Stähle nach DIN EN 10164 führen, beseitigt werden. Wann solche Z-Güten erforderlich sind, kann mit Verfahren in EN 1993-1-10 ermittelt werden.

Lieferformen
Warmgewalzte Erzeugnisse für die Weiterverarbeitung sind Walzprofile, Stabstähle, Breitflachstähle, Bänder und Bleche. Bleche werden auch als Halbzeug mit oder ohne Oberflächenbeschichtungen und metallischen Überzügen in Kaltwalzwerken zu Profilblechen und Kaltprofilen weiter verarbeitet. Hohlprofile werden nahtlos warmgewalzt oder aus gewalzten Flachstählen geschweißt. Einen Überblick über lieferbare Profile enthält z. B. [Schneider 1998].

Alle Lieferungen unterliegen Streuungen der

1. Geometrie wie Querschnittsabmessungen, Rechtwinkligkeit und Ebenheit, Stegzentrierung und Geradheit, die durch Liefertoleranzen eingeschränkt sind;
2. Werkstoffeigenschaften wie Festigkeitswerte, Zähigkeitskennwerte der Proben, die durch Mindestwerte begrenzt sind;
3. Eigenspannungen und ungleichmäßigen Streckgrenzenverteilungen, die durch ungleichmäßige Abkühlungsvorgänge oder Kaltverformungen eingeprägt sind.

Die Abweichungen dieser Eigenschaften von den Sollwerten werden als geometrische und strukturelle *Imperfektionen* bezeichnet. Soweit sie sich auf die Tragfähigkeit auswirken, werden sie in den Berechnungsverfahren berücksichtigt.

Bezeichnungen
Baustähle werden nach der Streckgrenze und nach ihrer Zähigkeit, ausgedrückt in Kerbschlagarbeit bei einer bestimmten Temperatur, in Stahlsorten unterteilt. Die Stahlbezeichnungen gehen auf Stahlsorten, Sonderbehandlung und Nachbehandlung ein. Abbildung 3.4-4 gibt einen Überblick über Stahlbezeichnungen.

3.4.2.2 Festigkeits- und Zähigkeitseigenschaften als Funktion der Temperatur

Festigkeitseigenschaften
Die Festigkeitseigenschaften der Werkstoffe werden an standardisierten Rundzugproben oder Flachproben nach DIN EN 10002 ermittelt, die die technische Spannungs-Dehnungslinie der Probe oder die wahre Spannungs-Dehnungslinie des Stahls liefern (Abb. 3.4-5). In den Werkstoffnormen sind Mindestwerte für die Streckgrenze f_y und die Zugfestigkeiten f_u spezifiziert.

Für die üblichen Baustähle mit ferritisch-perlitischem Gefüge unterschiedlicher Festigkeit sind die wahren Spannungs-Dehnungslinien parallel verschoben; sie führen über das Stabilitätskriterium $\sigma \cdot \delta A = A \cdot \delta \sigma$ zu unterschiedlichen Zugfestigkeiten f_u und Gleichmaßdehnungen der Proben [Dahl/Hesse/Krabiell 1983]. Die wahren Spannungs-Dehnungslinien kennzeichnen das Werkstoffverhalten und können für FE-Untersuchungen eingesetzt werden; die technische Spannungs-Dehnungslinie gilt nur für den Zugversuch mit standardisierten Prüfkörpern.

Abbildung 3.4-6 zeigt schematisch das Bruchverhalten von zugbeanspruchten Bauteilen mit riss-

artigem Querschnittsfehler in Abhängigkeit von der Temperatur und in Verbindung mit den Lastverformungskurven und dem globalen makroskopischen Bruchverhalten im unteren Teilbild und dem lokalen mikroskopischen Bruchmechanismus Spalt- oder Gleitbruch im oberen Teilbild.

Der Temperaturbereich oberhalb T_m kennzeichnet den Bereich mit großen plastischen Verformungen vor Bruch, die den plastischen Ausgleich lokaler Spannungsspitzen und die Bildung globaler

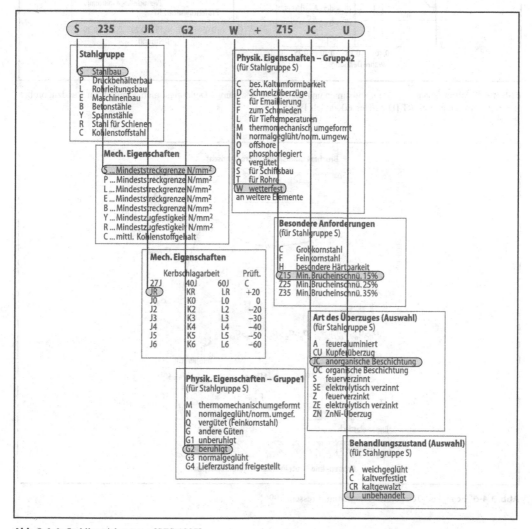

Abb. 3.4-4 Stahlbezeichnungen [SZS 1997]

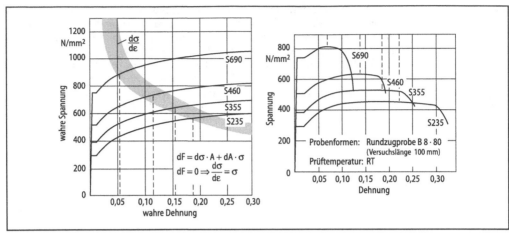

Abb. 3.4-5 Wahre Spannungs-Dehnungslinien und Technische Spannungs-Dehnungslinien, ermittelt für Rundzugproben B 8 × 80, Prüftemperatur RT [Dahl/Hesse/Krabiell 1983]

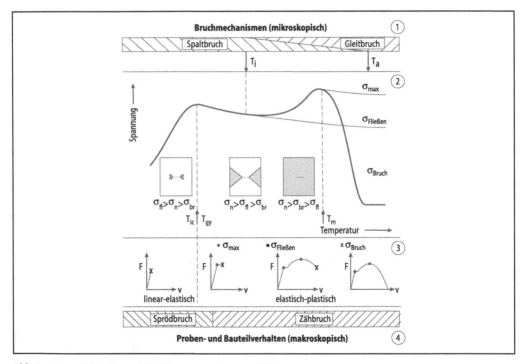

Abb. 3.4-6 Festigkeit-Temperatur-Diagramm [Liessem 1996]

Fließmechanismen aus Bruttoquerschnittsfließen ermöglichen. Damit wird die Anwendung plastischer Berechnungsverfahren für die Schnittgrößenverteilung möglich (z. B. Fließgelenkverfahren). Der Bereich oberhalb von T_a wird als „Hochlage" bezeichnet und ist durch makroskopisch zähes Bruchverhalten mit vollständig mikroskopischem Gleitbruch gekennzeichnet.

Unterhalb T_m schließt sich mit fallender Temperatur das „Übergangsgebiet" an, in dem makroskopisch geringere plastische Verformungen auftreten. Im Bereich zwischen T_m und T_{gy} (Index gy für general yield = Erreichen der Streckgrenze im Nettoquerschnitt) reichen die plastischen Verformungen aus, um mindestens Nettoquerschnittsfließen zu erzeugen. Das führt auf jeden Fall zum Abbau von Spannungsspitzen im Querschnitt. Für die Berechnung der Schnittgrößenverteilung liegt die elastische Systemberechnung auf der sicheren Seite.

Definitionsgemäß trennt die Temperatur T_{gy} den Bereich des makroskopisch spröden vom makroskopisch zähen Bruchverhalten. T_i kennzeichnet den Temperaturübergang von einem zum anderen mikroskopischen Bruchmechanismus bei Rissinitiierung und liegt i. Allg. oberhalb T_{gy}.

Zähigkeitseigenschaften

Die qualitativen Zähigkeitseigenschaften der Werkstoffe werden bruchmechanisch mittels standardisierter Kleinproben ermittelt (Abb. 3.4-7). Die bruchmechanische Zähigkeit kann in Form eines kritischen Wertes des J-Integrals oder der Rissöffnung CTOD ausgedrückt werden (Abb. 3.4-8). Im linear elastischen Bereich wird auch der Spannungsintensitätsfaktor K verwendet, der mit dem J-Integral durch

$$J = \frac{K^2}{E} \qquad \text{im ebenen Spannungs-} \atop \text{zustand (ESZ)}$$

$$J = \frac{K^2}{E}(1-v^2) \qquad \text{im ebenen Dehnungs-} \atop \text{zustand (EDZ)} \tag{3.4.1}$$

verknüpft ist (Querkontraktionszahl $v = 0,3$).

Abbildung 3.4-8 zeigt analog zu Abb. 3.4-6 im Werkstoffzähigkeits-Temperaturdiagramm den Verlauf der bruchmechanischen Zähigkeitskennwerte und ihren Anwendungsbereich. Bruchmechanisch ist die Unterscheidung nach dem Temperaturbe-

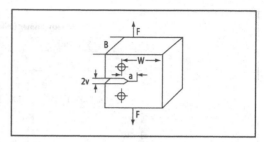

Abb. 3.4-7 CT-Probe zur Ermittlung des J-Wertes, CTOD-Wertes oder K-Wertes [Verein Deutscher Eisenhüttenleute 1992]

reich, in dem Risswachstum ausschließlich instabil (Spaltbruch, Index c) auftritt, und nach dem Bereich, in dem ein stabiler, d. h. nur unter Lastzunahme wachsender Riß initiiert wird (Index i, Gleitbruch), von Bedeutung.

Bruchmechanische Kennwerte aus Kleinproben für stabile oder instabile Rissinitiierung (Indizes i oder c) gelten allgemein als geometrieunabhängig und auf Bauteile übertragbar. Die Temperatur T_i kennzeichnet den Übergang zwischen diesen Bereichen.

In einem mit „u" indizierten Übergangsbereich findet nach der Initiierung von stabilem Rißwachstum noch ein Umklappen (u) des Bruchmechanismus in einen instabilen Riss statt, bevor die Maximallast erreicht wird. Oberhalb der Temperatur T_m kann man trotz der genaueren Definition mit T_a bereits von Hochlageverhalten sprechen, weil dort kein instabiles Bruchverhalten vor Erreichen der Maximallast stattfindet. Bruchmechanische Übergangswerte (Index u) und Maximalwerte (Index m) aus Kleinproben sind geometrieabhängig und daher nicht übertragbar auf beliebige Bauteilkonfigurationen.

Der Einfluß stoßartiger Belastung (z. B. bei Anprallast) kann über das gleiche Temperaturdiagramm wie in Abb. 3.4-8 berücksichtigt werden, indem die Temperaturkurve der bruchmechanischen Zähigkeit K_c oder J_c um

$$\Delta T_{\dot{\varepsilon}} = \frac{1440 - f_y}{550}\left[\ln\frac{\dot{\varepsilon}}{\dot{\varepsilon}_0}\right]^{1,5} \tag{3.4.2}$$

nach rechts (ungünstig) verschoben wird. Mit zunehmender Streckgrenze nimmt der Einfluss der Dehngeschwindigkeit $\dot{\varepsilon}$ ab [Liessem 1996].

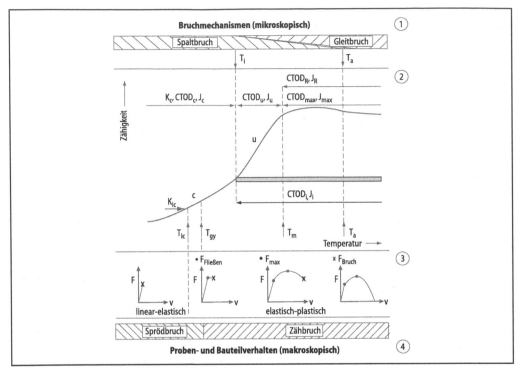

Abb. 3.4-8 Zähigkeit-Temperatur-Diagramm [Liessem 1996]

Der Einfluss der Kaltverformung und Alterung kann in ähnlicher Weise durch eine Verschiebung ΔT_e abgeschätzt werden. Dazu existieren Untersuchungen für bestimmte Stähle. Moderne Stähle werden aluminiumberuhigt vergossen, und die Stickstoffgehalte werden auf unter 0,01% eingestellt; sie gelten als alterungsbeständig.

Anstelle der bruchmechanischen Werkstoffkennwerte werden i. d. R. für die Stahlsortenbezeichnungen Werkstoffkennwerte des Kerbschlagbiegeversuchs verwendet, bei dem für standardisierte gekerbte Probekörper die Schlagenergie A_V (in Joule) abhängig von der Temperatur T_{AV} ermittelt wird. Die A_V-T-Kurve (Abb. 3.4-9) hat einen ähnlichen Verlauf wie die Temperaturkurve der bruchmechanischen Zähigkeit, lässt aber keinen direkten quantitativen Sicherheitsnachweis zu. Daher wird über die Sanz-Korrelation ein Temperaturzusammenhang zwischen der A_V-T-Kurve und der K_c-T-Kurve hergestellt (s. 3.4.3.2). In den Werkstoffnormen werden

Temperaturen $T_{AV}=T_{27J}$ angegeben, bei denen die Mindestwerte der Kerbschlagarbeit (z. B. $A_V = 27\,J$) erreicht werden müssen.

Warmfestigkeit und Kriechen
Normale Baustähle sind nur bis zu Temperaturen von 300 bis 350°C verwendbar. Oberhalb dieser Temperaturen (z. B. im Kraftwerksbau) können Gefügeänderungen (Gefügeänderungen mit Kriecherscheinungen) auftreten, die die Wahl warmfester Stähle (z. B. 15 Mo 3) erforderlich machen [Verein Deutscher Eisenhüttenleute 1992].

Für die Sicherheitsnachweise unter höheren Temperaturen werden unter konstanten Spannungen Kriechkurven ermittelt (Abb. 3.4-10), die die Bestimmung der Bruchspannung σ_{Bt} oder Spannung mit festgelegter Kriechverformung (z. B. $\sigma_{0,2t}$) in Abhängigkeit von der Standzeit aus einer Festigkeitskurve im doppeltlogarithmischen Zeit-Festigkeitsdiagramm (σ-t-Diagramm) ermöglichen.

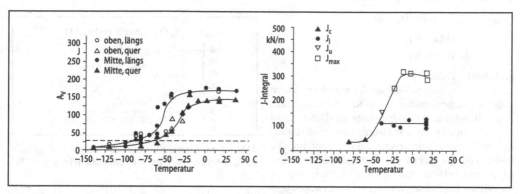

Abb. 3.4-9 Verläufe der Av-T-Kurve und der J-T-Kurve [Liessem 1996]

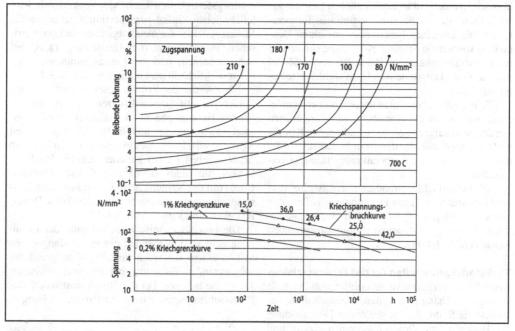

Abb. 3.4-10 Kriechkurven und Grenzspannungen [Verein Deutscher Eisenhüttenleute 1992]

Werkstoffeigenschaften für den Brandschutznachweis

Für den Brandschutznachweis wird zwischen thermischen und mechanischen Werkstoffeigenschaften unterschieden. Thermische Werkstoffeigenschaften sind

– die Temperaturdehnung α_t,
– die spezifische Wärmekapazität c_a und
– die Wärmeleitfähigkeit λ_a,

die sämtlich temperaturabhängig sind (s. [Schaumann 1998]). Für vereinfachte Brandschutznachweise kann mit den Werten

$$\alpha_t = \varepsilon_\Phi = 14 \cdot 10^{-6}(\Theta - 20°),$$

$$c_a = 600 \, \text{J}/(\text{kg} \cdot \text{K}),$$

$$\lambda_a = 45 \, \text{W}/(\text{m} \cdot \text{K})$$

gerechnet werden.

Die mechanischen Werkstoffkenngrößen werden in der Weise bestimmt, dass das Kriechen des Stahls in die Beschreibung einer Spannungs-Dehnungslinie einbezogen wird. Dazu werden an standardisierten Prüfkörpern Aufheizversuche durchgeführt. Die Probe wird mit einer konstanten Last unter Raumtemperatur belastet, dann wird die Probentemperatur erhöht, bis Versagen eintritt. Die Erwärmungsgeschwindigkeit beträgt z. B. 10 K/min. Gemessen werden die Temperatur Θ und die Dehnung. Die Versuche werden mit unterschiedlichen Lastniveaus wiederholt. Aus den bei einer bestimmten Temperatur für die einzelnen Lastniveaus erreichten Dehnungen können die Spannungs-Dehnungslinien und die temperaturabhängigen Daten für den E-Modul und die Festigkeitswerte abgelesen werden [Heinemeyer 2000].

Die mechanischen Daten unter erhöhter Temperatur, wie sie für die Brandbemessung angegeben werden, sind aufgrund der darin enthaltenen Kriechverformungen nur für die Brandbemessung oder ähnliche kurzzeitige Temperatureinwirkungen verwendbar.

Für vereinfachte Brandschutznachweise darf ein bilinearer Spannungs-Dehnungsverlauf mit den Werten $E_\Theta = k_{E\Theta} \, E$, $f_{y\Theta} = k_{y\Theta} \, f_y$ mit Bezug auf die Werte E und f_y bei Raumtemperatur angenommen werden (Abb. 3.4-11).

Werkstoffeigenschaften für das Feuerverzinken

Beim Feuerverzinken vorgefertigter Stahlbauteile können – abhängig von den Eigenschaften des Werkstoffs Stahl, der konstruktiven Durchbildung der Bauteile, der Zinkbadzusammensetzung und der Durchführung des Verzinkungsprozesses im Zinkbad – Risse (Flüssigmetallinduzierte Rissbildung) auftreten, die die Tragfähigkeit der verzinkten Bauteile beeinträchtigen können.

Zur Vermeidung solcher Risse ist die DASt-Richtlinie 022 – Feuerverzinken im Stahlbau – zu beachten, die zusätzlich zu den Normen für den Verzinkungsprozess, z. B. EN 1461, heranzuziehen ist.

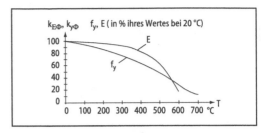

Abb. 3.4-11 Elastizitätsmodul und Fließgrenze eines Baustahls in Abhängigkeit von der Temperatur [Hirt/Bez 1998]

Ermüdungsfestigkeiten

Für die Anwendungen des Stahlbaus werden Ermüdungsfestigkeiten nach Möglichkeit mit bauteilähnlichen Prüfkörpern bestimmt, in denen die Maßstabeffekte, die metallurgischen und geometrischen Bedingungen der Herstellung (z. B. bei Schweißnähten) und die Eigenspannungen möglichst wirklichkeitsnah enthalten sind (s. 3.4.5).

Für Zwecke der Ermüdungsbemessung werden Prüfkörper mit standardisierten Details schwingenden Belastungen mit konstantem Spannungsspiel $\Delta\sigma_R$ unterzogen und die Bruchlastspielzahlen N_R registriert. Im doppeltlogarithmischen Maßstab $\Delta\sigma$-N ergeben Linien gleicher Bruchwahrscheinlichkeit für jedes Detail eine Gerade (Wöhler-Linie) mit der Neigung m, die unter normalen Korrosionsbedingungen (nicht Seewasser) eine Dauerfestigkeit $\Delta\sigma_D$ kennt (Abb. 3.4-12).

Die bruchmechanische Berechnung der Ermüdung geht vom Vorhandensein von Anfangsrissen a_0 und einem Risswachstum $\partial a/\partial N$ aufgrund der schwingenden Belastung bis zu einer kritischen Rissgröße a_{crit} aus, bei der Bruch stattfindet. Das Risswachstumsgesetz folgt der Paris-Gleichung

$$\frac{\partial a}{\partial N} = C \cdot \Delta K^m \tag{3.4.3}$$

mit Konstanten C und m, die experimentell ermittelt werden. Bei geschweißten Konstruktionen, bei denen die Ermüdungsfestigkeit ausschließlich aus dem bruchmechanischen Risswachstum erklärt werden kann, sind die Neigungswerte m, Dauerfestigkeiten und Schwellenwerte nach Abb. 3.4-13 miteinander verknüpft [Kunz 1992].

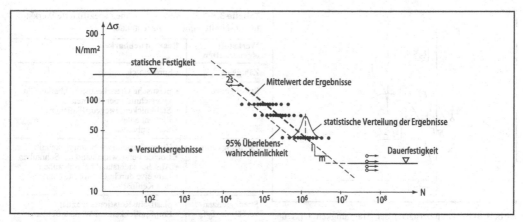

Abb. 3.4-12 Ermüdungsfestigkeit aus Bauteilversuchen [Hirt/Bez 1998]

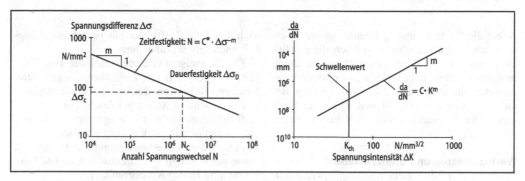

Abb. 3.4-13 Vergleich der Ermüdungsfestigkeitskurve mit der Risswachstumskurve [Kunz 1992]

3.4.2.3 Grenzzustände und Anforderungen

Grenzzustände

Stahlbauten sind so zu entwerfen und zu bauen, dass sie gegenüber den Einwirkungen z. B. aus Klima und Nutzlasten tragsicher und gebrauchstauglich sind. Die Tragsicherheit ergibt sich aus der Bauordnung und liegt im öffentlichen Interesse. Die Bemessungsnormen (z. B. EN 1993) stellen Regeln für die Bemessung bereit, mit denen die Tragsicherheitsanforderung erfüllt wird. Die Gebrauchstauglichkeit wird im Stahlbau i. d. R. nicht in Bemessungsnormen geregelt; die Definition der Gebrauchstauglichkeitsgrenze und die Wahl des Nachweisverfahrens sind zwischen Bauherrn und Planer je nach Funktionsanforderung zu vereinbaren.

Dementsprechend gibt es bei der Bemessung Gebrauchstauglichkeitsnachweise und Tragsicherheitsnachweise, die für sog. Grenzzustände der Gebrauchstauglichkeit und der Tragsicherheit geführt werden. Abbildung 3.4-14 veranschaulicht die Grenzzustände der Gebrauchstauglichkeit und der Tragfähigkeit an der Last-Verformungskurve eines Biegeversuchs mit einem Stahlträger, bei dem für die Gebrauchsbelastung $S_d = \psi\, E_R$ die Einhaltung einer Verformungsgrenze $C_d = \max \delta$ und für die Bemessungslast $E_d = \gamma\, E_R$ ausreichende Tragfähigkeit R_d, ausgedrückt durch das Maximum der Last-Verformungskurve, gefordert ist.

Die Nachweise erfolgen in Form von Bilanzen:

$$S_d = \psi\, E_k \leq C_d \text{ oder } E_d \leq R_d, \tag{3.4.4}$$

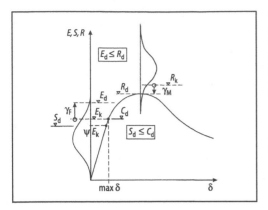

Abb. 3.4-14 Grenzzustände der Tragfähigkeit ULS und der Gebrauchstauglichkeit SLS am Beispiel der Lastverformungskurve eines Biegeversuchs

Tabelle 3.4-1 In Werkstoffnormen spezifizierte Werkstoffeigenschaften und Grenzzustände

Werkstoffeigenschaften	Beanspruchbarkeit
Zähigkeit T_{27J}	• Sprödbruch
Streckgrenze f_y	• plastische Grenzbeanspruchbarkeit für Querschnitt oder Rahmen • Stabknicken, Biegedrillknicken • Plattenbeulen • Schalenbeulen
Zugfestigkeit f_u	• Zugwiderstand im Nettoquerschnitt • Lochleibungswiderstand bei Schrauben • Abscherwiderstand bei Schrauben • teilweise durchgeschweißte Nähte und Kehlnähte
Streckgrenzenverhältnis f_u/f_y	• plastische Rotationskapazität • Empfindlichkeit auf Werkstoffehler

wobei die Werte E_k und E_d Belastungsniveaus einer statistischen Verteilung darstellen, die im Hinblick auf die geforderte Zuverlässigkeit durch bestimmte extrem hohe Fraktilen oder Wiederkehrperioden charakterisiert sind. Ebenso ist der Bemessungswert der Tragfähigkeit R_d als definierte untere Fraktile einer statistischen Verteilung von R zu verstehen.

Werkstoffdaten und Grenzzustände

Während für die Gebrauchstauglichkeitsnachweise, die durch Verformungs- oder durch Schwingungskriterien bestimmt sind, der Elastizitätsmodul E oder die thermische Ausdehnungszahl α_t von Bedeutung ist, spielt bei Grenzzuständen der Tragfähigkeit eine ganze Reihe von in den Werkstoffnormen spezifizierten Werkstoffeigenschaften eine Rolle (Tabelle 3.4-1).

Normale Stahlbauten wie Hochbauten, Brücken und Maste werden für normale Temperaturen bemessen, und die Tragfähigkeiten R sind aufgrund von Versuchen ermittelt worden, die im Labor bei Raumtemperatur unter Voraussetzung von Hochlageverhalten durchgeführt wurden.

Um diese Voraussetzung auch bei niedrigen Temperaturen sicherzustellen, ist ein zusätzlicher Sicherheitsnachweis gegen Sprödbruch erforderlich. Dieser erfolgt selten explizit anhand der spezifizierten Werkstoffzähigkeiten (s. 3.4.3.2), sondern i. d. R. durch geeignete Stahlgütewahl (z. B.

nach EN 1993-1-10), der ein pauschaler Zähigkeitsnachweis zugrunde liegt.

Für die meisten Grenzzustände der Tragfähigkeit, wie Versagen von Zugstäben, Biegeträgern, Knicken von Stützen, Beulen von Flächentragwerken oder Schalen, treten bei den Versuchen Lastverformungsverläufe mit ausgeprägten Maxima auf, deren Form in der Weckung plastischer Reserven und Wiederverfestigungen im stabilen Bereich sowie der Wirkung von Einschnürungen und Beulen im abfallenden Ast begründet ist.

Die Streckgrenze f_y in Verbindung mit der plastischen Verformbarkeit, ausgedrückt durch die Gleichmaßdehnung, ist daher ein wesentlicher Werkstoffparameter für die Höhe der plastischen Beanspruchbarkeiten beim Knicken, Platten- und Schalenbeulen. Die Gleichmaßdehnung ist stark von der Streckgrenze abhängig und liegt zwischen ca. 22% bei niedrigfesten und ca. 2% bei ultrahochfesten Baustählen. Demgemäß muß die konstruktive Gestaltung von Bauteilen aus hochfesten Baustählen mehr auf das begrenzte plastische Dehnvermögen eingehen als bei niedrigfesten Baustählen.

In der Regel wird bei der Bemessung nicht über die plastische Beanspruchbarkeit f_y mit Rücksicht auf die Begrenzung der Bauteilverformungen hinausgegangen, außer in einzelnen beschränkten Bereichen, z. B. im Bereich von Nettoquerschnitten geschraubter Anschlüsse, wenn das lokale Fließen in diesen Anschlüssen keine große Wirkung auf die

Gesamtverformung hat. Zugnachweise in Netto-querschnittsflächen geschraubter Verbindungen erfolgen deshalb nicht gegen Fließbegrenzungen, sondern gegen Bruch, und die Zugfestigkeit f_u ist der maßgebende Werkstoffparameter für Netto-querschnittsnachweise und Lochleibungsnachweise. Für die Schrauben selbst gelten die Kennwerte f_{yb} und f_{ub} des Schraubenwerkstoffs, und f_{ub} ist der maßgebende Parameter für Scherversagen und Zugversagen.

Bei Schweißnähten wird für Bauteile aus Stählen S235 bis S460 unterstellt, dass die Nahtfestigkeiten immer über den Festigkeiten des verschweißten Grundwerkstoffs liegen, sodass die Werkstoffkennwerte des Grundwerkstoffs für die Nahtfestigkeiten herangezogen werden können. Das gilt auch für Kehlnähte, für die demnach die Zugfestigkeit des Grundwerkstoffs der für die Tragfähigkeit maßgebende Parameter ist. Eine Besonderheit besteht bei Bauteilen von Tragwerken, die bei Erdbebenbelastungen planmäßig Energiedissipationen durchführen sollen, indem sie auf zyklische Belastungen hin mit elastisch-plastischem Hystereseverhalten reagieren sollen. Solche Bauteile werden für Druck und Zug auf die Möglichkeit plastischer Dehnungen hin dimensioniert, um so zu einem Verhaltensfaktor $q > 1$ beizutragen, mit dem die Erdbebenbelastung reduziert werden darf. Für solche dissipativen Bauteile werden die Anschlüsse so bemessen, daß sie die plastischen Schnittgrößen der Bauteile aushalten, so daß kein Bruch des Anschlusses vor Bauteilfließen auftritt (Kapazitätsbemessung). In diesem Fall sind hohe Streckgrenzenverhältnisse f_u/f_y wünschenswert.

Das Streckgrenzenverhältnis steuert in Verbindung mit der Zähigkeit auch die Empfindlichkeit von zugbeanspruchten Konstruktionen hinsichtlich rissähnlicher Fehler. Größere Streckgrenzenverhältnisse und höhere Zähigkeiten erlauben größere Fehlstellen. Daher sind bei hochfesten Stählen größere Ausführungsqualitäten erforderlich, da die Zähigkeitsanforderung mit dem Quadrat der angelegten Spannung wächst.

Für Tragsicherheitsnachweise für höhere Betriebstemperaturen gelten besondere Werkstoffkennwerte (s. 3.4.3.4), ebenso für den Katastrophenlastfall Brand (s. 3.4.3.5).

3.4.3 Grundlagen der Bemessungsregeln

3.4.3.1 Anforderungen und Sicherheit

Die Sicherheitsanforderungen sind in EN 1990 angegeben (zu den Grundlagen der Ermittlung von Bemessungswerten in den Eurocodes s. auch 1.6). Für die Ermittlung der Bemessungswerte für die Beanspruchbarkeiten liegt mit den getroffenen Vereinbarungen (Sicherheitsindex $\beta = 3,80$ und Sensitivitätsbeiwert $\alpha_R = 0,80$ für Widerstandswerte, also $\alpha_R \beta = 3,04$) ein Verfahren zur Bestimmung von charakteristischen Festigkeitswerten R_k und Teilsicherheitsfaktoren γ_M vor, das im Anhang D der EN 1990 niedergelegt ist. Das Verfahren wurde zur Herleitung der Bemessungsformeln in EN 1993 aufgrund von Versuchen in großem Umfang angewendet.

Das Verfahren in Abb. 3.4-15 wird so angewendet, dass für einen Grenzzustand eine mechanisch sinnvolle Widerstandsfunktion R_c für die Bestimmung der Tragfähigkeit angenommen wird und hiermit Bauteilversuche nachgerechnet werden. Das führt zu einem Wertepaar R_{exi} und R_{ci} für jeden Versuch mit und mit allen Versuchen zu der Möglichkeit, die Mittelwertabweichung $\overline{b}$ und die Streukorrektur δ für die ursprünglich angenommene Widerstandsfunktion ermitteln zu können. Sind die Versuche nach Anzahl und Qualität ausreichend und repräsentativ, dann kann mit Hilfe von $\overline{b}$ und dem Variationkoeffizienten v_δ die Bemessungsfunktion R_d einfach abgeleitet werden.

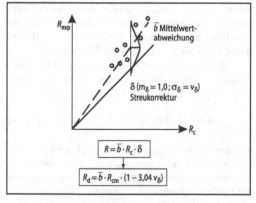

Abb. 3.4-15 Bestimmung von R_d durch Kalibration des Bemessungsmodells R_c an Versuchsergebnissen R_{exp}

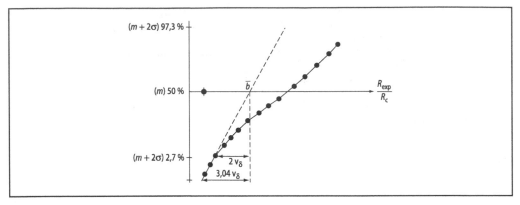

Abb. 3.4-16 Annäherung der statistischen Verteilung durch eine Normalverteilung

In der Regel sind jedoch die Verhältniswerte R_{exi}/R_{ci} nicht normal verteilt, ihre Aufreihung auf Gauß-Papier ergibt also keine Gerade, sondern eine Kurve (Abb. 3.4-16). Eine Ersatznormalverteilung im Bemessungspunkt wird dadurch erzeugt, dass an den unteren Ast der Kurve eine Tangente angelegt wird, die zu der Ersatzmittelwertabweichung $\overline{b}$ und der Ersatzstreugröße v_δ führt.

Meistens sind die angenommenen Bemessungsfunktionen zu sehr vereinfacht, als dass sie alle Parameter ausreichend berücksichtigen. Das schlägt sich in großen Streuungen nieder. Die Streuungen können verkleinert werden, indem die R_{exi}/R_{ci}-Werte über den Parametern aufgetragen und die Funktion R verbessert wird oder indem die gesamte Versuchsanzahl in Untergruppen, für die die Parameter konstant sind, aufgeteilt und dafür die Versuchsauswertungen getrennt durchgeführt werden. Das führt zu besonderen Auswertungen, z. B. getrennt nach Werkstoffgüten für Schrauben.

Steht der Auswertemodus fest, so wird bei einer genügend großen Anzahl von Versuchen wie folgt vorgegangen: Da sich der Bemessungswert

$$R_d = \overline{b} R_{cm}(1 - 3{,}04\,v_\delta) \qquad (3.4.5)$$

aus dem charakteristischen Wert R_k (meist die 5%-Fraktile) und aus dem γ_M-Wert zusammensetzt, können diese Werte zunächst ermittelt werden, um die Größenordnungen zu erhalten:

$$R_k = \overline{b} R_{cm}(1 - 1{,}645\,v_\delta), \qquad (3.4.6)$$

$$\gamma_M = \frac{R_k}{R_d} = \frac{(1 - 1{,}645\,v_\delta)}{(1 - 3{,}04\,v_\delta)}. \qquad (3.4.7)$$

In der praktischen Bemessung wird aber von Nennwerten für die Querschnittskennwerte (z. B. f_y und f_u nach den Liefernormen) ausgegangen, die keine charakteristischen Werte sind, sondern Mindestwerte. Daher ergibt sich ein anderer γ_M^*-Wert:

$$\gamma_M^* = \frac{R_{nen}}{R_d}. \qquad (3.4.8)$$

Aus umfangreichen Auswertungen für verschiedene Grenzzustände ergeben sich viele verschiedene γ_M-Werte, die folgende Reduktion auf drei Klassen von γ_M-Werten zulassen:

γ_{M0} = 1,00 für alle elastischen und plastischen Querschnittswiderstände $R(f_y)$, die für Querschnittsnachweise zur Vermeidung extremer Verformungen verwendet werden,

γ_{M1} = 1,10 für alle Bauteilwiderstände $R(f_y, \overline{\lambda})$, die mit Stabilitätsversagen verbunden sind,

γ_{M2} = 1,25 für alle Bauteil- und Verbindungsmittelwiderstände $R(f_u)$, bei denen Bezug auf die Zugfestigkeit f_u genommen wird.

Indem diese festen γ_M-Werte vorausgesetzt werden, werden die charakteristischen Werte R_k mit Nennwerten R_{nen} mittels eines Faktors K so bestimmt, dass die Bemessungswerte R_d erreicht werden:

$$R_k = R_{nen}^* = \underbrace{\frac{R_d}{R_{nen}}}_{K} \gamma_M \cdot R_{nen}. \qquad (3.4.9)$$

Mit diesem Verfahren wurden alle Bemessungsregeln in EN 1993 an Versuchen kalibriert.

3.4.3.2 Tragsicherheit im Temperaturübergangsbereich

Der Tragsicherheitsnachweis im Temperaturübergangsbereich wird mit bruchmechanischen Zähigkeitskennwerten geführt, indem vorausgesetzt wird, das Bauteil sei imperfekt, d. h. durch einen rissähnlichen Fehler vorgeschädigt. Dieser rissähnliche Fehler wird als ein Sicherheitselement in Form einer Imperfektion ähnlich den geometrischen oder strukturellen Imperfektionen bei druckbeanspruchten Bauteilen angesehen; er kann von der Fertigung oder Montage oder vom Betrieb (z. B. Ermüdungsriss) her eingebracht sein (DASt-Richtlinie 009).

Der Tragsicherheitsnachweis kann allgemein lauten:

$$J_{appl,d} \leq J_{Mat,d}(T_{E,d}), \qquad (3.4.10)$$

wobei die bruchmechanische Beanspruchung J_{appl} für die Geometrie des Bauteils, die Lage und Größe des Fehlers sowie die angelegte Spannung ermittelt wird. $J_{Mat,d}$ ist die bruchmechanische Beanspruchbarkeit, die aus Kleinproben für die tiefste Temperatur $T_{E,d}$, für die der Nachweis geführt wird, mit geeigneten Verfahren bestimmt wird. Als niedrigste Bauteiltemperatur wird die tiefste Lufttemperatur (etwa 50 Jahre Wiederkehrperiode) und eine geeignete Absenkung durch Kältestrahlung ($\approx 5°C$ bei Brücken) angenommen (in Deutschland $T_{E,d} \approx -30°C$).

Aufgrund des katastrophalen Charakters des Eintreffens der tiefsten Temperatur zusammen mit dem hypothetischen Fehler wird für die Ermittlung der angelegten Spannung σ_p die außergewöhnliche Lastkombination angenommen, d. h. ständige Lasten gehen mit $\gamma_G = 1.00$ und veränderlichen Lasten mit $\psi_1 \cdot Q_K$ (häufiger Wert) in $\sigma_p = \sigma_G + \psi_1 \sigma_Q$ ein. Über die Spannung aus Lasten σ_p hinaus sollte zusätzlich eine Zwängungsspannung σ_S berücksichtigt werden, die aus der Fernwirkung von Schrumpfungen herrührt. Diese wird in EN 1993-1-10 mit 100 N/mm² angesetzt.

Das Sicherheitselement in der Nachweisgleichung sollte zweckmäßigerweise aus der Streuung der J_{Mat}-Werte über der Temperatur ermittelt werden und durch eine Temperaturverschiebung ΔT_a bei der Ermittlung von $J_{Mat,d}$ definiert werden. Es berücksichtigt auch die lokalen Eigenspannungen, die durch die Herstellung des betrachteten Schweißdetails (z. B. in einem bauteilähnlichen Probekörper) entstehen.

Einfacher als mit den J-Werten erfolgt der Nachweis über Spannungsintensitätsfaktoren K

$$K_{appl,d}^* = \frac{K_{appl,d}}{k_{R6} - \rho} \leq K_{Mat,d}(T_{E,d}), \qquad (3.4.11)$$

wobei zur Erfassung der Nichtlinearität des Werkstoffs eine Korrektur nach den R_6-Verfahren vorgenommen wird und ρ näherungsweise zu null gesetzt wird, da die Wirkung der lokalen Eigenspannungen bereits durch das Sicherheitselement ΔT_a bei der Bestimmung von $K_{Mat,d}$ berücksichtigt wird. Der Vorteil von Gl. (3.4.11) liegt in der Verwendbarkeit von Handbüchern für die Bestimmung von $K_{appl,d}$ (z. B. nach Raju-Newman).

Für einen pauschalen Nachweis als Grundlage einer Normenregelung für die Stahlgütewahl, der auf die in den Liefernormen spezifizierten Zähigkeitskennwerte T_{27J} Bezug nimmt, muß in Gl. (3.4.11) der Wert $K_{Mat,d}(T_{E,d})$ durch eine standardisierte K_c-T_K-Kurve (nach Wallin) und eine Korrelation zwischen T_K und T_{27J} (nach Sanz) ersetzt werden. Dies führt zu

$$K_{Mat,d}(T_{E,d}) = 20 +$$
$$\left[70 \left\{ \exp \frac{T_{E,d} - T_{27J} + 18°C + \Delta T_a}{52} \right\} + 10 \right] \left(\frac{25}{b_{eff}} \right)^{\frac{1}{4}}$$

$$(3.4.12)$$

mit dem Sicherheitselement ΔT_a und der effektiven Länge der Rissfront b_{eff}.

Durch Logarithmieren von Gl. (3.4.11) erhält man schließlich das Nachweisschema mit Temperaturen nach Abb. 3.4-17, in dem auch der Dehnrateneinfluss, der bei Fahrzeuganprall oder sonstiger stoßartiger Beanspruchung besteht, berücksichtigt werden kann. Damit sind mit der Maßgabe, dass Anfangsfehler bei der Herstellung des Bauwerks übersehen werden und infolge Ermüdungsschädi-

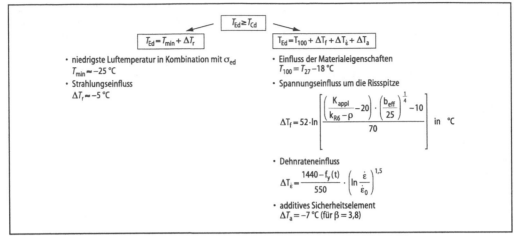

Abb. 3.4-17 Elemente des bruchmechanischen Tragsicherheitsnachweises unter Berücksichtigung des Dehnrateneinflusses (DASt-Richtlinie 009)

gung über eine Strecke von etwa einem Viertel der gesamten Lebensdauer des Bauwerks bis zum Erkennen bei den Bauwerksinspektionen wachsen kann, Tabellen für zuverlässige Blechdicken abhängig von Stahlgüte, Temperatur T_{Ed} und Beanspruchungshöhe in EN 1993-1-10 entwickelt worden. Bei einer Stahlgütewahl nach dieser Tabelle ist Sprödbruchsicherheit und ausreichende Schadenstoleranz des Bauteils bei Auftreten von rissähnlichen Fehlern erreicht.

3.4.3.3 Tragsicherheit bei Normaltemperatur

Die Tragsicherheitsnachweise bei Normaltemperatur werden als Festigkeitsnachweise im Hochlagenbereich der Zähigkeit geführt. Die Modelle für die Nachweise zielen darauf ab, die Maxima der Lastverformungskurven möglichst realitätsnah zu erfassen, um infolge kleinerer Streuungen wirtschaftlichere Ergebnisse zu bringen. Daher enthalten die Modelle die Wirkungen von Werkstoffnichtlinearitäten und geometrischen Nichtlinearitäten [Petersen 1994; Roik 1978; Hirt/Bez 1998].

Die Nachweise werden hauptsächlich mit „Nennspannungen" geführt. Damit werden die Wirkungen von Dehnungsspitzen, die aus Löchern, Ausschnitten, ungleichen Lastverteilungen in Schrauben oder Schweißnähten u. ä. herrühren können, auf die

Nachweisspannungen vernachlässigt und ein lokaler plastischer Spannungsausgleich oberhalb der Fließdehnungen mit der Folge der Vergleichmäßigung der Spannungen unterstellt.

Die Nachweise berücksichtigen auch keine Eigenspannungen. Wie schon bei den Nennspannungen wird unterstellt, dass diese bei Überschreitung der Streckgrenze herausplastizieren. Die Eigenspannungen sind nur mittelbar in den Festigkeitsfunktionen für druckbeanspruchte Bauteile berücksichtigt, wo sie bei ungünstigem Vorzeichen eine Reduktion der Tragfähigkeit bewirken können. Ihr Einfluss ist auch in der Größe der geometrischen Ersatzimperfektion, die anstelle genauerer struktureller und geometrischer Imperfektionsansätze bei der Berechnung der Tragfähigkeit druckbeanspruchter Bauteile angesetzt werden, enthalten.

Die Nachweise arbeiten auch mit vereinfachten statischen Modellen für das wirkliche Tragwerk, z. B. Fachwerke mit angenommenen Gelenken in den Knoten statt wirklicher kontinuierlicher Knotenausbildung, da sekundäre Zwängungsmomente an den Knoten infolge der Fachwerkverformung wegen plastischen Ausgleichs vernachlässigt werden.

Diese vereinfachten Berechnungsansätze mit plastischem Spannungsausgleich gelten nur für die Tragsicherheitsnachweise; für Ermüdungsnachweise müssen dagegen die Spannungsschwingbreiten unter

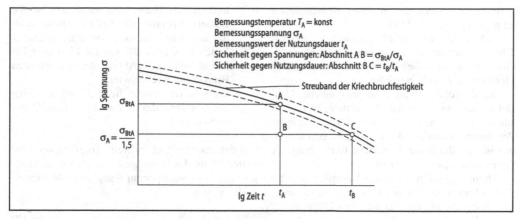

Abb. 3.4-18 Nachweismöglichkeiten bei höherer Temperatur [Verein Deutscher Eisenhüttenleute 1992]

Berücksichtung elastischen Werkstoffverhaltens mit allen Kerb- und Sekundäreffekten ermittelt werden.

3.4.3.4 Tragsicherheit bei höherer Betriebstemperatur

Bei höheren Betriebstemperaturen wird entweder ein Spannungsnachweis gegen die Grenzspannung $\sigma_{b,tA}$ für den Kriechzeitraum t_A oder ein Nutzungsdauernachweis für das Spannungsniveau $\sigma_{b,tA}/\gamma$ gegen den Grenzzeitraum t_B geführt (Abb. 3.4-18) [Verein Deutscher Eisenhüttenleute 1992].

Bei zeitveränderlichen Spannungen oder Temperaturen kann, wenn sich die Kriechbedingungen ändern, eine Akkumulationshypothese angewendet werden,

$$\sum \frac{t_i}{t_{Bi}} \leq L_m,\qquad(3.4.13)$$

indem die relativen Zeitanteile als Schädigungen addiert werden (Abb. 3.4-19). Bei höheren Frequenzen der Spannungsänderungen, für die Ermüdungsschädigungen nach der Miner-Regel auftreten können,

$$\sum \frac{n_i}{N_{Ri}} \leq 1,0,\qquad(3.4.14)$$

besteht die Möglichkeit, die Schädigung aus dem Kriechen mit der Schädigung aus der Ermüdung zu akkumulieren:

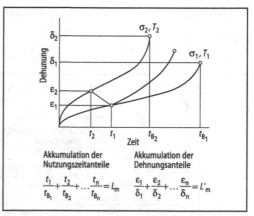

Abb. 3.4-19 Schädigungsakkumulation bei Kriechschädigung [Verein Deutscher Eisenhüttenleute 1992]

$$\sum \frac{n_i}{N_i} + \sum \frac{t_i}{t_{Bi}} = L.\qquad(3.4.15)$$

Angaben zum Grenzwert L sind in den Vorschriften zu finden.

3.4.3.5 Tragsicherheit im Brandfall

Die Eurocodes EN 1991 und EN 1993 bieten ein umfassendes Brandschutzkonzept an, das – ausgehend von den Maßnahmen für den Personenschutz – im Brandfall die Möglichkeit liefert, das Tragverhalten des Gebäudes in dieser Brandsituation zu prüfen [Schleich 1998].

Im Jahr 2010 schien der Nationale Anhang zu EN 1991-1-2, in dem auf der Grundlage eines neuen Sicherheitskonzeptes die Raumtemperaturentwicklung im Brandfall berechnet werden kann.

Der Brandfall gilt als außergewöhnlicher Lastfall mit den mechanischen Einwirkungen $E_{d\Theta}$ aus ständigen Lasten, Nutzlasten und Verformungen, denen der Bauwerkswiderstand $R_{d\Theta}$ entgegenzusetzen ist, der durch die thermische Einwirkung, die Temperatur Θ, vermindert ist.

Abbildung 3.4-20 gibt einen Überblick über die in den Eurocodes angebotenen drei Berechnungsverfahren, die ein unterschiedliches Eingehen auf die bauliche Situation erfordern.

Das einfachste „Θ_{crit}-Verfahren" verlangt

$$\Theta_{a,t} \le \Theta_{crita} \tag{3.4.16}$$

mit

$\Theta_{a,t}$ maßgebende Bauteiltemperatur; das ist die Bauteiltemperatur, die bei ISO-Brand nach der in den Brandschutzanforderungen festgelegten Zeit, (z.B. 30 min für F30) oder bei Naturbrand nach Ablauf der äquivalenten Branddauer erreicht wird.

Θ_{crita} kritische Temperatur, die direkt aus dem Ausnutzungsgrad des betrachteten Bauteils bestimmt wird.

Bei den etwas eingehenderen „Tragfähigkeitsverfahren" wird das betrachtete Bauteil für die maßgebende Bauteiltemperatur festigkeitsmäßig untersucht, indem

$$E_{fi,d} \le R_{fi,d,t} \tag{3.4.17}$$

gefordert wird. Hierbei sind $E_{fi,d}$ die Schnittgrößen aus dem außergewöhnlichen Lastfall und $R_{fi,d,t}$ die Bauteilwiderstände zum Zeitpunkt t des Brandes, die in weitgehender Analogie zur „kalten Bemes-

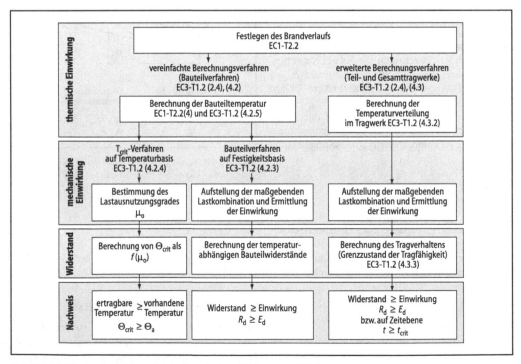

Abb. 3.4-20 Nachweisverfahren für den Brandschutz [Heinemeyer 2000]

sung" bei der „warmen Bemessung" mit infolge der Temperatur zum Zeitpunkt t abgeminderten Steifigkeiten und Streckgrenzen ermittelt werden.

Die weitestgehende Methode ist das „Erweiterte Berechnungsverfahren", bei dem das Erwärmungsverhalten des gesamten Gebäudes bei Brand an einer bestimmten Stelle in einem Zeitschrittverfahren simuliert wird. Ebenso wird zu jedem Zeitpunkt für die gerade erreichte Temperatur die Tragfähigkeit des Gebäudes an jeder Stelle überprüft. Die Berechnung wird beendet, wenn das Ende der Brandkurve erreicht wird oder wenn das Tragwerk versagt. Bei Tragwerksversagen interessiert, ob die erforderliche Feuerwiderstandsdauer erreicht wurde.

3.4.4 Tragfähigkeitsnachweise

3.4.4.1 Tragfähigkeit von Tragwerken

Die Tragfähigkeitsnachweise für die gewöhnlichen Belastungssituationen sind i. d. R. Nachweise für statische Belastungen, d. h., Eigengewicht, Nutzlasten, Schnee und Wind werden so aufgefasst, als würden sie ständig wirken. Ein für solche Lasten möglichst wirklichkeitsnah geführter Nachweis orientiert sich wieder an dem Versuch (s. 3.4.2.3), den man mit dem Tragwerk unter den Bemessungswerten der Lasten und der Beanspruchbarkeiten durchführen könnte.

Das in den Versuchen beobachtete Verhalten der Bauteile des Tragwerks geht in das Gesamtverhalten des Tragwerks ein, z. B. das Momenten-Rotationsverhalten von Biegeträgern. Abbildung 3.4-21 zeigt beispielsweise, wie aus den Momenten-Rotationskurven der Elementarträger eines Durchlaufträgers die Momenten-Rotationskurve des Durchlaufträgers zusammengesetzt und so die Tragfähigkeit bestimmt werden kann [Hoffmeister 1998].

Die einfachste Bestimmung der Tragfähigkeit erfolgt mit dem allgemeinen Fließgelenkverfahren, bei dem nur die „plastischen" Anteile der Momenten-Rotationskurven verwendet und als Eigenschaften von Fließgelenken gedeutet werden (Abb. 3.4-22). Daraus hat sich das spezielle Fließgelenkverfahren entwickelt, bei dem anstelle der wirklichen „plastischen" Rotationskurve eine ideelle

lineare Rotationskurve angesetzt wird, bei der die Beanspruchbarkeit des Gelenks als vom Rotationswinkel unabhängige konstante Größe angesehen wird. Das Rotationsplateau ist allerdings durch die Rotationskapazität φ_{rot} begrenzt, die meist als bezogene Größe $R_R = \varphi_{rot}/\varphi_{el} - 1$ ausgedrückt wird.

Bei Anwendung des speziellen Fließgelenknachweises für die Tragfähigkeitsbestimmung ist deshalb ein zusätzlicher Rotationsnachweis für die aktiven Gelenke $R_E \leq R_R$ unumgänglich, da der Rotationsnachweis nicht wie beim allgemeinen Fließgelenkverfahren im Verfahren selbst enthalten ist.

Um einen solchen zusätzlichen Rotationsnachweis einzusparen, sind vorneweg für verschiedene Tragwerke Rotationsuntersuchungen durchgeführt worden, die zu einer Klassifizierung von Querschnitten und Verfahren geführt haben. Für die Begrenzung der Rotationsfähigkeit von Bauteilen oder Anschlüssen sind nämlich im Hochlagenbereich der Zähigkeit des Werkstoffs und bei Kapazitätsbemessung der Schweißverbindungen die Beulbedingungen der mit Druck beanspruchten Querschnittsteile und Komponenten verantwortlich, die am besten durch die b/t-Verhältnisse der Beulfelder ausgedrückt werden können (Abb. 3.4-23).

Abbildung 3.4-24 zeigt den Verlauf der plastischen Anteile der Momenten-Rotationskurven abhängig von den Querschnittsklassen, die nach Abb. 3.4-25 von den b/t-Verhältnissen abhängig sind.

Abbildung 3.4-25 zeigt auch die unterschiedlichen Tragfähigkeiten, die für die verschiedenen Querschnittsklassen gelten. Tabelle 3.4-2 gibt einige Zahlenwerte für b/t-Verhältnisse für die verschiedenen Querschnittsausnutzbarkeiten und Rechenverfahren an. Auf die Eigenschaften von Anschlüssen hinsichtlich der Verformungen und Rotation wird in 3.4.4.5 eingegangen.

Von der praktischen Seite her wird immer das elastische Berechnungsverfahren mit Annahme elastischer oder plastischer Querschnittswiderstände (also Klasse 2 oder Klasse 3) der erste Ansatz bei der Vorbemessung sein, da die Fließgelenkverfahren für Klasse-1-Querschnitte und die Verfahren für die Berechnung der Beanspruchbarkeiten für Klasse-4-Querschnitte bereits nähere Vorstellungen von den Abmessungen der Querschnitte voraussetzen.

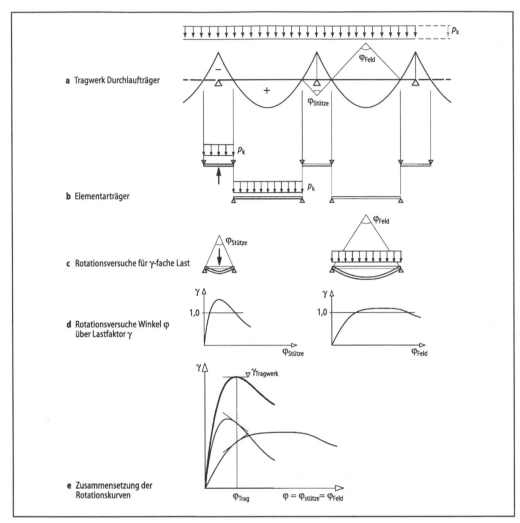

Abb. 3.4-21 Zusammensetzung der γ-φ-Kurve eines Tragwerks aus den γ-φ-Kurven der Elementarträger [Hoffmeister 1998]

Bei elastischen Berechnungsverfahren werden zunächst Schnittgrößen ermittelt und dann Querschnittsnachweise oder Nachweise für Bauelemente wie Anschlüsse, Zugstäbe, Druckstäbe und Biegeträger geführt, während bei plastischen Berechnungsverfahren die Gesamtsicherheit des Systems durch Betrachtung des Gesamtverhaltens im Grenzzustand bestimmt werden kann (Abb. 3.4-26).

3.4.4.2 Behandlung der geometrischen Nichtlinearität

Die geometrische Nichtlinearität (Theorie 2. Ordnung) muss da berücksichtigt werden, wo sie für die Tragsicherheit einen wesentlichen Beitrag liefert. Als wesentlich wird der Beitrag dann angesehen, wenn die Biegemomente im Tragwerk infolge Theorie 2. Ordnung M^{II} gegenüber Biegemomenten nach Theorie 1. Ordnung M^{I} um mehr als 10% anwachsen:

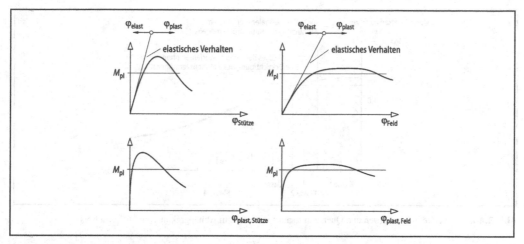

Abb. 3.4-22 Gesamtrotationskurven und Rotationskurven für die plastischen Anteile φ_{plast}

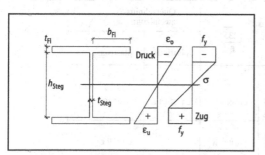

Abb. 3.4-23 Verhältnisse b/t und h/t druckbeanspruchter Querschnittsteile als Maßzahlen für Beulanfälligkeit und Rotationsverhalten

$$\frac{M^{\text{II}} - M^{\text{I}}}{M^{\text{I}}} = \frac{\Delta M}{M^{\text{I}}} \leq \frac{1}{10}. \tag{3.4.18}$$

Für Tragwerke mit einem Verformungsverhalten, das weitgehend durch die 1. Knickeigenform, d. h. die Biegelinie, die zur niedrigsten Knicklast gehört, beschrieben werden kann, kann das Kriterium in

$$\frac{1}{\alpha_{crit}} \leq \frac{1}{10} \tag{3.4.19}$$

ausgedrückt werden, wobei

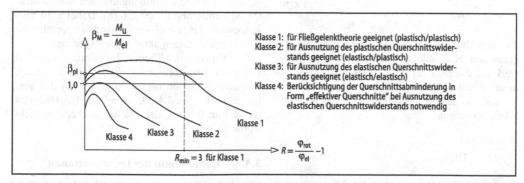

Klasse 1: für Fließgelenktheorie geeignet (plastisch/plastisch)
Klasse 2: für Ausnutzung des plastischen Querschnittswiderstands geeignet (elastisch/plastisch)
Klasse 3: für Ausnutzung des elastischen Querschnittswiderstands geeignet (elastisch/elastisch)
Klasse 4: Berücksichtigung der Querschnittsabminderung in Form „effektiver Querschnitte" bei Ausnutzung des elastischen Querschnittswiderstands notwendig

Abb. 3.4-24 Beispiele für die plastischen Anteile von Momenten-Rotationskurven und Zuordnung zu den Querschnittsklassen

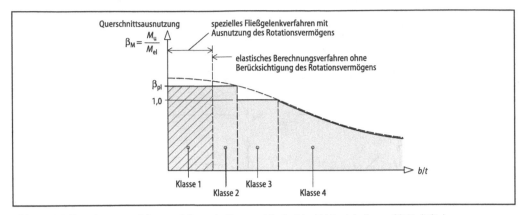

Abb. 3.4-25 Berechnungsverfahren und Querschnittsausnutzbarkeit in Abhängigkeit vom b/t-Verhältnis

Tabelle 3.4-2 Grenzverhältnisse b/t für Druckflansche für verschiedene Berechnungsverfahren und Querschnittsausnutzungen

		Querschnitts-ausnutzung	
	$\varepsilon = \sqrt{\dfrac{235}{f_y}}$	elastisch	plastisch
Berechnungsverfahren · elastisch		$c/t \leq 14\,\varepsilon$	$c/t \leq 10\,\varepsilon$
Berechnungsverfahren · plastisch		–	$c/t \leq 9\,\varepsilon$

Anmerkung: Die Querschnittsklassifizierung im Brandfall erfolgt mit einem um 85% reduzierten ε-Wert

$$\frac{1}{\alpha_{crit}} = \frac{N_{Ed}}{N_{crit}} \qquad (3.4.20)$$

das Verhältnis der Normalkraftverteilung N_{Ed} zur kritischen Normalkraftverteilung N_{crit} am Tragwerk ist, die man bei Weglassung aller Biegemomente erhält (Abb. 3.4-27).

Anstelle des Systemkriteriums kann auch das lokale Kriterium

$$\frac{\Delta M^I}{M^I} \leq \frac{1}{10} \qquad (3.4.21)$$

treten, wobei ΔM^I die zusätzlichen Momente sind, die infolge der Verformungen δ^I aus den Momenten

M^I nach Theorie 1. Ordnung und den Normalkräften N_{Ed} entstehen (Abb. 3.4-28). Dabei wird vorausgesetzt, dass die δ^I-Verformungen ungefähr den Knickverformungen unter N_{crit} entsprechen.

Bei Einfluss der Theorie 2. Ordnung verändert sich das Lastverformungsverhalten von Systemen von dem Verhalten nach Abb. 3.4-26 in das Verhalten nach Abb. 3.4-29, wobei die Tragfähigkeit schon vor Bildung der Fließgelenkkette erreicht werden kann.

3.4.4.3 Behandlung der Imperfektionen

Die strukturellen und geometrischen Imperfektionen der Querschnitte und Bauteile werden durch

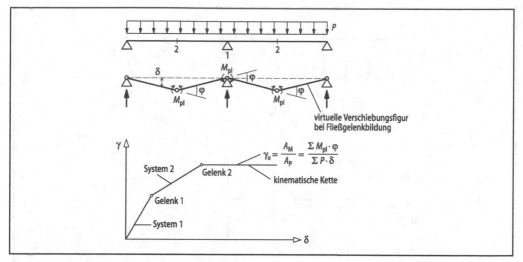

Abb. 3.4-26 Last-Verschiebungsfigur des Tragwerks unter der Last γp bis zur Bildung der Fließgelenkkette mit den plastischen Momenten M_{pl}. γ_u ist der Quotient der virtuellen Arbeiten A_m der Fließgelenke und A_p der äußeren Lasten

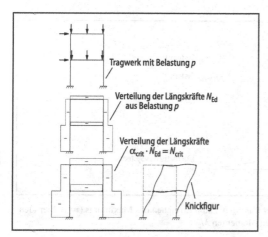

Abb. 3.4-27 Ermittlung der „Knicklast" $N_{crit} = \alpha_{crit} N_{Ed}$ bei Tragwerken mit beliebiger Belastung p

geometrische Ersatzimperfektionen berücksichtigt, die für Einzelstäbe und Tragwerke getrennt formuliert sind (s. Abb. 3.4-30) (EN 1993-1-1).

Die Formulierung der Stabimperfektionen e_O für Einzelstäbe ist derart, dass eine Berechnung mit e_O und Querschnittsnachweisen dieselbe Beanspruchbarkeit ergibt wie der Knickstabnachweis

nach 3.4.4.4, der an Knickversuchen kalibriert wurde. Die Ersatzimperfektion ist also von den Randbedingungen und vom Berechnungsverfahren abhängig. Die Berechnung kann auch mit Ersatzquerlasten q_{fict} durchgeführt werden.

Liegen keine gelenkig gelagerten Einzelstäbe vor, dann lautet die Ersatzimperfektion für das Biegeknicken

$$\eta_{init} = e_0 \frac{N_{crit}}{\left| EI\eta_{crit}'' \right|_{max}} \eta_{crit}(x) . \tag{3.4.22}$$

Dabei ist η_{crit}'' der Krümmungsverlauf, der der Knickeigenform η_{crit} entspricht.

Die Rahmenimperfektionen orientieren sich an den beobachteten Abweichungen bei Bauausführungen und sind so gewählt, dass eine einzige Gesamtschiefstellung des gesamten Gebäudes und keine mehrfache Schiefstellung für jedes Stockwerk betrachtet werden muss.

Das Zusammenwirken von Stabimperfektion und Rahmenimperfektion bei der statischen Berechnung des Tragwerks darf bei

$$\varepsilon = \ell \sqrt{\frac{N_{Ed}}{EI}} \leq 5 \tag{3.4.23}$$

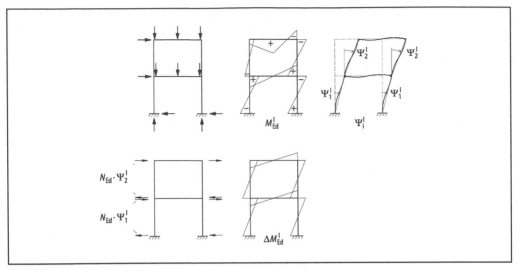

Abb. 3.4-28 Ermittlung des Verhältnisses $\Delta M_{Ed}{}^I/M_{Ed}{}^I$ aus Momenten $M_{Ed}{}^I$ und Verformungen $\Psi_i{}^I$ nach Theorie 1. Ordnung über fiktive Horizontalkräfte $H_{fikt} = N_{Ed}\Psi_i{}^I$

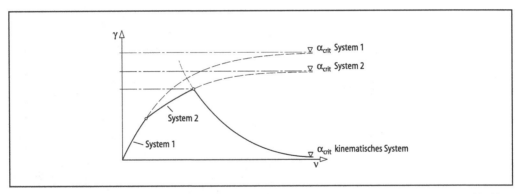

Abb. 3.4-29 Last-Verformungsfigur des Tragwerks unter der Last γp bis zum Erreichen des Maximums ($\equiv \gamma_u$), hier identisch mit der Bildung der Fließgelenkkette mit den plastischen Momenten M_{pl}

vernachlässigt werden. Bei Vernachlässigung der Stabimperfektionen ist jedoch darauf zu achten, dass Einzelstabknicken durch einen Einzelknicknachweis nach 3.4.4.4 berücksichtigt wird.

Rahmenimperfektionen dürfen vernachlässigt werden, wenn ihre Wirkung über die fiktiven Horizontalkräfte gegenüber der Wirkung sonstiger Horizontalkräfte H_{Ed} vernachlässigbar ist. Das ist i. d. R. der Fall, wenn stockwerksweise gilt:

$$\frac{\sum N_{Ed} \cdot \Psi_0}{\sum H_{Ed}} \le 0{,}01 \qquad (3.4.24)$$

oder auf der sicheren Seite

$$\frac{\sum N_{Ed}}{\sum H_{Ed}} \le 2. \qquad (3.4.25)$$

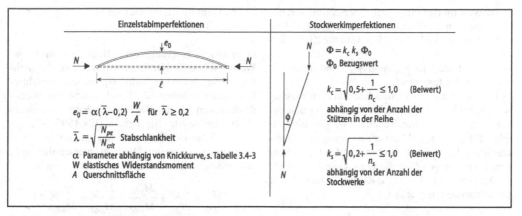

Abb. 3.4-30 Geometrische Ersatzimperfektionen für Einzelstäbe oder Stockwerksrahmen in der Haupttragebene nach EN 1993-1-1

3.4.4.4 Nachweise für Bauteile und Verbindungen

Zugstab – Querschnittsnachweise

Für Zugstäbe gilt ein Doppelnachweis für die Querschnitte:

1. Sicherheit gegen die Fließlasten des Gesamtstabes,
2. Sicherheit gegen lokalen Bruch.

Die Fließlast wird mit der Streckgrenze ermittelt:

$$N_{Rd} = \frac{A f_y}{\gamma_{M0}} = \frac{N_{pl,nom}}{\gamma_{M0}}. \qquad (3.4.26)$$

Auswertungen von Werten N_{pli}, die aus der Messung von A_i für Walzprofile, Stabprofile und Bleche und den gleichzeitig vorhandenen Streckgrenzen f_{yi} herrühren, zeigen, dass bei Bezug auf die Nennwerte für N_{pl}, $\gamma_{M0}=1,00$ angesetzt werden darf.

Für den Bruchlastnachweis gilt

$$N_{Rd} = \frac{0{,}9 \cdot A_{net} f_u}{\gamma_{M2}} \qquad (3.4.27)$$

mit $\gamma_{M2}=1{,}25$. Dieser Nachweis entspricht auch dem Bruchnachweis für zugbeanspruchte Schrauben im Gewindequerschnitt (EN 1993-1-8).

Für andere Zugelemente (z. B. Seile) sind andere Sicherheitsfaktoren anzusetzen, die sich aus den jeweiligen Grenzbeanspruchungsdefinitionen und

Versuchsdefinitionen ergeben. Für Seile gilt gegenüber der Seilbruchkraft $\gamma_{MSeil}=2{,}40$.

Zentrisch belastete Druckstäbe – Bauteilnachweise

Aus Druckstabversuchen sind mit dem Modell des imperfekten Stabes die Europäischen Knickkurven hergeleitet worden (EN 1993-1-1), die im Bereich $\bar{\lambda}_N \leq 0{,}2$ die plastische Quetschlast ermöglichen und für $\bar{\lambda}_N > 0{,}2$ den Imperfektionseinfluss beschreiben:

$$\chi_N = \frac{1}{\Phi_N + \left[\Phi_N^2 - \bar{\lambda}_N^2\right]^{0{,}5}} \leq 1 \qquad (3.4.28)$$

mit

$$\Phi_N = 0{,}5\left[1 + \alpha_N(\bar{\lambda}_N - 0{,}2) + \bar{\lambda}_N^2\right],$$

α_N Imperfektionsbeiwert, siehe Abbildung 3.4-30.

$$\bar{\lambda}_N = \sqrt{\frac{\beta_A A f_y}{N_{crit}}},$$

N_{crit} elastische Knicklast (Verzweigungslast)

Für die Nachweise ist

$$N_{Rd} = \frac{\beta_A A f_y}{\gamma_{M0}} \quad \text{für } \bar{\lambda}_N \leq 0{,}2, \qquad (3.4.29)$$

$$N_{Rd} = \frac{\chi_N \beta_A A f_y}{\gamma_{M1}} \quad \text{für } \bar{\lambda}_N > 0{,}2, \qquad (3.4.30)$$

mit

β_A Beiwert für den effektiven Querschnittswert abhängig von der Querschnittsklasse, hier $\beta_A = 1{,}00$ für Klassen 1 bis 3 und $\beta_A < 1{,}00$ für Klasse 4,

Die Zahlenwerte für γ_{M_0} und γ_{M_1} sind im Nationalen Anhang festgelegt.

In Abbildung 3.4-31 sind Knickkurven angegeben. Abbildung 3.4-31 zeigt auch die Größe der Imperfektionsbeiwerte. Tabelle 3.4-3 gibt ein Beispiel für eine Knickkurvenzuordnung zu Querschnitten, die im Wesentlichen von den Eigenspannungsverteilungen über die Querschnitte abhängt.

Der Beiwert β_A liefert für Klasse-4-Querschnitte die wirksame Quetschlast

$$N_{pl} = \beta_A \, A f_y = A_{red} f_y . \tag{3.4.31}$$

Er wird mit Beulnachweisen ermittelt und gestattet den Nachweis für zentrisch belastete Druckstäbe, wenn sich bei reiner Druckbelastung die Querschnittsachsen des effektiven Querschnitts A_{red} nicht gegenüber den Querschnittsachsen des Bruttoquerschnitts verändern. Sonst ist Druck mit Biegung aufgrund der aus der Achsverschiebung entstehenden Exzentrizitäten zu beachten.

Biegeträger – Querschnittsnachweise
Biegeträger sind durch Biegemomente M_{ld} und Querkräfte V_{ld} belastet. Bei den Tragsicherheitsnachweisen kann nach

- Querschnittsnachweisen und
- Bauteilnachweisen

unterschieden werden, wobei Bauteilnachweise im Wesentlichen Stabilitätsnachweise sind, die mehr Parameter als die Querschnittsparameter einschließen. Dazu gehören das Knicken und das Biegedrillknicken aus der Biegeebene oder der Nachweis für Beulen aus der Blechebene (EN 1993-1-1).

Bei Klasse-3-Querschnitten gelten die aus Spannungsnachweisen für einen Querschnittspunkt abgeleiteten allgemeinen Interaktionsformeln

$$\frac{\sigma_{Ed}}{f_y/\gamma_{M0}} = \frac{N_{Ed}}{N_{Rd}} + \frac{M_{yEd}}{M_{yRd}} + \frac{M_{zEd}}{M_{zRd}} + \frac{M_{wEd}}{M_{wRd}} \le 1 \tag{3.4.32}$$

Tabelle 3.4-3 Zuordnung der Knickkurven zu Walzprofilen und deren Knickachsen für S235 bis S420 (S460)

h/(2b)		Flanschdicke t in mm		
	Knickachse	$t \le 40$	$40 < t \le 100$	> 100
$\le 1{,}2$	⊥I	b (a)	b (a)	d (c)
	H	c (a)	c (a)	d (c)
$> 1{,}2$	⊥I	a (a$_0$)	b (a)	–
	H	b (a$_0$)	c (a)	–

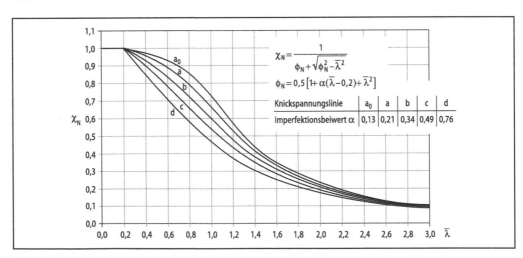

Abb. 3.4-31 Knickspannungslinien mit Gültigkeitsbereich $\chi < 1{,}00$

mit

$$N_{Rd} = A \cdot f_y / \gamma_{M0},$$

$$M_{yRd} = W_{ely} f_y / \gamma_{M0},$$

$$M_{zRd} = W_{elz} f_y / \gamma_{M0},$$

$$M_{wRd} = W_{elw} f_y / \gamma_{M0}.$$

Für die Schubspannungen gilt

$$\frac{\tau_{Ed}}{f_y /(\sqrt{3}\gamma_{M0})} = \frac{V_{yEd}}{V_{yRd}} + \frac{V_{zEd}}{V_{zRd}} + \frac{V_{wEd}}{V_{wRd}} + \frac{M_{TEd}}{M_{TRd}} \le 1.$$

$$(3.4.33)$$

Dabei dürfen anstelle der vollständig elastisch ermittelten Beanspruchbarkeiten

$$V_{yRd} = f_y / \sqrt{3} \cdot \frac{A_{yy}}{A_y} t / \gamma_{M0},$$

$$V_{zRd} = f_y / \sqrt{3} \cdot \frac{A_{zz}}{A_z} t / \gamma_{M0},$$

$$V_{wRd} = f_y / \sqrt{3} \cdot \frac{A_{ww}}{A_w} t / \gamma_{M0},$$

$$M_{TRd} = f_y / \sqrt{3} \cdot \frac{A_{\Psi\Psi}}{A_\Psi} t / \gamma_{M0},$$

$$(3.4.34)$$

die aus dem Gleichgewicht mit den σ-Spannungen herrühren, auch teilplastisch ermittelte Beanspruchbarkeiten

$$V_{yRd} = f_y / \sqrt{3} \sum A_{Vy} / \gamma_{M0},$$

$$V_{zRd} = f_y / \sqrt{3} \sum A_{Vz} / \gamma_{M0},$$

$$V_{wRd} = f_y / \sqrt{3} \sum h_w \cdot A_{Vw} / \gamma_{M0},$$

$$(3.4.35)$$

verwendet werden, bei denen die über die Querschnittsteile A_V konstant angenommene Spannungsverteilung aus dem Ansatz konstanter Schubverformungen herrührt (z. B. über den Steg). Dieser Ansatz ist dadurch gerechtfertigt, dass die maximalen Spannungen σ_{Ed} und τ_{Ed} nicht an gleicher Stelle auftreten und eine lokale Überschreitung der Streckgrenze keinen wesentlichen Einfluss auf die Bauteilverformungen hat.

Für die Interaktion von Schub und Biegung gilt

$$\left(\frac{\sigma_{Ed}}{f_y / \gamma_{M0}}\right)^2 + \left(\frac{\tau_{Ed}}{f_y /(\sqrt{3}\gamma_{M0})}\right)^2 \le 1. \qquad (3.4.36)$$

Bei Querschnitten der Klasse 1 und Klasse 2, bei denen von plastischen Querschnittsreserven Gebrauch gemacht wird, dürfen diese für

$$M_{yRd} = W_{ply} f_y / \gamma_{M0},$$

$$M_{zRd} = W_{plz} f_y / \gamma_{M0}, \qquad (3.4.37)$$

$$M_{wRd} = W_{plw} f_y / \gamma_{M0}$$

unter Verwendung plastischer Spannungsblöcke ermittelt werden (Abb. 3.4-32).

Die Interaktionen der plastischen Schnittgrößen N, M und V sind von der Querschnittsausbildung abhängig. Wird nicht die Interaktion für Klasse-3-Querschnitten benutzt, so ist z. B. für I-Profile die Interaktion (EN 1993-1-1)

$$\left(\frac{M_{yEd}}{M_{N_{yRd}}}\right)^2 + \left(\frac{M_{zEd}}{M_{N_{zRd}}}\right)^{5\frac{N_{Ed}}{N_{Rd}}} \le 1 \qquad (3.4.38)$$

mit

$$M_{N_{yRd}} = 1{,}11 M_{pl_{yRd}} \left(1 - \frac{N_{Ed}}{N_{Rd}}\right) \le M_{pl_{yRd}},$$

$$M_{N_{zRd}} = 1{,}56 M_{pl_{zRd}} \left(1 - \frac{N_{Ed}}{N_{Rd}} \left(\frac{N_{Ed}}{N_{Rd}} + 0{,}6\right)\right)$$

eine Möglichkeit. Die zusätzliche Interaktion mit der Querkraft kann durch eine reduzierte Streckgrenze f_y'

$$f_y' = (1 - \rho) f_y \qquad (3.4.39)$$

mit

$$\rho = \left(2 \frac{V_{Ed}}{V_{pl,Rd}} - 1\right)^2$$

in den betroffenen Teilen A_V berücksichtigt werden.

Dabei berücksichtigt der ρ-Wert, der erst bei $V_{Ed}/V_{pl,Rd} > 0{,}5$ anspringt, dass die Inanspruchnahme der Wiederverfestigung nach lokalem Durchschreiten des Fließplateaus lokal möglich ist.

Zu beachten ist, dass die plastische Interaktion nur angewendet werden darf, wenn Theorie-2.-

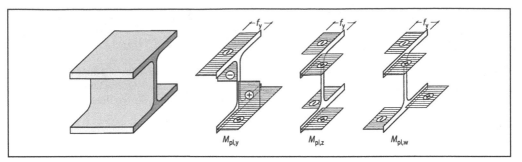

Abb. 3.4-32 Definition plastischer Schnittgrößen durch Spannungsblöcke

Ordnung-Effekte aus Torsion konstruktiv vermieden sind.

Biegeträger – Bauteilnachweise
Biegeträger-Bauteilnachweise decken folgende Effekte ab:

1. Vergrößerung von Biegemomenten zwischen den Stabenden, die durch Stabimperfektionen und Theorie 2. Ordnung bedingt sind. Dieser Fall tritt besonders bei Biegeträgern mit Druckkraft auf, wenn durch die Querschnittsausbildung (torsionssteife Hohlprofile) oder konstruktive Maßnahmen (Stützung) Torsionsverdrehungen verhindert sind.
2. Biegedrillknicken in Richtung der schwachen Achse des Biegeträgers, wenn der Biegeträger planmäßig nur in der Hauptachsenrichtung beansprucht wird.

Für die Berücksichtigung dieser Effekte gibt es mehrere Verfahren:

1. Wird der Schnittgrößenverlauf in der Haupttragebene des Biegeträgers von vornherein mit Theorie 2. Ordnung gerechnet, so dass nur das stabilitätsbedingte Ausweichen quer zur Haupttragebene interessiert, so kann für dieses Ausweichen eine geometrische Ersatzimperfektion angesetzt werden, die der Eigenform (η_{crit}, φ_{crit}) des Biegedrillknickfalles entspricht. Die maximale Amplitude der Krümmung beträgt an der Stelle des gedrückten Flansches

$$\eta''_{init,Fl} = e_0 \frac{N_{crit_{Fl}}}{\left| EI \eta''_{crit,Fl} \right|_{max}} \eta_{crit,Fl}(x). \quad (3.4.40)$$

Hierbei ist $\eta_{crit,Fl}$ der Verlauf der Eigenform des gedrückten Flansches, die aus der Eigenform des gesamten Trägers (η_{crit}, φ_{crit}) beim Biegedrillknicken resultiert.

Mit dem Ansatz dieser Vorimperfektion kann bei Anwendung von FE-Methoden mit einem Querschnittsnachweis des Flansches an der ungünstigsten Stelle sowohl der Biegedrillknickfall als auch der Fall von Biegedrillknicken mit zusätzlicher Belastung quer zur Haupttragebene (Querbiegung und Torsion) behandelt werden.

2. Der Nachweis mit FE-Methoden kann sich aber auch auf die Ermittlung des Lasterhöhungsfaktors α_{crit}, der an der äußeren Belastung in der Haupttragebene anzubringen ist, um den Verzweigungspunkt Biegedrillknicken zu erreichen, beschränken.

Der Querschnittsnachweis kann dann mit Biegedrillkurven durchgeführt werden, die aus den Biegeknickkurven abgeleitet werden.

Die für den Querschnittsnachweis erforderliche Tragfähigkeit lautet:

$$M_{Rd} = \frac{\beta_w W_{el,y} f_y}{\gamma_{M0}} \quad \text{für } \bar{\lambda}_M \leq 0{,}2 \quad (3.4.41)$$

$$M_{Rd} = \chi_M \frac{\beta_w W_{el,y} f_y}{\beta_{M1}} \quad \text{für } \bar{\lambda}_M > 0{,}2$$

mit

β_w Beiwert für den effektiven Querschnittswert, z. B. für I-Träger, $\beta_w = 1{,}14$ für Querschnittsklasse 1 und 2, $\beta_w = 1{,}0$ für

Querschnittsklasse 3 und $\beta_w < 1{,}0$ für Querschnittsklasse 4,

γ_{M0}, γ_{M1} Teilsicherheitsbeiwerte, deren Betrag im Nationalen Anhang festgelegt ist, z. B. $\gamma_{M0} = 1{,}00$, $\gamma_{M1} = 1{,}10$,

χ_M Abminderungsbeiwert entsprechend der Biegedrillknickkurve.

Die Biegedrillknickkurve χ_M für den Querschnittsnachweis an der maßgebenden Stelle x_d längs des Bauteils, an der die Überlagerung der Beanspruchungen in der Haupttragebene und infolge der Imperfektion quer zur Haupttragebene ein Maximum erzeugt, lautet:

$$\chi_M = \frac{1}{\Phi_M + \sqrt{\Phi_M^2 - \overline{\lambda}_M^2}} \le 1 \qquad (3.4.42)$$

mit

$$\Phi_M = 0{,}5 \left[1 + \frac{\alpha_{crit}^*}{\alpha_{crit}} \alpha_M \left(\overline{\lambda}_M - 0{,}2 \right) + \overline{\lambda}_M^2 \right].$$

$$(3.4.43)$$

Hierbei ist

α_M = der Imperfektionsfaktor für den Flansch, gemäß EN 1993-1-1 Tabelle 6.2 für Knicken rechtwinklig zur z-z-Achse

$$\overline{\lambda}_M = \sqrt{\frac{\beta_w W_{el,y} f_y}{M_{crit}}} = \sqrt{\frac{\alpha_{ult,k}}{\alpha_{crit}}}$$

$\alpha_{ult,k}$ Lasterhöhungsfaktor, um das Moment β_w $W_{el,y} f_y$ zu erreichen,

α_{crit} Lasterhöhungsfaktor, um das kritische Moment M_{crit} zu erreichen,

α_{crit}^* Lasterhöhungsfaktor, um das kritische Moment M_{crit}^* bei Vernachlässigung der St. Venant'schen Torsionssteifigkeit zu erreichen.

Der Quotient $\frac{\alpha_{crit}^*}{\alpha_{crit}}$, der den Imperfektionsfaktor α_M abmindert, gibt an, wie weit sich die Biegedrillknickkurve χ_M von der Biegeknickkurve χ_N entfernt.

3. Anstelle des Nachweises mit dem durch $\frac{\alpha_{crit}^*}{\alpha_{crit}}$ - modifizierten Imperfektionsbeiwert α an der maß-

gebenden Stelle x_d bietet EN 1993-1-1 auch eine Näherung mit einem Nachweis an der Stelle x mit der höchsten Beanspruchung in der Haupttragebene an, z. B. an der Stelle $x = 0$ bei ungleichen Randmomenten. Dazu wird der Kurvenverlauf wie folgt modifiziert:

$$\Phi_M = 0{,}5 \left[1 + \alpha_M \left(\overline{\lambda}_M - \overline{\lambda}_{M,0} \right) + \lambda \, \overline{\beta}_M^2 \right]$$

$$\chi_{LT} \frac{1}{\varphi_M + \sqrt{\varphi_M^2 - \beta \cdot \overline{\lambda}_M}} \qquad (3.4.44)$$

$$\chi_{M,mod} = \frac{\chi_M}{f} \le 1.$$

Hierbei gelten:

$\overline{\lambda}_{M,0} = 0{,}4$

$\beta = 0{,}75$

$f = 1 - 0{,}5 \cdot (1 - k_c) \cdot \left[1 - 2 \cdot (\overline{\lambda}_M - 0{,}8)^2 \right] \le 1$

mit k_c nach Tabelle 6.6 in EN 1993-1-1.

4. Für Biegeträger mit gleichzeitiger Wirkung von Biegemoment und Druckkraft kann das Biegeknicken und Biegedrillknicken aus der Haupttragebene heraus einfach dadurch erfasst werden, dass die Werte $\alpha_{ult,k}$ und α_{crit} für die gleichzeitige Wirkung E_d von Biegemoment und Druckkraft ermittelt werden, so dass ein einziger Schlankheitswert $\overline{\lambda}_{LT}$ herauskommt. Die Nähe der Biegedrillknickkurve zur Biegedrillknickkurve wird einfach durch das Verhältnis $\frac{\alpha_{crit}^*}{\alpha_{crit}}$ gesteuert. Der Nachweis lautet dann mit dem χ_{LT}-Wert

$$\frac{\gamma_{M1}}{\chi_{LT} \, \alpha_{ult,k}} \le 1. \qquad (3.4.45)$$

Eine zusätzliche Belastung quer zur Haupttragebene in Form von Biegung und Torsion kann durch Erweiterung von Gl. (3.4.45) z. B. mit folgender Näherung erfasst werden [Naumes 2010]:

$$\frac{\gamma_{M1}}{\chi_{LT} \, \alpha_{ult,k}} + \frac{c_{M,z} \cdot M_{z,Ed}}{M_{z,Rd}} + \frac{c_{M,w} \cdot M_{w,Ed}}{M_{w,Rd}} \le 0{,}9.$$

$$(3.4.46)$$

5. In EN 1993-1-1 wird zusätzlich zu dem Nachweis (3.4.45) eine alternative Nachweismethode mit einer Interaktion zwischen Biegeknicken und Biegedrillknicken angeboten:

$$\frac{N_{Ed}}{N_{Rd}} + k_y \frac{M_{y,Ed}}{M_{y,Rd}} \leq 1 \qquad (3.4.47)$$

mit

$$\bar{\lambda}_N = \sqrt{\frac{N_{pl}}{N_{crit}}} \qquad \bar{\lambda}_M = \sqrt{\frac{M_{pl,y}}{M_{crit}}}$$

$$N_{Rd} = \frac{\chi_N \, N_{pl}}{\gamma_{M_1}} \qquad M_{y,Rd} = \frac{\chi_M \, M_{pl,y}}{\gamma_{M_1}}.$$

Dabei wird von einer Zerlegung der gemischten Belastung in reine Normalkraft N_{Ed} und reines Biegemoment M_{Ed} ausgegangen, für die jeweils die Einzelnachweise mit verschiedenen Knick- und Biegedrillknickkurven χ_N und χ_M durchzuführen sind. Voraussetzung ist Gabellagerung des betrachteten Stabes an beiden Enden.

6. Für den Fall von Biegung $M_{y,\,Ed}$ und Druckkraft N_{Ed} in der Haupttragebene und zusätzlicher Belastung $M_{z,\,Ed}$ quer zur Haupttragebene bietet EN 1993-1-1 eine erweiterte Interaktionsformel (6.62)

$$\frac{N_{Ed}}{\dfrac{\chi_z \, N_{pl}}{\gamma_{M_1}}} + k_y \frac{M_{y,Ed}}{\dfrac{\chi_M \, M_{pl,y}}{\gamma_{M_1}}} + k_z \frac{M_{z,Ed}}{\dfrac{M_{pl,z}}{\gamma_{M_1}}} \leq 1$$

$$\qquad\qquad\qquad\qquad\qquad (3.4.48)$$

an.

Die Funktionen k_y und k_z, die die Wirkung verschiedener Parameter auf die Interaktion erfassen, sind in zwei Varianten nach unterschiedlichen Verfahren ermittelt worden und in Anhängen zu EN 1993-1-1 angegeben.

Klasse-4-Querschnitte

Klasse 4-Querschnitte sind dünnwandig, so daß bei druckbeanspruchten Teilen wegen des geringen plastischen Verformungsausgleichs i. allg. drei Wirkungen betrachtet werden müssen:

1. die Wirkung der *mittragenden Breite* aus der Schubverzerrung breiter Gurte,

2. die Wirkung *wirksamer Breiten* aus der Beulenbildung in gedrückten Gurtteilen,
3. die Bildung *effektiver Breiten* aus der Interaktion von mittragenden Breiten und wirksamen Breiten.

Abbildung 3.4-33 zeigt die Regelungen (EN 1993-1-5) für die *mittragenden Breiten* für Bleche, die nicht ausgesteift oder ausgesteift sind, und die Bestimmung der effektiven Breiten, wenn sich mittragende Breiten und wirksame Breiten überlagern.

Die Bestimmung der wirksamen Breite (EN 1993-1-5) ist das Ergebnis einer dreisträngigen Behandlung des Beulproblems (Abb. 3.4-34) [Johansson et al. 1999]. Danach werden die Wirkungen von Längsspannungen σ_{xEd}, Schubspannungen τ_{Ed} und quer zum Stab eingeleitete Spannungen σ_{zEd} getrennt verfolgt, da für jedes dieser Probleme eine andere Beulkurve gilt. Erst nach Kenntnis der Ausnutzungsgrade $\eta_{\sigma x}$, η_τ, $\eta_{\sigma y}$ für die einzelnen Beulphänomene werden Interaktionsbeziehungen zwischen den Ausnutzungsgraden zur Erfassung des Gesamtzustand angewandt.

Die wirksamen Breiten werden der Wirkung der Längsdruckspannungen infolge der Normalkräfte N_{Ed} und Momente M_{Ed} zugeschrieben. Während für ausgesteifte Blechfelder mit Längs- und Quersteifen (z. B. von Brückenhaupträgern) die Abminderungsfaktoren ρ_c zur Ermittlung der wirksamen Breiten aus der Wirkung knickstabähnlichen Verhaltens und plattenähnlichen Verhaltens interpoliert werden, liegt bei Klasse-4-Querschnitten in der Regel nur plattenartiges Verhalten vor, und die effektiven Querschnittswerte können nach Abb. 3.4-35 ermittelt werden [ECCS 1991].

Dabei wird in EN 1993-1-1 und EN 1993-1-5 die Plattenbeulformel

$$\rho = \frac{\bar{\lambda}_p - 0{,}22}{\bar{\lambda}_p^2} \leq 1{,}00 \qquad (3.4.49)$$

mit

$$\bar{\lambda}_p = \frac{\bar{b}/t}{28{,}4 \cdot \varepsilon \cdot \sqrt{k_\sigma}},$$

$$\varepsilon = \sqrt{\frac{235}{f_y}} \; (f_y \text{ in N/mm}^2)$$

angewendet, die zur Berücksichtigung des Einflusses des Spannungsgradienten ψ in [Maquoi/ de

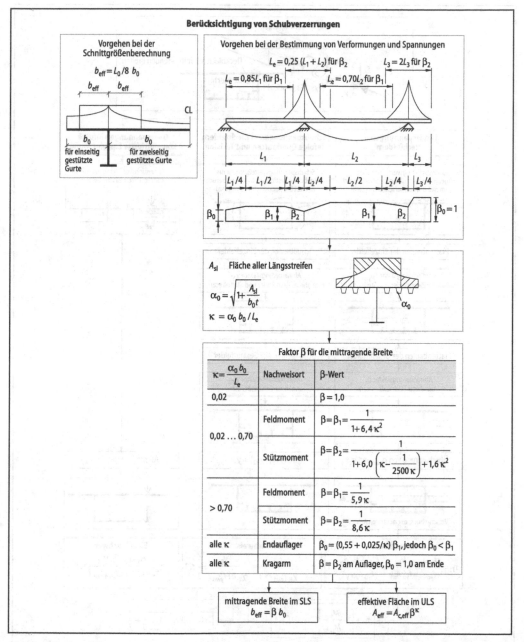

Abb. 3.4-33 Interaktion von mittragender Breite aus Schubverzerrung und wirksamer Breite infolge Beulens nach DIN EN 1993-1-5 [Johansson/Maquoi u. a. 1999]

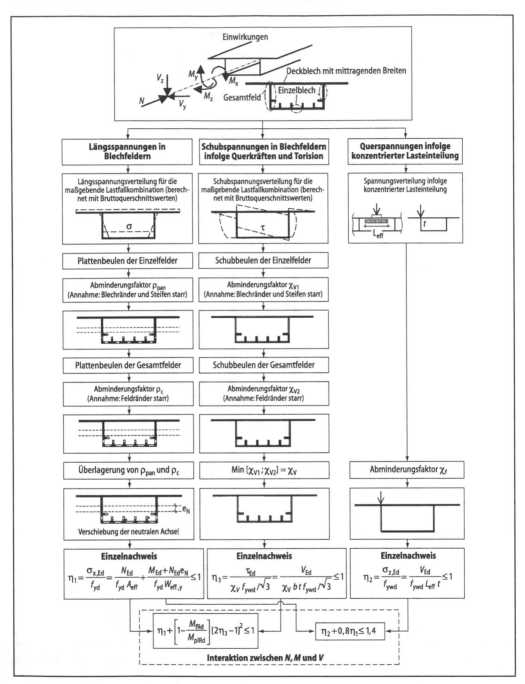

Abb. 3.4-34 Flussdiagramm zur Bemessung von Blechfeldern nach DIN EN 1993-1-5 [Johansson/Maquoi u. a. 1999]

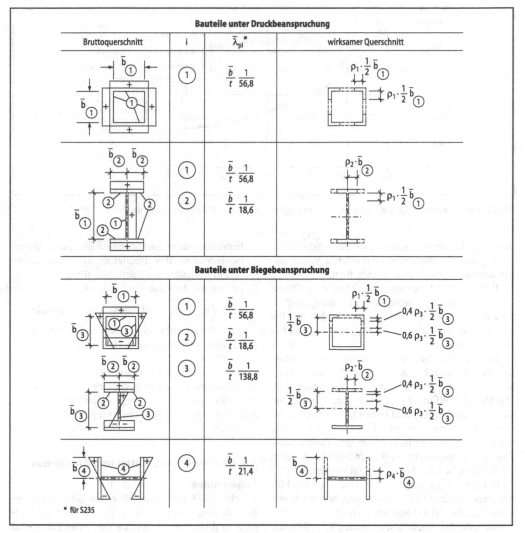

Abb. 3.4-35 Ermittlung effektiver Querschnittswerte für Klasse-4-Querschnitte [ECCS 1991] (Druck positiv)

Ville de Goyet 1999] entsprechend Abb. 3.4-36 verbessert wurde. Bei nicht voller Ausnutzung der Streckgrenze f_y darf die Plattenschlankheit um

$$\zeta = \sqrt{\frac{\sigma_{Ed}}{f_y}} \qquad (3.4.50)$$

verkleinert werden.

Für die Querschnittsinteraktion gilt die Formel für elastische Spannungsverteilung, also wie bei Klasse-3-Querschnitten, jedoch mit den abgeminderten Tragfähigkeiten

$$N_{Rd} = \beta_A \cdot A \cdot f_y / \gamma_{M0},$$
$$M_{yRd} = \beta_{wy} \cdot W_{ely} \cdot f_y / \gamma_{M0},$$
$$M_{zRd} = \beta_{wz} \cdot W_{elz} \cdot f_y / \gamma_{M0}, \qquad (3.4.51)$$

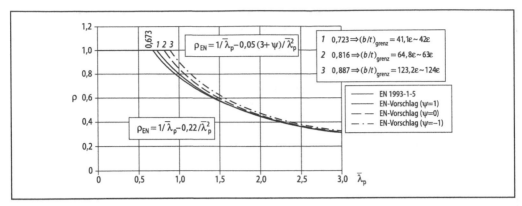

Abb. 3.4-36 Formel für die wirksame Breite nichtausgesteifter Bleche [Maquoi/de Ville de Goyet 1999]

wobei der Bestimmung der Abminderungsbeiwerte β_A, β_{wy} und β_{wz} die jeweils zutreffende Verteilung der wirksamen Breiten zugrunde liegt.

Tritt bei der Ermittlung der effektiven Fläche $\beta_A \cdot A$ eine Achsenverschiebung e_{yN} oder e_{zN} auf, so sind diese als Exzentrizitäten für N_{Ed} bei der Ermittlung der Biegemomente M_{yEd} und M_{zEd} zu berücksichtigen.

Bei der Ermittlung der Schubbeulsicherheit hängt die Plattenschlankheit davon ab, ob die Bleche längs und quer, nur quer oder gar nicht ausgesteift sind. Die Plattenbeulformel für Schub unterscheidet, ob sich im Steg eine Zugkraft bilden kann, die in biegesteifen Endpfosten verankert werden kann (steife Endpfosten) oder nicht (verformbare Endpfosten). Auch die Vergrößerung der Schubtragfähigkeit durch steife Flansche kann berücksichtigt werden.

Beulen infolge eingeleiteter Querlasten wird für drei verschiedene Einleitungsmuster behandelt und erfordert eine dritte Plattenbeulkurve.

Anstelle des Nachweises mit den vorerwähnten drei verschiedenen Nachweissträngen, die jeweils eigene Schlankheitswerte $\bar{\lambda}_p$ und eigene Beulkurven definieren, kann auch mit dem Spannungsfeld bei gleichzeitiger Wirkung von σ_{xEd}, τ_{Ed} und σ_{yEd} ohne Aufteilung in die Nachweisstränge gerechnet werden, wenn mit Finiten Elementen nach folgendem Schema vorgegangen wird:

1. Ermittlung des Lasterhöhungsfaktors $\alpha_{ult,k}$, der zu plastischem Versagen des Beulfeldes ohne Berücksichtigung von Beulverformungen führt,

2. Ermittlung des Lasterhöhungsfaktors α_{crit}, der zu Beulversagen des Beulfeldes bei hyperelastischem Verhalten des Beulfeldes führt,

3. Ermittlung der Gesamtschlankheit

$$\bar{\lambda}_p = \sqrt{\alpha_{ult,k}/\alpha_{crit}}$$ und des Abminderungsfaktors χ aus der zugehörigen Beulkurve (EN 1993-1-5),

4. Ermittlung der Sicherheit $\gamma_u = \chi \alpha_{ult,k} \geq \gamma_{M1}$

Dieses Verfahren ist besonders vorteilhaft bei Stegblechen, die nicht den Voraussetzungen des dreisträngigen Berechnungsmodells entsprechen, z. B. mit regelmäßigen und unregelmäßigen Ausschnitten.

3.4.4.5 Verbindungsmittel und Anschlüsse

Allgemeines

Tabelle 3.4-4 gibt eine Übersicht über verschiedene Verbindungstechniken. Davon sind die häufigst verbreiteten Techniken das Schweißen und das Schrauben. Die Überlegungen zum Einsparen von Montageaufwand führen aber zunehmend zu Techniken, bei denen die Montageschritte

– Ausrichten,
– Absetzen und Sichern,
– Verschlossern

durch geeignete konstruktive Ausbildungen beschleunigt werden. Das führt zu Schnellverbindungen mit geringen Kranhaltezeiten und Verschlosserungsaufwand wie in Abb. 3.4-37 (weitere

Tabelle 3.4-4 Übersicht über Verbindungstechniken

Montagetechnik	Verbindungskonstruktion	Verbindungsmittel
Aufsetzen	formschlüssige Verbindung	geeignete Bauteilgestaltung für Stapeln
Einhaken	Hakenverbindung	Haken, Öffnungen
Verbolzen	Bolzenverbindung	Augen, Bolzen
Verschrauben	Schraubenverbindung	Löcher, Laschen, Schraubengarnituren, Injektionsschraubengarnituren, selbstfurchende Schrauben
Vernieten	Nietverbindung	Löcher, Laschen, Niete, Blindniete
Vorspannen	vorgespannte Verbindung	Löcher, Laschen, HV-Schrauben, evtl. vorbereitete Flächen, Schließringbolzen
Durchsetzfügen	Durchsetzfügeverbindung	Gerät für Durchsetzfügeverbindungen
Setzverbindungen	Setzbolzen	Schussgerät für Setzbolzen
Verschweißen	Schweißverbindung	Schweißzusatzwerkstoffe
Kleben	Klebeverbindung	Kleber

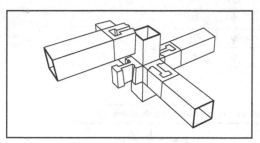

Abb. 3.4-37 Sigma-Knoten von Rüter [Stahl-Informations-Zentrum 2000]

Beispiele s. [Bauberatung Stahl 1996; Stahl-Informations-Zentrum 2000]).

Die Bemessungstechniken für Verbindungen können am besten anhand der Schraubenverbindungen und Schweißverbindungen überblickt werden.

Schrauben und Schraubenverbindungen

Schrauben entsprechen der Produktnorm EN 1090-2 (Abb. 3.4-38). Sie werden mit verschieden Stahlgüten (Tabelle 3.4-5) und Schaftdurchmessern (Tabelle 3.4-6) geliefert. Hochfeste Schrauben können wie Stahlbauschrauben oder als vorgespannte Schrauben eingesetzt werden. Schrauben können auf Abscheren, auf Zug oder kombiniert auf Abscheren und Zug belastet werden.

Tabelle 3.4-7 zeigt die angenommenen Festigkeitsfunktionen für die verschiedenen Beanspruchungen und Bruchstellen. Die Versuchsauswertungen nach 3.4.3.1 führten zu den in Tabelle 3.4-7 angegebenen Bemessungsfunktionen [ECCS 1991].

Neben den Versagensformen in den Schrauben selbst sind auch Versagensformen im Grundwerkstoff zu beachten (Tabelle 3.4-8). Diese gliedern sich in Lochleibungsversagen und Nettoquerschnittsversagen entweder in Blechen oder Winkeln.

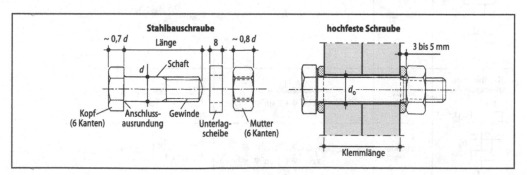

Abb. 3.4-38 Stahlbauschrauben und hochfeste Schrauben [Hirt/Bez 1998]

Tabelle 3.4-5 Mechanische Eigenschaften von Schraubenstählen

Schraubensorte	Festigkeitsklasse	f_{yb} N/mm²	f_{ub} N/mm²
Stahlbau- schrauben	4.6 5.6	240 300	400 500
hochfeste Schrauben	8.8 10.9	640 900	800 1000

Tabelle 3.4-6 Kennwerte und Sinnbilder von Schrauben [Hirt/Bez 1998]

	M 12	M 16	M 20	M 24	M 27
Schaftdurchmesser d in mm	12	16	20	24	27
Lochdurchmesser d_0 in mm	14	18	22	26	30
Schaftquerschnitt A in mm²	113	201	314	452	573
Spannungsquerschnitt A_s in mm²	84	157	245	353	459
Stahlbauschrauben	●	●	●	●	30 ●
Hochf. nicht vorgesp. Schrauben	●	●	●	●	30 ●
Hochf. vorgesp. Schrauben	●	●	●	●	30 ●

Tabelle 3.4-7 Bemessungsfunktion Schrauben

Versagensfall	Bruchstelle	angenommene Festigkeitsfunktion	Bemessungsfunktion
Abscheren	Schaft	$F_v = \dfrac{1}{\sqrt{2}} A \cdot f_{ub}$	$F_{VRd} = \dfrac{0,6 \cdot f_{ub} \cdot A}{\gamma_{M2}}$
	Gewinde	$F_v = \dfrac{1}{\sqrt{2}} A_s \cdot f_{ub}$	für Schrauben 4.6,5.5: $F_{VRd} = \dfrac{0,6 \cdot f_{ub} \cdot A}{\gamma_{M2}}$ für Schrauben 4.8,5.8,10.9: $F_{VRd} = \dfrac{0,5 \cdot f_{ub} \cdot A_s}{\gamma_{M2}}$
Zug	Gewinde	$F_v = A_s \cdot f_{ub}$	$F_{tRd} = \dfrac{0,9 \cdot f_{ub} \cdot A_s}{\gamma_{M2}}$
Kombination Abscheren-Zug	Schaft	$F_{v,t} = \dfrac{A_s \cdot f_{ub}}{\sqrt{\cos^2 \varphi + 2\sin^2 \varphi}}$	$\dfrac{F_{VSd}}{F_{RSd}} + \dfrac{F_{tSd}}{1,4 \cdot F_{tRd}} \leq 1,0$
	Gewinde	$F_{v,t} = \dfrac{A_s \cdot f_{ub}}{\sqrt{\cos^2 \varphi + 2\sin^2 \varphi}}$	$\dfrac{F_{VSd}}{F_{RSd}} + \dfrac{F_{tSd}}{1,4 \cdot F_{tRd}} \leq 1,0$

Tabelle 3.4-8 Festigkeit von Schrauben und Schraubenverbindungen

Bauteil	Versagensfall		Bereich	angenommene Festigkeitsfunktion	Bemessungsfunktion
Blech	Lochleibung	F_b	Ausreißen vor Kopf	$F_b = \alpha \cdot d_n \cdot t \cdot f_u$	$F_{bRd} = \dfrac{2{,}5 \cdot \alpha \cdot d \cdot t \cdot f_u}{\gamma_{M2}}$ $\alpha = \min\left(\dfrac{e_1}{3d_0}, \dfrac{p_1}{3d_0} - \dfrac{1}{4}, \dfrac{f_{ub}}{f_u}; 1{,}0\right)$
			Ausreißen vor Kopf, zur Seite	$F_b = \alpha \cdot d_n \cdot t \cdot f_u$	
		F_b	Lochaufweitung	$F_b = \alpha \cdot d_n \cdot t \cdot f_u$	
Blech	Zug F_b		Nettoquerschnitt	$R_{net} = A_{net} \cdot f_u$	$R_{net} = \dfrac{0{,}9 \cdot A_{net} \cdot f_u}{\gamma_{M2}}$
Winkel	Zug F_b		Nettoquerschnitt	$R_{net} = \beta \cdot A_{net} \cdot f_u$	1 Schraube: $R_{net,d} = \dfrac{2{,}0(e_2 - 0{,}5d)\, t \cdot f_u}{\gamma_{M2}}$ n Schrauben: $R_{net,d} = \dfrac{\beta \cdot A_{net} \cdot f_u}{\gamma_{M2}}$

β-Werte		
p_1	$\leq 2{,}5\, d_0$	$\geq 5{,}0\, d_0$
2 Schrauben	0,4	0,5
3 Schrauben	0,5	0,7

Die aus den Versuchsauswertungen ermittelten Bemessungsfunktionen in Tabelle 3.4-8 stehen in Zusammenhang mit den Randabständen e und den Lochabständen p, die mit folgenden Mindest- und Höchstwerten für die Konstruktion spezifiziert sind:

$$1{,}2d_0 \leq e_1 \leq \max(12t; 150\,\text{mm}),$$
$$1{,}5d_0 \leq e_2 \leq \max(12t; 150\,\text{mm}),$$
$$2{,}2d_0 \leq p_1 \leq \max(14t; 200\,\text{mm}),$$
$$3{,}0d_0 \leq p_2 \leq \max(14t; 200\,\text{mm}). \tag{3.4.52}$$

In Tabelle 3.4-9 sind für empfohlene Abstände, die zu hoher, mittlerer oder niedriger Tragfähigkeit führen, die charakteristischen Festigkeiten für 10-mm-Bleche angegeben.

Schrauben, die im Hinblick auf Abscher- oder Lochleibungsversagen bemessen werden, bilden Scherlochleibungs (SL)-Verbindungen. Diese wirken i. d. R. mit Spiel 1 bis 3 mm, können aber auch, z. B. bei Belastungen mit Richtungsumkehr, als Passschrauben mit sehr kleinem Spiel (Toleranzen H11/h11 entsprechen einem Spiel von 0,2 mm) eingesetzt werden.

Hochfeste SL-Schrauben werden auch vorgespannt, um einen festen Sitz der Muttern zu erzielen. Vorsicht ist bei kleinen Klemmlängen und Vorspannung über Beschichtungen und Überzügen angebracht, bei denen Vorspannverluste durch Kriechen der Beschichtungen und Überzüge auftreten können [Katzung/Pfeiffer/Schneider 1996].

Die Vorspannung der hochfesten Schrauben ist u. a. bei Zug-(Z)-Verbindungen sinnvoll, da die

Tabelle 3.4-9 Lochleibungswiderstände [ECCS 1991]

Lochleibungswiderstand je Schraube in kN für eine Blechdicke von t = 10 mm

$$F_{b,Rk}=2{,}5\cdot\alpha\cdot f_u\cdot d\cdot t$$

$$\alpha=\min\left(\frac{e_1}{3d_0};\frac{P_1}{3d_0}-\frac{1}{4};\frac{f_{ub}}{f_u};1{,}0\right)$$

Schraubendurchmesser d in mm		12	16	20	22	24	27	30	36
Lochdurchmesser d_0 in mm		13	18	22	24	26	30	33	39
geringe Beanspruchung $\alpha \approx 0{,}5$	e_1	20	27,5	35	37,5	40	45	50	60
	p_1,p_2	30	40	50	55	60	67,5	75	90
	e_2	20	25	30	32,5	35	40	45	55
	S 235	55,4	70,7	91,4	101,8	110,8	121,5	136,4	166,2
	S 275	66,2	84,4	109,1	121,5	132,3	145,1	162,9	198,5
	S 355	78,5	100,1	129,4	144,1	156,9	172,1	193,2	235,4
mittlere Beanspruchung $\alpha \approx 0{,}75$	e_1	30	40	50	55	60	70	75	90
	p_1,p_2	40	55	70	75	80	90	100	120
	e_2	25	30	40	45	50	55	60	70
	S 235	83,1	106,7	136,4	151,3	166,2	182,3	204,5	249,2
	S 275	99,2	127,4	162,9	180,7	198,5	217,7	244,3	297,7
	S 355	117,7	151,1	193,2	214,3	235,4	258,2	289,8	353,1
hohe Beanspruchung $\alpha \approx 1{,}0$	e_1	40	55	70	75	80	90	100	120
	p_1,p_2	50	70	85	95	100	115	130	150
	e_2	35	50	60	65	70	80	90	110
	S 235	108,0	144,0	180,0	198,0	216,0	243,0	270,0	324,0
	S 275	129,0	172,0	215,0	236,5	258,0	290,3	322,5	387,0
	S 355	153,0	204,0	255,0	280,5	306,0	344,3	382,5	459,0

Hinweis: Bei unterschiedlichen Plattendicken t_p in mm müssen die Werte mit $t_p/10$ multipliziert werden. Die Werte gelten nur für $f_{ub}/f_u \le 1$. Für jedes Blech ist ein Einzelnachweis zu führen.

Vorspannung eine Kompression der vorgespannten Fuge erzeugt, die in ihrer gesamten Fläche die angelegte Zugbelastung bis zur Dekompression übernimmt und dadurch die Schraubenbelastung aus äußerer Zugbelastung klein hält [Katzung et al. 1996]. Abbildung 3.4-39 zeigt ein typisches Kompressionsdiagramm infolge der Vorspannkraft $F_{p,cd}$ und die Aufteilung der außen angelegten Zugbelastung $F_{t,Ed}$ in die Zuganteile auf die Schrauben und

auf die vorgespannte Fuge. Das Kleinhalten der Schraubenbelastung aus $F_{t,Ed}$ ist besonders wichtig, wenn $F_{t,Ed}$ zu ermüdungswirksamen Lastspielen ΔF_t führt, da die Ermüdungsfestigkeit im Schraubengewinde klein ist (s. Abb. 3.4-43).

Sind die Kontaktflächen für Gleitfestigkeit vorbereitet (s. Tabelle 3.4-10), dann kann die vorgespannte Verbindung als Gleitfeste-Vorgespannte (GV)-Verbindung eingesetzt werden, die die Ab-

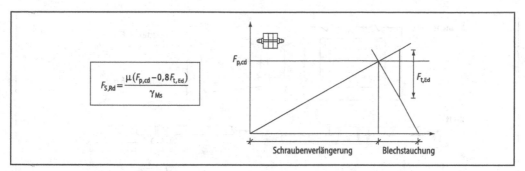

$$F_{S,Rd} = \frac{\mu \left(F_{p,cd} - 0{,}8 F_{t,Ed} \right)}{\gamma_{Ms}}$$

Abb. 3.4-39 Vorspannungsdiagramm und Wirkung von Zugkräften $F_{t,Ed}$ auf den Gleitwiderstand $F_{S,Rd}$

Tabelle 3.4-10 Reibbeiwerte für gleitfeste vorgespannte Schrauben

Vorspannkraft		Gleitfestigkeit		
		Reibbeiwerte aus Dauerstandversuchen		
	$F_{S,Rd} = \dfrac{\mu \cdot F_{p,cd}}{\gamma_{Ms}}$	μ	Klasse	Oberflächenbehandlung
$F_{p,cd} = 0{,}7 \cdot f_{ub} \cdot A_s$		0,5	A	gestrahlte Oberfläche
	Tragsicherheit: $\gamma_{Ms} = 1{,}25$	0,4	B	Alkali-Zink-Silikat-Beschichtung
	Gebrauchtauglichkeit: $\gamma_{Ms} = 1{,}10$	0,3	C	Flammstrahlen
		0,2	D	ohne Vorbehandlung

scherkräfte in den Fugen nicht über die Abscherfestigkeit im Schraubenschaft, sondern durch Reibung in der Kontaktfläche überträgt. Dabei wird danach unterschieden, ob die Gleitfestigkeit nur als Gebrauchstauglichkeitsforderung besteht und nach dem Rutschen oberhalb der Gebrauchsgrenzen die SL-Verbindung für die Tragfähigkeit anspringen kann oder ob GV-Eigenschaften auch für den Tragsicherheitsnachweis gefordert werden. Im letzten Fall darf im Grenzzustand der Tragfähigkeit kein Fließen im Nettoquerschnitt des Grundwerkstoffs auftreten, da infolge der mit dem Fließen verbundenen Querkontraktion die Vorspannung abfallen würde. Abbildung 3.4-39 zeigt auch, wie die Gleitfestigkeit der Verbindung $F_{S,Rd}$ bei einer angelegten Zugbelastung $F_{t,Ed}$ abfällt.

Methoden zur Aufbringung der Vorspannung, deren Mindestwert $F_{p,cd} = 0{,}7 \cdot f_{ub} \cdot A_S$ erreicht werden muss, sind das Drehmomentenverfahren mit definiertem Drehmoment, das Drehwinkelverfahren mit definiertem Drehwinkel nach festem Anziehen und das kombinierte Verfahren, siehe EN 1090-2.

Tabelle 3.4-11 Kategorien für geschraubte Anschlüsse

Kategorie	Typ	Gebrauchstauglichkeit	Tragsicherheit
A	SL	SL	SL
B	GV_{ser}	GV	SL
C	GV_{ult}	GV	GV[a]
D	Z_{ov}	Z_{ov}	Z_{ov}
E	Z_{mv}	Z_{mv}	Z_{ov}

[a] Nettoquerschnittsnachweis

Tabelle 3.4-11 gibt einen Überblick über die möglichen Schraubenkategorien je nach Behandlung von Schrauben, Kontaktfuge und Einsatzzweck.

Das ausgeprägte plastische Last-Verformungsvermögen von SL-beanspruchten Schrauben macht es möglich, bei der Tragsicherheitsbemessung von Schraubengruppen von einfachen elastischen oder plastischen Lastverteilungsmodellen auszugehen. Abbildung 3.4-40 zeigt solche Modelle für die Beanspruchung von Schraubengruppen durch Mo-

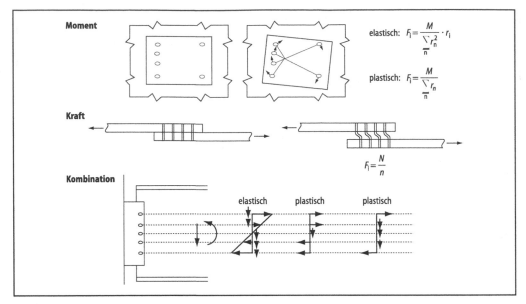

Abb. 3.4-40 Kräfteverteilung bei Scherverbindungen

mente, Zug, Druck oder Querkräfte oder durch eine Kombination von Querkräften und Momenten. Grenzen für die Anwendung solcher vereinfachten Modelle treten nur dann auf, wenn Grenzen der Verformungsfähigkeit erreicht werden (Abb. 3.4-41).

Die vorgenannten elastischen und plastischen Modelle gelten auch im Grenzzustand der Tragsicherheit für GV-Verbindungen des Typs C, da die plastischen Ausgleichsmöglichkeiten durch Rutschungen einzelner Schrauben erreicht werden.

Bei Z-Verbindungen mit nicht vorgespannten Kopfplatten ist gemäß Abb. 3.4-42 besonders darauf zu achten, daß – bedingt durch die Verbiegemöglichkeit der Kopfplatte – Hebelkräfte Q auftreten können, die die Schrauben über die angelegte Zugkraft F_{tEd} hinaus belasten können. Nur eine steife Kopfplatte, die zu vollständiger Klaffung der Fuge führt, kann die Hebelkräfte vermeiden.

Sind die Kopfplatten vorgespannt (Abb. 3.4-43), so hängt die Frage, ob dies zu einer Entlastung der Schrauben führt, im Wesentlichen davon ab, wo sich die komprimierten Flächen befinden: Liegen diese auf der direkten Linie des Lastdurchgangs, dann sind die Schrauben entlastet (Fall A). Liegen diese dagegen am Plattenrand (Fall B), so treten

erhebliche Hebeleffekte auf, die die Schraubenkräfte vergrößern. Daher ist besonders bei Ermüdungsbelastung ΔF_t darauf zu achten, dass der Fall A realisiert wird.

Träger-Stützen-Verbindungen

Die früheren Methoden zur Dimensionierung von Schraubenverbindungen wurden von Nietkonstruktionen abgeleitet. Dabei war das schrittweise Vorgehen:

– Berechnung der Schnittgrößen an der Stoßstelle,
– Aufteilung der Kräfte aus den Schnittgrößen auf einzelne zu stoßende Bauteile,
– Stoß dieser Bauteile derart, dass Festigkeits- und Steifigkeitskontinuität besteht.

Wendet man dieses Vorgehen auf eine Rahmenecke an, so erhält man zwangsläufig Aussteifungen und Detailverstärkungen (Abb. 3.4-44).

Von Offshore-Konstruktionen ist für das Konstruieren mit Hohlprofilen eine andere Vorgehensweise übernommen worden. Man gibt nicht die Kräfte vor und konstruiert danach, sondern gibt wirtschaftliche steifenlose Konstruktionen vor und fragt nach deren Festigkeit (Abb. 3.4-45). Abbildung

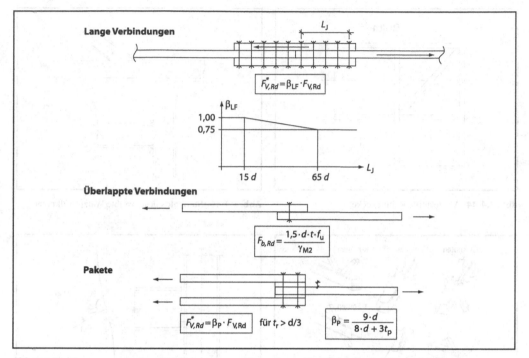

Lange Verbindungen

$$F_{V,Rd}^* = \beta_{LF} \cdot F_{V,Rd}$$

Überlappte Verbindungen

$$F_{b,Rd} = \frac{1,5 \cdot d \cdot t \cdot f_u}{\gamma_{M2}}$$

Pakete

$$F_{V,Rd}^* = \beta_P \cdot F_{V,Rd} \quad \text{für } t_r > d/3 \qquad \beta_P = \frac{9 \cdot d}{8 \cdot d + 3t_p}$$

Abb. 3.4-41 Begrenzung der Tragfähigkeit von langen Schraubenverbindungen oder bei Exzentrizitäten

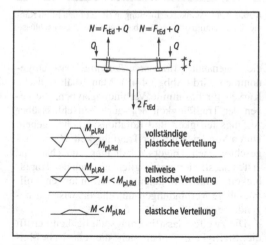

Abb. 3.4-42 Kräfteverteilung bei zugbeanspruchten Kopfplattenverbindungen

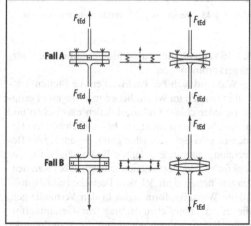

Abb. 3.4-43 Einfluss der Gestaltung von Kopfplattenverbindungen auf die Zugbeanspruchung der Schrauben

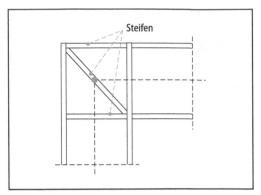

Abb. 3.4-44 Ausgesteifte Rahmenecke

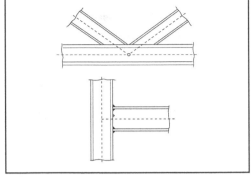

Abb. 3.4-46 Steifenlos geschweißte Walzprofilknoten

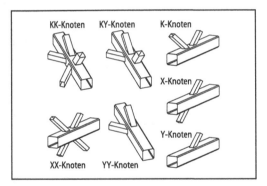

Abb. 3.4-45 Steifenlos geschweißte Hohlprofilknoten

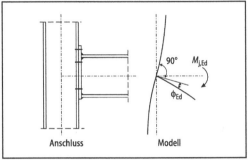

Abb. 3.4-47 Winkelverformungen (Rotationen F) im Rahmenknoten aufgrund verformbarer steifenloser Anschlüsse

3.4-46 zeigt ähnlich ausgebildete steifenlose Walzträgerverbindungen.

Während sich bei Fachwerken die Steifenlosigkeit in Knoten im Wesentlichen in geringerer Festigkeit niederschlägt und die lokalen elastischen und plastischen Verformungen bei ausreichender Bemessung der Schweißnähte genügen, um die der Berechnung zugrunde gelegten Bedingungen für Gelenkfachwerke herzustellen, entstehen bei Rahmenknoten neben dem lokalen Festigkeitsabfall auch lokale Winkelverformungen in den Verbindungen, die einen erheblichen Beitrag zur Gesamtverformung liefern können und damit die Verteilung der Schnittgrößen beeinflussen können (Abb. 3.4-47).

Die Beschreibung des Verbindungsverhaltens erfolgt anhand von Bauteilversuchen, bei denen die Beziehung zwischen Moment und Verdrehung, die sogenannte *Momenten-Rotationskurve* aufgenommen wird (Abb. 3.4-48). Man erhält typische Kurven für bestimmte Verbindungstypen, die neben der Tragfähigkeit M_{Rd} auch Aufschluss über Anfangssteifigkeit und Rotationsverhalten geben. Durch Vergleich mit der Tragfähigkeit M_{pl} des angeschlossenen Trägers erhält man zunächst eine erste Klassifizierungsmöglichkeit nach der Tragfähigkeit, nämlich in gelenkige Verbindungen, volltragfähige Verbindungen und die dazwischen liegende Teiltragfähigkeit.

Die zweite Klassifizierungsmöglichkeit betrifft die Steifigkeit, wobei sich die elastische Initialsteifigkeit als zweckmäßig für die Klassenbildung herausstellt (Abb. 3.4-49); für eine bilineare Approximation der Momenten-Rotationskurven wird natürlich eine geringere Sekantensteifigkeit

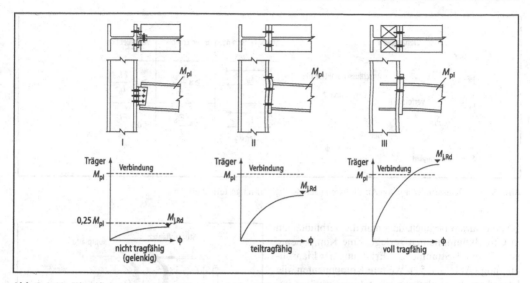

Abb. 3.4-48 Klassifizierung von Anschlüssen nach Tragfähigkeit gemäß der Momenten-Rotationskurve

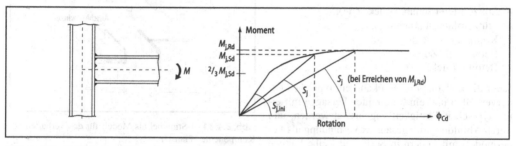

Abb. 3.4-49 Steifigkeitswerte aus der Momenten-Rotationskurve

verwendet. Die Steifigkeitsklassifizierung geht aus Abb. 3.4-50 hervor, wobei nach seitlich unverschieblichen und seitlich verschieblichen Rahmenelementen unterschieden wird. Die Bewertung der Initialsteifigkeit der Verbindung erfolgt durch Bezug auf die Steifigkeit der angeschlossenen Träger. Die Grenzkurven für „starr", „verformbar" und „gelenkig" erlauben eine rasche Einteilung.

Die Kostenoptimierung für steifenlose Verbindungen kann also folgende Wege gehen [Weynand 1997; Dt. Stahlbau-Verband 2000; EN 1993-1-8]:

– Es wird wie bisher die Anforderung nach „starrer" Verbindung beibehalten und mit einer Steifigkeit an der Grenze zwischen „starr" und „ver-

formbar", also einer Steifigkeit so groß wie nötig, eine Gestaltungsoptimierung im Hinblick auf ausreichende Festigkeit vorgenommen.
– Es wird mit Steifigkeits- und Festigkeitsvariationen optimiert und dazu die Verformung der Verbindungen in das statische Modell für das Gesamttragwerk einbezogen. Das kann zu einem Optimum einer verformbaren Verbindung an der Grenze zwischen „verformbar" und „gelenkig" führen.
– Es wird planmäßig mit dem Auftreten plastischer Gelenke an den Verbindungen gerechnet.

Für die einfache Bestimmung der Festigkeits- und Steifigkeitseigenschaften von Verbindungen existieren einfache Berechnungsmodelle in EN 1993-

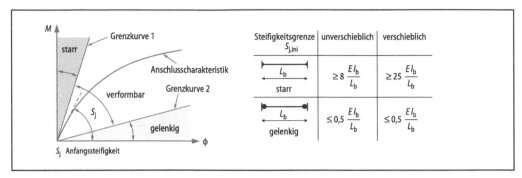

Abb. 3.4-50 Klassifizierung von Anschlüssen nach der Verformungssteifigkeit

1-8, die darauf beruhen, dass man die Verbindungen in Grundkomponenten zerlegt. Eine Komponente ist z. B. der T-Stummel zur Erfassung der Flanschbiegung (Abb. 3.4-51). Weitere Komponenten, die Festigkeit, Steifigkeit und Rotationsverhalten beeinflussen, sind

– Stützensteg (Schub, Druck, Zug),
– Stützenflansch (Biegung),
– Kopfplatte (Biegung),
– Betonstahl (Zug),
– Beton (Druck).

Jeder dieser Komponenten kann ein typisches Federverhalten und ein bestimmtes Versagen mit einer typischen Festigkeit zugeordnet werden, und durch Abbildung der gesamten Verbindung als Federmodell mit Federn in Serie und Reihe können die Initialsteifigkeit und die Festigkeit der gesamten Verbindung bestimmt werden (Abb. 3.4-52).

EN 1993-1-8 liefert einen Katalog standardisierter Verbindungen (Tabelle 3.4-12), für die das Verhalten der einzelnen Komponenten durch Formeln beschrieben wird. Die Berechnung der Verbindungen ist damit mit kleinen Rechnern einfach möglich, sodass Kostenoptimierungen schnell durchgeführt werden können.

Grundsätzlich sind die Verfahren für die Behandlung von Träger-Stützenverbindungen auch auf Rahmenecken oder Rahmenfußpunkte anwendbar.

Schweißverbindungen
Für Schweißverbindungen gelten die Bezeichnungen nach Tabelle 3.4-13 und Abb. 3.4-53. Grundsätzlich gilt für Schweißnähte, deren Herstellung

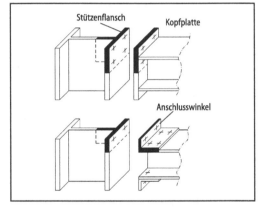

Abb. 3.4-51 T-Stummel als Modell für das Verhalten der Komponente „Flansch"

einem besonderen Qualitätssicherungsverfahren unterworfen ist (s. 3.4.1), dass für Stahlsorten S235 bis S460 die Festigkeit der Nähte mindestens der Festigkeit des verschweißten Grundwerkstoffs entspricht. Damit entfallen alle besonderen Tragsicherheitsnachweise für durchgeschweißte Nähte, da für Nähte die Festigkeitswerte des Grundwerkstoffs verwendet werden dürfen. Besondere Nachweise gelten nur für die Ermüdung von Schweißnähten, da die geometrischen und „metallurgischen" Kerben einer Naht besondere Auswirkungen auf die Ermüdungsfestigkeit haben (s. 3.4.5).

Bei Kehlnähten und anderen nicht durchgeschweißten Nähten wird von einer wirksamen Nahtdicke a ausgegangen, die sich als Höhe des eingeschriebenen Dreiecks gerechnet für die Kon-

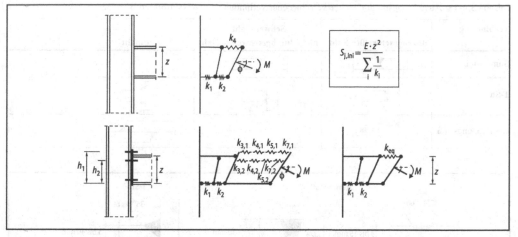

Abb. 3.4-52 Modellierung des Verformungsverhaltens von Verbindungen aus Komponenten

Tabelle 3.4-12 Beispiele aus dem Katalog von Verbindungstypen in prEN 1993-1-8

	Verbindungen
	geschweißt
	mit bündigen Kopfplatten
	mit überstehenden Kopfplatten
	mit Flanschwinkeln

turen der Nahtvorbereitung ergibt (Abb. 3.4-54). Bei durch Schweißverfahrensprüfung belegtem größeren Einbrand darf die Nahtdicke auch einen Teil der Einbrandtiefe mit berücksichtigen. Die Nahtfestigkeit bezieht sich auf den durch die Nahtdicke a und die Nahtlänge ℓ aufgespannten Nahtquerschnitt (Abb. 3.4-55).

Für die Ermittlung der Beanspruchung gibt es zwei Verfahren (EN 1993-1-1):

1. Ein Verfahren, das unabhängig von der Ausrichtung des Nahtquerschnitts zur Kraft ist, bei dem also der Nahtquerschnitt in eine der beiden Nahtschenkelflächen geklappt werden darf. Dann lautet der Nachweis (Abb. 3.4-56):

$$\sigma_{wEd} = \sqrt{\sigma_\perp^2 + \tau_{\parallel}^2 + \tau_\perp^2} \leq \frac{f_u}{\sqrt{3}} \cdot \frac{1}{\beta_w \gamma_{Mw}}. \quad (3.4.53)$$

2. Ein Verfahren, das abhängig von der Ausrichtung des Nahtquerschnitts ist, bei dem der Nachweis lautet (Abb. 3.4-57):

$$\sigma_{wEd} = \sqrt{\sigma_\perp^2 + 3(\tau_\perp + \tau_{\parallel})^2} \leq f_u \cdot \frac{1}{\beta_w \gamma_{Mw}}. \quad (3.4.54)$$

Die Beiwerte $\beta_w = 0{,}8/0{,}9/1{,}0$ für S235/S355/S460 sind aus Versuchen ermittelt; sie gelten für $\gamma_{Mw} = 1{,}25$ für alle Richtungen, die die Nahtachse zur

Tabelle 3.4-13 Ausführungsmöglichkeiten verschiedener Verbindungs- und Nahtformen [Hirt/Bez 1998]

| Verbindung | Schweißnaht | | Kehlnaht |
	durchgeschweißte Naht	nicht durchgeschweißte Naht	
Stumpfstoß			
T-Stoß			
Überlappungsstoß			

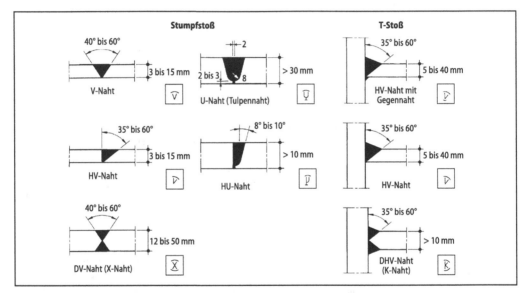

Abb. 3.4-53 Beispiele durchgeschweißter Nähte und ihre symbolische Darstellung [Hirt/Bez 1998]

Kraftrichtung einnimmt, sodass die Festigkeiten von Nahtabschnitten unabhängig von der Richtung addiert werden können.

Bei langen überlappten Anschlüssen mit Kehlnahtlängen $\ell > 150a$, bei denen ungleichmäßige Spannungsverteilungen zu Überlastungen führen können, ist die Nahtfestigkeit mit

$$\beta_{WL} = 1,2 - 0,2 \cdot L/(150a) \le 1,0 \qquad (3.4.55)$$

zusätzlich abzumindern. Näheres siehe EN 1993-1-8.

Die Ermüdungsfestigkeit nicht durchgeschweißter Nähte ist wegen der Kraftumlenkungen und größeren Kerbwirkungen an den Nahtwurzeln ge-

ringer als bei durchgeschweißten Nähten. Auch die Spannungsspiele $\Delta\sigma_w$ und $\Delta\tau_w$ werden beim Ermüdungsnachweis von Schweißnähten anders gehandhabt als beim Grundmaterial (s. 3.4.5).

Geschweißte Anschlusskonstruktionen

Für geschweißte Träger-Stützen-Verbindungen oder die geschweißten Kopfplattenanschlüsse von geschraubten Träger-Stützen-Verbindungen müssen die Schweißnähte so bemessen werden, dass sie die Kräfte und Verformungen, die den Komponenten abverlangt werden, ohne Bruch überstehen.

Die Bemessung erfolgt also nach der *Kapazitätsbemessungsmethode* für die plastischen Schnitt-

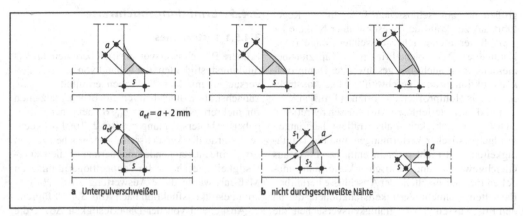

Abb. 3.4-54 Definition der rechnerischen Nahtdicke α [Hirt/Bez 1998]

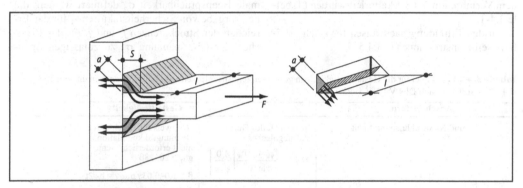

Abb. 3.4-55 Kraftübertragung einer Kehlnaht und Nahtquerschnitt *al* [Hirt/Bez 1998]

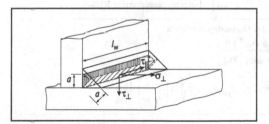

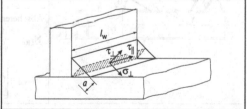

Abb. 3.4-56 Definition der Spannungskomponenten $\sigma_\perp$, $\tau_\perp$ und $\tau_\parallel$ nach Klappen des Nahtquerschnitts *al* in eine der Nahtschenkelflächen

Abb. 3.4-57 Definition der Spannungskomponenten $\sigma_\perp$, $\tau_\perp$ und $\tau_\parallel$ am nicht geklappten Nahtquerschnitt

größen der angeschlossenen Teile. In der Regel führt das zur Wahl durchgeschweißter Nähte oder gleichfester nichtdurchgeschweißter Nähte (z. B. Kehlnähte). Das gleiche Prinzip der Kapazitätsbemessung gilt auch für geschweißte Hohlprofilkonstruktionen oder geschweißte Mischkonstruktionen aus Hohlprofilen und offenen Profilen.

Bei diesen steifenlosen Anschlüssen rekrutieren sich die Tragfähigkeiten aus Kräfteumlagerungen infolge plastischer Verformungen, und die Tragfähigkeiten sind nicht mehr in einfacher Form aus Gleichgewichts- und elastischen Verformungsmodellen für die Einzelteile der Anschlüsse herleitbar. Es gelten vielmehr Festigkeitsfunktionen, die an den Ergebnissen von Tragfähigkeitsversuchen, die in bestimmten Bereichen geometrischer und werkstofflicher Parameter durchgeführt wurden, nach dem Verfahren in 3.4.3.1 kalibriert wurden (Tabelle 3.4-14).

Zu den Ermüdungsnachweisen für solche steifenlosen Konstruktionen s. 3.4.5.

3.4.5 Ermüdungsnachweise

3.4.5.1 Historisches

Frühere Berechnungsvorschriften beruhten auf Ermüdungsfestigkeiten, die anhand von Ermüdungsversuchen mit kleinen Proben ermittelt wurden, zunächst als Wöhler-Kurven aus Bruchspielzahlen für mehrere Niveaus $\Delta\sigma = \sigma_o - \sigma_u$ bei einer vorgegebenen Unterspannung σ_u. Bei $2 \cdot 10^6$ Lastwechseln wurde die Versuchsreihe abgebrochen und in $\Delta\sigma_{RD}$ eine ausreichende Annäherung an die Dauerfestigkeit gesehen. Im doppeltlogarithmischen Maßstab würde diese Auswertung zu der bilinearen Festigkeitsfunktion nach Abb. 3.4-58 führen.

Ausgehend von der Dauerfestigkeit $\Delta\sigma_{RD}$, die der Nutzlastwirkung $\sigma_o - \sigma_u$ zugeschrieben werden kann, kann über die Unterspannung σ_u eine maximale Beanspruchbarkeit σ_o definiert werden, die bei Vorgabe von Sicherheitsfaktoren γ_y für das Erreichen der Streckgrenzen f_y und γ_f für das Erreichen der Oberspannung σ_o zu zulässigen Span-

Tabelle 3.4-14 Beispiel für die Gestaltfestigkeit von geschweißten Anschlüssen aus Hohlprofilstreben und einem I- oder H-Profil-Gurtstab nach DIN V ENV 1993-1-1

Anschlussform	Gestaltfestigkeit	
K- und N-Anschlüsse mit Spalt	Instabilität des Gurtstabstegbleches $$N_{i\,Rd} = \frac{f_{y0} \cdot t_w \cdot b_w}{\sin\,\theta_1}\left[\frac{1,0}{\gamma_{Mj}}\right]$$	Nachweis für Bruch durch Dehnungsakkumulation nicht erforderlich, wenn $g/t_f \geq 20-28\beta$ $\beta \leq 1,0-0,03\gamma$ mit $\gamma = b_0/2t$
	Bruch durch Dehnungskonzentration $$N_{i,Rd} = 2f_{yi} \cdot t_i \cdot b_{eff}\left[\frac{1,0}{\gamma_{Mj}}\right]$$	$0,75 \leq d_1/d_2$ 1,33 für Rundhohlprofile CHS $0,75 \leq b_1/b_2$ 1,33 für Rechteckhohlprofile RHS
	Abscheren des Gurtstabquerschnitts $$N_{i,Rd} = \frac{f_{y0} \cdot A_v}{\sqrt{3}\,\sin\theta_1}\left[\frac{1,0}{\gamma_{Mj}}\right]$$ $$N_{0,Rd} = \left[(A_0 - A_v)f_{y0} + A_v \cdot f_{y0}\sqrt{-1\left(\frac{V_{Ed}}{V_{pl,Rd}}\right)^2}\right]\frac{1}{\gamma_{Mj}}$$	

Funktion	
$b_w = h_i/(\sin\theta) + 5(t_f + r)$ jedoch $b_w \leq 2t_i + 10(t_f + r)$ $b_{eff} = t_w + 2r + 7 \cdot t_f \cdot f_{y0}/f_{yi}$ jedoch $b_{eff} \leq b_i$	$A_v = A_0 - (1-\alpha)\,b_0 \cdot t_f + (t_w + 2r)t_f$ für RHS: $\alpha = \dfrac{1}{\sqrt{1 + \dfrac{4g^2}{3t_f^2}}}$ für CHS: $\alpha = 0$

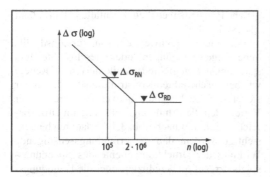

Abb. 3.4-58 Wöhler-Linie im doppeltlogarithmischen Maß-stab

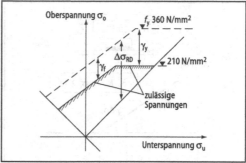

Abb. 3.4-59 Zulässige Beanspruchbarkeit bei schwingen-der Beanspruchung über Unterspannung

nungen unter Berücksichtigung von $\Delta\sigma_{RD}$ führt (Abb. 3.4-59). Eine Auftragung dieser zulässigen Spannungen über $R=\sigma_u/\sigma_o$ führt zu dem Verlauf in Abb. 3.4-60, der prinzipiell dem Verlauf der zuläs-sigen Spannungen bei den früheren Eisenbahnvor-schriften entspricht.

3.4.5.2 Grundlagen der Ermüdungsfestigkeit in EN 1993-1-9

Die Ermüdungsregelungen in EN 1993-1-9 basie-ren auf den Empfehlungen der EKS und des IIW, die auf Versuchsergebnissen von Ermüdungsver-suchen mit großen, bauteilähnlichen Proben beru-hen. Diese ließen folgende Schlussfolgerungen zu:

1. Für geschweißte Konstruktionen ist die Ermü-dungsfestigkeit $\Delta\sigma_R$ aber abhängig von den Spannungsspielen $\Delta\sigma$ und unabhängig von den Spannungsniveaus σ_o und σ_u, also z.B. unabhängig davon, ob sie im Zugbereich oder Druckbereich ermittelt wurde, da die Eigenspannungen die Mit-telspannung aus der Last überlagern.
2. Die statistische Auswertung der Versuche führt zu Geraden für Mittelwerte (m) und Mittelwerte minus 2 × Standardabweichung $(m-2\sigma)$, die für geschweißte Details etwa die Neigung $1/m=1/3$ haben.
3. Die Dauerfestigkeit liegt eher bei $N_D=5\cdot10^6$ Lastwechseln.
4. Die charakteristische Ermüdungsfestigkeit wird durch die $(m-2\sigma)\approx P_{ü}=95\%$-Gerade bestimmt, und im Hinblick auf die Unsicherheit zur Größe

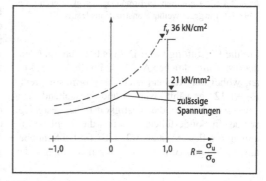

Abb. 3.4-60 Zulässige Beanspruchbarkeit bei schwingen-der Beanspruchung über $R = \sigma_u/\sigma_o$

von N_D wird der Einhängepunkt in Anlehnung an die Vorgehensweise von Wöhler bei $2\cdot10^6$ Last-wechseln gewählt.
5. Die Ermüdungsfestigkeiten sind weitgehend un-abhängig von der Stahlsorte und Stahlgüte. Sie gelten also z.B. in gleicher Weise für S 235 und S 690.

Damit ist eine Wöhler-Festigkeitsfunktion für ein bestimmtes Konstruktionsdetail durch die Funk-tion (Abb. 3.4-61)

$$N_R\cdot\Delta\sigma_R^3 = 2\cdot10^6\cdot\Delta\sigma_c^3 \qquad (3.4.56)$$

beschrieben, und die Dauerfestigkeit beträgt

$$\Delta\sigma_D = \sqrt[3]{\frac{2}{5}}\cdot\Delta\sigma_c. \qquad (3.4.57)$$

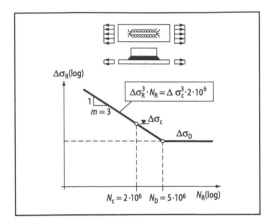

Abb. 3.4-61 Definition der Ermüdungsfestigkeit nach prEN 1993-1-9 für geschweißte Konstruktionsdetails

Für die Einstufung vieler Details bot sich ein Geradenraster mit gleichen Abständen nach Abb. 3.4-62 an, wobei der Abstand nach der Normzahlenreihe $R_{20} = 1,12$ gewählt wurde und ausgehend von $\Delta\sigma_c = 100$ N/mm² die Festigkeitsreihe festgelegt wurde. In Sonderfällen, in denen die Wöhler-Linienneigung flacher ist als 1/3 (z. B. 1/5 bei Schubbeanspruchungen $\Delta\tau$), wurde – wenn möglich – das

gleiche Prinzip beibehalten. Kerbfalltabellen enthält EN 1993-1-9.

Für nicht geschweißte Konstruktionsdetails ohne Eigenspannungen oder geschweißte und spannungsfrei geglühte Bauteile dürfen die Regeln wie bei geschweißten Konstruktionsdetails auf der sicheren Seite liegend angewendet werden. Der Vorteil, den die Ermüdungsbelastung im Druckbereich liefert, darf nach Abb. 3.4-63 dadurch berücksichtigt werden, daß die ermüdungsschädigende Wirkung der Druckkomponente des Spannungsspiels $\Delta\sigma_i$ auf 60 % reduziert oder die Ermüdungsfestigkeit $\Delta\sigma_R$ gleichwirkend erhöht wird.

3.4.5.3 Behandlung von σ-t-Verläufen

In der Regel liegen die wirklichen Zeitverläufe σ-t der Ermüdungsbeanspruchungen nicht als harmonische mit konstanter Amplitude wie im Ermüdungsversuch vor, sondern als unregelmäßige Spannungszeitverläufe (Abb. 3.4-64).

Solche Zeitverläufe können aus Messungen, aus rechnerischer Auswertung von Betriebsvorgängen (z. B. Auswertung von Einflusslinien bei Brücken), oder dynamischen Simulationen des Betriebs von Bauwerken ermittelt werden. Für die Auswertung gibt es anerkannte Zählmethoden, z. B. die Rain-

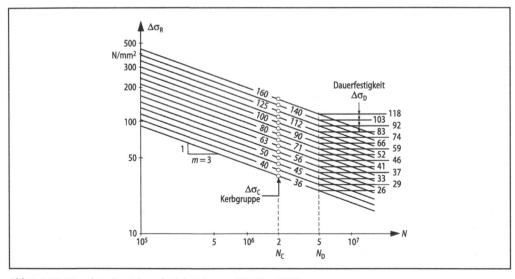

Abb. 3.4-62 Normierte Ermüdungsfestigkeitskurven [Hirt/Bez 1998]

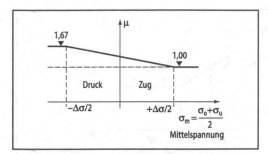

Abb. 3.4-63 Vergrößerungsfaktoren μ für die Ermüdungsfestigkeit $\Delta\sigma_R$ in Abhängigkeit von der Mittelspannung σ_m

flow-Methode oder die Reservoir-Methode, die in Abb. 3.4-64 dargestellt ist. Das Ergebnis der Auswertung ist entweder ein Histogramm, geordnet nach der Spannungsspielhöhe $\Delta\sigma_i$, oder eine Dichteverteilung für $\Delta\sigma_i$.

3.4.5.4 Schädigungsverhalten und Schadensäquivalenz

Jedem der Beanspruchungsblöcke $\Delta\sigma_i$, n_i kann im Bereich oberhalb der Dauerfestigkeit der Wöhler-Linie eine Schädigung

$$D_i = \frac{n_i}{N_{Ri}} = \frac{\Delta\sigma_i^3 \cdot n_i}{\Delta\sigma_c^3 \cdot 2 \cdot 10^6} \leq 1 \qquad (3.4.58)$$

zugewiesen werden. Der Bruch ist erreicht, wenn $D_i = 1,0$ (Abb. 3.4-65).

Bei verschiedenen Blöcken $\Delta\sigma_i$, n_i können die Schädigungen D_i nach der Miner-Regel akkumuliert werden, und der Gesamtschaden lautet

$$D = \sum D_i = \sum \frac{n_i}{N_{Ri}} = \sum \frac{\Delta\sigma_i^3 \cdot n_i}{\Delta\sigma_c^3 \cdot 2 \cdot 10^6} \leq 1. \qquad (3.4.59)$$

Damit ist für das unregelmäßige Histogramm der verschiedenen Ermüdungsbeanspruchungen $\Delta\sigma_i$, n_i ein schadensäquivalentes Einstufenhistogramm mit der Amplitude $\Delta\sigma_e$ und der Gesamtzahl Σn_i berechenbar, das direkt mit der Wöhler-Linie verglichen werden kann:

$$\Delta\sigma_e^3 \cdot \sum n_i = \sum \left(\Delta\sigma_i^3 \cdot n_i \right) \qquad (3.4.60)$$

oder

$$\Delta\sigma_e = \sqrt[3]{\frac{\sum \Delta\sigma_i^3 \cdot n_i}{\sum n_i}}. \qquad (3.4.61)$$

3.4.5.5 Ermüdungsnachweis

Ausgangspunkt des Ermüdungsnachweises ist der Ermüdungsschädigungsnachweis

$$D = \frac{\Delta\sigma_e^3 \cdot \sum n_i}{\Delta\sigma_c^3 \cdot 2 \cdot 10^6} \leq 1 \qquad (3.4.62)$$

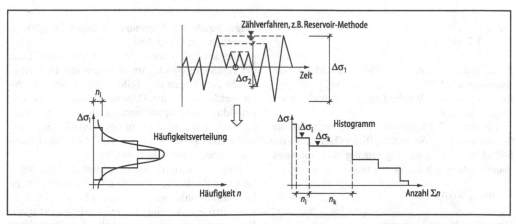

Abb. 3.4-64 Auswertung von Spannungszeitverläufen mit Zählmethode Rainflow oder Reservoir und Ordnung der $\Delta\sigma_i$, n_i-Werte in Histogrammen oder Dichteverteilungen

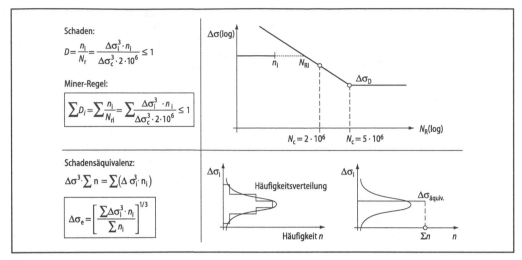

Abb. 3.4-65 Schadensakkumulation nach der Miner-Regel und schadensäquivalentes Spannungsspiel

oder

$$\Delta\sigma_e^3 \cdot \sum n_i \leq \Delta\sigma_c^3 \cdot 2 \cdot 10^6 . \qquad (3.4.63)$$

Dieser Nachweis wird für die meisten Anwendungen in einen Nachweis mit Spannungsspielen umgeschrieben:

$$\lambda \cdot \Delta\sigma_e \leq \Delta\sigma_c \qquad (3.4.64)$$

mit

$$\lambda = \sqrt[3]{\frac{\sum n_i}{2 \cdot 10^6}} .$$

Dieser Nachweis gilt für den Fall 1 nach Abb. 3.4-66, wenn sich alle Spannungsspiele von $\Delta\sigma_{max}$ bis $\Delta\sigma_{min}$ im Bereich der Wöhler-Geraden befinden, also $\Delta\sigma_{min} \geq \Delta\sigma_D$ gilt.

Für den Fall 2 nach Abb. 3.4-66, wenn sich alle Spannungsspiele $\Delta\sigma_i$ unterhalb der Dauerfestigkeit befinden, also keine Begrenzung der Nutzungsdauer besteht, gilt die Bedingung

$$\Delta\sigma_{max} \leq \Delta\sigma_D . \qquad (3.4.65)$$

Dieser Nachweis kann mit

$$\Delta\sigma_{max} = k \cdot \Delta\sigma_e ,$$

$$\Delta\sigma_D = \sqrt[3]{\frac{2}{5}} \cdot \Delta\sigma_c$$

in

$$\lambda_{max} \cdot \Delta\sigma_e \leq \Delta\sigma_c \qquad (3.4.66)$$

mit

$$\lambda_{max} = k \cdot \sqrt[3]{\frac{5}{2}}$$

umgeschrieben werden und hat damit das gleiche Aussehen wie Gl. (3.4.64).

Für den Fall 3 nach Abb. 3.4-66, bei dem Teile der Spannungsspiele $\Delta\sigma_i$ oberhalb der Dauerfestigkeit $\Delta\sigma_D$ liegen und Teile darunter, muß beachtet werden, dass die Dauerfestigkeit infolge der Ermüdungsschädigung absinkt, also nach Aufbringen von Spannungsspielen $\Delta\sigma_i$ oberhalb $\Delta\sigma_D$ auch Spannungsspiele unterhalb von $\Delta\sigma_D$ zur Ermüdungsschädigung beitragen können.

Dies wird dadurch berücksichtigt, dass die Wöhler-Linie für die Auswertung über die Dauerfestigkeit hinaus mit einer Neigung $(2m-1)$, im Fall $m=3$ also mit der Neigung $m=5$, verlängert wird. Nur Spannungsspiele unterhalb des Schwellenwertes der Ermüdungsfestigkeit (Cut-off-Punkt)

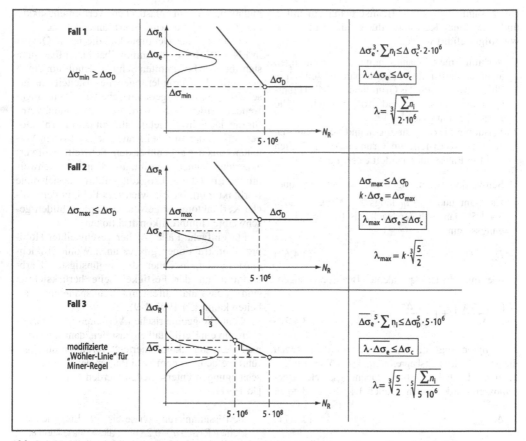

Abb. 3.4-66 Nachweisfälle bei verschiedener Position der Dichteverteilung von $\Delta\sigma_i$ zur Dauerfestigkeit $\Delta\sigma_D$

werden nicht mehr berücksichtigt, da sie nach bruchmechanischer Deutung keinen Beitrag mehr zum Risswachstum liefern, da sich ΔK unterhalb von ΔK_{th} befindet (s. Abb. 3.4-13).

Der Ermüdungsnachweis lautet dann mit den Schädigungsanteilen

$$D = \frac{\sum \Delta\sigma_i^3 \cdot n_i}{\underbrace{\Delta\sigma_c^3 \cdot 2 \cdot 10^6}_{m=3}} + \frac{\sum \Delta\sigma_j^5 \cdot n_j}{\underbrace{\Delta\sigma_D^5 \cdot 5 \cdot 10^6}_{m=5}} \le 1. \qquad (3.4.67)$$

Vereinfacht kann man nach Abb. 3.4-66 auf der sicheren Seite liegend nur den Anteil mit $m=5$ der Wöhler-Linie in Anspruch nehmen, sodass mit

$$\overline{\Delta\sigma_e}^5 \cdot \sum n_j \le \Delta\sigma_D^5 \cdot 5 \cdot 10^6,$$

wobei mit

$$\overline{\Delta\sigma_e} = \sqrt[5]{\frac{\sum \Delta\sigma_j^5 \cdot n_j}{\sum n_j}},$$

der Nachweis lautet:

$$\lambda \cdot \overline{\Delta\sigma_e} \le \Delta\sigma_c \qquad (3.4.68)$$

mit

$$\lambda = \sqrt[3]{\frac{5}{2}} \cdot \sqrt[5]{\frac{\sum n_j}{5 \cdot 10^6}}.$$

Bei zusammengesetzten Beanspruchungen mit σ und τ an einer Kerbstelle dürfen die Nachweise wie folgt geführt werden:

1. Verlaufen die σ-Spannungen und τ-Spannungen an einer Kerbstelle im Grundmaterial zeitlich in Phase, dann ist für das Grundmaterial die Hauptspannung wirksam, und $\Delta\sigma_H$ bezeichnet die Hauptspannungsspiele.

2. Verlaufen die σ-Spannungen und τ-Spannungen an einer Kerbstelle im Grundmaterial zeitlich nicht in Phase oder handelt es sich um Schweißnahtspannungen $\Delta\sigma_w = \sqrt{\sigma_\perp^2 + \tau_\perp^2}$ quer zur Naht und $\tau_w = \tau_{II}$ längs zur Naht, (s. auch 3.4.4.5), dann gilt der Nachweis für die Schädigungssumme

$$D_{d_\sigma} + D_{d_\tau} \leq 1 \qquad (3.4.69)$$

oder mit schadensäquivalenten Beanspruchungen

$$\left(\frac{\lambda_\sigma \cdot \Delta\sigma_e}{\Delta\sigma_c}\right)^3 + \left(\frac{\lambda_\tau \cdot \Delta\tau_e}{\Delta\tau_c}\right)^5 \leq 1. \qquad (3.4.70)$$

Zur Abgrenzung von Spannungsspielen $\Delta\sigma_i$ gegen die obere Gültigkeitsbegrenzung des Wöhler-Linienbereichs, durch die plastische Dehnungsspiele ausgeschlossen werden sollen (s. auch 3.4.5.8), wird noch

$$\Delta\sigma_{max} \leq 1{,}5 f_y \qquad (3.4.71)$$

gefordert. Damit wird erreicht, dass sich die Spannungsschwingspiele im elastischen Bereich einschwingen. Gleichzeitig ist dieser Nachweis auch eine Sicherung gegen plastische Dehnungsakku-mulation, die zur plastischen Verformungsakku-mulation (Shake-down-Effekt) führen könnte.

Für bestimmte Detailpunkte, die in die Details in EN 1993-1-9 nicht unmittelbar einstufbar sind, sich aber von bestimmten Schweißdetails nur durch geometrische Veränderungen des Bauteils unterscheiden, darf das „geometrische Verfahren" angewendet werden. Dabei wird die Nennspannung $\Delta\sigma$, für die das Schweißdetail gilt, mit dem Kerbfaktor vergrößert, der sich bei Annahme elastischen Verhaltens aus der gegenüber dem Schweißdetail veränderten Geometrie ergibt, und dann der Nachweis mit der Ermüdungsfestigkeit geführt, die sich ohne Kerbfaktor ergibt. Ein wichtiges Feld, in dem solche Kerbfaktoren angewendet werden, bilden geschweißte Hohlprofilkonstruktionen.

Für einfache Fälle solcher geschweißter Hohlprofilkonstruktionen gibt es auch Wöhler-Linieneinstufungen, in denen die ungünstigsten Kerbfaktoren auf der Festigkeitsseite berücksichtigt sind, sodass man direkt mit Nennspannungen arbeiten kann (EN 1993-1-9).

Wenn die geometrischen Verfahren nicht ausreichen, um ein Kerbdetail einzustufen, dann kann dies nach dem sog. „kombinierten" Verfahren durchgeführt werden, bei dem zwei Phasen der Ermüdungsschädigungen unterschieden werden (Abb. 3.4-67) [Jo 1991]:

– die Rissinitinierungsphase bis zum Entstehen von kleinen Rissen $a_o \sim 0{,}25$ mm; diese Phase kann nach dem Kerbgrundverfahren beschrieben werden.

– die Rissfortschrittsphase, bei der – ausgehend von Anfangsrissen – Risswachstum stattfindet, bis die kritische Rissgröße zum Bruch erreicht wird. Die-

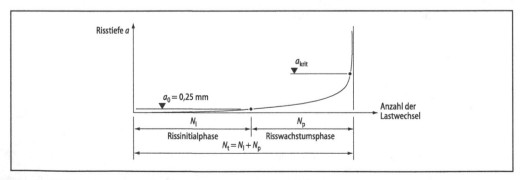

Abb. 3.4-67 Zusammensetzung der Gesamtnutzungsdauer N_t [Jo 1991]

Tabelle 3.4-15 Unterschiede bei der Spezifizierung der Ermüdungsbelastung

Lastmodell für Ermüdung	
direkt	**indirekt**
• Lastmodell zur Bestimmung von $\Delta\sigma_{max}$ (sog. häufige Last)	• Lastmodell zur Bestimmung von $\Delta\sigma_{max}$ (sog. häufige Last)
• standardisiertes Spektrum $\dfrac{\Delta\sigma_i}{\Delta\sigma_{max}}$ Äquivalenzbeiwert λ' $\dfrac{n_i}{\Sigma n}$	• Lastmodell zur Bestimmung des schadensäquivalenten $\Delta\sigma_e$ (sog. Ermüdungslast)
• Lastwechselzahl Σn	• Lastwechselzahl Σn

se Phase kann mit bruchmechanischen Verfahren beschrieben werden.

Die Rissinitiierungsphase liefert den überwiegenden Anteil der Nutzungsdauer N_R bei kleinen Bauteilen, (z. B. Schrauben oder Maschinenbauteilen) oder bei dünnen Blechkonstruktionen.

Die Rissfortschrittsphase liefert den überwiegenden Anteil der Nutzungsdauer bei üblichen geschweißten Stahlbauteilen größerer Abmessungen und wird deshalb in diesen Bereichen vorwiegend eingesetzt. Die Anfangsgröße wird so gewählt, dass sie ΔK-Werte liefert, die gerade oberhalb des Threshold-Wertes ΔK_{th} liegen, es sei denn, es müssen größere Anfangsrisse a priori angenommen werden.

3.4.5.6 Ermüdungsbelastung

Ermüdungsbelastungen liegen entweder als gemessene oder gerechnete Spannungszeitverläufe σ-t vor, sind in Form von Dichteverteilungen oder Spannungsspektren der Spannungsschwingbreiten schon aufbereitet, oder werden in Normen oder Spezifikationen bereits als schadensäquivalente Größen angegeben (Tabelle 3.4-15).

Typisch für solche Angaben sind die ermüdungswirksamen Kranlasten auf Kranbahnträgern, für die drei Parameter vorgegeben werden:

- Lastmodell zur Bestimmung der Bezugsgröße $\Delta\sigma_{max}$,
- Lastwechselzahl Σn,
- Standardisiertes Spektrum.

Damit kann

$$\Delta\sigma_e = \lambda \cdot \Delta\sigma_{max} \qquad (3.4.72)$$

berechnet werden.

Für Brücken werden ermüdungswirksame Fahrzeuge als Bezugsfahrzeuge für die Belastung angegeben, mit denen eine Bezugsspannung $\Delta\sigma_{ref}$ bestimmt werden kann, um dann mit mehreren λ-Werten die schadensäquivalente Beanspruchung $\Delta\sigma_e$ ermitteln zu können. Für Eisenbahnbrücken lautet z. B.

$$\Delta\sigma_e = \Phi_2 \lambda_1 \lambda_2 \lambda_3 \lambda_4 \cdot \Delta\sigma_{uic} \qquad (3.4.73)$$

mit
Φ_2 dynamischer Vergrößerungsbeiwert,
λ_1 Spannweitenbeiwert,
λ_2 jährliches Verkehrsaufkommen,
λ_3 Lebensdauer,
λ_4 Begegnungshäufigkeit,
$\Delta\sigma_{uic} = \Delta\sigma_{ref}$ für UIC-Belastung.

Für andere ermüdungswirksame Belastungen (z. B. Maschinen oder für Schwingungen aus Winderregung), gibt es Berechnungsverfahren für $\Delta\sigma_e$ und n, die in den Normen (z. B. EN 1991-1-4 für Wind oder EN 1991-5 für Maschinen) zu finden sind.

3.4.5.7 Sicherheitskonzept für Ermüdungsnachweise

Für den Ermüdungsnachweis gelten Teilsicherheitsfaktoren auf der Beanspruchungs- und Beanspruchbarkeitsseite:

$$\gamma_{Ff}\lambda \cdot \Delta\sigma_e \le \frac{\Delta\sigma_c}{\gamma_{Mf}}. \qquad (3.4.74)$$

Grundsätzlich wird bei allen Konstruktionen, die wesentliche Ermüdungsbelastungen erfahren, sodass sie auf Ermüdungssicherheit hin zu dimensionieren sind, vorausgesetzt, dass sie in bestimmten Zeiträumen (den sog. Prüfintervallen) geprüft werden, um mögliche Schäden zu erkennen.

Wenn die Konstruktion und die Werkstoffe immer so gewählt sind, dass ein Ermüdungsschaden bei den Prüfungen rechtzeitig erkennbar wird, bevor er für die Tragsicherheit gefährlich wird, spricht man von Konstruktionen, die hinsichtlich der Ermüdung *schadenstolerant* sind. Dieser Fall trifft für die meisten Konstruktionen zu.

Der Nachweis der Schadenstoleranz erfolgt mit dem *Betriebszeitintervall-Nachweis*. Dieser fordert, daß ein rißähnlicher Schaden, der infolge Ermüdung zu einer bei der Prüfung erkennbaren Größe angewachsen ist, aber bei einer solchen Prüfung übersehen wird, über mindestens ein weiteres Betriebszeitintervall bis zur nächsten Prüfung ohne Gefährdung der Tragsicherheit wachsen kann. Dieser Nachweis wird bruchmechanisch geführt.

Bei modernen Konstruktionen, bei denen die Stahlgütewahl nach dem in 3.4.3 angegebenen Verfahren getroffen wurde, ist bei funktionierenden Inspektionen die Schadenstoleranz gegeben. Auch bei Mehrfachanordnung von Bauteilen besteht Schadenstoleranz, wenn Brüche erkennbar sind. Häufig besteht Schadenstoleranz auch, wenn die Ermüdungsbelastung nicht lastinduziert, sondern zwängungsinduziert ist, d. h. mit der Rissbildung sofort abfällt, sodass der Riss stehen bleibt.

Im Fall der Schadenstoleranz und für die Prüfung gut zugänglicher Konstruktionen dürfen die Sicherheitsfaktoren γ_{Ff} und γ_{Mf} mit dem Wert 1,0 angesetzt werden (s. Tabelle 3.4-16), und alte Konstruktionen dürfen auch dann, meist mit zusätzlichen Maßnahmen, sicher weiterbetrieben werden, wenn die rechnerische Grenzschädigung des Ermüdungsnachweises schon erreicht ist, ohne dass Ermüdungsschäden aufgetreten sind. Denn die Prüfungen liefern ja rechtzeitige Vorwarnungen.

Bei nicht schadenstoleranten Konstruktionen wäre es dagegen möglich, dass Ermüdungsrisse auftreten, die ohne Vorwarnung zum Bruch führen können. Daher bestehen erhöhte Sicherheitsanforderungen für den Ermüdungsnachweis, und die Konstruktion muss nach Ablauf der rechnerischen Grenzschädigung sofort aus dem Betrieb genommen werden. Die Sicherheitsfaktoren werden in diesem Fall nach zwei Kriterien abgestuft:

– Wird die Ermüdungsbelastung während des Betriebs hinreichend genau kontrolliert, sodass die Bedingungen des rechnerischen Ermüdungsnachweises nicht überschritten werden.
– Sind solche Überprüfungen der Ermüdungsbelastungen nur mit Abschätzungen, z. B. bedingt durch schlechte Zugänglichkeit zum Detailpunkt, möglich.

Tabelle 3.4-16 Sicherheitsbeiwerte in prEN 1993-1-9

	Versagensfolge	
	normal	hoch
Schadenstolerante Bemessung	1,00[b]	1,15[b]
Bemessung für schadenskritisches Verhalten	1,15[b]	1,35[b]

[b] kleinere Werte in nationalen Anhängen möglich

3.4.5.8 Ermüdungssicherheit bei plastischen Verformungen

Treten bei hohen Lasten, für die mit plastischen Bauwerksreaktionen gerechnet wird, Beanspruchungswechsel auf (z. B. bei Erdbebenbelastung oder bei extremer Starkwindbelastung), dann interessiert die Sicherheit gegen alternierende Plastizierung.

Für das Spannungs-Dehnungsverhalten im niedrigzyklischen Bereich gilt eine zyklische Spannungs-Dehnungslinie und eine Wöhler-Linie, die aus einer Wöhler-Linie für die wahren Spannungswechsel $\Delta\sigma$ und einer Wöhler-Linie für die wahren plastischen Dehnungswechsel $\Delta\varepsilon_{pl}$ zusammengesetzt ist (Abb. 3.4-68).

In der Regel können für Stahlprofile mit alternierender Plastizierung in plastischen Gelenken die lokalen wahren Spannungen und plastischen Dehnungen wegen Beulenbildung in diesen Bereichen nicht angegeben werden. Deshalb verzichtet man auf eine Mikrobehandlung und führt den Nachweis im Makrobereich gegen Wöhler-Linien für die plastischen Rotationswinkel $\Delta\varphi_{pl}$ durch, die experimentell aus Bauteilversuchen bestimmt werden (Abb. 3.4-69) [Sedlacek et al. 1994].

Die Auswertung erfolgt mit der Wöhler-Linie der plastischen Rotationswinkel unter Anwendung der Reservoirmethode und der Miner-Regel analog zum Vorgehen im elastischen Bereich [Sedlacek/ Kuck/Feldmann 1994]. In den plastischen Nachweisregeln für Windbelastungen nach EN 1993 und Erdbebenbelastungen nach EN 1998 sind die Sicherheiten gegen alternierende Plastizierung von Stahlbauten bereits enthalten.

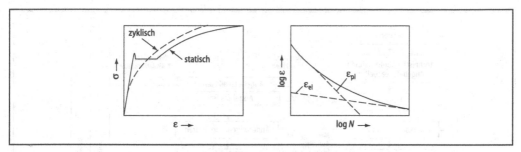

Abb. 3.4-68 Zyklische Spannungs-Dehnungslinie und Wöhler-Linie für wahre Dehnungsschwingbreite $\Delta\varepsilon$

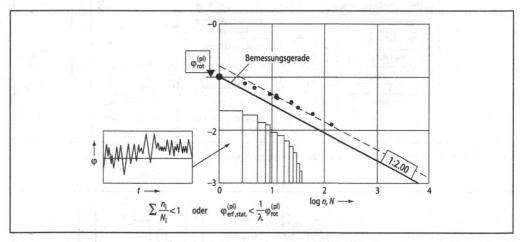

Abb. 3.4-69 Sicherheitsnachweis für das Spektrum $\Delta\varphi_{pl,n}$ gegen die Wöhler-Linie der plastischen Rotationswinkel [Sedlacek/Kuck/Feldmann 1994]

3.4.6 Fertigung und Montage

3.4.6.1 Auftragsabwicklung in der Einzelfertigung

Die Auftragsabwicklung in der Einzelfertigung von Stahlbauten geht aus Abb. 3.4-70 hervor. Die technische Bearbeitung kann in der *Genehmigungsplanung* (Herstellung geprüfter Konstruktionszeichnungen und statische Berechnung) und der *Planung für Werkstatt und Montage* (Werkstattzeichnungen und Stücklisten, Terminplanung, Fertigungsplanung, Versand, Montageplanung und Abnahme) in einer Hand oder in aufeinanderfolgenden Schritten bestehen.

Abbildung 3.4-71 gibt eine Übersicht über eine typische Stahlbaufertigung.

Es gilt die Ausführungsnorm EN 1090.

3.4.6.2 Rationalisierung von Fertigung und Montage

Für die Wirtschaftlichkeit von Stahlkonstruktionen sind zwei Komponenten entscheidend:

– die Kostenentwicklung von Material und Lohn,
– die konstruktive Gestaltung und der damit verbundene Bearbeitungsaufwand.

Aus der Entwicklung der Stundenlöhne (1955: 2,2 DM/h; 1995: 48 DM/h) und der Stahlpreise (1955: 460/DM/t; 1995: 1100 DM/t) folgt die Notwendigkeit der Arbeitseinsparung durch Rationalisierung der Fertigungsmethoden, der Montagemethoden und des Konstruktionsentwurfs zur Einsparung von Arbeitskosten.

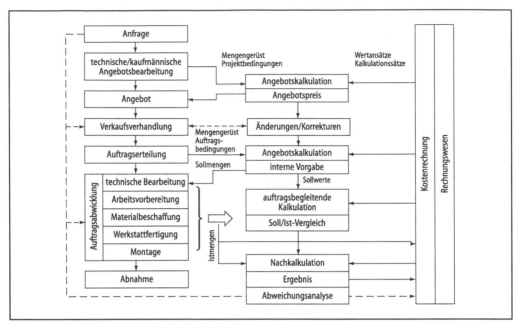

Abb. 3.4-70 Auftragsabwicklung in der Stahlbaueinzelfertigung [Gibitz 2000]

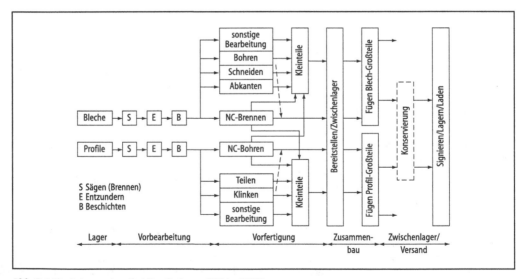

Abb. 3.4-71 Schema einer Stahlbaufertigung [Gibitz 2000]

3.4.6.3 Fertigungsmethoden

Die Rationalisierung in der Fertigungstechnik ist gekennzeichnet durch

– den Einsatz NC-gesteuerter halb- und vollautomatischer Fertigungsverfahren (Brenn-, Bohr-, Schweiß- und Konservierungsanlagen),
– die universelle Verbreitung der Schweißtechnik und die Entwicklung der hochfesten Verschraubung zu einer die Schweißtechnik ideal ergänzenden Verbindungsmethode,
– Rollgänge als dominierende Transportmittel,
– Ansätze zur Entwicklung vollautomatischer Fertigungsstraßen.

3.4.6.4 Montagemethoden

Die Rationalisierung der Montage besteht in

– verbesserten Transportmöglichkeiten, die zu größeren und schwereren Montageeinheiten, Transporten ohne Umladen, Containereinsatz für Personal usw. führen,
– verbesserte Hebeeinrichtungen, z.B. durch Verwendung von Baustellenkranen, Mobil- und Autokranen, hydraulischer Hebesysteme und von Bauaufzügen,
– verbesserte Verbindungstechniken, z.B. Schlagschrauben hochfest vorgespannter Schrauben, verbesserte Elektroden für Baustellenschweißung, Dübeltechnik zum Beton hin, selbstschneidende Blechschrauben und Setzbolzen, Aufschweißen von Kopfbolzen mit Pistole.

3.4.6.5 Konstruktionsentwurf

Ein guter Konstruktionsentwurf geht auf kostengünstige Fertigung und Montage ein. Dabei gelten folgende Leitlinien:

– Entwicklung eines Tragwerkes mit günstiger Gliederung für
  – Schaffung von Wiederholteilen bei der Fertigung zur besseren Typisierung,
  – geringer Aufwand für Montage- und Hilfskonstruktionen, die möglichst typisiert sein sollten,
  – Zerlegung in geeignete Transportteile für Versand und Montage möglichst vom Transportmittel aus ohne Umschlag und Zwischenlager,
  – Anschlüsse und Verbindungen, die günstige Fertigung und schnelle Montage ohne Passprobleme erlauben.

– Verlagerung von Zusammenbau-, Schweiß- und Anpassarbeiten sowie Montagevorbereitungen und Korrosionsschutzmaßnahmen in die Werkstatt, um einfacher rationalisieren zu können und einen zügigen Montageablauf zu gewährleisten.
– Integrierung von Montagehilfen, Schalungen, Arbeitsschutzvorkehrungen und Wartungseinrichtungen in die endgültige Konstruktion.
– Reduktion des Schweißnahtvolumens durch größeren Materialeinsatz (weniger Abstufung) und hochfeste Werkstoffe (geringere Blechdicken).

Abkürzungen zu 3.4

VDEh	Verein Deutscher Eisenhüttenleute, Düsseldorf
DASt-Richtlinie	Richtlinie des Deutschen Ausschusses für Stahlbau
DIBt	Deutsches Institut für Bautechnik, Berlin
ECCS	European Convention for Constructional Steelwork
EKS	Europäische Konvention für Stahlbau
GV-Verbindung	gleitfeste vorgespannte Verbindung
IIW	International Institute for Welding
SL-Verbindung	Scherlochleibungsverbindung
SM-Verfahren	Siemens-Martin-Verfahren
TM-behandelt	Thermo-Mechanisch-behandelt
UHP-Lichtbogen	Ultra-High-Power (Hochleistungs-Elektrolichtbogen-Verfahren)
WEZ	Wärmeeinflusszone
Z-Verbindung	Zugverbindung

Literaturverzeichnis Kap. 3.4

Bauberatung Stahl (1996) Geschoßbau in Stahl, Flachdeckensysteme Dokumentaion 605, Hrsg: Bauberatung Stahl, Düsseldorf

Bleck W (1999) Vom alten Eisen zum High-Tech-Werkstoff. In: Walter R, Rauhut B (Hrsg) Horizonte Springer, Berlin

Bossenmayer HJ (1999) Stahlbetonnormung – heute und in Zukunft. In: Stahlbeton-Kalender 1999. Ernst u. Sohn, Berlin

Dahl W, Hesse W, Krabiell A (1983) Zur Verfetigung von Stahl und dessen Einfluß auf die Kennwerte des Zugversuchs. Stahl u. Eisen 103, 2, S 87–90

Dahl W, Hagen M et al. (1991) Vorgänge im Wrekstoff bei der thermomechanischen Behandlung von Stahl. Stahl u. Eisen 111, 4, S 113–119

Deutscher Stahlbau-Verband (1982) Stahlbau Handbuch, Bd 1., Stahlbau Verlag, Köln

Deutscher Stahlbau-Verband (2000) Typisierte Anschlüsse im Stahlhochbau Stahlbau Verlag, Köln

ECCS (1991) Essentials of Eurocode 3: Design manual for steel structures in Buildings European Convention for Contructional Steelwork (ECCS) AC 5, Brüssel

Gibitz W (2000) Kalkulation und Montage im Staalbau, Skriptum zur Vorlesung, Lehrstuhl Baubetrieb, Univ. Dortmund

Heinemeyer C (2000) Brandsichere Stahlbauweisen Ber. P327, Studienges. Stahlanwendung, Düsseldorf

Hirt MA, Bez R (1998) Stahlbau – Grundbegriffe und Bemessungsverfahren Ernst & Sohn; Berlin

Hoffmeister B (1998) Plastische Bemessung von Verbundkonstruktionen unter Verwendung realitätsnäher Last-Verformungsansätze Diss. RWTH Aachen, Shaker Verlag, Aachen

Jo J-B (1991) Untersuchung der Ermüdungsfestigkeit von Bauteilen aus Stahl mit Hilfe des Kerbgrundonzeptes und der Bruchmechanik. Diss. RWTH Aachen

Johansson B, Maquoi R et al. (1999) Die Behandlung des Beulens bei dünnwandigen Stahlkonstruktionen in ENV 1993 Teil 1.5 (Eurocode 3-1-5) Stahlbau 68 (1999) 11, S 857–879

Katzung W, Pfeiffer H, Schneider A (1996) Zum Vorspannkraftabfall in planmäßig vorgespannten Schraubenverbindungen mit beschichteten Kontaktflächen. Stahlbau 65, 9, S. 309–311

Kunz P (1992) Probalistisches Verfahren zur Beurteilung der Ermüdungssicherheit bestehender Brücken aus Stahl. Diss. EPUL, Lausanne (Schweiz)

Langenberg P (1995) Bruchmechanische Sicherheitsanalyse anrißgefährdeter Bauteile im Stahlbau Ber. IEHK, RWIH Aachen, Bd. 14/95. Shaker Verlag, Aachen

Liessem A (1996) Bruchmechanische Sicherheitsanalyse von Stahlbauten aus hochfesten niedriglegierten Stählen. Ber. IEHK, RWIH Aachen, Bd. 3/96 Shaker Verlag, Aachen

Maquoi R, de Ville de Goyet V (1999) Some tracks for possible improvement and imlemention of Eurocode 3, Stahlbau 68, 11, S 880–888

Naumes JC (2010) Biegeknicken und Biegedrillknicken von Stäben und Stabsystemen auf einheitlicher Grundlage. Diss. 82, RWIT Aachen 2009/Shaker Verlag Aachen

Petersen C (1994) Stahlbau – Grunmdlagen der Berechnung und baulichen Ausbildung, 3. Aufl., Vieweg, Braunschweig

Roik K (1978) Vorlesungen über Stahlbau – Grundlagen, Ernst & Sohn, Berlin

Schaumann P (1998) Tragwerksbemessung für den Brandfall nach Eurocodes. In: Tagungsband Brand- und Korrosionsschutz von Stahlbauten und Konstruktionen. Studienges. Stahlanwendung, Düsseldorf

Schleich JB (1998) Globales Brandsicherheitskonzept. Stahlbau 67, 2 S 81–96

Schlesinger W (1984) Zur Festlegung von Sicherheitsbeiwerten beim Betriebsfestigkeitnachweis von Stahlkonstruktionen. Diss. RWIH Aachen

Schneider K-J (Hrsg) (1998) Bautabellen für Ingenieure, 13. Aufl. Werner Verlag, Düsseldorf

Sedlacek G, Kuck J, Feldmann M (1994) Zur Berücksichtigung der alternierenden Plastizierung infolge zeitlich veränderlicher Belastung bei Tragsicherheitsnachweisen von Stahlbauten. Stahlbau 63, 9, S 925–298

Sedlacek G, Müller C (2000) Die Neuordnung des Eurocodes 3 für die EN-Fassung und der neue Teil 19 – Ermüdung, Stahlbau 69, 4, S 228–235

Stahl-Informations-Zentrum (2000) jStahl und Form. Stahl-Informations-Zentrum, Düsseldorf

SZS (1997) Stahlbau-Tabellen. Schweizer Zentralstelle für Stahlbau (SZS), Zürich

Verein Deutscher Eisenhüttenleute (ed) (1992) Steel – A handbook für materials research and engineering, Vol 1, Springer, Berlin

Weynand K (1997) Sicherheits- und Wirtschaftlichkeitsuntersuchungen zur Anwendung nachgiebiger Anschlüsse im Stahlbau Diss RWIH Aachen, Shaker Verlag Aachen

Zimnik W, Freier K, Seifert K (1991) Optinierung der thermomenchanischen Behandlung von Grobblech und warmbreitband aus mikrolegierten Baustählen. Stahl u. Eisen 111, 5, S 59–64

Normen, Richtlinien

DASt – Richtlinie 009: Empfehlungen zur Wahl der Stahlsorte für geschweißte Stahlbauten (2010)

DIN EN 1993-1-1: Eurocode 3: Bemessung und Konstruktion von Stahlbauten. Teil 1-1: Allgemeine Bemessungsregeln, Bemessungsregeln für den Hochbau (07/2005)

DIN EN 1993-1-2: Eurocode 3: Bemessung und Konstruktion von Stahlbauten. Teil 1-2: Allgemeine Regeln – Tragwerksbemessung für den Brandfall (10/2006)

DIN EN 1993-1-5: Eurocode 3: Bemessung und Konstruktion von Stahlbauten. Teil 1-5: Plattenförmige Bauteile (02/2007)

DIN EN 1993-1-8: Eurocode 3: Bemessung und Konstruktion von Stahlbauten. Teil 1-8: Bemessung von Anschlüssen (07/2005)

DIN EN 1993-1-9: Eurocode 3: Bemessung und Konstruktion von Stahlbauten. Teil 1-9: Ermüdung (07/2005)

DIN EN 1993-1-10: Eurocode 3: Bemessung und Konstruktion von Stahlbauten. Teil 1-10: Stahlsortenauswahl im Hinblick auf Bruchzähigkeit und Eigenschaften in Dickenrichtung (07/2005)

DIN EN 1993-2: Eurocode 3: Bemessung und Konstruktion von Stahlbauten. Teil 2: Stahlbrücken (02/2007)

EN 1090-2: Ausführung von Stahltragwerken und Aluminiumtragwerken. Teil 2: Technische Regeln für die Ausführung von Stahltragwerken (07/2008)

EN 10025 – Teil 1 bis 6: Warmgewalzte Erzeugnisse aus Baustählen

EN 10210 – Teil 1 und 2: Warmgefertigte Hohlprofile für den Stahlbau aus unlegierten Baustählen und aus Feinkornbaustählen

EN 10219 – Teil 1 und 2: Kaltgefertigte geschweißte Hohlprofile für den Stahlbau aus unlegierten Baustählen und aus Feinkornbaustählen

3.5 Verbundbau

Gerhard Hanswille

3.5.1 Einleitung, Regelwerke

Verbundkonstruktionen aus Stahl und Beton eröffnen neben den traditionellen Bauweisen des reinen Stahl- und Massivbaus eine Vielzahl von neuen Möglichkeiten, da bei Verbundbauteilen durch eine optimale Querschnittsgestaltung die hohe Zugfestigkeit des Baustahls und die große Druckfestigkeit des Betons gleichzeitig ideal ausgenutzt werden können. Durch die schubfeste Verbindung von biegesteifen Stahlprofilen mit Betonteilen werden beide Materialien zur gemeinsamen Tragwirkung herangezogen. Auf diese Weise entstehen Konstruktionselemente wie Verbunddecken, Flachdecken, Träger, Stützen und Rahmenkonstruktionen, die sich durch hohe Tragfähigkeit und Dauerhaftigkeit sowie durch große Steifigkeit auszeichnen. Die in Abb. 3.5-1 dargestellte Auswahl umreißt die Vielfalt der Konstruktionsformen, die dem planenden Ingenieur zur Verfügung stehen. Die Hauptanwendungsgebiete des Verbundbaus liegen heute neben dem Brückenbau [Nather 1990, 1997; Haensel 1992; Seifried/Stetter 1995; Schwarz/Haensel 1995; Hagedorn 1997] insbesondere im Geschoss-, Hochhaus- und Industriebau sowie im Hallen- und Parkhausbau [Muess 1982, 1996; Muess/Schaub 1985; Braschel/Schmid 1989; Mascioni u. a. 1990; Spang/Hass 1986; Joest/Hanswille u. a. 1992; Kobarg 1992; Ladberg 1996; Tschemmernegg 1996; Eichhorn/Kühn/Muess 1996; Baumgärtner/Krampe u. a. 1997; Hanswille 1997; Lange/Ewald 1998; Wolperding 2002; Muess u. a. 2004]. Bei konsequenter Nutzung der technischen Möglichkeiten ergeben sich für den Bauherrn, den Planer und die ausführenden Firmen eine Reihe von *Vorteilen*. Die industrielle Vorfertigung von Verbundbauteilen ermöglicht hohe Maßgenauigkeit sowie weitgehende Witterungsunabhängigkeit, die erhebliche Bauzeitverkürzungen zur Folge hat. Durch die hohen Tragfähigkeiten von Verbundbauteilen ergeben sich kleine Querschnittsabmessungen, die zu größeren Nutzungsflächen und der damit verbundenen Flexibilität führen. Die Ausbaufreundlichkeit von Verbundtragwerken zeigt sich in einer großen Installationsfreiheit, da bei Verbunddecken großflächige Abhängesysteme zum Einsatz kommen und bei Trägern und Stützen zusätzliche Befestigungsmöglichkeiten an den sichtbaren Stahlflanschen bestehen. Die frühere Nutzung infolge kürzerer Montagezeit führt zu finanziellen Vorteilen für den Investor. Die im Geschoss- und Industriebau gestellten Anforderungen an den Brandschutz können mit unterschied-

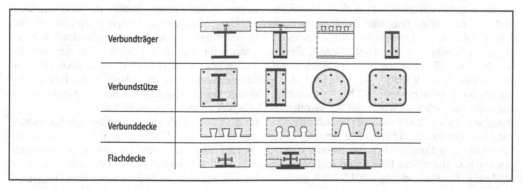

Abb. 3.5-1 Konstruktionselemente des Verbundbaus

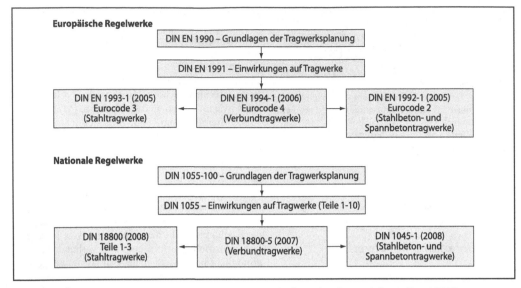

Abb. 3.5.2 Übersicht über den derzeitigen Stand der Regelwerke für Verbundkonstruktionen (Stand 2009)

lichen Methoden erfüllt werden. Neben den herkömmlichen Plattenbekleidungen und Putzbeschichtungen werden heute i. d. R. Stahlprofile mit Kammerbeton verwendet, der mit Kopfbolzendübeln und Steckhaken aus Bewehrungsstahl verankert wird.

Die *Regelwerke* für Verbundkonstruktionen aus Stahl und Beton zeichnen sich in den letzten Jahren durch eine innovative Weiterentwicklung aus. Die Bemessung und Ausführung von Verbundkonstruktionen kann derzeit auf der Grundlage nationaler und europäischer Regelwerke (Eurocodes) erfolgen. Im Jahr 2006 wurde die Deutsche Fassung des Eurocode 4 (DIN EN 1994-1-1) und im Dezember 2010 der zugehörige Nationale Anhang veröffentlicht. Parallel zu der Erarbeitung der Eurocodes erfolgte die Bearbeitung von DIN 18800-5, die im Jahr 2007 veröffentlicht und bauaufsichtlich eingeführt wurde. Da DIN 18800-5 und Eurocode 4 bezüglich der Regelungsinhalte und Nachweisformate praktisch identisch sind, wurde mit der Veröffentlichung von DIN 18800-5 für den Bereich des Verbundbaus bereits eine vollständige Anpassung an die zukünftigen Europäischen Regelwerke vollzogen. Die bauaufsichtliche Einführung der Eurocodes ist derzeit für den Zeitraum 2011–2012 geplant. Eine Übersicht über die derzeit gültigen Nationalen

Regelwerke für Verbundkonstruktionen mit den zugehörigen Referenznormen und die zukünftigen Europäischen Regelwerke zeigt Abb. 3.5-2.

3.5.2 Grundlagen der Bemessung

3.5.2.1 Allgemeines, Sicherheitskonzept

Zur Sicherstellung eines ausreichenden Zuverlässigkeitsniveaus bezüglich der Tragfähigkeit und Dauerhaftigkeit sowie einer ausreichenden Gebrauchstauglichkeit wird bei Verbundtragwerken zwischen Nachweisen in den *Grenzzuständen der Tragsicherheit und der Gebrauchstauglichkeit* unterschieden. Die Dauerhaftigkeit ist dabei eine entscheidende Voraussetzung für die im folgenden erläuterten rechnerischen Nachweise in den Grenzzuständen der Tragfähigkeit und der Gebrauchstauglichkeit. Eine ausreichende Dauerhaftigkeit wird durch konstruktive Regeln und durch rechnerische Nachweise, die i. Allg. für das Gebrauchslastniveau geführt werden, sichergestellt. Bei den Einwirkungen F wird zwischen direkten und indirekten Einwirkungen und nach ihrer zeitlichen Veränderlichkeit zwischen ständigen Einwirkungen G, veränderlichen Einwirkungen Q, außergewöhnlichen Einwirkungen F_A und Einwirkungen P aus planmäßig eingeprägten Deformationen oder Spannungliedvorspannung unterschieden. Aus dem Kriechen und Schwinden des Betons resultieren bei Verbundbauteilen Eigenspannungen im Querschnitt sowie Krümmungen und Längsdehnungen in Bauteilen. Die bei statisch bestimmten Systemen auftretenden Eigenspannungszustände werden als primäre Beanspruchungen bezeichnet. In statisch unbestimmten Systemen treten aufgrund der Verträglichkeitsbedingungen zusätzliche Zwängungen auf, die als sekundäre Beanspruchungen (Zwangsbeanspruchungen) bezeichnet werden. Die zugehörigen Einwirkungen, i. Allg. Auflagerkräfte, werden als indirekte Einwirkungen behandelt.

3.5.2.2 Grenzzustand der Tragfähigkeit

In den Grenzzuständen der Tragsicherheit ist nachzuweisen, dass die mit den Bemessungswerten der

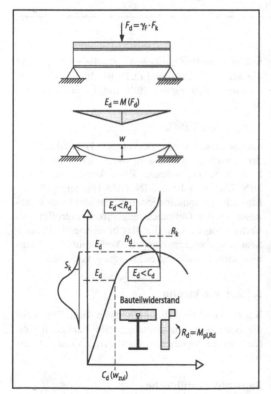

Abb. 3.5-3 Grenzzustände der Tragfähigkeit und Gebrauchstauglichkeit

Einwirkungen F_d ermittelten Beanspruchungen E_d (z. B. Schnittgrößen oder Spannungen) die mit den Bemessungswerten der Widerstandsgrößen ermittelten Beanspruchbarkeiten R_d nicht überschreiten. Tritt der Grenzzustand durch Bruch oder übermäßige Verformung eines Bauteils ein, so ist nach Abb. 3.5-3 nachzuweisen, dass

$$E_d(F_d) = E_d(\gamma_F \, \psi_i F_k) \leq R_d = R\left(\frac{f_{i,k}}{\gamma_{M,i}}, a_{nom}\right)$$

(3.5.1)

Die Bemessungswerte der Einwirkungen F_d ergeben sich in den Grenzzuständen der Tragsicherheit aus den mit dem Teilsicherheitsbeiwert γ_F nach Tabelle 3.5-1 und gegebenenfalls mit einem Kombinationsbeiwert ψ_i vervielfachten charakteristischen Wert der Einwirkungen F_k. Die charakteristischen Werte F_k sowie die Kombinationsbeiwerte ψ_i sind dabei den Regelwerken für Einwirkungen (DIN 1055 bzw. DIN EN 1990 und DIN EN 1991) zu entnehmen.

Bei Verbundtragwerken kann der Beanspruchungszustand mittels planmäßig eingeprägter Deformationen vorteilhaft beeinflusst werden. Die aus planmäßig eingeprägten und kontrollierten Deformationen (z. B. durch planmäßiges Absenken an den Innenstützen von Durchlaufträgern) resultierenden Beanspruchungen können bei Verbundtragwerken nicht mit den Beanspruchungen aus dem Eigengewicht zu einer resultierenden ständigen Einwirkung zusammengefasst werden, da die Unsicherheiten bezüglich der Beanspruchungen in erster Linie aus den Streuungen der Steifigkeit (Elastizitätsmodul des Betons und Rissbildung) sowie den zeitabhängigen Einflüssen aus dem Kriechen resultieren. Für Tragwerke, die nach elastischen Berechnungsverfahren bemessen werden, wurden auf der Grundlage probabilistischer Untersuchungen von Hanswille (1999) die Teilsicherheitsbeiwerte nach Tabelle 3.5-1 hergeleitet. Die Beanspruchungen aus dem Schwinden können wegen der relativ großen Streuung der Schwindmaße nur grob abgeschätzt werden. Ein Teilsicherheitsbeiwert $\gamma_F = 1,0$ ist jedoch gerechtfertigt, da größere Schwindmaße bei Durchlaufträgern zu einer verstärkten Rissbildung im Betongurt führen, die einen nennenswerten Abbau der sekundären Beanspruchungen zur Folge hat.

Die Bemessungswerte der Beanspruchbarkeit, R_d, (z. B. aufnehmbare Schnittgrößen) werden mit

Tabelle 3.5-1 Teilsicherheitsbeiwerte für Einwirkungen (Grundkombination) und Kombinationsbeiwerte

Bemessungswert der Einwirkung: $F_d = \gamma_F\ \psi_i\ F_k$

Teilsicherheitsbeiwerte für Einwirkungen			Kombinationsbeiwerte			
Art der Einwirkung	Auswirkung		Einwirkung	ψ_0	ψ_1	ψ_2
	günstig	ungünstig	Verkehrslasten auf Decken			
ständig	γ_G 1,00	1,35	– Wohn- und Büroräume	0,7	0,5	0,3
veränderlich	γ_Q –	1,50	– Versammlungs- und Verkaufsräume	0,7	0,7	0,6
Schwinden	γ_F 1,00	1,00	– Lagerräume	1,0	0,9	0,8
Temperatur	γ_Q –	1,50	Windlasten	0,6	0,5	0
planmäßig eingeprägte Deformation	γ_P 1,00	1,10	Schneelasten für Orte bis NN + 1000 m	0,5	0,2	0
Spanngliedvorspannung	γ_P 1,00	1,00	Alle anderen Einwirkungen	0,8	0,7	0,5

Tabelle 3.5-2 Teilsicherheitsbeiwerte zur Berechnung der Beanspruchbarkeit

Kombination	Baustahl, profiliertes Stahlblech γ_a	Beton- oder Spannstahl γ_s bzw. γ_p	Beton γ_c	Verbundmittel γ_f
Grundkombination	1,1[*]	1,15	1,5	1,25
außergewöhnliche Kombination	1,0	1,0	1,3	1,0

[*] 1,0 bei Bauteilen ohne globale und lokale Stabilitätsgefahr

den Bemessungswerten der Festigkeiten $f_{i,d} = f_{i,k}/ \gamma_{M,i}$ der Werkstoffe bzw. den Bemessungswerten P_{Rd} der Verbundmittel berechnet. Sie ergeben sich aus den charakteristischen Werten der Festigkeiten $f_{i,k}$ und den jeweiligen Teilsicherheitsbeiwerten γ_M nach Tabelle 3.5-2 zu

$$R_d = R\left(\frac{\alpha_c f_{ck}}{\gamma_c}, \frac{f_{yk}}{\gamma_a}, \frac{f_{sk}}{\gamma_s}, \frac{0{,}9 f_{pk}}{\gamma_s}, \frac{P_{Rk}}{\gamma_v}\right). \quad (3.5.2)$$

Die charakteristischen Werte der Festigkeiten für Beton (f_{ck}) und Beton- und Spannstahl (f_{sk} bzw. f_{pk}) sowie für Baustahl (f_{yk}) und für die Schubtragfähigkeit von Verbundmitteln (P_{Rk}) werden in 3.5.2.4 behandelt. Der Teilsicherheitsbeiwert für Baustahl $\gamma_a = 1{,}1$ gilt nur für Verbundbauteile mit lokaler und globaler Stabilitätsgefahr (lokales Beulen, Biegedrillknicken, Stabknicken). In allen anderen Fällen darf im Grenzzustand der Tragfähigkeit $\gamma_a = 1{,}0$ zugrunde gelegt werden.

3.5.2.3 Grenzzustand der Gebrauchstauglichkeit

Die Grenzzustände der Gebrauchstauglichkeit sind diejenigen Zustände, bei deren Überschreitung die festgelegten Bedingungen C_d für die Funktion und die äußere Erscheinung (z. B. Rissbreite oder Verformung) nicht mehr erfüllt sind. Es muss die Bedingung

$$E_d = E(\psi_i F_k) \leq C_d \quad (3.5.3)$$

nachgewiesen werden (s. Abb. 3.5-3). Hierbei ist E_d der jeweilige Bemessungswert der Lastauswirkungen, der bei mehreren Einwirkungen mit den in DIN EN 1990 bzw. DIN 1055-100 angegebenen Einwirkungskombinationen zu ermitteln ist. Grenzzustände der Gebrauchstauglichkeit betreffen bei Verbundtragwerken die Rissbreitenbeschränkung, Spannungsbeschränkungen, Verformungen, Stegblechatmen sowie das Schwingungsverhalten.

3.5.2.4 Werkstoffe

Nachfolgend sind die wichtigsten Grundlagen für die Bemessung zusammengestellt. Bezüglich weitergehender Angaben wird auf 3.1, 3.3 und 3.4 verwiesen.

Baustahl, Profilbleche

Für die charakteristischen Werte der Festigkeit der Baustähle sind die Werte nach DIN EN 10025 und

Tabelle 3.5-3 Nennwerte (charakteristische Werte) der Streckgrenze f_{ya} und der Zugfestigkeit f_{ua} nach DIN 18800-5

| Stahlsorte | Nennwert der Blechdicke t in (mm) | | | |
| | $t \leq 40$ mm | | 40 mm $\leq t \leq 80$ mm | |
	f_y (N/mm^2)	f_u(N/mm^2)	f_y(N/mm^2)	f_u(N/mm^2)
S235 JR, JO und J2	240	360	215	340
S355 JR, JO und J2	360	490	335	490
S460	460	550	430	530

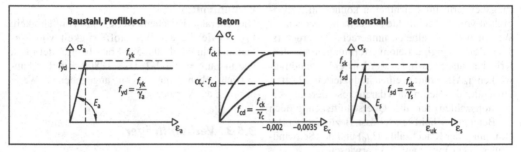

Abb. 3.5-4 Rechnerische Spannungs-Dehnungslinien für Beton, Baustahl und Betonstahl

DIN EN 10113 anzunehmen. Die Regelungen im Eurocode 4-1-1 und in DIN 18800-5 gelten für die Stahlsorten S235, S275, S355 und S460 nach DIN EN 10025 (Tabelle 3.5-3). Bei Verwendung der höherfesten Feinkornbaustähle S420 und S460 sind bei Anwendung plastischer Bemessungsverfahren teilweise Einschränkungen erforderlich, die nachfolgend noch erläutert werden. Der Bemessung wird die in Abb. 3.5-4 dargestellte bilineare Spannungs-Dehnungslinie zugrunde gelegt. Die mechanischen Kennwerte für Profilbleche sind in Eurocode 4-1-1 sowie in bauaufsichtlichen Zulassungen geregelt. Für die Bemessung wird wie beim Baustahl eine bilineare Spannungs-Dehnungsbeziehung nach Abb. 3.5-4 verwendet.

Beton

Für die Bemessung wird der charakteristische Wert der Zylinderdruckfestigkeit, f_{ck}, zugrunde gelegt. Nach Eurocode 4-1-1 und DIN 18800-5 dürfen für Verbundtragwerke mit Normal- und Leichtbeton Betonfestigkeitsklassen kleiner als C 20/25 bzw. LC 20/22 nicht verwendet werden. Nach Eurocode 4-1-1 sind Betonfestigkeitsklassen bis C 50/60 und nach DIN 18800-5 für Verbundträger und Verbunddecken Betonfestigkeitsklassen bis C 60/75 sowie für Verbundstützen bis C 50/60 zugelassen. Höherfeste Be-

tone sind derzeit in den nationalen und europäischen Regelwerken für Verbundkonstruktionen nicht geregelt, da die Bemessungsverfahren im Grenzzustand der Tragfähigkeit plastische Tragreserven ausnutzen, die eine ausreichende Duktilität erfordern. Als Spannungs-Dehnungsbeziehung für die Ermittlung der Beanspruchbarkeit darf für Beton das Parabel-Rechteck-Diagramm und vereinfacht eine bilineare Spannungs-Dehnungsbeziehung zugrunde gelegt werden (Abb. 3.5-4). Die Langzeitfestigkeit des Betons ist geringer als die im Kurzzeitversuch ermittelte Festigkeit. Diese Tatsache sowie weitere ungünstige Auswirkungen aus der Art der Lasteintragung werden in DIN 18800-5 beim Bemessungswert der Druckfestigkeit $f_{cd}=\alpha_c \, f_{ck}/\gamma_c$ durch einen zusätzlichen Abminderungsfaktor α_c erfasst. Dieser hängt von der Form der Druckzone und der Art des Betons (Normal- oder Leichtbeton) ab. Für Normalbetone darf bei Verbundbauteilen mit $\alpha_c=0,85$ gerechnet werden. In Eurocode 4 wird abweichend ein Abminderungsbeiwert $\alpha_c=1,0$ zugrunde gelegt. Die Berücksichtigung der zuvor genannten Einflüsse erfolgt nur bei Anwendung plastischer Berechnungsverfahren durch einen Anpassungsfaktor von 0,85 (Abminderung des charakteristischen Wertes der Betondruckfestigkeit) für den plastischen Spannungsblock des Betonquerschnitts.

Der Elastizitätsmodul E_{cm} ist als Sekantenmodul zwischen den Spannungen $\sigma_c{=}0$ und $\sigma_c{=}0{,}4\cdot f_{ck}$ definiert. Die Querdehnzahl für die elastische Dehnung darf mit $\nu{=}0{,}2$ und, wenn Rissbildung zu erwarten ist, näherungsweise zu null angenommen werden. Für Normalbeton darf der Temperaturausdehnungskoeffizient vereinfachend wie für Baustahl und für Leichtbeton mit $\alpha_T{=}7\cdot10^{-6}\,K^{-1}$ angenommen werden. Die Festigkeits- und Formänderungsbeiwerte für Leichtbeton können in Abhängigkeit von der Rohdichte aus den entsprechenden Werten für Normalbeton umgerechnet werden (s. 3.3). Zeitabhängige Betonverformungen aus dem Kriechen und Schwinden werden bei Verbundtragwerken i. Allg. durch einen reduzierten Elastizitätsmodul des Betons und daraus resultierende Reduktionszahlen für die Querschnittskenngrößen der Betonquerschnittsteile erfasst. Bezüglich der Bestimmung der Kriechzahl $\varphi(t,t_0)$ und des Schwindmaßes $\varepsilon_{cs}(t,t_s)$ wird auf 3.3 verwiesen.

Betonstahl, Spannstahl
Für gerippte Betonstähle als Stabstahl oder Matte gelten die Regelungen nach Eurocode 2-1-1 bzw. E DIN 1045-1. Die mechanischen Werte von Spannstählen sind bauaufsichtlichen Zulassungsbescheiden zu entnehmen. Als charakteristischer Wert der Streckgrenze von Betonstahl ist bei Erzeugnissen ohne ausgeprägte Streckgrenze die 0,2%-Dehngrenze zu verwenden. Für die Querschnittsbemessung sind die rechnerischen Spannungs-Dehnungsbeziehungen nach Abb. 3.5-4 zu verwenden; vereinfachend darf für Betonstahl (wie für Baustahl) auch ein horizontaler oberer Ast angenommen werden (s. Abb. 3.5-4). Die Dehnung ε_s ist bei der Bemessung

auf den charakteristischen Wert der Stahldehnung unter Höchstlast, $\varepsilon_{uk}{\geq}0{,}025$, zu begrenzen. Wenn eine vollplastische Bemessung ohne Dehnungsbeschränkung durchgeführt wird, sind bei Verbundbauteilen zusätzliche Anforderungen an den Bewehrungsgrad und die Duktilität des Betonstahls zu stellen. In diesen Fällen dürfen nur hochduktile Betonstähle verwendet werden (s. 3.3).

Verbundmittel
Die charakteristischen Werte der Tragfähigkeit, P_{Rk}, sowie die der Werkstofffestigkeit von Verbundmitteln sind als 5%-Fraktilwerte definiert. Die in Eurocode 4-1-1, DIN 18800-5 und in bauaufsichtlichen Zulassungen angegebenen Werte basieren auf Versuchen.

3.5.3 Verbundträger

3.5.3.1 Allgemeines

Verbundträger bestehen aus einem biegesteifen Stahlprofil oder aus Fachwerkträgern, die mit einem oder zwei Betongurten (Doppelverbund) sowie im Hoch- und Industriebau zusätzlich mit dem zwischen den Flanschen angeordneten Kammerbeton schubfest verbunden sind. Die Betongurte und der Kammerbeton sind i. d. R. schlaff bewehrt. Auch im Brückenbau werden in Trägerbereichen mit Zugbeanspruchungen im Betongurt heute nur noch sehr selten Spannglieder angeordnet. Typische Querschnitte von Trägern des Hoch- und Industriebaus sind in Abb. 3.5-5 dargestellt. Querschnitte ohne Betongurt, jedoch mit Kammerbeton, werden als *Profilverbundquerschnitte* bezeichnet. Die Gurte

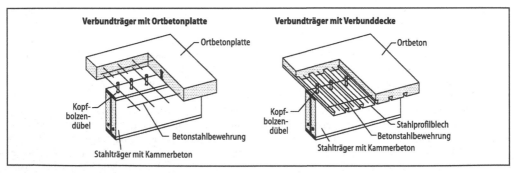

Abb. 3.5-5 Typische Verbundquerschnitte des Hoch- und Industriebaus

von Verbundträgern dienen im Hoch- und Industriebau gleichzeitig als aussteifende Bauteile und in
erster Linie zur Abtragung der örtlichen Deckenlasten. Als Gurte werden alle aus dem Massivbau bekannten Deckensysteme verwendet. Neben Ortbe-
tondecken kommen heute vielfach Teilfertigteil- und
Fertigteildecken zum Einsatz. Eine weitere oft ausgeführte Variante sind Verbunddecken. Sie bestehen
aus einem profilierten Stahlblech, das mit dem Aufbeton einen Verbundquerschnitt bildet.

Das Tragverhalten von Verbundträgern wird entscheidend durch die Ausbildung der *Verdübelung
zwischen Stahlprofil und Beton* bestimmt (s. Abb.
3.5-31). In Deutschland werden überwiegend Kopfbolzendübel mit Durchmessern von 19, 22 und
25 mm verwendet, die im Bolzenschweißverfahren
mit Hubzündung halbautomatisch aufgeschweißt
werden. Bei Parkhäusern und bei Konstruktionen,
bei denen die Forderung nach Demontierbarkeit besteht, kommt auch der sog. Reibungsverbund zum
Einsatz [Beck/Hennisch 1972; Roik/Bürkner 1978;
Roik/Hanswille 1984a]. Vereinzelt wurden bei verschiedenen Bauvorhaben auch Dübelleisten eingesetzt [Andrä 1985]. Neben den genannten Verbundmitteln werden im europäischen Ausland noch
Schenkel- und Winkeldübel verwendet. Die zu Beginn des Verbundbaus oft verwendeten Blockdübel
und Schlaufenanker werden heute aus wirtschaftlichen Gründen nicht mehr verwendet. Diese Dü-
belformen besitzen nur eine geringe Duktilität und
sind bei Trägern, bei denen nach modernen Bemessungsverfahren plastische Querschnitts- und Systemreserven ausgenutzt werden, ungeeignet.

3.5.3.2 Tragverhalten von Verbundträgern –
Grundlagen

Allgemeines
Das Trag- und Verformungsverhalten von Verbundträgern wird entscheidend durch die Rotationskapazität der Querschnitte, die Belastungsgeschichte, die Rissbildung im Beton, die Einflüsse
aus dem Kriechen und Schwinden des Betons sowie das Verformungsverhalten der Verbundmittel
und den Verdübelungsgrad beeinflusst.

**Rotationskapazität sowie plastische
Querschnitts- und Systemreserven**
Im Hinblick auf die Ausnutzung plastischer Quer-
schnitts- und Systemreserven sowie die dazu erforderliche Rotationskapazität der Querschnitte werden im Eurocode 4-1-1 und in DIN 18800-5 *vier
Querschnittsklassen* unterschieden. Mit Hilfe der
Querschnittsklassen werden die Methode der
Schnittgrößenermittlung und die Berechnungsan-
nahmen für die Querschnittstragfähigkeit festgelegt.
Querschnitte der Klasse 1 (*plastische Querschnitte*)
können die vollplastische Querschnittstragfähigkeit
und gleichzeitig plastische Gelenke mit einer so großen Rotationskapazität entwickeln, dass eine vollständige Schnittgrößenumlagerung ermöglicht wird,
d. h. es ist eine Berechnung nach der Fließgelenktheorie zulässig. *Kompakte Querschnitte* der Klasse
2 können ebenfalls die vollplastische Querschnittstragfähigkeit entwickeln. Durch lokales Beulen
und/oder Zerstören des Betons ist die Rotation in
Fließgelenken jedoch eingeschränkt. Bei der
Schnittgrößenermittlung darf die Momentenumlagerung infolge Rissbildung sowie Teilplastizierung
vor Entstehen des ersten Fließgelenks berücksichtigt werden. Die Querschnitte der Klasse 3 werden
als *halb-kompakte Querschnitte* bezeichnet. Bei ihnen ist im Druckflansch des Stahlträgers nur eine
(elastische) Ausnutzung des Querschnitts bis zur
Streckgrenze möglich. Eine Momentenumlagerung
im System wird im Wesentlichen nur durch Rissbildung im Betongurt und durch lokales Fließen in
zugbeanspruchten Stahlteilen und in der Bewehrung
ermöglicht. *Schlanke Querschnitte* der Klasse 4 sind
bei elastischer Druckbeanspruchung wegen des lokalen Beulens im Baustahlquerschnitt nicht bis zur
Streckgrenze ausnutzbar. Momentenumlagerungen
im System werden nur durch Rissbildung im Betongurt hervorgerufen. Der Zusammenhang zwischen Querschnittsklassifizierung, Querschnittstragfähigkeit und Schnittgrößenermittlung ist in
Abb. 3.5-6 dargestellt. Weiteres kann [Bode/Fichter
1986; Bode/Minas/Sauerborn 1996; Johnson/Chen
1991; He 1991; Sedlacek/Hiffmeister 1997] entnommen werden.

Die Zuordnung eines Querschnittes zu einer der
vier Querschnittsklassen erfolgt über die *b/t*-Werte
der Gurte bzw. Stege, die Lage der plastischen
Nulllinie und den Bewehrungsgrad des Betongurts.
Mit der Beschränkung der *b/t*-Werte wird das örtliche Beulen der Stahlquerschnittsteile erfasst. Die
Regelwerke für Verbundkonstruktionen beziehen
sich dabei auf die Normen für Stahlbauten. Für die
Stege ist bei den Querschnittsklassen 1 und 2 die

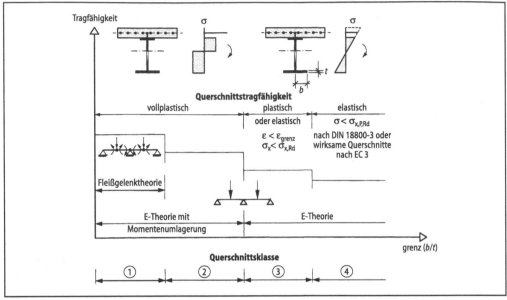

Abb. 3.5-6 Querschnittsklassifizierung, Querschnittstragfähigkeit und Schnittgrößenermittlung

plastische Spannungsverteilung und bei den Querschnitten der Klassen 3 und 4 die elastische Spannungsverteilung unter Berücksichtigung des Kriechens zugrunde zu legen. Da das örtliche Beulen bei Querschnitten mit Kammerbeton wesentlich günstiger zu beurteilen ist, sind für diese Querschnitte höhere Grenzwerte zulässig, die für die Einstufung der Gurte etwa 40% über den Werten für Stahlträger ohne Kammerbeton liegen.

Bei Anwendung der *Fließgelenktheorie* liegen bisher noch keine ausreichenden experimentellen Erfahrungen hinsichtlich der Auswirkung des Kammerbetons auf die vorhandene Rotationskapazität vor. Es ist zu erwarten, dass der stabilisierende Einfluss des Kammerbetons bei größeren Rotationen in den Fließgelenken und einem damit verbundenen Überschreiten der Grenzdehnungen im Beton teilweise verloren geht. Auf der sicheren Seite liegend wird daher die Einstufung bei Trägern der Klasse 1 wie bei Querschnitten ohne Kammerbeton vorgenommen. Bei der Klassifizierung der Stege dürfen Stege der Klasse 3 in die Klasse 2 eingeordnet werden, wenn die Kammern des Trägers ausbetoniert sind und der Kammerbeton mit Bügeln und Dübeln entsprechend verankert wird.

Belastungsgeschichte, Herstellungsverfahren

Für das Verformungs- und Tragverhalten sind in Abhängigkeit von der Querschnittsklasse die Einflüsse aus der Belastungsgeschichte von Bedeutung. In Abb. 3.5-7 ist ein einfeldriger Verbundträger dargestellt, der mit drei unterschiedlichen Bauabläufen hergestellt wird. Beim Träger A wird der Stahlträger während des Betonierens nicht unterstützt. Das Eigengewicht der Betonplatte und des Stahlträgers wird somit vom Stahlträger aufgenommen. Ständige Beanspruchungen aus Ausbaulasten sowie die Verkehrslasten wirken nach Erhärten des Betons auf den Verbundquerschnitt. Es liegt ein *Verbundträger ohne Eigengewichtsverbund* vor. Der Träger B wird während des Betonierens durch Hilfsstützen unterstützt. Der Stahlträger bleibt somit beim Betonieren praktisch spannungslos. Nach Freisetzen der Hilfsstützen wirken alle Eigengewichtslasten und ständigen Lasten sowie die Verkehrslasten auf den Verbundträger. Man spricht dann von einem *Träger mit Eigengewichtsverbund*. Der Träger C wird wie im Fall B hergestellt. Vor dem Betonieren werden jedoch die Hilfsstützen angedrückt. Der Stahlträger wird „vorgespannt" und erhält im Bauzustand ein negatives Biegemoment M_a.

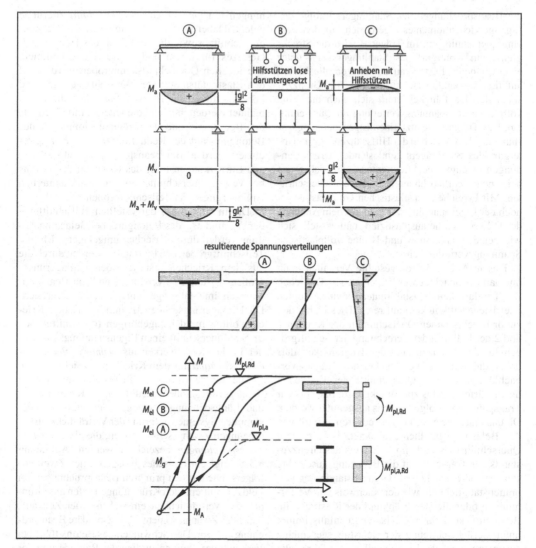

Abb. 3.5-7 Einfluss der Belastungsgeschichte und des Herstellungsverfahrens

Wie Abb. 3.5-7 verdeutlicht, beeinflusst das Herstellungsverfahren die Verformungen unter Gebrauchslast sowie den Beginn des Fließens im Untergurt des Stahlträgers (Biegemoment M_{el}). Auf die Grenztragfähigkeit des Trägers hat das Herstellungsverfahren keinen Einfluss, wenn der Querschnitt so ausgebildet wird, dass ein lokales Beulen der Stahlbauteile ausgeschlossen werden kann. Alle Träger erreichen dann die vollplastische Momententragfähigkeit $M_{pl,Rd}$ des Verbundquerschnitts. Beim Träger A wird im Untergurt des Stahlträgers sehr früh die Fließgrenze erreicht, da infolge der auf den Stahlträger wirkenden Eigengewichtslasten bereits relativ hohe Untergurtspannungen entstanden sind. Nach Überschreiten der Fließgrenze im Untergurt des Stahlträgers plastiziert der Stahlquerschnitt und die Beanspruchungen des Stahlträgers infolge des Eigengewichtsmomentes lagern sich auf den Verbundquerschnitt um. Im Träger B wird die Streckgrenze im Untergurt des Stahlträgers erst unter einem höheren Lastniveau erreicht, da alle Lasten auf den Verbundquerschnitt wirken. Im Grenzzustand der Tragfähigkeit stellt sich auch hier eine vollplastische Spannungsverteilung im Querschnitt ein. Der Träger C besitzt einen Eigenspannungszustand aus dem Anheben der Hilfsstützen, der im Untergurt des Stahlträgers „entlastende" Druckspannungen erzeugt. Die Streckgrenze wird daher erst bei einem deutlich höheren Lastniveau überschritten. Mit Erreichen der plastischen Grenzlast ist jedoch der Eigenspannungszustand aus dem Anheben der Hilfsstützen herausplastiziert, und es stellt sich wie bei den Trägern A und B eine vollplastische Spannungsverteilung ein.

Das in Abb. 3.5-7 dargestellte Verhalten kann nur dann beobachtet werden, wenn vor Erreichen der Traglast keine Instabilitäten (lokales Beulen oder Biegedrillknicken) auftreten. Dies ist bei den zuvor beschriebenen Querschnitten der Klassen 1 und 2 der Fall. Bei der Berechnung der Schnittgrößen für den Grenzzustand der Tragfähigkeit darf daher die Belastungsgeschichte des Trägers vernachlässigt werden. Querschnitte der Klassen 3 und 4 dürfen nur bis zur Streckgrenze bzw. bis zur Tragspannung infolge Beulens ausgenutzt werden. Da das erste Erreichen der Streckgrenze stark von der Belastungsgeschichte abhängt, ist für diese Querschnittsklassen beim Nachweis des Grenzzustands der Tragfähigkeit die Belastungsgeschichte stets zu berücksichtigen. Grenzzustände der Gebrauchstauglichkeit, wie der Nachweis von Verformungen oder die Beschränkung der Rissbreite im Betongurt, sind für alle Klassen ebenfalls immer unter Berücksichtigung der Belastungsgeschichte zu untersuchen, da das Herstellungsverfahren die Verformungen sowie die Schnittgrößen unter Gebrauchslast nennenswert beeinflusst.

Elastische Berechnung und zeitabhängige Betonverformungen aus Kriechen und Schwinden

Für kurzzeitig wirkende Beanspruchungen aus Verkehr, Wind und Temperatur sowie für die Beanspruchungen aus ständigen Einwirkungen bei Belastungsbeginn wird für die Berechnung der Spannungen ein *ideeller Gesamtquerschnitt* zugrunde gelegt. Dabei wird das Ebenbleiben des Gesamtquerschnitts sowie die Gültigkeit des Hookeschen Gesetzes für Beton und Baustahl angenommen. Die ideellen Querschnittskenngrößen werden auf den Elastizitätsmodul des Baustahls bezogen und können mit einem fiktiven Stahlquerschnitt berechnet werden, bei dem die Querschnittsfläche A_c des Betongurts und das Trägheitsmoment I_c des Betongurts mit der Reduktionszahl $n_0 = E_a/E_{cm}$ reduziert werden. Bei Beanspruchungen aus ständigen Einwirkungen führt das Kriechen des Betons bei Verbundquerschnitten zu querschnittsinternen Umlagerungen der Teilschnittgrößen.

Die in Abb. 3.5-8 dargestellten Teilschnittgrößen N_{c0} und M_{c0} des Betongurts bei Belastungsbeginn werden durch Kriechen umgelagert, d. h. die Teilschnittgrößen des Betongurts werden durch die aus dem Kriechen resultierenden Umlagerungsgrößen N_{cr} und M_{cr} verringert und die Beanspruchungen im Stahlträger entsprechend vergrößert. Die Umlagerungsgrößen M_{cr} und N_{cr} aus dem Kriechen bilden mit den zugehörigen Teilschnittgrößen im Stahlquerschnitt einen Eigenspannungszustand, der in den Regelwerken als *primärer Beanspruchungszustand* aus dem Kriechen bezeichnet wird.

Die aus dem primären Beanspruchungszustand (Umlagerungsgrößen) resultierenden Krümmungen und Längsdehnungen erzeugen in statisch unbestimmten Systemen aufgrund der Verträglichkeitsbedingungen Zwangsschnittgrößen, die als *sekundäre Beanspruchungen* bezeichnet werden. Abbildung 3.5-8 zeigt ein typisches Beispiel eines Zweifeldträgers. Die aus den primären Beanspruchungen im Feld A resultierenden Krümmungen rufen aus Gründen der Verträglichkeit ein sich mit der Zeit aufbauendes Zwangsmoment M_{PT} (sekundäre Beanspruchung) hervor. Das Schwinden des Betons führt bei Verbundquerschnitten infolge der Behinderung der Schwindverformungen durch den sich elastisch verhaltenden Stahlquerschnitt ebenfalls zu einem primären Beanspruchungszustand, der in statisch unbestimmten Systemen wiederum sekundäre Beanspruchungen zur Folge hat.

Zur praktischen Berechnung der Beanspruchungen aus dem Kriechen und Schwinden werden heute zwei Berechnungsmethoden verwendet. Bei der ersten werden die aus dem Kriechen resultierenden Umlagerungsgrößen im Beton und Stahl-

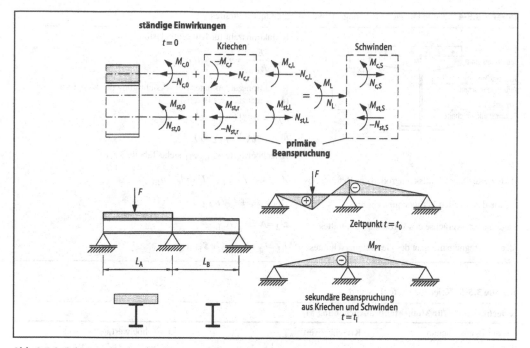

Abb. 3.5-8 Primäre und sekundäre Beanspruchungen aus dem Kriechen

querschnitt direkt berechnet. Die Beanspruchungen der Teilquerschnitte zu einem Zeitpunkt t ergeben sich dann aus den Teilschnittgrößen bei Belastungsbeginn t_0 und den aus dem Kriechen resultierenden Umlagerungsgrößen. Dieses Verfahren wird als *Teilschnittgrößenverfahren* bezeichnet [Sattler 1959].

Für die praktische Berechnung ist das sog. *Gesamtquerschnittsverfahren* [Haensel 1975, Hanswille 1999] von größerer Bedeutung. Bei diesem Verfahren wird der Einfluss des Kriechens analog zur Berechnung bei kurzzeitigen Beanspruchungen durch lastfallabhängige Reduktionszahlen $n_{A,L}$ für die Betonfläche und $n_{I,L}$ für das Betonträgheitsmoment erfasst, die von der Kriechzahl φ_t und den Kriechbeiwerten $\psi_{I,L}$ und $\psi_{I,L}$ abhängen:

$$n_{A,L} = n_0(1 + \psi_{A,L}\varphi_t), \qquad (3.5.4)$$

$$n_{I,L} = n_0(1 + \psi_{I,L}\varphi_t). \qquad (3.5.5)$$

Die Spannungen können dann direkt an einem ideellen Gesamtquerschnitt berechnet werden. In [Haensel 1975] wird gezeigt, dass beide Verfahren zu identischen Ergebnissen führen, da die lastfallabhängigen Reduktionszahlen aus den Lösungen nach dem Verfahren der Teilschnittgrößen hergeleitet werden können. Die Kriechbeiwerte $\psi_{A,L}$ und $\psi_{I,L}$ sind von der Beanspruchungsart abhängig. Bei der Berechnung muss zwischen zeitlich konstanten Beanspruchungen (L=P), Beanspruchungen aus dem Schwinden des Betons (L=S), Beanspruchungen aus sich zeitlich affin zum Kriechen aufbauenden Schnittgrößen (L=PT) und Beanspruchungen infolge eingeprägter Deformationen (L=D) unterschieden werden.

In den Tabellen 3.5-4 bis 3.5-6 sind die Beziehungen zur Berechnung der ideellen Querschnittskenngrößen, der Reduktionszahlen, der Teilschnittgrößen (Abb. 3.5-9), der Längsschubkräfte in der Verbundfuge und der Spannungen zusammengestellt. Die Querschnittskenngrößen A_{st} und I_{st} beziehen sich auf den aus Bewehrung und Baustahl bestehenden Gesamtstahlquerschnitt. Die Querschnittskenngrößen des reinen Baustahlquerschnittes werden mit

Tabelle 3.5-4 Ideelle Querschnittskenngrößen des Verbundquerschnittes

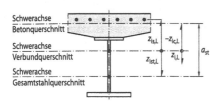

Reduktionszahl für Kurzzeitbelastung:

$$n_o = \frac{E_a}{E_{cm}} = n_{A,L} = n_{I,L}$$

Reduktionszahlen unter Berücksichtigung des Kriechens (ϕ_t- Kriechzahl des Betons)

$$n_{A,L} = n_0\,(1 + \psi_{A,L}\,\phi_t)$$

$$n_{I,L} = n_0\,(1 + \psi_{I,L}\,\phi_t)$$

Kriechbeiwerte $\psi_{A,L}$, $\psi_{I,L}$ siehe Tabelle 3.5-8

Reduzierte Querschnittskenngrößen des Betongurtes	$A_{c,L} = A_c / n_{A,L} \qquad I_{c,L} = I_c / n_{I,L}$
Fläche des ideellen Verbundquerschnittes	$A_{i,L} = A_{St} + A_c / n_{A,L}$
Lage der Schwerachse des Verbundquerschnittes	$z_{i,L} = A_{St}\,a_{st} / A_{i,L}$
ideelles Trägheitsmoment des Gesamtquerschnittes	$I_{i,L} = I_{st} + I_c / n_{I,L} + S_{i,L}\,a_{st}$

Tabelle 3.5-5 Kriechbeiwerte $\Psi_{A,L}$ und $\Psi_{I,L}$

Kriechbeiwerte für Momentenbeanspruchung M_L

Art der Beanspruchung	Kriechbeiwert $\psi_{A,L}$	Kriechbeiwert $\psi_{I,L}$
ständig (L=P)	$\psi_{A,P} = \dfrac{1}{1 - 0,5\alpha_N\phi_t + 0,08(\alpha_N\phi_t)^2}$	$\psi_{A,P} = \dfrac{1}{1 - 0,5\alpha_M\phi_t + 0,08(\alpha_M\phi_t)^2}$
zeitlich veränderlich (L=PT) und Schwinden (L=S)	$\psi_{A,PT} = \psi_{A,S} = 0,5 + 0,08\,\alpha_N\,\phi_t$	$\psi_{I,PT} = \psi_{I,S} = 0,5 + 0,08\,\alpha_M\,\phi_t$
eingeprägte Deformation (L=D)	$\psi_{A,D} = \dfrac{1}{1 - 0,5\alpha_{NA}\phi_t + 0,08(\alpha_{NA}\phi_t)^2}$	$\psi_{I,D} = \dfrac{1}{1 - 0,5\,\phi_t + 0,08\,\phi_t^2}$

Kriechbeiwerte für Normalkraftbeanspruchung N_L

ständig (L=P)	$\psi_{A,P} = \dfrac{1}{1 - 0,5\alpha_N\phi_t + 0,08(\alpha_N\phi_t)^2}$	$\psi_{I,P} = 0,5 + 0,08\,\alpha_M\,\phi_t$
zeitlich veränderlich (L=PT)	$\psi_{A,PT} = 0,5 + 0,08\,\alpha_N\,\phi_t$	$\psi_{I,PT} = 0,5 + 0,08\,\alpha_M\,\phi_t$
$\alpha_N = \dfrac{A_{st}\,I_{st}}{A_{i,o}(I_{i,o} - I_{c,o})}$	$\alpha_{NA} = \dfrac{A_{st}}{A_{i,o}}$	$\alpha_M = \dfrac{I_{st}}{I_{st} + I_{c,o}}$

A_a und I_a bezeichnet. Wie aus Tabelle 3.5-6 ersichtlich ist, ergeben sich bei strenger Betrachtungsweise bei ständigen Beanspruchungen unterschiedliche Kriechbeiwerte bei Momente und Normalkraftbeanspruchung.

Für die praktische Berechnung kann vereinfachend auch bei Normalkraftbeanspruchung mit den Kriechbeiwerten für Momentenbeanspruchung gerechnet werden. Nach DIN 18800-5 und Eurocode 4 sind bei der Ermittlung der Reduktionszahlen weitere Vereinfachungen zulässig. Danach dürfen die Reduktionszahlen zur Berücksichtigung des Kriechens auch mit konstanten Zahlenwerten für die Kriechbeiwerte $\psi_{A,L}$ und $\psi_{I,L}$ ermittelt werden. Für

Tabelle 3.5-6 Teilschnittgrößen und Spannungen bei Momentenbeanspruchung sowie Längsschubkraft in der Verbundfuge

Betonquerschnitt	Stahlquerschnitt

Teilschnittgrößen bei Momentenbeanspruchung M_L

$$N_{c,L} = M_L \frac{A_{c,L}}{I_{i,L}} z_{ic,L} \qquad\qquad N_{st} = N_L \frac{A_{c,L}}{I_{i,L}} z_{ic,L}$$

$$M_{c,L} = M_L \frac{I_{c,L}}{I_{i,L}} \qquad\qquad M_{st,L} = M_L \frac{I_{st}}{I_{i,L}}$$

Spannungen bei Momentenbeanspruchung M_L

$$\sigma_{c,L} = \frac{M_L}{n_{A,L}\, I_{i,L}} \left(z_{ic,L} + \frac{n_{A,L}}{n_{I,L}} z_c \right) \qquad\qquad \sigma_{st,L} = \frac{M_L}{I_{i,L}} z_{i,L}$$

Teilschnittgrößen bei Normalkraftbeanspruchung

$$N_{c,L} = N_L \left[\frac{A_{c,L}}{A_{i,L}} - (z_{ic,0} - z_{ic,L}) \frac{A_{c,L}}{I_{i,L}} z_{ic,L} \right] \qquad N_{st,L} = N_L \left[\frac{A_{st}}{A_{i,L}} - (z_{ic,0} - z_{ic,L}) \frac{A_{st}}{I_{i,L}} z_{ist,L} \right]$$

$$M_{c,L} = -N_L (z_{ic,0} - z_{ic,L}) \frac{I_{c,L}}{I_{i,L}} \qquad\qquad M_{st,L} = -N_L (z_{ic,0} - z_{ic,L}) \frac{I_{st}}{I_{i,L}}$$

Spannungen bei Normalkraftbeanspruchung

$$\sigma_{c,L} = N_L \left[\frac{1}{n_{A,L}\, A_{i,L}} - \frac{z_{ic,0} - z_{ic,L}}{n_{A,L} I_{i,L}} \left(z_{i,L} + z_c \frac{n_{a,L}}{n_{I,L}} \right) \right] \qquad \sigma_{st,L} = N_L \left[\frac{1}{A_{i,L}} - \frac{z_{ic,0} - z_{ic,L}}{I_{i,L}} z_{i,L} \right]$$

Längsschubkräfte in der Verbundfuge

Längsschubkraft infolge einer Querkraft $V_{z,Sd}$: $V_L = -V_{z,Sd} \dfrac{A_{c,L}\, z_{ic,L} + A_s\, z_{is,L}}{I_{i,L}}$

resultierende Längsschubkraft bei Einleitung einer Längskraft F_{Sd}

Lasteinleitung im Betongurt: — Lasteinleitung im Baustahlquerschnitt

$$V_{LN} = F_{Ed} \left(\frac{A_a}{A_{i,L}} + z_{iF,L} \frac{A_a\, z_{iL,a}}{I_{i,L}} \right) \qquad\qquad V_{LN} = F_{Ed} \left(1 - \frac{A_a}{A_{i,L}} + z_{iF,L} \frac{A_a\, z_{ia,L}}{I_{i,L}} \right)$$

resultierende Längsschubkraft an Betonierabschnittsgrenzen: $V_{LE} - M_L \dfrac{A_a}{I_{i,L}} z_{ia,L}$

---

ständige Einwirkungen darf vereinfachend $\psi_P = 1,1$, für Schwinden und zeitlich veränderliche Einwirkungen $\psi_S = \psi_{PT} = 0,55$ und für planmäßig eingeprägte Deformationen $\psi_D = 1,5$ angenommen werden. Bei der vereinfachten Berechnung wird wie bei der Berechnung für kurzzeitige Beanspruchungen nicht mehr zwischen den unterschiedlichen Reduktionszahlen für die Betonfläche und das Betonträgheitsmoment unterschieden sondern eine einheit-

liche Reduktionszahl $n_L = n_{A,L} = n_{I,L}$ für die Betonfläche und das Betonträgheitsmoment verwendet:

$$n_L = n_0 (1 + \psi_L\, \varphi_t). \qquad (3.5.6)$$

Diese Näherung [Hanswille 1999] ist für übliche Tragwerke des Hochbaus sowie für Brückentragwerke ohne Spanngliedvorspannung ausreichend genau, da bei einer Bewertung der Berechnungs-

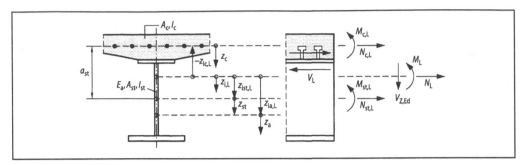

Abb. 3.5-9 Bezeichnungen und Teilschnittgrößen

verfahren insbesondere berücksichtigt werden muss, dass die Kriechzahl und der Elastizitätsmodul des Betons erheblich von den normativ vorgegebenen Werten abweichen können.

An Betonierabschnittsgrenzen und bei konzentrierter Einleitung von Normalkräften F_{Sd} ergeben sich nach Abb. 3.5-10 konzentrierte Schubkräfte in der Verbundfuge, die aus der Differenz der Teilschnittgrößen zwischen den kritischen Schnitten vor und hinter der Querschnittsänderung bzw. der Lasteinleitung der Längskraft ermittelt werden können. Die resultierende Längsschubkraft $V_{L,Sd}$ darf entsprechend Abb. 3.5-10 über die Einleitungslänge L_v verteilt werden. Dabei ist b_{eff} die mittragende Gurtbreite und bei Lasteinleitung in den Stahlträger $e = e_v$ der vertikale Abstand der Kraft F_{Sd} von der Verbundfuge. Wird die Normalkraft im Abstand $e = e_h$ in den Betongurt eingeleitet, so ist für e der Abstand e_h bis zur Stegachse zu berücksichtigen. Die Beziehungen zur Berechnung der resultierenden Längsschubkraft V_{LN} bei Einleitung einer Längskraft F_{Sd} sind in Tabelle 3.5-6 angegeben. An Betonierabschnittsgrenzen ergeben sich bei Momentenbeanspruchung die resultierenden Längsschubkräfte V_{LE} aus den Teilschnittgrößen des Baustahlquerschnitts. In diesem Fall wird von einer dreieckförmigen Verteilung der Längsschubkraft über die Länge L_v nach Abb. 3.5-10 ausgegangen. Sowohl DIN 18800-5 als auch Eurocode 4 erlauben, dass die Verteilung der konzentrierten Längsschubkräfte über die $L_v = b_{eff}$ erfolgen kann, wobei b_{eff} die gesamte mittragende Gurtbreite entsprechend Abb. 3.5-22 ist. Diese Annahme für L_v ist nur für den Grenzzustand der Tragfähigkeit zulässig, wenn duktile Verbundmittel mit einem ausreichenden Verfor-

mungsvermögen verwendet werden und eine plastische Umlagerung der konzentrierten Endschubkräfte im Bereich der Einleitungslänge möglich ist. In den Grenzzuständen der Gebrauchstauglichkeit stellen sich wegen des elastischen Verhaltens der Verbundmittel deutlich kleinere Einleitungslängen L_v ein. Für Nachweise in den Grenzzuständen der Gebrauchstauglichkeit sollte anstelle der vollen mittragenden Gurtbreite b_{eff} die mittragende Teilgurtbreite b_{ei} des Gurtes mit der größeren geometrischen Breite b_i zugrunde gelegt werden (s. Abb.3.5-22).

Wie bereits zuvor erläutert, resultieren in statisch unbestimmten Systemen aus dem Kriechen sekundäre Beanspruchungen (Zwangsschnittgrößen), die sich zeitlich affin zum Kriechen aufbauen. Bei Anwendung des Gesamtquerschnittsverfahrens können diese Zwangsschnittgrößen vorteilhaft mit dem Kraftgrößenverfahren oder bei Verwendung von Stabwerkprogrammen mit Hilfe eines äquivalenten Temperaturlastfalles einfach berechnet werden. Die Zusammenhänge lassen sich an dem in Abb. 3.5-11 dargestellten System besonders gut veranschaulichen.

Die Momentenverteilung M_{P0} aus der ständigen Einwirkung ergibt sich zum Zeitpunkt t_0 mit den zugehörigen Biegesteifigkeiten $E_a I_{i,0}$ unter Verwendung der Reduktionszahl n_0. Wird das Moment an der Innenstütze B als statisch unbestimmte Größe eingeführt, so sind die Verformungen an der Mittelstütze mit zunehmendem Belastungsalter nicht mehr verträglich, da die Biegesteifigkeit des Verbundquerschnitts von $E_a I_{i,0}$ auf den Wert $E_a I_{i,P}$ abfällt. Die Verträglichkeitsbedingung an der Mittelstütze erfordert somit eine sich zeitlich aufbauende Zwangsschnittgröße M_{PT}. Da die Momenten-

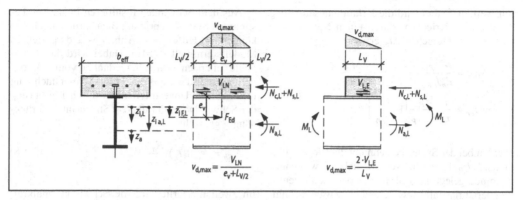

Abb. 3.5-10 Längsschubkraft bei örtlicher Lasteinleitung von Normalkräften und an Betonierabschnittsgrenzen

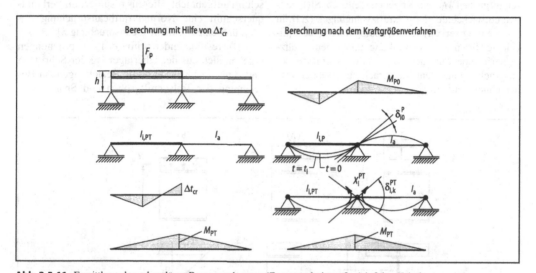

Abb. 3.5-11 Ermittlung der sekundären Beanspruchungen (Zwangsschnittgrößen) infolge Kriechens

verteilung $M_0 = M_{P0}$ zeitlich konstant ist, sind die zugehörigen Verformungen δ^P_{i0} zum Zeitpunkt t_i unter Verwendung der mit $n_{A,P}$ und $n_{I,P}$ berechneten Biegesteifigkeit $E_a I_{i,P}$ zu bestimmen. Für das statisch unbestimmte, zeitlich veränderliche Zwangsmoment (statisch Unbestimmte X_i^{PT}) sind die zugehörigen Verformungsgrößen $\delta^{PT}_{i,k}$ mit der Biegesteifigkeit $E_a I_{i,PT}$ unter Verwendung der Reduktionszahlen $n_{A,PT}$ und $n_{I,PT}$ zu ermitteln.

Die resultierenden Teilschnittgrößen und Spannungen sind dann für die ständigen Momentenanteile M_{P0} mit den mit $n_{A,P}$ und $n_{I,P}$ ermittelten Quer-

schnittskenngrößen und die zeitlich veränderlichen Momentenanteile M_{PT} mit den mit $n_{A,PT}$ und $n_{I,PT}$ berechneten Querschnittskenngrößen zu bestimmen. Wenn gleichzeitig Normalkräfte auftreten (z. B. bei Vorspannung mit Spanngliedern), ist zusätzlich der aus der Änderung der Schwerachse resultierende Momentenanteil infolge der Normalkraft zu berücksichtigen.

Bei Ermittlung der Schnittgrößen mit konventionellen Stabwerkprogrammen können die zeitlich veränderlichen Zwangsschnittgrößen einfach mit Hilfe eines äquivalenten Temperaturlastfalls ermittelt werden. Dabei wird die Krümmungsänderung $\Delta\kappa_{cr}$ infolge Kriechens durch einen äquivalenten Temperaturunterschied Δt_{cr} erfasst:

$$\Delta\kappa_{cr} = \frac{M_{P,0}}{E_a I_{i,P}} - \frac{M_{P,0}}{E_a I_{i,0}} = \alpha_t \frac{\Delta t_{cr}}{h}$$

$$\Rightarrow \Delta t_{cr} = \frac{h}{\alpha_t} \frac{M_{P,0}}{E_a I_{i,P}} \left(1 - \frac{I_{i,P}}{I_{i,0}}\right). \tag{3.5.7}$$

Werden bei der Systemberechnung die Biegesteifigkeiten $E_a I_{i,PT}$ für zeitlich veränderliche Einwirkungen zugrunde gelegt, so sind die aus dem äquivalenten Temperaturlastfall resultierenden Zwangsschnittgrößen mit den zeitlich veränderlichen Zwangsschnittgrößen M_{PT} aus Kriechen identisch. Sich zeitlich entwickelnde Normalkraftzwängungen (z.B. in Rahmentragwerken) können analog durch eine äquivalente Temperaturschwankung und einen zusätzlichen Temperaturunterschied, der die Momentenbeanspruchung aus dem Schwerachsenversatz erfasst, berechnet werden.

Aus dem Schwinden resultieren in statisch bestimmten Systemen primäre Beanspruchungen. Sie können mit Hilfe des in Abb. 3.5-12 dargestellten Modells ermittelt werden. Dabei wird die Betonplatte im ersten Schritt in Gedanken vom Stahlträger gelöst und die aus der freien Schwinddehnung resultierende Unverträglichkeit durch Einführung der Schwindnormalkraft N_{Sh} (Sh: shrinkage) rückgängig gemacht:

$$N_{Sh} = -\varepsilon_{cs}(t, t_s) \frac{E_a}{n_{A,S}} A_c. \tag{3.5.8}$$

Im zweiten Schritt wird die Schwindnormalkraft entgegengesetzt wieder auf den Verbundquerschnitt aufgebracht. Hieraus resultiert im Verbundquerschnitt eine Normalkraftbeanspruchung $N = -N_{Sh}$ und eine Momentenbeanspruchung $M_{Sh} = -N_{Sh} z_{ic,S}$. Die resultierenden primären Beanspruchungen ergeben sich aus der Überlagerung der Schritte A und B nach Abb. 3.5-12. Die Beziehungen zur Berechnung der Teilschnittgrößen und Spannungen

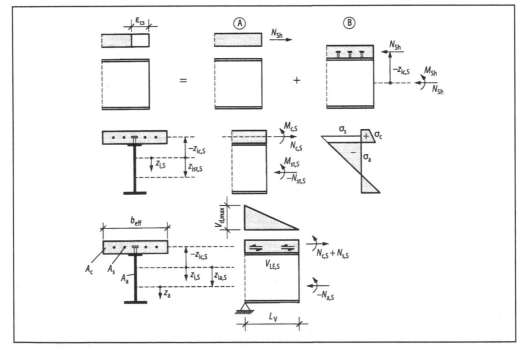

Abb. 3.5-12 Modell zur Berechnung der primären Beanspruchungen aus dem Schwinden, Endschubkräfte an Trägerenden

Tabelle 3.5-7 Teilschnittgrößen und Spannungen aus den primären Beanspruchungen infolge des Schwindens

Betonquerschnitt	Stahlquerschnitt

Teilschnittgrößen aus primären Beanspruchungen

$$N_{c,S} = N_{Sh}\left(1 - \frac{A_{c,S}}{A_{i,S}} - \frac{A_{c,S}}{I_{i,S}} z_{ic,S} 2\right)$$

$$N_{st,S} = -N_{Sh}\left(\frac{A_{st}}{A_{i,S}} + \frac{A_{st}}{I_{i,S}} z_{ist,S} z_{ic,S}\right)$$

$$M_{c,S} = -N_{Sh}\, z_{ic,S}\,\frac{I_{c,S}}{I_{i,S}}$$

$$M_{st,S} = -N_{Sh}\, z_{ic,S}\,\frac{I_{st}}{I_{i,S}}$$

Spannungen aus primären Beanspruchungen

$$\sigma_{c,S} = \frac{N_{Sh}}{A_c} - \frac{N_{Sh}}{n_{A,S}A_{i,S}} + \frac{N_{Sh}z_{ic,S}}{n_{A,S}I_{i,S}}\left(z_{ic,s} + z_c\frac{n_{A,S}}{n_{I,S}}\right)$$

$$\sigma_{st,S} = -\frac{N_{Sh}}{A_{i,S}} + \frac{N_{Sh}z_{ic,S}}{I_{i,S}}z_{i,S}$$

resultierende Längsschubkraft am Trägerende

$$V_{LE,S} = N_{a,S} = -N_{Sh}\left(\frac{A_a}{A_{i,S}} + \frac{A_a}{I_{i,S}} z_{ia,S}\, z_{ic,S}\right)$$

aus dem Schwinden sind in Tabelle 3.5-7 zusammengestellt.

An den Trägerenden resultieren aus den primären Beanspruchungen konzentrierte Längsschubkräfte $V_{LE,S}$, die aus der Teilschnittgröße des Baustahlquerschnitts ermittelt werden können (s. Tabelle 3.5-7). Für die Verteilung der resultierenden Endschubkraft in Trägerlängsrichtung darf die in Abb. 3.5-12 dargestellte dreieckförmige Verteilung angenommen werden. Bei duktilen Verbundmitteln kann im Grenzzustand der Tragfähigkeit eine Lasteinleitungslänge $L_v = b_{eff}$ und im Grenzzustand der Gebrauchstauglichkeit $L_v = b_{ei}$ angenommen werden. In statisch unbestimmten Tragwerken resultieren aus den primären Beanspruchungen Zwangsschnittgrößen (sekundäre Beanspruchungen), die mit Hilfe des Kraftgrößenverfahrens (Abb. 3.5-13) oder eines äquivalenten Temperaturlastfalles unter Ansatz der Biegesteifigkeit $E_a I_{i,S}$ bestimmt werden können. Bei der Berechnung mit Hilfe eines äquivalenten Temperaturlastfalls folgt für den Temperaturunterschied

$$\Delta t_{Sh} = \frac{-N_{Sh}z_{ic,S}}{E_a I_{i,S}}\frac{h}{\alpha_t}. \tag{3.5.9}$$

Der Beanspruchungszustand kann bei Verbundtragwerken durch planmäßiges Einprägen von Deformationen, z.B. Absenken von Lagern bei

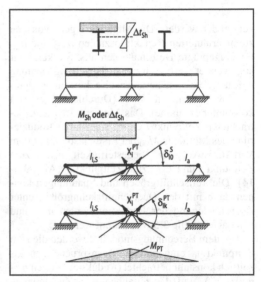

Abb. 3.5-13 Ermittlung der Zwangsschnittgrößen (sekundären Beanspruchungen) aus Schwinden

Durchlaufträgern, beeinflusst werden, wobei der Abbau dieser Beanspruchungen durch das Kriechen des Betons berücksichtigt werden muss. Bei der Berechnung der zeitabhängigen Einflüsse aus dem Kriechen können zwei Berechnungsmethoden

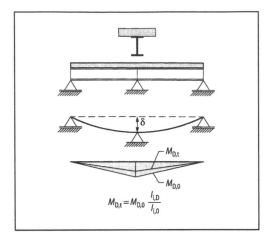

Abb. 3.5-14 Ermittlung der Schnittgrößen aus planmäßig eingeprägten Deformationen bei Trägern mit konstanten Querschnittskenngrößen

verwendet werden. Die Methode I geht von den zuvor erläuterten Reduktionszahlen $n_{A,D}$ und $n_{I,D}$ für eingeprägte Deformationen aus. Sie kann nur angewendet werden, wenn in Trägerlängsrichtung konstante bzw. näherungsweise konstante Querschnitte vorhanden sind (Durchlaufträger mit konstanter Bauhöhe). Das Moment $M_{D,t}$ zum betrachteten Zeitpunkt t ergibt sich durch Reduzierung des Moments M_{D0} bei Erstbelastung mit dem Verhältniswert der Biegesteifigkeit $E_a I_{i,D}$ zum Zeitpunkt t und $E_a I_{i0}$ zum Zeitpunkt t_0 (Abb. 3.5-14). Die Teilschnittgrößen und Spannungen können dann mit den Querschnittskenngrößen unter Zugrundelegung der Reduktionszahlen $n_{A,D}$ und $n_{I,D}$ nach Tabelle 3.5-6 bestimmt werden.

Bei dem Berechnungsmodell II werden die zum Zeitpunkt t_0 eingeprägten Beanspruchungen als zeitlich konstant betrachtet (Reduktionszahlen $n_{A,P}$ und $n_{I,P}$), und die zeitabhängigen Zwängungen werden wie bei ständigen Einwirkungen ermittelt. Dieses Verfahren gilt allgemein und kann bei beliebigen Steifigkeitsverteilungen in Trägerlängsrichtung angewendet werden. Bei der Berechnung der Schnittgrößen mit Stabwerkprogrammen kann ebenfalls die für die ständigen Einwirkungen beschriebene Methode mit Hilfe eines äquivalenten Temperaturlastfalls nach Gl. (3.5.7) angewendet werden.

Einfluss der Rissbildung, Mitwirkung des Betons zwischen den Rissen

In Bereichen, in denen die Zugfestigkeit des Betons überschritten wird, führt die Rissbildung zu einer Reduzierung der Dehn- und Biegesteifigkeit des Stahlbetongurtes und bewirkt eine Umlagerung der Teilschnittgrößen vom Betongurt auf den Stahlträger, d.h., die Normalkräfte im Betongurt und im Stahlträger sowie das Moment im Betongurt werden abgebaut, und das Biegemoment im Stahlträger wächst an. Gleichzeitig führt die Rissbildung dazu, dass die primären Beanspruchungen aus dem Schwinden stark abgebaut werden. Bei Durchlaufträgern findet die Rissbildung nur im Bereich der Innenstützen (negativer Momentenbereich) statt. Die mit der Rissbildung verbundene Abnahme der Biegesteifigkeit bewirkt somit für Beanspruchungen aus äußeren Einwirkungen eine Umlagerung der Biegemomente in die Feldbereiche. Die bei statisch unbestimmten Systemen aus den primären Beanspruchungen infolge Schwindens resultierenden sekundären Beanspruchungen werden durch Rissbildung ebenfalls abgebaut, da in den gerissenen Trägerbereichen ein erheblicher Abbau der primären Beanspruchungen stattfindet.

Die grundlegenden Zusammenhänge zwischen dem Biegemoment M_{Ed} und der Krümmung κ bzw. der Gurtnormalkraft N_s und dem Biegemoment M_{Ed} sind in Abb. 3.5-15 dargestellt [Hansville 1986, 1996; Roik/Hansville 1986, 1991; Maurer 1992]. Bei der Berechnung der Teilschnittgrößen und Spannungen ist dabei zwischen den Bereichen A bis C nach Abb. 3.5-15 zu unterscheiden. Der Bereich A beschreibt das Verhalten des ungerissenen Querschnitts, der Bereich B den Zustand der Erstrissbildung und der Bereich C den Zustand der abgeschlossenen Rissbildung. Im Vergleich zu den Verformungen und Teilschnittgrößen des reinen Zustand-II-Querschnitts (Gesamtstahlquerschnitt) führt die Mitwirkung des Betons zwischen den Rissen zu einer Reduzierung der Krümmung des Gesamtquerschnitts, d.h. zu einer Erhöhung der Biegesteifigkeit. Diese führt dazu, dass im Vergleich zum reinen Zustand II die Normalkraft des Stahlbetongurtes durch die Mitwirkung des Betons zwischen den Rissen vergrößert und das Biegemoment des Stahlquerschnitts verringert wird.

Das Rissmoment M_R bei Erstrissbildung ergibt sich aus der Bedingung, dass infolge der primären

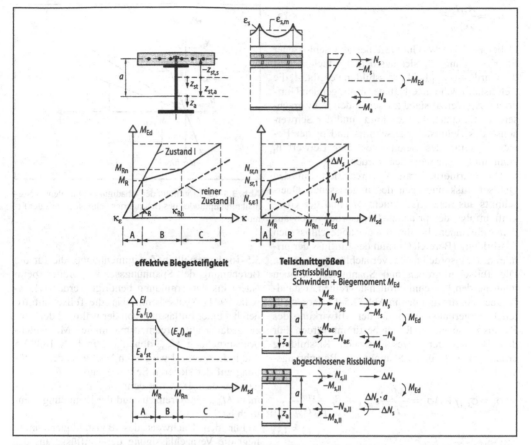

Abb. 3.5-15 Zusammenhang zwischen Biegemoment M_{Sd}, Teilschnittgröße N_s des Betongurtes und der Krümmung κ des Gesamtquerschnitts

Beanspruchungen aus dem Schwinden und dem Rissmoment M_R in der Randfaser des Betongurtes die mittlere Betonzugfestigkeit f_{ctm} erreicht wird:

$$M_R = n_0 (f_{ctm} - \sigma_{c,\varepsilon}) \frac{I_{i,0}}{z_{ic,0} + z_{c,0}}. \qquad (3.5.10)$$

Die Randspannung $\sigma_{c,\varepsilon} = \sigma_{c,S}$ aus den primären Beanspruchungen infolge Schwindens kann dabei nach Tabelle 3.5-7 berechnet werden. Wie Abb. 3.5-15 zeigt, setzen sich die Beanspruchungen N_s und M_s des Stahlbetongurtes im Bereich der Erstrissbildung aus den primären Beanspruchungen infolge des Schwindens (Teilschnittgrößen $N_{s\varepsilon}$ und $M_{s\varepsilon}$) und den

Teilschnittgrößen aus dem äußeren Moment M_{Ed} zusammen. Der Abbau der primären Beanspruchungen $N_{s\varepsilon}$ und $M_{s\varepsilon}$ kann näherungsweise durch die in Abb. 3.5-15 dargestellte lineare Interpolation zwischen dem Rissmoment M_R bei Erstrissbildung und dem Biegemoment M_{Rn} bei abgeschlossener Rissbildung erfasst werden [Hanswille 1994]. Das Biegemoment bei abgeschlossener Rissbildung ergibt sich zu

$$M_{Rn} = (N_{sr,n} - \Delta N_s) \frac{I_{st}}{A_s z_{st,s}}$$

$$\Delta N_s = \beta_t \frac{f_{ctm} A_s}{\rho_s \alpha_{st}} \qquad (3.5.11)$$

$$\alpha_{st} = \frac{A_{st} I_{st}}{A_a I_a}. \tag{3.5.12}$$

Dabei ist $N_{sr,n}$ die Gurtkraft bei abgeschlossener Erstrissbildung, die sich aus dem 1,3-fachen Wert der Gurtkraft $N_{sr,1}$ bei Erstrissbildung ergibt, A_s die Betonstahlfläche innerhalb der mittragenden Gurtbreite, $z_{st,s}$ der Abstand zwischen den Schwerachsen des Gesamtstahlquerschnitts und der Schwerachse des Betonstahlquerschnitts und ρ_s der Bewehrungsgrad des Betongurtes. Der Beiwert β_t kann mit 0,4 angenommen werden.

Die Gurtnormalkraft $N_{sr,1}$ resultiert mit den Querschnittskenngrößen des ungerissenen Querschnitts aus dem Rissmoment M_R und der Gurtkraft infolge der primären Beanspruchungen aus dem Schwinden. Im Bereich der abgeschlossenen Rissbildung (Bereich C) kann der Einfluss der primären Beanspruchungen vernachlässigt werden. Die Teilschnittgrößen und Spannungen können dann aus den Teilschnittgrößen des reinen Zustand-II-Querschnitts und den in Abb. 3.5-15 dargestellten Umlagerungsgrößen aus der Mitwirkung des Betons zwischen den Rissen bestimmt werden. Für den Bereich der abgeschlossenen Rissbildung erhält man z. B. für die Spannung im Bewehrungsstahl

$$\sigma_s = \sigma_{s,II} + \Delta\sigma_s = \frac{M_{Ed}}{I_{st}} z_{st,s} + \beta_t \frac{f_{ctm}}{\rho_s \alpha_{st}} \tag{3.5.13}$$

Die effektive Biegesteifigkeit des Verbundquerschnitts unter Berücksichtigung der Mitwirkung des Betons zwischen den Rissen kann aus der Biegesteifigkeit des Baustahlquerschnitts und der zugehörigen Krümmung des Baustahlquerschnitts berechnet werden:

$$(E_a I)_{eff} = \frac{E_a I_a}{1 - \frac{(N_s - N_{s,\varepsilon}) a}{M_{Ed}}} \tag{3.5.14}$$

Der qualitative Verlauf der von der Momentenbeanspruchung abhängigen Biegesteifigkeit ist ebenfalls in Abb. 3.5-15 dargestellt.

Die zuvor erläuterten Zusammenhänge gelten für eine erstmalige Beanspruchung des Querschnitts. Bei Entlastung ergeben sich die in Abb.

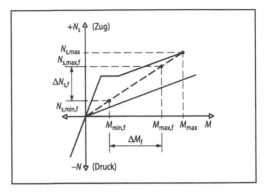

Abb. 3.5-16 Ermittlung der schädigungsäquivalenten Normalkraftamplituden des Betongurtes beim Nachweis der Ermüdung

3.5-16 dargestellten Zusammenhänge, die für die Berechnung der Spannungsschwingbreiten beim Nachweis der Ermüdung benötigt werden [Hanswille 1994]. Man erkennt, dass die Teilschnittgrößen bei einer Entlastung von der während der Nutzungsdauer aufgetretenen maximalen Momentenbeanspruchung M_{max} abhängen. In DIN 18800-5 und in Eurocode 4 wird beim Nachweis der Ermüdung auf der sicheren Seite liegend davon ausgegangen, dass M_{max} mit dem maximalen Biegemoment $M_{max,f}$ im Grenzzustand der Ermüdung identisch ist.

Für den Nachweis des Baustahlquerschnitts liegt die Vernachlässigung der Einflüsse aus der Mitwirkung des Betons stets auf der sicheren Seite. Bei der Bewehrung und bei den Dübeln muss der Einfluss dagegen berücksichtigt werden. Die Doppelspannungsamplituden in der Bewehrung infolge der Ermüdungsbelastung können mit Hilfe der Beanspruchungen infolge $M_{max,f}$ und der zugehörigen Spannung $\sigma_{s,max,f}$ nach Gl. (3.5.16) einfach ermittelt werden, weil die aus der Ermüdungsbelastung resultierenden Spannung infolge $M_{min,f}$ näherungsweise linear von den Werten infolge $M_{max,f}$ abhängen (Abb. 3.5.16). Die Spannungen im Betonstahl ergeben sich für das Biegemoment $M_{max,f}$ nach Gl. (3.5.15), wobei wegen des abnehmenden Einflusses der Mitwirkung des Betons zwischen den Rissen bei nicht vorwiegend ruhender Beanspruchung für den Beiwert β_t ein abgeminderter Wert $\beta_{t,f}$=0,2 berücksichtigt wird.

$$\sigma_{s,max,f} = \frac{M_{max,f}}{I_{st}} z_{st,s} + \beta_{t,f} \frac{f_{ctm}}{\rho_s \, \alpha_{st}}$$
(3.5.15)

$$\sigma_{s,min,f} = \sigma_{s,max,f} \frac{M_{min,f}}{M_{max,f}}$$
(3.5.16)

Die Biegemomente $M_{max,f}$ und $M_{min,f}$ ergeben sich dabei aus den ständigen Einwirkungen, dem häufigen Wert der Temperatureinwirkung, dem charakteristischen Wert der Vorspannung bzw. planmäßig eingeprägten Deformation und dem schädigungsäquivalenten Verkehrslastanteil. Wenn infolge $M_{min,f}$ im Betongurt Druckbeanspruchungen entstehen, sind die Spannungen $\sigma_{a,min}$ und $\sigma_{s,min}$ mit den Querschnittskenngrößen des ungerissenen Querschnitts zu berechnen. Die Längsschubkraftamplitude $\Delta V_{L,equ}$ ergibt sich mit Abb. 3.5-16 aus der Differenz der Normalkräfte des Betongurtes zwischen zwei kritischen Schnitten zu

$$\Delta V_{L,equ} = \frac{\Delta N_{s,f}}{\Delta M_f} (V_{max,f} - V_{min,f}).$$
(3.5.17)

Die maximalen und minimalen Querkräfte $V_{max,f}$ und $V_{min,f}$ sowie die zugehörigen Biegemomente $M_{max,f}$ und $M_{min,f}$ sind dabei für die beschriebene Kombination zu ermitteln. Wenn das zu $V_{min,f}$ zugehörige Biegemoment $M_{min,f}$ im Betongurt Druckbeanspruchungen hervorruft, muss die zugehörige Normalkraft $N_{s,min,f}$ mit den Querschnittskenngrößen des ungerissenen Querschnitts ermittelt werden.

Verbundsicherung und Verformungsverhalten der Verbundmittel

Das Tragverhalten eines Verbundträgers wird entscheidend durch die Ausbildung der Verdübelung zwischen Stahlträger und Betongurt entscheidend beeinflusst. Die Schubkräfte in der Verbundfuge ergeben sich aus der Normalkraftänderung im Stahl- bzw. Betonquerschnitt. Der Verlauf der Längsschubkraft kann im Grenzzustand der Tragfähigkeit von dem nach der Elastizitätstheorie ermittelten Verlauf unter Zugrundelegung der Hypothese vom Ebenbleiben des Gesamtquerschnitts erheblich abweichen, da im Traglastzustand die Einflüsse aus der Plastizierung im Stahlträger und aus der Nachgiebigkeit der Verbundmittel sowie

dem Verdübelungsgrad von Bedeutung sind [Bode/Becker/Kronenberger 1994].

Bei allen Verbundmitteln ist eine mehr oder weniger große Nachgiebigkeit in der Verbundfuge (Schlupf) zu beobachten. Es wird daher zwischen starrer und nachgiebiger Verdübelung unterschieden. Bei *starrer Verdübelung* ist der Einfluss des Schlupfes so klein, dass seine Auswirkungen auf die Teilschnittgrößen, Spannungen und Verformungen vernachlässigbar sind, d. h., im Querschnitt stellt sich ein Dehnungsverteilung mit einer Dehnungsnulllinie ein. Der Schubkraftverlauf ist dann bei elastischem Materialverhalten affin zum Querkraftverlauf (Abb. 3.5-17). Bei *nachgiebigem Verbund* stellt sich im Querschnitt eine Dehnungsverteilung mit zwei Nulllinien ein. Die Annahme vom Ebenbleiben des Querschnitts gilt hier nur für die Teilquerschnitte. Der nachgiebige Verbund führt zu einer Umlagerung der Teilschnittgrößen auf den Stahlquerschnitt und zu einer Reduzierung der Längsschubkräfte (Abb. 3.5-17).

Bei elastischem Materialverhalten können die Beanspruchungen nach der Theorie des elastischen Verbunds [Hoischen 1954; Sattler 1955; Heilig 1953] berechnet werden. Im Grenzzustand der Tragfähigkeit führen Teilplastizierungen im Stahlquerschnitt zu einem Anwachsen der Längsschubkräfte in den plastizierten Trägerbereichen, weil mit der Plastizierung ein überlineares Anwachsen der Normalkräfte im Stahlquerschnitt und somit ein Anstieg der Längsschubkraft verbunden ist. Es stellen sich dann die in Abb. 3.5-17 dargestellten Schubkraftspitzen in den plastizierten Trägerbereichen ein, d. h., die Affinität zwischen Querkraft- und Schubkraftverlauf geht verloren.

Der Einfluss des *Verdübelungsgrades* soll zunächst an dem in Abb. 3.5-18 dargestellten Einfeldträger und dem zugehörigen Teilverbunddiagramm verdeutlicht werden. Verzichtet man auf eine Verdübelung zwischen Stahlträger und Betongurt, so wird die Tragfähigkeit durch die plastische Momententragfähigkeit des reinen Stahlprofils bestimmt (Punkt A). Eine optimale Tragfähigkeit des Verbundträgers ergibt sich, wenn sich die im Punkt C dargestellte vollplastische Spannungsverteilung einstellt. In diesem Fall wird das gesamte Stahlprofil durch Zugspannungen und der Betongurt nur durch Druckspannungen beansprucht. Die vollplastische Momententragfähigkeit

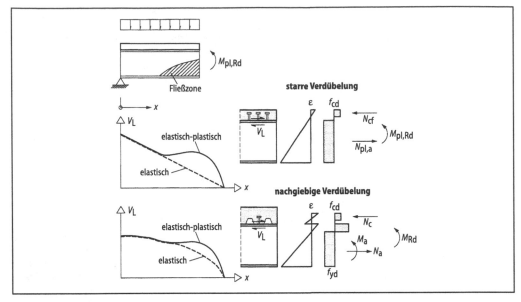

Abb. 3.5-17 Starrer und nachgiebiger Verbund, Einfluss von Plastizierungen im Stahlträger

$M_{pl,Rd}=N_{pl,a}z$ ergibt sich aus der vollplastischen Normalkrafttragfähigkeit $N_{pl,a}$ des Stahlprofils und dem zugehörigen inneren Hebelarm z. Die über die betrachtete Trägerlänge zugehörige resultierende Längsschubkraft in der Verbundfuge zwischen Stahlprofil und Betongurt ist gleich der vollplastischen Normalkraft des Stahlprofils. Man spricht in diesem Fall von einem *Träger mit vollständiger Verdübelung* mit einem Verdübelungsgrad $\eta=n/n_f=1{,}0$. Die zugehörige Anzahl n_f der Verbundmittel bei vollständiger Verdübelung ergibt sich mit dem Bemessungswert der Dübeltragfähigkeit P_{Rd} zu $n_f=N_{pl,a}/P_{Rd}$.

Eine Reduzierung des Verdübelungsgrades führt zu einer teilweisen Verdübelung (Bereiche A bis C in Abb. 3.5-18). Bei teilweiser Verdübelung stellt sich in der Verbundfuge Schlupf ein, und es entsteht eine Spannungsverteilung mit zwei plastischen Nulllinien. In diesem Fall wird die Momententragfähigkeit durch die Längsschubtragfähigkeit in der Verbundfuge begrenzt. Da in der Verbundfuge eine gegenseitige Verschiebung zwischen Stahlprofil und Beton (Schlupf) auftritt, müssen die Verbundmittel eine ausreichende Duktilität besitzen. Um bei Trägern infolge übermäßi-

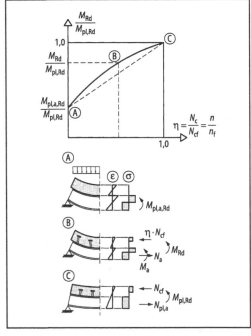

Abb. 3.5-18 Teilweise und vollständige Verdübelung

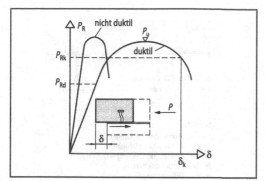

Abb. 3.5-19 Verformungsverhalten von duktilen und nicht-duktilen Verbundmitteln

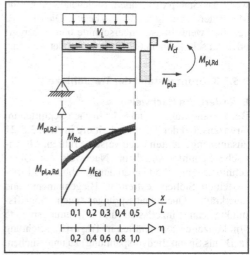

Abb. 3.5-20 Zur Momentendeckung bei äquidistanter Dübeleinteilung

gen Schlupfes ein Abscheren der Verbundmittel zu verhindern, wird in den Regelwerken ein Mindestverdübelungsgrad gefordert. Dieser *Mindestverdübelungsgrad* hängt neben der Steifigkeit der Verbundmittel von der Art der Einwirkung (Gleichstreckenlasten, Einzellasten), von der Trägerstützweite, der Querschnittsausbildung und der Streckgrenze des Baustahls ab. Auf diese Weise wird sichergestellt, dass der Schlupf in der Verbundfuge den charakteristischen Wert des Verformungsvermögens, δ_k, nach Abb. 3.5-19 nicht überschreitet.

Die im Traglastzustand und bei teilweiser Verdübelung mit der Umlagerung der Schubkräfte verbundenen Relativverschiebungen in der Verbundfuge (Schlupf) erfordern eine *ausreichende Duktilität der Verbundmittel*. Ein duktiles Verhalten ist zudem für den Ausgleich von Schubkraftspitzen im Bereich von Querschnittsänderungen und bei der Einleitung von konzentrierten Kräften in Trägerlängsrichtung erforderlich. Verbundmittel werden als duktil bezeichnet, wenn ein Verformungsverhalten nach Abb. 3.5-19 mit einem charakteristischen Verformungsvermögen von δ_k=6 mm vorhanden ist. Im Gegensatz zu den duktilen Verbundmitteln stellt sich bei Verbundmitteln ohne ausreichende Duktilität unmittelbar nach Erreichen der Traglast ein plötzlicher Lastabfall oder ein unangekündigter Bruch ein.

Ein duktiles Verhalten ist bei Kopfbolzendübeln und Reibabscherverdübelungen gegeben. Blockdübel nach Abb. 3.5-31 weisen insbesondere dann, wenn der Bruch in der Schweißnaht auftritt, nur eine sehr geringe Duktilität auf. Unter Gebrauchs-

lasten kann bei vollständiger und teilweiser Verdübelung bei der Berechnung mit ausreichender Genauigkeit von einer starren Verdübelung ausgegangen werden. Eine Ausnahme bilden Verbundträger mit teilweiser Verdübelung und sehr nachgiebigen Verbundmitteln wie Träger mit Profilblechen und großen Rippenhöhen. Im Traglastzustand ist insbesondere bei teilweiser Verdübelung immer ein nachgiebiger Verbund vorhanden.

Wie Abb. 3.5-17 verdeutlicht, führen die Teilplastizierungen und die Nachgiebigkeit der Verbundmittel zu einem Ausgleich der Schubkräfte in Trägerlängsrichtung. Im Hochbau wird daher für die Verbundmittel eine äquidistante Dübeleinteilung bevorzugt, insbesondere dann, wenn Träger mit Profilblechdecken verwendet werden. Eine äquidistante Verteilung der Verbundmittel setzt grundsätzlich duktile Verbundmittel voraus. Ferner ist zu beachten, dass über die Trägerlänge eine ausreichende Momentendeckung vorhanden ist, da auch bei Trägern mit vollständiger Verdübelung und äquidistanter Verteilung der Verbundmittel zwischen kritischen Schnitten bereichsweise ein Verdübelungsgrad $\eta \geq 1{,}0$ vorhanden sein kann. Die nach der Teilverbundtheorie berechnete Momententragfähigkeit M_{Rd} kann dann kleiner als das aus den äußeren Lasten resultierende Biegemoment M_{Ed} sein (Abb. 3.5-20), wenn das Stahlprofil keine ausreichende plastische Momententragfähigkeit $M_{\mathrm{pl,a,Rd}}$ besitzt. Dies ist z. B. der Fall, wenn Baustahlquerschnitte ohne Obergurt oder mit sehr kleinem Obergurt verwendet werden.

3.5.3.3 Grenzzustand der Tragfähigkeit

Erforderliche Nachweise

Bei Verbundträgern sind in kritischen Schnitten im Grenzzustand der Tragfähigkeit die in Abb. 3.5-21 zusammengestellten Nachweise zu führen. Als kritische Schnitte sind beim Nachweis der Querschnittstragfähigkeit neben den in Abb. 3.5-21 dargestellten Stellen (extremale Biegemomente und Querkräfte, Querschnittssprünge) auch Angriffspunkte von Einzellasten und Einleitungspunkte von konzentrierten Kräften in Trägerlängsrichtung (z. B. aus Spanngliedvorspannung) zu untersuchen. Beim Nachweis der Längsschubtragfähigkeit im Schnitt IV-IV nach Abb. 3.5-21 wird die maßgebende kritische Länge durch zwei benachbarte kritische Schnitte begrenzt. Bei diesem Nachweis sind zusätzlich die Enden von Kragarmen und bei Trägern mit Querschnitten der Klasse 3 und 4 sowie bei Trägern mit nichtduktilen Verbundmitteln die plastizierten Trägerbereiche als kritische Länge zu betrachten. Bei Trägern mit veränderlicher Bauhöhe sind beim Nachweis der Längsschubtragfähigkeit ferner Trägerabschnitte, bei denen das Verhältnis der Flächenmomente zweiten Grades den Wert 2 überschreitet, als kritische Länge zu betrachten. Im Fall nicht vorwiegend ruhender Beanspruchung sind zusätzlich für den Stahlträger, die Bewehrung und die Verdübelung ausreichende Ermüdungsfestigkeiten nachzuweisen.

Mittragende Gurtbreite

Bei biegebeanspruchten Verbundträgern mit breiten Betongurten ist die Voraussetzung des Ebenbleibens des Gesamtquerschnittes wegen der Schubverzerrungen der Gurtscheiben nicht mehr erfüllt. Dieser Einfluss darf bei der Ermittlung der Querschnittstragfähigkeit und der Schnittgrößen durch Einführung einer mittragenden Gurtbreite erfasst werden. Bei der Ermittlung der Schnittgrößen von Durchlaufträgern darf eine feldweise konstante mittragende Breite angenommen werden. Hierbei ist i. Allg. der Wert der mittragenden Breite in Feldmitte und für Kragarme der Wert am

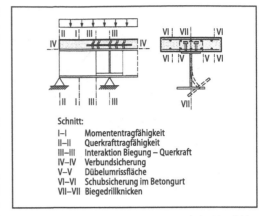

Abb. 3.5-21 Nachweise im Grenzzustand der Tragfähigkeit, kritische Schnitte

Schnitt:
I–I   Momententragfähigkeit
II–II   Querkrafttragfähigkeit
III–III   Interaktion Biegung – Querkraft
IV–IV   Verbundsicherung
V–V   Dübelumrissfläche
VI–VI   Schubsicherung im Betongurt
VII–VII Biegedrillknicken

Auflager zugrunde zu legen. Die mittragenden Teilgurtbreiten b_{ei} ergeben sich in Abhängigkeit von der äquivalenten Stützweite L_{e}. Als äquivalente Stützweite L_{e} ist der Abstand der Momentennullpunkte anzusetzen. Bei Durchlaufträgern mit veränderlichen Einwirkungen darf die äquivalente Stützweite nach Abb. 3.5-22 bestimmt werden.

Schnittgrößenermittlung

Eine exakte Berechnung der Schnittgrößen von durchlaufenden Verbundträgern bereitet in der Praxis relativ große Schwierigkeiten, da im Grenzzustand der Tragfähigkeit der Einfluss aus der Schubverformung der Betongurte (mittragende Gurtbreite), das Langzeitverhalten des Betons (Kriechen und Schwinden), die Rissbildung im Betongurt und der Einfluss der Mitwirkung des Betons zwischen den Rissen, die Ausbildung von Fließzonen und örtliches Stabilitätsverhalten im Stahlträger, die Nachgiebigkeit der Verbundmittel sowie die Herstellungs- und Belastungsgeschichte berücksichtigt werden müssen. In den Regelwerken werden daher zur Berechnung der Schnittgrößen von Durchlaufträgern *Näherungsverfahren* auf der Grundlage der Elastizitätstheorie und der Fließgelenktheorie angegeben, die eine auf der sicheren Seite liegende Abschätzung des Beanspruchungszustands erlauben. Die Anwendung der unterschiedlichen Verfahren hängt dabei von der Querschnittklasse ab.

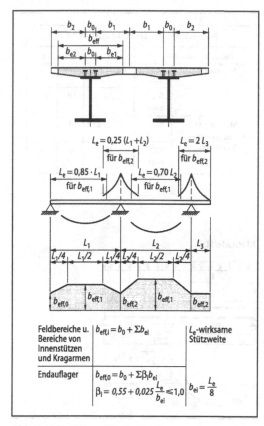

Abb. 3.5-22 Mittragende Gurtbreite

Feldbereiche u. Bereiche von Innenstützen und Kragarmen	$b_{eff,i} = b_0 + \Sigma b_{ei}$	L_e-wirksame Stützweite
Endauflager	$b_{eff,0} = b_0 + \Sigma \beta_i b_{ei}$ $\beta_i = 0.55 + 0.025 \dfrac{L_e}{b_{ei}} \leq 1.0$	$b_{ei} = \dfrac{L_e}{8}$

Elastische Tragwerksberechnung. Eine elastische Berechnung der Schnittgrößen ist grundsätzlich für alle Querschnittsklassen zulässig. Das nichtlineare Verhalten aus der Rissbildung im Betongurt, aus örtlicher Plastizierung im Stahlträger und in der Bewehrung sowie das Herausplastizieren von primären und sekundären Beanspruchungen aus dem Kriechen und Schwinden des Betons werden näherungsweise durch von der Querschnittsklasse abhängige Prozentwerte für die Momentenumlagerung erfasst. Bei Trägern mit Querschnitten der Klasse 3 und 4 ist dabei zu beachten, dass sich die in den Regelwerken angegebenen Momentenumlagerungen nur auf die Momentenanteile nach Herstellung des Verbunds beziehen.

Der Eurocode 4 und DIN 18800-5 unterscheiden hinsichtlich des Einflusses der Rissbildung bei ei-

ner elastischen Schnittgrößenermittlung zwischen einem „Allgemeinen Berechnungsverfahren" und zwei Näherungsverfahren. Das „Allgemeine Berechnungsverfahren" ist in der Regel bei Tragwerken anzuwenden, bei denen die Rissbildung einen großen Einfluss auf die Schnittgrößenverteilung hat. Dies ist z. B. bei seitlich verschieblichen Rahmentragwerken, bei Durchlaufträgern mit stark unterschiedlichen Stützweiten sowie bei stark gevouteten Trägern der Fall. In diesen Fällen ist zunächst die Schnittgrößenverteilung unter der Annahme ungerissener Querschnitte (Biegesteifigkeit $E_a I_1$) unter Berücksichtigung des Kriechens und Schwindens des Betons durchzuführen. In Trägerbereichen, in denen die Betonrandspannung σ_c den Grenzwert der zweifachen mittleren Betonzugfestigkeit f_{ctm} unter der charakteristischen Kombination überschreitet, wird vereinfachend angenommen, dass sich im Grenzzustand der Tragfähigkeit eine ausgeprägte Rissbildung und eine signifikante Steifigkeitsreduzierung einstellt. In diesen Bereichen darf die Biegesteifigkeit auf den Wert $E_a I_2$ abgemindert werden. Dabei ist EI_2 die Biegesteifigkeit des Querschnitts ohne Berücksichtigung des Betons (Biegesteifigkeit des Gesamtstahlquerschnittes). Die sich so ergebende neue Steifigkeitsverteilung darf dann der endgültigen Schnittgrößenermittlung zugrunde gelegt werden. Der für die Bestimmung der gerissenen Trägerbereiche mit der Länge L_{cr} nach Abb. 3.5-22 angenommene Grenzwert für die Betonrandspannung $\sigma_{c,grenz} = 2 f_{ctm}$ berücksichtigt zwei wesentliche Einflüsse. Infolge der Mitwirkung des Betons zwischen den Rissen fällt die Biegesteifigkeit nicht ganz bis auf den Wert des voll gerissenen Querschnitts ab. Daraus resultieren bei Durchlaufträgern geringere Momentenumlagerungen in die Feldbereiche, die durch den Ansatz $\sigma_{c,grenz} = 2 f_{ctm}$ und die daraus resultierenden kleineren rechnerischen Längen L_{cr} kompensiert werden. Ferner werden durch die Grenzspannung Einflüsse aus Überfestigkeiten der Betonzugfestigkeit mit berücksichtigt. Neben dem Allgemeinen Berechnungsverfahren werden in den Regelwerken zwei Näherungsmethoden angegeben. Bei der *Methode I* wird bei der Schnittgrößenermittlung über die gesamte Trägerlänge die Biegesteifigkeit $E_a I_1$ des ungerissenen Verbundquerschnitts zugrunde gelegt. Die so ermittelten Biegemomente dürfen bei Verbundträgern mit feldweise konstanter Bauhöhe in Abhängigkeit von der

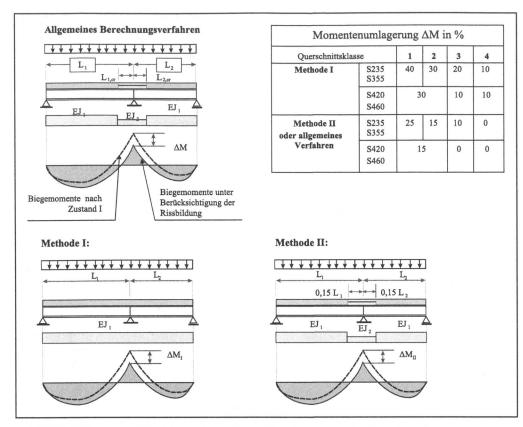

Abb. 3.5-23 Methoden I und II bei der elastischen Tragwerkberechnung, zulässige Momentenumlagerungen

Querschnittsklasse und unter Beachtung der Gleichgewichtsbedingungen nach Abb. 3.5-23 von der Stütze zum Feld umgelagert werden. Die in Abb. 3.5-23 angegebenen Umlagerungsprozentsätze erfassen bei dieser Methode Einflüsse aus der Rissbildung und aus dem nichtlinearen Materialverhalten des Beton- und des Baustahls.

Bei der *Methode II* wird der Einfluss der Rissbildung im Betongurt auf die Momentenverteilung näherungsweise durch Ansatz der Biegesteifigkeit $(E_a I_2)$ nach Abb. 3.5-23 berücksichtigt. Näherungsweise darf dabei bei Trägern, bei denen das Verhältnis benachbarter Stützweiten die Bedingung $L_{min}/L_{max} \geq 0{,}6$ erfüllt, die als gerissen angenommene Trägerlänge L_{cr} mit 15% der Stützweite der angrenzenden Felder angenommen werden. Bei

Trägern mit Querschnitten der Klasse 1 oder 2 werden die so ermittelten Biegemomente im Grenzzustand der Tragfähigkeit durch örtliches Plastizieren weiter umgelagert. Dieser Einfluss wird in den Regelwerken durch eine zusätzliche Momentenumlagerung nach Abb. 3.5-23 erfasst.

Die primären und sekundären Beanspruchungen aus Kriechen und Schwinden werden bei Trägern mit Querschnitten der Klasse 1 oder 2 im Grenzzustand der Tragfähigkeit durch Plastizieren des Baustahlquerschnitts und der Bewehrung sowie durch Rissbildung im Beton nahezu vollständig abgebaut. Sie dürfen daher wie die Einflüsse aus der Belastungsgeschichte vernachlässigt werden, wenn gleichzeitig ein Versagen durch Biegedrillknicken ausgeschlossen werden kann.

Bei Querschnitten der Klassen 3 und 4 wird die Tragfähigkeit durch das lokale Stabilitätsverhalten der Stege und Gurte im Bereich der Innenstützen bestimmt, so dass die Einflüsse aus dem Kriechen und Schwinden für die Beurteilung der Tragfähigkeit von Bedeutung sind. Da im Bereich der Innenstützen der Betongurt im Grenzzustand der Tragfähigkeit gerissen ist und die primären Beanspruchungen aus dem Kriechen und Schwinden durch die Rissbildung nahezu vollständig abgebaut werden, müssen bei den Tragfähigkeitsnachweisen von Trägern mit Querschnitten der Klasse 3 oder 4 nur die sekundären Beanspruchungen aus dem Kriechen und Schwinden berücksichtigt werden. Einflüsse aus der Belastungsgeschichte sind bei der Schnittgrößenermittlung von Trägern mit Querschnitten der Klasse 3 oder 4 grundsätzlich immer zu berücksichtigen.

Bei der Wahl der Näherungsmethoden I oder II ist zu bedenken, dass die Methode I zwar einen geringeren Aufwand bedeutet, für den Grenzzustand der Gebrauchstauglichkeit jedoch i. d. R. eine genauere Berechnung unter Berücksichtigung der Rissbildung erforderlich ist. Eine zweifache Bestimmung der Schnittgrößen wird bei Anwendung der Methode II vermieden. Die in Abb. 3.5-23 angegebenen Umlagerungen für den Einfluss aus dem Plastizieren des Stahlträgers gelten für Träger, die überwiegend durch Gleichstreckenlasten beansprucht werden, da sich in diesem Fall die plastischen Zonen zunächst im Bereich der Innenstützen ausbilden und eine Umlagerung der Momente ins Feld bewirken. Bei großen Einzellasten bilden sich die plastischen Zonen nahezu gleichzeitig in den Feld- und Stützbereichen, so dass eine nennenswerte Umlagerung der Momente in die Feldbereiche nicht stattfindet [Bode/Fichter 1986]. Bei der Schnittgrößenermittlung sollte daher die Methode I nicht angewendet werden und bei Anwendung der Methode II die Momentenumlagerungen nur zu 50% ausgenutzt werden.

Für Verbundträger mit Kammerbeton sollten die Schnittgrößen grundsätzlich mit der Methode II ermittelt werden. Dabei ist in den Feldbereichen der Einfluss der Rissbildung im Kammerbeton zusätzlich zu berücksichtigen. Wie Trägerversuche gezeigt haben, wird die effektive Biegesteifigkeit $(EI)_{eff}$ in den Feldbereichen (gerissener Kammerbeton) realistisch ermittelt, wenn der Mittelwert

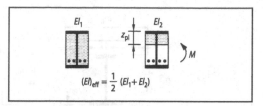

$$(EI)_{eff} = \frac{1}{2}(EI_1 + EI_2)$$

Abb. 3.5-24 Biegesteifigkeiten bei Trägern mit Kammerbeton

aus den Biegesteifigkeiten $E_a I_1$ und $E_a I_2$ genommen wird. Bei der Ermittlung der Biegesteifigkeit des gerissenen Querschnitts darf die Druckzonenhöhe im Kammerbeton näherungsweise aus der Lage der plastischen Nulllinie berechnet werden (Abb. 3.5-24). Wie bereits zuvor erläutert, können Verbundträger mit Kammerbeton bei negativer Momentenbeanspruchung wegen fehlender experimenteller Erfahrungen bezüglich des gedrückten Kammerbetons nicht in die Querschnittsklasse 1 eingestuft werden. Die in Abb. 3.5-23 angegebenen Werte für die Momentenumlagerung für die Klasse 1 dürfen daher nur angesetzt werden, wenn der Kammerbeton bei der Querschnittstragfähigkeit nicht berücksichtigt wird.

Bei Trägern mit Vorspannung durch planmäßig eingeprägte Deformationen und/oder Vorspannung mit Spanngliedern sowie bei Tragwerken mit Querschnitten der Klasse 3 oder 4, bei denen die Schnittgrößenverteilung durch die Rissbildung im Betongurt stark beeinflusst wird (z. B. Mischsysteme aus Verbundquerschnitten und reinen Stahlbeton- bzw. Stahlquerschnitten), sollten genauere Berechnungsverfahren angewendet werden.

Berechnung nach der Fließgelenktheorie. Unter bestimmten Voraussetzungen ist eine Berechnung nach der Fließgelenktheorie I. Ordnung mit der Annahme uneingeschränkter Rotationsfähigkeit der Fließgelenke möglich. Da die vorhandene Rotationskapazität von Verbundquerschnitten durch das Dehnungsverhalten des Betons bei Druckbeanspruchung t eingeschränkt ist, muss bei der Bemessung sichergestellt werden, dass in Fließgelenken mit Rotationsanforderungen die vorhandene Rotationskapazität R_{vorh} stets größer als die zur Ausbildung einer Fließgelenkkette erforderliche Rotationskapazität R_{erf} ist. Die erforderliche Rota-

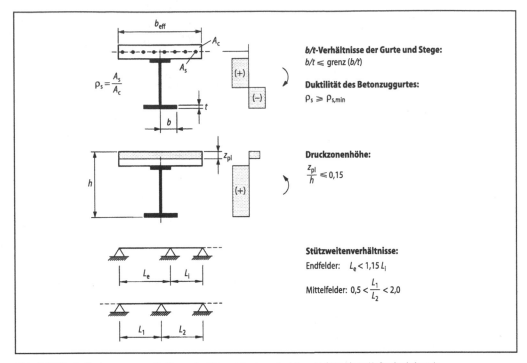

Abb. 3.5-25 Anforderungen an die Querschnitte und Systeme bei Anwendung der Fließgelenktheorie

tionskapazität hängt bei Durchlaufträgern von der Art der Belastung (Gleichstreckenlast, Einzellast), dem Stützweitenverhältnis und dem Verhältnis der plastischen Momententragfähigkeiten der Querschnitte an den Innenstützen und im Feld ab.

Da bei Verbundträgern die plastischen Momententragfähigkeiten bei negativer Momentenbeanspruchung i. Allg. erheblich kleiner sind als bei positiver, ergeben sich an den Innenstützen von Durchlaufträgern nennenswert größere erforderliche Rotationen als bei reinen Stahltragwerken. Eine ausreichende vorhandene Rotationskapazität wird in den Regelwerken bei Verwendung der Baustähle S235 und S355 durch Anforderungen an die Querschnittsausbildung sichergestellt. Systeme mit hohen Rotationsanforderungen, z. B. Träger mit stark unterschiedlichen Stützweiten, werden durch Beschränkung der Stützweitenverhältnisse ausgeschlossen (Abb. 3.5-25) und [Bode/Fichter 1986; Bode/Uth 1987; Kemp 1991]. Bei Verwendung der hochfesten Baustähle S420 und S460 ist immer ein direkter Nachweis der erforderlichen und vorhandenen Rotationskapazität erforderlich.

Die zuvor genannten Bedingungen für die Anwendung der Fließgelenktheorie können als erfüllt angesehen werden, wenn im Bereich von Fließgelenken Querschnitte der Klasse 1 und in den restlichen Bereichen Querschnitte der Klasse 2 vorhanden sind. In den Bereichen von Fließgelenken müssen ferner in Bezug auf die Stegachse symmetrische Baustahlquerschnitte vorhanden sein. Der Druckgurt des Stahlträgers muss im Bereich von Fließgelenken seitlich gehalten sein, und die Abmessungen des Stahlträgers und weiterer stabilisierender Bauteile müssen so gewählt werden, dass ein Biegedrillknickversagen ausgeschlossen ist. Bei Durchlaufträgern mit Gleichstreckenbelastung bilden sich die ersten Fließgelenke mit Rotationsanforderungen i. d. R. an den Innenstützen, d. h., der Untergurt und der Steg des Baustahlquerschnitts werden gedrückt, und der Betongurt liegt in der Zugzone des Querschnitts. Die Rotationsfähigkeit wird dann außer durch das örtliche Stabilitätsverhalten der gedrückten Bereiche des Stahlquerschnitts auch durch das Verhalten des Betonzuggurtes bestimmt. Im Betonzuggurt führt die Mitwirkung des Betons zwischen den Rissen im Betonstahl zu plastischen Dehnungskonzentrationen an den Rissen. Es dürfen daher nur hochduktile Betonstähle verwendet werden.

Gleichzeitig ist zur Sicherstellung einer ausreichenden Duktilität ein Mindestbewehrungsgrad nach Abb. 3.5-25 und Gl. (3.5.18) vorzusehen, der eine ausreichende Rissverteilung und ein vorzeitiges Versagen der Bewehrung durch örtliche Dehnungskonzentrationen an Rissen verhindert. Querschnitte mit Kammerbeton in der Druckzone erfüllen nicht die Bedingungen der Klasse 1. Eine Bemessung nach der Fließgelenktheorie ist daher nur zulässig, wenn der Kammerbeton bei der Querschnittstragfähigkeit nicht in Rechnung gestellt wird. Bei Trägern mit großen Einzellasten in den Feldern können die ersten Fließgelenke mit Rotationsanforderungen im Feld entstehen. In diesen Fällen wird die Rotationskapazität des Querschnitts durch Erreichen der Grenzdehnungen im gedrückten Betongurt beschränkt. Bei Trägern, bei denen mehr als die Hälfte der Bemessungslast auf einer Länge von einem Fünftel der Stützweite konzentriert ist, darf dann der Abstand der plastischen Nulllinie von der Randfaser des Betongurtes nicht größer als 15% der Gesamthöhe des Querschnitts sein (s. Abb. 3.5-25). Die erforderlichen plastischen Momente im Feld und an den Innenstützen können mit Hilfe des Prinzips der virtuellen Verrückungen einfach ermittelt werden [Duddeck 1972].

Querschnittstragfähigkeit für Biegung und Querkraft

Die Momententragfähigkeit M_{Rd} von Verbundquerschnitten ist bei vollständiger Verdübelung i. Allg. unter Zugrundelegung einer linearen Dehnungsverteilung unter Beachtung von Dehnungsbeschränkungen zu ermitteln. Im Stahlträger sind die Zugdehnungen unbegrenzt; im Druckbereich ist bei Querschnitten der Klassen 1 und 2 ebenfalls keine Dehnungsbegrenzung erforderlich, wenn keine Biegedrillknickgefahr besteht. Bei Querschnitten der Klassen 3 und 4 muss die Dehnung im Untergurt so begrenzt werden, dass ein seitliches Ausweichen des Untergurts infolge Biegedrillknicken bzw. ein

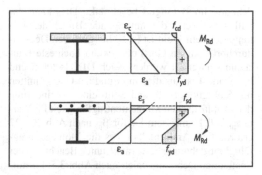

Abb. 3.5-26 Zur Ermittlung der Momententragfähigkeit M_{Rd}

örtliches Stabilitätsversagen des Steges und/oder des Untergurtes infolge Beulens ausgeschlossen wird. Für die Bewehrung und den Beton sind die in Abb. 3.5-5 dargestellten Spannungs-Dehnungsbeziehungen zugrunde zu legen.

Die dehnungsbeschränkte Berechnung ist i. Allg. sehr aufwändig, weil der maßgebende Dehnungszustand iterativ berechnet werden muss. Für die praktische Berechnung werden daher einige Vereinfachungen gemacht, die das tatsächliche Tragverhalten ausreichend genau abschätzen. Für Querschnitte der Klassen 1 und 2 ist im Baustahlquerschnitt keine Beschränkung der Dehnungen erforderlich. Wie aus Abb. 3.5-26 hervorgeht, weicht die tatsächliche Spannungsverteilung dann nur geringfügig von der vollplastischen Spannungsverteilung des Querschnitts ab. Die Momententragfähigkeit kann in diesen Fällen vollplastisch berechnet werden.

Vollplastische Querschnittstragfähigkeit für Querschnitte der Klassen 1 und 2 bei vollständiger und teilweiser Verdübelung. Bei der Ermittlung der vollplastischen Momententragfähigkeit wird angenommen, dass jede Querschnittsfaser ohne Begrenzung der Dehnungen plastiziert. Bei positiver Momentenbeanspruchung und hochliegender plastischer Nulllinie liegt die tatsächliche Momententragfähigkeit über der vollplastischen Momententragfähigkeit, weil der Baustahlquerschnitt im Untergurt in den Verfestigungsbereich kommt und im Betondruckgurt die Dehnungen relativ klein sind.

Wenn die plastische Nulllinie des Querschnitts zu weit in den Steg des Stahlträgers absinkt, wird die Momententragfähigkeit durch Erreichen der Grenzdehnung im Betongurt beschränkt. Dies kann der Fall sein, wenn die mittragende Breite des Betongurtes sehr klein ist (z. B. bei größeren Deckendurchbrüchen im Gurt) oder wenn hochfeste Baustähle verwendet werden. Nach DIN 18800-5 und Eurocode 4 ist aus diesem Grund bei Querschnitten mit Stahlgüten S420 und S460 eine Abminderung der vollplastischen Momententragfähigkeit für Werte $z_{pl}/h > 0{,}15$ mit dem Faktor β_{pl} nach Abb. 3.5-27 erforderlich. Andernfalls muss die Momententragfähigkeit dehnungsbeschränkt unter Beachtung der Spannungs-Dehnungslinien nach Abb. 3.5-4 ermittelt werden. Bei negativer Momentenbeanspruchung führt die Mitwirkung des Betons zwischen den Rissen dazu, dass die plastischen Verformungen im Betonstahl nur in der unmittelbaren Umgebung der Risse auftreten. Um einen vorzeitigen Bruch der Bewehrung zu verhindern, muss daher ein ausreichender Mindestbewehrungsgrad vorhanden sein und die Betonstahlbewehrung eine ausreichende Duktilität besitzen, insbesondere, wenn die Bemessung nach der Fließgelenktheorie erfolgt. Nach DIN 18800-5 und [Hanswille/Schmitt 1996] ist für die Baustähle S235, S355 und S460 der folgende Mindestbewehrungsgrad $\rho_{s,min}$ erforderlich, wenn hochduktiler Betonstahl verwendet wird:

$$\rho_{s,min} = \frac{A_s}{A_c} = \delta \frac{f_{yk}}{240} \frac{f_{ctm}}{f_{sk}} \sqrt{k_c} \qquad (3.5.18)$$

Dabei sind f_{sk} und f_{yk} die charakteristischen Werte der Streckgrenze von Bewehrung und Baustahl, f_{ctm} die mittlere Betonzugfestigkeit und k_c ein Beiwert, der sich nach Gl. (3.5.34) ergibt. Der Wert δ ist bei Querschnitten der Klasse 2 mit $\delta = 1{,}0$ und bei Querschnitten der Klasse 1 mit $\delta = 1{,}1$ anzunehmen. Wie bereits erläutert, wird bei der Ermittlung der vollplastischen Momententragfähigkeit davon ausgegangen, dass alle Fasern des Querschnitts plastiziert sind. Die Lage der plastischen Nulllinie wird bei vollständiger Verdübelung und reiner Biegung aus der Bedingung bestimmt, dass die Summe der aus den plastischen Spannungsblöcken resultierenden inneren Kräfte null ist. Das vollplastische Moment ergibt sich dann aus den inneren Kräften und den zugehörigen Hebelarmen. In Tabelle 3.5-8 sind die Beziehungen zur Ermittlung des vollplastischen Moments für vollständig verdübelte Träger ohne Kammerbeton zusammengestellt.

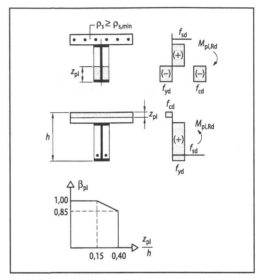

Abb. 3.5-27 Ermittlung der vollplastischen Momententragfähigkeit

In Trägerbereichen, in denen der Betongurt in der Druckzone liegt, darf das Grenzmoment M_{Rd} für Querschnitte der Klassen 1 und 2 auf der Grundlage der Theorie der teilweisen Verdübelung mit zwei plastischen Nulllinien ermittelt werden, wenn duktile Verbundmittel verwendet werden. Wie bereits zuvor erläutert, wird die Momententragfähigkeit bei teilweiser Verdübelung durch die Längsschubtragfähigkeit der Verbundfuge bestimmt. Die Druckkraft N_c in der Betonplatte ergibt sich dann in Abhängigkeit vom Verdübelungsgrad η zu $N_c = \eta\, N_{cf}$, wobei N_{cf} die Betondruckkraft bei vollständiger Verdübelung ist. In Tabelle 3.5-9 sind die Beziehungen zur Ermittlung der Momententragfähigkeit M_{Rd} bei teilweiser Verdübelung für Träger ohne Kammerbeton zusammengestellt.

Die Querkrafttragfähigkeit V_{Rd} wird bei Verbundquerschnitten ohne Kammerbeton aus der vom Stahlquerschnitt aufnehmbaren Querkraft mit der Stegfläche A_v bestimmt. Sie darf vollplastisch ermittelt werden, wenn die in Tabelle 3.5-10 angegebenen d/t-Werte nicht überschritten werden. Andernfalls ist der Einfluss des Schubbeulens durch Reduzierung der vollplastischen Querkrafttragfähigkeit mit dem Abminderungsfaktor κ_τ zu berücksichtigen:

Tabelle 3.5-8 Vollplastische Biegemomente für Querschnitte ohne Kammerbeton bei vollständiger Verdübelung

Vollplastische Momente bei positiver Momentenbeanspruchung:

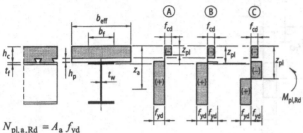

$$N_{\mathrm{pl,a,Rd}} = A_{\mathrm{a}}\, f_{\mathrm{yd}}$$

A
Nulllinie im Betongurt

$$M_{\mathrm{pl,Rd}} = N_{\mathrm{pl,a,Rd}}\left(z_{\mathrm{a}} - \frac{z_{\mathrm{pl}}}{2}\right) \qquad z_{\mathrm{pl}} = \frac{N_{\mathrm{pl,a,Rd}}}{f_{\mathrm{cd}}\, b_{\mathrm{eff}}}$$

B
Nulllinie im Stahlträgerobergurt

$$M_{\mathrm{pl,Rd}} = N_{\mathrm{pl,a,Rd}}\left(z_{\mathrm{a}} - \frac{h_{\mathrm{c}} - h_{\mathrm{p}}}{2}\right) - N_{\mathrm{f}}\left[\frac{z_{\mathrm{pl}} + h_{\mathrm{p}}}{2}\right]^{2} \qquad z_{\mathrm{pl}} = h_{\mathrm{c}} + \frac{N_{\mathrm{pl,a,Rd}} - N_{\mathrm{cd}}}{2\, f_{\mathrm{yd}}\, b_{\mathrm{f}}}$$

$$N_{\mathrm{f}} = 2\, f_{\mathrm{yd}}\, b_{\mathrm{f}}\, (z_{\mathrm{pl}} - h_{\mathrm{c}}) \qquad N_{\mathrm{cd}} = f_{\mathrm{cd}}\, b_{\mathrm{eff}}(h_{\mathrm{c}} - h_{\mathrm{p}})$$

C
Nulllinie im Steg

$$M_{\mathrm{pl,Rd}} = N_{\mathrm{pl,a,Rd}}\left(z_{\mathrm{a}} - \frac{h_{\mathrm{c}} - h_{\mathrm{p}}}{2}\right) - N_{\mathrm{f}}\left[\frac{t_{\mathrm{f}} + h_{\mathrm{c}} + h_{\mathrm{p}}}{2}\right] - N_{\mathrm{w}}\left[\frac{z_{\mathrm{pl}} + t_{\mathrm{f}} + h_{\mathrm{p}}}{2}\right]$$

$$z_{\mathrm{pl}} = h_{\mathrm{c}} + t_{\mathrm{f}} + \frac{N_{\mathrm{pl,a,Rd}} - N_{\mathrm{f}} - N_{\mathrm{cd}}}{2\, f_{\mathrm{yd}}\, t_{\mathrm{w}}}$$

$$N_{\mathrm{f}} = 2\, f_{\mathrm{yd}}\, b_{\mathrm{f}}\, t_{\mathrm{f}} \qquad N_{\mathrm{w}} = 2\, f_{\mathrm{yd}}\, t_{\mathrm{w}}\, (z_{\mathrm{pl}} - h_{\mathrm{c}} - t_{\mathrm{f}}) \qquad N_{\mathrm{cd}} = f_{\mathrm{cd}}\, b_{\mathrm{eff}}\, (h_{\mathrm{c}} - h_{\mathrm{p}})$$

Vollplastisches Moment bei negativer Momentenbeanspruchung:

$$z_{\mathrm{pl}} = h_{\mathrm{c}} + t_{\mathrm{f}} + \frac{N_{\mathrm{pl,a,Rd}} - (N_{\mathrm{s1}} + N_{\mathrm{s2}}) - N_{\mathrm{f}}}{2\, f_{\mathrm{yd}}\, t_{\mathrm{w}}} \geq h_{\mathrm{c}} + t_{\mathrm{f}}$$

$$N_{\mathrm{f}} = 2\, f_{\mathrm{yd}}\, b_{\mathrm{f}}\, t_{\mathrm{f}} \qquad N_{\mathrm{w}} = 2\, f_{\mathrm{yd}}\, t_{\mathrm{w}}\, (z_{\mathrm{pl}} - h_{\mathrm{c}} - t_{\mathrm{f}})$$

$$N_{\mathrm{si}} = A_{\mathrm{si}}\, f_{\mathrm{sd}}$$

$$M_{\mathrm{pl,Rd}} = N_{\mathrm{pl,a,Rd}}\, z_{\mathrm{a}} - \Sigma N_{\mathrm{si}} - N_{\mathrm{f}}\left(h_{\mathrm{c}} + \frac{t_{\mathrm{f}}}{2}\right) - N_{\mathrm{w}}\left[\frac{z_{\mathrm{pl}} + t_{\mathrm{f}} + h_{\mathrm{c}}}{2}\right]$$

Tabelle 3.5-9 Vollplastische Momententragfähigkeit M_{Rd} bei teilweiser Verdübelung

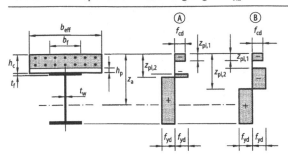

Lage der plastischen Nulllinie $z_{pl,1} = \dfrac{\eta\, N_{cf}}{b_{eff}\, f_{cd}} \le h_c - h_p$

N_{cf} = Normalkraft im Betongurt bei vollständiger Verdübelung

A
plastische Nulllinie im
Stahlträgerobergurt

$$z_{pl,2} = h_c + \frac{N_{pl,a,Rd} - \eta\, N_{cf}}{2\, f_{yd}\, b_f} \qquad N_f = 2 f_{yd}\, b_f\, (z_{pl,2} - h_c)$$

$$M_{Rd} = N_{p,la,Rd}\left(z_a - \frac{z_{pl,1}}{2}\right) - N_f\left(\frac{h_c + z_{pl,2} - z_{pl,1}}{2}\right)$$

B
plastische Nulllinie im Steg

$$z_{pl,2} = h_c + t_f + \frac{N_{pl,a,Rd} - \eta\, N_{cf} - N_f}{2\, f_{yd}\, t_w}$$

$$N_f = 2 f_{yd}\, b_f\, t_f \qquad N_w = 2 f_{yd}\, t_w\, (z_{pl,2} - h_c - t_f)$$

$$M_{Rd} = N_{pl,a,Rd}\left(z_a - \frac{z_{pl,1}}{2}\right) - N_f\left(h_c + \frac{t_f - z_{pl,1}}{2}\right) - N_w\left(\frac{z_{pl,2} + h_c + t_f - z_{pl,1}}{2}\right)$$

$$V_{Rd} = \kappa_\tau V_{pl,Rd} = \kappa_\tau A_v\, \frac{f_{yd}}{\sqrt{3}},$$

$$\bar{\lambda}_P = \sqrt{\frac{f_{yk}/\sqrt{3}}{\tau_{Pi}}}, \qquad \kappa_\tau = f(\bar{\lambda}_P).$$

(3.5.19)

Der Abminderungsfaktor κ_τ (bezogene Tragbeulspannung) ist in Abhängigkeit von der bezogenen Schlankheit $\bar{\lambda}_p$ und der idealen Plattenbeulspannung τ_{Pi} nach Eurocode 3-1-5 oder nach DIN 18800-3 zu ermitteln. Bei Verbundträgern mit Kammerbeton, bei denen die in Tabelle 3.5-10 angegebenen Grenzwerte eingehalten sind, darf der Kammerbeton bei der Ermittlung der Querkrafttragfähigkeit berücksichtigt werden. Die anteiligen Querkräfte des Stahlprofils und des Betonteils dür-

Tabelle 3.5-10 Grenzwerte grenz (d/t) nach DIN 18800-5 für die vollplastische Ermittlung der Querkrafttragfähigkeit von nicht ausgesteiften Stegen

Querschnitt	grenz (d/t)	
ohne Kammerbeton	$70\ \sqrt{240\,/\,f_{yk}}$	mit f_{yk} in N/mm²
mit Kammerbeton	$124\ \sqrt{240\,/\,f_{yk}}$	

fen dabei die Querkrafttragfähigkeit des Stahlprofils bzw. des Kammerbetons nicht überschreiten. Die Aufteilung der Bemessungsquerkraft in die Anteile, die vom Stahlprofil und vom Kammerbeton aufgenommen werden, darf im Verhältnis ihrer Beiträge zur Momententragfähigkeit erfolgen. In den Kammern sind dabei entweder an den Steg angeschweißte Bügel oder in jeder Kammer geschlossene Bügel anzuordnen.

Bei größeren Querkraftbeanspruchungen muss der Einfluss der Querkraft auf die Momententragfähigkeit berücksichtigt werden (Interaktion Biegung und Querkraft). Auf eine Abminderung der Momententragfähigkeit darf verzichtet werden, wenn der Bemessungswert V_{Ed} den 0,5-fachen Wert der Querkrafttragfähigkeit V_{Rd} nicht überschreitet. Wenn diese Bedingung nicht eingehalten werden kann, muss der Anteil des Steges an der Momententragfähigkeit mit dem Faktor ρ nach Gl. (3.5.20) abgemindert werden. Bei der praktischen Berechnung wird zweckmäßig entsprechend Abb. 3.5-28 im Steg eine reduzierte Streckgrenze ρf_{yd} angesetzt oder alternativ eine reduzierte Stegdicke ρt_w des Stahlprofils bei der Ermittlung der Momententragfähigkeit berücksichtigt.

$$\rho = 1 - \left(\frac{2V_{Sd}}{V_{Rd}} - 1\right)^2 \qquad (3.5.20)$$

Elastische Querschnittstragfähigkeit. Bei Querschnitten der Klasse 3 sind die Spannungen auf die jeweiligen Bemessungswerte der Festigkeiten zu beschränken. Dabei sind der Einfluss aus der Belastungsgeschichte, die Rissbildung und die Einflüsse aus dem Kriechen und Schwinden zu berücksichtigen. Bei Nachweisen in den Grenzzuständen der

Tragfähigkeit darf der Einfluss aus der Mitwirkung des Betons zwischen den Rissen bei der Ermittlung der Spannungen im Betonstahl vernachlässigt werden. Bei den Querschnitten der Klasse 4 muss zusätzlich das örtliche Beulen der Stege und Gurte berücksichtigt werden. Dies kann mit zwei verschiedenen Nachweismodellen erfolgen (Abb. 3.5-29). Bei dem Modell 1 wird ein Beulnachweis nach DIN 18800-3 oder Eurocode 3-1-5, Abschnitt 10 unter Zugrundelegung des geometrischen Querschnitts geführt, d. h., für den Steg bzw. für den Gurt darf die Spannung σ_{Sd} die jeweilige Grenzbeulspannung $\sigma_{x,P,Rd}$ nach DIN 18800-3 bzw. Eurocode 3-1-5 nicht überschreiten. Bei gleichzeitiger Wirkung von Normal- und Schubspannungen sind die Interaktionsbedingungen nach DIN 18800-3 bzw. Eurocode 3-1-5 einzuhalten. Alternativ kann der Nachweis mit einem effektiven (wirksamen) Querschnitt nach DIN 18800-2, Abschn. 7 bzw. Eurocode 3-1-5 geführt werden (Modell 2). Dabei wird der wirksame Querschnitt in Abhängigkeit von der bezogenen Plattenschlankheit der Stege bzw. Gurte ermittelt. Die am wirksamen Querschnitt elastisch ermittelten Spannungen dürfen die Bemessungswerte der Festigkeiten nicht überschreiten.

Biegedrillknicken

Bei Durchlaufträgern ist im Bereich der Innenstützen eine ausreichende Sicherheit gegen Biegedrillknicken, d. h. gegen das seitliche Ausweichen des

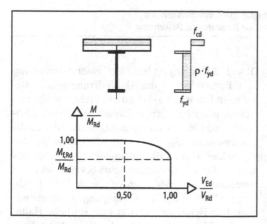

Abb. 3.5-28 Interaktion zwischen Querkraft und Biegemoment

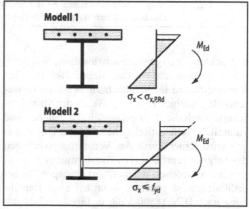

Abb. 3.5-29 Elastische Momententragfähigkeit

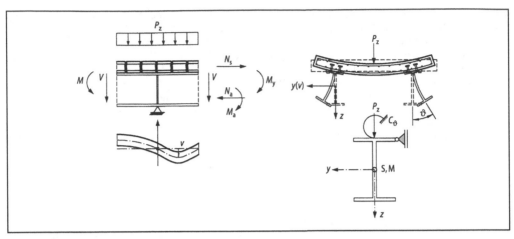

Abb. 3.5-30 Biegedrillknicken bei Verbundträgern

Tabelle 3.5-11 Biegedrillknicknachweis nach DIN 18800

Querschnittsklasse	1 und 2	3 und 4
Nachweis	$M_{Sd} \leq \kappa_M M_{pl,Rd}$	$M_{Sd} \leq \kappa_M M_{el,Rd}$ bzw. $\sigma_{sd} \leq \kappa_M f_{yd}$
bezogene Schlankheit $\overline{\lambda}_M$	$\overline{\lambda}_M = \sqrt{\dfrac{M_{pl,k}}{M_{Ki}}}$	$\overline{\lambda}_M = \sqrt{\dfrac{M_{el,k}}{M_{Ki}}} = \sqrt{\dfrac{f_{yk}}{\sigma_{Ki}}}$

$\overline{\lambda}_M \leq 0,4$ kein Biegedrillknicknachweis erforderlich $\kappa_M = 1,0$

Abminderungsfaktor κ_M	$\kappa_M = \left(\dfrac{1}{1+(\overline{\lambda}_M)^{2n}}\right)^{\frac{1}{n}} \leq 1,0$	geschweißte Querschnitte: $n = 2,0$ gewalzte Profile: $n = 2,5$

$M_{pl,Rk}, M_{el,Rk}$: vollplastische bzw. elastische Momententragfähigkeit, ermittelt mit den charakteristischen Werten der Streckgrenze von Baustahl und Bewehrung

gedrückten Untergurtes, nachzuweisen. Wie Abb. 3.5-30 verdeutlicht, ist das Biegedrillknicken bei Verbundträgern im Vergleich zu Stahlträgern wesentlich günstiger zu beurteilen, da der Stahlquerschnitt durch die Betonplatte seitlich gehalten und zusätzlich drehelastisch gehalten wird. Das Versagen wird ferner durch das Verformungsverhalten des Steges beeinflusst (Profilverformung).

Eine ausreichende Tragfähigkeit gegen Biegedrillknicken ist gegeben, wenn bei einer Berechnung nach DIN 18800-5 die in Tabelle 3.5-11 angegebenen Bedingungen eingehalten sind. In Tabelle 3.5-11 ist der Abminderungsfaktor κ_M nach

DIN 18800-2 angegeben. Bei einer Berechnung nach Eurocode 4 ist der Abminderungsfaktor analog nach Eurocode 3-1-1 zu ermitteln. Für die Berechnung der bezogenen Schlankheit und des Abminderungsfaktors κ_M muss das ideale Biegedrillknickmoment M_{Ki} bzw. in der Schwerachse des gedrückten Gurtes die Spannung σ_{Ki} infolge des idealen Biegedrillknickmoments bekannt sein. Zur Berechnung von M_{Ki} werden die in Abb. 3.5-30 dargestellten Lagerungsbedingungen angenommen. Der Betongurt bewirkt eine seitliche Halterung am Obergurt sowie eine kontinuierliche drehelastische Bettung. Der Einfluss der Profilverfor-

mung kann ebenfalls bei der Ermittlung der dreh-
elastischen Bettung erfasst werden [Roik/Hanswille
1990]. Das ideale Biegedrillknickmoment kann
z. B. nach [Fischer/Berger 1997] und [Hanswille/
Lindner 1998] ermittelt werden.

In vielen Fällen kann auf einen direkten Biegedrillknicknachweis verzichtet werden [Roik/Hans-
wille 1990]. Durchlaufträger des Hoch- und Industriebaus, die über die gesamte Trägerlänge als Verbundträger ausgebildet sind und überwiegend
durch Gleichstreckenlasten beansprucht werden,
dürfen ohne zusätzliche seitliche Halterungen zwischen den Auflagerpunkten ausgeführt werden,
wenn sich die Stützweiten benachbarter Felder, bezogen auf die kürzere Stützweite, um nicht mehr
als 20% unterscheiden, das Verhältnis von ständiger Einwirkung zu Gesamtlast größer als 0,4 ist,
die Verdübelung zwischen Stahlträgerobergurt und
Betongurt nach den im folgenden Abschnitt beschriebenen Grundsätzen ausgeführt ist und die
Profilhöhen h_a des Stahlträgers die in Tabelle 3.5-
12 angegebenen Grenzhöhen nicht überschreiten.
Zusätzlich darf die Biegeschlankheit der Betongurte quer zur Trägerrichtung den Grenzwert l/
d=35 bei Durchlaufträgern und l/d=25 bei Einfeldplatten nicht überschreiten. Bei Trägern mit Kammerbeton dürfen die in Tabelle 3.5-12 angegebenen
Grenzhöhen um 200 mm vergrößert werden.

Verbundsicherung

Die Verbundmittel zwischen dem Stahlträger und
dem Betongurt müssen in Trägerlängsrichtung so
angeordnet werden, dass die Längsschubkräfte V_L
zwischen Betongurt und Stahlträger im Grenzzustand der Tragfähigkeit übertragen werden können.
Der natürliche Haftverbund darf dabei nicht berücksichtigt werden. Typische Verbundmittel sind
in Abb. 3.5-31 dargestellt. Zwischen kritischen
Schnitten muss die Bedingung $V_{L,Ed}/V_{L,Rd} \geq 1,0$ ein-

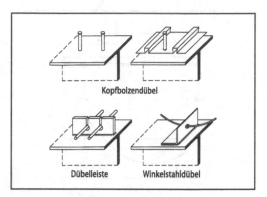

Abb. 3.5-31 Verbundmittel

gehalten werden. Hierbei ist $V_{L,Ed}$ der Bemessungswert der Längsschubkraft und $V_{L,Rd}$ die übertragbare
Längsschubkraft, die sich aus der im betrachteten
Trägerabschnitt vorhandenen Anzahl n der Verbundmittel und der Grenzscherkraft P_{Rd} des Ver-
bundmittels ergibt. Die Verbundmittel sind i. Allg.
in Trägerlängsrichtung nach dem Verlauf der Längsschubkraft $V_{L,Sd}$ anzuordnen. Die Berechnung der
Längsschubkraft sowie die Verteilung der Verbundmittel hängt dabei von der Querschnittsklasse und
von der Duktilität der Verbundmittel ab.

Für Kopfbolzendübel kann bei der Verwendung
von Normalbeton und bei der Verbundsicherung
mittels Reibungsverbund von einem duktilen Verhalten der Verbundmittel ausgegangen werden.
Die anderen in Abb. 3.5-31 dargestellten Verbundmittel werden in den Regelwerken als Verbundmittel ohne ausreichende Duktilität eingestuft. Die
gleichzeitige Verwendung von duktilen Verbundmitteln und Verbundmitteln ohne ausreichende
Duktilität sollte vermieden werden, da die auf die
einzelnen Verbundmittel entfallende Längsschubkraft vom Verformungsverhalten der Verbundmittel abhängt.

**Träger mit Querschnitten der Klasse 1 und 2 und duk-
tilen Verbundmitteln.** Zwischen kritischen Schnitten
ergeben sich bei Trägern mit Querschnitten der
Klassen 1 und 2 die Längsschubkräfte bei vollständiger Verdübelung (η=1) aus der Differenz der
Normalkräfte des Betongurtes bzw. der Betonstahlbewehrung infolge der vollplastischen Grenz-
schnittgrößen (Abb. 3.5-32). Die zwischen den

Tabelle 3.5-12 Grenzprofilhöhen h (mm) für Querschnitte
ohne Kammerbeton

Profil	Stahlsorte		
	S235	S355	S460
IPE	600	400	270
HEA	800	650	500
HEB	900	700	600

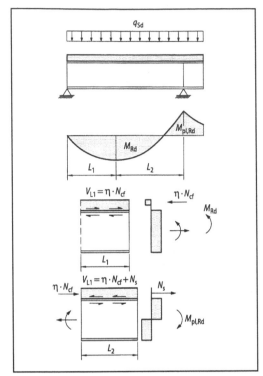

Abb. 3.5-32 Kritische Schnitte und Längsschubkräfte bei vollständiger und teilweiser Verdübelung (Endfeld eines Durchlaufträgers)

betrachteten kritischen Schnitten erforderliche Dübelanzahl bei vollständiger Verdübelung wird mit n_f bezeichnet.

Bei Einfeldträgern und im positiven Momentenbereich von Durchlaufträgern darf die Längsschubkraft nach der Theorie der teilweisen Verdübelung vollplastisch berechnet werden. In Abhängigkeit vom Verdübelungsgrad η ist eine ausreichende Momentendeckung nachzuweisen, oder die für die Ermittlung der Längsschubkraft erforderlichen Normalkräfte des Betongurtes werden vereinfacht an den kritischen Schnitten nach Gl. (3.5.21) berechnet, d. h., es wird von einer linearen Interpolation zwischen den Punkten A und C nach Abb. 3.5-18 ausgegangen:

$$N_c = \frac{M_{Ed} - M_{pl,a,Rd}}{M_{pl,Rd} - M_{pl,a,Rd}} \cdot N_{c,f} \qquad (3.5.21)$$

Hierbei sind $M_{pl,a,Rd}$ das plastische Grenzmoment des Baustahlquerschnitts, $M_{pl,Rd}$ das plastische Grenzmoment des Verbundquerschnitts bei vollständiger Verdübelung und N_{cf} die zugehörige Druckkraft des Betongurtes. Bei Trägern mit Kammerbeton ist in Gl. (3.5.21) $M_{pl,a,Rd}$ durch das Grenzmoment des kammerbetonierten Profilverbundquerschnitts zu ersetzen.

Die Dübel dürfen zwischen kritischen Schnitten äquidistant verteilt werden, wenn das vollplastische Grenzmoment des Baustahlquerschnitts $M_{pl,a,Rd}$ den 0,4-fachen Wert des vollplastischen Grenzmoments des Verbundquerschnitts $M_{pl,Rd}$ nicht unterschreitet. Anderenfalls ist unter Berücksichtigung der zwischen kritischen Schnitten bereichsweisen teilweisen Verdübelung eine ausreichende Momentendeckung über den jeweiligen Trägerabschnitt nachzuweisen. Bei äquidistanter Anordnung der Verdübelung treten im Grenzzustand der Tragfähigkeit in der Verbundfuge größere Relativverschiebungen auf. Die Größe des Schlupfes hängt dabei neben der Verformbarkeit der Dübel von der Ausbildung des Verbundquerschnitts, von der Stützweite des Trägers und von der Belastung (Gleichstreckenlasten, Einzellasten) ab [Bode 1994]. In den Regelwerken wird daher der Verdübelungsgrad in Abhängigkeit von diesen Parametern beschränkt.

Für Träger mit Gleichstreckenlasten und Kopfbolzendübeln sind die in Tabelle 3.5-13 angegebenen Mindestverdübelungsgrade einzuhalten. Für die Feldbereiche von Durchlaufträgern darf näherungsweise anstelle der Stützweite L die wirksame Stützweite L_e nach Abb. 3.5-22 verwendet werden. Die in Tabelle 3.5-13 angegebenen Mindestverdübelungsgrade stellen sicher, dass bei Trägern mit Gleichstreckenbelastung der maximale Schlupf auf den Wert $\delta_{uk} = 6,0$ mm beschränkt wird. Bei Trägern mit überwiegender Beanspruchung durch Einzellasten ist der Schlupf in der Verbundfuge geringer als bei Gleichstreckenlasten. In diesen Fällen sind daher auch geringere Verdübelungsgrade zulässig, wenn durch eine nichtlineare Berechnung nachgewiesen wird, dass der charakteristische Wert des Verformungsvermögens nicht überschritten wird.

Träger mit Verbundmitteln ohne ausreichende Duktilität oder mit Querschnitten der Klasse 3 oder 4. Bei Trägern mit Querschnitten der Klasse 3 oder 4 erfolgt die

Tabelle 3.5-13 Mindestverdübelungsgrade bei Trägern mit Querschnitten der Klasse 1 und 2 und teilweiser Verdübelung nach Eurocode 4-1-1

doppeltsymmetrische Baustahlquerschnitte mit Vollbetonplatten und Kopfbolzendübeln ⌀ 16,19,22 und 25 mm mit $h/d \geq 4$	doppeltsymmetrische Baustahlquerschnitte mit Profilblechen, Kopfbolzendübeln ⌀ 19 u. 22 $h_p \leq 60$ mm und $b_0/h_p \geq 2,0$
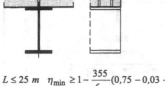	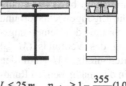
$L \leq 25\,m \quad \eta_{min} \geq 1 - \dfrac{355}{f_{yk}}(0,75 - 0,03 \cdot L) \geq 0,4$	$L \leq 25\,m \quad \eta_{min} \geq 1 - \dfrac{355}{f_{yk}}(1,0 - 0,04 \cdot L) \geq 0,4$
$L > 25\,m \quad \eta_{min} \geq 1,0$	$L > 25\,m \quad \eta_{min} \geq 1,0$

Bemessung auf der Grundlage der Elastizitätstheorie, wobei Ebenbleiben des Gesamtquerschnitts angenommen wird. Von dieser Annahme ist stets auszugehen, wenn unabhängig von der Querschnittsklasse Verbundmittel ohne ausreichende Duktilität verwendet werden, da sich in diesem Fall keine plastischen Umlagerungen der Längsschubkräfte sowie keine Dehnungsverteilung mit zwei Dehnungsnulllinien (Schlupf in der Verbundfuge) einstellen kann. Wenn sich das gesamte Tragwerk elastisch verhält, ergeben sich die Längsschubkräfte nach Tabelle 3.5-6 aus den auf den Verbundquerschnitt wirkenden Beanspruchungen. Bei Trägern mit Querschnitten der Klassen 3 und 4 sind dabei die Einflüsse aus dem Kriechen und Schwinden zu berücksichtigen. An den Trägerenden, an Betonierabschnittsgrenzen und an Einleitungsstellen von Normalkräften sind zusätzlich die konzentrierten Schubkräfte zu beachten.

Bei Durchlaufträgern mit Querschnitten der Klasse 3 oder 4 an den Innenstützen sind in den Feldbereichen i. d. R. Querschnitte der Klasse 1 oder 2 vorhanden, d. h., die Querschnittstragfähigkeit wird an diesen Stellen vollplastisch berechnet. Die Längsschubkräfte nehmen in den teilplastizierten Bereichen deutlich zu, weil das zum vollplastischen Moment gehörige Kräftepaar auf relativ kurzer Länge aufgebaut werden muss (Abb. 3.5-17). Der Schubkraftverlauf muss dann aus der Differenz der Normalkräfte im Betongurt berechnet werden. Der Zusammenhang zwischen Biegemoment und Gurtnormalkraft kann dabei im

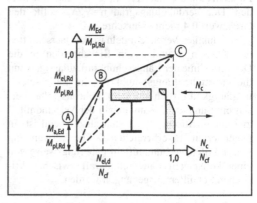

Abb. 3.5-33 Zusammenhang zwischen der Gurtkraft N_c und dem Biegemoment M_{Sd}

teilplastischen Zustand durch die in Abb. 3.5-33 dargestellte linearisierte Beziehung angenähert werden.

Der Bereich A bis B beschreibt das elastische Verhalten des Querschnitts. Bei Trägern ohne Eigengewichtsverbund resultiert aus dem auf den Stahlträger wirkenden Anteil $M_{a,Ed}$ keine Normalkraft und somit auch keine Längsschubkraft. Im plastischen Zustand (Bereich B bis C) ergibt sich die Normalkraft N_c durch lineare Interpolation zwischen den Werten bei Erreichen des elastischen Grenzmoments $M_{el,Rd}$ und des vollplastischen Moments $M_{pl,Rd}$. Für die Gurtkraft N_c im Bereich $M_{el,Rd} < M_{Sd} \geq M_{pl,Rd}$ erhält man

$$N_c = N_{el,d} + \frac{M_{Ed} - M_{el,Rd}}{M_{pl,Rd} - M_{el,Rd}} \cdot (N_{c,f} - N_{el,d})$$

$$(3.5.22)$$

Dabei ergibt sich $M_{el,Rd}$ aus der Bedingung, dass in der Randfaser des Stahl- bzw. Betonstahlquerschnitts die Grenzspannungen f_{yd} bzw. f_{sd} erreicht werden. Bei Trägern ohne Eigengewichtsverbund ergibt sich $M_{el,Rd}$ aus der Summe der Bemessungsmomente vor Herstellung des Verbunds ($M_{a,Sd}$) und desjenigen Momentenanteils ΔM_{Sd} auf den Verbundquerschnitt, der in den maßgebenden Randfasern die resultierenden Spannungen f_{yd} bzw. f_{sd} hervorruft. Auf der sicheren Seite liegend, darf die Gurtkraft und die erforderliche Dübelanzahl immer durch lineare Interpolation zwischen den Punkten A und C nach Abb. 3.5-33 bestimmt werden. Der Verdübelungsgrad $\eta = N_c/N_{cf}$ sollte den Grenzwert 0,4 nicht unterschreiten.

Bei duktilen Verbundmitteln ist bei Querschnitten der Klassen 3 und 4 ein Einschneiden in die Deckungslinie der Längsschubkraft zulässig, wenn die ermittelte Längsschubkraft die Längsschubtragfähigkeit örtlich um nicht mehr als 15% überschreitet und die Gesamtanzahl der Verbundmittel zwischen kritischen Schnitten ausreichend ist. In plastizierten Trägerbereichen darf bei Verwendung von duktilen Verbundmitteln näherungsweise von einer konstanten Längsschubkraft zwischen kritischen Schnitten ausgegangen werden.

Beanspruchbarkeit von Verbundmitteln. Wie bereits in 3.5.3.1 erläutert, werden heute überwiegend Kopfbolzendübel zur Verbundsicherung verwendet. Nachfolgend werden daher nur diese Verbundmittel näher behandelt. Kopfbolzendübel bestehen aus kaltverformten Rundstählen mit aufgestauchten Köpfen. Die Abmessungen und Materialeigenschaften sind in DIN EN ISO 13918 festgelegt. Die Kopfbolzen werden mittels Bolzenschweißanlage und Schweißpistole im Bolzenschweißverfahren mit Hubzündung halbautomatisch verschweißt [Trillmich 1997, DIN EN ISO 14555]. Bezüglich der Tragfähigkeit muss zwischen Bolzen in Vollbetonplatten und Bolzen in Kombination mit Profilblechen unterschieden werden (Abb. 3.5-34 und 3.5-35). Bei Verwendung von Kopfbolzendübeln mit Profilblechen werden die Bleche entweder vorgelocht und auf der Baustelle über die auf den

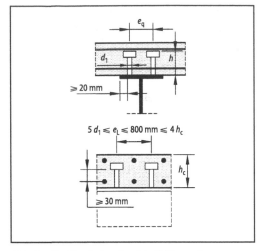

Abb. 3.5-34 Kopfbolzendübel in Vollbetonplatten

Stahlträger geschweißten Dübel gestülpt, oder die Dübel werden auf der Baustelle direkt durch die Bleche durchgeschweißt. Das Durchschweißen von Kopfbolzendübeln ist nur unter bestimmten Bedingungen zulässig [Bode/Künzel 1991]. In Deutschland wurden in der Vergangenheit mit der Durchschweißtechnik keine gute Erfahrungen gesammelt. Die Bleche werden daher i. d. R. vorgelocht.

Zur Beschreibung des relativ komplizierten Tragverhaltens von Kopfbolzendübeln existieren bisher keine einfachen mechanischen Berechnungsmodelle. Die Regelungen in den Normen basieren auf experimentellen Untersuchungen von Ollgard (1971), Oehlers/Johnson (1987), Johnson/Huang (1995), Roik/Bürkner (1980, 1981), Roik/Hanswille (1983), Bode/Schanzenbach (1989), Bode/Künzel (1990) und Hanswille/Jost (1998). Der Bemessungswert der Beanspruchbarkeit (Grenzscherkraft) ergibt sich für Dübel in Vollbetonplatten aus Normalbeton und mit Schaftdurchmessern $d_1 \leq 25$ mm und einem Verhältnis $h/d_1 > 3,0$ aus dem jeweils kleineren Wert der Gleichungen

$$P_{Rd,1} = 0,8 \cdot f_u \cdot \frac{\pi \cdot d_1^2}{4} \cdot \frac{1}{\gamma_v}, \qquad (3.5.23)$$

$$P_{Rd,2} = k_c \cdot \alpha \cdot d_1^2 \sqrt{E_{cm} \cdot f_{ck}} \cdot \frac{1}{\gamma_v} \qquad (3.5.24)$$

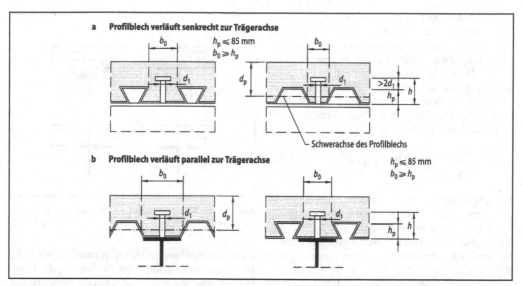

Abb. 3.5-35 Kopfbolzendübel bei Verwendung von Profilblechen

Dabei ist

d_1 Schaftdurchmesser des Dübels mit $d_1 \geq 25$ mm,

f_u spezifizierte Zugfestigkeit des Bolzenmaterials (f_u darf höchstens mit 450 N/mm² in Rechnung gestellt werden),

f_{ck} charakteristischer Wert der Zylinderdruckfestigkeit des Betons im entsprechenden Alter,

E_{cm} Elastizitätsmodul des Betons,

k_c ein aus Versuchen bestimmter Beiwert, der nach DIN 18800-5 mit $k_c = 0{,}25$ und nach Eurocode 4 mit $k_c = 0{,}29$ anzunehmen ist.

α Beiwert zur Berücksichtigung des Einflusses der Dübelhöhe ($\alpha = 0{,}2$ $[(h/d_1) + 1]$ für $3 < h/d_1 < 4$ und $\alpha = 1{,}0$ für $h/d_1 \geq 4$),

γ_v Teilsicherheitsbeiwert. Nach DIN 18800-5 ist der Teilsicherheitsbeiwert $\gamma_v = 1{,}25$ und nach dem Nationalen Anhang zu Eurocode 4 wegen des größeren Beiwertes k_c im Eurocode 4 der Teilsicherheitsbeiwert $\gamma_v = 1{,}50$ zu berücksichtigen.

Die Gln. (3.5.23) und (3.5.24) setzen voraus, dass innerhalb der Dübelumrissfläche eine Querbewehrung angeordnet wird. Bezüglich der Maximal- und Mindestabstände sowie der konstruktiven Ausbildung der Verbundfuge sind die in Abb. 3.5-34 zusammengestellten Bedingungen einzuhalten. Die

Dicke des Stahlflansches ist so zu wählen, dass eine einwandfreie Schweißung und eine ordnungsgemäße Einleitung der Dübelkraft in den Stahlflansch ohne örtliche Überbeanspruchungen oder übermäßige Verformungen sichergestellt ist. Werden die Dübel nicht direkt über dem Steg des Stahlprofils angeordnet, so sollte der Durchmesser des Dübels den 2,5-fachen Wert der Flanschdicke des Stahlträgers nicht überschreiten.

Bei Kopfbolzendübeln in Kombination mit Profilblechen erfolgt die Ermittlung der Bemessungswerte der Tragfähigkeit in Abhängigkeit von der Orientierung des Profilbleches durch Abminderung des Bemessungswertes der Tragfähigkeit für Vollbetonplatten. Verlaufen die Profilbleche parallel zur Trägerachse (Abb. 3.5-35 b), so ist die Grenzscherkraft des Dübels aus der Grenzscherkraft für Vollbetonplatten durch Multiplikation mit dem Abminderungsbeiwert

$$k_l = 0{,}6 \frac{b_0}{h_p} \left(\frac{h}{h_p} - 1 \right) \leq 1{,}0 \qquad (3.5.25)$$

zu ermitteln.

Die Dübelhöhe h darf in Gl. (3.5.25) nur mit maximal $h_p + 75$ mm in Rechnung gestellt werden. Bei offener Profilblechgeometrie, Profilblechhöhen h_p

größer als 60 mm und über dem Träger gestoßenen Profilblechen ist eine zusätzliche Schubbewehrung erforderlich, die wie bei gevouteten Trägern mit Vollbetonplatten auszubilden und zu bemessen ist.

Für Dübel in Rippen von Profilblechen, die senkrecht zur Trägerachse verlaufen (Abb. 3.3-35a), ergibt sich die Grenzscherkraft durch Abminderung der Tragfähigkeit für Vollbetonplatten mit dem Abminderungsbeiwert

$$k_t = \frac{0,7}{\sqrt{n_R}} \frac{b_0}{h_p} \left[\frac{h}{h_p} - 1 \right] \le k_{t,\max} . \qquad (3.5\text{-}26)$$

Der obere Grenzwert $k_{t,\max}$ ist dabei Tabelle 3.5-14 zu entnehmen [Hanswille/Kajzar/Faßbender 1993]. In Gl. (3.5-26) ist n_R die Anzahl der Bolzendübel je Rippe, die rechnerisch den Wert 2 nicht überschreiten darf. Die geringste Breite von ausbetonierten Rippenzellen darf nicht kleiner als 50 mm sein.

Werden die Dübel sowohl aus dem Trägerverbund als auch aus dem Deckenverbund beansprucht, so ist bei gleichzeitiger Wirkung dieser Schubkräfte die Bedingung

$$\left(\frac{V_L}{P_{L,Rd}} \right)^2 + \left(\frac{V_t}{P_{t,Rd}} \right)^2 \le 1,0 \qquad (3.5\text{-}27)$$

einzuhalten. Hierbei ist V_L die Längsschubkraft je Dübel aus dem Trägerverbund und V_t die rechtwinklig dazu wirkende Schubkraft je Dübel aus der Verbundwirkung mit der Decke.

Schubsicherung des Betongurtes

Die Querbewehrung des Betongurtes ist für den Grenzzustand der Tragfähigkeit so zu bemessen, dass ein Versagen des Betongurtes infolge Längsschub bzw. örtlicher Krafteinleitung in den Be-

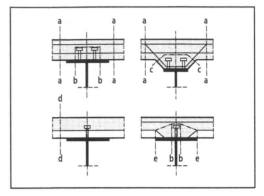

Abb. 3.5-36 Kritische Schnitte im Plattenanschnitt und in der Dübelumrissfläche

tongurt (Dübelumrissfläche) vermieden wird. Im Plattenanschnitt erfolgt die Bemessung in Übereinstimmung mit den Regelungen für Plattenbalken in Massivbauweise (s. 3.3). Neben der Bemessung im Plattenanschnitt ist die örtliche Ausleitung der Längsschubkräfte im Bereich der sog. Dübelumrissfläche nach Abb. 3.5-36 nachzuweisen.

Der in dem jeweils betrachteten Schnitt maßgebende Bemessungswert der Längsschubkraft $v_{L,Ed}$ pro Längeneinheit wird dabei aus der für den Grenzzustand der Tragfähigkeit erforderlichen Dübelanzahl ermittelt. Der Nachweis kann nach DIN 1045-1 oder Eurocode 2-2 geführt werden. In den für das Längsschubversagen maßgebenden Schnitten dürfen die Werte v_{Rd1} und v_{Rd2} nach den Gln. (3.5-28) und (3.5-29) nicht überschritten werden. Dabei gibt v_{Rd1} den oberen Grenzwert der Schubtragfähigkeit bei Versagen der schiefen Druckstreben im Betongurt und $v_{Rd,2}$ die Tragfähigkeit bei Versagen der Querbewehrung an.

Tabelle 3.5-14 Obere Grenzwerte $k_{t,\max}$ für den Faktor k_t

Anzahl der Dübel pro Rippe	Blechdicke t des Profilbleches in mm	durchgeschweißte Dübel $d_1 < 20$ mm	vorgelochte Profilbleche und Dübel $d_1 = 19$ mm und $d_1 = 22$ mm
$n_R = 1$	≤ 1,0 mm	0,85	0,75
	> 1,0 mm	1,0	0,75
$n_R = 2$	≤ 1,0 mm	0,70	0,60
	> 1,0 mm	0,85	0,60

$$v_{Rd,1} = v_{Rd,max} = A_{cv} \frac{\alpha_c \, f_{cd}}{cot\,\theta + tan\,\theta} \quad (3.5.28)$$

$$v_{Rd,2} = v_{Rd,sy} = \left(\frac{A_{sf} \, f_{sd}}{s} + A_p f_{ypd} \right) cot\,\theta$$
$$(3.5.29)$$

Hierbei ist f_{cd} der Bemessungswert der Zylinderdruckfestigkeit des Betons in N/mm^2, θ die Druckstrebenneigung, α_c ein Abminderungsbeiwert für die Druckstrebenneigung, A_{cv} die im jeweils betrachteten Schnitt maßgebende Querschnittsfläche des Betons pro Längeneinheit und A_{sv} die anrechenbare Querbewehrung pro Längeneinheit. Bei Druckgurten kann in der Regel cot θ=1,2 und bei Zuggurten cot θ=1,0 zugrunde gelegt werden. Bei der Ermittlung des Traganteils der Bewehrung nach Gl. (3.5.29) darf der Traganteil $V_{pd} = A_p f_{ypd}$ von senkrecht zur Trägerachse verlaufenden Profilblechen mit der Fläche A_p dem Bemessungswert der Streckgrenze f_{ypd} angerechnet werden, wenn die Profilbleche über dem Träger durchlaufen oder kraftschlüssig angeschlossen werden.

Bei Verwendung von senkrecht zur Trägerachse verlaufenden Profilblechen, die über dem Träger nicht gestoßen sind, ist es nicht erforderlich, Schnitte vom Typ b-b zu untersuchen, wenn die Tragfähigkeit der Kopfbolzendübel unter Berücksichtigung des Abminderungsbeiwerts k_t nach Gl. (3.5.26) ermittelt wird. Bei der Ermittlung der anrechenbaren Flächen A_{cv} von Trägern mit senkrecht zur Trägerachse verlaufenden Profilblechen darf der Beton in den Rippen nicht in Rechnung gestellt werden.

Bei den Schnitten in der Dübelumrissfläche vom Typ b, c und e darf in Gl. (3.5.29) nur die Bewehrung angerechnet werden, die die jeweils betrachtete Schnittebene kreuzt. Bei kombinierter Beanspruchung durch den aus der Trägerwirkung resultierenden Längsschub und örtliche Querbiegung ist nach DIN 1045-1 oder Eurocode 2 der größere erforderliche Stahlquerschnitt anzuordnen, der sich aus der Trägerwirkung oder aus der örtlichen Querbiegebeanspruchung ergibt. Für die Mindestbewehrung im Plattenanschnitt und in der Dübelumrissfläche gelten die Regelungen für Stahlbeton-Plattenbalken. Der Mindestbewehrungsgrad ist bei Trägern mit Profilblechen auf die maßgebende Betonfläche oberhalb des Profilbleches zu beziehen.

Ermüdung

Für Verbundträger unter nicht vorwiegend ruhender Beanspruchung ist für die Verbundmittel ein Nachweis der Ermüdung erforderlich. Die Spannungen infolge der Ermüdungsbelastung sind stets durch eine elastische Tragwerksberechnung zu bestimmen. Dabei kann i. d. R. von einer starren Verdübelung ausgegangen werden, da mit dieser Annahme die Längsschubkräfte in der Verbundfuge auf der sicheren Seite liegend ermittelt werden. Bezüglich des Nachweises der Ermüdung für den Baustahlquerschnitt, den Beton und die Bewehrung wird auf 3.3 und 3.4 verwiesen. Nachfolgend werden nur die Besonderheiten beim Nachweis der Verdübelung erläutert. Bei wiederholter Beanspruchung wird bei Kopfbolzendübeln in Vollbetonplatten der Beton im Bereich des Schweißwulstes mit zunehmender Lastspielzahl geschädigt. Diese Schädigung ist neben der Schubkraftdoppelamplitude auch von der Oberlast abhängig. Die Schädigung führt zu einer verstärkten Biegebeanspruchung des Bolzenschaftes und schließlich zu den in Abb. 3.5-37 dargestellten Ermüdungsbrüchen [Roik/Hanswille 1987, 1989, Hanswille/Porsch/Üstündag 2006, 2007 Hanswille/Porsch 2009].

In Betondruckgurten werden die Brüche vom Typ A oder B nach Abb. 3.5-37 beobachtet, d. h.

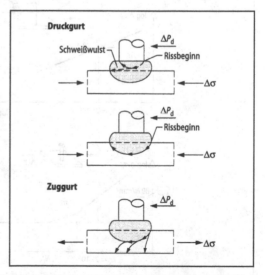

Abb. 3.5-37 Ermüdungsbrüche und Rissfortschritt bei Kopfbolzendübeln in Vollbetonplatten

Rissbeginn am Schweißwulst und Rissfortschritt durch den Schaft, den Schweißwulst oder durch die Wärmeeinflusszone im Flansch. In Gurten mit Zugbeanspruchung kann der Typ C beobachtet werden, d. h., der Riss beginnt wie bei den Typen A und B am Schweißwulst und wandert dann durch den Flansch des Trägers. Aus der Betonschädigung resultiert mit zunehmender Lastspielzahl eine Zunahme des Schlupfes, die kurz vor dem Ermüdungsbruch besonders ausgeprägt ist. Die maßgebenden Größen zur Beurteilung der Ermüdungsfestigkeit sind die Schubspannungsschwingbreite im Bolzenschaft und die Oberlast. Neuere Untersuchungen zeigen ferner, dass insbesondere bei hohen Oberlasten durch die Schädigung eine deutliche Reduzierung der statischen Resttragfähigkeit hervorgerufen wird [Hanswille/Porsch/Üstündag 2006, 2007]. Aus diesem Grunde wird in den Regelwerken zusätzlich zum Nachweis der Doppelschubkraftamplitude eine Begrenzung der Oberlast unter der charakteristischen Kombination auf den 0,6-fachen Bemessungswert der Dübeltragfähigkeit P_{Rd} nach den Gln. (3.5.23) und (3.5.24) gefordert. Die Ermüdungsfestigkeit kann dann allein mit Hilfe der Schubspannungs-

schwingbreite im Bolzenschaft mit der in Abb. 3.5-38 dargestellten Ermüdungsfestigkeitskurve beurteilt werden [Roik/Hanswille 1987, 1989, Hanswille/Porsch 2009].

In Trägerbereichen, in denen der Betongurt in der Druckzone liegt, kann der Ermüdungsnachweis mit Hilfe der rechnerischen Spannungsschwingbreite $\Delta\tau$ im Bolzenschaft geführt werden. Bezieht man die schadensäquivalente Spannungsamplitude auf die Lastspielzahl n=$2\cdot10^6$, so ergibt sich:

$$\gamma_{Ff}\,\Delta\tau_E \le \frac{\Delta\tau_C}{\gamma_{Mf}}. \tag{3.5.30}$$

Für Vollbetonplatten aus Normalbeton ergibt sich nach Abb. 3.5-38 die Ermüdungsfestigkeit $\Delta\tau_R$ für die Bezugslastspielzahl n=$2\cdot10^6$ zu $\Delta\tau_C$=95 N/mm^2. Bei Betongurten mit unterbrochener Verbundfuge (Profilblechdecken) ist das Ermüdungsverhalten der Dübel ungünstiger zu beurteilen. Für spezielle Profilblechgeometrien können die Ermüdungsfestigkeitskurven der Literatur entnommen werden [Bode/Becker 1993; Becker 1997]. Für Brücken sind die ermüdungswirksamen Verkehrslasten zur

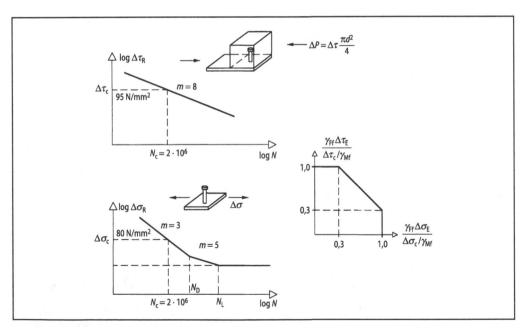

Abb. 3.5-38 Ermüdungsfestigkeitskurven für Kopfbolzendübel in Vollbetonplatten

Ermittlung von $\Delta\tau_{D,E}$ im Eurocode 4-2 angegeben. Für übliche Hochbauten kann $\Delta\tau_{D,E}$ vereinfacht mit der häufigen Lastkombination ermittelt werden. Die Teilsicherheitsbeiwerte dürfen nach Eurocode 4-1-1 mit γ_{Mf}=1,0 und γ_{Ff}=1,0 angenommen werden. In Trägerbereichen mit negativer Momentenbeanspruchung (Betongurt in der Zugzone und Rissbildung im Betongurt) ergeben sich im Obergurt des Stahlträgers nennenswerte Spannungsamplituden. Das Ermüdungsverhalten wird dann zusätzlich durch die Spannungsamplituden $\Delta\sigma$ im Obergurt des Stahlträgers bestimmt (s. Abb. 3.5-37), Versagenstyp C. Der Ermüdungsnachweis ist dann mit der Interaktionsbedingung (3.5-31) zu führen, vgl. Abb. 3.5-38. Dabei ist $\Delta\sigma_E$ die schadensäquivalente Spannungsschwingbreite im Stahlträgerobergurt für n_E=2·10⁶. Beim Nachweis der Interaktionsbedingung (3.5.31) ist insbesondere eine realistische Berücksichtigung des Einflusses aus der Rissbildung im Betongurt sowie des Einflusses aus der Mitwirkung des Betons zwischen den Rissen von Bedeutung, da sowohl die Spannung im Stahlträgerobergurt als auch die Schubbeanspruchung des Kopfbolzendübels hierdurch signifikant beeinflusst werden. Wenn keine genaueren Berechnungen durchgeführt werden, sind stets auf der sicheren Seite liegend zwei Grenzfälle zu untersuchen, bei denen die Spannungsschwingbreite im Stahlträgerobergurt und die zugehörige Schubspannungsschwingbreite im Bolzenschaft sowohl mit den Querschnittskenngrößen des als ungerissen angenommenen Betongurtes als auch mit den Querschnittskenngrößen des als gerissen angenommenen Betongurtes zu ermitteln sind.

$$\left[\frac{\gamma_{Ff}\Delta\sigma_E}{\Delta\sigma_C/\gamma_{Mf}}\right] + \left[\frac{\gamma_{Ff}\Delta\tau_E}{\Delta\tau_C/\gamma_{Mf}}\right] \le 1,3 \,,$$

$$\frac{\gamma_{Ff}\Delta\sigma_E}{\Delta\sigma_C/\gamma_{Mf}} \le 1,0 \qquad \frac{\gamma_{Ff}\Delta\tau_E}{\Delta\tau_C/\gamma_{Mf}} \le 1,0 \,. \tag{3.5.31}$$

3.5.3.4 Grenzzustand der Gebrauchstauglichkeit

Allgemeines

In den Grenzzuständen der Gebrauchstauglichkeit ist nachzuweisen, dass bestimmte Anforderungen an Bauwerks- oder Bauteileigenschaften erfüllt werden. Die Gebrauchstauglichkeit kann bei Verbundträgern durch übermäßige Rissbildung im Betongurt, durch übermäßige Verformungen sowie durch das Schwingungsverhalten eingeschränkt sein. In den Regelwerken wird ferner beim Nachweis der Gebrauchstauglichkeit in Sonderfällen die Einhaltung von Grenzspannungen gefordert. Dabei ist zu bedenken, dass die Begrenzung von Spannungen unter Gebrauchslastniveau sowie bei aggressiven Umweltbedingungen die Rissbreitenbeschränkung strenggenommen keine reinen Gebrauchstauglichkeitsnachweise darstellen, weil mit diesen Nachweisen eine ausreichende Dauerhaftigkeit nachgewiesen wird und somit diese Nachweise eine Voraussetzung für die in 3.5.3.3 beschriebenen Nachweise im Grenzzustand der Tragfähigkeit bilden.

Berechnung der Schnittgrößen, Spannungen und Verformungen

Die Schnittgrößen und Verformungen sind bei den Nachweisen in den Grenzzuständen der Gebrauchstauglichkeit auf der Grundlage der Elastizitätstheorie unter Berücksichtigung der Rissbildung, von Kriechen und Schwinden sowie der Belastungsgeschichte zu berechnen. Der Einfluss der Schubweichheit des Betongurtes darf durch eine mittragende Gurtbreite nach Abb. 3.5-22 berücksichtigt werden. Bei der Ermittlung der Verformungen ist die Nachgiebigkeit der Verbundmittel nur in Sonderfällen zu berücksichtigen.

In Trägerbereichen mit gerissenen Betongurten sind die Spannungen im Betonstahl bzw. Spannstahl unter Berücksichtigung der Mitwirkung des Betons zwischen den Rissen zu ermitteln. Da die Mitwirkung des Betons zwischen den Rissen nur beim Beton- bzw. Spannstahl zu einer Erhöhung der Beanspruchungen führt, können die Spannungen für den Baustahlquerschnitt auf der sicheren Seite liegend auch ohne Berücksichtigung der Mitwirkung des Betons zwischen den Rissen bestimmt werden. Bei Trägern ohne Eigengewichtsverbund mit Querschnitten der Klassen 1 und 2, die im Grenzzustand der Tragfähigkeit nach der Fließgelenktheorie oder unter Berücksichtigung der Momentenumlagerungen nach Abb. 3.5-23 bemessen werden, kann im Grenzzustand der Gebrauchstauglichkeit örtliches Plastizieren auftreten. Die daraus resultierenden Verformungen können vereinfacht mit Hilfe der Fließgelenktheorie bestimmt werden.

Andernfalls ist nachzuweisen, dass für die jeweils betrachtete Kombination kein inelastisches Verhalten auftritt.

Rissbreitenbeschränkung

Die Anforderungen an die Beschränkung der Rissbreite werden im Wesentlichen durch die Umweltbedingungen bestimmt. Grundlage ist die Forderung einer Mindestbewehrung zur Beschränkung von möglichen Einzelrissen in Trägerbereichen mit wahrscheinlicher Rissbildung. Als Bereiche wahrscheinlicher Rissbildung sind diejenigen Trägerbereiche anzusehen, in denen sich aus der seltenen Lastkombination rechnerisch Zugbeanspruchungen im Beton ergeben. Dabei ist zu bedenken, dass die Beanspruchungen aus dem Schwinden nur mit relativ großer Ungenauigkeit rechnerisch ermittelt werden können und in Verbundträgern zusätzlich aus der Entwicklung der Hydratationswärme primäre und sekundäre Beanspruchungen resultieren, die im Allgemeinen rechnerisch nicht berücksichtigt werden [Pamp 1992]. In den Regelwerken wird die erforderliche Mindestbewehrung in Anlehnung an die Regelungen für den Massivbau aus der bei Erstrissbildung resultierenden Betonstahlspannung und aus dem für die einzuhaltende Rissbreite w maßgebenden Stabdurchmesser bestimmt. Für die resultierende Normalkraft $N_{c+s,r}$ des Betongurtes und der Bewehrung unter dem Rissmoment M_R und den primären Beanspruchungen aus dem Schwinden folgt mit Gl. (3.5.10) und den Näherungen $z_{co}{}^a h_c/2$ sowie $z_{ic}{}^a z_{ic,s}$

$$N_{c+s,r} = \frac{(f_{ctm} - \sigma_{c,\varepsilon})A_c(1+\rho_s n_0)}{1+h_c/(2z_{ic,0})} + N_{c+s,\varepsilon}.$$

(3.5.32)

Von Maurer (1992) und Hanswille (1997) wurde gezeigt, dass Gl. (3.5.32) durch

$$N_{c+s,r} = f_{ctm} k_E k_R A_c k_c$$

(3.5.33)

$$k_c = \frac{1}{1+h_c/(2z_{ic,0})} + 0{,}3 \le 1{,}0$$

(3.5.34)

gut approximiert werden kann.

Der Faktor k_c nach Gl. (3.5.34) berücksichtigt dabei näherungsweise den Einfluss der Spannungsverteilung im Betongurt aus dem Rissmoment M_R

und den primären Beanspruchungen aus dem Schwinden bei Erstrissbildung. Der Beiwert $k_E = 0{,}8$ erfasst den Einfluss von nichtlinear verteilten Eigenspannungen aus dem Schwinden und der Beiwert $k_R = 0{,}9$ den Einfluss aus der Umlagerung der Gurtnormalkraft in den Stahlträger infolge Erstrissbildung und Schlupfes in der Verbundfuge.

Mit der Betonstahlspannung $\sigma_s = N_{c+s,r}/A_s$ erhält man für den erforderlichen Mindestbewehrungsgrad

$$\rho_s \ge \frac{k_E k_R f_{ctm} k_c}{\sigma_s}.$$

(3.5.35)

Wenn keine Anforderungen an die Rissbreite gestellt werden, darf in Gl. (3.5.35) für die Betonstahlspannung σ_s maximal der charakteristische Wert der Streckgrenze f_{sk} eingesetzt werden. Bei Anforderungen an die Rissbreite ist σ_s in Abhängigkeit vom verwendeten Stabdurchmesser und dem Bemessungswert der geforderten Rissbreite einzusetzen. Der Bemessungswert der geforderten Rissbreite ist von den Umweltbedingungen abhängig und wird in Übereinstimmung mit den Regelungen für Massivbauten festgelegt (s. 3.3).

In Trägerbereichen, in denen der für den Grenzzustand der Tragfähigkeit erforderliche Bewehrungsquerschnitt den Mindestbewehrungsquerschnitt nach Gl. (3.5.35) überschreitet, ist die Betonstahlspannung entweder in Abhängigkeit vom Stabdurchmesser oder in Abhängigkeit vom Stababstand zu beschränken. Die Spannungen sind bei diesem Nachweis für die quasi-ständige Kombination und unter Berücksichtigung der Mitwirkung des Betons zwischen den Rissen nach Gl. (3.5.13) zu ermitteln.

Verformungen

Bei Hoch- und Industriebauwerken sind die Verformungen i. Allg. für die quasi-ständige Kombination der Einwirkungen zu bestimmen. Bei Trägern ohne Eigengewichtsverbund müssen die Eigengewichtslasten des Stahlträgers und des Betongurtes vom Stahlträger allein aufgenommen werden. Daraus resultieren bei großen Trägerstützweiten nennenswerte Durchbiegungen, die durch eine Überhöhung der Träger ausgeglichen werden müssen. Aber auch bei Trägern mit Eigengewichtsverbund sind bei größeren Stützweiten i. Allg. Überhöhun-

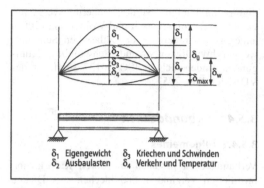

δ_1 Eigengewicht δ_3 Kriechen und Schwinden
δ_2 Ausbaulasten δ_4 Verkehr und Temperatur

Abb. 3.5-39 Überhöhung bei Verbundträgern

gen erforderlich. Bei der Festlegung der Überhöhung sind dabei die folgenden Verformungsanteile zu unterscheiden (Abb. 3.5-39):

δ_1 Durchbiegung aus dem Eigengewicht der Betonplatte und des Stahlträgers,

δ_2 Durchbiegung aus Ausbaulasten (Fußbodenaufbau, Trennwände, Installationen, abgehängte Decken usw.),

δ_3 Verformungen aus Kriechen und Schwinden des Betons,

δ_4 Verformungen aus Verkehrslasten und eventuell zu berücksichtigenden Temperaturunterschieden zwischen der Ober- und Unterseite des Trägers.

Neben den Verformungsanteilen δ_1, δ_2 und δ_3 werden i. d. R. bei Bauwerken mit einem hohen ständigen Anteil der Verkehrslasten (z. B. Büchereien, Lagerräume usw.) auch die Verformungsanteile der ständig wirkenden Verkehrslast überhöht.

Für Beschränkungen bezüglich des maximalen Durchhangs (Lichtraumprofil) ist die in Abb. 3.5-39 angegebene maximale Verformung δ_{max} maßgebend. Der mögliche Durchhang aus den nicht überhöhten Verkehrslastanteilen und der Temperatur ist bei Verbundträgern relativ klein. Im Hinblick auf mögliche Schäden an Ausbauteilen (z. B. nichttragende Innenwände, Fassadenelemente) ist zu bedenken, dass die durch Überhöhung ausgeglichenen Verformungen aus Kriechen und Schwinden für die Ausbauteile voll wirksam werden. Zur Beurteilung der Gebrauchstauglichkeit von Ausbauteilen ist somit die in Abb. 3.5-39 angegebene

Verformung δ_w zugrunde zu legen. Zur Vermeidung von Schäden an Ausbauteilen ist diese Änderung der Verformung für die häufige Einwirkungskombination auf 1/500 der Stützweite zu beschränken.

Die Auswirkungen der Nachgiebigkeit in der Verbundfuge können bei Trägern mit vollständiger Verdübelung vernachlässigt werden. Bei Trägern mit teilweiser Verdübelung kann der Einfluss auf die Verformungen ebenfalls vernachlässigt werden, wenn es sich um einen Träger ohne Eigengewichtsverbund handelt, der Verdübelungsgrad größer als 0,5 ist oder die Beanspruchungen der Verbundmittel unter der quasi-ständigen Einwirkungskombination den 0,7-fachen charakteristischen Wert der Dübeltragfähigkeit nicht überschreiten. Wenn die genannten Bedingungen nicht eingehalten sind, müssen die Verformungen nach der Theorie des elastischen Verbundes berechnet werden. In vielen Fällen ist es ausreichend, den Einfluss der Nachgiebigkeit der Verdübelung mit Hilfe von Näherungsverfahren (Hanswille/Schäfer 2007) zu erfassen. Dabei wird das ideelle Trägheitsmoment des Verbundquerschnitts nach Tabelle 3.5-4 mit Hilfe einer effektiven Reduktionszahl $n_{o,eff}$ für die Fläche des Betongurtes nach Gl. (3.5.36) ermittelt.

$$I_{io,eff} = \frac{I_c}{n_o} + I_a + \frac{A_c/n_{o,eff} \cdot A_a}{A_c/n_{o,eff} + A_a} \, a^2$$

$$n_{0,eff} = n_o \left(1 + \frac{\pi^2 E_{cm} A_c}{L^2 c_s}\right) \tag{3.5.36}$$

Dabei ist L die Trägerstützweite und c_s die Federsteifigkeit der Verbundfuge. Sie ergibt sich mit der Federsteifigkeit C_D des einzelnen Dübels, der Anzahl n_q quer zur Trägerlängsrichtung angeordneten Dübel und des Dübelabstandes e_L der Dübel in Trägerlängsrichtung zu $c_s = C_D \, n_q/e_L$. Für Kopfbolzendübel in Vollbetonplatten liegt die Dübelfedersteifigkeit C_D in der Größenordnung von 3000 kN/cm. Bei Trägern mit unterbrochener Verbundfuge hängt die Dübelsteifigkeit stark von der Profilblechgeometrie ab. Für Profilbleche mit Höhen nicht größer als 60 mm und Dübeln mit Schaftdurchmessern von 19 oder 22 mm kann von einer mittleren Federsteifigkeit C_D= 2000 kN/cm ausgegangen werden.

Spannungsbegrenzungen

Bei Trägern des üblichen Hoch- und Industriebaus ohne Vorspannmaßnahmen und unter vorwiegend ruhender Beanspruchung sind unter Gebrauchslasten i. d. R. keine Spannungsbegrenzungen erforderlich. Wenn jedoch bei Durchlaufträgern mit Querschnitten der Klasse 1 oder 2 im Grenzzustand der Tragfähigkeit Momentenumlagerungen vom Feld zur Stütze ausgenutzt werden, ist eine Begrenzung der Spannungen erforderlich, da es unter Gebrauchslasten zu größeren plastischen Verformungen kommen kann. Hinsichtlich der einzuhaltenden Grenzspannungen und der zugehörigen Einwirkungskombinationen gelten für Betonquerschnittsteile die Regelungen nach DIN 1045 bzw. Eurocode 2 und für Stahlquerschnittsteile die Regelungen nach DIN 18800 bzw. Eurocode 3. Bezüglich Spannungsbegrenzungen bei Brückentragwerken wird auf den Eurocode 4-2 verwiesen.

Schwingungsverhalten

Die Regelwerke enthalten keine Angaben zur Beurteilung des Schwingungsverhaltens von Trägern. Das Schwingverhalten kann jedoch in bestimmten Fällen ein wesentliches Kriterium für die Gebrauchstauglichkeit sein. In der Literatur zu findende Angaben bezüglich einzuhaltender Mindestwerte der Eigenfrequenz bei Nutzung von Gebäuden durch Personen (3 Hz bei Bürogebäuden und 5 Hz bei Turnhallen und Tanzsälen) sind in vielen Fällen nicht ausreichend. Die Extremwerte der Schrittfrequenz f_s können z. B. beim Gehen (s. auch [Bachmann 1995]) zwischen f_s=1,5 Hz und maximal f_s = 2,5 Hz liegen. Dies bedeutet, dass Resonanz im Frequenzbereich von 1,5 Hz $\leq f_s \leq$ 2,5 Hz infolge der 1. Harmonischen der Belastungsfunktion, im Frequenzbereich von 3,0 Hz $\leq f_s \leq$ 5,0 Hz infolge der 2. Harmonischen der Lastfunktion und im Frequenzbereich von 4,5 Hz $\leq f_s \leq$ 7,5 Hz infolge der 3. Harmonischen der Lastfunktion auftreten kann. In der Praxis werden vielfach auch Anregungen infolge der 2. und 3. Harmonischen der Belastungsfunktion als sehr störend empfunden. In der Literatur werden daher teilweise auch deutlich schärfere Bedingungen für die Eigenfrequenz angegeben. Bei schlanken Verbundträgern sollte daher stets eine genauere Untersuchung des Schwingungsverhaltens mittels Begrenzung der Schwinggeschwindigkeit bzw. Schwingbeschleu-

nigung durchgeführt werden. Näherungsverfahren werden z. B. von Gerasch und Wolperding (2001) angegeben. Grenzwerte der zulässigen Schwingweggeschwindigkeiten und Schwingbeschleunigungen finden sich in ISO 10137 sowie in der VDI-Richtlinie 2057.

3.5.4 Verbunddecken

3.5.4.1 Allgemeines

Verbunddecken bestehen aus durch Kaltwalzung profilierten verzinkten Stahlblechen mit Dicken zwischen 0,75 und 1,0 mm sowie Aufbeton. Die Bleche werden zunächst von Hand ausgelegt und dienen als Schalung für den Frischbeton. Nach dem Erhärten des Betons steht das Blech mit dem Beton in schubfester Verbindung, und es entsteht ein gemeinsam tragender Verbundquerschnitt. Diese Bauweise bietet eine Reihe von Vorteilen, da das Blech von Hand verlegt werden kann und anschließend sofort als Arbeitsbühne zur Verfügung steht. Im Betonierzustand dient es als Schalung und zur Stabilisierung der Deckenträger. In den Sicken von hinterschnittenen Profilen können Installationen und Abhängungen schnell und sicher befestigt werden.

Die dauerhafte Übertragung der Längsschubkräfte zwischen dem Profilblech und dem Beton kann durch eine oder mehrere der in Abb. 3.5-40 dargestellten Verbundarten sichergestellt werden:

(a) mechanischer Verbund, hervorgerufen durch spezielle Formgebung des Bleches (Sicken oder Nocken),
(b) Reibungsverbund für Profile mit hinterschnittener Querschnittsgeometrie (nur zulässig in Kombination mit (c)),
(c) Endverankerung durch aufgeschweißte Kopfbolzendübel oder andere örtliche Verbindungen (z. B. Setzbolzen) in Kombination mit (a) oder (b),
(d) Endverankerung durch Verformung der Rippen an den Enden in Kombination mit (b).

Zusätzlich ist bei niedrigen Belastungen eine natürliche Haftung (Adhäsion) zwischen Blech und Beton wirksam. Mit zunehmender Rissbildung und den daraus resultierenden Schubspannungsspitzen geht dieser Haftverbund jedoch weitgehend verloren. Er darf daher rechnerisch nicht in Ansatz gebracht werden.

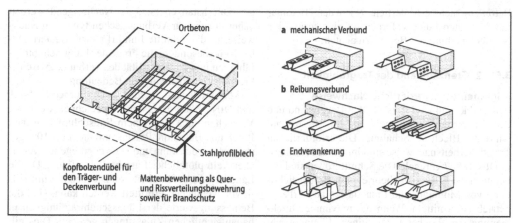

Abb. 3.5-40 Typischer Aufbau einer Verbunddecke und Verbundarten

Der Reibungsverbund (Abb. 3.5-40 b) wird durch die hinterschnittene Profilierung der Bleche ermöglicht. Sie erzeugt eine Klemmwirkung, die es erlaubt, im gerissenen und im ungerissenen Beton Reibungskräfte dauerhaft zu übertragen. Durch das Einprägen von Rippen oder Noppen oder das Einstanzen von Löchern nach Abb. 3.5-40 a wird eine verbesserte „mechanische Verdübelung" des Bleches mit dem Beton erreicht, die planmäßig sehr große Längsschubkräfte übertragen kann. Bei glatten Blechen mit offener Profilgeometrie (Abb. 3.5-40 c) führt die Querkontraktion des Blechs bei Zugbeanspruchung zu einem Ablösen des Bleches vom Beton. In diesem Fall sind zusätzliche Endverankerungen an den Deckenauflagern erforderlich.

Zur Sicherstellung einer ausreichenden Querverteilung der Lasten muss bei allen Verbunddecken eine Querbewehrung angeordnet werden. Diese wird in aller Regel direkt auf dem Profilblech verlegt. Falls bei sehr großen Stützweiten die Tragfähigkeit der Verbunddecke nicht ausreicht, kann in Längsrichtung noch eine zusätzliche Betonstahlbewehrung angeordnet werden. Im Eurocode 4-1-1 und in DIN 18800-5 sowie in den bauaufsichtlichen Zulassungen für Verbunddecken ist für beide Richtungen eine konstruktive Mindestbewehrung (Schwindbewehrung) von 1,0 cm²/m vorgeschrieben. Die statisch vorhandene Bewehrung kann dabei voll als Schwindbewehrung mit angerechnet werden. Verbunddecken können in Gebäuden mit

Gabelstaplerbetrieb als tragende Konstruktionen eingesetzt werden. Eine Anrechnung der Profilbleche ist dann jedoch nur möglich, wenn für die Decke eine bauaufsichtliche Zulassung für dynamische Belastung vorliegt.

Die möglichen Spannweiten im Bauzustand werden durch das Frischbetongewicht, die Profilhöhe und die Blechdicke sowie das statische System (einfeldriges oder durchlaufendes Blech) bestimmt. Wenn bei größeren Stützweiten die Tragfähigkeit des Bleches für Frischbetonlasten nicht ausreicht oder die Verformungen zu groß werden, müssen im Bauzustand Hilfsunterstützungen angeordnet werden. Eine Montageunterstützung mit Hilfsstützen ist insbesondere bei größeren Geschosshöhen unwirtschaftlich. Hinzu kommt, dass durch Hilfsstützen der Ausbau in den darunterliegenden Geschossen stark eingeschränkt wird.

Um größere Spannweiten ohne Zwischenunterstützungen zu erreichen, können die Decken zweilagig betoniert werden. Dabei wird das Blech nur durch das Eigengewicht der unteren Betonschicht sowie durch die Verkehrslasten während des Betonierens beansprucht. Nachdem der Beton der ersten Lage erhärtet ist, wirkt der Querschnitt für die restlichen Betonierlasten bereits wie eine dünne Verbunddecke. Die Aufbetondicke der ersten Lage sollte mindestens 40 mm betragen. Zur Sicherstellung des Verbunds in der Arbeitsfuge ist eine entsprechende Bewehrung in Form von Gitterträgern sowie eine ausreichend raue Oberfläche der ersten

Betonierschicht erforderlich. Nach dem Betonieren der ersten Lage ist ferner auf eine sorgfältige Nachbehandlung des Betons zu achten.

3.5.4.2 Grenzzustand der Tragfähigkeit

Allgemeines, erforderliche Nachweise

Verbunddecken sind stets für den Bauzustand und den Endzustand nachzuweisen. Im Bauzustand wirkt das Blech als Schalung. Die erforderlichen Tragsicherheitsnachweise sind im Eurocode 3 bzw. in DIN 18807 geregelt. Die Schnittgrößen sind dabei nach der Elastizitätstheorie unter Berücksichtigung von Montage- und Ersatzlasten aus Arbeitsbetrieb zu ermitteln. Wenn die maximale Durchbiegung des Bleches unter seinem Eigengewicht und dem Gewicht des Frischbetons im Grenzzustand der Gebrauchstauglichkeit geringer als 1/10 der Deckendicke ist, darf das Mehrgewicht des Betons infolge der Durchbiegung des Bleches bei der Bemessung vernachlässigt werden.

Im Grenzzustand der Tragfähigkeit sind für Verbunddecken die in Abb. 3.5-41 dargestellten kritischen Schnitte zu untersuchen. Die Längsschubtragfähigkeit in der Verbundfuge zwischen Blech und Beton (Schnitt II-II) bestimmt dabei meistens die maximale Momententragfähigkeit, d. h., es liegt i. d. R. eine teilweise Verdübelung vor. Biegeversagen im Schnitt I-I wird nur bei vollständiger Verdübelung maßgebend. Der Nachweis der Querkrafttragfähigkeit im Schnitt III-III sowie der Nachweis der Momententragfähigkeit im negativen Momentenbereich (Schnitt IV-IV) erfolgen in Übereinstimmung mit den Regelungen für Stahlbetonplatten. Dies gilt auch für den Nachweis gegen Durchstanzen (s. 3.3). Nachfolgend werden daher nur die für Verbunddecken typischen Nachweise für die Schnitte I und II näher erläutert. Dabei ist insbesondere die Frage der Längsschubtragfähigkeit und der Duktilität des Verbunds zwischen Profilblech und Beton von Bedeutung.

Verbunddecken werden nach Eurocode 4-1-1 und DIN 18800-5 als duktil bezeichnet, wenn bei Versuchen nach deutlichem Endschlupf zwischen Blech und Beton die Prüflast um mehr als 10% gesteigert werden kann und bei weggeregelten Versuchen kein plötzlicher Lastabfall stattfindet. Da die Längsschubtragfähigkeit von Blechen nur mit Hilfe von Versuchen ermittelt werden kann, sind die Bemessungswerte der Längsschubtragfähigkeit in bauaufsichtlichen Zulassungen geregelt. Dies gilt auch für die Tragfähigkeit von Endverankerungen. Der Nachweis der Längsschubtragfähigkeit kann nach den Regelwerken mit der sog. „m+k-Methode" und bei Decken mit duktilem Verbundverhalten nach der Teilverbundtheorie geführt werden [Bode/Sauerborn 1992; Bode/Minas/Sauerborn 1996; Minas 1997]. Bei der „m+k-Methode" handelt es sich um ein in den USA entwickeltes, halbempirisches Bemessungsverfahren, das für Decken ohne ausreichende Duktilität entwickelt wurde.

Schnittgrößenermittlung

Die Schnittgrößen für Verbunddecken können in Übereinstimmung mit den Regelungen für Stahlbetonplatten ermittelt werden, d. h., es dürfen linear-elastische Verfahren mit und ohne Momentenumlagerung oder Verfahren auf der Grundlage der Plastizitätstheorie mit Kontrolle der Rotationsfähigkeit verwendet werden. Eine Berechnung nach der Fließgelenktheorie ohne direkte Kontrolle der Rotationsfähigkeit ist nur zulässig, wenn an den Innenstützen die in DIN1045-1 angegebenen Bedingungen bezüglich der Druckzonenhöhe und der Duktilität des Betonstahls eingehalten werden, Profilbleche mit hinterschnittener Profilblechgeometrie und mechanischem Verbund verwendet werden und die Stützweite 6,0 m nicht überschreitet [Sauerborn 1995].

Querschnittstragfähigkeit

Verbunddecken gelten als vollständig verdübelt, wenn die für das vollplastische Grenzmoment erforderlichen Längsschubkräfte zwischen Profil-

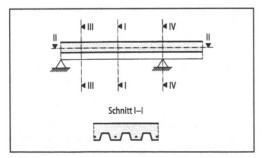

Abb. 3.5-41 Maßgebende kritische Schnitte beim Nachweis des Grenzzustands der Tragfähigkeit

blech und Beton übertragen werden können, andernfalls liegt eine teilweise Verdübelung vor. Bei vollständiger Verdübelung darf bei positiver Momentenbeanspruchung (Profilblech in der Zugzone) das Grenzmoment $M_{pl,Rd}$ wie bei Verbundträgern nach Abb. 3.5-42 a vollplastisch berechnet werden, wenn die plastische Nulllinie nicht im Profilblech liegt.

$$z_{pl} = \frac{A_p f_{ypd} + A_s f_{sd}}{b \, \alpha_c f_{cd}}, \qquad (3.5.37)$$

$$M_{pl,Rd} = A_p f_{ypd}\left(d_p - \frac{z_{pl}}{2}\right) + A_s f_{sd}\left(d_s - \frac{z_{pl}}{2}\right). \qquad (3.5.38)$$

Bei Decken mit duktilem Verbundverhalten kann das Grenzmoment M_{Rd} in Übereinstimmung mit der Vorgehensweise bei Verbundträgern nach der Teilverbundtheorie berechnet werden. Für das Grenzmoment erhält man mit Abb. 3.5-42 b in Abhängigkeit vom Verdübelungsgrad η

$$z_{pl} = \frac{\eta A_p f_{ypd} + A_s f_{sd}}{b \alpha_c f_{cd}}, \qquad (3.5.39)$$

$$M_{Rd} = M_{pl,r} + \eta A_p f_{ypd}\left(d_p - \frac{z_{pl}}{2}\right) \\ + A_s f_{sd}\left(d_s - \frac{z_{pl}}{2}\right). \qquad (3.5.40)$$

Das vollplastische Biegemoment $M_{pl,r}$ des Profilbleches bei gleichzeitiger Wirkung der Normalkraft $N_p = \eta A_p f_{ypd}$ kann dabei vereinfacht mit der Normalkraft-Momenten-Interaktion für Stahlquerschnitte berechnet werden und ergibt sich mit dem vollplastischen Biegemoment $M_{pl,a,Rd}$ des Profilblechs zu $M_{pl,r} = 1,1 \, M_{pl,a,Rd}$ $(1-\eta)$. Bei Anordnung von Zulagebewehrung muss ferner die Bedingung $(A_s f_{sd})/(A_p f_{ypd}) \geq 0,7$ erfüllt sein. Der Verdübelungsgrad η ergibt sich dabei aus der zwischen den kritischen Schnitten übertragbaren Längsschubkraft. Sie wird mit dem Bemessungswert der Verbundfestigkeit $\tau_{u,Rd}$ ermittelt, der die Längsschubtragfähigkeit bezogen auf die Deckengrundfläche angibt. Betrachtet man im Teilverbunddiagramm nach Abb. 3.5-43 den Querschnitt im Abstand L_x vom Endauflager, so ergibt sich die bis zum Schnitt übertragbare Längsschubkraft zu $V_{L,Rd} = \tau_{u,Rd} \, b \, L_x$. Den zugehörigen Verdübelungsgrad η erhält man dann zu

$$\eta = \frac{\tau_{u,Rd} \, b \, L_x}{A_p f_{ypd}}. \qquad (3.5.41)$$

Im Abstand $L_x = L_{Sf} = A_p f_{ypd}/(b \, \tau_{u,Rd})$ vom Auflager entfernt ist die Längsschubtragfähigkeit ausreichend, um die vollplastische Normalkraft des Profilblechs zu aktivieren. Für Längen $L_x \geq L_{Sf}$ liegt somit vollständiger Verbund vor. Für $L_x < L_{sf}$ kann die Momententragfähigkeit bei teilweiser Verdübelung auch durch lineare Interpolation zwischen den Punkten A und B nach Abb. 3.5-43 ermittelt werden.

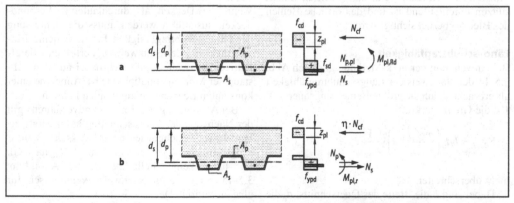

Abb. 3.5-42 Plastische Spannungsverteilungen zur Ermittlung des vollplastischen Moments M_{pl}, R_d und des Grenzmoments M_{Rd} bei teilweiser Verdübelung

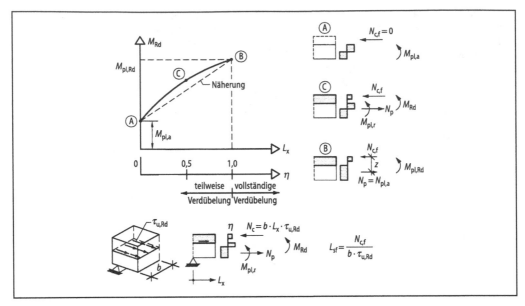

Abb. 3.5-43 Ermittlung der Momententragfähigkeit nach der Teilverbundtheorie

Das Tragverhalten von Verbunddecken entspricht bei negativer Momentenbeanspruchung dem Verhalten von Stahlbetondecken. Bei der Bemessung muss jedoch die durch die Profilgeometrie des Bleches hervorgerufene Schwächung der Betondruckzone berücksichtigt werden. Nach DIN 18800-5 darf die Ermittlung der negativen Momententragfähigkeit auch unter Anrechnung des Profilblechs erfolgen, wenn das Blech an Innenstützen durchlaufend ist und das örtliche Beulen des Bleches berücksichtigt wird.

Längsschubtragfähigkeit
Bei Anwendung der m+k-Methode gilt nach Abb. 3.5-44 der Nachweis der Längsschubtragfähigkeit als erbracht, wenn die größte Bemessungsquerkraft V_{Sd} die Grenzquerkraft

$$V_{Rd,L} = bd_p \left(\frac{m}{b} \frac{A_p}{L_s} + k \right) \cdot \frac{1}{\gamma_{vs}} \qquad (3.5.42)$$

nicht überschreitet.

Dabei sind b die Breite des Querschnitts, d_p die statische Nutzhöhe nach Abb. 3.5-42, A_p die wirksame Querschnittsfläche des Profilblechs, L_s die

Schublänge sowie m und k in Versuchen ermittelte Werte, die bauaufsichtlichen Zulassungen entnommen werden können. Der Teilsicherheitsbeiwert γ_{vs} für das verwendete Blech ist ebenfalls in den jeweiligen allgemeinen bauaufsichtlichen Zulassungen angegeben. Für den Nachweis nach Gl. (3.5.42) ist bei Einfeldträgern als Schublänge L_s für gleichmäßig verteilte Belastung über die gesamte Stützweite der Wert $L/4$ zugrunde zu legen. Wenn die Decken als durchlaufende Verbunddecken ausgeführt werden, muss die Bemessung der Längsschubtragfähigkeit für äquivalente Einfeldträger mit der Stützweite L_{eff} erfolgen. Die effektive Stützweite ergibt sich dabei aus dem Abstand der Momentennullpunkte bei Annahme einer konstanten Beanspruchung in allen Feldern.

Bei Anwendung des Teilverbundverfahrens gilt der Nachweis der Längsschubtragfähigkeit als erbracht, wenn nachgewiesen wird, dass das Bemessungsmoment M_{Ed} das Grenzmoment M_{Rd} nach Gl. (3.5.40) an keiner Stelle überschreitet. Abbildung 3.5-45 zeigt diesen Nachweis exemplarisch für eine einfeldrige Decke.

Wenn Kopfbolzendübel als Endverankerungen berücksichtigt werden, vergrößert sich die Beton-

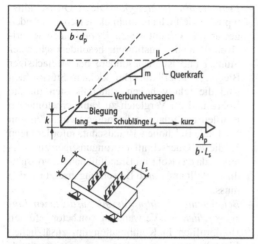

Abb. 3.5-44 Nachweis der Längsschubtragfähigkeit nach der m+k-Methode

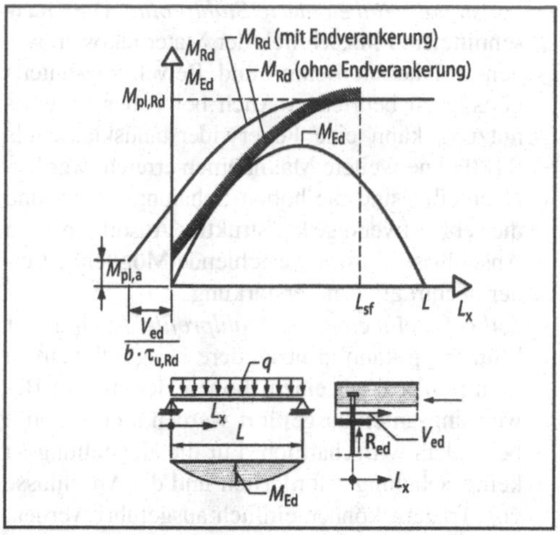

Abb. 3.5-45 Nachweis der Längsschubtragfähigkeit nach der Teilverbundtheorie

druckkraft N_c um die Grenzscherkraft V_{ed} der Endverankerung. Dies kann beim Nachweis nach Abb. 3.5-45 durch eine Verschiebung des Teilverbundkurve für M_{Rd} in der L_x-Richtung um den Betrag $V_{ed}/(b\ \tau_{u,Rd})$ erfasst werden. Die aus den Auflagerkräften R_{Ed} der Decke resultierende Endverankerung $V_{ed}=\mu\ R_{Ed}$ infolge Reibung darf bei der Bemessung nur dann angerechnet werden, wenn dieser Einfluss nicht bereits bei der experimentellen Ermittlung der Verbundfestigkeit $\tau_{u,Rd}$ berücksichtigt wurde. Der Reibungsbeiwert μ hängt von der Oberflächenbeschaffenheit der Profilbleche ab und wird in den jeweiligen bauaufsichtlichen Zulassungen angegeben.

3.5.4.3 Grenzzustand der Gebrauchstauglichkeit

Die Nachweise der Rissbreitenbeschränkung in negativen Momentenbereichen sind in Übereinstimmung mit den Regelungen für Stahlbetondecken zu führen. Dies gilt auch für die Begrenzung von Verformungen. Bei einfeldrigen Verbunddecken und in den Endfeldern von Durchlaufdecken kann der Schlupf zwischen Profilblech und Beton zu einer Vergrößerung der Verformungen führen. Dieser Einfluss darf vernachlässigt werden, wenn in den jeweiligen Zulassungen für das Profilblech keine abweichenden Angaben enthalten sind. Wenn

der Nachweis der Verformungen nicht indirekt durch Begrenzung der Schlankheit erfolgt, sollte als effektive Biegesteifigkeit der Mittelwert der Biegesteifigkeiten des gerissenen und des ungerissenen Querschnitts verwendet werden. Der Einfluss des Kriechens kann vereinfacht durch eine reduzierte Biegesteifigkeit mit den Reduktionszahlen nach Tabelle 3.5-4 berücksichtigt werden.

3.5.5 Verbundstützen und Rahmentragwerke

3.5.5.1 Einleitung, Nachweisverfahren

Verbundstützen werden bevorzugt aus voll oder teilweise einbetonierten Stahlprofilen oder aus betongefüllten Hohlprofilen hergestellt. Typische Querschnitte zeigt Abb. 3.5-46. Sie zeichnen sich gegenüber reinen Stahl- und Stahlbetonstützen durch hohe Tragfähigkeiten bei kleinen Querschnittsabmessungen und gegenüber Stahlbetonstützen durch eine größere Duktilität aus. Bei der Wahl des Querschnitts sind neben architektonischen und herstellungstechnischen Gesichtspunkten insbesondere die Brandschutzanforderungen und die Konsequenzen für die konstruktive Ausbildung der Anschlüsse von Bedeutung.

– *Vollständig einbetonierte Stahlprofile.* Die Querschnitte sind hinsichtlich der Materialkosten wegen des hohen Beton- und Bewehrungsanteils günstig zu beurteilen. Auch bei voller Lastausnutzung kann eine Feuerwiderstandsklasse bis R180 ohne weitere Maßnahmen erreicht werden. Nachteilig sind die hohen Schalungskosten und die sehr aufwendige konstruktive Ausbildung von Anschlüssen sowie die fehlende Möglichkeit einer nachträglichen Verstärkung.

– *Teilweise einbetonierte Stahlprofile.* Auch dieser Stützentyp kann insbesondere bei geschweißten Stahlprofilen mit einem hohen Beton- und Bewehrungsanteil ausgeführt werden und ist somit besonders wirtschaftlich. Für die Herstellung ist keine Schalung erforderlich und die Anschlüsse von Trägern können einfach ausgeführt werden. Die freiliegenden Flansche erlauben zudem eine nachträgliche Verstärkung und die Befestigung von Ausbauteilen. Ein zusätzlicher Kantenschutz ist bei diesem Stützentyp nicht erforderlich. Bei Brandschutzanforderungen ist auf eine brandschutztechnisch günstige Querschnittsgestaltung zu achten. Da die Flansche im Brandfall ausfallen, ist in jedem Fall eine Längsbewehrung erforderlich.

– *Betongefüllte Hohlprofile.* Dieser Querschnittstyp wird vielfach aus architektonischen Gründen gewählt. Er erlaubt wegen der optimalen Materialverteilung die Ausführung besonders schlanker Stützen und ist insbesondere bei zweiachsiger Biegung vorteilhaft. Bei kleinen Stückzahlen sind die relativ hohen Materialkosten für die Rohre und im Vergleich zu kammerbetonierten Profilen das relativ aufwendige Betonieren von Nachteil. Bei hohen Brandschutzanforderungen ist dieser Querschnittstyp ungünstiger zu beurteilen, da das Rohr im Brandfall nahezu vollständig ausfällt und durch Bewehrung ersetzt werden muss.

– *Betongefüllte Hohlprofile mit zusätzlichen Einstellprofilen.* Bei Verwendung von betongefüllten Hohlprofilen in Kombination mit zusätzlichen Einstellprofilen (gewalzte oder geschweißte I-Profile bzw. Vollkernprofile) ergeben sich extrem hohe Tragfähigkeiten. Gleichzeitig wird eine hohe Tragfähigkeit bei Anforderungen an die Feuerwiderstandsdauer sichergestellt. Bei diesem Querschnittstyp ist zudem bei mehrgeschossigen Bauwerken und insbesondere Hochhäusern eine Ausführung der Stütze mit konstanten Außenabmessungen über alle Geschosse möglich,

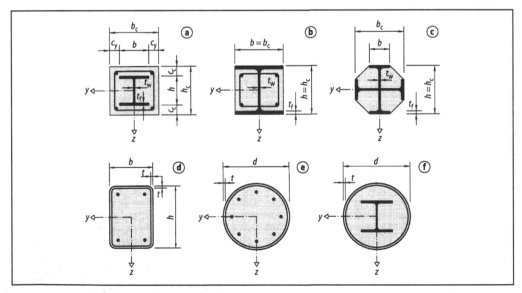

Abb. 3.5-46 Typische Querschnitte von Verbundstützen

da der Querschnitt des eingestellten Profils von Geschoß zu Geschoß optimal abgestuft werden kann.

In den nationalen und europäischen Regelwerken werden zwei Methoden für die Bemessung von Verbundstützen angegeben: ein allgemeines Bemessungsverfahren, mit dem die Tragfähigkeit von Stützen mit beliebigen und über die Stützenlänge veränderlichen Querschnitten beurteilt werden kann, und ein vereinfachtes Bemessungsverfahren für Stützen mit doppeltsymmetrischem und über die Stützenlänge konstantem Querschnitt.

Bei Anwendung des allgemeinen Bemessungsverfahrens sind beim Nachweis der Gesamtstabilität die Auswirkungen der Theorie II. Ordnung unter Berücksichtigung von geometrischen und strukturellen Imperfektionen sowie örtlichen Instabilitäten zu beachten. Ferner sind die Einflüsse aus der Rissbildung, dem nichtlinearen Materialverhalten sowie dem Kriechen und Schwinden des Betons zu berücksichtigen. Bei der Berechnung kann i. Allg. vollständiger Verbund zwischen Stahlprofil und Beton angenommen werden. Detaillierte Angaben zu diesem Verfahren enthält [Bergmann 1981, Hanswille/Lippes 2008]. Bei Anwendung des Allgemeinen Bemessungsverfahrens ist ein Nachweis auf der Grundlage des probabilistischen Sicherheitskonzeptes mit Teilsicherheitsbeiwerten auf der Widerstandsseite nicht mehr möglich, da bei Anwendung nicht-linearer Verfahren auf den Mittelwerten der Werkstoffkennwerte basierende Spannungsdehnungslinien verwendet werden müssen [Hanswille 2003]. Weitere Details können DIN 18800-5 entnommen werden.

Das vereinfachte Bemessungsverfahren nach Eurocode 4-1-1 und DIN 18800-5 basiert für zentrisch beanspruchte Stützen auf dem Ersatzstabverfahren unter Verwendung der Europäischen Knickspannungskurven. Für Druck mit Biegung wird in Eurocode 4-1-1 und in DIN 18800-5 ein vereinfachtes Nachweisverfahren auf der Grundlage der Elastizitätstheorie II. Ordnung angegeben. Die in den Regelwerken enthaltenen Nachweisverfahren für Verbundstützen gelten für Baustahlgüten S235 bis S460 sowie für die Betonfestigkeitsklassen C20/25 bis C50/60. Für die Bemessung von Stützen mit hochfesten Betonen liegt ein vereinfachtes Nachweisverfahren von Hanswille/Lippes (2008)

vor. Dieses Verfahren erlaubt auch die Bemessung von Verbundstützen mit ausbetonierten Hohlprofilen und massiven inneren Stahlkernen. Diese Profile sind derzeit durch DIN 18800-5 und Eurocode 4-1-1 nicht abgedeckt (Hanswille 2003).

3.5.5.2 Vereinfachtes Bemessungsverfahren

Allgemeines, Anwendungsgrenzen

Der vereinfachte Tragsicherheitsnachweis gilt für Stützen mit doppeltsymmetrischen und über die Stützenlänge konstanten Verbundquerschnitten mit gewalzten, kaltprofilierten oder geschweißten Stahlprofilen. Im Rahmen der Bemessung sind folgende Nachweise zu führen:

– Tragfähigkeit der Stütze für Druck, Biegung und Querkraft,
– örtliches Beulen von Stahlteilen,
– Schubtragfähigkeit der Verbundfuge,
– Krafteinleitung an den Stützenenden bzw. an den Einleitungsstellen von großen Querlasten und Momenten sowie an Stellen mit Querschnittsänderungen.

Das vereinfachte Bemessungsverfahren wurde durch Vergleich mit Versuchsergebnissen und durch Vergleichsrechnungen mit genaueren Berechnungsverfahren hergeleitet [Bergmann 1981; Roik/Bergmann 1989, Bergmann 1996, Lindner 1998, Hanswille 2003]. Bei der Anwendung sind daher neben den genannten Voraussetzungen weitere Anwendungsgrenzen zu beachten. Der Querschnittsparameter δ, der das Verhältnis der Bemessungswerte der Normalkrafttragfähigkeit des Baustahlquerschnitts und des Verbundquerschnitts angibt, muss folgende Bedingung erfüllen:

$$0,2 \leq \delta \leq 0,9 \quad \text{mit} \quad \delta = \frac{N_{pl,a,Rd}}{N_{pl,Rd}} . \quad (3.5.43)$$

Ferner darf der bezogene Schlankheitsgrad $\bar{\lambda}$ den Wert 2,0 nicht überschreiten. Bei vollständig einbetonierten Profilen nach Abb. 3.5-46a dürfen rechnerisch maximal die Betondeckungen max c_z=0,3h_c bzw. max c_y=0,4b_c berücksichtigt werden, und das Verhältnis von Querschnittshöhe h zu Querschnittsbreite b muss zwischen 0,2 und 5 liegen. Eine vorhandene Längsbewehrung darf rechnerisch maximal mit 6% der Betonfläche berücksichtigt werden. Der

Tabelle 3.5-15 Grenzwerte grenz(d/t) für betongefüllte, Hohlprofile und grenz(b/t) für teilweise einbetonierte I-Profile mit $f_{y,k}$ in N/mm²

Querschnitt	Grenzwerte
	$\text{grenz } (d/t) = 90\,\dfrac{235}{f_{y,k}}$
	$\text{grenz } (h/t) = 52\,\sqrt{\dfrac{235}{f_{y,k}}}$
	$\text{grenz } (b/t) = 44\,\sqrt{\dfrac{235}{f_{y,k}}}$

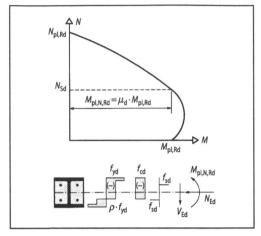

Abb. 3.5-47 Interaktionskurve für Druck und einachsige Biegung

Nachweis gegen örtliches Beulen von Stahlteilen in Verbundstützen darf bei vollständig einbetonierten Stahlprofilen entfallen, wenn die Betondeckung der Flansche von I-Profilen 40 mm oder 1/6 der Flanschbreite nicht unterschreitet. Für teilweise einbetonierte I-Profile und für ausbetonierte Hohlprofile darf der Nachweis entfallen, wenn die Grenzwerte grenz(d/t) bzw. grenz(b/t) nach Tabelle 3.5-15 eingehalten werden.

Querschnittstragfähigkeit

Grundlage des vereinfachten Nachweisverfahrens ist die vollplastische Querschnittstragfähigkeit. Die Grenznormalkraft eines Verbundquerschnitts im vollplastischen Zustand ergibt sich aus der Addition der Bemessungswerte der Grenznormalkräfte der einzelnen Querschnittsteile.

$$N_{pl,Rd} = A_a\,f_{yd} + A_s\,f_{sd} + A_c\,f_{cd}$$
$$f_{cd} = \alpha_c f_{ck}/\gamma_c \qquad (3.5.44)$$

Hierbei sind A_a, A_c und A_s die Querschnittsflächen von Profilstahl, Beton und Bewehrung, f_{yd}, f_{cd} und f_{sd} die Bemessungswerte der Festigkeiten von Bau-

stahl, Beton und Betonstahl. Bei der Ermittlung von f_{cd} berücksichtigt der Beiwert α_c den Einfluss der Dauerstandfestigkeit des Betons. Er darf bei betongefüllten Hohlprofilquerschnitten mit $\alpha_c = 1{,}0$ und bei voll- oder teilweise einbetonierten Profilen mit $\alpha_c = 0{,}85$ angesetzt werden. Der erhöhte Wert $\alpha_c = 1{,}0$ bei ausbetonierten Hohlprofilen ist im Wesentlichen durch die bessere Nacherhärtung des Betons bei diesen Stützen begründet.

Die Bemessung für Druck und Biegung basiert auf der vollplastischen Interaktionskurve des Querschnitts. Zur Ermittlung der Interaktionskurve nach Abb. 3.5-47 wird – ausgehend von der plastischen Spannungsverteilung bei reiner Momentenbeanspruchung – die plastische Nulllinie so weit über dem Querschnitt verschoben, bis der gesamte Querschnitt überdrückt ist. Die Summe der Resultierenden aus den Spannungsblöcken ergibt jeweils die innere Normalkrafttragfähigkeit N_{Rd}, und das Moment aus den Resultierenden der Spannungsblöcke (bezogen auf die Mittelachse des Querschnitts) liefert die zugehörige Momententragfähigkeit M_{Rd}.

Der Einfluss von Querkräften ist bei der Ermittlung der Querschnittsinteraktionskurve zu berücksichtigen, wenn die anteilige Querkraft des Stahlprofils den 0,5-fachen Wert der vollplastischen Grenzquerkraft des Stahlprofils überschreitet. Die Aufteilung der Bemessungsquerkraft V_{Ed} in die Anteile, die vom Stahlprofil ($V_{a,Ed}$) und vom Stahlbetonquerschnitt ($V_{c,Ed}$) aufgenommen werden, kann näherungsweise im Verhältnis der Momententragfähigkeiten erfolgen, die aus der Spannungsverteilung im vollplastischen Zustand (ohne Berücksichtigung der Querkraft und Normalkraft) resultieren.

$$V_{a,Sd} = V_{Sd} \cdot \frac{M_{pl,a,Rd}}{M_{pl,Rd}}, \qquad V_{c,Sd} = V_{Sd} - V_{a,Sd} \, .$$

$$(3.5.45)$$

Wenn die Querkraft beim Nachweis der Querschnittstragfähigkeit zu berücksichtigen ist, kann der Einfluss der Querkraft auf die Normalkraft- und Momententragfähigkeit (s. Abb. 3.5-47) durch eine reduzierte Streckgrenze in den querkraftübertragenden Stahlquerschnittsteilen berücksichtigt werden. Der Abminderungsfaktor ρ ist dabei nach Gl. (3.5.20) zu ermitteln. Im Stahlprofil darf die anteilige Querkraft $V_{a,Ed}$ die Grenzquerkraft $V_{pl,a,Rd}$ des Stahlprofils nicht überschreiten. Die Querkrafttragfähigkeit des Stahlbetonteils ist für die anteilige Querkraft $V_{c,Ed}$ nachzuweisen.

Die Querschnittsinteraktionskurve nach Abb. 3.5-47 kann durch den in Abb. 3.5-48 dargestellten Polygonzug mit den Punkten A bis D approximiert werden [Bergmann 1984].

– *Punkt A* beschreibt den Zustand der zentrischen Normalkraftbeanspruchung:

$$N_{pl,Rd} = A_a f_{yd} + A_c \, f_{cd} + A_s f_{sd}$$
$$M_{A,Rd} = 0$$

$$(3.5.46)$$

– In *Punkt D* stimmt die Lage der plastischen Nulllinie mit der Querschnittsmittellinie überein. Aus der zugehörigen plastischen Spannungsverteilung ist ersichtlich, dass sich bei dieser Verteilung die maximale Momententragfähigkeit $M_{D,Rd} = M_{max,Rd}$ ergibt. Die zugehörige Normalkraft $N_{D,Rd}$ erhält man aus der Resultierenden des plastischen Spannungsblocks des Betonquerschnitts, da sich die Anteile in der Bewehrung und im Baustahlquerschnitt aufheben:

$$N_{D,Rd} = N_{pm,Rd}/2 = \frac{1}{2} f_{cd} A_c \qquad (3.5.47)$$

$$M_{D,Rd} = M_{max,Rd} = f_{yd} W_{pl,a} + f_{cd}$$
$$W_{pl,c}/2 + f_{sd} W_{pl,s} \qquad (3.5.48)$$

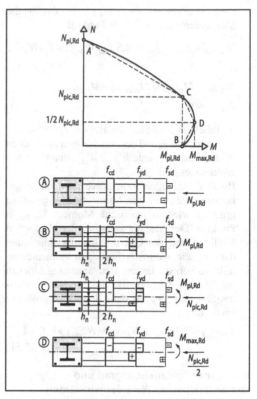

Abb. 3.5-48 Approximation der Interaktionskurve für Druck und einachsige Biegung durch einen Polygonzug

Dabei sind $W_{pl,a}$, $W_{pl,c}$ und $W_{pl,s}$ die plastischen Widerstandsmomente des Baustahl-, Beton- und Betonstahlquerschnitts. Sie sind für einige Profile in Tabelle 3.5-16 zusammengestellt.

– *Punkt B* beschreibt den Zustand bei reiner Momentenbeanspruchung ($N_{B,Rd}=0$). Die Momententragfähigkeit $M_{B,Rd}$ kann aus der plastischen Spannungsverteilung in Punkt D hergeleitet werden. Da die Normalkrafttragfähigkeit in Punkt B gleich null ist, muss die in Punkt D vorhandene innere Normalkrafttragfähigkeit nur aus den zusätzlich überdrückten Querschnittsbereichen resultieren. Mit $N_{D,Rd}$ nach Gl. (3.5.47) kann der Wert h_n und somit die Lage der plastischen Nulllinie in Punkt B direkt berechnet werden. Bezeichnet man das aus den Spannungsblöcken im Bereich $2 \cdot h_n$ resultierende Biegemoment mit $M_{n,Rd}$, so folgt für die Momententragfähigkeit in Punkt B

$$M_{n,Rd} = f_{yd} W_{pl,an} + 0,5 f_{cd} W_{pl,cn} + f_{sd} W_{pl,sn} \tag{3.5.49}$$

$$M_{B,Rd} = M_{pl,Rd} = M_{max,Rd} - M_{n,Rd},$$

$$N_{B,Rd} = 0. \tag{3.5.50}$$

In Tabelle 3.5-16 sind die Beziehungen zur Berechnung von h_n und der zugehörigen plastischen Widerstandsmomente $W_{pl,an}$, $W_{pl,cn}$ und $W_{pl,sn}$ zusammengestellt.

– Punkt C der Interaktionskurve ist dadurch gekennzeichnet, dass das Moment $M_{C,Rd}$ genau so groß ist wie das plastische Moment $M_{pl,Rd}$ in Punkt B. Der Abstand zwischen der plastischen Nulllinie und der Querschnittsmittellinie muss dann h_n sein, weil sich diejenigen Momentenanteile aufheben, die aus den Spannungsblöcken im Bereich $2 \cdot h_n$ resultieren. Die Normalkrafttragfähigkeit $N_{C,Rd}$ ist dann doppelt so groß wie im Punkt D:

$$M_{C,Rd} = M_{pl,Rd} \qquad N_{C,Rd} = N_{pm,Rd} = f_{cd} A_c \tag{3.5.51}$$

Bezogener Schlankheitsgrad und charakteristischer Wert der wirksamen Biegesteifigkeit

Der bezogene Schlankheitsgrad für die betrachtete Biegeachse ergibt sich zu:

$$\bar{\lambda}_K = \sqrt{\frac{N_{pl,Rk}}{N_{Ki,k}}} \tag{3.5.52}$$

$$N_{pl,Rk} = A_a f_{yk} + A_c \alpha_c f_{ck} + A_s f_{sk}. \tag{3.5.53}$$

In Gl. (3.5-52) ist $N_{Ki,k}$ die Normalkraft unter der kleinsten Verzweigungslast, die mit der effektiven Biegesteifigkeit $(EI)_{eff,\lambda}$ nach Gl. (3.5.54) zu berechnen ist:

$$(EI)_{eff,\lambda} = E_a I_a + K_e E_{c,eff} I_c + E_s I_s \tag{3.5.54}$$

Dabei sind $E_a I_a$ die Biegesteifigkeit des Baustahlquerschnitts, $E_s I_s$ die Biegesteifigkeit der Bewehrung und $E_{c,eff} I_c$ die Biegesteifigkeit des Betonquerschnitts. Das Flächenmoment 2. Grades I_c ist

dabei für den ungerissenen Betonquerschnitt zu berechnen. Der Faktor K_e wurde aus Versuchen und genaueren Traglastberechnungen errechnet und berücksichtigt den Einfluss der Rissbildung auf die Biegesteifigkeit. Er darf zu K_e=0,6 angenommen werden. Bei Stützen ergibt sich infolge des Einflusses aus den Verformungen auf die Schnittgrößen eine Reduzierung der Tragfähigkeit aus Kriechen und Schwinden [Roik/Bode/Bergmann 1982; Roik/Mangerig 1987; Roik/Bergmann 1990]. Bei der Berechnung der effektiven Biegesteifigkeit wird zur Berücksichtigung des Langzeitverhaltens des Betons daher ein effektiver Elastizitätsmodul $E_{c,eff}$ nach Gl. (3.5.55) angesetzt. Der Sekantenmodul E_{cm} des Betons wird dabei in Abhängigkeit vom Bemessungswert der Normalkraft N_{Ed}, dem ständig wirkenden Anteil $N_{G,Ed}$ sowie der Kriechzahl $\varphi(t,t_0)$ abgemindert:

$$E_{c,eff} = \frac{E_{cm}}{1 + \dfrac{N_{G,Ed}}{N_{Ed}} \varphi(t,t_o)} \tag{3.5.55}$$

Berechnung der Schnittgrößen, geometrische Ersatzimperfektionen

Für Einzelstützen und Stützen in Rahmentragwerken mit unverschieblichen und verschieblichen Knoten sind die Biegemomente nach Elastizitätstheorie II. Ordnung zu berechnen, wenn die Bedingung

$$\frac{N_{Ki,d}}{N_{Ed}} \ge 10 \tag{3.5.56}$$

nicht eingehalten werden kann. In Gl. (3.5.56) ist $N_{Ki,d}$ die nach der Elastizitätstheorie mit der wirksamen Biegesteifigkeit $(EI)_{eff}$ ermittelte Normalkraft unter der kleinsten Verzweigungslast. Die für die Bestimmung der Biegemomente und der Verzweigungslast maßgebende effektive Biegesteifigkeit ergibt sich mit K_e=0,5 und K_0=0,9 zu

$$(EI)_{eff} = K_0 \left(E_a I_a + K_e E_{c,eff} I_c + E_s I_s \right) \tag{3.5.57}$$

Durch Einführung der effektiven Biegesteifigkeit wird berücksichtigt, dass insbesondere der Elastizitätsmodul des Betons und die Einflüsse aus der Rissbildung größeren Streuungen unterworfen sind. Wenn der Einfluss des Kriechens und Schwindens berücksichtigt werden muss, ist in Gl. (3.5.57)

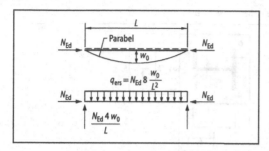

Abb. 3.5-49 Ansatz von geometrischen Ersatzimperfektionen, Vorkrümmungen und gleichwertige Ersatzlasten

der reduzierte Elastizitätsmodul $E_{c,eff}$ nach Gl. (3.5.55) zu berücksichtigen.

Bei der Berechnung der Schnittgrößen darf der Einfluss von geometrischen und strukturellen Imperfektionen mit Hilfe von geometrischen Ersatzimperfektionen berücksichtigt werden. Sie erfassen neben den geometrischen Imperfektionen auch die Einflüsse aus Walz- bzw. Schweißeigenspannungen, aus Werkstoffinhomogenitäten sowie die Ausbreitung von Fließzonen und die Rissbildung im Betonquerschnitt. Bei den geometrischen Ersatzimperfektionen wird zwischen Vorkrümmungen und Vorverdrehungen unterschieden. Sie sind in ungünstigster Richtung so anzusetzen, dass sie sich der zum niedrigsten Eigenwert gehörigen Verformungsfigur möglichst gut anpassen. Vorverdrehungen sind für Stäbe und Stabzüge anzusetzen, die am verformten Tragwerk Stabdrehwinkel aufweisen können und durch Normalkräfte beansprucht werden. Anstelle von Ersatzimperfektionen können bei der Ermittlung der Schnittgrößen gleichwertige Ersatzlasten verwendet werden. Beispiele für den Ansatz von gleichwertigen Ersatzlasten zeigt Abb. 3.5-49.

Bei Einzelstützen und unverschieblichen Rahmentragwerken ist eine parabel- oder sinusförmige Vorkrümmung mit dem Maximalwert nach Tabelle 3.5-17 bei der Ermittlung der Schnittgrößen zu berücksichtigen. Die angegebenen geometrischen Ersatzimperfektionen wurden so ermittelt, dass sich bei Ermittlung der zentrischen Normalkrafttragfähigkeit der Stütze mit Hilfe der Europäischen Knickspannungskurven die gleichen Tragfähigkeiten wie bei einer Bemessung nach Theorie II. Ordnung ergeben. Tabelle 3.5-17 enthält daher neben den geometrischen Ersatzimperfektionen für Vorkrümmun-

gen auch die Zuordnung der Querschnitte zu den Europäischen Knickspannungskurven. Detaillierte Informationen zur Ermittlung der geometrischen Ersatzimperfektionen sind von Lindner (1998), Bergmann (1996) Hanswille (2003), Bergmann/Hanswille (2004) und Hanswille/Lippes (2008) angegeben worden.

Für den Ansatz von Vorverdrehungen können die Regelungen nach DIN 18800-2 oder Eurocode 3-1-1 angewendet werden. Bei seitlich verschieblichen Rahmentragwerken müssen bei der Berechnung der Einfluss der Rissbildung in den Rahmenriegeln, der Einfluss aus dem Kriechen und Schwinden des Betons sowie die Belastungsgeschichte berücksichtigt werden. Der gleichzeitige Ansatz von Vorverdrehungen und Vorkrümmungen ist bei Rahmentragwerken nur für Stützen erforderlich, die am verformten Stabwerk Stabdrehwinkel aufweisen können und bei denen die Stabkennzahl ε_d nach Gl. (3.5.59) größer als 1,6 ist. Für Stützen, die innerhalb eines Rahmensystems als Pendelstützen ausgeführt werden, ist grundsätzlich immer eine Vorkrümmung zu berücksichtigen:

$$\varepsilon_d = L \sqrt{\frac{N_{Ed}}{(E)_{eff}}} \qquad (3.5.58)$$

Hinsichtlich des Einflusses der Belastungsgeschichte zeigt Abb. 3.5-50 ein typisches Beispiel. Im Bauzustand mit der Normalkraftbeanspruchung N_B ist der Riegel vor Herstellung des Verbunds ein reiner Stahlquerschnitt, die Stützen sind bereits Verbundstützen. Nach Herstellung des Riegels als Verbundquerschnitt wird das System im Endzustand durch die Normalkräfte N_E beansprucht. Im Bauzustand ergeben sich aus der Stützenschiefstellung (geometrische Ersatzimperfektion) Horizontalverformungen nach Theorie II. Ordnung. Wenn nach Herstellung des Verbundquerschnitts des Riegels das System durch weitere Normalkräfte aus Ausbau- und Verkehrslasten beansprucht wird, sind für die Ermittlung der aus diesen Lastanteilen resultierenden Biegemomente die geometrischen Ersatzimperfektionen (Vorverdrehungen) und zusätzlich die aus dem Bauzustand resultierenden Verdrehungen nach Theorie II. Ordnung zu berücksichtigen. In der Regel wird eine aufwendige Berechnung der Schnittgrößen unter Berücksichtigung der Belastungsgeschichte und der Steifigkeitsänderungen während der Belastungsgeschichte erfor-

Tabelle 3.5-16 Ermittlung von $M_{pl,Rd}$ für vollständig und teilweise einbetonierte Profile

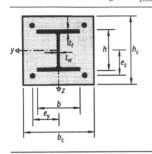

$W_{pl,a} = \dfrac{(h-2t_f)^2 t_w}{4} + bt_f(h-t_f)$	$W_{pl,a} = \dfrac{(h-2t_f)t_w^2}{4} + \dfrac{t_f b^2}{2}$
$W_{pl,c} = \dfrac{b_c h_c^2}{4} - W_{pl,a} - W_{pl,s}$	$W_{pl,c} = \dfrac{h_c b_c^2}{4} - W_{pl,a} - W_{pl,s}$
$W_{pl,s} = \sum\limits_{i=1}^{n} A_{si} e_{zi}$	$W_{pl,s} = \sum\limits_{i=1}^{n} A_{si} e_{yi}$

$$N_{pm,Rd} = A_c f_d \qquad M_{max,Rd} = W_{pl,a} f_{yd} + \frac{1}{2} W_{pl,c} \alpha_c f_{cd} + W_{pl,s} f_{sd}$$

Nulllinie außerhalb des Profils: $h/2 \le h_n < h_c/2$	Nulllinie außerhalb des Profils: $b/2 \le h_n < b_c/2$
$h_n = \dfrac{N_{pm,Rd} - A_a(2f_{yd}-f_{cd}) - A_{sn}(2f_{sd}-f_{cd})}{2b_c f_{cd}}$	$h_n = \dfrac{N_{pm,Rd} - A_a(2f_{yd}-f_{cd}) - A_{sn}(2f_{sd}-f_{cd})}{2h_c f_{cd}}$
$W_{pl,an} = W_{pl,a}$	$W_{pl,an} = W_{pl,a}$
Nulllinie im Flanschbereich: $h/2 - t_f < h_n < h/2$	Nulllinie im Flanschbereich: $t_w/2 < h_n < b/2$
$h_n = \dfrac{N_{pm,Rd} - (A_a - bh)(2f_{yd}-f_{cd}) - A_{sn}(2f_{sd}-f_{cd})}{2b_c f_{cd} + 2b(2f_{yd}-f_{cd})}$	$h_n = \dfrac{N_{pm,Rd} - (A_a - 2t_f b)(2f_{yd}-f_{cd}) - A_{sn}(2f_{sd}-f_{cd})}{2h_c f_{cd} + 4t_f(2f_{yd}-f_{cd})}$
$W_{pl,an} = W_{pl,a} - \dfrac{b}{4}(h^2 - 4h_n^2)$	$W_{pl,an} = W_{pl,a} - \dfrac{t_f}{2}(b^2 - 4h_n^2)$
Nulllinie im Stegbereich: $h_n \le h/2 - t_f$	Nulllinie im Stegbereich: $h_n \le t_w/2$
$h_n = \dfrac{N_{pm,Rd} - A_{sn}(2f_{sd}-f_{cd})}{2b_c \cdot f_{cd} + 2t_w(2f_{yd}-f_{cd})}$	$h_n = \dfrac{N_{pm,Rd} - A_{sn}(2f_{sd}-f_{cd})}{2h_c f_{cd} + 2h(2f_{yd}-f_{cd})}$
$W_{pl,an} = t_w h_n^2$	$W_{pl,an} = h h_n^2$
$W_{pl,cn} = h_c h_n^2 - W_{pl,an} - W_{pl,sn}$	$W_{pl,cn} = h_c h_n^2 - W_{pl,an} - W_{pl,sn}$
$W_{pl,sn} = \sum\limits_{i=1}^{n} A_{sni} e_{zi}$	$W_{pl,sn} = \sum\limits_{i=1}^{n} A_{sni} e_{yi}$
$M_{n,Rd} = W_{pl,an} f_{yd} + \dfrac{1}{2} W_{pl,cn} \alpha_c f_{cd} + W_{pl,sn} f_{sd}$	$M_{pl,Rd} = M_{max,Rd} - M_{n,Rd}$

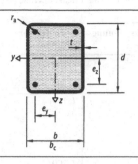

$$W_{pl,c} = \frac{(b-2t)(d-2t)^2}{4} - \frac{2}{3}r_i^3 - r_i^2(4-\pi)\left(\frac{d}{2}-r_a\right) - W_{pl,s}$$

$$W_{pl,a} = \frac{b\,d^2}{4} - \frac{2}{3}r_a^3 - r_a^2(4-\pi)\left(\frac{d}{2}-r_a\right) - W_{pl,c} - W_{pl,s}$$

$$W_{pl,s} = \sum_{i=1}^{n} A_{si}e_{zi}$$

$$W_{pl,c} = \frac{(d-2t)^3}{6} - W_{pl,s}$$

$$W_{pl,a} = \frac{d^3}{6} - W_{pl,c} - W_{pl,s}$$

$$W_{pl,s} = \sum_{i=1}^{n} A_{si}e_{zi}$$

$$N_{pm,Rd} = A_c f_{cd} \qquad M_{max,Rd} = W_{pl,a}f_{yd} + \frac{1}{2}W_{pl,c}f_{cd} + W_{pl,s}f_{sd}$$

$$h_n = \frac{N_{pm,Rd} - A_{sn}(2f_{sd}-f_{cd})}{2bf_{cd} + 4t(2f_{yd}-f_{cd})}$$

$$W_{pl,an} = 2th_n^2$$

$$h_n = \frac{N_{pm,Rd} - A_{sn}(2f_{sd}-f_{cd})}{2df_{cd} + 4t(2f_{yd}-f_{cd})}$$

$$W_{pl,an} = 2th_n^2$$

Anmerkungen:

a) Die Berechnung für Biegung um die z-Achse erfolgt durch Ersetzen von ‚b' durch ‚d' sowie ‚z' durch ‚y' und umgekehrt in allen Gleichungen

b) Das Vernachlässigen der Terme mit ‚r_a' und ‚r_i' führt nur zu geringen Ungenauigkeiten

$$W_{pl,cn} = (b-2t)h_n^2 - W_{pl,sn}$$

$$W_{pl,sn} = \sum_{i=1}^{n} A_{sni}e_{zi}$$

Anmerkung:

Die getroffene Annahme von ‚geraden' Außenwandungen im Bereich von ‚$2h_n$' führt zu einem geringen Fehler

$$W_{pl,cn} = (d-2t)h_n^2 - W_{pl,sn}$$

$$W_{pl,sn} = \sum_{i=1}^{n} A_{sni}e_{zi}$$

$$M_{n,Rd} = W_{pl,an}f_{yd} + \frac{1}{2}W_{pl,cn}f_{cd} + W_{pl,sn}f_{sd}$$

$$M_{pl,Rd} = M_{max,Rd} - M_{n,Rd}$$

Tabelle 3.5-17 Zuordnung der Verbundquerschnitte zu den Knickspannungslinien und geometrische Ersatzimperfektionen für die Vorkrümmung

Querschnitt	Anwendungs-grenzen	Ausweichen recht-winklig zur Achse	Knickspannungs-kurve	Stich der Vor-krümmung
vollständig einbetonierte gewalzte oder geschweißte I- Querschnitte		y-y	b	$L/200$
		z-z	c	$L/150$
teilweise einbetonierte gewalzte oder geschweißte I-Querschnitte		y-y	b	$L/200$
		z-z	c	$L/150$
kreisförmige und rechteckige Hohlprofile	$\rho_S \leq 3\%$	y-y und z-z	a	$L/300$
	$3\% < \rho_S \leq 6\%$	y-y und z-z	b	$L/200$
geschweißte Kastenquerschnitte		y-y und z-z	b	$L/200$
ausbetonierte Rohre mit zusätzlichen gewalzten oder geschweißten I-Profilen als Einstellprofil		y-y	b	$L/200$
		z-z	b	$L/200$
teilweise einbetonierte Profile aus gewalzten oder geschweißten gekreuzten I-Profilen		y-y und z-z	b	$L/200$

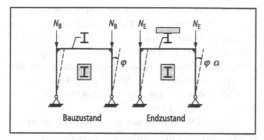

Abb. 3.5-50 Einfluss der Belastungsgeschichte und Einfluss von Systemwechseln

derlich. Diese aufwändige Vorgehensweise kann vermieden werden, wenn eine mit dem Faktor

$$\alpha = \frac{1 - \dfrac{1}{\eta_{Ki,E}} \dfrac{N_{B,Ed}}{N_{E,Ed}}}{1 - \dfrac{1}{\eta_{Ki,B}}} \qquad (3.5.59)$$

vergrößerte Vorverdrehung bei der Berechnung der Schnittgrößen mit den Steifigkeiten des Endzustands berücksichtigt wird.

Bei der Ermittlung des Erhöhungsfaktors α sind $N_{B,Ed}$ und $N_{E,Ed}$ jeweils die Summe aller im Bauzustand bzw. im Endzustand in dem betrachteten Geschoss und in der betrachteten Rahmenebene zu übertragenden Vertikallasten und $\eta_{Ki,B}$ und $\eta_{Ki,E}$ die zugehörigen Verzweigungslastfaktoren im Bau- und Endzustand. Bei unverschieblichen Rahmentragwerken dürfen die Biegemomente in Riegeln mit Verbundquerschnitten der Klasse 1 oder 2 im Grenzzustand der Tragfähigkeit in Übereinstimmung mit 3.5.3.3 unter Beachtung der Gleichgewichtsbedingungen umgelagert werden. Eine Berechnung nach der Fließgelenktheorie ist bei unverschieblichen Rahmentragwerken nur dann zulässig, wenn die Querschnitte der Riegel in die Klasse 1 eingestuft werden können und Verbundstützen mit ausbetonierten Hohlprofilen verwendet werden. Andere Stützenquerschnitte besitzen keine ausreichende Rotationskapazität. Es ist daher nachzuweisen, dass in den Stützen keine Fließgelenke mit Rotationsanforderungen entstehen. Bei der Bemessung darf bei Anwendung der Fließgelenktheorie keine elastische Einspannung der Stützen in die Riegel angenommen werden.

Tragfähigkeitsnachweis für planmäßig zentrischen Druck

Der Nachweis kann entweder nach dem folgenden Abschnitt nach Theorie II. Ordnung unter Berücksichtigung von geometrischen Ersatzimperfektionen oder mit Hilfe der Europäischen Knickspannungskurven geführt werden. Für die maßgebende Ausweichrichtung ist bei einer Bemessung auf der Grundlage der Europäischen Knickspannungskurven eine ausreichende Tragfähigkeit nachgewiesen, wenn die Bedingung

$$\frac{N_{Ed}}{\kappa\,N_{pl,Rd}} \le 1{,}0 \qquad (3.5.60)$$

eingehalten ist.

Der Abminderungsfaktor κ ($=\kappa_y$ bzw. κ_z) ergibt sich in Abhängigkeit von der bezogenen Schlankheit $\bar{\lambda}_K$ nach Gl. (3.5.52) und der zugehörigen Knickspannungskurve nach Tabelle 3.5-17. Für $\bar{\lambda}_K \le 0{,}2$ gilt $\kappa = 1$, und für $0{,}2 < \bar{\lambda}_K \le 2{,}0$ ergibt sich der Abminderungsfaktor zu

$$\kappa = \frac{1}{k + \sqrt{k^2 - \bar{\lambda}_K^2}}$$

$$k = 0{,}5\,(1 + \alpha\,(\bar{\lambda}_K - 0{,}2) + \bar{\lambda}_K^2) \qquad (3.5.61)$$

Der Parameter α in Gl. (3.5.61) erfasst die für die Querschnittstypen unterschiedlichen Einflüsse von strukturellen und geometrischen Imperfektionen auf die Tragfähigkeit und kann Tabelle 3.5-18 entnommen werden.

Tragfähigkeitsnachweis für ein- und zweiachsige Biegung mit Normalkraft

Der Tragsicherheitsnachweis ist für das Ausweichen in der betrachteten Momentenebene unter Verwendung der Interaktionskurve und der Schnittgrößen nach Elastizitätstheorie II. Ordnung unter Einschluss von Imperfektionen nachfolgender Bedingung zu führen:

Tabelle 3.5-18 Parameter α zur Berechnung des Abminderungsfaktors

Knickspannungskurve	a	b	c
α	0,21	0,34	0,49

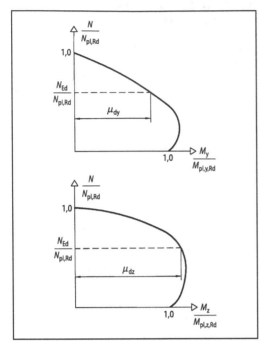

Abb. 3.5-51 Tragfähigkeitsnachweis bei Druck und Biegung, bezogene Momententragfähigkeiten μ_{dy} und μ_{dz}

$$\frac{M_{Ed}}{M_{pl,N,Rd}} = \frac{M_{Ed}}{\mu_d M_{pl,Rd}} \leq \alpha_M \qquad (3.5.62)$$

Der in Gl. (3.5.62) und Abb. 3.5-51 für die betrachtete Momentenbeanspruchung maßgebende Beiwert $\mu_d = \mu_{dz}$ bzw. μ_{dy} ist hierbei die auf $M_{pl,Rd}$ bezogene Momententragfähigkeit des Querschnitts. Die Begrenzung nach Bedingung (3.5.62) auf den Wert α_M deckt zwei wesentliche Vereinfachungen im Nachweis ab. Da die Interaktionskurve unter Ansatz vollplastischer Spannungsverteilungen ermittelt wird, ist eine Abminderung der vollplastischen Tragfähigkeit im Vergleich zu einer genaueren Ermittlung der Querschnittstragfähigkeit unter Berücksichtigung von Dehnungsbeschränkungen für den Betonquerschnitt erforderlich. Für die normalfesten Stähle S235 und S355 ist der Beiwert $\alpha_M=0,9$ zugrunde zu legen. Bei den höherfesten Stählen ist die Ausnutzung der plastischen Querschnittsreserven weiter eingeschränkt, was durch einen Beiwert

$\alpha_M=0,8$ erfasst wird [Hanswille/Bergmann 2001]. Bei der Berechnung der Biegemomente M_{Ed} nach Theorie II. Ordnung wird zudem eine über die Stablänge konstante effektive Biegesteifigkeit zugrunde gelegt. Der Einfluss der Rissbildung im Beton auf die Verformungen nach Theorie II. Ordnung kann bei dieser vereinfachten Vorgehensweise nur näherungsweise erfasst werden.

Aus der Querschnittsinteraktionskurve ist zu ersehen, dass sich für Normalkräfte $N_{Ed}<N_{plc,Rd}$ eine Momententragfähigkeit ergibt, die größer als die plastische Momententragfähigkeit $M_{pl,Rd}$ ist, d. h., μ_d ist größer als 1,0. Werte $\mu_d>1,0$ dürfen beim Tragfähigkeitsnachweis nach Gl. (3.5.63) nur berücksichtigt werden, wenn das Biegemoment M_{Ed} und die zugehörige Normalkraft N_{Ed} nicht unabhängig voneinander wirken können (z. B. wenn das Moment M_{Ed} nur aus einer Exzentrizität der Normalkraft N_{Ed} resultiert). Bei Stützen, bei denen die Biegemomente und Normalkräfte aus unabhängigen Einwirkungen resultieren (z. B. ständige Einwirkungen und Wind) ist beim Tragfähigkeitsnachweis entweder der Wert μ_d auf 1,0 zu beschränken, oder es sind die Teilsicherheitsbeiwerte für diejenige Schnittgröße auf 80% abzumindern, die zu einer Erhöhung der Beanspruchbarkeit führt.

Bei zweiachsiger Biegung dürfen die bezogenen Momententragfähigkeiten μ_{dy} und μ_{dz} nach Abb. 3.5-51 für jede Hauptachse getrennt ermittelt werden. Der Einfluss von Imperfektionen ist nur bei der stärker versagensgefährdeten Achse zu berücksichtigen. Der Tragfähigkeitsnachweis ist mit den nachfolgenden Bedingungen zu führen:

$$\frac{M_{y,Ed}}{\mu_{dy}\,M_{pl,y,Rd}} \leq \alpha_{M,y} \qquad \frac{M_{z,Ed}}{\mu_{dz}\,M_{pl,z,Rd}} \leq \alpha_{M,z}$$
$$(3.5.63)$$

$$\frac{M_{y,Ed}}{\mu_{dy}\,M_{pl,y,Rd}} + \frac{M_{z,Ed}}{\mu_{dz}\,M_{pl,z,Rd}} \leq 1,0 \qquad (3.5.64)$$

3.5.5.3 Krafteinleitung und Verbundsicherung

Allgemeines

Bei der Bemessung der Stütze wird vom Ebenbleiben des Gesamtquerschnitts ausgegangen, d. h., es wird ein vollständiger Verbund der Querschnittskomponenten vorausgesetzt. Die Verbundsicherung in den Krafteinleitungsbereichen und in den restlichen Bereichen ist daher so auszubilden, dass kein nennenswerter Schlupf in der Verbundfuge zwischen Stahlprofil und Betonquerschnitt entstehen kann. Bei zentrisch beanspruchten Stützen ist ein Nachweis nur für die Krafteinleitungsbereiche erforderlich. Für Stützen mit Querkräften aus Querlasten oder Randmomenten ist die Verbundsicherung für die Krafteinleitungsbereiche und für den Querkraftschub in maßgebenden kritischen Schnitten nachzuweisen.

Krafteinleitungsbereiche

Die Schubkräfte $V_{L,Ed}$ in den Krafteinleitungsbereichen können im Grenzzustand der Tragfähigkeit aus den Teilschnittgrößen im vollplastischen Zustand ermittelt werden. Bei Einleitung der Kräfte über das Baustahlprofil ergibt sich die zu übertragende Längsschubkraft im Krafteinleitungsbereich aus den Teilschnittgrößen des Beton- und Betonstahlquerschnitts (Abb. 3.5-52). Für reine Normalkraftbeanspruchung ergibt sich mit Abb. 3.5-52

$$\frac{N_{a,Ed}}{N_{Ed}} = \frac{N_{a,Rd}}{N_{Rd}} = \frac{A_a f_{yd}}{N_{pl,Rd}} = \delta$$

$$V_{L,Ed} = N_{c+s,Ed} = N_{Ed} - N_{a,Ed} = N_{Ed}\left[1-\delta\right]$$

$$(3.5.65)$$

Bei Einleitung von Normalkräften und Biegemomenten müssen die Teilschnittgrößen des Stahl- und des bewehrten Betonquerschnittes unter Be-

rücksichtigung der Interaktion aus den jeweiligen plastischen Spannungsblöcken ermittelt werden. Die Vorgehensweise ist in Abb. 3.5-53 exemplarisch dargestellt. Aus dem Vektor der auf die vollplastischen Tragfähigkeiten $N_{pl,Rd}$ und $M_{pl,Rd}$ bezogenen Schnittgrößen N_{Ed} und M_{Ed} erhält man den maßgebenden Beanspruchungszustand aus der Interaktionskurve (Punkt R_d in Abb. 3.5-53).

Für die Schnittgrößenkombination N_{Rd} und M_{Rd} werden dann die vollplastischen Spannungsverteilungen des Verbundquerschnittes ermittelt und daraus die Teilschnittgrößen des Baustahls und des bewehrten Stahlbetonquerschnitts berechnet. Für die Teilschnittgrößen infolge N_{Ed} und M_{Ed} folgen dann

$$\frac{N_{a,Ed}}{N_{a,Rd}} = \frac{M_{a,Ed}}{M_{a,Rd}} = \frac{N_{c+s,Ed}}{N_{c+s,Rd}} = \frac{M_{c+s,Ed}}{M_{c+s,Rd}} = \frac{E_d}{R_d}$$

$$(3.5.66)$$

$$E_d = \sqrt{\left(\frac{M_{Ed}}{M_{pl,Rd}}\right)^2 + \left(\frac{N_{Ed}}{N_{pl,Rd}}\right)^2}$$

$$(3.5.67)$$

$$R_d = \sqrt{\left(\frac{M_{Rd}}{M_{pl,Rd}}\right)^2 + \left(\frac{N_{Rd}}{N_{pl,Rd}}\right)^2}$$

$$(3.5.68)$$

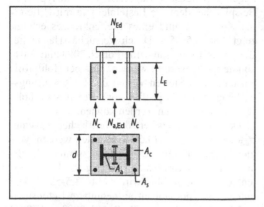

Abb. 3.5-52 Ermittlung der Teilschnittgrößen bei Einleitung von Normalkräften

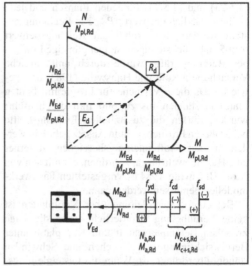

Abb. 3.5-53 Ermittlung der Teilschnittgrößen bei Einleitung von Normalkräften und Biegemomenten

Wenn die Krafteinleitung nur über den Betonquerschnitt erfolgt, werden die Längsschubkräfte durch das Kriechen des Betons vergrößert, da sich die Teilschnittgrößen mit zunehmender Kriechverformung auf das Stahlprofil umlagern. In diesem Fall ist zusätzlich nachzuweisen, dass sich aus einer elastischen Berechnung unter Berücksichtigung des Kriechens und Schwindens keine ungünstigeren Schubkräfte ergeben [Roik/Bode 1981]. Die rechnerische Lasteinleitungslänge L_E darf bei Verbundstützen i. d. R. mit $L_e = 2,0\ d$ jedoch nicht größer als 1/3 der Stützenlänge L_E angenommen werden, wobei d bei vollständig oder teilweise einbetonierten Querschnitten und bei ausbetonierten rechteckigen Hohlprofilen die kleinere der beiden Außenabmessungen der Stütze und bei Rohren der Außendurchmesser und L_e die Stützenlänge ist.

Werden die Lasten nur über den Stahl- bzw. den Betonquerschnitt eingeleitet, so ist in den Krafteinleitungsbereichen eine Verdübelung erforderlich. Bei Verwendung von Kopfbolzendübeln in den Kammern von I-Profilen darf dann die günstige Wirkung berücksichtigt werden, die aus den Reibungskräften an den Flanschinnenseiten resultiert. Abbildung 3.5-54 zeigt das zugehörige Berechnungsmodell, bei dem zusätzlich zur Tragfähigkeit des Kopfbolzendübels P_{Rd} nach den Gln. (3.5.23) und (3.5.24) für jeden Flansch und jede Reihe zusätzlich der Wert $\mu P_{Rd}/2$ in Rechnung gestellt werden darf, wobei ein Reibungsbeiwert $\mu = 0,5$ zu berücksichtigen ist. Der günstige Einfluss der Reibungskräfte wurde durch umfangreiche Versuche von Roik und Hanswille (1983) nachgewiesen. Da diese Versuche für Profile mit lichten Flanschabständen bis zu 600 mm durchgeführt wurden, dürfen die zusätzlichen Reibungskräfte bei größeren Profilen nicht in Ansatz gebracht werden. In den Krafteinleitungsbereichen ist ferner eine Bügelbewehrung anzuordnen, die mit den von [Roik/Hanswille 1984 b] vorgestellten Fachwerkmodellen bemessen werden kann.

Bei einer Lasteinleitung über Kopfplatten ist keine Verdübelung erforderlich, wenn die Fuge zwischen Betonquerschnitt und Kopfplatte unter Berücksichtigung von Kriechen und Schwinden ständig überdrückt ist. Wenn die Lasteinleitungsfläche kleiner als der Stützenquerschnitt ist, dürfen die Lasten über die Kopfplattendicke im Verhältnis

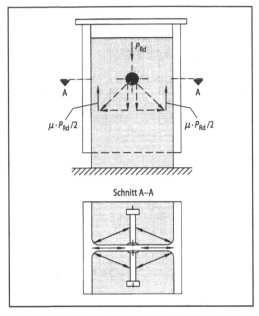

Abb. 3.5-54 Reibungskräfte bei Kopfbolzendübeln in den Kammern von I-Profilen

1:2,5 verteilt werden. Als übertragbare Betonpressung kann dann bei vollständig oder teilweise einbetonierten Stahlprofilen die übertragbare Teilflächenpressung des Betons nach DIN 1045-1 angenommen werden.

Bei quadratischen Hohlprofilen und bei Rohren liegen günstigere Verhältnisse vor. Ein typisches Beispiel, bei dem die Lasteinleitung mit Hilfe einer Kopfplatte und eines Steifenkreuzes erfolgt, zeigt Abb. 3.5-55 a. Durch Versuche [Hanswille/Bergmann 1999, Hanswille/Porsch 2003 und 2004] konnte nachgewiesen werden, dass bei Hohlprofilen unter den Steifen wegen der Umschnürungswirkung des Hohlprofils vom Beton sehr hohe Pressungen ertragen werden können.

Der Bemessungswert der Teilflächenpressung, $\sigma_{c,Rd}$, kann nach Gl. (3.5.69) ermittelt werden. Vergleichbare Verhältnisse liegen vor, wenn die Krafteinleitung bei Rohren mit durchgesteckten Knotenblechen ausgeführt wird (Abb. 3.5-55 b). Die unter dem Knotenblech aufnehmbare Betonspannung kann nach [Hanswille/Porsch 2003 und 2004] ebenfalls nach Gl. (3.5.69) ermittelt werden.

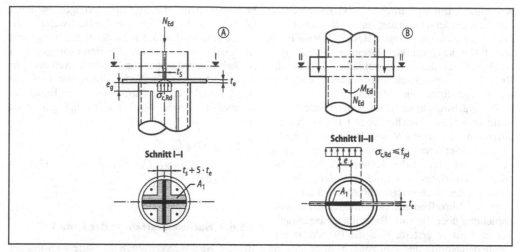

Abb. 3.5-55 Lasteinleitung bei Rohren

$$\sigma_{c,Rd} = f_{cd}\left(1 + \eta_{cL}\, \frac{t}{a}\, \frac{f_{yk}}{f_{ck}}\right) \sqrt{\frac{A_c}{A_1}} \le f_{yd} \quad (3.5.69)$$

Dabei sind f_{cd} und f_{ck} der Bemessungswert und der charakteristische Wert der Betondruckfestigkeit und f_{yk} und f_{yd} der charakteristische Wert bzw. der Bemessungswert der Streckgrenze des Hohlprofils, A_c ist die Betonquerschnittsfläche der Stütze und A_1 die Lasteinleitungsfläche nach Abb. 3.5-55 a unterhalb der Kopfplatte bzw. unterhalb des Knotenblechs, t ist die Wanddicke des Hohlprofils und a der Durchmesser bei kreisförmigen Hohlprofilen oder die Seitenlänge bei quadratischen Hohlprofilen. Der Beiwert η_{cL} berücksichtigt den Einfluss der Umschnürungswirkung durch das Hohlprofil und ergibt sich für Rohre η_{cL}=4,9 und für quadratische Hohlprofile η_{cL}=3,5. Das Verhältnis A_c/A_1 darf rechnerisch maximal mit 20 berücksichtigt werden.

Nachweis der Verbundsicherung außerhalb der Krafteinleitungsbereiche

Bei Stützen mit planmäßiger Querkraftbeanspruchung ist die Verbundsicherung auch außerhalb der Krafteinleitungsbereiche nachzuweisen. Die Schubkräfte können, wie erläutert, zwischen kritischen Schnitten aus der Differenz der Normalkräfte des Stahlprofils ermittelt werden. Die Ver-

Tabelle 3.5-19 Bemessungswerte τ_{Rd} für den Nachweis der Schubspannungen zwischen Stahlprofil und Beton

Querschnitt	τ_{Rd} N/mm²
vollständig einbetonierte Profile	0,30
Ausbetonierte Rohre	0,55
betongefüllte rechteckige Hohlprofile	0,40
Flansche von teilweise einbetonierten Profilen	0,20
Stege von teilweise einbetonierten Profilen	0,00

bundmittel dürfen näherungsweise nach dem Querkraftverlauf verteilt werden. Wenn die in Tabelle 3.5-19 angegebenen Grenzwerte τ_{Rd} nicht überschritten werden, darf auf die Anordnung von Verbundmitteln verzichtet werden.

3.5.6 Brandschutztechnische Bemessung von Verbundbauteilen

3.5.6.1 Allgemeines, Nachweisverfahren

Wenn bei Verbundkonstruktionen eine Feuerwiderstandsdauer im Brandfall gefordert wird, müssen die Bemessung und die Ausführung sicherstellen, dass das Tragwerk während der maßgebenden Brandbeanspruchung über eine vorgegebene Branddauer seine Tragfähigkeit nicht verliert. Dieses

Kriterium wird im Eurocode 4-1-2 entsprechend der Feuerwiderstandsdauer unter Normbrandbedingungen durch die Klassen R30, R60, R90, R120 und R180 ausgedrückt. Normbrandbedingungen werden dabei durch den zeitlichen Verlauf der Brandraumtemperaturen entsprechend der Einheitstemperaturzeitkurve definiert.

Der Nachweis einer ausreichenden Feuerwiderstandsdauer kann nach Eurocode 4-1-2 durch Klassifizierung der Bauteile mit Hilfe von Tabellen (Nachweisverfahren der Stufe 1) oder durch eine vereinfachte brandschutztechnische Bemessung (Nachweisverfahren der Stufe 2) erfolgen. Die Anwendung der Nachweisverfahren der Stufen 1 und 2 ist auf Einzelbauteile mit direkter Brandbeanspruchung über die volle Bauteillänge beschränkt. Ferner wird unterstellt, dass die Brandbeanspruchung den Normbrandbedingungen entspricht, und eine einheitliche Querschnittstemperaturverteilung über die Bauteillänge vorhanden ist.

Ein Nachweis mit Hilfe von „exakten Berechnungsverfahren" zur Simulation des Verhaltens von Gesamttragwerken wird als Nachweisverfahren der Stufe 3 bezeichnet. Diese Methode basiert auf der vollständigen thermischen und mechanischen Analyse des Tragwerks und kann allgemein für Bauteile und gesamte Tragwerke verwendet werden. Für die Bemessungspraxis sind insbesondere die Nachweisverfahren der Stufen 1 und 2 von Bedeutung, weil die Anwendung der Nachweisstufe 3 i. Allg. mit einem sehr hohen numerischen Aufwand verbunden ist [Schleich 1988, 1993].

Das Tragfähigkeitskriterium im Brandfall ergibt sich aus

$$E_{fi,d,t} \leq R_{fi,d,t}.$$ (3.5.70)

Der Bemessungswert der Beanspruchbarkeit im Brandfall, $R_{fi,d,t}$, ist dabei auf das Niveau des Bemessungswertes der Lastauswirkungen, $E_{fi,d,t}$, abgefallen. Der Bemessungswert $E_{fi,d,t}$ ergibt sich mit der außergewöhnlichen Kombination unter Berücksichtigung indirekter Brandeinwirkungen sowie mit den Kombinationsbeiwerten nach Tabelle 3.5-1. Die Indizes fi (fire) und t (time) deuten darauf hin, dass die Einwirkungen und die Beanspruchbarkeit von der maßgebenden Dauer der Brandbeanspruchung abhängen. Der Teilsicher-

heitsbeiwert für ständige Einwirkungen ist dabei mit γ_{GA}=1,0 anzusetzen. Für die Nachweisverfahren der Stufen 1 und 2 kann der Bemessungswert $E_{fi,d,t}$ näherungsweise aus den Bemessungswerten R_d bei Normaltemperatur ermittelt werden. Für normale Gebäude in Verbundbauweise darf mit η_{fi}=0,6 und für Konstruktionen der Kategorie D nach Eurocode 4-1-2 mit η_{fi}=0,7 gerechnet werden.

$$E_{fi,d,t} = \eta_{fi} E_d \, ,$$
$$\eta_{fi} = \frac{\gamma_{GA} + \psi_{1,1} Q_{k,1}/\Sigma G_{k,j}}{\gamma_G + \gamma_Q Q_{k,1}/\Sigma G_{k,j}} \, .$$ (3.5.71)

3.5.6.2 Nachweisverfahren der Stufe 1

Bei den Nachweisverfahren der Stufe 1 erfolgt der Nachweis mit Hilfe von klassifizierten Bemessungswerten in Tabellenform für bestimmte Bauteile (Träger, Stützen), denen die Normbrandbedingungen zugrunde liegen. Der Bemessungswert der Beanspruchbarkeit zum Zeitpunkt t ergibt sich in Abhängigkeit vom Bemessungswert bei Normaltemperatur R_d zu

$$R_{fi,d,t} = \eta_{fi,t} R_d.$$ (3.5.72)

Dabei ist R_d nach Gl. (3.5.2) für den Kaltzustand zu ermitteln.

In Abhängigkeit von $\eta_{fi,t}$ und der geforderten Feuerwiderstandsklasse müssen entsprechende Anforderungen an die Abmessungen und die konstruktive Ausbildung der Querschnitte eingehalten werden. Tabelle 3.5-20 zeigt ein typisches Beispiel für die Einstufung von kammerbetonierten Verbundträgern nach Eurocode 4-1-2.

In Abhängigkeit vom Ausnutzungsfaktor und dem Verhältnis von Profilhöhe zu Profilbreite sind die angegebenen Anforderungen an die Profilbreite und die Bewehrung zu erfüllen. Dabei gibt η_f die auf die Untergurtfläche des Stahlquerschnitts bezogene erforderliche Längsbewehrung im Kammerbeton an. Bei Anwendung von Tabelle 3.5-20 ist zu beachten, dass der Kammerbeton und die Längsbewehrung bei der Bemessung für Normaltemperaturen nicht in Ansatz gebracht werden dürfen. Anderenfalls ist die Bemessung mit dem Nachweisverfahren der Stufe 2 durchzuführen. Für

Tabelle 3.5-20 Mindestquerschnittsabmessungen min b und erforderlicher Bewehrungsgrad min η_f der Zulagebewehrung für Verbundträger mit ausbetonierten Kammern

$\mathbf{R}_{fi,d,t} = \eta_{fi,t}\,\mathbf{R}_d$

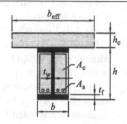

$b_{eff} \leq 5{,}0 \text{ m}$

$h_c \geq 120 \text{ mm}$

$t_f \leq 2 \cdot t_w \qquad t_w \leq b/15$

$f_{sk} = 500 \text{ N/mm}^2$

$$\frac{A_s}{A_c + A_s} \leq 0{,}05$$

$$A_f = b\,t_f$$

$$\text{erf } A_s = A_f\,\eta_f \frac{355 \text{ N/mm}^2}{f_{yk}}$$

Ausnutzungsfaktor	Feuerwiderstandsklasse							
	R30		R60		R90		R120	
$\eta_{fi,t} \leq 0{,}3$	min b	min η_f	min b	min η_f	min b	min η_f	min b	min η_f
$h \geq 0{,}9 \times$ min b	70	0,0	100	0,0	170	0,0	200	0,0
$h \geq 1{,}5 \times$ min b	60	0,0	100	0,0	150	0,0	180	0,0
$h \geq 2{,}0 \times$ min b	60	0,0	100	0,0	150	0,0	180	0,0
$\eta_{fi,t} \leq 0{,}5$								
$h \geq 0{,}9 \times$ min b	80	0,0	170	0,0	250	0,4	270	0,5
$h \geq 1{,}5 \times$ min b	80	0,0	150	0,0	200	0,2	240	0,3
$h \geq 2{,}0 \times$ min b	70	0,0	120	0,0	180	0,2	220	0,3
$h \geq 3{,}0 \times$ min b	60	0,0	100	0,0	170	0,2	200	0,3
$\eta_{fi,t} \leq 0{,}7$								
$h \geq 0{,}9 \times$ min b	80	0,0	270	0,4	300	0,6	–	–
$h \geq 1{,}5 \times$ min b	80	0,0	240	0,3	270	0,4	300	0,6
$h \geq 2{,}0 \times$ min b	70	0,0	190	0,3	210	0,4	270	0,5
$h \geq 3{,}0 \times$ min b	70	0,0	170	0,2	190	0,4	270	0,5

Mindestachsabstände

	b (mm)	Abstände u_1 und u_2	(mm)		
	170	u_1 100	120	–	
		u_2 45	60	–	
	200	u_1 80	100	120	
		u_2 40	55	60	
	250	u_1 60	75	90	
		u_2 35	50	60	
	≥ 300	u_1 40	50	70	
		u_2 25	45	60	

Verbundstützen sind weitere Klassifizierungstabellen in Eurocode 4-1-2 angegeben.

3.5.6.3 Nachweisverfahren der Stufe 2

Die Nachweisverfahren der Stufe 2 basieren auf vereinfachten Annahmen für die Temperaturverteilung im Querschnitt. Der Temperatureinfluss wird bei der Ermittlung der Beanspruchbarkeit $R_{fi,d,t}$ entweder durch Reduzierung der Materialfestigkeiten oder durch Reduzierung der nominellen Querschnittsabmessungen a_{nom} erfasst. Der Tragsicherheitsnachweis im Brandfall ist erbracht, wenn die Bedingung (3.5.71) eingehalten ist. Für den Bemessungswert der Beanspruchbarkeit gilt

$$R_{fi,d,t} = R_{fi,t}\left(\frac{k_c \, f_{ck}}{\gamma_{fi,c}}, \frac{k_a \, f_{yk}}{\gamma_{fi,a}}, \frac{k_s \, f_{sk}}{\gamma_{fi,s}}, \frac{k_\theta \, P_{Rk}}{\gamma_{fi,v}}, k_a \, a_{nom}\right). \quad (3.5.73)$$

Dabei sind f_{ck}, f_{yk} und f_{sk} die charakteristischen Werte der Festigkeiten von Beton, Bau- und Betonstahl; P_{Rk} ist der charakteristische Wert der Tragfähigkeit der Verbundmittel bei Normaltemperatur (20°C).

Die zugehörigen Abminderungsfaktoren k_c, k_a, k_s und k_θ berücksichtigen den Einfluss der Temperatur auf die Beanspruchbarkeit. Der Beiwert k_a erfasst die Reduzierung der nominellen Querschnittsabmessungen. Die Abminderungsfaktoren können nach Eurocode 4-1-2 in Abhängigkeit von der Feuerwiderstandsklasse und der Querschnittsausbildung ermittelt werden. Die Teilsicherheitsbeiwerte dürfen dabei mit $\gamma_{fi,c}=\gamma_{fi,a}=\gamma_{fi,s}=1,0$ und $\gamma_{fi,v}=\gamma_v=1,25$ angenommen werden. Abbildung 3.5-

56 zeigt ein typisches Beispiel zur Ermittlung der Momententragfähigkeit für einen Verbundquerschnitt bei positiver Momentenbeanspruchung. Weitere Hintergrundinformationen zu den in Eurocode 4-1-2 enthaltenen Nachweisverfahren bieten [Hass 1986; Hass/Mayer-Ottens/Quast 1989; Dorn/ Hosser u. a. 1990; Dorn/Hosser/El-Nesr 1994; Hosser/Dorn/El-Nesr 1994]. Bezüglich der Verankerung des Kammerbetons sind weitere Konstruktionsregeln zu beachten, die dem Eurocode 4-1-2 entnommen werden können.

Wenn der Verformungseinfluss bei der Ermittlung der Beanspruchungen berücksichtigt werden muss (z. B. bei Verbundstützen), ist zusätzlich der Einfluss der Temperatur auf die Steifigkeiten sowie der Einfluss von thermischen Zwängungsspannungen zu berücksichtigen. Siehe hierzu [Würker/ Klingsch/Bode 1984; Klingsch/Muess/Wittbecker 1988; Hass 1986] und Eurocode 4-1-2. Informationen zur Beurteilung der Feuerwiderstandsdauer von Anschlüssen finden sich in [Dorn/Hass/Quast 1988; Dorn 1991]. In Eurocode 4-1-2 werden für typische Stützen Traglastdiagramme und vereinfachte Nachweisverfahren angegeben.

Abkürzungen zu 3.5

ASCE American Society of Civil Engineers, New York
DASt Deutscher Ausschuss für Stahlbau, Köln
DIBt Deutsches Institut für Bautechnik, Berlin
DSTV Deutscher Stahlbauverband
DVS Deutscher Verband für Schweißtechnik, Hannover

Literaturverzeichnis Kap. 3.5

Allison RW, Johnson RP, May IM (1982) Tension-field action in composite plate girders. In: Proc. Inst. Civ. Engrs. (Part 2) 73 (1982) 255–276
Andrä HP (1985) Neuartige Verbundmittel für den Anschluß von Ortbetonplatten an Stahlträgern. Beton- u. Stahlbetonbau 80 (1985) 325–328
Aschinger T, Wolperding G (1996) Neubau eines auskragenden fünfgeschossigen Geschäftshauses in Stahlverbundbauweise. Bauingenieur 71 (1996) 437–440
Bachmann H et al. (1995) Vibration problems in structures. Birkäuser, Basel (Schweiz)
Baumgärtner H, Krampe A u. a. (1997) Die Stahlverbundbauweise – Erfolgreiche Anwendung bei der Goethe-Galerie in Jena. Bauingenieur 72 (1997) 67–74

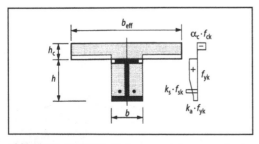

Abb. 3.5-56 Plastische Spannungsverteilungen und reduzierte Querschnitte zur Ermittlung von $M_{pl,fi,d,t}$

Beck H, Heunisch M (1972) Zum Reibungsverbund zwischen Stahl und Betonfertigteilen bei dübellosen Verbundkonstruktionen. Stahlbau 41 (1972) 40–45

Becker J (1997) Beitrag zur Auslegung der Verdübelung von Verbundträgern des Hochbaus unter ruhender und nichtruhender Belastung. Diss. Univ. Kaiserslautern

Bergmann R (1981) Traglastberechnung von Verbundstützen. Techn.-wiss. Mitt. Nr 81-2, Inst. f. Konstr. Ing.-bau, Ruhr-Univ. Bochum

Bergmann R (1984) Vereinfachte Berechnung der Querschnittsinteraktionskurven für symmetrische Verbundquerschnitte. Festschrift K. Roik, Bochum

Bergmann R (1994) Zum Einsatz von hochfestem Beton bei Stahl-Hohlprofilverbundstützen. Stahlbau 63 (1994) 262–267

Bergmann R (1996) Geometrische Ersatzimperfektionen für Verbundstützen, die in Knickspannungslinie a eingestuft werden können. DIBt-Forsch.-ber.

Bergmann R, Hanswille G (2004) New design method for composite columns including high strength steel. In: Composite Construction in Steel and Concrete V, Eng. Foundation Conf., New York

Bode H, Becker J (1993) Trägerverbund unter dynamischer Belastung bei Verwendung von Profilblechen. Stahlbau 62 (1993) 195–201

Bode H, Becker J, Kronenberger HJ (1994) Zur nichtlinearen Berechnung von Verbundträgern mit teilweiser Verdübelung. Stahlbau 63 (1994) 268–272

Bode H, Fichter W (1986) Zur Fließgelenktheorie von Stahlverbundträgern mit Schnittgrößenumlagerung vom Feld zur Stütze. Stahlbau 55 (1986) 299–303

Bode H, Kronenberger HJ (1998) Zum Einfluß teiltragfähiger, verformbarer Verbundanschlüsse auf das Tragverhalten von Verbundträgern. Stahlbau 67 (1998) 501–515

Bode H, Künzel R (1990) Zur Verwendung von Profilblechen beim Trägerverbund. Der Metallbau im Konstruktiven Ingenieurbau. Festschrift Rolf Baehre, TH Karlsruhe

Bode H, Künzel R (1991) Zur Anwendung der Durchschweißtechnik im Verbundbau. Bauberatung Stahl, Düsseldorf

Bode H, Minas F, Sauerborn I (1996) Partial connection design of composite slabs. Struct. Eng. Int. 6 (1996) 53–56

Bode H, Sauerborn I (1992) Zur Bemessung von Verbunddecken nach der Teilverbundtheorie. Stahlbau 61 (1992) 241–250

Bode H, Sauerborn N (1993) Grenztragfähigkeit von Stahlverbundträgern im negativen Momentenbereich. Bauingenieur 68 (1993) 401–409

Bode H, Schanzenbach J (1989) Das Tragverhalten von Verbundträgern bei Berücksichtigung der Dübelnachgiebigkeit. Stahlbau 58 (1989) 65–74

Bode H, Uth JH (1987) Zur Rotationskapazität von Verbundträgern über den Innenstützen. Festschrift Joachim Scheer, TU Braunschweig

Braschel R, Schmid S (1989) Das Parkhaus P10 am Flughafen Stuttgart in Verbundbauweise. Bauingenieur 64 (1989) 285–289

Dorn T (1991) Tragverhalten von Träger-Stützen-Anschlüssen unter Brandbeanspruchung. Stahlbau 60 (1991) 120–121

Dorn T, Hass R, Quast U (1988) Brandverhalten von Anschlüssen von Verbundkonstruktionen und ihre Bemessung zur Verlängerung der Feuerwiderstandsdauer. Bauingenieur 63 (1988) 35–41

Dorn T, Hosser D u. a. (1990) Ein rechnerisches Verfahren zur brandschutztechnischen Bemessung von kammerbetonierten Verbundträgern. Teil I: Einfeldträger. Stahlbau 59 (1990) 359–368

Dorn T, Hosser D, El-Nesr O (1994) Ein rechnerisches Verfahren zur brandschutztechnischen Bemessung von kammerbetonierten Verbundträgern. Teil II: Durchlaufträger. Stahlbau 63 (1994) 233–244

Duddeck H (1972) Seminar Traglastverfahren. Ber. Nr 72-6. Inst. f. Statik, TU Braunschweig

Eichhorn H, Kühn B, Muess H (1996) Der Neubau der Siemens AG Verkehrstechnik. Stahlbau 65 (1996) 34–40

Fichter W (1986) Beitrag zur Traglastberechnung durchlaufender Stahlverbundträger für den Hoch- und Industriebau. Diss. Univ. Kaiserslautern

Fischer M, Berger S (1997) Nachweis der Gesamtstabilität von Stahlverbundträgern. (P252). Studienges. Stahlanwendung e.V., Düsseldorf

Gerasch W, Wolperding G (2001) Schwingungsverhalten weit gespannter Geschossdecken in Bürogebäuden mit und ohne Schwingungsdämpfer. Bauingenieur 11 (2001) 507–515

Haensel J (1975) Praktische Berechnungsverfahren für Stahlträgerverbundkonstruktionen unter Berücksichtigung neuerer Erkenntnisse zum Betonzeitverhalten. Techn.-wiss. Mitt. Nr 75-2, Inst. f. Konstr. Ing.-bau, Ruhr-Univ. Bochum,

Haensel J (1992) Brückenbau auf neuen Wegen. Stahlbautag Berlin 1992. Stahlbau-Verlagsges., Köln

Haensel J (1996) Recent trends in composite bridge design in Germany. Composite construction in steel and concrete III: Proc. of an Engng. Found. Conf., ASCE, New York

Haensel J, Kina J, Schaumann P (1994) Zur Erweiterung des Anwendungsbereiches von Stahlträgerverbundkonstruktionen. Stahlbau 63 (1994) 279–283

Hagedorn M, Kuhlmann U u. a. (1997) Eine Neuentwicklung im Stabbogen-Verbundbrückenbau – die Amperbrücke. Stahlbau 66 (1997) 390–395

Hanswille G (1986) Zur Rißbreitenbeschränkung bei Verbundträgern. Techn.-wiss. Mitt. Nr 86-1, Inst. f. Konstr. Ing.-bau, Ruhr-Univ. Bochum

Hanswille G (1989) Nachweise zur Beschränkung der Riß-
breite bei Stahlverbundträgern. In: 12. Stahlbauseminar
Bauakademie Biberach, Wissenschaft u. Praxis, 48. FH
Biberach

Hanswille G (1994) Zum Nachweis der Ermüdung von Verbundträgern nach Eurocode 4 Teil 1-1. Stahlbau 63
(1994) 284–289

Hanswille G (1996) Cracking of concrete. Mechanical mo-
dels of the design rules in Eurocode 4. In: Composite
Construction in Steel and Concrete III, Eng. Foundation
Conf., New York

Hanswille G (1997) Outstanding composite structures for
buildings. In: Composite Construction, Conventional
and Innovative. Rep. IABSE Conf., Innsbruck (Österreich)

Hanswille G (1999) Eurocode 4 Teil 2 – Verbundbrücken
(Forschung Straßenbau und Straßenverkehrstechnik,
778). Bundesminister für Verkehr, Bau- u. Wohnungswesen, Bonn

Hanswille G (2003) Die Bemessung von Stahlverbundstüt-
zen nach nationalen und EU-Regeln. Der Prüfingenieur
22 (2003) 17–31

Hanswille G, Bergmann R (1999) Neuere Untersuchungen
zur Bemessung und Lasteinleitung von ausbetonierten
Hohlprofil-Verbundstützen. In: Festschrift Ferdinand
Tschemmernegg, Inst. f. Stahlbau, Holzbau und Misch-
bautechnologie, Univ. Innsbruck (Österreich)

Hanswille G, Bergmann R (2001) Ermittlung geometrischer
Ersatzimperfektionen für Verbundstützen mit hochfes-
ten Stählen. Forschungsvorhaben P3-5-17.10-99201,
Deutsches Institut für Bautechnik, Berlin

Hanswille G, Jost K u. a. (1998) Experimentelle Untersuchungen zur Tragfähigkeit von Kopfbolzendübeln
mit großen Schaftdurchmessern. Stahlbau 67 (1998)
555–565

Hanswille G, Kajzar C, Faßbender A (1993) Ergänzende Regelungen für die Tragfähigkeit von Kopfbolzendübeln
bei Verwendung von vorgelochten Profilblechen. Forsch.-
ber. 93-01. Inst. f. Konstr. Ing.-bau, Univ. Wuppertal

Hanswille G, Lindner J, Münich D (1998) Zum Biegedrillknicken von Verbundträgern. Stahlbau 67 (1998)
525–535

Hanswille G, Lippes M (2008) Einsatz von hochfesten
Stählen und Betonen bei Hohlprofil-Verbundstützen.
Stahlbau 4 (2008) 296–307

Hanswille G, Porsch M (2003) Lasteinleitung bei ausbetonierten Hohlprofil-Verbundstützen mit normal- und
hochfesten Betonen. Studiengesellschaft Stahlanwendung e. V., Forschungsbericht P 487

Hanswille G, Porsch M (2004) Lasteinleitung bei ausbetonierten Hohlprofil-Verbundstützen, Der Stahlbau 9
(2004) 676–682

Hanswille G, Porsch M (2007) Zur Festlegung der Tragfähigkeit von Kopfbolzendübeln in Vollbetonplatten in

DIN 18800-5 und EN 1994-1-1. Festschrift Prof. Kind-
mann, Ruhr-Universität Bochum

Hanswille G, Porsch M (2009) Ermüdungsfestigkeit von
Kopfbolzendübeln, Stahlbau 3 (2009) 148–169

Hanswille G, Porsch M, Üstündag C (2006) Neuere Untersuchungen zum Ermüdungsverhalten von Kopfbolzendübeln. Stahlbau 4 (2006) 303–316

Hanswille G, Porsch M, Üstündag C (2007) Resistance of
headed studs subjected to fatigue loading, Part I Experimental study, Part II: Analytical study, Journal of
Constructural Steel Research, April 2007 475–484 und
485–493

Hanswille G, Schäfer M (2007) Näherungsverfahren zur
praktischen Ermittlung der Verformungen von Verbundträgern und Flachdecken unter Berücksichtigung der
Nachgiebigkeit der Verdübelung. Stahlbau, Heft 11
(2007) 845–854

Hanswille G, Schmitt C (1996) Plastic design in hogging
bending for composite beams with steel S460. Technical Paper H 17 to EC4, Part 1, Annex H. Univ. Wuppertal

Hass R (1986) Zur praxisgerechten brandschutztechnischen
Beurteilung von Stützen aus Stahl und Beton. Diss. TU
Braunschweig

Hass R, Mayer-Ottens C, Quast H (1989) Verbundbau-
Brandschutz-Handbuch. Ernst & Sohn, Berlin

He S (1991) Beitrag zur plastischen Bemessung durchlaufender Verbundträger. Techn.-wiss. Mitt. Nr 91-1, Inst.
f. Konstr. Ing.-bau, Ruhr-Univ. Bochum

Heilig R: Theorie des elastischen Verbundes. Stahlbau 22
(1953) 104–108

Heinemann J (1990) Grenztragfähigkeit von Verbundträ-
gern mit dünnwandigen, ausgesteiften und steifenlosen
Stegblechen. Techn.-wiss. Mitt. Nr 90-1, Inst. f. Konstr.
Ing.-bau, Ruhr-Univ. Bochum

Hoischen A (1954) Verbundträger mit elastischer und unterbrochener Verdübelung. Bauingenieur 29 (1954)
241–244

Hosser D, Dorn T, El-Nesr O (1994) Vereinfachtes Rechen-
verfahren zur brandschutztechnischen Bemessung von
Verbundstützen aus kammerbetonierten Stahlprofilen.
Stahlbau 63 (1994) 71–79

Johnson RP, Chen S (1991) Local buckling and moment
redistribution in class 2 composite beams. Struct. Eng.
Int. 1 (1991) No 4, 27–34

Johnson RP, Huang D (1995) Resistance to longitudinal
shear of composite beams with profiled sheeting. In:
Proc. Inst. Civ. Eng. 110 (1995) 204–215

Joest E, Hanswille G u. a. (1992) Die neue Opel-Lackiererei
in Eisenach in feuerbeständiger Verbundbauweise.
Stahlbau 61 (1992) 225–233

Keller N, Kahmann R, Krips M (1988) Fuldatalbrücke Kra-
genhof – Bau einer Verbundbrücke. Bauingenieur 63
(1988) 443–454

Kemp AR, Dekker NW (1991) Available rotation capacity in steel and composite beams. The Structural Engineer 69 (1991) 88–97

Klingsch W, Würker KG, Martin-Bullmann R (1984) Brandverhalten von Hohlprofil-Verbundstützen. Stahlbau 53 (1984) 300–305

Klingsch W, Bode H, Finsterle A (1984) Brandverhalten von Verbundstützen aus vollständig einbetonierten Walzprofilen. Bauingenieur 59 (1984) 427–432

Klingsch W, Muess H, Wittbecker FW (1988) Ein baupraktisches Näherungsverfahren für die brandschutztechnische Bemessung von Verbundstützen. Bauingenieur 63 (1988) 27–34

Kobarg J (1992) Das Münchener Order-Center für Sport und Mode. Stahlbau 61 (1992) 193–198

Ladberg W (1996) Commerzbank-Hochhaus Frankfurt/ Main. Planung, Fertigung und Montage der Stahlkonstruktion. Stahlbau 65 (1996) 356–367

Lange J, Ewald K (1998) Das Düsseldorfer Stadttor – ein 19geschossiges Hochhaus in Stahlverbundbauweise. Stahlbau 67 (1998) 570–579

Lindner J, Bergmann R (1998) Zur Bemessung von Verbundstützen nach DIN 18800 Teil 5. Stahlbau 67 (1998) 536–546

Mascioni HW, Muess H u. a. (1990) Schraubenloser Verbund beim Neubau des Postamtes 1 in Saarbrücken. Stahlbau 59 (1990) 65–73

Maurer R (1992) Grundlagen der Bemessung des Betongurtes von Stahlverbundträgern. Diss. TH Darmstadt

Minas F (1997) Beitrag zur versuchsgestützten Bemessung von Profilblechverbunddecken mit nachgiebiger Verdübelung. Diss. Univ. Kaiserslautern

Muess H (1982) Anwendung der Verbundbauweise am Beispiel der neuen Opel-Lackiererei in Rüsselsheim. Stahlbau 51 (1982) 65–75

Muess H (1996) Interessante Tragwerkslösungen in Verbund. Informationen über neuzeitliches Bauen, H 83. DSTV, Köln

Muess H, Sauerborn N (1998) Neues Terminal des Flughafens Hannover in Verbundbauweise. Stahlbau 67 (1998) 561–569

Muess H, Sauerborn N, Schmitt J (2004) Höhepunkte im modernen Verbundbau – eine beispielhafte Entwicklungsgeschichte. Stahlbau 73 (2004) 791–800

Muess H, Schaub W (1985) Feuerbeständige Stahlverbundbauteile – Eine neue Bauweise für den mehrgeschossigen Industriebau. Stahlbau 54 (1985) 65–75

Nather F (1990) Verbundbrücken – Stand der Technik – Perspektiven für die Zukunft. Stahlbau 59 (1990) 289–299

Nather F (1997) Stahlbrücken mit Doppelverbund in Deutschland. Bauingenieur 72 (1997) 193–198

Oehlers DJ, Johnson RP (1987) The strength of stud shear connections in composite beams. Struct. Eng. Int. 65B (1987) 44–48

Ollgard HG, Slutter RG, Fisher JD (1971) Shear Strength of Stud Connectors in Leightweight and Normal-Weight-Concrete, AISC Eng. Journal (1971) 55–64

Pamp R (1992) Zur Wärmeentwicklung von Beton und deren Folgen bei Stahlverbundbrücken. Stahlbau 61 (1992) 107–114

Roik K, Bergmann R (1989) Verbundstützen. Hintergrundbericht zu Eurocode 4. Ber. EC4/6/89. Bundesminister f. Raumordnung, Bauwesen u. Städtebau, Bonn

Roik K, Bergmann R (1990) Lasteinleitung bei Verbundstützen. Hintergrundbericht zu Eurocode 4. Ber. EC4/12/90. Bundesminister f. Raumordnung, Bauwesen u. Städtebau, Bonn

Roik K, Bergmann R, Mangerig J (1990) Zur Traglast von einbetonierten Stahlprofilstützen unter Berücksichtigung des Langzeitverhaltens von Beton. Stahlbau 59 (1990) 15–19

Roik K, Bode H (1981) Composite action in composite columns. In: Festschrift Duiliu Sfintesco, Paris

Roik K, Bode H, Bergmann R (1982) Zur Traglast von betongefüllten Hohlprofilstützen unter Berücksichtigung des Langzeitverhaltens des Betons. Stahlbau 51 (1982) 207–212

Roik K, Bürkner KE (1978) Reibbeiwert zwischen Stahlgurten und aufgespannten Betonfertigteilen. Bauingenieur 53 (1978) 37–41

Roik K, Bürkner KE (1980) Untersuchungen des Trägerverbundes unter Verwendung von Stahltrapezprofilen mit einer Höhe >80 mm. Projekt 40. Studienges. f. Anwendungstechnik v. Eisen u. Stahl e.V., Düsseldorf

Roik K, Bürkner KE (1981) Beitrag zur Tragfähigkeit von Kopfbolzendübeln in Verbundträgern mit Stahlprofilblechen. Bauingenieur 56 (1981) 97–101

Roik K, Hanswille G (1983) Beitrag zur Bestimmung der Tragfähigkeit von Kopfbolzendübeln. Stahlbau 52 (1983) 301–308

Roik K, Hanswille G (1984a) Beitrag zur Ermittlung der Tragfähigkeit von Reib-Abscherverdübelungen bei Stahlverbundträgerkonstruktionen. Stahlbau 53 (1984) 41–46

Roik K, Hanswille G (1984b) Untersuchungen zur Krafteinleitung bei Verbundstützen mit einbetonierten Stahlprofilen. Stahlbau 53 (1984) 353–358

Roik K, Hanswille G (1986) Zur Frage der Rißbreitenbeschränkung bei Verbundträgern. Bauingenieur 61 (1986) 535–543

Roik K, Hanswille G (1987) Zur Dauerfestigkeit von Kopfbolzendübeln bei Verbundträgern. Bauingenieur 62 (1987) 273–285

Roik K, Hanswille G (1989) Limit state of fatigue for headed studs. Hintergrundbericht zu Eurocode 4. Ber. EC4/12/89. Bundesminister f. Raumordnung, Bauwesen u. Städtebau, Bonn

Roik K, Hanswille G (1991) Rißbreitenbeschränkung bei Verbundträgern. Stahlbau 60 (1991) 371–378

Roik K, Hanswille G, Kina J (1990) Zur Frage des Biegedrillknickens bei Stahlverbundträgern. Stahlbau 59 (1990) 327–333

Roik K, Holtkamp HJ (1989) Untersuchungen zur Dauer- und Betriebsfestigkeit von Verbundträgern mit Kopfbolzendübeln. Stahlbau 58 (1989) 53–62

Roik K, Lungershausen H (1989) Zur Tragfähigkeit von Kopfbolzendübeln in Verbundträgern mit unterbrochener Verbundfuge. Stahlbau 58 (1989) 269–273

Roik K, Mangerig I (1987) Experimentelle Untersuchungen der Tragfähigkeit von einbetonierten Stahlprofilstützen unter besonderer Berücksichtigung des Langzeitverhaltens von Beton (Ber. zu P102). Studienges. f. Anwendungstechnik v. Eisen u. Stahl e.V., Düsseldorf

Sattler K (1955) Ein allgemeines Berechnungsverfahren für Tragwerke mit elastischem Verbund. Hrsg: Deutscher Stahlbauverband, Köln

Sattler K (1959) Theorie der Verbundkonstruktionen. Bd I und II. Ernst & Sohn, Berlin

Sauerborn I (1995) Zur Grenztragfähigkeit von durchlaufenden Verbunddecken. Diss. Univ. Kaiserslautern

Schleich JB (1988) Numerische Simulation: Zukunftsorientierte Vorgehensweise zur Feuersicherheitsbeurteilung von Stahlbauten. Bauingenieur 63 (1988) 17–26

Schleich JB et al. (1993) Fire engineering design for steel structures – State of the art. Int. Iron and Steel Inst., Brüssel

Schwarz O, Haensel J u. a. (1995) Die Mainbrücke Nantenbach. Ausführungsplanung und Montage der Strombrücke. Bauingenieur 70 (1995) 127–135

Sedlacek G, Hoffmeister B (1997) Ein neues Verfahren zur nichtlinearen Berechnung von Tragwerken in Stahl-, Stahl-Betonverbund- und Massivbauweise unabhängig von der Querschnitts- und Systemklassifizierung. Stahlbau 67 (1997) 492–500

Seifried G, Stetter K (1995) Planung und Ausführung von in Längsrichtung nicht vorgespannten Betonfahrbahnplatten für die Stahlverbundbrücken Siebenlehn und Wilkau-Haßlau. Beton- u. Stahlbetonbau 91 (1995) 80–85

Sobek W, Duder M, Winterstetter T, Rehle N, Hagenmayer S (2004) Das Hochhausensemble am Münchener Tor. Stahlbau 73 (2004) 785–790

Spang D, Hass R (1986) Das Doppelinstitut IWF/IPK in Berlin. Stahlbau 55 (1986) 257–262

Trillmich R, Welz W (1997) Bolzenschweißen. Hrsg: DVS, Düsseldorf

Tschemmernegg F, Fink A, Müller G (1996) Servicestation in Mischbauweise nach ENV 1993/1994. Stahlbau 65 (1996) 180–187

Wippel H (1963) Berechnung von Verbundkonstruktionen aus Stahl und Beton. Springer, Berlin

Wolperding G (2002) Der Post-Tower in Bonn – ein transparentes Hochhaus mit technischen Besonderheiten. Stahlbau 71 (2002) 707–714

Normen, Richtlinien

DIN 18800-1: Stahlbauten; Bemessung und Konstruktion (11/2008)

DIN 18800-2: Stahlbauten; Stabilitätsfälle, Knicken von Stäben und Stabwerken (11/2008)

DIN 18800-3: Stahlbauten; Stabilitätsfälle; Plattenbeulen (11/2008)

DIN 18807-3: Trapezprofile im Hochbau – Stahltrapezprofile, Festigungsnachweise und konstruktive Ausbildung (06/1987)

DIN EN-10025: Warmgewalzte Erzeugnisse aus unlegierten Baustählen; Technische Lieferbedingungen (02/2005)

DIN 1045-1: Tragwerke aus Beton, Stahlbeton und Spannbeton – Teil 1: Bemessung und Konstruktion (08/2008)

DIN 18800-5: Stahlbauten – Teil 5: Verbundtragwerke aus Stahl und Beton – Bemessung und Konstruktion (03/2007)

EN ISO-13918: Schweißen – Bolzen zum Lichtbogenschweißen (12/1998)

EN ISO-14555: Schweißen – Lichtbogenschweißen von Metallen (12/1998)

Eurocode 2-1-1/DIN EN 1992-1-1: Planung von Stahlbeton- und Spannbetontragwerken. Teil 1-1: Grundlagen und Anwendungsregeln für den Hochbau (10/2005)

Eurocode 3-1-1/DIN EN 1993-1-1: Bemessung und Konstruktion von Stahlbauten. Teil 1-1: Allgemeine Bemessungsregeln, Bemessungsregeln für den Hochbau (07/2005)

Eurocode 4-1-1/DIN EN 1994-1-1: Bemessung und Konstruktion von Verbundtragwerken aus Stahl und Beton. Teil 1-1: Allgemeine Bemessungsregeln, Bemessungsregeln für den Hochbau (07/2006)

Eurocode 4-1-2/DIN EN 1994-1-2: Bemessung und Konstruktion von Verbundtragwerken aus Stahl und Beton. Teil 1-2: Allgemeine Regeln, Tragwerksbemessung für den Brandfall (11/2006)

Eurocode 4-2/DIN EN 1994-2: Bemessung und Konstruktion von Verbundtragwerken aus Stahl und Beton. Teil 2: Verbundbrücken (07/2006)

VDI-Richtlinie 2057: Einwirkungen mechanischer Schwingungen auf Menschen – Ganzkörper-Schwingungen. Verein Deutscher Ingenieure (2002)

ISO 10137: Bases for design of structures-Serviceability of buildings and walkways against vibration (2007 E)

3.6 Mauerwerk

3.6.1 Baustoffe

Wolfgang Brameshuber

3.6.1.1 Mauersteine

Allgemeines

Für Mauerwerk aus künstlich hergestellten Mauersteinen werden hauptsächlich folgende vier Mauersteinarten verwendet:

– Mauerziegel,
– Kalksandsteine,
– Porenbetonsteine und
– Leichtbeton- und Betonsteine.

Hinsichtlich der Steingröße ist zu unterscheiden zwischen Steinen mit einer Höhe < 113 bzw. 115 mm und Blöcken mit einer Höhe > 113 bzw. 115 mm und < 238 bis 250 mm sowie Elementen mit größeren Höhen. Das kleinste Steinformat ist das Format DF mit 240 mm Länge × 113 mm Breite × 52 mm Höhe. Die Steinformate sind in DIN 4172 „Maßordnung im Hochbau" im oktametrischen System (Grundmaßeinheit = 1/8 m = 125 mm) unter Berücksichtigung einer Stoßfugenbreite von 10 mm und einer Lagerfugendicke von 12 mm bei Mauerwerk mit Normal- und Leichtmörtel bzw. von jeweils 1 bis 2 mm bei Mauerwerk mit Dünnbettmörtel festgelegt worden. Die Grundmaßeinheit dieser Maßordnung ergibt sich aus 115 + 10 mm = 125 mm in der Länge und 113 + 12 mm = 125 mm in der Höhe. Neuere Entwicklungen der Baustoffindustrie wie z. B. der Wegfall der Stoßfugenvermörtelung bei Plan- bzw. Nut- und Federsteinen und die Reduzierung der Lagerfugendicke auf 1–3 mm bei Dünnbettmauerwerk haben zu teilweise neuen Steinabmessungen geführt. Um eine Abänderung der Rohbau- und Nennmaße der üblichen Mauerwerkverbände zu vermeiden, wurden einige Mauersteine von 240 auf 247 mm verlängert und von 238 auf bis zu 248 mm erhöht. Das kleinste Steinformat ist das sog. Dünnformat mit dem Formatkurzzeichen DF (240 mm · 113 mm · 52 mm). Aus diesem Grundformat sind die meisten größeren Formate unter Bezug auf das Verhältnis der Steinvolumina einschließlich des zugehörigen Fugenanteils abgeleitet (2 DF, 5 DF, 10 DF usw.). Die Größe der Mauersteine wird als Vielfaches von DF oder durch die direkten Stein-

maße Länge, Breite und Höhe angegeben. Hinsichtlich des Lochanteils ist zu unterscheiden zwischen Vollsteinen mit einem Lochanteil von max. 15% und Lochsteinen mit einem Lochanteil größer als 15%. Die Lochungen dienen entweder der einfacheren, ergonomisch günstigeren Handhabung (Verlegung) der Mauersteine – Grifflöcher, Grifföffnungen, Griffhilfen – oder der Verbesserung der Wärmedämmung. Hierfür eignen sich besonders schmale, schlitzförmige Lochungen, die gegeneinander versetzt sind, um den Wärmestromweg ohne nennenswerte Konvektion möglichst zu verlängern. Dies ist technologisch nicht in allen Fällen möglich. Bei größeren Lochungen muss die im Mauerwerk obenliegende Lagerfläche der Steine geschlossen sein (Deckel), damit der Mörtelauftrag möglich ist. Aus Rationalisierungsgründen ist bei einer zunehmenden Anzahl von Steinen die Stoßfläche so ausgebildet, dass sie entweder nur noch teilweise (Mörteltaschen) oder gar nicht mehr vermörtelt (Nut und Feder-Ausbildung) werden muss (s. a. Abb. 3.6-2). Die Maßtoleranzen der Mauersteine müssen in Abhängigkeit von der Vermörtelungsart (Normalfuge oder Dünnbettfuge) entsprechend begrenzt werden. Mauersteine für Dünnbettvermörtelung werden Plansteine genannt und besitzen eine hohe Maßgenauigkeit, die in Steinhöhe ±1,0 mm beträgt. Grundsätzlich zu unterscheiden sind genormte Mauersteine (Abb. 3.6-1) und Mauersteine, die aufgrund einer allgemeinen bauaufsichtlichen Zulassung verwendet werden dürfen. Beispiele für Mauersteine zeigt Abb. 3.6-2.

Mauerziegel

Mauerziegel werden aus den natürlichen Rohstoffen Ton und Lehm oder tonigen Massen hergestellt. Die Rohstoffe werden über Dampfrundbeschicker der Aufbereitung zugeführt. Häufig werden bei der Beschickung porenbildende Zusatzstoffe wie z. B. Polystyrolschaumkugeln, Holzspäne, Strohhäcksel oder Papierschlamm beigemischt, die während des Brennvorgangs rückstandslos verdampfen und überwiegend kugelförmige Luftporen hinterlassen. Dadurch wird die Stoffrohdichte und somit die Wärmeleitfähigkeit der Ziegel herabgesetzt bzw. deren Wärmedämmverhalten verbessert. Bis zur Sinterung gebrannte Mauerziegel mit hohem Frostwiderstand und einer Scherbenrohdichte von mind. 1,90 kg/dm^3 sowie einer Druckfestigkeitsklasse von

Mauerziegel

DIN 105-1: Vollziegel und Hochlochziegel
DIN 105-2: Leichthochlochziegel
DIN 105-3: Hochfeste Ziegel und hochfeste Klinker
DIN 105-4: Keramikklinker
DIN 105-5: Leichtlanglochziegel und Leicht-
           langloch-Ziegelplatten

Kalksandsteine

DIN 106-1: Voll-, Loch-, Block- und Hohlblocksteine
DIN 106-2: Vormauersteine und Verblender

Porenbetonsteine

DIN 4165: Porenbeton-Blocksteine und
          Porenbeton-Plansteine
DIN 4166: Porenbeton-Bauplatten und
          Porenbeton-Planbauplatten

Leichtbetonsteine

DIN 18151: Hohlblöcke aus Leichtbeton
DIN 18152: Vollsteine und Vollblöcke aus
            Leichtbeton

Betonsteine

DIN 18153: Mauersteine aus Beton (Normalbeton)

Hüttensteine

DIN 398:   Voll-, Loch-, Hohlblocksteine

Abb. 3.6-1 Genormte Mauersteine

mind. 28 werden als Klinker bezeichnet. Die Herstellung von Mauerziegeln ist schematisch in Abb. 3.6-3 dargestellt. Das aufbereitete Mischgut wird einer Presse zugeführt, an deren Ende sich auswechselbare Mundstücke befinden. Unter Druck wird der Tonstrang durch das Mundstück getrieben und mittels Stahldrähten in einzelne Rohlinge geschnitten. Es folgt eine Trocknungsphase, bei der den Steinrohlingen das Anmachwasser der Aufbereitung entzogen wird, um ein Zertreiben des Tons beim anschließenden Brennvorgang zu vermeiden. Die Festigkeitsbildung der Mauerziegel erfolgt durch den Brennvorgang, und zwar durch Trockensinterung (Umwandlung der Rohstoffpartikel in einen festen Zustand) oder Schmelzsinterung (Verkittung durch partielle Schmelzflüsse). Die Brenntemperaturen betragen dabei zwischen 900 und 1100°C. Die Trockensinterung findet bei Ziegeln, die Schmelzsinterung bei Klinkern statt. Mit zunehmender Brenntemperatur steigen Rohdichte und Druckfestigkeit.

Nach dem Brennen und Abkühlen besitzen die Mauerziegel ihre „endgültigen" Eigenschaften und sind verwendungsfähig. Für am häufigsten angewendete Mauerziegel gelten folgende Kurzbezeichnungen:

Mz   Vollziegel
HLz   Hochlochziegel
VMz   Vormauer-Vollziegel
VHLz   Vormauer-Hochlochziegel

Vormauerziegel mit ausreichend hohem Frostwiderstand erhalten als Vorsatz zum Kurzzeichen den Buchstaben V (VMz, VHLz). Bei Leichthochlochziegeln mit besonders guten Wärmedämmeigenschaften sind am Markt häufig nicht die DIN-Bezeichnungen, sondern die Handelsnamen üblich.

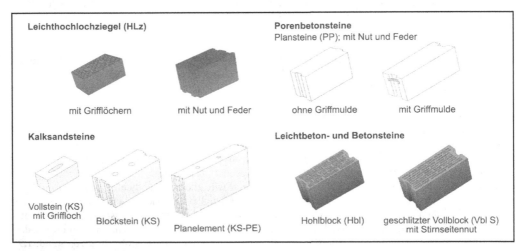

Abb. 3.6-2 Mauersteine (Beispiele)

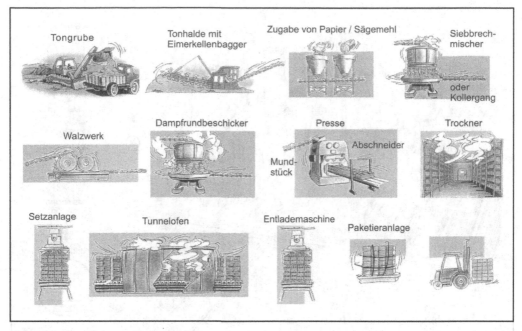

Abb. 3.6-3 Herstellung von Mauerziegeln

Kalksandsteine

Kalksandsteine sind bindemittelgebundene Mauersteine, die aus kalk- und kieselsäurehaltigen Zuschlägen hergestellt werden. Ausgangsstoffe sind i. Allg. Quarzsand (0 bis 4 mm) und Branntkalk, welcher durch Brennen von Kalkstein bei etwa 900°C gewonnen wird. Der gebrannte Kalk wird gemahlen, mit dem Sand vermischt und unter Zugabe von Wasser in sog. Reaktoren zwischengelagert. Dabei entsteht das eigentliche Bindemittel Kalkhydrat. Anschließend wird die Mischung in Formkästen gefüllt, durch Pressen verdichtet und geformt. Die Erhärtung der Steinrohlinge ergibt sich durch Reaktion des Kalkhydrates mit dem Siliciumoxid (SiO_2) des Quarzsandes. Die festigkeitsbildende Reaktion findet unter Dampfdruck und hohen Temperaturen (160 bis 220°C) im Autoklaven (Härtekessel) statt. Es entstehen Calciumsilikathydrate, die den Hydratationsprodukten von Zement ähnlich sind. Diese Verbindungen sind sehr widerstandsfähig und ergeben hohe Festigkeiten. Die Herstellung von Kalksandsteinen ist schematisch in Abb. 3.6-4 dargestellt. Kalksandvor-

mauersteine (mindestens Druckfestigkeitsklasse 12, ausreichender Frostwiderstand) und Kalksandverblender (mindestens Druckfestigkeitsklasse 20, besondere Anforderungen an Maßhaltigkeit, Ausblühneigung, Verfärbung und Frostwiderstand) sind für Sichtmauerwerk mit unterschiedlichen Anforderungen bestimmt.

Für am häufigsten angewendete Kalksandsteine gelten folgende Kurzbezeichnungen:

KS   Voll- und Blocksteine
KSL   Loch- und Hohlblocksteine
KSVm   KS-Vormauersteine
KSVb   KS-Verblender

Porenbetonsteine

Ausgangsstoffe für die Herstellung von Porenbetonsteinen sind meist quarzhaltiger Sand, Bindemittel (gemahlener Branntkalk und/oder Zement), Treibmittel (Aluminiumpulver), Wasser und ggf. Zusatzstoffe. Die Herstellung von Porenbetonsteinen und statisch bewehrten Porenbetonbauteilen erfolgt wie in Abb. 3.6-5 dargestellt. Die wässrige Rohstoffmischung wird in große Formen einge-

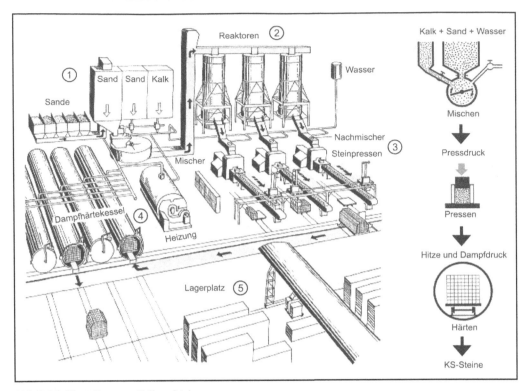

Abb. 3.6-4 Herstellung von Kalksandsteinen

füllt. Dort kommt es zu einer Reaktion des Treib-
mittels Aluminium mit dem Calciumhydroxid,
wodurch Wasserstoffgas entsteht. Dieses erzeugt
Poren und quellt die Rohmasse auf. Das Wasserstoffgas diffundiert schon während des Herstel-
lungsvorganges rückstandslos aus dem aufgetrie-
benen Porenbeton, so dass sich danach nur noch
Luft in den Poren befindet. Nach dem Treib- und
Abbindevorgang erreicht der junge Porenbeton
eine ausreichende Schneidefestigkeit und wird mit
Hilfe einer Schneideanlage sowohl vertikal als
auch horizontal in die jeweiligen Steinformate geschnitten. Anschließend erfolgt die Dampfhärtung
im Autoklaven analog zum Härtungsprozess bei
Kalksandsteinen. Es bildet sich hochdruckfester
Porenbeton aus Calciumsilikathydrat, das dem in
der Natur vorkommenden Mineral Tobermorit entspricht. Sobald die Porenbetonsteine abgekühlt
sind, besitzen sie ihre endgültige Festigkeit.

Für Porenbetonsteine gelten folgende Kurzbezeichnungen:

PB   Porenbeton-Blocksteine
PP   Porenbeton-Plansteine

Leichtbeton- und Betonsteine

Leichtbeton- und Betonsteine werden überwiegend
mit haufwerkporigem Gefüge hergestellt. Die Herstellung von Leichtbeton- und Betonsteinen unterscheidet sich prinzipiell nicht maßgeblich voneinander. Die Ausgangsstoffe Bindemittel, Zuschläge und
Wasser werden gemischt und über Füllkästen in Vi-
brations-Steinformmaschinen eingebracht. Die Mischung wird unter Auflast und durch Vibration verdichtet und somit in ihre endgültige Form gebracht.
Nach dem „Entformen" erfahren die frisch geform-
ten Steine („Grünlinge") eine Nachbehandlung, bei
der die Steinoberfläche durch Bürsten von lockeren
Teilchen und Graten befreit wird. Zur Vorhärtung

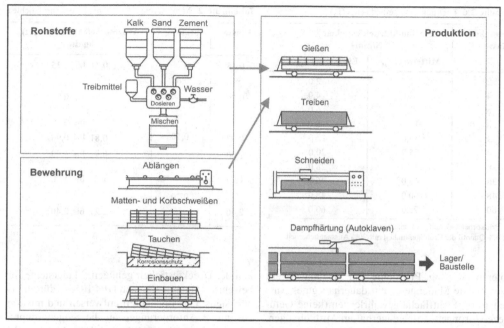

Abb. 3.6-5 Herstellung von Porenbetonsteinen

werden die Steine dann eingelagert, bevor sie auf Paletten zu Steinpaketen gestapelt und bis zum Erreichen der erforderlichen Festigkeit im Freien gelagert werden. Je nach Vorbehandlung (Lufthärtung, Wärmebehandlung) erreichen die Mauersteine spätestens im Alter von 28 Tagen, zum Teil auch früher, ihre Solldruckfestigkeit.

Es gelten folgende Kurzbezeichnungen, die je nach Anzahl der Lochungen bei den Hohlblöcken der Bezeichnung vorausgestellt werden:

Hbl Hohlblöcke aus Leichtbeton (zusätzlich Kammerzahl, z. B.: 3 K Hbl)
V Vollsteine aus Leichtbeton
Vbl Vollblöcke aus Leichtbeton.

Mauersteineigenschaften und- anforderungen
Die wichtigsten Eigenschaftskenngrößen mit Anforderungen in den DIN-Normen für Mauersteine sind:

– Maße, Maßtoleranzen,
– Rohdichte (→ Lastannahmen, Wärmedämmung, Schalldämmung),
– Druckfestigkeit (→ Tragfähigkeit),
– Frostwiderstand (→ Vormauer-, Verblendsteine; Dauerhaftigkeit).

In Klammern sind die betreffenden Mauerwerkeigenschaften angegeben. Die Tabellen 3.6-1 und 3.6-2 enthalten die möglichen, Tabelle 3.6-3 enthält die üblichen Druckfestigkeits- und Rohdichteklassen für Mauersteine.

Anwendung
Aus Tabelle 3.6-3 ist zu entnehmen, dass sich für Mauerwerk mit guten Wärmedämmeigenschaften Leichthochlochziegel, Porenbeton- und Leichtbetonsteine eignen. Dieses Leichtmauerwerk besitzt eine niedrige bis mittlere Druckfestigkeit. Für Mauerwerk mit mittlerer bis hoher Druckfestigkeit und guten bis sehr guten Schalldämmeigenschaften (bezogen auf die Bauteilmasse) bieten sich Kalksandsteine, Betonsteine und auch Voll- und Hochlochziegel an. Dünnbettmauerwerk erfordert wegen der geringen Mörtelfugendicke von 1 bis 3 mm Mauersteine mit entsprechend geringen Maß-

Tabelle 3.6-1 Druckfestigkeitsklassen (f_{st})

Festigkeits-klasse	Mindestdruckfestigkeit [a] N/mm²	
	Mittelwert f_{st}	Einzelwert $f_{st,N}$ [b]
2	2,5	2,0
4	5,0	4,0
6	7,5	6,0
8	10,0	8,0
12	15,0	12,0
20	25,0	20,0
28	35,0	28,0
36	45,0	36,0
48	60,0	48,0
60	75,0	60,0

a) Prüfkörperfestigkeit × Formfaktor
b) 5%-Quantil der Grundgesamtheit mit 90% Aussagesicherheit

Tabelle 3.6-2 Mauersteine – Rohdichte (Trockenrohdichte)

Klasse	Stufung	Wertebereich (Mittelwert) kg/dm³
0,35		0,31 bis 0,35
⋮	0,05	⋮
0,70		0,66 bis 0,70
0,80		0,71 bis 0,80
0,90	0,10	0,81 bis 0,90
1,00		0,91 bis 1,00
1,20		1,01 bis 1,20
⋮	0,20	⋮
2,40		2,21 bis 2,40

toleranzen – sog. Plansteine. Für Sichtmauerwerk müssen die Mauersteine ein dauerhaft gutes Aussehen der Sichtfläche gewährleisten (keine Gefügezerstörungen, keine dauerhaften Ausblühungen, keine Kantenabplatzungen u. ä.). Für der Witterung ausgesetztes Sichtmauerwerk ist ein dauerhaft ausreichend hoher Widerstand gegen Witterungseinflüsse (i. w. Frostwiderstand) der Mauersteine (Vormauersteine, Verblender) erforderlich. Großformatige, schwere Mauersteine dürfen nur mit mechanischen Verlegehilfen versetzt werden. Grundsätzliche Anwendungsbeschränkungen genormter Mauersteine für Mauerwerk nach DIN 1053-1 bestehen nicht. Mauersteine für Mauerwerk nach Eignungsprüfung (DIN 1053-2) müssen bestimmten Anforderungen an die Gleichmäßig-

keit der Druckfestigkeit genügen. Mauersteine für bewehrtes Mauerwerk nach DIN 1053-3 dürfen bis höchstens 35% Lochanteil aufweisen und müssen bestimmte Anforderungen an die Steganordnung erfüllen. Sie sind mit BM (bewehrtes Mauerwerk) zu kennzeichnen.

3.6.1.2 Mauermörtel

Allgemeines

Mauermörtel ist ein Gemisch aus Sand, Bindemittel und Wasser, ggf. auch Zusatzstoff und Zusatzmittel. Das Größtkorn des Sandes beträgt maximal 4 mm. Die Bestandteile müssen den bauaufsichtlichen Vorschriften für den Anwendungszweck genügen (Norm, Brauchbarkeitsnachweis).

Tabelle 3.6-3 Übliche Druckfestigkeits- und Rohdichteklassen bei Mauersteinen

DIN	Kurzbezeichnung	Druckfestigkeitsklasse	Rohdichteklasse
105 Teil 1	Voll-, Hochlochziegel	8...28	1,2...2,2
105 Teil 2	Leichthochlochziegel	6...12	0,7...0,9
106 Teil 1 106 Teil 2	Kalksandsteine	12...28	1,2...1,8
4165	Porenbetonsteine	2...6	0,4...0,7
18 151	Hohlblöcke	2...6	0,5...0,8
18 152	Vollblöcke aus Leichtbeton	2...6	0,5...0,8
18 152	Vollsteine aus Leichtbeton	2...12	0,7...1,8
18 153	Mauersteine aus Normalbeton	4...12	0,9...1,8

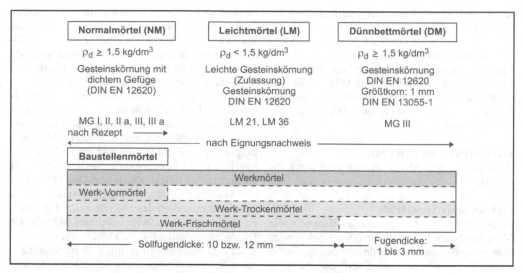

Abb. 3.6-6 Merkmale von Mauermörteln nach DIN 1053-1

Mörtelarten, Zusammensetzung

Mauermörtel sind im Anhang A der in DIN 1053-1 bzw. DIN 18580 in Verbindung mit DIN EN 998-2 genormt. Grundsätzlich wird zwischen den Mörtelarten Normalmörtel, Leichtmörtel und Dünnbettmörtel unterschieden; s. Abb. 3.6-6. Normalmörtel hat eine Trockenrohdichte von mindestens $\rho_d = 1{,}5$ kg/dm³ und wird in die Mörtelgruppen MG I bis MG IIIa eingeteilt, die sich durch verschiedene Anforderungen an die Druck- und Haftscherfestigkeit des Mörtels unterscheiden. Normalmörtel können sowohl nach Rezepten, die in DIN 1053-1 festgelegt sind (s. Abb. 3.3-6) als auch nach Eignungsnachweis hergestellt werden. Bei Normalmörtel als Rezeptmörtel ohne weitere Zusätze (Zusatzstoffe und Zusatzmittel) kann aufgrund der langjährigen Erfahrungen davon ausgegangen werden, dass die in der DIN 1053-1 gestellten Anforderungen erfüllt werden. Der heute am meisten verwendete Normalmörtel ist Mörtel der Gruppe IIa. Dieser Mörtel ist sehr gut verarbeitbar, ergibt i.d.R. ausreichend hohe Festigkeiten und ist zudem wegen seines nicht zu hohen E-Moduls noch genügend verformungsfähig, um Spannungen im Mauerwerk (z.B. durch das Schwinden der Steine) vermindern zu können. Leichtmörtel haben eine Trockenrohdichte, die kleiner als

$\rho_d = 1{,}5$ kg/dm³ ist und werden nach dem Rechenwert der Wärmeleitfähigkeit λ_R unterschieden in LM 21 ($\lambda_R = 0{,}21$ W/m · K) und LM 36 ($\lambda_R = 0{,}36$ W/m · K). Bei Dünnbettmörtel ist das Größtkorn aufgrund der Fugendicke (1–3 mm) auf 1 mm begrenzt. Bei der Verwendung von Dünnbettmörtel werden erhöhte Anforderungen an die Maßgenauigkeit der Mauersteine (z.B. Plansteine) gestellt. Die Druckfestigkeit von Dünnbettmörtel entspricht der Mörtelgruppe MG III von Normalmörtel.

Lieferformen

Normalmörtel können als Baustellen- und Werkmörtel hergestellt werden. Leicht- und Dünnbettmörtel sind ausschließlich als Werkmörtel herzustellen. Der Anteil an Werkmörteln liegt derzeit bei etwa 90%. Durch die werkmäßige Herstellung sind eine hohe Gleichmäßigkeit der Eigenschaftswerte erreichbar und eine gezielte Optimierung von Eigenschaftswerten für den jeweiligen Anwendungsfall möglich.

Bei Werkmörteln sind zu unterscheiden (s.a. Abb. 3.3-6):

Werk-Trockenmörtel (WTM):

Ein fertiges Gemisch der Ausgangsstoffe, dem bei der Aufbereitung auf der Baustelle nur noch Wasser zugemischt wird, um eine verarbeitbare Konsistenz zu erreichen.

Werk-Vormörtel (WVM):

Ein Gemisch aus Zuschlägen und Kalk sowie ggf. weiteren Zusätzen. Auf der Baustelle werden Zement (nach Herstellerangabe) und Wasser zugegeben. Werk-Vormörtel ist vor allem in Norddeutschland verbreitet.

Werk-Frischmörtel (WFM):

Gebrauchsfertiger Mörtel in verarbeitbarer Konsistenz.

Mehrkammer-Silomörtel:

In einem Silo sind in getrennten Kammern die Mörtelausgangsstoffe enthalten. Sie werden unter Wasserzugabe automatisch dosiert und gemischt, so dass am Mischerauslauf auf der Baustelle verarbeitungsfähiger Mörtel entnommen werden kann.

Mörteleigenschaften und -anforderungen

Wichtige Eigenschaften von Mauermörteln sind eine ausreichend gute Verarbeitbarkeit, ein auf die Steineigenschaften abgestimmtes Wasserrückhaltevermögen (Behinderung des Wasserabsaugens durch den Mauerstein), die Trockenrohdichte bzw. Wärmeleitfähigkeit bei Leichtmörteln, die Druckfestigkeit und die Verbundfestigkeit zum Mauerstein (Haftscher-, Haftzugfestigkeit). Eine weitere wichtige Eigenschaft ist das Querverformungsverhalten bei Leichmörteln, da dieses maßgeblich die Drucktragfähigkeit des Mauerwerks beeinflusst. Die Anforderungen an Normal-, Leicht- und Dünnbettmörtel sind in Tabelle 3.6-4 zusammengestellt.

Die Tabelle 3.6-5 gibt Hinweise auf die Bedeutung der zu prüfenden Mörteleigenschaftswerte für das Mauerwerk. Bei Normalmörtel – ausgenommen Rezeptmörtel – und Leichtmörtel ist außer der Druckfestigkeit nach Norm bei der Eignungsprüfung auch die Druckfestigkeit des Mörtels in der Lagerfuge nachzuweisen. Durch diese Prüfung soll der Einfluss des Mörtel-Stein-Kontaktes (im Wesentlichen Absaugen von Mörtelwasser durch den Stein) auf die Mörteldruckfestigkeit im Mauerwerk berücksichtigt werden. Die Anforderung an die Haftscherfestigkeit betrifft

Normalmörtel – außer Rezeptmörtel –, Leichtmörtel und Dünnbettmörtel. Durch diese Verbundprüfung zwischen Mörtel und einem Referenz-Kalksandstein soll eine nach Mörtel bzw. Mörtelgruppen abgestufte Mindestverbundfestigkeit gewährleistet werden. Diese wird für die Bemessung von Mauerwerk auf Zug bzw. Biegezug und Schub angesetzt. Beide Prüfungen, die Druckfestigkeit des Mörtels in der Fuge und die Haftscherfestigkeit, sind bei Mörteln mit verlängerter Verarbeitungszeit jeweils zu Beginn und am Ende der angegebenen Verarbeitungszeit durchzuführen. Da besonders bei Leichtmörteln die Druckfestigkeit des Mauerwerks durch die i. Allg. relativ große Querverformbarkeit des Mörtels in der Fuge verringert werden kann, wird bei diesen Mörteln der Querdehnungsmodul E_q als dafür charakteristischer Eigenschaftswert ermittelt. Er ist der Sekantenmodul aus der Spannung bei 1/3 der Höchstspannung und der zugehörigen Querdehnung, ermittelt an einem größeren Mörtelprisma. Je kleiner E_q ist, desto größer ist die Querverformbarkeit des Mörtels und desto geringer ist die Mauerwerkdruckfestigkeit, vor allem bei höherfesten Mauersteinen. Zur Abgrenzung von Normal- und Leichtmörtel und deren Gruppenunterscheidung (LM 21, LM 36) ist die Trockenrohdichte zu bestimmen. Bei den Dünnbettmörteln kann sich die Druckfestigkeit durch Feuchtlagerung wegen der vorhandenen organischen Bestandteile verringern. Durch eine entsprechende Prüfung muss nachgewiesen werden, dass der Festigkeitsabfall nicht unakzeptabel hoch ist. Wichtig ist außerdem, dass der angemischte Dünnbettmörtel ausreichend lange verarbeitbar (Verarbeitbarkeitszeit) und nach Auftrag auf den Stein der aufzusetzende Stein noch kurzfristig in seiner Lage im Dünnbettmörtel korrigiert werden kann (Korrigierbarkeitszeit).

Anwendungen

Nicht zulässige Anwendungen von Normal-, Leicht- und Dünnbettmörteln sind in der Tabelle 3.6-6 zusammengestellt. Die Anwendungsbeschränkungen für Normalmörtel der Gruppe I beziehen sich auf statisches und durch Feuchte stärker beanspruchtes Mauerwerk. Dies ist berechtigt und notwendig, da für Mörtel der Gruppe I keinerlei Festigkeitsanforderungen bestehen und dieser Mörtel überwiegend karbonatisch (durch Reaktion

Tabelle 3.6-4 Anforderungen an Mauermörtel (außer Rezeptmörtel [d]) nach DIN 1053-1 (Prüfalter: 28 d)

Prüfgröße Prüfnorm	Kurzzeichen	Eignungs-, Güteprüfung	Normalmörtel					Leichtmörtel		Dünnbettmörtel
Einheit		(EP, GP)	I	II	IIa	III	IIIa	LM 21	LM 36	
Mörtelzusammensetzung	–	EP	muss ermittelt werden							
Druckfestigkeit DIN 18 555-3	β_D	EP	–	≥3,5 [e]	≥7 [e]	≥14 [e]	≥25 [e]	≥7 [e]	≥7 [e]	≥14 [e]
	N/mm²	GP	–	≥2,5	≥5	≥10	≥20	≥5	≥5	≥10
Druckfestigkeit Fuge [f] Vorl. Richtlinie	$\beta_{D,F}$	EP	–	≥2,5 ≥1,25	≥5,0 ≥2,5	≥10,0 ≥5,0	≥20,0 ≥10,0	≥5,0 ≥2,5	≥5,0 ≥2,5	–
	N/mm²									
Druckfestigkeit bei Feuchtlagerung (DIN 18 555-3)	$\beta_{D,f}$	EP GP	–	–	–	–	–	–	–	≥70% vom Istwert β_D
	N/mm²									
Haftscherfestigkeit DIN 18 555-5	β_{HS}	EP	–	≥0,10	≥0,20	≥0,25	≥0,30	≥0,20	≥0,20	≥0,5
	N/mm²									
Trockenrohdichte DIN 18 555-3	ρ_d	EP	<1,5					≤0,7	≤1,0	
	kg/dm³	GP	–					max. Abweichung ±10% vom Istwert		–
Querdehnungsmodul DIN 18 555-4	E_q	EP						>7500	>15000	–
	N/mm²	GP						[g]	[g]	
Längsdehnungsmodul DIN 18 555-4	E_l	EP	–					>2000	>3000	–
	N/mm²	GP						–	–	
Wärmeleitfähigkeit DIN 52 612-1	$\lambda_{10,tr}$	EP	–					≤0,18 [h]	≤0,27 [h]	–
	W/(m·K)									
Verarbeitbarkeitszeit DIN 18 55-8	t_V	EP	–					–	–	≥4
	h									
Korrigierbarkeitszeit DIN 18 55-8	t_k	EP	–					–	–	≥7
	min									

[d] Für diese gelten die Anforderungen als erfüllt.
[e] Richtwert für Werkmörtel.
[f] obere Zeile: Anforderungen für Würfeldruckverfahren; untere Zeile: Anforderungen für Plattendruckverfahren

[g] Trockenrohdichte als Ersatzprüfung.
[h] Gilt als erfüllt bei Einhalten der Grenzwerte für ρd in GP.

mit Luftkohlensäure) erhärtet, was bei ständig hoher Feuchtigkeit nicht möglich ist. Besonders bei Verblendschalen soll der Mörtel gut und hohlraumfrei verarbeitbar und sehr verformbar (kleiner Elastizitätsmodul) sein, um eine möglichst große Dichtigkeit gegen Regen und eine hohe Risssicherheit der Verblendschale zu erreichen. Dies ist mit Mörteln der Gruppen III und IIIa nicht oder nur sehr eingeschränkt möglich. Deshalb sind diese Mörtel für das Vermauern von Verblendschalen nicht zugelassen. Mörtel der Gruppe III sind abweichend davon allerdings zulässig für das nach-

trägliche Verfugen und in Bereichen von Verblendschalen, die als bewehrtes Mauerwerk nach DIN 1053-3 ausgeführt werden. Die Anwendungsbeschränkungen bei Leichtmörteln betreffen zum einen Gewölbe, wo wegen des Schwindens und der größeren Querverformbarkeit des Leichtmörtels eine wesentliche Beeinträchtigung des Tragverhaltens zu erwarten ist, und zum anderen außenliegendes Sichtmauerwerk, wo höhere langzeitige Durchfeuchtungen des Mörtels (Leichtzuschlag) und Frostgefährdung eintreten können. Dünnbettmörtel kommen dann nicht in Frage, wenn durch

Tabelle 3.6-5 Bedeutung der Mörtelkennwerte für die Mauerwerkeigenschaften

Mörtelkennwert	beeinflusste Mauerwerkeigenschaften	wichtig für Mörtelart
Druckfestigkeit – nach Norm $\beta_{D,N}$ – nach Vorl. Richtlinie (Fuge) $\beta_{D,F}$	Druckfestigkeit $\beta_{D,F}$ ist aussagekräftiger als $\beta_{D,N}$	NM, LM
Haftscherfestigkeit β_{HS} (Stein/Mörtel)	Zug-, Biegezug-, Schubfestigkeit Witterungsschutz Dauerhaftigkeit	NM, LM, DM
Quer-, Längsdehnungsmodul E_q, E_l	Druckfestigkeit	LM
Trockenrohdichte ρ_d Wärmeleitfähigkeit λ_R	Wärmeschutz (Eigenlast, Schallschutz)	LM

den Mörtel größere Maßtoleranzen auszugleichen sind (Gewölbe, Mauersteine mit normalen Maßtoleranzen). Anwendungsempfehlungen gibt Tabelle 3.6-7. Die heute am meisten verwendeten Normalmörtel sind Mörtel der Gruppe IIa. Diese Mörtel sind sehr gut verarbeitbar, ergeben genügend hohe Druckfestigkeits- und Haftscherfestigkeitswerte und sind zudem wegen ihres nicht zu hohen E-Moduls noch ausreichend verformungsfähig, um Spannungen im Mauerwerk (z. B. durch das Schwinden der Steine) vermindern zu können.

3.6.1.3 Ausführung von Mauerwerk

Fugenarten, Verbandsregeln und Ausführungsregeln

Mauerwerk wird nach wie vor zu mehr als 90% bauseits hergestellt. Es kann auch im Werk in Form von Einzelbauteilen weitestgehend vorgefertigt werden (DIN 1053-4). In jedem Falle muss die Herstellung des Mauerwerks mit Verband der Mauersteine erfolgen. Grundsätzlich kann bei den Fugen im Mauerwerk zwischen Lager-, Stoß- und Längsfugen unterschieden werden (s. Abb. 3.6-7). Beim Mauerwerk nach Abb. 3.6-7 handelt es sich um sog. Verbandsmauerwerk, d. h. Mauerwerk mit Längsfuge bzw. mehr als einem Mauerstein in Wanddicke. Entspricht die Wanddicke der Steinbreite, wird das Mauerwerk als Einsteinmauerwerk bezeichnet; das Mauerwerk besteht nur aus einem Mauerstein in Wanddicke.

Bei der Ausführung der Lager-, Stoß- und Längsfugen ist zu gewährleisten, dass die an das

Mauerwerk gestellten und bei der Auswahl der Baustoffe berücksichtigten Anforderungen erfüllt werden. Hinweise zur Ausführung von Fugen im Mauerwerk sind im Folgenden zusammengestellt.

Ausführung von Fugen

Lagerfugen
– Sicherstellung Kraftübertragung → vollflächig vermörteln
– Solldicke: 12 mm (Normalbettfuge)
              1 bis 3 mm (Dünnbettfuge)

Stoßfugen
Kraftübertragung bei Biegezug- und Schubbeanspruchung

→ vollvermörtelt: Solldicke 10 mm oder 1 bis 3 mm
→ teilvermörtelt: Mörteltasche, Steine knirsch verlegt
→ unvermörtelt: Steine knirsch verlegt, Fugendicke < 5 mm

Längsfugen
Kraftübertragung → vollflächig vermörteln

Längs- und Lagerfugen sind zur Vermeidung von Spannungsspitzen durch teilflächige Belastung und zur Vermeidung von frostbedingten Schäden vollflächig zu vermörteln. Stoßfugen im Mauerwerk können auf verschiedene Weisen ausgeführt werden (s. Abb. 3.6-8). Grundsätzlich sind die in Abb. 3.6-7 aufgeführten Ausführungsarten in der DIN 1053-1 festgelegt. Werden die Mauersteine in der Stoßfuge planmäßig knirsch verlegt (Stein-

Tabelle 3.6-6 Unzulässige Anwendungen (N) von Mauermörtel (nach DIN 1053-1 bis DIN 1053-3)

Anwendungsbereich	Normalmörtel			Leichtmörtel	Dünnbettmörtel
	MG				
	I	II/II a	III/III a		
Gewölbe	N i)	–	–	N	N
Kellermauerwerk	N i)	–	–	–	–
Gebäude > 2 Vollgeschosse	N	–	–	–	–
Wanddicke < 240 mm j)	N	–	–	–	–
Nichttragende Außenschale von zweischaligen Außenwänden					
– Verblendschale	N	–	N k)	N	–
– geputzte Vormauerschale	N	–	N k)	–	–
Der Bewitterung ausgesetztes Sichtmauerwerk	N	–	–	N	–
Ungünstige Witterungsbedingungen (Nässe, niedrige Temperaturen)	N	–	–	–	–
Mauersteine mit einer Maßabweichung in der Höhe von mehr als 1,0 mm	–	–	–	–	N
Mauerwerk nach Eignungsprüfung – EM (DIN 1053-2)	N	–	–	–	–
Bewehrtes Mauerwerk nach DIN 1053-3	N	N	–	N	N

i) Ausnahme: Instandsetzung von mit MG I hergestelltem Natursteinmauerwerk
j) Bei zweischaligen Wänden mit oder ohne durchgehende Luftschicht gilt als Wanddicke die Dicke der Innenschale.
k) Außer nachträglichem Verfugen und für Bereiche, die als bewehrtes Mauerwerk nach DIN 1053-3 ausgeführt werden.

Tabelle 3.6-7 Anwendungsempfehlungen für Mauermörtel

Bauteil			Normalmörtel	Leichtmörtel	Dünnbettmörtel
Außenwände	einschalig	ohne Wetterschutz (Sichtmauerwerk	+ (vorzugsweise MG II, IIa)	–	0
		mit Wetterschutz (z. B. Putz)	– l) bis +	0 bis + l)	0 bis +
	zweischalig	Außenschale (Verblendschale)	+ (MG II, IIa)	–	0
		Innenschale	+	– bis + l)	0 bis +
Innenwände	schalldämmend		+	0	+
	wärmedämmend		0 bis –	+	+
	hochfest		+ (MG III, IIIa)	–	+

+ empfehlenswert, 0 möglich, – nicht empfehlenswert
l) Bei wärmedämmendem Mauerwerk

stoßfläche an Steinstoßfläche mit geringst möglichem Zwischenraum – bis es „knirscht"), darf die Breite der offenen Stoßfuge nicht größer als 5 mm sein. Ansonsten ist die Stoßfuge beidseitig zu verschließen. Dadurch soll u.a.. vermieden werden, dass durch eine zu große Breite von offenen Stoßfugen eine „Sollbruchstelle" für den Wandputz entsteht.

Mauerwerkbauteile müssen im Verband hergestellt werden, um innerhalb des Bauteils eine ausreichende Übertragung von Spannungen bzw. Kräften und eine Flächentragwirkung – vor allem bei

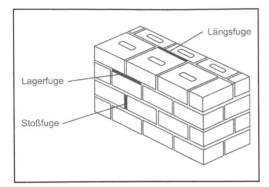

Abb. 3.6-7 Ausführung von Mauerwerk – Fugenarten

Zug-, Biegezug- und Schubbeanspruchung – zu gewährleisten. Deshalb sind die in Abb. 3.6-9 zusammengestellten Anforderungen an das Überbindemaß zu erfüllen. Das Überbindemaß ü ist die Überlappungslänge von zwei übereinander liegenden Mauersteinen. Häufig wird das auf die Mauersteinhöhe bezogene Überbindemaß $ü/h_{st}$ angegeben. Das Überbindemaß hat einen wesentlichen Einfluss auf das Tragverhalten bei Druck- und Schubbeanspruchung sowie bei Zugbeanspruchung parallel zu den Lagerfugen. Ein zu kleines Überbindemaß führt z. B. bei einer teilflächigen Einleitung einer Druckbeanspruchung in eine Mauerwerkwand dazu, dass keine ausreichende Lastverteilung im Mauerwerk stattfindet. Der nach DIN 1053-1 festgelegte Lastausbreitungswinkel von 60° ist dann entsprechend nicht mehr gültig.

Hinweise zur Ausführung von Mauerwerk enthält Abb. 3.6-10.

Für die Herstellung eines Mauerwerkbauteils dürfen keine Steinbruchstücke verwendet werden, weil diese beispielsweise bei Druckbeanspruchung eine ungleichmäßige Lastverteilung im Mauerwerk zur Folge haben. Da sich die Festigkeiten der Mauersteine in Richtung Steinhöhe und Steinlänge teilweise wesentlich unterscheiden, sind Mauersteine immer nur in der für sie vorgesehenen Richtung zu verbauen. Vor allem bei Lochsteinen führt ein falscher Einbau der Mauersteine zu einer wesentlich geringeren Druckbeanspruchbarkeit des Mauerwerks. Besonders zu beachten ist auch eine seitenrichtige Verlegung wärmedämmender Mauersteine, da bei verkehrtem Einbau die Wärmedämmwirkung erheblich vermindert ist. Unterschiedliche Steinhöhen in einer

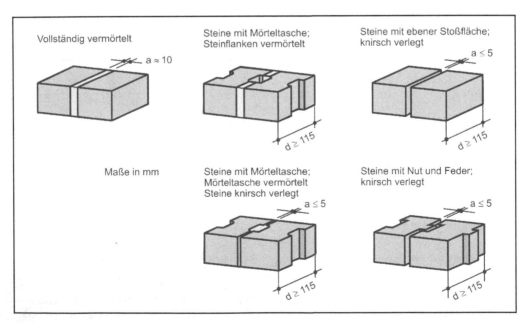

Abb. 3.6-8 Stoßfugenausbildung

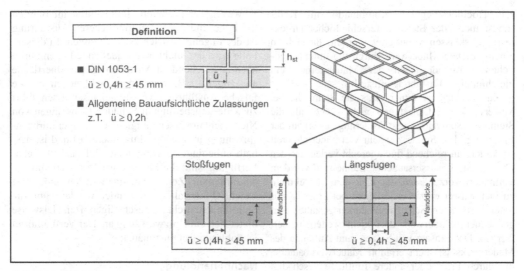

Abb. 3.6-9 Überbindemaß

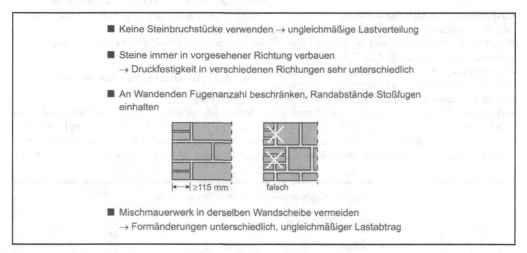

Abb. 3.6-10 Hinweise zur Ausführung von Mauerwerk

Schicht verursachen eine unterschiedliche Anzahl von Mörtelfugen. Da mit zunehmender Anzahl der Mörtelfugen bei Normal- und Leichtmörtel die Steifigkeit des Mauerwerks verringert wird, ergibt sich daraus eine ungleiche Spannungsverteilung, die vermieden werden soll. Nach DIN 1053-1 ist deshalb nur dann an Wandenden und unter Stürzen maximal eine zusätzliche Lagerfuge je Mauer-

schicht zum Höhenausgleich zulässig, wenn die dafür verwendeten Mauersteine und der Mauermörtel mindestens die gleiche Festigkeitsklasse haben wie diejenigen im übrigen Mauerwerk und die Aufstandsfläche der Mauersteine mindestens 115 mm lang ist (s. Abb. 3.6-10). Ebenso dürfen innerhalb eines Mauerwerkbauteils keine unterschiedlichen Arten von Mauersteinen (Mischmauerwerk) wie

z. B. Hochlochziegel in Kombination mit Kalksandsteinen oder Steine unterschiedlicher Druckfestigkeitsklassen verarbeitet werden, da sich in
einem solchen Mauerwerk durch die unterschiedlichen Formänderungen der Mauersteine kein
gleichmäßiger Lastabtrag einstellt.

Zu beachten ist ferner, dass die Steinhöhe bei
Mauerwerk mit Längsfugen nicht größer als die
Steinbreite sein darf. Diese Forderung basiert auf der
Erfahrung, dass Steine, die sehr viel höher als breit
sind, nicht ausreichend fluchtgerecht verlegt werden
können. Stark wassersaugende Steine sind vor dem
Vermauern vorzunässen, damit sie dem Mörtel nicht
zu viel Wasser entziehen. Mauern bei Frost ist nur
unter besonderen Schutzmaßnahmen gestattet. Auf
gefrorenem Mauerwerk darf nicht weitergemauert
werden. Der Einsatz von Salzen zum Auftauen des
Mauerwerks ist nicht erlaubt. Mauerwerkbauteile,
die durch Frost oder andere Einflüsse beschädigt
wurden, sind vor dem Weiterbau zu entfernen.

Ausführung von Sichtmauerwerk
Für die Ausführung von Sichtmauerwerk sind
Mauersteine und Mauermörtel mit hohem Frostwiderstand zu verwenden (s. Abb. 3.6-11). Um hohe
Zwangsspannungen zu vermeiden, sollten möglichst Mauermörtel der Mörtelgruppen II und IIa
verwendet werden, da diese Mörtel durch einen
geringeren E-Modul vergleichsweise verformungs-
weich sind. Die Fugen müssen vollfugig und hohlraumfrei vermörtelt werden, um u. a. Schäden
durch eindringendes Wasser zu vermeiden.

Wegen der größeren Homogenität im Bereich
der Fuge und der unempfindlicheren Ausführung
ist der Fugenglattstrich zu bevorzugen. In diesem
Falle wird der leicht herausquellende Fugenmörtel
nach ausreichendem Ansteifen an der Oberfläche
abgezogen, z. B. mit einem Schlauchende. Die
falsche Ausführung von Fugenabschlüssen führt
zu witterungsbedingten Schäden (Eindringen von
Niederschlagwasser, ungleiche Temperaturbeanspruchung im äußeren Fugenbereich) und ist deshalb unbedingt zu vermeiden. Bei nachträglicher
Verfugung sind die Fugen etwa 15 bis 20 mm tief
auszuräumen. Zum Ausräumen sollten möglichst
weiche Materialien verwendet werden, um die
Steinflanken nicht zu beschädigen. Beispielsweise
bietet sich ein Holzwerkzeug an. Der Verfugmörtel
ist hohlraumfrei einzubauen.

Nachbehandlung
Baustoffe und frisches Mauerwerk sind vor Durchfeuchtung und Frost, aber auch zu schneller Austrocknung zu schützen, um z. B. Schwindrisse, Abplatzungen, Ausblühungen und im Extremfall verminderte Verbund- und Mörtelfestigkeiten zu vermeiden.

3.6.1.4 Eigenschaften von Mauerwerk

Allgemeines
Mauerwerk wird meist aus Mauermörtel und Mauersteinen hergestellt. Der Mauermörtel verbindet
die Mauersteine kraftschlüssig miteinander und
gleicht deren Maßtoleranzen aus. Mauerwerk ist

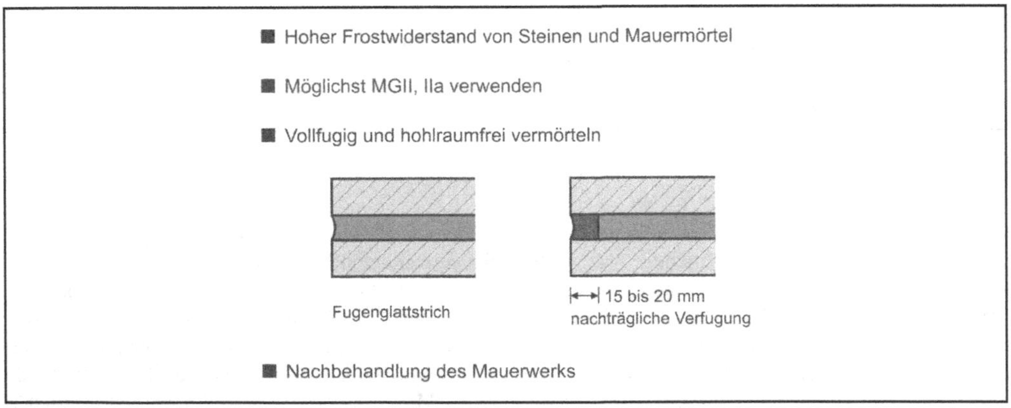

■ Hoher Frostwiderstand von Steinen und Mauermörtel

■ Möglichst MGII, IIa verwenden

■ Vollfugig und hohlraumfrei vermörteln

Fugenglattstrich

|←→| 15 bis 20 mm
nachträgliche Verfugung

■ Nachbehandlung des Mauerwerks

Abb. 3.6-11 Sichtmauerwerk

daher ein Verbundbaustoff. Trockenmauerwerk besteht nur aus besonders maßhaltigen Mauersteinen
(Plansteinen) ohne Mauermörtel und bedarf einer
allgemeinen bauaufsichtlichen Zulassung. Mauerwerk ist ein Baustoff für den Hochbau. Wegen der
vergleichbaren großen Flexibilität und vor allem
wegen der guten bauphysikalischen Eigenschaften
wird Mauerwerk überwiegend im Wohnungsbau
eingesetzt. Mehr als 85% der Wohnungsbauten
werden in Mauerwerk ausgeführt. Aber auch im
Industrie- und Verwaltungsbau wird Mauerwerk
verwendet. Mauerwerk ist in DIN 1053-1 bis -4
und 100 genormt. Die DIN 1053-1 behandelt unbewehrtes Mauerwerk; Berechnung und Ausführung und zwar Rezeptmauerwerk (RM) und Mauerwerk nach Eignungsprüfung (EM). Die Bemessung (Berechnung) kann nach einem vereinfachten
Nachweisverfahren unter Bezug auf zulässige
Spannungen oder nach einem genaueren Verfahren
(Rechenfestigkeiten β_R, Traglastverfahren) erfolgen. Die Norm enthält neben detaillierten Ausfüh-
rungshinweisen auch Regeln für die Konstruktion
und Ausführung von Mauerwerkbauten und die
notwendige Beschreibung der verwendbaren Mauermörtel mit den entsprechenden Anforderungen.
DIN 1053 – 100 wurde eingeführt zur Umstellung
der Bemessung vom globalen (Teil 1) auf das Teilsicherheitskonzept (Teil 100). In DIN 1053-2
(Mauerwerkfestigkeitsklassen aufgrund von Eig-
nungsprüfungen) sind die Verfahrensweise für die
Eignungsprüfung und die Zuordnung von Rechenfestigkeiten und Grundwerten der zulässigen
Druckspannung geregelt. DIN 1053-3 behandelt
bewehrtes Mauerwerk, s. dazu Abschn. 3.6.1.5.
Die DIN 1053-4 befasst sich mit Mauerwerk aus
Fertigbauteilen. Sie behandelt Fertigbauteile aus
Mauerwerk – das sind Mauertafeln, Vergusstafeln
und Verbundtafeln. Kurz vor der Einführung steht
die neue Reihe der DIN 1053 mit ihren Teilen 11
(vereinfachtes Nachweisverfahren für unbewehrtes
Mauerwerk), 12 (Konstruktion und Ausführung
von unbewehrtem Mauerwerk), 13 (genaueres
Nachweisverfahren für unbewehrtes Mauerwerk)
und 14 (Bemessung und Ausführung von Mauerwerk aus Natursteinen). Mauerwerkwände werden
je nach Ihrer Funktion durch unterschiedliche Lasten beansprucht. Lasten, die bei einer Scheibenbeanspruchung in der Mauerwerkebene wirken, können vertikale Lasten infolge Eigengewicht oder

Verkehrslasten oder auch horizontale Lasten infolge Wind und Erdbeben auf aussteifende Wände
sein. Bei einer horizontalen Belastung infolge
Wind und Erddruck rechtwinklig zur Mauerwerkwand liegt eine Plattenbeanspruchung vor, d. h.
Mauerwerk kann auf Druck, (Biege-)Zug und/oder
Schub beansprucht werden. Wie Beton ist auch
Mauerwerk ein Baustoff, der in erster Linie für
eine Druckbeanspruchung geeignet ist. Die Beanspruchbarkeit auf Zug, Biegezug und Schub ist
wesentlich geringer als die auf Druck. Mauerwerk
wird daher in erster Linie zum Lastabtrag vertikaler Lasten herangezogen. In den folgenden Abschnitten sind die für die unterschiedlichen Belastungen maßgebenden Festigkeitseigenschaften des
Mauerwerks, d. h. Druckfestigkeit, Zug-/Biegezug-
festigkeit und Schubfestigkeit, und das Tragverhalten des Mauerwerks unter den entsprechenden
Beanspruchungen näher beschrieben.

Druckfestigkeit
Wird eine Mauerwerkwand analog Abb. 3.6-12
durch eine zentrische, vertikale Drucklast beansprucht entstehen in vertikaler Richtung gleichmäßige Druckspannungen in der gesamten Wand. In
der Regel weist der Mörtel eine größere Querverformbarkeit auf als der Mauerstein, sodass dieser
bei einer freien Verformung, d. h. ohne Verbund
zum Mauerstein, eine größere Querverformung erfährt. Durch den Verbund von Mauerstein und
Mauermörtel wird diese Verformung jedoch behindert, wodurch in horizontaler Richtung Druckspannungen im Mauermörtel und Zugspannungen
im Mauerstein entstehen. Durch die Querzugspannungen im Mauerstein verringert sich die vertikale
Druckfestigkeit der Mauersteine und damit auch
die Mauerwerkdruckfestigkeit. Bei zunehmender
vertikaler Belastung wird die Querzugfestigkeit
der Mauersteine überschritten, und es entstehen
vertikale Risse in den Mauersteinen. Der sich infolge einer vertikalen Druckbelastung σ_D^1 einstellende dreiaxiale Spannungszustand ist in Abb. 3.6-
12 dargestellt (Querzugspannungen im Mauerstein
σ_Z^2 und σ_Z^3, Querdruckspannungen im Mauermörtel σ_D^2 und σ_D^3).

Wesentliche Einflüsse auf die Druckfestigkeit
von Mauerwerk sind (wobei zwischen material-
und ausführungsbedingten Einflussgrößen unterschieden wird):

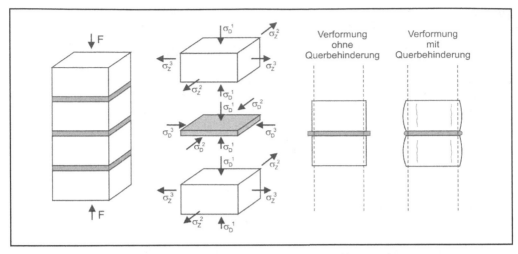

Abb. 3.6-12 Tragverhalten und Spannungszustand von Mauerwerk unter Druckbeanspruchung

– die Druckfestigkeit der Mauersteine (genauer die Querzugfestigkeit),
– die Druckfestigkeit des Mauermörtels (genauer das Querverformungsverhalten unter Druckbeanspruchung),
– der Feuchtezustand der Mauersteine beim Vermauern,
– die Dicke der Lagerfugen,
– die Art des Mauerwerkverbandes,
– die Ausführungsqualität, insbesondere Vollfugigkeit der Vermörtelung.

Der Einfluss des Mauermörtels wird im Wesentlichen durch die Querverformbarkeit des Mörtels unter der Druckbeanspruchung sowie die Lagerfugendicke bestimmt. Steifere Mörtel und dünnere Lagerfugen ergeben eine höhere Mauerwerkdruckfestigkeit. Eine deutlich geringere Mauerwerkdruckfestigkeit entsteht, wenn sehr verformungsfähige Leichtmörtel – aus wärmetechnischen Gründen – verwendet werden. Plansteine und Dünnbettmörtel führen zu den vergleichsweise höchsten Druckfestigkeiten des Mauerwerks. Der Feuchtegehalt der Mauersteine beim Vermauern kann die Mauerwerkdruckfestigkeit erheblich, je nach Steinart unterschiedlich stark, beeinflussen. Bei Mauerziegeln ist der Einfluss des Feuchtegehaltes nicht so groß wie bei anderen Mauersteinen.

Die größte Mauerwerkdruckfestigkeit mit Mauerziegeln wird erreicht, wenn trockene Steine vermauert werden; bei Kalksandsteinen dagegen mit feuchten Steinen. Hinsichtlich der Ausführungsqualität ist der Vermörtelungsgrad der Lagerfugen von großem Einfluss. Nach [Kirtschig/Meyer 1989] verändert sich die Mauerwerkdruckfestigkeit proportional mit der Größe der auf die Gesamtfläche der Lagerfuge (Sollfläche) bezogenen sachgerecht vermörtelten Fläche (Ist-Fläche). Die Mauerwerkdruckfestigkeit kann experimentell nach DIN 18 554-1 oder rechnerisch auf empirischer Basis aus der Steindruckfestigkeit und der Mörteldruckfestigkeit wie folgt ermittelt werden [Mann 1983]:

$$f_{mw} = K \cdot f_{st}^{\alpha} \cdot f_{m\ddot{o}}^{\beta} \qquad \text{für NM, LM}$$
$$f_{mw} = K \cdot f_{st}^{\alpha} \qquad \text{für DM}$$

(f_{st} Mauersteindruckfestigkeit, $f_{m\ddot{o}}$ Mörteldruckfestigkeit).

Es handelt sich um eine reine Regressionsgleichung, wobei die Exponenten und Konstanten mittels Auswertung von Literaturergebnissen erfolgten. Eine am ibac vorhandene Datenbank diente dabei als Basis für die DIN 1053-13 entnommenen Tabellen (Änderungen in den Faktoren sind noch möglich):

Tabelle 3.6-8 Parameter zur Ermittlung der Druckfestigkeit von Mauerwerk aus Mauerziegeln sowie Kalksand-Loch- und Hohlblocksteinen mit Normalmauermörtel

Mittlere Steindruckfestigkeit N/mm²	Mörtelart	Parameter		
		K	α	β
$2{,}5 \le f_{st} < 10{,}0$	NM II	0,68	0,605	0,189
	NM IIa			
	NM III	0,70		
	NM IIIa			
$10{,}0 \le f_{st} \le 75{,}0$	NM II [a]	0,69	0,585	0,162
	NM IIa [b]			
	NM III	0,79		
	NM IIIa			

[a] Die Druckfestigkeit des Mauerwerks darf nicht größer angenommen werden als für Steinfestigkeiten $f_{st} = 25$ N/mm².
[b] Die Druckfestigkeit des Mauerwerks darf bei Mauerziegeln nicht größer angenommen werden als für Steinfestigkeiten $f_{st} = 20$ N/mm² und bei Kalksand-Loch- und Hohlblocksteinen nicht größer als für Steinfestigkeiten $f_{st} = 25$ N/mm².

Tabelle 3.6-9 Parameter zur Ermittlung der Druckfestigkeit von Mauerwerk aus Kalksand-Vollsteinen und Kalksand-Blocksteinen mit Normalmauermörtel

Steinart	Mörtelart	Parameter		
		K	α	β
KS-Vollsteine,	NM II, IIa [a]	0,95	0,585	0,162
KS-Blocksteine	NM III, IIIa [b]			

[a] Die Druckfestigkeit des Mauerwerks darf nicht größer angenommen werden als für Steinfestigkeiten $f_{st} = 45$ N/mm².
[b] Die Druckfestigkeit des Mauerwerks darf nicht größer angenommen werden als für Steinfestigkeiten $f_{st} = 60$ N/mm².

Tabelle 3.6-11 Parameter zur Ermittlung der Druckfestigkeit von Mauerwerk aus Mauerziegeln und Kalksandsteinen mit Leichtmörtel

Mittlere Steindruckfestigkeit N/mm²	Mörtelart	Parameter		
		K	α	β
$2{,}5 \le f_{st} < 5{,}0$	LM 21	0,74	0,495	–
	LM 36	0,85		
$5{,}0 \le f_{st} < 7{,}5$	LM 21	0,74		
	LM 36	1,00		
$7{,}5 \le f_{st} \le 35{,}0$	LM 21 [a]	0,81		
	LM 36 [b]	1,05		

[a] Die Druckfestigkeit des Mauerwerks darf nicht größer angenommen werden als für Steinfestigkeiten $f_{st} = 15$ N/mm².
[b] Die Druckfestigkeit des Mauerwerks darf nicht größer angenommen werden als für Steinfestigkeiten $f_{st} = 10$ N/mm².

Unter Bezug auf Rohdichte- und Festigkeitsklassen der Mauersteine sowie Mörtelart und -gruppe kann Mauerwerk nach Tabelle 3.6-14 in Leichtmauerwerk, Normalmauerwerk und hochfestes Mauerwerk eingeteilt werden.

Zug-, Biegezugfestigkeit

Zentrische Zugbeanspruchungen von Mauerwerkbauteilen treten vor allem durch Zwangbeanspruchungen auf. Dabei handelt es sich um Bauteile, die Formänderungen infolge Schwinden und Temperatur erfahren, welche jedoch durch die Lagerungsbedingungen der Wand verhindert werden. Insbesondere bei Wänden ohne bzw. mit geringen Auflasten können diese Zugspannungen nicht überdrückt werden und damit Risse entstehen. Die

Tabelle 3.6-10 Parameter zur Ermittlung der Druckfestigkeit von Mauerwerk aus Kalksand-Plansteinen und Kalksand-Planelementen mit Dünnbettmörtel

Steinart	Mörtelart		Parameter		
			K	α	β
KS-Planelemente	XL		1,70	0,630	–
	XL-N, XL-E	DM [a]	0,80	0,800	–
KS-Vollsteine, KS-Blocksteine		DM [b]			–
KS-Lochsteine, KS-Hohlblocksteine		DM [c]	1,15	0,585	

[a] Die Druckfestigkeit des Mauerwerks darf nicht größer angenommen werden als für Steinfestigkeiten $f_{st} = 35$ N/mm².
[b] Die Druckfestigkeit des Mauerwerks darf nicht größer angenommen werden als für Steinfestigkeiten $f_{st} = 45$ N/mm².
[c] Die Druckfestigkeit des Mauerwerks darf nicht größer angenommen werden als für Steinfestigkeiten $f_{st} = 25$ N/mm².

Tabelle 3.6-12 Parameter zur Ermittlung der Druckfestigkeit von Mauerwerk aus Leichtbeton- und Betonsteinen

Steinsorte		Mittlere Steindruck-festigkeit N/mm²	Mörtelart	Parameter K	α	β
Vollsteine	V, Vbl		NM [a]	0,67	0,74	0,13
			DM [b]	0,72	0,88	–
	Vbl-S, SW	$2,5 \leq f_{st} < 10,0$	NM II [a], NM IIa [a]	0,68	0,605	0,189
			NM III [a], NM IIIa [a]	0,70		
		$10,0 \leq f_{st} < 75,0$	NM II [a]	0,69	0,585	0,162
			NM IIa [a], NM III [a], NM IIIa [a]	0,79		
			DM [b]	0,65	0,88	
	Vn, Vbn		NM II [a], NM IIa [a]	0,88	0,60	0,19
			NM III [a]	0,85	0,60	0,19
			DM	1,07	0,62	–
Lochsteine	Hbl I, Hbn I		NM [a]	0,82	0,63	0,10
	Hbl II, Hbn II			0,74	0,63	0,10
	Hbl I,		DM [c]	0,89	0,64	–
	Hbl II			0,80	0,64	–
	Hbn I			0,83	0,58	–
	Hbn II			0,68	0,61	–
Voll- und Lochsteine			LM21, LM36 [d]	0,79	0,66	–

[a] Die Druckfestigkeit des Mauerwerks darf nicht größer angenommen werden als für Steinfestigkeiten $f_{st} = 7,5$ N/mm² bei MG II, $f_{st} = 15$ N/mm² bei MG IIa, $f_{st} = 25$ N/mm² bei MG III und MG IIIa. Außerdem darf die Steinfestigkeit nicht größer sein als die dreifache Mörtelfestigkeit $f_{st} \leq 3 \cdot f_m$.
[b] Die Druckfestigkeit des Mauerwerks darf nicht größer angenommen werden als für Steinfestigkeiten $f_{st} = 25$ N/mm².
[c] Die Druckfestigkeit des Mauerwerks darf nicht größer angenommen werden als für Steinfestigkeiten $f_{st} = 15$ N/mm².
[d] Die Druckfestigkeit des Mauerwerks darf nicht größer angenommen werden als für Steinfestigkeiten $f_{st} = 10$ N/mm².

Tabelle 3.6-13 Parameter zur Ermittlung der Druckfestigkeit von Mauerwerk aus Porenbetonsteinen

Steinart	Steinsorte	Mörtelart	Parameter K	α	β
Poren betonsteine	Vollsteine	DM	0,84	0,83	–

zentrische, einachsige Zugfestigkeit ist daher eine wesentliche Kenngröße zur Beurteilung der Risssicherheit bei Bauteilen ohne wesentliche Auflast, wie Verblendschalen, Ausfachungsmauerwerk, nichttragende innere Trennwände, aber auch bei Außen- und Innenwänden, die beispielsweise unterschiedlichen Formänderungen unterliegen. Biegezugbeanspruchungen entstehen in erster Linie durch horizontale, äußere Lasten, wie Erddruck oder Wind. Dabei handelt es sich z. B. um durch Erddruck beanspruchte Kellerwände, oder durch Wind beanspruchte Ausfachungswände oder Verblendschalen, aber auch freistehende Wände. Bei der Zug- und Biegezugfestigkeit kann grundsätzlich jeweils zwischen einer Beanspruchung senkrecht und parallel zu den Lagerfugen und jeweils den zwei Versagensfällen Steinversagen und Fugenversagen unterschieden werden. Die Zugfestigkeit kann versuchsmäßig nach [Backes 1983], die Biegezugfestigkeit nach EN 1052-2 bestimmt werden. Überschreiten die im Mauerwerk entstehenden Zugspannungen die Zugfestigkeit des Mauerwerks parallel zu den Lagerfugen, entstehen vertikale Risse im Mauerwerk. Es können zwei unterschiedliche Versagensbilder auftreten (s. dazu auch Abb. 3.6-13):

– Versagen der Steine (gerader Rissverlauf),
– Versagen des Verbandes (getreppter Rissverlauf).

Die Mauerwerkzugfestigkeit $\beta_{Z,mw}$ ist für den homogenen Querschnitt definiert. Wie aus Abb. 3.6-13 hervorgeht, kann die Zugfestigkeit parallel zu

Tabelle 3.6-14 Einteilung von Mauerwerk

Mauerwerk		Mauersteine		Mauermörtel	
Gruppe	Festigkeits-klasse	Rohdichte-klasse	Festigkeits-klasse	Art	Gruppe [2]
Leicht-mauerwerk (LMW)	$\leq 4\,(\leq 5)$	$\leq 1,0$	$\leq 6\,(8,12)$ [1]	LM DM [NM]	LM 21, LM 36 [$\leq$ IIa] III [II, IIa, III]
Normal-mauerwerk (NMW)	$\leq 2,5\,(4)$ ≤ 11	$\leq 1,0$ $\leq 1,4$	≤ 12 ≤ 28	NM DM	II, IIa, III, [IIIa] III
Hochfestes Mauerwerk (HMW)	≤ 11 ≤ 20	$\leq 1,6$	≤ 36 ≤ 60	NM DM	[IIa], III, [IIIa] III

1) Klasse 12 bei Leichthochlochziegeln
2) Mindestdruckfestigkeit im Alter von 28d in N/mm^2: II: 2,5, IIa: 5, III: 10, IIIa: 20
( ) mögliche Klassenwerte   [ ] nicht sinnvoll

den Lagerfugen rechnerisch ermittelt werden. Bei der Herleitung der Berechnungsansätze wurde davon ausgegangen, dass in den vertikalen Stoßfugen, auch wenn sie vermörtelt sind, keine Zugspannungen übertragen werden können. Der Grund hierfür ist, dass die Stoßfugen nicht überdrückt sind, der Mörtel i. d. R. schwindet und die Ausführung häufig mangelhaft ist. Für den Fall Steinversagen bedeutet dies, dass die im Bereich einer Steinlage und Mörtelfuge (Bereich zwischen gestrichelten Linien in Abb. 3.6-13 $h_{st} + h_{mö}$) auftretenden Zugspannungen nur durch einen halben Mauerstein und die Mörtelfuge übertragen werden können. Da die Dicke der Mörtelfuge i. d. R. deutlich geringer ist als die Mauersteinhöhe, ist die Mauerwerkzugfestigkeit näherungsweise halb so groß wie die Mauersteinzugfestigkeit. Wesentliche Einflussgröße für die Mauerwerkzugfestigkeit bei Steinversagen ist daher die Mauersteinzugfestigkeit $\beta_{Z,st}$. Diese ist abhängig von Steinart, Lochanteil und Lochbild. Bei Fugenversagen müssen die im Bereich einer Steinlage und Mörtelfuge auftretenden Zugspannungen über Schubspannungen τ in der Lagerfuge auf der Überbindelänge ü in die jeweilige nächste Steinlage übertragen werden. Die übertragbare Zugkraft in den Stoßfugen kann vernachlässigt werden (s. o.), da die Haftzugfestigkeit β_{HZ} i. d. R. gering ist. Lediglich bei Dünnbett-

mörtel ist der Ansatz der Haftzugfestigkeit in den Stoßfugen denkbar. Die Mauerwerkzugfestigkeit ist erreicht, wenn die in der Lagerfuge auftretenden Schubspannungen τ die Scherfestigkeit überschreiten. Wesentliche Einflussgrößen auf die Mauerwerkzugfestigkeit bei Fugenversagen sind daher das auf die Mauersteinhöhe bezogene Überbindemaß ü / h_{st} und die Scherfestigkeit, die sich aus der Haftscherfestigkeit β_{HS} und dem auflastabhängigen Reibungsanteil $\mu \cdot \sigma_D$ zusammensetzt. Die Haftscherfestigkeit ist dabei abhängig von der Steinart, Lochung, Porenstruktur und dem Feuchtegehalt der Mauersteine und der Zusammensetzung des Mörtels, s. Abschn. 3.6.1.3. Der Reibungsbeiwert wird im Wesentlichen durch Oberflächenstruktur und Lochanteil/-struktur, d. h. die Verzahnung zwischen Mauerstein und Mauermörtel, beeinflusst.

Schubfestigkeit

Durch horizontale Lasten wie Erdruck, Wind oder auch Erdbeben können Mauerwerkwände sowohl in Wandebene auf Scheibenschub als auch senkrecht zur Wandebene auf Plattenschub beansprucht werden. Die Scheibenschubbeanspruchung ist insbesondere bei aussteifenden Wänden von Bedeutung. Häufig werden diese Bauteile gleichzeitig durch vertikale Kräfte infolge Eigengewicht und

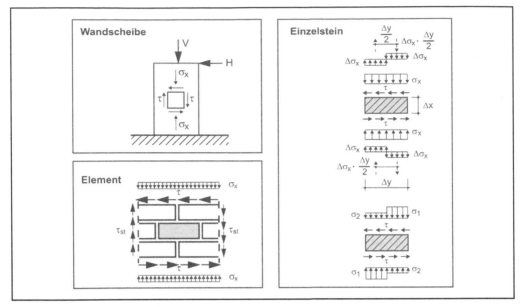

Abb. 3.6-13 Zugbeanspruchung

Lasten aus oberen Geschossen beansprucht. Hierdurch entstehen in der Mauerwerkwand Schubspannungen τ und Druckspannungen σ_x. Die gleichzeitig wirkenden Druckspannungen haben einen wesentlichen Einfluss auf die Schubfestigkeit der Mauerwerkwand. Um die Schubbeanspruchbarkeit von Mauerwerk zu ermitteln, wurden in den 70er-Jahren theoretische Überlegungen zum Spannungszustand in einer schubbeanspruchten Mauerwerkwand bei Scheibenschub durchgeführt, s. Abb. 3.6-14 [Mann/Müller 1985]. Dabei wird aus einer durch Horizontal- und Vertikalkräfte beanspruchten Mauerwerkwand ein Element betrachtet, bei dem davon ausgegangen wird, dass an diesem ein gleichmäßiger Schubspannungszustand mit konstanter Druckspannung vorliegt. Aus diesem Element wird wiederum ein Einzelstein herausgeschnitten. An diesem Mauerstein wurden Gleichgewichtsbetrachtungen durchgeführt. Es wird davon ausgegangen, dass in den Stoßfugen keine Schubkräfte aufgrund von Schwindverkürzungen des Mörtels oder mangelhafter Ausführung übertragen werden können. Bei unvermörtelten Stoßfugen gilt dies analog. Durch die voraussetzungsgemäße fehlende Schubkraftübertragung in

den Stoßfugen muss zur Erzielung des Kräftegleichgewichtes gegen Verdrehen des Mauersteins eine ungleichmäßige Normalspannungsverteilung in den Lagerfugen entstehen. Diese wurde vereinfachend als getreppter Verlauf angenommen (σ_1, σ_2). Die theoretischen Überlegungen wurden durch Versuche belegt.

Es ergeben sich folgende Versagensfälle:

(1) Fugenversagen

Die Schubspannungen in der Lagerfuge überschreiten die übertragbare Scherfestigkeit (im Bereich der geringer belasteten Steinhälfte σ_2 in Abb. 3.6-14), die sich aus der Haftscherfestigkeit β_{HS} und dem auflastabhängigen Reibungsanteil $\mu \cdot \sigma_D$ zusammensetzt. Dieser Versagensfall tritt bei Mauersteinen mit hoher Zugfestigkeit auf und führt zu einem getreppten, in den Fugen verlaufenden Riss.

(2) Steinzugversagen

Durch die gleichzeitige Schub- und Druckbelastung der Mauersteine entstehen schiefe Hauptzugspannungen in den Mauersteinen, die bei Mauersteinen geringerer Festigkeit zum Überschreiten der Mauersteinzugfestigkeit $\beta_{Z,st}$ füh-

Zugfestigkeit parallel zu den Lagerfugen
Fall 1: Überschreiten der Steinzugfestigkeit

$$\beta_{Z,mw} \cdot (h_{st} + h_{mö}) = \beta_{Z,st} \cdot h_{st}/2 + \beta_{Z,mö} \cdot h_{mö}$$

$$\beta_{Z,mw} = \frac{\beta_{Z,st} \cdot h_{st}/2}{h_{st} + h_{mö}} + \frac{\beta_{Z,mö} \cdot h_{mö}}{h_{st} + h_{mö}} \approx \beta_{Z,st}/2$$

Zugfestigkeit parallel zu den Lagerfugen
Fall 2: Überschreiten der Haftscherfestigkeit

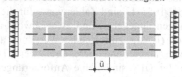

$$\beta_{Z,mw} \cdot (h_{st} + h_{mö}) = \beta_{HS} \cdot ü + \underbrace{\beta_{HZ} \cdot h_{st}}_{\ll\ \beta_{HS} \cdot ü} = \beta_{HS} \cdot ü$$

$$\beta_{Z,mw} = \beta_{HS} \cdot \frac{ü}{h_{st} + h_{mö}} \approx \beta_{HS} \cdot \frac{ü}{h_{st}} \quad \text{(ohne Auflast)}$$

$$\approx (\beta_{HS} + \sigma_D \cdot \mu) \cdot \frac{ü}{h_{st}} \quad \text{(mit Auflast)}$$

(β_{HS} = Haftscherfestigkeit)

Zugfestigkeit senkrecht zu den Lagerfugen

Fall 1: Überschreiten der Steinzugfestigkeit

$\beta_{Zs,mw} \approx \beta_{Zh,st}$

$\beta_{Zs,mw} \approx \beta_{HZs}$

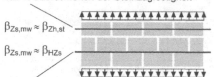

Fall 2: Überschreiten der Haftzugfestigkeit zwischen Stein und Mörtel

(β_{HZs} = Haftzugfestigkeit Mörtel / Stein)

Beanspruchung senkrecht zu Lagerfugen

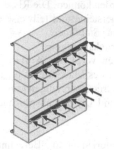

Fugenversagen:
$$\beta_{BZ,mw,x_1} = k_1 \cdot \beta_{HZs}$$

Steinversagen:
$$\beta_{BZ,mw,x_1} = k_2 \cdot \beta_{Zh,st}$$

(k_1, k_2 experimentell zu ermitteln)

Beanspruchung parallel zu Lagerfugen

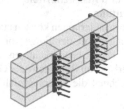

Fugenversagen:
$$\beta_{BZ,mw,x_2} = \beta_{THS} \cdot \frac{ü}{h_{st}} \quad \text{(ohne Auflast)}$$

$$\beta_{BZ,mw,x_2} = (\beta_{THS} + \mu \cdot \sigma_D) \cdot \frac{ü}{h_{st}} \quad \text{(mit Auflast)}$$

(β_{THS} = Torsionshaftscherfestigkeit)

Steinversagen:
$$\beta_{BZ,mw,x_2} = k_3 \cdot \beta_{Zh,st}$$

(k_3 experimentell zu ermitteln)

Abb. 3.6-14 Mauerwerk unter Schubbeanspruchung – Spannungszustände

ren. Dieser Versagensfall tritt i. d. R. bei größerer vertikaler Auflast auf oder bei Dünnbettmörtel, wenn höhere Scherkräfte in den Lagerfugen übertragen werden können. Die Risse verlaufen durch die Mauersteine und teilweise durch die (unvermörtelten) Stoßfugen.

(3) Mauerwerkdruckversagen
Bei sehr hoher vertikaler Auflast wird die Druckfestigkeit des Mauerwerks $\beta_{D,mw}$ infolge schiefer Hauptdruckspannungen (aus gleichzeitiger Schub- und Druckbeanspruchung) überschritten.

Die Versagenskriterien und Berechnungsgleichungen wurden für Mauerwerk aus kleinformatigen Mauersteinen und Normalmörtel hergeleitet. Ziel vergangener Forschungsvorhaben [Caballero Gonzalez/Meyer 2008] war es, Bemessungsgleichungen herzuleiten, die auch größere Formate berücksichtigen und die Schubtragfähigkeiten realitätsnäher ableiten. Hierzu finden sich Erläuterungen in Abschn. 3.6.2.

Formänderungen und Risssicherheit
Allgemeines, Bedeutung
Durch behinderte Formänderungen können auch bei Mauerwerk Spannungen mit der Folge von Rissschäden entstehen. Diese beeinträchtigen i. d. R. nicht die Standsicherheit von Bauteilen oder Gebäuden, allerdings manchmal die Gebrauchsfähigkeit.

Dies betrifft den Feuchteschutz bei Außenbauteilen sowie möglicherweise auch den Schallschutz. Durch eine stärkere Durchfeuchtung können die Wärmedämmung vermindert werden und bei Frostbeanspruchung lokale Schäden entstehen. Derartige Rissschäden sind nur durch ausreichende Kenntnis der Verformungseigenschaften von Mauerwerk und entsprechende Maßnahmen zu vermeiden. Dies muss bereits im Planungsstadium beachtet werden.

Formänderungsarten, Zahlenwerte
Abbildung 3.6-15 gibt einen Überblick über die beim Mauerwerk auftretenden Formänderungsarten. Es sind bis auf das irreversible Quellen, das bei Mauerziegeln auftreten kann, die gleichen Formänderungsarten wie bei Beton. In der Tabelle der DIN 1053-13 sind Zahlenwerte für die Formänderungen angegeben und zwar sowohl als Rechenwert (i. Allg. zutreffender Wert) und als Wertebereich (unterer und oberer Grenzwert). Die Angaben in der DIN sind keine Anforderungen. Deutlich sind die großen Unterschiede im Wertebereich für die einzelnen Mauerwerkarten (Steinarten) sowie vor allem die Unterschiede zwischen den verschiedenen Mauerwerkarten. Die Mörtelart kann zwar auch die Formänderungswerte beeinflussen, der Einfluss ist jedoch gegenüber den Formänderungen der Mauersteine in den meisten Fällen vernachlässigbar, vor allem bei großem Steinanteil in Mauerwerk (großformatige Steine).

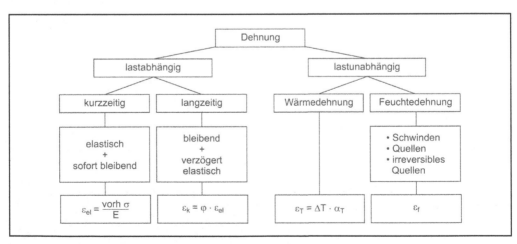

Abb. 3.6-15 Formänderungen von Mauerwerk

Lastunabhängige Verformungen

Wärmedehnung

Wärmedehnungen entstehen in Abhängigkeit der Wärmeleitfähigkeit der jeweiligen Steine und des Mörtels sowie der Bauteildicke durch unterschiedlich große Temperaturunterschiede zwischen Bauteiloberfläche und -kernbereich und können wie folgt berechnet werden:

$$\varepsilon_T = \Delta T \cdot \alpha_T.$$

Der Wärmedehnungskoeffizient α_T (10^{-6}/K) ist eine stoffspezifische Verformungskenngröße und kann für den in der Baupraxis relevanten Temperaturbereich von $-20°C$ bis $+80°C$ als konstant angenommen werden. Zur Ermittlung dieses Kennwertes existiert derzeit kein genormtes Prüfverfahren. Als Rechenwerte für den Wärmedehnungskoeffizient α_T der verschiedenen Mauerwerkarten aus künstlichen Steinen dürfen die in Abb. 3.6-15 angegebenen Werte angenommen werden (s. a. DIN 1053-1 und 13). Die α_T-Werte gelten für Mauerwerk mit Normalmörtel, näherungsweise können sie jedoch auch für Mauerwerk mit Leicht- und Dünnbettmörtel angesetzt werden. Wie in Tabelle 3.6-15 dargestellt, können die Verformungseigenschaften stark streuen. Die Bandbreite des Wärmedehnungskoeffizienten schwankt je nach Steinart zwischen $5 \cdot 10^{-6}$/K und $15 \cdot 10^{-6}$/K; in Ausnahmefällen können die angegebenen Grenzen der Wertebereiche auch überschritten werden. Je nach Wärmeleitfähigkeit der Steine und des Mörtels sowie der Bauteildicke können unterschiedlich große Temperaturunterschiede zwischen Bauteiloberfläche und dem Kernbereich entstehen.

Feuchtedehnung

Unter Feuchtedehnung werden alle durch Feuchteeinwirkung bedingten Formänderungen verstanden. Insbesondere das Schwinden und das irreversible Quellen (bei einigen Mauerziegeln) sind von entscheidender Bedeutung für die Beurteilung der Risssicherheit von Mauerwerk.

Schwinden

Schwinden ist die Längenabnahme durch Austrocknung. Die Größe der Schwinddehnung wird beeinflusst durch die Stein- und Mörtelart, durch den Umfang der Vorbehandlung der Steine vor

Tabelle 3.6-15 Wärmedehnung von Mauerwerk

	α_T in 10^{-6} 1/K	
	Bandbreite	**Rechenwert**
Mauerziegel	5 bis 7	6
Kalksandsteine	7 bis 9	8
Leichtbetonsteine	8 bis 12	10
Betonsteine	8 bis 12	10 (8) [1]
Porenbetonsteine	7 bis 9	8
Beton	5 bis 15	10

[1] bei Blähton als Gesteinskörnung

dem Vermauern und damit verbunden den Einbau-Feuchtegehalt sowie durch die Umgebungs- bzw. Austrocknungsbedingungen (relative Luftfeuchte, Luftbewegung). Wie in Abb. 3.6-16 dargestellt, vergrößert sich die Schwinddehnung ε_S mit zunehmender Einbaufeuchte der Steine.

Aus Untersuchungsergebnissen abgeleitete Kurven für das Schwinden in Abhängigkeit von der Schwinddauer sind in Abb. 3.6-17 dargestellt.

Anhand dieser Kurven, die als sehr grobe Näherung anzusehen sind, kann das Schwinden für einen bestimmten Zeitraum abgeschätzt werden. Im Allgemeinen ist das Schwinden von Innenbauteilen bei annähernd konstantem Klima nach etwa drei bis fünf Jahren weitestgehend abgeschlossen. Vor allem bei langsam austrocknenden Steinen und dicken Bauteilen können sich oberflächennahes Schwinden und Schwinden im Kernbereich des Bauteils sehr unterscheiden.

Irreversibles Quellen

Irreversibles Quellen ist eine Volumenvergrößerung durch Feuchteaufnahme in Form von molekularer Wasserbindung. Es kann ausschließlich bei Mauerziegeln auftreten und setzt unmittelbar nach Beendigung des Brennvorgangs ein. Die Größe und der Verlauf des irreversiblen Quellens sind abhängig von der stofflichen Zusammensetzung der Ziegel und den Brennbedingungen. Die Kurven in Abb. 3.6-18 verdeutlichen, dass das irreversible Quellen (ε_{cq}) zeitlich sehr unterschiedlich verlaufen kann. Dargestellt sind die Dehnungen infolge

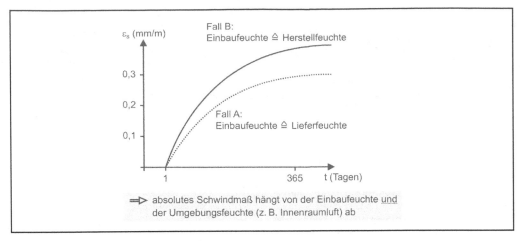

Abb. 3.6-16 Schwinddehnung – Feuchteeinfluss

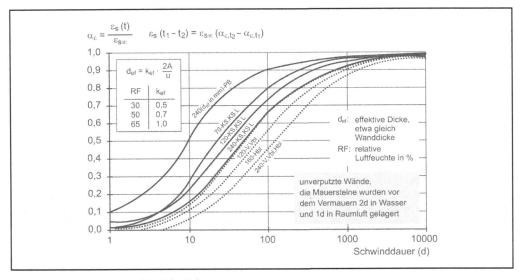

Abb. 3.6-17 Zeitlicher Verlauf des Schwindens

irreversiblen Quellens in Abhängigkeit von der Zeit. Es ist zu erkennen, dass die Verformungen sehr schnell, aber auch sehr langsam über einen Zeitraum von mehreren Jahren auftreten können.

Die Kurven 1 und 3 sind i.d.R. ohne Relevanz für die Baupraxis, weil in diesen Fällen das irreversible Quellen sehr schnell auftritt und nach einer kurzen Dauer abgeschlossen ist. Es ist dann

kein oder nur noch ein geringes Nachquellen der Mauerziegel im Mauerwerk zu erwarten. Kritisch und rissfördernd kann das irreversible Quellen nach Kurventyp 2 werden, wenn es über den Zeitraum der Wandherstellung hinaus anhält, da die Verformungen durch den Verbund mit anderen Bauteilen behindert werden und rissgefährliche Spannungen bei der Verbindung mit sich gleich-

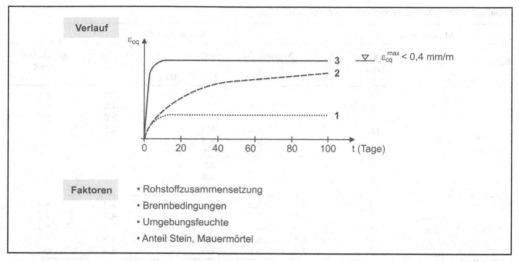

Abb. 3.6-18 Verlauf des irreversiblen Quellens und Einflussgrößen

zeitig verkürzenden Bauteilen noch vergrößert werden. Es ist deshalb – wie auch beim Schwinden – außerordentlich wichtig, die Feuchtedehnungseigenschaften der Mauersteine produktbezogen möglichst genau zu kennen.

Lastenabhängige Verformung
Elastizitätsmodul, kurzzeitige Lasteinwirkung
In DIN 1053-1 wird der E-Modul unter Bezug auf die Grundwerte der zulässigen Druckspannung σ_0 angegeben. Die Rechenwerte und Wertebereiche

der Faktoren k_E sind in Tabelle 3.6-16 angegeben. DIN 1053-13 enthält entsprechend auf die charakteristischen Fertigkeiten bezogene Werte. Eine Übersicht über die E-Moduln der verschiedenen Mauerwerkarten in Abhängigkeit von der Steinart- und festigkeitsklasse sowie Mörtelart und -gruppe ist in Tabelle 3.6-17 dargestellt [Schubert 1998].

Kriechen, langzeitige Lasteinwirkung
Die durch langzeitige Lasteinwirkung entstehende Dehnung (Verkürzung in Lastrichtung) wird als

Tabelle 3.6-16 Elastizitätsmodul von Mauerwerk

	$E = k_E \cdot \sigma_0$ [1] [MN/m²]	
Mauersteinart / DIN	**k_E**	
	Rechenwert	**Wertebereich**
Mauerziegel / DIN 105-1, -2	3500	3000 bis 4000
Kalksandsteine / DIN 106	3000	2500 bis 4000
Porenbetonsteine / DIN 4165	2500	2000 bis 3000
Leichtbetonsteine / DIN 18151, DIN 18152	5000	4000 bis 5500
Betonsteine / DIN 18153	7500	6500 bis 8500

[1] σ_0 Grundwert der zulässigen Druckspannung

Tabelle 3.6-17 E-Modul-Werte von Mauerwerk in 10^3 N/mm²

Mauersteine			Mauermörtel					
Steinsorte	DIN	Festigkeits-klasse	Normalmörtel, Gruppe				Leicht-mörtel	Dünnbett-mörtel
			II	II	III	III a		
HLz Mz	105	4	–	–	–	–	2,5	4,0
		6	–	–	–	–	4,0	4,5
		8	–	–	–	–	5,0	5,5
		12	3,5	5,0	6,0	8,0	6,5	–
		20	5,0	6,5	8,5	11,0	–	–
		28	6,5	8,5	10,5	13,5	–	–
		36	–	–	12,5	16,0	–	–
		48	–	–	15,0	19,0	–	–
		60	–	–	18,0	22,5	–	–
HLz	105-2 und Zulassung	4	2,0	2,5	3,0	4,5	3,0	3,5
		6	2,5	3,5	4,5	6,0	4,0	4,5
		8	3,0	4,0	5,5	7,5	5,0	5,5
		12	4,5	6,0	8,0	10,0	6,5	7,5
		20	7,0	9,0	12,0	15,0	9,0	–
KS	106	4	1,9	2,2	2,5	2,9	–	
		6	2,6	3,0	3,4	4,0	–	
		8	3,2	3,7	4,2	4,9	–	
		12	4,3	5,0	5,7	6,6	–	8,0
		20	6,3	7,2	8,4	9,7	–	10,0
		28	8,1	9,3	10,7	12,4	–	
		36	9,7	11,2	12,9	15,0	–	
		48	12,0	13,9	16,0	18,5	–	
		60	14,2	16,4	18,9	21,8	–	
SL	106	12	3,2	3,7	4,2	4,9	–	–
		20	5,0	5,8	6,6	7,7	–	–
		28	6,1	7,0	8,0	9,3	–	–
Hbl	18 151	2	2,2	2,2	2,3	–	2,2	2,0
		4	3,5	3,6	3,8	–	3,0	–
		6	4,6	4,8	5,0	–	3,6	–
		8	5,6	5,9	6,1	–	4,1	–
Vbl	18 152	2	2,2	2,4	2,5	–	2,0	2,0
		4	3,7	3,9	4,1	–	3,0	3,5
		6	4,9	5,2	5,6	–	3,7	5,0
		8	6,0	6,4	6,8	–	4,3	–
Hbn	18 153	4	4,5	5,8	7,6	–	–	–
		6	5,8	7,5	9,8	–	–	–
		8	6,9	9,0	11,7	15,2	–	–
		12	8,8	11,5	15,0	19,5	–	–
PB, PP	4165	2			1,1			1,0
		4			1,8			1,8
		6			2,4			2,5
		8			3,0			3,1

Kriechdehnung ε_k bezeichnet. Kriechdehnungen sind zum größten Teil irreversibel. Sie nehmen anfangs stark, danach immer weniger zu. Nach dem derzeitigen Kenntnisstand ist das Kriechen von Mauerwerk nach etwa drei bis fünf Jahren weitgehend abgeschlossen. Wesentlichen Einfluss auf die Kriechdehnung haben die Mauerwerkart, der Feuchtegehalt bei Belastungsbeginn, der Anteil von Mauerstein zu Mauermörtel sowie die Belastungsrichtung.

Bei Kenntnis der Kriechzahl φ und der elastischen Dehnung ε_{el} ergibt sich die Kriechdehnung zu

$$\varepsilon_k = \varphi \cdot \varepsilon_{el} = \varphi \cdot \frac{vorh\sigma}{E_{mw}} \, [\text{mm/m bzw. } 10^3]$$

Tabelle 3.6-18 Endkriechzahl von Mauerwerk

	φ_∞	
	Bandbreite	Rechenwert
Mauerziegel	0,5 bis 1,5	1,5
Kalksandsteine	1,0 bis 2,0	1,5
Leichtbetonsteine	1,5 bis 2,5	2,0
Betonsteine	–	1,0
Porenbetonsteine	1,0 bis 2,5	1,5
Beton	2,0 bis 4,0	3,0

Das Kriechen wird wie bei Beton aus der im Versuch ermittelten Gesamtdehnung des belasteten Prüfkörpers abzüglich der elastischen Dehnung und der Feuchtedehnung ermittelt (s. Tabelle 3.6-18):

$$\varepsilon_k = \varepsilon_{ges} - \varepsilon_{el} - \varepsilon_f \, [\text{mm/m bzw. } 10^{-3}].$$

Die Rechenwerte für die Endkriechzahl von Mauerwerk φ_∞ unterscheiden sich in Abhängigkeit von der jeweiligen Steinart teilweise erheblich, s. Tabelle 3.6-18. Ein deutlicher Einfluss der Mörtelart konnte aus den derzeit zur Verfügung stehenden Untersuchungen nicht abgeleitet werden.

Risssicherheit von Mauerwerk
Allgemeines, Definition, wesentliche Einflüsse
Die Risssicherheit von Mauerwerk kann unter Bezug auf die Bruchdehnung und die vorhandene Dehnung sowie unter Bezug auf die maßgebende Festigkeit und die vorhandene Spannung definiert werden (s. Abb. 3.6-19).

Rissgefährliche Spannungen entstehen dann, wenn Formänderungen (z. B. durch Temperaturänderung, Austrocknung) behindert werden. Dies ist i. d. R. der Fall, wenn Bauteile unterschiedlichen Verformungsverhaltens und unterschiedlicher Steifigkeit miteinander verbunden sind. Es kommt zu Zwängungen infolge von Schwinden, Kriechen und Temperaturänderungen, die Rissschäden im Mauerwerk verursachen können. Diese Risse beeinträchtigen i. d. R. nicht die Standsicherheit von Bauteilen oder Gebäuden, es kann jedoch die Gebrauchsfähigkeit im Einzelfall wesentlich ver-

schlechtert werden. Dies betrifft den Feuchteschutz bei Außenbauteilen sowie in manchen Fällen auch den Schallschutz. Durch eine stärkere Durchfeuchtung können die Wärmedämmung vermindert werden und bei Frostbeanspruchung örtlich begrenzte Schäden entstehen. Derartige Rissschäden sind nur durch ausreichende Kenntnis der Verformungseigenschaften von Mauerwerk und entsprechende Maßnahmen zu vermeiden. Dies muss bereits im Planungsstadium beachtet werden. Eine nachträgliche Instandsetzung von Bauteilen mit Rissschäden ist i. Allg. sehr kostenintensiv. Wie aus Abb. 3.6-19 ersichtlich, wird die Risssicherheit von Mauerwerk durch eine Vielzahl von Einflüssen bestimmt, die z. T. nicht quantifizierbar sind. Ausführungsbedingungen können i. Allg. nicht berücksichtigt werden, da sie nicht bzw. nur unzureichend genau vorhersehbar sind. Wegen der weitgehend unbekannten bauseitigen Einflüsse und der stark streuenden Baustoffeigenschaftswerte ist die Beurteilung der Risssicherheit von Mauerwerk nur in sehr grober Näherung und nur in einigen Fällen möglich. Dies ist jedoch wesentlich besser als eine subjektive, gefühlsmäßige Beurteilung nach dem sog. „gesunden Ingenieurverstand". Für kritische, d. h. rissgefährliche Fälle ist deshalb eine Beurteilung der Risssicherheit im Planungsstadium durch Anwendung der im Folgenden angegebenen Verfahren dringend zu empfehlen. Dabei kann grundsätzlich davon ausgegangen werden, dass ein Verformungsunterschied zwischen zwei – gedanklich voneinander getrennten – Bauteilen $\Delta\varepsilon \leq 0,2$ mm/m rissungefährlich ist. In der Regel genügt es, als Formände-

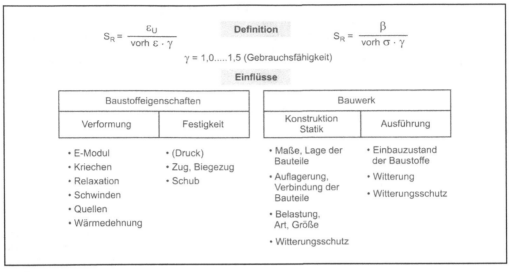

Abb. 3.6-19 Risssicherheit von Mauerwerk

rungen Schwinden und irreversibles Quellen zu berücksichtigen. Eine erste grobe Abschätzung der Risssicherheit kann mit Hilfe des sog. $\Delta\varepsilon$-Verfahrens erfolgen. Die Kriterien zur näherungsweisen Beurteilung der Risssicherheit lauten wie folgt:

Fall 1 $\Delta\varepsilon < 0{,}2$ mm/m $\rightarrow$ relativ sicher, daher keine Rissbildung

Fall 2 $0{,}2$ mm/m $\leq$
$\Delta\varepsilon \leq 0{,}4$ mm/m $\rightarrow$ genauer zu untersuchen

Fall 3 $\Delta\varepsilon > 0{,}4$ mm/m $\rightarrow$ erhebliche Rissgefahr, daher rechnerischer Nachweis und konstruktive Durchbildung

Verformungsfälle

Allgemeines

Rechnerisch beurteilt werden können im Wesentlichen zwei Verformungsfälle:

– Verformungsfall V: Fall V bezieht sich auf miteinander verbundene Innen- und Außenwände, die sich in vertikaler Richtung sehr unterschiedlich verformen.
– Verformungsfall H: Fall H bezieht sich auf längere, wenig belastete Mauerwerkwände (Verblend-

schalen, Ausfachungen, nichttragende, innere Trennwände), bei denen rissgefährliche Zugspannungen durch behindertes Schwinden und/oder Temperaturabnahme entstehen können. Die Folge sind meist weitgehend vertikal, in etwa halber Wandlänge verlaufende Risse im Fugen- und/oder Steinbereich.

Verformungsfall V

Bei Verformungsfall V ist zwischen Fall V1, bei dem sich die Innenwände stärker verkürzen wollen als die Außenwände, und Fall V2 mit umgekehrten Verhältnissen zu unterscheiden.

– Verformungsfall V1

In der Innenwand bilden sich Schrägrisse, die von unten nahe der Außenwand schräg nach innen ansteigen; die Risse verlaufen meist im Fugenbereich (Stoß-, Lagerfugen) und stets über die gesamte Wanddicke (s. Abb. 3.6-20).

– Verformungsfall V2

Beim Verformungsfall V2 entstehen i. d. R. nahezu horizontal verlaufende Risse in der Außenwand, im Bereich der anbindenden Innenwand, meist in Höhe der Lagerfugen verlaufend (s. Abb. 3.6-21).

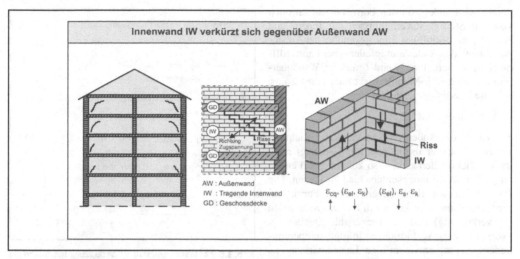

Abb. 3.6-20 Risssicherheit – Verformungsfall V1

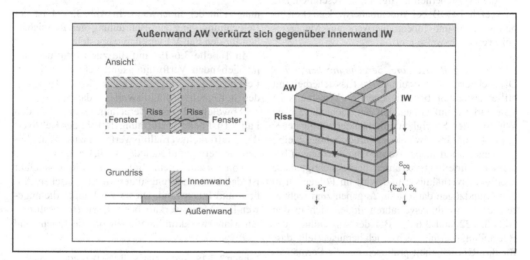

Abb. 3.6-21 Risssicherheit – Verformungsfall V2

Rissursachen, Einflussgrößen

– Verformungsfall V1

Die Formänderungsunterschiede zwischen Innenwand (IW) und Außenwand (AW) in vertikaler Richtung sind zu groß; die Innenwand verkürzt sich gegenüber der Außenwand infolge Schwinden und Kriechen, während die Außenwand weniger oder

gar nicht schwindet und kriecht, ggf. sogar noch irreversibel quillt. Entscheidend für die Rissbildung sind die Feuchtedehnungen (Schwinden ε_s und irreversibles Quellen ε_{cq}). Da die Verformungen der beiden Wände nicht unbehindert verlaufen können, entstehen schräggerichtete Zugspannungen in der Innenwand und bei Überschreiten der Festigkeit die in Abb. 3.6-20 dargestellten Schrägrisse. Die Rissgefahr wird außer von den Formänderungen noch von den Steifigkeitsverhältnissen der Innen- und Außenwand beeinflusst. Eine gegenüber der Außenwand bzw. des Außenwandpfeilers (bei Fensteröffnungen) steifere Innenwand (größerer Wandquerschnitt, höherer E-Modul) wirkt sich günstig aus, d. h. die Rissgefahr verringert sich.

– Verformungsfall V2

Schwindet die Außenwand in vertikaler Richtung wesentlich stärker als die Innenwand – die ggf. noch irreversibel quellen kann –, so kommt es bei einem zu großen Verformungsunterschied zu Rissen. Die für die Risssicherheit wesentlichsten Formänderungsarten sind auch in diesem Fall das Schwinden ε_s (Verkürzung) und das irreversible Quellen ε_{cq} (Verlängerung). Verformungen infolge Temperaturänderungen ε_T sowie infolge Lasteinwirkung ε_{el} (sofortige Verformung) und ε_k (Kriechen) beeinflussen die Risssicherheit i. Allg. nur unwesentlich. Die Rissgefahr ist z. B. bei Außenmauerwerk aus Leichtbetonsteinen und Innenmauerwerk aus Mauerziegeln vergleichsweise groß.

Rechnerische Beurteilung, Berechnungsbeispiel
Die rechnerische Beurteilung der Risssicherheit mit Hilfe des zuvor beschriebenen $\Delta\varepsilon$-Verfahrens ist sehr stark vereinfacht und hat den Nachteil, dass die Wirkung der Steifigkeit miteinander verbundener Außen- und Innenwände unberücksichtigt bleibt. Ein neueres auf theoretischen Untersuchungen basiertes Beurteilungsverfahren berücksichtigt diese Steifigkeitsverhältnisse und wird im Folgenden in den Grundzügen dargestellt. Angaben zum rechnerischen Beurteilungsverfahren finden sich in den Abb. 3.6-22 und 3.6-23. Bei der Anwendung des Beurteilungsverfahrens hat sich herausgestellt, dass für die Risssicherheit praktisch nur die Formänderungen infolge Feuchtedehnung und ggf. Temperaturunterschieden zwischen Außen- und Innenwand maßgebend sind. Die Steifigkeitsverhältnisse zwischen Innen- und Außenwand wirken sich auf den spannungsverursachenden Formänderungsunterschied zwischen Innen- und Außenwand erheblich aus. Will sich zum Beispiel eine sehr steife Innenwand gegenüber einer sehr weichen Außenwand verkürzen, so wird der Außenwand ein Großteil dieser Verkürzung „aufgezwungen" und nur der verbleibende Anteil der Verkürzung führt zu Zugspan-

■ **Ermittlung Verformungsunterschied**

$\Delta\varepsilon_{s,T} = (\Delta\varepsilon_{s,AW} + \Delta\varepsilon_{T,AW}) - (\Delta\varepsilon_{s,IW} + \Delta\varepsilon_{T,IW})$

$\Longrightarrow \varepsilon_s \longrightarrow$ Abb. 3.6-17

$\qquad \varepsilon_T \longrightarrow$ Tab. 3.6-15

■ **Ermittlung effektives Steifigkeitsverhältnis**

$k = k_1 \cdot k_2 \cdot k_3$

• $k_1 = E_{IW} / E_{AW} \longrightarrow$ Tab. 3.6-16 und Tab. 3.6-17

• $k_2 = \dfrac{d_{IW} \cdot l_{IW}}{d_{AW} \cdot l_{AW}}$ (Dicke und Länge von Innen- und Außenwand)

• $k_3 = \dfrac{1 + 0{,}8 \cdot \varphi_{\infty,AW}}{1 + 0{,}8 \cdot \varphi_{\infty,IW}}$ (Relaxation) $\longrightarrow$ Tab. 3.6-18

Abb. 3.6-22 Verformungsfall V1-Verkürzung Innenwand (1)

nungen in der Innenwand. In Abb. 3.6-24 ist der Berechnungsgang zur Beurteilung der Risssicherheit für den Fall V1 verkürzt dargestellt.

In Tabelle 3.6-19 sind die zur Ermittlung des maßgebenden Verformungsunterschieds erforderlichen Abminderungsbeiwerte α_K in Abhängigkeit des Steifigkeitsverhältniswertes k dargestellt.

Abweichend vom Berechnungsgang für den Fall V1 ist beim Verformungsfall V2 der Kehrwert des Steifigkeitsverhältniswertes anzusetzen. Außerdem beträgt zul $\Delta\varepsilon$ lediglich 0,1 mm/m.

Von wesentlichem Einfluss auf die Rissgefahr ist der Formänderungsunterschied zwischen Außen- und Innenwand. Dieser wird durch die angewendete Mauerwerkart beeinflusst. Bei bestimmten Mauerwerkkombinationen für die Innen- und

Tabelle 3.6-19 Verformungsfall V – Beiwerte für Steifigkeitsverhältnis

k	α_k
4,0	0,45
3,0	0,50
2,0	0,55
1,0	0,70
0,5	0,80
0,2	0,90
0,1	0,95

Zwischenwerte dürfen interpoliert werden

■ **Ermittlung Abminderungsbeiwert α_k aus Steifigkeitsverhältnis k**

→ Tab. 3.6-19

■ **Berechnung Relaxationsbeiwert $\alpha_R = \dfrac{1}{1 + 0,8 \cdot \varphi_{\infty,IW}}$**

→ Tab. 3.6-18

■ **Berechnung maßgebender Verformungsunterschied vorh $\Delta\varepsilon$**

• vorh $\varepsilon_S = \Delta\varepsilon_S \cdot \alpha_k \cdot \alpha_R$

• vorh $\varepsilon_T = \Delta\varepsilon_T \cdot \alpha_k$

→ vorh ε = vorh ε_S + vorh ε_T

■ **Vergleich vorh ε − zul $\Delta\varepsilon$ = 0,2 mm/m**

Abb. 3.6-23 Verformungsfall V1-Verkürzung Innenwand (2)

■ **Rechengang wie Verformungsfall V1**

$k(V2) = \dfrac{1}{k(V1)}$

zul $\Delta\varepsilon$ = 0,1 mm/m

Abb. 3.6-24 Verformungsfall V2-Verkürzung Außenwand

Außenwand ist die Rissgefahr vergleichsweise hoch (s. Tabelle 3.6-25). In diesen Fällen sollte stets eine rechnerische Beurteilung erfolgen.

Verformungsfall H
Bei längeren, wenig belasteten Mauerwerkwänden (Verblendschalen, Ausfachungswände, nicht-tragende, innere Trennwände), können Formänderungen in horizontaler Richtung infolge Schwinden und/oder Abkühlen unter die Herstelltemperatur des Bauteils zu Rissen führen. Die Folge sind meist weitgehend vertikale, in etwa halber Wandlänge verlaufende Risse im Fugen- und/oder Steinbereich.

Die horizontalen Verformungen des Mauerwerks werden durch das untere Auflager (s. Abb. 3.6-26) ggf. auch durch seitliche Halterungen (Anbinden der Bauteile) behindert, sodass Zugspannungen entstehen, die bei Überschreiten der Mauerwerkzugfestigkeit parallel zu den Lagerfugen vertikal verlaufende Risse verursachen. In Abb. 3.6-27 sind beide Versagensmöglichkeiten − Steinversagen und Verbundversagen − dargestellt.

Fall V1: Innenwand verkürzt sich gegenüber Außenwand

Außenwand:
Mauerwerk aus Leichtziegeln oder Porenbeton

Innenwand:
Mauerwerk aus Kalksandsteinen oder Leichtbetonvollsteinen

Fall V2: Außenwand verkürzt sich gegenüber Innenwand

Außenwand:
Mauerwerk aus Leichtbetonsteinen oder Porenbetonsteinen

Innenwand:
Mauerwerk aus Mauerziegeln oder Kalksandsteinen (Vollsteine)

Abb. 3.6-25 Verformungsfall V − Ungünstige Kombinationen

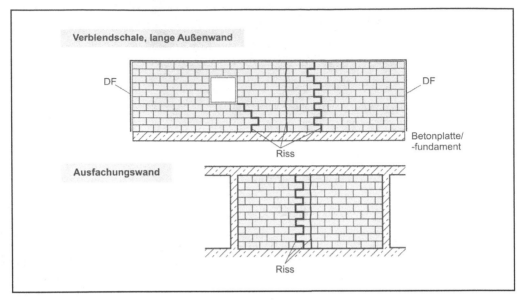

Abb. 3.6-26 Verformungsfall H – Zwang aus Dehnungsbehinderung

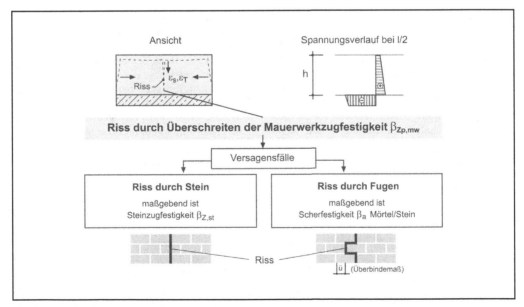

Abb. 3.6-27 Verformungsfall H – Versagensarten

Rissursachen, Einflussgrößen

Die Formänderungen werden durch die Verbindung der Mauerwerkwände mit angrenzenden Bauteilen behindert und führen zu Zugspannungen, die bei halber Wandlänge annähernd horizontal verlaufen. Wesentliche Einflussgrößen auf die rissfreie Wandlänge bzw. den Dehnungsfugenabstand sind die Mauerwerkzugfestigkeit bzw. die Bruchdehnung, die Größe der Formänderungen infolge Schwinden und Temperaturabnahme, die Auflagerungsbedingungen der Wand (Behinderungsgrad R), sowie der Verhältniswert Wandhöhe/Wandlänge. Besonders rissgefährdet sind lange Wände. Unter Bezug auf die Einflussgrößen ergeben sich Möglichkeiten zur Vergrößerung der rissfreien Wandlänge, u. a.. durch die Baustoffwahl (Mauerwerk mit möglichst geringem Schwinden, Mörtel höherer Güte), möglichst halbsteiniger Überbindung, günstigen Ausführungs- und Herstellbedingungen und die Anordnung von vertikalen Dehnfugen unter Bezug auf den rechnerischen Nachweis oder in den im Folgenden empfohlenen Abständen.

Beurteilung der Risssicherheit, Berechnungsbeispiel

Die Risssicherheit bzw. die rissfreie Wandlänge oder der Dehnungsfugenabstand können durch ein einfaches Berechnungsverfahren abgeschätzt werden.

Aus dem in Abb. 3.6-28 dargestellten Diagramm lässt sich mit der vorhandenen Gesamtdehnung und dem angenommenen Behinderungsgrad die rissfreie Wandlänge für eine Standardwandhöhe von 1 m ablesen. Multipliziert man den so ermittelten Wert mit der tatsächlichen Wandlänge, erhält man die rissfreie Wandlänge analog zum rechnerischen Verfahren.

Ausführungsempfehlungen

Sind Dehnfugen erforderlich, so ist auf deren sachgerechte Ausbildung und wirksame Anordnung besonders zu achten. Im Folgenden sind Anhaltswerte für Dehnungsfugenabstände angegeben.

Verformungsfall H – Anordnung von Dehnfugen
Vertikale DF
Empfohlene DF-Abstände:

→ Kalksandsteinmauerwerk: 6 bis 8 m
→ Porenbetonmauerwerk: 6 bis 8 m
→ Leichtbetonmauerwerk: 4 bis 6 m
→ Ziegelmauerwerk: 0 bis 15 m

– Anordnung nach der Beanspruchung
 ⇨ Westwand größte Formänderungen → größte Verformbarkeit erforderlich
– Verankerung der Verblendschalen (zweischalige Außenwände)

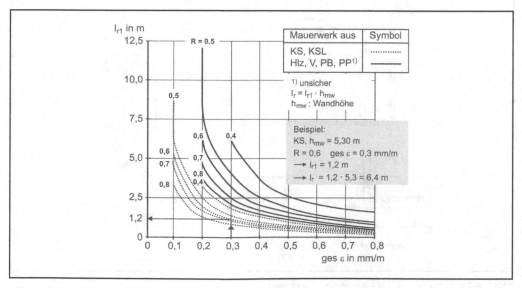

Abb. 3.6-28 Verformungsfall H – Rissfreie Wandlänge

⇨ nach DIN 1053-1, Abschnitt 8.4.3

⇨ zusätzlich an beiden DF-Rändern: 3 Drahtanker je m Wandhöhe

– Ausreichende Breite DF ⇨ mind. 10 mm (Anhaltswert: 1,5 x Wandlänge/1000)

– Ausbildung DF ⇨ nach DIN 18 540

Horizontale DF

– DF-Abstand (DFA) je nach Konstruktion, Verblendschalendicke, Gebäudehöhe (s. DIN 1053-1, Abschnitt 8.4.3)

⇨ DF unter Abfangungen: $d_w = 115$ mm, DFA ≈ 12 m; $d_w < 115$ mm, DFA ≈ 6 m

– Ausreichende Breite DF ⇨ mind. 10 mm (Anhaltswert: 2x Wandhöhe/1000)

Bei der Anordnung von vertikalen Dehnungsfugen sind sowohl die Art der Witterungsbeanspruchung als auch die möglichen Verformungen des verwendeten Mauerwerks von Bedeutung. Die Abb. 3.6-29 und 3.6-30 geben Informationen zu sinnvollen Dehnfugenanordnungen und -ausbildungen. Die in Abb. 3.6-29 dargestellte Fugenanordnung ergibt sich aus der Bewitterungsbeanspruchung – die Westwand wird am stärksten beansprucht.

3.6.1.5 Bewehrtes Mauerwerk

Allgemeines

Die Bewehrung von Mauerwerk kann mit zwei Zielsetzungen erfolgen: Erhöhung der Tragfähigkeit und Verhinderung größerer, breiterer Risse. Im ersten Fall handelt es sich um eine statisch wirksame und in Rechnung gestellte Bewehrung, im zweiten Fall um eine konstruktive Bewehrung zur Rissbreitenbeschränkung (s. a. in [Schubert 1988]). Da die Zug- und Biegezugfestigkeit von Mauerwerk im Vergleich zu seiner Druckfestigkeit gering ist (s. dazu auch Zug-, Biegezugfestigkeit), kann analog zu Beton die Tragfähigkeit des Mauerwerks durch eine Bewehrung, die die Zugkräfte aufnimmt, erheblich verbessert werden. Bewehrtes Mauerwerk wird in der DIN 1053-3 behandelt. DIN 1053-3 gilt für die Berechnung und Ausführung von bewehrtem Mauerwerk, bei dem die Bewehrung statisch in Rechnung gestellt wird. Konstruktiv bewehrtes Mauerwerk ist nicht Gegenstand der Norm. Die DIN gibt lediglich eine Mindestbewehrung zur Vermeidung größerer Rissbreiten an. Die Anwendung von Mauerwerk mit statisch in Rechnung gestellter Bewehrung hat in Deutsch-

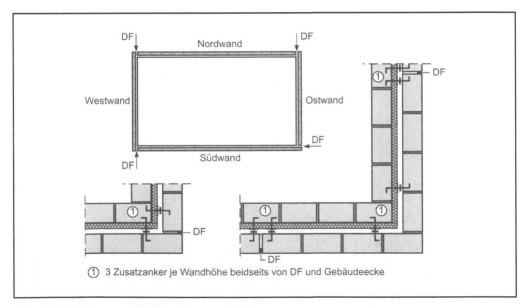

① 3 Zusatzanker je Wandhöhe beidseits von DF und Gebäudeecke

Abb. 3.6-29 Verformungsfall H – Anordnung von Dehnfugen

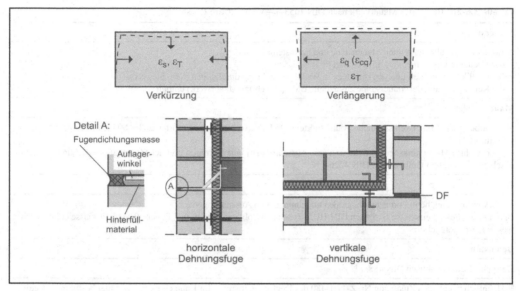

Abb. 3.6-30 Verformungsfall H – Anordnung und Ausbildung von Dehnfugen

land bislang – im Gegensatz zu vielen anderen Ländern – keine große Bedeutung erlangt. Dies ist sicherlich zum einen darauf zurückzuführen, dass es eine entsprechende Norm erst seit 1990 gibt, zum anderen aber auch darauf, dass geeignete Formsteine für die Bewehrung in vertikaler Richtung noch nicht ausreichend zur Verfügung stehen und die zulässigen Anwendungsbereiche des bewehrten Mauerwerks nach DIN 1053-3 wegen des damaligen Kenntnisstandes noch sehr begrenzt sind. Zwischenzeitlich liegt eine Reihe von Untersuchungen vor, die über den Weg der allgemeinen bauaufsichtlichen Zulassung eine erweiterte Anwendung von bewehrtem Mauerwerk ermöglichen.

Baustoffe für bewehrtes Mauerwerk
Tabelle 3.6-20 gibt eine Übersicht über die verwendbaren Baustoffe bzw. die Anwendungsbedingungen.

Korrosionsschutz der Bewehrung
Im Gegensatz zu Beton kann Mauerwerk keinen dauerhaften alkalischen Schutz der Bewehrung gewährleisten. Dies ist durch die i. d. R. hohe Porosität des Mauermörtels (hoher Wasserbindemittelwert für die Verarbeitung) und der Steine bedingt.

Dadurch ist die Diffusion des Kohlendioxids nur wenig behindert, und die Karbonatisierung des Mörtels verläuft sehr schnell. Die Bewehrung in Mörtel muss deshalb stets zusätzlich geschützt werden, wenn nicht ein dauernd trockenes Klima gewährleistet ist (Umweltbedingungen nach DIN 1045-1. In Außenwänden ist i. d. R. geschützte Bewehrung zu verwenden (s. a. Tabelle 3.6-21). Ungeschützte Bewehrung darf nur in betonverfüllten Aussparungen unter bestimmten Anforderungen verwendet werden. Maßnahmen für ausreichenden Korrosionsschutz der Bewehrung sind:

– Verwendung von Edelstahl,
– Kunststoffbeschichtung,
– Feuerverzinkung, wenn Gehalt an zinkaggressiven Bestandteilen (vor allem Sulfate, Chloride) im Mörtel und in Mauersteinen begrenzt ist (DIN 1053-3) und keine äußere Einwirkung von aggressiven Medien (z. B. Sulfate, Chloride) auftritt.

Die beiden letztgenannten Maßnahmen bedürfen einer allgemeinen bauaufsichtlichen Zulassung.

Ausführung
Tabelle 3.6-22 gibt eine Übersicht über die Bestimmungen der DIN 1053-3 zur Ausführung von

Tabelle 3.6-20 Bewehrtes Mauerwerk nach DIN 1053-3 – Verwendbare Baustoffe

Mauersteine
Anwendbar sind alle genormten Mauersteine und Formsteine, wenn: – der Lochanteil nicht mehr als 35% beträgt [a], – bei nicht kreisförmigen Löchern die Stege in Wandlängsrichtung durchgehen (kein Stegversatz) – die Kennzeichnung der Mauersteine zusätzlich „BM" (bewehrtes Mauerwerk) enthält.

Mauermörtel
– für unbewehrte Mauerwerksbereiche: Mauermörtel nach DIN 1053-1 (Normalmörtel, außer MG I; Leichtmörtel; Dünn- bettmörtel), – für bewehrte Mauerwerksbereiche (Lagerfugen, Aussparungen): nur Normalmörtel der Mörtelgruppen III und IIIa, Zu- schlag mit dichtem Gefüge nach DIN 4226-1

Beton
Für bewehrte Bereiche in Formsteinen, großen und ummauerten Aussparungen: Beton mind. Festigkeitsklasse B15 nach DIN 1045, Zuschlag Größtkorn 8 mm, ggf. höhere Festigkeitsklasse erforderlich wegen Korrosionsschutz

Betonstahl
Gerippter Betonstahl nach DIN 488-1 [b]

[a] Hochlochziegel nach Zulassung Nr. Z-17.1-480 des Deutschen Instituts für Bautechnik dürfen unter bestimmten Bedingungen mit Lochanteilen bis zu 50% für bewehrtes Mauerwerk verwendet werden.

[b] Für andere Bewehrung (kleinere Durchmesser als 6 mm, Bewehrungselemente – auch mit glatten Stählen) ist eine bauaufsichtliche Zulassung erforderlich. Derzeit sind zugelassen:
MURFOR-Bewehrungselemente mit Duplex-Beschichtungen für bewehrtes Mauerwerk (Z-17.1-469)
MURFOR-Bewehrungselemente aus nichtrostendem Stahl für bewehrtes Mauerwerk (Z-17.1-541)

Tabelle 3.6-21 Vorschläge zur Einordnung von Wandbauteilen hinsichtlich des Korrosionsschutzes

Bauteil		Korrosionsschutz
Innenwände	dauerhaft trocken	nicht erforderlich
	Trennwände zwischen Bädern und Küchen u. ä.	erforderlich
Einschalige Außenwände (auch Kellerwände)	Innenseite	u. U. erforderlich, wenn Wasserzutritt nicht sicher ausgeschlossen werden kann. Korrosionsschutz ist jedoch grundsätzlich sinnvoll, da Verwendung geschützter und ungeschützter Bewehrung (Gefahr einer Makroelementbildung) im gleichen Bauteil nicht sinnvoll und baupraktisch kaum durchführbar ist.
	Außenseite	erforderlich
Zweischalige Außenwände	Innenschale	nicht erforderlich
	Außenschale	erforderlich

bewehrtem Mauerwerk. Die Lagerfugen sind stets vollfugig auszuführen, Fugen mit Bewehrung dürfen bis zu 20 mm dick sein – Richtmaß für Fugendicke: 2-facher Stabdurchmesser. Die Stoßfugen müssen nur bei horizontaler Spannrichtung und Bewehrungsführung vollvermörtelt werden. Ansonsten gilt DIN 1053-1. Die Möglichkeiten der Bewehrungsführung sind in Abb. 3.6-31 dargestellt.

Tabelle 3.6-22 Bestimmungen nach DIN 1053-3

Bezug	horizontale Bewehrung			vertikale Bewehrung		
	in Lagerfuge	in Formsteinen		in Formsteinen mit kleinen Aussparungen d)	in Formsteinen mit großen oder in unmauerten Aussparungen d)	
Füllmaterial	Mörtelgruppe III oder IIIa	Mörtelgruppe III oder IIIa	Beton ≥ B 15	Mörtelgruppe III oder IIIa	Mörtelgruppe III oder IIIa	Beton ≥ B 15
Verfüllen der vertikalen Aussparungen	–			in jeder Lage	mindestens nach jedem Meter Wandhöhe	
maximaler Stabdurchmesser d (mm)	8	14		14		nach DIN 1045
Überdeckung (mm)	zur Wandoberfläche ≥ 30	allseitig mindestens das 2-fache des Stabdurchmessers; zur Wandoberfläche ≥ 30	nach DIN 1045	allseitig mindestens das 2-fache des Stabdurchmessers; zur Wandoberfläche ≥ 30		nach DIN 1045
Korrosionsschutz bei dauernd trockenem Raumklima	keine besonderen Anforderungen					
Korrosionsschutz in allen anderen Fällen	Feuerverzinken oder andere dauerhafte Maßnahmen c)		nach DIN 1045	Feuerverzinken oder andere dauerhafte Maßnahmen		nach DIN 1045
Mindestdicke des bewehrten Mauerwerks in mm	115					

c) Die Brauchbarkeit ist z. B. durch eine allgemeine bauaufsichtliche Zulassung nachzuweisen (Abschn. 3.6.5.3)
d) Vgl. Abb. 3.6-26

3.6.1.6 Putze

Allgemeines

Die Ausführung von Innen- und Außenputzen ist in DIN V 18 550 geregelt. Produktnorm zu Innen- und Außenputzen mit anorganischen Bindemitteln ist die DIN EN 998-1. Grundsätzlich werden bei Putzen sog. Putzsysteme angewendet, die aus einer Reihe von Lagen von Putzen bestehen. Dabei wird eine Putzlage in einem oder in mehreren Arbeitsgängen mit demselben Putzmörtel vor dem Verfestigen der vorherigen Putzlage (frisch auf frisch) aufgebracht. Ein Putzsystem muss in seiner Gesamtheit die gestellten Anforderungen nach DIN V 18 550 erfüllen.

Innenputze

Mit Innenputz werden Putze bezeichnet, die auf Innenflächen aufgebracht werden. Es werden in DIN V 18 550 folgende Anwendungsbereiche unterschieden:

a) Räume üblicher Luftfeuchte einschließlich der häuslichen Küchen und Bäder und
b) Putz für Feuchträume (z. B. gewerbliche Küchen).

In Abhängigkeit vom Anwendungsbereich werden unterschiedliche Anforderungen an die Putze gestellt. Beispielsweise müssen Innenputze für Feuchträume gegen langzeitig einwirkende Feuchte beständig sein. Daher sind mit Baugips hergestellte Putze für diesen Anwendungsbereich ungeeignet. Weitere Anforderungen an die Putze, die sich durch die Nutzung der geputzten Räume ergeben, sind erhöhte Abriebfestigkeit und Oberflächenbeschaffenheit. DIN V 18 550 enthält Vorschläge für Innenputzsysteme.

Außenputze

Mit Außenputz werden Putze bezeichnet, die auf Außenflächen aufgebracht werden. Der Außenputz

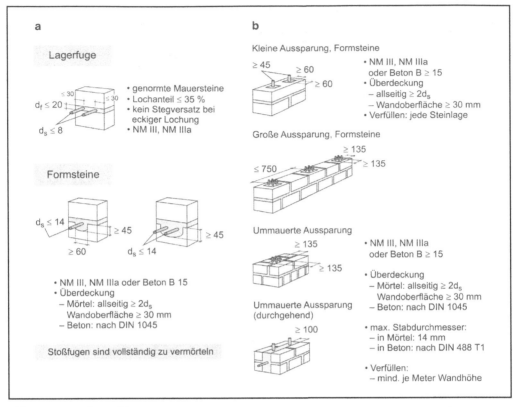

Abb. 3.6-31 Bewehrungsführung

hat die Aufgabe, das dahinter liegende Mauerwerk vor Witterungseinflüssen zu schützen (s. Abb. 3.6-32). Deshalb muss Außenputz einen dauerhaften Verbund zum Putzgrund aufweisen. Der Außenputz muss das Durchfeuchten des Mauerwerks durch eine geringe Wasseraufnahme – das Eindringen von Niederschlagwasser wird weitgehend vermieden – und durch einen geringen Dampfdiffusionswiderstand – die Bildung von Tauwasser zwischen Mauerwerk und Außenputz wird auf ein unschädliches Maß verringert – vermeiden. Die zuvor genannte Schutzfunktion gegen eindringenden Niederschlag ist jedoch nur gewährleistet, wenn Risse mit Rissbreiten größer als i. Allg. $r_b \approx 0{,}2$ mm vermieden werden. An den Putzgrund sind die nachfolgend aufgeführten Anforderungen zu stellen, um u. a. eine dauerhafte

Verträglichkeit von Putz und Putzgrund zu gewährleisten.

Die Anforderungen an den Putzgrund sind:

– ausreichende Festigkeit/Steifigkeit
– keine unvermörtelten breiten Fugen und Risse,
– möglichst eben,
– gleichmäßige Rauhigkeit und Saugfähigkeit,
– chemische Verträglichkeit (Sulfate!),
– Formänderungen möglichst abgeklungen,
– ausreichender Haftverbund.

Aufbau von Putzen, Auftrag

Der Aufbau eines Putzsystems ist abhängig von den Anforderungen an das Putzsystem und von der Beschaffenheit des Putzgrundes. In Abb. 3.6-32 ist der Aufbau eines zweilagigen Außenputzsystems

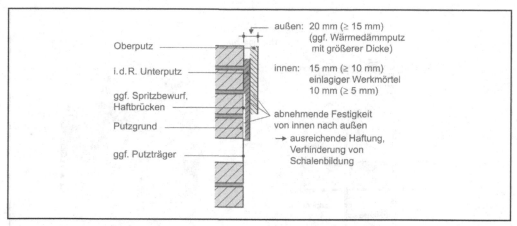

Abb. 3.6-32 Aufbau von Außenputzen

bestehend aus Unterputz und Oberputz darge-stellt. Die Dicke diese Putzsystems beträgt nach DIN V 18550 20 mm (Mindestdicke 15 mm, be-schränkt auf einzelne Stellen). Die Haftung des Putzes auf dem Putzgrund kann mit einem Spritz-bewurf oder einer Haftbrücke verbessert werden. Bei stark saugenden Putzgründen ist i. d. R. zur Verringerung des Saugvermögens ein volldecken-der Spritzbewurf bzw. ein Haftmörtel erforderlich. Der Putzregel zufolge sollte die Festigkeit des Put-zes vom Putzgrund zur Putzoberfläche am besten abnehmen bzw. zumindest nicht zunehmen. Nur dadurch können putzbedingte, breite und damit schädliche Risse vermieden werden. Ausgenom-men sind dabei Wärmedämmputze, weil bei diesen Putzen die Verformungen des Oberputzes und des Putzgrundes entkoppelt sind und der Oberputz sich dadurch weitgehend frei verformen kann.

Rissursachen und Rissbeurteilung
Feine Haarrisse in der Putzoberfläche sind i. d. R. nicht zu beanstanden, da sie mit vertretbarem Auf-wand nicht sicher vermeidbar sind und auch die Funktionsfähigkeit des Putzes nicht beeinträchtigen. Erst bei größeren Rissen, i. Allg. bei Rissen mit ei-ner Rissbreite größer als etwa 0,2 mm kann Feuch-tigkeit – vor allem bei Schlagregenbeanspruchung – in den Putz und von da aus ggf. in den Putzgrund eindringen und zu Schäden (Abplatzungen, Ablö-sungen durch Frosteinwirkung, Verminderung der

Wärmedämmung) führen. Risse können putz- und putzgrundbedingt bzw. konstruktiv bedingt sein. Konstruktiv bedingte Risse resultieren aus einer falschen konstruktiven Durchbildung von Bautei-len. Ein Beispiel für einen auf eine konstruktive Ur-sache zurückzuführenden Riss ist in Abb. 3.6-33 dargestellt. Die Deckenverdrehung am Auflager führt zu einer klaffenden Fuge zwischen Mauerwerk und Stahlbetondecke und dadurch zu einem Riss im Außenputz. Konstruktiv bedingte Risse können durch die Wahl des Putzes nicht beeinflusst werden, sondern müssen durch geeignete konstruktive Maß-nahmen vermieden werden. Im Allgemeinen führen statisch-konstruktive Ursachen zu breiten und damit schädlichen Rissen.

Putz- bzw. putzgrundbedingte Risse können sich aus unterschiedlichen Verformungen von Putz und Putzgrund ergeben. Putz schwindet wie auch andere Baustoffe durch Wasserabgabe (Austrock-nung). Dieses Schwinden wird nach ausreichender Anfangsfestigkeit des Putzes durch den i. d. R. nicht bzw. nicht in gleicher Weise schwindenden Putzgrund behindert. Die dadurch entstehenden Zugspannungen im Putz führen zu Rissen, wenn die vergleichsweise geringe Zugfestigkeit des Put-zes (etwa 10–20% der Druckfestigkeit) überschrit-ten wird. Dehnt sich der Putzgrund, z. B. durch das irreversible Quellen von Mauerziegeln, gleich-zeitig aus, so vergrößert sich die Rissgefahr ent-sprechend. Risse infolge Schwinden des Putzes

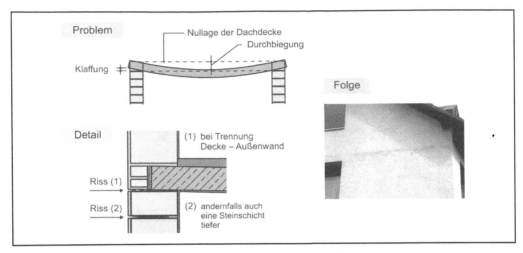

Abb. 3.6-33 Konstruktiv bedingte Risse im Außenputz – Durchbiegung von Decken

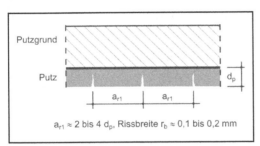

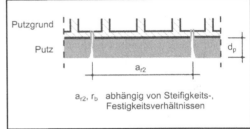

Abb. 3.6-34 Risse im Außenputz – Putzgrund deutlich steifer als Putz

Abb. 3.6-35 Risse im Außenputz – Putz deutlich steifer als Putzgrund

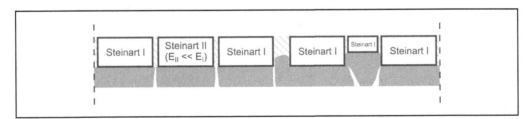

Abb. 3.6-36 Risse im Außenputz bei ungleichmäßigem Putzgrund

können durch die Wahl eines in seinen mechanischen Eigenschaften an den Putzgrund angepassten Putz wesentlich beeinflusst werden. Dies ist in Tabelle 3.6-23 dargestellt. Ist der Putzgrund ausreichend steif und fest, d.h. ist der Putzgrund in der Lage, die bei der Rissbildung frei werdenden Zugkräfte aufzunehmen, reichen die Risse nicht bis in den Putzgrund hinein. Die Risse werden fein verteilt und sind damit unschädlich schmal (Haarrisse). Der Rissabstand beträgt dann i. d. R. etwa das 2- bis 4-fache der Putzdicke. Ist der Putzgrund dazu nicht in der Lage, d. h. ist der Putzgrund nicht ausreichend steif bzw. fest, werden die Risse nicht mehr fein verteilt und dadurch schädlich. In diesem Fall reichen die Risse bis in den Putzgrund hinein. Als Kriterium für das Auftreten breiter, schädlicher Risse kann entsprechend das Verhältnis von Zugkraft im Putz und durch den Außenscherben aufnehmbare Zugkraft herangezogen werden. Ist die Zugkraft im Putz kleiner als die durch den Außenscherben aufnehmbare Zugkraft, werden die Risse, wie o. a. fein verteilt. Die Gültigkeit dieses Kriterium ist jedoch auf den Steinbereich beschränkt. Darüber hinaus ist dieses Kriterium nicht auf Vollsteine übertragbar. Eine entsprechende Abstimmung von Putz und Putzgrund ist unerlässlich. In der DIN V 18 550 ist dies vereinfacht durch die sog. Putzregel ausgedrückt, nach der die Steifigkeit des Putzes kleiner oder maximal genauso groß sein soll wie die des Putzgrundes. Insbesondere bei dem heute aus wärmeschutztechnischen Gründen für Außenwände häufig verwendeten Leichtmauerwerk mit geringer Druck- und Zugfestigkeit und zum Teil sehr dünnen Steinaußenschalen ist eine sorgfältige Abstimmung der Putzeigenschaften auf den Putzgrund erforderlich. Deshalb empfiehlt sich auf solchem Mauerwerk der Einsatz von Leichtputzen, die i. Allg. auf Leichtmauerwerk angepasste

mechanische Eigenschaften besitzen. Kritisch in Bezug auf die Bildung von schwindbedingten Rissen im Außenputz ist insbesondere auch die Verwendung von Mischmauerwerk, da diese eine abschnittsweise unterschiedliche Steifigkeit besitzt, aus denen unterschiedliche Formänderungen resultieren. Des Weiteren wird dem Putz durch das unterschiedliche Saugvermögen verschiedener Mauersteinarten unterschiedlich viel Wasser entzogen. Der Putz schwindet dadurch unterschiedlich, die mechanischen Eigenschaften der Putzes können sich teilweise deutlich unterscheiden. Die Folge sind Risse an den Übergangsstellen. Zur Vermeidung von schädlichen, putz- bzw. putzgrundbedingten Rissen anzustrebende Eigenschaftswerte des Putzes sind in Tabelle 3.6-23 angegeben, wobei diese immer in Abhängigkeit vom Putzgrund und von den Anforderungen durch die Nutzung ausgewählt werden müssen. Beispielsweise ist auf einem weniger steifen bzw. festen Putzgrund ein weniger steifer bzw. fester Putz zu wählen.

Hinweise zur Ausführung

Grundsätzlich muss bei der Ausführung von Putzarbeiten sichergestellt sein, dass die Luft- und Bauteiltemperatur nicht kleiner als +5°C ist und bis zum ausreichenden Erhärten des Putzes nicht darunter absinkt. Konstruktiv bedingte Verfor-

Tabelle 3.6-23 Außenputz – Eigenschaftswerte

Eigenschaftskenngröße	Einheit	Zielwerte für Putz am Bauwerk	
		qualitativ	quantitativ
Druckfestigkeit β_D		kleiner als β_D Putzgrund	2 bis 5
Haftzugfestigkeit β_{HZ}	N/mm^2	möglichst groß	–
Haftscherfestigkeit β_{HS}		möglichst groß	–
E-Modul Druck, Zug E_D, E_Z		möglichst klein	≤ 5000
Zugbruchdehnung $\varepsilon_{Z,u}$	mm/m	möglichst groß	$> 0{,}2$
Schwind-, Quell-Dehnung ε_s, ε_q		möglichst klein	Endwert $\varepsilon_{s\infty} < 1$ mm/m
Wärmedehnungskoeffizient α_T	10^{-6}/K	α_T an Putzgrund angepasst, nicht wesentlich größer	≤ 10
Relaxationszahl ψ	–	möglichst klein, Endkriechzahl φ_∞ möglichst groß	$\psi_\infty \approx \dfrac{1}{1 + \varphi_\infty}$ $\varphi_\infty \geq 2$

mungen und das Schwinden des Putzgrunds sollten vor Putzauftrag weitgehend abgeschlossen sein. Deshalb sollte eine ausreichende Bauteilstandzeit vor dem Verputzen vorgesehen werden. Ebenso ist ein hoher Feuchtegehalt des Putzgrunds zu vermeiden. Da ein zu schneller Wasserentzug aus dem frischen Putz die Putzfestigkeit und den Verbund zum Putzgrund beeinträchtigen und zur Rissbildung führen kann, sollte trockener und stark saugender Putzgrund vorgenässt werden. Eine weitere Möglichkeit zur Verminderung des Wasserabsaugens ist das Aufbringen eines vollflächigen Spritzbewurfs. Ebenso muss bei starkem Sonnenschein (hohe Oberflächentemperaturen) und/oder Wind durch eine Nachbehandlung (Folienabdeckung, Feuchthalten) ein zu schneller Wasserentzug vermieden werden.

Normung

Die Ausführung von Putzen und auf den jeweiligen Anwendungszweck abgestimmte Anforderungen an die Eigenschaften von Putzen sind in der DIN V 18 550 geregelt. Produktnorm zu Innen- und Außenputzen mit anorganischen Bindemitteln ist die DIN EN 998-1. Dort sind Angaben zur Kennzeichnung der Putzmörtel und zu prüfende bzw. nachzuweisende Eigenschaften der Putze festgelegt. In DIN V 18 550 werden die Putzmörtel in Abhängigkeit von der Art der Bindemittel verschiedenen Putzmörtelgruppen zugeordnet (s. Tabelle 3.6-24), um auf verschiedene Verwendungszwecke abgestimmte, bewährte Putzsysteme vorschlagen zu können. Die Einteilung der Putze in verschiedene Festigkeitsklassen erfolgt in DIN EN 998-1 (s. Tabelle 3.6-25).

3.6.1.7 Ökologische Eigenschaften

Allgemeines

Die Ökologie befasst sich mit den Wechselbeziehungen zwischen den Lebewesen und ihrer Umwelt. Bezogen auf den Baustoff interessieren vor allen Dingen die direkten Wechselwirkungen zur Umwelt. Dies betrifft die Umweltverträglichkeit, d.h. sowohl die Auswirkung der Baustoffe während der Produktion, der Nutzung im Bauwerk und nach der Nutzung auf die Schutzgüter Mensch, Wasser, Boden und Luft als auch die Funktion von Bauwerken zum Schutz der Umwelt vor gefährlichen Stoffen

Tabelle 3.6-24 Putzmörtelgruppen

Putzmörtel-gruppe	Mörtelart
P I	Luftkalkmörtel, Wasserkalkmörtel, Mörtel mit hydraulischem Kalk
P II	Kalkzementmörtel, Mörtel mit hochhydraulischem Kalk oder mit Putz- und Mauerbinder
P III	Zementmörtel mit oder ohne Zusatz von Kalkhydrat
P IV	Gipsmörtel und gipshaltige Mörtel

Tabelle 3.6-25 Druckfestigkeit Mörtelgruppen

Druckfestig-keitskategorie	Druckfestigkeit im Alter von 28 d (N/mm^2)
CS I	$0,4 - 2,5$
CS II	$1,5 - 5,0$
CS III	$3,5 - 7,5$
CS IV	$\geq 6,0$

sowie die Beständigkeit von Baustoffen gegenüber Einwirkungen aus der Umwelt (Dauerhaftigkeit). Darüber hinaus ist die Frage der Wiederverwendbarkeit der verbauten Baustoffe von großer Bedeutung. Die Bilanzierung der verschiedenen Gesichtspunkte der Umweltrelevanz von Baustoffen in Form sog. Ökobilanzen ist schwierig und derzeit noch kaum in einer objektivierten, einheitlichen und uneingeschränkt vergleichbaren Form möglich. In Bezug auf Ökobilanzen der Baustoffe wird deshalb nur auf die entsprechende Literatur verwiesen, wie [Schneider 1996, Schubert 1996, Wagner et al. 1998, Eden et al. 1995, Eyerer 2000]. Im Folgenden werden die Umweltverträglichkeit, die Radioaktivität und die Wiederverwendbarkeit von Mauerwerkbaustoffen behandelt.

Umweltverträglichkeit

Unter Umweltverträglichkeit wird die Beeinflussung der Umwelt durch die Baustoffe verstanden. Wesentliche Gesichtspunkte der Umweltverträglichkeit bei Mauerwerkbaustoffen sind das Auswaschen von Salzen (z. B. Sulfate und Schwermetall-salze) und Laugen sowie die radioaktive Strahlung (s. a. Radioaktivität). Grundsätzlich besteht auch bei Mauerwerkbaustoffen – Mauersteinen, Mauer-mörtel sowie Innen- und Außenputzen auf Mauer-werk – die Möglichkeit, dass schädliche Salze (vor allem Schwermetallsalze) durch Einwirkung von Niederschlagswasser bzw. Grundwasser ausgewa-schen werden. Für die Beurteilung der Umweltver-träglichkeit ist deshalb die Kenntnis der Auslaug-barkeit der Salze aus den Baustoffen in Abhängig-keit von der auslaugwirksamen Zeit wichtig. Zur Untersuchung des Auslaugverhaltens von Mauer-werkbaustoffen stehen eine Reihe von Auslaugtests zur Verfügung, die jedoch derzeit noch nicht in der Lage sind, Auslaugraten und -mengen ausreichend praxisnah zu ermitteln. Es gibt auch in Deutschland bislang kein genormtes Auslaugverfahren für Mau-erwerkbaustoffe. Von großer Bedeutung bei Aus-laugtests ist das Volumen-/Feststoff-Verhältnis der untersuchten Stoffe. In diesem Zusammenhang spielen Prüfkörpergröße bzw. Korngröße und Korn-größenverteilung eine entscheidende Rolle. Diese wiederum hängen von den Anwendungsbedin-gungen der produzierten Baustoffe bzw. der Recyc-late ab. Die Untersuchung fein aufgemahlener Bau-stoffe führt naturgemäß zu höheren Auslaugraten und -mengen. Die Ergebnisse von Auslaugtests an zerkleinertem Material oder Baustoffen sind des-halb außerordentlich vorsichtig zu bewerten. Meist geben sie nur Anhaltswerte für den Anteil an insge-samt mobilisierbaren Stoffen. Verschiedene Unter-suchungen an Mauerwerkbaustoffen (z. B. [Kreißig 1997]) zeigen, dass auch bei den derzeitigen un-günstigen Versuchsbedingungen die Anteile an aus-laugbaren schädlichen Salzen und Schwermetallen gering sind. Die meisten Untersuchungsergebnisse erfüllen die Anforderungen an Trinkwasserqualität. Es ist deshalb nach den derzeit vorliegenden Unter-suchungsergebnissen davon auszugehen, dass durch die konventionellen Mauerwerkbaustoffe Schwer-metallsalze nicht in bedenklichen Mengen in die Umwelt gelangen können. Dies gilt auch i. Allg. für schädliche Salze. Ein realitätsnahes Bewertungs-verfahren, wie es bereits für Beton im Grundwasser entwickelt wurde [Brameshuber 2001, 2005 und 2008], existiert für Mauerwerkbaustoffe bislang nicht und ist Gegenstand weiterer Forschungsar-beiten [Brameshuber 2009].

Radioaktivität

Alle natürlichen und künstlichen Baustoffe enthal-ten radioaktive Stoffe in sehr geringem Anteil. Dies sind vor allem Radium (Ra 226), Thorium (Th 228 bzw. 232) sowie insbesondere das Zer-fallsprodukt des Radiums, das Edelgas Radon (Rn 222). Durch diese radioaktiven Stoffe wird die ionisierende Strahlung von Baustoffen im Wesent-lichen verursacht. Aus den durch Messung be-stimmten Aktivitätskonzentrationen der radioaktiven Stoffe in Baustoffen kann die dadurch verursachte Belastung durch Gammastrahlen in Wohnräumen abgeschätzt werden. Dies erfolgt i. Allg. durch die sog. Summenformel. Ergibt sich nach der Sum-menformel ein Wert <1, dann handelt es sich um eine für den Menschen unbedenkliche Strahlenbe-lastung. Tabelle 3.6-26 enthält für Mauerwerkbau-stoffe entsprechende Angaben aus verschiedenen Untersuchungen. Wie aus Tabelle 3.6-26 ersicht-lich, liegen die Messergebnisse für alle Mauer-werkbaustoffe weit unter den empfohlenen Grenz-werten. In der Tabelle sind auch die Exhalations-raten für Radon angegeben. Darunter ist der Anteil von Radon zu verstehen, der aus dem Baustoff in die Raumluft gelangt. Auch in diesem Fall liegen die Messwerte weit unter den empfohlenen Grenz-werten. Unabhängig davon ist darauf hinzuweisen, dass die mittlere Strahlenbelastung der Bevölke-rung in Deutschland baustoffunabhängig mit min-destens rd. 2,4 mSv ein Mehrfaches der möglichen Strahlenbelastung durch verbaute Baustoffe be-trägt, wobei regional erhebliche Unterschiede auf-treten können.

Wiederverwendbarkeit von Baustoffen – Recycling

Die Wiederverwendbarkeit von Baustoffen auf einem möglichst hohen Wiederverwertbarkeitsni-veau wird unter den Gesichtspunkten der Ressour-censchonung und der Vermeidung der Deponie-rung immer mehr an Bedeutung gewinnen. An-gestrebt wird ein sog. kreislaufgerechtes Bauen. Das heißt, die Baustoffe werden im Kreislauf auf einem möglichst hohen Wiederverwendbarkeitsni-veau gehalten. Dies verlangt entsprechende An-strengungen bei der Herstellung der Baustoffe in Bezug auf Vermeidung bzw. Gewährleistung von unbedenklichen Anteilen an möglicherweise schädlichen Stoffen aber auch in Bezug auf die

Tabelle 3.6-26 Konzentrationen der natürlichen Radioaktivität (Radium-Ra, Thorium-Th und Kalium-K) und Radion-Exhalationsrate verschiedener Baustoffe

Baustoff	Radionuklidkonzentration z) Mittelwert (Höchstwert) Bq/kg						Exhalationsrate f. 100 mm Dicke Bq/m²h	Quelle
	Ra-226		Th-232		K-40		Rn-222	
Kalksandstein	11	(19)	7	(15)	384	(592)	0,6	2
Ziegel, Klinker	40	(71)	30	(44)	771	(955)	0,2	4
Leichtbetonsteine aus								
Naturbims	48	(104)	59	(111)	888	(1110)	1,8	1
Hüttenbims	81	(118)	104	(207)	333	(592)	0,9	2
Blähton	56	(67)	33	(93)	573	(925)	0,4	2
Beton	11	(33)	15	(44)	415	(740)	0,7	2
Porenbeton	20	(80)	20	(60)	200	(800)	1,1	3/1
Naturgips	20	(70)	9	(10)	70	(200)	0,4	3/1
Industriegips aus								
Apatit	60	(70)	< 20		< 40		0,4	3/1
Phosphorit	518	(1036)	19	(–)	74	(222)	24,1	1
empfohlener Grenzwert	≤ 130		≤ 130		kein Grenzwert erforderlich		≤ 5,0	

Bauteil- und Gebäudekonstruktion. Hier wird eine möglichst problemlose Rückbaubarkeit, d. h. Trennbarkeit der verschiedenen Baustoffe angestrebt, sodass sie nahezu sortenrein einer Wiederverwendung zugeführt werden können. Für die Wiederverwendbarkeit von Baustoffen ist deren Umweltverträglichkeit nachzuweisen (s. a. Umweltverträglichkeit). Von allen Mauerwerkbaustoffe herstellenden Industrien liegen z. Z. eingehende Untersuchungen in Zusammenarbeit mit öffentlichen Institutionen vor, die sich sowohl auf die Wiederverwendbarkeit von sortenreinen Baustoffen als auch auf Baustoffe mit anhaftenden „Fremdstoffen" – wie Reste von Mauer- und Putzmörteln – beziehen. Die Wiederverwendbarkeit von sortenreinen Baustoffen bereitet i. Allg. keine Probleme; die Baustoffreste können i. d. R. der Produktion wieder zugeführt werden. Dies ist nach den bisher vorliegenden Untersuchungsergebnissen auch in gewissem Maße für Baustoffe mit anhaftenden Mörtelresten möglich. Darüber hinaus bestehen zahlreiche Möglichkeiten der Verwendung von Mauerwerk-Baustoffrestmassen. Auch sind derzeit bereits sehr wirksame Verfahren zur Trennung von Mauersteinen und anhaftenden Mörtelresten verfügbar.

3.6.2 Bemessung von Mauerwerk

Detleff Schermer

3.6.2.1 Einführung

Die Bemessung von Mauerwerk deckt zusammen mit den Konstruktionsregeln und den Anforderungen bezüglich der Materialeigenschaften den Nachweis ab, dass die geforderten Eigenschaften der Konstruktion als gesichert angesehen werden können [Schermer 2007]. Als geforderte Eigenschaften sind zu nennen:

– Tragfähigkeit, d. h. ausreichender Sicherheitsabstand zwischen den zu erwartenden Einwirkungen und dem zugehörigen Widerstand der Bauteile im Bezug auf den Verlust der Tragfähigkeit (d. h. Einsturz des Gesamttragwerkes bzw. eines einzelnen Bauteils oder dessen starke Beschädigung). Die Nachweise im Grenzzustand der Tragfähigkeit für Druck-, Schub- und Biegebeanspruchung stellen im Mauerwerksbau neben den konstruktiven Vorgaben die entscheidenden Anforderungen für Entwurf und Konstruktion dar.
– Gebrauchstauglichkeit, d. h. Sicherstellung eines der vorgesehenen Nutzung entsprechenden Bauwerksverhaltens.

Entsprechend den Einsatzgebieten und den Anforderungen aus der Nutzung eines Bauwerks
sind die erforderlichen Eigenschaften mit ausreichender Zuverlässigkeit sicherzustellen.
Im Mauerwerksbau werden Gebrauchstauglichkeitsnachweise i. d. R. nicht explizit geführt, da
davon ausgegangen werden kann, dass bei Einhaltung der konstruktiven Vorgaben und dem Nachweis der Tragfähigkeit diese gleichzeitig mit abgedeckt werden. Sonderfälle stellen dabei lediglich
die Begrenzung der planmäßigen Exzentrizität und
der Randdehnungsnachweis dar.
Die Überschreitung der Gebrauchstauglichkeits-
anforderungen kann beispielhaft das Auftreten von
breiten Rissen in nichttragenden inneren Mauer-
werkstrennwänden infolge zu hoher Deckendurch-
biegung darstellen, welche u. a.. die optischen Anforderungen verletzen. In diesem Fall ist die Ursache und Notwendigkeit der Nachweisführung
nicht bei den Mauerwerksbauten sondern bei den
Betondecken zu suchen (s. a. [Schubert 1988]).
– Dauerhaftigkeit, d. h. bei üblicher Wartung- und
Instandhaltung sind über die vorgesehene Bauwerkslebensdauer keine relevanten Einschränkungen der geforderten Eigenschaften der Konstruktion (bezüglich der Tragfähigkeit und der
Gebrauchstauglichkeit) zu erwarten.
Im Laufe der Lebensdauer eines Gebäudes ist sicherzustellen, dass die Konstruktion gegen äuße-
rere physikalische und chemische Einwirkungen
einen ausreichenden Widerstand bietet und weder die Tragsicherheit noch die Gebrauchstauglichkeit dadurch unzulässig reduziert werden.
Bei Einhaltung der konstruktiven Vorgaben einschließlich der Einhaltung der Stoffnormen sowie den Nachweisen der Tragfähigkeit bzw. der
Gebrauchstauglichkeit ist die Dauerhaftigkeit
ebenfalls als abgedeckt anzunehmen.
Beispiele, in denen das Kriterium der Dauerhaftigkeit betroffen ist, sind beispielsweise das Vorhandensein von schädlichen Salzen in entsprechend hoher Konzentration, treibende Bestandteile in den Baustoffen oder auch breite Risse in
direkt bewitterten Bauteilen, bei denen der Eintritt von Wasser und anschließender Frost direkte
Schäden an der Konstruktion ergeben kann.

Diese maßgeblichen Eigenschaften können durch
den Faktor Bauwerksalter – d. h., anzusetzende

Bauwerkslebensdauer, welche üblicherweise mit
50 Jahren angenommen wird – beeinflusst werden.
Hierzu zählen beispielsweise Umwelteinflüsse
(Frost, Temperatur, Feuchtigkeit) und die Nutzungs-
intensität (nachträgliche Schlitze, Aussparungen
und Ein- und Ausbau von Befestigungsmitteln).
Da die Konsequenzen eines Versagens bezüglich
der Tragfähigkeit einerseits und der Gebrauchstauglichkeit andererseits sich deutlich unterscheiden,
werden auch unterschiedliche Versagenswahrschein-
lichkeiten akzeptiert. Diese werden durch unterschiedliche Zuverlässigkeitsindizes β beschrieben.
Bezogen auf die Dauerhaftigkeit ist grundsätzlich eine analoge Abgrenzung erforderlich.
Eine Unterscheidung nach den Versagensfol-
gen, wie in DIN EN 1990 über die Zuordnung von
Schadensfolgeklassen CC1 bis CC3 zu den Zuver-
lässigkeitsklassen RC1 bis RC3 mit den entsprechenden Zuverlässigkeitsindizes vorgesehen, erfolgt in der nationalen Vorschrift für Mauerwerksbauten nicht.

Tragfähigkeit
Die rechnerischen Nachweise von Mauerwerksbauteilen erfassen grundsätzlich nur den Grenzzustand der Tragfähigkeit.
Die Bemessung nach dem Teilsicherheitskonzept
erfolgt auf Bemessungsniveau unter Variation der
Einwirkungskombinationen nach DIN 1055-100:

$$E_d = \sum_{j\geq1} \gamma_{G,j} \cdot G_{k,j} \oplus \gamma_{Q,1} \cdot Q_{k,1} \oplus \sum_{i\geq2} \gamma_{Q,i} \cdot \psi_{0,i} \cdot Q_{k,i}$$

$$(3.6.1)$$

bzw. bei Vereinfachung mit dem Maximalwert der
einzelnen Kombinationsfaktoren $\psi_{0,i\geq2}$:

$$E_d = \sum_{j\geq1} \gamma_{G,j} \cdot G_{k,j} \oplus \gamma_{Q,1} \cdot Q_{k,1} \oplus \max[\psi_{0,i\geq2}] \cdot \sum_{i\geq2} \gamma_{Q,i} \cdot Q_{k,i}$$

$$(3.6.2)$$

Dabei wird nach den drei Bemessungssituationen
„ständig und vorübergehend", „außergewöhnlich"
sowie „Erdbeben" unterschieden, von denen im
Folgenden die zweite als Bemessungssituation
nicht weiter behandelt wird.
Für die *ständigen oder vorübergehenden Bemessungssituationen* können die Werte auf Basis
von Tabelle 3.6-27 bestimmt werden.

Tabelle 3.6-27 Bemessungswerte der Einwirkungen für den Grenzzustand der Tragfähigkeit in der ständigen oder vorübergehenden Bemessungssituation DIN 1055-100

Auswirkung auf den betreffenden Nachweis:	Einwirkungsart		
	ständige Einwirkungen $G_{k,j}$	<u>vorherrschende</u> veränderliche Einwirkungen $Q_{k,1}$	<u>weitere</u> veränderliche Einwirkungen $Q_{k,i}$ mit $i \geq 2$
<u>günstige</u> Wirkung	$1{,}0{\cdot}G_{k,j}$	0	0
<u>ungünstige</u> Wirkung	$1{,}35{\cdot}G_{k,j}$	$1{,}5{\cdot}Q_{k,1}$	$1{,}5{\cdot}\psi_{0,i}{\cdot}Q_{k,i}$

Bei mehreren veränderlichen Einwirkungen Q_i kann der Aufwand für die Ermittlung der maßgebenden Lastkombination sehr stark ansteigen und mit Handrechnungen nicht mehr sinnvoll gehandhabt werden.

Üblicherweise wird daher auf eine Abminderung veränderlichen Einwirkungen Q_i mit $i>1$ mit dem Lastkombinationsfaktor ψ_0 verzichtet und Gl. (3.6.3) vereinfacht sich bei druckbeanspruchten Wänden zu:

$$N_{Ed} = 1{,}35 \cdot N_{Gk} + 1{,}5 \cdot N_{Qk} \qquad (3.6.3)$$

Eine weitere Vereinfachung ist bei üblichen Hochbauten mit Stahlbetongeschossdecken und charakteristischen Nutzlasten von maximal 3kN/m² möglich, was für überschlägige Handrechnungen äußerst hilfreich ist:

$$N_{Ed} = 1{,}4 \cdot \left(N_{Gk} + N_{Qk} \right) \qquad (3.6.4)$$

Insbesondere bei Nachweisen schubbeanspruchter Bauteile (Aussteifungswände) oder biegebeanspruchter Bauteile – beispielsweise erddruckbeanspruchte Kelleraußenwände – mit einer günstig wirkende Normaldruckkraft ist auch die Untersuchung mit dem unteren Grenzwert des ständigen Anteils $1{,}0{\cdot}N_{G,k}$ durchzuführen.

Gebrauchstauglichkeit
Wie erwähnt, wird im Mauerwerksbau üblicherweise allein der Grenzzustand der Tragfähigkeit explizit rechnerisch nachgewiesen. Folgende Bereiche stellen hier eine Ausnahme dar:

– Nachweis der Beschränkung der Exzentrizität nach Abs. 11 (3), E DIN 1053-13:
  Hier ist unter charakteristischen, planmäßigen Lasten ein Klaffen des Gesamtquerschnittes maximal bis zum Schwerpunkt zugelassen. Einflüsse nach Theorie II. Ordnung können dabei vernachlässig werden. Dieses entspricht der in der alten Norm DIN 1053-1 bekannten Forderung, dass Querschnitte im Gebrauchszustand maximal bis zum Schwerpunkt klaffen (vgl. Abs. 6.9.1, DIN 1053-1).
  Die Lastkombination bestimmt sich zu:

$$E_d = \sum_{j \geq 1} G_{k,j} \oplus \sum_{i \geq 1} Q_{k,i} \qquad (3.6.5)$$

– Nachweis der Randdehnung nach Abs. 11 (2), E DIN 1053-13
  Hier ist die Lastkombination als *seltene (charakteristische) Situation* (Abk. engl.: selten = rare) nach Abs. 10.4 (2) a), DIN 1055-100 anzuwenden:

$$E_{d,rare} = \sum_{j \geq 1} G_{k,j} \oplus Q_{k,1} \oplus \sum_{i > 1} \psi_{0,i} \cdot Q_{k,i} \qquad (3.6.6)$$

– Nachweis der Randdehnung nach der Alternativnachweisführung in Abs. 11 (2), Satz 3, E DIN 1053-13:
  Hier ist die Lastkombination als *häufige Situation* (Abk. engl.: häufig = frequently) nach Abs. 10.4 (2) b), DIN 1055-100 anzuwenden:

$$E_{d,frequ} = \sum_{j \geq 1} G_{k,j} \oplus \psi_{1,1} \cdot Q_{k,1} \oplus \sum_{i > 1} \psi_{2,i} \cdot Q_{k,i} \qquad (3.6.7)$$

In Folge dieser Nachweisführung darf jedoch bei Schubnachweisen der Traganteil aus der Haftscherfestigkeit nicht in Rechnung gestellt werden.

Eigenschaftswerte
Für die rechnerischen Nachweisführungen werden die charakteristischen Werte der Einwirkungen und

des Widerstandes mit entsprechenden Teilsicherheitsbeiwerten belegt (s. Abschn. 3.6.1 und [Schubert 2009]). Diese erfassen im Wesentlichen die Möglichkeit ungünstiger Abweichungen von den charakteristischen Werten, die Möglichkeit ungenauerer Modellannahmen (Modellunsicherheit im Einwirkungsmodell und dem gewählten Tragwiderstandsmodell) und Ungenauigkeiten in den geometrischen Eigenschaften (im Mauerwerksbau im Wesentlichen Lageungenauigkeiten – d.h. Position und Bauteilachse/Schiefstellung – und weniger Querschnittsdickenabweichungen). Als ein Beispiel für die Modellunsicherheiten auf der Einwirkungsseite kann die Ermittlung der Knotenmomente mittels 5-%-Regel genannt werden.

Die charakteristische Querschnittstragfähigkeit R_k wird auf Basis der Baustoffeigenschaften mit den charakteristischen 5-%-Quantilwerten der Kurzzeitbaustofffestigkeiten und dem betreffenden Bemessungsmodell bestimmt.

Für die Nachweisführung auf Bemessungsniveau sind diese Werte mit dem Teilsicherheitsfaktor auf der Widerstandsseite γ_M zu reduzieren sowie bei druckbeanspruchten Wänden zusätzlich noch mit dem sog. Dauerstandsfaktor $\eta=0,85$ für die Erfassung von Langzeitwirkungen und sonstiger Effekte zu belegen. Bei der Druckfestigkeit ist der Einfluss der Schlankheit des Probekörpers herausgerechnet, d.h. dieser Festigkeitswert gilt für die Referenzschlankheit Null.

$$R_d = \frac{R_k}{\gamma_M} \cdot \eta \qquad (3.6.8)$$

Für bestimmte kurze Wände bzw. Pfeiler (s. Tabelle 3.6.28) wird das erhöhte Versagensrisiko – insbesondere bei möglichen lokalen Fehlstellen –

durch eine Anpassung des Teilsicherheitsbeiwert mittels Multiplikation mit $k_0=1,25$ erfasst.

Bei Verbandsmauerwerk ist durch die Inhomogenität in Wanddickenrichtung bei der Ermittlung der charakteristischen Mauerwerksdruckfestigkeit anhand der Steindruckfestigkeit und der Mörtelgruppe eine anschließende Abminderung von 0,85 durchzuführen.

Im Rahmen der europäischen Norm wird der Teilsicherheitsfaktor für das Material in Abhängigkeit der Art (Steinkategorie des Mauerwerks, Verankerungselement, Stürze, …) und der Überwachungsklasse zwischen 1,5 und 3,0 vorgeschlagen.

3.6.2.2 Schnittgrößenermittlung

Die Schnittgrößenermittlung bei Mauerwerksbauten erfolgt üblicherweise nach der Elastizitätstheorie. In Sonderfällen bei denen das nicht-lineare Verhalten von Mauerwerksbauteilen einen größeren Einfluss auf die Größe und Verteilung der Schnittgrößen haben kann, ist auch der Einsatz von nicht-linearen Verfahren möglich [Jäger u. a. 2008]. Insbesondere bei dem Nachweis unter dem Lastfall *Erdbeben* sind solche Verfahren, wie beispielsweise die Push-Over-Methode, sinnvoll. Hierbei wird das nicht-lineare Kraft-Verschiebungsverhalten der Aussteifungswände über die Verträglichkeitsbedingung der horizontalen Verschiebungsgrößen auf Ebene der steifen Geschossdecken gekoppelt, und die Verteilung der Horizontalkräfte in Abhängigkeit der gesamten Geschossauslenkung bestimmt. Einschränkungen dieser Methode ergeben sich aus den begrenzten plastischen Kraft-Verschiebungs-Kapazitäten von Mauerwerkswänden, dem Effekt, dass Wände bei dominierenden Kippbewegungen durch einen vertikalen Verformungs-

Tabelle 3.6-28 Teilsicherheitsbeiwerte auf der Widerstandsseite nach E DIN 1053-11 (2009-03)

Bemessungssituation im Grenzzustand der Tragfähigkeit	Teilsicherheitsbeiwerte auf der Widerstandsseite	
	Mauerwerk γ_M	Verbund-, Zug- und Druckwiderstand von Bändern γ_S
Ständige und vorübergehende Bemessungssituation	$1,5*k_0$	2,5
Außergewöhnliche Bemessungssituation	$1,3*k_0$	2,5

$k_0 = 1,0$ allgemein für Wände und kurze Wände
$k_0 = 1,25$ für kurze Wände, die durch Schlitze oder Aussparungen geschwächt sind oder die aus getrennten Steinen mit einem Lochanteil von mehr als 35% bestehen

anteil üblicherweise höhere Normalkräfte erhalten (mit entsprechender Änderung von Steifigkeit, Verformungsfähigkeit und Tragfähigkeit) und der Zyklenstabilität. Ebenfalls ist der Effekt hoher Auslenkungen auf die Querwände zu prüfen – insbesondere unter der Tatsache, dass durch Umlagerung der Vertikalkräfte (Aufsteigen der Schubwand und Anheben der Geschossdecken) sich die Auflast in diesen Querwänden reduziert.

Vertikallasten

Die Berechnung der Auflagerkräfte der horizontalen Bauteile (Decken, Balken) auf die Wände kann entsprechend des Bauteilverhaltens mit Stabmodellen oder Plattenmodellen erfolgen. Bei der Modellierung von Plattenbauteilen mit Hilfe der Methode der Finiten Elemente kann die Verteilung der vertikalen Lasten relativ genau modelliert werden und die Beanspruchung der Wände durch die Auflagerung der Decken erfasst werden. Jedoch können sich rechnerische lokale Lastspitzen bei ein- bzw. ausspringenden Ecken ergeben, die zu Problemen bei den lokalen Nachweisen der Wände führen.

Hier ist anzumerken, dass bei Stahlbetondecken im Bereich hoher M-V-Beanspruchungen die Rissbildung zu Umlagerungen führt und die Lasten damit gleichmäßiger verteilt werden. Bei der numerischen Beschreibung kann auch der Ansatz von nachgiebigen Auflagersteifigkeiten (Druckfedern mit der Steifigkeit EA/l) zur Reduktion solcher Lastspitzen führen.

Bei der Berechnung einachsig gespannter Bauteile, die über mehrere Felder durchlaufen braucht die Durchlaufwirkung i. d. R. nur beim Endauflager und dem ersten Zwischenauflager betrachtet werden, außer wenn das Verhältnis der weiteren Stützweiten 1:0,7 überschritten wird.

Für die Handrechnung oder die Überprüfung der Ergebnisse von FE-Berechnungen an mehrachsig gespannten Plattenbauteilen bieten sich die Anwendung von Lasteinzugsflächen an. Hierbei wird die Grundrissfläche in Trapeze eingeteilt, deren Winkelverhältnisse von den Randbedingungen an den Auflagerstellen abhängen (Abb. 3.6-37).

Deckeneinspannung und Momentenverlauf

Für die Bestimmung der Einspannmomente von Geschossdecken in Mauerwerkswände existieren verschiedenen Vereinfachungen, die sich nach Güte und Rechenaufwand deutlich unterscheiden.

Eine möglichst realitätsnahe Bestimmung kann über eine Rahmenrechnung erfolgen, bei der das nicht-lineare Verhalten – sowohl der Wände und Decken als auch deren Verbindung in Form der Wand-Decken-Knoten – entsprechend beschrieben wird [Baier 2007]. Für den Nachweis der Tragfähigkeit müssten solche Modelle auch in den Grenzzuständen geeignete Ergebnisse abbilden, da sich mit zunehmendem Beanspruchungsniveau die Steifigkeiten (absolut und relativ) signifikant ändern können. Für Praxisanwendungen ist dieser Weg i. d. R. zu aufwändig.

Wichtig ist bei allen rechnerischen Verfahren, dass durch die konstruktive Ausbildung von Wand-Decken-Knoten die Schnittgrößenverteilung teilweise stark beeinflusst werden kann (Abb. 3.6-38). So ist bei einer teilweise aufgelagerten Decke auf einer Außenwand die Lage der Normalkraft aus den oberen Geschossen, d. h. die mögliche Ausmitte von der Lage (Vorzeichen) und dem Betrag eingegrenzt. Dieses muss bei der Bemessung in Form der Querschnittstragfähigkeit (N_{Rd} und M_{Rd}) berücksichtigt werden. Zudem sind durch solche Randbedingungen auch Umlagerungsmöglichkeiten, z. B. die Umlagerung von Feldmomenten zu Stützmomenten (Wind) u. U. eingeschränkt.

Eine vereinfachte Rahmenberechnung an einem Ersatzsystem mit anschließender pauschaler Abminderung der berechneten Knotenmomente kann gemäß Eurocode 6 (Anhang C) (2006) angewendet werden (Abb. 3.6-39).

Die Knotenmomente werden in einem ersten Schritt bestimmt zu:

$$M_1 = \frac{\dfrac{n \cdot E_1 \cdot I_1}{h_1}}{\dfrac{n \cdot E_1 \cdot I_1}{h_1} + \dfrac{n \cdot E_2 \cdot I_2}{h_2} + \dfrac{n \cdot E_3 \cdot I_3}{l_3} + \dfrac{n \cdot E_4 \cdot I_4}{l_4}} \cdot \left[\frac{w_3 \cdot l_3^2}{12} - \frac{w_4 \cdot l_4^2}{12} \right] \quad (3.6.9)$$

Die Abminderung für nicht-lineare Effekte kann unter der Voraussetzung, dass die mittleren Druckspannungen im Stiel mindestens 0,25 N/mm² betragen, mit Multiplikation mit dem Faktor $1 \geq (1 - k/4) \geq 0,5$ erfolgen.

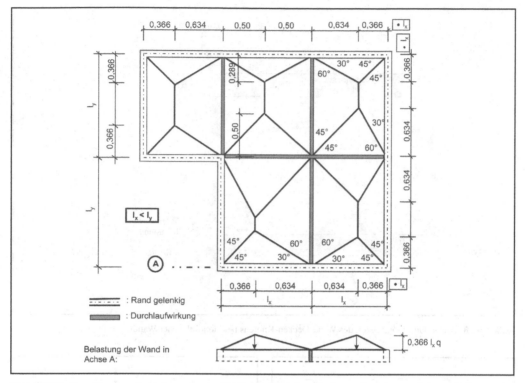

Abb. 3.6-37 Grundriss einer 2-achsig gespannten Decke mit Ermittlung der Lastweiterleitung auf die vertikal tragenden Bauteile mit Hilfe von Lasteinzugsflächen [Zilch/Zehetmaier 2010]

Dabei gilt: $k = \dfrac{\dfrac{E_3 \cdot I_3}{l_3} + \dfrac{E_4 \cdot I_4}{l_4}}{\dfrac{E_1 \cdot I_1}{h_1} + \dfrac{E_2 \cdot I_2}{h_2}} \leq 2$

Beträgt die mittlere Druckspannung im betreffenden Stiel weniger als 0,25 N/mm² oder ist die rechnerisch bestimmte Ausmitte der Normalkraft $e=M/N > 0,4 \cdot t$ (oft bei Knoten unter obersten Decken der Fall), so ist der Nachweis der Querschnittstragfähigkeit gem. Eurocode 6, Anhang C (2006) möglich (s. Abb. 3.6-40).

In der nationalen Norm E DIN 1053-13 ist eine pauschale Abminderung der bei elastischer Rahmenberechnung ermittelten Knotenmomente auf 2/3 erlaubt. Bezüglich der Laststellung sind von den veränderlichen Lasten – falls sie ungünstig wirken – maximal 50% blockweise anzusetzen. Die restlichen 50% sind durchgehend und in allen Feldern liegend anzunehmen. Ebenfalls sind die ständigen Lasten in allen Feldern mit dem gleichen Teilsicherheitsbeiwert zu belegen, d. h. es erfolgt dann keine feldweise Unterscheidung nach $\gamma_{G,sup}$ und $\gamma_{G,inf}$.

Der Momentennullpunkt in einer Wand darf bei der Ermittlung der Knotenmomente vereinfacht in halber Geschosshöhe angenommen werden. Sonstige Lasten, die weitere horizontale Biegung in der Wand erzeugen – z. B. infolge Windlasten oder infolge Erddruck – sind bei der Ermittlung der Momentenbeanspruchung über die Wandhöhe additiv dazuzuschlagen. Für die Anwendung bedeutet dieses, dass in einem ersten Schritt die Knotenmomente am Wandkopf und -fuß aus der Rahmenberechnung oder unter Anwendung eines anderen Ersatzverfahrens bestimmt werden und anschließend die restlichen Feldmomente eingehängt wer-

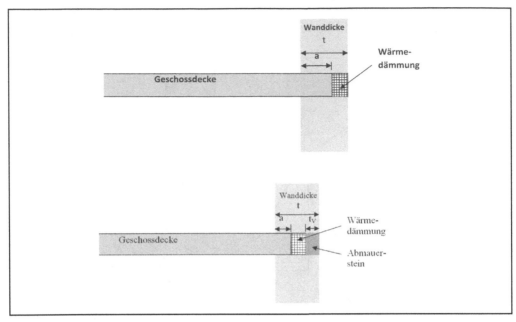

Abb. 3.6-38 Ausbildungsmöglichkeit des Wand-Decken-Knotens bei monolithischer Wandkonstruktion

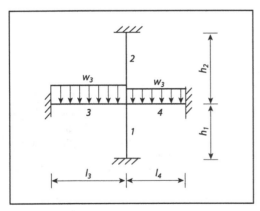

Abb. 3.6-39 Vereinfachtes Rahmensystem bei der Bestimmung der Momente des Wand-Decken-Knotens nach Eurocode 6, Anhang C

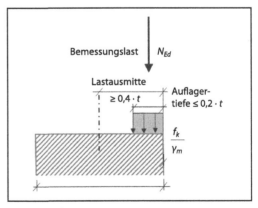

Abb. 3.6-40 Spannungsblock und Ausmittigkeit beim Nachweis nach Eurocode 6, Anhang C bei Dachdecken mit $e \geq 0,4 \cdot t$

den. Eine gewisse Umlagerung vom Feld zu den Stützmomentbereichen ist bei Nachweis der Aufnahme des Stützmomentes erlaubt.

Eine weitere Rechenvereinfachung ist mit der Knotenmomentermittlung nach der sog. 5-%-Re-
gel gegeben (Abb. 3.6-41). Hierbei wird angenommen, dass die Auflagerkraft A einer Geschossdecke im Wand-Decken-Knotenpunkt nicht zentrisch angreift, sondern mit einem Versatz (= Hebelarm), der 5% der angrenzenden Deckenstützweite (bei

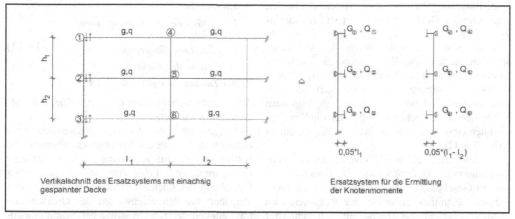

Abb. 3.6-41 Ersatzsysteme für die Ermittlung der Knotenmomenten nach der sog. 5-%-Regel (DIN 1053-1)

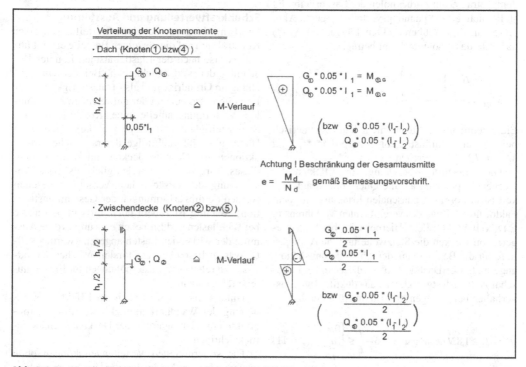

Abb. 3.6-42 Verteilung der ermittelten Knotenmomente auf die Wandstiele

Endauflagerung) bzw. 5% der Differenz der beiden angrenzenden Deckenstützweiten (bei Mittelauflagerung) beträgt.

Entsprechend kann das durch die Deckeneinspannung in den Wand-Decken-Knoten eingeleitete Moment bestimmt werden mit M = 5%*(l₁-l₂)*A.

Dieses Knotenmoment verteilt sich bei Zwischendecken gleichmäßig auf die angrenzenden Stiele – bei Dachdecken jedoch erhält die Wand im obersten Geschoss am Kopf das volle Biegemoment (Abb. 3.6-42).

Insbesondere bei Dachdecken, bei der keine das Biegemoment überdrückende Normalkraft aus oberen Geschossen vorhanden ist, kann die rechnerisch bestimmte Ausmitte der Resultierenden e=M/N außerhalb des Querschnittes liegen. Hier ist nach E DIN 1053-13, Abs. 9.5 bei einer Ausmitte $e>0,45\cdot t$ bei Ansatz eines Spannungsblocks mit dem Betrag f_d ein Zurückholen der Last erlaubt. Es stellt sich eine Spannungsverteilung gem. Abb. 3.6-51 mit einer überdrückten Länge von N_{Ed}/f_d dar, d. h. das Knotenmoment beträgt

$$M_{Ed} = \frac{N_{Ed}\cdot\left(t-\dfrac{N_{Ed}}{f_d}\right)}{2} \qquad (3.6.10)$$

Ein maximales Knotenmoment kann rechnerisch bei einer Auflast von $N_{Ed}=0,5*t*f_d$ zu $M_{Ed}=0,125*f_d*t^2$ erreicht werden.

Die einfachste Abdeckung von Effekten der Deckeneinspannung auf die Querschnittstragfähigkeit ist in Form der pauschalen Erfassung mit dem Faktor Φ_1 im Zuge des vereinfachten Verfahrens in E DIN 1053-11 gelöst. Hierbei wird bei Endauflagern von Decken die Stützweite und die Auflagertiefe für die Bestimmung der Abminderungsfaktors angesetzt. Bei Dachdecken ist dieser zudem pauschal zu 0,33 festgelegt, was das duktile Rotationsverhalten bei geringen Auflasten berücksichtigt.

$$\textit{für}\ \ f_k \geq 1,8 N/mm^2:\ \Phi_1 = 1,6 - \frac{l}{6} \leq \begin{cases} 0,9 \\ \dfrac{a}{t} \end{cases} \qquad (3.6.11)$$

$$\textit{für}\ \ f_k < 1,8 N/mm^2:\ \Phi_1 = 1,6 - \frac{l}{5} \leq \begin{cases} 0,9 \\ \dfrac{a}{t} \end{cases} \qquad (3.6.12)$$

Hierbei ist:

l : Stützweite der angrenzenden Geschossdecke in m

a : Deckenauflagertiefe   (3.6.13)

t : Dicke der Wand

Bei Dachdecken gilt : $\Phi_1 = 0,3$

Aus der Zwischenauflagerung ist keine Traglastminderung anzusetzen.

Biegung aus Wind oder vergleichbaren Beanspruchungen ist dem aus der Knotenmomentberechnung bestimmten Verlauf zuzuschlagen. Dabei ist eine Umlagerung vom Feld- zum Stützmoment unter Einhaltung der Gleichgewichtsbedingung und den Vorgaben bei den Nachweisen der Querschnittstragfähigkeit der Knoten sowie der Schnittgrößenermittlung (u. a. teilweise aufliegende Decken, s. oben) möglich.

Schubkraftverteilung und Aussteifung

Die Ermittlung der Schubkraftverteilung in einer Konstruktion auf die einzelnen Bauteile erfolgt üblicherweise nach der Elastizitätstheorie unter Beachtung der Verträglichkeiten. Bei der Untersuchung im Grundriss sind als Ersatzsteifigkeiten der Bauteile entsprechend der auftretenden horizontalen Verformungsanteile eine Kombination aus Schubsteifigkeit und Biegesteifigkeit anzusetzen [Jäger u. a. 2008]. Infolge der räumlichen Interaktionen von Geschossdecken und Wänden kann dieses Vorgehen jedoch lediglich als erste Abschätzung des tatsächlichen Verhaltens gesehen werden (Wölbverformungen der Gesamtkonstruktion). Wichtig ist zudem noch, dass insbesondere bei Windlasten und Erdbeben eine ungewollte Ausmitte der wirkenden Lasten angesetzt werden sollte, was insbesondere bei torsionsweichen Grundrissen zu relevanten Lasterhöhungen für Einzelbauteile führen kann.

Unter Umständen ist auch der Effekt einer Erhöhung der Wandnormaldruckkraft infolge Kippeffekten und Umlagerung der Deckenlasten zu berücksichtigen.

Die so ermittelten Verteilungen können ohne weitere genauere Nachweise der Verformungsfähigkeit der Wände bei Einhaltung der Gleichgewichtsbedingung (ΣH, ΣM_T) mit einer Umlagerung von 15% der Schubkräfte der einzelnen Wände auf andere belegt werden. In Sonderfällen – insbesondere bei Erdbebenbeanspruchung – sind auch nicht-lineare Ansätze (push-over-Methode) möglich.

Entscheidend für die Tragfähigkeit von Schubwänden unter kombinierte N-M-Q-Beanspruchung ist neben dem Betrag der Horizontallast auch die Vertikaldruckkraft und die Momentenbeanspruchung am Wandkopf und -fuß. Umfangreiche Untersuchungen [Zilch/Schermer 2005a] zeigen, dass sich in den Grenzzuständen der Tragfähigkeit – insbesondere im Lastfall Erdbeben mit den hier zu erwartenden hohen horizontalen Verschiebungen – höhere Einspanngrade in die Geschossdecken ergaben als bei linear-elastischer Berechnung bestimmt.

Für experimentelle Ermittlung der Schubtragfähigkeit von Mauerwerkswänden wurde aufbauend auf diese Ergebnisse und die Auswertung bereits bekannter Prüfverfahren ein neues, realitätsnahes Schubprüfverfahren vorgeschlagen. Hierbei wird die Wand am Kopf mit einer Normalkraft und einer horizontalen Schubkraft bzw. Horizontalverschiebung beansprucht (s. Abb. 3.6-43). Für die Beschreibung des Grenzfalles einer vollen Einspannung am Wandkopf wird ein gegendrehendes Mo-

ment aufgebracht, welches sich als Produkt der Horizontalkraft und der halben Wandhöhe bestimmt. Die Prüfung kann dabei entweder mit statisch monoton zunehmender Horizontalbeanspruchung (i. d. R. weggeregelt) oder statisch-zyklisch (für die Ermittlung des Verhaltens unter Erdbebenlasten) erfolgen (s. Abb. 3.6-44). Entscheidend dabei ist, dass die Auflast in Form der aufgebrachten Normalkraft absolut konstant bleibt.

Der rechnerische Nachweis der Aussteifungssicherheit wird in der Praxis selten explizit geführt. Die Gründe hierfür sind, dass bei üblichen Hochbauten im Mauerwerksbau zum einen die horizontalen Einwirkungen vom Betrag her gering sind (Horizontallasten überwiegend aus Windlasten und unplanmäßiger Schiefstellung, Gebäudehöhe beschränkt) und dass konstruktiv gut ausgebildete Strukturen einen ausreichenden Widerstand und Tragfähigkeit diesbezüglich bieten. Eine entsprechende Formulierung in E DIN 1053-11 lautet „Auf einen rechnerischen Nachweis der Aussteifung des Gebäudes darf verzichtet werden, wenn (…) in Längs- und Querrichtung des Gebäudes eine offen-

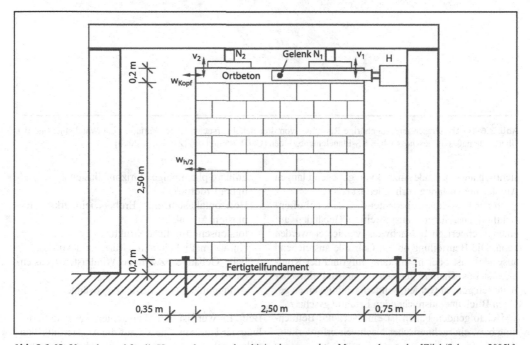

Abb. 3.6-43 Versuchsstand für die Untersuchung von kombiniert beanspruchten Mauerwerkswänden [Zilch/Schermer 2005b]

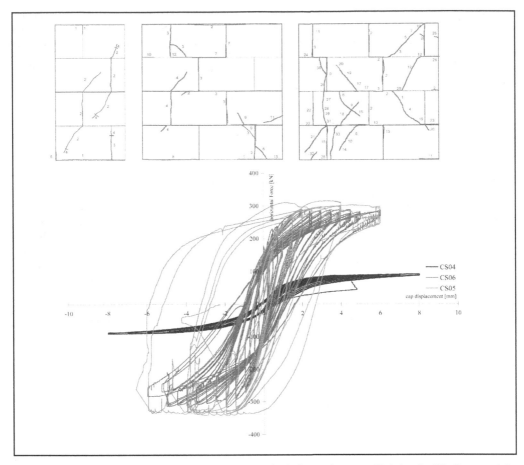

Abb. 3.6-44 Hysteresen und zugehörige Rissbilder von drei Schubversuchen unter Variation der Wandlänge und des Überbindemaßes an geschosshohen KS-Planelementwänden (CS04, 05 und 06) [Zilch u. a. 2008]

sichtlich ausreichende Anzahl von genügend langen Aussteifungswänden vorhanden ist (…)".

In der Konsequenz bedeutet das, dass bei offensichtlich ausreichend ausgesteiften Gebäuden auf einen rechnerischen Nachweis verzichtet werden kann. Die Beurteilung ob ein Gebäude ausreichend ausgesteift ist oder nicht, kann aufgrund der Komplexität des Themas nur schwer anhand einfacher Kriterien gefasst werden, sondern benötigt einen geübten Blick und ausreichenden Erfahrungsschatz.

Bei folgenden Fällen ist eine vertiefte Betrachtung bzw. ein rechnerischer Nachweis erforderlich:

– größere planmäßige Horizontallasten aus einseitigem Erddruck,
– Horizontallasten aus Erdbebeneinwirkung/Explosion/Anprall,
– torsionsempfindliche Struktur,
– Unregelmäßigkeiten im Grund- und Aufriss,
– hohe Gebäude bzw. hohe Windlasten (Küstennähe),
– Abfangungen von Aussteifungswänden.

Beim Entwurf ist darauf zu achten, dass die Verteilung der Horizontallasten auf die Aussteifungsbauteile durch horizontale Aussteifungsbauteile sicher-

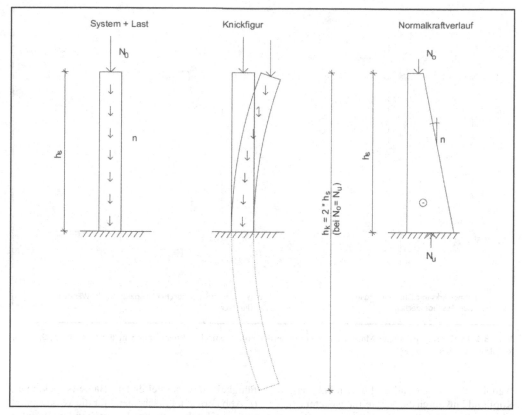

Abb. 3.6-45 Frei stehende Kragwand mit äußerer Normalkraft am Wandkopf und Streckenlast über die Wandhöhe

gestellt wird. Hier werden üblicherweise Stahlbetondecken oder sonstige Decken mit Scheibenwirkung verwendet (z.B. Porenbetondeckenplatten oder Ziegeldecken). Kann die Scheibenwirkung der Decken nicht sicher angenommen werden, z.B. weil Holzbalkendecken verwendet werden oder weil große Öffnungen in den Decken vorhanden sind, so sind ausrechend steife und tragfähige Ringbalken anzuordnen, die durch ihre horizontale Tragwirkung auf Biegung und Zug die Lasten entsprechend verteilen.

3.6.2.3 Knicken

Die Tragfähigkeit von schlanken und auf Druck hoch belasteten Wänden ist durch das Knicken beschränkt. Entscheidend für dieses Verhalten ist die Knicklänge, welche geometrisch den Abstand der Wendepunkte der Knickfigur beschreibt.

Die frei stehende Wand beschreibt (s. Abb. 3.6-45) unter konstanter Normalkraft den Euler-Fall 1 und weist eine Knicklänge von der 2-fachen Kraglänge auf. Für den Fall, dass durch das Eigengewicht der Wand der Normalkraftverlauf über die Höhe signifikant beeinflusst wird, kann die Anpassung der Knicklänge entsprechend Gl. (3.6.14) erfolgen:

$$h_k = 2 \cdot h_s \sqrt{\frac{1 + 2 \cdot N_{od}/N_{ud}}{3}} \qquad (3.6.14)$$

Standardmäßig werden Wände am Kopf und Fuß horizontal unverschieblich gehalten und sind damit als 2-seitig gehalten anzusehen – die Knicklänge entspricht somit dem 1-fachen der lichten

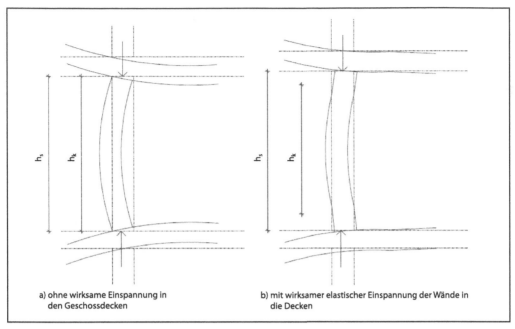

a) ohne wirksame Einspannung in   b) mit wirksamer elastischer Einspannung der Wände in
   den Geschossdecken   die Decken

Abb. 3.6-46 2-seitig gehaltene Mauerwerkswand ohne und mit elastischer Einspannung in die Geschossdecken zur Reduktion der Knicklänge

Wandhöhe h_s (Euler Fall 2). Für den Fall, dass am Kopf und Fuß durch die Aussteifungsbauteile (quer spannende Decken) eine Teileinspannung und damit teilweise Verdrehungsbehinderung gegeben ist, führt dieser Effekt zu einer weiteren Reduktion der 1-achsigen Knicklänge (s. Abb. 3.6-46).

In den aktuellen Normen ist die Größe dieses Effektes für übliche flächig aufgelagerte Stahlbetondecken an eine Mindestauflagertiefe, die planmäßige Ausmitte der eingeleiteten Normalkraft und die Wanddicke gekoppelt (Steifigkeitsverhältnis von Wandstiel und Deckenriegel).

Sind die Wände in Querrichtung des Weiteren durch Querwände oder sonstige wirksame knickaussteifende Bauteile (z. B. ausreichend steife Stahlbetonlisenen) gehalten, so kann eine 3- bzw. 4-seitige Halterung angenommen werden. Für die maximalen Abstände dieser Festhaltungen und die resultierenden Knicklängen sind entsprechende Randbedingungen und Vorgaben zu finden. Die 3- oder 4-seitige Knick- bzw. Beulfigur ist an eine ausreichende horizontale Biegesteifigkeit und -trag-

fähigkeit des aussteifenden Bauteils gekoppelt (s. Abb. 3.6-47). Entscheidend für die Wirksamkeit von quer stehenden knickaussteifenden Wänden ist neben der Wandlänge und -dicke auch eine ausreichende Normalkraft in diesen Bauteilen, die für eine ausreichende Steifigkeit und Tragfähigkeit erforderlich ist; d. h., auf Druck unbelastete Querwände sind hier i. d. R. nicht wirksam.

Die horizontale Biegesteifigkeit, die für die 3- oder 4-seitige Knickhalterung erforderlich ist, hängt u. a. vom Überbindemaß ü/h ab. Eine Unterschreitung des Regelwertes von 40% der Steinhöhe führt zu einer Reduktion dieser Größen [Glock 2004]. In der aktuellen Vorschrift ist dieser Effekt in Abhängigkeit der Steingeometrie (Steinhöhe/Steinlänge) entsprechend beschrieben (E DIN 1053-13, Tabelle 11).

3.6.2.4 Nachweis der Tragfähigkeit

Die Bemessung mit dem maßgeblichen Nachweis der Tragfähigkeit erfolgt entsprechend der Beanspruchungsart für

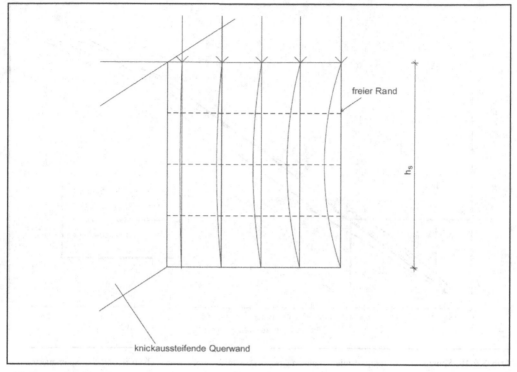

Abb. 3.6-47 3-seitig gehaltene Mauerwerkswand mit Kick- bzw. Beulfigur

- Druck mit bzw. ohne Ausmitte,
- Biegung (horizontal, d. h. parallel zu den Lagerfugen oder vertikal, d. h. senkrecht zu den Lagerfugen),
- Schub (Plattenschub bzw. Scheibenschub).

Für die Aufnahme von Zugspannungen ist unbewehrtes Mauerwerk grundsätzlich nicht gut geeignet. Lediglich bei horizontaler Biegung ist durch den Verband und die Verbundfestigkeit eine gewisse (Biege-)Zugfestigkeit nachweisbar. In vertikaler Richtung dominiert die Haftzugfestigkeit zwischen Stein und Mörtel das entsprechende Versagensbild. Aufgrund des geringen Betrages und der hohen Streuung wird diese Zugfestigkeit für tragende Wände nicht in Rechnung gestellt.

Für Natursteinmauerwerk sind die Besonderheiten hinsichtlich des Einflusses der Ausführungsgüte und der verwendeten Materialien in E DIN 1053-14 geregelt. Des Weiteren ist die Schlankheit gegenüber Mauerwerk aus künstlichen Steinen beschränkt.

Druckbeanspruchung

Druckbeanspruchte Wände werden unterteilt nach der Größe der Ausmitte der Normalkraft. Entsprechend ist entweder von einer dominierenden Druckbeanspruchung oder einer dominierenden Biegebeanspruchung auszugehen. Da Druckkräfte senkrecht zu den Lagerfugen i. d. R. günstig bezüglich der Biegetragfähigkeit wirken, steht die maßgebliche bemessungsrelevante Kombination nicht von vornherein fest.

Druckbeanspruchtes Mauerwerk verhält sich in den üblichen Lastbereichen annähernd linear-elastisch. Die Spannungs-Dehnungs-Linie eines 2,5 m hohen Prüfkörpers von Planhochlochziegelmauerwerk ist in Abb. 3.6-48 exemplarisch dargestellt. Die einzelnen Linien geben unterschiedliche Messstrecken auf dem Prüfkörper wieder.

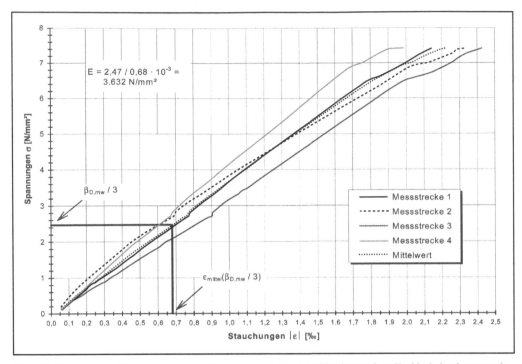

Abb. 3.6-48 Spannungs-Dehnungs-Linie aus einem geschosshohen Wanddruckversuch an Hochlochziegelmauerwerk

Es ist erkennbar, dass der Nachbruchbereich nur gering ausgeprägt ist. Etwas stärker ist der Effekt bei Kalksandsteinmauerwerk, bei dem die Bruchstauchungen bis 4‰ liegen (s. Abb. 3.6-49).

Im Zugbereich ist davon auszugehen, dass im Bemessungszustand für den Nachweis der Tragfähigkeit die vorhandene Haftzugfestigkeit senkrecht zu den Lagerfugen nicht wirksam ist und bei auftretenden Dehnungen diese Bereiche keine Spannungen (d. h. keine Schub- oder Zugspannungen) übertragen können. Der Querschnitt wird für die übliche Bemessung klaffend angesetzt – Sonderfälle sind hier biegebeanspruchte Ausfachungsflächen.

Im Druckbereich erfolgt für den Nachweis der Drucktragfähigkeit eine Idealisierung in Form eines sog. Spannungsblocks (E DIN 1053-13) bzw. eines allgemeinen Parabel-Rechteck-Diagramms (Eurocode 6, s. Abb. 3.6-50), welches jedoch für unbewehrtes Mauerwerk mit den in Deutschland üblichen Mauerwerksbaustoffen als zu günstig angesehen wird. Weitere Hintergründe des aus dem Betonbau entliehenen Ansatzes sind in [Zilch/Rogge 2004] zu finden.

Beim Ansatz des Spannungsblocks (Abb. 3.6-51) wird für die Bemessung dagegen angenommen, dass in diesem Bereich die Druckspannungen konstant den Betrag f_d aufweisen und Gleichgewicht zwischen Einwirkung und Widerstand herrscht (ΣN, ΣM).

Im Vergleich zu dem Ansatz eines linear-elastischen Verhaltens in DIN 1053-1 stellt dieses eine signifikante Vereinfachung dar. Die Frage, ob ein vergleichbares Sicherheitsniveau bzw. Tragfähigkeitsniveau mit dem neuen Ansatz erreicht wird, kann nicht pauschal beantwortet werden, da sich die Nachweise durch die Grenzzustandsbetrachtung (Bemessungsniveau mit Kombinationsfaktoren auf der Einwirkungsseite) im Vorgehen grundsätzlich unterscheiden.

Die Biegebeanspruchung in Scheibenebene ist durch die Betrachtung des Bauteils unter entspre-

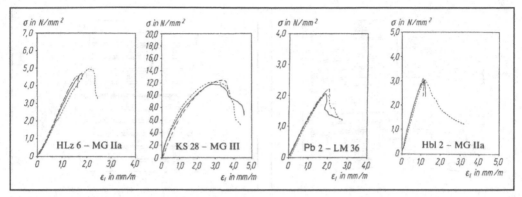

Abb. 3.6-49 Spannungs-Dehnungs-Linien verschiedener Stein-Mörtel-Kombinationen unter Druckbeanspruchung senkrecht zu den Lagerfugen [Meyer/Schubert 1992]

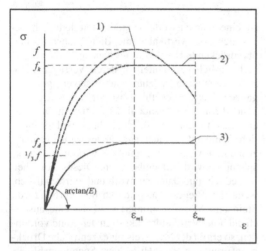

Abb. 3.6.50 Qualitative Arbeitslinie von Mauerwerk nach Eurocode 6 [EN 1996-1-1]

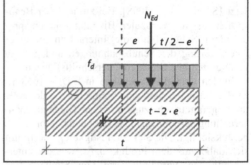

Abb. 3.6-51 Spannungsblock bei der Bemessung unter Druckbeanspruchung

chender Ausmitte der Druckkraft in Wandlängsrichtung lösbar.

Biegebeanspruchung

Reine *horizontale Biegung* in Plattenebene (Abb. 3.6-52) erzeugt in den Steinen Biegezug- und Biegedruckspannungen.

Durch die Tatsache, dass in den Stoßfugen keine Zugspannungen und üblicherweise auch nur geringe Druckspannungen übertragen werden können, muss in jeder Steinreihe die doppelte auf die Steinhöhe bezogene Last abgetragen werden. Ein Versagen des Steins ist durch seine Längszugfestigkeit bestimmt. Daneben werden in den Lagerfugen Torsionsschubspannungen übertragen, deren Verlauf vom Steinformat und der Verbandsausführung – d. h. bei einem regelmäßigen Läuferverband vom Verhältnis von Überbindemaß zu Steinhöhe – abhängt. Ein Versagen ist durch die Überschreitung des Verbundes bestimmt, der sich aus einer Torsionshaftscherfestigkeit und einem von der vertikalen Auflast abhängigen Reibanteil zusammen-

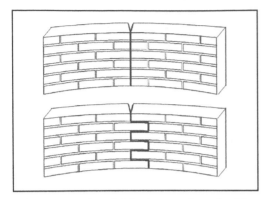

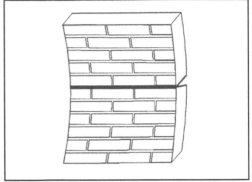

Abb. 3.6-52 Horizontale Biegebeanspruchung einer Mauerwerkswand (schematische Darstellung aus EN 1996-1-1, Bild 3.1) mit zugehöriger Festigkeit f_{x2}

Abb. 3.6-53 Vertikale Biegebeanspruchung einer Mauerwerkswand (schematische Darstellung aus EN 1996-1-1, Bild 3.1) mit zugehöriger Festigkeit f_{x1}

setzt [Schmidt u. a. 2008]. Bei zusätzlicher Beanspruchung mit vertikaler Biegung und entsprechendem Schub führt die Interaktion zu einer Überlagerung der Schubspannungen und ggf. zu veränderten überdrückten Querschnittsflächen.

In den Festigkeitsvorgaben in E DIN 1053-13 ist die Tatsache, dass jede Steinreihe die doppelte ihrer geometrisch zugeordneten Biegezugbeanspruchung aufnehmen muss, über den Faktor $0,5 \cdot f_{bz}$ berücksichtigt. Die Steinzugfestigkeit f_{bz} bestimmt sich dabei aus dem Produkt $\delta_i \cdot f_{bk}$, was die unterschiedlichen Verhältniswerte von Steinzug- zu normierter Druckfestigkeit widergibt. Insbesondere für Porenbeton ist der hohe δ_i-Wert durch die Materialbeschaffenheit erklärbar.

Bezüglich des Torsionshaftscherfestigkeits-Traganteils ist eine Abstufung für vermörtelte und unvermörtelte Stoßfugen vorgesehen, womit Versuchsergebnisse besser beschrieben werden können.

Bei *vertikaler Biegebeanspruchung* (Abb. 3.6-53) treten Biegezugspannungen senkrecht zur Lagerfuge auf. Grundsätzlich stellt sich die Problematik, dass diese Materialfestigkeit stark streut und signifikant durch die Ausführungsgüte und die sonstigen Bedingungen (Klima, Baustoffvorbereitung) bei der Ausführung beeinflusst wird. Ein sicheres Vorhandensein dieser Festigkeitsgröße kann somit in ausreichender Größenordnung nicht angenommen werden. Daher wird dieser Traganteil bei tragenden Wänden, die für die Standsicherheit von Gebäuden erforderlich sind, nicht in Rechnung gestellt. Hier

ist eine nennenswerte Tragfähigkeit lediglich bei ausreichender vertikaler, die Biegebeanspruchung überdrückende Druckkraft vorhanden.

Lediglich bei Bauteilen, deren Versagen nicht zum Einsturz oder zum Stabilitätsversagen des ganzen Tragwerkes führt, ist für kurzzeitig wirkende Lasten der Ansatz dieser Festigkeit für Mauerwerk im Dünnbettmörtelverfahren explizit möglich (Wind auf Ausfachungswände). Eine eventuell zusätzlich vorhandene günstig wirkende Druckspannung wird mit einbezogen. Dieses Vorgehen ist jedoch nur dann sinnvoll und wirtschaftlich, wenn das Biegeversagen durch den Verbund von Stein und Mörtel dominiert wird. Ist eine ausreichend hohe Vertikaldruckkraft in der Wand vorhanden, so ergibt der Nachweis für exzentrische Druckbeanspruchung mit Hilfe des Spannungsblocks deutlich höhere Traglasten.

Des Weiteren ist festzustellen, dass in den Vorgaben zu den Ausfachungsflächen für Mauerwerk mit Normalmörtel in E DIN 1053-11 eine gewisse Haftzugfestigkeit bereits mit eingerechnet ist, ohne dass dieses explizit angegeben wird.

Für den Fall, dass diese Ausfachungswände auch als knickaussteifende Bauteile erweiterte Tragfunktionen aufnehmen, müssen die Folgen eines solchen möglichen Versagens genauer verfolgt werden.

Schubbeanspruchung
Schub in Scheibenebene (vereinfachtes Kragsystem unter kombinierter Beanspruchung in Abb. 3.6-54

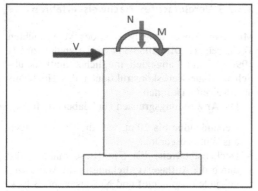

Abb. 3.6-54 Kragscheibe unter kombinierter Beanspruchung. *N* Normalkraft, *M* Biegung, *V* Schub

dargestellt) erzeugt durch die orthotrophen Eigenschaften von Steinen und die Verbandsgliederung ungleichmäßige Spannungsverläufe im Mauerwerk (Abb. 3.6-55). Stoßfugen nehmen bei der heute üblichen unvermörtelten Ausführung keine nennenswerten Spannungen auf. Aus Gleichgewichtsgründen ist bei Schnittführung in den Lagerfugen somit eine unterschiedliche Normalspannungsverteilung in den vier Teilabschnitten erforderlich [Mann/Müller 1985; Kranzler 2008]. Die Verteilung der Schubspannungen kann auf verschiedene Art beschrieben werden – üblicherweise wird vor Erreichen von Gleitverschiebungen in der Fuge ein parabelförmiger Verlauf angenommen. Ab dem Auftreten einer Relativverschiebung wird die Haftscherfestigkeit abgebaut – eine weitere Laststeigerung ist bis zum Durchplastifizieren der gesamten Gleitfläche möglich. Hier kann sich die Horizontallast auf den globalen Reibwert – ohne Abminderung infolge blockförmiger Normalspannungsverteilung in den Lagerfugen – angleichen.

Als Versagenskriterien können folgende Fälle angesehen werden:

– *Biegedruckversagen* (Eckbereiche)
  Die Wand versagt in der Biegedruckzone aufgrund des Erreichens der Mauerwerksdruckfestigkeit.
– *Horizontales Gleiten in den Lagerfugen*
  Bei geringer Haftscherfestigkeit in der untersten Fuge gleitet das gesamte Bauteil mit ungestörtem Verband in der horizontalen Fuge.
– *Rotation und Kippen der Einzelsteine* (treppenförmiges Rissbild in Stoß- und Lagerfugen) – auch als Klaffen der Lagerfugen bezeichnet.
  Bei geringer Vertikalkraft in der Wand führt ein großes Verhältnis von Steinhöhe zu Steinlänge zu einer Steinrotation mit Klaffen der Lagerfugen (gegenüberliegende Quadranten).
– *Steinzugversagen* (bei symmetrischen Systemen i. d. R. in Wandmitte)
  Bei hoher Auflast führt die schiefe Hauptzugspannung zu einem Zugversagen des diesbezüglich i. d. R. in Wandmitte maximal beanspruchten Steins.

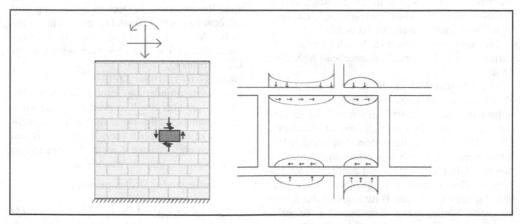

Abb. 3.6-55 Spannungszustand an einem aus einer kombiniert beanspruchten Mauerwerksscheibe herausgeschnittenen Einzelstein (Darstellung mit im Vergleich zum regelmäßigen Läuferverband reduziertem Überbindemaß)

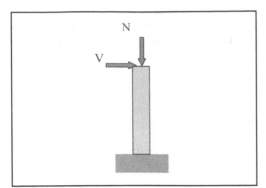

Abb. 3.6-56 Auf Plattenschub beanspruchte Mauerwerkswand (vereinfacht ohne angreifende äußere Momentenbeanspruchung dargestellt)

– *Ecksteinversagen in Folge eines Reibversagens in Wandmitte*
Durch ein abgetrepptes Rissbild in den Stoß- und Lagerfugen (Reibgleiten in den geringer beanspruchten Quadranten des Steine) wird der Stein im untersten Eckbereich höher beansprucht (Druck und Schub) und es erfolgt ein Steinversagen in Form eines annähernd vertikalen Risses.

Insbesondere bei sehr kleinen Überbindemaßen und hohen Steinen kann es zudem zu einem Abreißen des Eckbereiches eines Einzelsteins kommen, was in den üblichen Bemessungsansätzen nicht explizit beschrieben ist und durch die Angleichung der teilweise empirischen Bemessungsgleichungen an die Versuchswerte abgedeckt wurde.
Der Spannungszustand stellt sich qualitativ bei variablem Überbindemaß entsprechend Abb. 3.6-55 dar:
Bei Plattenschub stellt sich für einschalige Wände keine ungleichmäßige Schubspannungsverteilung dar, da bei Einsteinmauerwerk keine Verbandsausführung in Querrichtung zu Störungen führt (Abb. 3.6-56). Die in dem überdrückten Bereich übertragbaren Schublasten sind lediglich von der Haftscherfestigkeit und dem Reibanteil abhängig. Der Einbau von üblichen Horizontalabdichtungen (besandete Bitumendachbahn R500) hat nach vorliegendem Kenntnisstand keinerlei negative Auswirkungen auf die Schubtragfähigkeit.

3.6.2.5 Vereinfachtes Nachweisverfahren

Mit dem Anwendungsbereich des vereinfachten Verfahrens (E DIN 1053-11) wird – analog zu EN 1996-3 – darauf abgezielt, möglichst sämtliche üblichen Mauerwerkskonstruktionen des Hochbaus nachweisen zu können.
Die Anwendungsgrenzen sind dabei wie folgt:

– Gebäudehöhe bis 20 m, was die Einwirkungen aus Wind beschränkt,
– Deckenstützweite bis 6 m (Beschränkung der durch die Auflagerverdrehung in die Wand eingeleiteten Momente) und Nutzlasten bis 3 bzw. 5 kN/m²,
– Beschränkungen der Wandhöhe (Schlankheit) gem. Bauteilart (Innenwand oder Außenwand).

Allgemein sind Fälle, bei denen größere horizontale Lasten oder vertikale Lasten mit größerer Ausmitte angreifen und somit Biegung in den Wänden erzeugen durch das genauere Verfahren nachzuweisen. Gleiches gilt für Kragwände. Zudem sind Bauteile, bei denen ein Nachweis der Schubtragfähigkeit oder der Aussteifung erforderlich ist, ebenfalls mit dem genaueren Nachweisverfahren zu behandeln, da im vereinfachten Verfahren keine Schubbemessung implementiert ist.
Die Nachweise im vereinfachten Verfahren konzentrieren sich dabei auf den Nachweis der Druckbeanspruchung (zentrisch/exzentrisch):

– Die Traglastminderung infolge der Einleitung von Momenten infolge Deckeneinspannung wird mit dem Faktor Φ_1 erfasst. Dieser wird in der aktuellen Vorschrift in Abhängigkeit der Deckenspannweite sowie der Mauerwerksdruckfestigkeit berechnet.
(Φ_1: s. Gl.n (3.6.10 bis 3.6.13)
– Die Traglastminderung infolge Knickens bestimmt sich über den Kennwert der Schlankheit h_k/t sowie bei teilweise aufliegenden Deckenplatten zusätzlich noch über das Verhältnis von Auflagertiefe a, Dicke einer evtl. vorhandenen Vormauerung t_v und der Wanddicke t:

Bei voll aufliegenden Deckenplatten:

$$\Phi_2 = 0,85 - 0,0011 \cdot \left(\frac{h_k}{t}\right)^2. \qquad (3.6.15)$$

Bei teilweise aufliegenden Deckenplatten:

$$\Phi_2 = 0{,}85 \cdot \left(\frac{a + 0{,}5 \cdot t_v}{t} \right) - 0{,}0011 \cdot \left(\frac{h_k}{t} \right)^2.$$

$$(3.6.16)$$

Die Biegebeanspruchung ist im vereinfachten Verfahren rechnerisch nicht explizit nachzuweisen, da dominierend biegebeanspruchte Wände entweder bei Ausfachungsflächen durch Einhaltung der Größenbeschränkungen oder bei Kelleraußenwände durch einen besonderen Nachweis bemessen werden.

Nachweise auf Schub werden im vereinfachten Verfahren grundsätzlich als nicht erforderlich angesehen, da die Anforderungen (konstruktive Anforderungen, Beschränkung des Anwendungsbereiches) und die entsprechend geringen Lasten dieses nicht notwendig machen. Kann auf einen Nachweis der Schubtragfähigkeit bei der Konstruktion (Aussteifung) oder einzelner Bauteile nicht verzichtet werden, so ist das genaue Verfahren anzuwenden.

Bei Mauerwerkswänden, die neben der Beanspruchung in Plattenebene (Deckeneinspannung, Knickeinfluss) noch gewisse Scheibenbeanspruchung aufweisen, z.B. infolge in Wandlängsrichtung ungleichmäßiger Vertikallasten am Wandkopf, können diese Effekte dadurch abgedeckt werden, dass der Nachweis im Bereich der höchsten Normalkraftbeanspruchung durchgeführt wird. Weitere Nachweise hinsichtlich der Scheibenbeanspruchung sind dann i. d. R. entbehrlich.

3.6.2.6 Genaueres Nachweisverfahren

Mit dem genaueren Nachweisverfahren in E DIN 1053-13 wird durch detailliertere Beschreibungen (Modelle auf Einwirkungs- und Widerstandsseite) eine bessere Ausnutzung des Materials ermöglicht. Durch dieses Referenzverfahren werden auch Bauwerke und Bauteile nachweisbar, die aus dem Anwendungsbereich des vereinfachten Verfahrens herausfallen.

Zentrische und exzentrische Querschnittstragfähigkeit

Bei einer zentrischen oder exzentrischen Druckbeanspruchung senkrecht zu den Lagerfugen wird für die Bemessung ein blockförmiger Spannungsverlauf mit dem Betrag f_d angesetzt (s. Abb. 3.6-51).

Für den Nachweis wird die Querschnittstragfähigkeit N_{Rd} als Produkt von Bruttoquerschnittsfläche A, Bemessungswert der Mauerwerksdruckfestigkeit f_d und dem Abminderungsfaktor Φ beschrieben:

$$N_{Rd} = \Phi \cdot A \cdot f_d \qquad (3.6.17)$$

Bei einseitiger Lastausmitte $e = M/N$ ergibt sich für einen Rechteckquerschnitt der Breite t der Abminderungsfaktor Φ zu

$$\Phi = 1 - 2 \cdot \frac{e}{t} \qquad (3.6.18)$$

Für den rechnerischen Nachweis bei Scheibenbeanspruchung wird der Ausdruck als Nachweis am Wandkopf bzw. -fuß (Index i) umgeformt zu:

$$\Phi_i = \left(1 - 2 \cdot \left(\frac{e_0}{l_w} + \frac{V_{Ed}}{N_{Ed}} \cdot \lambda_V \right) \right) \qquad (3.6.19)$$

Über den Ausdruck der Schubschlankheit λ_V als Verhältnis von Wandhöhe zu Wandlänge wird die Schubwand auf ein entsprechendes Ersatzsystem zurückgeführt. Bei der Nachweisgleichung geht die planmäßige Lastausmitte am Wandkopf e_0 und eine ggf. angreifende Schublast in Scheibenebene V_{Ed} ein (kombinierte N-M-V-Beanspruchung).

Im Bereich der halben Geschosshöhe (Index m), bei der neben der planmäßigen und unplanmäßigen Lastausmitte auch noch Effekte der Knickgefahr Einfluss haben, bestimmt sich der Abminderungsfaktor

$$\Phi_m = 1{,}14 \cdot \left(1 - 2 \cdot \frac{e_m}{t} \right) - 0{,}024 \cdot \frac{h_k}{t} \leq 1 - 2 \cdot \frac{e_m}{t}$$

$$(3.6.20)$$

Schlankheiten sind nun bis 27 erlaubt. Die anzusetzende Ausmitte e_m setzt sich dabei zusammen aus
– planmäßiger Anteil, $M_{Ed,m}/N_{Ed,m}$
– ungewollte Ausmitte, $e_a = h_k/450$
– Kriechausmitte (nur bei $h_k/t > 10$ anzusetzen):

$$e_{mk} = 0{,}002 \cdot \varphi_\infty \cdot h_k \cdot \sqrt{\frac{\frac{M_{Ed,m}}{N_{Ed,m}} + e_a}{t}} \qquad (3.6.21)$$

Kombinierte Beanspruchung

Wird ein Bauteil durch verschiedene Schnittgrößen in Scheiben- und Plattenebene beansprucht, so kann eine Berücksichtigung der Interaktion im

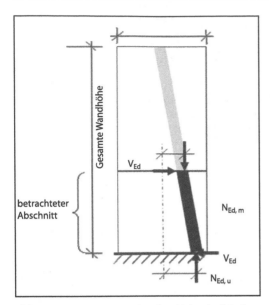

Abb. 3.6-57 Ersatzsystem einer kombiniert in Scheiben-ebene beanspruchten Mauerwerksscheibe (Normalkraft-Biegung-Schub)

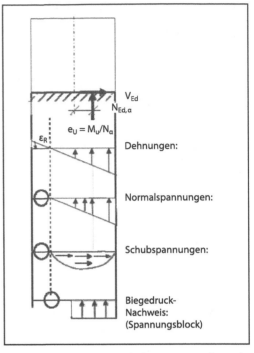

Abb. 3.6-58 Dehnungs- und Spannungsverteilung im Schnitt am Wandfuß einer kombiniert in Scheibenebene beanspruchten Mauerwerksscheibe unter Annahme der Bernoulli-Hypothese

Einzelfall erforderlich sein. Gleiches gilt für doppelte Biegung, bei der der Spannungsblock geometrisch reduziert unter Einhaltung der Gleichgewichtsbedingungen auftritt.

Im genaueren Verfahren wird angenommen, dass die kombinierte Beanspruchung im Regelfall allein bei der Kombination von Biegung um die starke Achse (beschrieben durch Φ_i, s. (3.6.18) mit Anpassung der Schubschlankheit, da der Nachweis hier nun in halber Geschosshöhe zu führen ist) und dem Knicksicherheitsnachweis (3.6.19) erforderlich wird. Bei dem Schubnachweis in Scheibenebene ist ein Klaffen infolge Plattenbiegung i. d. R. nicht maßgebend.

Scheibenbeanspruchung

Bei den Nachweisen klassischer Scheiben unter kombinierter N-M-V-Beanspruchung ist eine Unterscheidung nach den Dehnungen, den Spannungen für den Schubnachweis und der Idealisierung für den Nachweis der Drucktragfähigkeit wichtig.

Für ein Einzelbauteil ergibt sich das Ersatzsystem nach Abb. 3.6-57.

Für die Nachweisführung ist in den maßgebenden Schnitten (i. d. R. am Wandfuß, in Wandmitte und am Wandkopf) die Dehnungs- und Spannungsverteilung unter den gegeben Einwirkungen zu bestimmen (s. Abb. 3.6-58).

Der Dehnungszustand ist durch die Beschränkung der Ausmitte und der Randdehnung nachzuweisen (ggf. Entfall des Haftscherfestigkeitstraganteils beim Schubnachweis). Die Verteilung der Schubspannungen im überdrückten Querschnittsbereich wird über den Schubspannungsverteilungsfaktor c ($1,0 \leq c \leq 1,5$) bestimmt, welcher von der Schubschlankheit $\lambda_V = h_s/l_w$ der Wand abhängt.

Als Nachweiskriterien werden folgende Punkte betrachtet:

– Biegedrucknachweis mit dem Spannungsblock: Die Querschnittsragfähigkeit ist durch den Abminderungsfaktor $\Phi = 1-2*e/t$ bestimmt, s. Gl.

(3.6.17). An Ersatzsystemen in Form von Kragwänden kann durch die Einführung einer Schubschlankheit und einer Anfangsexzentrizität e_0 der Ausdruck weiter umgeformt werden, s. Gl. (3.6.18).

– Schubdruckversagen (maßgebend nur bei kleinen Überbindemaßen ü/h<0,4): lokales Druckversagen bei kleinen Überbindemaßen

$$V_{Rk,D} = \frac{\ddot{u}}{c \cdot h_{St}} \cdot \left(f_k \cdot t_l \cdot l'_{w,Sb} - N_{Ed}\right) \qquad (3.6.22)$$

– Fugenversagen (Klaffen der Lagerfuge, maßgebend nur bei Elementmauerwerk, d. h. bei Mauerwerk aus Planelementen oder Großblöcken und nur bei unvermörtelten Stoßfugen und einem Verhältnis von Steinhöhe zu -länge >1):

$$V_{Rk,K} = K_1 \cdot \frac{1}{2} \cdot \left(\frac{l_{St}}{h_{St}} + \frac{l_{St}}{h_s}\right) \cdot N_{Ed} \qquad (3.6.23)$$

– Reibungsversagen:
Einerseits Gleitsicherheitsnachweis mit lokal blockförmig reduziertem Normalspannungsverlauf in den Lagerfugen bei Berücksichtigung der Haftscherfestigkeit und andererseits globaler Gleitnachweis ohne Haftscherfestigkeitstraganteil (nach erfolgtem Abbau der Haftscherfestigkeit durch geringe Gleitverformung) ohne Ansatz eines blockförmig reduzierten Normalspannungsverlaufes in den Lagerfugen (der größere von beiden Tragfähigkeitswerten ist maßgebend).

$$V_{Rk,R} = \frac{1}{c} \cdot \frac{1}{1+\mu} \cdot \left(f_{vk1} \cdot l'_{w,lin} \cdot t_1 + \mu \cdot N_{Ed}\right) \geq \mu \cdot N_{Ed} \qquad (3.6.24)$$

– Steinzugversagen:
Durch Überschreiten der schrägen Hauptzugspannung im Stein erfolgt ein Zugversagen. Aufgrund der möglichen Spannungszustände in Schubwänden kann dieses Kriterium nur bei kleinen Schubschlankheiten maßgebend werden. Bei Porenbeton mit λ>1 und bei sonstigem Mauerwerk mit λ>1,5 ist dieser Nachweis daher nicht zu führen.

Für allgemeines Mauerwerk außer aus Porenbetonsteinen:

$$V_{Rk,S1} = \frac{1}{c} \cdot f_{bt,cal} \cdot \frac{1}{F^{*2}} \cdot$$
$$\left(\sqrt{1 + F^{*2} \cdot \left(1 + \frac{N_{Ed}}{t \cdot l_w \cdot f_{bt,cal}}\right)} - 1\right) \cdot t \cdot l_w \qquad (3.6.25)$$

Für Mauerwerk aus Porenbetonsteinen:

$$V_{Rk,S2} = \frac{1}{c} \cdot f_{bt,cal} \cdot \frac{2}{F^{*2}} \cdot$$
$$\left(\sqrt{1 + \frac{F^{*2}}{4} \cdot \left(1 + \frac{N_{Ed}}{t \cdot l_w \cdot f_{bt,cal}}\right)} - 1\right) \cdot t \cdot l_w \qquad (3.6.26)$$

3.6.2.7 Zweischaliges Mauerwerk

Bei zweischaligem Mauerwerk wird die äußere Schale an der Lastabtragung der Hauptkonstruktion nicht beteiligt. Die Schale muss im Wesentlichen allein ihr Eigengewicht und Lasten aus Wind in die Unterkonstruktion abtragen. Zwänge werden durch Fugenteilungen in horizontaler und vertikaler Richtung vermieden.

Die äußeren Horizontallasten senkrecht zur Fläche resultieren aus Wind, welcher über die Drahtanker in die Tragschale abgeleitet wird [Pfeiffer u. a. 2001]. In den Vorschriften sind Angaben zu Ankeranzahlen pro m² und an freien Enden pro Laufmeter angegeben, die sich in der Vergangenheit bewährt haben. Neben der Ankertragfähigkeit als solche ist auch die Verankerung der Kräfte in der Hintermauerschale und der Vormauerschale ein Bemessungskriterium, was insbesondere Einfluss auf die Mindestdicke der Vormauerschale hat.

Größere Lasten in der Ebene können lediglich bei Erdbeben auftreten. Hier ist die Ableitung allein durch Scheibentragwirkung in die Abfangekonstruktion am Wandfuß möglich, da die biegeweichen Anker für die Abtragung nennenswerter Querlasten nicht ausreichen.

3.6.2.8 Bewehrtes Mauerwerk

Bewehrtes Mauerwerk hat den Vorteil, dass die geringe Zugfestigkeit von Mauerwerk durch Einbau zugfester Bewehrungselemente deutlich erhöht wird. Aufgrund der geometrischen Randbedingungen ist jedoch nur ein deutlich geringerer Bewehrungsgehalt als im Stahlbetonbau möglich. Grundsätzlich ist die Orientierung interner Bewehrung entsprechend der orthogonalen Struktur des Mauerwerks vertikal bzw. horizontal vorgegeben. Lediglich in Sonderfällen – z. B. bei der Sanierung vorgeschädigten Mauerwerks – ist auch die Anordnung von an der Oberfläche aufgeklebter Bewehrung sinnvoll.

Der Einbau einer horizontalen Bewehrung erfolgt üblicherweise in den Lagerfugen oder in horizontal angeordneten speziellen Formsteinen und kann somit sukzessive dem Herstellfortschritt eingebracht werden. Die vertikale Bewehrung dagegen ist entweder in angepassten Steinen mit vertikalen größeren Löchern anzuordnen oder zu ummauern. Die einzelnen Bewehrungsteile sind daher entweder über die Höhe zu stoßen (überlappend oder mechanisch verbunden) oder es erfolgt ein Einfädeln der Steine über die Bewehrung der gesamten Wandhöhe. Bei ummauerten Aussparungen entfällt dieses entsprechend. Nichtsdestotrotz ist durch die mechanische Beanspruchung im Bauzustand eine Störung des Verbundes zwischen Bewehrung und Mörtel bzw. Betonverguss unvermeidlich.

In Sonderfällen ist auch ein Einführen der Bewehrung nach dem Aufmauern der geschosshohen Wand möglich, jedoch ergeben sich dann Schwierigkeiten, die Verankerung der Bewehrung im dem unter der Wand befindlichen Bauteil – i. d. R. eine Stahlbetondecke oder -fundament – sicherzustellen.

Für die Übertragung der Verbundkräfte zwischen Bewehrung und Mauerwerk wird erstere in Mörtel oder Beton eingebettet. Die Festigkeit des Mörtels und des Betons bzw. seine Verdichtung sind dabei entscheidend für einen guten Verbund. Neben Rippungen ist auch der Einsatz von angeschweißten Querstäben für die Verankerungsfunktion üblich.

Bezüglich des Korrosionsschutzes sind bei dauernd trockenem Raumklima grundsätzlich keine besonderen Maßnahmen erforderlich. In allen anderen Fällen ist beim Einbau in Mörtel ein Schutz mittels Feuerverzinken oder der Einsatz von nichtrostendem Stahl notwendig. Der Zementmörtel allein ist aufgrund seiner nicht ausreichenden Gefügedichtigkeit (hoher w/b-Wert) und des raschen Karbonatisierungsfortschrittes nicht geeignet, einen dauerhaften Schutz des Stahls bei nicht dauernd trockenem Raumklima zu gewähr-

leisten. Beim Einbetten in Beton gelten die Anforderungen gemäß den Betonbauvorgaben.

Einsatzgebiete

Bewehrung im Mauerwerk kann zum einen statisch in Rechnung gestellt werden, zum anderen aber auch nur konstruktiv – z. B. zur Rissesicherung oder Erhöhung des Dämpfungsvermögens sowie der Nachbruchtragfähigkeit bei Erdbebenbeanspruchung – angeordnet werden.

Statisch in Rechnung gestellte Bewehrung wird für die Aufnahme von Zug- oder Biegezugbeanspruchungen eingesetzt. Eine wesentliche Erhöhung der Schubtragfähigkeit oder der Drucktragfähigkeit wird in den aktuellen Vorschriften nicht berücksichtigt.

Ein entscheidender Punkt ist jedoch, dass bei kraftschlüssigem Anschluss der Bewehrung an die Nachbarbauteile auch der Dehnungs- und Spannungszustand der Bauteile insgesamt günstig beeinflusst wird. So kann bei Schubwänden ein Klaffen der Lagerfugen durch vertikale Bewehrung deutlich reduziert und durch die größere überdrückte Länge ein günstigeres Verhalten erreicht werden.

Einen Sonderfall des bewehrten Mauerwerks stellen sog. Flachstürze dar. Hier wird für die Überbrückung von Öffnungen die Druck- und Schubtragfähigkeit durch Zusammenwirken eines vorgefertigten Zuggurtes mit der zugehörigen Übermauerung sichergestellt. Bezüglich der Biegetragfähigkeit ist das System als Druckbogen-Zugband-Modell zu idealisieren. Die Schubtragfähigkeit wird durch die Schubschlankheit $\lambda = M_{max}/(V_{max} \cdot d)$ beeinflusst, welche ein Indiz für die beiden möglichen Versagenskriterien *Steinzugversagen* und *Fugenversagen* darstellt. Die versuchsmäßige Auswertung geht davon aus, dass bis zu $\lambda = 0,6$ ein Steinzugversagen (steile Druckstrebe im Auflagerbereich und damit Steinzugversagen infolge Vertikaldruck) und bei höheren Schubschlankheiten infolge der flach geneigten Druckstreben ein Verbundversagen zwischen Stein und Mörtel stattfindet (Gleiten in den Lager-/Stoßfugen) (s. Abb. 3.6-59).

Der Zuggurt ist i. d. R. ein Formstein, in den Bewehrungsstäbe in Beton eingebettet sind (Ausnahme: Porenbetonstürze). Der Korrosionsschutz erfolgt dabei durch die Betondeckung. Wegen der Verschärfung der diesbezüglichen Anforderungen

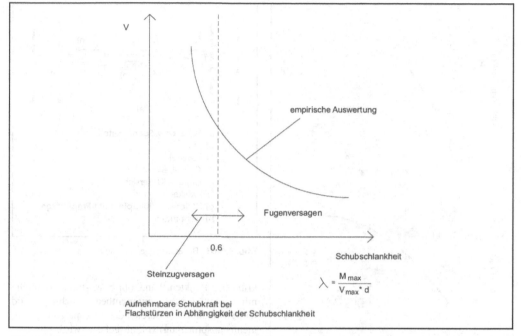

Abb. 3.6-59 Aufnehmbare Schubkraft von Flachsturzsystemen in Abhängigkeit der Schubschlankheit (qualitative Darstellung)

in der Betonbaunorm wurden besondere Vorgaben hinsichtlich des verwendeten Zementes und des w-b-Wertes erforderlich, um die vorhandenen Geometrien weiter verwenden zu können.

Im Zuge der Bemessung und Konstruktion ist zudem die Verankerung der Biegezugbewehrung über dem Auflager nachzuweisen.

Bemessung

Bezüglich der Bemessung wird bei biegebeanspruchten Bauteilen in der deutschen Norm eine Spannungs-Dehnungs-Linie entsprechend Abb. 3.6-60 angesetzt. Im Vergleich zu Betonbauteilen sind zum einen die geringere maximal zulässige Dehnung der Bewehrung von 2,5‰ und zum anderen die geringere Völligkeit der Mauerwerkslinie mit einer maximalen Stauchung von 2‰ erkennbar.

Nach Eurocode 6 (2006) sind die Einschränkungen deutlich geringer. Die maximale Stauchung von Mauerwerk ist auf 3,5‰ zugelassen – die maximale Dehnung der Bewehrung beträgt 20‰.

3.6.2.9 Kellermauerwerk

Kellermauerwerk zeichnet sich durch die Besonderheit aus, dass neben den vertikalen Lasten zusätzlich noch hohe Horizontallasten infolge Erddruck auf die Mauerwerkswand wirken. Die Lastabtragung erfolgt größtenteils durch vertikale Biegung auf die Decke über dem Kellergeschoss sowie auf das Fundament. Die Geschossdecke muss dabei die Horizontallasten aufnehmen und auf die aussteifenden Querwände des Gebäudes über Scheibenwirkung verteilen. Alternativ sind auch rechnerisch nachgewiesene Ringbalken möglich.

Für den Erddruckansatz ist ein aktiver Erddruckbeiwert üblicherweise ausreichend, da bei Wänden üblicher Dimensionierung – d. h. die Wände sind nicht erheblich dicker als statisch erforderlich – eine ausreichende Verformbarkeit gegeben ist. Im Grenzzustand der Tragfähigkeit wird grundsätzlich davon ausgegangen, dass große Lastausmitten im Querschnitt auftreten und entsprechend große Verformungen der Wände infolge

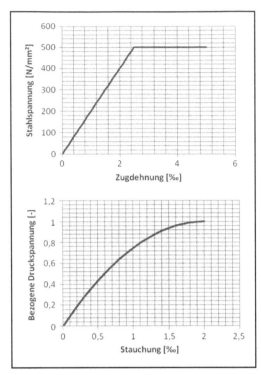

Abb. 3.6-60 Spannungs-Dehnungs-Linien für Stahl und Mauerwerk bei biegebeanspruchten bewehrten Mauerwerksbauteilen nach DN 1053-3

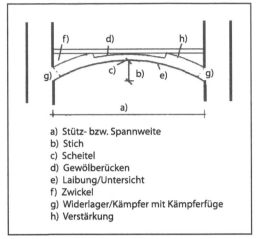

a) Stütz- bzw. Spannweite
b) Stich
c) Scheitel
d) Gewölberücken
e) Laibung/Untersicht
f) Zwickel
g) Widerlager/Kämpfer mit Kämpferfüge
h) Verstärkung

Abb. 3.6-61 Bezeichnungen an Gewölben

Querschnittklaffens. Zudem ergibt sich bei hohen horizontalen Verformungen der Wände aus der Kinematik eine Verlängerung der Wandachse und durch das Aufsteigen werden zusätzliche Auflasten aus den Geschossdecken durch Umlagerung aktiviert.

Bei der Ausführung ist darauf zu achten, dass das Verfüllen des Arbeitsraums erst bei ausreichender Auflast auf die Wände erfolgt und dass kein schweres Verdichtungsgerät verwendet wird [E DIN1053-12 (2009)].

Für eine ausreichende Biegetragfähigkeit in vertikaler Richtung ist aufgrund der nicht ansetzbaren Haftzugfestigkeit zwischen Stein und Mörtel eine entsprechend hohe Mindestauflast $n_{d,inf}$ in der Wand erforderlich. Die obere Grenze der Normaldruckkraft $n_{d,sup}$ der Wand ist das Kriterium der Biegedrucktragfähigkeit, bei dem die Biegedruckzone in den drei kritischen Punkten Wandkopf bzw. -fuß ($\approx$ Bereiche mit maximaler Stützmomentbeanspruchung) und halbe Wandhöhe ($\approx$ Bereich der maximalen Feldmomentbeanspruchung) voll ausgelastet wird.

Sind die Kellerwände durch quer aussteifende Bauteile, z. B. Querwände, Pfeilervorlagen oder Stahlbetonstützen, in kurzen Abständen gehalten, so kann von einer zweiachsigen Lastabtragung ausgegangen werden. Für die Bemessung nach den einschlägigen Gleichungen in E DIN 1053-11 und 1053-13 ist eine Abminderung bis auf 50% der einachsigen Mindestauflast $n_{d,inf}$ zulässig.

3.6.2.10 Gewölbe

Die Tragwirkung von Gewölben basiert auf der Umleitung der Normaldruckkraft in einem Bauteil entsprechend den quer wirkenden äußeren Lasten. Durch die Krümmung der Achse in Form der Stützlinie der angreifenden Beanspruchungen herrschen im idealisierten Querschnitt allein Druckspannungen. Zug- oder Biegezugfestigkeiten sind dazu nicht erforderlich, was die Nachweisführung für unbewehrtes Mauerwerk erlaubt. Die Tragwirkung von Gewölben kann dabei ein- oder zweiachsig erfolgen. In Abb. 3.6-61 sind die wichtigsten Bezeichnungen dargestellt.

Entscheidend für die Gewölbetragwirkung ist zudem, dass die Auflagerpunkte – die sog. Wider-

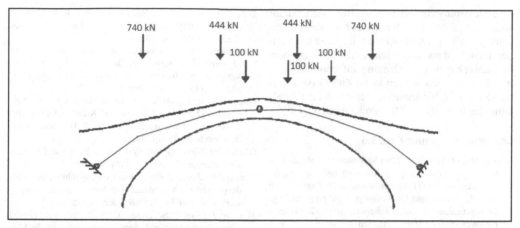

Abb. 3.6-62 Stützlinie eines Gewölbequerschnittes unter angreifenden Einzellasten aus ständigen und veränderlichen Einwirkungen

lager oder Kämpfer – sich durch die eingeleiteten Abstützkräfte nicht oder nur sehr gering verformen. Eine Nachgiebigkeit spiegelt sich sofort in der Änderung und Abflachung der Systemlinie mit Reduktion des Stiches wieder, was im Weiteren zu einer Erhöhung der Druckkraft führt.

Für die Lage der resultierenden Stützkraft im Gewölbe gelten grundsätzlich die gleichen Anforderungen wie für den Drucknachweis axial beanspruchter Mauerwerkswände, d.h. die zulässige Ausmitte ist beschränkt. Bezüglich der zulässigen Normalspannungen kann ebenfalls auf den Spannungsblock zurückgegriffen werden.

Die einfachste rechnerische Erfassung von einachsig tragenden Gewölben unter Einzellasten ist durch das Stützlinienverfahren möglich. Hierbei handelt es sich um eine gespiegelte Kettenlinie, die durch die beiden Kämpfergelenke und das Scheitelgelenk läuft. Die geometrische Positionierung dieser drei Zwangspunkte muss innerhalb des Querschnittes liegen und die allgemeinen Anforderungen hinsichtlich zugelassener Ausmitte erfüllen. Für verschiedene Laststellungen sind somit unterschiedliche Systeme möglich. Die Stützlinie wird nur durch vektorielle Addition aller angreifenden Kräfte bestimmt. In Abb. 3.6-62 ist als Beispiel ein System unter mehreren einwirkenden Einzellasten dargestellt.

In der Praxis stellt sich oft die Frage der Tragfähigkeit von bestehenden Kappengewölben. Bei

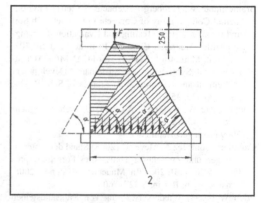

Abb. 3.6-63 Belastung eines Sturzbauteils durch darüber liegendes Mauerwerk, Einzellasten und eine Geschossdecke unter Annahme der Ausbildung eines Gewölbes (Belastungsdreieck). *1* belastendes Mauerwerk, *2* Stützweite [E DIN 1053-13].

Einhaltung der in E DIN 1053-13, Anhang A angegebenen Randbedingungen – insbesondere das Stichverhältnis und die Sicherstellung der Aufnahme des Horizontallschubes in den Endfeldern – sind die Systeme ohne weitergehende Berechnungen als standsicher anzusehen.

Daneben ist bei Biegebauteilen, welche Öffnung überspannen, durch die sich einstellende Gewölbetragwirkung des Mauerwerksverbandes davon auszugehen, dass nur Lasten, die innerhalb des sog. Belastungsdreieckes angreifen, sich darauf ablasten und der Rest durch Gewölbewirkung abgetragen wird (s. Abb. 3.6-63). Bedingung ist dabei jedoch, dass der Horizontalschub von dem Mauerwerk neben der Öffnung aufgenommen und weiter abgetragen werden kann. Zudem ist bei reduzierten Überbindemaßen ü/h < 0,4 eine Erhöhung des Winkels α > 60° durchzuführen.

Literaturverzeichnis Kap. 3.6

Backes H P (1983, 1985) Zum Verhalten von Mauerwerk bei Zugbeanspruchung in Richtung der Lagerfugen. Dissertation RWTH Aachen sowie auch Zugfestigkeit von Mauerwerk und Verformungsverhalten unter Zugbeanspruchung. Forschungsbericht Nr. F 124, Institut für Bauforschung (Hrsg), Aachen

Baier G (2007) Der Wand-Decken-Knoten im Mauerwerksbau – Verfahren zur realistischen Bestimmung der Lastexzentrizität in den Wänden. Dissertation TU Dresden

Brameshuber W; Hohberg I; Uebachs S (2001) Environmental Compatibility of Concrete in Contact with Soil and Ground Water – Testing and Evaluation. Farmington Hills: American Concrete Institute, ACI SP-202, 2001. In: Malhotra V M (Ed) Third CANMET/ACI International Symposium on Sustainable Development of Cement and Concrete, San Francisco, Sept. 16-19, 2001, pp 339–353

Brameshuber W; Vollpracht A (2009) Umweltverträglichkeit von mineralischen Baustoffen. In: Mauerwerk 4, 2009 (wird veröffentlicht)

Caballero Gonzalez A; Meyer U (2008) Stand der Untersuchungen und Zwischenergebnisse des Forschungsprojekts ESECMaSE 2008. In: Mauerwerk-Kalender 2008. Ernst & Sohn, Berlin, S 727–760

Eden W (1994) Wiederverwertung von Kalksandsteinen aus Abbruch von Bauwerken bzw. aus fehlerhaften Steinen aus dem Produktionsprozeß. Forschungsbericht Nr. 80, Bundesverband Kalksandsteinindustrie e.V., Hannover

Eden W (1997) Herstellung von Kalksandsteinen aus Bruchmaterial von Kalksandsteinmauerwerk mit anhaftenden Resten von Dämmstoffen sowie weiterer Baureststoffe. Forschungsbericht Nr. 86, Forschungsvereinigung Kalk-Sand e.V., Hannover

Eden W; Kaczmarek T; Meyer G; Waltermann G; Zapf H (1995) Ökobilanz für den Baustoff Kalksandstein und Kalksandstein-Wandkonstruktionen. Forschungsbericht 82, Forschungsvereinigung Kalk-Sand e.V., Hannover

Eyerer P; Reinhardt H-W (2000) Ökologische Bilanzierung von Baustoffen und Gebäuden: Wege zu einer ganzheitlichen Bilanzierung. Birkhäuser, Basel

Fath F; Hums D; Lang-Beddoe T; Lippe K F; Lutter J (1994) Ökologie heute – Bauen im Einklang mit der Natur. YTONG AG, München

Gänßmantel J (1997) Ökologische Aspekte von Putz- und Mauermörtel – Rohstoffe, Herstellung, Transport und Verarbeitung. In: 13. Internationale Baustofftagung, 1997, Bauhaus-Univ., Weimar

Glitza H (1984) Zum Kriechen von Mauerwerk. In: Bautechnik 12/1985, S-415–418 und Kriechverhalten von Mauerwerk. Forschungsbericht Nr. F 163, Institut für Bauforschung (Hrsg), Aachen

Glock Ch (2004) Traglast unbewehrter Beton- und Mauerwerkswände. Dissertation TU Darmstadt

Heer B; Schubert P (1998) Umweltverträglichkeit und Wiederverwertung von Mauerwerk-Baustoffen. In: Mauerwerk-Kalender 24. Ernst & Sohn, Berlin

Jäger W; Fehling E; Schermer D; Stürz J; Schöps P (2008) Chancen und Möglichkeiten/Konsequenzen für die Modellierung von Mauerwerksgebäuden. Das Mauerwerk (2008) 4

Kirtschig K; Meyer J (1989) Baukostendämpfung durch Ermittlung des Einflusses der Güte der Ausführung auf die Druckfestigkeit von Mauerwerk. Forschungsbericht F 2141, IRB-Verlag, Stuttgart

Kranzler T (2008) Tragfähigkeit überwiegend horizontal beanspruchter Aussteifungsscheiben aus unbewehrtem Mauerwerk. Dissertation TU Darmstadt

Kreißig J (1997) Untersuchung über Primärenergieaufwand bei der Produktion von Bimsbaustoffen/Ökobilanz. – In: Naturbims. Tagungsband zur Informationsveranstaltung Neues aus Forschung und Lehre zum Bauen mit Bimsbaustoffen. Fachvereinigung der Bims- und Leichtbetonindustrie e.V., Neuwied, S 5–11

Mann W (1983) Druckfestigkeit von Mauerwerk; eine statistische Auswertung von Versuchsergebnissen in geschlossener Darstellung mit Hilfe von Potenzfunktion. In: Mauerwerk-Kalender 8. Ernst & Sohn, Berlin. S 687–699

Mann W; Müller H (1985) Schubtragfähigkeit von gemauerten Wänden und Voraussetzungen für das Entfallen des Windnachweises. In: Mauerwerk-Kalender 10. Ernst & Sohn, Berlin. S 95–114

Mauch, W (1995) Ganzheitliche Energiebilanz von Bimsbaustoffen. Landverband Beton- und Bimsindustrie Rheinland-Pfalz e.V., Neuwied. In: Bauen mit Naturbims. Tagungsband Neues auf Forschung und Praxis zum Bauen mit Bimsbaustoffen Bimstage '95 am 30.–31. März 1995 in Andernach, S 119–137

Meyer U; Schubert P (1992) Spannungs-Dehnungs-Linien von Mauerwerk. In: Mauerwerk-Kalender 17. Ernst & Sohn, Berlin. S 615–622

Metzemacher H (1997) Ökologische Aspekte von Putz- und Mauermörtel – Gesamtbilanzierung von Wandkonstruktionen. Baushaus-Universität. In: 13. Internationale Baustofftagung, 24. bis 26. September 1997, Weimar

Pfeiffer G; Ramcke R; Achtziger J; Zilch K (2001) Mauer-werk-Atlas. Detail-Verlag, München

Schermer D (2007) Grundlagen des semiprobabilistischen Sicherheitskonzeptes und seine Anwendung in der DIN 1053-100. Das Mauerwerk (2007) 1

Schmidt U; Hannawald J; Brameshuber W (2008) Theoretical and Practical Research on the Flexural Strength of Masonry (Theoretische und praktische Untersuchungen zur Biegezugfestigkeit von Mauerwerk). In: Proceedings of the 14th International Brick and Block Masonry Conference, 17.–20.2.2008, Sydney

Schneider K J; Schubert P; Wormuth R (Hrsg) (1996) Mauerwerksbau. 5. Aufl., Werner, Düsseldorf

Schubert P (1988) Zur rißfreien Wandlänge von nichttragenden Mauerwerkwänden. In: Mauerwerk-Kalender 13. Ernst & Sohn, Berlin, S 473–488

Schubert P (1991) Prüfverfahren für Mauerwerk, Mauersteine und Mauermörtel. In: Mauerwerk-Kalender 16. Ernst & Sohn, Berlin, S 685

Schubert P (1992) Formänderungen von Mauersteinen, Mauermörtel und Mauerwerk. In: Mauerwerk-Kalender 17. Ernst & Sohn, Berlin, S 623–637

Schubert P (1993) Putz auf Leichtmauerwerk, Eigenschaften von Putzmörteln. In: Mauerwerk-Kalender 18. Ernst & Sohn, Berlin, S 657–666

Schubert P (1995) Beurteilung der Druckfestigkeit von ausgeführtem Mauerwerk aus künstlichen Steinen und Natursteinen. In: Mauerwerk-Kalender 20. Ernst & Sohn, Berlin, S 687

Schubert P (1996) Vermeiden von schädlichen Rissen in Mauerwerkbauteilen. In: Mauerwerk-Kalender 21. Ernst & Sohn, Berlin, S 621–651

Schubert P (2009) Eigenschaftswerte von Mauerwerk, Mauersteinen, Mauermörtel und Putzen. In: Mauerwerk-Kalender 2009. Ernst & Sohn, Berlin, S 3–27

Schubert P; Heer B (1997) Umweltverträgliche Verwertung von Mauerwerk-Baureststoffen: Environmentally Compatible Recycling of Waste Masonry Materials. In: ibac Kurzbericht 11/73. Forschungsbericht Nr. F. 497, Institut für Bauforschung, Aachen

Vollpracht A; Brameshuber W (2005) Assembly of Concrete in the Groundwater – Determination of the Effects on Groundwater Quality by Means of Laboratory Tests and Numerical Transport Simulation. In: Balazs GL; Borosnyoi A (Ed) Keep Concrete Attractive. Proceedings of the fib Symposium, 23 to 25 May 2005. Publishing Company of Budapest University of Technology and Evonomics, Vol 2, pp 848–853

Vollpracht A; Brameshuber W (2008) Umweltverträglichkeit von Baustoffen. Environmental Compatibility of Building Materials. In: DAfStb-Forschungskolloquium. Beiträge zum 49. Forschungskolloquium am 5./6. Juni 2008 an der RWTH Aachen, S 194–201

Wagner S; Harr B; Meyer U (1998) Ökologisches Bauen mit Ziegeln. In: Porenbeton aktuell. 1. Ausg. Arbeitsgemeinschaft Mauerziegel e.V. (Hrsg), Bonn

Zilch K; Finckh W; Grabowski S; Scheufler W; Schermer D (2008) Enhanced Safety and Efficient Construction of Masonry Structures in Europe (ESECMaSE). Deliverable D 7.1b: Test results on the behaviour of masonry under static cyclic in plane lateral loads (www.esecmase.org)

Zilch K; Rogge A (2004) Bemessung von Stahlbeton- und Spannbetonbauteilen im Brücken- und Hochbau. In: Beton-Kalender. Ernst & Sohn, Berlin

Zilch K; Schermer D (2005a) Enhanced Safety and Efficient Construction of Masonry Structures in Europe (ESECMaSE). Deliverable D 3.2 (www.esecmase.org)

Zilch K; Schermer D (2005b) Enhanced Safety and Efficient Construction of Masonry Structures in Europe (ESECMaSE). Deliverable D 6.2: Development of test methods for the determination of masonry properties under lateral loads incl. test methods for European standardisation (www.esecmase.org)

Zilch K; Zehetmaier G (2010) Bemessung im konstruktiven Betonbau. 2. Aufl. Springer, Berlin/Heidelberg/New York

Normen und Richtlinien

DIN 1053-1 (11/1996) Mauerwerk – Teil 1: Berechnung und Ausführung

DIN 1053-3 (02/1990) Mauerwerk, Teil 3: Bewehrtes Mauerwerk, Berechnung und Ausführung

E DIN 1053-11 (03/2009) Mauerwerk – Teil 11: Vereinfachtes Nachweisverfahren für unbewehrtes Mauerwerk

E DIN 1053-12 (03/2009) Mauerwerk – Teil 12: Konstruktion und Ausführung von unbewehrtem Mauerwerk

E DIN 1053-13 (03/2009) Mauerwerk – Teil 13: Genaueres Nachweisverfahren für unbewehrtes Mauerwerk

E DIN 1053-14 (03/2009) Mauerwerk – Teil 14: Bemessung und Ausführung von Mauerwerk aus Natursteinen

DIN 1055-100 (03/2001) Einwirkungen auf Tragwerke – Teil 100: Grundlagen der Tragwerksplanung, Sicherheitskonzept und Bemessungsregeln

DIN EN 1990 (10/2002) Eurocode: Grundlagen der Tragwerksplanung

EN 1996-1-1 (2006) Eurocode 6: Bemessung und Konstruktion von Mauerwerksbauten, Teil 1-1: Allgemeine Regeln für bewehrtes und unbewehrtes Mauerwerk

EN 1996-3 (2006) Eurocode 6: Bemessung und Konstruktion von Mauerwerksbauten, Teil 3: Vereinfachte Berechnungsmethoden für unbewehrte Mauerwerksbauten

3.7 Holzbau

Heinrich Kreuzinger

3.7.1 Einleitung

Holz begleitet unser Leben in vielfältiger Weise: von der Holzwiege bis zum Holzsarg. Dazwischen liegen Bleistifte, Spielzeug, Möbel, Musikinstrumente. Der Wald ist für unser Klima wichtig und hat einen großen Erholungswert. Gleichzeitig ist er Lieferant für den Baustoff Holz. Beeindruckende alte Holzbauwerke auf der ganzen Welt zeigen die Leistungsfähigkeit von Holz: Holzbrücken, Dachstühle, Bauernhäuser. Diese alten Bauwerke sind aus der Erfahrung der Baufachleute entstanden. Berechnungsmethoden haben erst später geholfen. Ein in Gedanken oder als Zeichnung bestehendes Bauwerk wird als abstraktes mechanisches Modell abgebildet. Dieses wird berechnet und daraus dann auf ausführbare Abmessungen geschlossen. So hat der Ingenieurholzbau ebenfalls überzeugende Bauwerke hervorgebracht, heute sind Holzbauwerke mit Ingenieurwissen gut und sicher zu bauen. Die Abb. 3.7-1 und 3.7-2 zeigen Beispiele.

Abb. 3.7-1 Brücke in Kössen, Fa. Grossmann

Abb. 3.7-2 Hütte im Hochgebirge, Olpererhütte

Die Eigenschaften des Naturbaustoffes Holz erfordern ihm gemäße Konstruktions- und Bemessungsregeln. Holz ist ein in der Natur gewachsener Baustoff, er hat deshalb Besonderheiten, die ein technisch produzierter Baustoff nicht hat. Im natürlichen Kreislauf im Wald muss Holz verrotten. In Bauwerken dagegen soll dies vermieden werden. Der Holzschutz, vor allem der konstruktive Holzschutz, erfüllt diese Aufgabe. Bedeutsam ist die Ökobilanz für den Baustoff Holz: er speichert Kohlendioxyd und erfordert im Vergleich zu anderen Baustoffen für die gleiche Bauaufgabe weniger Energieeinsatz.

In diesem Beitrag sollen Eigenschaften des Baustoffes Holz und die notwendigen Konstruktions- und Berechnungsregeln angegeben und erläutert werden. Zahlenwerte sind in den Normen DIN 1052, Ausgabe 2008 zu finden.

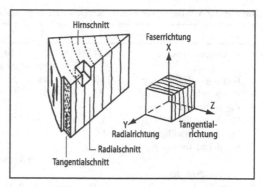

Abb. 3.7-3 Holzstück mit Achsen

3.7.2 Bautechnische Eigenschaften

3.7.2.1 Festigkeiten und Steifigkeiten

Für die Bemessung sind die Festigkeits- und Steifigkeitswerte von Holz erforderlich. Die Anisotropie ist stark ausgeprägt. Für die Beschreibung wird nach Abb. 3.7-3 zunächst, dem Stamm entsprechend, das Koordinatensystem l, r, t gewählt:

l Faserrichtung

r Radialrichtung, senkrecht zu den Jahrringen

t Tangentialrichtung, entlang der Jahrringe

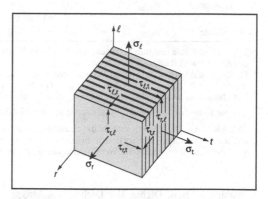

Abb. 3.7-4 Element mit Spannungen

Meist wird anstelle der Polarkoordinaten in der Ebene senkrecht zur Faserrichtung l (=x) am Element mit den kartesischen Koordinaten r (=y) und t (=z) gearbeitet. Abbildung 3.7-4 zeigt durch die Pfeile der Spannungen am Element und durch die Buchstaben der Achsen die Zuordnung. Bei den Längsspannungen σ gibt der eine Buchstabe die Schnittfläche (senkrecht zur angegebenen Achse) und die Richtung an, bei den Schubspannungen τ der erste Buchstabe die Schnittfläche, der zweite die Richtung an:

σ_l Spannung am Schnitt l in Richtung l, Längsspannung in Faserrichtung

τ_{tr} Schubspannung am Schnitt t in Richtung r, Rollschub

Zu den einzelnen Spannungen gibt Tabelle 3.7-1, aus DIN 1052:2008 charakteristische Festigkeiten f,

Elastizitätsmoduln und Rohdichten an. Bei den Sortierklassen bedeutet S visuelle und MS maschinelle Sortierung. Die Sortierklassen werden Festigkeitsklassen C zugeordnet. Die Festigkeiten werden den Koordinaten und der Art der Beanspruchung durch die tiefgestellten Buchstaben zugeordnet: m: Biegung, t: Zug, c: Druck, v: Schub, 0: Faserrichtung l, 90: senkrecht zur Faserrichtung, das ist die Richtung t oder r. Bei der Schubfestigkeit ist f_{lt} oder f_{lr} gemeint, aber nicht der Rollschub f_{rt}! Die Rollschubfestigkeit liegt bei etwa 1,0 N/mm^2.

Die visuelle Holzsortierung erfolgte und erfolgt nach optischen Gesichtspunkten: Jahrringbreite, Ästigkeit, Wuchs. Die maschinelle Sortierung ist zuverlässiger. Hölzer mit hohen Festigkeitswerten können sicher aus dem Angebot heraussortiert werden. Die maschinelle Sortierung nutzt den guten Zusammenhang zwischen Festigkeit und Elas-

Tabelle 3.7-1 Materialkennwerte nach DIN 1052 in N/mm² (Rohdichte in g/m³)

1		2	3	4	5	6	7	8	9	10	11	12	13
1	Festigkeitsklasse	C14	C16	C18	C20	C22	C24	C27	C30	C35	C40	C45	C50
		Festigkeitskennwerte in N/mm²											
2	Biegung $f_{m,k}$[a]	14	16	18	20	22	24	27	30	35	40	45	50
3	Zug parallel $f_{t,0,k}$[a]	8	10	11	12	13	14	16	18	21	24	27	30
4	Zug rechtwinklig $f_{t,90,k}$					0,4							
5	Druck, parallel $f_{c,0,k}$[a]	16	17	18	19	20	21	22	23	25	26	27	29
6	Druck rechtwinklig $f_{c,90,k}$	2,0	2,2	2,2	2,3	2,4	2,5	2,6	2,7	2,8	2,9	3,1	3,2
7	Schub und Torsion $f_{v,k}$[c]					2,0							
	Steifigkeitskennwerte in N/mm²												
	Elastizitätsmodul												
8	parallel $E_{0,mean}$[a,b]	7 000	8 000	9 000	9 500	10000	11000	11500	12000	13000	14000	15000	16000
9	rechtwinklig $E_{90,mean}$[b]	230	270	300	320	330	370	380	400	430	470	500	530
10	Schubmodul G_{mean}[b,c]	440	500	560	590	630	690	720	750	810	880	940	1 000
	Rohdichtekennwerte in kg/m³												
11	Rohdichte p_k	290	310	320	330	340	350	370	380	400	420	440	460

[a] Bei nur von Rinde und Bast befreitem Nadelrundholz dürfen in den Bereichen ohne Schwächung der Randzone um 20% erhöhte Werte in Rechnung gestellt werden.

[b] Für die charakteristischen Steifigkeitskennwerte $E_{0,05}$, $E_{90,05}$ und G_{05} gelten die Rechenwerte:
$E_{0,05} = 2/3 \cdot E_{0,mean}$ $E_{90,05} = 2/3 \cdot E_{90,mean}$ $G_{05} = 2/3 \cdot G_{mean}$.

[c] Die charakteristische Rollschubfestigkeit $f_{R,k}$ darf für alle Festigkeitsklassen zu 1,0 N/mm² in Rechnung gestellt werden.

Der zur Rollschubbeanspruchung gehörende Schubmodul darf mit $G_{R,mean} = 0{,}10\ G_{mean}$ angenommen werden.

ANMERKUNG Die Rechenwerte für die charakteristische Zugfestigkeit rechtwinklig zur Faserrichtung $f_{t,90,k}$ und für die charakteristische Schub- und Torsionsfestigkeit $f_{v,k}$ weichen von den Rechenwerten nach DIN EN 338:2003-09 ab und dürfen nur mit den hier angegebenen Werten in Rechnung gestellt werden.

tizitätsmodul bzw. Dichte. Die Dichte bzw. Masse m (kg/m³) kann direkt gemessen werden, der Elastizitätsmodul über die Verformung w oder die Frequenz f und die Schallwellengeschwindigkeit v.

$$w \approx \frac{1}{E} \qquad f \approx \sqrt{\frac{E}{m}} \qquad v \approx \sqrt{\frac{E}{m}} \qquad (3.7.1)$$

Die maschinelle Sortierung bezieht sich dabei auf Eigenschaften in Faserrichtung. Zwischen den Eigenschaften in Faserrichtung und den beiden Richtungen senkrecht dazu liegen große Unterschiede. Besonders die Zugfestigkeit senkrecht zur Faserrichtung und die Schubfestigkeit in der Ebene senkrecht zur Faserrichtung sind gering und erfordern konstruktive Aufmerksamkeit: Querzug bei gekrümmten Trägern, Auflagerausklinkungen, Lasteinleitung, sowie Rollschub (englisch: rolling shear) bei Holzflächen. Dieser Wert ist z. B. in Tabelle 3.7-1 nicht enthalten, diese Beanspruchung kommt bei stabförmigen Bauteilen aus Vollholz kaum vor. Bei aus Schichten zusammengefügten Flächen (Brettsperrholz) ist infolge Querkraft aus Plattentragwirkung immer auch ein Rollschub vorhanden. Die Größenordnung der Rollschubfestigkeit liegt in der Größenordnung der Querzugfestigkeit! Aus den Festigkeiten werden für die Bemessung in den Bestimmungen zulässige Spannungen bzw. charakteristische Festigkeiten angegeben.

Für das orthogonale Koordinatensystem l, r, t wird der Zusammenhang Dehnung und Spannung, bzw. Spannung und Dehnung in Tabelle 3.7-2 angegeben. Um einen Eindruck von den Größenordnungen zu erhalten, sind beispielhaft Zahlen für kleine Holzproben nach [Keylwerth 1951] angegeben. Die Koordinaten l, r und t werden durch x, y und z ersetzt. In der Literatur der Festigkeitslehre ist dies üblich.

Zum Vergleich der Festigkeiten verschiedener Materialien gibt die Reißlänge l an, wie lange ein aufgehängter Stab mit konstantem Querschnitt werden kann, bis er infolge seines Eigengewichts reißt (Abb. 3.7-5):

$$l = f/\rho\, g \qquad\qquad (3.7.2)$$

mit

f   Zugfestigkeit

$\rho\, g$ spezifisches Gewicht = spezifische Masse · g

Ein anderer Wert, $\sqrt{E}/\rho$, bestimmt das Gewicht einer Stütze: welches Gewicht G hat eine Stütze

mit quadratischem Querschnitt bei der Eulerknicklast F_{ki}?

$$G = \frac{\sqrt{12}}{\pi} \cdot l^2 \cdot \sqrt{F_{ki}} \cdot \frac{\rho}{\sqrt{E}} \qquad\qquad (3.7.3)$$

Zahlen für die Reißlänge und den Wert $\sqrt{E}/\rho$ sind in Tabelle 3.7-3 [Gordon 1987] angegeben.

Tabelle 3.7-2 Beziehungen zwischen Spannungen und Dehnungen

$$\varepsilon = S \cdot \sigma \qquad \sigma = C \cdot \varepsilon$$

$$
\begin{bmatrix} \varepsilon_x \\ \varepsilon_y \\ \varepsilon_z \\ \gamma_{xy} \\ \gamma_{yz} \\ \gamma_{zx} \end{bmatrix}
=
\begin{pmatrix}
\frac{1}{E_x} & -\frac{\mu_{xy}}{E_x} & -\frac{\mu_{xz}}{E_x} & 0 & 0 & 0 \\
-\frac{\mu_{yx}}{E_y} & \frac{1}{E_y} & -\frac{\mu_{yz}}{E_y} & 0 & 0 & 0 \\
-\frac{\mu_{zx}}{E_z} & -\frac{\mu_{zy}}{E_z} & \frac{1}{E_z} & 0 & 0 & 0 \\
0 & 0 & 0 & \frac{1}{G_{xy}} & 0 & 0 \\
0 & 0 & 0 & 0 & \frac{1}{G_{yz}} & 0 \\
0 & 0 & 0 & 0 & 0 & \frac{1}{G_{zx}}
\end{pmatrix}
\begin{bmatrix} \sigma_x \\ \sigma_y \\ \sigma_z \\ \tau_{xy} \\ \tau_{yz} \\ \tau_{zx} \end{bmatrix}
$$

Zahlenbeispiel

$$
\begin{pmatrix} \varepsilon_x \\ \varepsilon_y \\ \varepsilon_z \\ \gamma_{xy} \\ \gamma_{yz} \\ \gamma_{zx} \end{pmatrix}
=
\begin{pmatrix}
60 & -28 & -27 & 0 & 0 & 0 \\
-28 & 910 & -545 & 0 & 0 & 0 \\
-27 & -545 & 1725 & 0 & 0 & 0 \\
0 & 0 & 0 & 535 & 0 & 0 \\
0 & 0 & 0 & 0 & 14705 & 0 \\
0 & 0 & 0 & 0 & 0 & 1450
\end{pmatrix}
\begin{pmatrix} \sigma_x \\ \sigma_y \\ \sigma_z \\ \tau_{xy} \\ \tau_{yz} \\ \tau_{zx} \end{pmatrix}
$$

S in 10^{-6} m²/MN

$$
\begin{pmatrix} \sigma_x \\ \sigma_y \\ \sigma_z \\ \tau_{xy} \\ \tau_{yz} \\ \tau_{zx} \end{pmatrix}
=
\begin{pmatrix}
17300 & 864 & 545 & 0 & 0 & 0 \\
864 & 1400 & 456 & 0 & 0 & 0 \\
545 & 456 & 733 & 0 & 0 & 0 \\
0 & 0 & 0 & 1800 & 0 & 0 \\
0 & 0 & 0 & 0 & 68 & 0 \\
0 & 0 & 0 & 0 & 0 & 690
\end{pmatrix}
\begin{pmatrix} \varepsilon_x \\ \varepsilon_y \\ \varepsilon_z \\ \gamma_{xy} \\ \gamma_{yz} \\ \gamma_{zx} \end{pmatrix}
$$

C in MN/m²

3.7.2.2 Verhalten bei Feuchteänderungen

Holz enthält Wasser. Bei feuchter Umgebung nimmt Holz Wasser auf, bei trockener gibt es Wasser ab. Bei einem stationären Zustand wird von Ausgleichsfeuchte gesprochen. Die Feuchte f des Holzes wird in Gewichtsprozenten des enthaltenen Wassers angegeben.

$$f = \frac{G_f - G_t}{G_t} \cdot 100 \text{ in Prozent} \qquad (3.7.4)$$

mit

G_t Gewicht des trockenen Holzes bei 103 +/– 2 Grad

G_f Gewicht des feuchten Holzes

Zur Bestimmung der Holzfeuchte gibt es einfach zu handhabende Messgeräte. Aus dem elektrischen Widerstand des Holzes zwischen zwei Stahlspitzen wird auf die Holzfeuchte geschlossen.

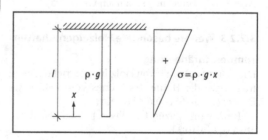

Abb. 3.7-5 Aufgehängter Stab

Tabelle 3.7-3 Kennwerte für Stahl und Holz [Gordon 1987]

Material	Reißlänge	$\sqrt{E}/\rho$ in $\sqrt{N\,m^2}/\,kg$
Stahl	360 MN/m²/(7800 kg/m² · 9,81 m/s²) = 4,70 km	59
Fichte	30 MN/m²/(350 kg/m² · 9,81 m/s²) = 8,74 km	290

Es gelten folgende Begriffe und Werte:

- Bauholz trocken: f < 20%,
- Bauholz halbtrocken: f < 30% bzw. < 35% bei Holzquerschnitten A > 200 cm².

Bei Feuchteänderung ändert sich die Holzabmessung: bei Trocknung schwindet es, bei Wasseraufnahme quillt es. Werden diese Änderungen behindert, entstehen Spannungen, überschreiten die Spannungen die Festigkeit, entstehen Risse. Die Änderung der Abmessung kann mit dem Schwind- bzw. Quellmaß berechnet werden. Tabelle 3.7-4 gibt Schwind- und Quellmaß α an. Dabei ist α die Änderung der Abmessung in Prozent bei 1% Feuchteänderung, Δf ebenfalls in %. Die Längenänderung ist dann:

$$\Delta l = 1 \cdot \frac{\alpha}{100} \cdot \Delta f. \qquad (3.7.5)$$

In tangentialer Richtung treten rund doppelt so große Änderungen auf wie in radialer Richtung. Daraus erklären sich die Verformungen beim Trocknen von Hölzern entsprechend Abb. 3.7-6 und auch die Rissbildung eines ausgetrockneten Baumquerschnittes. In den Vorschriften ist nur ein Wert angegeben, der Mittelwert zwischen radialer und tangentialer Richtung, da baupraktisch die Lage eines Balkens oder Brettes in Bezug auf radial und tangential nicht festgelegt werden kann. Die Querschnittsverformungen eines Kantholzes, Abb. 3.7-7, berechnen sich nach Gl. (3.7.5).

3.7.2.3 Weitere besondere Holzeigenschaften

Temperaturänderung
Die Wärmedehnzahl von Holz in Faserrichtung beträgt etwa die Hälfte des Wertes von Stahl bzw. Beton: $\alpha_t = 0{,}3$ bis $0{,}6 \cdot 10^{-6}$ K⁻¹.

Rechtwinklig zur Holzfaser beträgt der Wert etwa $\alpha_t = 6 \cdot 10^{-6}$ K⁻¹.

Tabelle 3.7-4 Schwind- und Quellmaße von Fichtenholz

Richtung	Schwind- und Quellmaß
tangential	$\alpha_t = 0{,}32$
radial	$\alpha_t = 0{,}16$
Faserrichtung	$\alpha_t = 0{,}01$

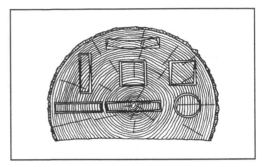

Abb. 3.7-6 Stamm mit Schwindverformung

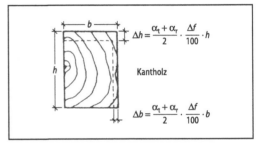

Abb. 3.7-7 Schwind- und Quellverformung eines Kantholzes

Wärmeleitfähigkeit
Die Wärmeleitfähigkeit hängt, wie alle Holzeigenschaften, stark von der Feuchtigkeit ab. Für Wärmeschutzberechnungen kann $\lambda = 0{,}14$ W/mK angesetzt werden.

Kriechen
Die Verformungen einer belasteten Holzkonstruktion nehmen mit der Zeit zu. Das vom Beton her bekannte Kriechen tritt beim Holz auch auf, aber in erheblich geringerem Maß. Die Kriechzahl φ (k_{def} in DIN 1052) erreicht je nach Feuchtigkeit Werte von bis zu 1,5. Die Verformung einschließlich des Kriechens berechnet sich aus der elastischen Verformung:

$$u_{fin} = u_{inst} (1+\varphi) \qquad (3.7.6)$$

Die Kriechverformungen müssen beim Durchbiegungsnachweis und bei Holz-Beton-Verbundkonstruktionen berücksichtigt werden.

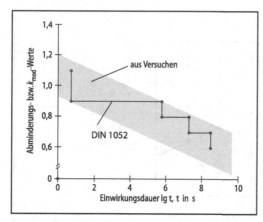

Abb. 3.7-8 Dauerstandfestigkeit

Dauerstandfestigkeit

Die Lasteinwirkungsdauer hat einen erheblichen Einfluss auf die Festigkeit. Eine zeitlich unbegrenzt einwirkende Last, z.B. das Eigengewicht, kann nur bei Spannungen, die etwa 60% der Kurzzeitfestigkeit betragen, auf Dauer getragen werden. Die Abhängigkeit der Festigkeit von der Lastdauer zeigt Abb. 3.7-8. Aus der Abbildung kann auch abgelesen werden, wie lange eine Last getragen werden kann. Dabei ist darauf hinzuweisen, wie schwierig die Bestimmung solcher Kurven wegen der langen Einwirkungsdauer (10^{10} Sekunden = 317 Jahre!) und der Streuung der Festigkeiten ist. Dies wird durch den Faktor k_{mod} berücksichtigt.

Ermüdung

Bei wechselnder Beanspruchung kann Materialermüdung auftreten. Die Wöhlerlinie gibt die Zahl der aufnehmbaren Spannungswechsel an. Dabei ist die Art der Spannungswechsel entscheidend: mit Vorzeichenwechsel oder ohne. Holz selber ist dabei weniger ermüdungsgefährdet als die Verbindungsmittel. Für Brücken und bei anderen Bauwerken, die nicht vorwiegend ruhende Einwirkungen erhalten, muss nach DIN 1074, Abschnitt 10 (2) ein Ermüdungsnachweis geführt werden. Im FB-101, 4.6.4, ist dazu das Lastmodell 3 angegeben: vier Achslasten zu je 120 kN im Abstand von 1,20 m, 6,0 m und wieder 1,2 m. Die maximalen und minimalen Spannungen infolge dieses Lastmodells und die Spannungen aus Eigenlast sind für

den Ermüdungsnachweis nach DIN 1074, Anhang C, maßgebend.

$$\sigma_{d,\max} \leq f_{fat,d} \qquad (3.7.7)$$

Die Bemessungsspannung der Einwirkungsseite $\sigma_{d,\max}$ ist die betragsmäßig größte Spannung, die sich aus der ermüdungswirksamen Einwirkung ergibt.

Der Bemessungswert $f_{fat,d}$ der Festigkeit folgt aus der charakteristischen Festigkeit, dem Ermüdungsbeiwert und der Materialsicherheit zu:

$$f_{fat,d} = k_{fat} \cdot \frac{f_k}{\gamma_{M,fat}} \qquad (3.7.8)$$

k_{fat} entspricht der Festigkeitsabminderung infolge ermüdungswirksamer Einwirkung.

$$k_{fat} = 1 - \frac{1-R}{a \cdot (b-R)} \cdot \log\left(\beta \cdot N_{obs} \cdot t_L\right) \qquad (3.7.9)$$

mit:

R: Spannungsverhältnis aus $\sigma_{\min}$ zu $\sigma_{\max}$ mit $-1 < R < 1$

N_{obs}: Anzahl der konstanten Spannungsspiele pro Jahr;

t_L: Lebensdauer, auf die das Tragwerk bemessen wird; s. EN 1990: 2002;

β: Beiwert für Schadensfolge; würde ein Schaden keine beträchtlichen Folgen nach sich ziehen, so soll $\beta = 1$ angenommen werden; bei beträchtlichen Konsequenzen im Schadensfall gilt: $\beta = 3$;

a, b Ermüdungsbeiwerte nach Tabelle 3.7-5

Der Beiwert k_{fat} entspricht der Wöhlerlinie für Spannungsverhältnisse R.

Tabelle 3.7-5 Ermüdungsbeiwerte a und b nach DIN 1074

Holzbauteile beansprucht auf	a	b
Druck parallel oder senkrecht zur Faser	2,0	9,0
Biegung und Zug	9,5	1,1
Schub	6,7	1,3
Verbindungen mit		
Dübeln	6,0	2,0
Nägeln	6,9	1,2

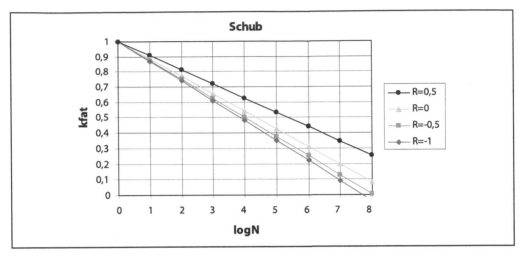

Abb. 3.7-9 Wöhlerlinien für Schub für verschiedene Spannungsverhältnisse R

Über die Beiwerte a und b werden die Wöhlerlinien für die verschiedenen Beanspruchungen und auch für Verbindungsmittel angegeben. Versuche für solche Werte sind sehr aufwändig. Um den Einfluss der Streuungen der Holzeigenschaften zu verringern sind viele Versuche notwendig [Kreuzinger/Mohr 1994].

Abbildung 3.7-9 zeigt Wöhlerlinien für Schubbeanspruchung von Vollholz bzw. Brettschichtholz für verschiedene Spannungsverhältnisse R.

3.7.3 Normen, Zulassungen und Vorschriften

3.7.3.1 Allgemeines

Einheitliche Qualität und Sicherheit im Bauwesen erfordern Spielregeln, an die sich die Tragwerksplaner halten müssen. Diese Spielregeln sind in bindenden Normen, Zulassungen und Vorschriften festgelegt. Die für den Holzbau wesentlichen Normen für Entwurf, Berechnung und Bemessung von Holztragwerken sind auf nationaler Ebene DIN 1052 (2008) und DIN 1074 (2006) sowie auf internationaler Ebene EC 5-1 (10/93) und EC 5-2 (08/99). Sowohl DIN wie EC können derzeit angewendet werden, selbstverständlich jeweils allein, nicht gemischt! Für die Anwendung des EC 5 gibt

es ein Nationales Anwendungsdokument NAD. Die Nachweise nach EC 5 entsprechen im Aufbau denen nach DIN.

Es soll nicht Sinn des Beitrages sein, die Vorschriften zu erläutern, sondern es sollen die Grundlagen und das Verständnis für notwendige Regeln dargestellt werden. Deshalb ist dieser Abschnitt auch sehr kurz und es wird auf die Literatur [Step 1-3 1995, Blaß u. a. 2006] verwiesen.

3.7.3.2 Nachweis nach DIN 1052 (04/88)

Kräfte bzw. Spannungen aus Einwirkungen werden zulässigen Kräften bzw. Spannungen gegenübergestellt. Die Nachweisform für Spannungen lautet:

$$\sigma < \text{zul } \sigma \qquad (3.7.10)$$

$$\text{zul } \sigma = f/\gamma \qquad (3.7.11)$$

Die zulässige Größe wird aus der durch einen globalen Sicherheitsbeiwert γ geteilten Festigkeitsgröße f erhalten. Alle Nebenbedingungen, wie Feuchte und Lasteinwirkungsdauer, werden durch Änderung der zulässigen Größe berücksichtigt. Dieses Nachweisverfahren hat lange für alle Bauingenieuraufgaben gegolten. Ein gleichmäßigeres Sicherheitsniveau wird mit Teilsicherheitsbeiwerten erhalten. Die DIN

1052:2008 berücksichtigt dies und ist entsprechend dem EC 5 aufgebaut.

3.7.3.3 Nachweis nach DIN 1052 (2008)

Mit Teilsicherheitsbeiwerten γ_E multiplizierte Kräfte bzw. Spannungen aus Einwirkungen werden durch Teilsicherheitsbeiwerte γ_M geteilten Festigkeitsgrößen gegenübergestellt. Die Nebenbedingungen (Lasteinwirkungsdauer und Nutzungsklasse) im Holzbau werden durch einen Faktor k_{mod} berücksichtigt. Dies ist eine Besonderheit des Holzbaues.

$$\sigma \cdot \gamma_E < f/\gamma_M \cdot k_{mod} \qquad (3.7.12)$$

Die Einwirkungs- und Festigkeitswerte sich charakteristische Werte, sie sind in DIN 1055 bzw. EC 1 gegeben. Bei mehreren Einwirkungen gelten Überlagerungsregeln mit verschiedenen Teilsicherheitsbeiwerten γ_E und Kombinationsfaktoren ψ.

Formal betrachtet könnte durch Teilen der Ungleichung durch den Teilsicherheitsbeiwert γ_E die Nachweisform nach DIN entstehen. Dies würde aber den Vorteil der unterschiedlichen Teilsicherheitsbeiwerte für einzelne Lasten und Materialien wieder zunichte machen!

Der von der Nutzungsklasse und der Einwirkungsdauer abhängige Faktor k_{mod} macht vor allem bei mehreren möglichen Lastfällen den Nachweis unübersichtlich, da nicht sofort abzusehen ist, welche Lastfallkombination die maßgebende ist.

3.7.3.4 Beispiel für die Überlagerung

Für Spannungen aus Eigengewicht σ_g, Verkehr σ_p, Schnee σ_s und Wind σ_w sind für den Grenzzustand der Tragfähigkeit Überlagerungen nach Gl. (3.7.13) durchzuführen:

$$\gamma_G \cdot G_K + \gamma_{Q1} \cdot Q_{K1} + \Sigma \gamma_{Q,i} \cdot \Psi_{0,i} \cdot Q_{K,i} \qquad (3.7.13)$$

Dabei sind für alle Lastfälle Q die Lastfälle p, s und w zu verwenden. Die Reihung erfolgt nach der Größe des zugehörigen k_{mod}-Wertes: Für den Nachweis darf der größte k_{mod}-Wert der beteiligten Lastfälle verwendet werden. In DIN 1052 (2008) sind Tabellen für Lasteinwirkungsdauer und k_{mod}-Werte angegeben. Die Zuordnung der Lasten nach DIN 1055 zur Lasteinwirkungsdauer erfolgt ebenfalls in DIN 1052 (2008). Dies ist ebenso wie die Kombinationsbeiwerte in Tabelle 3.7-6 für Vollholz und Brettschichtholz dargestellt. Für die Lastfälle Verkehr, Schnee und Wind muss bei der Überlagerung immer ein Ψ-Wert gleich eins sein. So wird die „führende veränderliche Einwirkung" gekennzeichnet.

Wesentlich für den k_{mod}-Wert ist auch die Nutzungsklasse in der das Holz verwendet wird. Die Nutzungsklassen richten sich nach der zu erwartenden Feuchtigkeit der Holzteile und werden im Folgenden beschrieben.

Nutzungsklasse 1

Sie ist gekennzeichnet durch eine Holzfeuchte die einer Temperatur von 20°C und einer relativen Luftfeuchte der umgebenden Luft entspricht, die nur für einige Wochen pro Jahr einen Wert von 65% übersteigt, z. B. in allseitig geschlossenen und beheizten Bauwerken.

Nutzungsklasse 2

Sie ist gekennzeichnet durch eine Holzfeuchte, die einer Temperatur von 20°C und einer relativen Luftfeuchte der umgebenden Luft entspricht, die nur für einige Wochen pro Jahr einen Wert von 85% übersteigt, z. B. bei überdachten offenen Bauwerken.

Nutzungsklasse 3

Sie erfasst Klimabedingungen, die zu höheren Holzfeuchten führen als in Nutzungsklasse 2 angegeben, z. B. wenn sie der Witterung ausgesetzt sind.

Tabelle 3.7-6 Lasteinwirkungsdauer für k_{mod} und Nutzungsklasse 1, Überlagerungsbeiwert

Lastfall	Lasteinwirkung	k_{mod}	ψ_0	ψ_1
Eigengewicht	ständig	0,6	–	–
Verkehr p z. B. Lagerraum	lang	0,7	0,8	0,8
Schnee $s_0 > 2$ kN/m²	mittel	0,8	0,7	0,2
Wind	kurz	0,9	0,6	0,5

Tabelle 3.7-7 Grenzzustand der Tragfähigkeit, führende veränderliche Einwirkung hervorgehoben

	$\gamma_G \cdot \sigma_g$	$\gamma_P \cdot \Psi_{0P} \cdot \sigma_p$	$\gamma_S \cdot \Psi_{0S} \cdot \sigma_s$	$\gamma_W \cdot \Psi_{0W} \cdot \sigma_w$	σ_d	$\dfrac{f_{mk}}{\gamma_M} \cdot k_{mod}$	$\dfrac{\sigma_d}{\dfrac{f_{mk}}{1,3} k_{mod}}$
1	5,4				5,40	12,92	0,25 < 0,6
2	5,4	**3,9**			9,30	15,07	0,43 < 0,7
3a	5,4	**3,9**	5,25		14,55	17,23	0,67 < 0,8
3b	5,4	3,12	**7,5**		16,02	17,23	0,74 < 0,8
4a	5,4	**3,9**	5,25	3,06	17,61	19,38	0,81 < 0,9
4b	5,4	3,12	**7,5**	3,06	19,08	19,38	0,89 < 0,9
4c	5,4	3,12	5,25	**5,1**	18,87	19,38	0,88 < 0,9

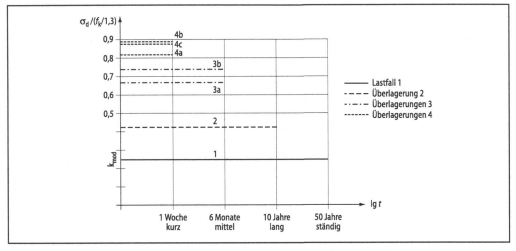

Abb. 3.7-10 Ausnutzungsgrad

In Ausnahmefällen können auch überdachte Bauteile in Nutzungsklasse 3 einzustufen sein. In [Blaß u. a. 2006] sind weitere Beispiele angegeben. Dachkonstruktionen von Eishallen sind der Nutzungsklasse 3 zuzuordnen.

In Tabelle 3.7-7 sind für ein Bauteil aus Brettschichtholz GL 28 mit $f_{mk} = 28$ N/mm² die Nachweise zusammengestellt. Dabei wird von folgenden Spannungen ausgegangen: σ_g=4,0 N/mm², σ_p=2,6 N/mm², σ_s=5,0 N/mm² und σ_w=3,4 N/mm². Den Ausnutzungsgrad $\sigma_d/(f_k/1,3)$ zeigt Abb. 3.7-10. Dabei ist nach oben aufgetragen der Ausnutzungsgrad für die jeweilige Lastfallkombination und nach rechts die Dauer der Lastfallkombination. Der Faktor k_{mod} kann dabei auch als erlaubter Ausnutzungsgrad gedeutet werden.

Eine vereinfachte Überlagerungsmöglichkeit zeigt Gl. (3.7.14).

$$\gamma_G \cdot G_K + 1,35 \cdot \Sigma Q_{K,i} \qquad (3.7.14)$$

Das Ergebnis ist in Tabelle 3.7-8 angegeben. Die größte Ausnutzung beträgt hier 0,94 anstelle von 0,89 und ist größer als k_{mod}=0,9 und damit nicht mehr erlaubt.

Für den Grenzzustand der Gebrauchstauglichkeit gelten andere Teilsicherheitsbeiwerte und Kombinationsbeiwerte. Die Überlagerung erfolgt nach Gl. (3.7.15). Tabelle 3.7-9 zeigt dies am Beispiel der Spannungen.

$$G_K + Q_{K1} + \Sigma \psi_{1,i} \cdot Q_{K,i} \qquad (3.7.15)$$

Tabelle 3.7-8 Grenzzustand der Tragfähigkeit – vereinfachte Kombination

	$\gamma_G \cdot \sigma_g$	$1{,}35 \cdot \sigma_p$	$1{,}35 \cdot \sigma_s$	$1{,}35 \cdot \sigma_w$	σ_d	$\dfrac{f_{mk}}{\gamma_M} \cdot k_{mod}$	$\dfrac{\sigma_d}{\dfrac{f_{mk}}{1{,}3}} \, k_{mod}$
5	5,4	3,51	6,75	4,59	20,25	19,38	0,94 > 0,9

Tabelle 3.7-9 Grenzzustand der Gebrauchstauglichkeit

σ_g	$\psi_{IP} \cdot \sigma_p$	$\psi_{IS} \cdot \sigma_s$	$\psi_{IW} \cdot \sigma_w$	σ_d
4,0	2,60	5,0	3,4	
4,0	**2,60**	1,0	1,7	9,30
4,0	2,08	**5,0**	1,7	12,78
4,0	2,08	1,0	**3,4**	10,48

Tabelle 3.7-10 Dauerhaftigkeitsklassen

Dauerhaftigkeits-klasse	Holzart
1–2	Robinie
2	Eiche, Edelkastanie
3–4	Lärche, Douglasie, Kiefer
4	Fichte
5	Buche, Birke, Esche, Erle

Über den Ermüdungsnachweis wurde am Ende von Abschn. 3.7.2 berichtet.

3.7.4 Holzschutz, Dauerhaftigkeit

3.7.4.1 Ursachen von Holzschäden

Ursachen von Holzschädigung sind Pilz- und Insektenbefall, deshalb muss Holz in Baukonstruktionen davor geschützt werden.

Pilzbefall

Pilze sind Pflanzen, die Feuchtigkeit und Sauerstoff zum Wachsen brauchen. Holz mit einer Feuchtigkeit von über 20% kann befallen werden. Die Tragfähigkeit wird dadurch stark vermindert.

Insektenbefall

Insekten zerstören das Holz mechanisch. Für die Baukonstruktionen sind Insekten problematisch, die auch das trockene Holz befallen können. Die Larven fressen in das Holz Bohrgänge; oft ist austretendes Holzmehl sichtbar. Es ist offensichtlich, dass dadurch die Tragfähigkeit von Holzkonstruktionen verloren gehen kann.

Wärme fördert das Wachstum von Pilzen und Insekten. Dies ist andererseits auch ein Grund, warum in arktischen, antarktischen Gebieten und im Hochgebirge unbehandelte Hölzer sehr langlebig sind.

3.7.4.2 Vermeidung von Holzschädigung

Der beste Holzschutz besteht darin, die Umgebungsbedingungen für die Schädlinge ungünstig zu gestalten. Die Konstruktion muss trocken und belüftet sein, und die Holzart muss richtig gewählt werden. Erst wenn diese Bedingungen nicht eingehalten werden können, sollte chemischer Holzschutz angewendet werden. In DIN EN 350-2 (10/94) ist die natürliche Dauerhaftigkeit verschiedener Holzarten bewertet: Dauerhaftigkeitsklasse 1: sehr dauerhaft, Dauerhaftigkeitsklasse 5: nicht dauerhaft. Tabelle 3.7-10 zeigt einige Holzarten und die zugehörige Dauerhaftigkeitsklasse.

Die Vorschrift DIN 68800 behandelt den Holzschutz. Im Teil 3 dieser Norm ist geregelt, wann chemische Holzschutzmaßnahmen nicht erforderlich sind. Dies ist z. B. der Fall bei Holz in Innenräumen, wenn es ständig trocken ist, es durch eine allseitig geschlossene Bekleidung gegen Insektenbefall geschützt ist oder es so angeordnet ist, dass es sichtbar und damit kontrollierbar ist. Damit kann in Innenbereichen von Gebäuden auf chemischen Holzschutz verzichtet werden! Dies ist im Hinblick auf die gesundheitliche Gefährdung und die Entsorgung von Hölzern mit Holzschutzmitteln sehr wichtig.

Chemischer Holzschutz

Chemischer Holzschutz sollte so viel wie nötig, aber so wenig wie möglich verwendet werden. Holzschutzmittel sind Gifte für Pflanzen und Tiere, sonst würden sie nicht gegen Pilze und Insekten wirken. Der Bauingenieur und Tragwerksplaner sollte sich beim chemischen Holzschutz eines Spezialisten bedienen!

Konstruktiver Holzschutz

Zum konstruktiven Holzschutz zählen die Verwendung der geeigneten Holzarten sowie alle Maßnahmen, die verhindern, dass das Konstruktionsholz feucht wird und die bewirken, dass es auch wieder trocknen kann, wenn es einmal feucht geworden ist.

Konstruktionsholz ist vor Regen und auch Schlagregen durch ein Dach mit genügendem Überstand, vor Spritzwasser durch genügenden Abstand vom Boden, vor Kondenswasser durch bauphysikalisch richtige Ausbildung zu schützen. Alte Holzbrücken, Holzhäuser und Scheunen zeigen eindrucksvoll den konstruktiven Holzschutz.

In DIN 1074 (2006) sind für den konstruktiven Holzschutz viele Hinweise angegeben. Es wird streng in vor Witterung und Nässe geschützte und ungeschützte Bauteile unterschieden. Geschützte Bauteile dürfen der Nutzungsklasse 2 zugeordnet werden.

3.7.5 Systeme aus Holz- bzw. Holzwerkstoffen

3.7.5.1 Allgemeines

Nach dem Zersägen eines Stammes im Sägewerk bieten sich zunächst stabförmige Bauteile für Holzkonstruktionen an. Die geschichtliche Entwicklung des Holzbaues zeigt dies. Viele Systeme sind im Holzbauatlas zusammengetragen [Natterer u. a. 1996].

3.7.5.2 Stabförmige Bauteile

Aus stabförmigen Bauteilen entstehen Dachtragwerke und Hallen sowie Brücken. Die Abb. 3.7-11 bis 3.7-13 zeigen Beispiele von Stabwerken. Die Berechnung der Schnittgrößen nach Theorie I. Ordnung und Theorie II. Ordnung erfolgt mit Rechenprogrammen.

Die konstruktiv aufwändige Aufgabe ist die Verbindung der einzelnen Stäbe und die Aussteifung. Die Lösung dieser Aufgaben entscheidet auch über den Gesamteindruck der Konstruktion. Abbildung 3.7-14 zeigt die notwendigen Aussteifungselemente einer Halle. Die Kräfte zur Dimensionierung dieser Aussteifungsteile folgen aus der Horizontalbelastung durch Wind und aus den Umlenkkräften, die bei Druckbeanspruchung und ungenauen Systemen entstehen. Die Wirkung des ungenauen, d. h., imperfekten Systems wird am geometrisch perfekten System durch Ersatzlasten erfasst.

3.7.5.3 Flächenförmige Bauteile

Einfachste Flächen werden durch Nebeneinanderlegen von Stäben gebildet. Jeder Stab trägt noch für sich; es findet keine Lastverteilung, keine Platten- oder Scheibentragwirkung statt. Erst durch eine kraftübertragende Verbindung der Stäbe ent-

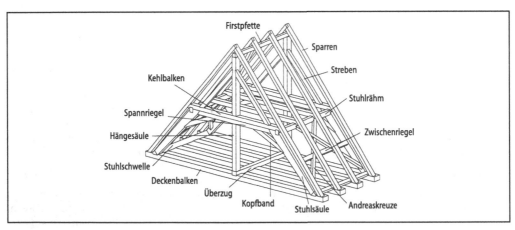

Abb. 3.7-11 Dachstuhl

Abb. 3.7-12 Fachwerk, Nagelplattenbinder

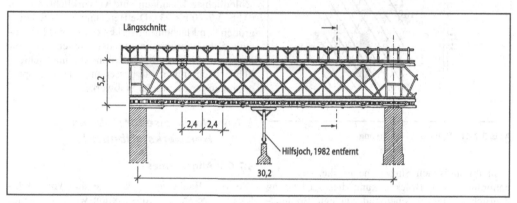

Abb. 3.7-13 Fachwerkbrücke

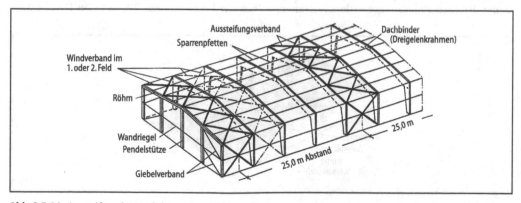

Abb. 3.7-14 Aussteifungskonstruktionen einer Halle

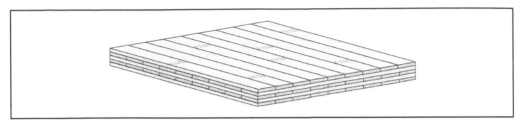

Abb. 3.7-15 Brettsperrholz

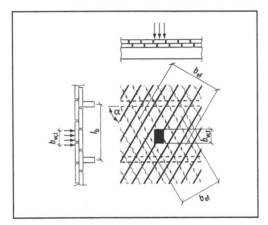

Abb. 3.7-16 Belag aus Beplankung

steht im statischen Sinne eine Fläche. Bei Fahrbahnplatten von Brücken kann dieser Übergang deutlich werden: nebeneinander gelegte Bohlen – kreuzweise übereinandergelegte Bohlen – zusammengespannte Bretter (QS-Platte) – zusammengeleimte Brettschichtholzträger (Blockverleimung)

– kreuzweise übereinander gelegte und verleimte Bretter (Abb. 3.7-15). Abbildung 3.7-2 zeigt eine Berghütte aus Brettsperrholz. Die Abb. 3.7-16 bis 3.7-19 zeigen Fahrbahnen für Straßenbrücken.

Gekrümmte Flächen für Schalenkonstruktionen werden aus Brettern zusammengebaut. Unterschiedlichste Lösungen sind verwirklicht worden (Abb. 3.7-20 bis 23). Die Berechnung der Schnittgrößen von Flächentragwerken erfolgt mit Platten- bzw. Schalenprogrammen oder, wegen der sehr unterschiedlichen Steifigkeiten in unterschiedlichen Richtungen, oft besser mit Stabwerksprogrammen für räumliche Stabwerke.

3.7.6 Nachweise für Holz- und Holzwerkstoffbauteile

3.7.6.1 Allgemeines

Die vom Bauherrn gewünschte und von Architekten dargestellte Konstruktion wird vom Tragwerksplaner gedanklich in ein statisches System überführt. Dabei wird stark vereinfacht: aus Stäben werden Linien, aus Wänden oder Decken wer-

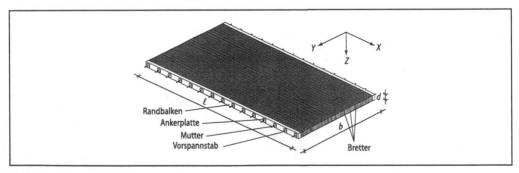

Abb. 3.7-17 QS-Platte

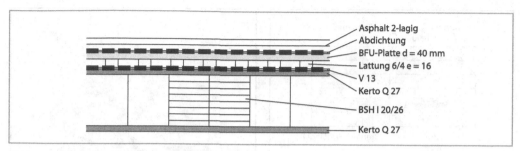

Abb. 3.7-18 Blockverleimte Brettschichtholzträger

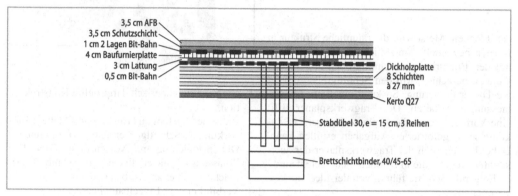

Abb. 3.7-19 Plattenbalken aus Brettsperrholz und Brettschichtholz

Abb. 3.7-20 Rippenschale

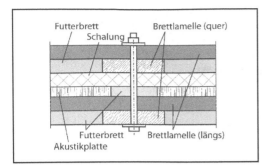

Abb. 3.7-21 Rippen, Querschnitt

Abb. 3.7-23 „Zollinger"-Schale

den Flächen. Meist wird die räumliche Struktur in Ebenen behandelt. Am statischen System werden mit den Einwirkungen Schnittgrößen und Verformungen berechnet. Mit den Schnittgrößen erfolgt die Dimensionierung. So kann ein Bauwerk Abmessungen erhalten. Der Tragwerksplaner trifft eine Vorhersage, ob das geplante Bauwerk in Zukunft seine geforderten Aufgaben erfüllen kann. Dabei bedient sich der Tragwerksplaner der anerkannten Regeln, die in Normen niedergelegt sind.

Folgende Schritte führen von der Idee zur Verwirklichung:

1. geplante, zeichnerisch dargestellte Konstruktion,
2. statisches System aus Linien und Flächen: Einwirkungen, Schnittgrößen und Verformungen,
3. Dimensionierung mit Vorschriften (DIN, EC, Zulassung): Linie erhält eine Querschnittsfläche, Fläche erhält einen Aufbau und eine Dicke,
4. Verbindung der Einzelbauteile.

Abb. 3.7-22 Rippenschale, Kirche Altötting

Die Erfahrung zeigt, dass Bauwerke, nach den Regeln der Mechanik berechnet und nach den entsprechenden Normen dimensioniert, sicher und brauchbar sind.

3.7.6.2 Tragsicherheitsnachweis

Berechnung der Schnittgrößen

Die Schnittgrößenermittlung erfolgt am statischen System mit den rechnerischen Einwirkungen. Meist genügt die Theorie I. Ordnung, bei der die Auswirkung der Verformungen des Systems auf das Gleichgewicht vernachlässigt wird. Bei Anwendung der Theorie II. Ordnung – besonders bei Druckbeanspruchung notwendig – sowie bei statisch unbestimmten Systemen und zur Berechnung von Verformungen sind Steifigkeiten notwendig. Die Berechnung nach Theorie II. Ordnung bedeutet dank der Anwendung von Programmen keine Erschwernis und sollte deshalb dem Ersatzstabverfahren vorgezogen werden.

Die Systemberechnung erfolgt mit den in Tabelle 3.7-11 zusammengefassten Annahmen. Mit den aus der Systemberechnung folgenden Schnittgrößen werden Spannungen berechnet, die folgende Bedingung einhalten müssen:

$$\sigma_d < k_{mod} f_d \qquad (3.7.16)$$

Diese Nachweisart gilt für Spannungen in Schnitten und zwar für

– Spannungen in Faserrichtung (Zug, Druck, Biegung),
– Spannungen senkrecht zur Faserrichtung (Zug, Druck),
– Schubspannung (Querkraft, Torsion).

Bei Berechnungen nach Theorie II. Ordnung und Berücksichtigung von Vorverformungen ist im

Tabelle 3.7-11 Annahmen für Systemberechnungen

DIN 1052:2008	
Einwirkung	γ_F-fach
Steifigkeit	$(1/\gamma_M)$-facheMittelwerte für Elastizitäts- und Schubmodul
Festigkeit	$(1/\gamma_M\, k_{mod})$-fache charakteristische Festigkeit

Nachweis auch der Stabilitätsnachweis von Stabsystemen und Platten enthalten. Hinweis: das oft bösartige Nachbeulverhalten von Schalen muss gesondert berücksichtigt werden.

Die notwendigen Vorverformungen sind Verkrümmungen der Stäbe bei unverschieblichen Systemen und Schrägstellungen der Stäbe bei verschieblichen Systemen. Die Wirkung der Vorverformung kann durch Einwirkungen erfasst werden. Eine Schiefstellung ψ eines Stabes mit der Druckkraft P ruft an den Knickstellen eine Einwirkung senkrecht zur Stabachse der Größe P·ψ hervor, eine Verkrümmung durch eine Vorverformung w eine linienförmige Einwirkung der Größe P·w. Wird die Vorverformung sinusförmig angesetzt, so ist auch die Ersatzlast sinusförmig mit der Amplitude P·π^2·e/l². Bei parabelförmiger Vorverformung ist die Ersatzlast konstant und die Größe P·e·8/l². Die Abb. 3.7-24 und 25 zeigen Vorverformungen und Ersatzlasten.

Aus einer angenommenen Auslenkung des Druckgurtes von entstehen die Formeln in DIN 1052 und EC5-1 für die Lasten für Aussteifungsverbände:

$$q_s \approx \frac{N_{Gurt}}{30 \cdot l} \qquad (3.7.17)$$

Die Gleichung gilt für je einen Träger. Damit die Berechnung mit den Ersatzlasten nach Theorie I. Ordnung ausreichend ist, dürfen die Verformungen der Aussteifungskonstruktionen nicht größer als l/500 bei Bemessungslasten sein. Anzumerken ist, dass Einwirkungen durch Vorverformungen und Druckkräfte immer Gleichgewichtsgruppen sind.

Ersatzstabverfahren für auf Druck oder Biegung beanspruchte Bauteile

Für einfache auf Druck beanspruchte Bauteile kann auf die Berechnung nach Theorie II. Ordnung verzichtet werden, wenn die zum Stabilitätsversagen führende kritische Druckspannung bekannt ist. Die kritische Druckspannung eines Stabsystems dient als Vergleich mit dem Eulerstab II, dem beidseits gelenkig gelagerten Druckstab.

Ein nur durch Druckkräfte beanspruchtes Stabsystem kann im Stabilitätsfall mit Verformungen senkrecht zu den Stabachsen ausknicken. Die

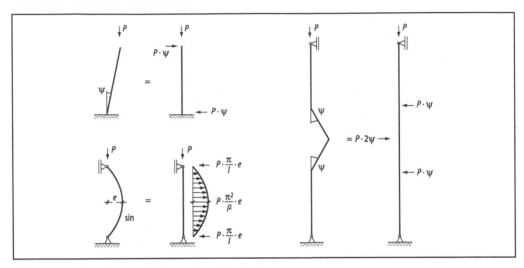

Abb. 3.7-24 Verkrümmung und Schrägstellung mit Ersatzlast

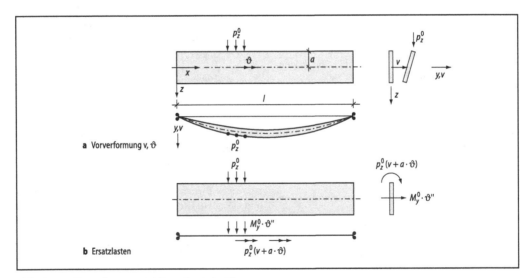

Abb. 3.7-25 Vorverformung und Ersatzlast beim Biegeträger

Druckkraftverteilung im System muss bekannt sein. Das Stabilitätsversagen ist dann ein Eigenwertproblem: der Eigenwert liefert den Faktor mit dem die Druckkraftverteilung beaufschlagt werden muss, damit das System knickt, die Eigenform ist die zugehörige Knickfigur. An jeder Stelle des Stabsystems mit der Querschnittsfläche A und der

Biegesteifigkeit EI kann dann die kritische Druckspannung berechnet werden. Aus dem Vergleich folgt die Länge des Ersatzstabes.

Querschnitt: E, A, I
Druckkraft bei Stabilitätsversagen: F_{ki}
Kritische Druckspannung: $\sigma_{ki} = F_{ki}/A$
Länge des Ersatzstabes: s_k

$$\sigma_{ki} = \frac{\pi^2}{s_k^2} \cdot \frac{EI}{A}$$

$$s_k = i \cdot \pi \cdot \sqrt{\frac{E}{\sigma_{ki}}} \quad \text{mit} \quad i = \sqrt{\frac{I}{A}} \tag{3.7.18}$$

Für den baupraktischen Nachweis wird die vorhandene Druckspannung mit einer um den Faktor k_c verminderten Festigkeit verglichen.

$$\sigma = \frac{F}{A}; \quad \frac{\sigma}{f \cdot k_c} \le 1 \tag{3.7.19}$$

Im Faktor k_c ist die Schlankheit λ, die Vorverformung e und die Theorie II. Ordnung enthalten. Für den einfachsten Fall, den Druckstab nach Abb. 3.7-26 mit linear elastischem Werkstoffverhalten und Vorverformung e wird die Herleitung eines Faktors k_c gezeigt.

Schnittgrößen nach Theorie II. Ordnung:

$$N = -F$$

$$M^{II} = F \cdot e \cdot \frac{1}{1-\kappa} \tag{3.7.20}$$

$$\kappa = \frac{F}{F_{ki}}$$

Der Spannungsnachweis in Trägermitte wird dem Druckspannungsnachweis mit den Faktor k_c gleichgesetzt. Im Grenzzustand erreicht die Spannung σ den Wert der Festigkeit f.

$$\frac{F}{A} + \frac{F \cdot e}{1-\kappa} \cdot \frac{1}{W} = \sigma = f = \frac{F}{A \cdot k_c} \tag{3.7.21}$$

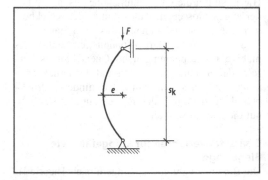

Abb. 3.7-26 Druckstab mit Vorverformung

Aus Einsetzen und Umformen folgt:

$$\kappa = \frac{F}{F_{ki}} = \frac{f \cdot A \cdot k_c}{\pi^2 / l^2 \cdot EI}$$

$$= \frac{l^2}{i^2} \cdot \frac{f}{\pi^2 \cdot E} \cdot k_c$$

$$= \lambda^2 \cdot \frac{f}{\pi^2 \cdot E} \cdot k_c$$

$$\lambda_{rel}^2 = \lambda^2 \cdot \frac{f}{\pi^2 E} = \frac{f}{\sigma_{ki}}$$

$$\kappa = \lambda_{rel} \cdot k_c \tag{3.7.22}$$

$$\frac{1}{A} + \frac{1}{1-\lambda_{rel}^2 \cdot k_c} \cdot \frac{e}{W} = \frac{1}{A \cdot k_c} \tag{3.7.23}$$

Aus dieser Beziehung kann k_c in Abhängigkeit von der bezogenen Schlankheit λ_{rel} dargestellt werden:

$$e \cdot \frac{A}{W} \cdot k_c + (k_c - 1) \cdot (1 - \lambda_{rel}^2 \cdot k_c) = 0 \tag{3.7.24}$$

Die geometrische Schlankheit λ wird mit der Festigkeit f und dem Elastizitätsmodul E zur relativen Schlankheit λ_{rel} umgerechnet. Dadurch wird der k_c-Wert, wenn auf Unterschiede in der Vorverformung und auf nichtlineares Verhalten verzichtet würde, unabhängig vom Werkstoff. Die Diagramme für die $k_c(\lambda_{rel})$-Linien sind deshalb auch in allen Vorschriften sehr ähnlich. Für e·A/W = 0/0,1/0,2 sind die Linien in Abb. 3.7-27 angegeben. Bei den $k_c(\lambda_{rel})$-Linien entsprechend DIN 1052 nach Abb. 3.7-28 ist das nichtlineare, für Zug und Druck unterschiedliche Verhalten des Holzes und die Streuung der Eigenschaften mit berücksichtigt [STEP1 1995]. Die beiden Linien nach den Gleichungen in DIN 1052 gelten für Vollholz bzw. Brettschichtholz. Für $\lambda_{rel} < 0,5$ gilt $k_c = 1$. Nur die Gleichungen liefern Werte über 1, die natürlich nicht gelten.

In beiden Abbildungen hat die Linie für e=0 zwei Bereiche:

$k_c=1$ Festigkeit ohne Stabilitätsversagen
$k_c=1/\lambda_{rel}^2$ Stabilitätsversagen

Der umfangreiche Spannungsnachweis für Biegung und Druck wird ersetzt durch einen Druckspannungsnachweis, wobei die Biegung und die Theorie II. Ordnung im von der relativen Schlankheit λ_{rel} abhängigen Faktor k_c berücksichtigt ist. In Tabelle

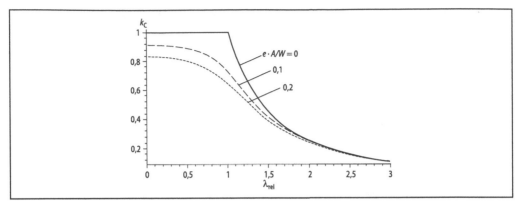

Abb. 3.7-27 Knickspannungslinien für e = 0 und e A/W = 0,1 und 0,2

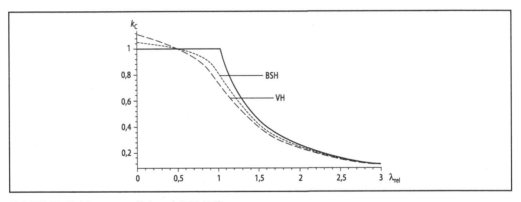

Abb. 3.7-28 Knickspannungslinie nach DIN 1052

3.7-12 sind für einige Systeme Knicklängenbeiwerte β angegeben, mit denen die geometrische und die bezogene Schlankheit berechnet werden kann. Die Ersatzstablänge s_k wird mit dem Knicklängenbeiwert β aus der Stablänge berechnet:

$$s_k = \beta \cdot s. \tag{3.7.25}$$

Bei Berücksichtigung der Schubsteifigkeit S wird die Ersatzstablänge:

$$s_k = \beta \cdot s \cdot \sqrt{1 + \frac{EI \, \pi^2}{(\beta \cdot s)^2 \cdot S}}. \tag{3.7.26}$$

Das Zusatzmoment aus Theorie II. Ordnung in der elastischen Feder bei den Systemen 2, 3 und 5 darf wie folgt angenommen werden:

$$M = N \cdot \frac{h}{6} \left(\frac{1}{k_c} - 1 \right). \tag{3.7.27}$$

Hierin sind h die Querschnittshöhe des an die Feder angeschlossenen Stabes und k_c der Knickbeiwert des an die Feder angeschlossenen Stabes.

Sind neben den Druckspannungen auch planmäßige Biegespannungen im Querschnitt, so erfolgt der Spannungsnachweis mit der Druckspannung bezogen auf die um k_c verminderte Druckfestigkeit zuzüglich der Biegespannung bezogen auf die Biegefestigkeit.

Ersatzstabverfahren für kippgefährdete Biegeträger

Die Berechnung von Biegeträgern nach Theorie II. Ordnung, bei der die seitliche Verschiebung und die

Tabelle 3.7-12 Knicklängenbeiwerte β für Stäbe

System	Knicklängenbeiwert β
1 N, h, EI, N	$\beta = 1$
2 N, h, EI, C_φ, N	$\beta = \sqrt{4 + \dfrac{\pi^2 \cdot EI}{h \cdot C_\varphi}}$ C_φ Federkonstante der elastischen Einspannung (Kraft · Länge)
3 N, N_1, N_2, h, h_1, h_2, C_φ, N, N_1, N_2	$\beta = \sqrt{\left(4 + \dfrac{\pi^2 \cdot EI}{h \cdot C_\varphi}\right)(1 + \alpha)}$ für die eingespannte Stütze mit $\alpha = \dfrac{h}{N} \cdot \sum \dfrac{N_i}{h_i}$
4 q, s, h, l, N, N	für $0{,}15 \dfrac{h}{\ell} \le 0{,}5$ und $s_k = \beta \cdot s$: $\beta = 1{,}25$ (für antimetrisches Knicken)
5 $0{,}65\,s$, N_R, N_S, N_R, C_φ, I_R, C_φ, $0{,}65\,h$, I_S, α, N_S	Stiel: $s_k = \beta_S \cdot h$ ($\alpha \le 15$) $\beta_S = \sqrt{4 + \dfrac{\pi^2 \cdot EI_S}{h} \cdot \left(\dfrac{1}{C_\varphi} + \dfrac{s}{3EI_R}\right) + \dfrac{EI_S \cdot N_R \cdot s^2}{EI_R \cdot N_S \cdot h^2}}$ Riegel: $s_k = \beta_R \cdot s$ ($\alpha \le 15°$) $\beta_R = \beta_S \cdot \sqrt{\dfrac{EI_R \cdot N_S}{EI_S \cdot N_R}} \cdot \dfrac{h}{s}$ (für antimetrisches Knicken)
6 N, N, s, s_2, s_1, N, N	für $s_1 < 0{,}7 \cdot s$: $\beta = 0{,}8$ für $s_1 \ge 0{,}7 \cdot s$: $\beta = 1{,}0$ (für antimetrisches Knicken)
7 N, C_φ, C_φ, s, N	bei gelenkiger Lagerung ($C_\varphi \approx 0$): $\beta = 1{,}0$ bei nachgiebiger Einspannung ($C_\varphi \gg 0$): $\beta = 0{,}8$

Verdrehung (Biegedrillknicken, Kippen) berücksichtigt werden, ist nicht so verbreitet wie die Theorie II. Ordnung von Stäben, bei denen nur die Verschiebung berücksichtigt wird (Knicken). Deshalb hat bei diesen Problemen, hohe schlanke Träger aus Brettschichtholz mit Rechteckquerschnitt, das Ersatzstabverfahren noch mehr Bedeutung und Berechtigung. Ausgehend von der kritischen Biegdruckspannung $\sigma_{m,crit}$ wird die relative Schlankheit

$$\lambda_{rel} = \sqrt{f_{m,k} / \sigma_{m,crit}} \qquad (3.7.28)$$

berechnet und ebenso wie beim Knicknachweis die Festigkeit mit einen Beiwert k_b abgemindert. Abbildung 3.7-29 zeigt wieder den bekannten Verlauf. von $k_b (\lambda_{rel})$. Die Herleitung kann wie beim Knicken am Sonderfall des gabelgelagerten Einfeldträgers mit konstantem Grundbiegemoment analytisch erfolgen. Sie ist wegen der zwei Verformungen umfangreicher. In Tabelle 3.7-13 sind für einige Systeme und Belastungen Beiwerte a_1 und a_2 angegeben, mit denen kritische Kippmomente und daraus die kritische Biegespannung sowie die bezogene Kippschlankheit berechnet werden können:

$$M^0{}_{y,crit} = \frac{a_1}{1} \cdot \sqrt{B \cdot T} \cdot \left[1 - a_2 \cdot \frac{a_z}{1} \cdot \sqrt{\frac{B}{T}} \right] \cdot \alpha \cdot \beta \cdot \gamma \cdot \delta.$$
$$(3.7.29)$$

Die Bezeichnungen sind aus Abb. 3.7-30 ersichtlich. B ist dabei die Biegesteifigkeit um die schwache, d.h. die z-Achse und T die Torsionssteifigkeit. Mit den Faktoren α, β, γ und δ können die Wirkung einer Drehfeder C_G am Auflager, einer Druckkraft P, der Wölbsteifigkeit C sowie der elastischen Bettung C_y und C_ϑ erfasst werden:

– Drehfeder C_G am Auflager:

$$\alpha = \sqrt{\frac{1}{1 + \dfrac{3{,}5 \cdot T}{C_G \cdot 1}}}$$

– Druckkraft P:

$$\beta = \sqrt{1 - \frac{P}{P_{ki}}} \qquad \text{mit } P_{ki} = \frac{\pi^2 \cdot E \cdot b^3 \cdot h}{s_k^2 \cdot 12}$$

– Wölbsteifigkeit C:

$$\gamma = \sqrt{1 + \frac{C \cdot \pi^2}{T \cdot 1^2}}$$

– elastische Bettung C_y und C_ϑ:

$$\delta = \sqrt{\left(1 + \frac{C_y \cdot 1^4}{B \cdot \pi^4} \right) \cdot \left(1 + \frac{(C_\vartheta + e^2 \cdot C_y) \cdot 1^2}{T \cdot \pi^2} \right)}$$
$$+ \frac{e \cdot C_y \cdot 1^3}{\sqrt{B \cdot T} \cdot \pi^3}$$

Ziel der Berechnung ist die zuverlässige Dimensionierung der Bauwerke. Die Systeme im Holzbau können vom Werkstoff her linear elastisch berechnet werden. Die geometrische Nichtlinearität muss bei Druckbeanspruchung berücksichtigt werden.

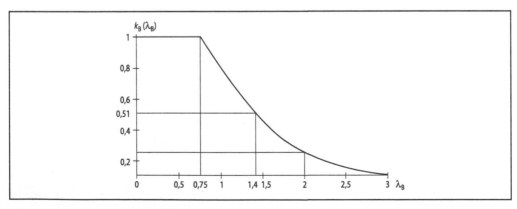

Abb. 3.7-29 k_b bzw. k_{crit} nach DIN 1052

Tabelle 3.7-13 Kippbeiwerte

System	Momentenverlauf	a_1	a_2
1.1 $\quad v = v'' = 0,$ $\vartheta = 0$ $\qquad M^0_{y,\,crit}$		1,77	0
1.2 $\quad$ gabelgelagerter Einfeldträger Draufsicht: $\quad M^0_{y,\,crit}$		1,35	1,74
1.3 $\qquad M^0_{y,\,crit}$		1,13	1,44
1.4 $\quad M^0_{y,\,crit}$		1	0
2.1 $\quad v = v' = 0,$ $\vartheta = 0$ $\quad M^0_{y,\,crit}$		1,27	1,03
2.2 $\quad$ Kragarm $\quad M^0_{y,\,crit}$		2,05	1,50
3.1 $\quad v = v' = 0,$ $\vartheta = 0$ $\qquad M^0_{y,\,crit}$		6,81	0,40
3.2 $\quad$ beidseitig eingespannter Träger Draufsicht: $\quad M^0_{y,\,crit}$		5,12	0,40
4.1 $\quad v = o'' = 0,$ $\vartheta = 0$ $\qquad M^0_{y,\,crit}$		1,70	1,60
4.2 $\quad$ Mittelfeld, Durchlaufträger Draufsicht: $\quad M^0_{y,\,crit}$		1,30	1,60

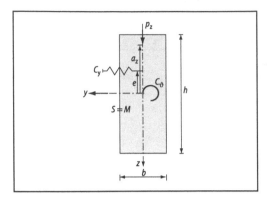

Abb. 3.7-30 Kippen, Querschnitt

3.7.7 Verbindungen

3.7.7.1 Allgemeines

Die Abmessungen von Vollholz sind begrenzt. Verbindungsmittel sind deshalb zum Bau größerer Tragwerke – alles was über den Vollholzbalken hinausgeht – notwendig. Neben dem Nagel, der Schraube und dem Bolzen waren die zimmermannsmäßigen Verbindungen lange Zeit die einzigen Verbindungsmittel.

3.7.7.2 Geklebte Verbindungen

Holzflächen können zusammen geklebt werden. In der Klebefuge treten bei Beanspruchung Spannungen auf. Welche Spannungen das sind, hängt von der Art der Beanspruchung und von der Anordnung der Fuge ab. Abbildung 3.7-31 zeigt ein Klebefuge im Winkel 90-α gegen die Spannungsrichtung von σ_x geneigt. Die Spannungen in der Klebefuge sind:

$$\sigma_\alpha = \sigma_x \cos^2\alpha$$
$$\tau_\alpha = \sigma_x \cos\alpha \sin\alpha \qquad (3.7.30)$$

Sollen in der Fuge im Wesentlichen Schubspannungen übertragen werden, ist die Neigung 90-α klein zu wählen. Geometrische Unstetigkeiten haben Spannungsspitzen zur Folge. Ein Wegnehmen von Material (schraffierter Bereich in Abb. 3.7-32) führt zu nahezu konstanten Schubspannungen. Eine andere geometrische Anordnung führt zwangsläufig zur Schäftung oder dann zum Keilzinkenstoß! Abbildung 3.7-33 zeigt auch die Störung durch die geometrische Unstetigkeit und dass demzufolge die Kraft nur in einen kleinen Bereich übertragen wird. Nur der Eigenspannungszustand erzeugt Schubspannungen.

Die Ausführung von Klebeverbindungen erfordert Gewissenhaftigkeit, da einer fertiggestellten Klebeverbindung die Qualität nicht anzusehen ist. Die Eignung einer Firma zur Herstellung muss mit einer Leimgenehmigung des Otto-Graf-Instituts an der Universität Stuttgart nachgewiesen sein. Die Verwendung von Klebern ist ebenfalls geregelt: Zur Anwendung kommen Resorzinharzleime (rotbraun) und Melaminharzleime (weiß) für Bauteile, die auch der Feuchtigkeit ausgesetzt sind, sowie Harnstoffharzleime für Bauteile, die nur kurz der Feuchtigkeit ausgesetzt sein können. Der Kaseinleim aus Milchsäurekasein und gelöschtem Kalk ist nur für

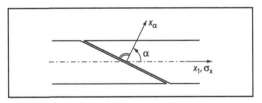

Abb. 3.7-31 Spannungen in der Klebefuge

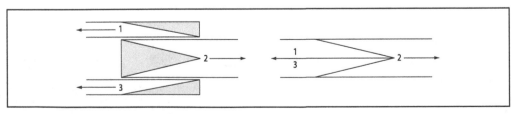

Abb. 3.7-32 Geometrische Unstetigkeit

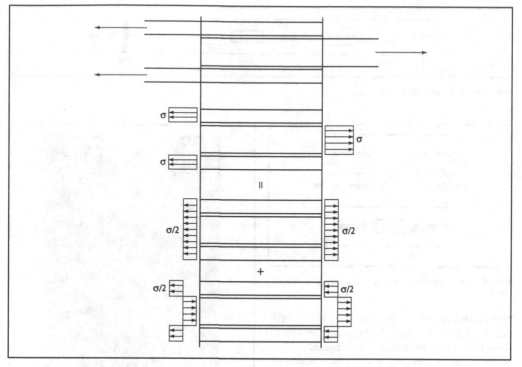

Abb. 3.7-33 Kraftübertragungsbereich

Bauteile geeignet, die dauerhaft vor Feuchtigkeit geschützt sind. Dafür gibt dieser Kleber beim Aushärten kein Formaldehyd ab. Der Holzleimbau begann mit Kaseinleim. Dann wurde er durch die feuchtebeständigen Kleber ersetzt. Heute wird der Kaseinleim wieder für Bauteile in trockenen Innenräumen verwendet.

Für alle Bauteile, die nicht zweifelsfrei der Nutzungsklasse 1 oder 2 zugeordnet werden können oder die während der Nutzungsdauer einmal in Nutzungsklasse 3 fallen könnten, wird dringend empfohlen, Resorcinharzleime zu verwenden!

Der Tragwerksplaner verwendet geklebtes Brettschichtholz und andere geklebte Holzwerkstoffe, ohne sich rechnerisch um die Klebeverbindung zu kümmern. Bei keilgezinkten Vollstößen ist die Querschnittschwächung im Zinkengrund zu berücksichtigen.

3.7.7.3 Mechanische Verbindungen

Wirkungsweise

Zwei Holzteile können am Vorbeigleiten gehindert werden, wenn sie geometrisch verzahnt werden (Abb. 3.7-34). Dies kann auch durch quer zur Fuge eingebrachte Teile erfolgen: Holzdübel, Dübel in Sonderbauweise, Nägel, Schrauben, Stabdübel. Bei der Kerbe oder beim Dübel sind die Kontaktpressungen und die Scherspannungen nachzuweisen. Ein zum Gleichgewicht notwendiges Versatzmoment muss berücksichtigt werden (Abb. 3.7-35). Beim stiftförmigen Verbindungsmittel wirkt vom Holz aus gesehen eine Reaktionskraft (= Lochleibungsspannung mal Durchmesser) auf den Stift und erzeugt in diesem Biegemomente und Querkräfte. Abbildung 3.7-36 zeigt eine Aufnahme eines Versuches.

Unterschiedliche Verbindungsmittel haben ein stark unterschiedliches Verformungsverhalten. Abbildung 3.7-37 zeigt Last-Verschiebungskurven.

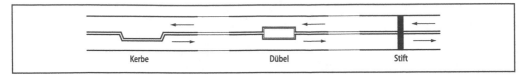

Abb. 3.7-34 Mechanische Verbindungen

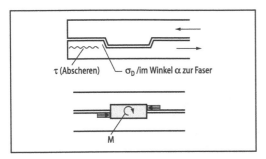

Abb. 3.7-35 Kontaktpresung, Scherspannung, Versatzmoment

Verbindungsmittel mit unterschiedlichen Steifigkeitsverhalten in einer Verbindung bekommen dann auch sehr unterschiedliche Lastanteile. Deshalb gilt die Empfehlung, in einer Verbindung nur eine Art von Verbindungsmittel zu verwenden. Auf jeden Fall ist die Verwendung einer Klebeverbindung zusammen mit einem mechanischen Verbindungsmittel unsinnig. Die rechnerische Tragfähigkeit einer Verbindung ist einmal begrenzt durch die Sicherheit gegen Versagen und einmal durch die auftretende Verschiebung.

In Kraftrichtung hintereinander angeordnete Verbindungsmittel erhalten unterschiedliche Lastanteile. Abbildung 3.7-38 zeigt den Schubfluss nach Gl. (3.7.31) zwischen zwei elastisch verbundenen Stäben. Der mittlere Schubfluss t_0 ist $F/2a$. Je steifer die Verbindung, desto größer wird die Schubflussspitze am Rand:

$$\frac{t(x) \cdot 2a}{F} = \frac{t(x)}{t_0} = \frac{2a}{1} \cdot \frac{e^{-x/l} + e^{x/l}}{-e^{-a/l} + e^{a/l}}.$$

$$\text{mit } 1 = \sqrt{\frac{EA}{c}} \qquad (3.7.31)$$

In den Vorschriften wird dies, sowie das elastisch plastische Verhalten und vor allem die gegensei-

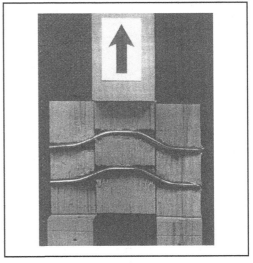

Abb. 3.7-36 Stiftförmiges Verbindungsmittel

tige Beeinflussung der Verbindungsmittel, durch eine Abminderung der Tragfähigkeit in Abhängigkeit der Zahl der hintereinander geschalteten Verbindungsmittel berücksichtigt. Die gegenseitige Beeinflussung kann zu einer Aufspaltung des Holzes führen. In Tabelle 3.7-14 ist die rechnerisch wirksame Anzahl n_{ef} bei Anordnung von n Verbindungsmitteln hintereinander angegeben.

Wird die Spaltung des Holzes durch eine Verstärkung rechtwinklig zur Faserrichtung verhindert, dürfen alle Verbindungsmittel *n* angesetzt werden [Bejtka 2005]. Die Verstärkung kann mit selbstbohrenden Schrauben erfolgen; sie ist für 30% der jeweiligen Verbindungsmittelkraft auszulegen.

Stiftförmige Verbindungsmittel

Ein Traglastmodell für stiftförmige Verbindungsmittel, das einfach handhabbar ist, entsteht bei fol-

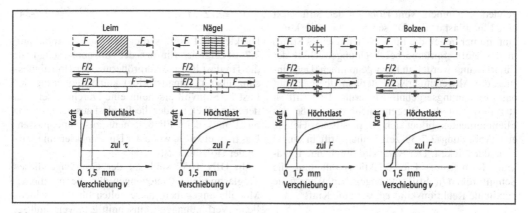

Abb. 3.7-37 Last-Verschiebungskurven

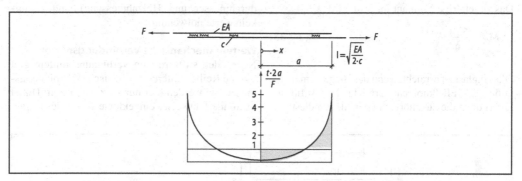

Abb. 3.7-38 Verteilung der Schubkraft

Tabelle 3.7-14 Wirksame Zahl in Kraftrichtung hintereinander angeordneter Verbindungsmittel

Verbindungsmittel	nef	n<	DIN 1052: 2008
Stabdübel Passbolzen	$\left[\min\begin{cases} n \\ n^{0,9} \cdot \sqrt[4]{\dfrac{a_1}{10 \cdot d}} \end{cases}\right] \cdot \dfrac{90-\alpha}{90} + n \cdot \dfrac{\alpha}{90}$		Gl (210)
	a1 Abstand der Verbindungsmittel untereinander in Faserrichtung		
	n Anzahl der in Faserrichtung hintereinander angeordneten Verbindungsmittel		
	α Winkel zwischen Kraft- und Faserrichtung		
Stabdübelkreis	0,85 n		Gl (211)
Dübel besonderer Bauart	$\left[2+\left(1-\dfrac{n}{20}\right) \cdot (n-2)\right] \cdot \dfrac{90-\alpha}{90} + n \cdot \dfrac{\alpha}{90}$	10	Gl (265)

genden Annahmen: Vom Holz auf den Stift wirkt eine Linienlast q=f$_h$·d. Diese verläuft jeweils konstant, immer gegen die Einpressrichtung des Stiftes in das Holz. Sprünge bei Richtungswechsel der Eindrückung werden in Kauf genommen. Der Einfluss der Abweichung vom stetigen Übergang auf das Berechnungsergebnis ist gering. Der Stift ist starr, erreicht das Biegemoment die Größe des Fließmomentes, bildet sich ein plastisches Gelenk aus. Abbildung 3.7-39 zeigt einen Stift in einem Holz der Dicke t. Der Stift wird durch eine Randkraft R belastet. Die Reaktionskraft und die Schnittgrößen im Stift sind angegeben. Wenn q die maximale Reaktionskraft ist, wird die Kraft

$$R_1 = q \cdot t \cdot \left(\sqrt{2} - 1 \right). \qquad (3.7\text{-}32)$$

Das zugehörige Moment im Stift wird

$$M = \frac{R^2}{2 \cdot q} \qquad (3.7\text{-}33)$$

Die Traglast ist erreicht, wenn das Biegemoment die Größe des Fließmoments erreicht. Die Auflösung liefert dann die zugehörige maximale Randlast:

$$R_2 = \sqrt{2 \cdot M \cdot q} \qquad (3.7\text{-}34)$$

Die kleinere Last R ist die maßgebende. Abbildung 3.7-40 zeigt den Einfluss der Holzabmessung t auf die Traglast R. Eine Vergrößerung der Holzabmessung über t$_{gr}$ hinaus bringt keine Steigerung der Last R. Sinnvoll erscheint eine Durchmesserwahl der Stabdübel, bei der die Traglast aus der Lochleibung und dem Fließmoment zusammenpassen. Das trifft etwa zu, wenn der Durchmesser ein Fünftel der Holzdicke ist.

In DIN 1052 sind auf der Grundlage dieses Traglastmodells Gleichungen für die möglichen Modelle angegeben; diese gelten für unterschiedliche Verbindungen: einschnittig, zweischnittig, Holz-Holz, Holz-Stahl. Dabei gilt dann jeweils die kleinste Traglast. Neben der Geometrie (Stabdurchmesser und Holzabmessung) sind Festigkeitswerte notwendig.

Weitere mechanische Verbindungsmittel
Neben den stiftförmigen Verbindungsmitteln gibt es eine Reihe weiterer mechanischer Verbindungsmittel. Sie werden hier nur kurz aufgezählt: Dübel in Sonderbauweise, eingeklebte Gewindestangen,

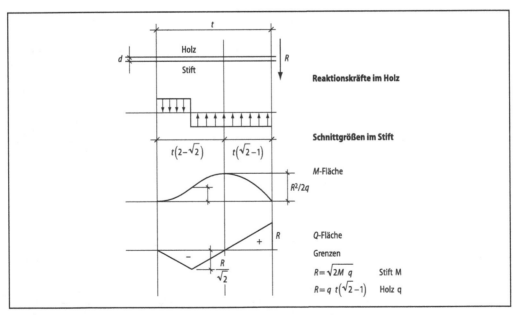

Abb. 3.7-39 Stift im Holz

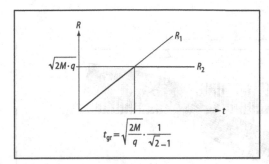

$$t_{gr} = \sqrt{\frac{2M}{q}} \cdot \frac{1}{\sqrt{2}-1}$$

Abb. 3.7-40 Traglast in Abhängigkeit der Holzabmessung

Nagelplatten, Stahlformteile. Die Anwendung ist meist in Zulassungen geregelt.

Ein weites Anwendungsfeld bieten auf Zug beanspruchbare Schrauben oder eingeklebte Stahlstangen. Die Fachwerktheorie hilft, Tragmodelle zu finden. Abbildung 3.7-41 zeigt die Kraftübertragung durch eine schräg eingedrehte auf Zug beanspruchte Schraube.

3.7.8 Träger aus nachgiebig miteinander verbundenen Teilen

3.7.8.1 Allgemeines

Zwei Träger mit Dehn- und Biegesteifigkeit – die Schubsteifigkeit kann unendlich gesetzt werden – werden übereinander gelegt und in der Fuge nachgiebig miteinander verbunden. In der Fuge können Schubkräfte t (Kraft/Länge) übertragen werden (Abb. 3.7-42 und 3.7-43). Eine senkrecht zu den Stabachsen wirkende Kraft erzwingt die gemeinsame Biegelinie beider Teile; dies kann auch durch geeignete Lastaufteilung auf die beiden Einzelträger erreicht werden.

Zur Berechnung derartiger Träger wird für beide Träger die technische Biegetheorie angesetzt und der Schub t über eine elastische Feder c bzw. k (Kraft/Länge[2]) übertragen. Die Differentialgleichungen für die Durchbiegung w beider Träger und die Längsverschiebungen u_1 und u_2 für die beiden Stabachsen sind für den Einfeldträger unter sinusförmiger Belastung analytisch lösbar. Diese Lösung liegt den Angaben in

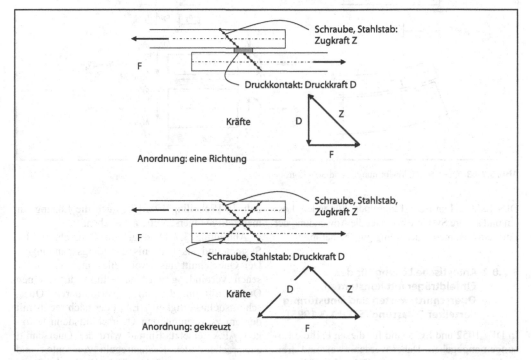

Abb. 3.7-41 Kraftübertragung durch zugbeanspruchte Schrauben, eingeklebte Stahlstäbe

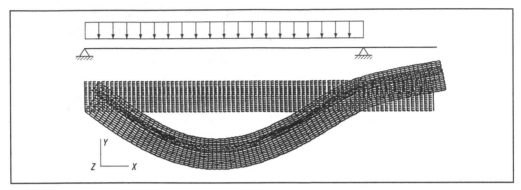

Abb. 3.7-42 Träger aus zwei Teilen, nachgiebig miteinander verbunden

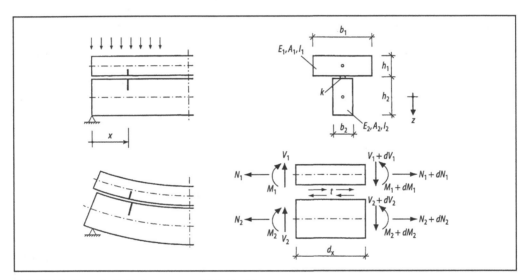

Abb. 3.7-43 Querschnitt, Verformungen und Schnittgrößen

DIN 1052 und im EC 5-1 zugrunde. Für andere Lasten und andere Systeme bedeutet die Anwendung der Formeln eine mehr oder wenig gute Näherung.

3.7.8.2 Analytische Lösung für den Einfeldträger mit konstanten Querschnittswerten und sinusförmig verteilter Belastung [STEP 1-3 1995]

In DIN 1052 und EC 5 sind für diesen Fall die Lösungen angegeben. Dabei werden zwei- und dreiteilig miteinander verbundene Querschnitte behandelt. In [Schelling 1982] ist auch die Lösung für mehrteilige Querschnitte angegeben.

Abbildung 3.7-44 zeigt den Querschnitt, das System und als Ergebnis die Längsspannungen. Der Querschnitt aus zwei Teilen und der elastischen Verbindung wird nach links durch einen Querschnitt mit der um γ_1 verminderten Querschnittsdehnsteifigkeit $\gamma_1 EA_1$ oder nach rechts mit der um γ_2 verminderten Querschnittsdehnsteifigkeit $\gamma_2 EA_2$ ersetzt. Einmal wird der Querschnitt entsprechend den Rechenregeln von unten und einmal von oben betrachtet. Einmal wird der Span-

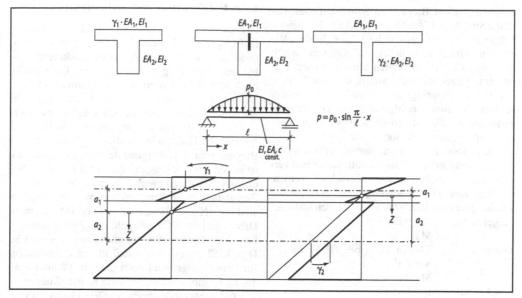

Abb. 3.7-44 Zweiteiliger Träger, Sinuslösung

nungsnulldurchgang im Teil 2 und einmal der im Teil 1 als Rechenausgangspunkt für die Geometriegrößen a_1 und a_2 verwendet. Beide Wege führen selbstverständlich zum selben Ziel.

Abminderungsfaktoren:

$$\gamma_1 = \frac{1}{1 + \dfrac{\pi^2 \cdot EA_1}{\ell^2 \cdot c}}$$

$$\gamma_2 = \frac{1}{1 + \dfrac{\pi^2 \cdot EA_2}{\ell^2 \cdot c}} \qquad (3.7.35)$$

Geometrie:

$$a_1 = a \cdot \frac{EA_2}{\gamma_1 EA_1 + EA_2} \qquad a_1 + a_2 = a$$

bzw. $\quad a_1 = a \cdot \dfrac{\gamma_2 EA_2}{EA_1 + \gamma_2 EA_2} \qquad (3.7.36)$

Steifigkeit:

$$efEJ = EJ_1 + EJ_2 + a^2 \cdot \frac{\gamma_1 EA_1 \cdot EA_2}{\gamma_1 EA_1 + EA_2}$$

$$= EJ_1 + EJ_2 + a^2 \cdot \frac{EA_1 \cdot \gamma_2 EA_2}{EA_1 + \gamma_2 EA_2} \qquad (3.7.37)$$

Längsspannung:

$$\sigma = \frac{M}{efEJ} \cdot E \cdot z, \;\rightarrow\; \| \text{Verschiebung } \gamma \qquad (3.7.38)$$

Schubfluss:

$$t_o = \frac{Q}{efEJ} \cdot \gamma_1 EA_1 \cdot a_1 = \frac{Q}{efEJ} \cdot EA_2 \cdot a_2 \quad \text{bzw.}$$

$$t_o = \frac{Q}{efEJ} \cdot EA_1 \cdot a_1 = \frac{Q}{efEJ} \cdot \gamma_2 EA_2 \cdot a_2 \qquad (3.7.39)$$

3.7.8.3 Schubanalogie [Kreuzinger 1999]

Die Wirkung der Nachgiebigkeit c bzw. k wird durch eine Schubsteifigkeit erfasst. Dabei werden die beiden Dehnsteifigkeiten EA zusammen mit der nachgiebigen Verbindung c bzw. k durch einen

Träger mit einer Biege- und Schubsteifigkeit beschrieben. Die Eigenbiegesteifigkeit der beiden Träger wird durch zusätzliche Träger, die die gleiche Durchbiegung w haben müssen, rechnerisch mitberücksichtigt. Es werden geometrisch ein Träger mit Biege- und Schubsteifigkeit mit Trägern nur mit Biegesteifigkeit verbunden. Die analytische Herleitung erfolgt über die Differentialgleichungen, die numerischen Anwendung über Rechenprogramme für Stabwerke.

Damit können Träger mit unterschiedlichen Lasten, mit veränderlichen Querschnittswerten und verschiedenen Randbedingungen berechnet werden. Die Berechnung liefert Schnittgrößen der Träger, die auf die Querschnittsteile aufgeteilt werden können.

Träger A	$EI_A = EI_1 + EI_2$
	M_A
Träger B	$EI_B = a^2 (EA_1 EA_2)/(EA_1+EA_2)$
	$S = c\,a^2$
	M_B, Q_B
Schubfluss	$t_0 = Q_B/\,a$
Biegemomente	$M_1 = M_A\,EI_1/\Sigma EI$
	$M_2 = M_A\,EI_2/\Sigma EI$
Normalkräfte	$N_1 = -\,M_B/a$
	$N_2 = M_B/a$
Querkraft	$Q_1 = Q_A EI_1/\Sigma EI + Q_B\,e_1/\,a$
	$Q_2 = Q_A EI_2/\Sigma EI + Q_B\,e_2/\,a$

Abbildung 3.7-45 zeigt einen Träger aus zwei nachgiebig miteinander verbundenen Teilen und die zugehörige Systemtransformation. Für Einzellast in Feldmitte, dafür ist die analytische Lösung nicht mehr zutreffend. Der Berechnungsgang wird in Abb. 3.7-46, die Längs- und Schubspannung in Abb. 3.7-47 vorgestellt.

3.7.8.4 Holz-Beton-Verbundbauweise

Bei der Holz-Beton-Verbundbauweise werden ein Holzträger und ein Betonträger nachgiebig miteinander zu einem Holz-Beton-Verbundträger verbunden. Beim Biegeträger mit einem Querschnitt nach Abb. 3.7-48 übernimmt die Druckplatte aus Beton die Aufnahme der Biegedruckkraft sowie die Lastverteilung quer zu den Trägern und auch die Aufgabe der Aussteifungsscheibe im Gesamtsystem. Der Holzteil in der Biegezugzone trägt auf Biegung und Zug. Aufgabe der Verbindungsmittel ist neben der Übertragung der Schubkräfte die Sicherung des Zusammenhalts der beiden Teile. Die Berechnung und Konstruktion von Betonteilen sind in DIN 1045 bzw. EC2, die von Holzteilen in DIN 1052 bzw. EC5 geregelt. Das Zusammenwirken beider Teile – die Verbundbauweise – wird in DIN 1052 angesprochen und in den Zulassungen für Verbindungsmittel auch geregelt [Winter u. a. 2008]. Es gibt viele ausgeführte Konstruktionen.

Für Umbaumaßnahmen, wie Verstärkungen von bestehenden Holzbalkendecken, eignet sich die Verbundkonstruktion:

- die vorhandene Konstruktion kann erhalten bleiben,
- die aufbetonierte Betonplatte erhöht die Tragfähigkeit und die Steifigkeit,
- die zusätzlichen Lasten sind gering,
- der Schall- und Brandschutz werden verbessert,
- die Betonplatte kann für die Gebäudeaussteifung herangezogen werden.

Auch für Neubauten von Decken- und Brückenplatten ist die Holz-Beton-Verbundbauweise geeignet. Bei Brücken schützt die Betonplatte mit der

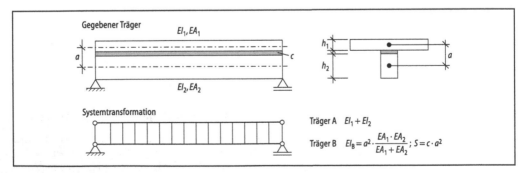

Abb. 3.7-45 Schubanalogie, Systemtransformation

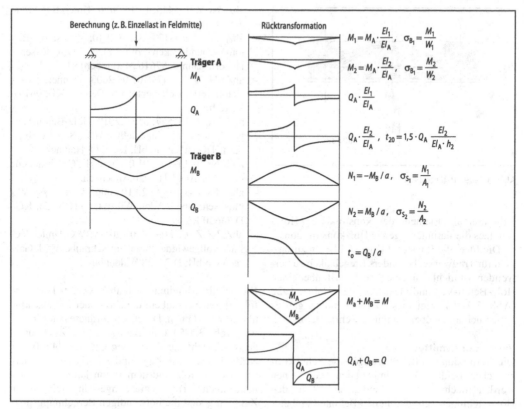

Abb. 3.7-46 Berechnung, Einzellast in Feldmitte

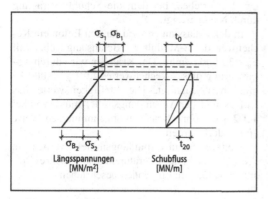

Abb. 3.7-47 Spannungen und Schubfluss

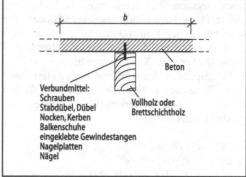

Abb. 3.7-48 Holz-Beton-Verbund

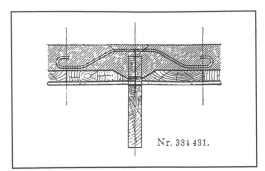

Nr. 334 431.

Abb. 3.7-49 Patentschrift

Fahrbahn als Element des konstruktiven Holz-
schutzes die darunterliegende Holzkonstruktion.

Die Idee, die Baustoffe Holz und Beton zusam-
men für Tragwerke, besonders Biegebalken zu ver-
wenden, ist nicht neu: eine Patentschrift über einen
Holz-Beton-Verbundträger aus dem Jahre 1922
(Abb. 3.7-49) zeigt dies. Darüber hinaus gab es
Untersuchungen über bambusbewehrte Betonteile.

Verbindungsmittel
Die Verbindungsmittel übertragen die Schubkraft
zwischen beiden Querschnittsteilen. Zum einen
werden mechanische Verbindungsmittel in den
Holzteil eingebracht und in den Betonteil einbetoniert, oder die Schubübertragung erfolgt zum anderen über Kontaktflächen, die durch geometrische
Verzahnung entstehen. Damit die Querschnittsteile
einen Zusammenhalt haben, muss die Verbindung
senkrecht zur Fuge Kräfte übertragen können. Zur
Berechnung der Konstruktion ist die Steifigkeit
der Verbindung und die zulässige bzw. charakteristische übertragbare Kraft notwendig.

In folgenden Vorschriften und Zulassungen
(abZ, Deutsches Institut für Bautechnik, Berlin)
werden Holz-Beton-Verbundkonstruktionen behandelt (Stand 2010):

- DIN 1052 (2008), 8.6
- DIN EN 1995-2: 2006, 5.3
- abZ. Nr. Z-9.1-331 21.08.1998; EW-Holz-Beton-
  Verbundelemente; Hedareds Sand & Betong,
  Älvsgarde, S-50492 Hedared.
- abZ. Nr. Z-9.1-342; 06.05.2010; SFS intec
  GmbH Fastenings-Systems: D 61440 Oberursel.

- abZ. Nr. Z-9.1-445; 13.10.2006; Timco II Schrauben; Timco Schweiz GmbH.
- abZ. Nr. Z-9.1-473; 31.08.2010; Brettstapel-Be-
  ton-Verbunddecken mit Flachstahlschlössern;
  Hubert Schmid, 87616 Marktoberdorf.
- abZ. Nr. Z-9.1-474; 07.04.2003; Dennert Holz-
  Beton Verbundelemente; Veit Dennert KG, 96191
  Viereth.
- abZ. Nr. Z-9.1-557; 05.07.2010; Holz-Beton-Ver-
  bundsystem mit eingeklebten HBV-Schubverbin-
  dern; TiComTec GmbH, D 63808 Haibach.
- abZ. Nr. Z-9.1-603; 01.08.2010; TCC Schrauben;
  Com-Ing-AG, CH 9050 Appenzell.
- abZ. Nr. Z-9.1-648; 20.10.2006; Würth Assy VG
  plus Schrauben; Adolf Würth GmbH & Co. KG,
  D 74650 Künzelsau.
- abZ. Nr. Z-9.1-803; 09.07.2010; SWG Timtec VG
  Plus-Vollgewindeschrauben; Schraubenwerk Gai-
  sach GmbH; D 74638 Waldenburg.

Die Schubverbindung nach abZ. Nr. Z-9.1-342 erfolgt durch Schrauben, die Zug- oder Druckkräfte
übertragen können. Durch zugeordnete Anordnung
wie Abb. 3.7-50 (aus Anlage 2 der Zulassung)
zeigt, entsteht zur Abtragung der Schubkraft ein
Kräftedreieck mit Zug- und Druckkräften. Zwischen dem Holz und dem Beton kann auch eine
nichttragende Trennschicht angeordnet sein. In der
Zulassung sind die notwendigen Berechnungsgrö-
ßen angegeben.

In der Zulassung abZ. Nr. Z-9.1-331 ist ein System beschrieben, bei dem die Schubübertragung
durch Nägel erfolgt.

In den Zulassungen wird für den Beton ein Rechenwert des E-Moduls des Betons angegeben mit
$E_0 = 32.000$ N/mm^2. Das Kriechen wird durch Abminderung dieses Rechenwertes auf $E_\infty = 9.000$ N/
mm^2 berücksichtigt. Die Steifigkeitswerte des
Holzes und der Verbindungsmittel müssen dabei
auf 2/3 der ohne Kriechen angenommenen Werte
vermindert werden.

Weitere Schubverbindungsmittel werden in
Prospekten und der Literatur angegeben; zwei Beispiele werden im Folgenden beschrieben.

Bertsche Schubverbinder nach [Fritzen 1998]
Ein rahmenartiges Stahlteil überträgt die Schubkraft
über jeweils zwei im Beton und Holz druckbeanspruchte Kontaktflächen. Die Kraftübertragung

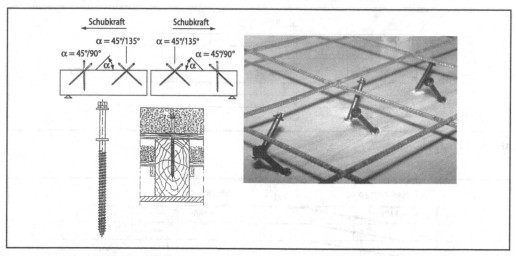

Abb. 3.7-50 Verbundmittel Schraube

erscheint deshalb berechenbar. Der Verschiebungs-modul muss angenommen werden. Die konzent-rierte Schubverbindung an einzelnen Stellen kann mit der analytischen Lösung nicht erfasst werden, eine numerische Lösung ist erforderlich. Für einen Verbundanker können angenommen werden: zul T = 200 kN und C = 500 MN/m.

Brettstapel-Beton-Verbund, System Natterer
Auf hochkant nebeneinander gestellte Bretter wird eine Betonschicht aufgebracht. Die Schub-verbindung erfolgt über Kerben nach Abb. 3.7-51. Die Bretter sind verleimt oder vernagelt. Die Ker-ben verlaufen senkrecht zur Spannrichtung. Die Kraftübertragung erfolgt über die „Betonkonsole" und die Kontaktspannung zwischen der Beton-konsole und dem eingeschnittenen Holz. Der Zu-sammenhalt der beiden Querschnittsteile erfolgt durch Anker. Durch die konische Ausbildung der Kerbe und das Anspannen der Anker nach der Aus-härtung des Betons entsteht eine sehr kraftschlüs-sige Verbindung. Die Verbindung ist weitgehend berechenbar. Die Zugkraft im Anker folgt aus der Annahme der Neigung der Druckkraft von 10 Grad. Der Steineranteil der Biegesteifigkeit wird auf 90% abgemindert. Versuche haben diese Werte bestätigt, viele Decken wurden erfolgreich ausge-führt.

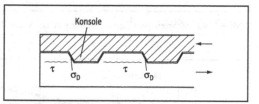

Abb. 3.7-51 Verbundmittel Kerbe

Die Berechnung von Holz-Beton-Verbundträgern erfolgt nach den Regeln für Träger aus nachgiebig miteinander verbundenen Querschnittsteilen.

3.7.8.5 Querschnitte aus mehreren miteinander nachgiebig verbundenen Schichten

Die in Abschn. 3.7.8.3 hergeleitete Schubanalogie gilt streng nur für den Querschnitt aus zwei Teilen. Für Querschnitte aus mehreren Teilen kann sie aber als sehr gute Näherungslösung angewendet werden. Dem Träger A wird die Summe der einzel-nen Biegesteifigkeiten zugewiesen, dem Träger B die Biegesteifigkeit der Steineranteile und eine Schubsteifigkeit, die nach Abb. 3.7-52 hergeleitet wird.

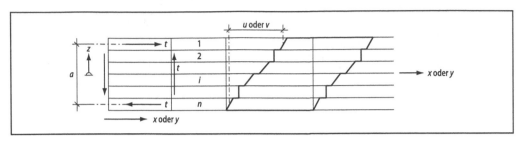

Abb. 3.7-52 Schubsteifigkeit

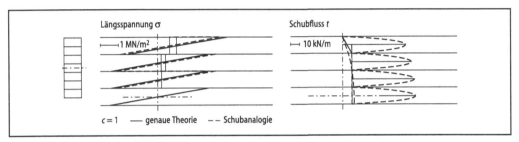

Abb. 3.7-53 Mehrteiliger Querschnitt mit weicher Verbindung

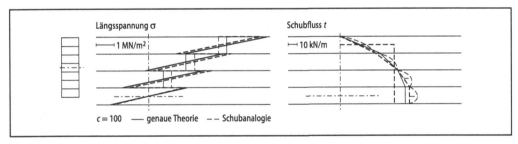

Abb. 3.7-54 Mehrteiliger Querschnitt mit steifer Verbindung

$$u = \frac{t \cdot a^2}{S} = t \cdot \left\{ \sum_1^{n-1} \frac{1}{c_i} + \frac{d_1}{2 \cdot G_1} + \sum_{i=2}^{n-1} \frac{d_i}{G_i} + \frac{d_n}{2 \cdot G_n} \right\}$$

$$\frac{1}{S} = \frac{1}{a^2} \left\{ \sum_1^{n-1} \frac{1}{c_i} + \frac{d_1}{2 \cdot G_1} + \sum_{i=2}^{n-1} \frac{d_i}{G_i} + \frac{d_n}{2 \cdot G_n} \right\} \quad (3.7.40)$$

Hierin bedeuten:

n Anzahl der Schichten,

c_i Verschiebungsmodul infolge Nachgiebigkeit der Verbindungen zwischen der Schicht i und i + 1, (Kraft/Länge³)

d_i Dicke,

G_i Schubmodul der Schicht i

Die Näherung besteht in der Annahme der linearen Dehnung der Schwerpunkte der einzelnen Teil-schwerpunkte. Die Abb. 3.7-53 und 3.7-54 zeigen für einen siebenteiligen Querschnitt die genauen und genäherten Ergebnisse eines Einfeldträgers unter sinusförmiger Belastung, zum einen für eine weiche Schubverbindung und zum anderen für eine steife Schubverbindung. Dafür gilt die analytische Lösung nach [Schelling 1982].

3.7.9 Beanspruchung rechtwinklig zur Faser

3.7.9.1 Einleitung

Die ausgeprägte Anisotropie von Holz erfordert die besondere Berücksichtigung der Richtungen und Beanspruchungen mit geringeren Festigkeiten. Die Zugfestigkeit senkrecht zur Faser und damit auch die Schubfestigkeit in der Ebene senkrecht zur Faser sind gering und auch unzuverlässig. Abbildung 3.7-55 zeigt die r-t-Ebene mit den zugehörigen Spannungen. Die Schubspannung τ_{rt} wird auch als „Rollschub" (rolling shear) bezeichnet.

Am Spannungskreis, Abb. 3.7-56, ist ersichtlich, dass für den Fall reiner Schubbeanspruchung τ_{rt} durch Drehen des Koordinatensystems um 45 Grad ein Zug-Druckspannungszustand entsteht. Deshalb können die Festigkeiten f_r (Zug) und f_{rt}

(Rollschub) nicht weit auseinander liegen! Die Festigkeiten f_r (Zug) und f_{rt} (Rollschub) betragen nur einen Bruchteil der Festigkeit f_l (Zug in Faserrichtung).

Eine vorsichtige lineare Spannungsinteraktion für den Tragsicherheitsnachweis liefert:

$$\frac{\sigma_r}{f_r} + \frac{\tau_{rt}}{f_{rt}} + \frac{\sigma_t}{f_t} \leq 1 \tag{3.7.41}$$

Wird für die rt-Ebene eine Vergleichspannung nach der Gestaltänderungshypothese berechnet, einmal für Zug und einmal für Schub, und wird von den Spannungen auf die Festigkeit geschlossen, so folgt:

$$\sigma_v = \sqrt{\sigma_r^2 + \sigma_t^2 - \sigma_r \cdot \sigma_t + 3 \cdot \tau_{rt}^2} \tag{3.7.42}$$

$$\sigma_v = \sigma_r \tag{3.7.43}$$

$$\sigma_v = \sqrt{3} \cdot \tau_{rt} \tag{3.7.44}$$

$$f_{Rollschub} = \frac{1}{\sqrt{3}} \cdot f_{Zug} = 0{,}58 \cdot f_{Zug} \tag{3.7.45}$$

Für dies Aussage fehlt aber die Bestätigung durch Versuchsergebnisse. Einleuchtend ist das aber, da die einachsiger Zugfestigkeit durch zusätzlichen Querdruck sicher abgemindert wird.

Die Berechnung der Querzugspannungen in Trägern kann aus dem Gleichgewicht der Längs- und Schubspannungen nach der Technischen Biegetheorie erfolgen. Die Längsspannung σ_x folgt aus der Technischen Biegetheorie. Abbildung

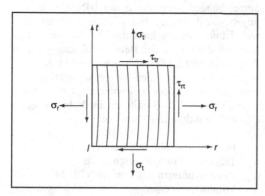

Abb. 3.7-55 Ebene r-t mit Spannungen

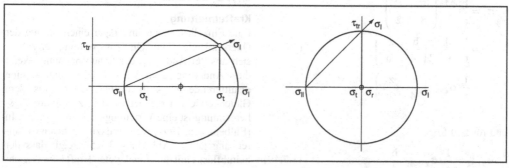

Abb. 3.7-56 Spannungskreis

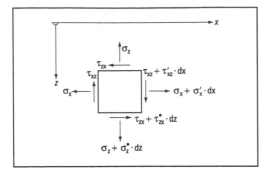

Abb. 3.7-57 Querzugspannung, Gleichgewicht am Element

3.7-57 zeigt, dass aus dem Gleichgewicht in x-Richtung zunächst die Schubspannung τ_{zx} und dann aus dem Gleichgewicht in z-Richtung mit $\tau_{zx} = \tau_{xz}$ die Querspannung σ_z berechnet werden kann.

$$\frac{d\tau_{xz}}{dx} + \frac{d\sigma_z}{dz} = 0 \quad \sigma_z = -\int_z^{Rand} \frac{d\tau_{xz}}{dx} \cdot dz + C \quad (3.7.46)$$

Bei gekrümmten Trägern kann die Querspannung mit der Scheibentheorie berechnet werden. Eine einfache Lösung liefert wieder das Gleichgewicht ausgehend von der Längsspannung nach der Technischen Biegetheorie (Abb. 3.7-58):

$$\sigma_z = \frac{1}{r \cdot b} \cdot \int_z^{Rand} \sigma_x \cdot b \, dz = \frac{1}{r \cdot b} \cdot \frac{M}{I} \cdot \int_z^{Rand} z \cdot b \, dz$$
$$(3.7.47)$$

Für den Rechteckquerschnitt mit b=const folgt

$$\sigma_z = \frac{1}{r} \cdot \frac{M}{I} \cdot \left(\frac{h^2}{8} - \frac{z^2}{2}\right)$$
$$= \frac{1}{r} \cdot \frac{M}{I} \cdot \frac{h}{2} \left(\frac{h}{4} - \frac{z^2}{h}\right) \quad (3.7.48)$$
$$= \frac{1}{r} \cdot \sigma_{x\,Rand} \left(\frac{h}{4} - \frac{z^2}{h}\right),$$

und für z=0 folgt

$$\sigma_{z,max} = \frac{1}{r} \cdot \sigma_{x,Rand} \cdot \frac{h}{4}. \quad (3.7.49)$$

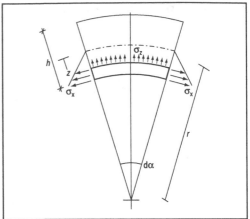

Abb. 3.7-58 Umlenkspannungen

Dies entspricht dem ersten, wichtigsten und meist ausreichenden, Term der in der DIN oder im EC gegebenen Formeln. Beim Tragsicherheitsnachweis ist noch zu beachten, dass die Querzugfestigkeit von der Größe des Bereichs abhängig ist, in dem diese wirkt. Diese Tatsache wird in der DIN und im EC unterschiedlich berücksichtigt. Die Festigkeit wird in der DIN von einen Höhenfaktor $(h_0/h_{ap})^{0,3}$, im EC 5 mit einem Volumenfaktor $(V_0/V)^{0,2}$ multipliziert. Dabei ist:

h_0 Bezugshöhe (600 mm nach DIN)
h_{ap} Trägerhöhe im Querzugbereich
V_0 Bezugsvolumen (0,01 m³ nach EC 5)
V Volumen mit Querzug

3.7.9.2 Beispiele

Krafteinleitung
Eine Einzellast liefert im Träger einen Sprung der Querkraftlinie. Die Querzugspannung errechnet sich aus der Änderung der Schubspannung. Wenn diese Änderung zu einen Sprung wird, kann nur eine resultierende Zugkraft in Querschnitt aus dem Gleichgewicht berechnet werden. Zur Spannungsberechnung ist eine Verteilungslänge notwendig. In [Ehlbeck u. a. 1991] werden dazu Nachweisverfahren angegeben. Abbildung 3.7-59 zeigt, dass der Schubfluss t mit der eingeleiteten Kraft F im Gleichgewicht steht. Je nach Höhe der Krafteinleitung gibt

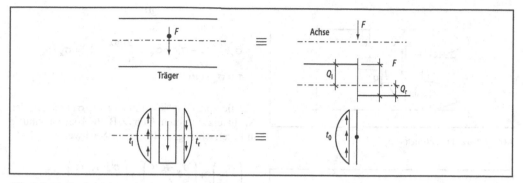

Abb. 3.7-59 Krafteinleitung im Querschnitt

es eine entsprechende Zugkraft im Querschnitt. Die Integration des Schubflusses im Träger oberhalb der Krafteinleitung liefert die Zugkraft (Abb. 3.7-60).

$$t(z) = t_0 \cdot \left(1 - 4 \cdot z^2 / h^2\right) \qquad t_0 = 1{,}5 \cdot F / h$$

$$N_z = \int_{Lasteinleitung,z}^{Rand,oben} t(z)dz$$

$$= F \cdot \left(+0{,}5 + 1{,}5 \cdot \frac{z}{h} - 2 \cdot \frac{z^3}{h^3}\right) \qquad (3.7.50)$$

$$= F \cdot \left(1 - 3 \cdot \frac{a^2}{h^2} + 2 \cdot \frac{a^3}{h^3}\right)$$

$$mit\ a = h/2 - z$$

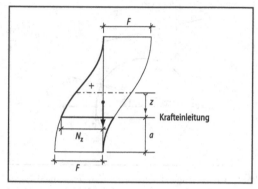

Abb. 3.7-60 Zugkraft

Der Klammerausdruck erscheint in der Literatur als Faktor zur Berücksichtigung der Lage.

Ausgeklinkte Auflager

Beim ausgeklinkten Auflager tritt in der einspringenden Ecke Zug auf. Nach Abb. 3.7-61 muss der Schubfluss unterhalb der Ausklinkung hochgehängt werden. Die Zugkraft entspricht der schraffierten Fläche des Schubflusses:

$$Z = A \cdot \left(0{,}5 - 1{,}5 \cdot \frac{z}{h} + 2 \cdot \frac{z^3}{h^3}\right)$$

$$= A \cdot \left(3 \cdot \frac{a^2}{h^2} - 2 \cdot \frac{a^3}{h^3}\right) \qquad (3.7.51)$$

Aufgrund der Exzentrizität wird diese Zugkraft Z zur Dimensionierung noch mit einem Faktor (1,3 nach DIN 1052) multipliziert.

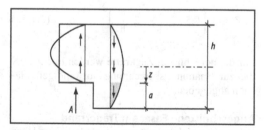

Abb. 3.7-61 Ausgeklinktes Auflager

Durchbrüche

Bei Durchbrüchen in Trägern tritt ebenfalls in jeweils gegenüberliegenden Ecken Zug bzw. Druck auf. Die Zugkraft (bzw. Druckkraft) entspricht der Differenz der schraffierten Schubflussfläche in Abb. 3.7-62.

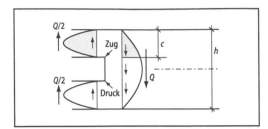

Abb. 3.7-62 Durchbruch

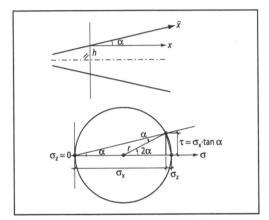

Abb. 3.7-63 Angeschnittene Fasern am Trägerrand

$$Z = Q \cdot \left(0{,}5 - 3 \cdot \frac{c^2}{h^2} + 2 \cdot \frac{c^3}{h^3} \right) \qquad (3.7.52)$$

Für die berechneten Zugkräfte werden in der DIN die zur Spannungsberechnung notwendigen Flächen angegeben.

Angeschnittene Faser am Trägerrand

Bei Brettschichtholzträgern veränderlicher Höhe wird in einem Schnitt senkrecht zur Trägerachse nach der technischen Biegetheorie die Längsspannung σ_x berechnet. Senkrecht zum um den Winkel α zur Stabachse geneigten Rand darf keine Spannung vorhanden sein. Aus dieser Bedingung liefert der Mohrsche Spannungskreis oder das Gleichgewicht Spannungen senkrecht zur Stabachse. Im Mohrschen Spannungskreis nach Abb. 3.7-63 ist σ_x und α gegeben. Der Radius und damit σ_z sind dann

$$r = \frac{\tau}{\sin 2\alpha} = \frac{\sigma_x \cdot tg\alpha}{\sin 2\alpha}$$

$$\sigma_z = 2 \cdot r - \sigma_x = \sigma_x \cdot \left(\frac{2tg\alpha}{\sin 2\alpha} - 1 \right) = \sigma_x \cdot tg^2\alpha.$$

$$\tau = \sigma_x \cdot tg\alpha \qquad (3.7.53)$$

Für die Spannungskombination σ_x, σ_z und τ ist der Nachweis zu führen. Ist σ_x z. B. die Biegespannung in Faserrichtung, so lautet der Nachweis:

$$\left(\frac{\sigma_m}{f_m} \right)^2 + \left(\frac{\sigma_m \cdot tg\,\alpha}{f_v} \right)^2 + \left(\frac{\sigma_m \cdot tg^2\alpha}{f_{c,t}} \right)^2 \le 1 \qquad (3.7.54)$$

$$\left(\frac{\sigma_m}{f_m} \right) \cdot \sqrt{1 + \left(\frac{f_m \cdot tg\alpha}{f_v} \right)^2 + \left(\frac{f_m \cdot tg^2\alpha}{f_{c,t}} \right)^2} \le 1$$

Ist σ_z positiv, also eine Zugspannung, ist im dritten Term unter der Wurzel die Zugfestigkeit f_t einzusetzen, bei einer Druckspannung die Druckfestigkeit f_c. In DIN sind für Spannungen in einem Winkel zur Faser Abminderungsfaktoren angegeben.

3.7.10 Platten aus Schichten

3.7.10.1 Allgemeines

Furniere oder Bretter werden kreuzweise übereinandergelegt und miteinander verbunden. Bei Verklebung entsteht ein schubstarrer Verbund, bei Vernagelung oder Verschraubung ein nachgiebiger Verbund der einzelnen Schichten. Die Nachgiebigkeit wird durch eine elastische Feder c bzw. k je Flächeneinheit (Kraft/Länge³) beschrieben. Die Faserrichtungen der einzelnen Schichten sollen parallel oder senkrecht zueinander sein. Platten mit starrem Verbund sind Baufurniersperrholzplatten, Kertoplatten oder Brettsperrholzplatten. Zur Berechnung dieser Platten liegen oft Zulassungen des Instituts für Bautechnik, Berlin, vor. Doch können solche Platten sowie Platten mit nachgiebig verbundenen Schichten auch berechnet werden.

Die Berechnung von aus Schichten aufgebauten Flächen für Platten- und Scheibenkonstruktionen soll mit gängigen Programmen erfolgen. Dazu müssen bei den Eingabewerten der Steifigkeiten die Besonderheiten der Holzkonstruktionen berücksichtigt werden:

- Anisotropie: verschiedene Steifigkeiten in verschiedenen Richtungen,
- Berücksichtigung der Schubverformung,
- Berücksichtigung der nachgiebigen Schubverbindung zwischen den Schichten.

Es darf mit linear elastischem Materialverhalten und den Mittelwerten der Steifigkeiten gerechnet werden. Die Berücksichtigung der nachgiebigen Schubverbindung zwischen den Schichten durch eine Ersatzschubsteifigkeit des Gesamtquerschnitts stellt eine Näherung dar. Die Dehnungen der Schichtschwerpunkte liegen auf einer Geraden durch die Schwerlinie (vgl. Abschn. 3.7.8.3 und 3.7.8.5). Grundlage ist die Technische Biegetheorie mit Berücksichtigung der Schubverformung. Die Steifigkeiten werden auf eine Breite 1 bezogen.

3.7.10.2 Platten aus nachgiebig miteinander verbundenen Schichten

Abbildung 3.7-64 zeigt ein Element dx mal dy aus n Schichten der Dicke d_i. Die Orientierung der Faser der Schicht i zeigt in x- oder y-Richtung. Wie in Abschn. 3.7.8.3 für den Träger gezeigt, wird die Platte aus nachgiebig miteinander verbundenen Schichten für die Berechnung durch die Platte A und die Platte B ersetzt. Dabei erhält die Platte A die Summe der Steifigkeiten der lose (c=k=0) aufeinander gelegten Schichten. Die Platte B erhält die Biege- und Torsionssteifigkeit aus den Steineranteilen und eine Schubsteifigkeit, welche die Nachgiebigkeit c bzw. k erfasst. Die Schubsteifigkeit wird nach Gl. (3.7.40) für beide Richtungen berechnet. Beide Platten A und B müssen so gekoppelt werden, dass sie eine gemeinsame Biegfläche w(x,y) erhalten. Das kann durch Koppelstäbe zwischen den übereinandergelegten Platten erreicht werden (vgl. Abb. 3.7-45 Träger A und Träger B).

Die Berechnung der verbundenen Flächen liefert Schnittgrößen der Fläche A und der Fläche B. Die Steifigkeiten und die aus den Schnittgrößen folgenden Spannungen werden wie folgt berechnet:

Fläche A

Biegung um die y-Achse (Biegemoment m_{Ax}), Biegesteifigkeit B_{Ax} und Biegerandspannung der Schicht i in x-Richtung:

$$B_{Ax} = \sum E_{x,i} \frac{d_i^3}{12} \qquad (3.7.55)$$

$$\sigma_{x,i} = \pm E_{x,i} \frac{m_{Ax}}{B_{Ax}} \frac{d_i}{2} \qquad (3.7.56)$$

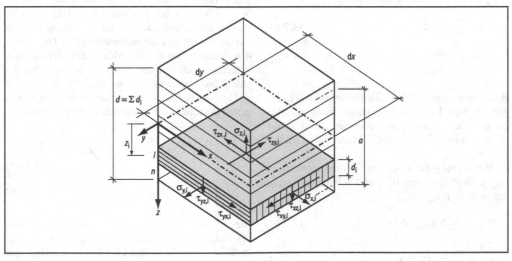

Abb. 3.7-64 Plattenelement

Biegung um die x-Achse (Biegemoment m_{Ay}), Biegesteifigkeit B_{Ay} und Biegerandspannung der Schicht i in y-Richtung In den Gln. (3.7.55) und (3.7.56) ist lediglich der Index x durch y zu ersetzen.

Verwindung der xy-Ebene (Drillmoment m_{Axy}= m_{Ayx}), Drillsteifigkeit B_{Axy} und Schubrandspannung der Schicht i, $\tau_{xy,i}$=$\tau_{yx,i}$:

$$B_{Axy} = \sum G_{xy,i} \cdot \frac{d_i^3}{6} \qquad (3.7.57)$$

$$\tau_{xy,i} = \pm G_{xy,i} \frac{m_{Axy}}{B_{Axy}} \cdot \frac{d_i}{2} \cdot \qquad (3.7.58)$$

Schubspannung $\tau_{xz,i}$, parabelförmig über die Höhe d_i verteilt, infolge q_{Axz}:

$$q_{Axz,i} = q_{Axz} \cdot \frac{E_{x,i} d_i^3}{12 \cdot B_{Ax}} \qquad (3.7.59)$$

$$\tau_{xz,i} = 1{,}5 \cdot q_{Axz,i}/d_i \qquad (3.7.60)$$

Schubspannung $\tau_{yz,i}$, parabelförmig über die Höhe d_i verteilt, infolge q_{Ayz}: In den Gln. (3.7.59) und (3.7.60) ist lediglich der Index x durch y zu ersetzen.

Fläche B
Biegung um die y-Achse (Biegemoment m_{Bx}), Biegesteifigkeit B_{Bx} und Normalspannung aus Biegung in der Schicht i in x-Richtung:

$$B_{Bx} = \sum E_{x,i} \cdot d_i \cdot z_i^2 \qquad (3.7.61)$$

$$\sigma_{x,i} = E_{x,i} \frac{m_{Bx}}{B_{Bx}} \cdot z_i \qquad (3.7.62)$$

Biegung um die x-Achse (Biegemoment m_{By}), Biegesteifigkeit B_{By} und Normalspannung aus Biegung in der Schicht i in y-Richtung: In den Gln. (3.7.61) und (3.7.62) ist lediglich der Index x durch y zu ersetzen.

Verwindung der xy-Ebene (Drillmoment m_{Bxy}= m_{Byx}), Drillsteifigkeit B_{Bxy} und Schubspannung in der Schicht i, $\tau_{xy,i}$=$\tau_{yx,i}$:

$$B_{Bxy} = \sum 2 \cdot G_{xy,i} \cdot d_i \cdot z_i^2 \qquad (3.7.63)$$

$$\tau_{xy,i} = \frac{m_{Bxy}}{B_{Bxy}} \cdot G_{xyi} \cdot z_i \qquad (3.7.64)$$

Querkraft q_{Bxz}, Schubspannung τ_{xz} in der Fuge i/i+1:

$$\tau_{xz,i/i+1} = \frac{ES_{x,i/i+1}}{B_{Ax}} \cdot q_{Bxz} \qquad (3.7.65)$$

$$ES_{x,i/i+1} = \sum_{j=i+1}^{n} E_{x,j} \cdot z_j \cdot d_j \qquad (3.7.66)$$

Querkraft q_{Byz}, Schubspannung τ_{yz} in der Fuge i/i+1: In den Gln. (3.7.65) und (3.7.66) ist lediglich der Index x durch y zu ersetzen.

Die mittlere Schubspannung über die Querschnittshöhe a kann berechnet werden zu:

$$\tau_{xzm} = q_{Bxz}/a \qquad (3.7.67)$$

$$\tau_{yzm} = q_{Byz}/a \qquad (3.7.68)$$

a ist der Abstand der beiden äußeren Schichten. Die so berechnete Schubspannung ist über die Querschnittshöhe betrachtet ein Mittelwert. Eine der Änderung der Längskräfte in den Schichten entsprechende Verteilung liefert die Berechnung nach Gl. (3.7.65).

3.7.10.3 Platten aus schubstarr miteinander verbundenen Schichten

Bei Verklebung der Schichten tritt keine Verschiebung in der Fuge auf. Rechnerisch wird dies erreicht, wenn c bzw. k unendlich gesetzt wird. Platte A und B werden wieder zu einer zusammengefügt. Die einzelnen Steifigkeiten werden addiert. Die Spannungen berechnen sich aus den Schnittgrößen und den für jede Schicht unterschiedlichen Moduln.

Biegung um die y-Achse (Biegemoment m_x), Biegesteifgkeit B_x und Biegespannung in x-Richtung:

$$B_x = B_{Ax} + B_{Bx} = \sum E_{x,i} \cdot \frac{d_i^3}{12} + \sum E_{x,i} \cdot d_i \cdot z_i^2 \qquad (3.7.69)$$

$$\sigma_x = E_x \cdot \frac{m_x}{B_x} \cdot z \qquad (3.7.70)$$

Biegung um die x-Achse (Biegemoment m_y), Biegesteifigkeit B_y und Biegespannung in y-Richtung: In den Gln. (3.7.69) und (3.7.70) ist lediglich der Index x durch y zu ersetzen.

Verwindung der xy-Ebene (Drillmoment $m_{xy} = m_{yx}$), Drillsteifigkeit B_{xy} und Schubspannung $\tau_{xy} = \tau_{yx}$:

$$B_{xy} = B_{Axy} + B_{Bxy} = \sum G_{xy,i} \cdot \frac{d_i^3}{6} + \sum 2 \cdot G_{xy,i} \cdot d_i \cdot z_i^2$$

$$(3.7.71)$$

$$\tau_{xy} = G_{xy} \cdot \frac{m_{xy}}{B_{xy}} \cdot z \qquad (3.7.72)$$

Schubspannung τ_{xz}:

$$\tau_{xz} = \frac{ES_x}{B_x} \cdot q_x \qquad (3.7.73)$$

$$ES_x = \int_z^{d/2} E_x \cdot z^\circledast \cdot dz^\circledast \quad \text{mit} \quad z < z^\circledast < d/2$$

$$(3.7.74)$$

Schubspannung τ_{yz}: In den Gln. (3.7.73) und (3.7.74) ist lediglich der Index x durch y zu ersetzen.

3.7.10.4 Hinweis

Für vorwiegend einachsig gespannte Platten des Wohnungsbaues ist die Schnittgrößenberechnung nach der Plattentheorie meist nicht notwendig. Die Balkentheorie genügt. Bei Fahrbahnplatten für Straßenbrücken ist dagegen eine Plattenberechnung notwendig. Die Aufnahme von Radlasten kann nur so beurteilt werden. Anstelle der Plattenberechnung eignet sich oft besser eine Trägerrostberechnung. Die Anisotropie ist damit meist einfacher zu berücksichtigen. Berechnungsbeispiele finden sich in [Winter u. a. 2008].

Literaturverzeichnis Kap. 3.7

Bejtka J (2005) Verstärkung von Stabdübelverbindungen – Nachweise für Tragwerksplaner. In: Ingenieurholzbau Karlsruher Tage 2005; Bruderverlag, Karlsruhe

Blaß HJ, Ehlbeck J, Kreuzinger H, Steck G (2006) Erläuterungen zu DIN 1052:2004-08 – Entwurf, Berechnung und Bemessung von Holzbauwerken. Hrsg.: DGfH, Bruderverlag Albert Bruder, Karlsruhe

Ehlbeck J, Görlacher R, Werner H (1991) Empfehlungen zum einheitlichen Querzugnachweis für Anschlüsse mit mechanischen Verbindungsmitteln. Bauen mit Holz (1991) S. 825–828

Fritzen K, Jacob S, Fitz P (1998) Man nehme Balken, Platten ... Holzbalken-Stahlbetonplatten-Verbunddecke mit neuartigen Schubverbindungen. Bauen mit Holz (1998) S. 31–33

Gordon JE (1987) Strukturen unter Stress. Spektrum der Wissenschaft, Heidelberg

Holzbau Handbuch (1995) Reihe 1 – Entwurf und Konstruktion, Teil 9 – Brücken, Folge 4 – QS-Holzplattenbrücken. Informationsdienst Holz, München

Keylwerth R (1951) Die anisotrope Elastizität des Holzes und der Lagenhölzer. VDI-Forschungsheft 430, VDI-Verlag, Düsseldorf

Kreuzinger H (1995) Träger und Stützen aus nachgiebig verbundenen Querschnittsteilen. In: Arbeitsgemeinschaft Holz e.V. (Hrsg): Step 1: Holzbauwerke nach Eurocode 5 – Bemessung und Baustoffe. Fachverlag Holz Düsseldorf, S. B11/1–B11/9

Kreuzinger H, Mohr B (1994) Holz und Holzverbindungen unter nicht vorwiegend ruhenden Einwirkungen. Forschungsbericht. Entwicklungsgemeinschaft Holz

Kreuzinger H (1999) Holz-Beton-Verbundbauweise. Fachtagung Holzbau 99, Informationsdienst Holz

Natterer J, Herzog T, Volz M (1996) Holzbau Atlas. 2. Aufl. R. Müller, Köln

Schelling W (1982) Zur Berechnung nachgiebig zusammengesetzter Biegeträger aus beliebig vielen Einzelquerschnitten. In: Ingenieurholzbau in Forschung und Praxis. Bruderverlag, Karlsruhe

Step 1 (1995) Bemessung und Baustoffe. Hrsg.: Arbeitsgemeinschaft Holz e.V. Düsseldorf

Step 2 (1995) Bauteile Konstruktionen Details. Hrsg.: Arbeitsgemeinschaft Holz e.V. Düsseldorf

Step 3 (1995) Grundlagen Entwicklungen Ergänzungen. Hrsg.: Arbeitsgemeinschaft Holz e.V. Düsseldorf

Winter S, Kreuzinger H, Mestek P (2008) Flächen aus Brettstapeln, Brettsperrholz und Verbundkonstruktionen. Abschlussbericht des TP 15, HTO Gesamtprojekt „Holzbau der Zukunft". Lehrstuhl für Holzbau und Baukonstruktion, TU München 2008

Normen und Richtlinien

DIN 1052 (2008) Entwurf, Berechnung und Bemessung von Holzbauwerken – Allgemeine Bemessungsregeln für den Hochbau

DIN 1074 (2005) Holzbrücken

DIN EN 350-2 (Oktober 1994) Natürliche Dauerhaftigkeit von Vollholz

DIN 68800-2 (Mai 1996) Holzschutz; Vorbeugende bauliche Maßnahmen

DIN 68800-3 (April 1990) Holzschutz; Vorbeugender chemischer Holzschutz

EC 5-1, DIN V ENV 1995-1 (Juni 1994) Entwurf, Berechnung und Bemessung von Holzbauwerken, Teil 1: Allgemeine Bemessungsregeln, Bemessungsregeln für den Hochbau

EC 5-2, ENV 1995-2 (August 1999) Bemessung und Konstruktion von Holzbauten, Teil 2: Brücken

NAD (Februar 1995) Richtlinie zur Anwendung von DIN V ENV 1995-1-1

3.8 Glasbau

Johann-Dietrich Wörner, Claudia Freitag

3.8.1 Allgemeine Werkstoffeigenschaften

Zum sicheren Einsatz des Glases als Konstruktionswerkstoff sind werkstoffspezifische Eigenschaften zu beachten, die sich von denen anderer Baustoffe (z. B. Stahlbeton, Stahl und Holz) in wesentlichen Punkten unterscheiden. Dazu gehören u. a. das nahezu linear elastische Verhalten bis zum Bruch, die Sprödigkeit und der damit große Einfluss der Oberflächenbeschaffenheit auf die Glasfestigkeit.

Der Glaszustand ist der eingefrorene Zustand einer unterkühlten Flüssigkeit, die ohne zu kristallieren erstarrt ist (Tammann). Die daraus resultierende amorphe Isotropie führt zu richtungsunabhängigen Eigenschaften.

Im Bauwesen werden fast ausschließlich Silicatgläser verwendet. Am häufigsten handelt es sich um Kalk-Natron-Silicatglas, das im Wesentlichen aus den Grundstoffen Quarzsand, Kalk und Soda besteht. Die Glasschmelze setzt sich somit aus SiO_2 (ca. 70%), $CaO+MgO$ (ca. 12%) und Na_2O (ca. 15%) zusammen und wird bei ca. 1600°C geschmolzen. Die Siliciumoxide bilden beim Erstarren ein Netzwerk aus SiO_4-Tetraedern, in welche die Alkalien eingelagert sind. Eisenoxide (Fe^{2+}, blau-grün und Fe^{3+}, gelb-braun) geben dem Glas die grünliche Färbung.

Der Elastizitätsmodul für Kalk-Natron-Silicatglas beträgt ca. 73000 N/mm², die Querkontraktionszahl 0,23 und die Dichte 2500 kg/m³. Die theoretische Festigkeit aufgrund der zwischenmolekularen Bindungen (5000 bis 10000 N/mm²) ist bei Glas um ein Vielfaches höher als die tatsächliche (technische) Festigkeit, die nur 0,5% bis 1% der theoretischen (Biege-) Festigkeit erreicht (30 bis 50 N/mm²). Der Grund: Glas ist kein idealer Körper, sondern weist zahlreiche Diskontinuitäten, Mikrorisse und Kerben auf. Diese Oberflächenfehler führen dazu, dass sich bei der Belastung an ihrer Rissspitze nach der Theorie der Bruchmechanik [Griffith 1920] hohe Spannungen aufbauen. Da Glas spröde reagiert und nicht plastiziert, können Spannungsspitzen nicht abgebaut werden und führen zum Versagen des Glases. Die aus der Bruchmechanik abgeleitete Bruchzähigkeit K_{Ic}, ein Maß für die Sprödigkeit eines Werkstoffs, beträgt für Kalk-Natron-Glas 0,78 N/mm²m$^{1/2}$. Zum Vergleich: Die Bruchzähigkeit von Stahl kann Werte zwischen 8 und 135 N/mm²m$^{1/2}$ annehmen. Die Oberflächenhärte (Mohs-Härte) von Kalk-Natron-Silicatglas beträgt 5,3.

Die Druckfestigkeit von Glas kann über 300 N/mm² betragen, wird aber im konstruktiven Glasbau meist nicht ausgenutzt, da i. d. R. die Biegebeanspruchung dominant ist. Wenn die Glasfestigkeit genannt wird, ist daher immer die Biegefestigkeit gemeint (Abb. 3.8-1).

Die Sprödigkeit von Glas führt zu besonderer Kerbempfindlichkeit. Da Kerben im Wesentlichen auf der Oberfläche zu finden sind, haben auch die Größe der auf Zug belasteten Oberfläche und die Belastungsdauer einen wesentlichen Einfluss auf die Festigkeit, denn mit der Größe der Oberfläche steigt die Wahrscheinlichkeit einer Kerbstelle an ungünstiger Stelle. Das Risswachstum kleinster Fehlstellen aufgrund chemischer Vorgänge am

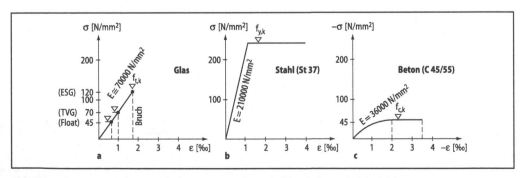

Abb. 3.8-1 Spannungs-Dehnungs-Diagramme von **a** Glas, **b** Stahl und **c** Beton im Vergleich

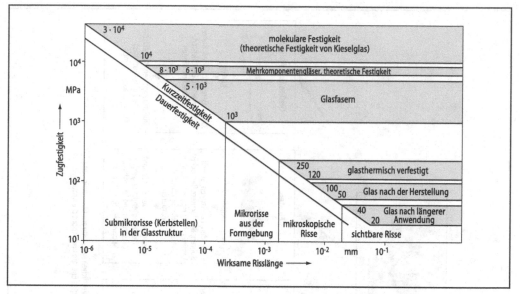

Abb. 3.8-2 Zugfestigkeit von Glas in Abhängigkeit von der wirksamen Risslänge nach [Petzold 1990]

Rissgrund – sog. „subkritisches Risswachstum" – führt unter Dauerbelastung zum Versagen. Die mechanischen Festigkeitswerte, die üblicherweise im Kurzzeitversuch ermittelt werden, müssen daher für den Einsatz unter Dauerbelastung erheblich gemindert werden. Die chemischen Vorgänge am Rissgrund werden insbesondere bei der Anwesenheit bestimmter Medien (z. B. Wasser infolge hoher Luftfeuchtigkeit) beschleunigt, aber auch rissheilende Effekte sind bekannt.

Glasfaserstränge dagegen können aufgrund ihres speziellen Herstellverfahrens und der Redundanz durch die große Zahl von Filamenten Zugfestigkeiten erreichen, die näher an die theoretische Festigkeit heranreichen (Abb. 3.8-2).

Auch die Beachtung der Temperaturdehnung ist wegen der Empfindlichkeit des Glases bei Spannungsspitzen wichtig, denn hohe Beanspruchungen durch Zwängungen können bereits infolge der unterschiedlichen Ausdehnung des Glases und einer Unterkonstruktion entstehen. Die Temperaturdehnungszahl $\alpha_{\Delta T}$ von Kalk-Natron-Silicatglas beträgt ca. $9 \cdot 10^{-6}$ 1/K für den baupraktischen Temperaturbereich, die des Borosilicatglases ca. $3 \cdot 10^{-6}$ 1/K.

3.8.2 Gläser im Bauwesen

3.8.2.1 Grundprodukte

Floatglas

Floatglas (früher: Spiegelglas) ist das heute am meisten verwendete Bauglas. Es ist nach seinem Herstellverfahren benannt (to float – aufschwimmen, Abb. 3.8-3). Dabei fließt das Kalk-Natron-Silicatgemisch nach dem Schmelzen unter Schutzgasatmosphäre auf ein flüssiges Zinnbad und wird am Ende des Bades abgezogen, gekühlt und geschnitten. Es ist in allen Bereichen des täglichen Lebens anzutreffen und findet u. a. Verwendung in Fenstern, Schaufenstern, Spiegeln, Oberlichtern und Möbeln. Außerdem ist Floatglas das Basisprodukt für die Weiterverarbeitung zu vorgespannten Gläsern (ESG, TVG) und Isoliergläsern. Es wird üblicherweise in den Dicken 2, 3, 4, 6, 8, 10, 12, 15 und 19 mm hergestellt. Die Temperaturwechselbeständigkeit des Floatglases ist mit ca. 40 K relativ gering. Die Dickentoleranzen nach den Normen für Glas sind z. T. erheblich, z. B. ± 0,2 mm für Floatglas bis 8 mm Dicke, ± 0,3 mm für Floatglas ab 10 mm Dicke, ± 0,5 mm für Floatglas von 15 mm Dicke.

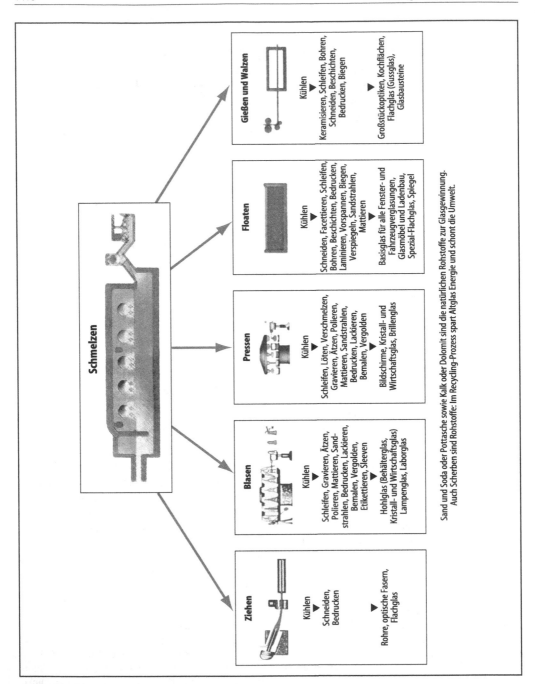

Abb. 3.8-3 Verfahren zur Glasherstellung [Schott 1996]

Spiegel werden aus hochwertigem Floatglas mit einer chemisch aufgebrachten Silberschicht fabriziert, die durch mehrere Deckschichten geschützt wird. Sonnenschutzgläser stellt man her, indem optisch aktive dünne Schichten im Tauch-, Sprüh- oder Hochvakuumverfahren aufgebracht werden. Man unterscheidet *harte* und *weiche* Beschichtungen.

Gussglas, Drahtglas, Profilglas

Im Unterschied zu Floatglas wird Gussglas nach dem Prinzip der überlaufenden Wanne hergestellt, direkt von Walzen abgezogen, gekühlt und geschnitten. Gussglas wird häufig mit einer ausgeprägten Ornamentierung (Dicke 4, 6, 8 mm) oder Drahtnetzeinlage (Drahtglas, 7 oder 9 mm) produziert. Gussglas ist mit Ausnahme des Drahtspiegelglases (poliertes Drahtglas) meist nahezu undurchsichtig, jedoch lichtdurchlässig. Ein Vorteil des Drahtglases ist, dass die Bruchstücke nach dem Bruch zusammengehalten werden. Drahtglas kann so feuerhemmend wirken, da es zwar nicht den Durchtritt der Wärmestrahlung, aber den Flammen- und Brandgasdurchtritt verhindert.

Eine spezielle Form des Gussglases ist das Profilglas, das z.B. in Form von U-Profilen gegossen wird und häufig im Industriebau, aber auch zur Fassadenkonstruktion eingesetzt wird.

Schaumglas

Schaumglas (engl.: foamglas) ist ein in einem thermischen Prozess aufgeschäumter Stoff mit vielen kleinen geschlossenen Zellen. Es wird zur Wärmedämmung eingesetzt, z.B. beim Bau von Flachdächern oder zur Isolierung von Bodenplatten. Vorteile des Schaumglases sind der besonders geringe Wärmedurchgang bei hoher Wasserdampfdiffusionsdichte, die Beständigkeit gegen chemischen oder organischen Angriff und die geringe Trockenrohdichte (0,1 bis 0,17 g/cm³). Die geringe Druckfestigkeit (0,5 bis 1,2 N/mm²) begrenzt allerdings die Anwendungsmöglichkeiten.

Glasfasern

Glasfasern gibt es als Kurz- und Langfasern. Sie finden Verwendung in Tapeten, zur Bewehrung von Putzen, in Fassadenplatten, in glasfaserverstärkten Kunststoffen (GFK) oder zur Verstärkung von Beton. Beim Einsatz in Beton ist Glas allerdings wegen der geringen Alkali-Beständigkeit des Kalk-Natron-Glases (A-Glasfaser) und der E-Glasfaser (Alumno-Borosilicatglas mit einem Alkaligehalt <1%) problematisch. Daher wird heute häufig das AR-Glas (alkali-resistent) verwendet, wobei die Fasern über 10% Zirkonoxid (ZrO_2) enthalten (Tabelle 3.8-1).

Glaskeramik

Glaskeramik ist ein Glasprodukt, das beim Abkühlen durch eine vorgegebene präzise Temperaturführung in verschiedene Phasen auskristallisiert. Durch die gesteuerte Kristallisation können erwünschte Eigenschaften wie hohe Bruch- und Verschleißfestigkeit sowie gute Temperaturwechselbeständigkeit gezielt eingestellt werden. Die Farbgebung und das Aussehen der Oberfläche lassen sich ebenfalls in weiten Grenzen wie gewünscht erzielen. Glaskeramiken sind dabei meist undurchsichtig und werden beispielsweise als Fassadenplatten eingesetzt (structuran®).

Glassteine

Glassteine nach DIN 18175 sind Hohlkörper, die in einem Pressverfahren in verschiedenen Größen (meist zwischen 19 und 30 cm Kantenabmessung)

Tabelle 3.8-1 Mechanische Eigenschaften von Glasfasern im Vergleich mit anderen Fasern

Faser	Durchmesser μm	Dichte g/cm³	E-Modul N/mm²	Zugfestigkeit N/mm²	Bruchdehnung %
A-Glas	5 ... 15	2,54 ... 2,6	75000	1700 ... 2700	2,5 ... 3,0
E-Glas	10 ... 15	2,46	73000	1600 ... 2300	3,3 ... 4,8
AR-Glas	10 ... 30	2,68	73000	1400 ... 2500	2,0 ... 4,3
Baumwolle		1,5	6000	300 ... 700	7,0 ... 10,0
Naturseide		1,25	8000	400 ... 600	15,0 ... 30,0
Polyester	18 ... 35	1,3	4000	400 ... 750	8,0 ... 20,0
Polyamid	15 ... 50	1,15	2000	250 ... 900	20,0 ... 30,0
Stahl	80 ... 1000	7,87	210000	400 ... 2500	1,0 ... 5,0
Carbon	10 ... 20	1,75	200000 ... 400000	3000 ... 5000	1,2 ... 1,4

Abb. 3.8-4 Glasrohr im Herstellungsprozess [Schott 1990]

hergestellt werden. Sie können glatt und durchsichtig, ornamentiert oder in der Masse eingefärbt sein. Glassteinwände müssen nach DIN 4242 bemessen werden, Betonglaskonstruktionen nach DIN 1045.

Glasrohre

Glasrohre werden insbesondere in der chemischen Industrie für den Transport von Flüssigkeiten verwendet. Zur Herstellung wird meist ein Borosilicatglas verwendet, das aufgrund seiner geringen Wärmedehnung eine besonders hohe Temperaturwechselbeständigkeit aufweist (>100 K). Glasrohre stellen für den konstruktiven Glasbau eine interessante Ausgangsform dar, da große Biegemomente übertragen werden können, ohne dass Verbindungsmittel erforderlich sind (Abb. 3.8-4).

Acrylglas

Acrylglas ist ein Hochpolymer-Kunststoff (Polymethylmethacrylat, PMMA, Plexiglas®) und somit kein Glas gemäß vorstehender Definition. Vorteile des Acrylglases bestehen in seiner Flexibilität, mechanischen Bearbeitbarkeit, kleineren Dichte ($1180\ kg/m^3$) und geringeren Sprödigkeit gegenüber Glas ($K_{Ic} = 1{,}62\ N/mm^2 m^{1/2}$), Nachteile in der

weicheren Oberfläche (Mohs-Härte 2 bis 3), dem geringen, temperaturabhängigen E-Modul und den ausgeprägten Kriecheigenschaften.

3.8.2.2 Veredelungsprodukte

Vorgespanntes Glas

Einscheiben-Sicherheitsglas (ESG). ESG, oft fälschlicherweise als „gehärtetes Glas" bezeichnet, ist ein Glas, das durch erneutes Erhitzen bis zum Transformationspunkt und anschließendes schnelles Abkühlen (Anblasen mit Luft) in einen Eigenspannungszustand versetzt wird, bei dem der Kern einer Scheibe unter Zugbeanspruchung und die Oberfläche unter Druckbeanspruchung steht. Dadurch kann der festigkeitsmindernde Einfluss der Oberflächenfehler drastisch vermindert werden, denn diese können erst wirksam werden, wenn aus Last oder Zwang Zugspannungen an der Oberfläche erzeugt werden. Auch die Temperaturwechselbeständigkeit des voll vorgespannten Glases nimmt erheblich zu (ca. 200 K). Der Spannungsverlauf (Abb. 3.8-5) entspricht in guter Näherung einer einfachen Parabel mit

$$\sigma = \sigma_0\left[1-3(z/h)^2\right]; \qquad (3.8.1)$$

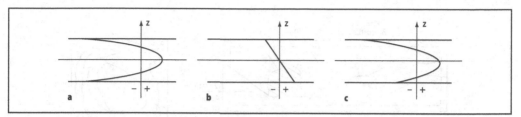

Abb. 3.8-5 Spannungsverlauf bei thermisch vorgespanntem Glas. **a** Eingeprägte Vorspannung; **b** Äußere Belastung; **c** Überlagerung

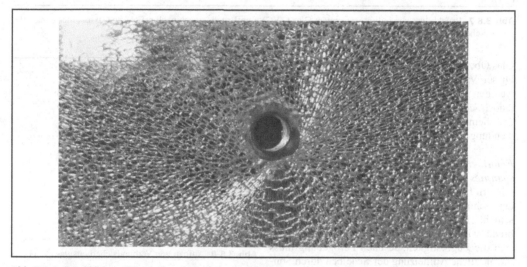

Abb. 3.8-6 Bruchbild von Einscheiben-Sicherheitsglas (ESG)

σ_0 Zugspannung in Scheibenmitte, h Scheibendicke/2. Als Ausgangsmaterial dient meist Floatglas, aber auch Gussgläser können vorgespannt werden.

Nach dem Vorspannen kann thermisch vorgespanntes Glas aufgrund des Eigenspannungszustands nur sehr bedingt bearbeitet werden; deshalb müssen Kantenbearbeitungen vorher vorgenommen und Bohrungen oder Ausschnitte vorher angebracht werden. Bei der Planung ist zu beachten, dass aufgrund der thermischen Behandlung Maßtoleranzen im Bereich von Bohrungen sowie eine leichte Vorkrümmung der Scheibe entstehen. Eine ESG-Scheibe zerfällt bei Bruch infolge der über den Eigenspannungszustand gespeicherten Energie [Blank 1979] in viele kleine stumpfkantige Bruchstücke, die untereinander lose zusammenhängen (Abb. 3.8-6).

Teilvorgespanntes Glas (TVG). TVG wird in dem gleichen Produktionsprozess wie ESG hergestellt, jedoch langsamer abgekühlt, und unterscheidet sich so durch das geringere Maß der eingeprägten Vorspannung. TVG hat folglich eine geringere Biegefestigkeit als ESG, das Bruchbild der Scheiben (Abb. 3.8-7) ähnelt dem des Floatglases, die Temperaturwechselbeständigkeit beträgt ca. 100 K. Momentan ist die Herstellung von TVG aus verfahrenstechnischen Gründen nur bis zu einer Dicke von 12 mm möglich.

Chemisch vorgespanntes Glas. Durch Ionenaustauschvorgänge an der Oberfläche, bei denen z. B. bei Kalk-Natron-Silicatglas (kleinere) Natrium-Ionen gegen (größere) Kalium-Ionen ausgetauscht werden, können wie bei thermisch vorgespanntem

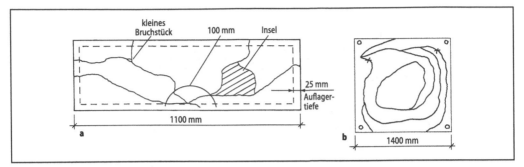

Abb. 3.8-7 Bruchbilder von teilvorgespanntem Glas (TVG) **a** im Bruchversuch nach prEN 1863, **b** an einer punktgelagerten Scheibe (x = Anschlagstellen)

Glas Oberflächendruckspannungen erzielt werden. Dieser Vorgang findet nur in einem Bereich von wenigen μm Dicke statt. Die Vorspannung kann jedoch sehr hohe Werte bis 1000 N/mm^2 erreichen, die chemisch vorgespannte Gläser für Spezialanwendungen interessant machen.

Emailliertes bzw. bedrucktes thermisch vorgespanntes Glas. Bei emaillierten bzw. bedruckten Gläsern bringt man vor dem Vorspannprozess auf der Schutzgasseite des Floatglases eine Emailschicht (Fritte) auf, die beim Vorspannen eingebrannt wird. Auf dieser Seite des Glases verringert sich die Zugfestigkeit. Je nach Farbgebung muss die mögliche Aufheizung der Scheiben durch Sonneneinstrahlung und die damit verbundene Temperaturdehnung beachtet werden.

Verbundgläser (VG), Verbundsicherheitsglas (VSG)

VSG besteht aus mindestens zwei Glasscheiben, die mit einer elastischen, reißfesten Hochpolymerfolie (meist Polyvinylbutyral, PVB) so miteinander verbunden sind, dass bei Bruch der Scheiben die Bruchstücke an der Folie haften bleiben. Dadurch wird das Risiko von Schnitt- oder Stichverletzungen bei Zerstörung der Scheiben vermindert und eine Resttragfähigkeit der VSG-Einheit ermöglicht. Als Ausgangsmaterialien werden Flachgläser sowie PVB-Folien verschiedener Dicken verwendet. In einem Walzverfahren mit anschließendem Pressen unter Druck und Hitze in einem Autoklaven wird ein dauerhafter Verbund von Glas und Folien geschaffen.

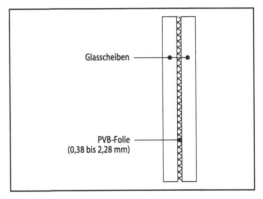

Abb. 3.8-8 Aufbau von Verbundsicherheitsglas (VSG)

Der Aufbau des VG entspricht dem des VSG, jedoch werden als Zwischenmaterialien keine PVB-Folien verwendet, sondern beliebige Materialien, normalerweise Reaktionsharze. Herstellungstechnische Vorteile und Spezialanwendungen (z. B. Verbundglas mit innenliegenden Solarzellen) machen den Einsatz von Verbundglas interessant (Abb. 3.8-8 und 3.8-9).

Isolierglas

Der Begriff „Isolierglas" bezieht sich auf Mehrscheibenisolierglas, eine Verglasungseinheit aus mindestens zwei Gläsern, die durch einen Scheibenzwischenraum (SZR, meist 8 bis 16 mm) getrennt und nur durch einen Randverbund miteinander verbunden sind. Der Randverbund wird mittels eines Abstandhalters hergestellt, der mit einem Trockenmittel gefüllt ist und mit Silikon einge-

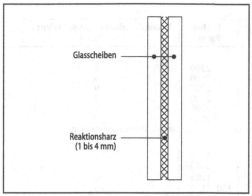

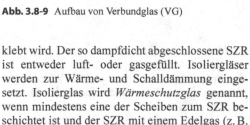

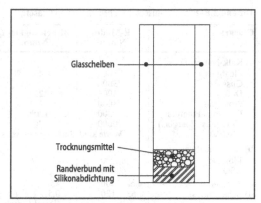

Abb. 3.8-9 Aufbau von Verbundglas (VG)

Abb. 3.8-10 Aufbau eines Isolierglases

klebt wird. Der so dampfdicht abgeschlossene SZR ist entweder luft- oder gasgefüllt. Isoliergläser werden zur Wärme- und Schalldämmung eingesetzt. Isolierglas wird *Wärmeschutzglas* genannt, wenn mindestens eine der Scheiben zum SZR beschichtet ist und der SZR mit einem Edelgas (z. B. Argon oder Xenon) gefüllt ist (Abb. 3.8-10).

Brandschutzglas

Bei einseitiger Hitzeeinwirkung „springen" Float- und Gussgläser in kurzer Zeit, und es droht durch das Herausfallen von Bruchstücken ein Feuerüberschlag. Brandschutzverglasungen können den Feuerwiderstandsklassen G oder F zugeordnet werden. Wenn sie den Flammen- und Brandgasdurchtritt einen bestimmten Zeitraum verhindern, werden sie als Brandschutzglas eingestuft (G30 bis G120), so z. B. Drahtglas, Glasbausteine und bestimmte vorgespannte Gläser (ESG aus Borosilicatglas). Hochwertige Brandschutzgläser, die den Durchtritt vom Hitzestrahlung verhindern und sich auf der dem Feuer abgekehrten Seite im Mittel nicht mehr als um 140 K erwärmen, gehören den Klassen F30 bis 120 (DIN 4102 Teil 2) an. Isoliergläser, bei denen im Scheibenzwischenraum ein anorganisches aufschäumbares Material, eine spezielle wasserhaltige Gelschicht oder eine Bor-Aluminiumphosphat-Schicht enthalten ist, erfüllen diese Klassen.

Gekrümmtes Glas

Im Fahrzeugbau setzt man heute fast ausschließlich gekrümmte Gläser ein. Im Bauwesen wird gekrümmtes Glas im Fassadenbau, für Überkopfverglasungen oder im Innenausbau als Gestaltungselement verwendet. Neben Floatglasscheiben können auch thermisch vorgespannte Gläser, Verbund- und Isoliergläser gekrümmt hergestellt werden. Die Fertigung von gekrümmten Verbundgläsern mit Bohrungen ist aufgrund der Maßtoleranzen sehr aufwändig. Man unterscheidet das Schwerkraftbiegeverfahren und maschinelle Verfahren. Da eine Beschichtung der Gläser nach dem Biegen i. d. R. mit den üblichen Beschichtungsmechanismen nicht möglich ist, können nur Gläser mit *harter* Beschichtung gebogen werden [VEGLA 1997].

3.8.2.3 Mechanische Eigenschaften von Gläsern

Die wichtigsten mechanischen Eigenschaften der beschriebenen Gläser sind in Tabelle 3.8-2 aufgeführt.

3.8.3 Bemessungskonzepte für Glas

3.8.3.1 Bemessungskonzept mit globalen Sicherheitsbeiwerten

Bisher wurden Verglasungskonstruktionen in Deutschland nach den Technischen Regeln für die Verwendung von linienförmig gelagerten Verglasungen [TRLV 2006] und den Technischen Regeln für die Verwendung von absturzsichernden Verglasungen [TRAV 2003] sowie den Technischen Regeln für die Bemessung und Ausführung punktge-

Tabelle 3.8-2 Mechanische Eigenschaften von Gläsern

Glasart	E-Modul N/mm^2	Biegefestigkeit f_{tk} N/mm^2	Dichte kg/m^3	Wärmeausdehnungskoeffizient $\alpha_{\Delta T}$ $10^{-6} \cdot 1/K$
a) Kalk-Natron-Glas				
Floatglas	73000	45[a]	2500	9
Gussglas	73000	25[a]	2500	9
Drahtglas	73000	25[a]	2700	9
Profilglas	73000	45[a]	2500	9
ESG (aus Floatglas)	70000	120[b]	2500	9
TVG (aus Floatglas)	70000	70[c]	2500	9
VSG/VG	Werte sind abhängig von verwendeten Glasarten und Zwischenmaterialien			
b) Borosilicatglas				
Floatglas	62000	45	2230	3,3
ESG	62000	120	2230	3,3
c) Acrylglas	ca. 3000	45…55	1180	70
d) Schaumglas	53…120	0,5…1,2 N/mm^2 (Druckfestigkeit)	100…170	8,5

[a] DIN 1249 Teil 10   [c] prEN 1863
[b] DIN 1249 Teil 12   [d] 0,5 … 1,2 N/mm^2 Druckfestigkeit

stützter Verglasungen [TRPV 2006] bemessen und ausgeführt. Darin wird der Nachweis durch Vergleich der vorhandenen Zugspannung mit einer zulässigen Spannung geführt:

$$\sigma_s \leq \sigma_{zul} = \frac{\sigma_R}{\gamma} \qquad (3.8.2)$$

wobei σ_{zul} die zulässige Spannung, γ den globalen Sicherheitsbeiwert und σ_R die Glasfestigkeit bezeichnen. Der Begriff „globaler Sicherheitsbeiwert" bedeutet, dass der Faktor γ gleichzeitig alle, d. h. mit den Einwirkungen, den Widerständen des Glases und dem Berechnungsmodell behaftete Unsicherheiten und Einflüsse abdecken soll. Ein globaler Sicherheitsbeiwert γ kann aber die Einflüsse der Glasscheibenfläche und der Belastungsdauer nicht ohne weiteres hinreichend berücksichtigen.

Vom Nachweiskonzept her ist es für eine normale Biegebemessung unerheblich, ob der globale Sicherheitsfaktor auf der Einwirkungs- oder Widerstandsseite angesetzt wird. Insbesondere bei Verlassen des linearen Zusammenhangs zwischen Belastung und Beanspruchung (z. B. Effekte aus der Theorie II. Ordnung) sind Betrachtungen der Streuungen auf der Einwirkungs- und der Widerstandsseite und daraus folgend die Anwendung von Teilsicherheitsbeiwerten sinnvoll.

Mit dem Konzept der globalen Sicherheitsbeiwerte können folgende Bemessungswerte als zuläs-

sige Spannungen (Sicherheit auf der Widerstandsseite) zugrunde gelegt werden (Tabelle 3.8-3).

3.8.3.2 Bemessungskonzept mit Teilsicherheitsbeiwerten

Inzwischen liegt fast allen Bemessungsregeln im Bauwesen das Teilsicherheitskonzept mit der Berechnung der Einwirkungen und des Widerstands mit Hilfe von Teilsicherheitsfaktoren und charakteristischen Werten zu Grunde. Daher soll auch im Glasbau auf das Teilsicherheitskonzept umgestellt werden, in dem geplant ist, die oben genannten Ausführungsregeln (TRLV, TRAV, TRPV) durch DIN 18008-Glas im Bauwesen zu ersetzen. Gleichzeitig soll der aktuelle Stand der Technik in die Neuregelungen einfließen und eine Grundlage geschaffen werden, die es erlaubt, Neuentwicklungen im Glasbau zukünftig einfacher durch Ergänzungen zu erfassen. Dies würde eine erhebliche Erleichterung bedeuten, da eine Vielzahl üblicher Verglasungskonstruktionen von oben genannten Regelwerken (TRLV, TRAV, TRPV) abweichen und somit für diese momentan noch Zustimmungen im Einzelfall oder allgemeine bauaufsichtliche Zulassungen notwendig sind, was mit sehr hohem Aufwand verbunden ist.

DIN 18008 hat zum Ziel, die wesentlichen und besonderen Parameter des Werkstoffs Glas (z. B. die Zeitabhängigkeit der Festigkeit von Floatglas,

Tabelle 3.8-3 Zulässige Spannungen für Glas (globale Sicherheitsbeiwerte)

Glasart	Einsatzbereich	σ_{zul} N/mm^2	Regelwerk
Floatglas	Vertikalverglasung	18	TRLV 2006
	Überkopfverglasung	12	TRLV 2006
	als VSG aus Floatglas	15	TRLV 2006
	unter Dauerlast	6	–
ESG aus Floatglas	unabhängig vom Einsatzbereich	50	TRLV 2006
ESG aus Gussglas	unabhängig vom Einsatzbereich	37	TRLV 2006
TVG aus Floatglas	unabhängig vom Einsatzbereich	29	–
Emailliertes ESG	Emaille auf der Zugseite	30	TRLV 2006
Emailliertes TVG	Emaille auf der Zugseite	18	–
Gussglas	Vertikalverglasung	10	TRLV 2006
Drahtglas	Überkopfverglasung	8	TRLV 2006
Acrylglas	abhängig von eingeprägten Zwängungen	5 ... 10	–
VG	abhängig von verwendeter Glasart Berechnung ohne Schubverbund des Zwischenmaterials	5 ... 10	–
Isolierglas	abhängig von verwendeter Glasart Koppeleffekt beachten		
VSG aus Floatglas	Überkopfverglasung	15 (25*)	TRLV 2006
	Vertikalverglasung	22,5	TRLV 2006

* Nur für die untere Scheibe einer Überkopfverglasung aus Isolierglas beim Lastfall „Versagen der oberen Scheibe" zulässig.

Isolierglaseffekte, Schubverbund bei Verbund-Sicherheitsglas) für die Bemessung so zu erfassen, dass sie angemessen berücksichtigt werden, aber gleichzeitig noch praktisch handhabbar sind. Nach aktuellem Stand ist die DIN 18008 in sieben Einzelteile gliedert:

– Teil 1: Begriffe und allgemeine Grundlagen
– Teil 2: Linienförmig gelagerte Verglasungen
– Teil 3: Punktförmig gelagerte Verglasungen
– Teil 4: Zusatzanforderungen an absturzsichernde Verglasungen
– Teil 5: Zusatzanforderungen an begehbare Verglasungen
– Teil 6: Zusatzanforderungen an zu Reinigungs- und Wartungsmaßnahmen betretbare Verglasungen
– Teil 7: Sonderkonstruktionen (z.B. Balken, Schubfelder).

Der nach DIN 18008 zu führende Nachweis hat folgende Form:

$$E_d \leq R_d,$$

wobei E_d den Bemessungswert der Einwirkung und R_d den Bemessungswert des Widerstandes darstellen.

Zur Ermittlung der Lastfallkombinationen auf der Einwirkungsseite verweist DIN 18008 konsequent auf die Grundnorm DIN 1055 Teil 100 Einwirkungen auf Tragwerke – Grundlagen der Tragwerksplanung, Sicherheitskonzept und Bemessungsregeln, Ausgabe März 2001. Vereinfachend wird davon ausgegangen, dass die Einwirkungen voneinander unabhängig sind, so dass die zur Ermittlung von E_d erforderlichen Teilsicherheitsbeiwerte der Einwirkungen Tabelle A.3 der DIN 1055-100 entnommen werden können. Für die Kombinationsbeiwerte ψ gilt dann analog Tabelle A.2 der DIN 1055-100 (s. Tabelle 3.8-4).

Der Nachweis der ausreichenden Tragfähigkeit von Verglasungen erfolgt nach DIN 18008 auf der Grundlage des Nachweises der maximalen Hauptzugspannungen an der Glasoberfläche.

Dabei werden die Eigenspannungszustände aus thermischer Vorspannung der Gläser auf der Widerstandsseite R_d berücksichtigt. Die Berechnung des Widerstandes R_d unterscheidet sich daher für thermisch vorgespanntes Glas bzw. Glas ohne thermische Vorspannung und wird wie folgt berechnet:

$$R_d = \frac{k_{mod} \cdot k_c \cdot f_k}{\gamma_M} \tag{3.8.3}$$

Tabelle 3.8-4 Kombinationsbeiwerte ψ für Einwirkungen

DIN 18008	behandelt wie DIN 1055-100, Tabelle A.2	ψ_0	ψ_1	ψ_2
Windlasten	Windlasten	0,6	0,5	0,0
Schnee- und Eislasten bis 1000 m ü NN	Schnee- und Eislasten bis 1000 m ü NN	0,5	0,2	0,0
Klimatische Einwirkungen auf Isolierverglasungen und Temperaturzwängungen	Temperatureinwirkungen	0,6	0,5	0,0
Montagezwängungen	Baugrundsetzungen	1,0	1,0	1,0
Holm- und Personenlasten	Nutzlasten Kategorie A	0,7	0,5	0,3

Tabelle 3.8-5 Durchbiegungsbegrenzungen für Überkopfverglasungen und Vertikalverglasungen nach den Technischen Regeln für die Verwendung von linienförmig gelagerten Verglasungen (TRLV 2006)

Lagerung	Überkopfverglasung	Vertikalverglasung
vierseitig	1/100 der Scheibenstützweite in Haupttragrichtung	keine Anforderungen[a]
zwei- und dreiseitig	Einfachverglasung: 1/100 der freien Scheibenstützweite in Haupttragrichtung	1/100 der freien Kantenlänge[b]
	Scheiben der Isolierverglasung: 1/200 der freien Kantenlänge	1/100 der freien Kantenlänge[a]

[a] Durchbiegungsbegrenzungen des Isolierglasherstellers sind zu beachten.
[b] Auf die Einhaltung dieser Begrenzung kann verzichtet werden, sofern nachgewiesen wird, dass unter Last ein Glaseinstand von 5 mm nicht unterschritten wird.

mit:

k_c: Beiwert zur Berücksichtigung der Konstruktion; Unterscheidung zwischen thermisch vorgespanntem und thermisch entspanntem Glas

f_k: charakteristischer Wert der Biegezugfestigkeit nach Tabelle 3.8-2

γ_M: Materialsicherheitsbeiwert; Unterscheidung zwischen thermisch vorgespanntem und thermisch entspanntem Glas

k_{mod}: Beiwert zur Abminderung der Festigkeit thermisch nicht vorgespannter Gläser in Abhängigkeit von der Lasteinwirkungsdauer (thermisch vorgespanntes Glas: $k_{mod} = 1,0$)

Des Weiteren ist bei der Berechnung des Widerstandes R_d zu berücksichtigen, dass

- bei der Verwendung von VSG und VG die Bemessungswerte des Widerstandes pauschal um 10% erhöht werden dürfen.
- bei planmäßig unter Zugbeanspruchung stehenden Kanten (z. B. bei zweiseitig linienförmiger Lagerung) von Scheiben ohne thermische Vorspannung unabhängig von deren Kantenbear-

beitung nur 90% der charakteristischen Biegefestigkeit angesetzt werden darf.

3.8.3.3 Grenzwerte der Durchbiegung

Auch die zulässige Durchbiegung von Verglasungskonstruktionen wird bislang in Deutschland nach den Technischen Regeln für die Verwendung von linienförmig gelagerten Verglasungen [TRLV 2006] bzw. nach den Technischen Regeln für die Bemessung und Ausführung punktgestützter Verglasungen [TRPV 2006] geregelt. Nach TRLV gelten die in Tabelle 3.8-5 dargestellten Durchbiegungsbeschränkungen.

Zur Vermeidung größerer Spannungen infolge Nachgiebigkeit der Unterkonstruktion sind Vorgaben bezüglich der Steifigkeit der Unterkonstruktion erforderlich.

Nach [TRLV 2006] darf die Durchbiegung der Auflagerprofile nur 1/200 der aufzulagernden Scheibenlänge betragen ($\leq$15 mm). Bei punktgelagerten Scheiben sind nach [TRPV 2006] die Durchbiegungen der Verglasungen auf 1/100 der maßgebenden Stützweite zu beschränken. Bei zwei- oder dreiseitig gelagerten Isolierverglasungen darf die

Durchbiegung des freien Randes nicht mehr als 1/200 der Länge des freien Randes betragen. Für Vertikalverglasungen ist eine Durchbiegungsbeschränkung für die Scheibenmitte bisher umstritten. Für große Verformungen können daher die Randbedingungen der linearen Plattentheorie nicht mehr eingehalten sein, und es kann ein genauer Nachweis nach höherer Ordnung geführt werden (Membraneffekte). Dies wirkt sich rasch günstig auf die erforderliche Scheibendicke aus.

Doch auch für den Nachweis der Gebrauchstauglichkeit soll zukünftig DIN 18008 verwendet werden. Für den Bemessungswert der Beanspruchung verweist DIN 18008 wie schon beim Nachweis der Tragfähigkeit auf DIN 1055-100, diesmal jedoch auf die charakteristische Kombination. Bei liniengelagerten Verglasungen wird als Kriterium für den Gebrauchstauglichkeitsnachweis pauschal 1/100 der Stützweite festgelegt. Dies stellt für Horizontalverglasungen eine Lockerung gegenüber der TRLV dar, in der für Isolierverglasungen wie oben erwähnt 1/200 gefordert wird. Allerdings ist zu beachten, dass die Isolierglashersteller für die freie Kante der Isolierverglasungen nach wie vor Werte zwischen 1/200 und 1/300 fordern, die aus der Historie des Glaserhandwerks stammen.

3.8.4 Besonderheiten der Bemessung

3.8.4.1 Stabilitätsnachweise

Bei der Verwendung von Glas als tragendes Element müssen die Stabilitätsprobleme besonders beachtet werden. Aufgrund seiner amorphen Isotropie hat Glas dabei in allen Richtungen dieselben Eigenschaften. Die i. d. R. sehr schlanken Bauteile sind mit Vorverformungen aus Maßtoleranzen nach Theorie II. Ordnung nachzuweisen. Es muss bereits bei der Modellbildung sichergestellt werden, dass dabei keine lokalen Überbeanspruchungen auftreten (z. B. im Bereich von Verbindungen) und ein Kontakt von Glas mit Werkstoffen, deren E-Modul (oder besser deren Härte) höher als der des Glases ist, vermieden wird. Ein Schubverbund zwischen Verbundgläsern darf nicht berücksichtigt werden, da bei Dauerbelastung und Temperaturen >50°C der Schubverbund zwischen den Scheiben nur noch sehr gering ist (s. 3.8.4.5).

3.8.4.2 Zwängungsbeanspruchungen

Zwängungen können bei Glasbauteilen leicht zum Bruch führen, da Spannungsspitzen nicht durch lokales Plastizieren o. ä. abgebaut werden können, und somit keine Spannungsumlagerungen möglich sind. Daher müssen Scheiben so gelagert werden, dass die Beanspruchung aus Zwängungslasten möglichst gering ist. Dies betrifft besonders die Zwängungen aus Temperaturlasten und aus Verformungen der Unterkonstruktion. Dabei sind die unterschiedlichen Wärmeausdehnungskoeffizienten der Unterkonstruktion und des Glases zu berücksichtigen. Punktgelagerte Scheiben können z. B. in der Ebene durch eine gelenkige Lagerung mit einem Kugelgelenk statisch bestimmt gelagert werden (s. Abschn. 3.8.4.8).

Bereits in der Planung ist darauf zu achten, dass Ausgleichsmöglichkeiten von geometrischen Passungenauigkeiten (z. B. bei Bohrungen in Verbundgläsern aus thermisch vorgespannten Glasscheiben) vorgesehen werden. Die in den Rechennachweisen vorausgesetzten Randbedingungen hinsichtlich Drehbarkeit und Möglichkeiten der Verschieblichkeit von Auflagern müssen auch unter Last- und Temperatureinwirkung auf Dauer gesichert sein.

3.8.4.3 Stoßlasten

Glas reagiert sehr empfindlich auf Stoßbelastungen, die hinsichtlich Masse, Form und Verformungseigenschaften der Stoßkörper sehr unterschiedlich sein können. Üblicherweise unterscheidet man im Bauwesen zwischen harten und weichen Stößen.

Unter einem *harten Stoß* versteht man den Aufprall eines im Verhältnis zum Bauteil harten Stoßkörpers mit hoher Geschwindigkeit (z. B. Hagel oder Blumentopf). Die Auswirkung des harten Stoßes bleibt i. d. R. auf die unmittelbare Umgebung der Stoßstelle beschränkt. Bei einem *weichen Stoß* dagegen prallt ein Stoßkörper mit niedrigerer Geschwindigkeit auf das Bauteil und verformt sich merkbar an der Aufprallstelle. Die Beanspruchung ist auf weitere Bereiche ausgedehnt.

Harte Stöße lassen sich besonders bei spröden Bauteilen i. d. R. nur experimentell nachweisen (z. B. nach DIN 52338: Kugelfallversuch für Verbundglas), für den *weichen Stoß* existieren Rechenverfahren [ETB-Richtlinie 1985], die – basierend auf Impulsüberlegungen – bei Glas noch den Materialeigenschaften anzupassen sind, um realitätsnahe Ergebnisse liefern zu können. Die Widerstandsfähigkeit u. a. bei harten Stößen gegen die Oberfläche ist bei vorgespannten Gläsern wesentlich höher als bei Floatglas. Bei Verbundgläsern hat die Zwischenschicht einen zusätzlichen positiven Einfluss, da sie einen Teil der Stoßenergie absorbiert.

3.8.4.4 Koppeleffekt bei Isolierglaseinheiten

Wegen des dampfdicht abgeschlossenen Scheibenzwischenraums entsteht bei Isolierglaseinheiten ein Koppeleffekt zwischen den Scheiben, wobei sich beide am Lastabtrag beteiligen. Verformt sich die äußere Scheibe, entsteht eine Volumenänderung im Scheibenzwischenraum (Abb. 3.8-11). Sie führt zu einer Druckveränderung, die auch die innenliegende Scheibe beeinflusst [Wörner 1993]. Derartige Konstruktionen weisen auch Beanspruchungen aus klimatischen Einwirkungen (Druckdifferenzen) auf, die bei der Berechnung berücksichtigt werden müssen [TRLV 2006, DIN 18008-Teil 2, Feldmeier 1997, Gläser u. a. 1995] und besonders bei Scheiben mit geringer Kantenlänge zur maßgebenden Beanspruchung werden können. Bei Windlasten wirkt sich der Koppeleffekt günstig auf die erforderliche Scheibendicke aus; er darf unter bestimmten Bedingungen zur Berechnung von Vertikalverglasungen, nicht jedoch bei Überkopfverglasungen, angesetzt werden.

3.8.4.5 Schubverbund bei Verbundgläsern (VSG/VG)

Je nach Temperaturbereich und Belastungsdauer herrscht bei VSG/VG ein mehr oder weniger guter Schubverbund zwischen den Scheiben, da PVB-Folien (thermoplastische Kunststoffe) und reaktionsfähige Harze ein ausgeprägtes Kriechverhalten aufweisen. Bei Kurzzeitlasten (z. B. Windlasten) und Temperaturen unter 50°C kann man von vollem Verbund ausgehen. Für Langzeitlasten (z. B. Schneelasten) herrscht bei niedrigen Temperaturen (um den Gefrierpunkt) sehr hoher Schubverbund, bei Raumtemperatur teilweise Schubverbund, aber bei hohen Temperaturen (ca. >50°C) nahezu kein Schubverbund mehr. Sowohl nach den zur Zeit

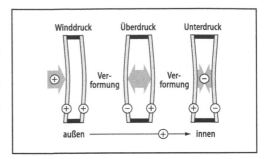

Abb. 3.8-11 Koppeleffekt und Auswirkung von Klimalasten bei Isolierglaseinheiten

noch gültigen Regeln [TRLV 2006] als auch nach den zukünftig gültigen Regeln [DIN 18008] darf bei der rechnerischen Bemessung kein Schubverbund angesetzt werden wenn er sich günstig auswirkt, muss jedoch angesetzt werden, wenn er sich bei Klimalasten ungünstig auswirkt (Isolierglas). In zwei Diagrammen (Abb. 3.8-12, oben) sind die Zusammenhänge zwischen der Einwirkungsart und der daraus resultierenden Glasbeanspruchung dargestellt. Daraus lässt sich erkennen, dass man bei Vernachlässigung der Verbundwirkung bei Einwirkung äußerer Lasten i. Allg. auf der sicheren Seite liegt, während Zwangsbeanspruchungen bei einem wirksamen Verbund zu höheren Beanspruchungen des Glases führen.

In allen baupraktischen Temperaturbereichen kann man von vollständigem Zugverbund ausgehen, wobei sich eine Ablösung des Zwischenmaterials durch Eintrübung *ankündigt*. Um die Zwischenmaterialien bei Verbundgläsern vor Witterungseinflüssen zu schützen, sollten an den Kanten entsprechende Maßnahmen (z. B. Verklebung) vorgesehen werden (Abb. 3.8-12, unten).

3.8.4.6 Spontanbruch von thermisch vorgespanntem Glas

Ein Problem von thermisch vorgespanntem Glas ist der Einschluss von Nickel-Sulfid-Kristallen (70 bis 200 μm) im Netzwerk des Glases [Wagner 1977]. Diese Kristalle im Glas resultieren aus Verunreinigungen beim Herstellungsprozess und sprengen durch Wachstum in der Zugzone bei ihrer Phasenumwandlung das Glasgefüge. Das Wachs-

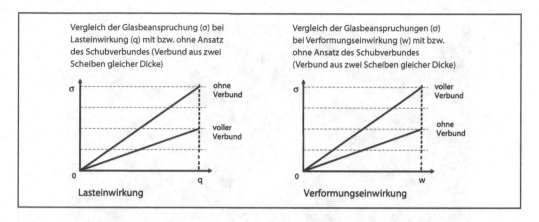

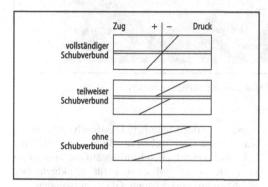

Abb. 3.8-12 Schubverbund bei Verbundgläsern

tum ist lastunabhängig und wird durch Wärmeeinwirkung beschleunigt.

Die Wahrscheinlichkeit dieses sog. „Spontanbruches" wurde auf der Grundlage statistischer Daten zu $1,3 \cdot 10^{-4}$ pro Jahr berechnet. Durch entsprechende thermische Beaufschlagung ($\rightarrow$ Heißlagerungstest) kann das Wachstum der Nickel-Sulfid-Einschlüsse so beschleunigt werden, dass alle Einschlüsse zu über 99% umgewandelt werden. Unter Berücksichtigung, dass der thermische Ausdehnungskoeffizient der Nickel-Sulfid-Einschlüsse größer ist als der des Glases, ist die Gefahr eines Spontanbruchs infolge NiS während der Gebrauchsdauer theoretisch vollständig gebannt. Unter Berücksichtigung verschiedener Einflüsse (thermischer und menschlicher Natur) kann ein Heißlagerungstest (*heat-soak test*) nach DIN 18516 Teil 4 die Gefahr des Spontanbruchs

erheblich (um mind. eine Zehnerpotenz) verringern (Abb. 3.8-13).

Entscheidend für die Wirksamkeit des Heißlagerungstests ist, dass alle untersuchten Scheiben auf 290°C erhitzt werden (Temperatur im Scheibeninneren), und die Temperatur eine Mindestdauer von 8 Stunden anhält. Neben Herstellerbescheinigungen ist eine Eigen- und Fremdüberwachung sinnvoll.

3.8.4.7 Resttragfähigkeit

Unter Resttragfähigkeit versteht man ganz allgemein den *Widerstand gegen vollständiges Versagen eines teilweise zerstörten Systems*. Im Glasbau wird dieser Begriff im Zusammenhang mit dem Tragverhalten von VSG/VG-Scheiben verwendet, bei denen durch eine Lasteinwirkung (oder Spontanbruch) bereits eine oder mehrere Scheiben zerstört wurden. Ein Nachweis der Resttragfähigkeit muss immer auf das jeweilige Bauteil und die dort gewünschten Sicherheitsanforderungen abgestimmt werden. So ist z. B. der Nachweis der Resttragfähigkeit bei begehbarem Glas mit anderen Randbedingungen zu führen als bei Überkopfverglasungen. Im Allgemeinen werden jedoch zum Nachweis der Resttragfähigkeit eine oder mehrere Scheiben einer Verbundglaseinheit bei geminderter Bemessungslast zerstört, und die Zeit bis zum vollständigen Versagen des Systems wird gemessen [Shen 1997, Landesgewerbeamt Baden-Württemberg 1998, Hessisches Ministerium für Wirtschaft, Verkehr und Landesentwicklung: Glass-Er-

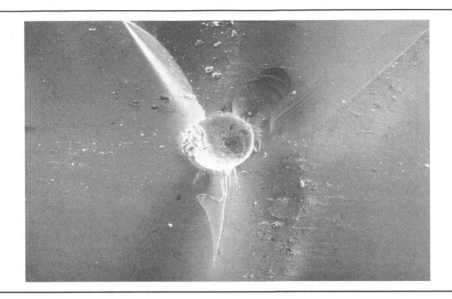

Abb. 3.8-13 Nickel-Sulfid-Einschluss nach dem Bruch (REM-Aufnahme, MPA, Darmstadt)

lass]. In DIN 18008 wurde versucht, die Resttragfähigkeit im Teil 1 allgemein zu definieren, damit in den Teilen 2 ff. je nach Konstruktionsart unterschiedliche Anforderungen an die Resttragfähigkeit in Abhängigkeit der Einbausituation (z. B. Horizontalverglasungen, begehbare Verglasungen), der Konstruktion (z. B. zwei- oder vierseitige Lagerung), der Versagensszenarien (z. B. Bruch einer oder mehrerer Scheiben eines VSG-Verbundes) und der zu berücksichtigenden Einwirkungen gestellt werden können. Die Resttragfähigkeit von VSG aus ESG ist – besonders bei Punktlagerung – sehr gering gegenüber der von VSG aus Floatglas und VSG aus TVG (Abb. 3.8-14).

3.8.4.8 Punktförmig gelagerte Scheiben

Liniengelagerte Fassaden- und Überkopfverglasungen lassen sich aufgrund des klar bestimmbaren Spannungsverlaufes in Platten auch mit einfachen Hilfsmitteln (z. B. mit Tabellenwerten oder der Bachschen Plattenformel) sicher berechnen und bemessen. Dabei tragen sie ihr Eigengewicht i. d. R. über die Verklotzung ab. Das Tragverhalten punktförmig gelagerter Glasscheiben bedarf dagegen auf

wendigerer Berechnungen. Die Beschaffenheit der Kanten und Oberflächen im Bereich der Bohrung hat dabei wesentlichen Einfluss auf die Tragfähigkeit. Deswegen sollte man für punktgelagerte Scheiben nur vorgespannte Gläser verwenden.

Der Einfluss von Zwängungsbeanspruchungen lässt sich minimieren und somit die Tragfähigkeit der Scheiben besser ausnutzen, wenn man punktgelagerte Scheiben statisch bestimmt lagert. Eine Lagerung *senkrecht zur Scheibenebene* mit geringer Zwängung kann man durch Punkthalter gewährleisten, die mit einem Gelenk versehen sind. Am wirkungsvollsten ist ein Kugelgelenk, das genau in der Scheibenmittellinie liegt (Abb. 3.8-15 u. Abb. 3.8-16).

In der Scheibenebene ist die statisch bestimmte Lagerung punktgehaltener Scheiben durch die Anordnung von Fest- und Loslagern erreichbar. Dazu benötigt man drei Auflagerreaktionen, deren Wirkungslinien sich nicht in einem Punkt schneiden (Abb. 3.8-17). Die Loslager lassen sich z. B. konstruktiv durch Langlöcher in der Unterkonstruktion realisieren. Kann man eine statisch bestimmte Lagerung nicht gewährleisten, z. B. durch eine starre Lagerung der Scheiben, müssen sämtliche Zwän

Abb. 3.8-14 Resttragfähigkeitsversuch an einer punktgelagerten Scheibe (VSG aus ESG)

gungsbelastungen aus Temperaturverformungen und aus Verformungen der Unterkonstruktion bereits bei der Berechnung berücksichtigt werden. Punkthalter mit Kugelgelenken mindern auch in der Ebene Zwängungsbeanspruchungen.

Neben der Einlage von Zwischenmaterialien (Kunststoffe, Weichaluminium) im Bohrungsbereich zur Abtragung des Eigengewichts kommt der realitätsnahen Modellierung des Auflagerbereichs für die Bemessung eine entscheidende Bedeutung zu. Bei punktförmig gelagerten Glasscheiben ist die Hauptzugspannung, die i.d.R. an der Stützstelle auftreten wird, die für die Bemessung maßgebende Spannung. Ein vereinfachtes FE-Modell (Finite Elemente) ohne Auflagermodellierung im Bohrungsbereich ist für die Bemessung punktgelagerter Glasscheiben nicht ausreichend. In einem verbesserten Modell lassen sich die Glasscheiben als Volumenelemente oder Plattenelemente modellieren. Im Bereich der Halterungen ist es erforderlich, das Elementnetz zur realistischen Erfassung der dort auftretenden Spannungen zu verfeinern. Die Punkthalter können mit Volumenelementen im Bereich der Zwischenschicht und mit Scheibenelementen im Bereich des Auflagertellers modelliert werden (Abb. 3.8-18). Die Spannung am Bohrungsrand punktgelagerter Glasscheiben ist dann stark von folgenden Einflüssen abhängig:

– Art des Auflagers (Kugelgelenk, Einspannung, Exzentrizität),
– Glasbohrung (Durchmesser, Beschaffenheit des Glases, Art der Bohrung (zylinderförmig, konusförmig); Abb. 3.8-19),
– Geometrie,
– Zwischenmaterial (Dicke und Steifigkeit).

Eine Punktlagerung mit Bohrung auszuführen ist erst seit einigen Jahren üblich. Eine weitere interessante Möglichkeit, die u. a. bei hinterlüfteten Fassaden seit längerem angewendet wird, ist die Punktlagerung in der Fuge zwischen den Scheiben (Abb. 3.8-20); sie ist in DIN 18516 Teil 4 erfasst.

3.8.5 Verbindungen

3.8.5.1 Allgemeines

Prinzipiell existieren drei geeignete Fügetechniken [Techen 1997], die im Hinblick auf die Materialeigenschaften des Glases besonders geeignet erscheinen:

– Klebeverbindung,
– Reibverbindung,
– Lochleibungsverbindung.

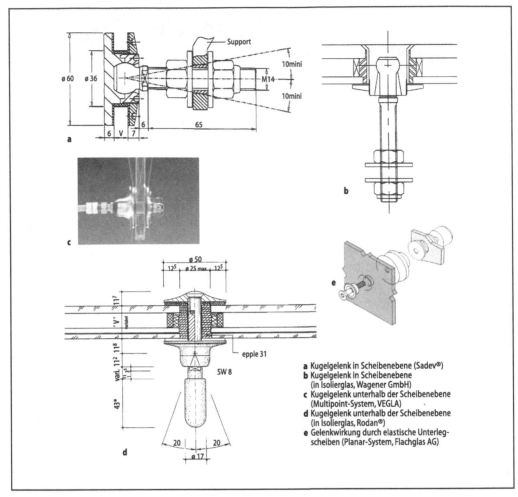

Abb. 3.8-15 Glashalter zur zwängungsarmen Lagerung von punktgelagerten Scheiben

Entscheidend ist, den Kontakt Glas-Metall auch im Bereich der Anschlusspunkte zu vermeiden und trotzdem eine Kraftübertragung zu ermöglichen.

3.8.5.2 Klebeverbindungen

Klebeverbindungen ermöglichen eine sehr gleichmäßige Lasteinleitung. Die Oberflächenvorbereitung der Kontaktflächen ist – im Gegensatz zu anderen Werkstoffen – bei Glas sehr einfach, denn die zu verklebenden Flächen müssen lediglich trocken und

fettfrei sein. Über die Schichtdicke und den E-Modul des Klebstoffs ist es möglich, den Kraftfluss und das Verformungsverhalten der Klebeverbindung zu steuern und Spannungsspitzen zu minimieren. Besondere Beachtung verdient die Ausführung von Klebeverbindungen, da sie nur unter kontrollierten Bedingungen, d. h. unter Umständen in klimatisierten Räumen, durchführbar sind. Zudem können Temperaturschwankungen zu erheblichen Spannungen im Glas führen, weil Kleber und Glas sehr unterschiedliche Wärmeausdehnungskoeffizienten haben.

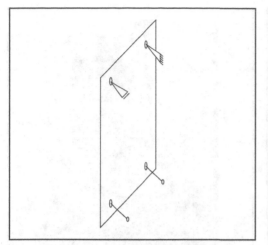

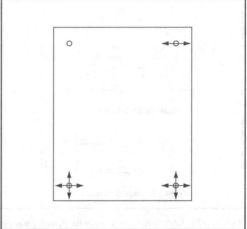

Abb. 3.8-16 Lagerung von punktgelagerten Glasscheiben senkrecht zur Scheibenebene (einfach statisch unbestimmt)

Abb. 3.8-17 Statisch bestimmte Lagerung von punktgelagerten Glasscheiben in der Scheibenebene (dargestellt sind die jeweiligen Freiheitsgrade)

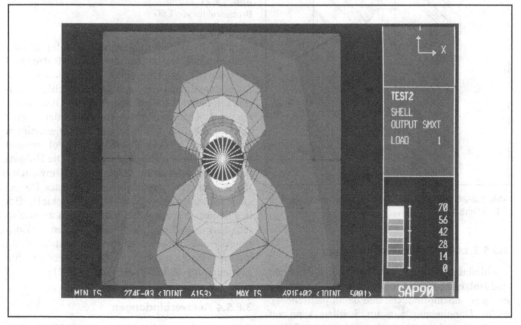

Abb. 3.8-18 Elementnetz eines im Bohrungsbereich verfeinerten Finite-Element-Modells zur realistischen Erfassung von Spannungen

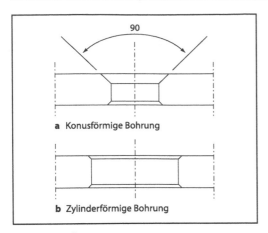

a Konusförmige Bohrung

b Zylinderförmige Bohrung

Abb. 3.8-19 Übliche Glasbohrungen für Punktlagerungen

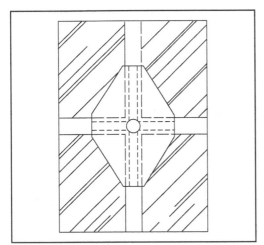

Abb. 3.8-20 Beispiel für eine Punktlagerung in der Fuge (Mero GmbH)

3.8.5.3 Lochleibungsverbindungen

Lochleibungsverbindungen haben sich im Stahl- und Holzbau bewährt. Sie zeichnen sich durch ihre einfache, unempfindliche und damit baustellenge-rechte Handhabung aus. Im Stahlbau kann auf-grund des elasto-plastischen Materialverhaltens von Stahl vereinfachend von einer gleichmäßigen Verteilung des Lochleibungsdruckes ausgegangen werden, da sich lokale Spannungsspitzen durch

Abb. 3.8-21 Lochleibungsverbindung im Glasbau mit Bruchstruktur von ESG

örtliches Plastizieren umlagern. Bei Glas ist dies nicht möglich. Deshalb muss zwischen Bolzen und Glasbohrung eine Hülse eingelegt werden, die die Spannungsspitzen abbaut und den Lochleibungs-druck möglichst gleichmäßig auf das Glas vertei-len kann. Dazu werden Aluminium oder Kunst-stoffe wie Teflon und Polyamid bei vorgefertigten Hülsen oder Epoxid, Polyester und Polyurethan bei eingegossenen Hülsen verwendet. Die Hülsen-materialien müssen beständig gegen Umweltein-flüsse sein (UV-Licht, Wasser) und gutes Dauer-standsverhalten aufweisen (Kriecheffekte!). Bei der Bemessung von Verbundgläsern ist zu beach-ten, dass es aufgrund der Maßtoleranzen im Boh-rungsbereich zu einer ungleichen Lastverteilung kommt. Hülsenmaterialien müssen daher auf ihre Eignung untersucht werden (Abb. 3.8-21).

3.8.5.4 Reibverbindungen

Reibverbindungen kennt man im Stahlbau unter dem Begriff *hochfeste Verbindungen* bereits seit langem. Dabei werden Stahlflächen über vor-gespannte Schrauben gegeneinander gepresst und über den damit erzeugten Reibschluss Haftkräfte in der Kontaktfläche übertragen. Allerdings ist die Vorbehandlung der Reibflächen im Stahlbau sehr aufwändig. Im konstruktiven Glasbau sind anstelle der Vorbehandlungsmaßnahmen geeignete Reibschichten einzulegen, die dauerhaft sein müssen und keine relevanten Kriechverformungen aufweisen dürfen (z.B. Hochdruckdichtungen aus dem Anlagenbau). Die Anwendung in Verbindung mit Verbundgläsern muss noch genauer untersucht werden, da sich die Zwischenmaterialien bei Einwirkung der Anpresskraft der Last entziehen und ein Kontakt Glas-Glas mit hohen Spannungsspitzen auftreten kann. Die Reibzahl der Reibschicht ist in Versuchen zu bestimmen.

3.8.6 Konstruktive Durchbildung von Glasbauteilen

3.8.6.1 Allgemeines

Ein Kontakt von Glas mit Werkstoffen, deren E-Modul (oder besser deren Härte) höher als der des Glases ist, muss dauerhaft ausgeschlossen werden. Beispielsweise Weichaluminium oder bestimmte Kunststoffe (z.B. EPDM und Ethylen-Propylen-Dien Typ M) können dazu als Zwischenmaterialien dienen, zum Beispiel im Bereich von Bohrungen oder Auflagern. Bei den Materialien ist das Werkstoffverhalten (z.B. die Shore-Härte), die Beständigkeit (UV-Licht, Wasser, Reinigungsmittel usw.) und ihr Dauerstandverhalten zu berücksichtigen. Eine zwängungsarme Lagerung der Scheiben ist durch sorgfältige Planung der Konstruktion zu gewährleisten. Dabei sind Maßtoleranzen zu berücksichtigen. Zusätzlich ist zu beachten, dass Glaskonstruktionen sehr empfindlich auf ungewollte Ausmitten, Lochspiel in Verbindungen o.ä. reagieren. Die Kanten der Scheiben müssen vor Beschädigung geschützt werden.

Drahtglas ist im Kantenbereich anfällig gegen Korrosion des Drahtgitters. Daher dürfen die Kanten des Drahtglases nicht ständig Feuchtigkeit bzw. der Atmosphäre ausgesetzt sein. Aufgrund der unterschiedlichen Ausdehnung von Draht und Glas sind Temperaturwechsel (z.B. bereichsweise Abschattung) besonders kritisch.

Ein Reinigungskonzept für die Glasfläche sollte Bestandteil jeder Planung sein.

3.8.6.2 Fenster, Glasfassaden

Die Anwendung von Glas im Fenster- und Fassadenbau ist der größte Einsatzbereich. Neben Holzrahmen mit Dichtmasse (z.B. Kitt) sind Aluminium- und Kunststoffrahmen mit separaten Dichtprofilen sehr häufig. Die Auflagerung der Scheiben im Rahmen erfolgt durch eine *Verklotzung* der Scheiben. Die Klotzungen werden zwischen Rahmen und Scheibe so eingeschoben, dass das Eigengewicht über die Rahmen abgetragen und der Rahmen durch die Scheibe stabilisiert wird. Dazu werden Hartholz- oder Kunststoffklötze verwendet (Abb. 3.8.22).

Neuere Entwicklungen umfassen *Structural-Glazing*-Fassaden, punktgelagerte Fassaden und rahmenlose Ganzglasfassaden mit Halteleisten minimaler Fläche bei facettenartiger Geometrie der Glaskante. Structural-Glazing-Fassaden sind geklebte Ganzglasfassaden. Entscheidend ist, dass für die Fassaden beim Einsatz 8 m über Geländehöhe zusätzlich mechanische Halterungen vorzusehen sind (Windsog). Damit unterscheidet sich Deutschland von den meisten europäischen Ländern und den USA. Unterhalb von 8 m kann generell auf mechanische Halterungen verzichtet werden. Ein Sicherheitskonzept für diese Fassadenart [Shen 1996] beurteilt die Systemsicherheit unter Berücksichtigung der Einflüsse des Klebstoffs und der mechanischen Halterung. Als Structural-Glazing-Klebstoffe sind in Deutschland bisher nur wenige Produkte (Silikone) zugelassen. Die Zulassungen sind i.d.R. nur in Verbindung mit bestimmten Oberflächen (z.B. Aluminiumoberflächen) und bestimmten Vorbehandlungsmaßnahmen gültig.

Neuere Fassadenkonstruktionen verwenden weitgespannte Stahlseile oder Glas zur Ausstcifung, um weitestgehende Transparenz zu ermöglichen (Abb. 3.8-23).

3.8.6.3 Überkopfverglasungen

Als Überkopfverglasungen gelten gemäß TRLV bzw. DIN 18008-2 Verglasungen, die mehr als 10° gegen die Vertikale geneigt sind. Auch Verglasungen mit geringerer Neigung sind als Überkopfverglasungen einzustufen, sofern bei diesen eine Belastung durch Schneeanhäufung möglich ist. Für Überkopfverglasungen sind nach den *Technischen Regeln für die Verwendung von linienför-*

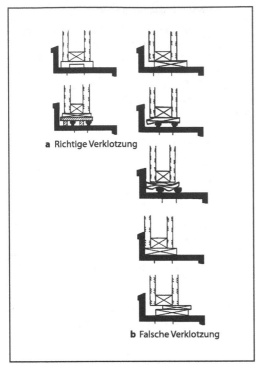

a Richtige Verklotzung

b Falsche Verklotzung

Abb. 3-22 Verklotzung von Isolierglas [Institut des Glaser-handwerks 1988]

mig gelagerten Verglasungen die in Tabelle 3.8-6 zusammengestellten Glasarten zugelassen.

Es ist insbesondere zu beachten, dass VSG aus ESG für Einfachverglasungen nicht ohne weiteres für Überkopfverglasungen zulässig ist, sondern nur als obere Scheibe von Isolierverglasungen. Bei Überkopfverglasungen sind die Anforderungen an die Resttragfähigkeit (→ 3.8.4.7) besonders zu beachten (Abb. 3.8-24).

3.8.6.4 Begehbares Glas

Begehbares Glas (transparente oder beleuchtete Fußböden, Glastreppen) muss aus Verbund(sicherheits)glas mit mindestens drei Lagen aufgebaut sein. Dabei darf die oberste Scheibe nicht zum statischen Nachweis herangezogen werden, da sie als Verschleißschicht dienen soll. Aus Gründen der Schlagfestigkeit ist zu empfehlen, als Deckschicht ESG zu verwenden.

Neben den üblichen statischen Nachweisen muss bei begehbarem Glas zusätzlich ein Nachweis der *Resttragfähigkeit* mit einem Stoßversuch (harter Stoß) erbracht werden. Die Dicke der Zwischenschicht (PVB-Folie, Gießharz) hat dabei Einfluss auf das Tragverhalten beim Stoßversuch. Auch eine ausreichende Rutschsicherheit (DIN 51097) muss ggf. gewährleistet sein.

Abb. 3.8-23 Transparente Fassadenkonstruktion mit Stahlseilen zur Aussteifung (BHF-Bank, Offenbach)

Tabelle 3.8-6 Zulässige Glasarten bei linienförmig gelagerten Überkopfverglasungen gemäß TRLV 2006

	Floatglas	ESG	VSG aus Float	VSG aus ESG	Drahtglas	TVG	VSG aus TVG
Einfachverglasung			◆		◆		◆
Isolierglas (oben)	◆	◆	◆	◆	◆	◆	◆
Isolierglas (unten)			◆		◆		◆

◆ zugelassen

Abb. 3.8-24 Zentrale Glashalle der Neuen Messe Leipzig mit VSG aus ESG als Dachverglasung

3.8.6.5 Glas als Absturzsicherung

Glasbauteile, die gegen Absturz sichern sollen, sind nach den *Technischen Regeln für die Verwendung von absturzsichernden Verglasungen (TRAV)* bzw. DIN 18008 zu bemessen. Diese Glasbauteile bedürfen besonderer Nachweise. Zudem müssen bei diesen Konstruktionen immer thermisch vorgespannte Gläser oder Verbund-(Sicherheits-)gläser Verwendung finden, nur in speziellen Fällen ist der Einsatz von Drahtglas möglich. ESG (einfach) zu verwenden, ist nicht zulässig über Verkehrsflächen, bei denen wegen besonders hohen und lang anhaltenden Verkehrsaufkommen ein Personenschaden durch Abgang gefährlicher Glasbruchstücke als wahrscheinlich anzusehen ist, sofern dies nicht durch konstruktive Maßnahmen verhindert wird. Für absturzsichernde Verglasungen muss neben dem statischen Nachweis (Horizontallast in Holmhöhe, Windlast) zusätzlich ein experimenteller Bauteil-versuch (TRAV) in Anlehnung an E DIN EN 12600 (weicher Stoß, Abb. 3.8-25) durchgeführt werden, es sei denn, das Glas wird nur ausfachend eingesetzt, und es werden zusätzliche Kniestäbe angeordnet. Derzeit unterscheidet man folgende Kategorien absturzsichernder Verglasungen:

Kategorie A: Raumhohe Verglasungen ohne Handlauf (Holm),

Kategorie B: eingespannte Brüstungsverglasungen mit durchgehendem Handlauf,

Kategorie C: nur ausfachend angeordnetes Glas (unabhängiger Handlauf); Unterteilung in die Unterkategorien C1, C2 und C3.

Momentan gelten für den Pendelkörper nach E DIN EN 12600 beim Nachweis der Absturzsicherung in den Kategorien A/B/C Fallhöhen von 900/700/450 mm.

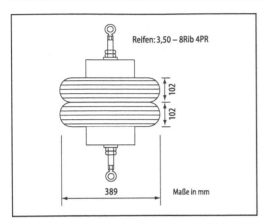

Abb. 3.8-25 Fallkörper gemäß E DIN EN 12600 1998-06

Für Kategorie A sollte VSG aus ESG verwendet werden; Ausnahmen bestehen bei Isolierverglasungen (Isolierglas mit VSG aus Floatglas (innere Scheibe) möglich). Für Kategorie B muss VSG (aus ESG oder Floatglas) verwendet werden. Für Kategorie C müssen alle Einfachverglasungen in VSG ausgeführt werden, einzige Ausnahme bilden Einfachverglasungen der Kategorien C1 und C2, die bei allseitiger linienförmiger Lagerung in ESG ausgeführt werden dürfen. Des Weiteren ist auch Drahtglas verwendbar, wenn zusätzliche Kniestäbe angeordnet werden.

3.8.6.6 Weitere tragende Glasbauteile

Neben den statischen Nachweisen für die planmäßige Belastung ist häufig ein Nachweis für mögliche Schadensszenarien erforderlich. Das gesamte Tragwerk muss derart ausgebildet sein, dass bei Ausfall eines tragenden Bauteils nicht die gesamte Tragkonstruktion versagt, sondern die restlichen Bauteile mit einer verminderten Sicherheit alle Lasten abtragen können (Systemsicherheit). Die verminderte Sicherheit lässt sich auf Basis probabilistischer Verfahren der Sicherheitstheorie festlegen.

Für Glaselemente als tragende Bauteile ist die Fügetechnik, v.a. die Einleitung der Kräfte durch Reib- oder Lochleibungsverbindungen, von großer Bedeutung (Abb. 3.8-26).

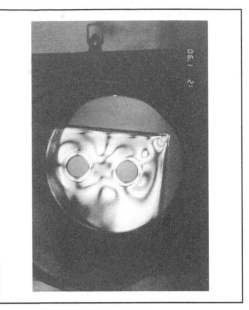

Abb. 3.8-26 ESG mit Bohrungen im Polarisator (MPA-Darmstadt)

3.8.7 Prüfung/Überwachung

Die Scheiben müssen vor dem Einbau auf Kantenverletzungen und Qualität der Kantenbearbeitung untersucht werden. Bei vorgespannten Scheiben kann die Durchführung des Heißlagerungstests (*heat-soak test*) nach DIN 18516 Teil 4 erforderlich sein, um die Gefahr des Spontanbruchs zu verringern.

Thermisch vorgespanntes Glas kann mit zwei Polfiltern (Polarisator) im Rand- und Eckbereich der Kanten und im Bereich von Bohrungen geprüft werden: Aufgrund des Prinzips der Doppelbrechung kommt es zu Farberscheinungen, welche die Existenz von eingeprägten Spannungen sichtbar machen. Bei ESG ist vorgeschrieben, beim Vorspannprozess in eine Ecke einen keramischen Stempel einzubrennen (z.B. ESG – DIN 1249 Teil 12).

Bei thermisch vorgespannten Scheiben kann die Größe der Vorspannung durch spannungsoptische Verfahren mit Hilfe eines Differential-Refraktometers bzw. Epibiaskops oder mittels Laser-Streulichtverfahren festgestellt werden. Die Laser-Streulichtverfahren ergeben die genauesten Werte [Aben 1993, Laufs 1997, Wörner 1998]. Die Messmetho-

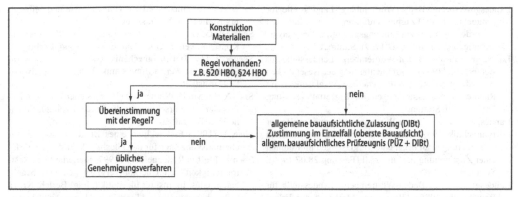

Abb. 3.8-27 Vorgehensweise zur Feststellung der Genehmigungspflicht einer Konstruktion

den sind insbesondere für die Überwachung von TVG hilfreich, bei dem die Oberflächendruckspannung in einem Bereich zwischen 40 N/mm² und 55 N/mm² liegen sollte (großflächiges Bruchbild).

Die Anwendung von Glas als Konstruktionswerkstoff ist bisher nur in wenigen Regelwerken erfasst. Für alle Konstruktionsarten, die nicht von den jeweiligen gültigen Regelwerken betroffen sind, bedarf es einer Zustimmung im Einzelfall durch die jeweilige oberste Landesbaubehörde. Neben der Anwendung von Regelwerken und der Zustimmung im Einzelfall besteht für Hersteller von Glaskonstruktionen die Möglichkeit, eine allgemeine bauaufsichtliche Zulassung für ihre Konstruktion beim Deutschen Institut für Bautechnik (DIBt Berlin) zu beantragen. Abb. 3.8-27 gibt das Vorgehen zur Feststellung der Genehmigungspflicht wieder.

Literaturverzeichnis Kap. 3.8

Aben H, Guillemet C (1993) Photoelasticity of Glass. Springer, Berlin Heidelberg New York

Blank K (1979) Thermisch vorgespanntes Flachglas Teil 1 und Teil 2. Glastechnische Berichte 52 (1979), S 1–13 u 51–54

Bau-Überwachungsverein (BÜV) e.V. (1998) Richtlinie für den Einsatz von Glas als Konstruktionswerkstoff. Entwurf 01.98, Hamburg

Bucak Ö (1999) Glas im Konstruktiven Ingenieurbau. In: Kuhlmann U (1999) Stahlbau-Atlas. Ernst & Sohn, Berlin, S 516–643

Charlier H (1997) Erläuterungen zu den Technischen Regeln für Überkopfverglasungen. Vortrag, BAUGLAS '97, München

Charlier H (1997) Bauaufsichtliche Anforderungen an Glaskonstruktionen. Der Prüfingenieur 11 (1997) S 44–54

Exner G (1986) Abschätzung der erlaubten Biegespannung in vorgespannten Glasbauteilen. Glastechnische Berichte 59/9, S 299–312

Feldmeier F (1984) Belastungen von Isoliergläsern durch Klimaschwankungen. Fenster und Fassade 2, S 41–52

Feldmeier F (1996) Zur Berücksichtigung der Klimabelastung bei der Bemessung von Isolierglas bei Überkopfverglasung. Stahlbau 65 (1996) 8, S 285–293

Feldmeier F (1997) Die Statik von Isolierglas. In: Otti Technologie-Kolleg (Hrsg) Glas im Bauwesen. Eigenverlag, Regensburg, S 1–15

Flachglas AG (1997) Das Glas-Handbuch. Eigenverlag, Gelsenkirchen

Freunde des Instituts für Massivbau der TH Darmstadt (1993) Konstruieren mit Glas. Darmstädter Massivbau-Seminar Bd 9, Technische Hochschule Darmstadt

Gläser H-J et al. (1995) Mehrscheiben-Isolierglas. Bd 357 Expert-Verlag, Ehingen

Griffith A A (1920) The phenomena of rupture and flow in solids. Trans. Roy. Soc. A 221, S 163–198

Gross D (1996) Bruchmechanik. (2. Aufl.) Springer, Berlin Heidelberg New York

Institut des Glaserhandwerks (1988, 1996) Technische Richtlinien für Verglasungstechnik und Fensterbau, Hadamar, Karl Hofmann, Schondorf

König G, Hosser D, Schobbe W (1982) Sicherheitsanforderungen für die Bemessung von baulichen Anlagen nach den Empfehlungen der NABau – eine Erläuterung. Bauingenieur 57 (1982)

Kühne K (1984) Werkstoff Glas. Akademie-Verlag, Berlin

Landesgewerbeamt Baden-Württemberg, Landesstelle für Bautechnik (1999) Zusammenfassung der wesentlichen Anforderungen an zustimmungspflichtige Überkopfverglasungen (Fassung 28.07.1999), Stuttgart

Landesgewerbeamt Baden-Württemberg, Landesstelle für Bautechnik (1999) Zusammenfassung der wesentlichen Anforderungen an zustimmungspflichtige Vertikalverglasungen (Fassung 28.07.1999), Stuttgart

Landesgewerbeamt Baden-Württemberg, Landesstelle für Bautechnik (1999) Zusammenfassung der wesentlichen Anforderungen an absturzsichernde Verglasungen im Rahmen von Zustimmungen im Einzelfall (Fassung 28.07.1999), Stuttgart

Landesgewerbeamt Baden-Württemberg, Landesstelle für Bautechnik (1999) Zusammenfassung der wesentlichen Anforderungen an begehbare Verglasungen im Rahmen einer Zustimmung im Einzelfall (Fassung 28.07.1999), Stuttgart

Landesgewerbeamt Baden-Württemberg, Landesstelle für Bautechnik (1999) Allgemeines Merkblatt zur Erlangung einer Zustimmung im Einzelfall (Fassung 28.07.1999), Stuttgart

Landesgewerbeamt Baden-Württemberg, Landesstelle für Bautechnik (1999) Nachweiserleichterungen für Zustimmungen im Einzelfall zur Verwendung einfacher Verglasungskonstruktionen (Fassung 28.07.1999), Stuttgart

Laufs W (1997) Die Zustimmung im Einzelfall für punktgestützte Glasfassaden. In: Deutscher Ausschuß für Stahlbau (Hrsg) Forschungsbericht 04.97, Stahlbau-Verlagsgesellschaft mbH, Köln

Laufs W, Sedlacek G (1999) Stress distribution in thermally tempered glass panes near the edges, corners and holes. Glass Sci. Technol. 72 (1999) No. 2, S 42 ff.

Menčik J (1992) Strength and Fracture of Glass and Ceramics. Elsevier Amsterdem, New York, Tokyo

Michalske T A, Bunker B C (1988) Wie Glas bricht. Spektrum der Wissenschaft 03/88, S 114 ff.

Petzold A, Marusch H, Schramm B (1990) Der Baustoff Glas. 3. Aufl. Verlag für Bauwesen, Karl Hofmann, Berlin und Schondorf

Pfaender H G Schott-Glaslexikon. 5. Aufl. mgv-Verlag, Landsberg a.L.

Ritchie I (1997) The biggest glass palace in the world. Ellipsis London Ltd., London

Sagmeister B (1993) Tragende Bauteile aus Glas-Berechnung und Ausführung. IKG Forschungsbericht 4/93, Institut für Konstruktiven Glasbau, Gelsenkirchen

Schneider J, Wörner J-D, (2008) DIN 18008 – Glas im Bauwesen. Stahlbau Spezial 2008 – Konstruktiver Glasbau, S 3 ff.

Scholze H (1988) Glas-Natur, Struktur und Eigenschaften. 3. Aufl. Springer, Berlin Heidelberg New York

Schott Glaswerke (1990) Technische Gläser. Schmidt, Mainz

Schott Glaswerke (1996) Glas: Ein vielseitiger Werkstoff mit außergewöhnlichen Eigenschaften. In: Bundesverband Glasindustrie und Mineralfaserindustrie e.V. (Hrsg) Glas: Das Erfolgsgeheimnis eines Universal-

werkstoffs, Bundesverband Glasindustrie und Mineralfaserindustrie e.V., Düsseldorf

Sedlacek G, Blank K, Laufs W, Güsgen J (1999) Glas im Konstruktiven Ingenieurbau, Ernst & Sohn, Berlin

Seeger T (1995) Bruchmechanik. Skriptum, Institut für Stahlbau und Werkstoffmechanik, Technische Universität Darmstadt

Shen X, Techen H, Wörner J-D (1996) Sicherheit von Glasfassaden. Bauforschung für die Praxis Band 20, Fraunhofer IRB, Stuttgart

Shen X (1997) Entwicklung eines Bemessungs- und Sicherheitskonzeptes für den Glasbau. VDI, Düsseldorf

Shen X, Pfeiffer R, Schneider J (1997) Sicherheit und Resttragfähigkeit von Überkopfverglasungen und begehbarem Glas. In: Institut für Statik (Hrsg) Bericht Nr. 12 (Jahresbericht 1997), Technische Universität Darmstadt, S 119–130

Singhof B, Schneider J (1999) Zweigeteilter Sicherheitsstandard in den Technischen Regeln für Überkopfverglasungen Baurecht 05/99, S 465 ff.

Sobek W, Schuler M, Staib G, Balkow D, Schittich C (1998) Glasbau Atlas. Institut für internationale Architektur-Dokumentation GmbH, München

Struck W, Limberger E (1994) Der Glaskugelsack als Prüfkörper für Beanspruchungen durch weichen Stoß. BAM-Forschungsbericht 204, Berlin

Tammann, Gustav, Physiko-Chemiker (1861–1938), Pionier der Glasforschung

Techen H (1997) Fügetechnik für den konstruktiven Glasbau. Dissertation, Bericht Nr. 11, Institut für Statik, Technische Universität Darmstadt

VEGLA Vereinigte Glaswerke, Balkow D (1997) Technisches Handbuch Glas am Bau. mkt gmbh, Alsdorf

Wagner R (1977) Nickelsulfid-Einschlüsse in Glas. Glastechnische Berichte 11, S 296 ff.

Wörner J D, Sedlacek G (1991) Der Baustoff Glas im konstruktiven Ingenieurbau. IKG Sachstandsbericht 1/91, Institut für Konstruktiven Glasbau, Gelsenkirchen

Wörner J-D, Shen X, Sagmeister B (1993) Determination of Load Sharing in Insulating Glass Units. Journal of Engineering Mechanics vol 19(2), ASCE (Amer. Soc. of Civil Eng.), pp 386–392

Wörner J-D, Shen X , Pfeiffer R, Schneider J (1997) Entwicklung im konstruktiven Glasbau. In: Vereinigung der Prüfingenieure für Baustatik in Hessen, 11. Fortbildungsseminar Tragwerksplanung, Frankfurt

Wörner J-D, Shen X, Pfeiffer R, Schneider J (1998) Konstruktiver Glasbau. Bautechnik 75/5, S 280 ff.

Wörner J-D, Schneider J, Fink A (1998) Meßmethoden des konstruktiven Glasbaus. Reihe Thema Forschung, Heft 1/98, Technische Universität Darmstadt, S 40 ff.

Wörner J-D, Schneider J (1998) Glas als Konstruktions- und Fassadenelement im Bauwesen. In: VDI Gesellschaft Bautechnik, Jahrbuch 1998, VDI-Verlag, Düsseldorf

Normen und Richtlinien

DIN (1981) Grundlagen zur Festlegung von Sicherheitsanforderungen für bauliche Anlagen. Beuth, Berlin

DIN-Taschenbuch-99 (1997) Verglasungsarbeiten. 5. Aufl. Beuth, Berlin

DIN 1249 Teil 3 Spiegelglas 02/80

DIN 1249 Teil 4 Gußglas 08/81

DIN 1249 Teil 10 Flachglas im Bauwesen – Chemische und physikalische Eigenschaften 08/90

DIN 1249 Teil 11 Flachglas im Bauwesen – Glaskanten 09/86

DIN 1249 Teil 12 Flachglas im Bauwesen – Einscheiben-Sicherheitsglas 09/90

DIN 1259 Teil 1 Glas – Begriffe für Glasarten und Glasgruppen 09/2001

DIN 1259 Teil 2 Glas – Begriffe für Glaserzeugnisse 09/2001

DIN 1286 Teil 1 Mehrscheiben-Isolierglas, luftgefüllt 04/94

DIN 1286 Teil 2 Mehrscheiben-Isolierglas, gasgefüllt 04/94

DIN EN 1748-1-1 Borosilicatgläser: Definitionen und allgemeine physikalische und mechanische Eigenschaften 12/2004

DIN EN 1748-1-2 01-2005 Borosilicatgläser: Konformitätsbewertung/Produktnorm

DIN 4242 Glasbaustein-Wände 01/79

DIN 4243 Betongläser 03/78

DIN V 11535-1 Gewächshäuser, Ausführung und Berechnung 02/98

DIN V 11535-2 Gewächshäuser 06/94

DIN EN ISO 12543 Teil 1 Verbundglas und Verbund-Sicherheitsglas 08/98 (mit Ergänzungen in der Bauregelliste A Teil 1, die die mechanischen Eigenschaften betreffen)

E DIN EN ISO 12543-1 Glas im Bauwesen – Verbundglas und Verbund- Sicherheitsglas 07/2008

DIN 18032 Teil 3 Sporthallen, Prüfung der Ballwurfsicherheit 04-97

DIN 18174 Schaumglas als Dämmstoff für das Bauwesen 01/81

DIN 18175 Glasbausteine 05/77

DIN 18516 Teil 4 Außenwandbekleidungen, hinterlüftet, Einscheiben-Sicherheitsglas 02/90

DIN 32622 Aquarien 09/2006

DIN 52290 Teil 4 Angriffhemmende Verglasungen, Prüfung auf durchwurfhemmende Eigenschaft 11/88

DIN 52292 Teil 1 Prüfung von Glas und Glaskeramik, Bestimmung der Biegefestigkeit, Doppelring-Biegeversuch 04/84

DIN 52299 Bestimmung der Oberflächendruckspannung von thermisch vorgespanntem Glas, (Entwurf) 07/93

DIN 52303 Teil 1 Flachglas – Bestimmung der Biegefestigkeit, Prüfung bei zweiseitiger Auflagerung 08/84

DIN 52303-2 Profilbauglas – Bestimmung der Biegefestigkeit, Prüfung bei zweiseitiger Auflagerung 03/83

DIN 52338 Kugelfallversuch für Verbundglas 09/85

DIN 52349 Bruchstruktur von Glas für bauliche Anlagen 08/77

DIN 52460 Fugen- und Glasabdichtungen 02/2000

DIN 356 Glas im Bauwesen – Prüfverfahren und Klasseneinteilung für angriffhemmende Verglasungen für das Bauwesen 02/2000

DIN EN 572 Teil 1 Glas im Bauwesen – Basiserzeugnisse aus Kalk-Natronglas, Definitionen und allgemeine physikalische und mechanische Eigenschaften 09/2004

DIN EN 572 Teil 2 Glas im Bauwesen – Basiserzeugnisse aus Kalk-Natronglas – Floatglas 09/2004

DIN EN 572 Teil 3 Glas im Bauwesen – Basiserzeugnisse aus Kalk-Natronglas – Poliertes Drahtglas 09/2004

DIN EN 572 Teil 7 Glas im Bauwesen – Basiserzeugnisse aus Kalk-Natronglas – Profilbauglas mit oder ohne Drahteinlage 09/2004

DIN EN 1096 Teile 1–4 Glas im Bauwesen – Beschichtetes Glas, 01/1999, 05/2001, 05/2001, 01/2005

DIN EN 1863 Teile 1–2 Glas im Bauwesen – Teilvorgespanntes Kalknatronglas, 03/2000, 01/2005

DIN EN 12488 Glas im Bauwesen-Verglasungsrichtlinien – Verglasungssysteme und Anforderungen für die Verglasung 09/2003

DIN EN 12600 Glas im Bauwesen – Pendelschlagversuch 04/2003

DIN EN 12150 Teile 1–2 Glas im Bauwesen – Thermisch vorgespanntes Kalknatron-Einscheibensicherheitsglas, 11/2000, 01/2005

DIN EN 12337 Teile 1–2 Glas im Bauwesen – Chemisch vorgespanntes Kalknatronglas, 11/2000, 01/2005

DIN EN ISO 12543 Teile 1–6 Glas im Bauwesen – Verbundglas und Verbund-Sicherheitsglas, 08/1998, 03/2006, 08/1998, 08/1998, 08/1998, 08/1998

EOTA-Richtlinie: Guideline for European Technical Approval for Structural Sealant Glazing Systems (SSGS) Entwurf 10/97

ETB-Richtlinie (1985) Bauteile, die gegen Absturz sichern. Erlaß des Hess. Minist. des Inneren vom 15.01.86

ISO 868 Plastics and Ebonite – Determination of Indentation. Hardness by means of a Durameter (Shore-Härte)

ISO 8930 Allgemeine Grundsätze für die Zuverlässigkeit von Tragwerken. Verzeichnis der gleichbedeutenden Begriffe

TRAV 2003 Technische Regeln für die Verwendung von absturzsichernden Verglasungen (TRAV). Deutsches Institut für Bautechnik (DIBt), Berlin, Januar 2003

TRLV 2006 Technische Regeln für die Verwendung von linienförmig gelagerten Verglasungen (TRLV). Deutsches Institut für Bautechnik (DIBt), Berlin, August 2006

TRPV 2006 Technische Regeln für die Bemessung und die Ausführung punktförmig gelagerter Verglasungen (TRPV). Deutsches Institut für Bautechnik (DIBt), Berlin, August 2006

3.9   Befestigungstechnik

Rolf Eligehausen, Werner Fuchs

3.9.1   Einleitung

Die Forderung nach hoher Flexibilität in der Planung und dem Entwurf von Bauwerken durch das Befestigen tragender Konstruktionen an Bauteilen aus Mauerwerk oder Stahlbeton ist so alt wie das Bauen selbst. Der gerade in den beiden letzten Jahrzehnten zunehmende Druck, die Bauzeiten entscheidend zu reduzieren, hat in der Bauindustrie dazu geführt, dass ständig neue Baustoffe und Bauverfahren entwickelt werden. Hinzu kommt die Forderung nach mehr Flexibilität in der Planung, dem Entwurf sowie einfachen Mitteln zur Durchführung von Befestigungsaufgaben und Ertüchtigungsmaßnahmen von Bauwerken. Die Befestigungstechnikindustrie hat sich diesen Herausforderungen gestellt.

Dies führte zu einer rasanten Entwicklung von innovativen Befestigungsmitteln und ihrer verstärkten Verwendung für die Einleitung hoher und konzentrierter Lasten in Bauwerke aus Beton und Mauerwerk. Verschiedenste Typen von Metallspreiz- und Hinterschnittdübeln sowie chemischen Befestigungssystemen mit durch Zulassungsbescheide nachgewiesener Leistungsfähigkeit stehen zur Verfügung, um ein großes Lastspektrum in einem weiten Bereich von Befestigungsaufgaben sicher und wirtschaftlich zu lösen. Der richtige Einsatz von Dübelsystemen führt zu Vorteilen im Bauablauf und steigert die Produktivität auf der Baustelle. Voraussetzung dabei ist jedoch, dass Montage- und Anwendungsbedingungen sorgfältig eingehalten werden.

Als Einlegeteile werden vor allem Ankerschienen und Ankerplatten mit aufgeschweißten Kopfbolzen verwendet.

Dübelverbindungen werden nachträglich an bestehenden Bauwerken eingesetzt. Sie werden in zumeist mit dem Hammerbohrer erstellten Bohrlöchern durch Spreizdruck, Hinterschnitt oder mit Hilfe von Mörteln auf Kunstharz- oder Zementbasis verankert.

Ein weiteres System für die nachträgliche Befestigung von allerdings kleineren Lasten stellt die Direktmontage mit Setzbolzen dar. Diese hat sich kontinuierlich zu einer sicheren und schnellen Befestigungsmethode entwickelt.

Im folgenden werden die im Handel erhältlichen Befestigungssysteme für Beton und Mauerwerk ausführlich behandelt, die Tragmechanismen und Einflüsse auf die Tragfähigkeit kurz beschrieben und anhand dessen Hinweise zur Auswahl für unterschiedliche Anwendungsfälle gegeben. Weitergehende, wesentlich detailliertere Ausführungen sind in [Eligehausen/Mallée 2000] und [Eligehausen u. a. 2006] enthalten.

3.9.2   Befestigungssysteme – konstruktive Ausbildung, Wirkungsprinzipien und Montage

3.9.2.1 Einlegeteile

Einlegeteile werden auf der Schalung befestigt und einbetoniert. Sie schließen bündig mit der Bauteiloberfläche ab. Äußere Lasten werden durch mechanische Verzahnung der Verankerungselemente mit dem Beton in den Ankergrund eingeleitet.

Die Anwendung von Einlegeteilen erfordert eine genaue Kenntnis der Lage der Befestigungen und damit eine detaillierte Vorplanung, was oft als nachteilig empfunden wird. Von Vorteil ist jedoch, dass Einlegeteile gerade auch in hoch bewehrten Bauteilen ohne große Schwierigkeiten eingesetzt werden können. Weiterhin ist die Lage und Größe der zu erwartenden äußeren Lasten bekannt, so dass die Kräfte durch die eingeplante Bewehrung wirkungsvoll in das Bauteil eingeleitet und im Bauteil selbst weitergeleitet werden können. Für dauerhafte Befestigungen kommen im konstruktiven Ingenieurbau nahezu ausschließlich Ankerschienen (Abb. 3.9-1) und Ankerplatten mit aufgeschweißten Kopfbolzen (Abb. 3.9-2) zum Einsatz. Als Transportanker für Stahlbetonfertigteile werden z. B. rückverankerte Gewindehülsen, Flachstahlanker, Wellenanker oder Seilschlaufen verwendet. Sie werden hier nicht weiter behandelt.

Ankerschienen. Ankerschienen bestehen aus einem kaltverformten oder warmgewalzten, U-förmigen Stahlprofil mit speziellen Verankerungselementen. Sie werden walzblank, feuerverzinkt sowie aus nichtrostendem Stahl hergestellt. Um beim Betonieren das Eindringen des Frischbetons zu

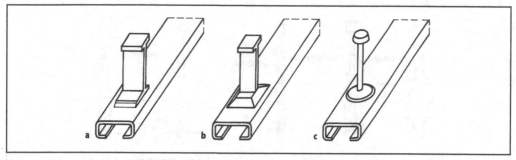

Abb. 3.9-1 a–c Ankerschienen

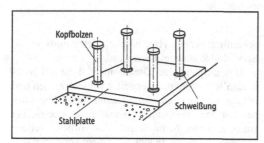

Abb. 3.9-2 Stahlplatte mit angeschweißten Kopfbolzen

verhindern, wird der Schieneninnenraum z. B. durch eine Schaumfüllung abgedichtet.

Nach dem Ausschalen und Entfernen der Schaumfüllung können die zu befestigenden Teile mittels spezieller Haken- oder Hammerkopfschrauben an die Schiene angeschlossen werden.

Die Verankerung der Last im Beton erfolgt durch aufgeschweißte, aufgestauchte oder eingepresste T-förmige oder kopfbolzenförmige Anker. Ankerschienen, bei denen die Rückverankerung durch Schlaufen aus Flachstahl erfolgt, die durch den Schienenrücken gesteckt und aufgebogen werden, werden als problematisch angesehen. Die Verbindung zwischen Anker und Schiene ist bei diesem Ankerschienentyp nicht formschlüssig. Diese Schienen sind daher nicht bauaufsichtlich zugelassen.

Der Vorteil von Ankerschienen gegenüber anderen Einlegeteilen ist die Möglichkeit des Toleranzausgleichs in Schienenlängsrichtung. Nachteilig ist hingegen, dass Lasten üblicherweise nur senkrecht zur Schienenlängsrichtung aufgebracht werden dürfen. Nur neuere Systeme mit spezieller Verzahnung von Schienenprofil und Hammerkopf-schraube lassen auch in Schienenlängsrichtung eine allerdings begrenzte Lastübertragung zu.

Kopfbolzen. Die Stahlplatten von Kopfbolzenverankerungen bestehen aus üblichem Baustahl oder aus nichtrostendem Stahl. Form, Abmessungen und Materialeigenschaften der Kopfbolzen sind genormt. Sie werden aus S235J2G3, C450 oder aus nichtrostendem Stahl hergestellt. Weiterhin werden Kopfbolzen aus Betonrippenstahl angeboten, die mittels Lichtbogenschweißung mit der Ankerplatte verbunden werden. Die Kopfbolzen werden üblicherweise in der Werkstatt durch Bolzenschweißen mit Hubzündung mit der Stahlplatte verbunden. Das zu befestigende Bauteil wird an der einbetonierten Stahlplatte angeschweißt. Alle Schweißarbeiten sind zu überwachen.

3.9.2.2 Mechanische Dübel

Der hohe Stand der Bohrtechnik und ihre zunehmende Wirtschaftlichkeit haben wesentlich zur weiten Verbreitung von Befestigungen mit Dübeln beigetragen. Die auf dem Markt befindlichen Dübelsysteme sind durch ihre unterschiedlichen Wirkungsprinzipien, Werkstoffe und Abmessungen den verschiedensten Anwendungen in Untergründen aus Stahlbeton und Mauerwerk angepasst.

Der wesentliche Vorteil aller Typen von Dübeln ist die nachträgliche Montage an einer ‚nahezu beliebigen' Stelle im Bauteil. Dazu ist keine detaillierte Vorplanung erforderlich, und Nutzungsänderungen bei Bauwerken lassen sich schnell und einfach bewerkstelligen. Ein statischer Nachweis über

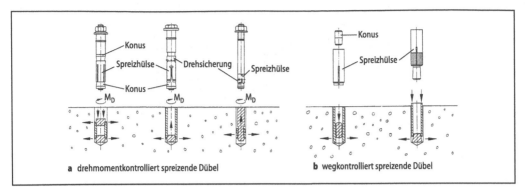

a drehmomentkontrolliert spreizende Dübel

b wegkontrolliert spreizende Dübel

Abb. 3.9-3 Ausbildung und Funktionsprinzipien von Metallspreizdübeln

die auftretenden Lasten und ihre Weiterleitung im Bauteil ist jedoch in jedem Fall erforderlich.

Für die Montage von Dübeln wird ein Bohrloch erstellt, das Befestigungsmittel hineingesteckt und verankert. Das Tragverhalten der meisten Dübelsysteme wird durch die Bohrlochgeometrie beeinflusst. Deshalb sollen die Bohrlöcher mit Bohrern erstellt werden, die die in [IfBt 1977] geforderten Toleranzgrenzen einhalten. Solche Bohrer sind durch eine entsprechende Prüfmarke gekennzeichnet.

Im konstruktiven Ingenieurbau werden zur Übertragung mittlerer und hoher Lasten Metallspreiz-, Hinterschnitt- und Verbunddübel angewendet. Für gering beanspruchte Befestigungen stehen Kunststoff- und Injektionsdübel sowie Deckenabhänger zur Verfügung.

Metallspreizdübel

Metallspreizdübel sind zumeist in den Größen M 6 bis M 24 in galvanisch verzinktem (Schichtdicke $\geq 5\mu$) oder nichtrostendem Stahl erhältlich und dürfen nur in Beton als Ankergrund eingesetzt werden. Sie werden in drehmomentkontrolliert und wegkontrolliert spreizende Dübel unterteilt (Abb. 3.9-3).

Drehmomentkontrolliert spreizende Dübel (Abb. 3.9-3a) werden durch definiertes Anziehen der Schraube oder Mutter verankert. Dabei wird in der Schraube oder im Bolzen eine Vorspannkraft erzeugt und der Konus in die Spreizhülse bzw. Spreizsegmente gezogen. Hierdurch werden diese gegen die Bohrlochwand gepresst. Bohrlochtoleranzen können in gewissem Umfang durch unter-

schiedlich weites Hineinziehen des Konus in die Spreizhülse ausgeglichen werden.

Das aufgebrachte Drehmoment dient als Setzkontrolle. Es ist vom Hersteller vorgeschrieben und bei der Montage unbedingt einzuhalten. Dübel können nur dann als ordnungsgemäß gesetzt betrachtet werden, wenn beim Setzen das vorgeschriebene Drehmoment aufgebracht, der Dübel verspreizt und damit eine definierte Vorspannkraft im Dübel erzeugt werden konnte. Daher muss das Anziehen stets mit einem kalibrierten Drehmomentenschlüssel erfolgen. Andernfalls gilt der Dübel als falsch gesetzt und darf nicht belastet werden.

Drehmomentkontrolliert spreizende Dübel leiten äußere Zugkräfte vorwiegend über Reibung zwischen der Hülsenaußenseite und der Bohrlochwandung in den Ankergrund ein. Übersteigt die äußere Last die vorhandene Vorspannkraft, wird der Konus weiter in die Spreizhülse gezogen, und so die Haltekraft des Dübels aufrechterhalten. Dieser Vorgang wird als Nachspreizen bezeichnet.

Wegkontrolliert spreizende Dübel sind Innengewindedübel. Sie werden entweder durch Einschlagen des Konus in die Hülse (Einschlagdübel, Abb. 3.9-3b1) oder durch Schlagen der Hülse auf den Konus (Abb. 3.9-3b2) über einen definierten Weg verspreizt. Dübel nach Abb. 3.9-3b1 leiten äußere Zuglasten vorwiegend durch Reibung, Dübel nach Abb. 3.9-3b2 zusätzlich durch eine geringe mechanische Verzahnung in den Untergrund ein. Wegkontrolliert spreizende Dübel können nicht nachspreizen.

Die bei der Montage entstehende Spreiz- oder Spaltkraft ist bei wegkontrolliert spreizenden Dübeln insbesondere bei denen nach Abb. 3.9-3b1 erheblich größer als bei drehmomentkontrolliert spreizenden Dübeln. Daher sind auch die erforderlichen Mindestachs- und -randabstände größer.

Dübel nach Abb. 3.9-3b1 sind zudem empfindlich gegenüber Bohrlochtoleranzen und einer unvollständigen Verspreizung. Daher ist bei der Montage dieser Einschlagdübel die Verwendung von Bohrern, die die nach [IfBt 1977] vorgeschriebenen Fertigungstoleranzen einhalten, besonders wichtig.

Der Dübel ist dann richtig montiert, wenn der Bund des auf die jeweilige Dübelgröße abgestimmten Setzwerkzeuges auf der Dübelhülse aufsitzt. Eine ordnungsgemäße Montage ist nur mit Hilfe dieses speziellen Setzwerkzeuges möglich. Hierzu ist eine große Anzahl von Hammerschlägen erforderlich. Baustellenuntersuchungen [Eligehausen/Meszaros 1992] haben gezeigt, dass die meisten Einschlagdübel in der Praxis nur unvollständig verspreizt sind. Deshalb sind Setzkontrollen durchzuführen.

Wegkontrolliert spreizende Dübel werden mit Innengewinden der Größen M 6 bis M 20 aus galvanisch verzinktem und nichtrostendem Stahl hergestellt.

Hinterschnittdübel

Bei Hinterschnittdübeln wird wie bei Einlegeteilen eine Verzahnung des Dübels mit dem Ankergrund

angestrebt. Hierfür gibt es unterschiedliche Ansätze. Allen gemeinsam ist, dass im ersten Arbeitsschritt ein zylindrisches Bohrloch erstellt werden muss.

In einem zweiten Arbeitsschritt wird das Bohrloch entweder mit Hilfe eines speziellen Hinterschnittwerkzeuges an einer definierten Stelle um ein definiertes Hinterschneidmaß aufgeweitet (Abb. 3.9-4a-c), oder der Hinterschnitt wird bei der Montage über das drehschlagende Setzen mit einer Bohrmaschine erzeugt (Abb. 3.9-4d, e).

Bei dem Hinterschnittdübel nach Abb. 3.9-4a ist der Hinterschnitt zur Betonoberfläche gerichtet. Die Spreizschalen klappen an der Stelle des Hinterschnitts aus und werden beim Anspannen des Bolzens gegen die Stützfläche gepresst.

Bei allen anderen Hinterschnittdübelsystemen ist der Hinterschnitt schwalbenschwanzartig zur Bohrlochtiefe hin ausgeformt.

Der Hinterschnitt wird bei Hinterschnittdübeln gemäß Abb. 3.9-4b unter Verwendung eines speziellen kombinierten Bohr- und Hinterschneidwerkzeuges hergestellt. Der Hinterschnitt wird durch kreisförmiges Schwenken des Bohrers erzielt. Anschließend wird die Spreizhülse mit einem Setzwerkzeug über den Konus in den hinterschnittenen Beton getrieben.

Bei Dübeln nach Abb. 3.9-4c wird der Hinterschnitt in einem zweiten Arbeitsgang mit einem

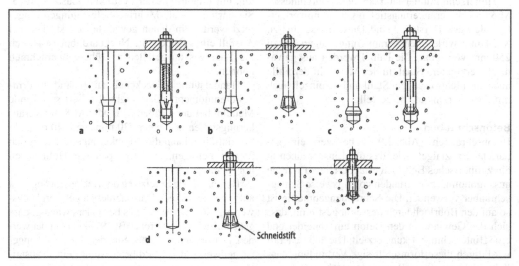

Abb. 3.9-4 a–e Hinterschnittdübel

diamantbesetzten Fräser unter Wasserkühlung hergestellt. Danach wird der Dübel mit einem speziellen Setzgerät wegkontrolliert verspreizt.

Hinterschnittdübel gemäß Abb. 3.9-4d und Abb. 3.9-4e bestehen aus Konusbolzen und Spreizhülse und arbeiten nach ähnlichen Prinzipien. Zum Setzen der Dübel wird die Spreizhülse mit Hilfe eines in die Bohrmaschine gesetzten Setzwerkzeuges drehend/schlagend über den Konus getrieben. Dabei hinterschneiden im Falle des Dübels nach Abb. 3.9-4d die in der Spitze der Spreizhülse eingelassenen zwei Hartmetallschneidstifte den Beton. Bei dem Dübel nach Abb. 3.9-4e wird der für die Hinterschneidung erforderliche Betonabtrag über die scharfkantige Form der Spreizlappen gewährleistet.

Bei allen Hinterschnittdübeln werden beim Setzen keine oder allenfalls geringe Spreizkräfte geweckt. Durch die Vorspannung und Belastung entstehen jedoch Spreiz- und damit Spaltkräfte. Diese sind allerdings i. d. R. deutlich geringer als bei drehmoment- oder wegkontrollierten Metallspreizdübeln.

Hinterschnittdübel sind Bestandteile von Befestigungssystemen. Diese bestehen aus Dübel, Anschlagbohrer, Hinterschnitt- und Setzwerkzeug, die aufeinander abgestimmt sind. Einzelne Bestandteile verschiedener Systeme dürfen daher nie miteinander kombiniert werden.

Hinterschnittdübel sind ab dem Durchmesser M 6 und ab Verankerungstiefen von 40 mm erhältlich. Je nach Hersteller sind Durchmesser bis zu M 24 und wirksamen Verankerungslängen bis zu 250 mm verfügbar. Die Dübel werden aus galvanisch verzinktem Stahl, in der Mehrzahl der Fälle auch aus nichtrostendem Stahl und vereinzelt auch mit Feuerverzinkung hergestellt.

Betonschrauben

Betonschrauben (Abb. 3.9-5) besitzen ein gehärtetes Spezialgewinde, das das Einschrauben in ein zylindrisches Bohrloch erlaubt. Hierzu werden aus ergonomischen Gründen vorzugsweise Schlagschrauber verwendet. Die Schraubengeometrie ist so auf den Bohrlochdurchmesser abgestimmt, dass sich das Gewinde in den Beton einschneidet und eine Hinterschnittwirkung erzielt. Die äußere Kraft wird durch diese formschlüssige Verbindung ähnlich einem gerippten Bewehrungsstab in Beton in

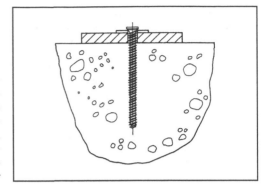

Abb. 3.9-5 Betonschraube

den Untergrund eingeleitet. Durch Festlegung einer Mindestverankerungstiefe wird gewährleistet, dass auch bei Verwendung eines Schraubers mit hohem Drehmoment die Gewindegänge im Beton nicht überdreht werden können. Stattdessen wird die Schraube abgedreht. Betonschrauben finden auch im Mauerwerk zur Übertragung von kleinen Lasten ihre Anwendung. Allerdings ist in diesem Fall die Gefahr des Überdrehens sehr groß.

Deckenabhänger

Deckenabhänger dienen zur Befestigung von leichten Anbauteilen, z. B. abgehängten Decken in Beton, mit mindestens der Festigkeitsklasse C20/25. Sie dürfen nur als Mehrfachbefestigungen eingesetzt werden, in denen gewährleistet ist, dass bei Ausfall eines Dübels die Nachbardübel zusätzlich die Last des ausgefallenen Dübels übernehmen können.

Handelsübliche Deckenabhänger sind im Prinzip drehmoment- oder wegkontrolliert spreizende Metalldübel der Größen M 6 oder M 8 mit Verankerungstiefen zwischen 30 mm und 40 mm. In Spezialfällen kann die Verankerungstiefe lediglich 25 mm betragen, in vorgespannten Hohldecken nur 17 mm.

Der maximale Spreizweg der Deckenabhänger ist aufgrund der kleinen Dübelabmessungen vergleichsweise gering. Deshalb ist es besonders wichtig, dass gekennzeichnete Bohrer [IfBt 1977] verwendet werden. Der ordnungsgemäße Sitz der Deckenabhänger ist teilweise durch Probebelastung einer ausreichenden Zahl von Befestigungen zu prüfen.

Häufig werden auch Betonschrauben als Deckenabhänger verwendet. Die vorstehenden Aussagen gelten hierfür sinngemäß.

Kunststoffdübel

Kunststoffdübel lassen sich hinsichtlich ihres Anwendungsbereiches in Systeme für Befestigungen in Beton und Mauerwerk aus Voll-, Loch- und Hohlsteinen sowie für Porenbeton (Gasbeton) unterteilen.

Sie bestehen aus einer Dübelhülse mit Spreizteil und einer Stahlschraube (Abb. 3.9-6a) oder im Falle eines Schlagspreizdübels (Abb. 3.9-6b) einem Schraubnagel. Das Spreizteil der Dübel ist geschlitzt und besitzt Sperrzungen zur Sicherung gegen Mitdrehen beim Ein- und Ausdrehen der Schraube bzw. des Schraubnagels. Als Hülsenwerkstoff für bauaufsichtlich zugelassene Kunststoffdübel kommt bisher nahezu ausschließlich Polyamid PA6 und PA66 zum Einsatz.

Die Dübelhülse wird durch Eindrehen der Schraube oder Einschlagen des Schraubnagels gespreizt. Die Schraube bzw. der Schraubnagel ist bis zum Rand der Dübelhülse einzudrehen bzw. einzuschlagen, sodass die Spitze der Schraube oder des Nagels das Ende der Dübelhülse durchdringt. Dabei prägt und schneidet sich die Schraube ein Gewinde in den Kunststoff und presst gleichzeitig die Hülse gegen die Bohrlochwand.

In Vollmaterial (Normalbeton und Vollsteine) wirken die Dübel durch Reibung zwischen der Hülse und der Bohrlochwand, da der Kunststoff auf Grund seiner Weichheit nicht dazu in der Lage ist, das Material des Ankergrundes zu verdrängen. In Loch- und Hohlsteinen tragen die Dübel ebenfalls aufgrund von Reibung. Durch die zusätzliche Verzahnung der Hülse mit den angebohrten Stegen der Steine wird ein weiterer, allerdings geringer Beitrag zur Haltekraft geliefert. Um bei diesen Steinen das Anpressen des Dübels an die Stege zu gewährleisten, ist die Lage des Spreizbereiches auf die unterschiedlichen Lochbilder abzustimmen. In der Regel sind Dübel mit verlängerter Spreizhülse zu verwenden und Versuche am Bauwerk durchzuführen.

In Leichthochlochziegeln dürfen die Bohrlöcher nur im Drehgang, d. h. ohne Hammer- oder Schlagwirkung, hergestellt werden, da sonst die Stege durch die hohe Schlagenergie zerstört würden. Dann wäre keine sichere Verankerung mehr möglich.

Falsch gesetzte und ausgebaute Kunststoffdübel dürfen nicht wieder verwendet werden.

Bei den zur Befestigung von Fassadenbekleidungen und vergleichbaren statischen Systemen bauaufsichtlich zugelassenen Kunststoffdübeln dürfen Dübel und zugehörige Spezialschraube nur als zusammengehörig gelieferte Befestigungseinheit eingesetzt werden. Länge, Durchmesser und Gewinde der mitgelieferten Schraube sind zur Erzielung eines optimalen Tragverhaltens auf die Dübelhülse abgestimmt. Weiterhin verhindert ein Kragen am Hülsenende ein Tieferrutschen der Hülse ins Bohrloch. Zusätzlich ist die erforderliche Verankerungstiefe auf der Hülse markiert. Durch diese Maßnahmen sollen Montagefehler ausgeschlossen werden.

Für Befestigungen in Porenbeton sind normale Kunststoffdübel nicht geeignet. Für diesen Anwendungsfall wurden spezielle Dübel entwickelt und zugelassen. Sie sind in [Eligehausen/Mallée 2000] ausführlich beschrieben.

3.9.2.3 Chemische Dübel

Chemische Dübel sind als Verbunddübel und Verbundspreizdübel, bei denen der Mörtel in Glaspatronen oder Folienschläuchen enthalten ist, sowie als Injektionssysteme erhältlich. Bei Injektionssystemen wird der Mörtel in der Regel in Kartuschen bzw. Folienverpackungen geliefert. Es sind auch vom Anwender auf der Baustelle abzuwie-

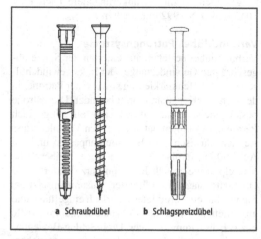

a Schraubdübel **b** Schlagspreizdübel

Abb. 3.9-6 Kunststoffdübel

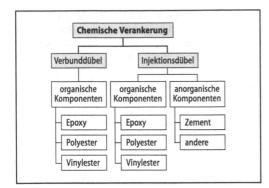

Abb. 3.9-7 Verbundmassen für chemische Dübel

gende und zu mischende Zweikomponentensysteme erhältlich. Diese dürfen allerdings nicht im bauaufsichtlich relevanten Bereich für nachträgliche Befestigungen eingesetzt werden. Sie werden deshalb hier nicht weiter betrachtet.

Abbildung 3.9-7 zeigt die chemischen Bestandteile, die üblicherweise für Verbundmörtel verwendet werden. Im Allgemeinen besteht die Verbundmasse aus einem organischen Harz, Härter und speziellen Zuschlagstoffen, z. B. Quarzkörnern. Außerdem existieren Hybridsysteme, welche neben dem organischen Harz und Härter auch anorganische Zementkomponenten und Wasser enthalten.

Die Aushärtung der Verbundmasse ist von deren chemischer Zusammensetzung, von der Temperatur der Dübelteile und der Temperatur im Ankergrund abhängig. Sie kann sich daher von Produkt zu Produkt und Hersteller zu Hersteller wesentlich unterscheiden. Zwischen dem Setzen und Belasten der Dübel ist deshalb je nach Harzart bei Temperaturen von 10°C bis 20°C eine Wartezeit bis zur Belastung von ca. 20 bis 90 min und bei der minimalen Anwendungstemperatur von –5°C von mindestens 5 h einzuhalten. Bei Injektionsdübeln, die auf Epoxidharzbasis beruhen, kann die Aushärtezeit bei Temperaturen von 10°C bis 20°C bis zu 48 h und bei Temperaturen von 5°C bis zu 72 h betragen. Während der Aushärtung darf die Temperatur nicht unter die vom Hersteller vorgeschriebene Mindesttemperatur fallen. Den Herstellerangaben ist unbedingt Folge zu leisten.

Als chemische Verankerungen werden im folgenden Gewindestangen, Innengewindehülsen oder Bewehrungseisen bezeichnet, welche mit einer Verbundmasse in ein nachträglich in ausgehärteten Beton gebohrtes Loch gesetzt werden.

Das Wirkungsprinzip von chemischen Verankerungen beruht hauptsächlich auf einer Verklebung des Stahlteiles mit der Bohrlochwand. Äußere Lasten werden über den Verbund zwischen der Verbundmasse und dem Stahlteil sowie über den Verbund zwischen Verbundmasse und der Bohrlochwandung in das als Ankergrund dienende Bauteil abgetragen.

Ein guter Verbund zwischen Beton und Verbundmasse wird nur erreicht, wenn der chemische Dübel entsprechend den Herstellerangaben sorgfältig gesetzt wird. Dies bedeutet, dass vor der Montage sicherzustellen ist, dass das Befestigungselement trocken und frei von Öl und anderen Verunreinigungen ist. Weiterhin ist eine gründliche Reinigung des Bohrloches mit dem produktspezifischen Reinigungswerkzeug und -verfahren erforderlich.

Beim Setzen von chemischen Dübeln werden keine Spaltkräfte geweckt. Sie entstehen jedoch beim Vorspannen und Belasten des Dübels. Sie sind allerdings wesentlich geringer als bei Spreizdübeln. Dies ermöglicht kleine Achs- und Randabstände.

Chemische Dübel können nach aktuellen europäischen Zulassungsbescheiden mit einer Verankerungstiefe gesetzt werden, die dem Vier- bis Zwanzigfachen des Ankerstangendurchmessers entspricht. Üblicherweise beträgt die Verankerungstiefe jedoch das Acht- bis Zehnfache des Ankerstangendurchmessers. Bei eingemörtelten Bewehrungsstäben ist die Verankerungstiefe nach DIN 1045 bzw. EN 1992 einzuhalten.

Verbunddübel, Patronensysteme

Verbunddübel bestehen aus einer an der Spitze abgeschrägten Gewindestange oder Innengewindehülse mit Setztiefenmarkierung sowie einer Patrone, in der sich der Kunstharzmörtel befindet. Die Patrone besteht meistens aus Glas; es gibt allerdings auch Patronen aus Folienmaterial mit den Vorteilen, dass sie sich elastisch dem Bohrloch anpassen und bei Anwendungen über Kopf im Loch bleiben. Die Mörtelpatrone enthält Reaktionsharz, Härter sowie Quarzzuschlag in definierter Zusammensetzung. Sie wird in ein gereinigtes Bohrloch eingeführt, und anschließend wird die Gewindestange mit Hilfe eines Bohrhammers unter Dreh-Schlag-Bewegungen bis zur erforderlichen Setztiefe eingetrieben.

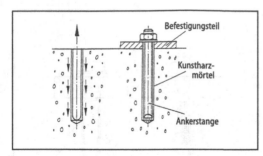

Abb. 3.9-8 Verbunddübel

Dabei werden die Patrone zerstört, Harz, Zuschlag-
stoffe und zerstörte Patrone gut durchmischt und
verdichtet sowie der Ringspalt zwischen Gewindestange und Bohrlochwand satt ausgefüllt (Abb. 3.9-
8). Die Mörtelmenge ist so konfektioniert, dass beim
Erreichen der erforderlichen Setztiefe am Bohrloch-
mund Überschussmörtel austritt. Dies ist das Kriterium für eine vollständige Vermörtelung der Gewindestange und dient als Setzkontrolle.

Diese Verbundankersysteme sind für den Einsatz im ungerissenen Beton bestimmt und in den
Größen M 8 bis M 36 aus galvanisch verzinktem
und nichtrostendem Stahl erhältlich.

Verbunddübel, Injektionssysteme
Injektionssysteme sind i. d. R. als Zweikomponentensysteme aufgebaut. Dabei enthalten Kunststoff-
behälter (Kartuschen oder Folienschläuche) vorkon-
fektionierte Mengen von Harz und Härter (Abb. 3.9-
9). Diese werden beim Einbringen in das Bohrloch
mit Hilfe eines auf die Kartuschen oder Folienverpa-
ckung angepassten Auspressgerätes durch einen speziellen Mischer ausgepresst. Die zum Injektionssystem gehörige Gewindestange oder Innengewindehülse wird anschließend ins Bohrloch gedrückt und
dabei leicht gedreht, um den Kontakt zwischen Anker und Verbundmasse zu verbessern. Beim Einbringen dürfen sich in der Verbundmasse keine Luftbla-
sen bilden. Injektionssysteme sind bisher für den
Einsatz im gerissenen und ungerissenen Beton sowie in Voll- und Hohlmauerwerk verfügbar und bauaufsichtlich zugelassen.

Bei gleicher Verankerungstiefe ist die Tragfähigkeit von Injektionsdübeln im gerissenen Beton
wesentlich niedriger als die von risstauglichen
Verbunddübeln.

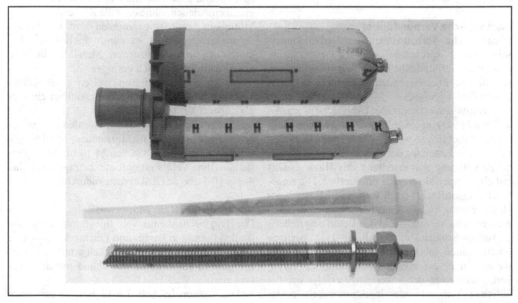

Abb. 3.9-9 Injektionsankersystem

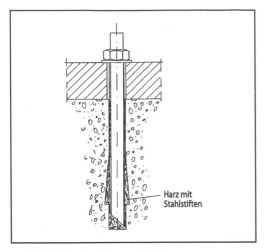

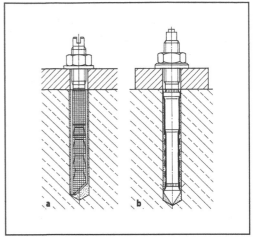

Abb. 3.9-10 Verbundhinterschnittdübel

Abb. 3.9-11 a, b Verbundspreizdübel

Injektionsdübelsysteme für die Anwendung in Beton sind üblicherweise in den Größen M 8 bis M 30 erhältlich. Die Verankerungstiefe kann den erforderlichen Anwendungsbedingungen angepasst werden und das 4- bis 20-fache des Ankerstangendurchmessers betragen. Die Mindestverankerungstiefe beträgt 60 mm.

Risstaugliche Verbunddübel
Risstaugliche Verbunddübel wie Verbundhinterschnitt- und -spreizdübel sind im Gegensatz zu normalen Verbunddübeln zur Übertragung von Lasten mit überwiegendem Zuganteil in gerissenem Beton geeignet.

Verbundhinterschnittdübel (Abb. 3.9-10) *spielen auf dem Markt eine untergeordnete Rolle.* Ihre Montage gestaltet sich so wie bei Verbunddübeln. Lediglich bei der Erstellung des Bohrloches ist ein zweiter Arbeitsgang zur Erstellung des Hinterschnitts mit einem Spezialwerkzeug erforderlich. Die eingeleitete Zugkraft wird durch Verbund im Bereich des Hinterschnitts in die Kunstharzmasse und durch mechanische Verzahnung in den Beton eingeleitet.

Verbundspreizdübel (Abb. 3.9-11) besitzen durch Konen modifizierte Gewindestangen und werden in einem zylindrischen Bohrloch verankert. Das Setzen der Ankerstange erfolgt wie bei üblichen Verbund- oder Injektionsdübeln schlagend/drehend bzw. drückend/drehend. Wird eine

Zugkraft in die Ankerstange eingeleitet, löst sich der Verbund zwischen Ankerstange und Verbundmörtel, und es zieht die Konen in den Verbundmörtel, der als Spreizhülse wirkt. Dadurch entstehen Spreizkräfte und damit Reibungskräfte zwischen Mörtelhülse und Bohrlochwandung. Diese sind ausreichend hoch, um die Zugkraft in den Untergrund einzuleiten, ohne dass die Klebewirkung des Mörtels in Anspruch genommen wird. Der Verankerungsmechanismus ist damit ähnlich wie bei kraftkontrolliert spreizenden Metalldübeln. Die Spreizkräfte sind jedoch geringer.

Im ungerissenen Beton weisen risstaugliche Verbunddübel und normale Verbunddübel ein vergleichbares Verhalten auf.

Risstaugliche Verbunddübel werden aus galvanisch verzinktem und nichtrostendem Stahl hergestellt und sind in den Größen M 10 bis M 24 verfügbar. Ihre Verankerungstiefe beträgt etwa das 8- bis 10-fache des Ankerstangendurchmessers.

Injektionsdübel für Mauerwerk
Der Tragmechanismus von Injektionsdübeln, die für den Einsatz in Poren- und Leichtbeton sowie in Loch- und Hohlsteinen entwickelt wurden, beruht maßgeblich auf einem Formschluss mit dem Ankergrund.

Das System in Abb. 3.9-12 besteht aus einer profilierten Dübelhülse mit Innengewinde, einem

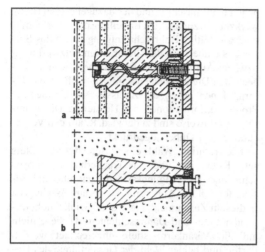

Abb. 3.9-12 a, b Injektionsanker auf Schnellzementbasis

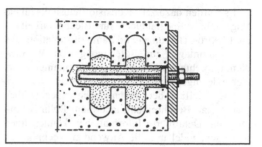

Abb. 3.9-13 Injektionsanker mit Kunstharzmörtel

die Maschen der Siebhülse gedrängt, gelangt in die angebohrten Hohlkammern der Steine und führt so eine Verzahnung mit dem Ankergrund herbei.

Injektionsdübelsysteme für die Verwendung in Mauerwerk werden in den Größen M 8 bis M 12 angeboten. Die Verankerungstiefe beträgt etwa 80–100 mm.

Bewehrungsanschlüsse mit nachträglich eingemörtelten Bewehrungsstäben

Dichtflansch sowie einem Injektionsmörtel auf der Basis eines Schnellzementes. Die Dübelhülse wird bei Befestigungen in Mauerwerk (Abb. 3.9-12a) in ein zylindrisches und bei Befestigungen in Porenbeton (Abb. 3.9-12b) in ein konisch hinterschnittenes Bohrloch eingeführt. Anschließend wird die Kunststoffschutzhülse im Bereich des Gewindes aufgesetzt und der zuvor angerührte Zementmörtel in die Dübelhülse eingepresst. Eine dunkle Verfärbung am Hülsenende zeigt eine ausreichende Verpressung an.

Zur Minimierung der erforderlichen Mörtelmenge werden für Befestigungen in Loch- und Hohlsteinen Dübel mit einem über die Hülse gezogenen Kunststoffnetz angeboten, das sich beim Einpressen des Injektionsmörtels spannt und den Hohlräumen im Mauerwerk anpasst (Abb. 3.9-12a). Hierdurch wird die Ausbreitung des Mörtels begrenzt.

Das in Abb. 3.9-13 dargestellte Injektionssystem besteht aus einer Siebhülse aus Draht oder Kunststoff, einer Gewindestange mit Mutter und Zentrierring bzw. einer Innengewindehülse und in Kartuschen vorkonfektioniertem Injektionsmörtel auf organischer Basis. Die Siebhülse wird bündig mit der Steinoberfläche in das Bohrloch gesetzt und daraufhin vollständig mit Injektionsmörtel ausgefüllt. In die vermörtelte Siebhülse wird die Gewindestange bis zum Dichtring bzw. die Innengewindehülse bündig von Hand in die Siebhülse gedrückt. Der Injektionsmörtel wird dabei durch

Bewehrungsanschlüsse werden in der Praxis immer häufiger durch Einmörteln von Bewehrungsstäben mit Injektionsmörteln hergestellt. Dazu werden die Bewehrungsstäbe im bestehenden bewehrten Betonbauteil verankert oder sie werden mit der vorhandenen Bewehrung gestoßen. Dabei wird im bestehenden Bauteil ein Bohrloch üblicherweise mit Hammer- oder Pressluftbohren vorzugsweise mit einer Bohrlehre erstellt, anschließend gründlich gereinigt und der Injektionsmörtel eingebracht. Dazu sind i. d. R. produktspezifische und systemabhängige Spezialgeräte erforderlich. Zuletzt wird der Bewehrungsstab in das ausreichend mit Injektionsmörtel gefüllte Loch eingeschlagen oder unter Drehbewegungen eingedrückt.

Die Ausführung von Bewehrungsanschlüssen mit nachträglich eingemörtelten Bewehrungsstäben ist bauaufsichtlich geregelt und darf nur durch zertifizierte Fachbetriebe mit nachweislich geschultem Fachpersonal bewerkstelligt werden.

3.9.2.4 Dübel für spezielle Anwendungen

Die Mehrzahl der Dübel wird in der Baupraxis für nicht zulassungspflichtige Anwendungen eingesetzt.

Es werden dazu z. B. Kunststoffhaushaltsdübel, Nageldübel, Spezialdübel für Blechnerarbeiten, die Elektro-, Heizungs- und Sanitärinstallation, die Fenstermontage, zur Befestigung von Wärmedämmschichten und weiterer Anwendungen am Gebäude angeboten.

Die Vielfalt der vorhandenen Spezialdübel macht eine Beschreibung in diesem Rahmen unmöglich. Detaillierte Informationen können über den Fachhandel und die Anwendungstechnik der Hersteller bezogen werden.

3.9.2.5 Setzbolzen

Befestigungssysteme zum Bolzensetzen bestehen aus Bolzensetzgeräten, Kartuschen als Energieträgern sowie Nägeln oder Bolzen aus hochfestem und gleichzeitig zähem Stahl. Die Bolzenversion hat ein Anschlussgewinde.

Das Bolzensetzen ist aufgrund seiner Unabhängigkeit vom Stromnetz sehr flexibel anwendbar. Geeignete Untergründe sind Stahl und Beton. Beim Eindringen in den Beton verdrängt der Setzbolzen Material und verdichtet es. An der Bolzenspitze entstehen infolge der großen Eintreibgeschwindigkeit sehr hohe Temperaturen, die den Beton örtlich mit der Stahloberfläche versintern lassen. Wird ein Bewehrungsstab mittig getroffen, so werden die Setzbolzen im Stahl verankert.

Zuschlagkörner, die unter ungünstigem Winkel getroffen werden, lenken den Setzbolzen ab und verbiegen ihn. Es kann zu Abplatzungen an der Betonoberfläche kommen. Unter ungünstigen Bedingungen wird keine Verankerungswirkung erzielt, und die Befestigung kann keine Last übertragen (Setzausfall). Setzausfälle lassen sich vermeiden, wenn entsprechend längere Setzbolzen in vorgebohrte Löcher, die als Führung des Setzbolzens während des Eintreibvorganges dienen, gesetzt werden [Bereiter 1986].

3.9.3 Tragverhalten

Voraussetzung für eine sichere Lasteintragung in den Untergrund ist bei jedem Befestigungsmittel stets eine sachgemäße und fachgerechte Montage. Dazu gehören insbesondere bei nachträglichen Befestigungsmitteln die Verwendung der vorgeschriebenen Bohrmaschine und des dazugehörigen Bohrwerkzeuges zur exakten Erstellung des Bohrloches, eine sorgfältige Bohrlochreinigung sowie das Setzen des Dübels mit dem geforderten Setzwerkzeug bzw. das Aufbringen des Drehmomentes mit einem geeichten Drehmomentenschlüssel. Ausführliche Informationen geben die Zulassungsbescheide und Produktinformationen der Hersteller. Die wichtigsten Hinweise sind zudem i. d. R. auf den Verpackungen der Dübel abgedruckt.

Die richtige Wahl eines Befestigungsmittels setzt Kenntnisse über das Tragverhalten der verschiedenen Befestigungssysteme und über die Beschaffenheit des Ankergrundes voraus. Wichtig ist in diesem Zusammenhang u. a. die Dicke nicht tragender Putz- und Dämmschichten, da diese nicht auf die Verankerungstiefe angerechnet werden dürfen und bei der Wahl der Gesamtlänge des Dübels berücksichtigt werden müssen.

3.9.3.1 Mechanische Befestigungsmittel

Einlegeteile, Hinterschnitt- und Metallspreizdübel

Das Tragverhalten von Kopfbolzen, Ankerschienen und Metalldübeln hängt von der Konstruktion des Verankerungselementes selbst, d. h. der verwendeten Werkstoffgüte, der Ausbildung des Trag-(Spreiz-)Mechanismus sowie der Festigkeit des Betons und seiner Verformbarkeit im Verankerungsbereich ab.

Das Tragverhalten von Ankerschienen wird zudem durch das komplexe Zusammenwirken von Schiene, Anker und Beton unter den verschiedenen Belastungsrichtungen bestimmt. Eine ausführliche Beschreibung enthält [Eligehausen u. a. 2006].

Unter Zugbeanspruchung können Einlegeteile und Metalldübel auf folgende Arten versagen (Abb. 3.9-14):

- Verankerungen versagen durch einen Stahlbruch (Abb. 3.9-14a). Voraussetzung hierfür ist, dass die Betontragfähigkeit nicht überschritten wird.
- Das Befestigungselement wird mit einem kleinen Betonausbruchkegel als Sekundärversagen herausgezogen (Abb. 3.9-14b).
- Ist die Tragfähigkeit des Ankergrundes geringer als die Stahlbruch- oder Herausziehlast der Verankerung, tritt Betonversagen infolge Spalten des

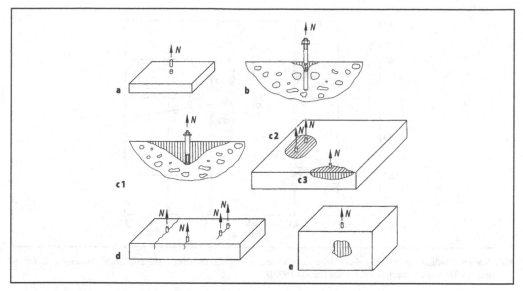

Abb. 3.9-14 a–e Versagensarten bei zentrischer Zugbeanspruchung

Bauteiles (Abb. 3.9-14d) oder kegelförmigem Betonausbruch (Abb. 3.9-14c) auf. Bei Verankerungen sehr nahe am Rand mit großen Verankerungstiefen, z. B. Kopfbolzen, tritt Versagen durch seitlichen Betonausbruch auf (Abb. 3.9-14e).

Der Widerstand gegen *Stahlversagen* wird nach den im Stahlbau üblichen Regeln berechnet. Bei Ankerschienen und Kopfbolzen kann die Versagensart *Herausziehen* durch die Begrenzung der Unterkopfpressung verhindert werden [Furche 1994]. Bei Dübeln hängt die Herausziehlast von der Konstruktion ab. Sie kann näherungsweise nach [Lehmann 1994] berechnet werden, wird jedoch aufgrund des Einsatzes von innovativen Herstell- und Oberflächenbeschichtungstechniken, die das Reibverhalten der Dübel entscheidend beeinflussen und rechnerisch kaum zu berücksichtigen sind, im Rahmen von Zulassungsverfahren stets in Versuchen ermittelt.

Zur Bestimmung des Widerstands gegen die Versagensart *Spalten des Bauteils* (Abb. 3.9-14d) liegen bisher nur wenige Rechenansätze vor, z. B. [Asmus 1998]. Daher wird diese Versagensart bislang ebenfalls über Versuche abgeprüft und durch anwendungstechnische Maßnahmen wie Mindest-

werte für Rand- und Achsabstände sowie für die Bauteildicke verhindert.

Bei der Versagensart *Betonausbruch* erzeugt die Verankerung einen kegelförmigen Betonausbruchkörper (Abb. 3.9-14c1) mit einer Neigung der Kegelmantelfläche von im Mittel ca. 35°. Dabei wird die Zugfestigkeit des Betons ausgenutzt. Bei einer Gruppenbefestigung mit geringen Achsabständen zwischen den Befestigungselementen kommt es zu einem gemeinsamen Betonausbruchkörper (Abb. 3.9-14c2). Ist die Befestigung am Rand angeordnet, erfolgt Kantenbruch (Abb. 3.9-14c3).

Bei Verankerungen, die in gerissenen Betonbauteilen angeordnet sind, werden die gleichen Versagensarten wie in ungerissenem Beton beobachtet.

Risse im Ankergrund beeinflussen jedoch das Tragverhalten. Die Betonausbruchlast beträgt bei Einlegeteilen und risstauglichen Dübelsystemen im Mittel ca. 70% des Wertes im ungerissenen Beton [Eligehausen/Balogh 1995, Eligehausen u. a. 1989]. In Abb. 3.9-15 sind die Ausbruchlasten von in Rissen verankerten risstauglichen drehmomentkontrolliert spreizenden Dübeln bezogen auf die im ungerissenen Beton zu erwartenden Werte in Abhängigkeit von der Rissbreite aufgetragen. Die Versuchsergebnisse wurden in Dehnkörpern mit

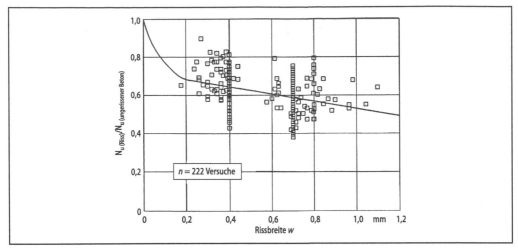

Abb. 3.9-15 Einfluss von Rissen auf die Betonausbruchlast bei zugbeanspruchten, risstauglichen, drehmomentkontrolliert spreizenden Dübeln (nach [Eligehausen/Balogh 1995])

Linienrissen ermittelt. Die Befestigungen versagten durch Betonausbruch.

Drehmomentkontrolliert spreizende Dübel, die nicht für die Anwendung im gerissenen Beton konstruiert wurden, spreizen nicht oder nur unkontrolliert nach oder sie versagen durch Herausziehen (Abb. 3.9-16). Dieses Verhalten ist nicht definiert, nicht eindeutig reproduzierbar und nicht vorhersehbar. Solche Systeme erhalten vom Deutschen Institut für Bautechnik keine Zulassung für Anwendungen im gerissenen Beton. Auch Einschlagdübel sind – außer als Deckenabhänger in redundanten Systemen – bisher nicht für Anwendungen im gerissenen Beton zugelassen, weil sie nicht nachspreizen können. Abb. 3.9-17 zeigt Last-Verschiebungs-Kurven von vollständig verspreizten Einschlagdübeln im ungerissenen und im gerissenen Beton. Die Last-Verschiebungs-Kurven im gerissenen Beton verlaufen flacher und streuen deutlich stärker als im ungerissenen Beton. Die Tragfähigkeit im Riss bei einer Rissweite w = 0,3 mm beträgt bei großen Streuungen im Mittel ca. 50% des Wertes im ungerissenen Beton. Werden die Dübel – wie häufig in der Praxis [Eligehausen/Meszaros 1992] – nicht vollständig verspreizt, verlaufen die Last-Verschiebungs-Kurven noch flacher, streuen stärker, und die im gerissenen Beton erreichbaren Höchstlasten fallen im Mittel auf ca. 25% des Wertes im ungeris-

senen Beton ab. Die Versagensart im gerissenen Beton ist zumeist Herausziehen.

Die *Versagensarten von Verankerungen unter Querlasten* sind in Abb. 3.9-18 dargestellt. Grundsätzlich kann das gleiche Verhalten wie unter Zugbelastung beobachtet werden:

- Heraus- oder Durchziehen tritt nur in Ausnahmefällen auf, wenn die Haltekraft bei Zugbeanspruchung sehr gering ist.
- Stahlversagen wird häufig bei randfernen Befestigungen (Abb. 3.9-18a) beobachtet. Das Tragverhalten wird dann von der Duktilität des Stahls des Verankerungsmittels bestimmt.
- Bei randfernen Verankerungen kann rückwärtiger Betonausbruch (Abb. 3.9-18c) auftreten. Diese Bruchart ist häufig bei Verankerungen mit kleiner Verankerungstiefe zu beobachten, die mit engen Achsabständen angeordnet werden.
- Randnah angeordnete Verankerungen versagen durch Betonausbruch (Abb. 3.9-18b). Bei Einzelverankerungen (Abb. 3.9-18b1) bildet sich näherungsweise eine Kegelhälfte aus. Der Winkel zwischen der Mantellinie der Kegeloberfläche und einer Parallelen zur Bauteilkante beträgt ca. 35°. Bei Gruppen kann sich ein gemeinsamer Ausbruchkegel bilden (Abb. 3.9-18b2). Sind Verankerungen in der Bauteilecke (Abb. 3.9-18b3)

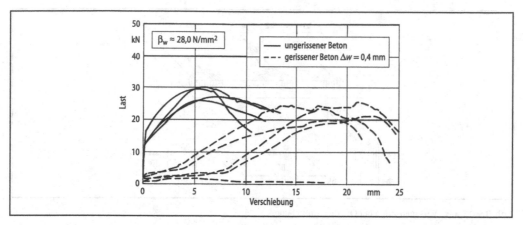

Abb. 3.9-16 Last-Verschiebungskurven von nicht risstauglichen, drehmomentkontrolliert spreizenden Dübeln im ungerissenen und gerissenen Beton (nach [Eligehausen/Balogh 1995])

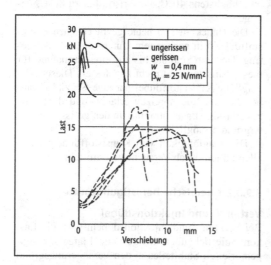

Abb. 3.9-17 Last-Verschiebungslinien von Einschlagdübeln im ungerissenen und gerissenen Beton (qualitativ) (nach [Eligehausen u. a. 1997])

in einem schmalen (Abb. 3.9-18b4) oder dünnen Bauteil (Abb. 3.9-18b5) verankert, können sich die beschriebenen Ausbruchkörper nicht vollständig ausbilden.

Die Ermittlung des Widerstands von zug- und querbeanspruchten Verankerungen gegen die Versagens-art Betonausbruch beruht auf dem sog. CC-Verfahren [Fuchs u. a. 1995; Fuchs/Eligehausen 1995]. Es wurde in den vergangenen Jahren weiterentwickelt, ist in aktueller Version in [Eligehausen u. a. 2006] ausführlich beschrieben und wurde für die Bemessung mit charakteristischen Widerständen aufbereitet [DIBt 1993; EOTA 1997; CEN TS 2009; fib 2011]. Der Widerstand gegen lokalen Betonausbruch (Abb. 3.9-14e) kann nach [Eligehausen u. a. 1997; Furche/Eligehausen 1992] ermittelt werden. Die Bestimmung des charakteristischen Werts des Widerstands erfolgt nach [CEN/TS 2009].

Betonschrauben

Das Tragverhalten von Betonschrauben hängt wesentlich von Bohrlochtoleranzen ab. Für sicherheitsrelevante Anwendungen im gerissenen und ungerissenen Beton dürfen die Bohrlöcher nur mit dem vorgeschriebenen Bohrer erstellt werden. Betonschrauben versagen dann unter Zugbeanspruchung durch Stahlbruch oder durch definiertes Herausziehen (vgl. Abb. 3.9-14a, b). Die Tragfähigkeit ist in Versuchen zu ermitteln. Unter Querlasten können die in Abb. 3.9-18 beschriebenen Versagensarten auftreten.

Deckenabhänger

Deckenabhänger versagen i. d. R. durch Herausziehen aus dem Untergrund. Aufgrund ihrer geringen Spreizwege reagieren sie sehr empfindlich auf

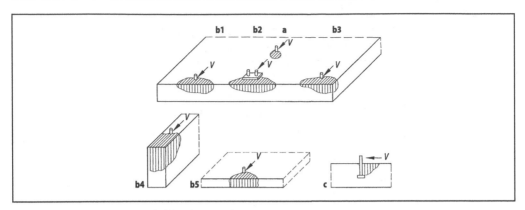

Abb. 3.9-18 a–c Versagensarten bei Querbeanspruchung

Bohrlochtoleranzen und die Breite von Rissen im Beton. Werden die Anwendungsbedingungen der Zulassungsbescheide nicht eingehalten, werden die Gebrauchstauglichkeit und die Tragfähigkeit ungünstig beeinflusst.

Kunststoffdübel

Das Tragverhalten von Kunststoffdübeln in Beton und Vollsteinen ist nahezu unabhängig von der Festigkeit des Untergrundes. Die Spreizkräfte sind nicht so hoch, dass ein Ausbruchkörper erzeugt wird. Versagen tritt daher durch Herausziehen aus dem Bohrloch ein.

In Loch- und Hohlsteinen wird das Tragverhalten des Dübels durch die Ausbildung der Steinstege und die Geometrie der Löcher beeinflusst. Weiterhin ist entscheidend, wie der Dübel zum Lochbild und den Stegen positioniert ist. Bei Befestigungen in Mauerwerk ist zudem von Einfluss, ob sich der Dübel in einer Mörtelfuge oder in einer unvermörtelten Stoßfuge befindet.

Die Kriechneigung des Kunststoffes führt auf die Dauer zu einer Abnahme der Spreizkraft. Dennoch können mit zugelassenen Kunststoffdübeln auch Zuglasten sicher und dauerhaft in den Untergrund eingetragen werden, da gleichzeitig die Reibung zwischen Bohrlochwandung und Dübelhülse zunimmt. Dies ist auf ein zeitabhängiges Anpassen der Dübelhülse an die Bohrlochwandung zurückzuführen, das zu Mikrohinterschnitten führt.

Feuchtigkeit und vor allem Temperatur beeinflussen die Werkstoffeigenschaften des Kunststoffes.

Die Dauertemperatur des Ankergrundes darf deshalb höchstens 40°C, kurzfristig bis zu 80°C, betragen.

Die Haltekraft von heute gebräuchlichen Kunststoffdübeln in gerissenem Untergrund ist sehr gering. Deshalb sind sie bis auf eine Ausnahme für dieses Einsatzgebiet nicht zugelassen. Dieser risstaugliche Kunststoffdübel hat eine Spezialschraube, die das Nachspreizen erlaubt, und damit die zuverlässige Lasteintragung in den gerissenen Untergrund ermöglicht.

Die Tragfähigkeit von Kunststoffdübeln ist in allen Fällen durch Versuche zu ermitteln.

3.9.3.2 Chemische Befestigungsmittel

Verbund- und Injektionsdübel

Bei Verbund- und Injektionsdübeln wird die Last kontinuierlich über die gesamte Länge des eingemörtelten Stahlteiles in den Verankerungsgrund eingetragen.

Unter Zugbeanspruchung versagen diese durch Stahlbruch, durch Herausziehen mit einem oberflächennahen Betonausbruch oder durch Betonausbruch.

Bei der Versagensart Herausziehen mit Betonausbruch entspricht die Tiefe etwa dem 2- bis 3-fachen des Ankerstangendurchmessers. Deshalb ist die Höchstlast bei gleicher Setztiefe geringer als bei Verbund- und Injektionsdübeln sowie Einlegeteilen und Metalldübeln, die durch reinen Betonausbruch versagen.

Herausziehen erfolgt durch Überwinden der Verbundfestigkeit zwischen Stahlteil und Mörtel oder Mörtel und Bohrlochwandung. Letzteres ist insbesondere dann der Fall, wenn das Bohrloch nicht sorgfältig gereinigt wird und das an der Wandung verbliebene Bohrmehl die Verbundfestigkeit verringert.

Nicht sauber gereinigte Bohrlöcher können einen drastischen Abfall der Traglast verursachen, die je nach System ca. 20% bis 60% des Wertes bei gut gereinigtem Bohrloch entspricht. Generell ist der Einfluss der Bohrlochreinigung bei Verbundsystemen mit Patronen geringer als bei Injektionsdübeln, da der Bohrstaub infolge der Dreh-Schlag-Bewegung beim Setzen durch die Zuschläge in der Patrone von der Bohrlochwandung abgerieben und in die Verbundmasse eingearbeitet wird. Der Einfluss der Bohrlochreinigung auf den Herausziehwiderstand ist produktabhängig und kann nicht verallgemeinert werden.

Abbildung 3.9-19 zeigt schematisch Last-Verschiebungs-Kurven von Verbunddübeln unter Zugbeanspruchung im gerissenen Beton bei gereinigtem und bei ungereinigtem Bohrloch sowie im ungerissenen Beton. Die Steifigkeit der Dübel ist im gerissenen Beton geringer als im ungerissenen. Bei einer als zulässig angesehenen Rissbreite von w≤0,3 mm beträgt die Höchstlast je nach Produkt und Dübelgröße nur das ca. 0,2- bis 0,6-fache des Wertes im ungerissenen Beton. Weiterhin streuen die Höchstlasten sehr stark. Zudem ist der Einfluss der Bohrlochreinigung beim gerissenen Beton eher größer als beim ungerissenen Beton. In ungünstigen Fällen kann sogar ein Ausziehen der Dübel unterhalb der für ungerissenen Beton zulässigen Gebrauchslast erfolgen. Daher sind übliche Verbund- und Injektionsdübel in gerissenem Beton zur Übertragung von zentrischen Zuglasten wenig geeignet.

Feuchte Bohrlöcher, d. h. solche, aus denen stehendes Wasser unmittelbar vor dem Versetzen der Verankerung mit Druckluft ausgeblasen wurde, bewirken je nach verwendetem Produkt eine geringe bis deutliche Verringerung der Traglast [Eligehausen u. a. 2006; Cook et al. 1998; Kunz u. a. 1998]. Eine noch stärkere Reduktion der Traglast wird bei chemischen Dübeln beobachtet, die in Bohrlöchern mit stehendem Wasser (d. h. quasi Unterwasseranwendung) gesetzt wurden. Die produktspezifischen Anwendungsgrenzen der Zulassungsbescheide sind unbedingt einzuhalten.

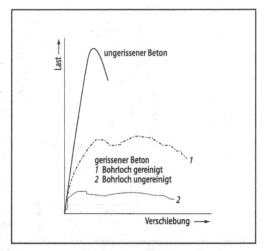

Abb. 3.9-19 Last-Verschiebungslinien von herkömmlichen Verbunddübeln im ungerissenen und gerissenen Beton (qualitativ) ([nach Eligehausen u. a. 1997])

Bei hohen Temperaturen, wie sie z. B. in heißen Klimazonen während des Sommers anzutreffen sind, kann die Zugfestigkeit von organischen Harzen stark absinken. Gleichzeitig nimmt die Kriechneigung der Verbundmasse im Vergleich zu den Werten bei Normaltemperatur (20°C) wesentlich zu. Abbildung 3.9-20 zeigt die Reduktion der Verbundspannung bei steigender Temperatur für drei Produkte. Jedes Produkt hat ein eigenes charakteristisches Verhalten bei erhöhten Temperaturen. Verbunddübelsysteme mit einer nationalen Zulassung des DIBt dürfen bei Temperaturen im Ankergrund über einen längeren Zeitraum bis zu 50°C und über einen kurzen Zeitraum bis zu 80°C eingesetzt werden. Bei Verbunddübeln mit Europäischen Technischen Zulassungen können auch geringere ertragbare Temperaturen ausgewiesen sein. Daher sind bei der Produktauswahl die Anwendungsgrenzen im Hinblick auf die Temperatur sehr genau zu beachten.

Unter Querlasten treten in Beton dieselben Versagensarten wie bei Metalldübeln auf. Betonausbruch auf der lastabgewandten Seite ist nur bei Gruppen mit minimalem Achsabstand zu erwarten.

Die Berechnung der Tragfähigkeit von Befestigungen mit Verbunddübeln im ungerissenen Beton wird in [Eligehausen u. a. 2006; CEN/TS 2009; fib 2011] behandelt.

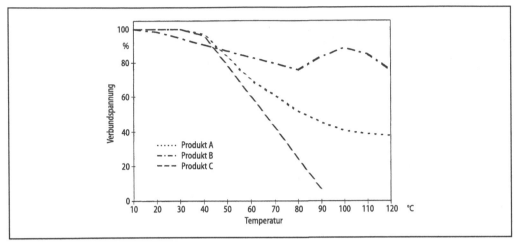

Abb. 3.9-20 Abhängigkeit der Verbundfestigkeit von der Temperatur (nach [Kunz u. a. 1998])

Bei Injektionsdübeln im Loch- und Hohlmauerwerk kommt es infolge der Tragwirkung über Formschluss zu einem Versagen durch Ausbruch des Ankergrundes, dessen Festigkeit die Höchstlast bestimmt. In Vollstegen oder vermörtelten Fugen wird die Last wie in Beton und Vollsteinen über Verbund abgetragen. Die Tragfähigkeit von Injektionsdübeln wird durch Versuche ermittelt.

Verbundspreiz- und -hinterschnittdübel
Bei risstauglichen Verbunddübeln werden im ungerissenen Beton im Prinzip dieselben Versagensarten wie bei normalen Verbund- und Injektionsdübeln beobachtet. Bei Verankerungen im gerissenen Beton tritt bei Zugbeanspruchung in der Regel Herausziehen oder Betonausbruch auf. Bei Querbeanspruchung werden die Versagensarten nach Abb. 3.9-18 beobachtet.

Die Tragfähigkeit von Befestigungen mit risstauglichen Verbunddübeln kann nach dem CC-Verfahren berechnet werden [Eligehausen u. a. 2006; CEN/TS 2009; fib 2011].

Bewehrungsanschlüsse mit nachträglich eingemörtelten Bewehrungsstäben
Umfangreiche Untersuchungen ergaben, dass sich das das Verbundverhalten von eingemörtelten und einbetonierten Bewehrungsstäben nicht wesentlich unterscheidet. Daher kann die Bemessung auch nach denselben Konzepten erfolgen. Voraussetzung ist jedoch, dass ein geeigneter Injektionsmörtel verwendet und das Bohrloch mit entsprechenden Systemkomponenten vorschriftsmäßig erstellt und gereinigt sowie ordnungsgemäß injiziert wird. Unterschiede ergeben sich beim Verhalten in Längsrissen sowie bei sehr tiefen und erhöhten Temperaturen. Daher sind die Anwendungsbedingungen der Injektionssysteme unbedingt einzuhalten.

3.9.3.3 Setzbolzen

Setzbolzen versagen in ungerissenem Beton bei Zugbeanspruchung durch Betonausbruch. Die Höchstlasten bei Befestigungen mit Setzbolzen streuen sehr stark, da sie in der Betondeckung verankert werden, und es können Setzausfälle auftreten [Patzak 1979; Bereiter 1986]. Setzausfälle werden jedoch sicher vermieden und die Streuungen deutlich verringert, wenn die Bolzen in ca. 20 mm tiefe Bohrungen gesetzt werden. Gleichzeitig ergibt sich eine Steigerung der mittleren Ausbruchlast.

Werden Setzbolzen von Rissen getroffen, so wird der beim Setzen entstehende Druckspannungszustand abgebaut und dadurch die Höchstlast deutlich abgemindert [Eligehausen u. a. 1997]. Sie können deshalb auch nur als Deckenabhänger in redundanten Systemen eingesetzt werden.

3.9.4 Definition von Anwendungen in statisch bestimmten und statisch unbestimmten Systemen

Bei der Bemessung einer Befestigung ist das statische System zu berücksichtigen: statisch bestimmt oder statisch unbestimmt (redundant), der Zustand des Betons: gerissen oder ungerissen und die Funktion des Anbauteils: tragend oder nicht tragend.

Ein System ist statisch bestimmt, wenn seine interne Lastverteilung über Gleichgewichtsbetrachtungen bestimmt werden kann, ohne dass Verformungs- oder Steifigkeitskriterien herangezogen werden müssen. In diesem Fall kann das Versagen eines Befestigungsmittels das Versagen der kompletten Tragkonstruktion verursachen (Abb. 3.9-21a). Bei diesen Anwendungen sind Befestigungsmittel nach [EOTA 1997] zu verwenden.

Bei statisch unbestimmten Systemen, d. h. redundanten Systemen, in denen das Anbauteil mit mehreren Befestigungsmitteln im Beton verankert ist, z. B. abgehängten Decken, Rohrleitungen und Geländern (Abb. 3.9-21b), kann ein Teil der Befestigungsmittel im gerissenen Beton und der Rest im ungerissenen Beton verankert sein. Dann ist sicherzustellen, dass im Fall von großem Schlupf oder Versagen eines Befestigungsmittels die Last infolge der Steifigkeit des Anbauteils auf die benachbarten Befestigungsmittel übertragen und von diesen auch übernommen werden kann, ohne dass die Anforderungen an die Gebrauchstauglichkeit oder Tragfähigkeit des Gesamtsystems wesentlich beeinträchtigt werden.

In diesen Anwendungsfällen dürfen nicht nur Befestigungsmittel, die die hohen Anforderungen von z. B. [EOTA 1997] erfüllen und durch die sichergestellt ist, dass eine ausreichende Sicherheit gegen Versagen eines einzelnen Dübels vorhanden ist, sondern auch Befestigungsmittel geringeren Leistungsvermögens, die den Anforderungen nach [EOTA 2004] genügen, eingesetzt werden. Dies sind sog. Metalldübel für die Verwendung als Mehrfachbefestigung von nichttragenden Systemen, z. B. Deckenabhänger. Dem Anstieg der Biegemomentenbeanspruchung und der Verformung des Anbauteils im Falle des Versagens eines Befestigungsmittels wird dadurch Rechnung getragen, dass der charakteristische Widerstand dieser Befestigungsmittel begrenzt wird. Details hierzu können [Rößle/Eligehausen 2002] entnommen werden.

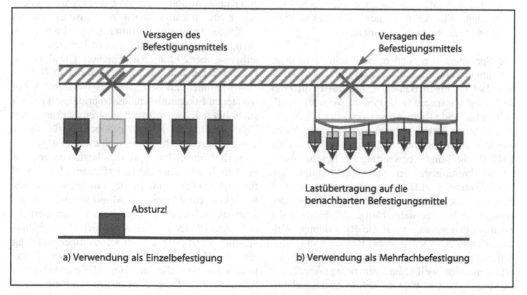

Abb. 3.9-21 Versagen des Befestigungsmittels und seine Auswirkungen

3.9.5 Definition von gerissenem und ungerissenem Beton

Nach den Bemessungsverfahren von [DIBt 1993; EOTA 1997 und CEN/TS 2009], die den heutigen Zulassungsbescheiden zugrunde liegen, ist bei der Auswahl von Befestigungsmitteln und deren Bemessung i. d. R. von gerissenem Beton auszugehen. In Sonderfällen darf bei Verankerungen mit einer Gesamtlast ≤60 kN von ungerissenem Beton ausgegangen werden, wenn in jedem Einzelfall nachgewiesen wird, dass im Gebrauchszustand die Dübel bzw. Kopfbolzen mit der gesamten Verankerungstiefe im ungerissenen Beton liegen. Diese Voraussetzung gilt als erfüllt, wenn Gl. (3.9.1) eingehalten ist:

$$\sigma_E + \sigma_R \leq 0 \qquad\qquad (3.9.1)$$

mit:

σ_E Spannungen im Beton, die durch äußere Lasten einschließlich der Lasten der Verankerung hervorgerufen werden,

σ_R Spannungen im Beton, die durch innere Zwangsverformungen (z. B. Schwinden des Betons) oder durch von außen wirkende Zwangsverformungen (z. B. durch Auflagerverschiebungen oder Temperaturschwankungen) hervorgerufen werden. Wird kein genauer Nachweis geführt, so ist σ_R zu 3 N/mm² anzunehmen.

Die Spannungen σ_E und σ_R sind unter Annahme von ungerissenem Beton (Zustand-I) zu berechnen. Bei flächigen Bauteilen, die Lasten in zwei Richtungen abtragen (z. B. Platten, Wände) ist Gl. (3.9.1) für beide Richtungen zu erfüllen.

Die obige Definition von ungerissenem Beton wurde aus den Regelungen in Eurocode-2 bzw. DIN 1045 für die Mindestbewehrung zur Beschränkung der Rissbreite abgeleitet. Sie berücksichtigt, dass Zugspannungen im Beton aus äußeren Lasten und Zwängungsbeanspruchungen hervorgerufen werden können. Dabei überwiegt häufig der Einfluss der Zwängungsspannungen auf die Rissbildung. Weiterhin ist zu beachten, dass bei Bauteilen in trockenen Innenräumen zwar keine Mindestbewehrung erforderlich ist, weil keine Korrosionsgefahr für die Bewehrung besteht, trotzdem jedoch Zwangsschnittgrößen auftreten können.

3.9.6 Langzeitverhalten

Befestigungsmittel müssen allen Einwirkungen und Einflüssen, die während der Ausführung und Verwendung entstehen können, mit angemessener Zuverlässigkeit dauerhaft widerstehen (Grenzzustand der Tragfähigkeit). Verformungen der Befestigungsmittel in unzulässigem Maß sind nicht gestattet (Grenzzustand der Gebrauchstauglichkeit). Weiterhin darf die Entwurfsnutzungsdauer des Befestigungsmittels nicht geringer sein als die des Anbauteils bzw. des Bauwerks.

Die Nutzungsdauer von Bauwerken beträgt mehrere Jahrzehnte. Bei Befestigungen wird daher üblicherweise von einer Nennnutzungsdauer von mindestens 50 Jahren ausgegangen.

Das Tragverhalten von Befestigungsmitteln unter Langzeitbeanspruchung wird durch die Materialeigenschaften des Untergrunds sowie des Befestigungsmittels bestimmt.

Das Langzeitverhalten des Untergrunds ist in der Bemessung der Befestigungen durch den Ansatz der Rechenwerte aus den entsprechenden Bauwerksnormen erfasst.

Mechanische Befestigungsmittel aus Stahl sind hinsichtlich des Tragverhaltens unter Langzeitbeanspruchung unproblematisch. Das Tragverhalten von Kunststoffdübeln aus PA 6 und PA 66, aus dem bisher alle bauaufsichtlich zugelassenen Kunststoffdübel bestehen, ist unter Langzeitbeanspruchung durch Untersuchungen mit Laufzeiten von teilweise über 20 Jahren abgesichert. Die aktuellen Prüfverfahren und Auswerteverfahren in [ETAG 2006] beruhen auf den mit o. g. Werkstoffen gewonnenen Erkenntnissen, lassen prinzipiell jedoch auch andere Kunststoffe mit anderen mechanischen Eigenschaften für Kunststoffdübel zu, für die es diese Langzeiterfahrungen noch nicht gibt.

Verbunddübel haben in den letzten Jahren die größten Innovationsschritte erfahren. Heute wird für Verbunddübel eine große Bandbreite neu entwickelter Kunstharze und Modifikationen eingesetzt, die sich in ihrem chemischen Aufbau erheblich unterscheiden. Dies wirkt sich deutlich hinsichtlich der Festigkeit bei kurzzeitiger und lang einwirkender Beanspruchung aus. Es werden Systeme vermarktet, die nach Herstellerangaben überhaupt nicht für Langzeitbeanspruchung eingesetzt werden dürfen. Solche Systeme haben keine bauaufsichtliche Zulassung. Aufgrund der Materialvielfalt und vieler Neuentwicklungen ist es offensichtlich, dass bei Verbund- und Injektionsdübeln hinsichtlich des Verhaltens unter Langzeitbeanspruchung keine durch Dauerstandversuche weitgehend abgesicherten Erkenntnisse wie bei Kunststoffdübeln vorliegen können.

Die Forschung in Bezug auf das Kurzzeittragverhalten von Verbund- und Injektionsdübeln hat mit der Geschwindigkeit der Produktinnovation Schritt gehalten. Dies gilt jedoch nicht für Untersuchungen zum Langzeitverhalten. Hier wird davon ausgegangen, dass sich die innovativen Harze wie ihre Vorgänger verhalten. Die Prüfung und Bewertung der innovativen Harze hinsichtlich des Langzeitverhaltens erfolgt daher auch nach [EOTA 2002]. Die Bemessung erfolgt anders als bei Bauteilen aus Verbundmaterialien mit Kunststoffen, z. B. Holzleimbindern, ohne einen Nachweis gegen die Verbundfestigkeit unter Langzeitbeanspruchung.

Dies bedeutet, dass die Verbund- und Injektionsdübel hinsichtlich der Kurzzeitfestigkeit heute wirklichkeitsnah bemessen werden. Versteckte Sicherheiten aus den alten konservativen Bemessungsmethoden, die früher zur Abdeckung von Unsicherheiten bezüglich des Langzeitverhaltens herangezogen werden konnten, liegen jetzt u. U. nicht mehr vor:

Im Rahmen des Zulassungsverfahrens für Verbund- und Injektionsdübel werden Kriechversuche durchgeführt. In den Kriechversuchen der Zulassungsprüfungen werden auf die Verbund- und Injektionsdübel Dauerlasten in Höhe von 55% der mittleren Kurzzeitfestigkeit aufgebracht. Besteht das Produkt diese Versuche, erfolgt die Bemessung nach der Kurzzeitfestigkeit. Da die Akzeptanzkriterien für Kriechversuche konservativ sind, beträgt die bei Bestehen der Kriechversuche nachgewiesene Langzeitfestigkeit des Verbundes ca. 65% bis 75% der Kurzzeitverbundfestigkeit. Da nach den geltenden Zulassungsbescheiden die Bemessung jedoch mit der Kurzzeitverbundfestigkeit erfolgt, kann dieser Ansatz u. U. bei einem hohen Anteil der quasi-ständig wirkenden Zuglast an der Gesamtlast liberal sein.

Zur Lösung dieser Problematik haben die führenden Hersteller von Befestigungsmitteln zusammen mit mehreren Universitäten Forschungsvorhaben begonnen, die kurz- und mittelfristig zu Änderungen der Prüf- und Auswertemethoden sowie des Bemessungsverfahrens führen können. Solange keine allgemein gesicherten Erkenntnisse zum Tragverhalten von Verbunddübeln unter Dauerlasten vorliegen, empfehlen die Verfasser daher bei hohem Anteil der quasi-ständig wirkenden Zuglast an der Gesamtzuglast, die in den bauaufsichtlichen Zulassungsbescheiden angegebenen charakteristischen Werte der Kurzzeitfestigkeit des Verbundmörtels bzw. die charakteristischen Herausziehlasten für die Bemessung nicht vollständig in Anspruch zu nehmen, sondern um ca. 25% bis 35% zu reduzieren.

3.9.7 Dauerhaftigkeit

Befestigungsmittel müssen für die ihnen zugewiesene Verwendung geeignet bleiben. Von Befestigungselementen wird daher zumindest eine Lebensdauer erwartet, die der Nutzungsdauer der Bauwerke entspricht.

Durch Korrosion wird der Stahlquerschnitt geschwächt und die Funktionsfähigkeit beeinträchtigt. Besonders gefährlich ist ein weitgehend unangekündigtes Versagen infolge Spannungsrisskorrosion. Dies kann unter extremen Bedingungen, z. B. bei Einwirkung von Chloriden, auch bei nichtrostenden Stählen auftreten, wenn sie nicht ausreichend beständig sind.

Eine galvanische Verzinkung stellt bei Befestigungen im Freien lediglich einen temporären Korrosionsschutz dar. Die Zinkschicht wird zu schnell abgetragen. Sie ist für Anwendungen in trockenen Innenräumen jedoch ausreichend.

Für Anwendungen im Freien sind i. Allg. Befestigungselemente aus nichtrostendem Stahl (A4) erforderlich. Nur bei Kunststoffdübeln dürfen galvanisch verzinkte Schrauben verwendet werden, wenn die Schraube außerhalb der Dübelhülse z. B. durch Aufsetzen einer Kunststoffkappe oder geeignete Anstriche so geschützt wird, dass das Eindringen von Feuchtigkeit in den Dübelschaft nicht möglich ist.

Besonders ungünstige Bedingungen im Hinblick auf Korrosion liegen z. B. in Schwimmbädern mit gechlortem Wasser, in Meerwasser einschließlich Brackwasser, bei Schornsteinen und in Straßentunneln vor. Hier reicht der durch A4-Stahl gegebene Korrosionsschutz nicht aus. Für diese Anwendungen stehen drehmomentkontrollierte Dübel, Hinterschnitt-, Verbund- und Verbundspreizdübel aus besonderen hochlegierten und ausreichend korrosionsbeständigen Stählen zur Verfügung.

3.9.8 Baurechtliche Vorschriften und Anwendungsbedingungen

3.9.8.1 Allgemeines

Die Befestigungstechnik ist eine vergleichsweise junge Disziplin. In den letzten Jahren wurden immer mehr leistungsfähige nachträglich montierbare Befestigungsmittel und Einlegeteile für Anwendungen in Beton und Mauerwerk auf den Markt gebracht. Die Verwendung dieser Befestigungsmittel bedingt von den Planern und den Handwerkern eine hohe Sachkenntnis, da nur optimal ausgewählte, bemessene und fehlerfrei montierte Befestigungsmittel sicher tragen und die Anforderungen an die Gebrauchstauglichkeit erfüllen. Im Sinne der Bauordnung liegt für Befestigungsmittel zur Verwendung in Beton und Mauerwerk noch kein gesicherter Stand der Technik vor, der in Normen dokumentiert ist und nach denen der Nachweis über die Verwendbarkeit geführt werden könnte.

Daher werden tragende Konstruktionen im baurechtlichen Sinne, deren Versagen „die öffentliche Sicherheit oder Ordnung, insbesondere Leben und Gesundheit" gefährdet, z. B. Befestigungen von Fassaden, untergehängten Decken, Geländern und Befestigungen, die für die Standsicherheit und Dauerhaftigkeit des Bauteils erforderlich sind, über bauaufsichtliche Zulassungen geregelt.

Die Anwendung von Befestigungsmitteln soll aufgrund der europäischen Harmonisierungsbestrebungen möglichst über Europäische Technische Zulassungen (ETAs) auf Grundlage von Zulassungsleitlinien (ETAG) oder ein sog. CUAP-Verfahren der EOTA erfolgen. Eine Liste der bisher erschienen Europäischen Zulassungsleitlinien für Befestigungsmittel der EOTA enthält Abb. 3.9-22. Die Zulassungsleitlinien sowie zugehörige Informationen können von www.eota.be abgerufen werden. Kopfbolzen und Betonschrauben erhalten ETAs auf Basis eines CUAP-Verfahrens. Dasselbe gilt für die in Kürze erscheinenden ETAs für Ankerschienen.

Die Bemessung der Befestigungsmittel mit einer ETA erfolgt nach ETAG 001, Annex C [EOTA 1997] und nach dem Erscheinen in 2009 über-gangsweise nach der CEN/TS 1992-4 „Bemessung der Verankerung von Befestigungen in Beton" [CEN/TS 2009]. Die künftige Verknüpfung zwischen Prüf- und Bemessungsregeln in Europa ist in Abb. 3.9-23 dargestellt.

Für die Befestigungsmittel und die Anwendungsbereiche, in denen Europäische Regelungen bestehen, dürfen Nationale Zulassungsbescheide wie z. B. die „Allgemeinen Bauaufsichtlichen Zulassungen" des Deutschen Instituts für Bautechnik (DIBt) nur noch über eine definierte Übergangszeit bestehen. Neuerteilungen von Nationalen Zulassungen sollen in den europäisch geregelten Bereichen nicht erfolgen.

Für die Befestigungsmittel und Anwendungsbereiche, die nicht über die EOTA geregelt sind, erfolgt der Nachweis der Verwendung nach den „Allgemeinen Bauaufsichtlichen Zulassungen" des DIBt und den entsprechenden Bemessungsverfahren oder im speziellen Einzelfall durch Zustimmung der obersten Bauaufsichtsbehörden.

Im Rahmen eines Zulassungsverfahrens – unabhängig davon, ob nach DIBt-Richtlinien oder EOTA – werden stets die Eignung und die Funktionsfähigkeit des Befestigungsmittels unter idealen und praxisnahen Bedingungen i. d. R. für vorwiegend ruhende Belastungen nachgewiesen. In gezielten Versuchen wird unter anderem der Einfluss unvermeidbarer Montageungenauigkeiten und möglicher Imperfektionen auf der Baustelle (z. B. Bohrlochtoleranzen, ungenügende Bohrlochreinigung, ungenügende Verspreizung, Anordnung bei Bewehrungskontakt) sowie ggf. von Rissen auf die Tragfähigkeit des Befestigungselementes untersucht und bewertet. Die maßgeblichen Eckdaten wie der Aufbau, der Werkstoff, die Funktionsweise, die Setzdaten, das Montagewerkzeug und der Anwendungsbereich der jeweiligen Befestigungsmittel sind in den Zulassungsbescheiden detailliert festgelegt.

Die stürmische Entwicklung der Befestigungstechnik in den letzten Jahren spiegelt sich in der Anzahl der für Ankerschienen, Kopfbolzen und Dübel erteilten Zulassungsbescheide wieder. Sie ermöglichen dem Anwender aus der Vielzahl der angebotenen Befestigungssysteme die Auswahl und die Bemessung eines sicheren und dauerhaften Produktes für einen bestimmten Anwendungsfall. Nachdem über 20 Jahre hinweg vom DIBt nationale „Allgemeine Bauaufsichtliche Zulassungen"

Befestigungsmittel	Europäische Vorschrift Titel	Nummer	Datum
Metalldübel, allgemein	Leitlinie für die europäische technische Zulassung für Metalldübel zur Verankerung im Beton, Teil 1: Dübel, Allgemeines	ETAG 001-01	05/1998
Kraftkontrolliert spreizende Dübel	Leitlinie für die europäische technische Zulassung für Metalldübel zur Verankerung im Beton, Teil 2: Kraftkontrolliert spreizende Dübel	ETAG 001-02	05/1998
Hinterschnittdübel	Leitlinie für die europäische technische Zulassung für Metalldübel zur Verankerung im Beton, Teil 3: Hinterschnittdübel	ETAG 001-03	05/1998
Wegkontrolliert spreizende Dübel	Leitlinie für die europäische technische Zulassung für Metalldübel zur Verankerung im Beton, Teil 4: Wegkontrolliert spreizende Dübel	ETAG 001-04	06/1999
Verbunddübel	Leitlinie für die europäische technische Zulassung für Metalldübel zur Verankerung im Beton, Teil 5: Verbunddübel	ETAG 001-05	03/2002
Verbunddübel	Beurteilung von kraftkontrolliert spreizenden Verbunddübeln	TR 018	03/2003
Deckendübel	Leitlinie für die europäische technische Zulassung für Metalldübel zur Verankerung im Beton, Teil 6: Metalldübel für die Verwendung als Mehrfachbefestigung von nichttragenden Systemen	ETAG 001-06	09/2004
Dübel, allgemein	Beurteilung der Feuerwiderstandsfähigkeit von Verankerungen im Beton	TR 020	05/2004
Kunststoffdübel	Kunststoffdübel als Mehrfachbefestigung von nichttragenden Systemen zur Verankerung im Beton und Mauerwerk	ETAG 020	07/2006
Verbunddübel	Bemessung von Verbunddübeln	TR 029	06/2007
Nachträglich eingemörtelte Bewehrungsstäbe	Bewehrungsanschlüsse mit nachträglich eingemörtelten Bewehrungsstäben	TR 023	12/2007
Injektionsdübel	Injektionsdübel aus Metall zur Verwendung im Mauerwerk	ETAG 029	2008

Abb. 3.9-22 Entwicklung der Europäischen Vorschriften in der Befestigungstechnik

erteilt wurden, wurde im Jahre 1998 die erste Europäische Technische Zulassung veröffentlicht, die eine europaweit harmonisierte Verwendung der Befestigungsmittel erlaubt. Damit hat im Vorschriftenwesen der Befestigungstechnik eine neue Zeitrechnung eingesetzt. Folgerichtig hat im Zeitraum zwischen 1998 und 2008 die Anzahl der nationalen Zulassungen stagniert, da ein Großteil dieser Zulassungen durch Europäische Technische Zulassungen ersetzt wurde. In Abb. 3.9-24 ist dieser Prozess veranschaulicht. Es ist davon auszugehen, dass mit Auslaufen der Übergangsfristen für

die Anwendung von Kunststoffdübeln sowie Injektionsdübeln in Mauerwerk sowie dem Inkrafttreten neuer europäischer Zulassungsleitlinien, z.B. für Befestigungselemente unter vorwiegend nicht ruhender Beanspruchung und in Erdbebengebieten, die Anzahl der Zulassungsbescheide des DIBt weiter abnehmen und gleichzeitig die Anzahl der Europäischen Technischen Zulassungen überproportional ansteigen wird.

Die Verwender von Befestigungsmitteln in Deutschland sahen sich innerhalb der letzten zehn Jahre mit einer Verdreifachung der Anzahl der Zu-

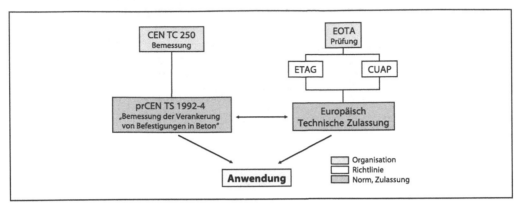

Abb. 3.9-23 Verknüpfung zwischen Bemessungs- und Prüfrichtlinien in Europa

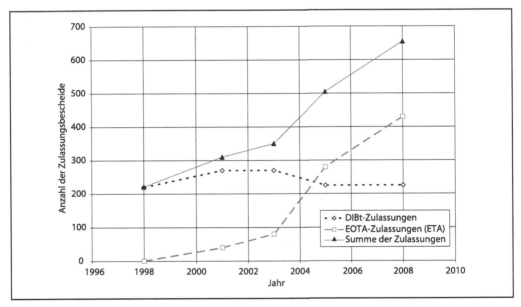

Abb. 3.9-24 Entwicklung der Anzahl der Zulassungsbescheide

lassungsbescheide bei gleichzeitiger Änderung der Inhalte für neuartige Produkte konfrontiert. Diese Entwicklung wird mittelfristig noch weiter Bestand haben und stellt daher auch in der nächsten Zukunft für Hersteller, Verwender und Ausbilder eine große zu bewältigende Herausforderung dar.

Alle bauaufsichtlichen Zulassungen fordern eine ingenieurmäßige Planung und Bemessung der Be-

festigungen, die eine fachgerechte Montage der Befestigungsmittel voraussetzt. Hierfür sind prüfbare Berechnungen und Konstruktionszeichnungen anzufertigen. Die unmittelbare örtliche Krafteinleitung in den Untergrund wird durch das Zulassungsverfahren nachgewiesen. Für die Weiterleitung der über die Befestigungsmittel eingetragenen Kräfte im Bauwerk ist jedoch ein statischer Nachweis zu führen. Auf die notwendigen Schulungen der in der Planung und Ausführung Beteiligten wird in Abschn. 3.9.9 hingewiesen.

Im Folgenden werden kurze Informationen über die Regelungen der Zulassungsbescheide für die verschiedenen Befestigungsmittel gegeben. Einzelheiten sind den Zulassungsbescheiden der einzelnen Systeme zu entnehmen. Dies gilt insbesondere für die Montage- und Kontrollbedingungen.

3.9.8.2 Mechanische Befestigungen

Kopfbolzen

Kopfbolzen dürfen gemäß Europäischer Technischer Zulassung als Einzelbefestigung sowie als Bolzengruppen von zwei bis zu höchstens neun Bolzen (bis zu drei Bolzen je Reihe) im ungerissenen und im gerissenen Beton (mindestens C20/25) verwendet werden. Bei der Bemessung wird grundsätzlich von gerissenem Beton ausgegangen. Das Bemessungsverfahren ist im Zulassungsbescheid enthalten.

Die Bemessung von Befestigungen mit Kopfbolzen beruht auf dem modernen Sicherheitskonzept mit Teilsicherheitsbeiwerten und charakteristischen Widerständen für die verschiedenen Belastungsrichtungen und Versagensarten [EOTA 1997; CEN/TS 2009; fib 2011]. Die Regelungen wurden aus den Ergebnissen der Untersuchungen [Bode/ Hanenkamp 1985; Eligehausen u. a. 1992; Ramm/ Greiner 1991] abgeleitet.

Die Zulassungsbescheide sind für Befestigungen mit auf die Ankerplatte angeschweißten Kopfbolzen gültig und berücksichtigen den Einfluss einer Rückhängebewehrung auf die Tragfähigkeit.

Befestigungen mit Kopfbolzen sind prinzipiell für die Übertragung vorwiegend nicht ruhender Lasten geeignet und waren für diesen Anwendungsfall durch das DIBt zugelassen. Dieser Anwendungsbereich wurde jedoch bisher noch nicht in die Europäische Technische Zulassung übertragen.

Ankerschienen

Die derzeit gültigen bauaufsichtlichen Zulassungen des DIBt für Ankerschienen erlauben die Anwendung im gerissenen und ungerissenen Beton. Für beide Anwendungsfälle werden dieselben zulässigen Lasten angegeben, die aus Versuchen im un-

gerissenen Beton abgeleitet wurden. Bei Einsatz der Schienen im gerissenen Untergrund müssen die auftretenden örtlichen Querzugkräfte gemäß DIN1045 Abschn.-18 durch zusätzliche Bewehrung aufgenommen werden, wenn nicht konstruktive Maßnahmen ein Aufspalten des Betons verhindern. Weiterhin enthalten die Zulassungsbescheide Regelungen für spezielle Anwendungsfälle, z. B. für einige Schienengrößen zulässige Lasten für nicht ruhende Beanspruchungen.

Für Ankerschienen wurden in 2011 die ersten Europäischen Technischen Zulassungsbescheide erteilt. Die Bemessung erfolgt nach den in [CEN/ TS 2009] angegebenen Regeln.

Metallspreiz- und-hinterschnittdübel, Betonschrauben

Einschlagdübel, Betonschrauben mit geringer Gewindetiefe sowie nicht optimierte drehmomentkontrolliert spreizende Dübel des Bolzen- und Hülsentyps sind nur für Anwendungen im ungerissenen Beton der Güten C20/25 bis C50/60 zugelassen. Dabei liegen für viele Einschlagdübel und Betonschrauben neben der Europäischen Technischen Zulassung für ungerissenen Beton auch Europäische Technische Zulassungen für die Verwendung als Mehrfachbefestigung von nichttragenden Systemen in gerissenem Beton vor [EOTA 2004]. Bei Anwendungen im ungerissenen Beton ist in jedem Fall entsprechend 3.9.5 nachzuweisen, dass der Dübel über die gesamte Verankerungstiefe im ungerissenen Beton liegt. Die einzuhaltenden Achs- und Randabstände sind bei Einschlagdübeln verhältnismäßig groß. Da außerdem in nur sehr wenigen Fällen ungerissener Beton als Ankergrund vorliegt, ist der zulässige Anwendungsbereich dieser Dübel sehr beschränkt. Die Europäischen Technischen Zulassungen enthalten die charakteristischen Widerstände und Empfehlungen für Teilsicherheitsbeiwerte, die zu einer Bemessung nach [EOTA 1997] bzw. [CEN/TS 2009] erforderlich sind. Dort werden drei Bemessungsverfahren unterschieden.

Bei Verfahren-A sind die charakteristischen Widerstände abhängig von der Belastungsrichtung und der Versagensart. Es ermöglicht die wirtschaftlichste Ausführung von Befestigungen. Beim Bemessungsverfahren-B wird eine charakteristische Last unabhängig von der Lastrichtung und der Versagensart angenommen. Es entspricht im Prinzip dem Kappa-Verfahren für risstaugliche Systeme auf der Basis zulässiger Lasten nach DIBt-Zulassungen. Das Verfahren C gilt für Metalldübel in ungerissenem Beton und ist mit der bisherigen Bemessung nach DIBt-Zulassungen für diese Dübelsysteme vergleichbar. Im Zulassungsbescheid ist ausgewiesen, welches Verfahren für die Bemessung verwendet werden muss.

Der Normalfall ist die Verankerung im gerissenen Beton. Für diese Anwendung wurden Hinterschnittdübel, Betonschrauben und drehmomentspreizende Metalldübel konstruiert. Sie haben Europäische Technische Zulassungen für Anwendungen im gerissenen und ungerissenen Beton (mindestens C20/25, höchstens C50/60) in stabförmigen und flächigen Stahlbetonbauteilen. Es können wie bei Kopfbolzen Befestigungen mit bis zu 9 Dübeln in einer Ankerplatte ausgeführt werden. Die Achs- und Randabstände sind praxisnah und dürfen bis auf festgelegte Mindestwerte verringert werden.

Die Zulassungsbescheide enthalten charakteristische Widerstände und Empfehlungen für Teilsicherheitsbeiwerte, die zu einer Bemessung nach den Verfahren in [EOTA 1997] bzw. [CEN/TS 2009] erforderlich sind.

Deckenabhänger

Die Anwendung von Deckenabhängern ist in Zulassungen des DIBt sowie in Europäischen Technischen Zulassungen auf der Basis von [EOTA 2004] geregelt.

Die Zulassungen des DIBt für Deckenabhänger regeln die Befestigungen leichter Unterdecken sowie statisch vergleichbarer Konstruktionen mit einem Flächengewicht von bis zu 1 kN/m^2 in gerissenem und ungerissenem Beton mit einer Mindestfestigkeit C20/25. Die zu befestigende Konstruktion muss mit mehreren Dübeln angeschlossen werden (Mehrfachbefestigung). Beim Ausfall eines Deckenabhängers ist hiermit eine Lastumlagerung über die Unterkonstruktion auf benachbarte Verankerungspunkte möglich (Redundanz). Das Versagen der Gesamtkonstruktion wird verhindert. Die zulässigen Lasten hängen von der Verankerungstiefe ab und betragen unabhängig von der Beanspruchungsrichtung 0,3 bis 0,8 kN je Dübel.

Nach europäischer Definition werden die Deckenabhänger unter dem Begriff „Metalldübel für die Verwendung als Mehrfachbefestigung von nichttragenden Systemen" geführt [EOTA 2004]. Um die Wirkung als Mehrfachbefestigung bei gleichzeitiger einfacher Bemessung sicherzustellen, wird der Widerstand (n_3) je Befestigungspunkt in Abhängigkeit von der Anzahl der Befestigungspunkte (n_1) und der Anzahl der Dübel je Befestigungspunkt (n_2) definiert. Ein Beispiel für die Definition von n_1 und n_2 enthält Abb. 3.9-25. Die Definition einer Mehrfachbefestigung unterscheidet sich in den Europäischen Mitgliedsstaaten. In Abb. 3.9-26 sind die Definitionen für einzelne Länder auszugsweise zusammengestellt. Dänemark, Deutschland und Portugal haben die von der EOTA empfohlenen Definitionen übernommen. In den Staaten, für die in Abb. 3.9-26 keine Werte angegeben sind, sollten ebenfalls die Werte von Dänemark, Deutschland und Portugal verwendet werden. Einige Mitgliedsstaaten haben weniger strenge Anforderungen an die Steifigkeit der Anbauteile zur Weiterleitung der Kräfte an benachbarte Dübel sowie an den Schlupf der Befestigungsmittel. Dies führt zu höheren Beanspruchbarkeiten und gilt insbesondere für Großbritannien, das im Falle eines Befestigungspunkts mit vier Dübeln eine Entwurfsbeanspruchung von N_{Ed} = 40 kN gestattet. Nach [Rößle/Eligehausen 2002] ist diese Beanspruchung bei weitem zu hoch, um ein zufriedenstellendes Verhalten des befestigten Bauteils zu gewährleisten.

Neben den klassischen Deckenabhängern dürfen auch Einschlagdübel, Betonschrauben und Setzbolzen mit Vorbohrung als Deckenabhänger oder für die Verwendung als Mehrfachbefestigung von nichttragenden Systemen verwendet werden. Einzelheiten sind den jeweiligen Zulassungsbescheiden zu entnehmen.

Kunststoffdübel

Für Kunststoffdübel existieren bauaufsichtliche Zulassungen des DIBt und Europäische Technische Zulassungen auf Basis von [EOTA 2006].

Die Zulassungsbescheide des DIBt regeln bis auf eine Ausnahme die Anwendung als Mehrfachbefestigung zur Befestigung von Fassadenbekleidungen in überwiegend druckbeanspruchten Wänden und Stützen. Diese Zulassungen erstrecken

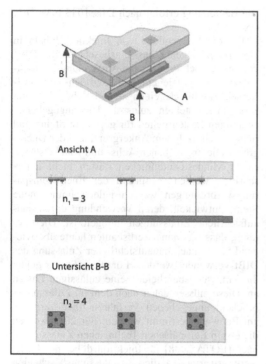

Abb. 3.9-25 System einer Mehrfachbefestigung, Definition von n_1 und n_2 – Beispiel

Mitgliedstaat	Definition von Verwendung als Mehrfachbefestigung
Belgien	
Dänemark	$n_1 \geq 4$; $n_2 \geq 1$ und $n_3 \leq 3.0$ kN oder $n_1 \geq 3$; $n_2 \geq 1$ und $n_3 \leq 2.0$ kN
Deutschland	$n_1 \geq 4$; $n_2 \geq 1$ und $n_3 \leq 3.0$ kN oder $n_1 \geq 3$; $n_2 \geq 1$ und $n_3 \leq 2.0$ kN
Finnland	
Frankreich	$n_1 \geq 3$; $n_2 \geq 1$ und $n_3 \leq 4.5$ kN
Griechenland	
Großbritannien	
Irland	
Island	
Italien	
Luxemburg	
Niederlande	
Norwegen	
Österreich	
Portugal	$n_1 \geq 4$; $n_2 \geq 1$ und $n_3 \leq 3.0$ kN $n_1 \geq 3$; $n_2 \geq 1$ und $n_3 \leq 2.0$ kN

n_1	Anzahl der Punkte zur Befestigung des Anbauteils (Befestigungspunkte)
n_2	Anzahl der Dübel je Befestigungspunkt
n_3	Begrenzung der Beanspruchbarkeit N_{ED} [kN] je Befestigungspunkt, damit außergewöhnlicher Schlupf oder Versagen eines Dübels bei der Bemessung des Anbauteils nicht berücksichtigt werden muss

Abb. 3.9-26 Definition von Mehrfachbefestigungen in Europa – Beispiele

sich auch auf vergleichbare statische Systeme unter vorwiegend ruhender Belastung, wenn die befestigte Konstruktion eine Lastumlagerung auf mindestens zwei benachbarte Befestigungspunkte ermöglicht. Die anzuschließende Konstruktion muss so beschaffen sein, dass bei einer Fehlbohrung eine Verschiebung des Verankerungspunktes möglich ist. Für bisher ein innovatives Kunststoffdübelsystem liegt ein Zulassungsbescheid des DIBt vor, der die Verwendung auch als Einzelbefestigung im gerissenen und ungerissenen Beton sowie im Mauerwerk erlaubt. Die zulässigen Lasten nach den DIBt-Zulassungsbescheiden sind in Abhängigkeit von Ankergrund, Dübelart und -größe sowie Einbaubedingungen festgelegt. Bei Ebenheitsabweichungen des Verankerungsgrundes ist die mögliche Vergrößerung des Hebelarms der angreifenden Last beim Biegenachweis zu berücksichtigen. Eine dauernd wirkende zentrische Zugbeanspruchung der Dübel ist nicht zugelassen.

Bei Mauerwerk aus Steinen, die nicht in den Zulassungsbescheiden für die Kunststoffdübel aufgeführt sind, bei unbekanntem Untergrund und bei Befestigungen in Hohlmauerwerk mit einer größeren Verankerungstiefe als dem Sollwert muss die zulässige Last aus Versuchen am Objekt ermittelt werden. Die Vorgehensweise ist in den Zulassungsbescheiden beschrieben.

Die Europäischen Technischen Zulassungen auf Basis von [EOTA 2006] gelten für Kunststoffdübel als Mehrfachbefestigung von nichttragenden Systemen zur Verankerung im Beton und Mauerwerk. Die Inhalte entsprechen sinngemäß denen der

DIBt-Zulassungen. Allerdings enthalten die Europäischen Technischen Zulassungsbescheide charakteristische Widerstände und Empfehlungen für Teilsicherheitsbeiwerte, die eine Bemessung nach dem in [EOTA 2006] festgelegten Verfahren erfordern. Die Auswertung der Bauwerksversuche unterscheidet sich ebenfalls.

3.9.8.3 Chemische Befestigungen

Normale Verbunddübel mit Glas- oder Folienpatrone für Befestigungen in Beton sind nahezu ausschließlich durch Europäische Technische Zulassungen nach [EOTA 1997] geregelt. Sie sind bisher nur für Befestigungen im ungerissenen Beton zugelassen. Der Nachweis des ungerissenen Untergrundes ist in jedem Einzelfall nach 3.9.5 zu erbringen.

Die Zulassungsbescheide regeln Einzelbefestigungen und häufig noch Dübelgruppen mit zwei und vier Dübeln. Nach dem Bemessungskonzept in [EOTA 2007/1] sind Befestigungen mit bis zu neun Dübeln möglich. Die Achs- und Randabstände dürfen bis auf Mindestwerte verringert werden, wenn gleichzeitig der charakteristische Wert des Widerstands im Fall der Versagensarten Herausziehen mit Betonausbruch sowie Betonausbruch nach dem im Zulassungsbescheid geforderten Bemessungsverfahren abgemindert wird. Nach einer Übergangszeit wird das Bemessungsverfahren nach dem Konzept in [CEN/TS 2009], das im Wesentlichen [EOTA 2007/1] entspricht, in den Europäischen Technischen Zulassungen als Bemessungskonzept gefordert werden.

Die Europäischen Technischen Zulassungsbescheide von Verbundspreiz- und Verbundhinterschnittdübeln zur Verwendung im ungerissenen und gerissenen Beton basieren hinsichtlich der Anwendungsbedingungen und der Bemessung auf demselben Konzept wie risstaugliche drehmomentkontrolliert spreizende Dübel und Hinterschnittdübel.

Die Anwendung von Injektionsmörteln zur Verwendung als Verankerung von Bewehrungsstäben in Betonbauteilen sowie die zur Bemessung und Montage erforderliche Qualifikation des Fachpersonals bzw. Fachbetriebs ist durch bauaufsichtlich Zulassungen des DIBt sowie Europäische Technische Zulassungen nach [EOTA 2007/2] geregelt.

Die Bemessung erfolgt nach DIN 1045 bzw. DIN EN 1992.

Für die Verwendung von Injektionsdübeln in Mauerwerk liegen Zulassungsbescheide des DIBt vor, die je nach Produkt die Anwendung in Hochlochziegeln, Vollziegeln, Kalksandloch- und -vollsteinen, Hohlblocksteinen sowie Leicht-, Gas- und Schaumbetonsteinen zulassen. Die angegebenen zulässigen Lasten gelten für genormte Steine und richten sich nach dem Ankergrund und der Dübelgröße. Die angegebenen Achs- und Randabstände sowie Mindestbauteildicken dürfen nicht unterschritten werden. Aufgrund der Energieeinsparungsverordnungen werden jedoch immer neue Steine entwickelt, deren Verwendung durch bauaufsichtliche Zulassungen geregelt ist. Dies bedingt, dass für Mauerwerksbauten heute überwiegend Steine nach bauaufsichtlicher Zulassung des DIBt verwendet werden. Für diese Steine geben die Zulassungsbescheide keine zulässigen Lasten an. Diese müssen daher nach dem im Zulassungsbescheid angegebenen Verfahren über Versuche am Bauwerk bestimmt werden. Für 2011 werden die ersten Europäischen Technischen Zulassungen nach [EOTA 2008] für Injektionsdübel in Mauerwerk erwartet. In diesen Zulassungsbescheiden werden vergleichsweise wenige charakteristische Widerstände für Mauerwerk aus bestimmten Steinen angegeben sein. Aufgrund der großen Vielfalt von Mauerwerkssteinen in Europa enthalten diese Zulassungen im Wesentlichen Angaben darüber, in welchen Steinarten sowie bei Lochsteinen mit welchem Lochbild das Injektionssystem geeignet ist, Lasten zuverlässig zu verankern. Charakteristische Widerstände sind nur für wenige Steinarten angegeben. Daher sind die charakteristischen Widerstände i. d. R. über das im Zulassungsbescheid angegebene Verfahren durch Versuche am Bauwerk zu bestimmen.

3.9.8.4 Setzbolzen

Setzbolzen mit Vorbohrung sind als Deckenabhänger zur Befestigung leichter Unterdecken sowie statisch vergleichbarer Konstruktionen mit einem Flächengewicht bis 1,0 kN/m^2 bauaufsichtlich zugelassen. Die zulässige Last je Befestigungspunkt beträgt je nach Verankerungstiefe 0,3 bzw. 0,5 kN.

3.9.8.5 Weitere Entwicklung der Zulassungen

Die nationalen Zulassungsbescheide des DIBt für Befestigungsmittel in häufig vorkommenden Anwendungen wurden und werden sukzessive durch Europäische Technische Zulassungsbescheide ersetzt. Gleichzeitig befinden sich die Zulassungsleitlinien der [EOTA 1997] in einer ständigen Überarbeitung und Ausdehnung auf weitere Anwendungsgebiete. Hierfür seien stellvertretend der Einsatz von Befestigungsmitteln unter seismischen Einwirkungen oder Befestigungsmittel unter vorwiegend nicht ruhenden Beanspruchungen, für die es bereits Zulassungsbescheide des DIBt gibt, genannt. Für beide Anwendungsgebiete existiert in [CEN/TS 2009] bereits ein Bemessungsverfahren. Mit der Verabschiedung dieser Zulassungsleitlinien ist mittelfristig zu rechnen, so dass dann für die Bemessungsverfahren auch Produkte mit Europäischer Technischer Zulassung zur Verfügung stehen.

Insgesamt ist festzustellen, dass sich der durch Zulassungsbescheide geregelte Anwendungsbereich von Befestigungsmitteln zur sicheren und wirtschaftlichen Problemlösung noch weiter ausdehnen wird. Dies wird die Verwender vor neue Herausforderungen hinsichtlich der Auswahl, Planung, Bemessung und Montage von Befestigungsmitteln stellen.

3.9.9 Planung, Bemessung und Montage

Die Befestigungstechnikindustrie als eine der innovativsten Branchen hat in den vergangenen Jahren eine große Anzahl von Produkten mit dem Ziel entwickelt, die Planung, die Bemessung und das Verstärken von Beton- und Mauerwerkskonstruktionen flexibler zu gestalten. Das Verständnis des Tragverhaltens dieser Befestigungsmittel, die Art der Anwendungsgebiete, die baurechtlichen Randbedingungen, Bemessungsmethoden und Montageverfahren haben in den letzten dreißig Jahren entscheidende Fortschritte gemacht und sich gerade im Zuge der europäischen Harmonisierungsbestrebungen sehr stark weiterentwickelt und verändert.

Obwohl Dübel in großen Stückzahlen täglich eingebaut werden, ist das Verständnis der Bemessungsmethoden bei den Planern häufig sehr eingeschränkt. Zudem sehen sich die Monteure mit einer Vielzahl unterschiedlicher Befestigungssysteme, die wiederum unterschiedliche Montageverfahren aufweisen, die sie für eine fachgerechte Montage beachten müssen, gegenübergestellt. Für manchen Anwender sind die Vielfalt an Befestigungsmitteln und die zugehörigen Zulassungsbescheide kaum überschaubar. Dies führt teilweise zu Verwirrung und Unsicherheit bei den Anwendern, und es besteht die Möglichkeit einer fehlerhaften Anwendung.

Dies bedeutet, dass zur Sicherstellung eines fachgerechten Einsatzes von Befestigungsmitteln auf der Baustelle von Planern und Monteuren immer mehr Spezialwissen zur Funktionsweise von Befestigungssystemen, deren Bemessung und Montage gefordert ist.

Zur Realisierung des qualifizierten Einsatzes moderner Befestigungstechnik sollte zunächst folgende Frage beantwortet werden: Welche Art von Befestigungsmittel ist für die Lösung meines Befestigungsproblems am besten geeignet?

Die zweite Frage ist: Wie kann ich die Leistungsfähigkeit des Befestigungsmittels bestmöglich ausnutzen?

Mit diesen Fragestellungen setzen sich im Wesentlichen der Planer und der Ingenieur auseinander und entwerfen auf dieser Basis den Befestigungspunkt. Die beste Dübelauswahl und sorgfältigste Entwurfsmethode nützen jedoch nichts, wenn das Befestigungsmittel nicht zuverlässig funktioniert oder nicht richtig montiert ist (Abb. 3.9-27).

Die nationalen und europäischen Zulassungsbescheide setzen als selbstverständlich voraus, dass Befestigungsmittel, die hohe Lasten übertragen sollen und in sicherheitsrelevanten Anwendungen verwendet werden, von erfahrenen Personen geplant und bemessen werden. Nachvollziehbare Berechnungen und Zeichnungen sind zu erstellen. Weiterhin wird gefordert, dass die Dübelmontage durch geschulte und erfahrene Monteure, möglichst geschulte Befestigungstechniker, erfolgt. Denn zuverlässige Verbindungen, basierend auf zuverlässigen Befestigungsmitteln und rechnerischen Nachweisen, können nur durch die Zusammenarbeit der bei der Lösung einer Befestigungsaufgabe vor Ort Beteiligten erreicht werden: Planer und Monteur.

Um das Allgemeinwissen von Planern und Monteuren in der Befestigungstechnik zu verbes-

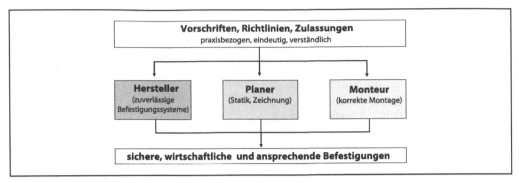

Abb. 3.9-27 Erfolgsfaktoren für sichere Befestigungen mit Dübeln

sern, wurden Seminare mit unterschiedlicher Zielrichtung entwickelt.

Schulung von Ingenieuren und Planern

Die Schulung von Ingenieuren und Planern beginnt bei der Ausbildung. Die gestrafften Studienpläne lassen umfangreichere Vorlesungen zum Thema Befestigungstechnik jedoch lediglich an den Universitäten in Stuttgart und Karlsruhe zu. Vorlesungen zur Vermittlung eines Überblicks über die Befestigungstechnik haben inzwischen vereinzelt auch weitere Hochschulen eingeführt.

Für Ingenieure und Planer, die mitten im Berufsleben stehen, werden durch Weiterbildungsakademien in regelmäßigen Abständen Befestigungstechnikseminare durchgeführt. Des Weiteren bieten Befestigungstechnikfirmen Seminare für Ingenieure an, in denen aktuelle Vorschriften und Befestigungsmittel präsentiert sowie Broschüren und Software zu deren Auswahl und Bemessung erklärt werden. Teilweise behandeln diese Schulungen auch ganz gezielt Anwendungsgebiete, in denen Aktualisierungsbedarf gegeben ist.

Die Befestigungstechnikindustrie ist eine der innovativsten Branchen. Bemessungsverfahren und Zulassungsbescheide werden ständig – und zwar nicht nur für neue, sondern auch für bestehende Produkte – weiterentwickelt. Deshalb sollten sich Ingenieure und Planer regelmäßig über Änderungen und Verbesserungen informieren bzw. durch die Befestigungstechnikfirmen informiert werden. Aktuelle Informationen sind i. d. R. auf den Homepages der Firmen zu finden.

Schulung von Monteuren von Befestigungsmitteln

Die richtige Montage von Befestigungsmitteln ist die Grundvoraussetzung für sichere Befestigungen. Aus diesem Grund sehen die Zulassungsbescheide für nachträglich eingemörtelte Bewehrungsstäbe bereits heute eine eintägige Schulung inklusive einer Prüfung des Baustellenfachpersonals durch eine vom Deutschen Institut für Bautechnik in Berlin anerkannte unabhängige Prüfstelle vor.

Bisher gibt es allerdings noch keine gesetzlichen Verordnungen hinsichtlich der Berechtigung zur Durchführung von Befestigungsarbeiten mit Einlegeteilen oder mit Dübeln. Unbestritten ist jedoch, dass qualifizierte „Befestigungstechniker" für die sichere und wirtschaftliche Ausführung von Befestigungen sorgen sollen.

Alle führenden Hersteller von Befestigungsmitteln führen Schulungen für die Monteure, d. h. die reinen Anwender auf der Baustelle, in Berufsschulen, Handwerkskammern und auch in eigenen Schulungszentren und Akademien durch. Sie bieten nach nicht einheitlich festgelegten Lehrplänen produkt- und anwendungsbezogene Schulungen von zumeist nur einem Tag an, die i. d. R. mit einer Teilnahmebestätigung durch den jeweiligen Hersteller abgeschlossen werden.

Eine über das übliche Maß hinausgehende Monteurschulung stellt die 2003 begonnene Qualifizierung zum „Zertifizierten Befestigungstechniker" dar. Hier haben sich die Universität Stuttgart und ein namhafter Hersteller von Befestigungsmitteln gemeinsam in Inhalt, Ablauf und Anforderungen des Schulungskonzepts eng an der Verwirklichung der Grundidee einer nachgewiesenen Ausbildung mit Prüfung von neutraler Stelle, wie sie bereits bei den nachträglichen Bewehrungsanschlüssen umgesetzt wurde, orientiert.

Der Lehrplan für die 2½-tägigen Schulungen wurde von der Universität Stuttgart ausgearbeitet und beinhaltet je etwa zur Hälfte Schulungsanteile von Theorie und Praxis. Neben Grundlagenwissen der Befestigungstechnik werden Zulassungen und Vorschriften zu den bauaufsichtlich relevanten Befestigungssystemen dieses einen Herstellers für eine Vielzahl von Anwendungen in Beton und Mauerwerk erläutert. Weiterhin müssen die Seminarteilnehmer zur Übung des sicheren Umgangs mit Befestigungssystemen und Bohrwerkzeugen fachgerechte Dübelmontagen in gerissenem und ungerissenem Beton sowie Mauerwerk durchführen. Mit fehlerhaft und richtig gesetzten Dübeln werden Versuche durchgeführt, so dass die Konsequenzen fehlerhafter Ausführung den Teilnehmern sofort vor Augen geführt werden.

Zum Abschluss des Lehrgangs prüft die Universität Stuttgart als neutrale Stelle die erarbeiteten Inhalte bei den Teilnehmern. Bei erfolgreichem Abschluss erhalten die Teilnehmer den Titel „Zertifizierter Befestigungstechniker", was mit einem Zertifikat bestätigt wird. Dieses Zertifikat dokumentiert, dass die Absolventen des Lehrgangs fachlich dazu in der Lage sind, Befestigungsmittel des Herstellers qualifiziert auszuwählen, korrekt anzuwenden und zu montieren. Die Gültigkeit beträgt drei Jahre. Aufgrund des schnellen Wandels und des hohen Innovationspotenzials in der Befestigungstechnik ist nach Ablauf dieser Zeit ein Auffrischungslehrgang mit erneuter Prüfung zu absolvieren.

Es wäre wünschenswert, wenn im Sinne der weiteren Verbesserung der Sicherheit in der Befestigungstechnik das Ausbildungskonzept für „Zertifizierte Befestigungstechniker" auch von anderen Herstellern von Befestigungsmitteln übernommen werden würde. Damit wäre dann von Herstellerseite aus ein Qualitätssiegel im Hinblick auf die Berechtigung zur Durchführung von Befestigungsarbeiten geschaffen.

Ausbildung zur Montage von nachträglichen Bewehrungsanschlüssen

Anwendungsfälle, wie das nachträgliche Befestigen vergessener Bewehrungsstäbe im Bauteil oder das nachträgliche Einbringen von Zusatz- und Anschlussbewehrungen bei Um- und Anbauten, waren über viele Jahre hinweg ein nicht geregeltes Gebiet. Die Konsequenzen, die aus einer fehlerhaften Anwendung entstehen, können sehr schwerwiegend sein. Daher haben die Zulassungsleitlinien in diesem Fall nicht nur die prinzipielle Eignung des Verankerungsmittels, sondern zum ersten Mal auch die Ausführenden festgelegt.

Die Zulassungen für Produkte zur Erstellung von bauaufsichtlich relevanten nachträglichen Bewehrungsanschlüssen setzen voraus, dass nachträglich eingemörtelte Bewehrungen nur von Betrieben mit gültigem Eignungsnachweis durch Baustellenfachpersonal mit Bestätigung ausgeführt werden dürfen.

Die Eignung des Betriebs wird durch eine vom DIBt anerkannte unabhängige Stelle überprüft und vom DIBt widerruflich für drei Jahre erteilt. Der Betrieb muss nachweisen, dass er qualifiziert geführt wird und über Mitarbeiter mit ausreichenden Kenntnissen im Stahlbetonbau sowie Bauleiter und Baustellenfachpersonal mit Bestätigung der erfolgreichen Teilnahme an einer Schulung zur Montage nachträglicher Bewehrungsanschlüsse sowie die zur Montage erforderliche Ausrüstung verfügt.

In eintägigen Schulungen mit einheitlich festgelegtem Lehrplan, die von den Herstellern der Befestigungssysteme angeboten werden, wird der sichere Umgang mit den aufeinander abgestimmten Montage- und Injektionswerkzeugen sowie den Auspressgeräten durch Referate und praktische Anwendungen vermittelt. Weiterhin werden häufig in der Praxis auftretende Fehler und deren Konsequenzen aufgezeigt. Die Schulung wird durch eine theoretische und praktische Qualifizierungsprüfung des Baustellenfachpersonals vor einer vom DIBt anerkannten unabhängigen Stelle abgeschlossen.

Damit sind für Architekten und Tragwerksplaner nur noch Betriebe mit Eignungsnachweis Ansprechpartner für die Ausführung bauaufsichtlich relevanter nachträglicher Bewehrungsanschlüsse.

3.9.10 Zusammenfassung

Die Befestigungstechnik leistet einen unentbehrlichen Beitrag zum wirtschaftlichen Bauen. Sie gewährleistet bei sachgemäßer Anwendung die sichere und dauerhafte Eintragung von hohen Lasten in Beton und Mauerwerk. Bei der Befestigung in Betonbauteilen sollte der Beton im Regelfall als gerissen angenommen werden.

Aufgabe des Ingenieurs ist es, das für den jeweiligen Ankergrund und den jeweiligen Anwendungsfall optimale Befestigungselement auszuwählen, die Befestigung zu bemessen und für eine vorschriftsmäßige Montage Sorge zu tragen. Dazu gehört, dass sich die Verwender, d. h. die Planer, Ingenieure und Monteure, regelmäßig auf den Stand des Wissens zu neuen Produkten und Vorschriften in diesem innovativen Segment des Bauwesens informieren. Dazu sind u. a. Seminare und Schulungen, die von den Herstellern von Befestigungsmitteln angeboten werden, hilfreich.

Allgemeine bauaufsichtliche Zulassungen geben Auskunft über Eignung und Funktionsfähigkeit von Befestigungssystemen und enthalten verbindliche Vorschriften für die Befestigung bauaufsichtlich relevanter tragender Konstruktionen. Dies vereinfacht die Anwendung, zumal einige Hersteller von Befestigungsmitteln die Auswahl und Bemessung auf Grundlage der Zulassungsbescheide durch leistungsfähige Computerprogramme unterstützen.

Zur Vermeidung von Fehlern bei Planung, Ausführung und Nutzung von Befestigungsmitteln ist es erforderlich, die Zulassungsinhalte genau zu verstehen. Mit diesem Beitrag sollte lediglich ein Abriss über die vorhandenen Befestigungsmittel, deren Funktionsweise und Tragverhalten in Voll- und Hohlmauerwerk, gerissenem und ungerissenem Beton gegeben werden. Ferner sollten die Grundprinzipien der Regelwerke dargelegt werden. Weitaus tiefer gehende Informationen, gerade zu besonderen Anwendungsproblemen, sind in [Eligehausen u. a. 2006] zu finden oder über die Anwendungstechnik-Berater der Hersteller zu erhalten.

Abkürzungen zu 3.9

DIBt   Deutsches Institut für Bautechnik
EOTA European Organisation for Technical Approvals
ETA   Europäische Technische Zulassung
fib   Fédération Internationale du Béton

Literaturverzeichnis Kap. 3.9

Asmus J (1998) Bemessung von zugbeanspruchten Befestigungen bei der Versagensart Spalten des Betons. Dissertation. Univ. Stuttgart

Bereiter R (1986) Befestigungen mit Setzbolzen. In: Tagungsband zur Vortragsreihe Befestigungstechnik. Haus der Technik, Essen

Bode H, Hanenkamp W (1985) Zur Tragfähigkeit von Kopfbolzen bei Zugbeanspruchung. Bauingenieur 60 (1985) S 361–367

Cook RA, Kunz J et al. (1998) Behavior and design of single adhesive anchors under tensile load in uncracked concrete. ACI Structural J. 95 (1998) 1, pp 9–26

DIBt (1993) Bemessungsverfahren für Dübel zur Verankerung in Beton. Hrsg: Deutsches Institut für Bautechnik, Berlin

Eligehausen R (1990) Bemessung von Befestigungen in Beton mit Teilsicherheitsbeiwerten. Bauingenieur 65 (1990) S 295–305

Eligehausen R, Balogh T (1995) Behavior of fasteners loaded in tension in cracked reinforced concrete. ACI Structural J. 92 (1995) 3, pp 365–379

Eligehausen R, Meszaros R (1992) Zusammenfassender Bericht über Überprüfungen von Dübeln auf Baustellen. Bericht M655/08-93/32. Institut für Werkstoffe im Bauwesen, Univ. Stuttgart

Eligehausen R, Mallée R, Rehm G (1997) Befestigungstechnik. In: Betonkalender 1997, Bd II. Ernst u. Sohn, Berlin, S 597–715

Eligehausen R, Mallée R, Rehm, G (2000) Befestigungstechnik im Beton- und Mauerwerkbau. Ernst & Sohn, Berlin

Eligehausen R, Mallée R, Silva JF (2006) Anchorage in Concrete Construction. Ernst & Sohn, Berlin

Eligehausen R, Fuchs W u. a. (1989) Befestigungen in der Betonzugzone. Beton- u. Stahlbetonbau 84 (1989) 2, S 27–32; 3, S 71–74

Eligehausen R, Fuchs W u. a. (1992) Tragverhalten von Kopfbolzenverankerungen bei zentrischer Zugbeanspruchung. Bauingenieur 67 (1992) S 183–196

EOTA (1997) Leitlinie für die europäische technische Zulassung für Metalldübel zur Verankerung im Beton, 1997; novelliert November 2006. ETAG 001, T 1–5, Anhang A bis C

EOTA (2002) Leitlinie für die europäische technische Zulassung für Metalldübel zur Verankerung im Beton; ETAG 001, T 5 Verbunddübel, novelliert November 2006

EOTA (2004) Leitlinie für die europäische technische Zulassung für Metalldübel zur Verankerung im Beton; ETAG 001, T 6, Metalldübel für die Verwendung als Mehrfachbefestigung von nichttragenden Systemen, 2004

EOTA (2006) Leitlinie für die europäische technische Zulassung; ETAG 020, Kunststoffdübel als Mehrfachbefestigung von nichttragenden Systemen zur Verankerung im Beton und Mauerwerk, 2006

EOTA (2007/1) Bemessung von Verbunddübeln; TR 029, 2007

EOTA (2007/2 Bewehrungsanschlüsse mit nachträglich eingemörtelten Bewehrungsstäben; TR 023, 2007

EOTA (2008) Leitlinie für die europäische technische Zulassung; ETAG 020, Injektionsdübel aus Metall zur Verwendung im Mauerwerk, 2008

fib (2011) Design of Anchorage in Concrete. P 1–5 Lausanne 2011

Fuchs W, Eligehausen R (1995) Das CC-Verfahren für die Berechnung der Betonausbruchlast von Verankerungen. Beton- und Stahlbetonbau 90 (1995) 1, S 6–9; 2, S 38–44; 3, S 73–76

Fuchs W, Eligehausen R, Breen JE (1995) Concrete capacity design (CCD) approach for fastening to concrete. ACI Structural J. 92 (1995) 1, pp 73–94

Furche J (1994) Zum Trag- und Verschiebungsverhalten von Kopfbolzen bei zentrischem Zug. Dissertation. Mitteilungen, Heft 2. Institut für Werkstoffe im Bauwesen, Univ. Stuttgart

Furche J, Eligehausen R (1992) Lateral blow-out failure of headed studs near the free edge. ACI Special Publication SP 103. ACI, Detroit (USA), pp 235–252

IfBt (1977) Merkblatt über Kennwerte zur Gütesicherung von Hammerbohrern mit Schneidplatten aus Hartmetall, die zur Herstellung der Bohrlöcher von Dübelverbindungen verwendet werden. Institut für Bautechnik, Berlin

Kunz J, Cook RA u. a. (1998) Tragverhalten und Bemessung von chemischen Befestigungen. Beton- und Stahlbetonbau 93 (1998) 1, S 15–19; 2, S 44–49

Lehmann R (1994) Tragverhalten von Metallspreizdübeln im gerissenen und ungerissenen Beton bei der Versagensart Herausziehen. Dissertation. Mitteilungen, Heft 3. Institut für Werkstoffe im Bauwesen, Univ. Stuttgart

Patzak M (1979) Zur Frage der Sicherheit von Setzbolzenbefestigungen in Betonbauteilen. Betonwerk+Fertigteiltechnik (1979) 5, S 308–314

Ramm W, Greiner U (1991) Verankerungen mit Kopfbolzen – randnahe Verankerungen unter Querzugbeanspruchung und unter zentrischer Zugbeanspruchung. Forschungsbericht. Fachgebiet Massivbau und Baukonstruktion, Univ. Kaiserslautern

Rößle M, Eligehausen R (2002) Multiple fastenings to concrete, IWB, Universität Stuttgart, Report No. 02/17-3/16a

Normen

DIN 1045: Beton und Stahlbeton; Bemessung und Ausführung (2008)

DIN EN 1992: Eurocode 2, Planung von Stahlbeton- und Spannbetonbauwerken. Teil 1: Grundlagen und Anwendungsregeln für den Hochbau (2004)

CEN/TS 1992-4: Bemessung von Befestigungen für die Verwendung in Beton. T. 1–4 (2009)

3.10 Baugrund-Tragwerk-Interaktion

Rolf Katzenbach, Konrad Zilch und Christian Moormann

3.10.1 Einführung

Da jedes Bauwerk im bzw. auf dem Baugrund gegründet und vom Baugrund getragen wird, beinhaltet jede Baumaßnahme auch die *Baugrund-Tragwerk-Interaktion*. Aus diesem Grund kommt der Berücksichtigung und der zutreffenden Modellierung dieser Interaktionswirkung eine zentrale Bedeutung an der Schnittstelle zwischen Tragwerkplanung und Geotechnik zu.

Eine vollständige Analyse des i. Allg. dreidimensionalen und zudem zeitvarianten Interaktionsproblems erfordert

- eine Modellierung des Tragwerks und dessen mechanischen Verhaltens,
- eine Modellierung des Baugrunds und des mechanischen Verhaltens des Mehrphasenmediums Bodens sowie
- eine Beschreibung des Kontaktverhaltens zwischen Boden und Bauwerk.

Für die Praxis ist wichtig, ob das i. d. R. schwierige dreidimensionale Problem durch ein einfacheres zwei- oder gar eindimensionales Problem ersetzt werden kann und ob ggf. Vereinfachungen bezüglich des Materialverhaltens und der Modellierung möglich sind. Ferner ist die Klärung des Einflusses der zeitvarianten Änderung von Materialeigenschaften auf die Baugrund-Tragwerk-Interaktion im Hinblick auf die zutreffende Bemessung und die Beurteilung der Gebrauchstauglichkeit von Tragwerk und Gründung von maßgebender Bedeutung.

Häufig werden die Teilsysteme Baugrund und Tragwerk unabhängig voneinander behandelt. Damit wird der Einfluss der Verformungen aus der Gründung auf das Tragwerk nicht berücksichtigt und bei der Bemessung der einzelnen Tragglieder vernachlässigt, was zu Bauwerkschäden bzw. Einschränkungen in der Nutzung führen kann. Um dies zu vermeiden, wird in einigen Fällen – z.B. bei Fundamentplatten, aber auch bei der Bemessung von Brückenüberbauten (der Begriff „Überbau" im Brückenbau entspricht dem Begriff „Tragwerk" im Hochbau) – der Einfluss der Verformungen des Untergrunds auf den Bean-

spruchungszustand von Teilen der aufgehenden Konstruktion z. T. durch pauschale, in Vorschriften festgelegte Regeln vereinfachend berücksichtigt.

Bei der Bemessung werden unterschiedliche, auf
den verschiedensten Modellbildungen basierende
Näherungslösungen zur Erfassung der Baugrund-
Tragwerk-Interaktion verwendet. Der Baugrund ist
dabei nicht nur stützendes oder nur belastendes Element, sondern er bildet zusammen mit den anderen
Werkstoffen ein *Verbundtragsystem*. So verursachen
beim Nachweis der Tragfähigkeit die Einwirkungen
aus dem Bauwerk häufig den maßgebenden Grenzzustand im Baugrund (z. B. Grundbruch), während
beim Nachweis der Gebrauchstauglichkeit Setzungsdifferenzen im Baugrund einen Grenzzustand
im Tragwerk hervorrufen können.

Der Baugrund ist Teil des statischen Systems;
er kann aufgrund seines Eigengewichts jedoch
auch zur Beanspruchung für das Bauwerk werden.
Daher ist es sinnvoll, zwei Typen von Bauwerken
zu unterscheiden:

– *Gründungen*, die vom Baugrund unterstützt werden, und
– *Stützbauwerke*, die den Baugrund unterstützen
  (z. B. Stützwände, Baugrubenverbaue, Tunnel-
  schalen).

Zusätzlich zur mechanischen Modellierung muss
das *Sicherheitskonzept* integriert werden. Die aktuellen Normen des Grundbaus und der Tragwerkplanung unterscheiden sich in den geforderten
Nachweisen der Grenzzustände der Tragfähigkeit
und der Gebrauchstauglichkeit. Für eine schlüssige
Betrachtung der Baugrund-Tragwerk-Interaktion
sind diese bisher nur bedingt kompatibel.

3.10.2 Grundlagen zum Materialverhalten

3.10.2.1 Idealisierung des realen Tragverhaltens

Im *Gesamtsystem* müssen die Eigenschaften des
Baugrunds als Kontinuum und des i. d. R. statisch
unbestimmten Tragwerks zusammengeführt werden. Eine Beschreibung der Interaktion setzt daher
eine zutreffende Erfassung des Materialverhaltens
von Baugrund und Tragwerk voraus. Dabei müssen
insbesondere das elastoplastische, vom Beanspru-

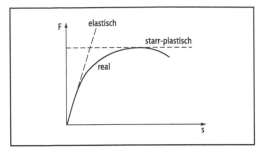

Abb. 3.10-1 Idealisierung des realen Tragverhaltens

chungsniveau und der Einwirkungsgeschwindig-
keit, also von der Belastungsgeschichte abhängige
nichtlineare Werkstoffverhalten des Baugrunds
und des Tragwerks unter Berücksichtigung von
viskosen Effekten und Kontaktverhalten abgebildet werden. Hierzu finden sich in 4.3 (Grundbau,
Baugruben und Gründungen), 3.3 (Massivbau),
3.4 (Stahlbau), 3.7 (Holzbau), 3.6 (Mauerwerk)
und 3.5 (Verbundbau) nähere Angaben.

In der Praxis wird das reale Materialverhalten
i. Allg. durch *vereinfachte Modelle* auf der Grundlage der Elastizitätstheorie bzw. der Plastizitätstheorie idealisiert (Abb. 3.10-1). Die Eignung dieser Modelle ist von der Höhe der Beanspruchungen
der Materialien abhängig, die im Baugrund und im
Tragwerk meist unterschiedlich sind.

3.10.2.2 Zeitabhängige Effekte

Die Baugrund-Tragwerk-Interaktion ist durch die
Vierdimensionalität der Problemstellung geprägt.
Zeitvariante räumliche Strukturen müssen unter zeit-
varianten Einwirkungen abgebildet werden. Systeme
mit veränderlicher Gliederung entstehen bei jedem
Tragwerk, so bei *Hochbaukonstruktionen* durch

– sukzessive Struktur- und Laständerungen,
– Steifigkeitsänderungen und
– Schwerpunktverlagerungen

sowie in einem noch offensichtlicheren Maße bei
Baugruben und Gründungen durch

– den sukzessiven Aushub bzw. Abbruch und
– den sukzessiven Einbau von Sicherungsmitteln.

Während des Bauablaufs entstehen also sich ändernde statische Systeme und sich ändernde innere

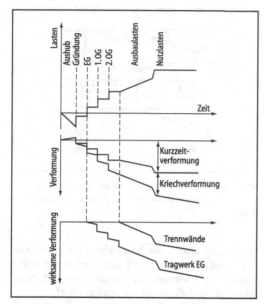

Abb. 3.10-2 Entwicklung der Setzung während der Bauzeit; spannungswirksame Setzungen

Kräfte im Tragwerk. Ein betrachtetes Bauteil (z. B. eine Trennwand) erfährt durch die von einem danach eingebauten Bauteil erzeugte Setzung eine Zwangsbeanspruchung; die bereits eingetretenen Setzungen der vorangegangenen Bauphasen sind für dieses Bauteil nicht mehr relevant (Abb. 3.10-2). Schadenverursachend im Bauwerk sind nicht die absoluten Beträge der sich einstellenden Setzungen, sondern die auftretenden *Setzungsdifferenzen* in der Gründungsfläche oder zwischen den einzelnen Gründungen.

Für eine wirklichkeitsnahe Betrachtung der Baugrund-Tragwerk-Interaktion müssen zudem zeitliche Änderungen des Materialverhaltens, und zwar sowohl des Baugrunds als auch der verwendeten Baustoffe, erfasst werden. Beim Boden gehören hierzu *Konsolidierungsvorgänge* mit dem Abbau von Porenwasserüberdrücken oder -unterdrücken und Kriechvorgänge, die bei bindigen Böden (z. B. Tonen) mehrere Jahre dauern können.

Bei Baustoffen des Tragwerks (z. B. Beton) zählen *Hydratationsvorgänge* mit den damit verbundenen thermischen Prozessen sowie Schwinden und Kriechen zu den zeitvarianten Materialeigen-

schaften. In einer Fundamentplatte aus Beton kann es infolge des Hydratationsprozesses durch Schwinden oder Vorspannung zu einer Interaktion mit dem Baugrund kommen. Aus diesen Zwangsbeanspruchungen können rissverursachende Schnittgrößen resultieren. Zwängungen können mittels Kriechens abgebaut werden.

3.10.2.3 Streuung der Materialeigenschaften

Um ein ausreichendes Sicherheitsniveau zu erreichen, muss bei der Planung von Tragwerken die Streuung der Materialeigenschaften berücksichtigt werden. Die statistische Streuung der Materialkennwerte künstlicher, werkmäßig und güteüberwacht hergestellter *Baustoffe* mit definierter Zusammensetzung wie Beton oder Stahl lassen sich experimentell hinreichend genau ermitteln.

Baugrund ist hingegen der im Bauwesen eingesetzte Werkstoff, über den zu Beginn der Planungsphase einer baulichen Anlage im Vergleich zu den übrigen im Bauwesen verwendeten Werkstoffen die weitaus geringsten Informationen hinsichtlich seiner Zusammensetzung und seines mechanischen Verhaltens zur Verfügung stehen. Auf der anderen Seite haben der Baugrund und das im Baugrund vorhandene Grundwasser entscheidenden Einfluss auf die Standsicherheit und die Gebrauchstauglichkeit eines jeden Bauwerks.

Im Massivbau und im Stahlbau werden die Materialeigenschaften im Laufe des Entwurfs- und Bemessungsprozesses spezifiziert. In der *Geotechnik* ist es umgekehrt: Hier müssen die Materialeigenschaften zu Beginn des Entwurfs- und Bemessungsprozesses, quasi im ersten Arbeitsschritt, durch Feld- und Laboruntersuchungen ermittelt werden. Die Materialeigenschaften des Baugrunds sind zu bestimmende Eingangsdaten des Entwurfs und müssen für jedes einzelne Bauvorhaben gesondert bestimmt werden.

Die Notwendigkeit von projektbezogenen geotechnischen Untersuchungen ist in Eurocode 7 · Teil 2 sowie ergänzenden deutschen Normen geregelt; die Ausführung von Baumaßnahmen ohne vorherige bzw. baubegleitende geotechnische Untersuchungen verstößt gegen die anerkannten Regeln der Technik. Dem normativ vorgeschriebenen sorgfältigen Recherchieren und Auswerten der geotechnischen Informationen u. a. in Form von Ergebnissen von Feld- und Laborversuchen folgt die Festlegung der für die Baumaßnahme maßgebenden *Baugrundeigenschaften* und *Baugrundkennwerte* durch den als Sachverständigen für Geotechnik tätigen Bauingenieur.

Die Ermittlung der Eigenschaften des Baugrunds und der *Grundwassersituation* ist dabei in der Praxis stets eng verknüpft mit zwei Problemen:

– Die Erkundung des Baugrunds kann stets nur punktuell durch Bohrungen oder Sondierungen erfolgen. Art und Umfang der Baugrunderkundung sind dabei von einem Sachverständigen für Geotechnik festzulegen. Sowohl Erkundungsbohrungen als auch Sondierungen können eindeutige Informationen über die Baugrundeigenschaften nur punktuell begrenzt für den Bohr- oder Sondieransatzpunkt und nur bis zu der erkundeten Tiefe liefern. Aus den punktuellen direkten Aufschlüssen muss auf die räumliche Verteilung der Baugrundeigenschaften geschlossen werden. Für die zwischen den Aufschlüssen liegenden Bereiche sind nur Wahrscheinlichkeitsaussagen möglich.

– Die Eigenschaften des Baugrunds, beispielsweise seine mechanischen Kennwerte der Steifigkeit oder der Scherfestigkeit, können mittels Laborversuchen nur an einer begrenzten Anzahl von Proben bestimmt werden, die wiederum den punktuellen Baugrundaufschlüssen entnommen werden. Die Versuchsergebnisse weisen, selektiert nach den einzelnen Baugrundschichten, eine Streuung auf, die aus der Inhomogenität des Baugrunds sowie aus den der Probenentnahme und der Versuchsdurchführung zugrundeliegenden Randbedingungen resultiert.

In Konsequenz stellen die auf diese Weise mittels Erkundungsmaßnahmen und Laborversuchen für eine Bodenschicht erhaltenen Versuchsergebnisse eine Stichprobe mit begrenztem Umfang aus einer örtlich (Baustelle) begrenzten Menge einer Bodenart (= Grundgesamtheit) dar. Der Umfang der Stichprobe ist aus Zeit- und Kostengründen i. d. R. sehr klein.

Der Bauingenieur, hier der Sachverständige für Erd- und Grundbau, steht vor der Aufgabe, auf Grundlage dieser Stichprobe die der Bemessung, d. h. den geotechnischen Nachweisen, zugrunde zu legenden bodenmechanischen Kennwerte zu bestimmen. Wegen der „stochastischen Natur" des Baugrunds

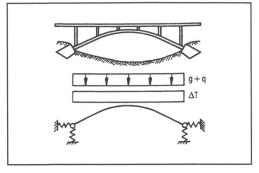

Abb. 3.10-3 Einfluss der Baugrundsteifigkeit auf die Schnittgrößen einer Bogenbrücke unter Last- und Zwangsbeanspruchung

würde sich hierbei die Anwendung entsprechender mathematisch-statistischer Überlegungen zumindest anbieten und konform gehen mit dem *probabilistischen Sicherheitskonzept* [Gudehus 1968].

Im Regelfall stellt der Sachverständige für Erd- und Grundbau die versuchstechnisch ermittelten Kennwerte den Erfahrungen mit dieser Bodenart gegenüber und vergleicht sie mit den bisher zur Verfügung stehenden Informationen. Neben der direkten Bestimmung von Bodenkennwerten aus Feld- und Laborversuchen ist die Rückrechnung von ausgeführten geotechnischen Verbundkonstruktionen, deren Tragverhalten messtechnisch beobachtet und dokumentiert worden ist, eine wesentliche Verfahrensweise zur deduktiven Ermittlung maßgebender Bodenkennwerte, dies insbesondere bei heterogenen Böden wie dem Frankfurter Ton bzw. dem Münchner Flinzmergel.

Bei der Planung komplexer Tragwerke ist in jedem Fall deren Empfindlichkeit auf die *Streuung der Baugrundparameter* zu untersuchen. Abhängig von der Bemessungssituation kann der Ansatz unterer bzw. oberer Grenzwerte der Baugrundsteifigkeiten zu ungünstigeren Beanspruchungen für das Tragwerk führen als der Ansatz von Mittelwerten. Ein Beispiel hierfür ist die in Abb. 3.10-3 dargestellte Bogenbrücke. Während eine steifere Bettung der Widerlager unter Last (g+q) zu einer Reduktion der Beanspruchungen im Bogen führt, nehmen die aus einer Verformungsbehinderung aus Temperaturbeanspruchung (ΔT) oder Schwinden hervorgerufenen Spannungen zu.

3.10.3 Gründungen und Stützbauwerke

3.10.3.1 Flachgründung mit Einzelfundamenten

Abbildung 3.10-4 zeigt mögliche Verteilungen der Sohlspannungen unter einem steifen Einzelfundament. Die unter (a) ermittelte Verteilung stellt sich bei einer geringen Ausnutzung der Tragfähigkeit von Fundament und Baugrund ein und ist somit im Grenzzustand der Gebrauchstauglichkeit maßgebend. Bei Annäherung an die Traglast ist zu unterscheiden zwischen dem Versagen im Fundament (b) und im Baugrund (c). Im erstgenannten Fall kommt es im höchstbeanspruchten Schnitt des Fundaments zur Bildung eines Fließgelenks und

damit zu einer Umlagerung der Sohlspannungen. Die Tragfähigkeit ist dann im wesentlichen durch die Rotationsfähigkeit des Fließgelenks bestimmt.

Bei einem Versagen des Fundaments durch Grundbruch kommt es ebenfalls zu einer *Umlagerung der Sohlspannungen* zur Fundamentmitte. Neben dem duktilen Versagen, gekennzeichnet z. B. durch die Bildung eines Fließgelenks, ist auch ein sprödes Versagen bei Fundamenten ohne ausreichende Duktilität möglich (z. B. infolge Durchstanzen einer Stütze durch eine Fundamentplatte). Hierbei kommt es nicht zu Spannungsumlagerungen im Baugrund.

Abbildung 3.10-5 zeigt die Änderung von Setzungsmulde, Sohlspannung und Momentenverlauf in einem gering bewehrten Fundament bei Laststeige-

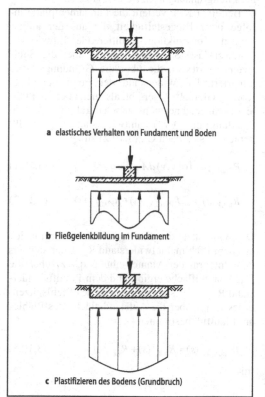

a elastisches Verhalten von Fundament und Boden

b Fließgelenkbildung im Fundament

c Plastifizieren des Bodens (Grundbruch)

Abb. 3.10-4 Mögliche Verteilungen der Sohlspannungen unter einem Einzelfundament

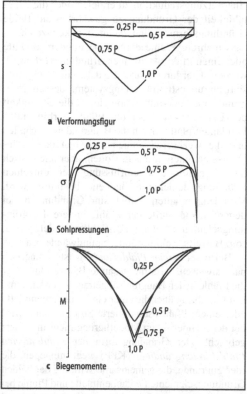

a Verformungsfigur

b Sohlpressungen

c Biegemomente

Abb. 3.10-5 Qualitativer Verlauf von Verformungen und Beanspruchungen in einem Einzelfundament bei sukzessiver Laststeigerung

rung. Die Fundamentplatte geht dabei kontinuierlich vom „elastischen" in den „plastischen" Zustand über. Vergleicht man die Spannungsverteilungen gemäß Abb. 3.10-4 mit der in der Praxis häufig getroffenen Annahme einer konstanten Sohlspannung, so liegen diese für die Grenzzustände der Tragfähigkeit i. d. R. auf der sicheren Seite, in den Grenzzuständen der Gebrauchstauglichkeit jedoch auf der unsicheren Seite.

3.10.3.2 Pfahlgründung und Kombinierte Pfahl-Plattengründung (KPP)

Pfahlgründungen und Kombinierte Pfahl-Plattengründungen (KPP) sind *Tiefgründungen*, bei denen über Pfähle die gesamte oder ein Teil der Bauwerklast in tiefere Bodenschichten eingeleitet wird, um hierdurch gegenüber einer Flächengründung eine Setzungsreduktion zu erzielen oder die Tragfähigkeit der Gründung zu gewährleisten. Beide Gründungsformen sind dadurch gekennzeichnet, dass mehrere Pfähle durch eine Fundamentplatte oder einen Pfahlrost zu einer Gründung verbunden werden. Hierdurch entsteht i. d. R. ein hochgradig statisch unbestimmtes Tragsystem, dessen Baugrund-Tragwerk-Interaktion durch die Steifigkeit des Bauwerks und der die Pfähle verbindenden Fundamentplatte, durch die Baugrundeigenschaften und die Wechselwirkungen zwischen den Gründungselementen und dem Boden, aber auch durch die gegenseitige Beeinflussung der einzelnen Gründungselemente maßgebend bestimmt wird. Vom Tragverhalten ähnlich sind Gründungen, bei denen an die Stelle der Pfähle andere Tiefgründungselemente treten (z. B. Schlitzwandelemente, sog. Barretts, Schlitzwände, Spundwände o. ä.).

Bei einer *reinen Pfahlgründung* ist rechnerisch nachzuweisen, dass die gesamte Bauwerklast über die Pfähle in den Baugrund abgetragen werden kann. Ein Lastabtrag über die unter einer Fundamentplatte oder einem Pfahlrost aktivierte Sohlspannung wird bei der rechnerischen Modellierung nicht in Ansatz gebracht. Der Gründungsform der *Kombinierten Pfahl-Plattengründung* (KPP) liegt hingegen die Idee zugrunde, die gemeinsame Wirkung der beiden Gründungselemente Fundamentplatte und Pfähle bei der Einleitung von Bauwerklasten in den Baugrund zu nutzen sowie rechnerisch beim Nachweis der Tragfähigkeit und der Gebrauchstauglichkeit zum

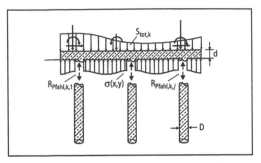

Abb. 3.10-6 Konzept der Kombinierten Pfahl-Plattengründung (KPP)

Ansatz zu bringen (Abb. 3.10-6) [Katzenbach/König 1999]. Dies ist der entscheidende Unterschied zu einer Pfahlgründung nach EC 7-1, Abs. 7.

Bei einer KPP verteilt die Fundamentplatte infolge ihrer Biegesteifigkeit die aus der aufgehenden Konstruktion resultierende Einwirkung (Bauwerklast) S_{tot} sowohl direkt über die Sohlspannung $\sigma(x,y)$, die über die Gründungsfläche integriert den Widerstand der Fundamentplatte $R_{Platte,k}$, Gl. (3.10.1), ergibt, als auch über die Pfähle, gekennzeichnet summarisch durch $\Sigma R_{Pfahl,k,j}$, in den Baugrund. Der Gesamtwiderstand R_{tot} der KPP berechnet sich nach Gl. (3.10.2) zu

$$R_{Platte,k} = \int \sigma(x,y)\,dA\,, \qquad (3.10.1)$$

$$R_{tot,k}(s) = \sum_{j=1}^{m} R_{Pfahl,k,j}(s) + R_{Platte,k}(s)\,. \qquad (3.10.2)$$

Der Widerstand des einzelnen Pfahles j ergibt sich aus dem Pfahlmantelwiderstand $R_{s,k,j}$, der sich aus dem Integral der Mantelreibung $q_{s,k}(z)$ über die Pfahlmantelfläche ergibt, und dem Pfahlfußwiderstand $R_{b,k,j}$, der sich als Integral des Pfahlspitzendruckes $q_{b,k}$ über die Aufstandsfläche des Pfahles am Pfahlfuß bestimmen lässt:

$$R_{Pfahl,k,j}(s) = R_{b,k,j}(s) + R_{s,k,j}(s) \qquad (3.10.3)$$

mit

$$R_{b,k,j}(s) = q_{b,k,j}\frac{\pi \cdot D^2}{4}\,, \qquad (3.10.4)$$

$$R_{s,k,j}(s) = \int q_{s,k,j}(s,z) \cdot \pi \cdot D\,dz\,. \qquad (3.10.5)$$

Die Tragwirkung einer KPP wird durch den Pfahl-platten-Koeffizienten α_{KPP} beschrieben, der angibt, welchen Anteil die Pfähle an dem Gesamtwiderstand $R_{tot,k}$ der KPP haben:

$$\alpha_{KPP}(s) = \frac{\sum_{j=1}^{m} R_{Pfahl,k,j}(s)}{R_{tot,k}(s)} . \qquad (3.10.6)$$

Der Pfahlplatten-Koeffizient kann zwischen den beiden Grenzwerten $\alpha_{KPP}=0$ (Flächengründung nach EC 7-1, Abs. 6) und $\alpha_{KPP}=1$ (Pfahlgründung nach EC 7-1, Abs. 7) variieren. Abbildung 3.10-7 zeigt

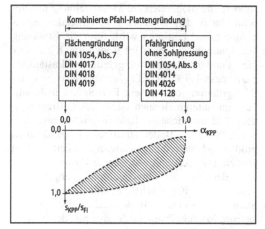

Abb. 3.10-7 Qualitatives Beispiel für die mögliche Setzungsreduktion einer KPP in Funktion des Pfahlplatten-Koeffizienten α_{KPP}

ein qualitatives Beispiel für den Zusammenhang zwischen dem Pfahlplatten-Koeffizienten α_{KPP} und dem Verhältnis der Setzung einer KPP s_{KPP} zur Setzung einer Flächengründung s_{Fl} mit gleicher Gründungsfläche unter der gleichen Einwirkung. Zu den maßgebenden, die Baugrund-Tragwerk-Interaktion einer KPP bestimmenden Interaktionseinflüssen zählen die in Abb. 3.10-8 schematisch dargestellten Wechselwirkungen zwischen

a den Pfählen und dem Baugrund (Pfahl-Bau-grund-Interaktion),

b den Pfählen in einer Pfahlgruppe (Pfahl-Pfahl-Interaktion),

c der Fundamentplatte und dem Baugrund (Platte-Baugrund-Interaktion) und

d der Fundamentplatte und den Gründungspfählen (Pfahl-Platten-Interaktion).

Bei einer Pfahlgründung, bei der keine Sohlspannung unter der die Pfähle verbindenden Pfahlkopfplatte mobilisiert wird, entfallen zwar die Platte-Baugrund-Interaktion und die Pfahl-Platten-Interaktion, doch ist die gegenseitige Beeinflussung der Pfähle in Form der Pfahl-Pfahl-Interaktion ein maßgebender, das Trag- und Verformungsverhalten einer Pfahlgründung beeinflussender Faktor, der u. a. dazu führt, dass das von einem Einzelpfahl bekannte Widerstandssetzungsverhalten eines Pfahles nicht unmittelbar übertragen werden kann auf die Abbildung der Tragwirkung eines Pfahles als Bestandteil einer Pfahlgründung oder einer KPP.

Die zutreffende rechnerische Erfassung der Wechselwirkungen zwischen den Gründungsele-

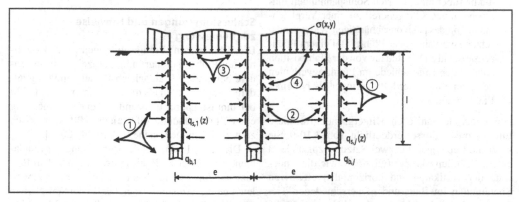

Abb. 3.10-8 Baugrund-Tragwerk-Interaktion bei Kombinierten Pfahl-Plattengründungen (KPP)

menten und dem Baugrund unter gleichzeitiger
Berücksichtigung der Steifigkeit des aufgehenden
Tragwerks ist die entscheidende Voraussetzung für
eine sichere und wirtschaftliche Bemessung von
Kombinierten Pfahl-Plattengründungen.

Auswirkungen der Pfahl-Platten-Interaktion
Das Tragverhalten der Gründungspfähle einer KPP
wird neben der Pfahl-Pfahl-Interaktion zusätzlich
durch die Pfahl-Platten-Interaktion beeinflusst.
Der Einfluss dieser Pfahl-Platten-Interaktion äu-
ßert sich im Vergleich zu einer Pfahlgründung im
Wesentlichen in den folgenden Aspekten:

(1) Bei den Gründungspfählen einer KPP tritt der
    vom Einzelpfahl her bekannte und auch bei den
    Pfählen einer Pfahlgründung zu beobachtende
    Schervorgang am Mantel, also das Erreichen der
    Grenzmantelreibung, nicht oder nur abgemin-
    dert auf. In Abhängigkeit vom Pfahlachsabstand
    und der Pfahlposition nimmt statt dessen der
    Pfahlmantelwiderstand R_s mit zunehmenden
    Setzungen weiter zu, weil die anwachsende
    Sohlspannung die mobilisierbare Pfahlmantel-
    reibung vergrößert. Dieser Effekt verstärkt sich
    bei abnehmendem Pfahlachsabstand.
(2) Zugleich führt bei einer KPP die Fundament-
    platte zu einer Verringerung der Pfahlfederstei-
    figkeiten. Insbesondere bei kleineren Setzungen
    zeigen die Pfähle einer KPP ein deutlich wei-
    cheres Tragverhalten, als dies bei einer Pfahl-
    gründung oder gar einem Einzelpfahl zu beob-
    achten ist.
(3) Das Vorhandensein einer Fundamentplatte und
    die hierüber mobilisierten Sohlspannungen füh-
    ren bei einer KPP generell zu einer Vergleich-
    mäßigung des positionsabhängigen Widerstands-
    setzungsverhaltens der Pfähle. Bei einem Pfahl-
    achsabstand e/D=3 sind die von der Pfahlposition
    abhängigen Unterschiede im Pfahltragverhalten
    der Pfähle bei einer KPP geringer als bei einer
    Pfahlgründung.

Die bodenmechanischen Hintergründe für diese
Interaktionseinflüsse verdeutlicht Abb. 3.10-9. Sie
zeigt die Setzungen für zwei Setzungszustände in
einem Gründungskörper (e/D=6) sowie die Änderung der vertikalen und horizontalen effektiven
Spannungen im Baugrund in verschiedenen Tiefen. Deutlich erkennbar ist, dass bei der KPP die

Fundamentplatte insbesondere im oberen Bereich
der Pfähle zu einer Verringerung der Relativverschiebungen am Pfahlmantel führt, wodurch in
diesem Bereich im Vergleich zu einem entsprechenden Einzelpfahl oder einem Pfahl der Pfahlgründung deutlich geringere Mantelreibungswerte
mobilisiert werden können. Dies ist ursächlich dafür, dass die Pfähle einer KPP sich weicher verhalten als ein Einzelpfahl. Gleichzeitig verursachen
bei einer KPP die über die Fundamentplatte eingeleiteten Sohlspannungen eine deutliche Erhöhung
der wirksamen Spannungen im Baugrund zwischen
den Pfählen (Abb. 3.10-9).

Da die Tragwirkung der Pfähle und hier insbesondere die mobilisierbare Mantelreibung maßgebend durch den im Boden herrschenden Spannungszustand bestimmt wird, führt die Erhöhung
des Spannungszustands im Boden durch die über
die Fundamentplatte eingeleiteten Lastteile
dazu, dass bei einer KPP im Vergleich zu einer
Pfahlgründung oder einem Einzelpfahl insbesondere im unteren Bereich der Pfahltragstrecke, in
dem eine ausreichende Relativverschiebung zwischen Pfahl und Boden stattfinden kann, deutlich
größere Mantelreibungswerte mobilisiert werden
können. Da i.d.R. mit wachsender Einwirkung S_{tot}
auch der über die Fundamentplatte abgetragene
Lastanteil weiter wächst, erhöht sich auch der
Spannungszustand im Boden und damit die mobilisierbare Mantelreibung sukzessive mit der Einwirkung. Dies führt zu der beschriebenen Beobachtung, dass die Pfähle einer KPP i.d.R. keine – oder
nur in einer abgeminderten Form – Grenztragfähigkeit besitzen.

**Schlussfolgerungen und Hinweise
zur Bemessung**
Die Pfähle von Pfahlgründungen und Kombinierten Pfahl-Plattengründungen zeigen insbesondere bei kleinen Pfahlachsabständen ein völlig an-
deres Tragverhalten als dies von einem Einzelpfahl
bekannt ist. Dieser Umstand ist bei der Bemessung
einer Pfahlgründung oder einer KPP rechnerisch
zu berücksichtigen, siehe [EA Pfähle 2011].

Die in der Praxis bei der Bemessung der Fundamentplatte einer KPP mit Hilfe eines auf dem Bettungsmodulverfahren basierenden Ansatzes zuwei-
len übliche Annahme gleicher Federsteifigkeiten
für alle Pfähle unabhängig von ihrer Pfahlposition

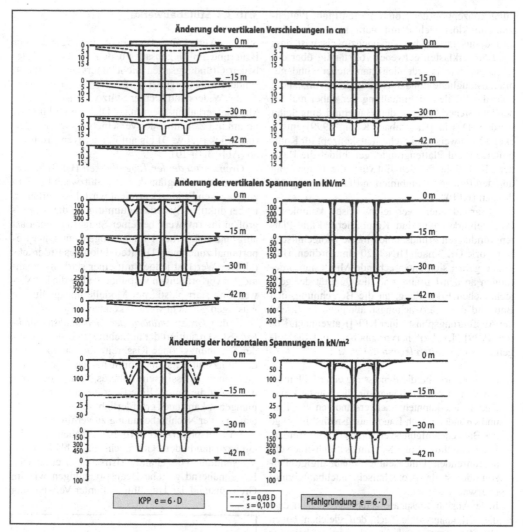

Abb. 3.10-9 Änderung der Setzungen sowie der vertikalen und horizontalen Spannungen unter einer KPP und einer Pfahlgründung mit $e/D = 6$ bei einer Setzung von $s = 0,03 \cdot D$ und $s = 0,01 \cdot D$

ist i.d.R. unzutreffend und kann zu einer sicherheitsrelevanten Fehleinschätzung der Tragwirkung der KPP insbesondere auch im Hinblick auf die innere Tragfähigkeit der Gründungselemente führen. Erforderlich ist in diesem Fall vielmehr eine verschiebungsabhängige Abbildung des standortabhängigen Pfahlwiderstands [Moormann/Ahner 1999].

Nachweiskonzept

Kennzeichnend für das Konzept der KPP ist die Berücksichtigung der Widerstände der Pfähle und der Platte beim Nachweis des Grenzzustands der Tragfähigkeit (ULS; engl.: ultimate limit state) wie auch beim Nachweis des Grenzzustands der Gebrauchstauglichkeit (SLS; engl.: serviceability limit state) der KPP als Gesamtsystem. Die Grün-

dungskonzeption der Kombinierten Pfahl-Plattengründung löst sich damit vom konventionellen
Gründungsentwurf, bei dem nachzuweisen ist, dass
die Bauwerklasten entweder vollständig über das
flach gegründete, für sich standsichere und ge-
brauchstaugliche Fundament oder aber vollständig
über die Pfähle bei Einhaltung der dabei maßgebenden Sicherheiten in den Baugrund eingeleitet
werden. Das in [Katzenbach/König 1999] entwickelte Nachweis- und Sicherheitskonzept für Kombinierte Pfahl-Plattengründungen bildet die Basis
der „Richtlinie für den Entwurf, die Bemessung
und den Bau von Kombinierten Pfahl-Plattengründungen (KPP)".

Aufgrund der vergleichsweise komplexen
Wechselwirkungen sind Kombinierte Pfahl-Plattengründungen grundsätzlich in die geotechnische
Kategorie GK 3 nach DIN 4020 einzuordnen. Hieraus ergeben sich entsprechende Mindestanforderungen an den Umfang und die Qualität der geotechnischen Erkundung, an die Berechnung, den
Bau und die Überwachungsmaßnahmen während
der Ausführungsphase einer KPP [Katzenbach/Kö-
nig 1999]. Explizit hervorzuheben sind die folgenden *sicherheitsrelevanten Aspekte*:

– Der Entwurf und die Bemessung einer KPP müssen von einem Prüfingenieur für Baustatik und
  einem „anerkannten Sachverständigen für Erd-
  und Grundbau nach Bauordnungsrecht" im Zuge
  des Baugenehmigungsverfahrens geprüft werden.
– Die Herstellung einer KPP muss durch eine vom
  ausführenden Unternehmer unabhängige Per-
  son oder Stelle (geotechnische Fachbauleitung)
  überwacht werden.
– In der Ausführungsphase ist darauf zu achten, dass
  die Gründungssohle nach den gleichen hohen
  Qualitätsansprüchen herzustellen ist wie bei einer
  Flächengründung; insbesondere ist eine Aufwei-
  chung der Gründungssohle zu vermeiden, da sonst
  die rechnerisch vorausgesetzte Mobilisierung der
  Sohlspannungen unter der Fundamentplatte nicht
  oder nur eingeschränkt möglich ist.
– Das Tragverhalten und der Kraftfluss innerhalb
  einer KPP sind in Abhängigkeit von den sich
  aus dem Baugrund, dem Tragwerk und der
  Gründung ergebenden Anforderungen nach dem
  Konzept der Beobachtungsmethode messtechnisch zu überwachen.

3.10.3.3 Stützbauwerke

Stützbauwerke sind Bauwerke, bei welchen der
Baugrund im Gegensatz zu den zuvor beschriebenen Gründungsarten nicht unterstützend wirkt,
sondern selbst gestützt wird.

Der Widerstand R einer Stützwand ist durch das
Materialverhalten begrenzt. Die Einwirkung E
nimmt mit zunehmender Verschiebung w vom Erd-
ruhedruck (bei w=0) bis auf den aktiven Erddruck
ab (Abb. 3.10-10).

Grenzzustände der Tragfähigkeit (ULS) entstehen, wenn die Tragfähigkeit der Stützwand bei dem
zugehörigen Erddruck erreicht wird. Das Verhalten
ist bei duktilen Systemen gutmütig, da die Schnittgrößen im Tragwerk bei einer Steigerung der Last
aufgrund möglicher Umlagerungen nur unterproportional zunehmen. Die Reduktion des Erddrucks
(aktiver Wert) ist jedoch mit einer starken Zunahme der Verformungen verbunden, über die bei Verwendung starr-plastischer Modelle nur qualitative
Aussagen gemacht werden können.

In den *Grenzzuständen der Gebrauchstauglichkeit* (SLS) resultiert der aufnehmbare Erddruck aus
der Spannungs- oder Rissbreitenbeschränkung in
der Stützwand. Es sind somit nur geringe Verformungen w zulässig; ein höheres Niveau des Erddrucks ist die Folge. Eine Begrenzung der Verformungen w kann auch erforderlich werden, um Schäden an einer Nachbarbebauung zu verhindern.

Im Beispiel (Abb. 3.10-10) ergeben sich im
Grenzzustand der Gebrauchstauglichkeit unter
Verwendung von charakteristischen Werten (R_k,
E_k) annähernd gleiche Beanspruchungen wie im
Grenzzustand der Tragfähigkeit unter Verwendung

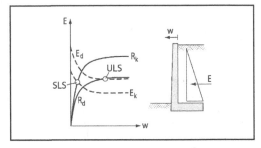

Abb. 3.10-10 Resultierender Erddruck auf eine Stützwand
im Grenzzustand der Tragfähigkeit (ULS) und im Grenzzustand der Gebrauchstauglichkeit (SLS)

von Bemessungswerten (R_d, E_d), sodass die Gebrauchstauglichkeit bemessungsrelevant wird.

3.10.4 Modellierung der Baugrund-Tragwerk-Interaktion

3.10.4.1 Mechanische Modellierung

Das Gesamtsystem aus Baugrund und Tragwerk wird in vielen Fällen in die beiden Teilsysteme *Baugrund* und *Tragwerk* aufgespalten, das Tragwerk des Weiteren in den *Überbau* und die *Gründung*. Die Gesamtheit aus dem Tragwerk und den nichttragenden Einbauten (z. B. leichte Trennwände) bildet das Bauwerk. Im Allgemeinen kann die Baugrund-Tragwerk-Interaktion entweder am Gesamtsystem oder an den gekoppelten Teilsystemen Baugrund und Tragwerk berechnet werden (Abb. 3.10-11).

Das in Gl.-(3.10.7) dargestellte System beschreibt zunächst die entkoppelten Teilsysteme Tragwerk und Baugrund [Zilch/Schneider 1997].

$$\begin{bmatrix} k_T & 0 \\ 0 & k_B \end{bmatrix} \cdot \begin{bmatrix} w_T \\ w_B \end{bmatrix} = \begin{bmatrix} p_T \\ p_B \end{bmatrix} \qquad (3.10.7)$$

mit
k_T, k_B Steifigkeitsmatrix des Tragwerks bzw. des Baugrunds
w_T, w_B Knotenverschiebung des Tragwerks bzw. des Baugrunds
p_T, p_B Lastvektor des Tragwerks bzw. des Baugrunds.

Der Lastvektor des Baugrunds ist i. Allg. gleich null und wird im Folgenden nicht berücksichtigt. Durch die Einführung einer Kompatibilitätsbedingung (R_{int}) in Gl. (3.10.8) an der Schnittstelle Baugrund/Tragwerk werden die Verformungen des Baugrunds an die des Tragwerks gekoppelt, und die zunächst singuläre Gl. (3.10.7) wird als Gesamtsystem lösbar, Gl. (3.10.9).

$$w_B = R_{int} \cdot w_T \qquad (3.10.8)$$

$$\begin{bmatrix} I & R_{int}^T \end{bmatrix} \cdot \begin{bmatrix} k_T & 0 \\ 0 & k_B \end{bmatrix} \cdot \begin{bmatrix} I \\ R_{int} \end{bmatrix} \cdot w_T$$
$$= k_{T+B} \cdot w_T = \begin{bmatrix} I & R_{int}^T \end{bmatrix} \cdot \begin{bmatrix} p_T \\ 0 \end{bmatrix} = p_T \qquad (3.10.9)$$

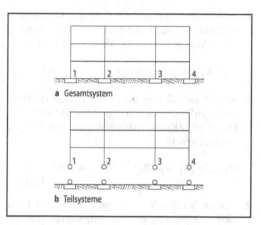

a Gesamtsystem

b Teilsysteme

Abb. 3.10-11 Modellbildung in der Baugrund-Tragwerk Interaktion

mit
I Einheitsmatrix.
R_{int} Kompatibilitätsbedingung.

Die Berechnung am Gesamtsystem ist mit den gängigen Hilfsmitteln bei zeitinvariantem Werkstoffverhalten meist problemlos und schnell durchführbar; es werden im Rahmen der Modellannahmen exakte Ergebnisse geliefert. Die Nachteile bestehen darin, dass das Verfahren keine Zwischenergebnisse in Form von Schnittgrößen und Auflagerkräften für die gekoppelten Teilsysteme liefert. Der Einfluss der Baugrundverformungen auf die Schnittgrößen des Tragwerks ist nicht erkennbar, d. h. eine Interpretation der Endergebnisse ist nur schwer möglich. Häufig ist zur Beurteilung der Sicherheit eine Abschätzung über obere und untere Grenzwerte nötig.

Die Teilsystemberechnung findet iterativ jeweils getrennt an den Systemen Baugrund und Tragwerk mit den Kopplungsbedingungen, Gl. (3.10.10), statt:

$$w_T = R_T \cdot w_{T,red} + R_{int}^T \cdot w_B \qquad (3.10.10)$$

1. Schritt: Berechnung der Schnittgrößen des Tragwerks und der Auflagerreaktionen unter der Annahme unverschieblicher Auflager, d. h. Vernachlässigung der Baugrundverformung.

$$w_{T,red} = \left(R_T^T \cdot k_T \cdot R_T \right)^{-1} \cdot R_T^T \cdot p_T \qquad (3.10.11)$$

2. Schritt: Berechnung der zugehörigen Baugrundverformung infolge der mit Gl. (3.10.11) berechneten Auflagerreaktionen als schlaffe Lasten.

$$\mathbf{w}_B = \mathbf{k}_B^{-1} \cdot \mathbf{R}_{\mathrm{int}} \cdot (\mathbf{p}_T - \mathbf{k}_T \cdot \mathbf{w}_T) \qquad (3.10.12)$$

3. Schritt: Berechnung der Schnittgrößen im Trag-
werk aufgrund der Baugrundverformung aus
Gl. (3.10.12) und Bestimmung der zugehörigen
Auflagerreaktionen.

$$\mathbf{w}_{T,red} = \left(\mathbf{R}_T^T \cdot \mathbf{k}_T \cdot \mathbf{R}_T\right)^{-1} \cdot \mathbf{R}_T^T \left(\mathbf{p}_T - \mathbf{k}_T \cdot \mathbf{R}_{\mathrm{int}}^T \cdot \mathbf{w}_B\right)$$
$$(3.10.13)$$

4. Schritt: Iterative Wiederholung von Schritt 2 und
Schritt 3, bis eine ausreichende Genauigkeit erreicht ist.

In der Regel erhält man mit wenigen Iterations-
zyklen ein für baupraktische Zwecke ausreichend
genaues Ergebnis. Der entscheidende Vorteil der
iterativen Berechnung besteht darin, dass man anhand der einzelnen Berechnungsschritte die Empfindlichkeit des Tragwerks gegenüber Setzungen
ablesen kann, dass geeignete Sicherheitsüberle-
gungen eingeschlossen werden können und dass
zeitabhängiges Verhalten mit einfachen Ingenieur-
modellen problemlos einzubeziehen ist.

3.10.4.2 Modellierung des Baugrunds

Setzungen im Baugrund sind nicht unabhängig
voneinander, sondern miteinander gekoppelt. Durch
die Setzung im Punkt i wird auch eine Setzung $\mathbf{w}_j^i$
im Auflagerpunkt j hervorgerufen; es entsteht eine
sog. „Setzungsmulde". Die Steifigkeit der Fun-
damentgruppe aus Abb. 3.10-11 lässt sich nach
dem *Steifemodulverfahren* unter Voraussetzung
elastischen Materialverhaltens folgendermaßen beschreiben:

$$\mathbf{k}_B = \begin{bmatrix} w_1^1 & w_1^2 & w_1^3 & w_1^4 \\ w_2^1 & w_2^2 & w_2^3 & w_2^4 \\ w_3^1 & w_3^2 & w_3^3 & w_3^4 \\ w_4^1 & w_4^2 & w_4^3 & w_4^4 \end{bmatrix}^{-1} \qquad (3.10.14)$$

Dabei ist $\mathbf{w}_j^i = \mathbf{w}_i^j$ die Setzung im Punkt i infolge einer im Punkt j angreifenden Last vom Betrag eins.

Zur Ermittlung dieser Setzungen s. 4.3 sowie
[DGEG 1993].

Die Kopplung auf den Nebendiagonalgliedern
klingt mit zunehmender Entfernung zwischen den
Auflagern ab und kann i. d. R. vernachlässigt werden, wenn der Abstand der Fundamente die zweifache Dicke der kompressiblen Bodenschicht übersteigt. Daher ist es i. Allg. möglich, den Baugrund
durch eine Federlagerung mit unabhängigen Federn nach dem *Bettungsmodulverfahren* zu idealisieren, Gl. (3.10.15) (zum Steife- bzw. Bettungsmodulverfahren s. 4.3). Es entsteht ein Setzungs-
graben.

$$\mathbf{k}_B = \begin{bmatrix} w_1^1 & 0 & 0 & 0 \\ 0 & w_2^2 & 0 & 0 \\ 0 & 0 & w_3^3 & 0 \\ 0 & 0 & 0 & w_4^4 \end{bmatrix}^{-1} \qquad (3.10.15)$$

Bei kontinuierlich gebetteten Platten oder Balken ist
dieses Vorgehen ebenfalls möglich, die Berücksichtigung der Kopplung ist allerdings numerisch relativ
aufwändig, da die Steifigkeitsmatrix keine Band-
struktur besitzt. Eine Modellierung mit entkoppelten
Federn (Winklerscher Halbraum, Bettungsmodulverfahren) ist durchaus eine geeignete Art, den Baugrund zu idealisieren. Sie liefert ausreichend genaue
Ergebnisse, wenn die Steifigkeit der Fundamentplatte gering ist und die Platte durch Einzellasten beansprucht wird. Unter Gleichlast hingegen ergibt sich
als Setzungsfigur bei einer über die Gründungsfläche konstanten Federsteifigkeit lediglich eine Starrkörperverschiebung. In der Platte entstehen rechnerisch keine Schnittgrößen, was realitätsfern ist. Eine
Verbesserung der Modellierung lässt sich durch die
Wahl eines an den Plattenrändern erhöhten Bettungs-
moduls erreichen. Mit einem iterativen Vorgehen
unter der Verwendung von Federn mit ortsabhängiger Steifigkeit lässt sich die Qualität der Modellierung verbessern (Abb. 3.10-12).

3.10.4.3 Sicherheitstheoretische Aspekte

Die Untersuchung des gekoppelten Systems aus
Baugrund und Tragwerk kann, wie gezeigt, am Ge-
samtsystem oder an Teilsystemen erfolgen. Die
Streuung der Baugrundeigenschaften wird in die-

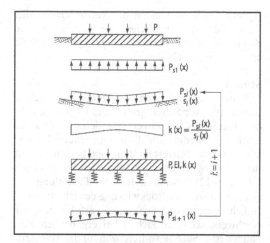

Abb. 3.10-12 Iteratives Vorgehen zur Bestimmung ortsabhängiger Federsteifigkeiten (nach [Zilch 1993a])

telwerten in die Berechnung eingeführt werden. Um ein vergleichbares Sicherheitsniveau zu erreichen, ist es erforderlich, die Baugrundsteifigkeit unter Berücksichtigung von globalen und lokalen Streuungen in die Berechnung aufzunehmen. Ein Beispiel hierfür zeigt Abb. 3.10-13 (vgl. hierzu 1.6).

3.10.4.4 Vereinfachtes Vorgehen in der Praxis am Beispiel der Flachgründung

Die realitätsnahe Erfassung der Interaktion ist nur mit großem Berechnungsaufwand und nur mit numerischen Methoden, also EDV-gestützt, möglich. Für eine praxisnahe Untersuchung ist dies häufig nicht erforderlich. Im Folgenden wird daher eine in vier Stufen geordnete Systematik vorgestellt, mit der die Baugrund-Tragwerk-Interaktion unter gegebenen Randbedingungen mit vereinfachten Berechnungsmodellen berücksichtigt werden kann [NABau 1992] (Abb. 3.10-14).

Stufe 0

Im einfachsten Fall bleibt die Interaktion zwischen Baugrund und Tragwerk völlig unberücksichtigt. Die Schnittgrößenermittlung erfolgt unter Annahme einer starren Auflagerung des Tragwerks nach Gl. (3.10.11). Die sich hieraus ergebenden Sohlspannungen werden mit zulässigen Werten verglichen, die ein Versagen des Baugrunds infolge Grundbruch ausschließen und Setzungen bzw. Setzungsdifferenzen hervorrufen, die erfahrungsgemäß als unschädlich für das Tragwerk angesehen werden.

Voraussetzung für die Wahl dieser Modellierungsstufe ist bei Nachweisen der Gebrauchstauglichkeit,

sen beiden Methoden auf unterschiedliche Weise berücksichtigt. Bei der Gesamtsystemberechnung ist der Baugrund Teil des statischen Systems, die Steifigkeit des Baugrunds gehört zum Systemwiderstand. Bei der Betrachtung von Teilsystemen werden die Verformungen als Zwängungen betrachtet, das Verhalten des Baugrunds damit der Einwirkungsseite zugeschlagen. Dies hat Folgen für das *Sicherheitskonzept*:

Während Setzungen im Grenzzustand der Tragfähigkeit i. d. R. als Bemessungswerte und im Grenzzustand der Gebrauchstauglichkeit als charakteristische Werte angesetzt werden, geht dieses Sicherheitselement bei der Gesamtsystembetrachtung verloren, wenn die Baugrundeigenschaften mit Mit-

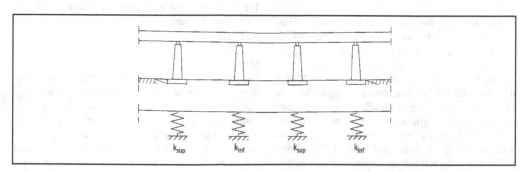

Abb. 3.10-13 Variation der Baugrundsteifigkeit bei einem Durchlaufträger

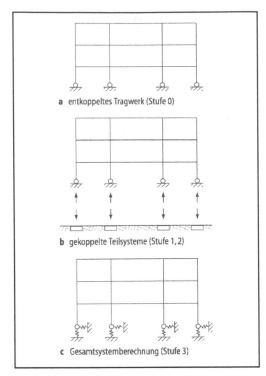

Abb. 3.10-14 Modelle zur Berechnungsvereinfachung [NABau 1992]

– dass entweder das Tragwerk setzungsunempfindlich ist oder
– dass der Baugrund sehr steif ist und die Setzungen absolut sehr klein bleiben und damit auch Setzungsdifferenzen vernachlässigt werden können.

Beim Nachweis der Tragfähigkeit muss das Tragwerk eine ausreichende plastische Verformungsfähigkeit besitzen, d. h. im maßgebenden Versagensmechanismus setzungsunempfindlich sein.

Der Einsatz rechnerischer Modelle der Modellierungsstufe 0 ist im Hochbau bei vergleichsweise einfachen Tragsystemen üblich. Im Grenzzustand der Gebrauchstauglichkeit sollte sich die Anwendung auf Systeme mit geringer Steifigkeit beschränken, im Grenzfall auf statisch bestimmte. Bei hochgradig statisch unbestimmten steifen Systemen oder Tragwerken mit ungleichmäßiger Stei-

figkeitsverteilung können die Verformungen des Baugrunds zu erheblichen Umlagerungen der Schnittgrößen im Tragwerk führen, die rechnerisch erfasst werden müssen.

Stufe 1

In Stufe 1 werden zunächst – analog zum Vorgehen in Stufe 0 – die Schnittgrößen des Überbaus, d. h. des Tragwerks bei unverschieblicher Gründung, ermittelt. Für die sich dabei ergebenden Reaktionen wird das Teilsystem Baugrund berechnet, und die sich dabei ergebenden Setzungen werden nach Gl. (3.10.12) bestimmt. Bei der Ermittlung der Setzungen wird die Rückwirkung der Überbausteifigkeit nicht berücksichtigt. Es erfolgt nun der Nachweis, dass die sich dabei ergebenden Setzungen bzw. Setzungsdifferenzen für das Tragwerk unschädlich sind.

Stufe 2

Anders als bei Stufe 1 werden bei einer zur Stufe 2 zu zählenden Verfahrensweise die ermittelten Verformungen der Gründungssohle in Form der berechneten Setzungsdifferenzen dem Überbau als Lastfall aufgezwungen und die Schnittgrößen im Tragwerk erneut nach Gl. (3.10.13) bestimmt. Damit wird in der Modellierungsstufe 2 die Rückwirkung des Überbaus auf die Gründungsverformungen berücksichtigt. Der aus diesen Zwangseinwirkungen resultierende Beanspruchungszustand ist in der Bemessung sowohl beim Nachweis der Gebrauchstauglichkeit als auch beim Nachweis der Tragfähigkeit zu berücksichtigen. Die Modellierungsstufe 2 stellt gegenüber der Stufe 3 eine sinnvolle Vereinfachung dar, wenn die Nichtberücksichtigung der Gründungsentlastung durch das Tragwerk und die zu hohen im Tragwerk eingerechneten Setzungen nicht zu spürbarer Unwirtschaftlichkeit führen.

Stufe 3

Die Modellierungsstufe 3 beinhaltet die vollständige rechnerische Abbildung der Baugrund-Tragwerk-Interaktion. Hierzu wird entweder ein Gesamtmodell geschlossen berechnet und nachgewiesen, oder es erfolgt eine iterative Lösung unter Anwendung zweier Teilmodelle für Baugrund und Tragwerk (im Prinzip iteratives Anwenden eines Modells der Stufe 2).

Eine Orientierungshilfe für die Wahl einer geeigneten Modellierungsstufe für ein gegebenes Bauwerk ergibt sich aus der Systemsteifigkeit k. Für flach gegründete Systeme mit rechteckiger Sohlfläche lässt sich dieser Kennwert als Verhältnis der Steifigkeit des Tragwerks und der Steifigkeit des Baugrunds darstellen:

$$k = \frac{E_T \, I_T}{E_S \, l^3 b} \eta \qquad (3.10.16)$$

mit

E_T, I_T Steifigkeit des Tragwerks
l, b Länge und Breite des Tragwerks
E_S Steifemodul des Baugrunds
η Korrekturfaktor zur Berücksichtigung des Verhältnisses b/l und der Dicke der kompressiblen Bodenschicht(en) nach DIN 4018.

Die effektive Steifigkeit des Tragwerks ergibt sich als Summe der Steifigkeiten von Gründung und Überbau, im einfachsten Fall aus der Summe der Biegesteifigkeiten der Fundamentplatte und der Deckenplatten bzw. der Riegel des Überbaus, wobei der erste Anteil bei Einzelfundamenten verschwindet. Eine Abschätzung unter Berücksichtigung der Rahmenwirkung erhält man mit der Gleichung von Meyerhof [Schultze 1955].

Nach [NABau 1992] kann für k≥0,1...0,5 von einem starren Tragwerk und einer Sohlspannungsverteilung nach Boussinesque ausgegangen werden. Rechnerisch ergeben sich hierbei unendlich Spannungsspitzen an den Fundamenträndern, die umgelagert werden müssen. Für k≥0,001...0,003 kann von einem schlaffen Tragwerk ausgegangen werden. Für Zwischenwerte ist eine Berücksichtigung der Interaktion zweckmäßig.

3.10.4.5 Verformungsgrenzen des Tragwerks

Unabhängig von der gewählten Modellierungsstufe erfordert der Nachweis der Gebrauchstauglichkeit die Kenntnis der vom Tragwerk aufnehmbaren zulässigen Setzungen bzw. Setzungsdifferenzen. Hier werden Hinweise zur Festlegung der Verformungsgrenzen eines Tragwerks gegeben.

Zunächst ist der Begriff „Setzung" zu definieren (Abb. 3.10-15). Die Setzungen eines Tragwerks mit den Einzelsetzungen s_i lassen sich aufteilen in die Starrkörperverschiebung s_{sk}, die Starrkörperverdrehung Φ_{sk} und eine Verkrümmung, die sich durch eine spannungserzeugende Setzungsdifferenz Δs beschreiben lässt. Zur Bestimmung von Setzungsdifferenzen Δs sind mindestens drei Auflagerpunkte erforderlich. Da sich Δs aus der Differenz der stark streuenden absoluten Setzungen s_i ergibt, ist die Unsicherheit bei der Bestimmung der Setzungsdifferenz erheblich größer als bei der Ermittlung der absoluten Setzungen. Vielfach wird die Setzungsdifferenz daher in Abhängigkeit von der maximal aufnehmbaren Setzung angegeben, was jedoch nur Sinn macht, wenn die planmäßigen Setzungen (d.h. die stochastischen Mittelwerte) in den Unterstützungen annähernd gleich sind. Dies ist z.B. bei der Kombination von Streifen- mit Einzelfundamenten zu überprüfen.

Die von einem Biegeträger (Abb. 3.10-16) aufnehmbaren Setzungen können allgemein nach dem Prinzip der virtuellen Kräfte bestimmt werden (l ist auf die halbe Trägerlänge bezogen):

$$\Delta s = \int (\kappa \, \overline{M} + \gamma \, \overline{Q}) \, dx \qquad (3.10.17)$$

mit

$\kappa = M/(E\,I)$ Krümmung
$\gamma = Q/(G\,A_Q)$ Schubverzerrung.

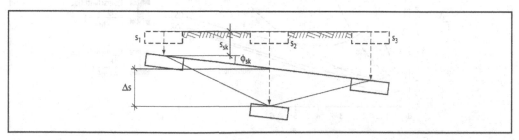

Abb. 3.10-15 Definition der Setzung

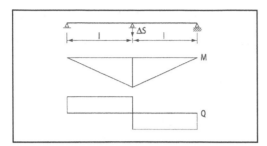

Abb. 3.10-16 Ermittlung der aufnehmbaren Verformungen am Zweifeldträger

Mögliche Grenzwerte der Durchbiegung ergeben sich für linear elastische Werkstoffe aus dem Erreichen der Zugfestigkeit am Querschnittsrand oder der aufnehmbaren Schubspannungen in der Schwerachse. Die Zugfestigkeit kann durch die Bruchdehnung des Baustoffs ε_{krit} beschrieben werden. Daraus folgt die maximal zulässige Krümmung $\kappa_{krit}=2\varepsilon_{krit}/h$ bzw. die maximale Schubverzerrung $\gamma_{krit}=2\varepsilon_{krit}$. Damit ergibt sich zur Vermeidung von Biegerissen, Gl. (3.10.18), bzw. Schubrissen, Gl. (3.10.19), für einen zweifeldrigen schubweichen Balken eine zulässige Setzungsdifferenz von

$$\frac{\Delta s}{l \cdot \varepsilon_{krit}} = \frac{2}{3} \cdot \frac{l}{h}\left[1 + 3 \cdot \frac{h^2}{l^2} \cdot \frac{EI}{GA_Q \cdot h^2}\right] \qquad (3.10.18)$$

$$\frac{\Delta s}{l \cdot \varepsilon_{krit}} = 2 + \frac{2}{3} \cdot \frac{GA_Q \cdot h^2}{EI} \cdot \frac{l^2}{h^2} \qquad (3.10.19)$$

Die Grenzkurven der maximal aufnehmbaren Setzungen $\Delta s/l$ verschiedener Querschnitte sind in Abb. 3.10-17 in Abhängigkeit der Bruchdehnung ε_{krit} und der Schlankheit l/h dargestellt. Bei verschiedenen Baustoffen sind zusätzliche Überlegungen erforderlich:

Stahlbeton
Bei Betonwänden lässt sich durch Anordnung einer Mindestbewehrung auch nach einem lokalen Überschreiten der Zugfestigkeit die Breite der entstehenden Risse auf zulässige Werte beschränken (vgl. 3.3).

In Abb. 3.10-18 sind die aufnehmbaren Setzungsdifferenzen $\Delta s/l$ eines zweifeldrigen Stahlbetonträgers, Schlankheit $\lambda = l/h = 20$, Durchmesser der Längsbewehrung 16 mm, unter der Querlast $v = 8 \; M_{Grenz}/(q \cdot l^2) = 1{,}5$ in Abhängigkeit des Bewehrungsgrades ρ im Grenzzustand der Tragfähigkeit und im Grenzzustand der Gebrauchstauglichkeit angegeben. Der Knick in der Linie der Tragfähigkeit kennzeichnet den Übergang von Stahl- zu Betonversagen. Bei hohen Bewehrungsgraden wird die Gebrauchstauglichkeit nicht mehr maßgebend. Die Verformbarkeit im Grenzzustand der Tragfähigkeit nimmt wegen der reduzierten Rotationsfähigkeit wieder ab.

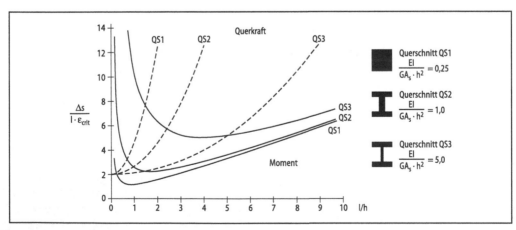

Abb. 3.10-17 Elastische Grenzkurven der aufnehmbaren Setzungen für verschiedene Querschnitte

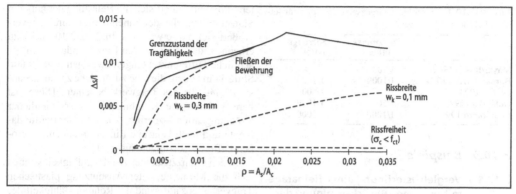

Abb. 3.10-18 Verformungsfähigkeit unter Querlast in Abhängigkeit des Bewehrungsgrades

Mauerwerk

Das Tragverhalten von Mauerwerkswänden lässt sich wegen der anisotropen Struktur wesentlich schwieriger bestimmen. Aufnehmbare Zugspannungen bzw. Dehnungen sind in hohem Maße von der vertikalen Auflast abhängig. Daher sind insbesondere gering belastete oder nichttragende Wände sehr empfindlich gegenüber Setzungen.

Die aus elastischen Berechnungen resultierenden Grenzwerte lassen sich in der Praxis kaum einhalten. Allerdings beobachtet man vielfach auch bei ihrer Überschreitung keine nennenswerte Schädigung. Dies ist auf einige in den vorstehenden Ableitungen nicht berücksichtigte Tragwirkungen zurückzuführen. In der Regel ist die Längsdehnung an der Unterkante der Wand durch ein Zugband behindert (Deckenplatte oder Streifenfundament). Bei gedrungenen Wänden führt dies bei einer Muldenlagerung ab einer bestimmten Verformung zu einem Abheben der Wand von der Unterstützung in Feldmitte und der Ausbildung eines Gewölbes (Abb. 3.10-19) [Mayer/Rüsch 1967]. Aus diesem Mechanismus lässt sich die deutlich größere Empfindlichkeit einer Sattellage gegenüber einer Muldenlage erklären.

Aufgrund der komplexen Zusammenhänge greift man oft auf pauschale Grenzwerte für die zulässigen Verformungen zurück. Diese sind aus vereinfachten Berechnungen oder aus der Beobachtung und statistischen Auswertung realer Schadensfälle gewonnen. Sie weisen eine große Bandbreite auf (Tabelle 3.10-1). Wegen der gerin-

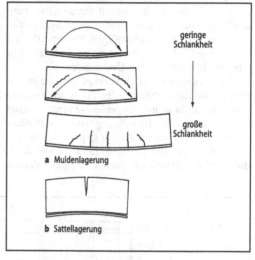

Abb. 3.10-19 Rissformen in Wänden

gen Differenzierung sind diese Grenzen bei einer Anwendung jedoch genau zu hinterfragen.

Es muss beachtet werden, dass Grenzwerte für aufnehmbare Setzungsdifferenzen nur für Tragwerke mit gleichmäßiger Steifigkeitsverteilung angegeben werden können. Bei Systemen mit stark unterschiedlicher Steifigkeit konzentrieren sich die auftretenden Setzungen in den weicheren Bereichen des Tragwerks, dabei können z. B. im Bereich von Türöffnungen Probleme entstehen.

Tabelle 3.10-1 Empfohlene Grenzsetzungen $l/\Delta s$ für lotrecht belastetes Mauerwerk

	Setzungs-mulde	Setzungs-sattel
Mayer/Rüsch 1967	1/300	–
Burland/Wroth 1974	1/1000	1/1000
DGEG 1993	1/300	1/600
Dulácska 1992	1/500	1/1000
Pfefferkorn 1994	1/1000	1/1000

3.10.5 Beispiele

3.10.5.1 Vergleichsrechnung einer Tiefgarage mit und ohne Berücksichtigung der Baugrund-Tragwerk-Interaktion

Die in [Zilch 1993b] untersuchte Tiefgarage mit quadratischem Grundriss ist auf Streifenfundamenten (Umfassungswände) und Einzelfundamenten (Innenstützen) mit gleichmäßigem Stützenraster auf einem Sandboden gegründet (Abb. 3.10-20). Der Überbau besteht aus einer Ortbetondecke.

Die gesamte Last aus dem Tragwerk wird in kurzer Zeit auf das Gebäude aufgebracht, so dass zeitabhängige Effekte in der Berechnung vernachlässigt werden können. Die Berechnung wird ohne Berücksichtigung einer Interaktion für g+p auf der Stufe 0 und mit einer vollständigen Iteration (Stufe 3) durchgeführt. Durch die Berücksichtigung der In-

teraktion verkleinert sich die Belastung der äußeren Stützenreihen, die der inneren Stützenreihen vergrößert sich um etwa 10%. In Abb. 3.10-20 ist zu erkennen, dass sich bei den Einzelfundamenten beachtliche Differenzsetzungen zwischen Stufe 0 und Stufe 3 einstellen, die eine zusätzliche Zwangsbeanspruchung für das Tragwerk bedeuten. Dieses ist bereits durch die Kombination unterschiedlicher Gründungsarten – gering belastete Streifenfundamente und hoch belastete Einzelfundamente – großen Differenzsetzungen ausgesetzt.

In den Grenzzuständen der Tragfähigkeit können sich die Momente unter Ausnutzung plastischen Tragverhaltens aufgrund der Rotationsfähigkeit des Tragsystems wieder in den bei der Bemessung angesetzten Zustand umlagern. In den Grenzzuständen der Gebrauchstauglichkeit sind Schnittkraftumlagerungen kaum möglich; es können somit große Spannungsspitzen im Tragwerk entstehen. Der Einfluss der Baugrund-Tragwerk-Interaktion sollte daher im Grenzzustand der Gebrauchstauglichkeit berücksichtigt werden.

3.10.5.2 Schadensfall einer Tiefgarage eines Bürogebäudes

Der von [Fritsche 1997] untersuchte Schadensfall einer Tiefgarage zeigt, dass die Berücksichtigung der Interaktion zwischen Tragwerk und Baugrund im

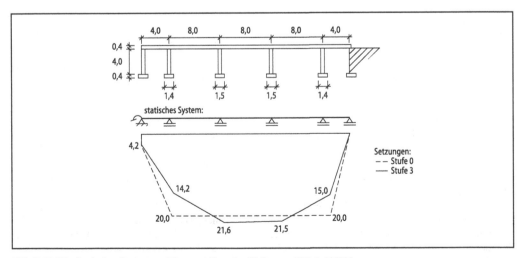

Abb. 3.10-20 Statisches System und Setzungsfigur der Tiefgarage [Zilch 1993b]

Grenzzustand der Gebrauchstauglichkeit von entscheidender Bedeutung sein kann. Zur Sicherstellung der Wasserdichtigkeit sollte die Tiefgarage des Bürogebäudes ursprünglich als Weiße Wanne ausgebildet werden, tatsächlich wurde folgendes ausgeführt:

Die Lasten aus dem Tragwerk wurden mit einer Flachgründung mit Einzelfundamenten in den Baugrund abgeleitet (Abb. 3.10-21). Mit dem Hintergedanken, auftretende Risse in der Bodenplatte nachträglich planmäßig zu verpressen, wurde jedoch auf das Einlegen der normativ erforderlichen *Mindestbewehrung zur Rissbreitenbeschränkung* verzichtet. Bereits kurz vor Fertigstellung des Gebäudes zeigten sich bis zu 1,0 mm breite Risse in der Bodenplatte. Das Verpressen blieb ohne Erfolg, da sich die Risse mit Änderung des Wasserdrucks wieder öffneten.

Ursachen dieses Schadensfalles waren – neben konstruktiven Mängeln in der Bauausführung – hauptsächlich die Nichtbeachtung der Interaktion zwischen Baugrund und Tragwerk. Bei der statischen Berechnung der Gründung wurde die Bodenplatte ausschließlich auf Wasserdruck bemessen. Die konstruktiv erzwungenen Mitnahmesetzungen aus den Einzelfundamenten wurden nicht berücksichtigt (Abb. 3.10-21). Das Vernachlässigen der Verträglichkeiten führt bereits unter Gebrauchslasten zur Bildung einer Fließgelenkkette in der Bodenplatte, wodurch die rissverteilende Wirkung der Bewehrung verlorengeht. Eine erfolgreiche Rissbreitenbeschränkung ist in diesem Zustand unmöglich.

Die Tragfähigkeit des Gebäudes war zu keiner Zeit eingeschränkt, da die Stützenlasten rechnerisch ausschließlich durch die Einzel- bzw. Streifenfundamente abgetragen werden und die Bodenplatte in der Lage ist, den anstehenden Wasserdruck aufzunehmen. Die statische Modellierung des Tragwerks ist im Sinne der Plastizitätstheorie durchaus richtig, ermöglicht aber keine Sicherstellung der Gebrauchstauglichkeit.

Abkürzungen zu 3.10

KPP   Kombinierte Pfahl-Plattengründung
ULS   Grenzzustand der Tragfähigkeit
SLS   Grenzzustand der Gebrauchstauglichkeit
BTI   Baugrund-Tragwerk-Interaktion

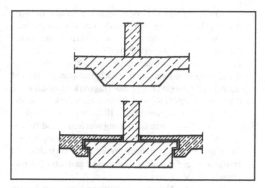

Abb. 3.10-21 Anschluss der Bodenplatte an die Stützenfundamente [Fritsche 1997]

Literaturverzeichnis Kap. 3.10

Burland JB, Wroth CP (1974) Settlement of buildings and associated damage; state-of-the art review. In: Proc. of the Conf. of the Settlement of Strucures, Cambridge, Pentech. Press, London, S 611–654

DGEG (Hrsg) (1993) Empfehlungen „Verformungen des Baugrunds bei baulichen Anlagen" – EVB. Ernst & Sohn, Berlin

DGGT (Hrsg) (2006) Empfehlungen des Arbeitskreises „Baugruben". Ernst & Sohn, Berlin

DIN 1054: 2010-12

DIN EN 1997-1: 2009-09

Dulácska E (1992) The structures, soil settlement effects on buildings. Developements in geotechnical engineering. Elsevier, Amsterdam (Niederlande)

EA Pfähle (2011) Empfehlungen des Arbeitskreises „Pfähle" der Deutschen Gesellschaft für Geotechnik e.V. (DGGT). Ernst & Sohn, Berlin

Fritsche T (1997) Praxisorientierter Einsatz nichtlinearer Schnittgrößenberechnung. In: Massivbau heute und morgen – Anwendungen und Entwicklungen. Münchner Massivbau-Seminar 1997. TU München

Gudehus G (1968) Gedanken zur statistischen Bodenmechanik. Der Bauingenieur 43 (1968) S 320–26

Hanisch J, Struck W (1997) Estimation of the characteristic value of a soil property based on random sampling results and additional information. In: Proc. XIVth ICSMFE, Hamburg, 06.–12.09.1997, S 503–506

Katzenbach R, König G (1999) Besondere sicherheitstechnische Aspekte zum Entwurf, der Bemessung und dem Bau Kombinierter Pfahl-Plattengründungen (KPP). In: Mitt. Inst. u. Versuchsanstalt für Geotechnik, TU Darmstadt, H 47

Mayer H, Rüsch H (1967) Bauschäden als Folge der Durchbiegung von Stahlbetonbauteilen. Deutscher Ausschuß für Stahlbeton, H 193. Ernst & Sohn, Berlin

Moormann Ch, Ahner C (1999) Beispiele für den Entwurf und die Berechnung von Kombinierten Pfahl-Plattengründungen (KPP). In: Mitt. Inst. u. Versuchsanstalt für Geotechnik, TU Darmstadt, H 47

NABau, Koordinierungsausschuß Sicherheit (1992) Baugrund-Tragwerk-Interaktion Flachgründungen. Bericht der Ad-hoc-Gruppe „Baugrund-Tragwerk-Interaktion"

Pfefferkorn W (1994) Rißschäden an Mauerwerk. In: Reihe „Schadenfreies Bauen", Bd 7. IRB-Verlag, Stuttgart

Reitmeier W (1989) Quantifizierung von Setzungsdifferenzen mit Hilfe einer stochastischen Betrachtungsweise. In: Floss R (Hrsg) Schriftenreihe des Lehrstuhls und Prüfamtes für Grundbau, Bodenmechanik und Felsmechanik, TU München, H 13

Schultze E (1955) Neuere Forschungen über Gründungen und ihre Anwendung auf den Entwurf. Der Bauingenieur 30 (1955) S 260–263

von Soos P (1996) Die Rolle des Baugrunds bei Anwendung der neuen Sicherheitstheorie im Grundbau. Geotechnik 13 (1996) S 82–91

Zilch K (1993a) Soil-structure interaction. In: Comité Euro-International du Béton (Hrsg) Safety and performance concepts Lausanne. Bulletin d'Information No 219

Zilch K (1993b) Verfahren für die Berechnung der Interaktion von Baugrund und Bauwerk. Der Prüfingenieur (1993) H 3

Zilch K, Schneider R (1997) Verfahren für die Beschreibung der Interaktion von Baugrund und Tragwerk. In: Mitt. Inst. u. Versuchsanstalt für Geotechnik, TU Darmstadt, H 38

Normen

DIN 1054: Baugrund – Zulässige Belastung des Baugrundes (11/1976)

DIN 4018: Baugrund – Berechnung der Sohldruckverteilung unter Flächengründungen (09/1974)

DIN 4020: Geotechnische Untersuchungen für bautechnische Zwecke (10/1990)

ISO 4356: Grundlagen für die Beschreibung von Tragwerken; Formänderungen von Gebäuden (durch äußere Einflüsse) in bezug auf die zulässige Grenze hinsichtlich der Benutzbarkeit (11/1977)

Stichwortverzeichnis